D1722515

LS Gesamtband
GRUNDKURS

LAMBACHER SCHWEIZER

Mathematisches Unterrichtswerk
für das Gymnasium
Ausgabe Nordrhein-Westfalen

bearbeitet von
Manfred Baum
Dieter Brandt
Hans Freudigmann
Detlef Lind
Günther Reinelt
Wolfgang Riemer
Hartmut Schermuly
Jörg Stark
Ingo Weidig
Peter Zimmermann
Manfred Zinser

Ernst Klett Verlag
Stuttgart Düsseldorf Leipzig

An der Entstehung des Gesamtwerkes waren weiterhin beteiligt:
Martin Bellstedt, Gerhard Brüstle, Heidi Buck, Jürgen Denker, Rolf Dürr, Alfred Franz,
Edmund Herd, Rolf Reimer, Manfred Schwier, Maximilian Selinka, Günther Taetz

Bildquellenverzeichnis:
Agentur Focus GmbH, Hamburg: S. 103, 108, 115, 188 – AKG, Berlin: S. 132, 133, 166, 180, 216, 246,
334.3 (Werner Forman), 336.1 (S. Domingie), 336.3, 336.4, 336.5, 337.3, 341 – BC-Verlag: S. 387 –
Bibliothèque municipale, Caen: S. 213.1 – Bongarts Sportfotografie, Hamburg: S. 362 (Frank) –
Bosc *Alles, bloß das nicht* ©1982 by Diogenes Verlag AG, Zürich: S. 337.1 – bpk, Berlin: S. 334.1 (Marga-
rete Büsing) – Campus-Verlag, Frankfurt: S. 334.2 – Cartoon-Caricature-Contor, München: S. 337.2
(Ernesto Clusellas) – Corbis, Düsseldorf: S. 344 (Robert Pelton) – M. C. Escher's „Belvedere" ©2003
Cordon Art B. V. - Baarn - Holland: S. 337.4 – Deutsche Luftbild, Trittau: S. 183 – Deutsches Museum,
München: S. 69, 88, 90, 104, 182, 273, 291, 339.3, 345 – dpa, Frankfurt: S. 21.1, 47, 114, 157, 330, 379.1
– esa, Abteilung für Öffentlichkeitsarbeit, Paris: S. 10 – Das Fotoarchiv GmbH, Essen: S. 124 (Martin
Sasse) – Gebrüder Haff GmbH, Pfronten: S. 53 – Getty-Images, München: S. 153 (Husmor-Foto), 339.1
(Stone) – IBM Deutschland: S. 217.1 – Fotoagentur Helga Lade, Frankfurt/Main: S. 34.2, 81, 217.2
(Josef Ege), 217.3 (Wagenzik), 217.4 (H. R. Bramaz) – Mauritius, Stuttgart: S. 21.2, 34.1, 48.1 (Ripp),
48.2 (Albinger), 78.1 (Studio M), 78.2 (Biek), 102.2 (Pigneter), 110 (Rossenbach), 129 (SST), 141 (van Ra-
venswaay), 266 (Leblond), 289 (P. Freytag) – Moro, C., Stuttgart: S. 87, 213.2, 340, 354, 368, 370, 379.2,
408 – Wolfgang Riemer, Pulheim: S. 396 – Scala Group, Antelle (Firenze): S. 334.4 – Sigma Elektronik
GmbH: S. 77 – Staatliche Graphische Sammlung, München: S. 336.2 – Studio X (Gamma), Limours, F.:
S. 60, 102.1 – Tanzclub Ludwigsburg, Ludwigsburg: S. 342 (A. Gresser) – Theophel, Eberhard, Giessen:
S. 123 – Ullstein Bilderdienst, Berlin: S. 348 – Württembergische Landesbibliothek, Stuttgart: S. 174

Nicht in allen Fällen war es uns möglich, den uns bekannten Rechtsinhaber ausfindig zu machen.
Berechtigte Ansprüche werden selbstverständlich im Rahmen der üblichen Vereinbarungen abgegolten.

9 783127 324105

1. Auflage   1 10 9 8 7 6 | 2013 2012 2011 2010 2009

Alle Drucke dieser Auflage können im Unterricht nebeneinander benutzt werden, sie sind unter-
einander unverändert. Die letzte Zahl bezeichnet das Jahr dieses Druckes.
© Ernst Klett Verlag GmbH, Stuttgart 2003.
Alle Rechte vorbehalten.
Internetadresse: http://www.klett-verlag.de

Zeichnungen: H. Günthner, Stuttgart; R. Hungreder, Leinfelden; C. Rupp, Stuttgart;
topset Computersatz, Nürtingen.
Umschlaggestaltung: Alfred Marzell, Schwäbisch Gmünd.
DTP-Satz: topset Computersatz, Nürtingen.
Druck: Firmengruppe APPL, aprinta druck, Wemding.

ISBN 3-12-732410-3

Inhaltsverzeichnis

Analysis

Lineare Algebra und analytische Geometrie

XI Geometrische Abbildungen und Matrizen

XII Prozesse und Matrizen

Stochastik

Zum Aufbau des Buches

Der vorliegende Band des Lehrwerkes Lambacher-Schweizer für die Grundkurse 12 und 13 in Nordrhein-Westfalen wurde nach den Vorgaben des Lehrplans von 1999 entwickelt. Es werden sowohl die Intensionen als auch die Inhalte des Lehrplans realisiert.

Das vorliegende Buch enthält die Stoffgebiete Analysis (Kapitel I bis VI), Lineare Algebra mit analytischer Geometrie (Kapitel VII bis XII) und Stochastik (Kapitel XIII bis XV). Jedes der Stoffgebiete ist von den beiden anderen unabhängig.

Jedes Kapitel umfasst

- mehrere Lerneinheiten,
- vermischte Aufgaben,
- mathematische Exkursionen,
- Kapitelrückblick.

- Zu Beginn jeder Lerneinheit stehen **hinführende Aufgaben**. Sie bereiten den Gedankengang der Lerneinheit vor. Sie sollen die Schülerinnen und Schüler zum Nachdenken anregen. Da sie als Angebot gedacht sind, nehmen sie keine Information zum jeweiligen Lerninhalt vorweg und bieten somit den Unterrichtenden die methodische Freiheit.

  Der anschließende **Informationstext** (Lehrtext) beschreibt den mathematischen Inhalt der Lerneinheit. Vielfach werden auch ergänzende Informationen gegeben.

> Im Kasten wird das wesentliche **Ergebnis** (z. B. in Form einer Definition oder eines Satzes) festgehalten.

In den anschließenden vollständig bearbeiteten **Beispielen** werden Begriffsbildungen erläutert und wichtige mathematische Verfahren bzw. grundlegende Aufgabentypen der Lerneinheit vorgestellt. Diese Beispiele bieten den Schülerinnen und Schülern besondere Hilfen für das selbstständige Lösen von Aufgaben.

Der **Aufgabenteil** bietet ein reichhaltiges Auswahlangebot. Die Aufgaben reichen von Routineaufgaben zum Einüben von Fertigkeiten und Darstellungsweisen über zahlreiche Aufgaben im mittleren Schwierigkeitsbereich bis zu schwierigen Aufgaben, die besondere Leistungen verlangen. Zahlreiche Aufgaben zu Sachsituationen helfen, Beziehungen zwischen der Mathematik und ihren Anwendungen aufzuzeigen.

Wo es aufgrund der besseren Übersicht oder im Sinne eines schnelleren Zugriffs sinnvoll erscheint, werden die Aufgaben durch Zwischenüberschriften gegliedert.

Aufgaben mit unterlegter Aufgabenziffer (z. B. **8**) sollen mit dem Computer bearbeitet werden.

- In den **vermischten Aufgaben** werden zusätzliche Übungsaufgaben angeboten. Ferner finden sich dort Aufgaben, welche die Zusammenhänge zwischen den einzelnen Lerneinheiten eines Kapitels herstellen.

- In den **mathematischen Exkursionen** werden Themengebiete angesprochen, die mit dem jeweiligen Kapitel in Verbindung stehen. Sie sind als Anregung für Schülerinnen und Schüler gedacht, sich mit mathematischen Fragen, interessanten Themen oder Themen aus dem Alltag auseinander zu setzen.

- Den Abschluss eines jeden Kapitels bildet der **Rückblick**. Es werden die wichtigsten Lerninhalte in prägnanter Form zusammengefasst und die **Aufgaben zum Üben und Wiederholen** angeboten. Die Lösungen dieser Aufgaben stehen am Ende des Buches.

- Am Ende der Stoffgebiete Analysis, Lineare Algebra / Analytische Geometrie und Stochastik gibt es jeweils eine Anregung für ein Projekt.

- Wer in der Stochastik die Möglichkeit nutzen oder erproben möchte, die der Computereinsatz bei der Verarbeitung realer Daten und bei der Unterstützung der Begriffsbildung durch Simulation bietet, findet in diesem Buch Anregungen und Hilfestellungen. Die auf den Randspalten zitierten Datensätze, Simulations- und Messprogramme stehen zum kostenlosen download bereit unter http: //www.klett-verlag.de.

1 Wiederholung und Ausblick

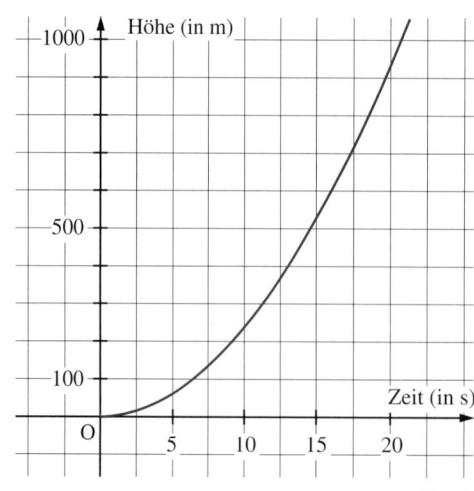

Fig. 1

1 Bei einem Raketenstart wurde die Höhe h der Rakete über dem Erdboden in Abhängigkeit von der Zeit t seit dem Start aufgezeichnet.

a) Welche Höhe hat die Rakete 15 Sekunden nach dem Start erreicht?

b) Bestimmen Sie die mittleren Geschwindigkeiten in den Zeitintervallen [0; 15], [5; 15], [10; 15], [12; 15] sowie in den Intervallen [15; 20] und [15; 17].

c) Erläutern Sie, wie man die Momentangeschwindigkeit der Rakete 15 s nach dem Start näherungsweise bestimmen kann.

d) Skizzieren Sie den Graphen der Geschwindigkeit-Zeit-Funktion dieses Startvorgangs.

Die Abhängigkeit einer Größe von einer anderen Größe kann man oft mithilfe einer Funktion erfassen. Dabei versteht man unter einer Funktion f eine Vorschrift, die jeder reellen Zahl x aus einer Menge D genau eine reelle Zahl f(x) zuordnet.

Wichtige Vertreter der bisher behandelten Grundfunktionen sind die Funktion $f: x \mapsto x^3$, die Wurzelfunktion g mit $g(x) = \sqrt{x}$ und die Kehrwertfunktion $h: x \mapsto \frac{1}{x}$. Fig. 2 bis Fig. 4 zeigen ihre Graphen.

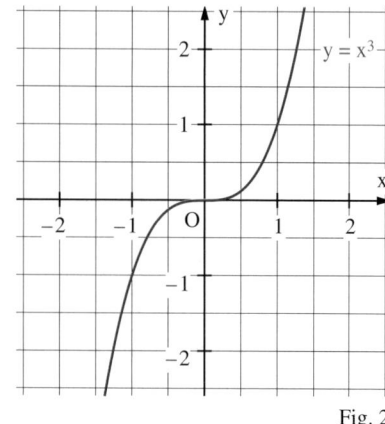

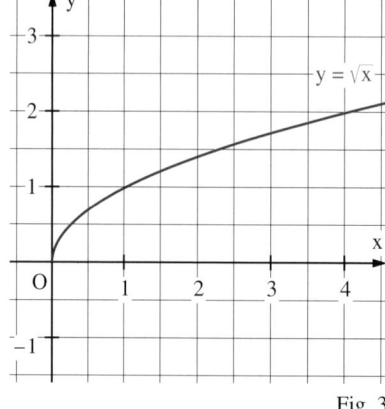

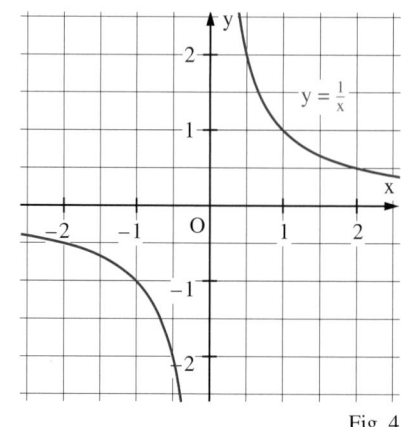

Fig. 2   Fig. 3   Fig. 4

Die Potenzfunktion f mit $f(x) = x^3$ gehört zu den ganzrationalen Funktionen, d. h. zu Funktionen, welche die Form haben $x \mapsto a_n x^n + a_{n-1} x^{n-1} + \ldots + a_1 x + a_0$ mit $n \in \mathbb{N}$, $n \neq 0$. Wie jede ganzrationale Funktion ist f für alle $x \in \mathbb{R}$ definiert. Für die Definitionsmenge schreibt man $D = \mathbb{R}$ oder auch $D_f = \mathbb{R}$.

Die Wurzelfunktion g mit $g(x) = \sqrt{x}$ ist nur für nicht negative Zahlen definiert, d. h. nur für $x \geqq 0$. Man schreibt $D_g = \{x \mid x \geqq 0\}$ oder $D_g = \mathbb{R}_0^+$.

Die „Kehrwertfunktion" h mit $h(x) = \frac{1}{x}$ ist für alle x mit $x \neq 0$ definiert. Sie gehört zu den gebrochenrationalen Funktionen. Es ist $D_h = \{x \mid x \in \mathbb{R} \text{ mit } x \neq 0\}$ oder $D_h = \mathbb{R} \setminus \{0\}$.

Man schreibt den Index f an die Definitionsmenge um anzuzeigen, dass die Definitionsmenge zu f gehört.

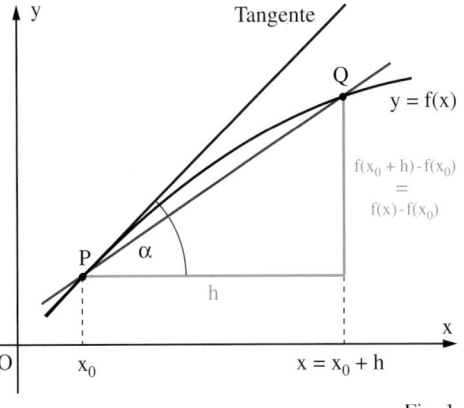

Fig. 1

Für $h > 0$ betrachtet man das Intervall $[x_0; x_0 + h]$.

Für $h < 0$ betrachtet man das Intervall $[x_0 + h; x_0]$.

Das Änderungsverhalten einer Funktion f auf einem Intervall $[x_0; x_0 + h]$ (Fig. 1) kann beschrieben werden durch die mittlere Änderungsrate $m(h) = \frac{f(x_0 + h) - f(x_0)}{h}$. Diesen Term nennt man auch **Differenzenquotient**. Er gibt die Steigung der Geraden durch die Punkte $P(x_0 | f(x_0))$ und $Q(x_0 + h | f(x_0 + h))$ an. Hat der Differenzenquotient für $h \to 0$ einen Grenzwert, so heißt f an der Stelle x_0 **differenzierbar**. Diesen Grenzwert nennt man die momentane Änderungsrate oder die **Ableitung** von f an der Stelle x_0 und schreibt dafür $f'(x_0)$.

Setzt man $x = x_0 + h$, so hat der Differenzenquotient die Form $m(x) = \frac{f(x) - f(x_0)}{x - x_0}$. Die Ableitung $f'(x_0)$ erhält man nun als Grenzwert für $x \to x_0$.

Die Gerade t durch den Punkt $P(x_0 | f(x_0))$ mit der Steigung $f'(x_0)$ heißt **Tangente** an den Graphen von f im Punkt P. Für den Steigungswinkel α der Geraden t gilt: $\tan(\alpha) = f'(x_0)$.

Ordnet man jeder Stelle x_0, an der f differenzierbar ist, die Ableitung $f'(x_0)$ zu, so erhält man die **Ableitungsfunktion** f' der Funktion f.

Wichtige Funktionen und ihre Ableitungsfunktionen

$f(x)$	$f'(x)$
$c\ (c \in \mathbb{R})$	0
x	1
x^2	$2x$
x^3	$3x^2$
$\frac{1}{x}$	$-\frac{1}{x^2}$
$\frac{1}{x^2}$	$-\frac{2}{x^3}$
$\sqrt{x}$	$\frac{1}{2\sqrt{x}}$

Für die Ableitung der Funktion f an der Stelle x_0 gilt	$f'(x_0) = \lim\limits_{h \to 0} \frac{f(x_0 + h) - f(x_0)}{h}$
oder mit $x = x_0 + h$	$f'(x_0) = \lim\limits_{x \to x_0} \frac{f(x) - f(x_0)}{x - x_0}.$

Für jede gegebene Funktion f kann mithilfe des Differenzenquotienten untersucht werden, ob an einer Stelle $x_0 \in D_f$ die Ableitung $f'(x_0)$ existiert. Die Ableitungsfunktion f' ergibt sich, wenn man die Untersuchung durchführt, ohne x_0 zahlenmäßig festzulegen.

Mithilfe des Differenzenquotienten lassen sich nicht nur Ableitungen gegebener Funktionen berechnen, sondern auch so genannte Ableitungsregeln herleiten. Solche Regeln ermöglichen häufig eine wesentlich schnellere Bestimmung der Ableitung, da durch sie das Ableiten zusammengesetzter Funktionen auf das Ableiten einfacher Funktionen zurückgeführt wird.

$\mathbb{N} = \{0; 1; 2; \dots\}$

Für $f(x) = x^z \ (z \in \mathbb{Z})$ gilt:	$f'(x) = z \cdot x^{z-1}.$	**Potenzregel**
Für $f(x) = g(x) + h(x)$ gilt:	$f'(x) = g'(x) + h'(x).$	**Summenregel**
Für $f(x) = c \cdot g(x)$ mit $c \in \mathbb{R}$ gilt:	$f'(x) = c \cdot g'(x).$	**Faktorregel**

Alle Funktionen, die sich auf die Form $x \mapsto a_n x^n + a_{n-1} x^{n-1} + \dots + a_1 x + a_0$ mit $n \in \mathbb{N}$, $n \neq 0$ bringen lassen, d. h. alle ganzrationalen Funktionen, können mithilfe der Summen-, Faktor- und Potenzregel abgeleitet werden. Bei anderen Funktionen wie zum Beispiel

$p: x \mapsto x \cdot \sin(x)$, $q: x \mapsto \frac{\sin(x)}{x}$ oder $h: x \mapsto \sqrt{\sin(x)}$

können die Ableitungsfunktionen nicht mit den bekannten Regeln bestimmt werden. Es wird sich zeigen, dass es sinnvoll ist, die Funktion p als Produkt und die Funktion q als Quotient zweier Funktionen zu interpretieren und dafür Ableitungsregeln zu suchen. Die Funktion h kann man als die Anwendung der Wurzelfunktion auf die Funktion $x \mapsto \sin(x)$ („Verkettung") auffassen.

11

Ausblick

In den nächsten beiden Lerneinheiten werden die Ableitungen der Potenzfunktionen mit negativen ganzen Exponenten und die der Sinus- und Kosinusfunktion hergeleitet. Anschließend wird die angesprochene „Verkettung" von Funktionen genauer untersucht. Für verkettete Funktionen sowie für das Produkt und den Quotienten zweier Funktionen werden Ableitungsregeln hergeleitet.

Beispiel 1: (Ableitung mithilfe des Differenzenquotienten; Ableitungsfunktion)
Gegeben ist die Funktion $f: x \mapsto x^2$; $D_f = \mathbb{R}$.
Berechnen Sie die Ableitung von f an der Stelle x_0 mithilfe des Differenzenquotienten und geben Sie die Ableitungsfunktion f' an.
Zeichnen Sie die Schaubilder von f und f' in ein gemeinsames Koordinatensystem.

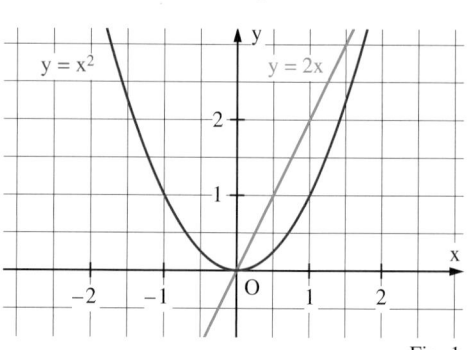

Fig. 1

Lösung:
Differenzenquotient $m(x)$ von f an der Stelle x_0 für $x \neq x_0$:
$$m(x) = \frac{f(x) - f(x_0)}{x - x_0} = \frac{x^2 - x_0^2}{x - x_0} = \frac{(x - x_0)(x + x_0)}{x - x_0} = x + x_0.$$
Ableitung von f an der Stelle x_0:
$$f'(x_0) = \lim_{x \to x_0} m(x) = \lim_{x \to x_0} (x + x_0) = 2 x_0;$$
Ableitungsfunktion $f': x \mapsto 2x$; $D_{f'} = \mathbb{R}$.

Beispiel 2: (Potenz-, Summen- und Faktorregel)
Bestimmen Sie $f'(x)$.
a) $f(x) = 3 x^4 + 0{,}5 x^2 + 2$ b) $f(x) = x^4 + \sqrt{x}$ c) $f(x) = \frac{x^2 + 4}{x}$
Lösung:
a) $f'(x) = 12 x^3 + x$ b) $f'(x) = 4 x^3 + \frac{1}{2\sqrt{x}}$

c) $f(x) = \frac{x^2 + 4}{x} = x + \frac{4}{x} = x + 4 \cdot \frac{1}{x}$; $f'(x) = 1 + 4 \cdot \left(-\frac{1}{x^2}\right) = 1 - \frac{4}{x^2}$

Aufgaben

> Statt $D = \mathbb{R} \setminus \{0\}$ schreibt man auch $x \in \mathbb{R} \setminus \{0\}$.

2 Gegeben ist die Funktion f mit $f(x) = \frac{1}{2x}$; $D_f = \mathbb{R} \setminus \{0\}$.
a) Berechnen Sie mithilfe des Differenzenquotienten die Ableitung von f an der Stelle -1.
b) Bestimmen Sie mithilfe des Differenzenquotienten die Ableitungsfunktion f'.
c) Wie lautet die Gleichung der Tangente an den Graphen von f im Punkt $B(2|f(2))$?

3 Berechnen Sie $f'(x)$ mithilfe geeigneter Ableitungsregeln.
a) $f(x) = -3 x$
b) $f(x) = x - 3$
c) $f(x) = x^3 + 2 x$
d) $f(x) = 2\sqrt{x} + 7 x$
e) $f(x) = -\frac{4}{3x}$
f) $f(x) = \frac{2}{3}\sqrt{x} + \frac{3}{2}$

4 a) $f(x) = k x^2 + 2$
b) $f(x) = 2 x^2 + k$
c) $f(x) = \frac{c}{2x}$
d) $f(x) = \frac{a}{bx} + a x$
e) $f(x) = t\sqrt{x} - t^2$
f) $f(x) = \sqrt{4x} + k x^{10}$

5 Bestimmen Sie eventuell nach geeigneter Umformung $f'(x)$, $f''(x)$ und $f'''(x)$.
a) $f(x) = \frac{1}{12} x^4 - \frac{1}{6} x^3 + \frac{1}{2} x^2$
b) $f(x) = \frac{k}{3} x^3 + \frac{5}{6} x^2 + k x$
c) $f(x) = k x + 1 + \frac{1}{k} x^k$, $k \geq 3$
d) $f(x) = x \cdot (x^2 - 1)$
e) $f(x) = (1 - 2 x)^3$
f) $f(x) = \frac{x^4 - 6 x^3 + 2 x - 4}{x}$

2 Die Potenzfunktion f: $x \mapsto x^{-n}$; $n \in \mathbb{N}$ und ihre Ableitung

Alter in Jahren	BMI in kg/m²
19–24	19–24
25–34	20–25
35–44	21–26
45–54	22–27
55–64	23–28
>64	24–29

Fig. 1

*Für n = 0 ergibt sich die
einfache Funktion f mit
f(x) = 1.*

1 Um festzustellen, ob Personen übergewichtig sind, wird heute vielfach der so genannte Bodymassindex, abgekürzt BMI, verwendet. Bei ihm wird die Masse m (in kg) der zu untersuchenden Person durch das Quadrat der Körpergröße x (in m) dividiert.
a) Berechnen Sie Ihren BMI und vergleichen Sie ihn mit den Werten der Tabelle von Fig. 1.
b) Eine Frau von 20 Jahren wiegt 70 kg. In welchem Bereich liegt ihre Körpergröße x, wenn sie nach der BMI-Tabelle als normalgewichtig gilt? Bestimmen Sie für das berechnete Intervall $x_1 \leqq x \leqq x_2$ die mittlere Änderungsrate für den BMI und interpretieren Sie diese.

Im Folgenden werden die Eigenschaften der Graphen der Funktionen $x \mapsto x^{-n}$ ($n \in \mathbb{N}$, $n \neq 0$) wiederholt. Zudem wird gezeigt, dass die Potenzregel auch für Potenzfunktionen mit negativen ganzen Hochzahlen gilt.

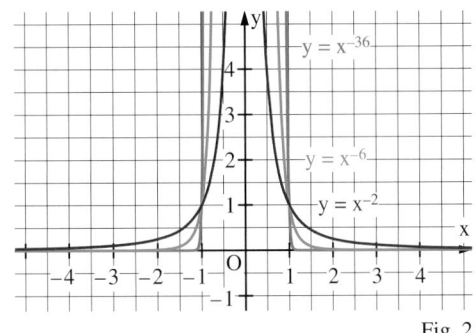

Fig. 2   Fig. 3

(1) Für gerade Exponenten ist der Graph der Funktion f mit $f(x) = x^{-n}$ achsensymmetrisch zur y-Achse, für ungerade Exponenten punktsymmetrisch zum Ursprung.
(2) Nähert sich x der **Definitionslücke $x_0 = 0$**, so wächst $|f(x)|$ über alle Grenzen. Für den Graphen von f(x) bedeutet dies: Die Gerade mit der Gleichung $x = 0$ ist Asymptote für $x \to 0$.
(3) Wird $|x|$ laufend größer, so nähert sich f(x) immer mehr dem Wert 0. Man schreibt dafür auch $\lim\limits_{x \to \infty} \mathbf{f(x) = 0}$. Für den Graphen von f ist damit die Gerade mit der Gleichung $y = 0$ Asymptote für $x \to \pm\infty$.

Der Graph der Funktion g mit $g(x) = \frac{1}{(x-2)^2}$ (Fig. 4) lässt sich aus dem Graphen K der Funktion f mit $f(x) = \frac{1}{x^2}$ gewinnen. Er entsteht durch Verschiebung von K um 2 Einheiten in positive x-Richtung. Es gilt nämlich $g(x + 2) = \frac{1}{((x+2)-2)^2} = \frac{1}{x^2} = f(x)$. Damit sind die Geraden mit den Gleichungen $x = 2$ und $y = 0$ Asymptoten des Graphen von g.

Der Graph der Funktion h mit $h(x) = \frac{1}{(x-2)^2} + 3$ (Fig. 4) entsteht aus dem Graphen von g durch Verschiebung um 3 Einheiten in positive y-Richtung. Asymptoten sind die Geraden mit den Gleichungen $x = 2$ und $y = 3$.

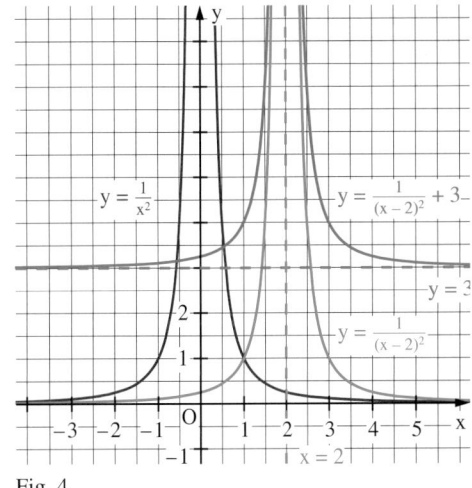

Fig. 4

Die Potenzregel für das Ableiten von Potenzfunktionen wurde bisher nur für natürliche Hochzahlen hergeleitet. Im Folgenden wird gezeigt, dass diese Regel auch für Potenzfunktionen mit negativen ganzen Hochzahlen, also Funktionen f mit $f(x) = x^{-n} = \frac{1}{x^n}$, $n \in \mathbb{N}$ mit $n \neq 0$ gilt.

Der Differenzenquotient lautet: $m(x) = \frac{x^{-n} - x_0^{-n}}{x - x_0} = \frac{\frac{1}{x^n} - \frac{1}{x_0^n}}{x - x_0} = \frac{\frac{x_0^n - x^n}{x^n x_0^n}}{x - x_0} = -\frac{1}{x^n x_0^n} \cdot \frac{x^n - x_0^n}{x - x_0}$

Für $x \to x_0$ erhält man damit: $f'(x_0) = \lim\limits_{x \to x_0} \left(-\frac{1}{x^n x_0^n} \cdot \frac{x^n - x_0^n}{x - x_0} \right) = -\frac{1}{x_0^{2n}} \cdot \lim\limits_{x \to x_0} \frac{x^n - x_0^n}{x - x_0}$.

Für $g(x) = x^n$ gilt die Potenzregel: $g'(x_0) = \lim\limits_{x \to x_0} \frac{x^n - x_0^n}{x - x_0} = n \cdot x_0^{n-1}$.

Damit ergibt sich: $f'(x_0) = -\frac{1}{x_0^{2n}} \cdot n \cdot x_0^{n-1} = -n \cdot x_0^{-n-1}$.

Also gilt die Potenzregel auch für Potenzfunktionen mit negativen ganzen Hochzahlen.

Schreibt man

$f(x) = \sqrt{x} = x^{\frac{1}{2}}$

und

$f'(x) = \frac{1}{2\sqrt{x}} = \frac{1}{2} x^{-\frac{1}{2}}$,

so erkennt man, dass die Potenzregel auch für die Hochzahl $\frac{1}{2}$ gilt.

Satz: (Potenzregel)
Für $f(x) = x^k$ mit $k \in \mathbb{Z}$ ist $f'(x) = k \cdot x^{k-1}$.

Beispiel: (Potenz-, Summen- und Faktorregel)
Bestimmen Sie $f'(x)$.
a) $f(x) = \frac{3}{x^4}$ b) $f(x) = 3x^4 + 0{,}5x^{-2} - x^{-3}$ c) $f(x) = \frac{x^3 - 2x^2 + 3}{x^2}$
Lösung:
a) $f(x) = 3 \cdot x^{-4}$, also $f'(x) = 3 \cdot (-4) \cdot x^{-5} = -12 \cdot x^{-5} = -\frac{12}{x^5}$
b) $f'(x) = 3 \cdot 4x^3 + 0{,}5 \cdot (-2) \cdot x^{-3} + 3 \cdot x^{-4} = 12x^3 - x^{-3} + 3x^{-4}$
c) Da $f(x) = x - 2 + \frac{3}{x^2} = x - 2 + 3 \cdot x^{-2}$ ist, ergibt sich $f'(x) = 1 - 6x^{-3} = 1 - \frac{6}{x^3} = \frac{x^3 - 6}{x^3}$.

Aufgaben

Bei Potenzen mit negativen ganzen Exponenten ist das folgende Verfahren empfehlenswert.

Gegeben
$f(x) = \frac{1}{x^3}$

$\downarrow$

Umformen
$f(x) = x^{-3}$

$\downarrow$

Ableiten
$f'(x) = -3 \cdot x^{-4}$

$\downarrow$

Umformen
$f'(x) = \frac{-3}{x^4}$

2   Skizzieren Sie den Graphen von f und bestimmen Sie $f'(x)$ für f mit
a) $f(x) = x^{-2}$ b) $f(x) = x^{-9}$ c) $f(x) = \frac{1}{x^2}$ d) $f(x) = \frac{2}{x^6}$ e) $f(x) = \frac{1}{x^{-4}}$
f) $f(x) = \frac{3}{x^5}$ g) $f(x) = \frac{1}{3x^2}$ h) $f(x) = \frac{4}{(3x)^2}$ i) $f(x) = 2x^{\frac{1}{2}}$ j) $f(x) = \frac{4}{3}\sqrt{x}$.

3   Berechnen Sie $f'(x)$ mithilfe geeigneter Ableitungsregeln.
a) $f(x) = x^3 + \frac{2}{x}$ b) $f(x) = \frac{1}{5x^{-5}} + \frac{1}{5x^5}$ c) $f(x) = 2\sqrt{x} + \frac{4}{x}$ d) $f(x) = \frac{3}{x^4} - \frac{4}{x^5}$
e) $f(x) = \sqrt{2x} + \frac{1}{tx}$ f) $f(x) = a\sqrt{x} + \frac{1}{kx^2}$ g) $f(x) = \frac{1}{2k}x^{8k} - 8x^{-8k}$ h) $f(x) = \frac{x}{x} - \frac{a}{bx^3}$

4   Bestimmen Sie $f'(x)$ und $f''(x)$. Formen Sie dazu $f(x)$ vorher geeignet um.
a) $f(x) = x^{-1} \cdot (x^2 - 1)$ b) $f(x) = x^{-2} \cdot (x^3 + 5)$ c) $f(x) = \frac{x^2 + x + 1}{x}$ d) $f(x) = \frac{x^3 - 6x^2 + 2x - 4}{x^2}$
e) $f(x) = \frac{x^3 - x^{-3}}{x^2}$ f) $f(x) = \frac{5x^7 + 4 + 3x^{-2}}{x^3}$ g) $f(x) = \left(1 - \frac{2}{x}\right)^2$ h) $f(x) = \left(2x + \frac{1}{x}\right)^2$

5   Skizzieren Sie den Graphen der Funktion g mithilfe des Graphen von f mit $f(x) = \frac{1}{x^3}$ und geben Sie die Asymptoten an.

Das Ableiten von g ist mit den bisherigen Regeln noch nicht möglich.

a) $g(x) = \frac{1}{(x+2)^3}$ b) $g(x) = \frac{1}{(x+2)^3} + 1$ c) $g(x) = \frac{1}{(x-4)^3}$ d) $g(x) = \frac{1}{(x-4)^3} - 2$
e) $g(x) = \frac{1 - x^3}{x^3}$ f) $g(x) = \frac{6 + 12x^3}{6x^3}$ g) $g(x) = \frac{1 - (x+2)^3}{(x+2)^3}$ h) $g(x) = \frac{(x-2)^3 + 4}{4(x-2)^3}$

3 Die Ableitungen der Sinus- und der Kosinusfunktion

1   a) Zeigen Sie Zusammenhänge zwischen Fig. 1 und Fig. 2, Fig. 1 und Fig. 3 und schließlich zwischen Fig. 2 und Fig. 3 auf.
b) Versuchen Sie, einen Zusammenhang zwischen den Steigungen des Graphen der Sinusfunktion an einer Stelle x und dem Wert der Kosinusfunktion an der Stelle x herzustellen.

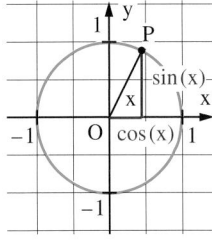

Fig. 1

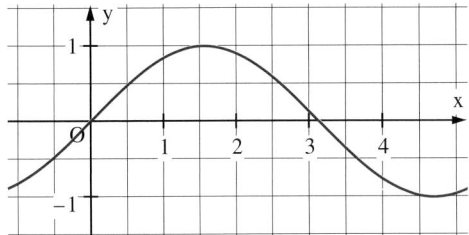

Fig. 2

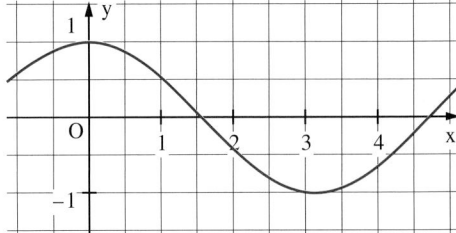

Fig. 3

Wiederholung

Wichtige Werte:

α	30°	45°	60°	90°
x	$\frac{\pi}{6}$	$\frac{\pi}{4}$	$\frac{\pi}{3}$	$\frac{\pi}{2}$
sin(x)	$\frac{1}{2}$	$\frac{\sqrt{2}}{2}$	$\frac{\sqrt{3}}{2}$	1
cos(x)	$\frac{\sqrt{3}}{2}$	$\frac{\sqrt{2}}{2}$	$\frac{1}{2}$	0

Die Maßzahl x der zum Winkel α gehörenden Bogenlänge im Einheitskreis heißt das **Bogenmaß des Winkels**. Es gilt die Umrechnungsformel: $\frac{\alpha}{180°} = \frac{x}{\pi}$.
Gegeben ist ein Punkt P des Einheitskreises (Fig. 1). Die Zuordnung Winkel x im Bogenmaß zu y-Wert des Punktes P, also $x \mapsto \sin(x)$, nennt man **Sinusfunktion**, die Zuordnung Winkel x im Bogenmaß zu x-Wert des Punktes P, also $x \mapsto \cos(x)$, nennt man **Kosinusfunktion**.

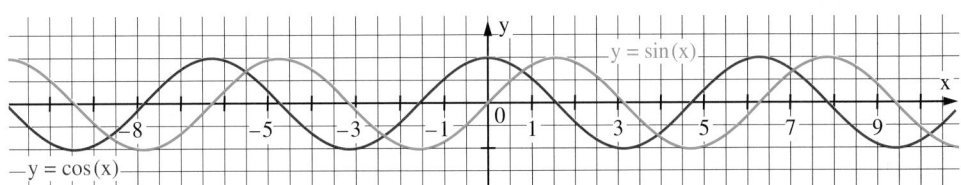

Eigenschaften der Sinus- und der Kosinusfunktion

Eigenschaft	formale Darstellung
(1) Die Periode der Sinus- und der Kosinusfunktion ist jeweils 2π.	(1) $\sin(x + 2\pi) = \sin(x)$ $\cos(x + 2\pi) = \cos(x)$
(2) Nullstellen der Sinusfunktion sind $0; \pm\pi; \pm2\pi; \pm3\pi; \ldots$ Nullstellen der Kosinusfunktion sind $\pm\frac{\pi}{2}; \pm\frac{3\pi}{2}; \pm\frac{5\pi}{2}; \ldots$	(2) $\sin(x) = 0$ für $x = k \cdot \pi$ mit $k \in \mathbb{Z}$ $\cos(x) = 0$ für $x = \frac{\pi}{2} + k\pi$ mit $k \in \mathbb{Z}$
(3) Größter Funktionswert ist 1.	(3) $\sin(x) = 1$ für $x = \frac{\pi}{2} + 2k\pi$ mit $k \in \mathbb{Z}$ $\cos(x) = 1$ für $x = 2k\pi$ mit $k \in \mathbb{Z}$
(4) Kleinster Funktionswert ist -1.	(4) $\sin(x) = -1$ für $x = \frac{3\pi}{2} + 2k\pi$ mit $k \in \mathbb{Z}$ $\cos(x) = -1$ für $x = \pi + 2k\pi$ mit $k \in \mathbb{Z}$
(5) Den Graphen der Kosinusfunktion erhält man durch eine Verschiebung des Graphen der Sinusfunktion um $\frac{\pi}{2}$ gegen die Richtung der x-Achse.	(5) $\cos(x) = \sin(x + \frac{\pi}{2})$

Ableitungen

Fig. 1 zeigt den Graphen der Sinusfunktion f mit $f(x) = \sin(x)$. Ziel ist es, den Graphen von f' zu zeichnen. Eine einfache Möglichkeit besteht darin, eine Stelle x_0, z. B. $x_0 = 1$, zu wählen, im Punkt $P(x_0 | f(x_0))$ eine Tangente (nach Augenmaß) einzuzeichnen, die Steigung $f'(x_0)$ abzulesen und als Funktionswert $f'(x_0)$ in x_0 abzutragen (Fig. 1).

Man kann dies auch dadurch erreichen, dass man eine Gerade parallel zur eingezeichneten Tangente durch den Punkt $X(-1 | 0)$ legt (Fig. 2). Ihr Schnittpunkt mit der y-Achse ist dann $Y(0 | f'(x_0))$. Die Parallele zur x-Achse durch den Punkt Y und die Gerade mit der Gleichung $x = x_0$ schneiden sich dann im Punkt $Q(x_0 | f'(x_0))$.

Führt man dieses Verfahren für mehrere Punkte des Graphen der Sinusfunktion durch, so erhält man weitere Punkte des Graphen der Ableitungsfunktion f' (Fig. 3).

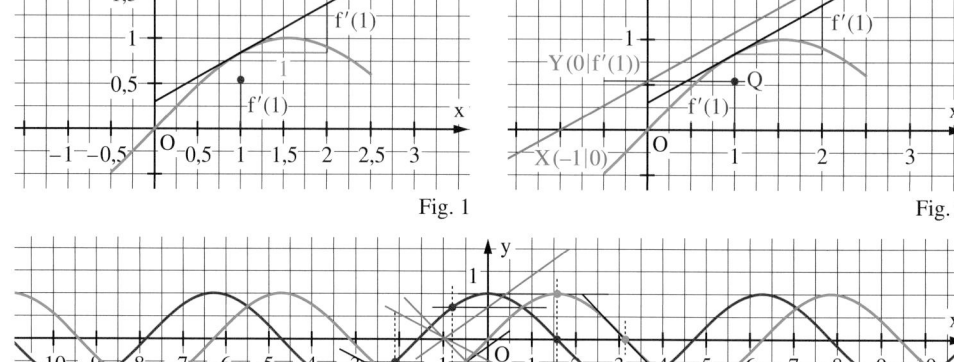

Fig. 1

Fig. 2

Fig. 3

Es liegt damit die Vermutung nahe, dass der folgende Satz gilt.

$(\sin(x))' = \cos(x)$
$(\sin(x))'' = -\sin(x)$
$(\sin(x))''' = -\cos(x)$
$(\sin(x))^{(IV)} = \sin(x)$
$(\sin(x))^{(V)} = \cos(x)$

Satz: Für die Funktion f mit $f(x) = \sin(x)$ gilt $f'(x) = \cos(x)$.
Für die Funktion g mit $g(x) = \cos(x)$ gilt $g'(x) = -\sin(x)$.

Im Folgenden wird die Ableitung der Funktion f mit $f(x) = \sin(x)$ an einer Stelle x_0 rechnerisch bestimmt. Dazu bildet man zunächst den Differenzenquotienten:

$$m(h) = \frac{\sin(x_0 + h) - \sin(x_0)}{h} = \frac{2\cos\left(\frac{x_0 + h + x_0}{2}\right) \cdot \sin\left(\frac{x_0 + h - x_0}{2}\right)}{h}$$

$$= \frac{\cos\left(x_0 + \frac{h}{2}\right) \cdot \sin\left(\frac{h}{2}\right)}{\frac{h}{2}} = \cos\left(x_0 + \frac{h}{2}\right) \cdot \frac{\sin\left(\frac{h}{2}\right)}{\frac{h}{2}}.$$

Aus der Formelsammlung:

$$\sin(\alpha) - \sin(\beta) = 2 \cdot \cos\left(\frac{\alpha + \beta}{2}\right) \cdot \sin\left(\frac{\alpha - \beta}{2}\right)$$

Nun wird $m(h)$ für $h \to 0$ untersucht.

In analoger Weise zeigt man, dass die Ableitung der Kosinusfunktion die mit negativem Vorzeichen versehene Sinusfunktion ist. In Beispiel 1b) auf Seite 23 wird dies exakt nachgewiesen.

Für $h \to 0$ gilt: $\cos\left(x_0 + \frac{h}{2}\right) \to \cos(x_0)$. Die in der Tabelle (Fig. 4) berechneten Werte lassen vermuten, dass $\frac{\sin\left(\frac{h}{2}\right)}{\frac{h}{2}} \to 1$ gilt für $h \to 0$.

Damit ist $f'(x_0) = \lim\limits_{h \to 0} m(h) = \cos(x_0)$.

	A	B	C
1	h	sin(h/2)	sin(h/2)/(h/2)
2	−0,2	−0,09983342	0,99833417
3	0,2	0,09983342	0,99833417
4	−0,02	−0,00999983	0,99998333
5	0,02	0,00999983	0,99998333
6	−0,002	−0,00100000	0,99999983
7	0,002	0,00100000	0,99999983
8	−0,0002	−0,00010000	1,00000000
9	0,0002	0,00010000	1,00000000

Fig. 4

Beispiel 1: (Tangentengleichung)

Ermitteln Sie die Gleichung der Tangente in $P\left(\frac{\pi}{4}\Big|\frac{1}{2}\sqrt{2}\right)$ an den Graphen von f mit $f(x) = \sin(x)$.

Lösung:

Es ist $f'(x) = \cos(x)$ und somit $f'\left(\frac{\pi}{4}\right) = \cos\left(\frac{\pi}{4}\right) = \frac{1}{2}\sqrt{2}$. Mithilfe der Punkt-Steigungs-Form

erhält man $y - \frac{1}{2}\sqrt{2} = \frac{1}{2}\sqrt{2} \cdot \left(x - \frac{\pi}{4}\right)$ oder nach y aufgelöst: $y = \frac{1}{2}\sqrt{2} \cdot x + \frac{1}{2}\sqrt{2} - \frac{\pi}{8}\sqrt{2}$.

Beispiel 2: (Extremwerte)

Bestimmen Sie die Extremwerte von f mit

$f(x) = \sin(x) - \frac{1}{2}x$ für $0 < x < 2\pi$.

Lösung:

$f'(x) = \cos(x) - \frac{1}{2}$; $f''(x) = -\sin(x)$.

Notwendige Bedingung ist $f'(x) = 0$:

$\cos(x) = \frac{1}{2}$ ergibt $x_1 = \frac{\pi}{3}$ und $x_2 = \frac{5}{3}\pi$.

Wegen $f''\left(\frac{\pi}{3}\right) = -\frac{\sqrt{3}}{2} < 0$ liegt in x_1 ein

Maximum vor: $f\left(\frac{\pi}{3}\right) = \frac{\sqrt{3}}{2} - \frac{\pi}{6} \approx 0{,}3424$. Da

$f''\left(\frac{5\pi}{3}\right) = \frac{\sqrt{3}}{2} > 0$ liegt in x_2 ein Minimum vor:

$f\left(\frac{5\pi}{3}\right) = -\frac{\sqrt{3}}{2} - \frac{5\pi}{6} \approx -3{,}4840$.

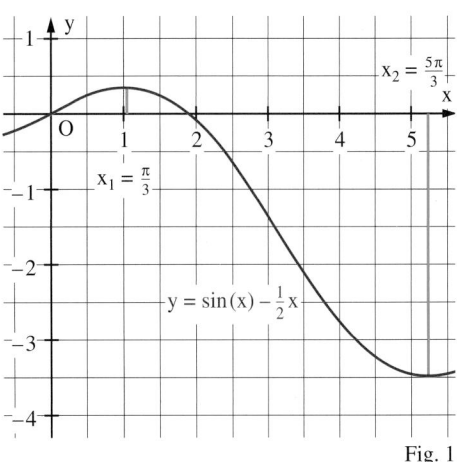

Fig. 1

Aufgaben

Wiederholung

2 Geben Sie die Winkel im Bogenmaß als Bruchteil von π und auf 4 Dezimalen gerundet an.

a) 90°; 45°; 22,5°; 15°; 75°; 12°; 48°; 70°

b) 1°; 18°; 54°; 36°; 200°; 199°; 135°; 300°

c) 14,1°; 3,7°; 0,2°; 100°; $\left(\frac{90}{\pi}\right)^{\circ}$; $\left(\frac{180}{\pi}\right)^{\circ}$; $\left(\frac{1}{\pi}\right)^{\circ}$

Möchte man mit dem Bogenmaß arbeiten, so darf man beim Taschenrechner nicht vergessen, von DEG (engl. degree) oder GRAD auf RAD (engl. radiant) umzuschalten.

3 Geben Sie die Winkel im Gradmaß auf 0,1° genau an.

a) $\frac{1}{8}\pi$; $\frac{1}{12}\pi$; $\frac{7}{18}\pi$; $\frac{4}{3}\pi$; $\frac{14}{3}\pi$; $\frac{4}{15}\pi$; $\frac{11}{36}\pi$

b) 0,52; 0,86; 1,35; 1,50; 3,18; 5,99; 6,10

4 Bestimmen Sie auf 4 Dezimalen genau.

a) $\sin(2{,}3)$ b) $\cos(-2)$ c) $\sin(-11)$

d) $\sin(0{,}27)$ e) $\cos(1{,}59)$ f) $\cos(-0{,}41)$

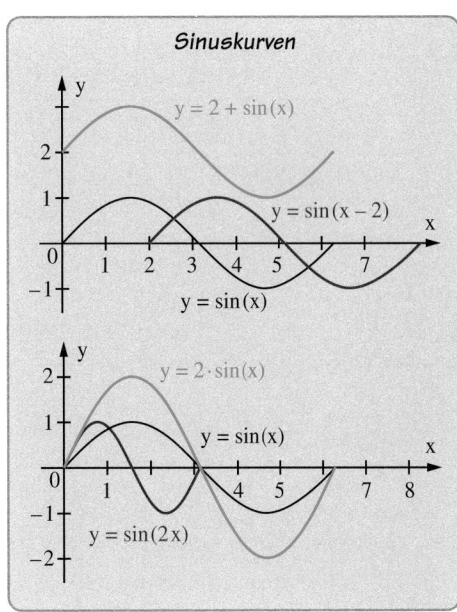

Fig. 2

5 Zeichnen Sie für $-\pi \leq x \leq 3\pi$ den Graphen der Funktion f.

a) $f(x) = 3 + \sin(x)$ b) $f(x) = \cos(x + 3)$ c) $f(x) = 3 \cdot \sin(x)$ d) $f(x) = \sin(0{,}75 \cdot x)$

6 Bestimmen Sie alle $x \in [0; 2\pi]$, für die gilt:

a) $\sin(x) = 0{,}5$ b) $\cos(x) = 0{,}5$ c) $\sin(x) = 1$ d) $\cos(x) = -0{,}5$

e) $\sin(x) = \frac{\sqrt{2}}{2}$ f) $\cos(x) = \frac{\sqrt{3}}{2}$ g) $\cos(x) = -1$ h) $\sin(x) = -\frac{\sqrt{3}}{2}$.

7 Bestimmen Sie auf 4 Dezimalen genau alle $x \in [0; 2\pi]$, für die gilt:
a) $\sin(x) = 0,35$　　　b) $\cos(x) = -0,58$　　　c) $\sin(x) = -0,27$　　　d) $\cos(x) = 2$.

Sie können sich selbst kreativ betätigen im Auffinden interessanter Graphen.

8 Erstellen Sie mithilfe eines Rechners den Graphen der Funktion f und versuchen Sie, zu f eine Periode anzugeben.
a) $f(x) = \sin(x) + \cos(x)$　　　b) $f(x) = \sin(x) + \sin(2x)$　　　c) $f(x) = \sin(2x) + \sin^2(x)$

Ableitungen

9 Zeichnen Sie den Graphen der Funktion f mit $f(x) = \cos(x)$. Ermitteln Sie einige Punkte des Graphen der Ableitungsfunktion durch grafische Differenziation und prüfen Sie nach, ob diese näherungsweise auf dem Graphen von g mit $g(x) = -\sin(x)$ liegen.

Ist in einem Koordinatensystem der Punkt $P(x_0|y_0)$ gegeben, so heißt der x-Wert x_0 auch Abszisse, der y-Wert y_0 auch Ordinate.

10 Zeichnen Sie den Graphen von f mit $f(x) = \sin(x) + \cos(x)$ und bestimmen Sie grafisch die Ableitungen $f'(2)$ und $f'\left(\frac{3\pi}{2}\right)$.
Kontrollieren Sie das Ergebnis durch Rechnung.

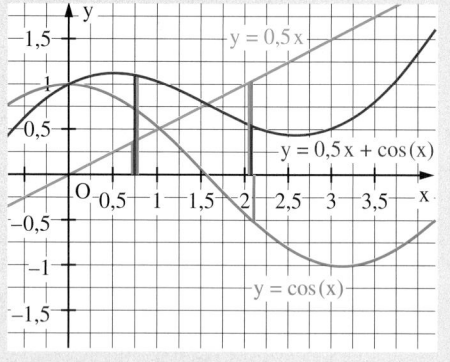

Die **Ordinatenaddition**: An einer Stelle x_0 werden die y-Werte der Graphen der Funktionen f mit $f(x) = 0,5x$ und g mit $g(x) = \cos(x)$ „addiert". Man erhält so den y-Wert des Graphen der Funktion h mit $h(x) = f(x) + g(x)$ an der Stelle x_0.

11 Bestimmen Sie $f'(x)$.
a) $f(x) = -9 \cdot \sin(x)$　　b) $f(x) = 5 + \cos(x)$
c) $f(x) = 5x - \cos(x)$　　d) $f(x) = x^2 - \frac{1}{2}\cos(x)$
e) $f(x) = \frac{1}{x} + \frac{\sin(x)}{2}$　　f) $f(x) = \sqrt{x} + 2\sin(x)$
g) $f(x) = \frac{\sqrt{x}}{2} - \frac{\cos(x)}{5}$　　h) $f(x) = \frac{3\sin(x)}{4} + \frac{\cos(x)}{8}$

12 Wahr oder falsch?
a) Für $f(x) = \sin(x)$ gilt: $f^{(IV)}(x) = \cos(x)$.
b) Für $f(x) = \sin(x)$ gilt: $f^{(9)}(x) = \cos(x)$.
c) Für $f(x) = \cos(x)$ gilt: $f^{(10)}(x) = -\sin(x)$.
d) Für $f(x) = \sin(x) + \cos(x)$ gilt:
$f^{(5)}(x) = \sin(x) - \cos(x)$.

13 In welchen Punkten hat der Graph von $f: x \mapsto \sin(x)$ dieselbe Steigung wie
a) die 1. Winkelhalbierende　　　　　b) die Gerade mit der Gleichung $y = -x$
c) die x-Achse　　　　　d) die Gerade mit der Gleichung $y = \frac{1}{2}x$?

14 Bestimmen Sie die Gleichungen von Tangente und Normale an den Graphen von f in P.
a) $f(x) = 3 \cdot \sin(x); P\left(\frac{5}{3}\pi\,|\,?\right)$　　b) $f(x) = \cos(x); P(\pi\,|\,?)$　　c) $f(x) = x + 2 \cdot \sin(x); P\left(\frac{\pi}{4}\,|\,?\right)$

15 Gegeben sind die Funktionen f und g mit den Graphen K_f und K_g durch $f(x) = x + \sin(x)$ und $g(x) = x + \cos(x)$.
a) Zeichnen Sie K_f und K_g für $-\frac{\pi}{2} \leq x \leq 2\pi$.
b) Zeigen Sie, dass K_f und K_g auf ganz $\mathbb{R}$ monoton steigend sind.

16 Ermitteln Sie für die Graphen der Funktionen f und g sowohl den Schnittpunkt $P(x_0|y_0)$ mit $0 \leq x \leq \pi$ als auch näherungsweise den Schnittwinkel der Graphen.
a) $f(x) = \sin(x); g(x) = \cos(x)$　　　　b) $f(x) = \sqrt{3} \cdot \sin(x); g(x) = \cos(x)$

17 Für welche $c \in \mathbb{R}$ berühren sich die Graphen von f und g_c?
a) $f(x) = \sin(x); g_c(x) = \cos(x) + c$　　　　b) $f(x) = \sqrt{3} \cdot \sin(x); g_c(x) = c - \cos(x)$

4 Verkettung von Funktionen

1 a) Eine Funktion f_1 ist durch folgende Zuordnungsvorschrift gegeben: Addiere 5 zu einer gegebenen Zahl und ziehe dann daraus die Wurzel. Wie lautet der zugehörige Funktionsterm $f_1(x)$? Geben Sie den Term der Funktion f_2 an, bei der zuerst die Wurzel gezogen wird und anschließend 5 addiert wird.
b) Formulieren Sie die Zuordnungsvorschriften jeweils in Worten.

$g_1: x \mapsto \frac{1}{x} + 1$; $g_2: x \mapsto \frac{1}{x+1}$ $\qquad\qquad$ $h_1: x \mapsto \sqrt{x} - 1$; $h_2: x \mapsto \sqrt{x-1}$

Für die Funktionen f und g mit $f(x) = 2x + 1$ und $g(x) = \sqrt{x}$ sind f' und g' bekannt. Man kann f und g zu der Summe $f + g$ zusammensetzen mit $f(x) + g(x) = (2x + 1) + \sqrt{x}$, von der die Ableitung ebenfalls bekannt ist, nämlich $f'(x) + g'(x) = 2 + \frac{1}{2\sqrt{x}}$.

Eine weitere Möglichkeit der Zusammensetzung von f und g stellt die Funktion h mit $h(x) = \sqrt{2x + 1}$ dar. Wie h aus f und g gebildet werden kann, wird im folgenden Beispiel gezeigt. Die Ableitung der Funktion h wird in der nächsten Lerneinheit behandelt.

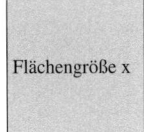

$u = 4s = 4\sqrt{x}$

Flächengröße x

Seitenlänge s

Der Preis eines Zaunes beträgt je Meter 80 €. Für einen Zaun der Länge u bezahlt man somit den Preis: $p(u) = u \cdot 80$ (in €) (Fig. 1). Soll ein quadratisches Grundstück mit dem Flächeninhalt x mit einem Zaun umgeben werden, so ergibt sich der Umfang zu $u(x) = 4 \cdot \sqrt{x}$ (Fig. 2). Will man den Preis für ein quadratisches Grundstück der Größe 625 m² bestimmen, so berechnet man zunächst dessen Umfang u und setzt diesen Wert für die Funktionsvariable u der Funktion p ein. Mit $u(625) = 4 \cdot 25 = 100$ erhält man also $p(100) = 8000$. Damit beträgt der Preis 8000 €. Man schreibt dafür auch kürzer: $p(u(625)) = p(100) = 8000$.

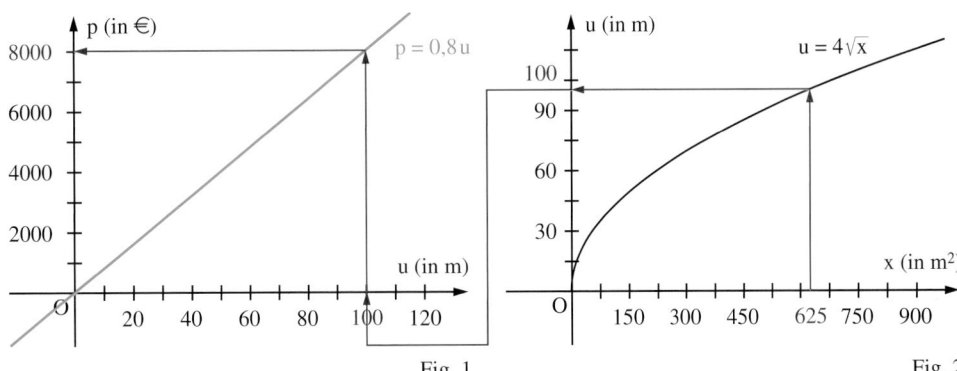

Fig. 1 $\qquad\qquad\qquad\qquad\qquad\qquad$ Fig. 2

Auf diese Weise lässt sich der Preis der Umzäunung zu jeder quadratischen Fläche x angeben:
$$p(u(x)) = 80 \cdot u(x) = 80 \cdot \left(4 \cdot \sqrt{x}\right) = 320 \cdot \sqrt{x}.$$

In der Funktion p wird die Variable u durch den Term $u(x)$ ersetzt. Die neue Funktion $x \mapsto p(u(x))$ bezeichnet man als **Verkettung** der Funktionen p und u und schreibt dafür $p \circ u$.

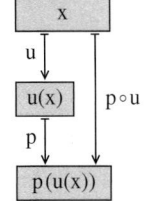

Für $u \circ v$ sagt man:
„u nach v" oder
„u verkettet mit v".

> **Definition:** Gegeben sind die Funktionen $v: x \mapsto v(x)$ und $u: v \mapsto u(v)$.
> Die Funktion $u \circ v: x \mapsto u(v(x))$, bei welcher der Funktionsterm $v(x)$ an die Stelle v der Funktion u tritt, heißt **Verkettung der Funktionen u und v**.
> Die Definitionsmenge von $u \circ v$ besteht aus allen $x \in D_v$, für die $v(x)$ zu D_u gehört.

19

> $u(v(x))$ bedeutet:
> In $u(x)$ wird für x der
> Term $v(x)$ eingesetzt.
> $v(u(x))$ bedeutet:
> In $v(x)$ wird für x der
> Term $u(x)$ eingesetzt.

Bei der Verkettung $x \mapsto u(v(x))$ nennt man v die „innere" und u die „äußere" Funktion. Bildet man mit $u(x) = \sqrt{x}$ und $v(x) = 2x + 1$ die Funktion $u \circ v$, so ist $v(x) = 2x + 1$ die innere und $u(v) = \sqrt{v}$ die äußere Funktion. Es gilt: $u(v(x)) = \sqrt{v(x)} = \sqrt{2x + 1}$.
Bildet man dagegen $v \circ u$, so ist $u(x) = \sqrt{x}$ die innere und $v(u) = 2u + 1$ die äußere Funktion. In diesem Fall gilt: $v(u(x)) = 2 \cdot \sqrt{x} + 1$.

Das Verketten von Funktionen ist also nicht kommutativ, d. h. es gilt im Allgemeinen nicht $u \circ v = v \circ u$.
Der wichtigste Anwendungsbereich der Verkettung besteht darin, kompliziertere Funktionen als Verkettung einfacherer Funktionen darzustellen, sie also in einfachere Funktionen zu zerlegen. Man erkennt dies am Beispiel der Funktion f mit $f(x) = \sqrt{x^2 + 1}$. Wählt man als innere Funktion die Funktion $v: x \mapsto x^2 + 1$ und ersetzt in $f(x)$ den Term $v(x)$ durch die Variable v, so erhält man die äußere Funktion $u(v) = \sqrt{v}$. Es ist $f = u \circ v$.

Beispiel 1: (Verketten zweier gegebener Funktionen)
Gegeben sind die Funktionen u mit $u(x) = \sin(x)$ und $v(x) = \frac{1}{2x}$.
Bestimmen Sie $u \circ v$ und $v \circ u$.
Lösung:
$u(v(x)) = \sin(v(x)) = \sin\left(\frac{1}{2x}\right)$. Somit ist $u \circ v: x \mapsto \sin\left(\frac{1}{2x}\right)$.
$v(u(x)) = \frac{1}{2u(x)} = \frac{1}{2\sin(x)}$. Somit ist $v \circ u: x \mapsto \frac{1}{2\sin(x)}$.

> Ist der Funktionsterm $f(x)$
> • eine Potenz,
>   so ist die äußere Funktion eine Potenz,
> • eine Wurzel,
>   so ist die äußere Funktion eine Wurzel,
> • ein Sinus,
>   so ist die äußere Funktion ein Sinus,
> • ein Kehrbruch,
>   so ist die äußere Funktion ein Kehrbruch,
> • ...

Beispiel 2: (Zerlegen einer Funktion)
a) Gegeben ist die Funktion f mit $f(x) = (2x^2 - 1)^4$. Bestimmen Sie Funktionen u und v mit $u \circ v = f$.
b) Geben Sie zwei Möglichkeiten zur Zerlegung der Funktion f mit $f(x) = \frac{1}{\sqrt{x+3}}$ an.
Lösung:
a) Der Term stellt eine Potenz mit dem Exponenten 4 dar: Äußere Funktion $u(v) = v^4$; innere Funktion $v(x) = 2x^2 - 1$. Damit ist $f(x) = u(v(x)) = (v(x))^4 = (2x^2 - 1)^4$.
Mit den „einfachen" Funktionen $v: x \mapsto 2x^2 - 1$ und $u: x \mapsto x^4$ gilt also $f = u \circ v$.
b) 1. Möglichkeit: Der Term hat die Form eines Kehrbruchs, also gilt:
$$u(v) = \frac{1}{v} \text{ mit } v(x) = \sqrt{x+3}.$$
2. Möglichkeit: Schreibt man $f(x) = \sqrt{\frac{1}{x+3}}$, so ist der Term eine Wurzel, also gilt:
$$u(v) = \sqrt{u} \text{ mit } v(x) = \frac{1}{x+3}.$$

Aufgaben

2 Berechnen Sie für $u(x) = 1 - 3x$ und $v(x) = 1 + 2x^2$
a) $u(v(0))$ b) $v(u(0))$ c) $u(v(1))$ d) $v(v(2))$
e) $(u \circ v)(3)$ f) $(v \circ u)(3)$ g) $(u \circ u)(-2)$ h) $(v \circ v)(-2)$.

3 Bilden Sie $f(x) = u(v(x))$ und $g(x) = v(u(x))$ mit den Termen $u(x)$ und $v(x)$.
a) $u(x) = 1 + x; \ v(x) = 3x + 4$ b) $u(x) = 2 + x; \ v(x) = x^2$
c) $u(x) = 1 - x^2; \ v(x) = (1 - x)^2$ d) $u(x) = x^2 + 1; \ v(x) = \frac{1}{x - 1}$
e) $u(x) = \frac{1}{1 - x^2}; \ v(x) = \frac{2}{x}$ f) $u(x) = 2^x; \ v(x) = 1 - 2x$

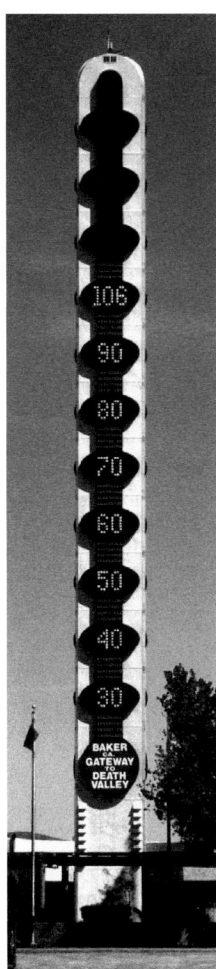

Das vermutlich größte Thermometer der Welt steht in Baker im US-Bundesstaat Kalifornien, dem Tor zum Death Valley. Es zeigt zum Zeitpunkt der Aufnahme im April 2000 eine Temperatur von 106 Grad Fahrenheit (ca. 41 Grad Celsius) an.

1 lb (ein englisches Pfund) enspricht ca. 4,45 Newton.

4 Geben Sie die Funktion $f \circ g$ und die Funktion $g \circ f$ an.
a) $f: x \mapsto (x-1)^2$; $g: x \mapsto x+1$ b) $f: x \mapsto x^2$; $g: x \mapsto 2x+3$
c) $f: x \mapsto 2-x$; $g: x \mapsto 1$ d) $f: x \mapsto \frac{1}{x}$; $g: x \mapsto \frac{1}{x^2-4}$

5 Es ist $f(x) = u(v(x))$. Vervollständigen Sie die Tabelle.

	$f(x)$	$v(x)$	$u(x)$		$f(x)$	$v(x)$	$u(x)$
a)		x^3	$3x+1$	d)	$\frac{1}{2(x^2-4)}$	x^2-4	
b)		$3x+1$	x^3	e)	$\frac{2}{x^2-4}$		$\frac{2}{x}$
c)	$(x^2+1)^2$		x^2	f)	$2\sqrt{3-0,5x}$		$\sqrt{x}$

6 Die Funktion f kann als Verkettung $u \circ v$ aufgefasst werden. Geben Sie geeignete Funktionen u und v an.
a) $f(x) = (2-x)^3$ b) $f(x) = 2-x^3$ c) $f(x) = \frac{1}{x^2-1}$
d) $f(x) = \frac{1}{x^2} - 1$ e) $f(x) = \sin^2(x)$ f) $f(x) = \sin(x^2)$

7 a) $f(x) = \sqrt{x^4+2}$ b) $f(x) = (3+4x)^{-1}$ c) $f(x) = \sqrt{2x+x^2}$
d) $f(x) = 2^{x-3}$ e) $f(x) = 2^x - 3$ f) $f(x) = |x^2-1|$
g) $f(x) = \cos\left(2x - \frac{\pi}{4}\right)$ h) $f(x) = \frac{1}{\sin(x)}$ i) $f(x) = \frac{3}{2(3-x^2)}$

8 Bestimmen Sie eine Funktion u so, dass $f = u \circ v$ ist.
a) $f(x) = (2x+6)^3$; $v(x) = 2x+6$ b) $f(x) = (2x+6)^3$; $v(x) = x+3$
c) $f(x) = \frac{3}{(x-1)^2}$; $v(x) = x-1$ d) $f(x) = \frac{3}{(x-1)^2}$; $v(x) = (x-1)^2$

9 Stellen Sie die Funktion f auf zwei Arten als Verkettung zweier Funktionen u und v dar.
a) $f(x) = \frac{4}{(2x+1)^2}$ b) $f(x) = (3x+6)^2$ c) $f(x) = \sqrt{(x+2)^3}$

10 Gegeben sind die Funktionen $v: x \mapsto x-1$; $x \in \mathbb{R}$ und $u: x \mapsto \sqrt{x}$; $x \in \mathbb{R}_0^+$.
a) Zeigen Sie, dass die Funktion $u \circ v$ an der Stelle 0,5 nicht definiert ist. Geben Sie drei weitere Stellen an, für welche die Funktion $u \circ v$ nicht definiert ist.
b) Geben Sie die maximale Definitionsmenge der Funktion $u \circ v$ an.

11 Für einen US-Dollar erhält man zu einem Zeitpunkt 0,9074 Euro, für einen Euro 1,5522 Schweizer Franken. Geben Sie jeweils eine Funktion an, die jedem Dollarbetrag den entsprechenden Betrag in Euro und jedem Euro-Betrag den entsprechenden Betrag in Schweizer Franken zuordnet. Geben Sie die Funktion an, die jedem Dollarbetrag den entsprechenden Betrag in Franken zuordnet.

12 Temperaturangaben der Kelvin-Skala rechnet man in solche der Celsius-Skala um nach der Vorschrift $x \mapsto x-273$, solche der Celsius-Skala in die Fahrenheit-Skala durch $x \mapsto 1,8x+32$. Wie lautet die Vorschrift, mit der man von der Kelvin-Skala direkt in die Fahrenheit-Skala umrechnen kann?

13 Die Rückschlagkraft r eines Tennisschlägers ist von der Spannung s der Saiten abhängig. Ein Hersteller gibt für sein neues Modell an: $r(s) = 0,04s + 1,8$ (r, s in lb). Ein frisch bespannter Schläger verliert allmählich an Spannung. Nach t Tagen beträgt sie noch $s(t) = 50 + \frac{30}{t+2}$.
a) Berechnen Sie die Rückschlagkraft für einen frisch bespannten Schläger nach 4 Tagen.
b) Geben Sie eine Funktion an, mit der sich die Rückschlagkraft nach t Tagen direkt bestimmen lässt.

21

5 Die Kettenregel

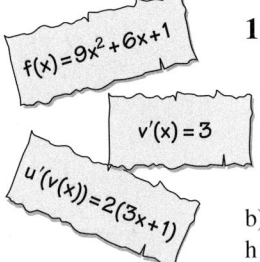

1 a) Stellen Sie möglichst viele Zusammenhänge zwischen den Funktionstermen her.

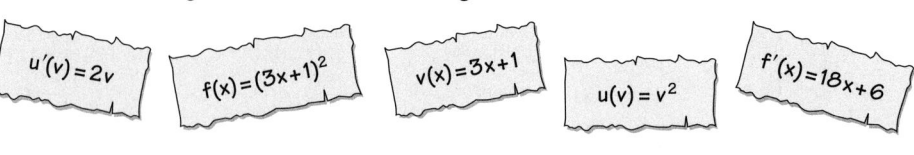

b) Führen Sie entsprechende Überlegungen für $f(x) = (x + 2)^3$, $g(x) = (4x - 1)^2$ und $h(x) = (x^2)^3$ durch.

Bei der Funktion f mit $f(x) = (x^2 + 3)^2$ liegt die Vermutung nahe, sie entsprechend der Potenzregel abzuleiten. Dies würde den Term $2(x^2 + 3)$ liefern. Multipliziert man aber den Funktionsterm von f aus, ergibt sich $f(x) = x^4 + 6x^2 + 9$ mit $f'(x) = 4x^3 + 12x = 4x(x^2 + 3)$.

Bei der Anwendung der Potenzregel fehlt also der Faktor $2x$. Fasst man f als verkettete Funktion auf mit der inneren Funktion $v: x \mapsto x^2 + 3$ und der äußeren Funktion $u: v \mapsto v^2$, so ist der fehlende Faktor gerade die Ableitung der inneren Funktion v. Für die Funktion f gilt also: $f'(x) = u'(v(x)) \cdot v'(x)$. Im Folgenden wird untersucht, ob dieser Zusammenhang allgemein bei der Verkettung zweier Funktionen gilt.

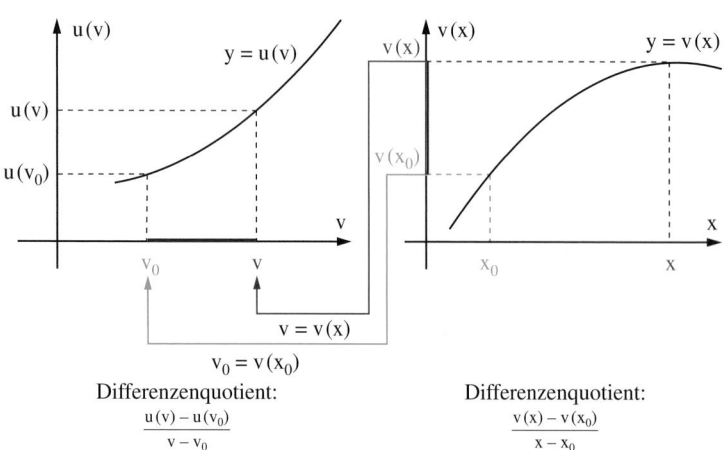

Differenzenquotient:
$$\frac{u(v) - u(v_0)}{v - v_0}$$

Differenzenquotient:
$$\frac{v(x) - v(x_0)}{x - x_0}$$

Es sei $f(x) = u(v(x))$. Die innere Funktion v sei an der Stelle x_0 differenzierbar, die äußere Funktion u an der Stelle $v_0 = v(x_0)$.

Um zu untersuchen, ob die Funktion f an der Stelle x_0 differenzierbar ist, betrachtet man den Differenzenquotienten von f und versucht, diesen mithilfe der Differenzenquotienten von u und v darzustellen (Fig. 1).

Es ist
$$\frac{f(x) - f(x_0)}{x - x_0} = \frac{u(v(x)) - u(v(x_0))}{x - x_0}$$
$$= \frac{u(v(x)) - u(v(x_0))}{v(x) - v(x_0)} \cdot \frac{v(x) - v(x_0)}{x - x_0}.$$

Mit $v(x) = v$ und $v(x_0) = v_0$ ist
$$\frac{f(x) - f(x_0)}{x - x_0} = \frac{u(v) - u(v_0)}{v - v_0} \cdot \frac{v(x) - v(x_0)}{x - x_0}.$$

Wegen der Stetigkeit der Funktion v geht für $x \to x_0$ auch $v \to v_0$.

Der Grenzübergang $x \to x_0$ liefert also: $f'(x_0) = u'(v_0) \cdot v'(x_0) = u'(v(x_0)) \cdot v'(x_0)$.

Satz: (Kettenregel)

Ist $f = u \circ v$ eine Verkettung zweier differenzierbarer Funktionen u und v, so ist auch f differenzierbar, und es gilt:
$$f'(x) = u'(v(x)) \cdot v'(x).$$

Bemerkung: Diese Herleitung der Kettenregel gilt nur für solche Funktionen, bei denen in einer hinreichend kleinen Umgebung von x_0 die Differenz $v(x) - v(x_0) \neq 0$ ist.

Man kann aber zeigen, dass die Kettenregel für alle differenzierbaren Funktionen u und v gilt.

Beispiel 1: (Kettenregel)

Leiten Sie ab und vereinfachen Sie das Ergebnis.

a) $f(x) = (5 - 3x)^4$ b) $f(x) = \sin\left(x + \frac{\pi}{2}\right)$ c) $f(x) = \frac{3}{(x^2 - 1)^2}$

Lösung:

a) $f(x)$ ist eine Potenz. Damit ist die äußere Funktion $u(v) = v^4$; $u'(v) = 4v^3$; innere Funktion ist $v(x) = 5 - 3x$; $v'(x) = -3$. Ableitung von $f'(x) = u'(v) \cdot v'(x) = 4v^3 \cdot (-3) = -12 \cdot (5 - 3x)^3$.

Zu Beispiel 1b):
Wegen $\sin\left(x + \frac{\pi}{2}\right) = \cos(x)$
und $\cos\left(x + \frac{\pi}{2}\right) = -\sin(x)$
gilt also
$(\cos(x))' = -\sin(x)$.

b) $f(x)$ ist eine Sinusfunktion: $u(v) = \sin(v)$, $u'(v) = \cos(v)$; $v(x) = x + \frac{\pi}{2}$, $v'(x) = 1$; also $f'(x) = u'(v) \cdot v'(x) = \cos\left(x + \frac{\pi}{2}\right) \cdot 1 = \cos\left(x + \frac{\pi}{2}\right) = -\sin(x)$.

c) $f(x)$ kann man als 3faches einer Potenz schreiben: $f(x) = 3 \cdot (x^2 - 1)^{-2}$. Also ist $u(v) = 3 \cdot v^{-2}$, $u'(v) = -6v^{-3}$; $v(x) = x^2 - 1$, $v'(x) = 2x$. $f'(x) = -6(x^2 - 1)^{-3} \cdot 2x = -\frac{12x}{(x^2 - 1)^3}$.

Aufgaben

2   Vervollständigen Sie die Tabelle.

	$f(x) = u(v(x))$	$v(x)$	$u(v)$	$v'(x)$	$u'(v)$	$u'(v(x))$	$f'(x)$
	$(5x - 1)^3$	$5x - 1$	v^3	5	$3v^2$	$3(5x - 1)^2$	$15(5x - 1)^2$
a)		$2x + 3$	v^2				
b)	$\frac{2}{(2x + 1)^2}$		$2v^{-2}$				
c)	$\cos(2x + 1)$						

Wetten, dass Ihnen dieser Fehler auch einmal unterläuft?

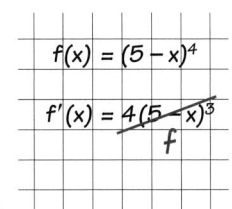

Eine Teilaufgabe geht auch ohne Kettenregel!

3   Leiten Sie ab und vereinfachen Sie das Ergebnis.

a) $f(x) = \left(\frac{1}{3}x + 2\right)^2$ b) $f(x) = \frac{1}{18}(3x + 2)^6$ c) $f(x) = \frac{1}{8}\left(\frac{1}{2} - x^2\right)^7$ d) $f(x) = (3 - x)^2$

e) $f(x) = (x + x^2)^2$ f) $h(x) = (2 - 3x + x^2)^3$ g) $h(x) = (1 - x + x^3)^2$ h) $f(x) = (x\sqrt{2} - x^2)^2$

4   a) $f(x) = (8x - 7)^{-1}$ b) $f(x) = 2(5 - x)^{-1}$ c) $f(x) = (15x - 3)^{-2}$ d) $f(x) = \left(\frac{1}{2}x - 5x^3\right)^{-3}$

e) $f(x) = \frac{1}{(x - 2)^2}$ f) $g(t) = \frac{3}{(5 - t)^2}$ g) $f(x) = \frac{1}{2(x - 7)^3}$ h) $g(t) = \frac{5}{(t^2 - 1)^2}$

5   a) $f(x) = \sqrt{3x}$ b) $f(x) = \sqrt{1 + 2x}$ c) $g(x) = \sqrt{1 - x^2}$ d) $h(r) = \sqrt{7r - r^2}$

6   a) $f(x) = \sin(2x)$ b) $f(x) = \sin(2x - \pi)$ c) $f(x) = 2\cos(1 - x)$ d) $f(x) = \frac{1}{3}\sin(x^2)$

7   a) $f(x) = \left(1 + \sqrt{x}\right)^2$ b) $f(x) = \left(2\sqrt{x} - x\right)^3$ c) $f(x) = 2\left(x^2 - 3\sqrt{x}\right)^2$

d) $f(x) = \frac{1}{\left(x^3 - \sqrt{x}\right)^2}$ e) $f(x) = x^3 + \sin(3x)$ f) $f(x) = \cos\left(\frac{1}{4} - x\right) + x$

g) $f(x) = \frac{1}{\sin(x)}$ h) $f(x) = \frac{1}{x^2} + \sin\left(\frac{1}{x}\right)$ i) $f(x) = \sqrt{\sin(x)}$

8   a) $f(x) = (ax^3 + 1)^2$ b) $f(x) = \frac{3a}{1 + x^2}$ c) $f(x) = \frac{1}{a + bx}$

d) $s(t) = \frac{a}{(bt + 1)^2}$ e) $f(x) = \sqrt{ax - 1}$ f) $g(x) = \sqrt{t^2x + 2t}$

g) $f(x) = \sin(ax^2)$ h) $f(x) = \sin((ax)^2)$ i) $f(x) = (\sin(ax))^2$

9   Leiten Sie zweimal ab.

a) $f(x) = (4x - 7)^3$ b) $f(x) = \frac{3}{5 - x}$ c) $f(x) = \frac{1}{(x - 5)^3}$ d) $f(x) = \frac{1}{4}\sin(2x + 1)$

10   a) Begründen Sie: Die Funktion f mit $f(x) = g(x^2)$ hat die Ableitung $f'(x) = 2x \cdot g'(x)$.

b) Leiten Sie entsprechend ab: $f_1(x) = g(3x)$; $f_2(x) = g(1 - x)$; $f_3(x) = g\left(\frac{1}{x}\right)$.

6 Die Produktregel

1 Gegeben sind die Funktionen u und v mit $u(x) = x^3$ und $v(x) = x^2 + 1$.
a) Berechnen Sie den Term der Funktion f mit $f(x) = u(x) \cdot v(x)$.
Bestimmen Sie $u'(x)$, $v'(x)$ und $f'(x)$.
b) Zeigen Sie, dass $f'(x)$ nicht mit $u'(x) \cdot v'(x)$ übereinstimmt.
c) Drücken Sie $f'(x)$ mithilfe von $u(x)$, $v(x)$, $u'(x)$ und $v'(x)$ aus.

Zu zwei Funktionen f und g kann man ihr Produkt bilden. Mit $f(x) = x$ und $g(x) = x^2$ erhält man die Produktfunktion p mit $p(x) = f(x) \cdot g(x) = x \cdot x^2 = x^3$. Während Summen von Funktionen gliedweise abgeleitet werden, gilt dies für Produkte von Funktionen nicht. So hat die Funktion p die Ableitung $p'(x) = 3x^2$. Multipliziert man jedoch die Ableitungen der einzelnen Faktoren, so erhält man $1 \cdot 2x = 2x$.

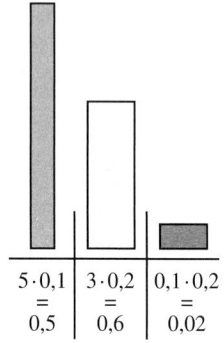

$5 \cdot 0,1$ = 0,5 | $3 \cdot 0,2$ = 0,6 | $0,1 \cdot 0,2$ = 0,02

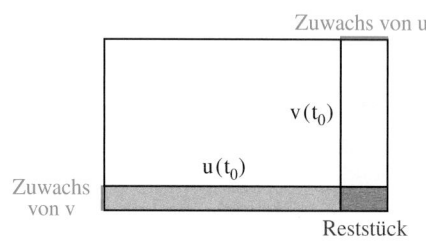

Zuwachs von u

$v(t_0)$

$u(t_0)$

Zuwachs von v

Reststück

Um eine Vermutung über die Ableitung eines Produkts zweier Funktionen zu erhalten, kann man den Flächeninhalt eines Rechtecks betrachten, dessen Seitenlängen u und v im Laufe der Zeit zunehmen. Für den Flächeninhalt zum Zeitpunkt t_0 gilt:
$A(t_0) = u(t_0) \cdot v(t_0)$.
Betrachtet man das Rechteck zu einem etwas späteren Zeitpunkt t, so erhält man:
Zuwachs von A = (Zuwachs von u) $\cdot v(t_0)$ + $u(t_0) \cdot$ (Zuwachs von v) + Rest.
Dividiert man durch $t - t_0$, so erhält man bei Vernachlässigung des kleinen Restes:
Änderungsrate von A $\approx$ (Änderungsrate von u) $\cdot v(t_0)$ + $u(t_0) \cdot$ (Änderungsrate von v).
Der Grenzübergang $t \to t_0$ liefert $A'(t_0) = u'(t_0) \cdot v(t_0) + u(t_0) \cdot v'(t_0)$.

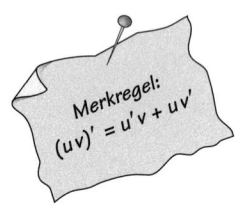

Merkregel:
$(uv)' = u'v + uv'$

Satz: (Produktregel)
Sind die Funktionen u und v differenzierbar, so ist auch die Funktion $f = u \cdot v$ differenzierbar, und es gilt: $\mathbf{f'(x) = u'(x) \cdot v(x) + u(x) \cdot v'(x)}$.

Um den Differenzenquotienten von f auf die Differenzenquotienten
$\frac{u(x) - u(x_0)}{x - x_0}$
und
$\frac{v(x) - v(x_0)}{x - x_0}$
zurückführen zu können, wird der rot unterlegte *Teil eingefügt.*

Beweis:
Für den Differenzenquotienten von f gilt:
$$\frac{f(x) - f(x_0)}{x - x_0} = \frac{u(x) \cdot v(x) - u(x_0) \cdot v(x_0)}{x - x_0} = \frac{u(x) \cdot v(x) - u(x_0) \cdot v(x) + u(x_0) \cdot v(x) - u(x_0) \cdot v(x_0)}{x - x_0}$$
$$= \frac{[u(x) - u(x_0)] \cdot v(x) + u(x_0) \cdot [v(x) - v(x_0)]}{x - x_0} = \frac{u(x) - u(x_0)}{x - x_0} \cdot v(x) + u(x_0) \cdot \frac{v(x) - v(x_0)}{x - x_0}.$$

Die Funktionen u und v sind differenzierbar. Für $x \to x_0$ gilt daher $\frac{u(x) - u(x_0)}{x - x_0} \to u'(x_0)$; $v(x) \to v(x_0)$ und $\frac{v(x) - v(x_0)}{x - x_0} \to v'(x_0)$. Damit ist die Produktregel bewiesen.

Beispiel 1: (Produktregel)
Bestimmen Sie die Ableitung von f mit $f(x) = (x^3 + 1) \cdot \sqrt{x}$ und vereinfachen Sie.
Lösung:
Mit $u(x) = x^3 + 1$ und $v(x) = \sqrt{x}$ ist $u'(x) = 3x^2$ und $v'(x) = \frac{1}{2\sqrt{x}}$.
Mit der Produktregel gilt: $f'(x) = 3x^2 \cdot \sqrt{x} + (x^3 + 1) \cdot \frac{1}{2\sqrt{x}} = \frac{6x^3 + x^3 + 1}{2\sqrt{x}} = \frac{7x^3 + 1}{2\sqrt{x}}$.

Beispiel 2: (Produkt- und Kettenregel)

Bestimmen Sie die Ableitung der Funktion f.

a) $f(x) = (2x + 3)(1 - x^2)^4$ b) $f(x) = \sin(x) \cdot \cos(2x)$

Lösung:

a) Mit $u(x) = 2x + 3$ und $v(x) = (1 - x^2)^4$ ist

$$u'(x) = 2 \quad \text{und} \quad v'(x) = 4(1 - x^2)^3 \cdot (-2x) = -8x \cdot (1 - x^2)^3.$$

Also: $f'(x) = 2 \cdot (1 - x^2)^4 + (2x + 3) \cdot (-8x) \cdot (1 - x^2)^3$

$$= (1 - x^2)^3 \cdot (2 - 2x^2 - 16x^2 - 24x) = (1 - x^2)^3 \cdot (2 - 24x - 18x^2).$$

b) $f'(x) = \cos(x) \cdot \cos(2x) + \sin(x) \cdot (-\sin(2x) \cdot 2) = \cos(x) \cdot \cos(2x) - 2\sin(x) \cdot \sin(2x)$

Will man f′ direkt hinschreiben, muss man einiges im Kopf haben:

$u(x) = sin(x)!$
$u'(x) = cos(x)$
$v(x) = cos(2x)$
$v'(x) = -sin(2x) \cdot 2$

Aufgaben

2   Leiten Sie ab.

a) $f(x) = x \cdot \sqrt{x}$ b) $f(x) = x^2 \cdot \sqrt{x}$ c) $f(t) = (3t + 2)(t^6 + 6t)$ d) $g(t) = (2t^2 - 3t^{-2}) \cdot t^{-5}$

e) $f(a) = \sqrt{a}(1 - 2a^3)$ f) $f(x) = x \cdot \sin(x)$ g) $f(t) = \sin(t) \cdot \cos(t)$ h) $f(a) = \frac{1}{a} \cdot \cos(a)$

3   Leiten Sie zunächst mithilfe der Produktregel ab und fassen Sie zusammen. Multiplizieren Sie dann f(x) aus und leiten Sie erneut ab.

a) $f(x) = \sqrt{x} \cdot \sqrt{x}$ b) $f(x) = (1 - 2x) \cdot (3x + 1)$ c) $f(x) = \left(\frac{1}{x^3} + x^2\right) \cdot (-x)$

Es muss nicht immer die Produktregel sein!

4   Leiten Sie ab.

a) $f(x) = (x + k)\sqrt{x}$ b) $f(x) = (1 - x) \cdot (x^n - 2)$ c) $f(x) = (kx + 1) \cdot \sin(x)$

d) $f(x) = \sqrt{x} \cdot \left(\frac{1}{x} - t\right)$ e) $f(t) = \sqrt{x} \cdot \left(\frac{1}{x} - t\right)$ f) $f(k) = \sqrt{x} \cdot \left(\frac{1}{x} - t\right)$

5   Leiten Sie mithilfe der Produkt- und der Kettenregel ab und fassen Sie zusammen.

a) $f(x) = (2x - 1) \cdot (3x + 4)^2$ b) $f(x) = (5 - 4x)^3 \cdot (1 - x)$ c) $f(x) = \left(\frac{1}{x^3} - x^2\right) \cdot (1 + x)$

d) $f(x) = x\sqrt{1 + x^2}$ e) $f(x) = \sin(2x) \cdot \cos(2x)$ f) $f(x) = \cos(x) \cdot \sin(x^2 + 1)$

6   Gegeben ist die Funktion f mit $f(x) = (x - 1) \cdot \sqrt{x}$.

a) Bestimmen Sie die Schnittpunkte N_1 und N_2 des Graphen von f mit der x-Achse.

b) Welche Steigung haben die Tangenten an den Graphen in den Punkten N_1 und N_2?

c) In welchem Punkt hat der Graph von f eine waagerechte Tangente?

d) Skizzieren Sie den Graphen von f.

7   Die Funktion f sei zweimal differenzierbar und es sei $g(x) = f^2(x)$.

a) Bestimmen Sie die erste und die zweite Ableitung von g.

b) Zeigen Sie, dass jede Nullstelle von f′ auch eine Nullstelle von g′ ist.

c) Es sei x_0 eine Maximalstelle von f mit $f''(x_0) < 0$. Unter welcher Bedingung ist x_0 auch Maximalstelle von g?

8   a) Leiten Sie die Funktion f mit $f(x) = x \cdot \sin(x) \cdot \cos(x)$ ab. Schreiben Sie dazu f(x) als Produkt von 2 Funktionen: $f(x) = u(x) \cdot v(x)$ mit $u(x) = x$ und $v(x) = \sin(x) \cdot \cos(x)$.

b) Versuchen Sie eine Regel für die Ableitung von $f(x) = u(x) \cdot v(x) \cdot w(x)$ aufzustellen und prüfen Sie am Beispiel der Ableitung von $f(x) = x \cdot x^2 \cdot x^3$.

Bekannte Näherungsverfahren für die Nullstellenberechnung sind
• *das NEWTON-Verfahren*
• *das Verfahren der fortgesetzten Intervallhalbierung*

9   Überzeugen Sie sich, dass f im angegebenen Intervall einen Extremwert besitzt. Bestimmen Sie die Extremstelle auf 4 Dezimalen und ermitteln Sie die Art der Extremwerte.

a) $f(x) = x \cdot \sin(x)$; $\left[\frac{3}{2}; \frac{5}{2}\right]$ b) $f(x) = (2x + 1) \cdot \cos(x)$; $[3; 4]$

7 Die Quotientenregel

1 Formen Sie $f(x)$ zunächst um und berechnen Sie danach $f'(x)$.

a) $f(x) = \frac{1}{(2x+1)^4}$ b) $f(x) = \frac{x}{x+1}$ c) $f(x) = \frac{(x+2)^4}{x}$ d) $f(x) = \frac{\sin(x)}{x}$

Um Quotienten von Funktionen ableiten zu können, fasst man $f = \frac{u}{v}$ als Produkt zweier Funktionen auf mit $f(x) = \frac{u(x)}{v(x)} = u(x) \cdot \frac{1}{v(x)}$. Für die Funktion k mit $k(x) = \frac{1}{v(x)} = v^{-1}(x)$ gilt nach der Kettenregel: $k'(x) = -1 \cdot v^{-2}(x) \cdot v'(x) = -\frac{v'(x)}{v^2(x)}$.

Somit ergibt sich für $f(x) = u(x) \cdot \frac{1}{v(x)}$ mithilfe der Produktregel

$$f'(x) = u'(x) \cdot \frac{1}{v(x)} + u(x) \cdot \left(-\frac{v'(x)}{v^2(x)}\right) = \frac{u'(x) \cdot v(x) - u(x) \cdot v'(x)}{v^2(x)}.$$

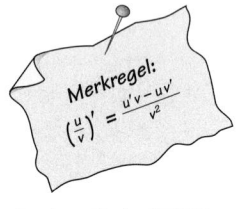

Merkregel:
$$\left(\frac{u}{v}\right)' = \frac{u'v - uv'}{v^2}$$

Satz: (Quotientenregel)

Sind die Funktionen u und v differenzierbar mit $v(x) \neq 0$, so ist die Funktion $f: x \mapsto \frac{u(x)}{v(x)}$ differenzierbar, und es gilt:

$$f'(x) = \frac{u'(x) \cdot v(x) - u(x) \cdot v'(x)}{v^2(x)}.$$

Beachten Sie das Minuszeichen im Zähler!

Beispiel 1: (Quotientenregel)

Bestimmen Sie $f'(x)$.

a) $f(x) = \frac{2x}{1-x}$ b) $f(x) = \frac{x^2+1}{2x-1}$

Lösung:

a) Mit $u(x) = 2x$ und $v(x) = 1-x$ ist $u'(x) = 2$ und $v'(x) = -1$.

Mit der Quotientenregel ergibt sich:

$$f'(x) = \frac{2(1-x) - 2x \cdot (-1)}{(1-x)^2} = \frac{2}{(1-x)^2}.$$

b) $f'(x) = \frac{2x(2x-1) - (x^2+1)2}{(2x-1)^2} = \frac{2x^2 - 2x - 2}{(2x-1)^2}$

Beispiel 2: (Quotientenregel mit Kettenregel)

Bestimmen Sie die Ableitung von f mit $f(x) = \frac{(2x^2+3)^2}{x-1}$.

Lösung:

Mit $u(x) = (2x^2+3)^2$ ergibt sich nach der Kettenregel:

$u'(x) = 2(2x^2+3) \cdot 4x = 8x(2x^2+3)$; mit $v(x) = x-1$ ist $v'(x) = 1$.

Damit ergibt sich nach der Quotientenregel:

$$f'(x) = \frac{8x(2x^2+3)(x-1) - (2x^2+3)^2 \cdot 1}{(x-1)^2} = \frac{(2x^2+3)(8x^2 - 8x - 2x^2 - 3)}{(x-1)^2} = \frac{(2x^2+3)(6x^2 - 8x - 3)}{(x-1)^2}.$$

Wenn der Zähler eine Konstante ist, schreibt man einen Quotienten besser als Potenz!

Beispiel 3: (Zweite Ableitung mit Quotientenregel und Kettenregel)

Bestimmen Sie $f'(x)$ und $f''(x)$ für $f(x) = \frac{1}{x^2+2}$.

Lösung:

Zuerst kürzen, dann ausmultiplizieren, zuletzt zusammenfassen, Nenner niemals ausmultiplizieren!

Mit $f(x) = (x^2+2)^{-1}$ ist $f'(x) = (-1) \cdot (x^2+2)^{-2} \cdot 2x = -\frac{2x}{(x^2+2)^2}$.

Quotientenregel und Kettenregel benötigt man für die 2. Ableitung:

$$f''(x) = -\frac{2(x^2+2)^2 - 2x \cdot 2(x^2+2) \cdot 2x}{(x^2+2)^4} = -\frac{(x^2+2)[2(x^2+2) - 8x^2]}{(x^2+2)^4} = -\frac{2(x^2+2) - 8x^2}{(x^2+2)^3} = \frac{6x^2 - 4}{(x^2+2)^3}.$$

Beispiel 4: (Tangensfunktion)

Leiten Sie die Tangensfunktion f ab.

Es ist

$f(x) = \tan(x) = \frac{\sin(x)}{\cos(x)}$; $x \neq k \cdot \pi$, $x \in \mathbb{R}$, $k \in \mathbb{Z}$.

Lösung:

Mit $u(x) = \sin(x)$ und $v(x) = \cos(x)$ ist

$u'(x) = \cos(x)$ und $v'(x) = -\sin(x)$.

Mit der Quotientenregel ergibt sich:

$f'(x) = \frac{\cos(x) \cdot \cos(x) - \sin(x) \cdot (-\sin(x))}{(\cos(x))^2} = \frac{\sin^2(x) + \cos^2(x)}{\cos^2(x)}$.

Da $\sin^2(x) + \cos^2(x) = 1$ ist, erhält man die

Ableitung $f'(x) = \frac{1}{\cos^2(x)}$.

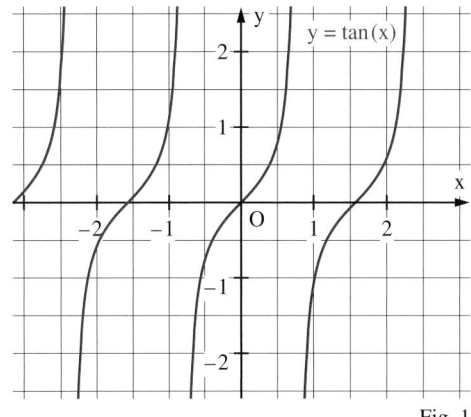

Fig. 1

Aufgaben

2 Leiten Sie ab und vereinfachen Sie.

a) $f(x) = \frac{x}{x+1}$
b) $f(x) = \frac{x}{2x+3}$
c) $f(x) = \frac{2x}{1+3x}$
d) $f(x) = \frac{3-x}{3+x}$

e) $f(x) = -\frac{x}{x^2+4}$
f) $f(x) = \frac{1-x^2}{x+2}$
g) $f(x) = \frac{3x^2-1}{x^2+4}$
h) $f(t) = \frac{t^3}{1+t^3}$

3 a) $f(x) = \frac{6x}{15-x^2}$
b) $s(t) = \frac{4t^2-5}{2t+1}$

c) $h(a) = \frac{2a+a^3}{3a-4}$
d) $z(t) = \frac{t^2-1,5t}{1+0,8t}$

> Wenn man davon ausgeht, dass der Quotient f zweier Funktionen u und v eine Ableitung besitzt, so lässt sich diese auch auf andere Weise aus der Produktregel herleiten:
>
> Aus $f = \frac{u}{v}$ folgt $\qquad f \cdot v = u$.
>
> Produktregel: $\qquad f' \cdot v + f \cdot v' = u'$
>
> Umformen: $\qquad f' \cdot v + \frac{u}{v} \cdot v' = u'$
>
> $\qquad\qquad\qquad f' \cdot v = \frac{u'v - uv'}{v}$
>
> $\qquad\qquad\qquad f' = \frac{u'v - uv'}{v^2}$

4 a) $f(x) = \frac{\sqrt{x}}{x+1}$
b) $f(x) = \frac{\sqrt{x}+1}{x+1}$

c) $g(x) = \frac{\sin(x)}{x}$
d) $h(x) = \frac{x}{\cos(x)}$

e) $f(x) = \frac{\cos(x)}{\sin(x)}$
f) $g(x) = \frac{a+\sin(x)}{\cos(x)}$

Ist die Nennerfunktion eine Potenz der Funktionsvariablen, so erhält man die Ableitung einfacher, wenn man vorher „durchdividiert".

Beispiel:

$\frac{5x^2-2}{x} = 5x - \frac{2}{x} = 5x - 2x^{-1}$

5 Leiten Sie ab, ohne die Quotientenregel zu verwenden.

a) $f(x) = \frac{1}{x^2-5}$
b) $f(x) = \frac{4}{7-2x^2}$
c) $f(x) = \frac{1}{\sqrt{x}-5}$
d) $f(x) = \frac{2}{\sin(x)}$

e) $f(x) = \frac{x^2+1}{x}$
f) $f(x) = \frac{3x^2+x-5}{3x}$
g) $f(x) = \frac{\sin(x)+\cos(x)}{\sin(x)}$
h) $f(x) = \frac{1+\cos^2(x)}{\cos(x)}$

6 An welchen Stellen hat die Ableitung der Funktion f den Wert m?

a) $f(x) = \frac{x-1}{x+1}$; $m = 2$
b) $f(x) = \frac{1-x^2}{x}$; $m = -5$
c) $f(x) = \frac{\cos(x)}{\sin(x)}$; $m = -1$; $0 \leq x < 2\pi$

7 An welchen Stellen stimmen die Funktionswerte von f' und g' überein?

Was bedeutet dies geometrisch?

Zeichnen Sie die Graphen der Funktionen f und g.

a) $f(x) = x^2$; $g(x) = -\frac{1}{x^2}$
b) $f(x) = \frac{1}{x+1}$; $g(x) = \frac{1}{x-1}$
c) $f(x) = 1 - 2x$; $g(x) = \frac{2x^2}{x+1}$

8 Leiten Sie ab.

a) $f(x) = \frac{a-bx}{a+bx}$
b) $g(t) = \frac{ct^2-d}{ct+d}$
c) $f(x) = \frac{x}{(x+2)^2}$
d) $f(x) = \frac{x-4}{(2x-3)^2}$

e) $f(x) = \frac{\cos(2x)}{\cos(x)}$
f) $f(x) = \frac{\sin(2x)}{x}$
g) $f(x) = \frac{\sqrt{2x}}{\sin(2x)}$
h) $f(x) = \frac{(2-t)^2}{\sqrt{2x}}$

8 Vermischte Aufgaben

1 Berechnen Sie f′(x) und f″(x).

a) $f(x) = \frac{1}{x^3}$ b) $f(x) = \frac{4}{x^2}$ c) $f(x) = \frac{5}{12x}$ d) $f(x) = \frac{2}{3x^{-4}}$

e) $f(x) = \frac{x^2-1}{x}$ f) $f(x) = \frac{x^4+1}{x^3}$ g) $f(x) = \frac{x^{-2}+2+x^2}{x^2}$ h) $f(x) = \frac{1+x}{x+1}$

2   a) $f(x) = 4 \cdot \sin(x)$ b) $f(x) = \frac{2\cos(x)}{5}$ c) $f(x) = \sin(t) - \cos(x)$ d) $f(x) = x^2 + \cos(t)$

3   a) $f(x) = \sin(2x)$ b) $f(x) = \cos\left(\frac{1}{2}x\right)$ c) $f(x) = \sin(5x+3)$ d) $f(x) = \frac{3}{7}\cos(x-\pi)$

4   Leiten Sie ab und vereinfachen Sie das Ergebnis.

a) $f(x) = (3x-4)^4$ b) $f(x) = \frac{4}{5x^3-x+1}$ c) $f(x) = (5x^2-7x)^{-2}$ d) $f(x) = (\cos(x))^{-4}$

5   Berechnen Sie f′(x).

a) $f(x) = x \cdot \sin(x)$ b) $f(x) = x \cdot \sin(2x)$ c) $f(x) = x \cdot \sin^2(x)$ d) $f(x) = x \cdot \sin(x^2)$

e) $f(x) = \frac{x}{\cos(x)}$ f) $f(x) = \frac{x}{\cos(2x)}$ g) $f(x) = \frac{x}{\cos^2(x)}$ h) $f(x) = \frac{x}{\cos(x^2)}$

6   a) $f(x) = \frac{3}{2+x^2}$ b) $f(x) = x \cdot \sqrt{x+3}$ c) $f(x) = x\cos\left(2x - \frac{\pi}{4}\right)$ d) $f(x) = \frac{\sin(2x)}{2x+3}$

Tangenten und Normalen

7   Ermitteln Sie die Gleichungen der Tangente und der Normalen an den Graphen von f im Punkt B.

a) $f(x) = \frac{x}{1+x}$; $B(-2\,|\,?)$ b) $f(x) = 2 \cdot \sqrt{2x+1}$; $B(0\,|\,?)$ c) $f(x) = \sin(2x)$; $B\left(\frac{\pi}{8}\,\middle|\,?\right)$

8   Zeigen Sie, dass die Gerade t Tangente an den Graphen von f ist. Geben Sie den Berührpunkt an.

a) $t: y = \frac{8}{9}x + \frac{2}{3}$; $f(x) = x + \frac{1}{x}$ b) $t: y = \frac{4}{5}x - \frac{8}{5}$; $f(x) = \frac{x^2-4}{x+3}$ c) $f(x) = \cos\left(\frac{x}{2}\right)$; $y = -\frac{x}{2} + \frac{\pi}{2}$

9   Bestimmen Sie die Gleichung der Tangente t an den Graphen von f, die parallel zur Geraden g ist.

a) $f(x) = \sin^2(x)$; $g: y = -3$ b) $f(x) = \sqrt{25-x^2}$; $g: y = -\frac{4}{3}x$ c) $f(x) = \frac{2}{x^2+1}$; $g: y = x + 3$

10   Gegeben ist die Funktion f mit $f(x) = x + \frac{4}{x}$ und der Punkt $R(4\,|-4)$. Der Punkt $B(u\,|\,v)$ sei ein Punkt des Graphen von f.

a) Bestimmen Sie die Steigung der Geraden g durch die beiden Punkte R und B.

b) Welche Steigung hat die Tangente an den Graphen von f im Punkt B?

c) Für welche Werte von u ist die Gerade g Tangente an den Graphen von f?

Geben Sie die Koordinaten der Berührpunkte sowie die Gleichungen der Tangenten an.

11   Vom Punkt R werden die Tangenten an den Graphen von f gelegt.

Berechnen Sie die Koordinaten der Berührpunkte und geben Sie die Gleichungen der Tangenten an.

a) $f(x) = \frac{4x-2}{x^2}$; $R(0\,|\,0)$ b) $f(x) = \frac{x}{x-3}$; $R(0\,|\,4)$ c) $f(x) = \sqrt{2x-4}$; $R(2\,|\,1)$

Zu den Aufgaben Nr. 7–11
Es gibt drei wichtige Typen
von Aufgaben mit Tangenten.

(gegeben: blau
   gesucht: rot)

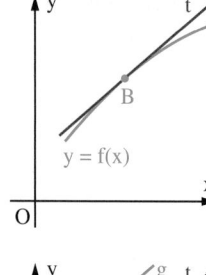

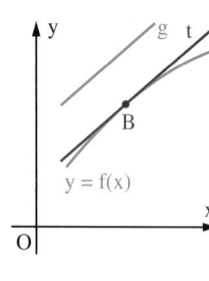

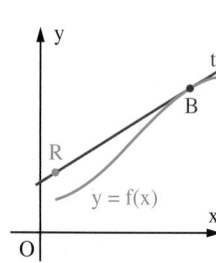

Funktionenscharen

12 Für $t \in \mathbb{R} \setminus \{0\}$ sind die Funktionen f_t gegeben durch $f_t(x) = \frac{tx}{x-1}$. Der Graph von f_t sei K_t.
a) Bestimmen Sie die Gleichung der Tangente an K_t im Punkt $O(0|0)$.
b) Für welchen Wert von t hat K_t die erste Winkelhalbierende als Tangente?
c) Zeigen Sie, dass sich K_2 und $K_{-\frac{1}{2}}$ im Ursprung orthogonal schneiden.

13 Die Graphen der Funktionen f und g mit $f(x) = \sin(ax)$ bzw. $g(x) = \sin(bx)$ schneiden sich im Ursprung orthogonal. Welche Beziehung besteht dann zwischen a und b?

14 Gegeben ist die Funktionenschar f_t mit $f_t(x) = t \cdot \sin^3(x)$. Der Graph von f_t sei K_t. Zeigen Sie, dass der Graph K_t für jede Zahl $t \neq 0$ an der Stelle $x_0 = 0$ eine waagerechte Tangente aber keinen Extremwert besitzt.

Funktionen in realem Bezug

15 Ein Motorradfahrer durchfährt eine kreisförmige Kurve (Fig. 1).
a) Geben Sie die Funktion an, die den Verlauf der Kurve wiedergibt.
b) Im Punkt $P(10|?)$ stürzt der Fahrer. Wo trifft er die Abgrenzung, die durch die Gleichung $y = 22$ beschrieben werden kann?
c) Wie weit ist er dann gerutscht?

Hier gibt es auch eine sehr einfache Lösungsmöglichkeit ohne Differenzialrechnung!

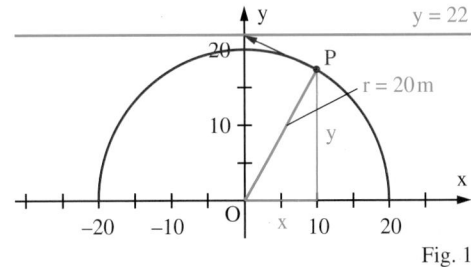

Fig. 1

16 Ein Körper schwingt an einem Faden der Länge L (in m) auf einem Kreisbogen. Bei kleinen Auslenkungen wird der Weg längs des Kreisbogens in Abhängigkeit von der Zeit beschrieben durch die Funktion s mit
$s(t) = 0,25 \cdot \sin\left(\frac{\pi}{\sqrt{L}} \cdot t - \frac{\pi}{2}\right)$.
a) Bestimmen Sie die maximale Auslenkung.
b) Erstellen Sie den Graphen von s für $L = 1$.
c) An welchen Stellen ist die Geschwindigkeit des Pendels am größten? Wie groß ist sie dann? Wo ist die Geschwindigkeit 0?
d) An welchen Stellen erfährt der Körper die größte Beschleunigung?

Zur Erinnerung: Die momentane Änderungsrate der Geschwindigkeit heißt Beschleunigung.

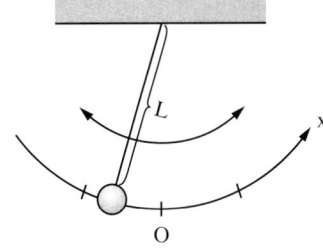

Fig. 2

17 Die Lufttemperatur $f(t)$ von Tokio in Japan lässt sich näherungsweise durch die Funktion f mit $f(t) = 14,7 - 10,7 \cdot \cos\left(\frac{\pi}{180}t\right) - 2,5 \cdot \sin\left(\frac{\pi}{180}t\right)$; $f(t)$ in °C, t in Tagen, $0 \leq t \leq 365$ beschreiben.
a) Zeichnen Sie den Graphen von f mit $0 \leq t \leq 365$.
b) Zwischen welchen Extremwerten schwanken in Tokio die Temperaturen?

18 Das jährliche Längenwachstum w (in $\frac{m}{Jahr}$) von Fichten in Abhängigkeit vom Alter (in Jahren) wird näherungsweise durch die Funktion $w_m(t) = \frac{500}{625 + (t-m)^2}$ beschrieben.
a) Überzeugen Sie sich, dass der Graph der Funktion w_m achsensymmetrisch zur Geraden mit der Gleichung $t = m$ ist. Berechnen Sie die Extremwerte der Funktion w_m.
b) Wählen Sie $m = 40$, zeichnen Sie dazu den Graphen von w_{40} und interpretieren Sie den Graphen. In welchem Bereich etwa ist die Funktion w_{40} zur Beschreibung geeignet?
c) Geben Sie für die Funktion w_{40} das Jahr an, in dem die Wachstumszunahme am größten ist.

Mit einem grafikfähigen Rechner wird vieles leichter. Steht Ihnen noch ein CAS-System zur Verfügung, gibt es wenigstens beim Rechnen keine Probleme.

Mathematische Exkursionen

Exoten unter den Funktionen

Um eine griffige Vorstellung vom wesentlichen Inhalt einer Definition zu erhalten, versucht man häufig, den Sachverhalt anschaulich zu interpretieren, was jedoch zu fehlerhaften Vereinfachungen führen kann.
Dieses Problem soll an den beiden Begriffen Stetigkeit und Differenzierbarkeit näher demonstriert werden.

Für eine Funktion f, die auf einem Intervall I definiert ist, gilt:
Eine Funktion f heißt an der Stelle $x_0 \in I$ **stetig**, wenn $\lim\limits_{x \to x_0} f(x)$ existiert und mit $f(x_0)$ übereinstimmt.

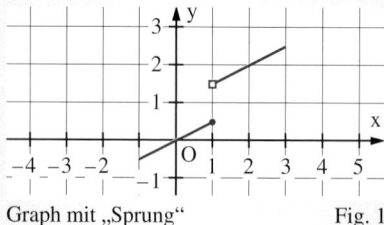

Graph mit „Sprung"　　　　　Fig. 1

Anschaulich bedeutet dies für alle „nicht exotischen" Funktionen, dass sie dann stetig sind, wenn ihr Graph keinen Sprung aufweist bzw. wenn man den Graphen „mit einem Bleistiftzug durchzeichnen" kann („Bleistiftdefinition" der Stetigkeit).

Weiterhin wird für eine Funktion f mit einem Intervall I als Definitionsmenge definiert:
Eine Funktion f heißt an der Stelle $x_0 \in I$ **differenzierbar**, wenn der Differenzenquotient $\frac{f(x) - f(x_0)}{x - x_0}$ für $x \to x_0$ einen Grenzwert besitzt.

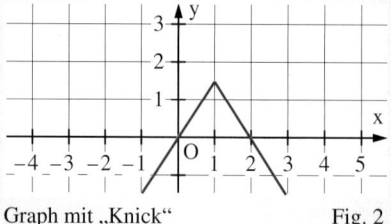

Graph mit „Knick"　　　　　Fig. 2

Anschaulich bedeutet dies für alle „nicht exotischen" Funktionen, dass sie dann differenzierbar sind, wenn ihr Graph keinen Knick aufweist bzw. wenn der Graph „glatt durchgezeichnet" werden kann.

Es gibt jedoch Funktionen, bei denen diese anschaulichen Interpretationen versagen.

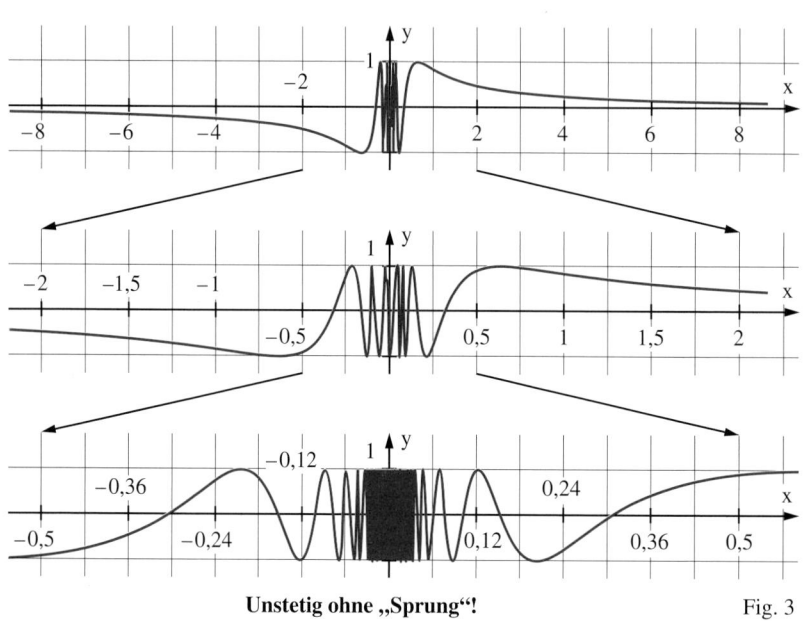

Unstetig ohne „Sprung"!　　　　　Fig. 3

Exotenfunktion Nr. 1:

$$f(x) = \begin{cases} \sin\left(\frac{1}{x}\right) & \text{für } x \neq 0 \\ 0 & \text{für } x = 0 \end{cases}$$

Selbst wenn man den Graphen von f in Richtung der x-Achse immer weiter streckt, entdeckt man an der Stelle 0 keinen Sprung.

Ist die Funktion f damit stetig? NEIN!

Nähert man sich nämlich der Stelle 0, so nimmt die Funktion f in jedem noch so kleinen Intervall [–h; h] sowohl den Funktionswert 1 als auch den Wert –1 an. Der Graph der Funktion f oszilliert sogar um so rascher zwischen den Werten –1 und 1, je näher man der Stelle 0 kommt. Deshalb hat f(x) für $x \to 0$ keinen Grenzwert.
Die Funktion f ist also an der Stelle 0 nicht stetig!

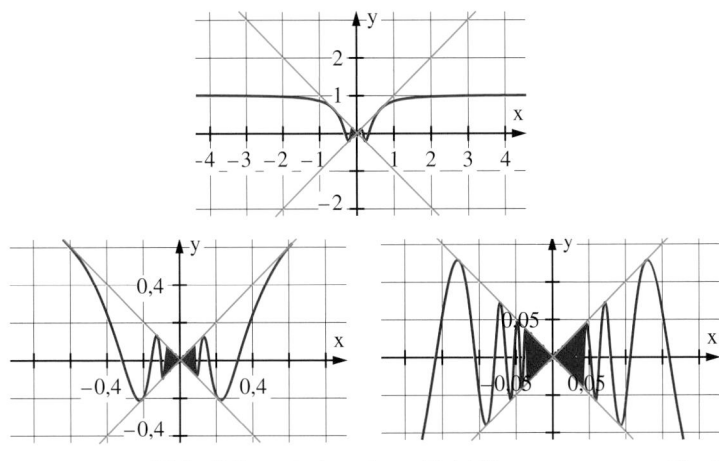

Nicht differenzierbar ohne „Knick"!   Fig. 1

Exotenfunktion Nr. 2:

$$g(x) = \begin{cases} x \cdot \sin\left(\frac{1}{x}\right) & \text{für } x \neq 0 \\ 0 & \text{für } x = 0 \end{cases}$$

Diese Funktion ist stetig!
Der Faktor $\sin\left(\frac{1}{x}\right)$ nimmt nur Werte zwischen -1 und $+1$ an. Für $x \to 0$ „dämpft" der Faktor x aber die Oszillation.
Für $x \to 0$ gilt: $x \cdot \sin\left(\frac{1}{x}\right) \to 0$.
Da $g(0) = 0$ ist, ist die Funktion g stetig an der Stelle 0 und damit auf der gesamten Definitionsmenge $\mathbb{R}$.
Betrachtet man nun den Graphen von g, so entdeckt man nirgends einen Knick.
Ist die Funktion g damit differenzierbar? NEIN!

Für $x \neq 0$ liefern zwar die Ableitungsregeln $g'(x) = \sin\left(\frac{1}{x}\right) - \frac{1}{x}\cos\left(\frac{1}{x}\right)$. Aber an der Stelle 0 gilt für den Differenzen-

quotienten: $\frac{g(x) - g(0)}{x - 0} = \frac{x\sin\left(\frac{1}{x}\right) - 0}{x - 0} = \sin\left(\frac{1}{x}\right)$. Wie die Untersuchung der Exotenfunktion Nr. 1 gezeigt hat, besitzt $\sin\left(\frac{1}{x}\right)$

keinen Grenzwert für $x \to 0$. Der Differenzenquotient besitzt also keinen Grenzwert.
Damit ist die Funktion g zwar stetig, aber an der Stelle 0 nicht differenzierbar!

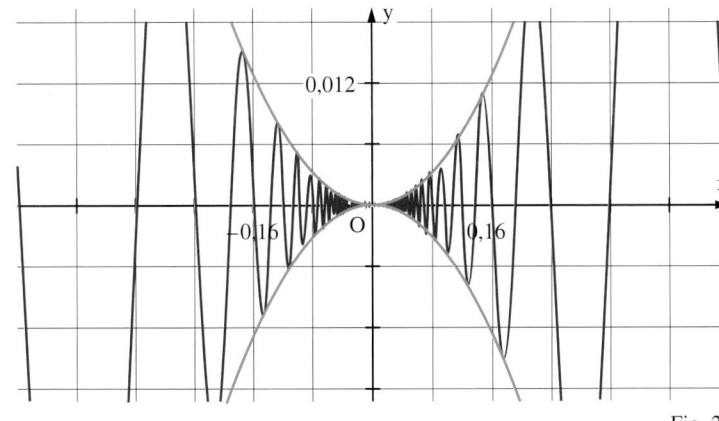

Fig. 2

Exotenfunktion Nr. 3:

$$h(x) = \begin{cases} x^2 \cdot \sin\left(\frac{1}{x}\right) & \text{für } x \neq 0 \\ 0 & \text{für } x = 0 \end{cases}$$

Diese Funktion ist stetig und differenzierbar!
Die Funktion h ist stetig an der Stelle 0, da $\lim\limits_{x \to x_0} x^2 \sin\left(\frac{1}{x}\right) = 0$ ist
und mit dem Funktionswert $h(0) = 0$ übereinstimmt.
Die Funktion h ist somit stetig auf der ganzen Definitionsmenge $\mathbb{R}$. Wie steht es aber mit der Differenzierbarkeit?

Die Funktion h ist im Gegensatz zur Funktion g auch differenzierbar an der Stelle 0, da der Differenzenquotient

$\frac{h(x) - h(0)}{x - 0} = \frac{x^2\sin\left(\frac{1}{x}\right) - 0}{x - 0} = x \cdot \sin\left(\frac{1}{x}\right)$ für $x \to 0$ den Grenzwert 0 besitzt (vgl. Stetigkeit der Exotenfunktion Nr. 2).

Mithilfe der Ableitungsregeln erhält man die Ableitungsfunktion h' mit $h'(x) = \begin{cases} 2x\sin\left(\frac{1}{x}\right) - \cos\left(\frac{1}{x}\right) & \text{für } x \neq 0 \\ 0 & \text{für } x = 0 \end{cases}$.

Die Funktion h ist somit differenzierbar auf ganz $\mathbb{R}$.
Ist die Ableitungsfunktion h' auch stetig?
Da für $x \to 0$ zwar $2x\sin\left(\frac{1}{x}\right) \to 0$ gilt, aber $\cos\left(\frac{1}{x}\right)$ zwischen -1 und 1 oszilliert, existiert für $x \to 0$ kein Grenzwert von $2x\sin\left(\frac{1}{x}\right) - \cos\left(\frac{1}{x}\right)$.

Damit ist die Ableitungsfunktion h' an der Stelle 0 nicht stetig.

Ableitung einer Funktion

Unter der Ableitung $f'(x_0)$ einer Funktion f an der Stelle x_0 versteht man den Grenzwert des Differenzenquotienten $m(x)$.

Dabei ist $\quad m(x) = \frac{f(x) - f(x_0)}{x - x_0}$

und $\quad\quad f'(x_0) = \lim\limits_{x \to x_0} m(x) = \lim\limits_{x \to x_0} \frac{f(x) - f(x_0)}{x - x_0}$.

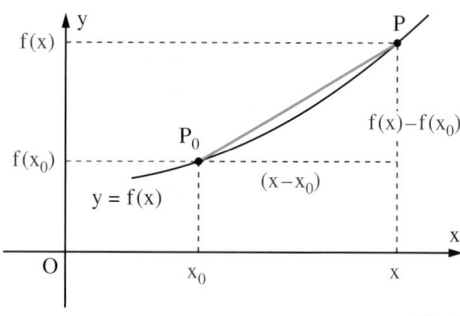

Fig. 1

Einfache Ableitungsregeln

Potenzregel: $\quad f(x) = x^z;$ $\quad\quad f'(x) = z \cdot x^{z-1}$ für alle $z \in \mathbb{Z} \setminus \{0\}$
Summenregel: $\quad f(x) = g(x) + h(x);$ $\quad f'(x) = g'(x) + h'(x)$
Faktorregel: $\quad f(x) = c \cdot g(x);$ $\quad\quad f'(x) = c \cdot g'(x); \; c \in \mathbb{R}$

$f(x) = x^{-4} \quad\quad f'(x) = -4x^{-5}$
$f(x) = x^{-2} + \sqrt{x} \quad f'(x) = -2x^{-3} + \frac{1}{2\sqrt{x}}$
$f(x) = -2x^{-3} \quad\quad f'(x) = 6x^{-4}$

Ableitung der trigonometrischen Funktionen

$f(x) = \sin(x); \; f'(x) = \cos(x)$
$f(x) = \cos(x); \; f'(x) = -\sin(x)$
$f(x) = \tan(x); \; f'(x) = \frac{1}{\cos^2(x)}$

$f(x) = \sin(x) + \cos(x); \; f'(x) = \cos(x) - \sin(x)$
$f(x) = 2 \cdot \tan(x) + x; \; f'(x) = \frac{2}{\cos^2(x)} + 1$

Verkettung zweier Funktionen

Unter der Verkettung zweier Funktionen v und u versteht man die Funktion $u \circ v$: $x \mapsto u(v(x))$.

Man erhält den Funktionsterm von $u \circ v$, indem man den Term $v(x)$ der „inneren" Funktion für die Variable der „äußeren" Funktion u einsetzt.

$u: x \mapsto 2\sqrt{x}; \; v: x \mapsto x^2 - 2$
Es ist $u(v(x)) = 2\sqrt{v(x)} = 2\sqrt{x^2 - 2}$, also
$\quad\quad u \circ v: x \mapsto 2\sqrt{x^2 - 2}$
Es ist $v(u(x)) = (u(x))^2 - 2 = (2\sqrt{x})^2 - 2$
$\quad\quad\quad\quad\quad\quad = 4x - 2.$
$\quad\quad v \circ u: x \mapsto 4x - 2$

Oft lässt sich eine komplizierte Funktion f als Verkettung von einfacheren Funktionen u und v auffassen mit $u \circ v = f$.

f mit $f(x) = \sin(2x + 3)$ ist eine Verkettung $u \circ v$ mit $u(x) = \sin(x)$ und $v(x) = 2x + 3$.

Kettenregel

Ist $f = u \circ v$ eine Verkettung zweier Funktionen, so gilt:
$\quad \mathbf{f'(x) = u'(v(x)) \cdot v'(x)}$.

$f(x) = 4(5 - x^2)^3$
$v(x) = 5 - x^2; \quad v'(x) = -2x$
$u(x) = 4x^3; \quad\quad u'(x) = 12x^2$
$f'(x) = 12(5 - x^2)^2 \cdot (-2x) = -24x(5 - x^2)^2$

Produktregel

Ist $f = u \cdot v$ ein Produkt zweier Funktionen, so gilt:
$\quad \mathbf{f'(x) = u'(x) \cdot v(x) + u(x) \cdot v'(x)}$.

$f(x) = (1 - x^2) \sin(x)$
$u(x) = 1 - x^2; \quad u'(x) = -2x$
$v(x) = \sin(x); \quad v'(x) = \cos(x)$
$f'(x) = -2x \sin(x) + (1 - x^2) \cos(x)$

Quotientenregel

Ist $f = \frac{u}{v}$ $(v(x) \neq 0)$ ein Quotient zweier Funktionen, so gilt:
$\quad \mathbf{f'(x) = \frac{u'(x) \cdot v(x) - u(x) \cdot v'(x)}{v^2(x)}}$.

$f(x) = \frac{3x}{2 - x^2}$
$u(x) = 3x; \quad\quad u'(x) = 3$
$v(x) = 2 - x^2; \quad v'(x) = -2x$
$f'(x) = \frac{3(2 - x^2) - 3x(-2x)}{(2 - x^2)^2} = \frac{6 + 3x^2}{(2 - x^2)^2}$

1 Bestimmen Sie f′ und f″.

a) $f(x) = \frac{3}{7x}$ b) $f(x) = \frac{4}{3x^6}$ c) $f(x) = \frac{1}{x} - \frac{1}{2x^2}$ d) $f(x) = \frac{3 + 4x^3}{x^2}$

2 Leiten Sie ab.

a) $f(x) = 3 \cdot \cos(x)$ b) $f(x) = \cos(x) + 3 \cdot \sin(x)$ c) $f(x) = \frac{\sin(x) + \cos(x)}{\cos(x)}$ d) $f(x) = \frac{4 \cdot \tan(x)}{3}$

e) $f(x) = \sin(x) + x^2$ f) $f(t) = \frac{x}{t} + \cos(t)$ g) $f(x) = \frac{t}{x} + \frac{2\sin(x)}{3\cos(t)}$ h) $f(x) = x \cdot t + \left(\frac{t}{x}\right)^2$

3 Die Funktion f kann als Verkettung u ∘ v aufgefasst werden. Geben Sie geeignete Funktionen u und v an.

a) $f(x) = (2x - 5)^3$ b) $f(x) = -\frac{2}{(x+1)^4}$ c) $f(x) = 3\sqrt{2x^2 + 1}$ d) $f(x) = \frac{1}{2 \cdot \sin(x)}$

Beachten Sie:
$\sin^2(x) = (\sin(x))^2$

4 Leiten Sie ab und vereinfachen Sie das Ergebnis.

a) $f(x) = 2(4 - 3x^2)^4$ b) $h(x) = \frac{8}{(5 - 4x)^2}$ c) $f(x) = (4x + 2)\sqrt{x}$ d) $g(x) = \frac{1 - x^2}{7 - 2x}$

e) $f(x) = 3x^2 \cdot \sin(x)$ f) $g(x) = \frac{\sin(x)}{x}$ g) $h(x) = \frac{\cos(x)}{x^2}$ h) $h(t) = \frac{1}{\sin(x)}$

5 a) $f(x) = \sin(2x)$ b) $f(x) = 2 \cdot \sin^2(x)$ c) $g(x) = \cos(x^2)$

d) $g(x) = \cos^2(x)$ e) $f(x) = \sin^2(x) + \cos^2(x)$ f) $f(x) = \sin^4(x) + x$

g) $h(x) = 3\sin^3(x) - 3\cos^3(x)$ h) $f(t) = \cos(t) \cdot \sin(t)$ i) $s(t) = \cos^2(t) \cdot \sin(t)$

6 a) $f(x) = (x^2 - 2x)^3\sqrt{x}$ b) $f(x) = \frac{2 + x^2}{4x}$ c) $h(x) = \frac{(x^2 + 1)^2}{5 - 2x}$ d) $f(x) = \frac{\sqrt{x}}{3x - 7}$

e) $f(x) = \left(\frac{8x - 2}{x + 1}\right)^2$ f) $f(x) = \frac{2\sin(x)}{2 - 3x}$ g) $f(x) = x \cdot \sin(2x)$ h) $f(x) = \frac{x - k}{x + k}$

7 Gegeben ist die Funktion f mit $f(x) = \frac{x}{x + 1}$.

a) Bestimmen Sie die Gleichung der Tangente t an den Graphen von f im Punkt B $(1 | f(1))$.
Wie lautet die Gleichung der Normalen n in diesem Punkt?
b) Der Graph von f hat zwei Tangenten, die parallel zur 1. Winkelhalbierenden sind.
Berechnen Sie die Koordinaten der beiden Berührpunkte.
c) Vom Punkt R $(3 | 1)$ aus wird die Tangente an den Graphen von f gelegt.
Berechnen Sie die Koordinaten des Berührpunkts und geben Sie die Gleichungen der Tangente und der Normalen an.

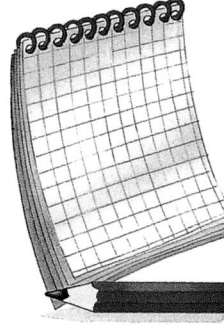

8 Für $t \in \mathbb{R} \setminus \{0\}$ sind die Funktionen f_t gegeben durch $f_t(x) = t - \frac{2t}{x^2}$.
Der Graph von f_t sei K_t.
a) Zeigen Sie, dass alle Graphen K_t die x-Achse in denselben Punkten N_1 und N_2 schneiden.
b) Für welchen Wert von t ist die Tangente an K_t im Punkt N_2 (mit $x_{N_2} > 0$) parallel zur Geraden mit der Gleichung $y = x + 1$?
c) Welche Beziehung zwischen t_1 und t_2 muss erfüllt sein, damit sich K_{t_1} und K_{t_2} im Punkt N_2 orthogonal schneiden? Schneiden sie sich dann auch im Punkt N_1 orthogonal?

9 Gegeben ist die Funktion f mit $f(x) = \sin\left(2\sqrt{x} + 1\right) + 1$.
a) Verschaffen Sie sich einen Überblick über den Verlauf des Graphen für $0 \leq x \leq 1$ und für $0 \leq x \leq 100$.
b) Berechnen Sie f′(x) und zeigen Sie, dass f′(x) an der Stelle 0 nicht existiert.
c) Weisen Sie nach, dass f unendlich viele Extremwerte hat und diese 0 und 2 sind.
d) Berechnen Sie die Extremstellen für $0 \leq x \leq 4$ exakt.

Die Lösungen zu den Aufgaben dieser Seite finden Sie auf Seite 434.

1 Ganzrationale Funktionen in Sachzusammenhängen

1 Zwischen den Orten A und B soll eine geradlinige Gasleitung verlegt werden.
a) Führen Sie ein Koordinatensystem ein und beschreiben Sie den Verlauf der Gasleitung durch eine lineare Funktion.
b) Wie lang ist die Gasleitung?
c) Unter welchem Winkel schneidet die Gasleitung die Straße?

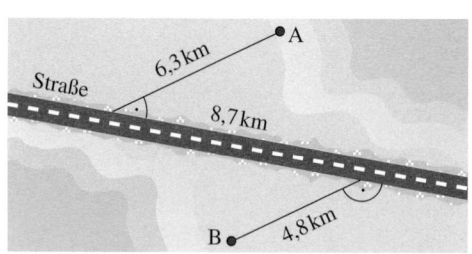

Fig. 1

Bei realen Problemstellungen können funktionale Zusammenhänge erst beschrieben werden, wenn die wesentlichen Daten in einem Koordinatensystem dargestellt sind. Ist dieses Koordinatensystem vorgegeben, so erhält man bei der Bestimmung einer gesuchten ganzrationalen Funktion ein lineares Gleichungssystem. Muss das Koordinatensystem zuerst festgelegt werden, so kann seine Wahl entscheidend für die Einfachheit des gesuchten Funktionsterms sein.

Skiakrobatik umfasst die Disziplinen: Schanzenspringen, Ballett und Buckelpistenfahren

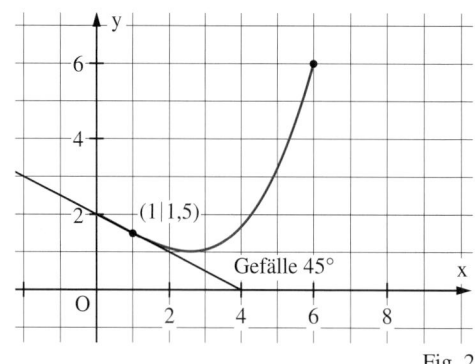

Fig. 2

Für eine Teildisziplin der Skiakrobatik, dem Schanzenspringen, soll eine neue Schanze gebaut werden. Fig. 2 zeigt einen Teil der Schanze im Querschnitt in einem vorgegebenen Koordinatensystem. Der Verlauf der Schanze legt eine Beschreibung durch eine ganzrationale Funktion f dritten Grades nahe. Aus f mit $f(x) = ax^3 + bx^2 + cx + d$ und $f'(x) = 3ax^2 + 2bx + c$ erhält man anhand der Fig. 2 die Bedingungen und hieraus das zugehörige lineare Gleichungssystem.

$f(0) = 2$:	$d = 2$	(1)
$f(1) = 1{,}5$:	$a + b + c + 2 = 1{,}5$	(2)
$f(6) = 6$:	$216a + 36b + 6c + 2 = 6$	(3)
$f'(1) = -0{,}5$:	$3a + 2b + c = -0{,}5$	(4)

Löst man das lineare Gleichungssystem mithilfe des Additionsverfahrens, so gilt:
$$d = 2; \quad c = -\tfrac{34}{75}; \quad b = -\tfrac{7}{75}; \quad a = \tfrac{7}{150}.$$
Damit lautet die gesuchte Funktion f mit $f(x) = \tfrac{7}{150}x^3 - \tfrac{7}{75}x^2 - \tfrac{34}{75}x + 2$.

```
Lösung mit DERIVE:
SCHREIBE
#1:[a+b+c+2=1.5,216a+36b+6c+2=6,
3a+2b+c=-0.5]
LÖSE (simplify)
#2:[a=  7/150  b=- 7/75  c=- 34/75]
```

Anders stellt sich die Situation dar, wenn bei einer realen Problemstellung kein Koordinatensystem vorgegeben ist.

Werden bei der Bestimmung der Funktion notwendige Bedingungen verwendet, so muss überprüft werden, ob die gefundene Funktion alle Bedingungen erfüllt.

Der Verlauf einer Stromleitung, die an zwei Punkten aufgehängt ist, kann näherungsweise durch eine ganzrationale Funktion 2-ten Grades beschrieben werden. Die Aufhängepunkte der Stromleitung liegen 200 m voneinander entfernt in einer Höhe von 30 m. Der tiefste Punkt der Stromleitung liegt 22 m über dem Erdboden.

Der Ansatz für den gesuchten Funktionsterm hängt vom gewählten Koordinatensystem ab.

Koordinatensystem:

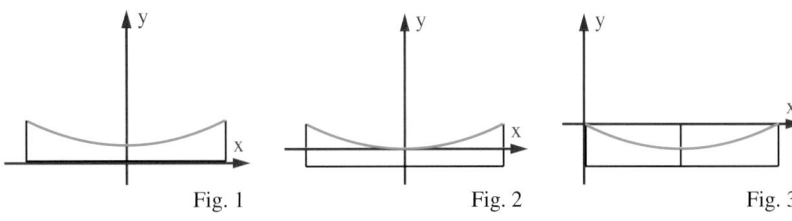

Fig. 1   Fig. 2   Fig. 3

Ansatz:	$f(x) = ax^2 + b$	$f(x) = ax^2$	$f(x) = ax(x - c)$
Bedingungen:	$f(0) = 22$	$f(100) = 30 - 22 = 8$	$f(100) = -8$
	$f(100) = 30$		$f(200) = 0$
Gleichungen:	$a \cdot 0^2 + b = 22$	$a \cdot 100^2 = 8$	$a \cdot 100 \cdot (100 - c) = -8$
	$a \cdot 100^2 + b = 30$		$a \cdot 200 \cdot (200 - c) = 0$
Lösungen:	$a = \frac{1}{1250};\ b = 22$	$a = \frac{1}{1250}$	$a = \frac{1}{1250};\ c = 200$
Ergebnis:	$f(x) = \frac{1}{1250}x^2 + 22$	$f(x) = \frac{1}{1250}x^2$	$f(x) = \frac{1}{1250}x(x - 200)$

Mithilfe des gefundenen Funktionsterms lassen sich reale Situationen untersuchen. Man kann z. B. Aussagen zu den Zugkräften in den Stromleitungen oder zu Längenänderungen aufgrund von Temperaturschwankungen machen, sofern man weitere physikalische Daten kennt.

Um eine ganzrationale Funktion vom Grad n eindeutig zu bestimmen sind n + 1 Bedingungen nötig.

Bei der Bestimmung einer ganzrationalen Funktion in einer realen Situation muss ein lineares Gleichungssystem aufgestellt und gelöst werden. Dazu muss zunächst ein Koordinatensystem gewählt werden. Berücksichtigt man dabei vorhandene Besonderheiten (z. B. Symmetrie), so vereinfacht sich der Ansatz für den Funktionsterm.

Beispiel 1: (Wahl des Koordinatensystems)
Ein Brückenbogen überspannt einen 50 m breiten Geländeeinschnitt.
In A und B setzt der Bogen senkrecht an den Böschungen auf (Fig. 4).
a) Beschreiben Sie die Form des Brückenbogens durch eine ganzrationale Funktion zweiten Grades.
b) Wie hoch wird der Brückenbogen?
Lösung:
a) Koordinatensystem: Siehe Fig. 5; $\overline{\text{}}$
Ursprung in der Mitte M der Strecke $\overline{AB}$.
Ansatz:
$f(x) = ax^2 + b$ (Symmetrie)
Bedingungen:
$f(25) = 0$: $625a + b = 0$ (1)
$f'(25) = -1$: $2 \cdot 25a = -1$ (2)
Hieraus folgt:
$a = -0,02;\ b = 12,5$.
Ergebnis:
$f(x) = -0,02x^2 + 12,5$
b) Höhe des Brückenbogens:
Da $f(0) = 12,5$ ist, beträgt die Höhe 12,5 m.

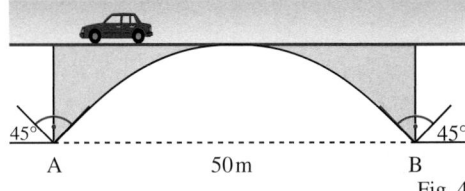

Fig. 4

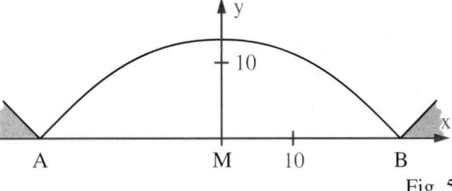

Fig. 5

35

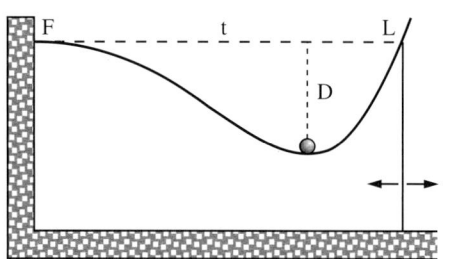

Fig. 1

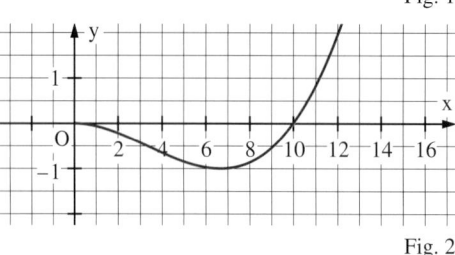

Fig. 2

Beispiel 2: (Funktionenschar)
Ein Metallstreifen ist im Punkt F waagerecht befestigt und liegt im Abstand t im Punkt L lose auf. Bei Belastung mit einer Metallkugel biegt sich der Streifen durch. Die maximale Durchbiegung sei D (Fig. 1).
a) Beschreiben Sie die Form des Metallstreifens durch eine ganzrationale Funktion f für t = 10 (in cm) und D = 2 (in cm).
b) Verschiebt man den Auflagepunkt L, so erhält man in Abhängigkeit von t mit $t > 0$ eine ganzrationale Funktion f_t. Bestimmen Sie die Funktion f_t. Skizzieren Sie die Graphen von f_8 und f_{12}.
c) Berechnen Sie für beliebiges $t > 0$ die maximale Durchbiegung D.

Lösung:
a) Koordinatensystem: siehe Fig. 2.
Der Verlauf des Metallstreifens legt eine Funktion dritten Grades nahe.
Ansatz: f mit $f(x) = a x^3 + b x^2 + c x + d,\ a > 0$ mit den Ableitungen
$f'(x) = 3 a x^2 + 2 b x + c$ und $f''(x) = 6 a x + 2 b$.
Bedingungen:

$f(0) = 0$: $d = 0$;
$f'(0) = 0$: $c = 0$;
$f(10) = 0$: $1000 a + 100 b = 0$.

Der Parameter a hängt von den Materialeigenschaften des Metallstreifens und der Belastung durch die Metallkugel ab.

Aus diesen drei Bedingungen erhält man:
$f(x) = a \cdot (x^3 - 10 x^2)$ mit $0 \le x \le 10$.
Berechnung des relativen Minimums von f:
Aus $f'(x) = 0$ folgt $a \cdot (3 x^2 - 20 x) = 0$ mit den Lösungen $x_1 = 0$ oder $x_2 = \frac{20}{3}$.
Mit $f''(x_2) > 0$ ist x_2 die Stelle des relativen Minimums.
Aus $D = f\left(\frac{20}{3}\right) = 2$ folgt $a \cdot \left(\left(\frac{20}{3}\right)^3 - 10 \cdot \frac{20}{3}\right) = 2$ und hieraus $a = \frac{27}{2000}$.
Die gesuchte Funktion f lautet $f(x) = \frac{27}{2000}(x^3 - 10 x^2)$ mit $0 \le x \le 10$.

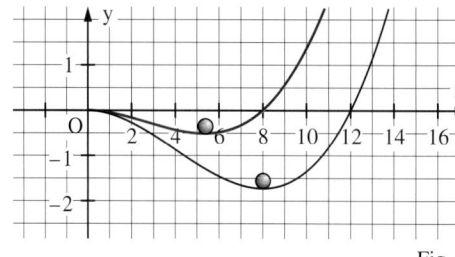

Fig. 3

b) Ansatz:
f_t mit $f_t(x) = a x^3 + b x^2 + c x + d$.
Mit den Bedingungen $f_t(0) = 0$ und $f_t'(0) = 0$ und bei der Benutzung desselben Metallstreifens und derselben Metallkugel erhält man
$f_t(x) = \frac{27}{2000} x^3 + b x^2$.
Aus $f_t(t) = 0$ folgt $\frac{27}{2000} t^3 + b t^2 = 0$ und hieraus $b = -\frac{27}{2000} t$.

Die gesuchte Funktion ist f_t mit $f_t(x) = \frac{27}{2000}(x^3 - t x^2)$ mit $0 \le x \le t$.
Die Graphen von f_8 und f_{12} zeigt Fig. 3.
c) Aus $f_t'(x) = 0$ folgt $\frac{27}{2000}(3 x^2 - 2 t x) = 0$ mit den Lösungen $x_1 = 0$ oder $x_2 = \frac{2t}{3}$.
Mit $f_t''(x_2) > 0$ ist x_2 die Stelle des relativen Minimums.
Mit $f\left(\frac{2t}{3}\right) = -\frac{t^3}{500}$ ist die maximale Durchbiegung $D = \frac{t^3}{500}$.

Aufgaben

2 In einem Weingut soll ein parabelförmiger Kellereingang gemauert werden (Fig. 1).
a) Geben Sie die Gleichung der Parabel an.
b) Wie hoch muss der Keller mindestens sein, damit man einen Eingang dieser Form mauern kann?

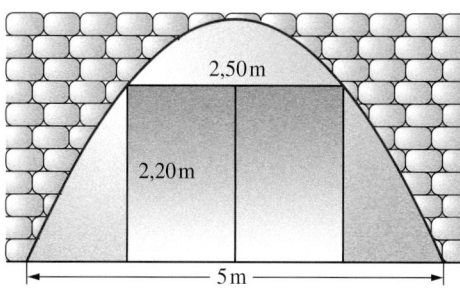
Fig. 1

3 Der Verlauf des Tragseiles eines Skilifts zwischen zwei Stützen (vgl. Fig. 2) kann näherungsweise durch eine Funktion f mit $f(x) = a x^2 + b x + c$ beschrieben werden.
a) Wählen Sie ein geeignetes Koordinatensystem und bestimmen Sie a, b und c so, dass die Tangente im Punkt B die Steigung 0,5 besitzt.
b) Welche Koordinaten hat der tiefste Punkt T?
c) In welchem Punkt ist der Durchhang d des Seils am größten?

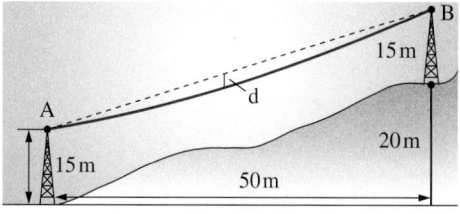
Fig. 2

4 Beim Bau einer Erdölpipeline muss zwischen zwei geradlinig verlaufenden Teilstücken eine Verbindung gebaut werden. In einem geeigneten Koordinatensystem lassen sich die beiden Teilstücke durch Geraden mit den Gleichungen $y = -\frac{1}{4}x$ für $x \leq 0$ bzw. durch $y = 2x - 13$ für $x \geq 5$ darstellen.
a) Die Teilstücke sollen miteinander verbunden werden. Geben Sie eine ganzrationale Funktion 3. Grades an, so dass die Pipelines knickfrei ineinander übergehen.
b) Bestimmen Sie die Länge des fehlenden Teilstücks mithilfe einer Tabellenkalkulation näherungsweise, indem Sie den Graphen der berechneten ganzrationalen Funktion durch mehrere Geradenstücke annähern.

5 Von einer Garage aus soll eine Auffahrt zur Straße angelegt werden. Der Höhenunterschied beträgt 0,5 m. Die Auffahrt soll in A waagerecht beginnen und in C waagerecht in die Straße einmünden (Fig. 3).
a) Beschreiben Sie die Auffahrt durch eine ganzrationale Funktion niedrigsten Grades.
b) Zwischen A und B beginnt 1 m vor C eine 30 cm hohe Felsplatte. Wird sie überdeckt?

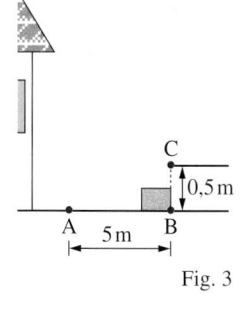
Fig. 3

6 Bei einseitig eingeklemmten Blattfedern, auf deren Ende eine Kraft wirkt, kann die Biegung durch eine ganzrationale Funktion f vom Grad 3 beschrieben werden (Fig. 4).
a) Bestimmen Sie für die angegebenen Abmessungen die Funktion f.
b) Wie groß ist die Auslenkung bei 10 cm?

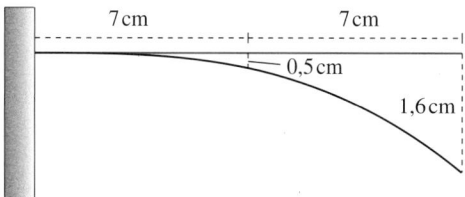
Fig. 4

7 Zwei gerade Straßenstücke sollen durch den Graphen einer ganzrationalen Funktion möglichst glatt verbunden werden. Bestimmen Sie die Trasse in Fig. 5 unter der Bedingung, dass die Straßenteile tangential ineinander übergehen.

Welches Ergebnis erhalten Sie, wenn die Straßenteile zusätzlich an den Anschlussstellen auch in der 2. Ableitung übereinstimmen sollen?

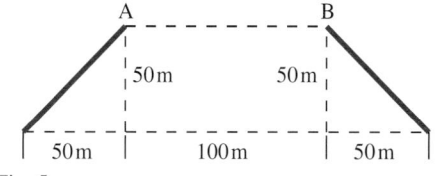
Fig. 5

2 Einfache Extremwertprobleme

1 Stellen Sie den Umfang eines Rechtecks als Funktion einer einzigen Variable dar, wenn
a) die Rechteckseiten gleich lang sind   b) die Rechteckseiten im Verhältnis 2:3 stehen
c) das Rechteck den Flächeninhalt 20 cm² hat   d) die Rechteckdiagonale 5 cm lang ist.

Bisher wurden wiederholt Extremwerte bei vorgegebenen Funktionen bestimmt. Ist der Funktionsterm zunächst unbekannt, so muss er aus der Problemstellung ermittelt werden.

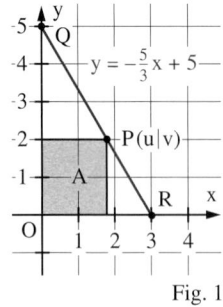

Fig. 1

Aus einem dreieckigen Stück einer Glasscheibe (Fig. 1) soll ein rechteckiges Stück mit einem möglichst großen Flächeninhalt herausgeschnitten werden. Dazu muss derjenige Punkt $P(u|v)$ auf der Strecke $\overline{QR}$ bestimmt werden, für den der Flächeninhalt des eingezeichneten Rechtecks am größten wird.
Für den Flächeninhalt des Rechtecks erhält man zunächst
(1) $A = u \cdot v$.
A hängt von den beiden Variablen u und v ab. Die Variablen u und v sind nicht unabhängig voneinander. Da P auf der Geraden liegen soll, gilt die so genannte **Nebenbedingung**
(2) $v = -\frac{5}{3}u + 5$ für $0 \leq u \leq 3$.
Setzt man die Nebenbedingung (2) in (1) ein, so erhält man: $A(u) = u \cdot \left(-\frac{5}{3}u + 5\right)$, $0 \leq u \leq 3$.
Die Funktion A mit $A(u) = u \cdot \left(-\frac{5}{3}u + 5\right)$, $0 \leq u \leq 3$ nennt man **Zielfunktion**.
Diese Funktion wird wie bisher in ihrer Definitionsmenge auf Extremwerte untersucht.

Lokales Extrema bei differenzierbaren Funktionen:
$f'(x) = 0$ und $f''(x) \neq 0$
oder: $f'(x) = 0$ und Vorzeichenwechsel von f'.

Globale Extrema:
Randwerte von f beachten.

Strategie für das Lösen von Extremwertproblemen:
1. Beschreiben der Größe, die extremal werden soll, durch einen Term. Dieser kann mehrere Variablen enthalten.
2. Aufsuchen von Nebenbedingungen.
3. Bestimmung der Zielfunktion.
4. Untersuchung der Zielfunktion auf Extremwerte und Formulierung des Ergebnisses.

Beispiel 1:
Ein Schäfer benötigt für seine Schafherde einen rechteckigen Pferch mit einem Flächeninhalt von 500 m². Wie soll er die Maße des Rechtecks wählen, damit für eine Umzäunung möglichst wenig Material benötigt wird, wenn eine Rechteckseite von einem Bach gebildet wird?
Lösung:

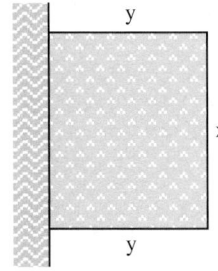

Fig. 2

1. Ist x (in m) die Länge und y (in m) die Breite des Rechtecks, so gilt für den Umfang U (in m): $U = x + 2y$ (vgl. Fig. 2).
2. Nebenbedingung: $x \cdot y = 500$.
3. Aus $x \cdot y = 500$ ergibt sich z. B. $y = \frac{500}{x}$. Einsetzen in $U = x + 2y$ liefert $U = x + \frac{1000}{x}$.
Zielfunktion: $x \mapsto U(x)$ mit $U(x) = x + \frac{1000}{x}$; $D_U = \{x \mid x > 0\}$.
4. Es ist $U'(x) = 1 - \frac{1000}{x^2}$; $U''(x) = \frac{2000}{x^3}$; $U'(x) = 0$ liefert $x_1 = 10\sqrt{10}$ und $x_2 = -10\sqrt{10}$ mit $x_2 \notin D_U$. Wegen $U''(10\sqrt{10}) > 0$ liegt bei x_1 ein lokales Minimum vor.
Für $0 < x < x_1$ ist $U'(x) < 0$, also U streng monoton fallend. Für $x > x_1$ ist $U'(x) > 0$, also U streng monoton steigend. Somit hat U bei $x_1 = 10\sqrt{10}$ ein globales Minimum.
Ergebnis: Für $x = 10\sqrt{10} \approx 31,6$ und $y = \frac{500}{10\sqrt{10}} = 5\sqrt{10} \approx 15,8$ erhält man den kleinsten Umfang $U = 20\sqrt{10} \approx 63,25$ (in m).

Beispiel 2: (Randextremwert)

Das Stück CD ist Teil des Graphen von f mit $f(x) = \frac{7}{16}x^2 + 2$. Für welche Lage von Q wird der Inhalt des Rechtecks RBPQ maximal?

Lösung:

1. Flächeninhalt des Rechtecks: $A = (4 - u) \cdot v$
2. Nebenbedingung: $v = f(u)$
3. Zielfunktion: $A(u) = (4 - u) \cdot \left(\frac{7}{16}u^2 + 2\right)$
   $= -\frac{7}{16}u^3 + \frac{7}{4}u^2 - 2u + 8$; $D_A = [0; 4]$
4. $A'(u) = -\frac{21}{16}u^2 + \frac{7}{2}u - 2$, $A''(u) = -\frac{21}{8}u + \frac{7}{2}$;
   $A'(u) = 0$: $u_1 = \frac{4}{3} - \frac{4}{21}\sqrt{7}$; $u_2 = \frac{4}{3} + \frac{4}{21}\sqrt{7}$.
   Wegen $A''(u_1) = \frac{1}{2}\sqrt{7}$; $A''(u_2) = -\frac{1}{2}\sqrt{7}$
   liegt bei u_2 ein lokales Maximum vor.
   Weiterhin ist $A(u_2) = \frac{200}{27} + \frac{8}{189}\sqrt{7} \approx 7{,}52$.
   Randwerte: $A(0) = 8$; $A(4) = 0$.
   Wegen $A(0) > A(u_2)$ erhält man für $Q(0|2)$ den größten Flächeninhalt 8.

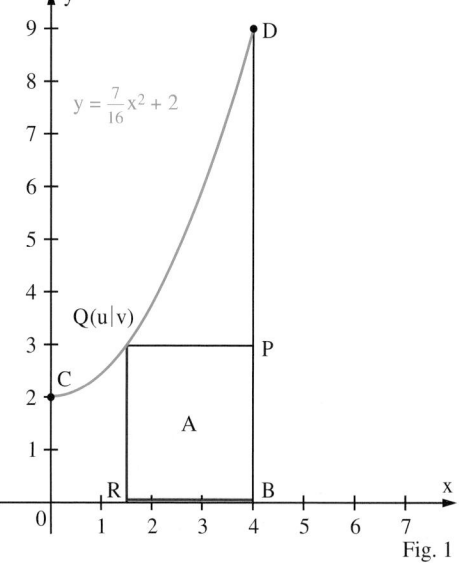

Fig. 1

Sind Randextremwerte Randerscheinungen?

Aufgaben

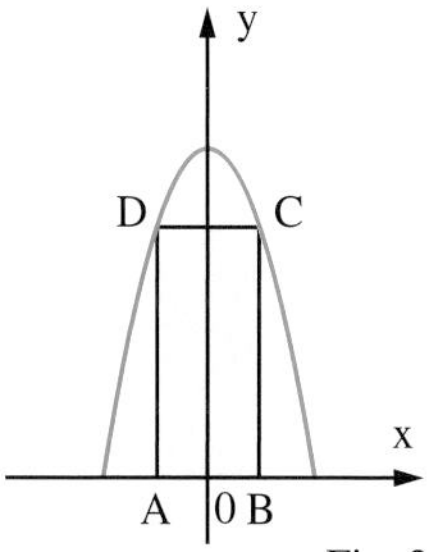

2 Gegeben sind f und g durch $f(x) = 0{,}5x^2 + 2$ und $g(x) = x^2 - 2x + 2$.
Für welchen Wert $x \in [0; 4]$ wird die Summe (die Differenz) der Funktionswerte extremal? Um welche Art von Extremum handelt es sich? Geben Sie das Extremum an.

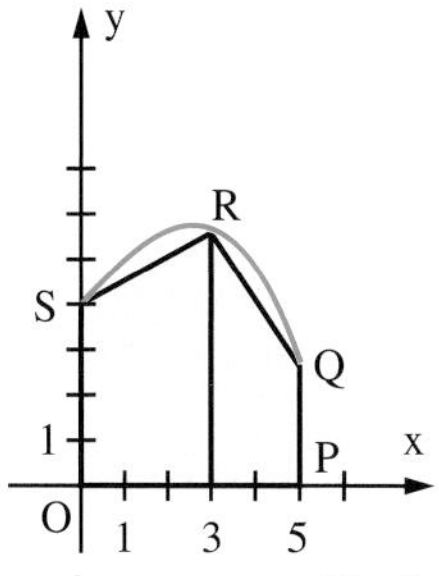

3 Die Punkte $A(-u|0)$, $B(u|0)$, $C(u|f(u))$ und $D(-u|f(-u))$, $0 \leq u \leq 3$, des Graphen von f mit $f(x) = -x^2 + 9$ bilden ein Rechteck (Fig. 2). Für welches u wird der Flächeninhalt (Umfang) des Rechtecks ABCD maximal? Wie groß ist der maximale Inhalt (Umfang)?

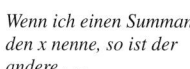

Fig. 2

4 Die Graphen von f und g mit $f(x) = 4 - 0{,}25 \cdot x^2$ und $g(x) = 0{,}5 \cdot x^2 - 2$ begrenzen eine Fläche, der ein zur y-Achse symmetrisches Rechteck einbeschrieben wird. Für welche Lage der Eckpunkte wird sein Flächeninhalt (sein Umfang) extremal? Geben Sie Art und Wert des Extremums an.

5 Die Punkte $O(0|0)$, $P(5|0)$, $Q(5|f(5))$, $R(u|f(u))$ und $S(0|f(0))$ des Graphen von f mit $f(x) = -0{,}05x^3 + x + 4$; $0 \leq x \leq 5$, bilden ein Fünfeck (Fig. 3). Für welches u wird sein Inhalt maximal?

Fig. 3

6 Gegeben ist eine Funktionenschar f_t. Für welchen Wert von t wird die y-Koordinate des Tiefpunktes am kleinsten?
a) $f_t(x) = 3x^2 - 12x + 4t^2 - 6t$; $t \in \mathbb{R}$ b) $f_t(x) = 3x^2 - 2tx + 4t^2 - 11t$; $t \in \mathbb{R}$
c) $f_t(x) = x^3 - 12x + (t - 1)^2$; $t \in \mathbb{R}$ d) $f_t(x) = x + \frac{t^2}{x} + \frac{8}{t}$; $t \in \mathbb{R} \setminus \{0\}$

Wenn ich einen Summanden x nenne, so ist der andere . . .

7 a) Zerlegen Sie die Zahl 12 so in zwei Summanden, dass ihr Produkt möglichst groß (die Summe ihrer Quadrate möglichst klein) wird.
b) Welche beiden reellen Zahlen mit der Differenz 1 (2; d) haben das kleinste Produkt?
c) Wie klein kann die Summe aus einer positiven Zahl und ihrem Kehrwert werden?

39

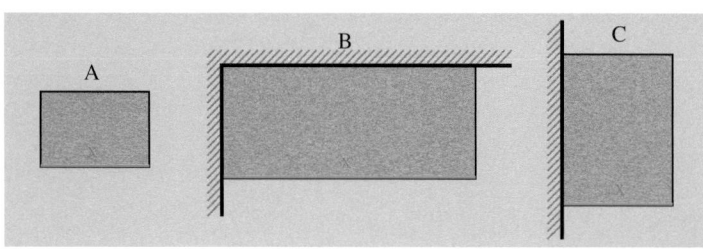

Fig. 1

8 Mit einem Zaun der Länge 100 m soll ein rechteckiger Hühnerhof mit möglichst großem Flächeninhalt eingezäunt werden. Bestimmen Sie in den Fällen A, B und C
a) mithilfe der Differenzialrechnung
b) ohne Differenzialrechnung
die Breite x des Hühnerhofes. Wie groß ist jeweils die maximale Fläche?

9 Eine 400-m-Laufbahn in einem Stadion besteht aus zwei parallelen Strecken und zwei angesetzten Halbkreisen (Fig. 2). Für welchen Radius x der Halbkreise wird die rechteckige Spielfläche maximal? Vergleichen Sie Ihr Ergebnis mit den realen Maßen eines Spielfeldes.

Fig. 2

10 a) Aus einem Stück Pappe der Länge 16 cm und der Breite 10 cm werden an den Ecken Quadrate der Seitenlänge x ausgeschnitten und die überstehenden Teile zu einer nach oben offenen Schachtel hochgebogen (Fig. 3). Für welchen Wert von x wird das Volumen der Schachtel maximal? Wie groß ist das maximale Volumen?
b) Falten Sie aus einem DIN A4 Blatt eine solche „optimale" Schachtel.
c) Bestimmen Sie x für ein quadratisches Stück Pappe der Länge a.

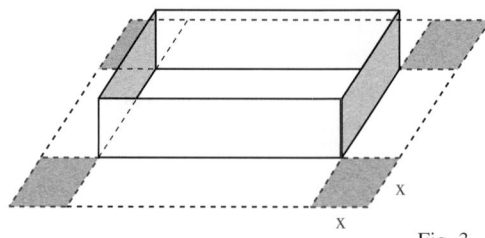

Fig. 3

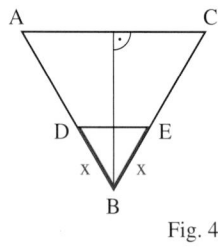

Fig. 4

11 Das gleichseitige Dreieck ABC (Fig. 4) mit der Seitenlänge 3 cm wird längs $\overline{DE}$ so gefaltet, dass das Dreieck DBE senkrecht zum ursprünglichen Dreieck steht (Fig. 5). Verbindet man B mit A und C, so entsteht eine Pyramide.
Für welche Streckenlänge x wird das Volumen dieser Pyramide maximal?

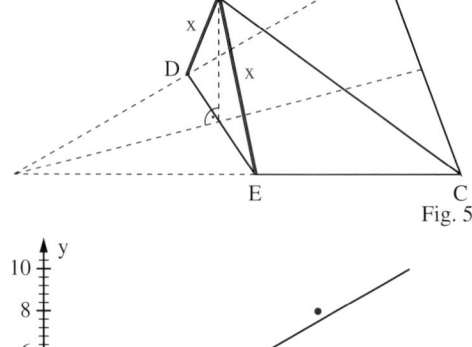

Fig. 5

Auswerten von Messergebnissen

12 Die Verlängerung einer Feder ist proportional zur angreifenden Kraft (hookesches Gesetz). Die Tabelle zeigt Messergebnisse. Um die Regressionsgerade zu finden, um welche die Messpunkte am wenigsten streuen, macht man für die Regressionsgerade den Ansatz $f(x) = ax$ und bestimmt a so, dass für die Messpunkte $P(x_i | y_i)$ die Summe
$$S = (f(x_1) - y_1)^2 + (f(x_2) - y_2)^2 + (f(x_3) - y_3)^2$$ minimal wird (**Methode der kleinsten Fehlerquadrate**). Bestimmen Sie a. Zeichnen Sie die Messwerte und die gefundene Regressionsgerade in ein Koordinatensystem ein.

Kraft (in N)	Verlängerung (in cm)
0,4	1,5
1,0	4,5
1,5	8,0

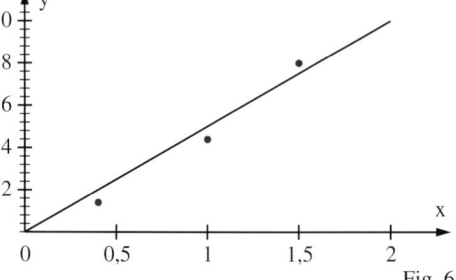

Fig. 6

Zeit (in s)	Weg (in m)
1	4
2	16
3	34
4	66

13 Bei einer Bewegung aus der Ruhe heraus ergaben sich die nebenstehenden Messwerte. Um welche Art von Bewegung könnte es sich handeln? Machen Sie einen entsprechenden Ansatz und bestimmen Sie mit der Methode der kleinsten Fehlerquadrate die Bewegungsgleichung.

3 Komplexere Extremwertprobleme

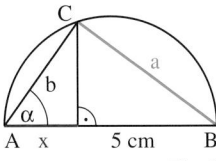

Fig. 1

1 Die Hypotenuse eines rechtwinkligen Dreiecks hat die Länge $\overline{AB} = 5\,\text{cm}$. Der Punkt C wandert auf dem Halbkreis über AB. Stellen Sie den Flächeninhalt des Dreiecks als Funktion
a) der Kathete a   b) des Hypotenusenabschnitts x   c) des Winkels α dar.
Können Sie die entstehenden Funktionen ableiten?

Bei Extremwertproblemen muss der Term der Zielfunktion in Abhängigkeit von einer einzigen Variablen dargestellt werden. Welche Variable zweckmäßig ist, zeigt oft erst die Bearbeitung.

Vier Stangen von jeweils 4 m Länge sollen das Gerüst eines Zeltes in Form einer geraden quadratischen Pyramide bilden. Gesucht ist das Zelt mit dem größten Volumen.
Das Volumen $V = \frac{1}{3} \cdot a^2 \cdot h$ kann auf verschiedene Arten als Funktion einer einzigen Variablen dargestellt werden.

Grundkante a:	Höhe h:	Neigungswinkel α:
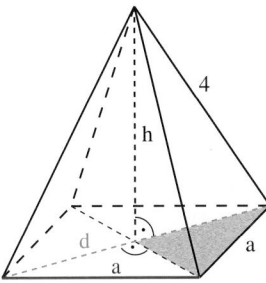	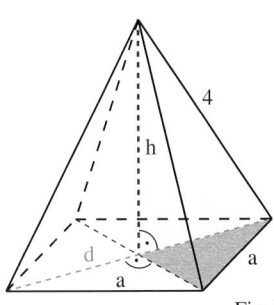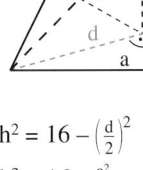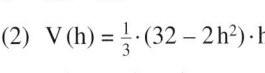	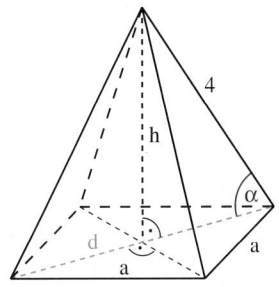
Fig. 2	Fig. 3	Fig. 4

$h^2 = 16 - \left(\frac{d}{2}\right)^2$

$h^2 = 16 - \frac{a^2}{2}$

$h = \sqrt{16 - \frac{a^2}{2}}$

(1) $V(a) = \frac{1}{3} \cdot a^2 \cdot \sqrt{16 - \frac{a^2}{2}}$

mit $0 \leq a \leq 4\sqrt{2}$

$h^2 = 16 - \left(\frac{d}{2}\right)^2$

$h^2 = 16 - \frac{a^2}{2}$

$a^2 = 32 - 2h^2$

(2) $V(h) = \frac{1}{3} \cdot (32 - 2h^2) \cdot h$

mit $0 \leq h \leq 4$

$\sin(\alpha) = \frac{h}{4}; \ \cos(\alpha) = \frac{d}{2 \cdot 4}$

$h = 4 \cdot \sin(\alpha); \ d = 8 \cdot \cos(\alpha)$

$a^2 = \frac{d^2}{2} = 32 \cdot (\cos(\alpha))^2$

(3) $V(\alpha) = \frac{128}{3} \cdot (\cos(\alpha))^2 \cdot \sin(\alpha)$

mit $0 \leq \alpha \leq 0{,}5\pi$

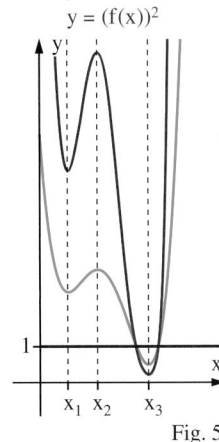

$y = f(x)$
$y = (f(x))^2$

Fig. 5

Nicht jede der Darstellungen (1) bis (3) ist für die weitere Untersuchung gleich zweckmäßig.
Die ganzrationale Funktion in (2) gestattet eine einfache Extremwertbestimmung.
Für die Funktionen in (1) und (3) sind zwar Ableitungsregeln bekannt, die Untersuchung der dabei auftretenden Funktionen ist allerdings deutlich schwieriger. Nach einer Umformung kann man aber V(a) aus (1) trotzdem relativ leicht weiter untersuchen:
Da V(a) für keinen Wert von a negativ ist, wird V(a) und das Quadrat $(V(a))^2$ für dieselben Werte von a extremal. Statt V(a) kann man zur Bestimmung der Extremstellen die **Ersatzfunktion** E mit $E(a) = (V(a))^2 = \frac{1}{9}a^4\left(16 - \frac{a^2}{2}\right)$ benutzen.

> Bei Extremwertproblemen kann die Wahl der Variablen und die geeignete Verwendung von Nebenbedingungen entscheidend sein für die Einfachheit der Zielfunktion.

Beispiel: (Dose mit minimaler Oberfläche)

Es sollen zylindrische Blechdosen mit Boden und Deckel mit einem Volumen von 1 Liter hergestellt werden. Dabei sollen der Radius r und die Höhe h der Dose so gewählt werden, dass die Oberfläche und damit der Materialverbrauch möglichst gering wird.

a) Stellen Sie die Zielfunktion in Abhängigkeit vom Radius r dar und bestimmen Sie den gesuchten Extremwert.

b) Lösen Sie die Aufgabe, indem Sie die Zielfunktion in Abhängigkeit von der Höhe h der Dose darstellen.

Lösung:

a) Die Oberfläche setzt sich aus der rechteckigen Mantelfläche und dem kreisförmigen Boden bzw. Deckel der Dose zusammen.

Ist r (in cm) der Radius und h (in cm) die Höhe, so gilt für die Oberfläche O (in cm³):

$O = 2\pi r h + 2 \cdot \pi r^2$.

Aus der Nebenbedingung $V = \pi r^2 h = 1000$ erhält man $h = \frac{1000}{\pi r^2}$.

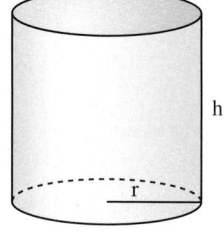

Einsetzen in die Gleichung für O liefert $O = 2\pi r \cdot \frac{1000}{\pi r^2} + 2\pi r^2$ und damit die Zielfunktion

$r \mapsto O(r)$ mit $O(r) = \frac{2000}{r} + 2\pi r^2$; $D_0 = \{r \mid r > 0\}$.

$O'(r) = -\frac{2000}{r^2} + 4\pi r$; $O''(r) = \frac{4000}{r^3} + 4\pi$.

$O'(r) = 0$ liefert $r^3 = \frac{2000}{4\pi}$ bzw. $r_1 = \sqrt[3]{\frac{500}{\pi}} \approx 5{,}42$.

Wegen $O''(r_1) = 12\pi > 0$ liegt bei r_1 ein lokales Minimum der Zielfunktion vor.

Für $0 < r < r_1$ ist $O'(r) < 0$, also O streng monoton fallend. Für $r > r_1$ ist $O'(r) > 0$, also O streng monoton steigend. Somit hat O bei r_1 ein globales Minimum.

Ergebnis: Die Dose mit dem Radius $r_1 = \sqrt[3]{\frac{500}{\pi}} \approx 5{,}42$ (in cm) und der Höhe

$h_1 = \frac{1000}{\pi \cdot \left(\frac{500}{\pi}\right)^{\frac{2}{3}}} = 2 r_1 \approx 10{,}84$ (in cm) hat die minimale Oberfläche $O = 553{,}58$ (in cm²).

Die Dose mit minimaler Oberfläche hat als Querschnittsfläche ein Quadrat.

b) Aus der Nebenbedingung $V = \pi \cdot r^2 \cdot h = 1000$ erhält man $r = \sqrt{\frac{1000}{\pi h}}$.

Eingesetzt in $O = 2\pi \cdot r \cdot h + 2\pi \cdot r^2$ erhält man die Zielfunktion $h \mapsto O(h)$ mit

$O(h) = 2\pi \sqrt{\frac{1000}{\pi h}} \cdot h + 2\pi \cdot \frac{1000}{\pi h} = 20\sqrt{10\pi h} + \frac{2000}{h}$; $D_O = \{h \mid h > 0\}$.

$O'(h) = 20 \cdot \frac{1}{2\sqrt{10\pi h}} \cdot 10\pi - \frac{2000}{h^2} = \frac{10\sqrt{10\pi}}{\sqrt{h}} - \frac{2000}{h^2}$.

$O'(h) = 0$ liefert $h^{\frac{3}{2}} = \frac{2000}{10\sqrt{10\pi}}$ bzw. $h_1 = \left(\frac{200}{\sqrt{10\pi}}\right)^{\frac{2}{3}} \approx 10{,}84$.

Für $0 < h < h_1$ ist $O'(h) < 0$, also ist O dort streng monoton fallend. Für $h > h_1$ ist $O'(h) > 0$, also ist O dort streng monoton steigend. Somit hat O bei h_1 ein globales Minimum.

Man erhält also insgesamt dasselbe Ergebnis wie in a).

Aufgaben

2 Von welchem Punkt des Graphen von f hat der Punkt Q den kleinsten Abstand?

a) $f(x) = \frac{1}{x}$; $Q(0 \mid 0)$ b) $f(x) = x^2$; $Q(0 \mid 1{,}5)$

c) $f(x) = x^2$; $Q(3 \mid 0)$ d) $f(x) = \sqrt{x}$; $Q(a \mid 0)$; $a \geq 0{,}5$

3 Welches Rechteck mit dem Umfang 30 cm (mit dem Umfang a cm) hat die kürzeste Diagonale?

4 Welches rechtwinklige Dreieck mit der Hypotenuse 6 cm erzeugt bei Rotation um eine Kathete (um die Hypotenuse) den Rotationskörper größten Volumens?

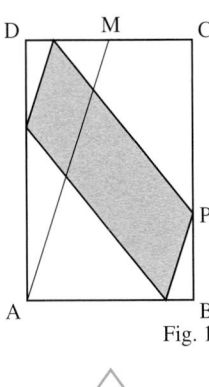

Fig. 1

5 Ein Rechteck ABCD ist 12 cm lang und 8 cm breit. M sei die Mitte von $\overline{CD}$ (vgl. Fig. 1). Dem Rechteck soll ein Parallelogramm so einbeschrieben werden, dass zwei Seiten parallel zu $\overline{AM}$ sind. Für welche Lage des Punktes P wird der Flächeninhalt des Parallelogramms am größten?

6 Der Querschnitt eines Abwasserkanals hat die Form eines Rechtecks mit aufgesetztem Halbkreis.
Wie müssen bei gegebenem Umfang U des Querschnitts die Rechteckseiten gewählt werden, damit der Querschnitt den größten Flächeninhalt hat?

7 Aus einer Holzplatte (Fig. 2), die die Form eines gleichschenkligen Dreiecks mit den Seiten c = 60 cm, a = b = 50 cm hat, soll ein möglichst großes rechteckiges Brett heraus-geschnitten werden.
Wie viel Prozent Abfall entstehen?

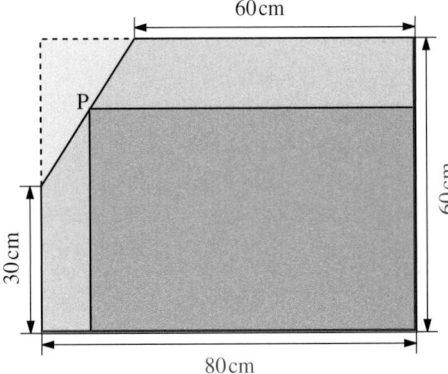

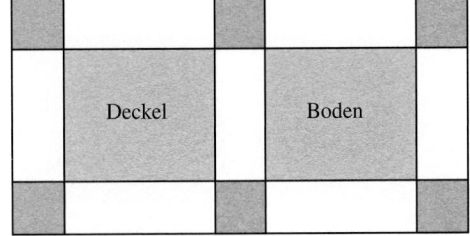

Fig. 3

Fig. 2

8 Bei einer rechteckigen Glasplatte ist eine Ecke abgebrochen (Fig. 3). Aus dem Rest soll eine rechteckige Scheibe mit möglichst gro-ßem Inhalt herausgeschnitten werden.
a) Wie ist der Punkt P zu wählen?
b) Aus dem Rest soll wiederum eine recht-eckige Scheibe herausgeschnitten werden. Wie groß kann diese höchstens werden?

Lösen Sie die Aufgabe 8 auch ohne Differenzial-rechnung.

9 Aus einem kreisförmigen Rundstab mit dem Durchmesser d = 12 cm soll ein rechteckiger Stab mit einem möglichst großen rechteckigen Querschnitt gefertigt werden.
Bestimmen Sie die Seitenlängen a und b des Rechtecks.

10 Aus einem 40 cm langen und 20 cm breiten Karton soll durch Herausschneiden von 6 Quadraten eine Schachtel hergestellt werden, deren Deckel auf 3 Seiten übergreift (Fig. 4).
Wie groß sind die Quadrate zu wählen, damit das Volumen der Schachtel möglichst groß wird?

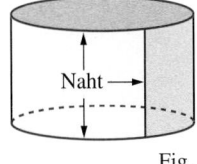

Fig. 5

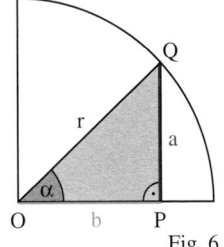

Fig. 6

11 a) Es sollen zylindrische Dosen mit dem Volumen V hergestellt werden. Wie sind die Radius r und die Höhe h zu wählen, damit die gesamte Nahtlinie aus Mantellinie, Deckel- und Bodenrand minimal wird (Fig. 5)?
b) Wie müssen Radius r und Höhe h gewählt werden, wenn die zylindrische Dose ohne Deckel hergestellt wird und die Oberfläche möglichst klein werden soll?

12 Aus zwei 20 cm breiten Brettern soll eine V-förmige Rinne hergestellt werden.
Bei welchem Abstand der oberen Bretterkanten ist das Fassungsvermögen der Rinne am größten?

13 Einem Viertelkreis mit dem Radius r = 5 cm wird ein Dreieck OPQ einbeschrieben (Fig. 6). Für welchen Winkel α wird der Inhalt des Dreiecks maximal?

43

4 Vermischte Aufgaben

1 Zur Markierung des Kurses beim Segeln einer Regatta sind in einer Seekarte die Bojen als rote Punkte markiert (Fig. 1–3). Der Segler skizziert in der Karte einen möglichen Kurs als blaue Linie. Geben Sie den Funktionsterm einer ganzrationalen Funktion 3. Grades an, deren Graph den Kurs des Seglers beschreibt.
Überprüfen Sie Ihr Ergebnis mit einem grafikfähigen Taschenrechner.

a)

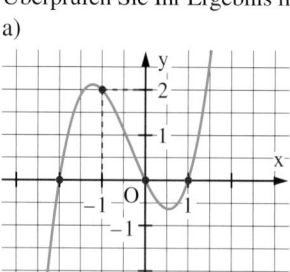

b)

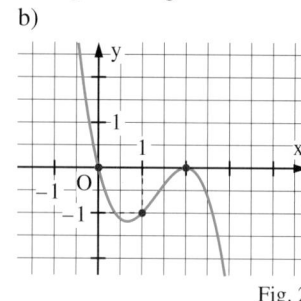

c)

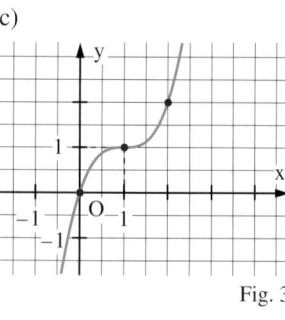

Fig. 1   Fig. 2   Fig. 3

2 Bestimmen Sie die Lage des Punktes $P(x \mid f(x))$ so, dass das Rechteck mit den Seitenlängen x und $f(x)$ einen möglichst großen Flächeninhalt besitzt.
a) $f(x) = \cos(x), \ x \in \left[0; \frac{\pi}{2}\right]$ b) $f(x) = \sqrt{4 - x^2} \ ; \ x \in [0; 2]$

3 Bei einer Zirkusvorführung wird ein Artist unter einem Winkel von 45° aus einer „Kanone" abgeschossen und landet in einem Wasserbehälter, der in horizontaler Richtung 15 m entfernt ist und der gegenüber der Kanonenöffnung 3,75 m höher steht. Könnte die Vorführung auch in einem 6 m hohen Saal stattfinden?

4 Für welche beiden positiven Zahlen, deren Produkt 8 ist, wird die Summe am kleinsten?

5 In einer Firma werden Radiogeräte hergestellt. Bei einer Wochenproduktion von x Radiogeräten entstehen fixe Kosten von 2000 € und variable Kosten, die durch $60x + 0{,}8x^2$ (in €) näherungsweise beschrieben werden können.
a) Bestimmen Sie die wöchentlichen Gesamtkosten. Zeichnen Sie den Graphen im Bereich $0 \leq x \leq 140$.
b) Die Firma verkauft alle wöchentlich produzierten Geräte zu einem Preis von 180 € je Stück. Geben Sie den wöchentlichen Gewinn an. Zeichnen Sie den Graphen der Gewinnfunktion in das vorhandene Koordinatensystem.
c) Bei welchen Produktionszahlen macht die Firma Gewinn? Bei welcher Produktionszahl ist der Gewinn am größten?
d) Wegen eines Überangebotes auf dem Markt muss die Firma den Preis senken. Ab welchem Preis macht die Firma keinen Gewinn mehr?

6 Vor fünf Jahren hat eine Firma eine Werkzeugmaschine zum Preis von 60 000 € gekauft. Statistische Daten sprechen für Gesamtreparaturkosten R mit der Gleichung
$R(t) = (480 + 300t) \cdot t$ mit t in Jahren, $R(t)$ in €.
a) Bestätigen Sie, dass für die Kosten K gilt: $K(t) = R(t) + 60 000$. Zeichnen Sie den Graphen der Kostenfunktion.
b) Bestimmen Sie die Funktion, die die durchschnittlichen jährlichen Kosten angibt. Wann sollte die Firma die Werkzeugmaschine ausmustern?

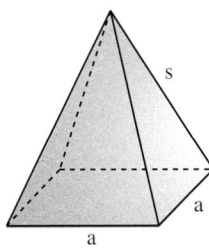

Fig. 1

7 Welche senkrechte, regelmäßige Pyramide mit einem Quadrat der Seitenlänge a als Grundfläche und der Seitenkante s (vgl. Fig. 1) hat den größten Rauminhalt?

8 Auf zwei geraden, sich rechtwinklig kreuzenden Straßen fahren zwei Autos jeweils mit konstanter Geschwindigkeit. Fahrzeug A ist 2 km von der Kreuzung entfernt und hat eine Geschwindigkeit von $50 \frac{km}{h}$. Gleichzeitig hat das Fahrzeug B eine Entfernung von 1,5 km und fährt mit $80 \frac{km}{h}$.
a) Bestätigen Sie, dass die Fahrzeuge über die Kreuzung kommen ohne zusammenzustoßen.
b) Welches ist die kleinste Entfernung der beiden Fahrzeuge voneinander?

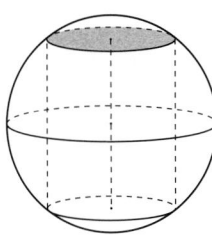

Fig. 2

9 Eine Hohlkugel soll so bearbeitet werden, dass ein Zylinder mit möglichst großem Rauminhalt entsteht (Fig. 2). Wie sind der Radius und die Höhe des Zylinders zu wählen?

10 Die starke Konkurrenz zwingt die Fluggesellschaft Travel Airline zum Handeln. Man entschließt sich zu Preissenkungen auf der Strecke Düsseldorf–Berlin, die zur Zeit von 1050 Passagieren bei 15 Flügen täglich genutzt wird und der Fluggesellschaft dabei Tageseinnahmen von 210 000 € einbringt. Marktuntersuchungen ergeben, dass bei einer Preissenkung um je 25 € voraussichtlich jeweils 20 Passagiere pro Flug zusätzlich mitfliegen werden. Wie soll Travel Airline die Preise senken, um maximale Tageseinnahmen zu erzielen? Lösen Sie diese Aufgabe
a) mithilfe einer Tabellenkalkulation
b) indem Sie eine geeignete Zielfunktion untersuchen.

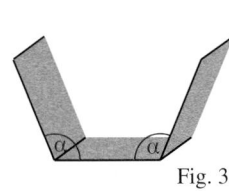

Fig. 3

11 Eine Rinne wird aus drei 15 cm breiten Holzbrettern der Länge 8 m gefertigt (Fig. 3).
a) Berechnen Sie das Volumen der Rinne, wenn das Bodenbrett mit der Seitenwand einen Winkel α mit $90° \leqq a \leqq 180°$ einschließt. Geben Sie das Volumen für α = 90°, 120°, 150° an.
b) Berechnen Sie den Winkel α, für den das Volumen der Rinne maximal ist.
c) Zeigen Sie, dass das Volumen maximal ist, wenn der Querschnitt der Rinne maximal ist.

12 Gegeben ist für $t \in \mathbb{R}$ die Funktionenschar f_t mit $f_t(x) = x^2 \cdot \left(\frac{t}{5}x + 1 \right)$.

a) Bestimmen Sie die Extrempunkte des Graphen von f_t. Zeichnen Sie die Graphen von f_t für t = −1, 0 und 2.
b) Bestimmen Sie denjenigen Extrempunkt, der vom Punkt S (0|3) den kleinsten Abstand hat.

13 Durch f_t mit $f_t(x) = x^3 - (4t - t^3)x^2$, $t \geqq 0$ ist eine Funktionenschar gegeben.
a) Zeichnen Sie die Graphen für t = 0; 0,5; 1; 2; 2,5 in ein gemeinsames Koordinatensystem.
b) Für welchen Wert von t liegt der Wendepunkt am weitesten „rechts"?
c) Für welchen Wert von t liegt der Wendepunkt am „tiefsten"?

14 Zur Erschließung neuer Öl- und Erdgasvorkommen müssen zunehmend tiefer liegende Lagerstätten erschlossen werden. Dabei erhöhen sich die Kosten sehr stark: Eine Bohrung in 1000 m Tiefe kostet rund 800 000 €, in 4000 m Tiefe 7 Millionen € und für eine Bohrung in 6000 m Tiefe bereits etwa 40 Millionen €.
a) Zeichnen Sie die gegebenen Werte in ein geeignetes Koordinatensystem ein. Bestimmen Sie die ganzrationale Funktion f vom Grad 2, deren Graph durch diese Punkte verläuft. Zeichnen Sie den Graphen von f in das vorhandene Koordinatensystem.
b) Beurteilen Sie diesen Funktionsansatz. Nehmen Sie einen sachlich begründeten weiteren Punkt hinzu und bestimmen Sie eine neue, bessere Funktion g.
c) Berechnen Sie mithilfe der Funktion g, um wie viel die Kosten von der 6 km- auf die 12 km-Bohrung steigen. Wie groß ist diese Steigerung in %?

15 Für den Bau einer kegelförmigen Tüte mit möglichst großem Fassungsvermögen wird aus einem quadratischen Karton mit 1 m Seitenlänge ein Kreisausschnitt geschnitten und zum Kegel geformt. Wie würden Sie den Karton ausschneiden? Geben Sie den Mittelpunktswinkel an.

Benutzen Sie zur Lösung das newtonsche Näherungsverfahren.

16 Eine oben offene Schachtel mit einem Volumen von 100 cm³ soll eine Länge von 10 cm haben. Sie wird aus einem Rechteck durch Einschneiden an vier Stellen und Hochklappen der Seitenteile gefertigt. Welche Abmessungen muss das Rechteck haben, damit der Materialverbrauch möglichst klein ist?

17 Bei der Herstellung zylindrischer Dosen muss wegen der notwendigen Schweißnaht der Radius des Deckel- und Bodenblechs 6 mm größer als der Innenradius r der Dose sein. Für die Schweißnaht längs einer Mantellinie ist keine Zugabe nötig.
Aus Gründen der Stabilität sind Boden, Deckel und Mantel mit Wellen versehen. Das Blech für den Mantel muss daher etwa 2 % höher sein als die lichte Dosenhöhe h. Für Deckel und Boden kann der Materialverbrauch für die Wellen vernachlässigt werden.
a) Bestimmen Sie für allgemeines V den Materialverbrauch als Funktion von r.
b) Untersuchen Sie, ob bei den obigen Vorgaben handelsübliche Dosen bezüglich des Materialverbrauchs optimiert sind.

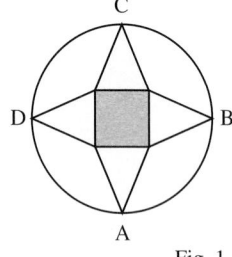

C

D ◁ ▷ B

A

Fig. 1

18 Aus einem Kreis mit dem Radius r wird ein symmetrischer Stern ausgeschnitten (Fig. 1) und die vier Ecken A, B, C, D zur Spitze einer quadratischen Pyramide hochgebogen.
Wie groß kann das Volumen der entstehenden Pyramide höchstens werden?
Wie groß ist in diesem Fall die Pyramidenoberfläche?

19 Eine Elektronikfirma verkauft monatlich 5000 Stück eines Bauteils zum Stückpreis von 25 €. Die Marktforschungsabteilung dieser Firma hat festgestellt, dass sich der durchschnittliche monatliche Absatz bei jeder Stückpreissenkung von einem € um jeweils 300 Stück erhöhen würde. Bei welchem Stückpreis sind die monatlichen Einnahmen am größten?

20 1-Liter-Milchtüten haben zum Teil die Form einer quadratischen Säule. Diese Tüten sind aus einem einzigen rechteckigen Stück Pappe durch Falten und Verkleben hergestellt. Fig. 2 zeigt das Netz einer solchen Tüte. Die Tüten werden bis 2 cm unter dem oberen Rand gefüllt.
Bestimmen Sie den Flächeninhalt der verwendeten Pappe als Funktion der Grundkantenlänge x.
Ist die reale Milchtüte hinsichtlich des Materialverbrauchs optimiert?

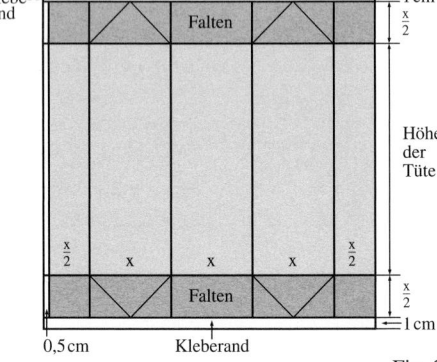

Fig. 2

21 Die langjährigen Monatsmittelwerte der Lufttemperatur (in °C) in Essen werden in Abhängigkeit von der Zeit t (in Monaten) näherungsweise beschrieben durch die Funktion T mit
$$T(t) = 9{,}6 + 8 \cdot \sin\left(\frac{\pi}{6}t - \frac{7\pi}{12}\right); \ t \in [0; 12].$$
a) Zeichnen Sie den Graphen von T. Lesen Sie ab, welche Temperaturen man jeweils am ersten der Monate Januar, März und August erwarten kann.
b) Berechnen Sie die höchste und tiefste mittlere Temperatur. Wann werden sie erreicht?
c) Wann ist die mittlere Temperaturänderung am größten?
d) Bestimmen Sie zeichnerisch den Beginn und das Ende der Heizperiode.

Heizperiode:
Ist hier die Spanne mit einer Temperatur von höchstens 12 °C.

Marktpreis – Besteuerung – Subventionen

RAGNAR FRISCH erhielt 1969 den ersten Nobelpreis für Wirtschaftswissenschaften.

Um in der Wirtschaftswissenschaft konkrete Aussagen und Prognosen machen zu können, bedient man sich vielfach mathematischer Methoden. Dieser Bereich der Wirtschaftswissenschaft wird als Ökonometrie bezeichnet. Einen wesentlichen Baustein der ökonometrischen Arbeit bildet die Modellierung ökonomischer Zusammenhänge in Form funktionaler Beziehungen zwischen den ökonomischen Variablen.

Im Folgenden wird ein Teilbereich der Ökonometrie näher betrachtet, nämlich die Entstehung des Marktpreises einer Ware aus Angebot und Nachfrage. Ferner wird die Auswirkung auf den Marktpreis durch Besteuerung und Subventionierung untersucht.

> Die Geburtsstunde der Ökonometrie war der 29. Dezember 1930 morgens in Cleveland (USA).
> Dort trafen sich auf Einladung von IRVING FISHER, RAGNAR FRISCH und CHARLES ROOS Ökonomen, Statistiker und Mathematiker und gründeten die „Economic Society: International Society for the Advancement of Economic Theory in its Relation to Statistics and Mathematics".
> Deutscher Teilnehmer war JOSEPH ALOIS SCHUMPETER (1883–1950).

Das Angebot

Es gibt natürlich noch eine Reihe weiterer Faktoren, die das Angebot beeinflussen. Dazu gehören z. B.
• der Preis der anderen Waren,
• die Gewinnerwartung der Anbieter,
• der technische Stand des Wissens usw.

Der wichtigste Faktor, der das Angebot beeinflusst, ist der Preis der Ware. Wenn der Preis der Ware ansteigt, wird jeder Anbieter, der diese Ware noch nicht anbietet, versuchen, es ebenfalls anzubieten. Somit wird auch die angebotene Menge der Ware auf dem Markt steigen. „Je höher der Preis, umso mehr wird angeboten. Je niedriger der Preis, umso weniger wird angeboten." Ist der Preis für Kartoffeln hoch, so werden die Landwirte mehr Kartoffeln anbauen. Dagegen werden sie weniger anbauen, wenn der Preis fällt. Die Zuordnung *angebotene Menge x → zugehöriger Stückpreis p* heißt **Angebotsfunktion** a. Sie besitzt in der Regel einen monoton steigenden Graphen.

Die Angebotsfunktion a des Beispiels ist nicht durch statistische Daten belegt. Sie ist rein hypothetischer Natur.

Beispiel: (Angebot)
Die Angebotsfunktion
a: $x \mapsto 4 \cdot \sqrt{x} + 20$; $0 < x < 50$
(x in der Mengeneinheit 10 000 kg, a(x) in der Einheit Cent/kg) beschreibt den Preis für Kartoffeln, den ein landwirtschaftlicher Betrieb bei einer Ausweitung der Produktion verlangen möchte, um finanziell erfolgreich zu sein. Bei einem Angebot von 40 000 kg (x = 4) beträgt der Kilogrammpreis a(4) = 28 Cent, bei 160 Tonnen a(16) = 36 Cent und bei 250 Tonnen 40 Cent.

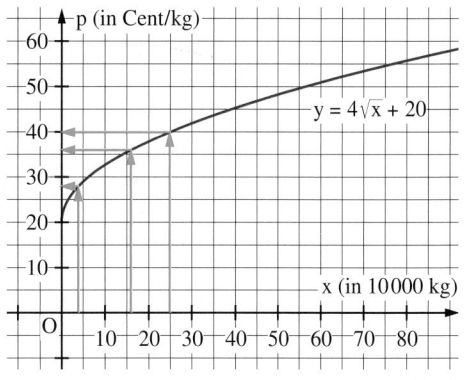

Fig. 1

Die Nachfrage

Sinkt der Preis einer Ware, so werden in der Regel immer mehr Käufer bereit sein, die Ware zu kaufen, sofern der Preis der übrigen angebotenen Waren gleich bleibt. Werden z. B. Computer billiger, so sind immer mehr Haushalte bereit, sich einen solchen zu kaufen. Die Zuordnung *nachgefragte Menge → zugehöriger Stückpreis* nennt man **Nachfragefunktion** n. Sie besitzt in der Regel einen monoton fallenden Graphen.

47

Beispiel: (Nachfrage)

Die Nachfragefunktion

n: $x \mapsto 50 - \frac{1}{60}x^2$; $0 < x < 50$

(x in der Mengeneinheit 10 000 kg, n(x) in der Einheit $\frac{10\,000\ \text{Cent}}{10\,000\ \text{kg}} = \frac{\text{Cent}}{\text{kg}}$)

beschreibt den Preis für Kartoffeln, den der Verbraucher bereit ist auszugeben in Abhängigkeit von der nachgefragten Menge. Bei einem Kilogrammpreis von 40 Cent werden ca. 250 000 kg nachgefragt, bei einem Preis von 30 Cent hingegen fast 10 000 kg mehr.

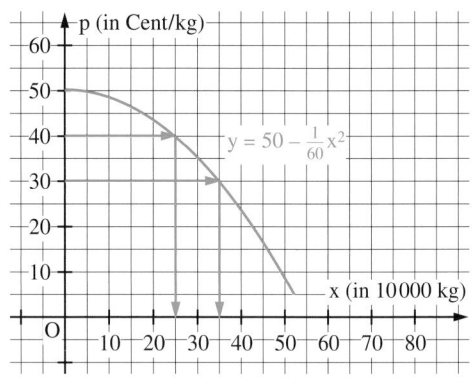

Fig. 1

Der Marktpreis

Anbieter und Nachfrager treffen auf dem so genannten Markt aufeinander. Käufer und Verkäufer sind über das gesamte Angebot und die gesamte Nachfrage orientiert und können sich frei entscheiden. Auf dem Markt stellt sich, hervorgerufen durch Angebot und Nachfrage, ein Gleichgewichtspreis, der so genannte **Marktpreis** ein. Trägt man die Graphen von Angebots- und Nachfragefunktion in dasselbe Koordinatensystem ein, so schneiden sich beide Graphen in dem Gleichgewichtspunkt $G(X_G \,|\, Y_G)$. Bei einem höheren Preis als $n(X_G)$ ist die angebotene Menge immer größer als die nachgefragte Menge. Man spricht von einem **Überangebot** der Ware. In diesem Fall müssten die Produzenten ihren Preis senken, um nicht auf ihrer Ware sitzen zu bleiben.

Das Produkt aus der Menge x_G und dem Preis y_G gibt den **Gesamterlös** E an. Es gilt $E(X_G) = x_G \cdot y_G$. Der Gesamterlös wird geometrisch dargestellt durch das Rechteck mit den Seiten x_G und y_G (Fig. 2).

Beispiel: (Marktpreis)

Für die Angebotsfunktion
a mit $a(x) = 4\sqrt{x} + 20$
und die Nachfragefunktion
n mit $n(x) = 50 - \frac{1}{60}x^2$
erhält man näherungsweise den Gleichgewichtspunkt $G(24,66 \,|\, 39,86)$.

Das Marktgleichgewicht stellt sich demnach ein bei einem Preis von ca. 40 Cent je Kilogramm. Dann werden etwa 247 Tonnen verkauft. Der Gesamterlös beträgt dann $39,86 \cdot 24,66 \cdot 10\,000$ Cent $\approx 98\,000$ €.

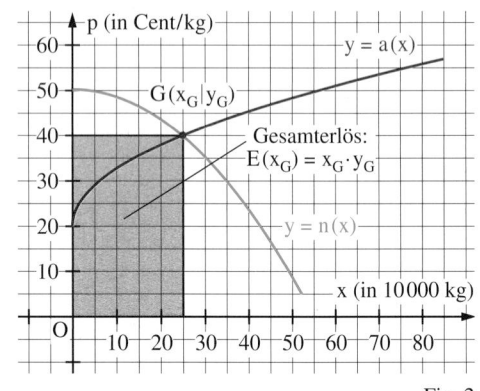

Fig. 2

Preisveränderungen durch Subventionierung einer Ware durch eine feste Rate

Der Staat kann über Steuern eine Ware verteuern, z. B. durch eine Ökosteuer auf Treibstoff. Er kann aber auch **Subventionen** gewähren, um bestimmte Wirtschaftszweige wie z. B. die Landwirtschaft zu stützen. In beiden Fällen bleibt es jedoch bei der freien Preisbildung. Da die Subvention s vom Staat an den Produzenten gezahlt werden muss, beeinflusst sie die Angebotsfunktion a. Da die Ware billiger angeboten werden kann, erhält man die neue Angebotsfunktion a_s mit $a_s = a(x) - s$ mit $s > 0$. Das neue Marktgleichgewicht wird damit durch den Schnittpunkt der Graphen von a_s und der Nachfragefunktion n bestimmt. Die Gesamtsubvention S berechnet man damit zu $S = x_s \cdot s$; dabei ist x_s die Menge, die durch das neue Marktgleichgewicht festgelegt wird.

Beispiel: (Subvention mit fester Rate)
Wird ein Kilogramm Kartoffeln mit 8 Cent subventioniert, so ist a_s mit
$$a_s(x) = 4\sqrt{x} + 20 - 8 = 4\sqrt{x} + 12$$
die neue Angebotsfunktion. Zusammen mit der Nachfragefunktion
n mit $n(x) = 50 - \frac{1}{60}x^2$
erhält man den neuen Gleichgewichtspunkt $G_s(30{,}79\,|\,34{,}20)$. Da sich die Kartoffeln auf 34,20 Cent pro kg verbilligen, steigt die Nachfrage von 247 t auf 308 t.
Die Gesamtsubvention S berechnet sich zu
$$S = x_s \cdot s \approx 308\,000 \cdot 8 \approx 2\,500\,000.$$
Sie beträgt damit 25 000 €.

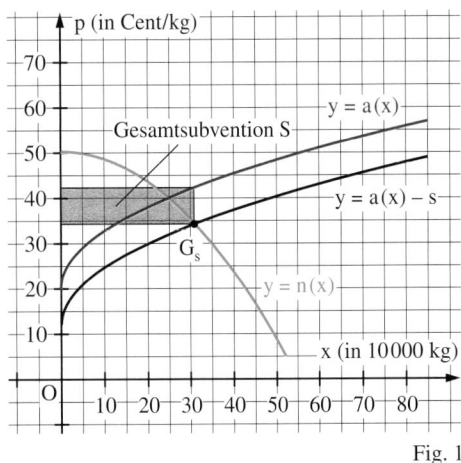

Fig. 1

Preisveränderungen durch Besteuerung einer Ware durch einen festen Prozentsatz

Bei der Besteuerung einer Ware um einen bestimmten Prozentsatz q (Mineralölsteuer) wird ebenfalls die Angebotsfunktion verändert. Im Gegensatz zu einer Subvention wird der Angebotspreis höher. Die ursprüngliche Angebotsfunktion a wird damit zu einer Funktion a_q mit $a_q(x) = a(x) + a(x) \cdot \frac{q}{100} = a(x) \cdot \left(1 + \frac{q}{100}\right)$.
Der Gleichgewichtspunkt $G_q(x_q\,|\,a(x_q))$ nach der Versteuerung ergibt sich als Schnittpunkt der Graphen der Funktionen n und a_q.
Die Mehreinnahmen, die der Staat durch die Steuererhöhung hat, berechnen sich zu
$$S = x_q \cdot a_q(x_q) - x_q \cdot a(x_q) = x_q \cdot (a_q(x_q) - a(x_q)) = \frac{q}{100} \cdot x_q \cdot a(x_q). \quad (1)$$

Bei der prozentualen Besteuerung verdient der Staat bei Preiserhöhungen mit, bei einer festen Rate wie der Ökosteuer auf Kraftstoffe jedoch nicht. So beträgt zum Beispiel die Steuereinnahme auf 1 Liter Benzin mit 0,60 € bei 16 % MwSt. 8,3 Cent, bei 1,1 € jedoch schon 15,2 Cent.

Beispiel: (prozentuale Besteuerung)
Der Staat erhebe Steuern auf den Kartoffelpreis. Um welchen Prozentsatz muss der Preis erhöht werden, damit die dadurch erzielten Steuereinnahmen möglichst hoch sind?
Die Nachfragefunktion ist
n mit $n(x) = 50 - \frac{1}{60}x^2$,
die ursprüngliche Angebotsfunktion
a mit $a(x) = 4\sqrt{x} + 20$.
Die neue Angebotsfunktion ist
a_q mit $a_q(x) = \left(4\sqrt{x} + 20\right) \cdot \left(1 + \frac{q}{100}\right)$.
Der neue Gleichgewichtspunkt stellt sich ein
für $50 - \frac{1}{60}x^2 = \left(4\sqrt{x} + 20\right) \cdot \left(1 + \frac{q}{100}\right)$.

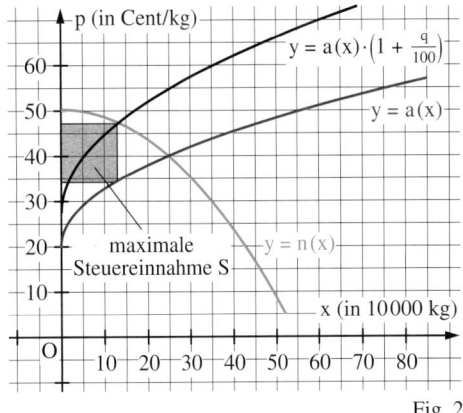

Fig. 2

Da q gesucht ist, wird nach q aufgelöst: $q(x) = -\frac{5x^2 + 1200\sqrt{x} - 9000}{12(\sqrt{x} + 5)}$. (2)

Nach (1) beträgt dann die Funktion S für die gesamten Steuereinnahmen
$$S(x) = \frac{q}{100} \cdot x \cdot a(x) = -\frac{5x^2 + 1200\sqrt{x} - 9000}{12(\sqrt{x} + 5) \cdot 100} \cdot x \cdot \left(4\sqrt{x} + 20\right) = -\frac{1}{60}x^3 - 4x\sqrt{x} + 30x.$$

Es ist das Maximum der Funktion S zu bestimmen. Es gilt $q'(x) = -\frac{1}{20}x^2 - 6\sqrt{x} + 30$ und $q''(x) = -\frac{1}{10}x - \frac{3}{\sqrt{x}}$. Aus $q'(x) = 0$ erhält man $x_0 \approx 12{,}96$. Da $q''(x) < 0$ ist, liegt in x_0 ein Maximum von S vor. Man erhält die maximale Steuereinnahme $S = S(x_0) \approx 166$ je 10 000 kg, also rund 17 000 €. Der Absatz der Kartoffeln ginge aber auf ca. 130 Tonnen zurück.
Der zugehörige Prozentsatz für die Steuererhöhung berechnet sich aus (2) zu $q(12{,}96) \approx 37{,}21$.
Aus $a_{37{,}2}(12{,}96) \approx 47{,}20$ ergibt sich der Preis für ein Kilogramm Kartoffeln zu 47,20 Cent.

Funktionen in Sachzusammenhängen

Wenn eine reale Situation durch eine Funktion beschrieben werden kann, so ist es häufig möglich, reale Problemstellungen durch Untersuchung dieser Funktion zu beantworten.

Wahl des Koordinatensystems

Bei der Bestimmung einer ganzrationalen Funktion in einer realen Situation muss zunächst ein Koordinatensystem gewählt werden. Berücksichtigt man dabei vorhandene Besonderheiten (z. B. Symmetrie), so vereinfacht sich der Ansatz für den Funktionsterm.

Strategie zur Bestimmung einer ganzrationalen Funktion

1. Formulieren der gegebenen Bedingungen mithilfe von f, f′, f″ usw.
2. Ansatz: $f(x) = a_n x^n + a_{n-1} x^{n-1} + \ldots + a_1 x + a_0$.
3. Aufstellen und Lösen des linearen Gleichungssystems.
4. Angeben und Kontrollieren des Ergebnisses.
   Dabei ist die Kontrolle nötig, da nur notwendige Bedingungen verwendet werden.

Strategie für das Lösen von Extremwertproblemen

1. Beschreiben der Größe, die extremal werden soll, durch einen Term. Dieser kann mehrere Variablen enthalten.
2. Aufsuchen von Nebenbedingungen.
3. Bestimmung der Zielfunktion.
4. Untersuchung der Zielfunktion auf Extremwerte und Formulierung des Ergebnisses.

Wird die Bahn der Kugel beim Kugelstoßen näherungsweise durch den Graphen der Funktion f mit
$f(x) = -0{,}05375 x^2 + x + 1{,}5$ *(x, f(x) in m)*
beschrieben, so gilt: $f(x) = 0$ mit den Lösungen $x_1 = 20$; $x_2 \approx -1{,}40$ liefert die Wurfweite $W = 20$ (in m). $f'(x) = 0$ mit der Lösung $x_3 \approx 9{,}30$ liefert die maximale Wurfhöhe $H = f(x_3) \approx 6{,}15$ (in m).

Eine computergesteuerte Fräsmaschine soll aus einem quadratischen Blechstück der Seitenlänge 2 cm ein parabelförmiges Teil ausschneiden.
Mögliche Koordinatensysteme sind z. B.:

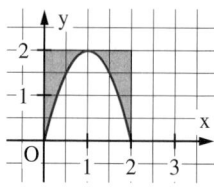 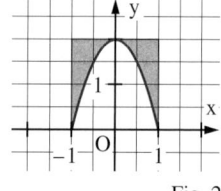

Fig. 1   Fig. 2

Ansatz:
$f(x) = a x \cdot (x - b)$ $f(x) = a x^2 + c$
Bedingungen:
$f(2) = 0$; $f(1) = 2$ $f(0) = 2$; $f(1) = 0$
Ergebnis:
$f(x) = -2 x^2 + 4 x$ $f(x) = -2 x^2 + 2$

Gesucht: Ganzrationale Funktion vom Grad 3, deren Graph den Hochpunkt $H(0 \mid 12)$ und den Wendepunkt $W(2 \mid -4)$ besitzt.

1. $f(0) = 12; f(2) = -4; f'(0) = 0; f''(2) = 0$
2. $f(x) = a x^3 + b x^2 + c x + d$
3. $d = 12$
   $8a + 4b + 2c + d = -4$
   $c = 0$
   $12a + 2b = 0$
4. $f(x) = x^3 - 6 x^2 + 12$; *da der Graph von f den geforderten Hoch- bzw. Wendepunkt besitzt, erfüllt f die Bedingungen.*

Welche beiden positiven Zahlen mit dem Produkt 10 haben die kleinste Summe?

1. $S = u + v$ 2. $u \cdot v = 10$
3. $S(u) = u + \dfrac{10}{u}$ 4. $S'(u) = 1 - \dfrac{10}{u^2}$

Ergebnis: $u = v = \sqrt{10}$

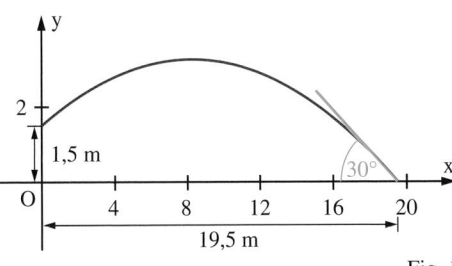

Fig. 1

1   Beim Kugelstoßen beschreibt die Kugel eine Bahn wie in Fig. 1 dargestellt.
a) Bestimmen Sie die ganzrationale Funktion, deren Graph den Verlauf der Wurfbahn beschreibt.
b) Geben Sie die Koordinaten des höchsten Punktes der Flugbahn sowie den Abwurfwinkel an.

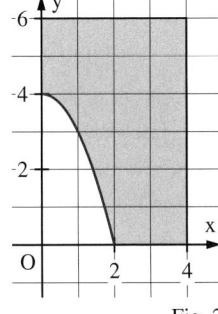

Fig. 2

2   Von einer rechteckigen Glasscheibe der Länge 6 dm und der Breite 4 dm ist eine Ecke abgebrochen, deren Rand näherungsweise durch eine Parabel f mit $f(x) = 4 - x^2$ beschrieben werden kann (Fig. 2). Aus dem Reststück soll ein möglichst großes Rechteck herausgeschnitten werden.
Wie würden Sie schneiden?

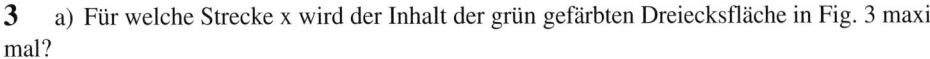

3   a) Für welche Strecke x wird der Inhalt der grün gefärbten Dreiecksfläche in Fig. 3 maximal?
b) Ein oben offenes zylindrisches Wasserfass soll ein Volumen von 300 Liter haben. Wie müssen die Abmessungen gewählt werden, damit der Materialverbrauch minimal wird?

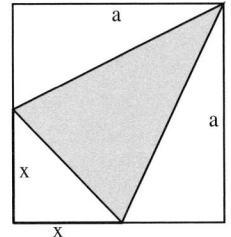

Fig. 3

4   Beim Tontaubenschießen auf ebenem Gelände wird die Flugbahn durch eine Parabel angenähert. Ein Abschussgerät erreicht eine Weite von 100 m und 40 m maximale Höhe.
a) Berechnen Sie den Abschusswinkel.
b) Ein Zuschauer steht direkt unter dem Gipfelpunkt der Bahn auf einem 2 m hohen Podest. In welchem Punkt ihrer Flugbahn ist ihm die Tontaube am nächsten?

5   Die Gesamtkosten K (in €) bei der Produktion von x Mengeneinheiten einer Ware sind erfahrungsgemäß gegeben durch $K(x) = x^3 - 15x^2 + 125x + 375$. Bei dem Preis $p = 150$ (in €) pro Mengeneinheit ist U die Umsatzfunktion mit $U(x) = 150x$.
a) Zeichnen Sie die Graphen von K und U in ein gemeinsames Koordinatensystem. Bestimmen Sie die Gewinnzone des Unternehmens.
b) Bei welcher Produktionsmenge x_0 ergibt sich der maximale Gewinn?
c) Zeigen Sie, dass $p = K'(x_0)$ ist. Interpretieren Sie diesen Zusammenhang am Graphen.

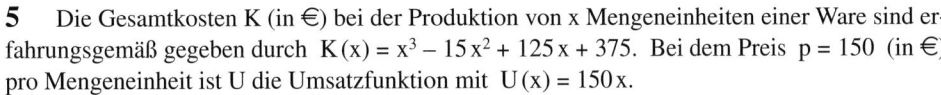

6   Der Wasserstand h (in m) bei Spiekeroog an der Nordseeküste schwankt zwischen 0 m bei Niedrigwasser und etwa 3 m bei Hochwasser. Er lässt sich in Abhängigkeit von der Zeit t (in Std. nach Hochwasser) modellhaft beschreiben durch $h(t) = a + b \cdot \cos\left(\frac{\pi}{6} \cdot t\right)$.
a) Bestimmen Sie die Parameter a und b. Skizzieren Sie den Graphen von h.
b) Zu welchen Zeitpunkten innerhalb von 24 Stunden steigt der Wasserstand am stärksten?
c) Ein Fährschiff hat einen Tiefgang von 1,5 m. Innerhalb welcher Zeiträume kann das Schiff die Insel in den nächsten 24 Stunden anlaufen?

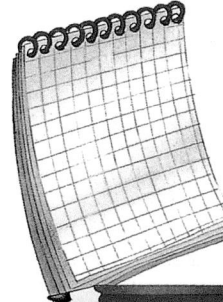

Die Lösungen zu den Aufgaben dieser Seite finden Sie auf Seite 434/435.

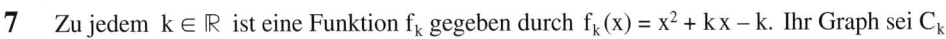

7   Zu jedem $k \in \mathbb{R}$ ist eine Funktion f_k gegeben durch $f_k(x) = x^2 + kx - k$. Ihr Graph sei C_k.
a) Zeichnen Sie C_0, C_1, C_{-1} und C_{-2} in ein gemeinsames Koordinatensystem.
b) Bestimmen Sie für allgemeines k das globale Minimum der Funktion f_k.
c) Für welchen Wert von k berührt C_k die x-Achse?
d) Welche Funktionen f_k haben zwei verschiedene Nullstellen?
Welche haben keine Nullstellen?
e) Zeigen Sie, dass es einen Punkt gibt, durch den alle Kurven C_k gehen.
Geben Sie ihn an.

1 Beispiele, die zur Integralrechnung führen

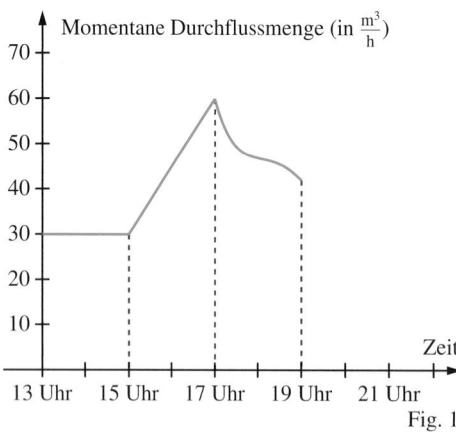

Fig. 1

1 Die Messstelle einer Ölpipeline zeigt zu jedem Zeitpunkt die momentane Durchflussmenge an (Fig. 1). Sie wird mithilfe eines im Rohr befestigten Propellers bestimmt.
a) Wie viel Erdöl floss zwischen 13 Uhr und 15 Uhr durch die Pipeline? Wie lässt sich dieses Ergebnis in Fig. 1 veranschaulichen?
b) Bearbeiten Sie die Fragen aus a) für die Zeitspanne von 15 Uhr bis 17 Uhr.
c) Auch für den Zeitraum von 17 Uhr bis 19 Uhr soll die geförderte Ölmenge veranschaulicht werden. Stellen Sie eine Vermutung auf.

Bisher:	Jetzt:
Differenzial-rechnung	**Integral-rechnung**

Beide Gebiete werden auch unter dem Namen **Infinitesimalrechnung** *zusammengefasst.*

Im bisherigen Gang der Analysis war die Ableitung ein zentraler Begriff, mit deren Hilfe man die momentane Änderungsrate einer Größe bestimmen konnte. Im Folgenden wird in einen neuen Problemkreis eingeführt, bei dem man umgekehrt von der momentanen Änderungsrate einer Größe auf die Gesamtänderung der Größe schließen muss.

Im Kamin eines Kraftwerks wird ständig die in der Abluft enthaltene Menge eines Schadstoffs gemessen. Fig. 2 zeigt ein dazugehöriges Messdiagramm. Aus einem solchen Diagramm kann man die Gesamtmenge des ausgetretenen Schadstoffs bestimmen.

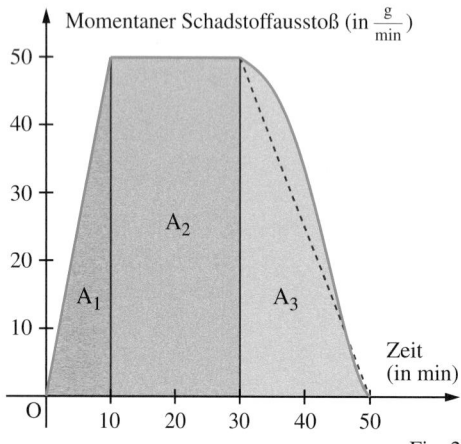

Fig. 2

Am einfachsten erhält man die im Zeitraum von 10 min bis 30 min entwichene Schadstoffmenge M_2 (in g):
$$M_2 = 20 \cdot 50 = 1000.$$
Dies entspricht dem Flächeninhalt A_2.
Die im Zeitraum von 0 min bis 10 min ausgetretene Menge M_1 ist die gleiche, die bei einem zehnminütigen konstanten Schadstoffausstoß von $25 \frac{g}{min}$ zusammengekommen wäre.
Für M_1 (in g) gilt: $M_1 = 10 \cdot 25 = 250$.
Dies entspricht dem Flächeninhalt A_1.
Es liegt die Vermutung nahe, dass die gesuchte Schadstoffmenge dem Inhalt der unter der Kurve liegenden Fläche entspricht.
Somit kann man die zwischen 30 min und 50 min ausgetretene Schadstoffmenge bestimmen, indem man A_3 berechnet. Nähert man den Graphen durch ein Geradenstück an, ergibt sich für M_3 (in g) näherungsweise: $M_3 \approx 20 \cdot 25 = 500$.

Die momentane Änderungsrate „bewirkt" die Gesamtänderung.

> Kennt man die momentane Änderungsrate einer Größe, so kann man die Gesamtänderung der Größe (Wirkung) als **Flächeninhalt unter einer Kurve** deuten. Deshalb sucht man nach Methoden zur Bestimmung solcher Flächeninhalte.

Beispiel: (Geschwindigkeit und zurückgelegte Strecke)
a) Berechnen Sie anhand des Geschwindigkeit-Zeit-Diagramms in Fig. 1 die im Zeitraum von 0 s bis 20 s zurückgelegte Strecke s. Deuten Sie das Ergebnis in Fig. 1.
b) Bestimmen Sie näherungsweise die im Zeitraum von 20 s bis 30 s zurückgelegte Strecke.
Lösung:

Die zu bestimmende Größe ist der zurückgelegte Weg. Die momentane Änderungsrate dieser Größe ist die Geschwindigkeit. Sie bewirkt die Ortsveränderung.

a) Im Zeitraum von 0 s bis 15 s gilt für die zurückgelegte Strecke s_1 (in m):
$$s_1 = 15 \cdot 20 = 300.$$
Im Zeitraum von 15 s bis 20 s beträgt die Durchschnittsgeschwindigkeit $10 \frac{m}{s}$.
Für s_2 (in m) gilt: $s_2 = 5 \cdot 10 = 50$.
Den zurückgelegten Teilstrecken entsprechen die Flächeninhalte A_1 bzw. A_2.
b) Der Teilstrecke s_3 entspricht der Flächeninhalt A_3. Zur näherungsweisen Berechnung von s_3 nähert man den Graphen durch ein Geradenstück an. Es ergibt sich
$$s_3 \approx \frac{1}{2} \cdot 10 \cdot 15 = 75.$$
Insgesamt gilt $s \approx 425$ m.

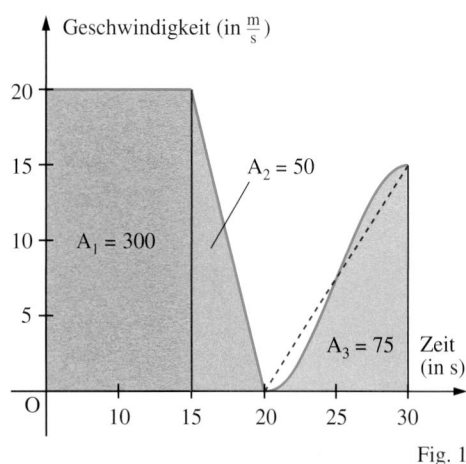

Fig. 1

Aufgaben

2   a) Berechnen Sie in Fig. 2 die von 16 Uhr bis 18 Uhr zurückgelegte Strecke s.
b) Bestimmen Sie in Fig. 3 näherungsweise die von 7 Uhr bis 9 Uhr zurückgelegte Strecke s.

Zum Ausmessen von Flächeninhalten gibt es besondere Geräte, die so genannten Planimeter. Nach Umfahren der Fläche mit einem Stift kann man den Flächeninhalt näherungsweise ablesen.

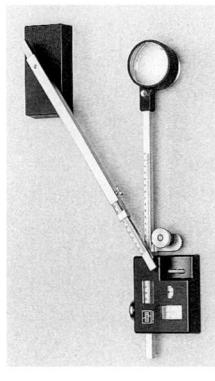

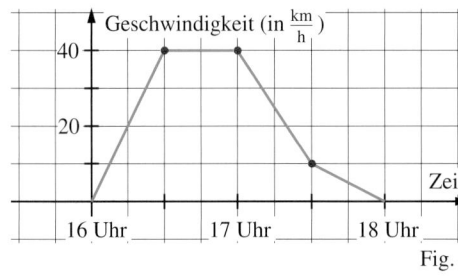

Fig. 2

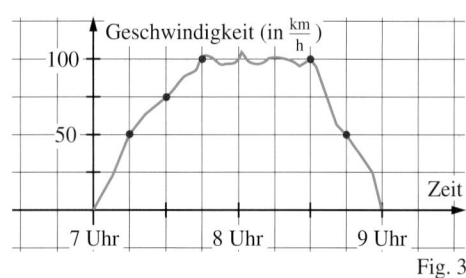

Fig. 3

3   Aus dem Pegelstand eines Flusses kann auf die Abflussmenge pro Zeit geschlossen werden. Bestimmen Sie näherungsweise die am 14.3.01 abgeflossene Wassermenge (Fig. 4).

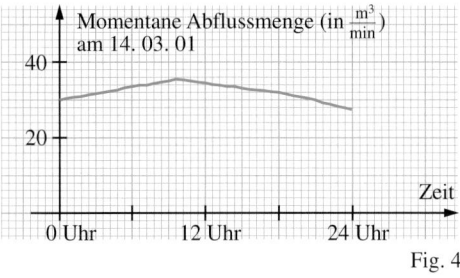

Fig. 4

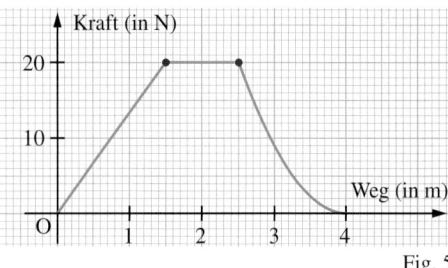

Fig. 5

4   a) Ein Auto wird 50 m mit der konstanten Kraft F = 300 N angeschoben. Zeichnen Sie ein F-s-Diagramm und deuten Sie darin die verrichtete Arbeit W = F · s.
b) Bestimmen Sie näherungsweise die verrichtete Arbeit in Fig. 5.

2 Näherungsweise Berechnung von Flächeninhalten

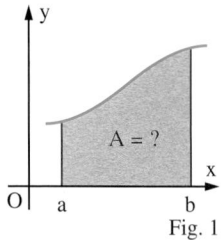

Fig. 1

1   Zeichnen Sie den Graphen der Funktion f mit $f(x) = \sqrt{x}$. Färben Sie die von folgenden Linien begrenzte Fläche: die x-Achse, die Gerade mit der Gleichung $x = 4$ und den Graphen von f. Wie kann man den Inhalt A dieser Fläche näherungsweise berechnen?

Im Folgenden wird eine Methode zur näherungsweisen Berechnung der Inhalte von Flächen entwickelt, die vom Graphen einer Funktion f mit $f(x) \geqq 0$, der x-Achse und den Parallelen zur y-Achse mit den Gleichungen $x = a$ und $x = b$ begrenzt werden (siehe Fig. 1). Eine solche Fläche beschreibt man auch so: Die Fläche zwischen dem Graphen von f und der x-Achse über dem Intervall [a; b].

Zur Vermeidung unwesentlicher Sonderfälle werden dabei nur **stetige** Funktionen betrachtet. Anschaulich ausgedrückt heißt eine Funktion f stetig auf dem Intervall I, wenn der Graph von f auf I definiert ist und keine Sprünge aufweist. So sind z. B. ganzrationale Funktionen und die Sinus- und Kosinusfunktion auf ℝ stetig (siehe Fig. 2). In Fig. 3 ist der Graph einer nicht stetigen Funktion abgebildet.

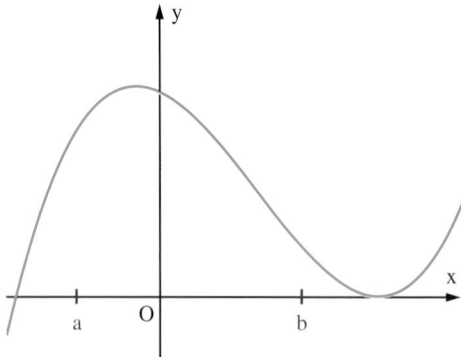

f ist auf ℝ stetig, also auch auf jedem Intervall I.

Fig. 2

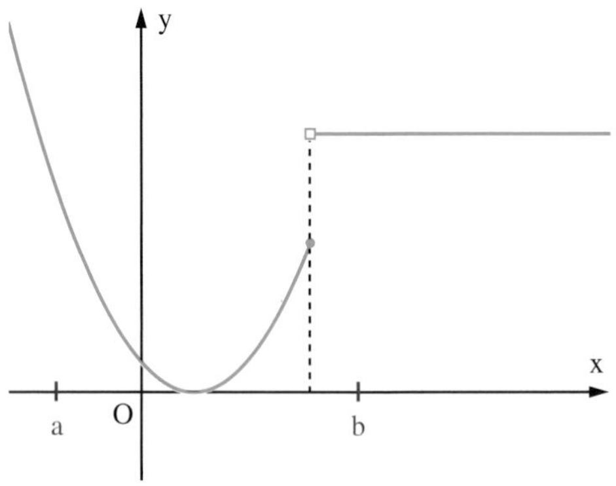

f ist auf [a; b] nicht stetig.

Fig. 3

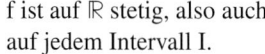

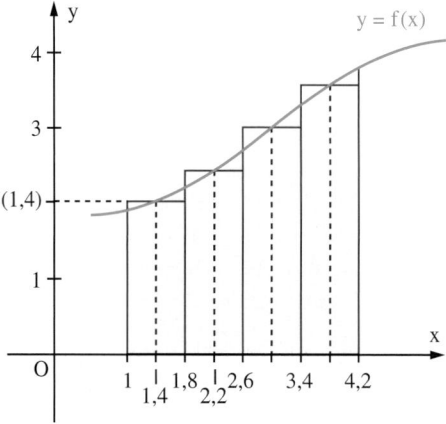

Fig. 4

Zur näherungsweisen Ermittlung des Inhaltes A einer Fläche wie in Fig. 1 nähert man diese durch Rechtecke an. Dazu zerlegt man z. B. in Fig. 4 das Intervall [1; 4,2] in 4 gleich breite Teilintervalle der Breite $\frac{4,2 - 1}{4} = 0,8$. Wählt man als Höhen der Rechtecke jeweils die Funktionswerte z. B. an den Intervallmitten, so ergibt sich:
$S_4 = 0,8 \cdot f(1,4) + 0,8 \cdot f(2,2) + 0,8 \cdot f(3) + 0,8 \cdot f(3,8)$.
S_4 ist ein Näherungswert für den gesuchten Flächeninhalt A.
Eine andere Wahl als die Intervallmitten zur Bestimmung der Rechteckshöhen ergibt einen anderen Näherungswert für A.

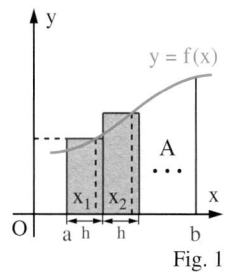

Fig. 1

Gegeben ist die stetige Funktion f mit $f(x) \geqq 0$ für $x \in [a; b]$. Zur näherungsweisen Berechnung des Inhaltes A der Fläche zwischen dem Graphen von f und der x-Achse über dem Intervall [a; b] kann man so vorgehen:

1. Man wählt eine feste Zahl n und unterteilt das Intervall [a; b] in n Teilintervalle der Breite $h = \frac{b-a}{n}$.
2. Aus jedem Teilintervall wählt man eine Stelle x_i für $i = 1, 2, \ldots, n$ und berechnet den zugehörigen Funktionswert $f(x_i)$.
3. Man berechnet als Näherungswert für den Flächeninhalt die **Produktsumme**
$$S_n = h \cdot f(x_1) + h \cdot f(x_2) + \ldots + h \cdot f(x_n) = h \cdot [f(x_1) + f(x_2) + \ldots + f(x_n)].$$

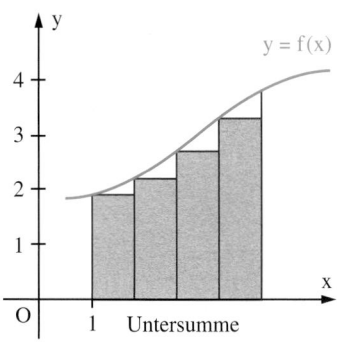

Untersumme

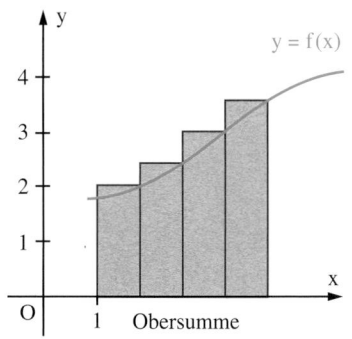

Obersumme

Fig. 2

Beachten Sie: Zur Berechnung eines Näherungswertes von A ist jede Stelle x_i im zugehörigen Teilintervall möglich. Soll dagegen A „nach unten" bzw. „nach oben" abgeschätzt werden, wählt man für die Höhe jedes Rechtecks den kleinsten bzw. den größten Funktionswert des entsprechenden Teilintervalls. In Fig. 2 ist dies am Beispiel einer streng monoton zunehmenden Funktion f gezeigt. Die zugehörigen Produktsummen heißen **Untersumme U_4** bzw. **Obersumme O_4.** Es gilt: $U_4 \leqq A \leqq O_4$.

Auch wenn kein Graph verlangt ist, sollten Sie sich vor der Rechnung anhand einer Skizze einen Überblick verschaffen.

Beispiel 1: (Näherungsweise Berechnung und Abschätzung eines Flächeninhaltes)
Gegeben ist die Funktion f mit $f(x) = -0{,}25\,x^2 + 4$.

a) Bestimmen Sie mithilfe einer Produktsumme S_6 näherungsweise den Inhalt A der Fläche zwischen dem Graphen von f und der x-Achse über [0; 3].

b) Schätzen Sie den Flächeninhalt A mithilfe der Ober- und Untersumme ab.

Lösung:

a) Für h gilt: $h = \frac{3-0}{6} = 0{,}5$.

Wählt man für x_i aus jedem Teilintervall jeweils die Mitte, ergibt sich die folgende Tabelle.

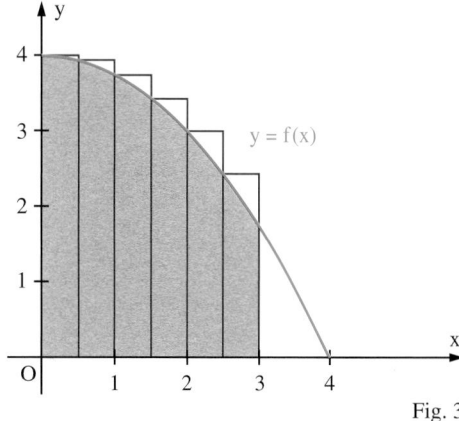

Fig. 3

x_i	0,25	0,75	1,25	1,75	2,25	2,75
$f(x_i)$	3,984	3,859	3,609	3,234	2,734	2,109

Für S_6 gilt: $S_6 \approx 0{,}5 \cdot [3{,}984 + 3{,}859 + 3{,}609 + 3{,}234 + 2{,}734 + 2{,}109] \approx 9{,}76$.
Der gesuchte Flächeninhalt beträgt näherungsweise $A \approx 9{,}76$.

b) Zur Berechnung der Obersumme muss in diesem Fall für x_i jeweils der linke Rand jedes Teilintervalls gewählt werden, also $x_1 = 0$, $x_2 = 0{,}5$, $\ldots$, $x_6 = 2{,}5$ (Fig. 3).
Es gilt: $O_6 \approx 0{,}5 \cdot [4{,}000 + 3{,}938 + 3{,}750 + 3{,}438 + 3{,}000 + 2{,}438] \approx 10{,}29$.
Die Untersumme U_6 ergibt sich entsprechend mithilfe der rechten Intervallränder:
$U_6 \approx 0{,}5 \cdot [3{,}937 + 3{,}750 + 3{,}437 + 3{,}000 + 2{,}437 + 1{,}750] \approx 9{,}15$.
Für den gesuchten Flächeninhalt A gilt: $9{,}15 \leqq A \leqq 10{,}29$.

Falls der Taschenrechner bei der Berechnung der Obersumme z. B. 10,282 anzeigt, darf man zur Abschätzung nicht auf 10,28 runden, sondern muss 10,29 verwenden.

55

Beispiel 2: (Abschätzung eines Flächeninhaltes mit Excel)

Gegeben ist die Funktion f mit $f(x) = \frac{1}{x} + x$. Schätzen Sie den Inhalt A der Fläche zwischen dem Graphen von f und der x-Achse über dem Intervall [1; 3] ab. Berechnen Sie dazu mithilfe von Excel die Untersumme U_{20} und die Obersumme O_{20}.

Lösung:

In Fig. 1 ist der Graph von f abgebildet. Es ist zu vermuten, dass f in [1; 3] streng monoton zunehmend ist. Dies wird mithilfe der Ableitung bestätigt. Es gilt: $f'(x) = -\frac{1}{x^2} + 1 > 0$ für $x > 1$.

Bei jedem Teilintervall erhält man somit den kleinsten Funktionswert am linken Rand und den größten Funktionswert am rechten Rand. In Fig. 2 sind die Werte einer Excelberechnung dargestellt. Für den gesuchten Inhalt A gilt: $5{,}03 \leq A \leq 5{,}17$.

Im Beispiel ist am linken Rand des Intervalls [1; 3] die Bedingung $f'(x) > 0$ nicht erfüllt. Es gilt: $f'(1) = 0$. In einem solchen Fall kann man trotzdem auf strenge Monotonie der auf [1; 3] differenzierbaren Funktion f schließen.

Der Graph in Fig. 1 wurde mit Excel erstellt. Schneller geht es mit einem grafikfähigen Taschenrechner.

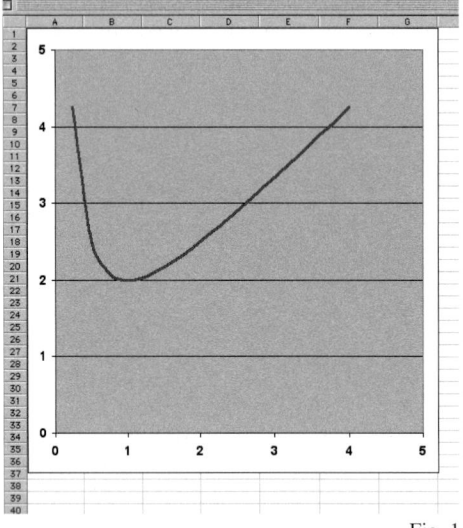

Fig. 1

Abschätzung mit O_{20} und U_{20}; h = 0,1.			
Untersumme		Obersumme	
x_i	$0,1*(1/x_i + x_i)$	x_i	$0,1*(1/x_i + x_i)$
1	0,2	1,1	0,20090909
1,1	0,20090909	1,2	0,20333333
1,2	0,20333333	1,3	0,20692308
1,3	0,20692308	1,4	0,21142857
1,4	0,21142857	1,5	0,21666667
1,5	0,21666667	1,6	0,2225
1,6	0,2225	1,7	0,22882353
1,7	0,22882353	1,8	0,23555556
1,8	0,23555556	1,9	0,24263158
1,9	0,24263158	2	0,25
2	0,25	2,1	0,25761905
2,1	0,25761905	2,2	0,26545455
2,2	0,26545455	2,3	0,27347826
2,3	0,27347826	2,4	0,28166667
2,4	0,28166667	2,5	0,29
2,5	0,29	2,6	0,29846154
2,6	0,29846154	2,7	0,30703704
2,7	0,30703704	2,8	0,31571429
2,8	0,31571429	2,9	0,32448276
2,9	0,32448276	3	0,33333333
U_{20} =	5,03268554	O_{20} =	5,16601888

Fig. 2

Aufgaben

2 Zeichnen Sie den Graphen der Funktion f und markieren Sie mit Farbe die Fläche zwischen dem Graphen von f und der x-Achse über dem Intervall [a; b]. Bestimmen Sie mithilfe einer Produktsumme S_6 näherungsweise den Inhalt A dieser Fläche.

a) $f(x) = \frac{1}{x}$; a = 1; b = 4

b) $f(x) = \sqrt{x}$; a = 1; b = 4

c) $f(x) = 0{,}5\,x^2 + 1$; a = 0; b = 1,5

d) $f(x) = \sin(x)$; a = 0; b = π

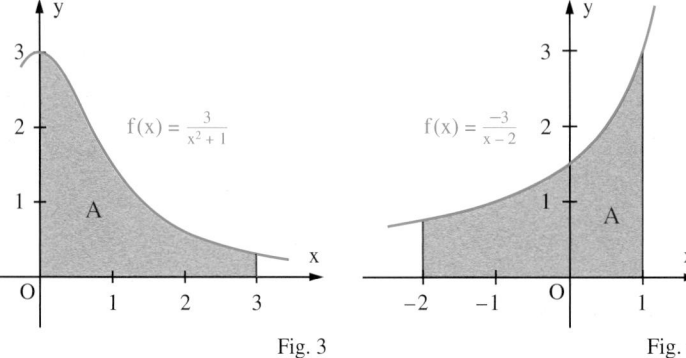

Fig. 3

Fig. 4

3 Schätzen Sie den Inhalt der Fläche zwischen dem Graphen von f und der x-Achse über [a; b] mithilfe der Ober- und Untersumme O_8 bzw. U_8 ab.

a) $f(x) = 0{,}25\,x^2 + 2$; a = 0; b = 4

b) $f(x) = -0{,}5\,x^2 + 5$; a = 1; b = 3

4 Geben Sie einen Näherungswert für den Inhalt A der gefärbten Fläche in Fig. 3 bzw. Fig. 4 an und schätzen Sie A ab. Verwenden Sie dazu eine Zerlegung in 6 Teilintervalle.

5 Mithilfe von Produktsummen kann man auch Rauminhalte berechnen. Dazu zerlegt man z. B. einen Kegel in Scheiben gleicher Dicke (Fig. 1). Bestimmt man entsprechend wie bei Flächeninhalten die Obersumme O_{12}, erhält man einen Näherungswert für den Rauminhalt des Kegels. Die kleinste Scheibe hat den Radius 0,25 und die Dicke 0,5, also das Volumen $0,5 \cdot \pi \cdot 0,25^2$. Für O_{12} gilt:

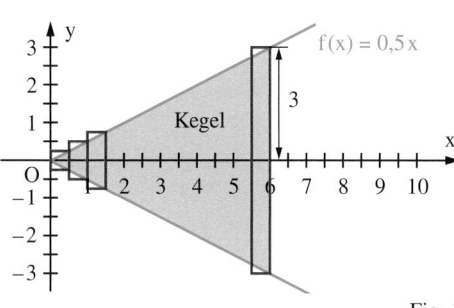

Bei der Untersumme U_{12} hat die kleinste Scheibe das Volumen 0.

$O_{12} = 0,5\,[\pi \cdot 0,25^2 + \pi \cdot 0,5^2 + \ldots + \pi \cdot 3^2]$.
a) Berechnen Sie O_{12}.
b) Berechnen Sie U_{12} und vergleichen Sie mit dem genauen Wert, der mit der Formel $V = \frac{1}{3}\pi \cdot r^2 \cdot h$ berechnet werden kann.

Fig. 1

6 Schätzen Sie mithilfe eines Tabellenkalkulationsprogramms den Inhalt der Fläche zwischen dem Graphen von f und der x-Achse über [a; b] ab. Bestimmen Sie dazu die Untersumme U_{20} und die Obersumme O_{20}.
a) $f(x) = \sqrt{1 + x^2}$; $a = 0$; $b = 4$ \qquad b) $f(x) = x^3 - 3x + 2$; $a = -1$; $b = 1$

7 Skizzieren Sie für $0 \leq x \leq \pi$ den Graphen der Funktion f mit $f(x) = \sin(x)$. Schätzen Sie den Inhalt A der Fläche zwischen dem Graphen von f und der x-Achse über dem Intervall $[0; \pi]$ ab. Welchen genauen Wert für A vermuten Sie?

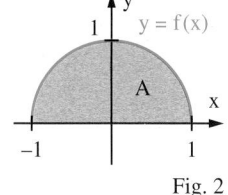

Fig. 2

8 Der Graph der Funktion f mit $f(x) = \sqrt{1 - x^2}$ ist ein Halbkreis mit dem Radius 1 (Fig. 2). Der Flächeninhalt dieses Halbkreises beträgt $A = \frac{1}{2}\pi r^2 = \frac{1}{2}\pi$. Bestimmen Sie einen Näherungswert für die Zahl π.

9 Beim Arbeiten mit dem Excel-Arbeitsblatt aus Beispiel 2 muss man die Feldeinträge völlig neu vornehmen, wenn man anstelle von U_{20} z. B. U_{40} berechnen möchte. Man kann ein Arbeitsblatt auch so gestalten, dass bei der Eingabe von verschiedenen Werten für n gleich die entsprechende Untersumme U_n berechnet wird. In Fig. 3 kann U_n für die Funktion f aus Beispiel 2 für Werte bis $n = 100$ berechnet werden. Fig. 4 zeigt das Ergebnis für $n = 40$.

	A	B	C
1	Untersumme mit variablem		n
2	Setze n in Feld C2	n=	40
3	h=	=2/$C$2	
4			
5	x_i	h*(1/x_i+x_i)	Teilsumme
6	1	=$B$3*(1/A6+A6)	=SUMME($B$6:B6)
7	=WENN(A6<(3-$B$3);A6+$B$3;"ENDE")	=$B$3*(1/A7+A7)	=SUMME($B$6:B7)
8	=WENN(A7<(3-$B$3);A7+$B$3;"ENDE")	=$B$3*(1/A8+A8)	=SUMME($B$6:B8)
9	=WENN(A8<(3-$B$3);A8+$B$3;"ENDE")	=$B$3*(1/A9+A9)	=SUMME($B$6:B9)
10	=WENN(A9<(3-$B$3);A9+$B$3;"ENDE")	=$B$3*(1/A10+A10)	=SUMME($B$6:B10)
11	=WENN(A10<(3-$B$3);A10+$B$3;"ENDE")	=$B$3*(1/A11+A11)	=SUMME($B$6:B11)
12	=WENN(A11<(3-$B$3);A11+$B$3;"ENDE")	=$B$3*(1/A12+A12)	=SUMME($B$6:B12)
13	=WENN(A12<(3-$B$3);A12+$B$3;"ENDE")	=$B$3*(1/A13+A13)	=SUMME($B$6:B13)
14	=WENN(A13<(3-$B$3);A13+$B$3;"ENDE")	=$B$3*(1/A14+A14)	=SUMME($B$6:B14)
15	=WENN(A14<(3-$B$3);A14+$B$3;"ENDE")	=$B$3*(1/A15+A15)	=SUMME($B$6:B15)
16	=WENN(A15<(3-$B$3);A15+$B$3;"ENDE")	=$B$3*(1/A16+A16)	=SUMME($B$6:B16)

Fig. 3

	A	B	C
1	Untersumme mit variablem		n
2	Setze n in Feld C2	n=	40
3	h=	0,5	
4			
5	x_i	h*(1/x_i+x_i)	Teilsumme
6	1	0,1	0,1
7	1,05	0,100119	0,200119
8	1,1	0,100455	0,300574
9	1,15	0,100978	0,401552
43	2,85	0,160044	4,738774
44	2,9	0,162241	4,901015
45	2,95	0,164449	5,065464
46	ENDE	#WERT!	#WERT!
47	ENDE	#WERT!	#WERT!
48	ENDE	#WERT!	#WERT!
49	ENDE	#WERT!	#WERT!

Fig. 4

a) Erstellen Sie ein Arbeitsblatt wie in Fig. 3 und berechnen Sie nacheinander U_{40}, U_{60}, U_{80} und U_{100}.
b) Erstellen Sie für die Funktion f aus Beispiel 2 ein entsprechendes Arbeitsblatt zur Berechnung von Obersummen und bestimmen Sie nacheinander O_{40}, O_{60}, O_{80} und O_{100}.

3 Bestimmung von Flächeninhalten

1 Es soll der Inhalt A der Fläche zwischen dem Graphen von f mit $f(x) = x^2$ und der x-Achse über [0; 2] bestimmt werden.

a) Zeigen Sie, dass für die Obersumme O_{10} gilt: $O_{10} = \frac{2^3}{10^3}[1^2 + 2^2 + 3^2 + \ldots + 10^2]$.

b) Geben Sie eine entsprechende Formel für O_n an. Welche Strategie führt zum genauen Wert?

Bisher wurde der Flächeninhalt unterhalb einer Kurve nur näherungsweise bestimmt.
Mit der folgenden Methode kann man den Flächeninhalt genau ermitteln.

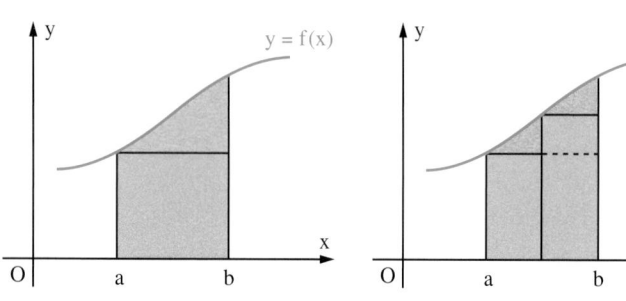

Bildet man z. B. die Untersumme U_n und vergrößert die Zahl der Rechtecke, wird die Abweichung vom gesuchten Flächeninhalt im Allgemeinen kleiner (rot in Fig. 1).
Es liegt also nahe, das Intervall [a; b] in immer kleinere Teilintervalle zu unterteilen und die sich ergebenden Untersummen U_n auf einen Grenzwert für $n \to \infty$ zu untersuchen.

Fig. 1

Eine nützliche Formel:
Aus

$$\frac{\begin{matrix} 1 + & 2 & + \ldots + z \\ + z + & (z-1) & + \ldots + 1 \end{matrix}}{(z+1) + (z+1) + \ldots + (z+1)}$$

folgt:
$1 + 2 + \ldots + z = \frac{1}{2}z(z+1)$.
Ist $z = n-1$, dann gilt:
$1 + 2 + \ldots + (n-1)$
$\qquad = \frac{1}{2}n(n-1)$.

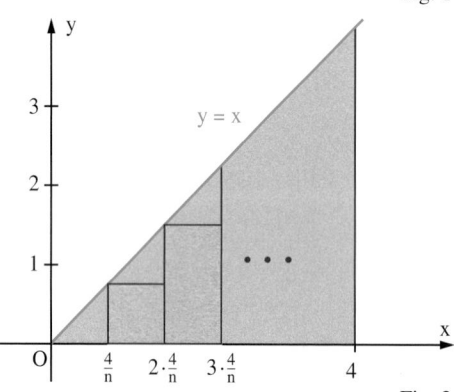

Fig. 2

Das Verfahren wird am Beispiel der Funktion f mit $f(x) = x$ (Fig. 2) mit dem bekannten Flächeninhalt $A = 8$ erläutert.
Bei n gleichbreiten Rechtecken gilt für $a = 0$ und $b = 4$:

$$U_n = \frac{4}{n}\left[0 + \frac{4}{n} + 2 \cdot \frac{4}{n} + \ldots + (n-1) \cdot \frac{4}{n}\right]$$
$$= \frac{16}{n^2}[1 + 2 + 3 + \ldots + (n-1)].$$

Wegen $1 + 2 + 3 + \ldots + (n-1) = \frac{1}{2}n(n-1)$ folgt:

$$U_n = \frac{16}{2} \cdot \frac{n}{n} \cdot \frac{n-1}{n} = 8\frac{n-1}{n} = 8\left(1 - \frac{1}{n}\right).$$

Somit ist $\lim\limits_{n \to \infty} U_n = 8$.

Man kann zeigen, dass bei einer stetigen Funktion f jede Produktsumme S_n einen Grenzwert für $n \to \infty$ hat. Außerdem ergibt sich unabhängig von der Wahl der Stellen x_i immer derselbe Grenzwert. Dieser Grenzwert ist der gesuchte Flächeninhalt.

Gegeben ist die stetige Funktion f mit $f(x) \geqq 0$ für $x \in [a; b]$. Zur Ermittlung des Inhaltes A der Fläche zwischen dem Graphen von f und der x-Achse über dem Intervall [a; b] geht man so vor:

1. Man unterteilt das Intervall [a; b] in n Teilintervalle der Breite $h = \frac{b-a}{n}$.
2. Aus jedem Teilintervall wählt man eine Stelle x_i für $i = 1, 2, \ldots, n$ und berechnet den zugehörigen Funktionswert $f(x_i)$.
3. Man berechnet die Produktsumme $S_n = h \cdot f(x_1) + h \cdot f(x_2) + \ldots + h \cdot f(x_n)$ in Abhängigkeit von n.
4. Man ermittelt den Grenzwert der Produktsumme S_n für $n \to \infty$.

Hier ist $f(x_i)$ keine Zahl, sondern ein Term mit der Variable n.

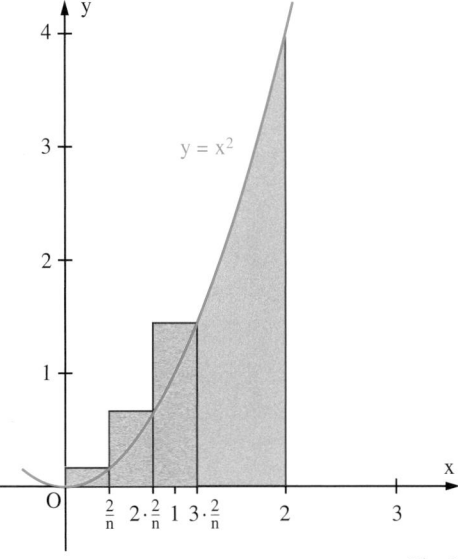

Da f stetig ist, kann man die Bestimmung des Flächeninhalts mit einer beliebigen Produktsumme durchführen.

Zur Bestimmung dieses Flächeninhalts ist folgende Summenformel notwendig:
$1^2 + 2^2 + 3^2 + \ldots + z^2$
$= \frac{1}{6} z(z + 1)(2z + 1).$

Beispiel: (Bestimmung eines Flächeninhalts)
Bestimmen Sie den Flächeninhalt A der Fläche zwischen dem Graphen der Funktion f mit $f(x) = x^2$ und der x-Achse über dem Intervall [0; 2] als Grenzwert einer Produktsumme.

Lösung:
Man teilt das Intervall [0; 2] in n Teile der Breite $\frac{2}{n}$. Dann gilt z. B. für O_n:
$$O_n = \frac{2}{n}\left[\left(\frac{2}{n}\right)^2 + \left(2 \cdot \frac{2}{n}\right)^2 + \ldots + \left(n \cdot \frac{2}{n}\right)^2\right]$$
$$= \frac{2^3}{n^3}[1 + 2^2 + 3^2 + \ldots + n^2].$$ Wegen
$$1^2 + 2^2 + 3^2 + \ldots + z^2 = \frac{1}{6}z(z+1)(2z+1)$$
folgt (siehe Randspalte):
$$O_n = \frac{8}{n^3} \cdot \frac{1}{6} \cdot n(n+1)(2n+1) = \frac{4}{3} \cdot \frac{n+1}{n} \cdot \frac{2n+1}{n}$$
$$= \frac{4}{3}\left(1 + \frac{1}{n}\right)\left(2 + \frac{1}{n}\right).$$
Somit ist $\lim\limits_{n \to \infty} O_n = \frac{4}{3} \cdot 2 = \frac{8}{3}.$

Der gesuchte Flächeninhalt ist $A = \frac{8}{3}.$

Fig. 1

Aufgaben

2 Bestimmen Sie den Inhalt der Fläche zwischen der Parabel mit $y = x^2$ und der x-Achse über dem Intervall [a; b].
a) a = 0; b = 1   b) a = 0; b = 3   c) a = 0; b = 10

3 Zeigen Sie, dass im Beispiel bei Verwendung der Untersumme der errechnete Grenzwert der gleiche ist wie bei der Verwendung der Obersumme.

Bei Aufgabe 4 wird folgende Summenformel benötigt:
$1^3 + 2^3 + 3^3 + \ldots + z^3$
$= \frac{1}{4} z^2 (z + 1)^2.$

4 a) Zeichnen Sie den Graphen der Funktion f mit $f(x) = x^3$. Der Graph, die x-Achse und die Gerade mit der Gleichung x = 2 begrenzen eine Fläche. Bestimmen Sie ihren Inhalt als Grenzwert der Obersumme O_n. (Anleitung: Benutzen Sie die Formel auf der Randspalte.)
b) Zeigen Sie, dass man bei Verwendung der Untersumme denselben Grenzwert wie in a) erhält.

5 Berechnen Sie den Inhalt der gefärbten Fläche mithilfe des Ergebnisses des Beispiels.
a)

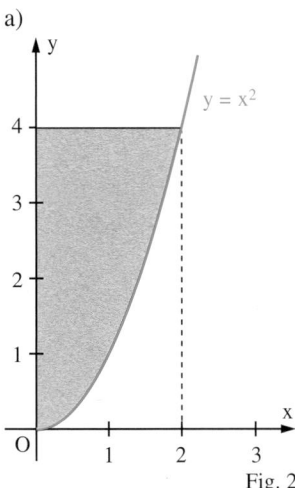

b)

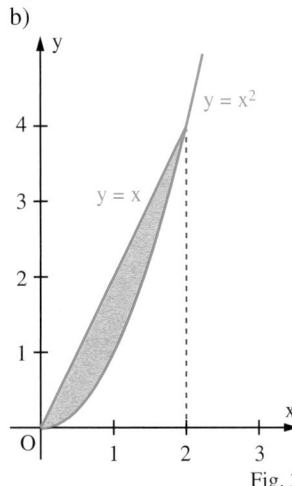

c)

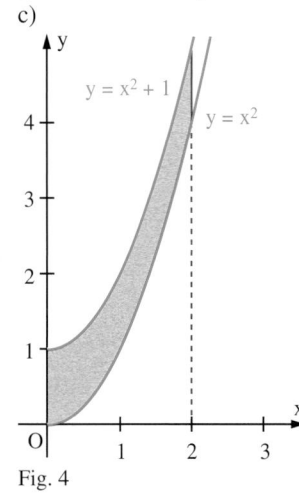

Fig. 2   Fig. 3   Fig. 4

4 Einführung des Integrals

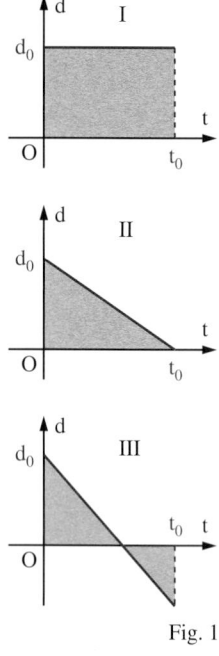

1 In einem Gezeitenkraftwerk strömt bei Flut das Wasser in einen Speicher und bei Ebbe wieder heraus. Das durchfließende Wasser treibt dabei Turbinen zur Stromerzeugung an. Die momentane Durchflussmenge d (in $\frac{m^3}{s}$) des Wassers in den Speicher kann man messen. Die Graphen in Fig. 1 zeigen Beispiele dafür, wie sich d mit der Zeit ändert.

a) Beschreiben Sie in I, II und III den Verlauf von d. Was besagt es, wenn der Graph unterhalb der t-Achse verläuft?

b) Welche anschauliche Bedeutung hat jeweils der Inhalt der gefärbten Fläche?

Fig. 1

Für die Bestimmung des Flächeninhaltes unter dem Graphen einer stetigen Funktion f über dem Intervall [a; b] wurde bisher $f(x) \geqq 0$ vorausgesetzt. Im Folgenden wird auch $f(x) < 0$ sowie $a > b$ zugelassen.

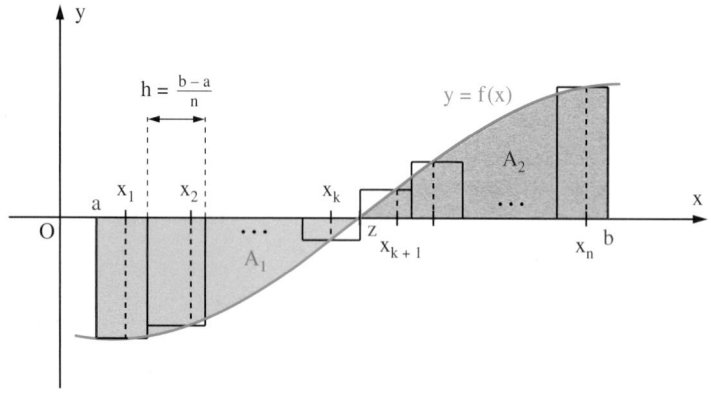

In Fig. 2 ist $f(x) \leqq 0$ für $x \in [a; z]$ und $f(x) \geqq 0$ für $x \in [z; b]$. Deshalb haben die Summanden einer Produktsumme S_n über [a; b] verschiedene Vorzeichen:

$$S_n = \underbrace{hf(x_1) + \ldots + hf(x_k)}_{\leqq 0} + \underbrace{hf(x_{k+1}) + \ldots + hf(x_n)}_{\geqq 0}.$$

Der Grenzwert $\lim_{n \to \infty} S_n$ gewichtet A_1 mit einem negativen Vorzeichen und A_2 mit einem positiven Vorzeichen.

Es gilt: $\lim_{n \to \infty} S_n = -A_1 + A_2$. Man kann $\lim_{n \to \infty} S_n$ als **Bilanzsumme** der Flächeninhalte deuten. Im Fall $a > b$ ändert die Summe S_n und der Grenzwert $\lim_{n \to \infty} S_n$ lediglich das Vorzeichen.

Fig. 2

Die Integralschreibweise wurde von GOTTFRIED WILHELM LEIBNIZ (1646–1716) eingeführt.
Das Zeichen $\int$ ist aus einem S (von summa) entstanden; dx steht für die immer kleiner werdenden Intervalle.

Definition: Die Funktion f sei auf dem Intervall I stetig und a, b $\in$ I. Für jedes $n \in \mathbb{N}^*$ sei S_n eine Produktsumme mit $S_n = h \cdot f(x_1) + h \cdot f(x_2) + \ldots + h \cdot f(x_n)$ und $h = \frac{b-a}{n}$.

Dann heißt der Grenzwert $\lim_{n \to \infty} S_n$ das **Integral der Funktion f** zwischen den Grenzen a und b.

Man schreibt dafür: $$\lim_{n \to \infty} \mathbf{S_n} = \int_a^b \mathbf{f(x)\,dx} \quad \text{(lies: Integral von } f(x)\,dx \text{ von a bis b).}$$

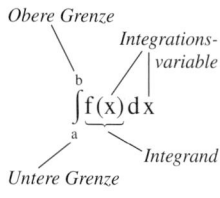

Obere Grenze
Integrations-variable
$\int_a^b f(x)\,dx$
Integrand
Untere Grenze

Im Ausdruck $\int_a^b f(x)\,dx$ wird für f(x) auch die Bezeichnung „**Integrand**" und für x die Bezeichnung „**Integrationsvariable**" verwendet. Die Grenzen a und b heißen untere und obere Integrationsgrenze. Da z. B. f mit $f(x) = x^2$ bzw. $f(t) = t^2$ dieselbe Funktion bezeichnet, gilt $\int_a^b f(x)\,dx = \int_a^b f(t)\,dt$.

Beispiel: (Deutung und Berechnung eines Integrals)
Deuten Sie das Integral als Bilanzsumme von Flächeninhalten. Berechnen Sie das Integral.

a) $\int_0^2 x^2\,dx$ b) $\int_{-1}^0 -2\,dz$ c) $\int_{-2}^1 0{,}5\,x\,dx$

Lösung:

a)   b)   c)

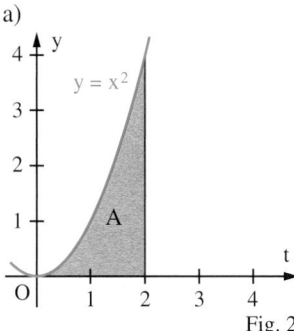   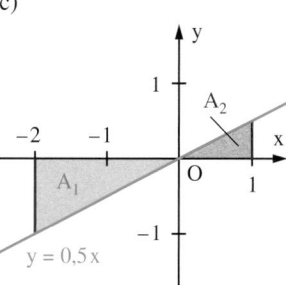

Fig. 2   Fig. 3   Fig. 4

$\int_0^2 x^2\,dx = A = \frac{8}{3}$ (siehe S. 59).

$\int_{-1}^0 -2\,dz = -A = -2.$

$\int_{-2}^1 0{,}5\,x\,dx = -A_1 + A_2$
$= -\left(\frac{1}{2}\cdot 2\cdot 1\right) + \frac{1}{2}\cdot 1\cdot\frac{1}{2}$
$= -0{,}75.$

Aufgaben

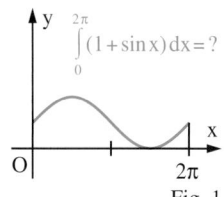

$\int_0^{2\pi}(1+\sin x)\,dx = ?$

Fig. 1

Viele physikalische Größen sind als Integral gegeben:

$W = \int_{s_1}^{s_2} F(s)\,ds$

$s = \int_{t_1}^{t_2} v(t)\,dt$

$W = \int_{t_1}^{t_2} P(t)\,dt$

t: Zeit
s: Weg
v: Geschwindigkeit
F: Kraft
W: Arbeit
P: Leistung

2   Schreiben Sie den Inhalt der gefärbten Fläche als Integral.

a)   b)   c)

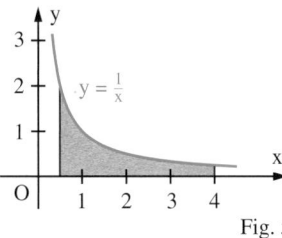   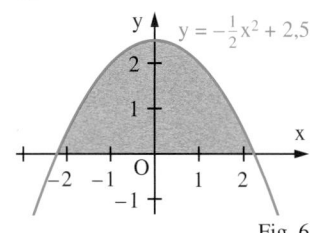   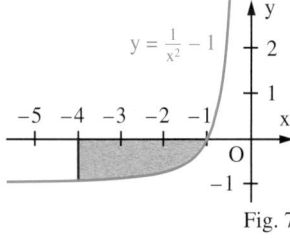

Fig. 5   Fig. 6   Fig. 7

3   Deuten Sie das Integral anhand einer Figur als Bilanzsumme von Flächeninhalten.

a) $\int_2^{3,5} x^2\,dx$ b) $\int_0^1 (x^2-4)\,dx$ c) $\int_{-4}^{-2} 1{,}5\,dx$ d) $\int_{-1,5}^{1,5} z^3\,dz$ e) $\int_{-2}^4 dx$ f) $\int_{-2}^0 -|u|\,du$

4   Beim senkrechten Wurf nach oben mit der Abwurfgeschwindigkeit $v_0 = 20$ (in $\frac{m}{s}$) nimmt die Geschwindigkeit v eines Körpers linear ab. Es gilt $v(t) = 20 - 10\cdot t$ (t in s). Berechnen Sie $\int_0^4 v(t)\,dt$. Deuten Sie das Integral als Bilanzsumme von Flächeninhalten und als physikalische Größe.

5   Bei der Funktion v bedeutet x die Zeit (in s), $v(x)$ die Geschwindigkeit (in $\frac{m}{s}$) eines sich geradlinig bewegenden Körpers.
a) Beschreiben Sie den Ablauf der Bewegung in Worten.
b) Drücken Sie die zurückgelegte Strecke zwischen $x_1 = 0$ und $x_2 = 8$ als Integral aus. Berechnen Sie dieses Integral.

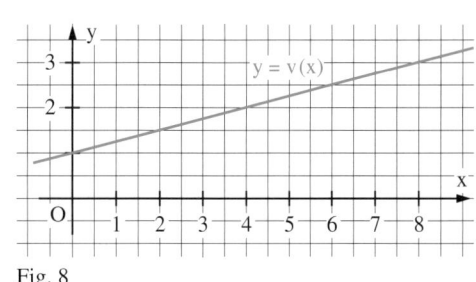

Fig. 8

5 Integralfunktionen

1 Bestimmen Sie $\int_{0}^{2}(0,5x+1)\,dx$,

$\int_{0}^{4}(0,5x+1)\,dx$ und $\int_{0}^{8}(0,5x+1)\,dx$ (Fig. 1).

2 Wie kann man die Integrale aus Aufgabe 1 mithilfe eines Integrals mit variabler oberer Grenze lösen?

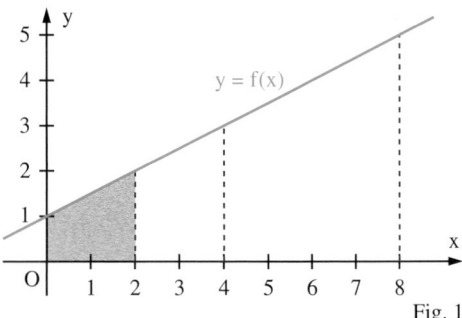

Fig. 1

Die Berechnung eines Integrals ist im Allgemeinen schwierig und aufwändig. Man kann etwas an Aufwand sparen, indem man Integrale wie $\int_{0}^{2}x^2\,dx$ und $\int_{0}^{3}x^2\,dx$, die sich nur in der oberen Grenze unterscheiden, als Integral $\int_{0}^{b}x^2\,dx$ mit variabler oberer Grenze b bestimmt.

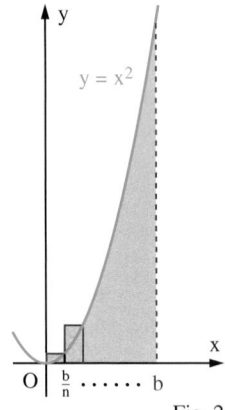

y = x²

Fig. 2

Um das Integral $\int_{0}^{b}x^2\,dx$ zu bestimmen, geht man wie auf Seite 59 vor. Man teilt das Intervall [0; b] in n gleiche Teile der Breite $h=\frac{b}{n}$. Dann gilt für O_n:

$O_n = \frac{b^3}{n^3}[1^2 + 2^2 + 3^2 + \ldots + n^2]$

$\quad = \frac{b^3}{6n^3}n(n+1)(2n+1) = \frac{b^3}{6}\left(1+\frac{1}{n}\right)\left(2+\frac{1}{n}\right)$.

Das gesuchte Integral ergibt sich als Grenzwert für $n \to \infty$: $\int_{0}^{b}x^2\,dx = \lim_{n\to\infty}O_n = \frac{1}{3}b^3$.

Ordnet man jeder Zahl $b \geq 0$ die Zahl $\int_{0}^{b}x^2\,dx = \frac{1}{3}b^3$ zu, erhält man eine Funktion. Um deutlich zu machen, dass bei dieser Funktion die obere Grenze die Variable ist, schreibt man statt $\int_{0}^{b}x^2\,dx$ auch $\int_{0}^{x}t^2\,dt$. Diese Funktion ist auch für $x < 0$ definiert. Wählt man anstelle von 0 eine andere untere Grenze, erhält man ebenfalls eine Funktion.

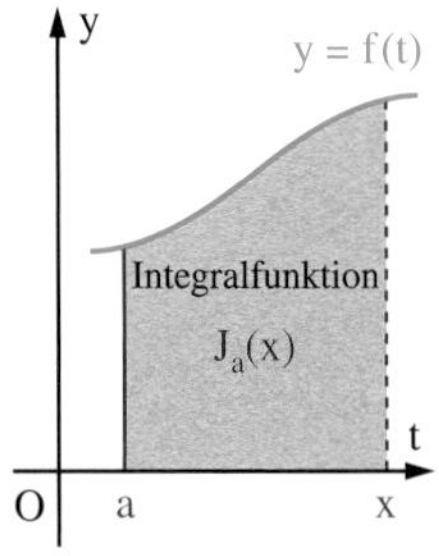

Definition: Die Funktion $f: t \mapsto f(t)$ sei in einem Intervall I stetig und $a \in I$. Dann heißt die Funktion

$$J_a \text{ mit } J_a(x) = \int_{a}^{x}f(t)\,dt \text{ für } x \in I$$

Integralfunktion von f zur unteren Grenze a.

Ist eine Integralfunktion von f z. B. zur unteren Grenze 0 gegeben, kann man daraus eine Integralfunktion von f zu einer unteren Grenze c erhalten. Aus Fig. 4 ergibt sich:

$\int_{c}^{x}f(t)\,dt = \int_{0}^{x}f(t)\,dt - \int_{0}^{c}f(t)\,dt$.

Es gilt also $J_c(x) = J_0(x) - J_0(c)$ für $x \in I$.

Den exakten Nachweis führt man mithilfe der Definition des Integrals.

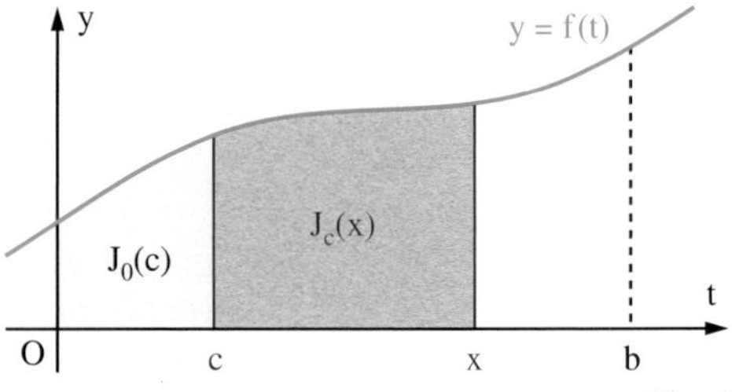

Fig. 3

Fig. 4

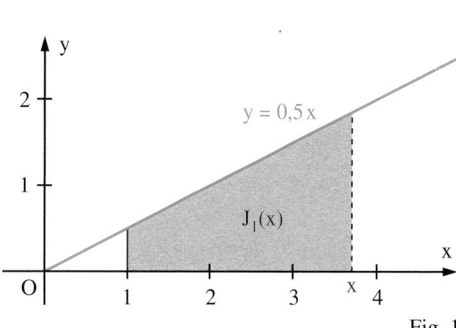

Beispiel 1: (Berechnung eines Integrals)

Berechnen Sie mithilfe der Integralfunktion J_0 mit $J_0(x) = \int_0^x t^2\,dt = \frac{1}{3}x^3$ das Integral $\int_2^4 x^2\,dx$.

Lösung:

$$\int_2^4 x^2\,dx = \int_2^4 t^2\,dt = \int_0^4 t^2\,dt - \int_0^2 t^2\,dt = \frac{1}{3}4^3 - \frac{1}{3}2^3 = 18\frac{2}{3}.$$

Beispiel 2: (Bestimmung einer Integralfunktion)

Gegeben ist die Funktion f mit $f(x) = 0,5\,x$. Geben Sie einen Funktionsterm für die Integralfunktion J_1 von f an.

Lösung:

$$J_1(x) = \int_1^x 0,5\,t\,dt = \int_0^x 0,5\,t\,dt - \int_0^1 0,5\,t\,dt.$$

Mit den Dreiecksinhalten in Fig. 1 ergibt sich:

$$J_1(x) = \frac{1}{2}\cdot x \cdot (0,5\,x) - \frac{1}{2}\cdot 1 \cdot 0,5$$

$$J_1(x) = 0,25\,x^2 - 0,25.$$

Fig. 1

Aufgaben

3 Berechnen Sie mithilfe der Integralfunktion J_0 mit $J_0(x) = \int_0^x t^2\,dt = \frac{1}{3}x^3$ das Integral

a) $\int_0^6 t^2\,dt$ b) $\int_2^3 x^2\,dx$ c) $\int_4^7 z^2\,dz$ d) $\int_8^8 x^2\,dx$ e) $\int_0^{-2} x^2\,dx$.

4 Zeichnen Sie den Graphen der Funktion f und bestimmen Sie einen Funktionsterm der Integralfunktion J_0 von f zur unteren Grenze 0. Berechnen Sie dazu die Inhalte geeigneter Dreiecke, Rechtecke usw.

a) $f(x) = 2$ b) $f(x) = x$ c) $f(x) = x + 1$

d) $f(x) = 0,5\,x + 1$ e) $f(x) = 3\,x$ f) $f(x) = |x - 1| + 1$

Zu Aufg. 5:

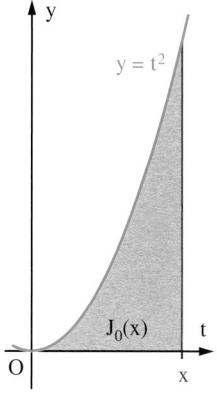

$J_0(x) = \frac{1}{3}x^3$

5 Bestimmen Sie mithilfe der Integralfunktion J_0 mit $J_0(x) = \int_0^x t^2\,dt = \frac{1}{3}x^3$ eine Integralfunktion zur unteren Grenze 0 für die in der Abbildung veranschaulichte Funktion f.

a)

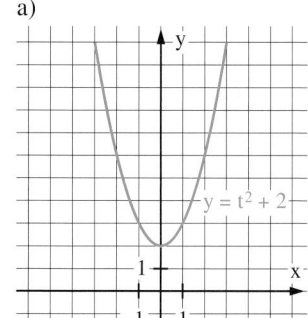

b)

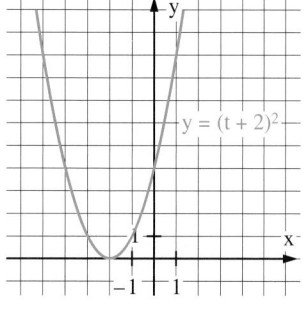

c)

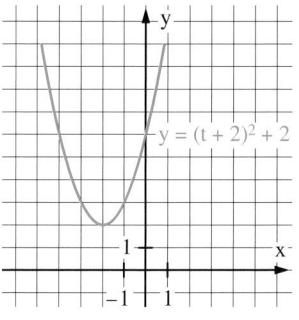

6 Geben Sie zur Funktion f mit $f(t) = 0,5\cdot t$ die Integralfunktionen J_0, J_1 und J_2 an. Zeichnen Sie die Graphen dieser Integralfunktionen und den Graphen von f in ein gemeinsames Koordinatensystem. Was fällt auf?

6 Stammfunktionen

1 Geben Sie eine Funktion F an, so dass gilt
a) $F'(x) = x$ b) $F'(x) = 2x + 1$ c) $F'(x) = x^2 - 1$ d) $F'(x) = 2x^3 + x$.

2   a) Geben Sie zur Funktion f mit $f(x) = x$ die Integralfunktionen J_0, J_1 und J_2 an.
b) Welcher Zusammenhang besteht zwischen jeder dieser Integralfunktionen und der Funktion f?

$f(x)$	2	$\frac{1}{2}x$	$\frac{1}{2}x + 1$	x^2
$J_0(x)$	$2x$	$\frac{1}{4}x^2$	$\frac{1}{4}x^2 + x$	$\frac{1}{3}x^3$
$J_1(x)$	$2x - 2$	$\frac{1}{4}x^2 - 0{,}25$	$\frac{1}{4}x^2 + x - 1{,}25$	$\frac{1}{3}x^3 - \frac{1}{3}$

Die Tabelle enthält für einige Funktionen die Integralfunktionen J_0 und J_1 von f.
Vergleicht man f mit J_0, so gilt für die aufgeführten Beispiele: f ist die Ableitungsfunktion der Integralfunktion J_0 von f.

Ein entsprechender Zusammenhang gilt für f und J_1: Bei den angeführten Beispielen ist die Funktion f die Ableitungsfunktion der Integralfunktion J_1 von f.
Dieser Sachverhalt führt auf die Vermutung, dass man eine Integralfunktion J_a von f erhalten kann, indem man eine Funktion F mit $F'(x) = f(x)$ sucht.

> **Definition:** Gegeben sei eine auf einem Intervall I definierte Funktion f.
> Eine Funktion F heißt **Stammfunktion** von f im Intervall I, wenn für alle $x \in I$ gilt:
> $$F'(x) = f(x).$$

Hier muss man prüfen: Gilt $F'(x) = f(x)$?

In der Tabelle ist zu einigen Funktionen eine Stammfunktion angegeben.

$f(x)$	x^2	x	1	0	x^{-2}	x^{-3}	$\frac{1}{2\sqrt{x}}$	$\cos(x)$	$\sin(x)$
$F(x)$	$\frac{1}{3}x^3$	$\frac{1}{2}x^2$	x	c	$-x^{-1}$	$-\frac{1}{2}x^{-2}$	$\sqrt{x}$	$\sin(x)$	$-\cos(x)$

So findet man zu einer Potenzfunktion eine Stammfunktion:
1. Hochzahl plus 1
2. Mit dem Kehrwert der neuen Hochzahl multiplizieren.

Die Tabelle zeigt auch, wie man zu einer **Potenzfunktion** eine Stammfunktion finden kann:
Es gilt: Zu f mit $f(x) = x^z$ ($z \in \mathbb{Z} \setminus \{-1\}$) ist F mit $F(x) = \frac{1}{z+1}x^{z+1}$ eine Stammfunktion, da $F'(x) = \frac{z+1}{z+1}x^z = x^z = f(x)$ ist.

Um bei einer zusammengesetzten Funktion wie z.B. f mit $f(x) = x^2 + \cos(x)$ eine Stammfunktion zu finden, beachtet man die Ableitungsregel $(u + v)' = u' + v'$ für Summen von Funktionen: Danach ist F mit $F(x) = \frac{1}{3}x^3 + \sin(x)$ eine Stammfunktion von f.
Entsprechend kann man die Ableitungsregeln $(c \cdot f)' = c \cdot f'$ und $(f(rx + s))' = r \cdot f'(rx + s)$ zum Auffinden von Stammfunktionen benützen.

*Aus $f(x) = u(x) \cdot v(x)$ folgt i. Allg. **nicht** $F(x) = U(x) \cdot V(x)$.*

Satz 1:	Funktion f	Stammfunktion F von f
Potenzfunktionen	$f(x) = x^z$	$F(x) = \frac{1}{z+1}x^{z+1}$ für $z \in \mathbb{Z} \setminus \{-1\}$
Sind U und V Stammfunktionen von u bzw. v, dann gilt:		
	$f(x) = u(x) + v(x)$	$F(x) = U(x) + V(x)$
	$f(x) = c \cdot u(x)$	$F(x) = c \cdot U(x)$
(Lineare Verkettung)	$f(x) = u(rx + s)$	$F(x) = \frac{1}{r}U(rx + s)$

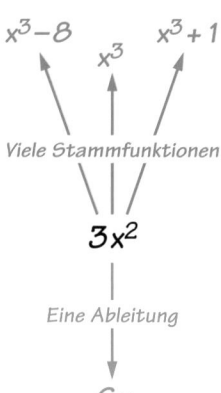

Viele Stammfunktionen

$3x^2$

Eine Ableitung

$6x$

Besitzt f eine Stammfunktion F in I, dann ist auch G mit $G(x) = F(x) + c$ (c ist eine beliebig gewählte Konstante) eine Stammfunktion von f, da $(F + c)' = F' + c' = f$ gilt.

Gibt es auch Stammfunktionen von f, die nicht die Form $F + c$ haben?
Sei G irgendeine weitere Stammfunktion von f in I. Dann gilt für die Ableitung der Differenzfunktion $F - G$: $(F - G)'(x) = F'(x) - G'(x) = f(x) - f(x) = 0$. Die Funktion $F - G$ hat somit an jeder Stelle die Ableitung 0. Dies bedeutet, dass $F - G$ auf I eine konstante Funktion sein muss. Es gilt also $G(x) = F(x) + c$ (vgl. Aufg. 15).

> **Satz 2:** Ist F eine Stammfunktion von f in I, so gilt für alle weiteren Stammfunktionen G von
> f in I $\qquad\qquad\qquad G(x) = F(x) + c, \; x \in I$
> mit einer Konstanten c.

Beispiel 1: (Stammfunktion einer zusammengesetzten Funktion)
Geben Sie eine Stammfunktion von f an.
a) $f(x) = -\frac{2}{x^3}$ $\qquad$ b) $f(x) = 7x^5 - 0,5x$ $\qquad$ c) $f(x) = (2x + 1)^3$
Lösung:
a) Es gilt $f(x) = -2x^{-3}$. Eine Stammfunktion von f ist F mit $F(x) = -2 \cdot \left(\frac{1}{-2}x^{-2}\right) = x^{-2} = \frac{1}{x^2}$.

b) Eine Stammfunktion von u mit $u(x) = 7x^5$ ist U mit $U(x) = 7\left(\frac{1}{6}x^6\right) = \frac{7}{6}x^6$.

Eine Stammfunktion von v mit $v(x) = 0,5x$ ist V mit $V(x) = 0,5\left(\frac{1}{2}x^2\right) = \frac{1}{4}x^2$.
Also ist F mit $F(x) = \frac{7}{6}x^6 - \frac{1}{4}x^2$ eine Stammfunktion von f.
c) Die Funktion f ist eine lineare Verkettung:
$\qquad f(x) = u(v(x))$ mit $u(x) = x^3$ und $v(x) = 2x + 1$.
Somit ist F mit $F(x) = \frac{1}{2}\left(\frac{1}{4}(2x + 1)^4\right) = \frac{1}{8}(2x + 1)^4$ eine Stammfunktion von f.

Beispiel 2: (Stammfunktion mit besonderer Eigenschaft)
Gegeben ist die Funktion f mit $f(x) = 4x$.
a) Bestimmen Sie alle Stammfunktionen von f.
b) Geben Sie eine Stammfunktion G von f an, die an der Stelle 1 den Funktionswert 4 annimmt.
Lösung:
a) Für jede Stammfunktion F von f gilt: $F(x) = 2x^2 + c$ mit einer Konstanten $c \in \mathbb{R}$.
b) Es gilt: $G(1) = 2 \cdot 1^2 + c = 4$; $c = 4 - 2 \cdot 1^2 = 2$.
Die gesuchte Stammfunktion ist G mit $G(x) = 2x^2 + 2$.

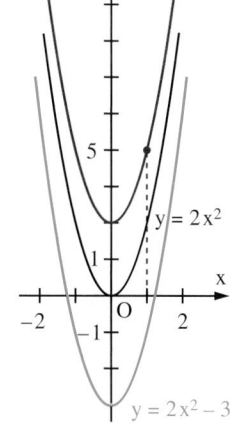

Aufgaben

3 Geben Sie eine Stammfunktion an.
a) $f(x) = 3x$ $\qquad$ b) $f(x) = 0,5x^2$ $\qquad$ c) $f(x) = \sqrt{2}\,x$ $\qquad$ d) $f(x) = 0$
e) $f(x) = 2x^3$ $\qquad$ f) $f(x) = 2(x - 4)$ $\qquad$ g) $f(x) = -0,5x^4$ $\qquad$ h) $f(x) = (-3x)^2$

4 a) $f(x) = x^3 - 6x^2 + x$ $\qquad$ b) $f(x) = 0,1x^4 - \sqrt{2}\,x^2$ $\qquad$ c) $f(x) = -\frac{4}{5}x^3 + 18^3x$
d) $f(x) = 2\pi x^2 - (x^2)^2$ $\qquad$ e) $f(x) = (-2x)^3 - 2x^2$ $\qquad$ f) $f(x) = -10^3x^3 + \frac{1}{\sqrt{3}}x$

Hier schreibt man z. B. für $f(x) = \frac{1}{x^3}$ zunächst $f(x) = x^{-3}$.

5 a) $f(x) = 2x^{-2}$ $\qquad$ b) $f(x) = -4x^{-2}$ $\qquad$ c) $f(x) = 5\frac{1}{x^2}$ $\qquad$ d) $f(x) = -0,6\frac{1}{x^3}$
e) $f(x) = \frac{-8}{x^4}$ $\qquad$ f) $f(x) = -\left(\frac{2}{x}\right)^2$ $\qquad$ g) $f(x) = -\frac{2}{3x^2}$ $\qquad$ h) $f(x) = \frac{-2}{(3x)^2}$

65

Ist die Stammfunktion richtig bestimmt? Ableiten bringt Sicherheit!

6 Geben Sie eine Stammfunktion an. Dabei sind die Hochzahlen ganze Zahlen, die von -1 verschieden sind.

a) $f(x) = x^n$ b) $f(x) = x^{n-1}$ c) $f(x) = x^{2n}$ d) $f(x) = x^{1-2k}$

e) $f(x) = \frac{1}{2}x^{-2-n}$ f) $f(x) = \frac{-2}{x^n}$ g) $f(x) = -\frac{3}{2x^{n-1}}$ h) $f(x) = c \cdot \frac{1}{-x^{-n}}$

7 Geben Sie eine Stammfunktion an.

a) $f(x) = 2\sin(x)$ b) $f(x) = -0,5\sin(x)$ c) $f(x) = 3\cos(x)$ d) $f(x) = 2\cos(x) + \sin(x)$

e) $f(x) = \frac{1}{2\sqrt{x}}$ f) $f(x) = \frac{1}{\sqrt{x}}$ g) $f(x) = -\frac{4}{\sqrt{x}}$ h) $f(x) = -6 \cdot (\sqrt{x})^{-1}$

8 Geben Sie eine Stammfunktion von f an. Schreiben Sie dazu den Funktionsterm von f als Summe.

a) $f(x) = \frac{x^2 + 2x}{x^4}$ b) $f(x) = \frac{x^3 + 1}{2x^2}$ c) $f(x) = \frac{1 + x + x^3}{3x^3}$ d) $f(x) = \frac{(2x+1)^2 - 1}{x}$

Hier ist die Probe unverzichtbar.

9 Geben Sie eine Stammfunktion an, ohne den Funktionsterm auszumultiplizieren.

a) $f(x) = (x + 4)^3$ b) $f(x) = (4x + 1)^3$ c) $f(x) = (9 - 2x)^2$

d) $f(x) = (0,5x - 20)^3$ e) $f(x) = 2(x + 3)^3$ f) $f(x) = -5(8 - 8x)^2$

g) $f(x) = (x + 1)^{-2}$ h) $f(x) = (2x - 4)^{-3}$ i) $f(x) = \frac{1}{(2x-3)^2}$

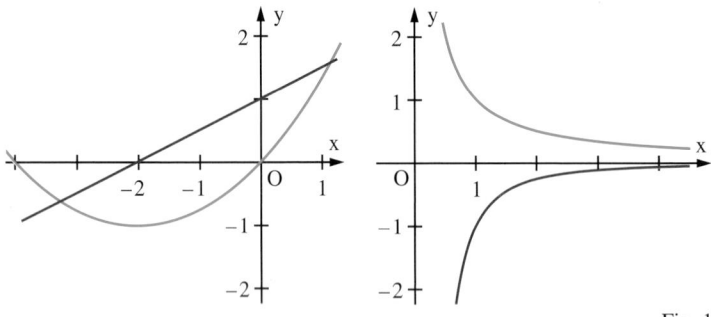

10 Im gleichen Koordinatensystem sind der Graph einer Funktion f und der Graph einer Stammfunktion F von f gezeichnet (Fig. 1). Welcher Graph gehört zu f, welcher zu F?

11 Welche Stammfunktion der Funktion f nimmt an der Stelle 1 den Funktionswert 2 an?

a) $f(x) = 3x^2$ b) $f(x) = x^3 - 2x^2 + 1$

Fig. 1

12 Gegeben ist die Funktion f mit $f(x) = x^2 - x$.

a) Welche Stammfunktion F von f nimmt an der Stelle -2 den Funktionswert 10 an? Welche Steigung hat F an der Stelle -2?

b) Welche Stammfunktion G von f hat einen Graphen, dessen Wendepunkt die y-Koordinate 2 hat?

Mein Sohn erinnert mich sehr an meinen Urgroßvater

13 Stimmt die Aussage? Begründen oder widerlegen Sie.

a) Falls eine Funktion f mit $D_f \in \mathbb{R}$ überhaupt eine Stammfunktion hat, dann hat f auch eine Stammfunktion, deren Graph durch den Ursprung geht.

b) Bildet man zu einer Funktion f eine Stammfunktion, zu dieser Stammfunktion wieder eine Stammfunktion usw., dann erhält man nie wieder die Funktion f.

14 Bestimmen Sie zu f mit $f(x) = 3x^3 + x$ drei verschiedene Stammfunktionen F, G und H. Berechnen Sie die Differenzen $F(5) - F(1)$, $G(5) - G(1)$ und $H(5) - H(1)$. Was fällt Ihnen auf? Begründen Sie, dass dieses Ergebnis kein Zufall ist.

15 Zur Funktion f mit $f(x) = \frac{1}{x^2}$ ist sowohl für $x \in \mathbb{R}^-$ als auch für $x \in \mathbb{R}^+$ die Funktion F mit $F(x) = -\frac{1}{x}$ eine Stammfunktion. Für die Funktion G mit $G(x) = \begin{cases} -\frac{1}{x}; & x \in \mathbb{R}^- \\ -\frac{1}{x} + 5; & x \in \mathbb{R}^+ \end{cases}$

gilt $G'(x) = f(x)$ für alle $x \in \mathbb{R} \setminus \{0\}$, jedoch ist $G(x) \neq F(x) + c$. Warum ist dies kein Widerspruch zu Satz 2?

7 Der Hauptsatz der Differenzial- und Integralrechnung

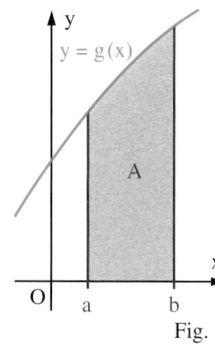

Fig. 1

1 Gegeben ist die Funktion f mit $f(t) = t$ und die Integralfunktion $J_0(x) = \int_0^x t\,dt$ von f zur unteren Grenze 0.

a) Veranschaulichen Sie $J_0(3)$, $J_0(4)$ und $J_0(4) - J_0(3)$ als Flächeninhalte.

b) Bestimmen Sie einen Funktionsterm der Integralfunktion J_0 und geben Sie die Flächeninhalte aus Teilaufgabe a) an.

c) Es sei F eine Stammfunktion von f. Bestimmen Sie $F(3)$, $F(4)$ und $F(4) - F(3)$. Was fällt auf? Prüfen Sie Ihre Vermutung mit einer weiteren Stammfunktion von f.

2 Drücken Sie den Inhalt A der gefärbten Fläche in Fig. 1 mithilfe einer Integralfunktion aus. Wie ergibt sich A mithilfe einer Stammfunktion G von g (siehe Aufgabe 1)?

Die Bestimmung eines Integrals oder einer Integralfunktion als Grenzwert einer Produktsumme ist mühsam und schwierig. Es besteht nun die Vermutung, dass man die Integralfunktion J_a einer Funktion f als Stammfunktion von f erhalten kann.

Integralrechnung (integrieren) und Differenzialrechnung (ableiten) hängen auf das Engste zusammen:

$$\left(\int_a^x f(t)\,dt \right)' = f(x).$$

> **Satz 1:** Die Funktion $f: t \mapsto f(t)$ sei im Intervall I stetig und $a \in I$.
>
> Dann ist die Integralfunktion J_a mit $J_a(x) = \int_a^x f(t)\,dt$ differenzierbar und es gilt:
>
> $$J_a'(x) = f(x) \text{ für } x \in I.$$
>
> Kurz: Die Integralfunktion J_a von f ist eine Stammfunktion von f.

Beweis: Für den Differenzenquotienten von J_a an der Stelle x gilt: $\frac{J_a(x+h) - J_a(x)}{h}$.

Bei Beweis wurde $f(t) \geq 0$ und $h > 0$ und $x > a$ vorausgesetzt. Ohne diese Einschränkungen wird der Beweis entsprechend geführt.

Dabei entspricht $J_a(x+h) - J_a(x)$ dem Inhalt des rot markierten Streifens in Fig. 2. Da f stetig ist, hat f im Intervall $[x; x+h]$ einen größten Funktionswert M_h und einen kleinsten Funktionswert m_h. Es gilt:

$$m_h \cdot h \leq J_a(x+h) - J_a(x) \leq M_h \cdot h$$

oder $\quad m_h \leq \frac{J_a(x+h) - J_a(x)}{h} \leq M_h$.

Da f stetig ist, streben für $h \to 0$ sowohl m_h als auch M_h gegen $f(x)$. Also strebt auch der Differenzenquotient für $h \to 0$ gegen $f(x)$.

Damit gilt $J_a'(x) = \lim_{h \to 0} \frac{J_a(x+h) - J_a(x)}{h} = f(x)$.

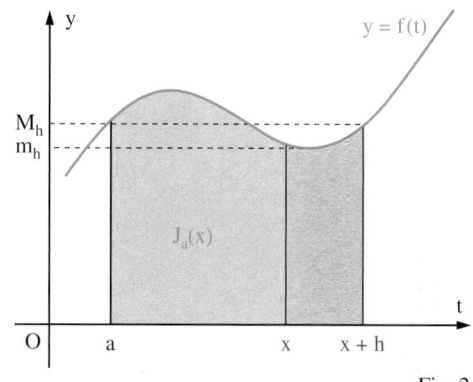

Fig. 2

Wie kann man nun mithilfe von Satz 1 ein Integral wie $\int_a^b f(x)\,dx = J_a(b)$ berechnen?

Ist F irgendeine Stammfunktion von f, dann gilt nach obigem Satz 1 und Satz 2 von Seite 65: $J_a(x) = F(x) + c$. Die Konstante c ergibt sich aus der anschaulichen Feststellung $J_a(a) = 0$, also $c = -F(a)$. Somit gilt für die gesuchte Integralfunktion $J_a(x) = F(x) - F(a)$. Insbesondere ist $J_a(b) = F(b) - F(a)$.

*Der Zusammenhang von Differenzial- und Integralrechnung ist im **Hauptsatz** niedergelegt. Der Hauptsatz ist eine der bedeutenden geistigen Leistungen des 17. Jahrhunderts und gehört zu den großen mathematischen Entdeckungen.*

Satz 2: (Hauptsatz der Differenzial- und Integralrechnung)
Die Funktion f sei auf dem Intervall I stetig. Ist F eine beliebige Stammfunktion von f in I, dann gilt für $a \in I$ und $b \in I$:

$$\int_a^b f(x)\,dx = F(b) - F(a).$$

Statt $F(b) - F(a)$ schreibt man auch $[F(x)]_a^b$; es ist dann $\int_a^b f(x)\,dx = [F(x)]_a^b$.

Gesucht: $\int_a^b f(x)\,dx$

1. Schritt: Stammfunktion F bestimmen

2. Schritt: $\int_a^b f(x)\,dx$
$= F(b) - F(a)$

Beispiel 1: (Flächeninhalt)
Berechnen Sie den Inhalt der gefärbten Fläche in Fig. 1.
Lösung:
Der Inhalt der Fläche ist
$A = \int_{-1}^{0,5} (x^3 + 2)\,dx.$
Eine Stammfunktion des Integranden ist F
mit $F(x) = \frac{1}{4}x^4 + 2x.$
Somit ist $A = \left[\frac{1}{4}x^4 + 2x\right]_{-1}^{0,5} =$
$= \left(\frac{1}{4}\cdot 0,5^4 + 2\cdot 0,5\right) - \left(\frac{1}{4}\cdot(-1)^4 + 2\cdot(-1)\right) \approx 2,77.$
Der gesuchte Flächeninhalt ist etwa 2,77.

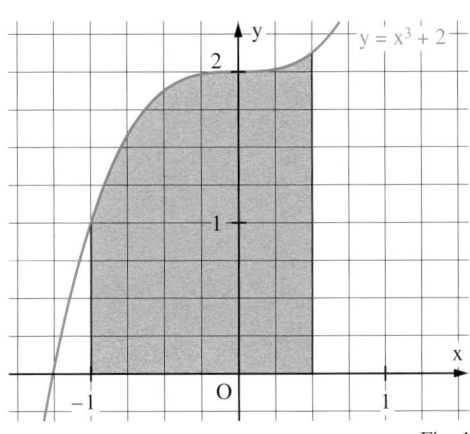

Fig. 1

In Beispiel 2 ist die Fläche ohne Angabe der linken und rechten Grenze beschrieben. Das Wort „einschließen" bedeutet, dass die Fläche ausschließlich vom Graphen von f und der x-Achse umschlossen wird. Die Grenzen a und b sind hier also die Nullstellen von f.

Beispiel 2: (Flächeninhalt mit Bestimmung der Grenzen)
Berechnen Sie den Inhalt der Fläche, welche der Graph der Funktion f mit $f(x) = 3x^2 - x^3$ mit der x-Achse einschließt.
Lösung:
Bestimmung der Nullstellen:
Aus $3x^2 - x^3 = x^2(3 - x) = 0$ folgt
$x_1 = 0;\ x_2 = 3.$
Der Inhalt der Fläche ist $A = \int_0^3 (3x^2 - x^3)\,dx$
$= \left[x^3 - \frac{1}{4}x^4\right]_0^3 = \left(27 - \frac{81}{4}\right) - 0 = \frac{27}{4}.$
Der gesuchte Flächeninhalt ist $\frac{27}{4}$.

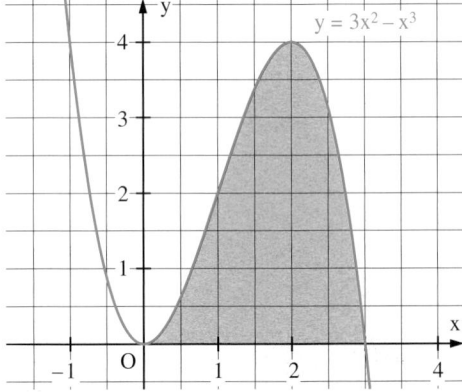

Fig. 2

Beispiel 3: (Berechnung und Deutung des Integrals)
Berechnen und deuten Sie das Integral
$\int_{-3}^{-1} \frac{2}{x^3}\,dx.$
Lösung:
$\int_{-3}^{-1} \frac{2}{x^3}\,dx = \left[-\frac{1}{x^2}\right]_{-3}^{-1} = (-1) - \left(-\frac{1}{9}\right) = -\frac{8}{9}.$
Es gilt $\int_{-3}^{-1} \frac{2}{x^3}\,dx = -A,$ wobei A der Inhalt der gefärbten Fläche in Fig. 3 ist.

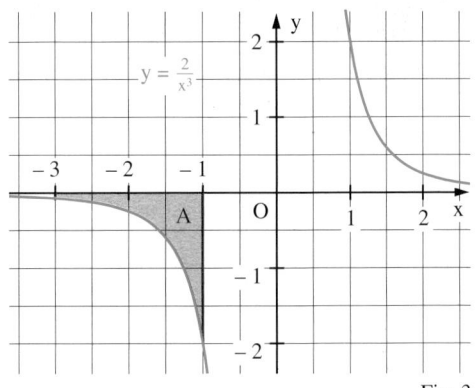

Fig. 3

68

Aufgaben

3 Berechnen Sie das Integral mithilfe des Hauptsatzes.

a) $\int\limits_{1}^{4} x \, dx$ b) $\int\limits_{1}^{3} x^2 \, dx$ c) $\int\limits_{-2}^{4} x^3 \, dx$ d) $\int\limits_{0,5}^{2} \frac{1}{x^2} \, dx$

e) $\int\limits_{2}^{4} \frac{-1}{x^3} \, dx$ f) $\int\limits_{-2}^{-10} x^2 \, dx$ g) $\int\limits_{-8}^{-4} (1 - 3x^2) \, dx$ h) $\int\limits_{-4}^{-3} \left(\frac{1}{10} x^5 - 6 \right) dx$

4   a) $\int\limits_{-2}^{0} (2 + x)^2 \, dx$ b) $\int\limits_{2}^{3} (2 - x)^3 \, dx$ c) $\int\limits_{1}^{2} \left(x - \frac{1}{x^2} \right) dx$ d) $\int\limits_{3}^{2} (4 - 2x)^4 \, dx$

e) $\int\limits_{-3}^{-5} \frac{1}{(2 - x)^2} \, dx$ f) $\int\limits_{-2}^{0} \frac{-2}{(1 - x)^3} \, dx$ g) $\int\limits_{1}^{6} \frac{1}{\sqrt{x}} \, dx$ h) $\int\limits_{0}^{4} \frac{1}{\sqrt{3x + 2}} \, dx$

5 Berechnen Sie das Integral und deuten Sie es als Flächeninhalt.

a) $\int\limits_{-1}^{0} (-x^4 + 5) \, dx$ b) $\int\limits_{1}^{3} \left(\frac{1}{x^2} - 1 \right) dx$ c) $\int\limits_{0}^{2\pi} \sin(x) \, dx$ d) $\int\limits_{-\frac{\pi}{2}}^{\pi} 2\cos(x) \, dx$

6 Berechnen Sie den Inhalt der gefärbten Fläche.

a)
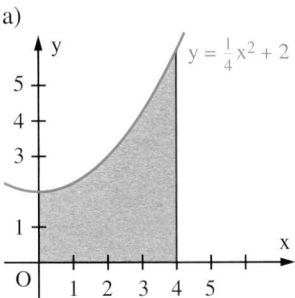

b)
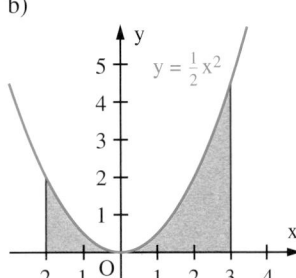

c)
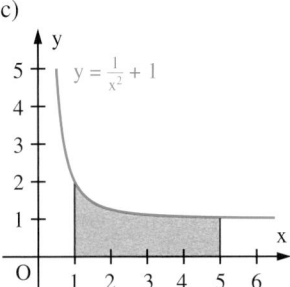

GOTTFRIED WILHELM LEIBNIZ
(1646 – 1716)

ISAAC NEWTON
(1643 – 1727)

GOTTFRIED WILHELM LEIBNIZ und ISAAC NEWTON erkannten als Erste, dass sich eine große Vielfalt von Problemen auf die zwei Grundaufgaben zurückführen lassen, die Ableitung bzw. das Integral zu ermitteln. Zudem entdeckten sie unabhängig voneinander den Zusammenhang zwischen Ableitung und Integral.

7 Skizzieren Sie zunächst den Graphen der Funktion f über dem angegebenen Intervall [a; b]. Berechnen Sie den Inhalt der Fläche zwischen dem Schaubild von f und der x-Achse über [a; b].

a) $f(x) = 0,5\,x + 2$; $[0; 4]$ b) $f(x) = x^2$; $[0; 2,5]$

c) $f(x) = x^3$; $[0; 2]$ d) $f(x) = \frac{1}{x^2}$; $[1; 5]$

e) $f(x) = x^2 + 1$; $[-2; 1]$ f) $f(x) = \frac{2}{x^2}$; $[-4; -0,5]$

8   a) $f(x) = \frac{1}{x^3}$; $[0,5; 1]$ b) $f(x) = (x + 2)^2$; $[-1; 1]$

c) $f(x) = \frac{1}{x^2} + 2$; $[2; 4]$ d) $f(x) = \sin(x)$; $[0; \frac{\pi}{2}]$

e) $f(x) = \frac{1}{(2x + 1)^2}$; $[1; 4]$ f) $f(x) = \frac{1}{\sqrt{x}}$; $[1; 4]$

9 Berechnen Sie den Inhalt der Fläche, welche der Graph von f mit der x-Achse einschließt.

a) $f(x) = -x^2 + 4$ b) $f(x) = -\frac{1}{4} x^2 + 2$

c) $f(x) = -\frac{1}{2} x^2 + 2x$ d) $f(x) = -x^2 + x + 2$

e) $f(x) = \frac{1}{5} x^3 - 2x^2 + 5x$ f) $f(x) = -\frac{1}{4} x^4 + x^3$

69

8 Flächen oberhalb und unterhalb der x-Achse

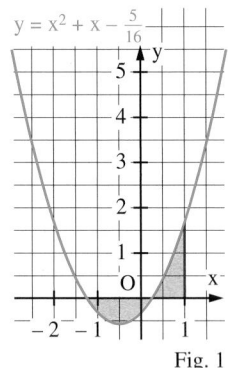

$y = x^2 + x - \frac{5}{16}$

Fig. 1

Man kann den gesuchten Flächeninhalt auch mit Hilfe von Betragsstrichen ausdrücken.

$$A = \int\limits_{a}^{x_1} |f(x)|\,dx$$
$$+ \int\limits_{x_1}^{x_2} |f(x)|\,dx$$
$$+ \int\limits_{x_2}^{b} |f(x)|\,dx$$

Zur Berechnung muss jedoch immer das Vorzeichen von f(x) bestimmt werden.

1 Drücken Sie den Inhalt der gefärbten Fläche in Fig. 1 mithilfe von Integralen aus. Beschreiben Sie die Schritte Ihres Vorgehens.

Bei dem gesuchten Flächeninhalt A in Fig. 2 ist $f(x) \leqq 0$ für $x \in [a; b]$. Durch Spiegelung der gefärbten Fläche an der x-Achse ergibt sich eine Fläche mit demselben Inhalt. Da diese Fläche oberhalb der x-Achse liegt, gilt für ihren Inhalt:

$$A = \int\limits_{a}^{b} - f(x)\,dx.$$

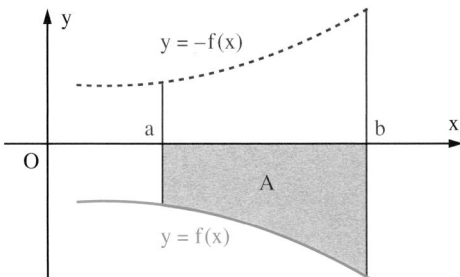

Fig. 2

Nimmt f in [a; b] sowohl positive als auch negative Werte an, muss man die Inhalte der Teilflächen getrennt berechnen.

Dazu geht man so vor:
1. Schritt: Berechnung der Nullstellen von f
2. Schritt: Bestimmung des Vorzeichens von f(x) in den Teilintervallen
3. Schritt: Berechnung des Flächeninhaltes.
In Fig. 3 gilt:

$$A = \int\limits_{a}^{x_1} f(x)\,dx + \int\limits_{x_1}^{x_2} -f(x)\,dx + \int\limits_{x_2}^{b} f(x)\,dx.$$

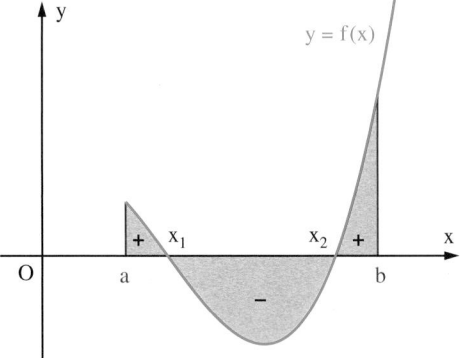

Fig. 3

In Fig. 3 erhält man durch $\int\limits_{a}^{b} f(x)\,dx$ nicht den Flächeninhalt A. Das Integral zählt Flächen oberhalb der x-Achse positiv und Flächen unterhalb der x-Achse negativ.

Anstelle von Bilanzsumme sagt man auch orientierter Flächeninhalt.

Satz: Es sei f eine auf dem Intervall [a; b] stetige Funktion. Dann ist $\int\limits_{a}^{b} f(x)\,dx$ die Bilanzsumme der Flächeninhalte zwischen dem Graphen von f und der x-Achse über [a; b].

Beispiel 1: (Fläche unterhalb der x-Achse)
Gegeben ist die Funktion f mit $f(x) = -\frac{1}{4}x^2$.
Berechnen Sie den Inhalt der gefärbten Fläche in Fig. 4.
Lösung:
Es gilt $f(x) \leqq 0$ für $x \in [-1; 3]$. Somit gilt

$$A = \int\limits_{-1}^{3} -\left(-\tfrac{1}{4}x^2\right)dx = \int\limits_{-1}^{3} \tfrac{1}{4}x^2\,dx = \left[\tfrac{1}{12}x^3\right]_{-1}^{3}$$
$$= \tfrac{1}{12} \cdot 3^3 - \left(\tfrac{1}{12}(-1)^3\right) = \tfrac{27}{12} + \tfrac{1}{12} = \tfrac{28}{12}.$$

Der Flächeninhalt ist $A = \frac{7}{3}$.

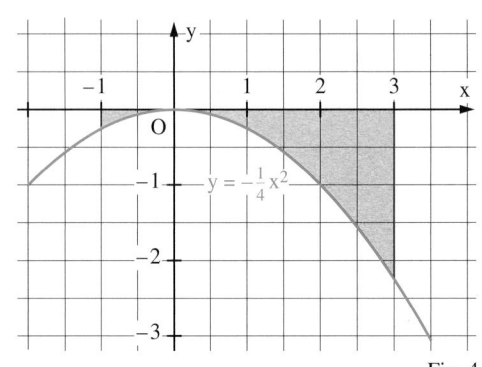

Fig. 4

*Die Beschreibung „über dem Intervall [–1; 2,5]" bedeutet: Es sind **alle** Flächen im Bereich des Intervalls gemeint, die vom Graphen von f, der x-Achse und den Geraden mit den Gleichungen x = –1 bzw. x = 2,5 begrenzt werden.*

Wie kommt man auf f(x) ≧ 0 für –2 ≦ x ≦ 0? Da f stetig ist, genügt es z. B. f(–1) = 1,5 zu berechnen.

Beispiel 2: (Fläche teilweise unterhalb, teilweise oberhalb der x-Achse)
Gegeben ist die Funktion f mit
$f(x) = 0,5\,x^3 - 2\,x$ (Fig. 3).
Berechnen Sie den Inhalt der Fläche, die der Graph von f und die x-Achse über dem Intervall [–1; 2,5] einschließt.
Lösung:
1. Schritt: $x\,(0,5\,x^2 - 2) = 0$;
$\qquad x_1 = 0;\ x_2 = -2;\ x_3 = 2$
2. Schritt: $f(x) \geqq 0$ für $-2 \leqq x \leqq 0$,
$\qquad f(x) \leqq 0$ für $0 \leqq x \leqq 2$,
$\qquad f(x) \geqq 0$ für $2 \leqq x \leqq 2,5$

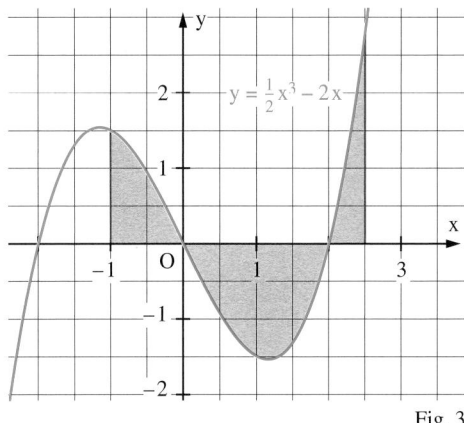

Fig. 3

3. Schritt:
$$A = \int_{-1}^{0} (0,5\,x^3 - 2\,x)\,dx + \int_{0}^{2} -(0,5\,x^3 - 2\,x)\,dx + \int_{2}^{2,5} (0,5\,x^3 - 2\,x)\,dx$$
$$= \left[\tfrac{1}{8}x^4 - x^2\right]_{-1}^{0} + \left[-\tfrac{1}{8}x^4 + x^2\right]_{0}^{2} + \left[\tfrac{1}{8}x^4 - x^2\right]_{2}^{2,5} = \tfrac{7}{8} + 2 + \tfrac{81}{128} \approx 3,51$$
Der Flächeninhalt ist $A \approx 3,51$.

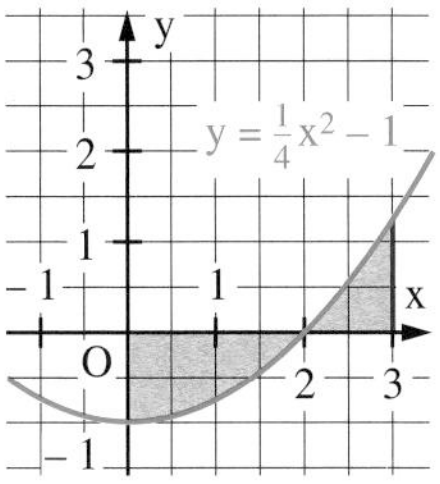

Beispiel 3: (Bilanzsumme des Flächeninhaltes ist null)
Für jedes $c \in \mathbb{R}$ ist eine Funktion f_c gegeben durch $f_c(x) = \tfrac{1}{4}x^2 - c$. Bestimmen Sie c so, dass die x-Achse die Fläche zwischen dem Graphen von f_c und der x-Achse über dem Intervall [0; 3] halbiert.
Lösung:
Die x-Achse halbiert die Fläche, wenn deren orientierter Flächeninhalt null ist.
$$0 = \int_{0}^{3} \left(\tfrac{1}{4}x^2 - c\right) dx = \left[\tfrac{1}{12}x^3 - c\,x\right]_{0}^{3} = \tfrac{27}{12} - 3\,c. \text{ Also ist } c = \tfrac{3}{4}.$$

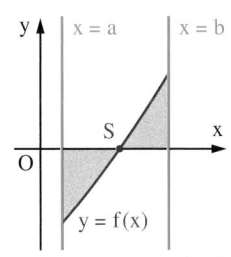

Fig. 1

Aufgaben

2 Berechnen Sie den Inhalt der Fläche zwischen dem Graphen von f und der x-Achse über dem Intervall [a; b].
a) $f(x) = -0,5\,x^2$; [0; 4]
b) $f(x) = \tfrac{1}{3}x^3 - 3\,x$; [0; 2]
c) $f(x) = -\tfrac{1}{x^2}$; [–10; –5]

3 Bestimmen Sie den Inhalt der Fläche, die der Graph von f mit der x-Achse einschließt.
a) $f(x) = 0,5\,x^2 - 3\,x$
b) $f(x) = (x - 1)^2 - 1$
c) $f(x) = x^4 - 4\,x^2$
d) $f(x) = -\tfrac{1}{5}x^3 + 2\,x^2 - 5\,x$
e) $f(x) = -3\,x - 7 + \tfrac{4}{x^2}$
f) $f(x) = x\,(3 - x^2)$

4 Berechnen Sie den Inhalt der Fläche zwischen dem Graphen von f und der x-Achse über dem Intervall [a; b].
a) $f(x) = x^2 - 3\,x$; [–1; 4]
b) $f(x) = \tfrac{2}{\sqrt{x}}$; [0,5; 2]
c) $f(x) = \cos(x)$; [0; 2]

5 Die Funktion f_c hat bei geeigneter Wahl von c im Intervall [a; b] genau eine Nullstelle x_0. Der Graph von f_c, die x-Achse sowie die Geraden mit den Gleichungen x = a und x = b begrenzen eine Fläche, die aus zwei Teilen besteht (Fig. 2). Bestimmen Sie c so, dass die beiden Teilflächen denselben Inhalt haben.
a) $f_c(x) = x^3 - x + c$; a = 0; b = 2
b) $f_c(x) = x^3 - c\,x - 1$; a = 0; b = 2

Fig. 2

71

9 Flächen zwischen zwei Graphen

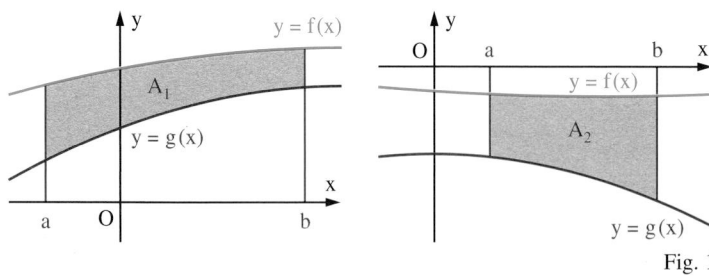

1 a) Schreiben Sie den Inhalt der orangefarbenen Flächen in Fig. 1 als Differenz bzw. als Summe von Integralen.

b) Drücken Sie diese Integrale mithilfe von Stammfunktionen aus.

Formulieren Sie für beide Fälle eine gemeinsame Regel zur Bestimmung des Flächeninhalts.

Fig. 1

Es soll der Inhalt einer Fläche bestimmt werden, die wie die gefärbte Fläche in Fig. 2 von den Graphen zweier Funktionen und den Geraden mit den Gleichungen $x = a$ und $x = b$ begrenzt wird. Dabei wird $f(x) \geqq g(x)$ für $x \in [a; b]$ vorausgesetzt, und F und G seien Stammfunktionen von f bzw. g.

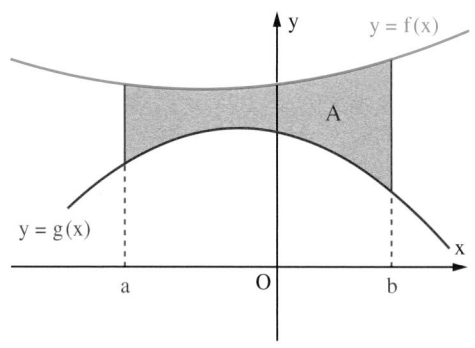

Fig. 2

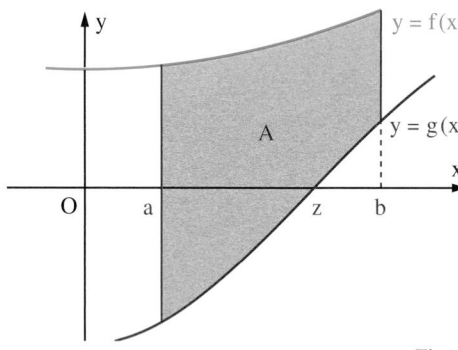

Fig. 3

Für den Inhalt A in Fig. 2 gilt:

$$A = \int_a^b f(x)\,dx - \int_a^b g(x)\,dx = (F(b) - F(a)) - (G(b) - G(a)) = (F(b) - G(b)) - (F(a) - G(a))$$

$$= [F(x) - G(x)]_a^b = \int_a^b (f(x) - g(x))\,dx.$$

In Fig. 3 nimmt die Funktion g im Intervall [a; b] auch negative Funktionswerte an. Für A gilt:

$$A = \int_a^b f(x)\,dx + \int_a^z -g(x)\,dx - \int_z^b g(x)\,dx = (F(b) - F(a)) + (-G(z) - (-G(a))) - (G(b) - G(z))$$

$$= (F(b) - G(b)) - (F(a) - G(a)) = \int_a^b (f(x) - g(x))\,dx.$$

Die angeführten Beispiele zeigen, dass es bei der Berechnung des Inhalts einer Fläche zwischen zwei Graphen, die sich nicht schneiden, nur auf die Differenzfunktion ankommt.

Faustregel:

Falls sich die Graphen von f und g nicht schneiden, gilt für einen Flächeninhalt A zwischen den Graphen:

$A =$

$\int (obere\ Fu. - untere\ Fu.).$

Satz: Es seien f und g stetige Funktionen mit $f(x) \geqq g(x)$ für $x \in [a; b]$. Dann gilt für den Inhalt A der Fläche zwischen den Graphen von f und g über dem Intervall [a; b]:

$$A = \int_a^b (f(x) - g(x))\,dx.$$

Falls sich die Graphen von f und g im Intervall [a; b] schneiden, gilt teilweise $f(x) \geqq g(x)$ und teilweise $g(x) \geqq f(x)$. Zur Bestimmung von A geht man deshalb so vor (Fig. 1):

1. Schritt: Berechnung der Schnittstellen von f und g

2. Schritt: Bestimmung, in welchen Teilintervallen $f(x) \geqq g(x)$ bzw. $g(x) \geqq f(x)$ gilt

3. Schritt: Berechnung des Flächeninhaltes.

$$A = \int_a^z (f(x) - g(x))\,dx + \int_z^b (g(x) - f(x))\,dx$$

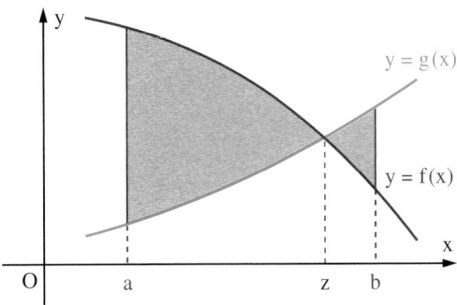

Fig. 1

Beispiel 1: (Die Graphen von f und g schneiden sich nicht)

Gegeben ist die Funktion f mit

$f(x) = \frac{1}{8}x^2 + 1$

und die Funktion g mit

$g(x) = -\frac{1}{2}x^2 + 3x - 4$.

Berechnen Sie den Inhalt A der Fläche, die von den Graphen der Funktionen f und g über [1; 3] eingeschlossen wird (Fig. 2).

Lösung:

Im Intervall [1; 3] gilt: $f(x) \geqq g(x)$.

Also gilt:

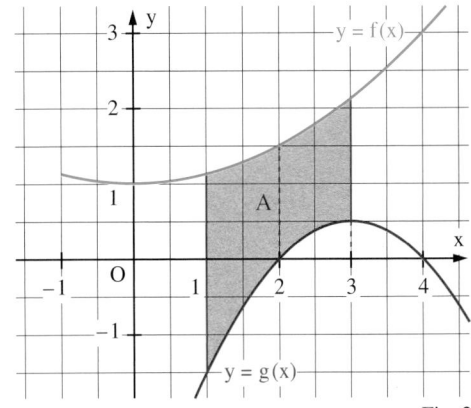

Fig. 2

Wie stellt man fest, ob $f(x) \geqq g(x)$ für $x \in [1; 3]$ gilt?
Oft schafft ein Graph Klarheit. Rein rechnerisch kann man z. B. zeigen, dass die Funktion $f - g$ mit $(f - g)(x) = \frac{5}{8}x^2 - 3x + 5$ in [1; 3] keine Nullstellen hat. Da $f - g$ stetig ist, genügt es dann z. B. $(f - g)(2) \geqq 0$ nachzuweisen.

$$A = \int_1^3 \left(\left(\frac{1}{8}x^2 + 1\right) - \left(-\frac{1}{2}x^2 + 3x - 4\right)\right)dx = \int_1^3 \left(\frac{5}{8}x^2 - 3x + 5\right)dx = \left[\frac{5}{24}x^3 - \frac{3}{2}x^2 + 5x\right]_1^3 = \frac{41}{12}.$$

Der gesuchte Flächeninhalt ist $A = \frac{41}{12}$.

Beispiel 2: (Die Graphen von f und g schneiden sich)

Berechnen Sie den Inhalt A der Fläche, die von den Graphen von f mit

$f(x) = x^3 - 6x^2 + 9x$ und g mit

$g(x) = -\frac{1}{2}x^2 + 2x$ eingeschlossen wird (Fig. 3).

Lösung:

1. Schritt: $x^3 - 6x^2 + 9x = -\frac{1}{2}x^2 + 2x$

$\qquad\qquad x(2x^2 - 11x + 14) = 0$

$\qquad\qquad x_1 = 0; \; x_2 = 2; \; x_3 = 3{,}5$

2. Schritt: Für $0 \leqq x \leqq 2$ ist $f(x) \geqq g(x)$;

$\qquad\qquad$ für $2 \leqq x \leqq 3{,}5$ ist $g(x) \geqq f(x)$.

3. Schritt:

Die Ergebnisse des 2. Schrittes ergeben sich oft aus dem Graphen. Da f und g stetig sind, genügt es auch z. B. $f(1) \geqq g(1)$ und $f(3) \leqq g(3)$ nachzuweisen.

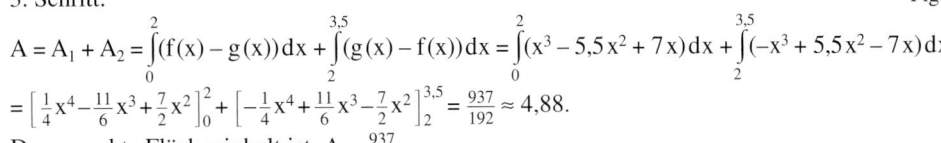

$$A = A_1 + A_2 = \int_0^2 (f(x) - g(x))\,dx + \int_2^{3,5} (g(x) - f(x))\,dx = \int_0^2 (x^3 - 5{,}5x^2 + 7x)\,dx + \int_2^{3,5} (-x^3 + 5{,}5x^2 - 7x)\,dx$$

$$= \left[\frac{1}{4}x^4 - \frac{11}{6}x^3 + \frac{7}{2}x^2\right]_0^2 + \left[-\frac{1}{4}x^4 + \frac{11}{6}x^3 - \frac{7}{2}x^2\right]_2^{3,5} = \frac{937}{192} \approx 4{,}88.$$

Der gesuchte Flächeninhalt ist $A = \frac{937}{192}$.

73

Aufgaben

2 Drücken Sie den Inhalt A der beschriebenen Fläche als Summe von $A_1, A_2, \ldots, A_6$ aus.
a) Die Fläche wird von den Graphen von f und g begrenzt.
b) Die Fläche wird von den Graphen von f und g sowie der x-Achse begrenzt.
c) Die Fläche wird von den Graphen von f und g über dem Intervall [0; b] begrenzt.

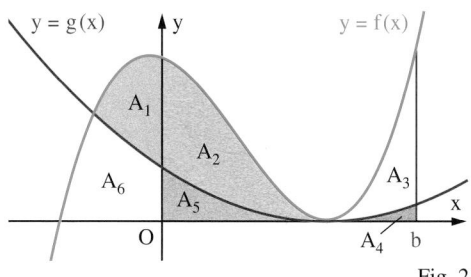
Fig. 2

3 Wie groß ist die Fläche, die zwischen den Graphen von f und g in dem Intervall I liegt?
a) $f(x) = x^2 + 1$; $g(x) = \frac{1}{4}x^2$; $I = [-1; 2]$
b) $f(x) = x^3$; $g(x) = x + 1$; $I = [-1; 1]$
c) $f(x) = 2x^2$; $g(x) = \frac{1}{2x^2}$; $I = [0{,}5; 2]$
d) $f(x) = \sin(x)$; $g(x) = \cos(x)$; $I = [0; \pi]$

4 Berechnen Sie den Inhalt der Fläche, die von den Graphen von f und g begrenzt wird.
a) $f(x) = x^2$; $g(x) = -x^2 + 4x$
b) $f(x) = x^2$; $g(x) = -x^3 + 3x^2$
c) $f(x) = x^3 - x$; $g(x) = 3x$
d) $f(x) = \cos(x)$; $g(x) = \left(x - \frac{\pi}{2}\right)\left(x + \frac{\pi}{2}\right)$

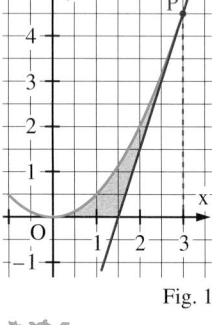
Fig. 1

5 Wie groß ist die Fläche zwischen dem Graphen von f, der Tangente in P und der x-Achse?
a) $f(x) = \frac{1}{2}x^2$; $P(3|4{,}5)$
b) $f(x) = (x-2)^4$; $P(0|16)$
c) $f(x) = \frac{1}{x^2} - \frac{1}{4}$ $P(0{,}5|3{,}5)$

6 Bestimmen Sie die Koordinaten der zwei Extrempunkte des Graphen von f mit $f(x) = \frac{1}{4}x^3 - 3x$. Der Graph von f begrenzt mit der Geraden durch die Extrempunkte eine Fläche. Berechnen Sie deren Inhalt.

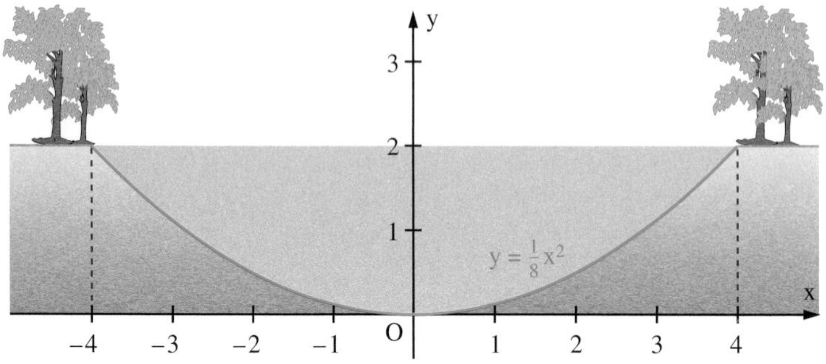

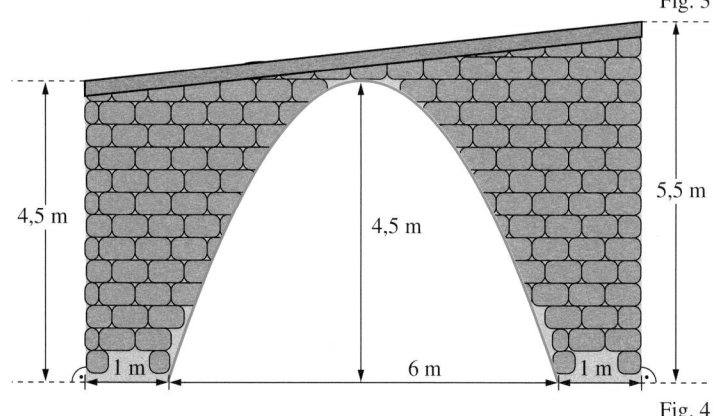
Fig. 3

7 Der Boden eines 2 km langen Kanals hat die Form einer Parabel mit der Gleichung $y = \frac{1}{8}x^2$ (Fig. 3). Dabei entspricht einer Längeneinheit 1 m in der Wirklichkeit.
a) Berechnen Sie den Inhalt der Querschnittsfläche des Kanals.
b) Wie viel Wasser befindet sich im Kanal, wenn er ganz gefüllt ist?
c) Wie viel Prozent der maximalen Wassermenge enthält der zur halben Höhe gefüllte Kanal?

8 Der Bogen einer Flussbrücke hat die Form einer nach unten geöffneten Normalparabel. Die Auffahrten der Brücke liegen auf verschiedenen Höhen (Fig. 4).
a) Übertragen Sie Fig. 4 in ein geeignetes Koordinatensystem.
Bestimmen Sie mithilfe der Angaben in Fig. 4 eine Gleichung des Brückenbogens.
b) Berechnen Sie den Inhalt der Querschnittsfläche des Bogens.
c) Die Brücke ist 4 m breit. Wie viel Material (in m³) wurde bei ihrer Herstellung verbaut?

Fig. 4

10 Eigenschaften des Integrals

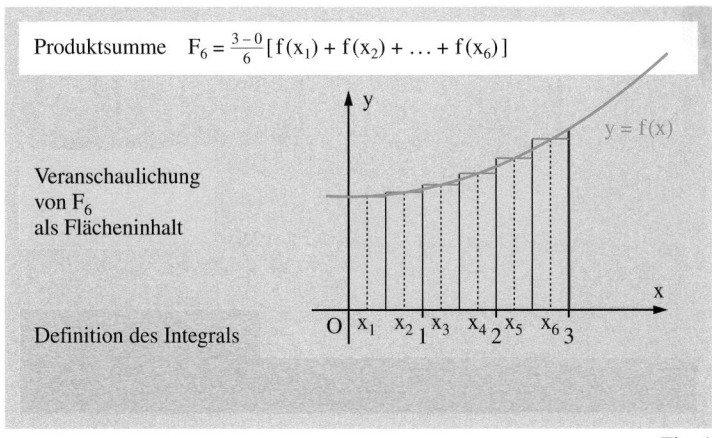

Produktsumme $F_6 = \frac{3-0}{6}[f(x_1) + f(x_2) + \ldots + f(x_6)]$

Veranschaulichung von F_6 als Flächeninhalt

Definition des Integrals

Fig. 1

1 Veranschaulichen Sie für $f: x \mapsto 0,5\,x + 1$ die Integrale $\int_0^1 f(x)\,dx$, $\int_1^3 f(x)\,dx$ und $\int_0^3 f(x)\,dx$ in einer Skizze. Welcher Zusammenhang besteht zwischen diesen Integralen?

2 In Fig. 1 ist eine Produktsumme F_6 zur Funktion f auf dem Intervall [0; 3] angegeben.
a) Wie lautet eine Produktsumme G_6 für die Funktion g mit $g(x) = r \cdot f(x)$ auf dem Intervall [0; 3]? Drücken Sie G_6 mit F_6 aus.
b) Welcher Zusammenhang zwischen $\int_0^3 f(x)\,dx$ und $\int_0^3 g(x)\,dx$ ist zu vermuten?

Aus $\int_a^b f(x)\,dx = F(b) - F(a)$ und aus Eigenschaften von Stammfunktionen ergeben sich einige **„Rechenregeln für Integrale"**.

Satz 1: Sind die Funktionen f und g auf dem Intervall I stetig und sind a, b, c $\in$ I sowie r $\in$ $\mathbb{R}$, so gilt:

a) $\int_a^b f(x)\,dx + \int_b^c f(x)\,dx = \int_a^c f(x)\,dx$ **(Intervalladditivität des Integrals)**

b) $\int_a^b (f(x) + g(x))\,dx = \int_a^b f(x)\,dx + \int_a^b g(x)\,dx$
   und   **(Linearität des Integrals)**.
   $\int_a^b r \cdot f(x)\,dx = r \cdot \int_a^b f(x)\,dx$

Beweis: (Am Beispiel der Linearität des Integrals)
Sind F und G Stammfunktionen von f bzw. g, dann ist F + G eine Stammfunktion von f + g.
Also gilt:
$$\int_a^b (f(x) + g(x))\,dx = (F + G)(b) - (F + G)(a) = (F(b) + G(b)) - (F(a) + G(a))$$
$$= (F(b) - F(a)) + (G(b) - G(a)) = \int_a^b f(x)\,dx + \int_a^b g(x)\,dx.$$

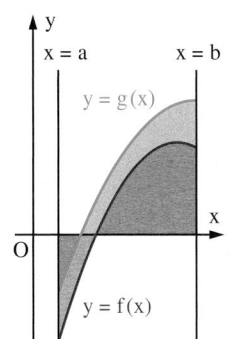

Fig. 2

Aus $f(x) \leqq g(x)$ für alle $x \in [a; b]$ (Fig. 2) ergibt sich $g(x) - f(x) \geqq 0$ für alle $x \in [a; b]$.
Dann ist $\int_a^b (g(x) - f(x))\,dx \geqq 0$ und folglich gilt nach Satz 1 b): $\int_a^b g(x)\,dx - \int_a^b f(x)\,dx \geqq 0$.
Damit ergibt sich: $\int_a^b f(x)\,dx \leqq \int_a^b g(x)\,dx$.

Hiermit kann man „Integrale abschätzen", d.h. Schranken für Integrale berechnen, wenn eine Stammfunktion nicht bestimmt werden kann (vgl. Beispiel 2).

Satz 2: Sind die Funktionen f und g auf dem Intervall [a; b] stetig und ist $f(x) \leqq g(x)$ für alle $x \in [a; b]$, so gilt
$$\int_a^b f(x)\,dx \leqq \int_a^b g(x)\,dx. \qquad \textbf{(Monotonie des Integrals)}$$

Beispiel 1: (Anwendung der Linearität des Integrals)

Berechnen Sie $\displaystyle\int_0^4 \frac{2x}{x+1}\,dx + \int_0^4 \frac{2}{x+1}\,dx$.

Lösung:

Für $x \in [0; 4]$ gilt: $\displaystyle\int_0^4 \frac{2x}{x+1}\,dx + \int_0^4 \frac{2}{x+1}\,dx = \int_0^4 \left(\frac{2x}{x+1} + \frac{2}{x+1}\right) dx = \int_0^4 \frac{2x+2}{x+1}\,dx = \int_0^4 2\,dx = [2x]_0^4 = 8 - 0 = 8.$

Beispiel 2: (Anwendung der Monotonie des Integrals)

Schätzen Sie das Integral $\displaystyle\int_2^4 \frac{3}{x^2+1}\,dx$ nach oben ab (Fig. 1).

Lösung:

Für alle $x \in \mathbb{R}$ gilt: $\dfrac{3}{x^2+1} < \dfrac{3}{x^2}$.

Mit Satz 2 folgt: $\displaystyle\int_2^4 \frac{3}{x^2+1}\,dx < \int_2^4 \frac{3}{x^2}\,dx = \left[-\frac{3}{x}\right]_2^4 = \frac{3}{4}.$

$\frac{3}{4}$ ist eine obere Schranke für das Integral.

Eine bewährte Methode beim Abschätzen:

Ist bei gleichem Zähler der Nenner größer, dann ist der Bruch kleiner.

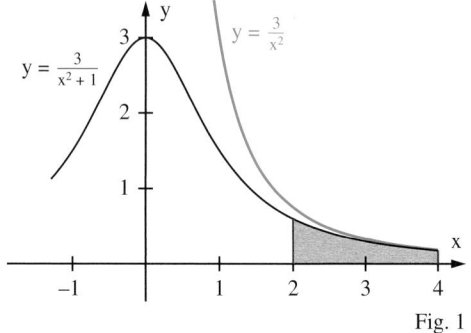

Fig. 1

Aufgaben

3 Berechnen Sie möglichst geschickt.

a) $\displaystyle\int_1^{3,1} 3x^2\,dx + \int_{3,1}^4 3x^2\,dx$

b) $\displaystyle\int_0^{2\pi} \frac{3}{2\sqrt{3x+1}}\,dx + \int_{2\pi}^5 \frac{3}{2\sqrt{3x+1}}\,dx$

c) $\displaystyle\int_2^{2,5} \frac{-2}{(1-x)^2}\,dx + \int_{2,5}^3 \frac{-2}{(1-x)^2}\,dx$

4 a) $\displaystyle\int_{-1}^1 (2\sqrt{x^2+1} + x^2)\,dx - 2\int_{-1}^1 \sqrt{x^2+1}\,dx$

b) $\displaystyle\int_1^3 \frac{1+2x}{x^3}\,dx + \int_1^3 \frac{1-2x}{x^3}\,dx$

5 Schreiben Sie den Integranden ohne Betragsstriche und berechnen Sie das Integral.

a) $\displaystyle\int_{-2}^3 \left|\frac{1}{2}x\right|\,dx$

b) $\displaystyle\int_0^4 |2x-3|\,dx$

c) $\displaystyle\int_1^3 |x^2-4|\,dx$

6 a) Skizzieren Sie für $x > 0$ die Graphen der Funktionen $f: x \to \frac{4}{x}$ und $g: x \to \frac{4}{x^2} + 1$.

b) Zeigen Sie: Für alle $x > 0$ gilt $f(x) \leqq g(x)$. Weisen Sie nach, dass $\displaystyle\int_1^4 \frac{4}{x}\,dx \leqq 6$ ist.

7 Schätzen Sie $\displaystyle\int_1^4 \frac{1}{x}\,dx$ mithilfe von zwei Funktionen nach oben und nach unten ab.

8 Es sei $\displaystyle\int_0^2 f(x)\,dx = 3$, $\displaystyle\int_2^5 f(x)\,dx = 5$ und $\displaystyle\int_0^2 g(x)\,dx = 8$. Bestimmen Sie:

a) $\displaystyle\int_0^5 f(x)\,dx$

b) $\displaystyle\int_0^2 (f(x) - 2g(x))\,dx$

c) $\displaystyle\int_2^0 (4 \cdot g(x) - \frac{1}{5}f(x))\,dx$.

11 Produktsummen in realen Zusammenhängen

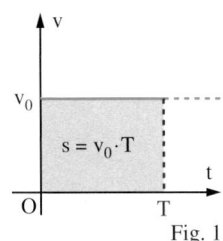

1 Bei einem Fahrrad ändert der Geschwindigkeitsmesser nur alle zwei Sekunden den angezeigten Wert, sodass z.B. während einer Fahrtzeit von 16 Sekunden achtmal ein Geschwindigkeitswert erscheint.
a) Um welche Geschwindigkeit könnte es sich bei einem angezeigten Wert handeln?
Auf welche Weise kann man aus diesen Werten einen Näherungswert für den zurückgelegten Weg erhalten?
b) Bei einem Auto wird die Momentangeschwindigkeit angezeigt. Wie kann man bei bekanntem Verlauf der Momentangeschwindigkeit auf die Länge der gefahrenen Strecke schließen?

Das Integral ist als Grenzwert von Produktsummen definiert. Dies ist bedeutsam, weil viele praktische Probleme auf Produktsummen und damit auf Integrale führen. Der dafür typische Gedankengang wird an der Fragestellung erläutert, wie man bei gegebener Geschwindigkeit auf den zurückgelegten Weg schließen kann.

Bei konstanter Geschwindigkeit v_0 gilt für den in der Zeit T zurückgelegten Weg s: $s = v_0 \cdot T$. Dabei kann man s als Flächeninhalt deuten (Fig. 1). Ist $v(t)$ nicht konstant, unterteilt man das Intervall [0; T] in n gleichlange Teilintervalle der Länge $\frac{T}{n}$, innerhalb derer man die Geschwindigkeit jeweils als konstant annimmt (Fig. 2).

Man erhält so für den im Intervall [0; t_1] zurückgelegten Weg s_1 einen Näherungswert.
Es gilt: $s_1 \approx v_1 \cdot \frac{T}{n}$.
Für den im Intervall [t_1; t_2] zurückgelegten Weg s_2 gilt: $s_2 \approx v_2 \cdot \frac{T}{n}$, usw.
Für den in der Zeit T zurückgelegten Weg s erhält man als Näherung eine Produktsumme.
Es gilt: $s \approx \frac{T}{n}(v_1 + v_2 + \ldots + v_n)$.

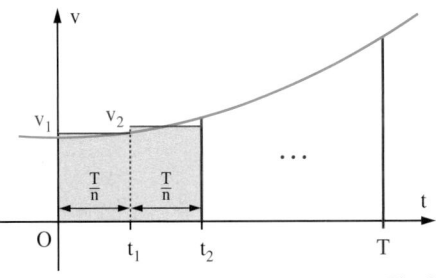

Fig. 2

Der zurückgelegte Weg ergibt sich als Grenzwert dieser Produktsumme:
$$s = \lim_{n \to \infty} \frac{T}{n}(v_1 + v_2 + \ldots + v_n) = \int_0^T v(t)\, dt.$$
So wie hier von der Momentangeschwindigkeit auf den zurückgelegten Weg geschlossen wird, kann man allgemein die Gesamtänderung einer Größe aus ihrer momentanen Änderungsrate erhalten. Die Tabelle zeigt einige Beispiele.

Allgemein gilt:
Ist nur f' bekannt, dann gilt für die Gesamtänderung $f(b) - f(a)$ auf dem Intervall [a; b]
$$f(b) - f(a) = \int_a^b f'(t)\, dt.$$
Das ist lediglich eine andere Formulierung des Hauptsatzes.

Größe	Momentane Änderungsrate der Größe	Gesamtänderung der Größe	
		Bei konstanter Änderungsrate	Bei veränderlicher Änderungsrate
Weg s in [t_1; t_2]	Geschwindigkeit v	$s = v_0 \cdot (t_2 - t_1)$	$s = \int_{t_1}^{t_2} v(t)\, dt$
Länge L in [t_1; t_2]	Wachstumsgeschwindigkeit w	$L = w_0 \cdot (t_2 - t_1)$	$L = \int_{t_1}^{t_2} w(t)\, dt$
Schadstoffausstoß E in [t_1; t_2]	Schadstoffausstoß e pro Zeiteinheit	$E = e_0 \cdot (t_2 - t_1)$	$E = \int_{t_1}^{t_2} e(t)\, dt$

Wachstumsgeschwindig-keiten sind Momentange-schwindigkeiten. So wächst z. B. die Blattscheide der Bananenpflanze mit der Geschwindigkeit $1,1\frac{mm}{min}$ oder $160\frac{cm}{Tag}$. Sie wächst aber bei weitem nicht um $160\,cm$ an einem Tag.

Beispiel:

Die Wachstumsgeschwindigkeit $w(t)$ $\left(\text{in } \frac{cm}{Tag}\right)$ einer Wildrebe während der ersten 100 Tage in Abhängigkeit von ihrem Alter t (in Tagen) lässt sich beschreiben durch $w(t) = 0,001 \cdot t^2$.

Zeigen Sie, dass man die Länge der Pflanze nach 100 Tagen mithilfe eines Integrals erhält. Bestimmen Sie die Länge der Pflanze.

Lösung:

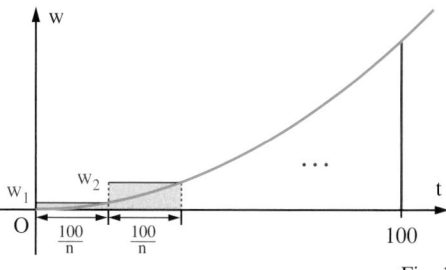

Fig. 1

Bei konstanter Wachstumsgeschwindigkeit w_0 würde für die Länge L der Pflanze nach der Zeit T gelten: $L = w_0 \cdot T$. Nimmt man die Wachstumsgeschwindigkeit in Teilintervallen als konstant an, erhält man als Näherungswert für L (Fig. 1):

$L \approx \frac{100}{n}(w_1 + w_2 + \ldots + w_n)$. L ist der Grenzwert dieser Produktsumme:

$$L = \lim_{n \to \infty} \frac{100}{n}(w_1 + w_2 + \ldots + w_n) = \int_0^{100} 0,001 \cdot t^2\, dt = \left[\frac{1}{3000}t^3\right]_0^{100} = \frac{1000}{3}.$$

Die Gesamtlänge nach 100 Tagen beträgt etwa $333\,cm$.

Aufgaben

2 Ein im luftleeren Raum aus der Ruhelage frei fallender Körper hat nach t Sekunden eine Geschwindigkeit von $v(t) = 9,81 \cdot t$ $\left(v \text{ in } \frac{m}{s}\right)$.

Wie lang ist die Fallzeit bei einer Höhe von $100\,m$ (ohne Luftwiderstand)?

Welches ist das Buchen-blatt?

3 Für das Wachstum einer Hopfenpflanze wird folgende Modellannahme getroffen: Die Wachstumsgeschwindigkeit $w(t)$ $\left(\text{in } \frac{cm}{Tag}\right)$ steigt innerhalb von 40 Tagen linear von 0 auf 25.

a) Geben Sie einen Term für $w(t)$ an. Zeigen Sie, dass man die Länge der Hopfenpflanze nach 40 Tagen mithilfe von Produktsummen als Integral ausdrücken kann und berechnen Sie es.

b) Nach 40 Tagen nimmt die Wachstumsgeschwindigkeit innerhalb von 30 Tagen linear auf 0 ab. Wie hoch wird die Pflanze insgesamt?

4 Pflanzen wandeln Kohlendioxid in Sauerstoff um. Die dabei pro Quadratmeter Blattfläche verbrauchte Kohlendioxidmenge $k(t)$ $\left(\text{in } \frac{ml}{h}\right)$ hängt vom Lichteinfall und damit von der Tageszeit ab. Der Kohlendioxidverbrauch der Buche pro Quadratmeter kann während eines Tages beschrieben werden durch $k(t) = 600 - \frac{600}{36}t^2$ mit $-6 \leq t \leq 6$.

a) Zeichnen Sie einen Graphen. Zeigen Sie, dass man den Kohlendioxidverbrauch pro Quadratmeter während eines Tages mithilfe von Produktsummen als Integral ausdrücken kann.

b) Eine Buche hat etwa 200 000 Blätter, ein mittelgroßes Blatt hat die Oberfläche von etwa $25\,cm^2$. Bestimmen Sie den Kohlendioxidverbrauch der Buche während eines Tages.

5 Ist eine Feder aus entspannter Lage um eine Strecke s gedehnt, dann gilt für die erforderliche Spannkraft F in engen Bereichen das HOOKE'sche Gesetz $F = D \cdot s$, wobei D die Federkonstante der Feder ist.

a) Eine Feder mit $D = 2\frac{N}{cm}$ wird aus entspannter Lage um $8\,cm$ gedehnt. Zeichnen Sie ein Kraft-Weg-Diagramm und bestimmen Sie die zum Spannen erforderliche Arbeit W. (Beachten Sie: Bei konstanter Kraft F_0 gilt $W = F_0 \cdot s$.)

b) Bei einem Gummiseil gilt für $0 \leq s \leq 0,2\,m$: $F(s) = 500\frac{N}{m^2} \cdot s^2$. Bestimmen Sie die zum Spannen des Seils von 0 bis $20\,cm$ erforderliche Arbeit W.

12 Vermischte Aufgaben

1 Gegeben ist die Funktion f mit
$f(x) = \frac{1}{3}x^3 + 2x^2 + 3x$ (Fig. 1). Berechnen
Sie den Inhalt der Fläche
a) die der Graph von f mit der x-Achse einschließt
b) zwischen dem Graphen von f und der x-Achse über dem Intervall [−4; 0]
c) die der Graph von f und die Gerade mit der Gleichung $y = \frac{1}{3}x$ einschließt
d) die vom Graphen von f, der Normalen in $P\left(-2\left|-\frac{2}{3}\right.\right)$ und der Normalen im Ursprung begrenzt wird.

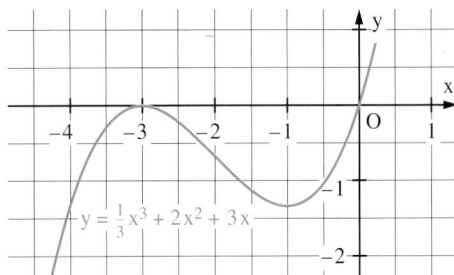
Fig. 1

2 Drücken Sie in Fig. 2 den Inhalt der gesuchten Fläche mithilfe von $A_1, A_2, \ldots, A_5$
aus und berechnen Sie ihren Inhalt.
a) Die Fläche, welche die Parabel mit der x-Achse über dem Intervall [−3; 0] einschließt.
b) Die Fläche, die von der Parabel und der Geraden mit der Gleichung $y = -0,5x + 1,5$
eingeschlossen wird.

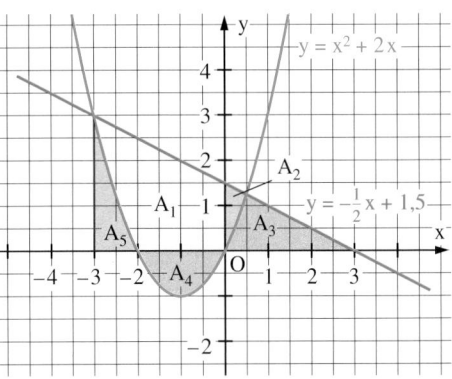
Fig. 2

c) Die Fläche, die von der Parabel und der Geraden zusammen mit der y-Achse im ersten Quadranten begrenzt wird.

3 Skizzieren Sie die Graphen der Funktionen f mit $f(x) = -x^2 + 4,25$ und g mit
$g(x) = \frac{1}{x^2}$. Bestimmen Sie den Inhalt der Fläche, die
a) von den Graphen von f und g eingeschlossen wird
b) von den Graphen von f und g sowie der x-Achse begrenzt wird.

4 Berechnen Sie den Inhalt der gefärbten Fläche.

Bei dieser Aufgabe muss zunächst der Inhalt einer geeigneten Fläche mithilfe eines Integrals berechnet werden. Daraus kann man dann den gesuchten Flächeninhalt bestimmen.

a)
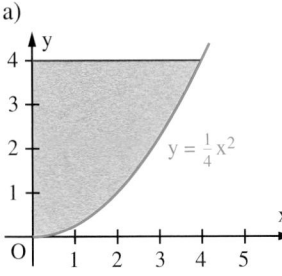

b)
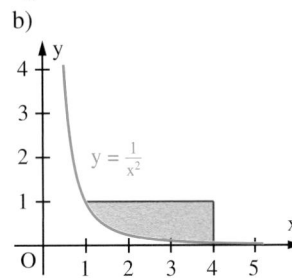

c)
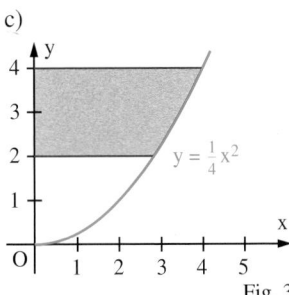
Fig. 3

5 Bestimmen Sie die obere Grenze b bzw. die untere Grenze a.

a) $\int_0^b x^2\,dx = 9$

b) $\int_a^5 x^2\,dx = 63$

c) $\int_1^b 2x^3\,dx = 40$

d) $\int_a^{10} \frac{1}{x^2}\,dx = 0,5$

79

6 Gegeben ist die Funktion f mit $f(x) = \frac{1}{x^2}$.

a) Eine Fläche wird vom Graphen von f, der x-Achse und den Geraden mit den Gleichungen $x = 0{,}5$ und $x = z$ mit $z \geq 0{,}5$ begrenzt. Bestimmen Sie z so, dass der Inhalt dieser Fläche 1,8 beträgt.

b) Bestimmen Sie b so, dass die Gerade mit der Gleichung $x = b$ den Inhalt der Fläche zwischen dem Graphen von f und der x-Achse über [1; 100] halbiert.

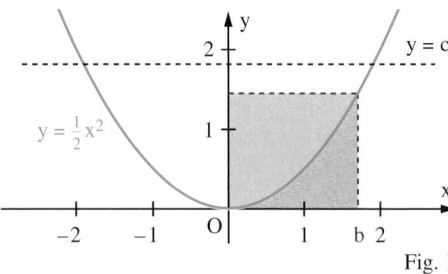
Fig. 1

7 a) In Fig. 1 soll die rot gefärbte Fläche den Inhalt 288 haben.
Bestimmen Sie b.

b) Wie muss b gewählt werden, damit die blau gefärbte Fläche den Inhalt 288 hat?

c) Bestimmen Sie c so, dass die Fläche zwischen der Parabel und der Geraden mit der Gleichung $y = c$ den Inhalt 72 hat.

8 Gegeben ist eine Parabel mit einer Gleichung der Form $y = -x^2 + c$ mit $c \geq 0$.

a) Eine Fläche wird von der Parabel, der x-Achse und den Geraden mit den Gleichungen $x = -1$ und $x = 1$ begrenzt. Bestimmen Sie c so, dass der Inhalt dieser Fläche 2 beträgt.

b) Bestimmen Sie c so, dass die Fläche zwischen der Parabel und der x-Achse den Inhalt 36 hat.

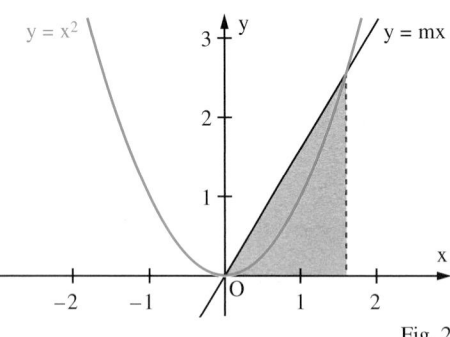
Fig. 2

9 a) Die Parabel mit der Gleichung $y = x^2$ schließt mit einer Geraden der Form $y = mx$ mit $m \geq 0$ eine Fläche ein (Fig. 2).
Geben Sie diesen Inhalt in Abhängigkeit von m an.

b) Die Parabel teilt die rot gefärbte Fläche in Fig. 2 in zwei Teile.
Zeigen Sie, dass die Inhalte dieser Teilflächen unabhängig von m im gleichen Verhältnis zueinander stehen.

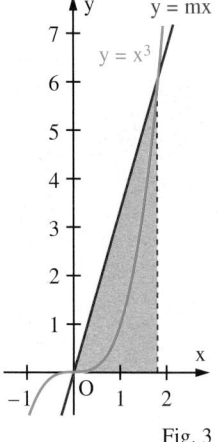
Fig. 3

10 Gegeben ist die Funktion f mit $f(x) = x^3$.

a) Eine Gerade der Form $y = mx$ mit $m \geq 0$ schließt im 1. Feld mit dem Graphen von f eine Fläche ein (Fig. 3). Bestimmen Sie m so, dass der Inhalt dieser Fläche 2,25 ist. Drücken Sie dazu die gesuchte Schnittstelle der Graphen und den Flächeninhalt in Abhängigkeit von m aus.

b) Zeigen Sie, dass die Parabel das rot gefärbte Dreieck für jedes m mit $m \geq 0$ in zwei flächengleiche Teile teilt.

11 a) Berechnen Sie in Fig. 4 für $m = 0{,}5$ die Inhalte der blau und der rot gefärbten Flächen.

b) Für welchen Wert von m ist die rote Fläche in Fig. 4 gleich groß wie die blaue? Drücken Sie dazu zunächst die Flächeninhalte in Abhängigkeit von z aus und bestimmen Sie daraus m.

12 Für welches t $(t > 0)$ hat die Fläche zwischen der Parabel mit der Gleichung $y = -x^2 + tx$ und der x-Achse den Inhalt 288?

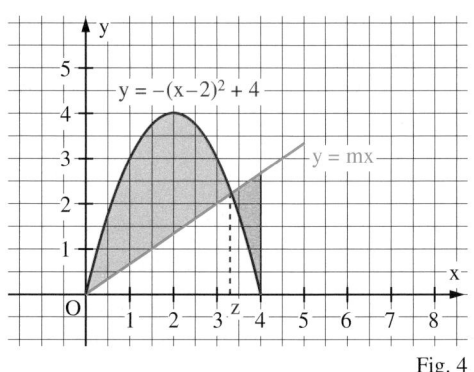
Fig. 4

13 Bei Straßenarbeiten werden zur Abtrennung der Fahrbahnen 0,5 m lange Betonklötze aufgestellt. Ihr Querschnitt ist in Fig. 1 gezeichnet (1 LE = 1 dm).
a) Berechnen Sie die Querschnittsfläche.
b) $1\,m^3$ Beton wiegt 2,8 t. Wie schwer ist ein Klotz?
c) Eine andere Bauart der Klötze ist ebenfalls 40 cm breit und 40 cm hoch. Ihr Querschnitt hat jedoch die Form eines gleichschenkligen Dreiecks.
Vergleichen Sie die beiden Bauarten hinsichtlich des Materialaufwands.

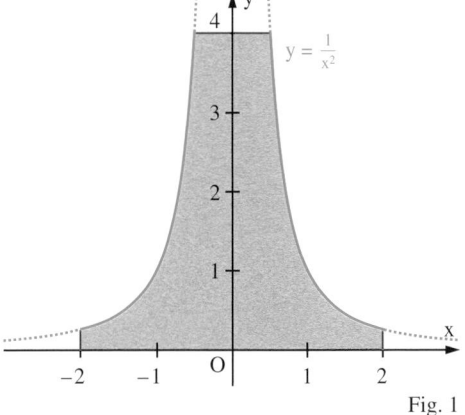

Fig. 1

14 Gegeben ist die Funktion f mit $f(x) = -0,5\,x^3 + 1,5\,x^2$. Der Graph von f wird mit K bezeichnet.
a) Untersuchen Sie f und zeichnen Sie den Graphen.
b) Berechnen Sie den Inhalt der Fläche, die K mit der x-Achse einschließt.
c) Die Tangente im Hochpunkt von K, die y-Achse und K begrenzen eine Fläche.
Berechnen Sie den Inhalt dieser Fläche.

15 Gegeben ist die Funktion f mit $f(x) = x^2(x^2 - 4)$. Der Graph von f wird mit K bezeichnet.
a) Untersuchen Sie f und zeichnen Sie den Graphen.
b) Wie groß ist der Inhalt der Fläche, die K mit der x-Achse einschließt?
c) Die Tangente in den Tiefpunkten von K begrenzt mit K eine Fläche.
Berechnen Sie den Inhalt dieser Fläche.

16 a) Eine Parabel vom Grad 2 geht durch die Punkte $O(0|0)$ und $A(4|0)$ und hat den Scheitel $S(2|4)$. Bestimmen Sie eine Gleichung der Parabel.
b) Dem Parabelbogen soll im Intervall [0; 4] ein Rechteck mit maximalem Flächeninhalt einbeschrieben werden, wobei die Rechtecksseiten parallel zu den Koordinatenachsen sind.
Bestimmen Sie die Eckpunkte des Rechtecks. Wie viel Prozent des Flächeninhaltes des Parabelbogens hat das Rechteck?

Viele physikalische Formeln haben eine ähnliche Form:

Spannarbeit
$$W = \tfrac{1}{2}D\,s^2$$

Fallstrecke
$$s = \tfrac{1}{2}g\,t^2$$

Bewegungsenergie
$$W = \tfrac{1}{2}m\,v^2$$

17 Fährt eine zu Beginn stillstehende Achterbahn reibungsfrei eine schiefe Ebene mit dem Neigungswinkel α hinunter, dann gilt für ihre Geschwindigkeit v $\left(\text{in } \tfrac{m}{s}\right)$ nach der Zeit t (in s): $v(t) = 9,81 \cdot \sin(\alpha) \cdot t$.
a) Bei einer Bahn mit α = 30° soll der Fahrgast 4 Sekunden lang in die Tiefe fahren. Zeichnen Sie ein Geschwindigkeits-Zeit-Diagramm. Welche Höchstgeschwindigkeit wird erreicht?
b) Wie lang muss die Bahn sein?

Fig. 2

Der rein mathematische Hintergrund ist jeweils der Gleiche (siehe Aufg. 18).

18 a) Bei vom Weg s abhängiger Kraft $F = D \cdot s$ gilt für die verrichtete Arbeit $W = \int\limits_{0}^{s_0} F(s)\,ds$.
Leiten Sie damit die für das Spannen einer Feder nötige Arbeit $W = \tfrac{1}{2}D \cdot s_0^2$ her.
b) Beim freien Fall wächst die Geschwindigkeit gemäß $v(t) = g \cdot t$. Leiten Sie mithilfe eines Integrals die Formel für die Fallstrecke $s = \tfrac{1}{2}g \cdot t^2$ her.

CAVALIERI entdeckt eine Integralformel

Die Vorstellung, dass geometrische Objekte aus Teilen ohne Dicke zusammengesetzt sind, gab es schon in der Antike. Der Ansatz wurde damals wegen der logischen Schwierigkeiten aufgegeben (wie kann die Summe von Linien ohne Dicke eine Fläche ergeben?).

*Der Erste, der sich von der logischen Strenge der Griechen abkehrte und unendlich kleine Teile mit großem Erfolg benutzte, war KEPLER in seiner **Fassmessung** (1615). Darin eröffnet er das Zeitalter der infinitesimalen Mathematik. Eine strenge Begründung wurde dieser neuen Mathematik erst im 18. und 19. Jahrhundert gegeben.*

*CAVALIERI erhielt 1629 die erste Professur für Mathematik an der Universität von Bologna. Seine Prinzipien veröffentlichte er 1635 in **Geometria indivisibilibus**.*

Zu Beginn des 17. Jahrhunderts griff BONAVENTURA CAVALIERI (1598–1647) eine alte Idee zur Berechnung von Flächen- und Rauminhalten wieder auf. Dabei denkt man sich eine Fläche aus unendlich vielen parallelen Linien zusammengesetzt. Entsprechend besteht ein Körper nach dieser Vorstellung aus unendlich vielen parallelen Flächenstücken. Da diese Linien keine Breite und die Flächenstücke keine Dicke haben sollten, nannte man sie **Indivisiblen** (lat.: unteilbar). CAVALIERI entwickelte Regeln zur Berechnung von Flächen- und Rauminhalten mithilfe der Indivisiblenmethode. Diese Regeln nennt man die **Prinzipien von CAVALIERI**.

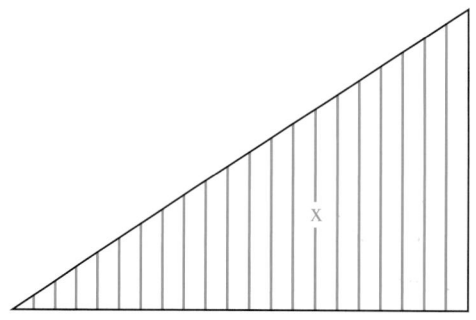

CAVALIERI: Die Gesamtheit aller parallelen Linien x ergibt die Dreiecksfläche (CAVALIERI nimmt die Kettfäden eines Gewebes als Beispiel).

Fig. 2

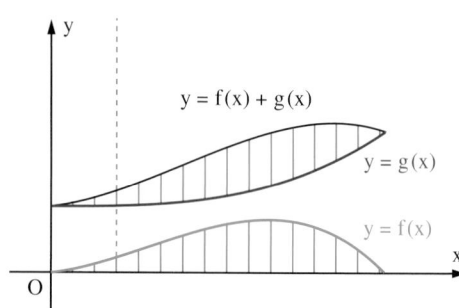

Nach dem Cavalieri'schen Prinzip sind die Inhalte der schraffierten Flächen gleich.

Fig. 3

Für Flächen lautet das Prinzip (Fig. 3):
Wenn zwei ebene Figuren von einer Schar paralleler Linien so geschnitten werden, dass jede Gerade der Schar an beiden Figuren gleichlange Schnitte erzeugt, dann sind die beiden Figuren flächengleich.

Für Rauminhalte gilt entsprechend:
Wenn zwei Körper von einer Schar paralleler Ebenen so geschnitten werden, dass jede Ebene der Schar an beiden Körpern Schnitte mit gleichem Flächeninhalt erzeugt, dann haben beide Körper das gleiche Volumen.

Rotiert die Ellipse um die x-Achse, erhält man ein Rotationsellipsoid.

Allgemeiner lautet das Prinzip:
Wenn die einander entsprechenden Schnitte immer in ein und demselben Verhältnis stehen, so stehen die beiden Flächeninhalte bzw. Rauminhalte in demselben Verhältnis.

Multipliziert man die y-Werte der Punkte einer Kreislinie jeweils mit einem Faktor k, erhält man eine Ellipse. In Fig. 4 ist $k = \frac{1}{2}$. Die Schnitte dieser Ellipse sind Strecken, die jeweils die halbe Länge der entsprechenden Schnittstrecken des Kreises haben. Nach dem Prinzip von CAVALIERI ist der Flächeninhalt dieser Ellipse der halbe Kreisinhalt.

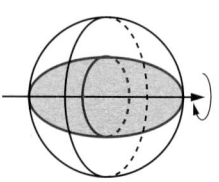

Fig. 1

Wie groß ist sein Volumen im Vergleich zu dem der Kugel?

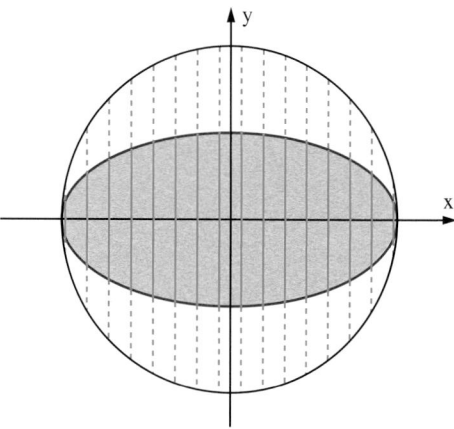

Fig. 4

Etwa im Jahre 1621 entdeckte CAVALIERI einen neuen überraschenden Zusammenhang. Es ging um zwei berühmte Erkenntnisse der antiken Mathematik, die auf den ersten Blick ganz verschiedene Problemkreise berühren.

Das Volumen der dargestellten Pyramide ist $V = \frac{1}{3}a^3$

(DEMOKRIT und EUDOXOS; ca. 400 v. Chr.)

Der Flächeninhalt unter der Parabel ist $A = \frac{1}{3}a^3$

(ARCHIMEDES; ca. 240 v. Chr.)

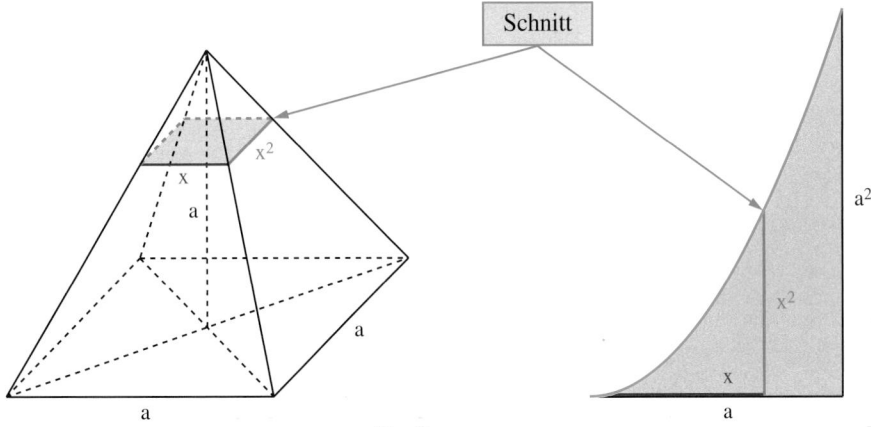

Fig. 2

Fig. 3

Gibt es einen Grund, warum bei diesen verschiedenartigen Problemen die Inhaltsformeln übereinstimmen? CAVALIERI überlegte etwa so:

CAVALIERI konnte den Begriff „omnia" (Gesamtheit) nie klar definieren. Er hat dafür auch kein vereinfachendes Symbol eingeführt. LEIBNIZ hat die Schreibweise „omnia x" zunächst übernommen, bis er 1675, ein Vierteljahrhundert nach CAVALIERIS Tod, die Integralschreibweise eingeführt hat.

Bei der Pyramide sind die Schnitte Quadrate mit dem Inhalt x^2. Der Pyramideninhalt ist demnach die Summe aller x^2, wenn x alle Werte zwischen 0 und a annimmt.

Bei der Parabel sind die Schnitte Strecken der Länge x^2. Der Flächeninhalt unter der Parabel ist demnach die Summe aller x^2, wenn x alle Werte zwischen 0 und a annimmt.

In beiden Fällen ist der Inhalt also „die Summe aller x^2". CAVALIERI fasst nun die Inhaltsformeln zu einem neuen Gesetz zusammen:

Falls eine Größe x von 0 bis a wächst, dann ist die Gesamtheit aller x^2 gleich $\frac{1}{3}a^3$.

In heutiger Schreibweise stellt sich dieses Gesetz so dar:

$$\int_0^a x^2\,dx = \frac{1}{3}a^3.$$

Die Formel vom Flächeninhalt eines Dreiecks $A = \frac{1}{2}a^2$ lautet in CAVALIERIS Ideenwelt so:

Falls eine Größe x von 0 bis a wächst, dann ist die Gesamtheit aller x gleich $\frac{1}{2}a^2$.

In heutiger Schreibweise:

$$\int_0^a x\,dx = \frac{1}{2}a^2.$$

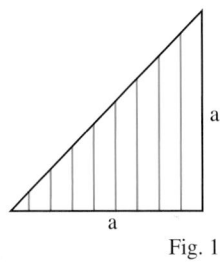

Fig. 1

Den Mathematikern FERMAT (1644) und WALLIS (1656) gelang es, dieses Ergebnis mithilfe von Grenzübergängen zu beweisen (siehe Seite 68).

CAVALIERI schildert, wie er nun bewundernd begriffen habe, dass dieses Zahlengesetz sich der natürlichen Zahlenreihe entsprechend fortsetze. Er vermutete:

Falls eine Größe x von 0 bis a wächst, dann ist die Gesamtheit aller x^n gleich $\frac{1}{n+1}a^{n+1}$.

In heutiger Schreibweise:

$$\int_0^a x^n\,dx = \frac{1}{n+1}a^{n+1}.$$

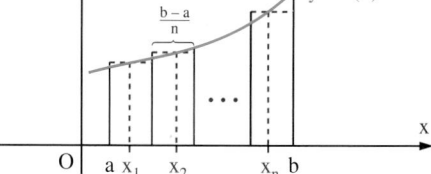

Definition des Integrals

Bei einer stetigen Funktion f ist das Integral der Grenzwert einer Produktsumme.

$$\int_{b}^{a} f(x)\,dx = \lim_{n \to \infty} \frac{b-a}{n}[(f(x_1) + f(x_2) + \ldots + f(x_n))].$$

Stammfunktionen

F heißt Stammfunktion von f, falls $F'(x) = f(x)$ ist. Ist F eine Stammfunktion von f, dann auch G mit $G(x) = F(x) + c$.

Zu f mit $f(x) = 3x^2 + \frac{1}{x^2}$ sind F mit $F(x) = x^3 - \frac{1}{x}$ und G mit $G(x) = x^3 - \frac{1}{x} - 2$ Stammfunktionen.

Berechnung von Integralen

Integrale kann man mit Hilfe von Stammfunktionen berechnen. Ist F eine beliebige Stammfunktion von f, so gilt:

$$\int_{b}^{a} f(x)\,dx = F(b) - F(a).$$

Gegeben: f mit $f(x) = 1{,}5x^2$.
Stammfunktion von f ist F mit $F(x) = 0{,}5x^3$.
$$\int_{1}^{4} 1{,}5x^2\,dx = [0{,}5x^3]_{1}^{4} = 32 - 0{,}5 = 31{,}5.$$

Eigenschaften des Integrals

$$\int_{a}^{b} f(x)\,dx + \int_{b}^{c} f(x)\,dx = \int_{a}^{c} f(x)\,dx \qquad \text{(Additivität)}$$

$$\int_{a}^{b} (r \cdot f(x) + s \cdot g(x))\,dx = r \int_{a}^{b} f(x)\,dx + s \int_{a}^{b} g(x)\,dx \qquad \text{(Linearität)}$$

Ist $f(x) \leq g(x)$ für $x \in [a; b]$, dann gilt:

$$\int_{a}^{b} f(x)\,dx \leq \int_{a}^{b} g(x)\,dx \qquad \text{(Monotonie)}$$

$$\int_{0}^{2} x^2\,dx + \int_{2}^{5} x^2\,dx = \int_{0}^{5} x^2\,dx$$

$$\int_{0}^{1} (2x^2 + 3x)\,dx = 2\int_{0}^{1} x^2\,dx + 3\int_{0}^{1} x\,dx$$

Da $\frac{1}{x} \leq \frac{1}{\sqrt{x}}$ für $x \in [1; 4]$, folgt
$$\int_{1}^{4} \frac{1}{x}\,dx \leq \int_{1}^{4} \frac{1}{\sqrt{x}}\,dx = [2\sqrt{x}]_{1}^{4} = 2.$$

Berechnung von Flächeninhalten

a) Flächen zwischen einer Kurve und der x-Achse
Bei der Berechnung des Flächeninhalts ist zu unterscheiden, ob die Fläche oberhalb oder unterhalb der x-Achse liegt.

$$A_1 = \int_{a}^{b} f(x)\,dx;$$

$$A_2 = \int_{b}^{c} -f(x)\,dx.$$

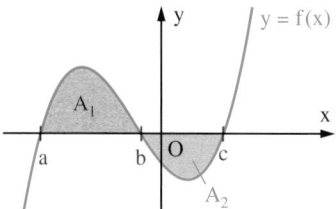

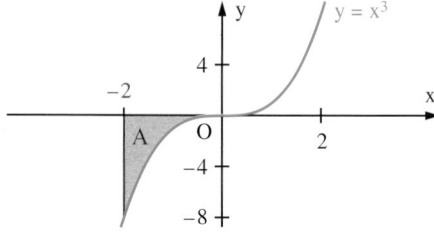

$$A = \int_{-2}^{0} -x^3\,dx = [-0{,}25x^4]_{-2}^{0} = 0 - (-4) = 4.$$

b) Flächen zwischen zwei Kurven
Zur Berechnung des Flächeninhalts ist zunächst zu klären, welche Kurve in welchen Bereichen oberhalb der anderen Kurve liegt. Dazu müssen die Schnittstellen der Schaubilder bestimmt werden.

$$A_1 = \int_{a}^{b} (f(x) - g(x))\,dx;$$

$$A_2 = \int_{b}^{c} (g(x) - f(x))\,dx.$$

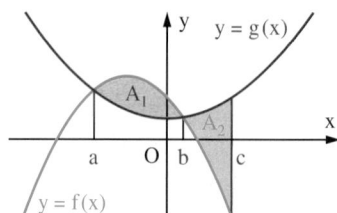

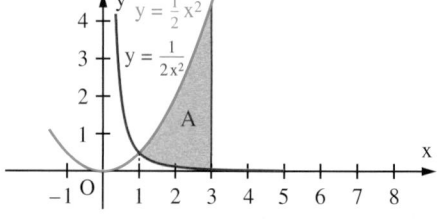

$$A = \int_{1}^{3} \left(\frac{1}{2}x^2 - \frac{1}{2x^2}\right)dx = \left[\frac{1}{6}x^3 + \frac{1}{2x}\right]_{1}^{3}$$
$$= \left(\frac{27}{6} + \frac{1}{6}\right) - \left(\frac{1}{6} + \frac{1}{2}\right) = 4.$$

1 Bestimmen Sie das Integral.

a) $\int\limits_{-2}^{4} 3\,x^2\,dx$ b) $\int\limits_{-2}^{-1} \dfrac{4}{x^2}\,dx$ c) $\int\limits_{0}^{2} x\,(x-2)^2\,dx$ d) $\int\limits_{-\frac{\pi}{2}}^{\frac{\pi}{2}} 2\cos(x)\,dx$

2 Bestimmen Sie a so, dass $\int\limits_{0}^{2} a\,x^2\,dx = 12$ gilt.

3 Gegeben ist die Parabel mit der Gleichung $y = 0,25\,(x+1)^2 - 1$ (Fig. 1).
a) Berechnen Sie den Inhalt der rot gefärbten Fläche.

b) Wie groß ist der Inhalt der Fläche, die von der Parabel und der Geraden mit der Gleichung $y = 3$ begrenzt wird?

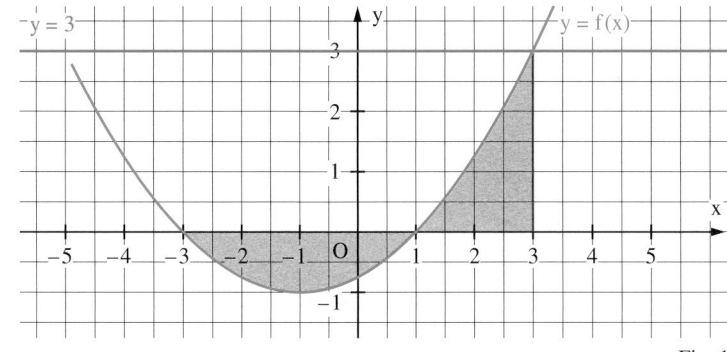

4 a) Gegeben ist die Funktion f mit $f(x) = \dfrac{1}{x^2}$.
Der Graph von f, die x-Achse und die Geraden mit der Gleichung $x = 1$ bzw. $x = z\ (z \geqq 1)$ begrenzen eine Fläche. Bestimmen Sie z so, dass der Inhalt der Fläche 0,8 ist.
b) Begründen Sie, dass Teilaufgabe a) für die Funktion g mit $g(x) = \dfrac{1}{x^3}$ nicht lösbar ist.

5 Gegeben ist die Funktion f mit $f(x) = 0,5\,x^2(x^2-4)$ (Fig. 2).
a) Wie groß ist die Fläche, die der Graph von f mit der x-Achse einschließt?
b) Der Graph von f und die Gerade mit der Gleichung $y = -2$ begrenzen eine Fläche. Berechnen Sie ihren Inhalt.
c) Bestimmen Sie den Inhalt der rot gefärbten Fläche.

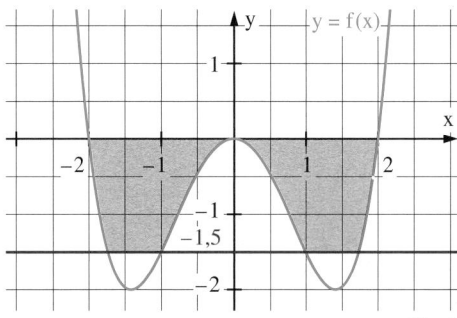

Fig. 2

6 Gegeben ist die Funktion f mit $f(x) = \dfrac{1}{2}x^3 - 2x^2$. Der Graph von f wird mit K bezeichnet.
a) Untersuchen Sie f und zeichnen Sie den Graphen.
b) Berechnen Sie den Inhalt der Fläche, die K mit der x-Achse einschließt.
c) Bestimmen Sie den Inhalt der Fläche, die von K, der y-Achse und der Geraden mit der Gleichung $y = -4$ im 4. Feld eingeschlossen wird.

7 Gegeben sind die Funktionen f mit $f(x) = x\,(x-3)^2$ und g mit $g(x) = (x-2,5)^2 + 1,75$.
a) Zeichnen Sie die Graphen von f und g in ein gemeinsames Koordinatensystem.
b) Berechnen Sie den Inhalt der von den Graphen von f und g eingeschlossenen Fläche.

8 Welche Parabel mit einer Gleichung der Form $y = a\,x - x^2$ $(a > 0)$ schließt mit der x-Achse eine Fläche mit dem Inhalt 2 ein?

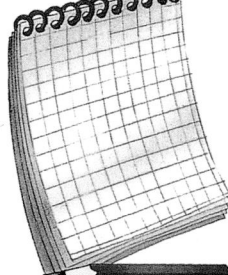

Die Lösungen zu den Aufgaben dieser Seite finden Sie auf Seite 436.

9 Die Wachstumsgeschwindigkeit $w(t)\ \left(\text{in } \dfrac{m}{\text{Jahr}}\right)$ einer Fichte wird in den ersten 60 Jahren näherungsweise beschrieben durch $w(t) = 0,01 \cdot t + 0,10$ (t in Jahren).
a) Wie hoch ist die Fichte nach 60 Jahren?
b) In welchem Alter erreicht die Fichte eine Höhe von 12 m?

85

1 Eigenschaften der Funktion f: $x \mapsto c \cdot a^x$

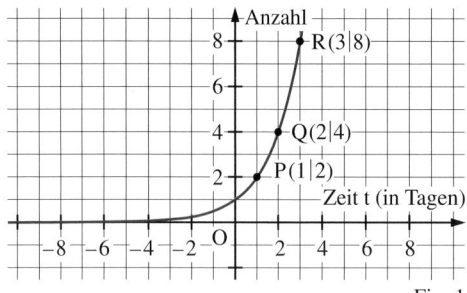

Fig. 1

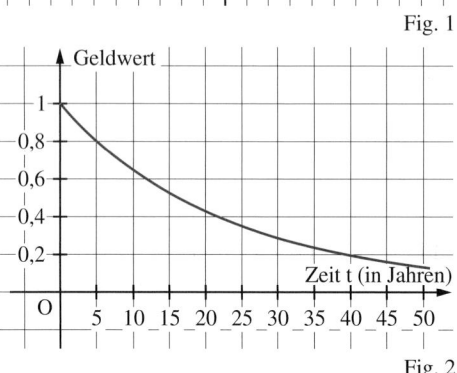

Fig. 2

1 Ein Gerücht verbreitet sich durch Gespräche von Person zu Person. Jeden Tag informiert jede Person, die dieses Gerücht kennt, genau eine andere, die es nicht kennt.
a) Deuten Sie diese Situation am nebenstehenden Graphen.
b) Geben Sie an, wie viele Personen nach 1 (2, 3, 4, 10) Tagen das Gerücht kennen.
c) Geben Sie die zugehörige Funktion an.

2 In einem Land beträgt die durchschnittliche jährliche Inflationsrate 4,0 %. Der Wert der Währungseinheit sinkt damit innerhalb eines Jahres auf das $\frac{100}{104}$fache.
a) Geben Sie den Wert der Währungseinheit nach 5 (10, 20, 40) Jahren an. Wie lautet der zugehörige Funktionsterm?
b) Lesen Sie aus dem Graphen (Fig. 2) ab, wann sich der Geldwert gegenüber dem Beobachtungsbeginn halbiert hat.

Zahlreiche Vorgänge in Natur und Alltag wie z. B. das Pflanzenwachstum oder der radioaktive Zerfall lassen sich in gewissen Bereichen durch eine Funktion f mit $f(t) = c \cdot a^t$ beschreiben. Dabei ist $f(0) = c$ der Anfangsbestand. Da $f(t + 1) = c \cdot a^{t+1} = a \cdot (c \cdot a^t) = a \cdot f(t)$ ist, ändert sich der Funktionswert $f(t)$ an der Stelle t beim „Schritt um 1 nach rechts" um den Faktor a. Diese Zahl heißt Wachstumsfaktor.

Da $1^x = 1$ gilt für alle $x \in \mathbb{R}$, ist die konstante Funktion f mit $f(x) = 1$ die zu $a = 1$ gehörige Exponentialfunktion.

> Funktionen f mit $f(x) = a^x$ oder auch g mit $g(x) = c \cdot a^x$, $c \in \mathbb{R}$, $a > 0$, $x \in \mathbb{R}$, nennt man **Exponentialfunktionen zur Basis a**. Ein Vorgang, der durch eine Exponentialfunktion beschrieben werden kann, wird exponentielles Wachstum genannt. Exponentialfunktionen nennt man deshalb bei Anwendungen auch **Wachstums-** bzw. **Zerfallsfunktionen**.

Eigenschaften von Exponentialfunktionen:
a) Die Graphen von Funktionen f mit $f(x) = a^x$ verlaufen immer oberhalb der x-Achse. Da $a^0 = 1$ ist für alle $a > 0$, gehen alle Graphen durch $A(0|1)$.
b) Für $a > 1$ ist mit $x_2 > x_1$ auch $a^{x_2} > a^{x_1}$; der Graph von f steigt. Für $a < 1$ folgt aus $x_2 > x_1$ stets $a^{x_2} < a^{x_1}$; der Graph von f fällt.
c) Für $a > 1$ gilt: $a^x \to 0$ für $x \to -\infty$; die x-Achse ist waagerechte Asymptote.
Für $0 < a < 1$ und $x \to +\infty$ ist die x-Achse ebenfalls Asymptote.

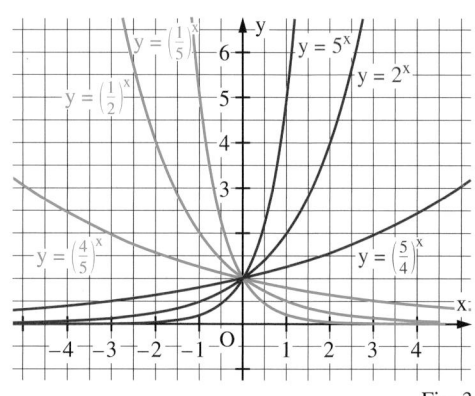

Fig. 3

Beispiel 1: (Exponentialfunktion angeben)
Der Graph einer Exponentialfunktion f mit
$f(x) = a^x$ geht durch den Punkt $P(3\,|\,2)$.

Ein einziger Punkt legt den Graphen einer Exponentialfunktion $x \mapsto a^x$ fest!

a) Bestimmen Sie a; geben Sie den Funktionsterm von f an.
b) Beschreiben Sie den Verlauf des Graphen von f und zeichnen Sie diesen.
Lösung:
a) Wegen $f(3) = 2$ ist $a^3 = 2$, also $a = 2^{\frac{1}{3}}$.
Es ist $f(x) = (2^{\frac{1}{3}})^x$ oder $f(x) = \left(\sqrt[3]{2}\right)^x$.
b) Wegen $a = 2^{\frac{1}{3}} > 1$ ist der Graph K von f streng monoton zunehmend. Die negative x-Achse ist Asymptote. $A(0\,|\,1)$ liegt auf K.

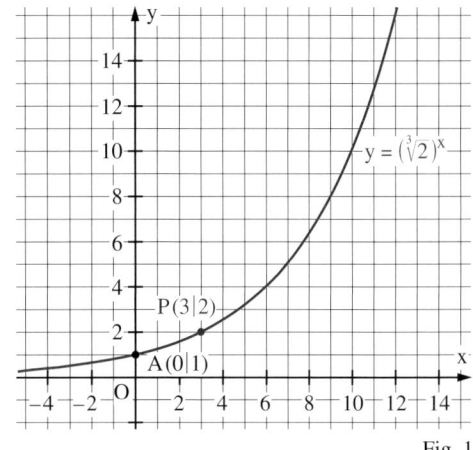
Fig. 1

Beispiel 2: (Zerfallsfunktion aufstellen)
Die Arbeitslosenzahl beträgt in einem Land derzeit 4,8 Mio. Sie soll innerhalb von 5 Jahren halbiert werden. Wie groß ist die jährliche Abnahme in Prozent, wenn exponentielle Abnahme vorausgesetzt wird?
Lösung:

Zwei Punkte legen den Graphen einer Exponentialfunktion $x \mapsto c \cdot a^x$ fest.

$f(t)$ ist die Arbeitslosenzahl in Millionen zum Zeitpunkt t (in Jahren). Da exponentielle Abnahme vorausgesetzt wird, muss gelten $f(t) = c \cdot a^t$. Weiterhin ist $f(0) = 4,8$ und $f(5) = 2,4$. Aus $f(0) = 4,8$ folgt $c \cdot a^0 = 4,8$. Aus $f(5) = 2,4$ folgt $c \cdot a^5 = 2,4$. Also ist $c = 4,8$ und $a^5 = \frac{1}{2}$ oder $a = \left(\frac{1}{2}\right)^{\frac{1}{5}} = \sqrt[5]{0,5} \approx 0,8706$. Die Wachstumsfunktion ist somit f mit $f(t) = 4,8 \cdot \left[\left(\frac{1}{2}\right)^{\frac{1}{5}}\right]^t$.
Da $f(t+1) = a \cdot f(t)$ für $a = \left(\frac{1}{2}\right)^{\frac{1}{5}} \approx 0,8706$ ist, fällt die Arbeitslosenzahl innerhalb jedes Jahres ungefähr auf das 0,87fache, d. h. sie nimmt um rund 13 % jährlich ab.

Aufgaben

3 Zeichnen Sie den Graphen der Exponentialfunktion f mit $f(x) = 3^x$. Wie erhält man den Graphen der Funktion g aus dem Graphen von f? Skizzieren Sie den Graphen von g.
a) $g(x) = 3^x + 1$ b) $g(x) = -\frac{1}{2} \cdot 3^x$ c) $g(x) = \left(\frac{1}{3}\right)^x$ d) $g(x) = \frac{1}{2} \cdot \left(\frac{1}{3}\right)^x$ e) $g(x) = 3^{x-1}$.

Ohne sie geht nichts!

Die Potenzgesetze:
$a^x \cdot a^y = a^{x+y}$
$\dfrac{a^x}{a^y} = a^{x-y}$
$(a^x)^y = a^{x \cdot y}$

4 Der Graph der Exponentialfunktion f mit $f(x) = a^x$ geht durch den Punkt P. Bestimmen Sie den zugehörigen Funktionsterm.
a) $P(1\,|\,3)$ b) $P(1\,|\,\frac{1}{4})$ c) $P(2\,|\,6)$ d) $P(-1\,|\,3)$ e) $P\left(-\frac{1}{2}\,\Big|\,\frac{1}{16}\right)$

5 Der Graph einer Exponentialfunktion f mit $f(x) = c \cdot a^x$ geht durch die Punkte P und Q. Berechnen Sie c und a.
a) $P(1\,|\,1)$, $Q(2\,|\,2)$ b) $P(-1\,|\,5)$, $Q(0\,|\,7)$ c) $P(4\,|\,5)$, $Q(5\,|\,6)$

6 Suchen Sie mithilfe des Taschenrechners die kleinste ganze Zahl x, für die gilt
a) $2,5^x > 100\,000$ b) $0,000\,005 \le 2^x$ c) $\left(\frac{2}{3}\right)^x \ge 0,000\,07$ d) $6 \cdot 10^{-8} \le 0,5^x$.

7 Am 1. Januar 1950 wurde ein Betrag von umgerechnet 100,00 Euro auf ein Bankkonto eingezahlt. Dabei wurde ein langjähriger Festzinssatz von 5 % pro Jahr vereinbart. Welchen Betrag weist das Konto am 1. Januar 2010 auf, wenn der Zins jährlich dem Konto gutgeschrieben wird und keine weiteren Ein- oder Auszahlungen erfolgt sind bzw. erfolgen?

Beispiel:

$f(x) = 2^{3x - \frac{1}{2}} = 2^{3x} \cdot 2^{-\frac{1}{2}}$

$= \frac{1}{2^{\frac{1}{2}}} \cdot (2^3)^x = \frac{1}{\sqrt{2}} \cdot 8^x$

8 Schreiben Sie den Funktionsterm der Funktion f in der Form $f(x) = c \cdot a^x$.

a) $f(x) = 3^{2x+3}$ 　　b) $f(x) = 16^{2x+0,5}$ 　　c) $f(x) = \frac{1}{2^{1+x}}$ 　　d) $f(x) = \frac{1}{2^{x-1}}$

e) $f(x) = \left(\frac{1}{2}\right)^{x-2}$ 　　f) $f(x) = 3^{\frac{1}{3}x-3}$ 　　g) $f(x) = \left(\frac{1}{4}\right)^{\frac{1}{4}x - \frac{1}{4}}$ 　　h) $f(x) = \frac{48}{4^{-0,5x+2}}$

9 Der Graph der Funktion f mit $f(x) = 2^x$ wird abgebildet. Dadurch entsteht ein neuer Graph. Geben Sie die zugehörige Funktion g an, wenn es sich um folgende Abbildung handelt:
a) Spiegelung an der x-Achse
b) Spiegelung an der y-Achse
c) Verschiebung um 1 in Richtung der positiven y-Achse
d) Verschiebung um 1 in Richtung der positiven x-Achse
e) Verschiebung um 3 in Richtung der negativen y-Achse.

10 Lösen Sie die folgende Gleichung mithilfe einer Zeichnung.

a) $3^x = 8$ 　　b) $3^x = 1,5$ 　　c) $3^x = 5$ 　　d) $3^x = -1$ 　　e) $3^x = 0$

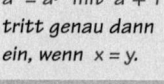
$a^x = a^y$ mit $a \neq 1$ tritt genau dann ein, wenn $x = y$.

11 Lösen Sie die Gleichung.

a) $5^x = 125$ 　　b) $5^x = \frac{1}{25}$ 　　c) $5^x = 625$ 　　d) $3^{x-1} = 9$

e) $3^{x+2} = 3^{2x}$ 　　f) $0,5^x = 2$ 　　g) $2^{3x-4} = 8$ 　　h) $3 \cdot \left(\frac{1}{3}\right)^{3x+2} = \frac{1}{27}$

i) $\frac{1}{16} \cdot 4^{\frac{1}{2}x-2} = 2^{3x}$ 　　j) $\left(\frac{2}{3}\right)^{x-1} = \left(\frac{8}{27}\right)^{x+2}$ 　　k) $0,5^x = 2^{x+1}$ 　　l) $2 \cdot 0,25^x = 4^x$

Es ist
$a \cdot b = 0$, *wenn entweder*

1. $a = 0$ *oder*
2. $b = 0$ *oder*
3. $a = 0$ *und* $b = 0$ *ist.*

12 a) $(x - 1) \cdot 4^x = 0$ 　　b) $(2x + 5) \cdot 1,5^x = 0$ 　　c) $(x - 1) \cdot 2^x = 2^x$

d) $\left(x + \frac{1}{2}\right) \cdot 2^x = x + \frac{1}{2}$ 　　e) $2 \cdot \left(\frac{1}{2}\right)^{2x+1} \cdot \left(3x - \frac{1}{4}\right) = 6x - \frac{1}{2}$ 　　f) $x^2 \cdot 3^{2x-1} - 2x \cdot \frac{1}{3} \cdot 3^{2x} = 0$

13 In einem Gebiet vermehrt sich ein Heuschreckenschwarm exponentiell, und zwar wöchentlich um 50 %. Man gehe von einem Anfangsbestand von 10 000 Tieren aus.
a) Wie lautet die zugehörige Wachstumsfunktion?
b) Welcher Zuwachs ist in 6 Wochen zu erwarten? Um wie viel Prozent hat sich der Bestand dabei vergrößert?

14 Ein Bestand kann näherungsweise durch die Funktion f mit $f(t) = 20 \cdot 0,95^t$ (t in Tagen) beschrieben werden.
a) Wie groß ist die Bestandsabnahme in den ersten drei Tagen?
b) Berechnen Sie die wöchentliche Abnahme in Prozent.

15 Zaire hatte 1998 eine Einwohnerzahl von 41 Millionen. Für die nächsten Jahre wird ein Wachstum von jährlich 3,4 % erwartet.
a) Bestimmen Sie die zugehörige Wachstumsfunktion. Welche Einwohnerzahl hat Zaire voraussichtlich im Jahr 2005 bzw. 2020?
b) Berechnen Sie die Einwohnerzahl vor 2, 5, 10 bzw. 20 Jahren.

BLAISE PASCAL (1623–1662) war überzeugt, „dass die Quecksilbersäule im Barometer vom Luftdruck getragen wird, so dass ihre Höhe auf dem Berg kleiner sein muss als im Tal". 1648 führte sein Schwager PÉRIER in seinem Auftrag ein entsprechendes Experiment am Fuße und am Gipfel des Puy de Dôme durch.

16 Der Luftdruck beträgt in Meereshöhe (Normalnull, NN) etwa 1000 hPa (Hektopascal). Mit zunehmender Höhe nimmt der Luftdruck exponentiell ab. Bei gleich bleibender Temperatur sinkt der Luftdruck innerhalb von 1 km Aufstieg auf das 0,88fache.
a) Bestimmen Sie die zugehörige Wachstumsfunktion (barometrische Höhenformel).
b) Wie groß ist der Luftdruck etwa auf dem Feldberg im Schwarzwald (1493 m), der Zugspitze (2963 m), dem Mt. Blanc (4807 m) und dem Mt. Everest (8848 m)?
c) Um wie viel Prozent nimmt der Luftdruck nach der barometrischen Höhenformel beim Anstieg um jeweils 100 m bzw. 10 m ab?

2 Die eulersche Zahl e

1 Welche der drei Banken macht das günstigste Angebot?

Der jährliche Zinssatz z, der zur Verdopplung des Kapitals K nach 10 Jahren führt, beträgt nur etwa 7,18 %. Es ist nämlich: $K \cdot \left(1 + \frac{z}{100}\right)^{10} = 2 \cdot K$, also $z = 100 \cdot \left(\sqrt[10]{2} - 1\right) \approx 7,18$.

Eine Bank legt ein Angebot vor, nach dem sich ein angelegtes Kapital K innerhalb von 10 Jahren verdoppelt. Dies sind 100 % Zinsen in 10 Jahren. Damit erhöht sich im Durchschnitt das Kapital K pro Jahr um $\frac{100\,\%}{10} = 10\,\%$. Würde diese durchschnittliche Kapitalerhöhung von 10 % als Jahreszins dem Kapital K hinzugefügt, so erhielte man wegen

$$K_{10} = K \cdot \left(1 + \frac{1}{10}\right)^{10} \approx 2,5937 \cdot K$$

einen erheblich höheren Betrag nach 10 Jahren.

Es wird folgender Fall betrachtet:

Bei einer Verzinsung von 100 % in 10 Jahren ist die durchschnittliche Kapitalerhöhung pro Jahr $\frac{1}{10} = 10\,\%$, pro Halbjahr $\frac{1}{20} = 5\,\%$, pro Vierteljahr $\frac{1}{40} = 2,5\,\%$, pro Monat $\frac{1}{120} \approx 0,83\,\%$ usw. Dieser Anteil wird als Zinssatz angenommen und der zugehörige Zins dem Kapital jährlich, halbjährlich, vierteljährlich, monatlich usw. zugeführt. Welches Kapital liegt jeweils nach 10 Jahren vor?

– Halbjährige Verzinsung (20 Zeiträume) mit $\frac{100}{20}\,\% = 5\,\%$:

$$K_{20} = K \cdot \left(1 + \frac{1}{20}\right)^{20} \approx 2,6533 \cdot K$$

– Vierteljährige Verzinsung (40 Zeiträume) mit $\frac{100}{40}\,\% = 2,5\,\%$:

$$K_{40} = K \cdot \left(1 + \frac{1}{40}\right)^{40} \approx 2,6851 \cdot K$$

– Monatliche Verzinsung (120 Zeiträume) mit $\frac{100}{120}\,\% = \frac{5}{6}$:

$$K_{120} = K \cdot \left(1 + \frac{1}{120}\right)^{120} \approx 2,7070 \cdot K$$

– Werden schließlich die 10 Jahre in m gleiche Zeiträume unterteilt und der Zinssatz $\frac{100}{m}\,\%$ nach jedem Zeitabschnitt dem Kapital zugefügt, so erhält man das Endkapital

$$\boxed{K_m = K \cdot \left(1 + \frac{1}{m}\right)^m.}$$

Die Tabelle zeigt den Kontostand eines Anfangskapitals von K = 1 Euro nach 10 Jahren.

Zuschlag	10j.	jährl.	halbj.	viertelj.	monatl.	tägl.	stündl.	pro Sekunde
m	1	10	20	40	120	3600	86400	311 040 000
Kapital	2,00	2,5937	2,6533	2,6851	2,7070	2,7179	2,7183	2,7183

Im Jahre 1690 untersuchte JAKOB BERNOULLI erstmals das Anwachsen bei „augenblicklicher Verzinsung".

Wie die Tabelle vermuten lässt, steigt bei fortgesetzter Erhöhung der Zahl der Verzinsungszeiträume das Endkapital laufend, jedoch nicht unbegrenzt. Im Grenzfall (m → ∞) spricht man von stetiger Verzinsung. Dazu ist der Grenzwert $\lim_{m \to \infty} \left(1 + \frac{1}{m}\right)^m$ zu untersuchen, da

$$\lim_{m \to \infty} K \cdot \left(1 + \frac{1}{m}\right)^m = K \cdot \lim_{m \to \infty} \left(1 + \frac{1}{m}\right)^m$$ ist. Auf den Nachweis, dass er existiert, wird verzichtet.

Die eulersche Zahl e

$e = 2,718\,281\,828\,459$
$045\,235\,360\,287$
$471\,352\,662\,497$
$757\,247\,093\,699$
$959\,574\,966\,967$
$627\,724\,076\,630$
$353\,547\,594\,571\ldots$

Der Grenzwert $\lim\limits_{n \to \infty}\left(1 + \frac{1}{n}\right)^n$ existiert und ist eine irrationale Zahl. Die Zahl heißt **eulersche Zahl** und wird mit **e** bezeichnet.
Es ist $e = 2,718\,28\ldots$

> Und wie hoch ist der tatsächliche Jahreszinssatz bei einer Verdopplung in 8 Jahren?

Beispiel: (Vergleich von unterschiedlichen Verzinsungen)
Ein Kapital von 1000 Euro verdoppelt sich nach 8 Jahren. Dies sind 100 % in 8 Jahren.
Berechnen Sie, welche Höhe das Kapital nach 8 Jahren erreichen würde, wenn die einem Jahr, Monat bzw. Tag entsprechende durchschnittliche Kapitalerhöhung direkt dem Kapital

a) als Jahreszins   b) als monatlich bezahlter Zins   c) als Tageszins
zugeführt würde.
d) Wie hoch wäre das Kapital nach 8 Jahren bei stetiger Verzinsung?
Lösung:
a) Ein Jahreszinssatz von $\frac{100}{8}\% = 12,5\%$ ergibt nach 8 Jahren in Euro:
$K_8 = 1000 \cdot \left(1 + \frac{100}{8 \cdot 100}\right)^8 = 1000 \cdot \left(1 + \frac{1}{8}\right)^8 \approx 2565,78.$
b) Ein monatlicher Zinssatz von $\frac{100}{96}\% \approx 1,04\%$ ergibt nach 8 Jahren in Euro:
$K_{96} = 1000 \cdot \left(1 + \frac{100}{96 \cdot 100}\right)^{96} = 1000 \cdot \left(1 + \frac{1}{96}\right)^{96} \approx 2704,26.$
c) Ein täglicher Zinssatz von $\frac{100}{8 \cdot 360}\% = \frac{100}{2880}\%$ ergibt nach 8 Jahren in Euro:
$K_{2880} = 1000 \cdot \left(1 + \frac{100}{2880 \cdot 100}\right)^{2880} = 1000 \cdot \left(1 + \frac{1}{2880}\right)^{2880} \approx 2717,81.$
d) Bei stetiger Verzinsung erhält man nach 8 Jahren $1000 \cdot e$ Euro, also etwa 2718,28 Euro.

Aufgaben

Auf dem Taschenrechner findet sich eine Taste e^x oder EXP. Durch Eingabe einer Zahl x und anschließendem Drücken der Taste e^x erhält man einen Näherungswert.

2   Geben Sie auf 4 Dezimalen genau an.

a) e^4 b) $e^{\frac{1}{4}}$ c) $e^{\sqrt{5}}$ d) $e^{2,67}$ e) $2 \cdot e^{-1,2}$ f) $\frac{2}{3}e^{-\sqrt{23}}$ g) e^e

h) $3e^3 - 12$ i) $3e^3 - e$ j) $\frac{1}{e} - e$ k) $\sqrt{e} + e$ l) $4 \cdot \sqrt[4]{e}$ m) $\left(\sqrt[3]{e}\right)^4$ n) $\frac{4}{5}\sqrt{e} + e$

3   Lösen Sie die Gleichung.

a) $e^x = 1$ b) $e^x = e$ c) $e^x = \frac{1}{e}$ d) $e^{-x} = e^3$ e) $e^{2x} = e^{-5}$ f) $e^{2x+1} = e$

g) $e^{2x+3} = e^4$ h) $e^{-2x} = e^{x-1}$ i) $e^{\frac{1}{2}x} = e^{\frac{1}{2}x+1}$ j) $e^{\sqrt{x}+1} = e^{2 \cdot \sqrt{x}}$ k) $e^{\sqrt[3]{x}} = e$ l) $e^x = \sqrt{\frac{1}{e^{2x+1}}}$

LEONHARD EULER (1707–1783) veröffentlichte 1743 eine Abhandlung über den Grenzwert
$\lim\limits_{m \to \infty}\left(1 + \frac{1}{m}\right)^m$
und nannte ihn e.

4   Ein Kapital von 10000 Euro verdoppelt sich in 20 Jahren.
a) Berechnen Sie den dazu erforderlichen Jahreszinssatz.
b) Berechnen Sie, auf welche Höhe das Endkapital bei einem jährlichen Zinssatz von 5 % (= jährliche durchschnittliche Erhöhung des Kapitals) ansteigen würde.
c) Berechnen Sie das Endkapital bei einer täglichen Verzinsung mit $\frac{100}{20 \cdot 360}\%$.

5   Ein Kapital K steigt bei festem Jahreszinssatz in 5 Jahren auf das 1,5fache.
a) Berechnen Sie das Kapital nach 5 Jahren, wenn die vierteljährige bzw. tägliche durchschnittliche Erhöhung als vierteljährliche bzw. tägliche Zinszahlung dem Kapital zugeführt würde.
b) Berechnen Sie das Endkapital nach 5 Jahren bei stündlicher Verzinsung.

6   Jemand möchte sein Kapital in 12 Jahren verdoppeln.
Die Bank A bietet an: 1,51 % Zins je Vierteljahr, Bank B 3,1 % Zins je Halbjahr. Verdoppelt sich in beiden Fällen das Kapital nach 12 Jahren? Welche Verzinsung ist günstiger?

3 Ableitung und Stammfunktionen der Funktion f: $x \mapsto e^x$

Die natürliche Exponentialfunktion

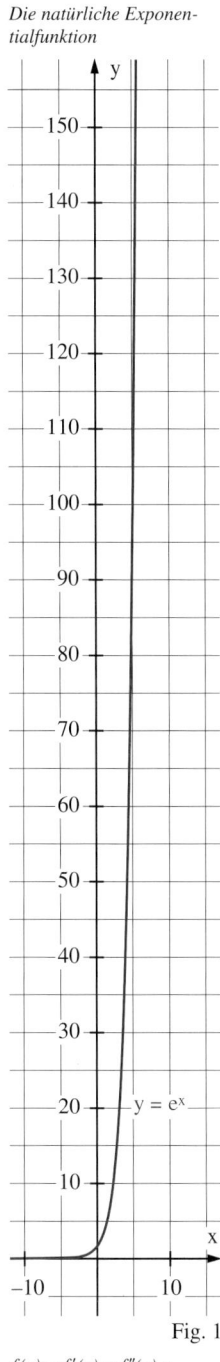

Fig. 1

$f(x) = f'(x) = f''(x) =$
$f'''(x) = f^{(IV)}(x) = \ldots = e^x$

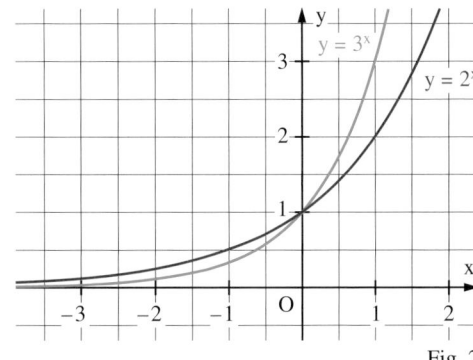

Fig. 2

1 Gegeben sind die Funktionen f: $x \mapsto e^x$, g: $x \mapsto 2^x$ und h: $x \mapsto 3^x$. Fig. 2 zeigt die Graphen der Funktionen g und h.
a) Welche Lage hat der Graph von f im Vergleich zu den Graphen von g und h?
b) Zwischen welchen Werten liegt vermutlich die Steigung des Graphen der Funktion f: $x \mapsto e^x$ im Schnittpunkt mit der y-Achse?
c) Wie lautet der Differenzenquotient von f an der Stelle 0? Überprüfen Sie damit Ihre Vermutung.

Um die momentane Änderungsrate von Wachstumsfunktionen, auch Wachstumsgeschwindigkeit genannt, berechnen zu können, wird die Ableitung von $x \mapsto a^x$ benötigt. Es wird sich zeigen, dass die Ableitung besonders leicht zu bestimmen ist, wenn man die eulersche Zahl e als Basis verwendet. Die Exponentialfunktion f mit $f(x) = e^x$ nennt man **natürliche Exponentialfunktion**. Ihren Graphen zeigt Fig. 3.

Um die Ableitung von f mit $f(x) = e^x$ an einer Stelle x_0 zu bestimmen, wird zunächst der Differenzenquotient an der Stelle x_0 berechnet:
$$m(h) = \frac{e^{x_0+h} - e^{x_0}}{h} = \frac{e^{x_0} \cdot e^h - e^{x_0}}{h} = e^{x_0} \cdot \frac{e^h - 1}{h}.$$
Grenzwert für $h \to 0$:
$$f'(x_0) = \lim_{h \to 0} m(h) = \lim_{h \to 0} e^{x_0} \cdot \frac{e^h - 1}{h}$$
$$= e^{x_0} \cdot \lim_{h \to 0} \frac{e^h - 1}{h}.$$
Die Ableitung der natürlichen Exponentialfunktion an der Stelle x_0 ist also gleich dem Produkt aus dem Funktionswert an der Stelle x_0 und dem Grenzwert $\lim_{h \to 0} \frac{e^h - 1}{h}$.

Die in der Tabelle (Fig. 4) angegebenen Werte lassen vermuten, dass $\lim_{h \to 0} \frac{e^h - 1}{h} = 1$ ist.
Daher ist $f'(x_0) = e^{x_0}$.
Insbesondere ist $f'(0) = 1$ (Fig. 3).

Aus $f'(x_0) = e^{x_0}$ folgt: $f''(x_0) = e^{x_0}$, $f'''(x_0) = e^{x_0}, \ldots$
F mit $F(x) = e^x$ ist damit eine Stammfunktion von f.

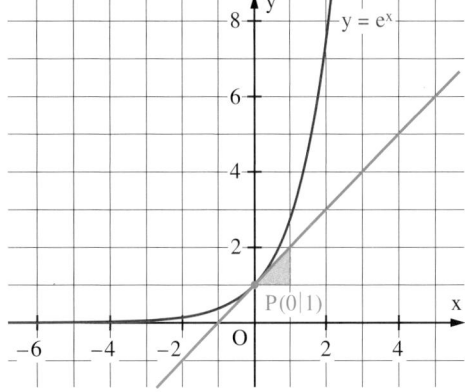

Fig. 3

	A	B	C
1	h	exp(h)	(exp(h) – 1)/h
2	– 0,1	0,904837	0,951626
3	– 0,01	0,990050	0,995017
4	– 0,001	0,999001	0,999500
5	0,001	1,001001	1,000500
6	0,01	1,010050	1,005017
7	0,1	1,105171	1,051709
8			
9			
10			
11			

Fig. 4

Satz: Die **natürliche Exponentialfunktion** f mit $f(x) = e^x$ hat die Ableitungsfunktion f' mit $f'(x) = e^x$. Eine Stammfunktion ist F mit $F(x) = e^x$.

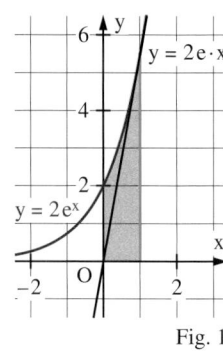

Fig. 1

Beispiel: (Tangente und Fläche)

Gegeben ist die Funktion f mit $f(x) = 2e^x$.

a) Ermitteln Sie die Gleichung der Tangente im Punkt $A(1 \mid f(1))$ an den Graphen von f.

b) Wie groß ist der Inhalt der Fläche zwischen dem Graphen von f und der x-Achse über dem Intervall $[0; 1]$?

Lösung:

a) Aus $f'(x) = 2e^x$ ergibt sich $f'(1) = 2e$. Wegen $f(1) = 2e$ erhält man mithilfe der Punktsteigungsform: $\frac{y - 2e}{x - 1} = 2e$. Gleichung der Tangente: $y = 2e \cdot x$.

b) $A = \int_0^1 2e^x \, dx = 2[e^x]_0^1 = 2 \cdot (e^1 - e^0) = 2 \cdot (e - 1) \approx 3{,}4366$.

Aufgaben

2 Erstellen Sie für die natürliche Exponentialfunktion eine Wertetabelle für $-2 \leq x \leq 2$ mit der Schrittweite 1. Zeichnen Sie in diesem Bereich den Graphen der natürlichen Exponentialfunktion, indem Sie an den Stellen -2, 0 und 2 die Tangenten einzeichnen.

Zur Erinnerung:
Die Ordinatenaddition

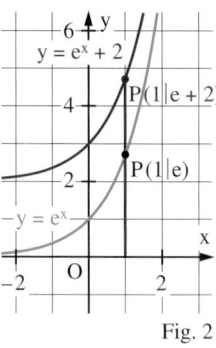

Fig. 2

3 Zeichnen Sie zunächst den Graphen der natürlichen Exponentialfunktion f mit $f(x) = e^x$. Skizzieren Sie damit den Graphen von

a) f_1 mit $f_1(x) = e^x + 1$ b) f_2 mit $f_2(x) = 2 \cdot e^x$ c) f_3 mit $f_3(x) = e^{x-1}$.

4 Gegeben ist der Graph K der natürlichen Exponentialfunktion.

a) Bestimmen Sie die Gleichungen der Tangenten an K in den Punkten $A(1 \mid e)$ und $B\left(-1 \mid \frac{1}{e}\right)$.

b) Berechnen Sie den Schnittpunkt der Tangente an K im Punkt A mit der x-Achse.

c) Geben Sie die Steigungen der Normalen an K in den Punkten A und B an.

5 Berechnen Sie den Inhalt der Fläche zwischen der x-Achse, dem Graphen der natürlichen Exponentialfunktion und den Geraden mit den Gleichungen $x = a$ und $x = b$ für

a) $a = 0$, $b = 2$ b) $a = -1$, $b = 1$ c) $a = 2$, $b = 4$ d) $a = -10$, $b = 2$.

6 Gegeben ist der Graph K der natürlichen Exponentialfunktion f mit $f(x) = e^x$. In einem Punkt $P(a \mid f(a))$ wird die Tangente an K gelegt. Berechnen Sie die Koordinaten des Schnittpunktes Q dieser Tangente mit der x-Achse.

Vergleichen Sie die x-Werte der Punkte P und Q. Wie kann man also in einem gegebenen Punkt die Tangente an K konstruieren?

7 Berechnen Sie den Inhalt der gefärbten Fläche von

a) Fig. 3   b) Fig. 4.

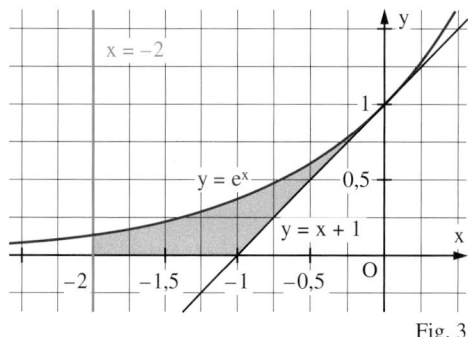

Fig. 3

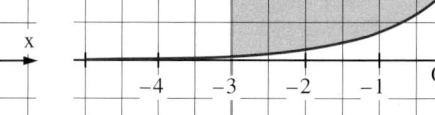

Fig. 4

4 Ableiten und Integrieren zusammengesetzter Funktionen

$h_1(x) = x^2 + 1 - e^x,$ $h_2(x) = e^x \cdot (x^2 + 1),$ $h_3(x) = \frac{e^x}{x^2 + 1},$

$h_4(x) = \frac{x^2 + 1}{e^x},$ $h_5(x) = e^{x^2 + 1},$ $h_6(x) = (e^x)^2 + 1.$

1 Wie erhält man die links angegebenen Funktionen aus den Funktionen f mit $f(x) = e^x$ und g mit $g(x) = x^2 + 1$?

Durch Addition, Subtraktion, Multiplikation, Division oder Verkettung lassen sich aus der natürlichen Exponentialfunktion und einer weiteren Funktion neue Funktionen gewinnen. Für die Ableitung dieser Funktionen gelten die bekannten Ableitungsregeln. Besonders wichtig ist die Kettenregel.

Satz: Die Funktion f mit $f(x) = e^{v(x)}$ ist eine Verkettung der Funktion $v: x \mapsto v(x)$ mit der Exponentialfunktion $u: v \mapsto u(v) = e^v$. Existiert die Ableitung v', so gilt nach der Kettenregel
$$f'(x) = e^{v(x)} \cdot v'(x).$$

Ist insbesondere v eine lineare Funktion mit $v(x) = mx + c$, also $f(x) = e^{mx+c}$, so ist $f'(x) = m \cdot e^{mx+c}$. Eine Stammfunktion der Funktion f ist dann F mit $F(x) = \frac{1}{m} \cdot e^{mx+c}$, $m \neq 0$.

Beispiel 1: (Anwendung der Kettenregel)
Leiten Sie die Funktion f ab und geben Sie, wenn möglich, eine Stammfunktion von f an.
a) $f(x) = e^{3x-2}$ b) $f(x) = \frac{2}{3} \cdot e^{-x^2+1}$
Lösung:
a) Es ist $v(x) = 3x - 2$. Damit gilt: $f'(x) = e^{v(x)} \cdot v'(x) = e^{3x-2} \cdot 3 = 3 \cdot e^{3x-2}$.
F mit $F(x) = \frac{1}{3} \cdot e^{3x-2}$ ist eine Stammfunktion von f.
b) Mit $v(x) = -x^2 + 1$ gilt: $f'(x) = \frac{2}{3} \cdot e^{v(x)} \cdot v'(x) = \frac{2}{3} \cdot e^{-x^2+1} \cdot (-2x) = -\frac{4}{3}x \cdot e^{-x^2+1}$.
Eine Stammfunktion von f können wir nicht angeben!

Beispiel 2: (Anwendung von Produkt- und Quotientenregel)
Leiten Sie die Funktion f zweimal ab.
a) $f(x) = (x + 1) \cdot e^x$ b) $f(x) = \frac{e^x}{x + 1}$
Lösung:
a) Mit der Produktregel erhält man $f'(x) = 1 \cdot e^x + (x + 1) \cdot e^x = (x + 2) \cdot e^x$,
$f''(x) = 1 \cdot e^x + (x + 2) \cdot e^x = (x + 3) \cdot e^x$.
b) Die Quotientenregel liefert $f'(x) = \frac{(x + 1) \cdot e^x - 1 \cdot e^x}{(x + 1)^2} = \frac{x \cdot e^x}{(x + 1)^2}$,

Die Terme werden sehr viel einfacher, wenn man ausklammert.

$f''(x) = \frac{(x + 1)^2 \cdot (1 \cdot e^x + x \cdot e^x) - 2 \cdot (x + 1) \cdot x e^x}{(x + 1)^4} = \frac{(x + 1) \cdot (1 + x) - 2x}{(x + 1)^3} \cdot e^x = \frac{x^2 + 1}{(x + 1)^3} \cdot e^x$.

Beispiel 3: (Flächeninhalt)
Gegeben ist der Graph der Funktion f mit $f(x) = -\frac{1}{2}e^{2x-3}$ (Fig. 1). Berechnen Sie den Inhalt der gefärbten Fläche.
Lösung:
$A = -\int_0^{1,5} -\frac{1}{2}e^{2x-3}\,dx = \left[\frac{1}{4}e^{2x-3}\right]_0^{1,5} = \frac{1}{4}(e^0 - e^{-3})$
$= \frac{1}{4}(1 - e^{-3}) \approx 0{,}2376.$

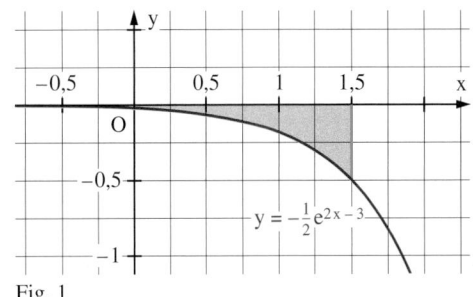

Fig. 1

$f(x) = e^{2x}$ kann man auf mehrere Arten ableiten:

(1) Kettenregel:
$f(x) = u(v(x))$
$f'(x) = 2 \cdot e^{2x}$

(2) Produktregel:
$f(x) = e^{2x} = e^x \cdot e^x$
$f'(x) = e^x \cdot e^x + e^x \cdot e^x$
$\quad = 2 \cdot e^{2x}$

(3) Potenz- und Ketten-
regel:
$f(x) = (e^x)^2$
$f'(x) = 2 \cdot e^x \cdot e^x = 2 \cdot e^{2x}$

(4) Quotientenregel:
$f(x) = \dfrac{e^x}{e^{-x}}$
$f'(x) = \dfrac{e^x \cdot e^x - (-e^{-x}) \cdot e^x}{(e^{-x})^2}$
$\quad = 2 \cdot e^{2x}$

Aufgaben

2 Leiten Sie f zweimal ab und geben Sie eine Stammfunktion zu f an.

a) $f(x) = x - e^x$ b) $f(x) = \frac{1}{3} \cdot x^3 - 3e^x$ c) $f(x) = e + e^{2x}$ d) $f(x) = e^{-2x}$

e) $f(x) = e^{3x+4}$ f) $f(x) = 4e^{2x+5}$ g) $f(x) = \frac{2}{5}e^{\frac{1}{2}x+3}$ h) $f(x) = 5e^{-\frac{3}{5}x-2}$

3 Bilden Sie die erste Ableitung.

a) $f(x) = 2x \cdot e^x$ b) $f(x) = \frac{1}{2}x^{-1} \cdot e^x$ c) $f(x) = x^2 \cdot e^{-x}$ d) $f(x) = \frac{2x}{e^{-4x}}$

e) $f(x) = \frac{e^x}{x-1}$ f) $f(x) = \frac{e^{2x}}{x+1}$ g) $f(t) = 2 \cdot \frac{e^{2t}}{t-2}$ h) $f(t) = 3 \cdot \frac{e^{\frac{1}{2}t}}{t-1}$

4 Bilden Sie auf verschiedene Arten aus den Funkionen f und g mit $f(x) = 3e^{2x}$ und $g(x) = x^2 + 1$ durch Verknüpfungen neue Funktionen. Leiten Sie diese ab. Von welchen dieser Funktionen können Sie auch Stammfunktionen bilden?

5 Bilden Sie die ersten beiden Ableitungen.

a) $f(x) = -\frac{2}{k} \cdot e^{kx}$ b) $f(t) = 40 \cdot e^{kt-0,3}$ c) $f(t) = x \cdot e^{tx+0,5}$ d) $f(x) = x \cdot e^{tx+0,5}$

Beispiele von Umformungen, die das Ableiten vereinfachen:

(1) Quotienten in Produkte umwandeln:
$$\frac{e^x}{x^2} = e^x \cdot x^{-2}$$

(2) Faktoren vorziehen:
$$\frac{2e^{-4x}}{3(x-1)} = \frac{2}{3} \cdot \frac{e^{-4x}}{x-1}$$

(3) Terme vereinfachen und $e^{u(x)}$ ausklammern:
$$(x-1)e^{2x} + e^{2x} = (x-1+1)e^{2x} = x \cdot e^{2x}$$

---

6 Leiten Sie zweimal ab. Kontrollieren Sie das Ergebnis mit einem Computer-Algebra-System.

a) $f(x) = \frac{2x-1}{e^{-x}}$ b) $f(x) = \frac{2(x-1)}{e^{\frac{1}{2}x-3}}$

c) $f(x) = \frac{e^{2x}}{x}$ d) $f(x) = \frac{e^{5x}}{5x^3}$

e) $f(x) = \frac{3x-3}{8e^{2x+1}}$ f) $f(x) = x^2 \cdot e^{-0,1x} + e^{-0,1x}$

g) $f(x) = e^{-x} + \frac{x}{e^x}$ h) $f(x) = \frac{x}{e^{2x}} - x^2 \cdot e^{-2x}$

7 In welchen Punkten besitzt der Graph der Funktion f waagerechte Tangenten?

a) $f(x) = x + e^{-x}$ b) $f(x) = x \cdot e^x$ c) $f(x) = x \cdot e^{2x+1}$ d) $f(x) = \frac{1}{x} \cdot e^{tx},\ t > 0$

8 Berechnen Sie das Integral.

a) $\int_0^{\frac{1}{2}} 2e^{2x}\,dx$ b) $\int_0^{\frac{1}{2}} 2e^{2x+1}\,dx$ c) $\int_1^3 (x + e^{-x+1})\,dx$ d) $\int_{-1}^1 \left(\frac{1}{2}e^{4t-1} + 1\right)dt$ e) $\int_{-2}^3 (t^2 + e^{-t})\,dt$

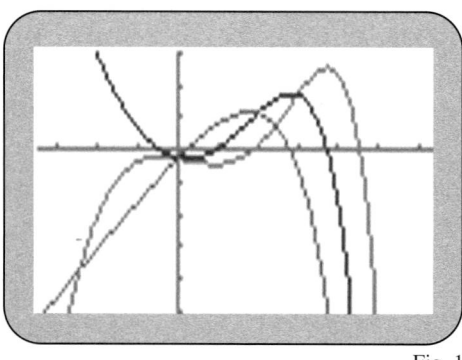

Fig. 1

9 a) Fig. 1 zeigt die Graphen einer Funktion f, ihrer Ableitung f′ und einer Stammfunktion F. Ordnen Sie die Graphen zu und begründen Sie Ihre Zuordnung.

b) Die Funktion f lautet $f(x) = \frac{1}{4}(3x^2 - e^x)$.
Überprüfen Sie damit Ihr Ergebnis.

10 Gegeben ist die Funktionenschar f_t mit $f_t(x) = x + t \cdot e^x,\ t \in \mathbb{R}$.
a) Für welchen Wert von t hat die Funktion f_t an der Stelle $x_0 = 1$ die Ableitung 2? Skizzieren Sie die Graphen von f_{-2} und f_2.

b) Kann man t so bestimmen, dass der Graph einer Stammfunktion F_t von f_t durch die Punkte $P(0|0)$ und $Q(1|0)$ verläuft? Berechnen Sie gegebenenfalls t.

5 Die natürliche Logarithmusfunktion als Umkehrfunktion

1 Gegeben ist die natürliche Exponentialfunktion f: $x \mapsto e^x$ mit $x \in \mathbb{R}$.
a) Zeichnen Sie ihren Graphen und spiegeln Sie diesen an der 1. Winkelhalbierenden. Zeigen Sie, dass sich dabei wieder der Graph einer Funktion g ergibt.
b) Bestimmen Sie die Funktionswerte von g an den Stellen e, e^2, e^{-1} und $\sqrt{e}$.
c) Geben Sie die Funktion g an.

x	1	e	e^2	$\sqrt{e}$	$\frac{1}{e}$
ln(x)	0	1	2	$\frac{1}{2}$	−1

Die natürliche Exponentialfunktion f: $x \mapsto e^x$ mit $D_f = \mathbb{R}$ und $W_f = \mathbb{R}^+$ ist streng monoton steigend, da $f'(x) = e^x > 0$ ist für alle $x \in \mathbb{R}$. Damit gibt es zu jeder vorgegebenen positiven Zahl y genau eine Zahl x mit $e^x = y$. Man sagt in diesem Fall: f ist auf $\mathbb{R}$ **umkehrbar**. Die Lösung dieser Exponentialgleichung ist $x = \log_e(y)$. Statt $\log_e$ schreibt man auch kürzer ln. Die zugehörige Umkehrfunktion von f ist daher $\bar{f}$ mit $\bar{f}(x) = \ln(x)$.

$\log_e(x) = \ln(x)$

> **Definition:** In der Exponentialgleichung $e^x = y$ nennt man die Hochzahl x den **natürlichen Logarithmus** von y. Man schreibt $x = \ln(y)$.
> Die Umkehrfunktion der natürlichen Exponentialfunktion heißt **natürliche Logarithmusfunktion**. Sie wird mit $x \mapsto \ln(x)$; $x \in \mathbb{R}^+$, bezeichnet.

Die **Ableitung** der natürlichen Logarithmusfunktion erhält man mithilfe der Kettenregel. Da $e^x = y$ definitionsgemäß die Lösung $x = \ln(y)$ hat, gilt die Gleichung $x = \ln(e^x)$. Bildet man dazu die Ableitung nach x, so gilt $1 = (\ln(e^x))' = \ln'(e^x) \cdot (e^x)'$.
Setzt man für e^x wieder y ein, so erhält man $1 = \ln'(y) \cdot y$, also $\ln'(y) = \frac{1}{y}$.
Ersetzt man y durch x, so kann man festhalten:

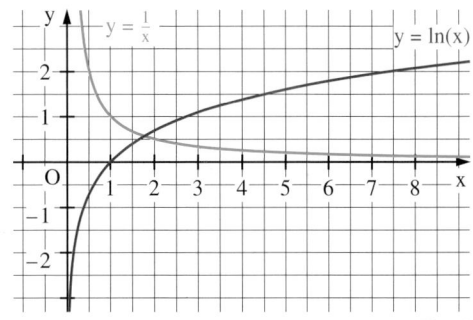

Fig. 1

> **Satz 1:** Die natürliche Logarithmusfunktion f mit $f(x) = \ln(x)$, $x \in \mathbb{R}^+$, hat die Ableitungsfunktion f' mit $f'(x) = \frac{1}{x}$.

Zu f mit $f(x) = \frac{1}{x}$ konnten wir bisher keine Stammfunktion angeben.

Mit Satz 1 ist die natürliche Logarithmusfunktion $x \mapsto \ln(x)$ eine Stammfunktion von f mit $f(x) = \frac{1}{x}$ für $x > 0$. Um auch für $x < 0$ eine Stammfunktion zu finden, betrachtet man die Funktion F mit $F(x) = \ln(-x)$. Ihre Ableitung ist $F'(x) = \frac{1}{-x} \cdot (-1) = \frac{1}{x}$; also ist auch F mit $F(x) = \ln(-x)$, $x < 0$, eine Stammfunktion von f mit $f(x) = \frac{1}{x}$.
Die Fälle $x > 0$ und $x < 0$ können mithilfe der Betragschreibweise zusammengefasst werden.

> **Satz 2:** Die Funktion f mit $f(x) = \frac{1}{x}$ hat für $x > 0$ und $x < 0$ die Stammfunktion F mit
> $$F(x) = \ln(|x|).$$

Beispiel 1: (Ableitung bei Verkettungen)
Bestimmen Sie die Ableitung.
a) $f(x) = \ln(x^2)$, $x \neq 0$ b) $g(x) = (\ln(x))^2$
Lösung:
a) $f'(x) = \frac{1}{x^2} \cdot 2x = \frac{2}{x}$ nach der Kettenregel.
b) $g'(x) = 2 \cdot (\ln(x)) \cdot \frac{1}{x} = \frac{2 \cdot \ln(x)}{x}$.

Nach Umformen mit dem Logarithmengesetz (3) ist $f(x) = 2 \cdot \ln(|x|)$; daher gilt $f'(x) = \frac{2}{x}$.

> **Es gelten auch für den natürlichen Logarithmus die Logarithmengesetze:**
> (1) $\ln(u\,v) = \ln(u) + \ln(v)$
> (2) $\ln\left(\frac{u}{v}\right) = \ln(u) - \ln(v)$
> (3) $\ln(u^k) = k \ln(u)$
> mit $u, v \in \mathbb{R}^+$

Beispiel 2: (Flächenberechnung)
Berechnen Sie den Inhalt der Fläche zwischen dem Graphen von f mit $f(x) = \frac{2}{x}$ und der x-Achse über dem Intervall
a) $[1; e]$ b) $[-2; -0,5]$.
Lösung:
a) $A_1 = \int_1^e \frac{2}{x}\,dx = [2 \cdot \ln(|x|)]_1^e$
$= 2 \cdot (\ln(e) - \ln(1)) = 2$
b) $A_2 = \int_{-2}^{-0,5} \left(-\frac{2}{x}\right)dx = [-2 \cdot \ln(|x|)]_{-2}^{-0,5}$
$= -2 \cdot \left(\ln\left(\frac{1}{2}\right) - \ln(2)\right) = 2 \cdot (\ln(2) + \ln(2))$
$= 4 \cdot \ln(2)$

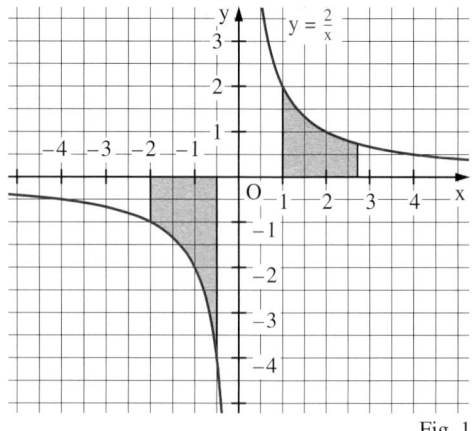

Fig. 1

Aufgaben

$f(x) = \ln\left(\frac{3}{x}\right)$ kann man ableiten nach der Kettenregel:
$f'(x) = \frac{1}{\frac{3}{x}} \cdot \left(-\frac{3}{x^2}\right)$
$= -\frac{x}{3} \cdot \frac{3}{x^2} = -\frac{1}{x}$

2 Bestimmen Sie die Definitionsmenge und die Ableitung.
a) $f(x) = 2\ln(x)$ b) $f(x) = \ln(2x)$ c) $f(x) = \ln\left(\frac{x}{3}\right)$ d) $f(x) = \ln(x^3)$
e) $f(x) = \ln(x-1)$ f) $f(x) = \ln(-3x)$ g) $f(x) = \ln\left(\frac{4}{x}\right)$ h) $f(x) = \ln\left(\sqrt{x}\right)$

Einfacher geht's mit der Zerlegung:
$f(x) = \ln(3) - \ln(x)$; also
$f'(x) = -\frac{1}{x}$

3 Geben Sie für jedes Intervall, auf dem die Funktion f definiert ist, eine Stammfunktion an.
a) $f(x) = \frac{4}{x}$ b) $f(x) = \frac{3}{4x}$ c) $f(x) = 1 + \frac{2}{x}$ d) $f(x) = 1 - \frac{5}{2x}$
e) $f(x) = \frac{1}{2x} + \frac{2}{2x^2}$ f) $f(t) = -\frac{3}{5t} + \frac{3}{4t^3}$ g) $f(x) = \frac{1}{x-1}$ h) $f(t) = \frac{1}{x+1} + \frac{1}{t+1}$

Simples kann sehr wichtig sein:
$\frac{a+b}{c} = \frac{a}{c} + \frac{b}{c}$

4 Berechnen Sie.
a) $\int_{-10}^{-1} \frac{5}{x}\,dx$ b) $\int_1^e \frac{2x+5}{x}\,dx$ c) $\int_e^{2e} \frac{x^2-1}{x}\,dx$ d) $\int_{10}^{100} \left(\frac{1}{x^2} - \frac{1}{x}\right)dx$ e) $\int_{-e}^{-1} \frac{2+|x|}{x^2}\,dx$ f) $\int_1^{10} \frac{x^2+4x+3}{2x}\,dx$

5 Berechnen Sie den Inhalt der gefärbten Fläche.

a)
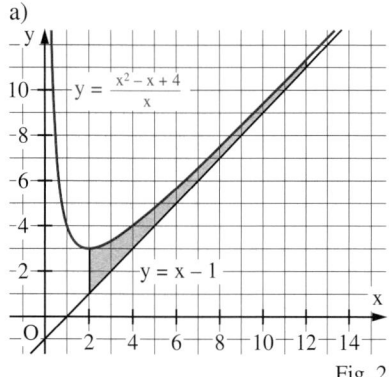
Fig. 2

b)
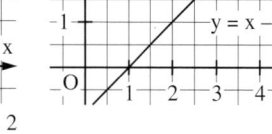
Fig. 3

c)
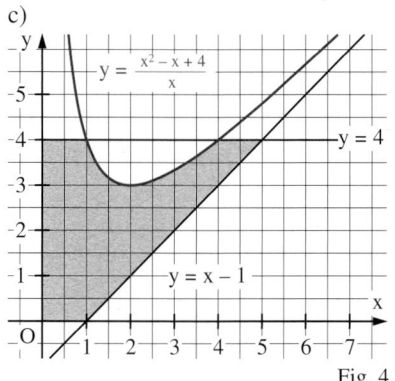
Fig. 4

6 Funktionen mit beliebigen Basen, Gleichungen

1 Berechnen Sie $x \in \mathbb{R}$ so, dass $2 \cdot e^x = 2^x$ ist. Können Sie weitere Lösungswege angeben?

2 Bestimmen Sie eine Zahl k so, dass die Funktion f mit $f(x) = 2^x$ für alle reelle Zahlen $x \in \mathbb{R}$ in der Form $f(x) = e^{kx}$ angegeben werden kann.

Ist bei der Exponentialfunktion $f: x \mapsto e^x$ ein Funktionswert y gegeben und ist der zugehörige x-Wert gesucht, so ist die **Exponentialgleichung** $e^x = y$ zu lösen. Ihre Lösung ist definitionsgemäß $x = \ln(y)$. Setzt man dies in die Ausgangsgleichung ein („Probe"), so gilt: $e^{\ln(y)} = y$. Entsprechend erhält man $\ln(e^x) = x$. Mithilfe dieses Sachverhaltes kann man Terme vereinfachen und Exponentialgleichungen sowie logarithmische Gleichungen lösen.

> **Satz 1:** Für alle $x > 0$ gilt: $e^{\ln(y)} = y$. Für alle $x \in \mathbb{R}$ gilt: $\ln(e^x) = x$.

Mit Satz 1 ist es möglich, jede Exponentialfunktion f mit $f(x) = a^x$ mit der Basis e darzustellen: $a^x = (e^{\ln(a)})^x = e^{x\ln(a)}$.

Man könnte auch eine andere Basis als e verwenden, allerdings wäre dann die Ableitung nicht so einfach zu bilden.

> **Satz 2:** Jede Exponentialfunktion f mit $f(x) = a^x$, $a > 0$, $x \in \mathbb{R}$, ist darstellbar mithilfe der Basis e: $\qquad f(x) = e^{x\ln(a)}$.

Auch jede Logarithmusfunktion f mit $f(x) = \log_a(x)$ kann durch die natürliche Logarithmusfunktion ausgedrückt werden: Aus $y = a^x$ folgt einerseits definitionsgemäß $x = \log_a(y)$; wegen $y = e^{x\ln(a)}$ folgt andererseits $\ln(y) = x \cdot \ln(a)$ oder $x = \frac{\ln(y)}{\ln(a)}$. Damit gilt: $\log_a(y) = \frac{\ln(y)}{\ln(a)}$.

Beispiel 1: (Vereinfachen von Termen)
Vereinfachen Sie.

Kann man Beispiel 1 Teil a auch noch anders umformen?

a) $e^{2 \cdot \ln(4x)}$

b) $\ln\left(\frac{1}{2} e^2\right)$

Lösung:

a) $e^{2 \cdot \ln(4x)} = e^{\ln((4x)^2)} = (4x)^2 = 16x^2$

b) $\ln\left(\frac{1}{2} e^2\right) = \ln\left(\frac{1}{2}\right) + \ln(e^2) = 2 - \ln(2)$

Beispiel 2: (Exponentialgleichung, logarithmische Gleichung)
Bestimmen Sie die Lösung von   a) $2 \cdot e^{2x-3} = e^{-x}$ b) $\ln(5x^2) = 4 \cdot \ln(\sqrt{x}) + 3$, $x > 0$
Lösung:

a) 1. Möglichkeit:

Anwendung der Definition

$$2 \cdot e^{2x-3} = e^{-x} \qquad \Big| \cdot \tfrac{1}{2} e^x$$
$$e^{3x-3} = \tfrac{1}{2}$$
$$3x - 3 = \ln\left(\tfrac{1}{2}\right)$$
$$x = 1 - \tfrac{1}{3}\ln(2); \ x \approx 0{,}7690$$

2. Möglichkeit:

Beidseitiges Logarithmieren bzw. Anwenden der Logarithmengesetze

$$\ln(2 \cdot e^{2x-3}) = \ln(e^{-x})$$
$$\ln(2) + (2x - 3) = -x$$
$$3x = 3 - \ln(2)$$
$$x = 1 - \tfrac{1}{3}\ln(2) \approx 0{,}7690$$

b) 1. Möglichkeit:

$$\ln(5x^2) = 4 \cdot \ln(\sqrt{x}) + 3, \ x > 0$$
$$5x^2 = e^{4 \cdot \ln(\sqrt{x}) + 3}$$
$$5x^2 = e^{\ln(x^2)} \cdot e^3 = x^2 \cdot e^3$$
$$(e^3 - 5) \cdot x^2 = 0$$
Diese Gleichung hat keine Lösung.

2. Möglichkeit:

$$\ln(5) + \ln(x^2) = \ln(x^2) + 3$$
$$\ln(5) = 3$$
Diese Gleichung hat keine Lösung.

Beispiel 3: (Beliebige Basen)

Schreiben Sie die Funktionen f und g um und leiten Sie ab.

a) $f(x) = 3^x$ b) $g(x) = \log_6(x)$

Lösung:

a) $f(x) = (e^{\ln(3)})^x = e^{x\ln(3)}$;   b) $g(x) = \frac{\ln(x)}{\ln(6)}$

$f'(x) = \ln(3) \cdot e^{x \cdot \ln(3)} = \ln(3) \cdot 3^x \approx 1{,}0986 \cdot 3^x$ $g'(x) = \frac{1}{\ln(6)} \cdot \frac{1}{x} \approx 0{,}5581 \cdot \frac{1}{x}$

Aufgaben

3   Vereinfachen Sie.

a) $e^{\ln(4)}$ b) $e^{-\ln(2)}$ c) $e^{3 \cdot \ln(2)}$ d) $e^{-\frac{1}{3} \cdot \ln\left(\frac{1}{8}\right)}$ e) $e^{0{,}5 \cdot \ln(0{,}25)}$ f) $(e^{\ln(4)})^2$

g) $\ln(e^2)$ h) $\ln\left(\frac{1}{e}\right)$ i) $\ln\left(\frac{1}{2} \cdot e^3\right)$ j) $\ln\left(\frac{1}{3} \cdot \sqrt{e}\right)$ k) $\ln\left(\sqrt{e}^{\,3}\right)$ l) $\ln\left(\sqrt{\pi \cdot e}\right)$

4   Zeigen Sie die Gültigkeit der Gleichung.

a) $\frac{\ln(a^r)}{\ln(a^s)} = \frac{r}{s}$ für $a > 0$ b) $a^{\frac{\ln(b)}{\ln(a)}} = b$ für $a > 0$, $b > 0$ c) $a^{\frac{1}{\ln(a)}} = e$ für $a > 0$

5   Lösen Sie die Gleichung und geben Sie die Lösung auf 4 Dezimalen gerundet an. Kontrollieren Sie Ihr Ergebnis mit einem Computer-Algebra-System.

a) $e^x = \sqrt{2}$ b) $e^{x^2} = 1000$ c) $e^{2x} = 0{,}1$ d) $e^{-\frac{1}{2}x^2+3} - 2 = 0$

e) $e^{3 \cdot \ln(\sqrt{x})} = x^2$ f) $\ln\left(\frac{1}{x}\right) - \ln(x) = 4$ g) $2 \cdot \ln\left(\sqrt{x}\right) + \ln(x^2) - 1 = 0$ h) $\sqrt{\ln(1-x)} = e$

6   a) $2^x = 3$ b) $2^{x^2+1} = 3$ c) $2^{\sqrt{x-1}} = 3$ d) $3^{1-\sqrt{x}} = 2$ e) $2^{x-2} = -2$

f) $2^{x-1} - 3^x = 0$ g) $\left(\frac{1}{2}\right)^x = \left(\frac{2}{3}\right)^{x-1}$ h) $2^{\sqrt{x}} = 5^x$ i) $\left(\frac{1}{3}\right)^{x-0{,}5} = 4$ j) $5^{\ln(x)} = 2$

7   a) $(e^x - 1) \cdot (e^{-x} + 1) = 0$ b) $(e^x - 2) \cdot (e^{2x} - 2) = 0$ c) $\ln(x) \cdot (\ln(x) - 3) = 0$

d) $(\ln(x))^3 \ln(1-x) = 0$ e) $(e^x - 1) \cdot (\ln(x) - 1) = 0$ f) $x^3 \cdot \ln(x^3) = 0$

8   Bestimmen Sie z.

a) Der Flächeninhalt zwischen dem Graphen von f mit $f(x) = e^{0{,}5x}$ und der x-Achse über dem Intervall [z; 0] ist 1.

b) Die Graphen der Funktion f mit $f(x) = e^{2x}$ und g mit $g(x) = 2^x$ schneiden sich an der Stelle z.

c) Die Steigung des Graphen der Funktion g mit $g(x) = e^{3x+1}$ an der Stelle z ist 2.

9   Zu welcher Gleichung ist die Gleichung $e^y = \ln(x^k)$ äquivalent?

(1) $e^y = k \cdot \ln(x)$ (2) $k = \frac{e^y}{\ln(x)}$ (3) $y = \ln(\ln(x)^k)$ (4) $y = \ln(k) + \ln(\ln(x))$ (5) $x = e^{\left(\frac{e^y}{k}\right)}$

10   Lösen Sie die Gleichung nach x auf. Drücken Sie x nur in Potenzen der Basis e und dem natürlichen Logarithmus aus.

a) $y = \frac{1}{1 + e^x}$ b) $y = \frac{a}{b + c \cdot e^{kx}}$ c) $y = \frac{3}{4} \cdot \ln(a - x)$ d) $y = S \cdot (1 + a^{kx})$ e) $y = \log_2(3^{kx})$

11   Schreiben Sie die Potenz mit der Basis e. Bilden Sie anschließend die 1. Ableitung der Funktion und geben Sie eine Stammfunktion an.

a) $f(x) = 4^x$ b) $f(x) = \left(\frac{2}{3}\right)^x$ c) $f(x) = 2^{x-2}$ d) $f(x) = 0{,}5^{2x-1}$ e) $f(x) = 2^{3x}$

12   Bestimmen Sie näherungsweise auf unterschiedliche Art alle Schnittpunkte der Graphen der Funktionen f und g.

a) $f(x) = e^x$, $g(x) = x + 2$ b) $f(x) = \ln(x)$, $g(x) = \frac{1}{x}$ c) $f(x) = \ln(x) + 5$, $g(x) = e^x$

7 Untersuchung von Exponentialfunktionen

x	$f(x) = x^{10}$	$g(x) = e^x$
10	$1 \cdot 10^{10}$	$22\,026{,}5$
20	$1{,}02 \cdot 10^{13}$	$4{,}85 \cdot 10^8$
30	$5{,}90 \cdot 10^{14}$	$1{,}07 \cdot 10^{13}$
40	$1{,}05 \cdot 10^{16}$	$2{,}35 \cdot 10^{17}$
50	$9{,}77 \cdot 10^{16}$	$5{,}18 \cdot 10^{21}$
60	$6{,}05 \cdot 10^{17}$	$1{,}14 \cdot 10^{26}$
70	$2{,}82 \cdot 10^{18}$	$2{,}52 \cdot 10^{30}$
80	$1{,}07 \cdot 10^{19}$	$5{,}54 \cdot 10^{34}$
90	$3{,}49 \cdot 10^{19}$	$1{,}22 \cdot 10^{39}$
100	$1 \cdot 10^{20}$	$2{,}69 \cdot 10^{43}$

Fig. 1

1 Die Tabelle von Fig. 1 zeigt die Funktionswerte der Funktionen f und g mit $f(x) = x^{10}$ und $g(x) = e^x$ zu verschiedenen x-Werten. Welche Vermutung liegt nahe für das Verhalten von $\frac{f}{g}, \frac{g}{f}, f - g$ für $x \to \infty$?

Mithilfe einer Funktionsuntersuchung ist es möglich, genaue Aussagen über die Funktion und über den Verlauf ihres Graphen zu erhalten. Bevor die dabei angewendeten Vorgehensweise an einem Beispiel durchgeführt wird, wird das Verhalten von Exponentialfunktionen für $|x| \to \infty$ näher betrachtet.

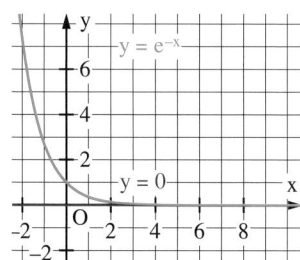 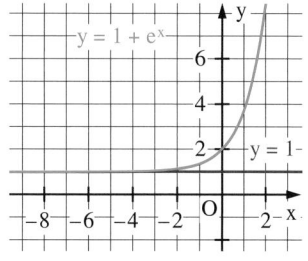 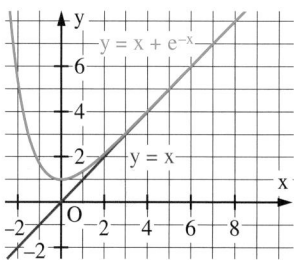

Eine Gerade mit der Gleichung $y = ax + b$ ist Asymptote des Graphen der Funktion f für $x \to \infty$, wenn $f(x) - (ax + b) \to 0$ für $x \to \infty$.

Der Graph der Funktion f mit $f(x) = e^{-x}$ nähert sich für $x \to \infty$ der x-Achse immer mehr an.
Die Gerade mit der Gleichung $y = 0$ ist eine waagerechte Asymptote für $x \to \infty$.

Der Graph der Funktion g mit $g(x) = 1 + e^x$ nähert sich für $x \to -\infty$ der Geraden mit der Gleichung $y = 1$ immer mehr an.
Die Gerade mit der Gleichung $y = 1$ ist eine waagerechte Asymptote für $x \to -\infty$.

Der Graph der Funktion h mit $h(x) = x + e^{-x}$ nähert sich für $x \to \infty$ der Geraden mit der Gleichung $y = x$ immer mehr an.
Die Gerade mit der Gleichung $y = x$ ist eine schiefe Asymptote für $x \to \infty$.

Untersucht man Funktionen wie $x \mapsto x^n \cdot e^{-x}$, $n \in \mathbb{N}^+$, so lässt sich das Verhalten für $x \mapsto +\infty$ nicht ohne Weiteres beurteilen, da mit wachsendem x der erste Faktor gegen unendlich, der zweite aber gegen null strebt. Bei der Funktion $x \mapsto e^x - x^n$, $n \in \mathbb{N}^+$, gehen für $x \mapsto +\infty$ beide Summanden gegen unendlich. Man kann zeigen, dass für $n \in \mathbb{N}$ gilt:
$$x^n \cdot e^{-x} \to 0 \text{ für } x \to +\infty, \text{ (1)} \qquad\qquad e^x - x^n \to +\infty \text{ für } x \to +\infty. \text{ (2)}$$

Ist nicht nur eine einzige Funktion f, sondern eine Funktionenschar f_t mit dem Parameter t gegeben, sind häufig die Koordinaten bestimmter Punkte P_t (z. B. Extrem- oder Wendepunkte) von t abhängig. Durchläuft t alle zugelassenen Werte, so bilden die Punkte P_t eine Kurve. Diese Kurve heißt **Ortslinie**, **Ortskurve** oder **geometrischer Ort** der Punkte P_t. Die zugehörige Gleichung ergibt sich, indem man t aus den beiden Gleichungen $x = x(t)$ und $y = y(t)$ eliminiert.

Beispiel 1: (Verhalten für $|x| \mapsto \infty$, Asymptoten)
Untersuchen Sie das Verhalten der Funktion f für $x \to \infty$ und $x \to -\infty$ und geben Sie die Gleichung der Asymptote an.
a) $f(x) = 4 - 3 e^{-x}$ \qquad\qquad\qquad b) $f(x) = \frac{x^3}{e^x} + 5$
Lösung:
a) Für $x \to \infty$ folgt $e^{-x} \to 0$ und damit $f(x) \to 4$; für $x \to -\infty$ folgt $e^{-x} \to \infty$ und damit $f(x) \to -\infty$. Die Gleichung der Asymptote für $x \to \infty$ lautet $y = 4$.
b) Es gilt: $f(x) = x^3 \cdot e^{-x} + 5$; für $x \to \infty$ folgt $x^3 \cdot e^{-x} \to 0$ und $f(x) \to 5$; für $x \to -\infty$ folgt $x^3 \cdot e^{-x} \to -\infty$ und $f(x) \to -\infty$. Die Gleichung der Asymptote für $x \to \infty$ lautet $y = 5$.

Beispiel 2: (Untersuchung einer Exponentialfunktion ohne Parameter)

Untersuchen Sie die Funktion f mit $f(x) = 8x \cdot e^{-x}$ mit $D_f = \mathbb{R}$. Zeichnen Sie den Graphen von f.

Lösung:

1. Symmetrie des Graphen

$f(-x) = 8 \cdot (-x) \cdot e^x$ stimmt weder mit $f(x)$ noch mit $-f(x)$ überein, also ist der Graph von f weder achsensymmetrisch zur y-Achse noch punktsymmetrisch zum Ursprung.

2. Nullstellen, Funktionswert an der Stelle 0

$f(x) = 0$, d.h. $8 \cdot x \cdot e^{-x} = 0$, also $x_1 = 0$, da $e^{-x} > 0$ für alle $x \in \mathbb{R}$. Also ist $N(0|0)$ einziger Schnittpunkt mit der x-Achse. Wegen $f(0) = 0$ ist N auch Schnittpunkt mit der y-Achse.

3. Verhalten für $|x| \to \infty$

Für $x \to +\infty$ gilt: $8x \cdot e^{-x} \to 0$, für $x \to -\infty$ aber $8x \cdot e^{-x} \to -\infty$. Die x-Achse ist Asymptote für $x \to +\infty$.

Wie sieht $f^{(n)}(x)$ aus?

4. Ableitungen

$f'(x) = 8 \cdot (1-x) \cdot e^{-x}$; $f''(x) = 8 \cdot (x-2) \cdot e^{-x}$; $f'''(x) = 8 \cdot (3-x) \cdot e^{-x}$

5. Extremstellen

$f'(x) = 0$ liefert $x_2 = 1$ als einzig mögliche Extremstelle. Es ist $f''(x_2) = -8 \cdot e^{-1} < 0$ und $f(x_2) = \frac{1}{8}$. Daher ist $H\left(1 \middle| \frac{8}{e}\right)$ Hochpunkt.

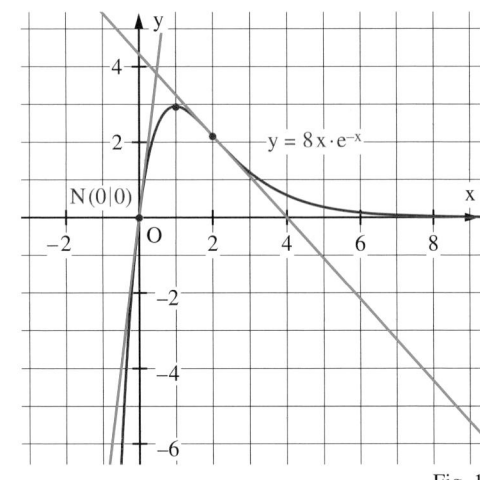

Fig. 1

> *Beachten Sie:*
> *Man käme auch ohne 3. Ableitung aus, da $f''(x) = 8(x-2) \cdot e^{-x}$ beim Durchgang durch $x_2 = 2$ das Vorzeichen von – nach + wechselt.*

6. Wendestellen

$f''(x) = 0$ ergibt $x_3 = 2$ als einzig mögliche Wendestelle. Es ist $f'''(x_3) = 8 \cdot e^{-2} \neq 0$ und $f(x_3) = \frac{16}{e^2}$. Daher ist $W\left(2 \middle| \frac{16}{e^2}\right)$ Wendepunkt.

Steigung des Graphen in W:
$f'(x_3) = -8 \cdot e^{-2} \approx -1{,}083$.

7. Graph (Fig. 1)

Beispiel 3: (Untersuchung einer Funktionenschar)

Gegeben ist die Funktionenschar f_t mit $f_t(x) = (t - e^x)^2$, $x \in \mathbb{R}$ und $t > 0$.

Ein Parameter t wird wie eine Konstante behandelt!

a) Untersuchen Sie die Funktionenschar f_t und zeichnen Sie die Graphen für $t = \frac{1}{2}$, 1 und 2.

b) Auf welcher Ortskurve liegen die Wendepunkte der Graphen von f_t? Zeichnen Sie die Ortskurve in das vorhandene Koordinatensystem ein.

Lösung:

a) **1. Symmetrie des Graphen**

$f_t(-x) = (t - e^{-x})^2$ stimmt weder mit $f_t(x)$ noch mit $-f_t(x)$ überein, also ist der Graph von f_t weder achsensymmetrisch zur y-Achse noch punktsymmetrisch zum Ursprung.

2. Nullstellen, Funktionswert an der Stelle 0

$f_t(x) = 0$ ergibt $e^x = t$, also ist $x_t = \ln(t)$ einzige Nullstelle; damit ist $N_t(\ln(t)|0)$ Schnittpunkt mit der x-Achse.

$f_t(0) = (t-1)^2$, also ist $A_t(0|(t-1)^2)$ Schnittpunkt mit der y-Achse.

3. Verhalten für $|x| \to \infty$

Für $x \to \infty$ folgt $e^x \to \infty$ und $f_t(x) = (t - e^x)^2 \to \infty$ wegen des geraden Exponenten 2.

Für $x \to -\infty$ folgt $e^x \to 0$ und damit $f_t(x) = (t - e^x)^2 \to t^2$; $y = t^2$ ist Asymptote für $x \to -\infty$.

4. Ableitungen

$f_t'(x) = 2 \cdot (t - e^x) \cdot (-e^x) = 2 \cdot (e^{2x} - t e^x)$; $f_t''(x) = 2 \cdot (2 e^{2x} - t e^x)$; $f_t'''(x) = 2(4 e^{2x} - t e^x)$

5. Extremstellen

$f_t'(x) = 0$ ergibt $2(e^x - t) \cdot e^x = 0$, also ist $x_2 = \ln(t)$ einzig mögliche Extremstelle.

Es ist $f_t''(x) = 2 \cdot (2 e^{2 \cdot \ln(t)} - t e^{\ln(t)}) = 2(2 e^{\ln(t^2)} - t e^{\ln(t)}) = 2 \cdot (2t^2 - t^2) = 2t^2 > 0$.

Also ist $f_t(x_2) = 0$ lokales Minimum; $T_t(\ln(t)\,|\,0)$ ist Tiefpunkt.
Die Tiefpunkte liegen auf der x-Achse.

6. Wendestellen

$f_t''(x) = 0$ ergibt $2 \cdot (2e^x - t) \cdot e^x = 0$, also ist $x_3 = \ln\left(\frac{t}{2}\right)$ einzig mögliche Wendestelle. Es ist

$f_t'''(x_3) = 2\left(4e^{2 \cdot \ln\left(\frac{t}{2}\right)} - t\,e^{\ln\left(\frac{t}{2}\right)}\right) = 2\left(4e^{\ln\left(\left(\frac{t}{2}\right)^2\right)} - \frac{t^2}{2}\right) = 2\left(4 \cdot \frac{t^2}{4} - \frac{t^2}{2}\right) = t^2 \neq 0$ und $f(x_3) = \left(t - e^{\ln\left(\frac{t}{2}\right)}\right)^2 = \frac{t^2}{4}$.

Also liegt in $W_t\left(\ln\left(\frac{t}{2}\right)\,\middle|\,\frac{t^2}{4}\right)$ ein Wendepunkt

vor. Die Steigung des Graphen beträgt dort

$f'(x_3) = 2\left(t - e^{\ln\left(\frac{t}{2}\right)}\right) \cdot \left(-e^{\ln\left(\frac{t}{2}\right)}\right) = -\frac{t^2}{2}$.

7. Graphen für $t = \frac{1}{2}$, 1 und 2

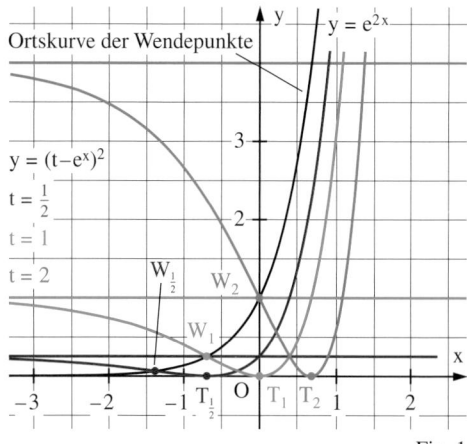

Fig. 1

t	$\frac{1}{2}$	1	2
Asymptoten	$y = \frac{1}{4}$	$y = 1$	$y = 4$
Nullstellen	$\ln\left(\frac{1}{2}\right) = -\ln(2)$	0	$\ln(2)$
Schnittpunkt mit y-Achse	$A_{\frac{1}{2}}\left(0\,\middle|\,\frac{1}{4}\right)$	$A_1(0\,|\,0)$	$A_2(0\,|\,1)$
Tiefpunkt	$T_{\frac{1}{2}}\left(\ln\left(\frac{1}{2}\right)\,\middle|\,0\right)$	$T_1(0\,|\,0)$	$T_2(\ln(2)\,|\,0)$
Wendepunkt	$W_{\frac{1}{2}}\left(\ln\left(\frac{1}{4}\right)\,\middle|\,\frac{1}{16}\right)$	$W_1\left(\ln\left(\frac{1}{2}\right)\,\middle|\,\frac{1}{4}\right)$	$W_2(0\,|\,1)$

b) Ortskurve der Wendepunkte

Die Ortskurve der Wendepunkte $W_t\left(\ln\left(\frac{t}{2}\right)\,\middle|\,\frac{t^2}{4}\right)$ bestimmt man durch Eliminieren der Variablen t aus $x = \ln\left(\frac{t}{2}\right)$ und $y = \frac{t^2}{4}$.

Löst man $x = \ln\left(\frac{t}{2}\right)$ mit $t > 0$ nach t auf, so erhält man $t = 2 \cdot e^x$. Dieses Ergebnis setzt man in $y = \frac{t^2}{4}$ ein und erhält $y = e^{2x}$. Damit liegen die Wendepunkte auf dem Graphen der Funktion k mit $k(x) = e^{2x}$. Der Graph von k ist in Fig. 1 eingezeichnet.

Aufgaben

2 Untersuchen Sie das Verhalten der Funktion f für $|x| \to \infty$ und geben Sie eine Gleichung der Asymptoten des Graphen von f an.

a) $f(x) = 6 + 2e^x$
b) $f(x) = 3e^{-x} - 7$
c) $f(x) = x^5 \cdot e^{-x}$
d) $f(x) = \sqrt{x} \cdot e^{-x}$

e) $f(x) = \frac{1}{2}x + 3 + e^{-x}$
f) $f(x) = x - e^x$
g) $f(x) = 3e^x - x^7$
h) $f(x) = x^2 \cdot e^x$

3 Gegeben ist die Funktion f. Geben Sie die maximale Definitionsmenge von f sowie die Asymptoten des Graphen von f an.

a) $f(x) = \frac{x}{e^{-x}}$
b) $f(x) = \frac{e^x}{x-1}$
c) $f(x) = \frac{x^2 + x}{e^x}$

4 Skizzieren Sie den Graphen der Funktion f.

a) $f(x) = e^{x-2}$
b) $f(x) = \frac{1}{2} \cdot e^{-x} + 3$
c) $f(x) = \frac{1}{4}x - e^x$
d) $f(x) = x + e^x$

5 Führen Sie eine Funktionsuntersuchung durch und zeichnen Sie den Graphen.

a) $f(x) = 2x - e^x$
b) $f(x) = x + \frac{1}{2}e^{-x}$
c) $f(x) = e \cdot x + e^{-x}$
d) $f(x) = e^x + e^{-x}$

e) $f(x) = 5x \cdot e^x$
f) $f(x) = (x - 2) \cdot e^x$
g) $f(x) = 3x \cdot e^{-x+1}$
h) $f(x) = x \cdot e^{-2x} + 2$

i) $f(x) = x^2 \cdot e^{-x}$
j) $f(x) = 3 \cdot e^{-x^2}$
k) $f(x) = 4e^{-\frac{1}{4}x^4}$
l) $f(x) = x^3 \cdot e^{-x}$

Eine Auskunft über Schnittpunkt mit der x-Achse erhält man häufig aus der Lage der Extrempunkte.

6 a) Der Graph der Funktion f mit $f(x) = e \cdot x + e^{-x}$ schließt mit der x- und y-Achse eine Fläche ein. Berechnen Sie ihren Inhalt.

b) Zeigen Sie, dass der Graph der Funktion f mit $f(x) = x + e^{-x+2}$ mit den Geraden mit den Gleichungen $y = x$, $x = 5$ und $x = 10$ eine Fläche einschließt, deren Inhalt kleiner als 0,05 ist.

7 Gegeben ist die Funktionenschar f_t mit $f_t(x) = 10x \cdot e^{-\frac{1}{2}tx}$ mit $t > 0$.

a) Untersuchen Sie die Funktionenschar und zeichnen Sie den Graphen für $t = 1$; 1,5 und 2.

b) Bestimmen Sie die Ortskurve der Extrempunkte und der Wendepunkte.

c) Zeigen Sie: F_1 mit $F_1(x) = -20(x + 2) \cdot e^{-\frac{1}{2}x}$ ist eine Stammfunktion zu f_1.

d) Berechnen Sie den Inhalt der Fläche, die der Graph von f_1 mit den Koordinatenachsen und der Geraden mit der Gleichung $x = 10$ einschließt.

8 a) Gegeben ist die Funktionenschar f_t mit $f_t(x) = -\frac{2x}{t} \cdot e^{t-x}$ mit $t > 0$.

Untersuchen Sie die Funktionenschar und bestimmen Sie die Ortskurve der Wendepunkte.

b) Zeigen Sie, dass die Funktionen f_k mit $f_k(x) = \frac{k \cdot e^{-x}}{k + e^{-x}}$ für kein $k > 0$ Extremwerte besitzen und die Wendepunkte auf dem Graphen von h mit $h(x) = \frac{1}{2} \cdot e^{-x}$ liegen.

9 Gegeben ist die Funktionenschar $f_k(x) = x - k \cdot e^x$ mit beliebigem $k \neq 0$.

a) Berechnen Sie die Nullstelle von f_1 auf 4 Dezimalen gerundet.

b) Untersuchen Sie die Funktionen f_k und zeigen Sie, dass die Hochpunkte auf der Geraden mit der Gleichung $y = x - 1$ liegen.

c) Vom Nullpunkt lässt sich an jede Kurve genau eine Tangente legen. Wo berührt diese Tangente die zugehörige Kurve?

Jahr	Kunden (in Mio.)
1992	1
1993	1,8
1994	2,5
1995	3,7
1996	5,5
1997	9,2
1998	13,6

Fig. 1

10 In den letzten 10 Jahren nutzen zunehmend mehr Kunden in Deutschland das Mobilfunknetz. Die Entwicklung seit 1992 zeigt die Tabelle in Fig. 1.

a) Bestimmen Sie in der Funktion f mit $f(t) = c \cdot e^{kt}$ die Parameter c und k anhand zweier Wertepaare. Untersuchen Sie die Abweichung von den nicht verwendeten Werten.

b) Welche Kundenzahl ergibt sich für das Jahr 2002? Ist dieser Ansatz realistisch?

Hängt man ein Seil an zwei Punkten auf, so entsteht eine Kettenlinie.

Für die Aufgabenteile d) bis f) ist die in c) berechnete Funktion zu verwenden.

11 Der Verlauf des Trageseiles einer Hängebrücke kann durch eine Kettenlinie angenähert werden. Diese ist der Graph der Funktion $f_{a;c}(x) = \frac{a}{2c}(e^{cx} + e^{-cx})$ mit $a, c > 0$, x in Metern, y in Metern.

a) Untersuchen Sie den Graphen von $f_{a;c}$ auf Symmetrie.

b) Berechnen Sie das Minimum der Funktion $f_{a;c}$.

c) Bestimmen Sie a und c so, dass das Seil den tiefsten Punkt mit 5 m über der Fahrbahn erreicht, die beiden Aufhängepunkte einen Abstand von 200 m haben und je 30 m hoch sind.

d) Welches Gefälle in Prozent haben die Seile in den Aufhängepunkten?

e) An welchen Stellen befindet sich das Seil ca. 15 m über der Fahrbahn?

f) Wo könnte ein Stuntman das Seil mit einem Motorrad befahren, wenn er noch eine Steigung von 20 % bewältigen kann?

102

8 Exponentielle Wachstums- und Zerfallsprozesse

1 In einem Waldstück wird der derzeitige Holzbestand auf 4000 fm (Festmeter) geschätzt. Der Holzzuwachs beträgt momentan p = 2 % jährlich.
Stellen Sie die zeitliche Entwicklung des Holzbestandes H in der Form H(t) = c · a^t (t in Jahre) dar. Wie lautet die Funktion H in der Form H(t) = c · e$^{k·t}$?

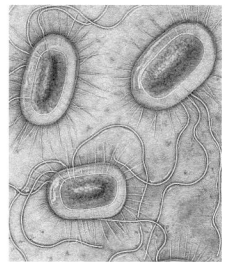

z. B. Escherichia coli, normaler Darmbewohner. Erreger von Harnwegsinfekten, Blutvergiftung, Durchfall und Nierenversagen

Bei einer Kultur von Coli-Bakterien wird in stündlichen Abständen die Bakterienzahl pro ml Nährlösung bestimmt (Fig. 1). Da in der Tabelle $\frac{f(t+1)}{f(t)} = a = 1{,}82 = 1 + \frac{82}{100}$ ist, wächst die Bakterienzahl f(t) bei einem Zeitschritt von 1 h jeweils näherungsweise um den konstanten Faktor a = 1,82 (Wachstumsfaktor).
In jeder Stunde nimmt die Bakterienzahl also um 82 % zu. f ist damit eine Wachstumsfunktion mit dem Funktionsterm f(t) = c · a^t, c = f(0) = 80 Millionen und a = 1,82. Stellt man die Wachstumsfunktion als Funktion f mit f(t) = c · e^{kt} dar, so erhält man mit k = ln(a) den Funktionsterm f(t) = 80 · e$^{ln(1{,}82·t)}$ (vgl. Seite 97).

Zeit t (in h)	Bakterienzahl f(t) (in Mio.)	$\frac{f(t+1)}{f(t)}$
0	80,0	
		1,824
1	145,9	
		1,826
2	266,4	
		1,811
3	482,4	
		1,815
4	875,7	
		1,825
5	1597,8	
	gemittelt: a = 1,82	

Fig. 1

> Exponentielle Wachstums- oder Zerfallprozesse können durch Funktionen f mit f(t) = c · a^t bzw. f(t) = c · e^{kt} mit k = ln(a) beschrieben werden.
> Dabei ist c ∈ ℝ der Anfangsbestand zum Zeitpunkt t = 0, f(t) der Bestand zum Zeitpunkt t und a der Wachstumsfaktor.
> Für k > 0 heißt k Wachstumskonstante und f Wachstumsfunktion;
> für k < 0 heißt k Zerfallskonstante und f Zerfallsfunktion.

Beispiel 1: (Bestimmung einer Zerfallsfunktion)
Zur Untersuchung der Langzeitwirkung eines Medikamentes wurde einer Versuchsperson eine Dosis von 70 mg verabreicht und im täglichen Abstand die Konzentration des Medikamentes im Blut gemessen.

Zeit t (in Tagen)	0	1	2	3	4	5
Konzentration (in mg/l)	10	7,20	5,18	3,72	2,68	1,93

Konzentration f (in mg/l)	$\frac{f(t+1)}{f(t)}$
10	
	0,720
7,20	
	0,7194
5,18	
	0,7181
3,72	
	0,7204
2,68	
	0,7201
1,93	

gemittelt: a = 0,72

a) Begründen Sie, dass man im angegebenen Zeitraum von einem exponentiellen Zerfallprozess ausgehen kann. Bestimmen Sie die Zerfallskonstante und die Zerfallsfunktion.
b) Nach wie vielen Tagen sinkt die Konzentration erstmals unter 0,5 mg/l?
Lösung:
a) Der Quotient aufeinander folgender Konzentrationen des Medikamentes ergibt gerundet den Wachstumsfaktor a = 0,72. Daher kann in guter Näherung von einem exponentiellen Zerfall ausgegangen werden. Die Zerfallskonstante ist k = ln(a) = ln(0,72) ≈ −0,3285. Mit der Anfangskonzentration 10 erhält man die Zerfallsfunktion f mit f(t) = 10 · e$^{−0{,}3285·t}$.
b) Aus 10 · e$^{−0{,}3285·t}$ = 0,5 erhält man e$^{−0{,}3285·t}$ = 0,05 und hieraus t = $\frac{\ln(0{,}05)}{−0{,}3285}$ ≈ 9,12.

Am zehnten Tag ist die Konzentration damit erstmals unter 0,5 mg/l gesunken.

Das in der Natur vorkommende Radon wird teilweise zu therapeutischen Zwecken benutzt.

Masse f (in mg)	$\frac{f(t+30)}{f(t)}$
400	
274	0,6850
187,8	0,6854
128,7	0,6853
88,2	0,6853
60,4	0,6848
41,4	0,6854

gemittelt: a = 0,685

Anderer Zeitschritt
⇒ anderer Wachstumsfaktor a
⇒ andere Wachstumskonstante k

Beispiel 2: (Zerfallsfunktion mit größerem Zeitschritt)
Bei einem Experiment zum radioaktivem Zerfall von Radon-220 misst man zu Beginn der Beobachtung eine Masse von 400 mg. Im Fortgang des Experimentes wird die verbleibende Masse alle 30 s bestimmt.

Zeit t (in s)	0	30	60	90	120	150	180
Masse (in mg)	400	274	187,8	128,7	88,2	60,4	41,4

a) Begründen Sie, dass man im angegebenen Zeitraum von einem exponentiellen Zerfallsprozess ausgehen kann. Geben Sie den Wachstumsfaktor a für den Zeitschritt 30 s und die zugehörige Zerfallsfunktion an.
b) Bestimmen Sie neben der Zerfallsfunktion auch die Zerfallskonstante zum Zeitschritt 1 s.
Lösung:
a) Der Quotient aufeinander folgender Messungen der noch vorhandenen Masse liefert gerundet den konstanten Wachstumsfaktor $a = 0{,}685$. Die Zerfallskonstante zum Zeitschritt 30 s ist $k^* = \ln(a) = \ln(0{,}685) \approx -0{,}3783$. Die Zerfallsfunktion lautet also f mit
$f(t^*) = 400 \cdot e^{-0{,}3783 \cdot t^*}$ (t* gemessen in Zeitschritten von jeweils 30 s).
b) Da der Zeitschritt $t^* = 1$ einer Zeitdauer von $t = 30$ s entspricht, folgt $t^* = \frac{1}{30} \cdot t$. Damit gilt $e^{-0{,}3783 \cdot t^*} = e^{-0{,}3783 \cdot \frac{1}{30} t} = e^{-\frac{0{,}3783}{30} \cdot t} = e^{-0{,}01261 \cdot t}$. Hiermit ist die Zerfallsfunktion $f(t) = 400 \cdot e^{-0{,}01261 \cdot t}$ (t in s) und die Zerfallskonstante ist $k = \frac{k^*}{30} = \frac{\ln(0{,}685)}{30} \approx -0{,}01261$.

Aufgaben

2 Ein Kapital von 20 000 Euro wird mit einem Zinssatz von 5 % jährlich verzinst.
a) Geben Sie die Funktion an, welche die zeitliche Entwicklung des Kapitals beschreibt.
b) Bestimmen Sie das Kapital nach 1; 2; 5; 10 und 20 Jahren.
c) Vor wie vielen Jahren betrug das Kapital bei gleichem Zinssatz 15 000 Euro?
d) In welchem Jahr nimmt das Kapital erstmals um 5000 Euro zu?

3 Eine Internetbank hatte im Jahr 2000 eine Bilanzsumme von 300 Millionen Euro. Für das nächste Jahr werden bereits 375 Millionen Euro erwartet.
a) Um wie viel Prozent stieg die Bilanzsumme innerhalb eines Jahres?
b) Welche Bilanzsumme erwartet die Bank bei gleich bleibendem prozentualem Wachstum in den nächsten 3 Jahren?
c) Wann übersteigt die Bilanzsumme voraussichtlich 650 Mio. Euro?

4 Bei einer Bakterienkultur wird die Anzahl der Bakterien stündlich bestimmt.

Zeit t (in h)	0	1	2	3	4	5	6
Bakterienzahl (in Mio.)	7,1	7,7	8,3	9,0	9,7	10,5	11,3

a) Begründen Sie, dass im angegebenen Zeitraum von einem exponentiellen Wachstums der Bakterienzahl ausgegangen werden kann.
b) Bestimmen Sie die Wachstumskonstante k und die Wachstumsfunktion f.
c) Wie viele Baktieren sind es nach 2,5 h, wie viele eine Stunde vor Beobachtungsbeginn?

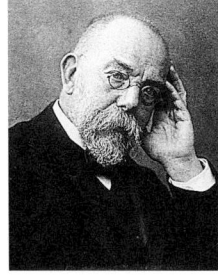

ROBERT KOCH (1843–1910) entdeckte u. a. 1882 das Tuberkulosebakterium, 1883 den Choleraerreger. Er war der Hauptbegründer der modernen Bakteriologie. 1905 erhielt er den Nobelpreis für Medizin.

5 Cholera wird durch den Bazillus *Vibrio cholerae* hervorgerufen. Zu Beginn eines Experimentes wird eine Kolonie von 400 Bazillen in eine Nährlösung gebracht. Zwei Stunden später zählt man bereits 30 000. Es wird von einer exponentiellen Vermehrung ausgegangen.
a) Bestimmen Sie die zugehörige Wachstumsfunktion zum Zeitschritt 2 Stunden.
b) Wie lautet die Wachstumskonstante und die Wachstumsfunktion zum Zeitschritt 1 h bzw. zum Zeitschritt 1 min? Wie viele Bakterien erhält man jeweils nach 30 Minuten?

6 Eine Vakuumpumpe soll angeblich den Luftdruck in einem Testraum pro Sekunde um 4 % senken. Bei einer Überprüfung senkte sich der Luftdruck in dem Raum innerhalb von 2 Minuten auf 50 % des ursprünglichen Wertes. Arbeitet die Pumpe normal?

Zum Vergleich: Deutschland:

Jahr	1990	2000
Einwohner (in Mio.)	79,4	82,8

7 Zu Beginn des Jahres 1990 hatte Mexiko 84,4 Millionen Einwohner. Im Jahr 2000 waren es 100,4 Millionen. Es wird von einer exponentiellen Vermehrung der Bevölkerung ausgegangen.
a) Bestimmen Sie jeweils die Wachstumskonstante zu den Zeitschritten 1; 5 bzw. 10 Jahre.
b) Berechnen Sie die Einwohnerzahlen für die Jahre 2001 bis 2005.
c) Wie viele Einwohner hat Mexiko bei gleich bleibendem Wachstum im Jahr 2010? Wann wird die Einwohnerzahl von 120 Millionen voraussichtlich überschritten?
d) Wann wird Mexiko doppelt so viele Einwohner wie Deutschland haben?

8 Dringt Licht in Wasser ein, so verliert es mit zunehmender Wassertiefe durch Absorption an Intensität. In reinem Meerwasser nimmt die Lichtintensität pro Meter auf etwa $\frac{1}{4}$ des bis dahin verbliebenen Wertes ab.
a) Wie viel Prozent der ursprünglichen Intensität sind in 1 m, 2 m bzw. 3 m Wassertiefe noch vorhanden?
b) In welcher Wassertiefe beträgt die Lichtintensität weniger als 1 ‰ der ursprünglichen Intensität?

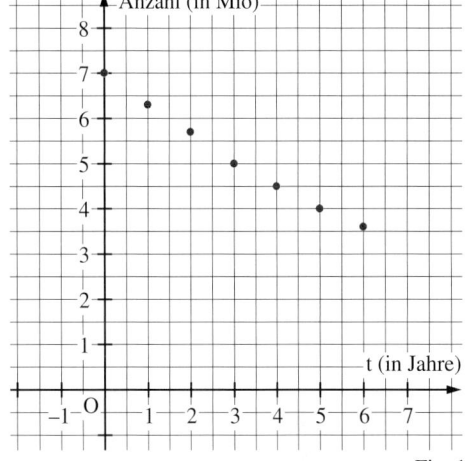

9 Eine Population von Insekten wurde in den letzten Jahren jeweils am 1. Januar gezählt (Fig. 1).
a) Untersuchen Sie, ob man in diesem Zeitraum von einer exponentiellen Abnahme ausgehen kann.
b) Wann werden nur noch 10 % der heutigen Population vorhanden sein?

Fig. 1

10 a) Bei einem radioaktiven Zerfall gilt für die Masse m der zerfallenden Substanz $m(t) = e^{kt+b}$ (m(t) in g, t in Tagen nach Beobachtungsbeginn). Bestimmen Sie k und b, wenn zu Beginn der Beobachtung 20 g und nach 21 Tagen nur noch 2,5 g dieser Substanz vorhanden sind.
b) Nach wie vielen Tagen sind nur noch 1 % bzw. 1 ‰ der ursprünglichen Masse vorhanden?
c) Weisen Sie nach, dass von der zu einem beliebigen Zeitpunkt vorhandenen Masse dieser radioaktiven Substanz nach 14 Tagen $\frac{3}{4}$ zerfallen ist.

11 Das relative Risiko von Rauchern, die mindestens 20 Zigaretten pro Tag rauchen, an Lungenkrebs zu erkranken, wurde in einer medizinischen Studie untersucht.

Jahre seit Beenden des Rauchens	0	2	4	6	8	10	12
Relatives Risiko in %	38	30	22	17	13	10	7,7

a) Welches Risiko, an Lungenkrebs zu erkranken, lässt sich für einen Raucher aus der Tabelle ablesen (zum Vergleich: Nie-Raucher: etwa 1 %)? Was bedeutet „relatives Risiko"?
b) Begründen Sie, dass das Lungenkrebsrisiko exponentiell mit den Jahren seit Beenden des Rauchens abnimmt und geben Sie die Zerfallsfunktion zum Zeitschritt 2 Jahre an. Wie lautet die Zerfallsfunktion zum Zeitschritt 1 Jahr?
c) Wie groß ist damit das Risiko, 20 Jahre nach der letzten Zigarette an Lungenkrebs zu erkranken? Um wie viel nimmt das Lungenkrebsrisiko pro Jahr ab?

9 Halbwerts- und Verdoppelungszeit

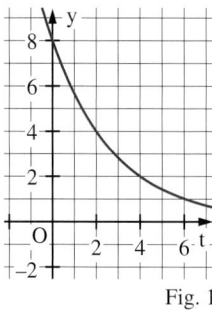

Fig. 1

1 Um wie viel Prozent vergrößert sich bei der Wachstumsfunktion f mit $f(t) = 100 \cdot e^{0,2 \cdot t}$ der Funktionswert, wenn t um 1 zunimmt?

2 Fig. 1 zeigt den Graphen einer Zerfallsfunktion. Lesen Sie aus dem Graphen ab, innerhalb welcher Zeitspanne sich der Bestand jeweils halbiert.

Mit der Wachstums- bzw. Zerfallskonstanten k verbindet man keine direkte anschauliche Vorstellung. Meist wird deshalb z. B. das Wachstum durch die prozentuale Zunahme p pro Zeitschritt angegeben.

Aus $f(t + 1) = a \cdot f(t) = f(t) + \frac{p}{100} \cdot f(t) = \left(1 + \frac{p}{100}\right) \cdot f(t)$ folgt $a = 1 + \frac{p}{100}$.

Mit $k = \ln(a)$ ergibt sich $k = \ln\left(1 + \frac{p}{100}\right)$.

Löst man diese Gleichung nach p auf, so erhält man $p = 100 \cdot (e^k - 1)$.

Bei einem Zerfallsprozess mit der prozentualen Abnahme p pro Zeitschritt ergibt sich:

$k = \ln\left(1 - \frac{p}{100}\right)$ bzw. $p = 100 \cdot (1 - e^k)$.

Eine für Wachstums- bzw. Zerfallsprozesse charakteristische Größe ist die so genannte Verdoppelungszeit T_V bzw. die Halbwertszeit T_H, d. h. die Zeit, in der sich ein Bestand jeweils verdoppelt bzw. halbiert.

Die Halbwertszeit T_H eines Zerfalls berechnet man folgendermaßen:

Aus $f(t + T_H) = \frac{1}{2} \cdot f(t)$ folgt mit $f(t) = c \cdot e^{k \cdot t}$ die Gleichung $c \cdot e^{k \cdot (t + T_H)} = \frac{1}{2} \cdot c \cdot e^{k \cdot t}$ oder

$c \cdot e^{k \cdot t} \cdot e^{k \cdot T_H} = \frac{1}{2} \cdot c \cdot e^{k \cdot t}$. Hieraus erhält man $e^{k \cdot T_H} = \frac{1}{2}$, also $T_H = \frac{\ln\left(\frac{1}{2}\right)}{k} = -\frac{\ln(2)}{k}$.

Wird ein exponentieller Wachstums- oder Zerfallprozess durch eine Funktion f mit $f(t) = c \cdot e^{k \cdot t}$, $c > 0$, beschrieben, und ist p $(p > 0)$ die prozentuale Zu- bzw. Abnahme pro Zeitschritt, so gilt:

k > 0: Wachstum

k < 0: Zerfall

Wachstumskonstante: $\quad k = \ln\left(1 + \frac{p}{100}\right)$	**Verdoppelungszeit:** $\quad T_V = \frac{\ln(2)}{k}$
Zerfallskonstante: $\quad k = \ln\left(1 - \frac{p}{100}\right)$	**Halbwertszeit:** $\quad T_H = -\frac{\ln(2)}{k}$

Beim Kernreaktorunfall in Tschernobyl (1986) wurden u. a. große Mengen Cäsium freigesetzt.

Beispiel: (Zusammenhang zwischen p, k und T_H)

Von dem radioaktivem Element Cäsium 137 zerfallen innerhalb eines Jahres etwa 2,3 % seiner Masse.

a) Bestimmen Sie die zugehörige Zerfallskonstante k und die Halbwertszeit T_H.

b) Nach welcher Zeit sind mindestens 90 % zerfallen?

Lösung:

a) Aus $p = \frac{2,3}{100}$ und $k = \ln\left(1 - \frac{2,3}{100}\right) \approx -0,02327$ folgt $T_H = -\frac{\ln(2)}{-0,02327} \approx 29,79$.

b) Der Zerfall kann durch die Funktion f mit $f(t) = f(0) \cdot e^{-0,02327 \cdot t}$ beschrieben werden.

Da 10 % = 0,1 der Stoffmenge noch strahlen sollen, erhält man $f(t) = 0,1 \cdot f(0)$ oder

$e^{-0,02327 \cdot t} = 0,1$. Daraus ergibt sich $t = -\frac{\ln(0,1)}{-0,02327} \approx 98,95$.

Bei einer Halbwertszeit von etwa 30 Jahren sind nach rund 99 Jahren mindestens 90 % der Ausgangsmenge zerfallen.

Aufgaben

	k	p	T_V/T_H
a)	0,4		
b)		2,5	
c)	–0,2		
d)			20
e)		15	
f)			340

Fig. 1

3 Berechnen Sie in Fig. 1 jeweils die fehlenden Werte für einen Wachstums- bzw. Zerfalls-prozess f mit $f(t) = c \cdot e^{kt}$.

4 a) Ein Auto verliert pro Jahr etwa 15 % an Wert. In welchem Zeitraum sinkt der derzeitige Wert eines Autos auf die Hälfte?
b) Ein Kapital verdoppelt sich in 12 Jahren. Welcher jährliche Zinssatz liegt zugrunde?

5 Plutonium 239 ($^{239}_{94}$Pu) hat eine Halbwertszeit von 24 400 Jahren.
a) In einem Zwischenlager für radioaktiven Abfall ist 20 kg Plutonium eingelagert. Welche Menge war es vor 10 Jahren, welche wird es in 100 Jahren noch sein?
b) Wie viel Prozent einer Menge Plutoniums sind nach 10^3; 10^4; 10^5 Jahren noch vorhanden?
c) Wie lange dauert es, bis 10 % (90 %; 99 %) zerfallen sind?

6 Indien hatte zu Beginn des Jahres 2000 nach Schätzungen etwa 1 Milliarde Einwohner. Es wird angenommen, dass das jährliche Bevölkerungswachstum für die nächsten 10 Jahre 1,4 % betragen wird.
a) Wie viele Einwohner hat Indien voraussichtlich im Jahr 2010? Wann würde bei gleich blei-bendem Wachstum die Einwohnerzahl von 1,5 Milliarden überschritten?
b) Welche Verdoppelungszeit für die Bevölkerungszahl berechnet man bei gleich bleibendem Wachstum? Ist dies realistisch?

Für kleine p gilt:
$k \approx \frac{p}{100}$.

7 a) Bestätigen Sie, dass bei Wachstums- und Zerfallsfunktionen nur für kleine Werte von p gilt: $k \approx \frac{p}{100}$. Berechnen Sie hierzu für $p = 0,5$; 1; 2; 5; 10; 15; 20 jeweils die zugehörige Wachstums- und Zerfallskonstante.
b) Begründen Sie mit a) für kleine Werte von p die Faustformel $p \cdot T_H \approx 70$.
c) In welcher Zeit halbiert sich die Kaufkraft einer Währung bei 2 % Inflation jährlich nach der Faustformel?

8 Beim radioaktiven Zerfall einer Substanz gilt für die Masse m der noch nicht zerfallenen Substanz $m(t) = 200 \cdot e^{kt}$ (m(t) in mg, t in Stunden).
a) Berechnen Sie die Zerfallskonstante k, wenn die Halbwertszeit 6 Stunden beträgt.
b) Welche Masse ist nach 24 Stunden bereits zerfallen?
c) Welcher Teil der Anfangsmasse ist nach der Zeit $T = n \cdot T_H$ mit $n \in \mathbb{N}$ noch vorhanden?

9 Ein radioaktiver Stoff S entsteht erst als Zerfallsprodukt einer anderen Substanz. Für die Masse m(t) von S gilt $m(t) = 200 \cdot e^{ct}(1 - e^{-t})$ (m(t) in mg, t in Stunden).
a) Welche Menge ist von dem Stoff S am Beobachtungsbeginn (t = 0) vorhanden?
b) Bestimmen Sie c, wenn nach zwei Stunden 63,62 mg von S vorhanden sind.
c) Zu welchem Zeitpunkt wird die größte Masse der Substanz S gemessen?

10 In einem Zeitungsbericht ist zu lesen, dass sich die Weltbevölkerung – wenn die derzeitige Entwicklung anhalte – im Jahre 2010 innerhalb von 11 Monaten um die Einwohnerzahl der Bundesrepublik (80 Millionen) vermehren werde. Nach den Ermittlungen der Vereinten Natio-nen nimmt die Weltbevölkerung derzeit jährlich um etwa 1,26 % zu.
a) Welche Bevölkerungszahl ergibt sich aus diesen Angaben für das Jahr 2010?
b) Wie lange dauerte es im Jahr 2000, bis die Weltbevölkerung um 80 Millionen zugenommen hatte? Wann wird die Weltbevölkerung erstmals innerhalb von 9 Monaten um 80 Millionen zu-nehmen?

10 Beschränktes Wachstum

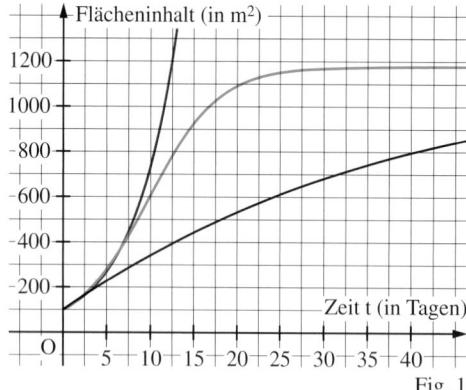

Fig. 1

1 Auf einem kleinen See der Gesamtfläche 1200 m² breitet sich im Sommer eine bestimmte Algenart so stark aus, dass schließlich die gesamte Seefläche von ihr bedeckt wird.
Beobachtungen ergeben, dass das Algenwachstum anfangs angenähert exponentiell erfolgt.
Welcher der in Fig. 1 dargestellten Graphen beschreibt den zeitlichen Verlauf der Algenausbreitung langfristig vermutlich am besten?

Bisher wurden Wachstums- und Zerfallsprozesse behandelt, die exponentiell verlaufen sind. Es gibt darüber hinaus jedoch viele Wachstums- und Zerfallsprozesse mit anderen Verläufen. In dem folgenden Anwendungsbeispiel wird beschränktes Wachstum behandelt.

Der Verlauf der Erwärmung hängt u. a. von der Art und Menge der Flüssigkeit sowie der Form des Glases ab und wird in der Konstanten k berücksichtigt.

Orangensaft hat im Kühlschrank eine Temperatur von 5 °C. Nimmt man ihn heraus und gießt ihn in ein Glas, erwärmt er sich allmählich auf die ihn umgebende Raumtemperatur von 20 °C. Der Temperaturunterschied $u(t)$ zwischen Raum- und Safttemperatur nimmt im Laufe der Zeit nach dem newtonschen Erwärmungsgesetz exponentiell ab. Die zugehörige Funktion u hat die Form $u(t) = 15 \cdot e^{-kt}$ mit $k > 0$ (vgl. Fig. 2).

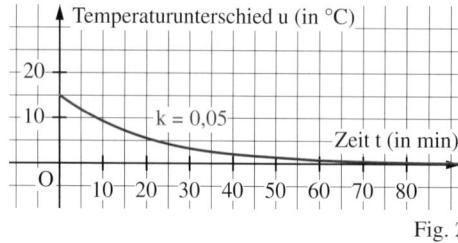

Fig. 2

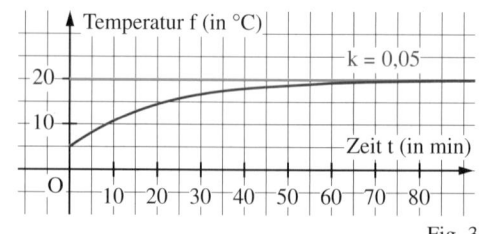

Fig. 3

Für die Temperatur $f(t)$ des Saftes ergibt sich: $f(t) = 20 - u(t)$ mit dem Graphen in Fig. 3.
Der Verlauf des Graphen ist charakteristisch für **beschränktes Wachstum**. Die zugehörige Funktion f hat die Form $f(t) = S - c \cdot e^{-kt}$ mit $k > 0$.
Bei dieser Funktion f sind je nach der vorliegenden Situation die Parameter S, c bzw. k zu bestimmen.

S heißt Schranke des Wachstums.

1. S heißt Schranke, da $\lim_{t \to \infty} (S - e^{-kt}) = S$ ist. S ist hier die konstante Raumtemperatur 20 °C.
2. Wegen $f(0) = S - c \cdot e^{-k \cdot 0}$ gilt $c = S - f(0)$. Aus $f(0) = 5$ folgt $c = 20 - 5 = 15$.
3. k wird mithilfe eines Wertepaares bestimmt. Fig. 3 zeigt den Graphen einer möglichen Funktion f mit $f(t) = 20 - 15 \cdot e^{-0,05t}$.

Beschränktes Wachsen oder Fallen wird durch Funktionen der Form f mit $f(t) = S - c \cdot e^{-kt}$ mit $k > 0$, $s \in \mathbb{R}$ beschrieben. Bei $c > 0$ spricht man von beschränktem Wachsen, bei $c < 0$ von beschränktem Fallen.

Aufgaben

2 Zeichnen Sie den Graphen der Funktion f.
a) $f(x) = 2 - 2 \cdot e^{-0,5x}$ b) $f(x) = 4 - 2 \cdot e^{-0,5x}$ c) $f(x) = 1 + 2 \cdot e^{-x}$
d) $f(x) = 3 + \frac{1}{2} \cdot e^{-2x}$ e) $f(x) = 3 - e^{-0,1x}$ f) $f(x) = 5 + 2 \cdot e^{-1,5x}$

3 Bei einem Wachstumsprozess kann der momentane Bestand durch die Funktion f mit $f(t) = 8 - 3 \cdot e^{-0,02t}$ (t in min) beschrieben werden.
a) Berechnen Sie den Anfangsbestand (t = 0) und den Bestand nach 2 Stunden.
b) Durch welche Schranke S ist das Wachstum begrenzt? Wie lange dauert es, bis der Bestand 90 % von S erreicht hat?
c) Nach welcher Zeit beträgt der Zuwachs pro Minute weniger als 1 %?

4 In einer Fischzucht wird das Wachstum einer Forellenart statistisch verfolgt. Im Mittel ergeben sich die folgenden Werte.

Lebenszeit (in Monaten)	2	4	6	8	10
Länge (in cm)	6,6	11,2	14,7	17,0	18,8

a) Ermitteln Sie mithilfe zweier Wertepaare eine Funktion f mit $f(t) = S \cdot (1 - e^{-kt})$, die das Wachstum der Fische beschreibt.
b) Wie groß sind die Fische im Mittel nach einem Jahr?
c) Welche durchschnittliche Länge hat eine ausgewachsene Forelle und wann ungefähr ist diese Länge erreicht?
d) Wie lange dauert es, bis eine Forelle 95 % der Länge einer ausgewachsenen Forelle erreicht hat?

Ist f(0) = 0, so ist
f(t) = S·(1 − e⁻ᵏᵗ).

5 In einer Stadt gibt es 40 000 Haushalte, von denen nach Meinungsumfragen etwa jeder fünfte für den Kauf eines neu auf den Markt gebrachten Haushaltsartikels in Frage kommt.
Es ist damit zu rechnen, dass der Absatz des Artikels im Laufe der Zeit zunehmend schwieriger wird, da der Kreis der möglichen Käufer und deren Kauflust abnimmt. In den ersten drei Monaten werden 1700 Stück des Artikels verkauft.
Kann der Hersteller davon ausgehen, dass innerhalb des ersten Jahres mindestens 5500 Stück verkauft werden?

6 Heißer Kaffee von 70 °C kühlt sich bei einer Zimmertemperatur von 20 °C innerhalb von 10 Minuten auf 48 °C ab. Danach bleibt er weitere 20 Minuten stehen. Anschließend wird er zur Herstellung von Eiskaffee in die Tiefkühltruhe mit −18 °C gestellt.
a) Wie lange dauert es insgesamt, bis sich der Kaffee von 70 °C auf 5 °C abgekühlt hat? Wann erreicht er die Temperatur 0 °C?
b) Formulieren Sie ähnliche Abkühlungsvorgänge und bearbeiten Sie diese.

7 Beim Lösen von Kochsalz (NaCl) in destilliertem Wasser beschreibt die Funktion m (in g) die zur Zeit t bereits gelöste Menge an Kochsalz.
Die gelöste Salzmenge kann dabei in 100 g destilliertem Wasser höchstens 36 g Kochsalz betragen.
a) Welcher Ansatz erscheint für die Funktion m sinnvoll? Begründen Sie.
b) Bestimmen Sie den Funktionsterm m (t), wenn für t = 0 noch kein Kochsalz in 100 g destilliertem Wasser gelöst war, nach 30 Minuten aber 28 g.
c) Berechnen Sie, welche Menge Salz in der 5. Minute gelöst wird. In welcher Minute wird erstmals weniger als 0,1 g Salz gelöst?

11 Funktionsanpassungen

1 Bei einer Messung erhielt man die folgenden Messwerte.

x	0	1	2	3	4	5
y	2,7	3,8	5,4	7,7	11,0	15,6

a) Fig. 1 zeigt die Messwerte als Punkte in einem Koordinatensystem. Was fällt auf?
b) Begründen Sie, dass die Messpunkte näherungsweise auf dem Graphen einer Wachstumsfunktion liegen.

Fig. 1

In Anwendungssituationen steht man häufig vor dem Problem, aus grafisch veranschaulichten Messwerten eine Funktion zu ermitteln, deren Graph diese Messwerte gut annähert. Im Folgenden wird die Grundidee einer solchen „Funktionsanpassung" erläutert.

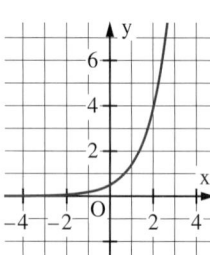

Fig. 2

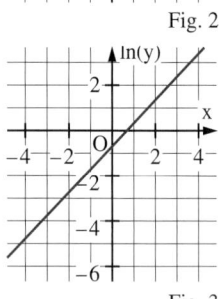

Fig. 3

Der Graph einer Exponentialfunktion habe die Gleichung $y = 0,5 \cdot e^{1,02x}$ (Fig. 2). Bildet man $\ln(y) = \ln(0,5 \cdot e^{1,02x}) = 1,02\,x + \ln(0,5)$, so sieht man, dass in einem x, $\ln(y)$-Koordinatensystem der Graph eine Gerade mit Steigung 1,02 und y-Achsenabschnitt $\ln(0,5) \approx -0,7$ ist (Fig. 3). Liegt nun in einer Anwendungssituation eine Reihe von Messwerten $(x\,|\,y)$ vor, deren grafische Veranschaulichung vermuten lässt, dass ihr eine Exponentialfunktion der Form $f: x \mapsto c \cdot e^{kx}$ zugrunde liegt, so berechnet man jeweils $\ln(y)$ und trägt die Werte $(x\,|\,\ln(y))$ in ein Koordinatensystem ein. Liegen die Punkte näherungsweise auf einer Geraden („Ausgleichsgerade"), die man nach Augenmaß einzeichnet oder mithilfe des Computers berechnet, so ist der gewählte Funktionstyp angemessen, da für $\ln(y)$ gilt: $\ln(y) = k \cdot x + \ln(c)$. Liest man die Steigung m und den y-Achsenabschnitt b der Ausgleichsgeraden ab, so lassen sich hieraus die Parameter k und c berechnen: Aus $m = k$ und $b = \ln(c)$ erhält man $k = m$ und $c = e^{b}$.

Vorgehen bei einer „Funktionsanpassung":
1) Messwerte in ein Koordinatensystem eintragen.
2) Gleichung mit Parametern für den Graphen der vermuteten Funktion aufstellen.
3) Gleichung umformen mit dem Ziel, die Form einer Geradengleichung zu erhalten.
4) Messwerte entsprechend transformieren und in ein neues Koordinatensystem eintragen; liegen die Punkte näherungsweise auf einer Geraden („Ausgleichgerade"), so liefert die gewählte Funktion eine passende Näherung.
5) Parameter aus der Steigung und dem y-Achsenabschnitt der Ausgleichsgeraden ermitteln.

Beispiel: (Funktionsanpassung)
Die globalen Kohlendioxid-Emissionen von 1860 bis 1990 zeigt die folgende Tabelle.

Jahr	1860	1880	1900	1920	1940	1960	1980	1990
CO_2 (in Mrd. Tonnen)	0,55	1,00	1,80	3,90	4,90	8,95	19,53	22,10

a) Führen Sie eine Funktionsanpassung durch, wobei t = 0 dem Jahr 1860 entspricht.
b) Verwenden Sie zur Funktionsanpassung eine Tabellenkalkulation.
c) Benutzen Sie zur Funktionsanpassung ein Computer-Algebra-System.

Lösung:

a) Es müssen die folgenden Schritte durchgeführt werden.

1) Messwerte als Punkte $P(x|y)$ in ein Koordinatensystem eintragen (Fig. 1).

2) Fig. 1 legt den Ansatz $y = c \cdot e^{kt}$ mit $t \geqq 0$ nahe.

3) Umformung: $\ln(y) = k \cdot t + \ln(c)$.

4) Transformation der Messwerte:

t	0	20	40	60	80	100	120	130
y	0,55	1,00	1,80	3,90	4,90	8,95	19,53	22,10
$\ln(y)$	−0,598	0	0,588	1,361	1,589	2,192	2,972	3,096

Punkte $Q(t|\ln(y))$ eintragen (Fig. 2). Sie liegen näherungsweise auf einer Geraden.

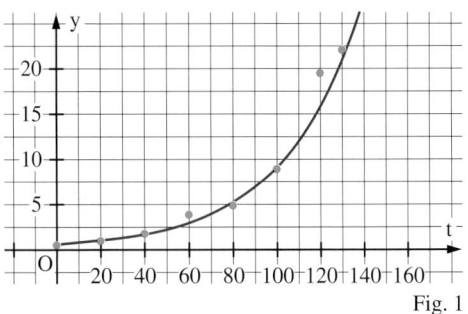

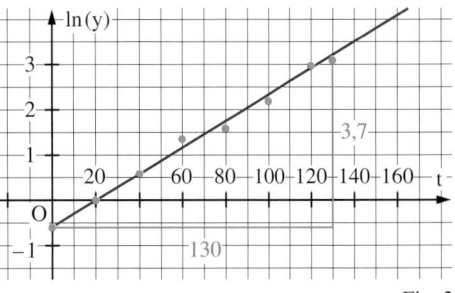

Fig. 1   Fig. 2

5) Steigung der Ausgleichsgeraden $m \approx \frac{3,1 - (-0,6)}{130} \approx 0,028$; y-Achsenabschnitt $b \approx -0,6$.
Hieraus folgt $k = m \approx 0,028$ und $c \approx e^{-0,6} \approx 0,55$. Somit erhält man f mit $f(x) = 0,55 \cdot e^{0,028t}$.
Den Graphen von f zeigt Fig. 1.

b) Funktionsanpassung mit einer Tabellenkalkulation (z. B. EXCEL):

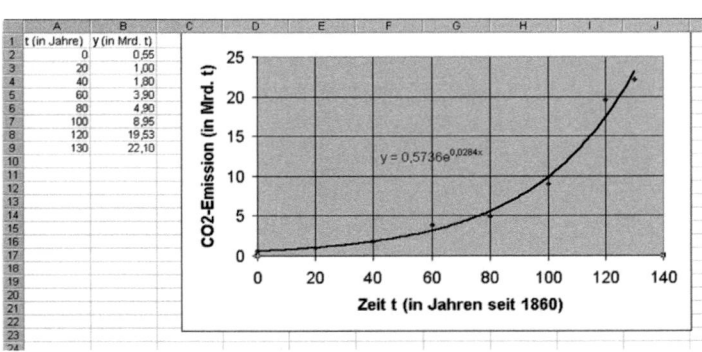

Fig. 3

Man markiert die Messwerte (Fig. 3) im Bereich A2 bis B9, wählt „Einfügen", „Diagramm", „Punkt(XY)" und lässt sich vom Diagramm-Assistenten bei der Beschriftung führen. Das Diagramm wird anschließend geöffnet, die Punkte werden mit der linken Maustaste markiert. Mit der rechten Maustaste öffnet man ein Menü, in dem man „Trendlinie hinzufügen" anklickt und den Typ „exponentiell" wählt. Mithilfe von „Optionen", „Gleichung im Diagramm darstellen" wird zusätzlich die Gleichung der Funktion eingeblendet.

Soll zusätzlich die Gleichung der Ausgleichsgeraden berechnet werden, so kann man mit dem Befehl „=Steigung(ln(B2:B9);A2:A9)" die Steigung (m = 0,0284) berechnen.
Ebenso erhält man über „=Achsenabschnitt(ln(B2:B9);A2:A9)" den y-Achsenabschnitt
(b = −0,5558).

c) Funktionanpassung mit einem Computer-Algebra-System (z. B. DERIVE):
Schreibe
Daten:=[[0,ln0.55],[20,ln1],[40,ln1.8],[60,ln3.9],[80,ln4.9],[100,ln8.95],[120,ln19.53],
[130,ln22.1]]
Schreibe exp(fit([t,mt+b],Daten))
approX
$0.573591 \cdot e^{0,0284473\,t}$

111

*Zum Vergleich:
Etwa 11 000 km³ Wasser
befinden sich ständig als
Wolken in der Atmosphäre.*

Enterprise Resource Planning (ERP) bedeutet die computergestützte Lenkung eines Unternehmens.

Jahr	Bevölkerung (in 1000)
1900	290
1910	460
1920	660
1930	1100
1940	1470
1950	2650
1960	4820
1970	8080
1980	12 500
1990	15 100

Fig. 1

Sao Paulo ist eine der „Megastädte" unserer Erde.

Aufgaben

2   Der jährliche Wasserverbrauch w der Erdbevölkerung ist in der Tabelle dargestellt.

x (in a)	1900	1940	1950	1960	1970	1980
w (in km³/a)	33,0	69,8	88,6	122,4	142,6	174,2

a) Übertragen Sie die Werte in ein Koordinatensystem. Führen Sie eine Funktionsanpassung mithilfe einer Wachstumsfunktion durch, die den Wasserverbrauch näherungsweise beschreibt. Zeichnen Sie den Graphen in das vorhandene Koordinatensystem ein.

b) Bestimmen Sie den Zeitraum, in dem sich die verbrauchte Wassermenge jeweils verdoppelt hat.

c) Vergleichen Sie den Funktionswert $w(1995)$ mit dem tatsächlichen Verbrauch im Jahre 1995 von 200,5 km³. Welchen Schluss ziehen Sie daraus?

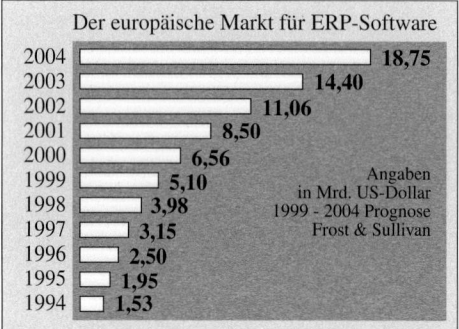

Fig. 2

3   Die Grafik informiert über den europäischen Markt für ERP-Software von 1994 bis 2004.

a) Versuchen Sie, die prognostizierten Umsatzzahlen durch eine geeignete Funktionsanpassung in etwa zu bestätigen.

b) Machen Sie Angaben über die Abweichung Ihrer Berechnungen von den prognostizierten Werten.

c) Berechnen Sie für den gesamten Zeitraum das mittlere jährliche prozentuale Wachstum.

4   Die Tabelle zeigt die Entwicklung der Teilnehmerzahlen am Mobilfunk in Deutschland.

Jahr	1996	1997	1998	1999	2000
Teilnehmerzahl (in Mio.)	5,55	8,28	13,91	23,47	48,15

Führen Sie für verschiedene Zeiträume eine Funktionsanpassung durch. Interpretieren Sie Ihre Ergebnisse.

5   Die Entwicklung der Bevölkerung von Sao Paulo in Brasilien zeigt die Tabelle in Fig. 1.

a) Führen Sie jeweils mit den Daten für die Zeiträume von 1900–1960 und von 1900–1980 eine Funktionsanpassung durch. Welche liefert für 1990 den besseren Näherungswert? Welche Schlüsse ziehen Sie daraus?

b) Überlegen Sie sich weitere Fragestellungen zu Verdoppelungszeiten, prozentualem Wachstum usw. und versuchen Sie diese zu beantworten.

6   Im Jahr 1950 führte BOUSFIELD einen Test zur Assoziationsfähigkeit durch. Studenten sollten zum Begriff „Säugetier" einzelne Tierarten nennen. Nach jeweils 2 Minuten wurde die Zahl aller bisher genannten Tierarten notiert. Die Gesamtzahl der innerhalb einer halben Stunde genannten Tiere war $S = 51,4$ (Durchschnittswert).

Tipp zu Aufgabe 6:
$y = S - c \cdot e^{-kt}$
kann man schreiben als
$S - y = c \cdot e^{-kt}$.
Logarithmieren liefert die Geradengleichung
$y^* = m \cdot t + b$ *mit*
$y^* = ln(S - y)$,
$k = -m$, $c = e^b$.

Machen Sie einmal selbst einen solchen Versuch mit Freunden!

t (in min)	2	4	6	8	10	12	14	16
Anzahl der genannten Tiere	20	30	37,5	43,3	46,1	48,5	49,5	50,2

a) Führen Sie eine Funktionsanpassung anhand der Tabelle mit dem Ansatz $y = S - c \cdot e^{kt}$ durch.

b) Zu welchem Zeitpunkt betrug die Anzahl der genannten Tiere 40?

c) Nach welcher Zeit sind durchschnittlich 90 % der innerhalb einer halben Stunde genannten Tierarten erreicht?

12 Vermischte Aufgaben

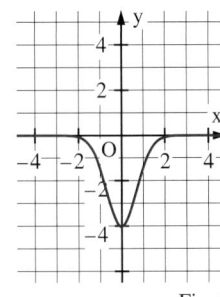

Fig. 1

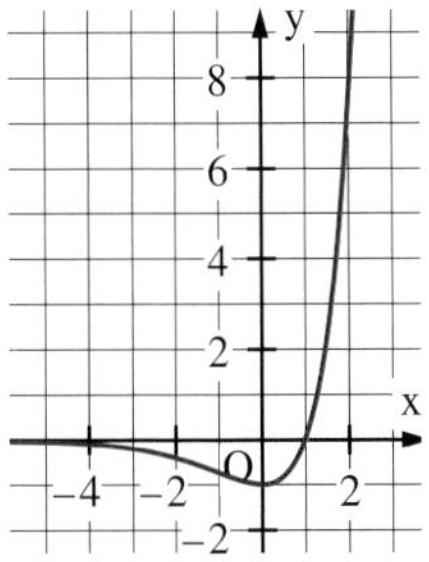

1 Schreiben Sie den Funktionsterm f(x) in der Form $f(x) = e^{ax+b}$.
a) $f(x) = e \cdot e^{2x+1}$ b) $f(x) = 2e^{0,5x-3}$ c) $f(x) = \frac{4}{5}e^{x+\ln 1,25}$ d) $f(x) = 2^{2x}$ e) $f(x) = 0,4^{x-1}$

2 Leiten Sie die Funktion f ab und geben Sie eine Stammfunktion von f an.
a) $f(x) = e^{x-1}$ b) $f(x) = e^{-x} + x$ c) $f(x) = e^{2x-0,5}$ d) $f(x) = e^{0,5x-2} + 1$ e) $f(x) = 3e^{2x+4}$
f) $f(x) = 2^x$ g) $f(x) = 2^{x+2}$ h) $f(x) = 8 \cdot \left(\frac{1}{2}\right)^{x+2}$ i) $f(x) = 0,4^x + 2$ j) $f(x) = x^2 + 4^x$

3 Bilden Sie die 1. und 2. Ableitung.
a) $f(x) = x^2 + e^x$ b) $f(x) = e^{-2x} + \frac{1}{x}$ c) $f(x) = \frac{e^{3x}}{2x}$ d) $f(x) = \frac{1}{x^2} \cdot e^{-\frac{1}{2}x+2}$ e) $f(x) = e^{x^2-1}$

4 Bestimmen Sie a und b so, dass sich die Graphen der Funktionen f_1 und f_2
a) mit $f_1(x) = a \cdot e^x$ und $f_2(x) = e^{bx}$ auf der y-Achse senkrecht schneiden
b) mit $f_1(x) = e^{ax} + b$ und $f_2(x) = 1 - e^{-x}$ im Ursprung senkrecht schneiden.

5 Gegeben ist die Funktion f mit $f(x) = 2e^{2x-3}$. Ihr Graph sei K.
Die Tangente t an K im Punkt $P(2|f(2))$ schneidet die x-Achse im Punkt Q, die y-Achse im Punkt R. Berechnen Sie die Koordinaten von Q und R.

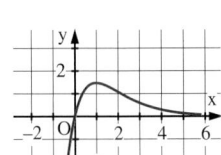

Fig. 2

Funktionsuntersuchungen, Funktionenscharen

6 Welcher Graph von Fig. 1 – 4 gehört zu welcher Funktion f?
a) $f(x) = 4x \cdot e^{-x}$ b) $f(x) = x + e^{-x}$ c) $f(x) = (x - 1)e^x$ d) $f(x) = -4 \cdot e^{-x^2}$

7 Führen Sie für f eine Funktionsuntersuchung durch. Zeichnen Sie den Graphen.
a) $f(x) = 2x \cdot e^{1-x}$ b) $f(x) = 4e^x - e^{2x}$ c) $f(x) = \frac{x+1}{e^x}$ d) $f(x) = x + e^{-x}$
e) $f(x) = \frac{e^x}{x-1}$ f) $f(x) = \frac{20x}{e^{x+1}}$ g) $f(x) = e^x - x + 1$ h) $f(x) = (x^2 - 1) \cdot e^x$

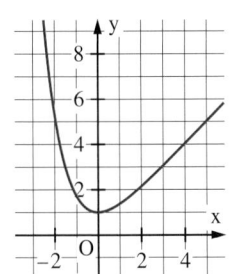

Fig. 3

8 a) Untersuchen Sie die Funktion f mit $f(x) = e^x + e^{-x} - 2$ und zeichnen Sie den Graphen.
b) Bestimmen Sie eine ganzrationale Funktion g vom 2. Grad, die für $x_0 = 0$ sowohl im Funktionswert als auch in den ersten beiden Ableitungen mit f übereinstimmt. Zeichnen Sie den Graphen von g in das vorhandene Koordinatensystem ein.

9 Der Graph von f begrenzt mit den Koordinatenachsen eine Fläche vom Inhalt A.
Skizzieren Sie den Graphen von f und berechnen Sie A.
a) $f(x) = \frac{1}{4}e^x - e$ b) $f(x) = 2 - e^{-x}$ c) $f(x) = 4 - e^x$ d) $f(x) = e^{-2x} - 3$

Fig. 4

10 Gegeben ist die Funktion f mit $f(x) = 5 \cdot \frac{e^x - 2}{e^{2x}}$.
a) Geben Sie die Schnittpunkte des Graphen von f mit den Koordinatenachsen an.
b) Schreiben Sie f(x) quotientenfrei. Wie verhält sich f für $x \to \infty$ und $x \to -\infty$?
c) Zeigen Sie, dass f die Ableitung $f'(x) = 20 \cdot e^{-2x} - 5 \cdot e^{-x}$ besitzt, und bestimmen Sie die Art und die Lage des Extrempunktes.
d) Der Graph besitzt einen Wendepunkt W. Berechnen Sie die Koordinaten von W sowie die Steigung im Wendepunkt.
e) Zeichnen Sie den Graphen von f mithilfe der berechneten Werte.
f) Zeigen Sie, dass $F(x) = 5 \cdot \frac{1 - e^x}{e^{2x}}$ eine Stammfunktion von f ist.

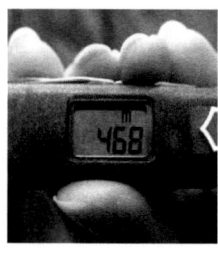

11 Ein Skigelände hat ein Profil, das durch den Graphen der Funktion f mit $f(x) = 0{,}54 \cdot e^{-x^2}$ für $0 \le x \le 2{,}5$; x in Metern, f(x) in Metern, im Maßstab 1:400 beschrieben werden kann.
a) Skizzieren Sie das Profil des Geländes im Maßstab 1:5. Wie groß ist das durchschnittliche Gefälle der Piste vom Gipfel bis zum Ende?
b) Untersuchen Sie, bis zu welchem Punkt das Gelände laufend steiler wird.
c) Kann eine Schneeraupe, die maximal 30° Steigung überwinden kann, das Gelände pflegen?

12 Den Zusammenhang zwischen dem Luftdruck p und der Höhe h über dem Meer liefert näherungsweise die barometrische Höhenformel: $p = p_0 \cdot e^{h \cdot \ln(0{,}88)}$. Dabei werden p und p_0 in Millibar (mbar) und h in km gemessen. p_0 ist der Luftdruck auf Meereshöhe.
Der Höhenmesser, den Segelflieger benutzen, basiert ebenfalls auf der barometrischen Höhenformel. Vor dem Start stellt der Pilot den Höhenmesser auf Null Meter. Nach der Landung auf seinem Ausgangsflughafen nach einem längeren Flug zeigt sein Höhenmesser immer noch eine Höhe von etwa 50 m an. Deutet dies auf eine Verbesserung oder Verschlechterung des Wetters hin? Begründen Sie Ihre Antwort.

13 Berücksichtigt man in der barometrischen Höhenformel zusätzlich die Lufttemperatur, so ergibt sich: $p = p_0 \cdot e^{-\frac{34{,}9}{T} \cdot h}$ mit p, p_0 in mbar, T in Kelvin und h in km.
a) Welchen Luftdruck misst ein Bergsteiger auf seinem Barometer auf dem Mont Blanc (4800 m) bei 2 °C und einem Luftdruck von $p_0 = 980$ (in mbar) auf Meereshöhe?
b) Geben Sie h in Abhängigkeit vom Luftdruck p und der Temperatur T an. Welche Höhe hat ein Wanderer bei gleich bleibender Temperatur bei einer Druckänderung von 56 mbar überwunden?

14 Für jedes $t > 0$ ist eine Funktion f_t gegeben durch $f_t(x) = 1 - e^{-tx}$. Ihr Graph sei K_t.
a) Untersuchen Sie K_t auf Schnittpunkte mit den Koordinatenachsen und auf Asymptoten. Zeichnen Sie $K_{\frac{1}{2}}$ (LE = 2 cm).
b) K_t, die Asymptote, die y-Achse sowie die Gerade mit der Gleichung $x = 3$ begrenzen eine Fläche mit dem Inhalt A_t. Berechnen Sie A_t.
c) Es sei g die Gerade mit der Gleichung $x = 1$. Die Tangente in $O(0|0)$ an K_t schneidet g in P_t, die Normale in $O(0|0)$ schneidet g in Q_t. Für welchen Wert von t halbiert die x-Achse die Strecke $\overline{P_t Q_t}$?

Extremwertprobleme

15 Die Tangente und die Normale des Graphen der Funktion f_k mit $f_k(x) = e^{kx}$ mit $k > 0$ im Punkt $P(0|1)$ begrenzen mit der x-Achse ein Dreieck. Für welchen Wert von k wird der Inhalt dieses Dreiecks minimal? Wie groß ist der Flächeninhalt dieses Dreiecks?

16 Gegeben ist die Funktion f mit $f(x) = e^x$. Ein Punkt P des Graphen von f wird mit dem Ursprung durch eine Strecke verbunden. Bestimmen Sie P so, dass der Winkel, den die Gerade durch O und P mit der positiven x-Achse einschließt, maximal wird. Welche besondere Eigenschaft hat die Verbindungsgerade?

17 Gegeben ist die Funktion f mit $f(x) = e^{-x}$. Der Punkt P des Graphen im ersten Feld und der Ursprung O sind Eckpunkte eines achsenparallelen Rechtecks. Wo muss P liegen, damit der Inhalt des Rechtecks maximal wird? Wie groß ist er dann?

18 An den Graphen der Funktion f mit $f(x) = e^x + 1$ wird in einem Punkt $P(u|f(u))$ die Tangente gelegt; sie schneidet die x-Achse in Q. Wie lang ist die Strecke $\overline{PQ}$ mindestens?

Exponentielle Wachstums- und Zerfallsprozesse

19 Bei einer Feier wird auch Kartoffelsalat angeboten. Um 15 Uhr sind in einem Gramm durchschnittlich allerdings schon 50 Salmonellen vorhanden. Bei einer Temperatur von 25 °C finden die Salmonellen einen nahezu idealen Nährboden vor und ihre Anzahl verdoppelt sich innerhalb jeweils 30 Minuten.
a) Bestimmen Sie die prozentuale Zunahme je Stunde.
b) Bei einem widerstandsfähigen Erwachsenen kommt es erst bei mehr als 100 000 Salmonellen pro Gramm zu einer Erkrankung. Wann wird der Verzehr mit großer Wahrscheinlichkeit zu einer Salmonelleninfektion führen?

20 Durch radioaktives Jod 131 belastete Pilze haben die Aktivität 5000 Becquerel (Bq), d. h., es finden pro Sekunde 5000 Kernzerfälle statt. Die Aktivität nimmt innerhalb von 3 Tagen jeweils um 23 % ab.
a) Bestimmen Sie die Funktion f, welche die Aktivität der Pilze beschreibt.
b) Um wie viel Prozent nimmt die Aktivität innerhalb von 1 Tag bzw. von 30 Tagen ab?
c) Wann unterschreitet die Aktivität den Wert 100 Bq?
d) Wie viele Kernzerfälle finden innerhalb der ersten Stunde statt? Wie viele am 1. Tag?

21 **Radiocarbonmethode** (^{14}C-Methode): In der Atmosphäre und in Tieren und Pflanzen ist seit Jahrtausenden das Verhältnis zwischen dem stabilen ^{12}C und dem radioaktiven ^{14}C (Halbwertszeit 5730 Jahre) nahezu konstant (vorhandenes ^{14}C zerfällt zwar laufend, gleichzeitig entsteht in der Atmosphäre aufgrund der Strahlung aus dem Weltall dauernd neues ^{14}C). Stirbt aber ein Organismus ab, so wird kein ^{14}C mehr aufgenommen, während das vorhandene weiterhin zerfällt. Dadurch ändert sich das Verhältnis beider Kohlenstoffarten in dem untersuchten Organismus fortwährend und kann so zur Altersbestimmung desselben benutzt werden.
a) Bei der Untersuchung des Turiner Grabtuches, welches von vielen Gläubigen als das Grabtuch Jesu angesehen wird, stellte man eine Aktivität von 13,84 Zerfällen pro Gramm Kohlenstoff und Minute fest. Wie alt ist das Tuch vermutlich, wenn noch lebendes organisches Material eine Aktivität von 15,3 Zerfällen pro Gramm und Minute aufweist?
b) Im Jahr 1991 wurde in den Ötztaler Alpen die Gletschermumie „Ötzi" gefunden. Untersuchen ergaben, dass die Mumie noch 53,3 % des Kohlenstoffs ^{14}C enthält, der in lebendem Gewebe vorhanden ist. Vor wie vielen Jahren starb „Ötzi"?

22 In einer Nährlösung vermehren sich Bakterien stündlich um 25 %. Im gleichen Zeitraum sterben 5 %. Zu Beginn der Beobachtung sind 1000 Bakterien vorhanden.
a) Ermitteln Sie das Wachstumsgesetz. In welchem Zeitraum verdoppelt sich die Anzahl der vorhandenen Bakterien?
b) Der Nährlösung wird 10 Stunden nach Beobachtungsbeginn ein Desinfektionsmittel zugesetzt. Hierdurch erhöht sich die Sterberate auf 50 %, während die Geburtsrate bei 25 % bleibt. Wie viele Stunden nach der Zugabe des Desinfektionsmittels enthält die Nährlösung wieder die zu Beobachtungsbeginn vorhandene Anzahl von Bakterien?

23 Entscheiden Sie, welche der folgenden Aussagen geeignet sind zu überprüfen, ob ein untersuchter Prozess durch eine Exponentialfunktion beschrieben werden kann.
a) Bei einem festen Zeitschritt ist der Quotient aufeinander folgender Funktionswerte konstant.
b) Die Differenz aufeinander folgender Funktionswerte ergibt immer einen konstanten Wert.
c) Trägt man die Messpunkt in ein t, ln (y)-Koordinatensystem ein, so liegen die Punkte angenähert auf einer Geraden.
d) Aufeinander folgende Funktionswerte unterscheiden sich stets um den gleichen Faktor.

Mathematische Exkursionen

Die Differenzialgleichung des exponentiellen Wachstums

*Statt von Änderungsrate
spricht man bei Anwendun-
gen auch von Wachstums-
geschwindigkeit.*

Kennt man von einem Wachstums- oder Zerfallsprozess den funktionalen Zusammenhang f: $t \mapsto f(t)$, so lässt sich zu jedem Zeitpunkt t_0 der Bestand $f(t_0)$ und die momentane Änderungsrate $f'(t_0)$ bestimmen.

Im Folgenden wird untersucht, unter welchen Voraussetzungen von der momentanen Änderungsrate f' auf die zugrunde liegende Funktion f geschlossen werden kann.

*Beispiel:
Bakterienvermehrung,
radioaktiver Zerfall,
Bevölkerungsentwicklung*

Zur mathematischen Modellierung einer realen Situation bedarf es sinnvoller Annahmen.

Bei vielen Wachstums- und Zerfallsprozessen ist die Hypothese nahe liegend, dass zu jedem Zeitpunkt t die momentane Änderungsrate f' proportional zum momentan vorhandenen Bestand f ist, d. h.

$f'(t) \sim f(t)$ bzw. $f'(t) = k \cdot f(t)$ mit einer Konstanten $k \in \mathbb{R}$.

In dieser Gleichung treten sowohl die Funktion f als auch ihre Ableitung f' auf. Gleichungen, bei denen dies der Fall ist, nennt man **Differenzialgleichungen**.

Es wird nun untersucht, ob durch die Hypothese $f'(t) = k \cdot f(t)$ eine Funktion f eindeutig festgelegt ist. Man stellt fest:

Für Wachstumsfunktionen f der Form $f(t) = c \cdot e^{kt}$ ist die Differenzialgleichung erfüllt, da $f'(t) = k \cdot c \cdot e^{kt} = k \cdot f(t)$.

Geht man umgekehrt von den Differenzialgleichung $f'(t) = k \cdot f(t)$ aus und sucht alle Funktionen, die diese Gleichung erfüllen, so stellt sich die Frage, ob die Exponentialfunktion f mit $f(t) = c \cdot e^{kt}$ die einzig mögliche Lösung ist. Dass dies tatsächlich der Fall ist, zeigt die folgende Überlegung.

Ist eine differenzierbare Funktion g ebenfalls Lösung der obigen Differenzialgleichung, also $g'(t) = k \cdot g(t)$, so bildet man die Ableitung des Quotienten $\frac{g(t)}{f(t)}$ und erhält:

$$\left(\frac{g(t)}{f(t)}\right)' = \frac{g'(t) \cdot f(t) - f'(t) \cdot g(t)}{(f(t))^2} = \frac{k \cdot g(t) \cdot f(t) - k \cdot f(t) \cdot g(t)}{(f(t))^2} = 0.$$

Der Quotient $\frac{g(t)}{f(t)}$ muss also konstant sein. Bezeichnet man diese Konstante mit a, so gilt:

$g(t) = a \cdot f(t) = a \cdot c \cdot e^{kt} = c^* \cdot e^{kt}$, d. h. g hat denselben Funktionsterm wie f.

*Ist bei einem Wachstums-
oder Zerfallsprozess die
Hypothese $f' \sim f$ plausi-
bel, so liegt exponentielles
Wachstum vor.*

> Man nennt $f'(t) = k \cdot f(t)$ die **Differenzialgleichung des exponentiellen Wachstums**.
> Sie hat als Lösung Funktionen f der Form $f(t) = c \cdot e^{kt}$ mit c, $k \in \mathbb{R}$. Ist $f(0)$ gegeben, so ist $f(t) = f(0) \cdot e^{kt}$ die einzige Lösung.

Um zu beurteilen, ob ein Wachstums- oder Zerfallsprozess exponentiell verläuft, stehen jetzt verschiedene Kriterien zur Verfügung:

a) Die Punkte $(t \mid f(t))$ liegen auf dem Graphen einer Funktion f mit $f(t) = c \cdot e^{kt}$.

b) Bei einem festen Zeitschritt h ist der Quotient $\frac{f(t+h)}{f(t)}$ konstant für jeden Zeitpunkt t.

c) Die Differenzialgleichung $f'(t) = k \cdot f(t)$ ist erfüllt.

1   Beim radioaktiven Zerfall ist zu jedem Zeitpunkt t die Zerfallsgeschwindigkeit $m'(t)$ proportional zur vorhandenen Masse $m(t)$ des Elements.

Wie lautet die zugehörige Differenzialgleichung, wenn die Halbwertszeit des Elements 28 Jahre beträgt?

In den Naturwissenschaften, insbesondere der Physik, tauchen in vielen Theorien Differenzial-gleichungen auf. Um eine Aussage über die Gültigkeit einer Theorie zu erhalten, muss sie in der Realität überprüft werden. Dazu dient in der Regel ein Experiment.

In der Thermodynamik untersucht man z. B., wie sich die Temperatur einer heißen Flüssigkeit in einem Reagenzglas beim Eintauchen in Eiswasser (0 °C) mit der Zeit verändert.

Die Temperatur der Flüssigkeit nimmt umso schneller ab, je höher die momentane Temperatur der Flüssigkeit ist.

Bezeichnet $f(t)$ die momentane Temperatur und $f'(t)$ die Abkühlungsgeschwindigkeit der Flüssigkeit zum Zeitpunkt t, so legen Beobachtungen die Hypothese $f'(t) \sim f(t)$ nahe und damit die Differenzialgleichung des exponentiellen Wachstums $f'(t) = k \cdot f(t)$.

Eine Messung ergibt die folgende Tabelle:

Zeit t (in min)	0	1	2	3	4	5	6	7	8
Temperatur f (in °C)	70	54,5	42,5	33,0	25,7	20,1	15,6	12,2	9,5

Zur Überprüfung der Hypothese berechnet man den Quotienten $\frac{f(t+1)}{f(t)}$ für $t = 0, \ldots, 7$.

Ohne die Hypothese $f'(t) \sim f(t)$ sind auch andere Funktionstypen denkbar.

Man erhält Werte zwischen 0,7761 und 0,7821 und den Mittelwert 0,7791.

Das Experiment unterstützt damit die Hypothese $f'(t) \sim f(t)$.

Zur Beschreibung der Temperatur f ist eine Exponentialfunktion geeignet mit

$f(t) = 70 \cdot 0,7791^t = 70 \cdot e^{\ln(0,7791) \cdot t} = 70 \cdot e^{-0,2496 \cdot t}$ (t in min, f(t) in °C) (vgl. Fig. 1).

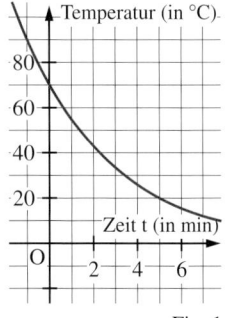

Fig. 1

Wie lässt sich hier die Hypothese $f'(t) \sim f(t)$ in Worten formulieren?

Bestätigt durch weitere Experimente fand diese Hypothese Eingang in Newtons Abkühlungs- und Erwärmungsgesetz. Es besagt, dass für nicht zu große Temperaturdifferenzen die Erwärmung oder Abkühlung eines Körpers exponentiell verläuft.

Auch beim Wachsen der Weltbevölkerung wird oftmals von einer exponentiellen Zunahme gesprochen, d. h. auch in diesem Zusammenhang taucht die Hypothese $f'(t) \sim f(t)$ auf.

Um diese Aussage zu überprüfen, wird der Zeitraum von 1700 bis 2000 untersucht.

Jahr	1700	1750	1800	1850	1900	1950	1970	1980	1990	2000
Bevölkerung (in Mrd.)	0,594	0,707	0,841	1,000	1,542	2,555	3,771	4,454	5,278	6,121

Zunächst trägt man die Bevölkerungszahl in Abhängigkeit von den Jahreszahlen in ein Koordinatensystem ein (Fig. 2).

Dabei zeigt sich, dass die Bevölkerungszahl ab 1850 sehr stark zunimmt.

Man könnte auch eine Exponentialfunktion f durch zwei Wertepaare bestimmen und anschließend prüfen, ob die anderen Wertepaare näherungs-weise auf dem Graphen von f liegen.

Um zu überprüfen, ob die Wertepaare zumindest näherungsweise auf dem Graphen einer Exponentialfunktion liegen, führt man eine Funktionsanpassung durch (siehe Seite 110).

Man erhält die Funktion f mit $f(t) = 0,4357 \cdot e^{0,0078 \cdot t}$ (vgl. Fig. 2).

Offensichtlich beschreibt die Funktion f die Bevölkerungsentwicklung nur unzureichend.

Das Wachstum der Weltbevölkerung verlief also in den letzten 300 Jahren nicht exponentiell. Man spricht von einem „überexponentiellen" Wachstum.

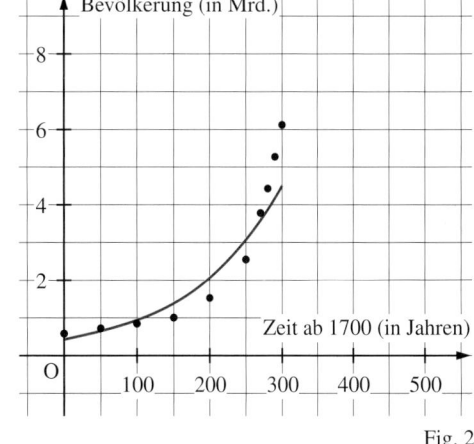

Fig. 2

Welche Annahmen enthält die Differenzialgleichung des logistischen Wachstums?

Versucht man mithilfe von Prognosen die weitere Entwicklung der Weltbevölkerung im 21. Jahrhundert abzuschätzen, so wird zur Modellierung häufig das logistische Wachstum benutzt. Auch dieses Wachstum lässt sich mithilfe einer Differenzialgleichung beschreiben. Es gilt $f'(t) = k \cdot f(t) \cdot (S - f(t))$. Für die Sättigungsgrenze S werden dabei Werte von etwa 12 Mrd. angenommen.

Exponentialfunktionen

Die Funktion g mit $g(x) = c \cdot a^x$ heißt Exponentialfunktion. Bei der natürlichen Exponentialfunktion f mit $f(x) = e^x$ ist die eulersche Zahl $e = 2,71828\ldots$ die Basis. Es gilt: $f'(x) = e^x$.
F mit $F(x) = e^x$ ist eine Stammfunktion von f.

Die natürliche Logarithmusfunktion f mit $f(x) = \ln(x)$, $x \in \mathbb{R}^+$, ist die Umkehrfunktion der natürlichen Exponentialfunktion.
Es gilt: $f'(x) = \frac{1}{x}$.
Die Funktion F mit $F(x) = \ln(|x|)$, $x \neq 0$, ist eine Stammfunktion von f mit $f(x) = \frac{1}{x}$.
Die Funktion f mit $f(x) = e^{u(x)}$ hat die Ableitung $f'(x) = u'(x) \cdot e^{u(x)}$.
Sonderfall: Ist $u(x) = mx + c$, so ist $f(x) = e^{mx+c}$.
$f'(x) = m \cdot e^{mx+c}$ und $F(x) = \frac{1}{m} \cdot e^{mx+c}$, $m \neq 0$.

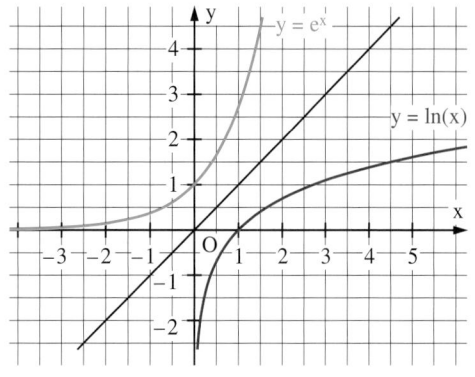

Funktion: $\quad f(x) = e^{-0,5x}$
Ableitung: $\quad f'(x) = -0,5 \cdot e^{-0,5x}$
Stammfunktion:
$$F(x) = \frac{1}{-0,5} \cdot e^{-0,5x} = -2 \cdot e^{-0,5x}$$

Lösen von Exponential- und Logarithmusgleichungen

Eine Exponentialgleichung der Form $e^x = c$ hat die Lösung $x = \ln(c)$. Dabei heißt $\ln(c)$ **natürlicher Logarithmus** von c.
Es ist $\ln(x) = \log_e(x)$.
Für das Lösen von Gleichungen und das Ableiten sind folgende Aussagen wichtig:
$\qquad \ln(e^x) = x$ und $e^{\ln(a^x)} = a^x$.

$e^{\sqrt{x}-2} = 1$, beidseitiges Logarithmieren ergibt: $\ln(e^{\sqrt{x}-2}) = \ln(1)$; $\sqrt{x} - 2 = 0$; $x = 4$
$\ln(x) = \frac{1}{2} \cdot \ln(2x)$ ergibt:
$e^{\ln(x)} = e^{\frac{1}{2} \cdot \ln(2x)}$; $x = (2x)^{\frac{1}{2}}$; $x = \sqrt{2} \cdot \sqrt{x}$;
$\sqrt{x} \cdot (\sqrt{x} - \sqrt{2}) = 0$, *also* $x = 2$ *wegen* $x > 0$.

Beliebige Exponential- und Logarithmusfunktionen

f mit $f(x) = a^x$, $x \in \mathbb{R}$, kann man umschreiben in eine Exponentialfunktion mit der Basis e: $f(x) = e^{x \cdot \ln(a)}$.
f mit $f(x) = \log_a(x)$ kann man schreiben mithilfe der natürlichen Logarithmusfunktion: $f(x) = \frac{1}{\ln(a)} \cdot \ln(x)$.

Aus $f(x) = 3^x$ wird $f(x) = e^{\ln(3^x)} = e^{x \cdot \ln(3)}$.
$f'(x) = \ln(3) \cdot e^{x \cdot \ln(3)} = \ln(3) \cdot 3^x$.
$F(x) = \frac{1}{\ln(3)} \cdot e^{x \cdot \ln(3)} = \frac{1}{\ln(3)} \cdot 3^x$.
$f(x) = \log_3(x) = \frac{\ln(x)}{\ln(3)}$, *also* $f'(x) = \frac{1}{\ln(3)} \cdot \frac{1}{x}$.

Wichtige Grenzwerte:

Für $x \to -\infty$ gilt: $e^x \to 0$,   für $x \to +\infty$ gilt: $e^{-x} \to 0$
für $x \to +\infty$ gilt: $\frac{x^n}{e^x} \to 0$,   für $x \to +\infty$ gilt: $e^x - x^n \to +\infty$

$e^{-0,5x} \to 0$ für $x \to \infty$, d.h. der Graph der Funktion f mit $f(x) = e^{-0,5x}$ hat eine Asymptote mit der Gleichung $y = 0$.

Wachstum und Zerfall

Funktionen f mit $f(t) = c \cdot e^{kt}$ beschreiben exponentielle Wachstums- und Zerfallprozesse. $f(0) = c > 0$ ist der Anfangsbestand zum Zeitpunkt $t = 0$, $f(t)$ der Bestand zum Zeitpunkt t.
k heißt Wachstumskonstante für $k > 0$, Zerfallskonstante für $k < 0$. Bezeichnet p die prozentuale Zu- bzw. Abnahme in der Zeiteinheit (p positiv), so gilt:

Wachstumskonstante: **Zerfallskonstante**
$\quad k = \ln\left(1 + \frac{p}{100}\right)$ $k = \ln\left(1 - \frac{p}{100}\right)$
Verdopplungszeit: $T_V = \frac{\ln(2)}{k}$ **Halbwertszeit:** $T_H = -\frac{\ln(2)}{k}$

Eine Vogelart hat zu Beobachtungsbeginn einen Bestand von 100 Exemplaren. Jährlich vermehrt sie sich um $p = 4\%$ $= \frac{4}{100}$. Bei exponentiellem Wachstum beträgt der Bestand nach t Jahren:
$f(t) = 100 \cdot \left(1 + \frac{4}{100}\right)^t$ *oder* $f(t) = 1,04^t$,
mit e als Basis:
$f(t) = 100 \cdot e^{\ln 1,04 \cdot t} \approx 100 \cdot e^{0,0392 \cdot t}$.
Wachstumskonstante: $k = \ln 1,04 \approx 0,0392$
Verdopplungszeit: $T_V = \frac{\ln(2)}{\ln(1,04)} \approx 17,7$.

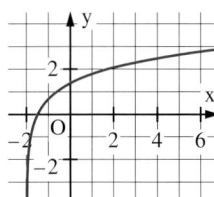

Fig. 1

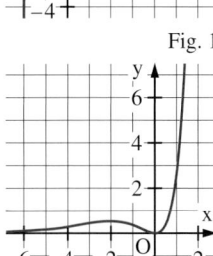

Fig. 2

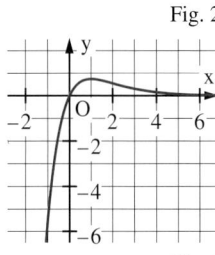

Fig. 3

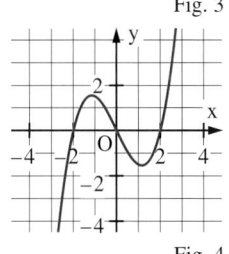

Fig. 4

1   Leiten Sie zweimal ab.
a) $f(x) = \frac{2}{e^x}$ b) $f(x) = x^2 + e^{-2x}$ c) $f(x) = x \cdot e^{-0,3x}$ d) $f(x) = \ln(4x)$ e) $f(x) = \ln(4 + x)$

2   Berechnen Sie (auf 4 Dezimalen gerundet).
a) $\int_{-10}^{2} \frac{1}{2} e^x \, dx$ b) $\int_{-10}^{2} 2 e^{2x} \, dx$ c) $\int_{-10}^{2} \frac{1}{2} e^{-x+1} \, dx$ d) $\int_{10}^{2} \frac{1}{2}(e^x + e^{-x}) \, dx$ e) $\int_{1}^{2} \frac{1+x}{x} \, dx$

3   Bestimmen Sie die Extremwerte von f und das Verhalten für $x \to \pm\infty$.
a) $f(x) = e^x + e^{-2x}$ b) $f(x) = (e^{-x} - 1)^2$ c) $f(x) = x - e^{-2x}$ d) $f(x) = x^3 \cdot e^{-x}$

4   Gegeben ist die Funktion f mit $f(x) = e^x \cdot (e^x - 2)$. Der Graph von f sei K.
a) Untersuchen Sie K auf Schnittpunkte mit den Koordinatenachsen, Asymptoten, Extrem- und Wendepunkte. Welche Wertemenge hat f? Zeichnen Sie K.
b) Berechnen Sie den Inhalt $A(u)$ der Fläche, die von K, den Koordinatenachsen und der Geraden mit der Gleichung $x = -e^2$ begrenzt wird.

5   Gegeben ist für $k \in \mathbb{R}$ die Funktion f_k durch $f_k(x) = (x - k) \cdot e^{-x}$; $x \in \mathbb{R}$.
a) Untersuchen Sie den Graphen von f_k auf Schnittpunkte mit den Koordinatenachsen, Extrem- und Wendepunkte sowie auf Asymptoten. Zeichnen Sie den Graphen von f_{-3} und f_0.
b) Wie lautet die Gleichung der Ortslinie, auf der alle Extrempunkte liegen?
c) Der Graph der Funktion f_k mit $k < 0$ schließt mit den Koordinatenachsen im 2. Feld eine Fläche $A(k)$ ein. Berechnen Sie den Inhalt von $A(k)$.

6   Die Fig. 1–4 zeigen die Graphen der Funktionen f mit $f(x) = 2x \cdot e^{-x}$,
g mit $g(x) = e^{1-2x}$, h mit $h(x) = x^2 \cdot e^x$ und k mit $k(x) = \frac{1}{2}(x^3 - 4x)$.
Ordnen Sie jeder Funktion einen Graphen zu. Begründen Sie Ihre Zuordnung.

7   Für jedes $t \in \mathbb{R} \setminus \{0\}$ ist eine Funktion f_t gegeben durch $f_t(x) = e^{1-tx}$. Ihr Graph sei K_t.
a) Alle Kurven K_t gehen durch einen gemeinsamen Punkt S. Geben Sie S an. Für welchen Wert von t geht die Normale in S durch $P(1|1)$? Zeichnen Sie K_1 und K_{-1}.
b) Der Punkt P_t liegt auf K_t und hat den x-Wert 1. Für welchen Wert von t geht die Tangente in P_t an K_t durch den Ursprung?

8   Eine Nährlösung enthält zu Beginn der Beobachtung 50 000 Colibakterien. Täglich vermehrt sie sich um 15 %.
a) Wie lautet die zugehörige Wachstumsfunktion, wenn von einer exponentiellen Vermehrung ausgegangen wird?
b) Nach welcher Zeit hat sich die Bakterienzahl jeweils verdoppelt?
c) Wann übersteigt die Bakterienzahl den Wert 1 000 000?

9   Um bei einer medizinischen Untersuchung die Nierenfunktion zu testen, wird dem Patienten ein radioaktives Präparat gespritzt, das Technetium 99 ($^{99}_{43}$Tc) enthält. Aufgrund der Radioaktivität zerfallen pro Stunde 12 % der vorhandenen Menge.
Auf wie viel Prozent der ursprünglichen Radioaktivität geht diese in den nächsten 6 Stunden zurück? Wann ist die Strahlung auf 1 % der ursprünglichen Aktivität abgeklungen?

10   Bei einem unterirdischen Atomtest wurde unbeabsichtigt radioaktives Strontium 90 mit der Halbwertszeit 28 Jahre freigesetzt. Nach dem Test liegen die Strahlungswerte in der Umgebung um 30 % über der noch zulässigen Toleranzgrenze. Nach wie vielen Jahren kann man das Testgelände wieder betreten?

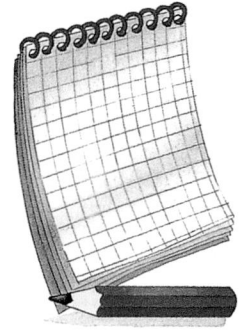

Die Lösungen zu den Aufgaben dieser Seite finden Sie auf Seite 437.

119

V Weiterführung der Integralrechnung

1 Rauminhalte von Rotationskörpern

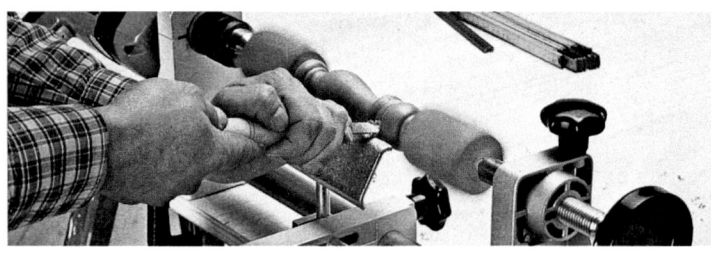

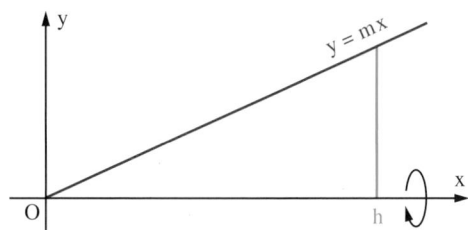

Fig. 1

1 Welche gemeinsamen Eigenschaften haben Körper, die ein Drechsler herstellt?

2 Gegeben ist die Funktion f mit $f(x) = mx$ und $m > 0$ (Fig. 1). Dreht sich die in Fig. 1 gefärbte Fläche um die x-Achse, so entsteht ein Kegel.
a) Zeigen Sie, dass dieser Kegel das Volumen $V = \frac{1}{3}\pi m^2 h^3$ hat.
b) Es ist $V = \int\limits_0^h q(x)\,dx$. Bestimmen Sie die Funktion q und beschreiben Sie deren Bedeutung.

Gegeben ist eine auf dem Intervall [a; b] stetige Funktion f. Der Graph von f schließt mit der x-Achse und den Geraden mit den Gleichungen $x = a$ und $x = b$ eine Fläche ein. Rotiert diese Fläche um die x-Achse (Fig. 2), entsteht ein Dreh- oder **Rotationskörper**.

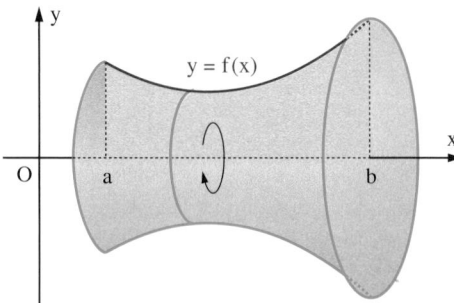

Fig. 2

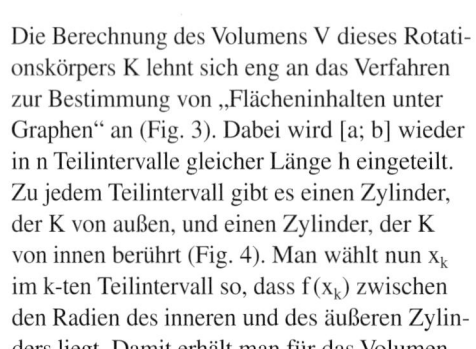

Fig. 3

Die Berechnung des Volumens V dieses Rotationskörpers K lehnt sich eng an das Verfahren zur Bestimmung von „Flächeninhalten unter Graphen" an (Fig. 3). Dabei wird [a; b] wieder in n Teilintervalle gleicher Länge h eingeteilt. Zu jedem Teilintervall gibt es einen Zylinder, der K von außen, und einen Zylinder, der K von innen berührt (Fig. 4). Man wählt nun x_k im k-ten Teilintervall so, dass $f(x_k)$ zwischen den Radien des inneren und des äußeren Zylinders liegt. Damit erhält man für das Volumen von K die **Produktsumme**
$V_n = \pi(f(x_1))^2 \cdot h + \pi(f(x_2))^2 \cdot h + \ldots + \pi(f(x_n))^2 \cdot h$.
Für $n \to \infty$ strebt diese Summe V_n gegen das Integral $\pi \int\limits_a^b (f(x))^2\,dx$.

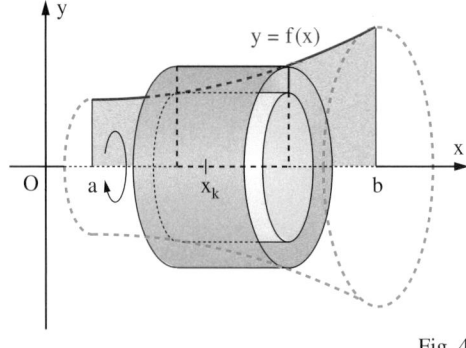

Fig. 4

Ist $q(x) = \pi \cdot (f(x))^2$ der Inhalt einer Querschnittsfläche, dann kann man auch schreiben:
$V = \int\limits_a^b q(x)\,dx.$

Satz: Ist die Funktion f auf dem Intervall [a; b] stetig, so entsteht bei Rotation der Fläche zwischen dem Graphen von f und der x-Achse über [a; b] ein Körper mit dem Volumen
$$V = \pi \int\limits_a^b (f(x))^2\,dx.$$

120

Beispiel: (Berechnung des Rauminhaltes eines Rotationskörpers)
Der Graph der Funktion f mit $f(x) = \frac{1}{2}\sqrt{x^2 + 4}$ begrenzt mit den Koordinatenachsen und der
Geraden mit der Gleichung $x = 4$ eine Fläche (Fig. 1).
Bestimmen Sie das Volumen V des Rotations-
körpers, der entsteht, wenn diese Fläche um
die x-Achse rotiert.
Lösung:
Das Volumen V ist

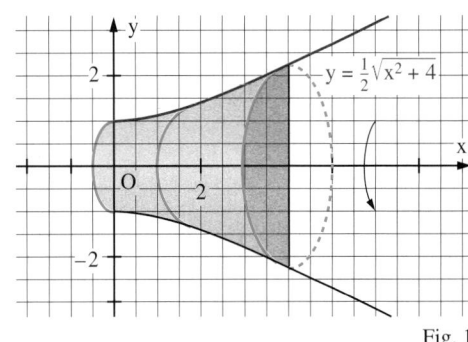

$$V = \pi \cdot \int_0^4 \left(\frac{1}{2}\sqrt{x^2 + 4}\right)^2 dx$$

$$= \pi \cdot \int_0^4 \left(\frac{1}{4}x^2 + 1\right)dx = \pi \left[\frac{1}{12}x^3 + x\right]_0^4$$

$$= \frac{28}{3}\pi \approx 29{,}32.$$

Fig. 1

Zum Vergleich:
V ist näherungsweise das
Volumen des Kegelstump-
fes, der durch Rotation der
Strecke durch P (0 | 1) und
Q (4 | f (4)) entsteht.
Wie groß ist der prozen-
tuale Fehler?

Folgende Fälle treten in
den Aufgaben auf:

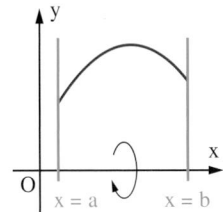

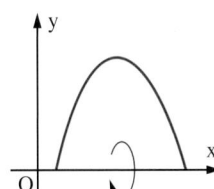

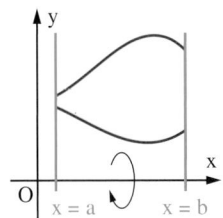

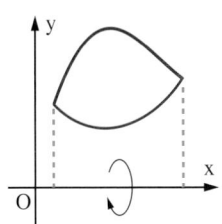

Aufgaben

3 Skizzieren Sie den Graphen K der Funktion f. Berechnen Sie das Volumen des entstehenden Drehkörpers, wenn die Fläche zwischen K und der x-Achse über [a; b] um die x-Achse
rotiert.

a) $f(x) = \frac{1}{2}x^2 + 1$; $a = 1$; $b = 3$ b) $f(x) = 3\sqrt{x + 2}$; $a = -1$; $b = 7$

c) $f(x) = 0{,}25 \cdot e^{2x}$; $a = 0$; $b = 1$ d) $f(x) = \frac{1}{2}e^x - \frac{1}{4}e^{-0{,}25x}$; $a = 0$; $b = 2$

4 Der Graph K der Funktion f begrenzt mit der x-Achse eine Fläche, die um die x-Achse
rotiert. Skizzieren Sie den Graphen K und berechnen Sie das Volumen des entstehenden Drehkörpers.

a) $f(x) = -x^2 + 4$ b) $f(x) = 3x - \frac{1}{2}x^2$ c) $f(x) = x^2(x + 2)$ d) $f(x) = x\sqrt{4 - x}$

5 Die Fläche zwischen den Graphen
von f und g sowie den Geraden mit den
Gleichungen $x = a$ und $x = b$ rotiert um
die x-Achse.
Skizzieren Sie die Graphen und berechnen
Sie den Rauminhalt des Drehkörpers.

a) $f(x) = \sqrt{x + 1}$; $g(x) = 1$; $a = 3$; $b = 8$
b) $f(x) = x^2 + 1$; $g(x) = e^{0{,}5x}$; $a = 1$; $b = 2$
c) $f(x) = \frac{1}{\sqrt{x}}$; $g(x) = \sqrt{x}$; $a = 1$; $b = 9$

Achtung:
Bei Aufgabe 5 und 6 ist
$$V = \pi \int_a^b ((u(x))^2 - (v(x))^2)\,dx$$
aber $V \neq \pi \int_a^b (u(x) - v(x))^2\,dx.$
Begründen Sie dies anschaulich!

6 Die Graphen der Funktionen f und g begrenzen eine Fläche, die um die x-Achse rotiert.
Skizzieren Sie die Graphen der beiden Funktionen und berechnen Sie das Volumen des Rotationskörpers.

a) $f(x) = \frac{1}{2}x$; $g(x) = \sqrt{x}$ b) $f(x) = 3x^2 - x^3$; $g(x) = x^2$ c) $f(x) = 3x^2 - x^3$; $g(x) = 2x$

7 Gegeben ist die Funktion f mit $f(x) = -\frac{1}{8}x^3 + \frac{3}{4}x^2$; ihr Graph sei K. Die x-Achse und K
begrenzen eine Fläche F_1; die Gerade mit der Gleichung $y = 4$ und K begrenzen eine Fläche F_2.
Beide Flächen rotieren um die x-Achse; dabei entstehen Rotationskörper mit den Rauminhalten
V_1 und V_2. Bestimmen Sie das Verhältnis $V_1 : V_2$.

8 a) Rotiert der Graph der Funktion f mit $f(x) = 2$ über dem Intervall [0; 5] um die x-Achse, so entsteht ein Zylinder. Bestimmen Sie sein Volumen unter Verwendung des Satzes von Seite 120 und bestätigen Sie das Ergebnis mithilfe der Formel für den Rauminhalt von Zylindern.
b) Leiten Sie wie in a) die Formel $V = \pi r^2 h$ für den Zylinderinhalt her.

Schnitt durch die Mittelachse

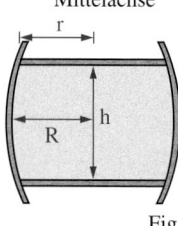

Fig. 1

9 Ein Fass hat die Höhe $h = 1,2\,m$ und die Radien $r = 0,80\,m$ und $R = 1,0\,m$ (Fig. 1).
a) Bestimmen Sie sein Volumen V. Wählen Sie dazu ein geeignetes Koordinatensystem und bestimmen Sie eine quadratische Funktion f, über deren Graph Sie das Fass als Rotationskörper erhalten.
b) Vergleichen Sie V mit den Volumina V_1 und V_2 von Zylindern, welche dieselbe Höhe h, aber die Radien $r_1 = \frac{1}{2}(R + r)$ bzw. $r_2 = \frac{1}{3}(2R + r)$ besitzen. Geben Sie die prozentualen Abweichungen von V_1 bzw. V_2 von V auf 2 Dezimalen gerundet an.

10 Durch Rotation des Graphen von f mit $f(x) = \sqrt{x}$ um die x-Achse entsteht ein (liegendes) Gefäß. Dieses Gefäß wird aufgestellt und mit einer Flüssigkeit gefüllt. Bis zu welcher Höhe steht die Flüssigkeit in dem Gefäß, wenn ihr Volumen 30 beträgt?

11 Durch Rotation der Flächen in Fig. 2 um die x-Achse entstehen „Ringe". Bestimmen Sie jeweils das Volumen des Ringes durch Integration.

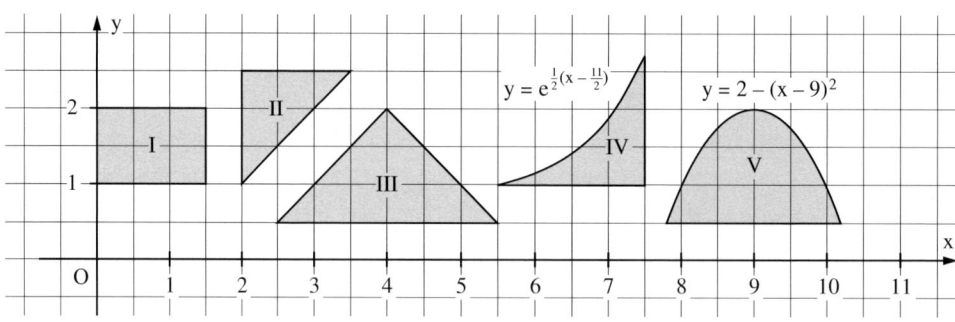

Fig. 2

Kugel $V = \frac{4\pi}{3} r^3$

Kugelabschnitt $V = \frac{\pi}{3} a^2 (3r - a)$

                 $= \frac{\pi}{6} a (3r_1^2 + a^2)$

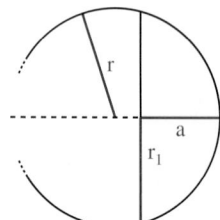

Fig. 3

12 In einer Formelsammlung finden sich Formeln über Kugelteile (Fig. 3). Beweisen Sie die angegebenen Formeln. Beachten Sie dabei: Durch Rotation des Graphen von f mit $f(x) = \sqrt{r^2 - x^2}$ um die x-Achse entsteht eine Kugel mit dem Ursprung als Mittelpunkt und dem Radius r.

13 K sei der Kreis mit Mittelpunkt $M(0|3)$ und Radius 1. Durch Rotation von K um die x-Achse entsteht ein Torus.
a) Das Volumen V des Torus wird durch zwei Zylinder mit Radius 1 und einer den Umfängen U_1 bzw. U_2 des Torus (Fig. 4) entsprechenden Höhe nach unten bzw. oben abgeschätzt. Bestimmen Sie die Rauminhalte der Zylinder.

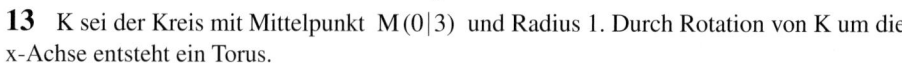

b) Zeigen Sie, dass für das Volumen V des Torus gilt: $V = 18\pi \int_{-1}^{1} \sqrt{1 - x^2}\,dx = 6\pi^2$.

Bestimmen Sie dazu das Integral $\int_{-1}^{1} \sqrt{1 - x^2}\,dx$, indem Sie es als Flächeninhalt eines Halbkreises

deuten. Vergleichen Sie V mit dem Mittelwert der Zylinderinhalte aus Teilaufgabe a).

Fig. 4

c) Bestimmen Sie das Volumen eines Torus, wenn der rotierende Kreis den Mittelpunkt $M(0|y_M)$ und den Radius r hat. Lösen Sie das dabei auftretende Integral mithilfe eines Computers.

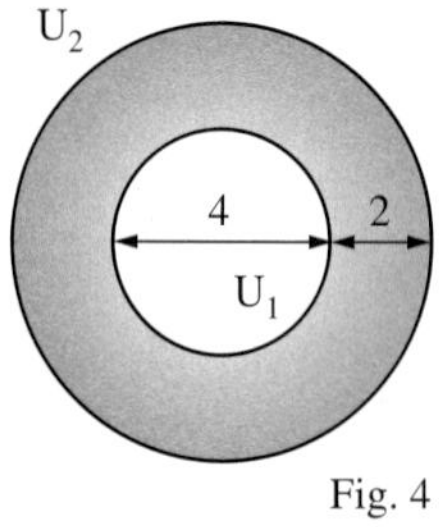

2 Mittelwerte von Funktionen

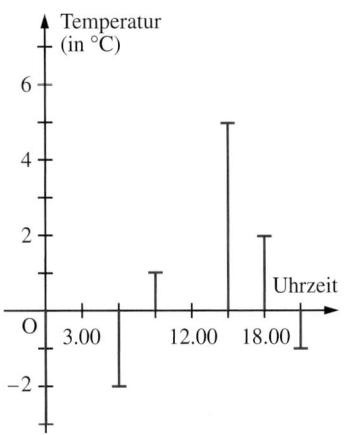

Temperatur (in °C)

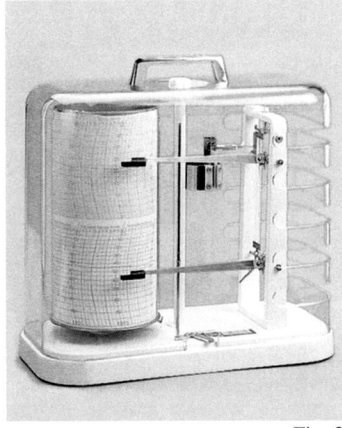

Fig. 1   Fig. 2

1 An einem Ort wurde mehrmals am Tage die Temperatur gemessen. Fig. 1 zeigt das zugehörige Stabdiagramm. Wie könnte man damit eine mittlere Tagestemperatur bestimmen?

2 Ein Temperaturschreiber (Fig. 2) liefert einen kontinuierlichen Verlauf der Temperatur.
a) Wie könnte man mit einem solchen Graphen eine mittlere Tagestemperatur festlegen?
b) Welche weitere Möglichkeit für die Festlegung einer mittleren Tagestemperatur gibt es, wenn der Verlauf der Temperatur sogar durch den Graphen einer bekannten Funktion angenähert werden kann?

Sind n Zahlen $z_1, z_2, \ldots, z_n$ gegeben, so nennt man die Zahl $m_n = \frac{1}{n}(z_1 + z_2 + \ldots + z_n)$ ihren Mittelwert oder genauer ihr arithmetisches Mittel.
Die Bildung eines Mittelwertes soll nun auf die Funktionswerte $f(x)$ einer auf einem Intervall $[a; b]$ stetigen Funktion f übertragen werden.

Dazu teilt man das Intervall $[a; b]$ in n Teilintervalle der Länge $h = \frac{b-a}{n}$ ein. Aus jedem Teilintervall wird eine Stelle ausgewählt (Fig. 3); man erhält so n zugehörige Funktionswerte $f(x_1), f(x_2), \ldots, f(x_n)$. Bildet man den Mittelwert m_n dieser Funktionswerte und ersetzt $\frac{1}{n}$ durch $\frac{h}{b-a}$, ergibt sich:

$$m_n = \frac{1}{n}(f(x_1) + f(x_2) + \ldots + f(x_n))$$
$$= \frac{1}{b-a}(f(x_1) \cdot h + f(x_2) \cdot h + \ldots + f(x_n) \cdot h).$$

Für $n \to \infty$ gilt $h \to 0$ und damit

$$m_n \to \frac{1}{b-a} \int_a^b f(x)\,dx.$$

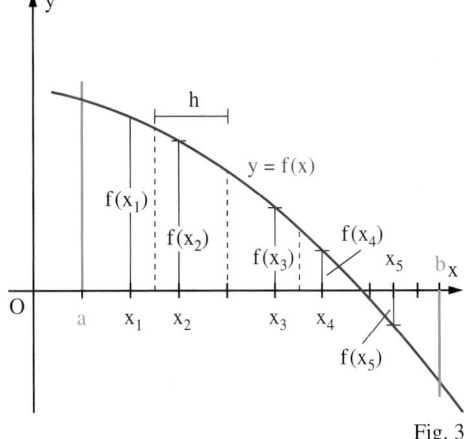

Fig. 3

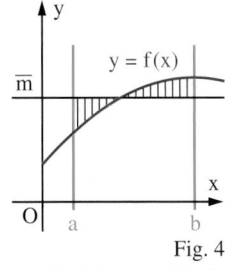

Fig. 4

Anschaulich ist der Mittelwert $\overline{m}$ der Funktionswerte von f auf [a; b] die Breite eines Rechtecks (Fig. 4), welches dieselbe Länge und denselben Inhalt hat wie die Fläche zwischen dem Graphen von f und der x-Achse über dem Intervall [a; b].

Definition: Für eine auf einem Intervall $[a; b]$ stetige Funktion f heißt
$$\frac{1}{b-a} \int_a^b f(x)\,dx \text{ der } \textbf{Mittelwert } \overline{m} \textbf{ der Funktionswerte von f auf } [a; b].$$

Beispiel 1: (Berechnung eines Mittelwertes)
Bestimmen Sie für f mit $f(x) = e^x$ den Mittelwert $\overline{m}$ der Funktionswerte auf $[-1; 1]$.
Lösung:

Für den Mittelwert $\overline{m}$ gilt: $\overline{m} = \frac{1}{1-(-1)} \int_{-1}^{1} e^x\,dx = \frac{1}{2}[e^x]_{-1}^{1} = \frac{1}{2}\left(e - \frac{1}{e}\right) \approx 1{,}175.$

123

Beispiel 2: (Anwendung der Mittelwertbildung)

Die Schüttung S (in $\frac{m^3}{s}$) einer Quelle hängt ab von der Zeit t (in Tagen). Messungen ergaben, dass für $0 \leqq t \leqq 10$ etwa $S(t) = \frac{90}{(t+5)^2}$ gilt.

Bestimmen Sie den Mittelwert $\overline{S}$ der Schüttung in diesem Zeitraum.

Lösung:

Die mittlere Schüttung der Quelle beträgt

$$\overline{S} = \frac{1}{10-0} \int_0^{10} \frac{90}{(t+5)^2} dt = \frac{1}{10}\left[\frac{-90}{t+5}\right]_0^{10} = 1{,}2.$$

Der Mittelwert der Schüttung ist $1{,}2\,\frac{m^3}{s}$.

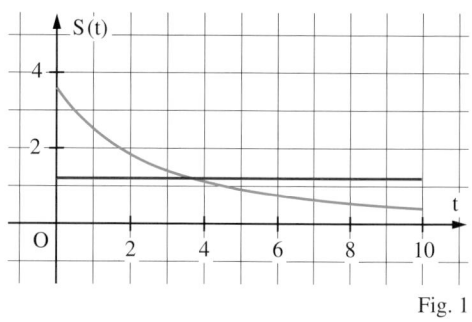

Fig. 1

Aufgaben

3 Bestimmen Sie den Mittelwert $\overline{m}$ der Funktionswerte von f auf [a; b]; zeichnen Sie den Graphen von f und die Gerade mit der Gleichung $y = \overline{m}$.

a) $f(x) = x^2 - 4x$; $a = 0$; $b = 4$

b) $f(x) = x^2 - \frac{1}{5}x^3 - 2$; $a = 0$; $b = 5$

c) $f(x) = 2 - \left(\frac{2}{x}\right)^2$; $a = 1$; $b = 4$

d) $f(x) = \frac{6}{(x-2)^2}$; $a = 3$; $b = 8$

e) $f(x) = 4 - e^{-0,2x}$; $a = -10$; $b = 10$

f) $f(x) = \frac{1}{2}x^2 - e^{-0,5x}$; $a = -2$; $b = 2$

Die Lunge eines Erwachsenen hat eine innere Oberfläche von etwa 90 m² und enthält etwa 850 000 000 Lungenbläschen.

4 Bei einem Atmungszyklus, der 5 s dauert, gibt $V(t) = -0{,}037 \cdot t^3 + 0{,}152 \cdot t^2 + 0{,}173 \cdot t$ das Volumen (in dm³) der Luft in den Lungen an zur Zeit t (in s). Bestimmen Sie das mittlere Volumen der Atemluft in den Lungen während eines Atmungszyklus.

Wind-geschwindigkeit (in $\frac{m}{s}$)		
5.2	6.2	7.2
7⁰⁰ **15**	**21**	**36**
13⁰⁰ **27**	**30**	**42**
19⁰⁰ **30**	**33**	**24**

Fig. 2

5 Eine Messung der Windgeschwindigkeit v (in $\frac{m}{s}$) an drei Tagen ergab die Tabelle von Fig. 2. Bestimmen Sie einen Mittelwert von v und v^2 für die Zeit zwischen 7 Uhr und 19 Uhr, indem Sie

a) das arithmetische Mittel bilden

b) zunächst eine Parabel 2. Ordnung bestimmen und von dieser Funktion den Mittelwert berechnen.

Hinweis: Windenergie ist proportional zu v^2.

6 Ein Fahrzeug, das zur Zeit $t = 0\,s$ im dritten Gang mit einer Geschwindigkeit von $40\,\frac{km}{h}$ fährt, beschleunigt im gleichen Gang und erreicht nach $t = 12\,s$ seine Endgeschwindigkeit von $85\,\frac{km}{h}$. Bestimmen Sie

a) einen quadratischen Term für die Geschwindigkeit $v(t)$ zur Zeit t für $0 \leqq t \leqq 12$, der den in Fig. 3 gezeigten Verlauf ergibt.

b) die mittlere Geschwindigkeit $\overline{v}$ des Fahrzeuges zwischen 0 s und 12 s.

c) die Strecke, welche das Fahrzeug nach 12 s gefahren ist. (Es gibt 2 Lösungswege!)

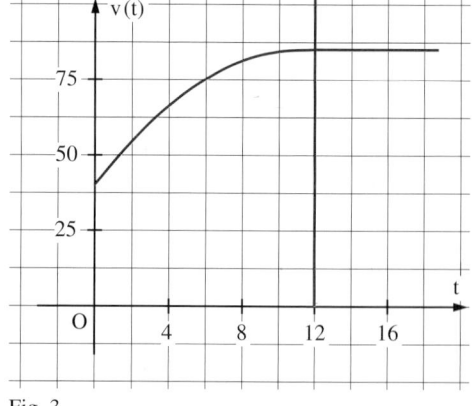

Fig. 3

3 Numerische Integration, Trapezregeln

Zu der Funktion f mit
$f(x) = \frac{1}{1+x^2}$ *kann man mittels den bisher bekannten Funktionen keine Stammfunktion angeben.*

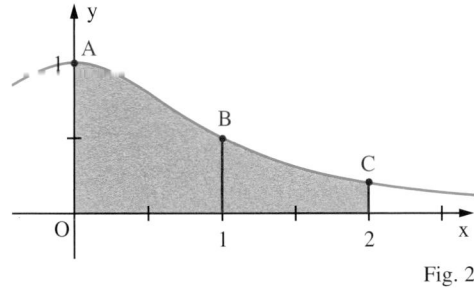

Fig. 2

1 Gegeben ist die Funktion f mit

$f(x) = \frac{1}{1+x^2}$.

a) Welcher Näherungswert für den Inhalt der in Fig. 2 gefärbten Fläche ergibt sich, wenn man den Graphen der Funktion f zwischen A und B und B und C durch Sehnen ersetzt?
b) Welcher Wert ergibt sich, wenn man den Graphen durch die Tangente in B ersetzt?

Wenn man zu einer gegebenen Funktion f keine Stammfunktion angeben kann, dann kann man im Allgemeinen das Integral $\int_a^b f(x)\,dx$ nicht exakt berechnen. In solchen Fällen muss man sich mit einem Näherungswert für das Integral zufrieden geben.

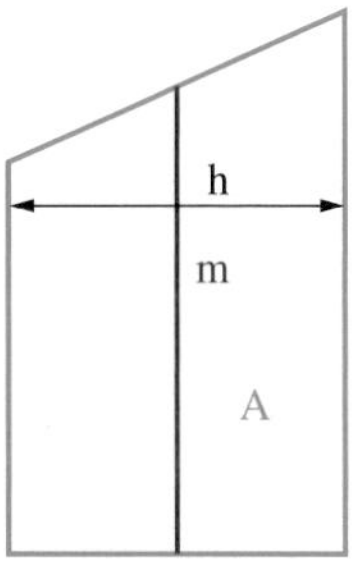

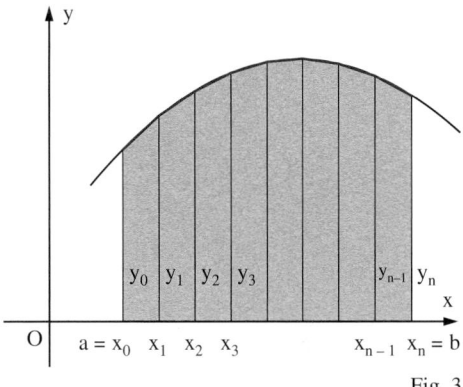

Selbstverständlich ist jede Produktsumme und damit jede Untersumme und Obersumme ein Näherungswert für das Integral (siehe Seite 55). Man erhält jedoch bessere Näherungswerte, wenn man die Rechtecke durch Trapeze wie in Fig. 3 (Sehnentrapeze) oder wie in Fig. 4 (Tangententrapeze) ersetzt. Dabei benützt man die für den Flächeninhalt eines Trapezes geltenden Formeln (siehe Fig. 1).

$A = \frac{a+b}{2} \cdot h$ bzw.
$A = m \cdot h$

Fig. 1

Fig. 3

Zur Bestimmung des Inhalts der Sehnentrapeze in Fig. 3 unterteilt man das Intervall [a; b] zunächst in n gleichlange Teilintervalle. Zur Vereinfachung schreibt man für $f(x_i)$ kurz y_i. Dann gilt für den Inhalt S_n:

$S_n = \frac{b-a}{n}\left(\frac{y_0+y_1}{2} + \frac{y_1+y_2}{2} + \ldots + \frac{y_{n-1}+y_n}{2}\right)$

oder

$S_n = \frac{b-a}{2n}(y_0 + 2y_1 + 2y_2 + \ldots + 2y_{n-1} + y_n)$.

Wenn n eine gerade Zahl ist, bestimmt man entsprechend den Inhalt T_n der Tangententrapeze in Fig. 4. Es gilt:

$T_n = \frac{2(b-a)}{n}(y_1 + y_3 + y_5 + \ldots + y_{n-1})$.

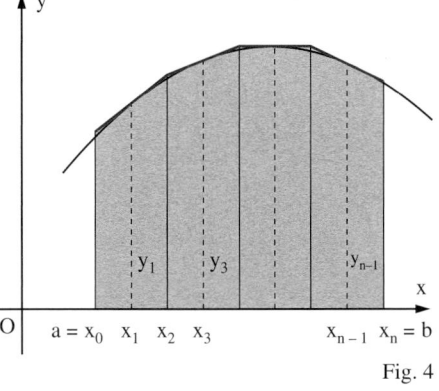

Fig. 4

Die Trapezregeln kann man auch bei einem Integral $\int_a^b f(x)\,dx$ mit $f(x) < 0$ oder $a > b$ verwenden.

Für das Integral $\int_a^b f(x)\,dx$ erhält man einen Näherungswert S_n bzw. T_n mit der

Sehnentrapezregel: $S_n = \frac{b-a}{2n}(y_0 + 2y_1 + 2y_2 + \ldots + 2y_{n-1} + y_n)$ bzw.

Tangententrapezregel (n gerade)**:** $T_n = \frac{2(b-a)}{n}(y_1 + y_3 + y_5 + \ldots + y_{n-1})$.

	A	B	C
1	x_i	y_i	$(1/40)^*(y_i+y_{i+1})$
2	1	0,5	0
3	1,05	0,47562424	0,02439061
4	1,1	0,45248869	0,02320282
5	1,15	0,43057051	0,02207648
6	1,2	0,40983607	0,02101016
7	1,25	0,3902439	0,020002
8	1,3	0,37174721	0,01904978
9	1,35	0,35429584	0,01815108
10	1,4	0,33783784	0,01730334
11	1,45	0,32232071	0,01650396
12	1,5	0,30769231	0,01575033
13	1,55	0,29390154	0,01503985
14	1,6	0,28089888	0,01437001
15	1,65	0,26863667	0,01373839
16	1,7	0,25706941	0,01314265
17	1,75	0,24615385	0,01258058
18	1,8	0,23584906	0,01205007
19	1,85	0,22611645	0,01154914
20	1,9	0,21691974	0,0110759
21	1,95	0,20822488	0,01062862
22	2	0,2	0,01020562
23	2,05	0,19221528	0,00980538
24	2,1	0,18484288	0,00942645
25	2,15	0,17785683	0,00906749
26	2,2	0,17123288	0,00872724
27	2,25	0,16494845	0,00840453
28	2,3	0,15898251	0,00809827
29	2,35	0,15331545	0,00780745
30	2,4	0,14792809	0,00753111
31	2,45	0,14280614	0,00726838
32	2,5	0,13793103	0,00701843
33	2,55	0,1332898	0,0067805
34	2,6	0,12886598	0,00655387
35	2,65	0,12464942	0,00633789
36	2,7	0,12062726	0,00613192
37	2,75	0,11678832	0,00593539
38	2,8	0,11312217	0,00574776
39	2,85	0,10961907	0,00556853
40	2,9	0,10626993	0,00539722
41	2,95	0,10306622	0,0052334
42	3	0,1	0,00507666
43	Näherungswert S_{40} =		0,46373928

Fig. 1

Zu Aufgabe 3 b).

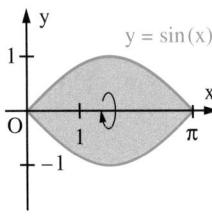

Fig. 2

Beispiel:

a) Berechnen Sie für das Integral $\int\limits_1^3 \frac{1}{1+x^2}\,dx$ die Näherungswerte S_4 und T_4.

b) Bestimmen Sie mit einem Tabellenkalkulationsprogramm S_{40}.

Lösung:

a) Mit $x_0 = 1$; $x_1 = 1{,}5$; $x_2 = 2$; $x_3 = 2{,}5$ und $x_4 = 3$ ergibt sich

$y_0 = \frac{1}{2}$; $y_1 = \frac{4}{13}$; $y_2 = \frac{1}{5}$; $y_3 = \frac{4}{29}$; $y_4 = \frac{1}{10}$.

Damit berechnet man:

$S_4 = \frac{3-1}{2\cdot 4}\left(\frac{1}{2} + 2\cdot\frac{4}{13} + 2\cdot\frac{1}{5} + 2\cdot\frac{4}{29} + \frac{1}{10}\right) = 0{,}4728$ (4 Dezimalen) bzw.

$T_4 = \frac{2(3-1)}{4}\left(\frac{4}{13} + \frac{4}{29}\right) = 0{,}4456$ (4 Dezimalen).

b) Fig. 1 zeigt die mit einer Tabellenkalkulation berechneten Werte.

Es ergibt sich: $S_{40} \approx 0{,}46373928$.

Aufgaben

2 Ermitteln Sie mit beiden Trapezregeln Näherungswerte für das Integral.

a) $\int\limits_1^4 \frac{1}{x}\,dx$; n = 6   b) $\int\limits_0^2 \sqrt{1+x}\,dx$; n = 4   c) $\int\limits_0^4 2^x\,dx$; n = 8   d) $\int\limits_{\frac{\pi}{4}}^{\frac{\pi}{2}} \frac{1}{\sin(x)}\,dx$; n = 4

3 a) Der Graph der Funktion f mit $f(x) = x\sqrt{4-x}$ schließt über dem Intervall [0; 4] mit der x-Achse eine Fläche ein. Bestimmen Sie mit der Sehnentrapezregel einen Näherungswert für den Inhalt dieser Fläche (n = 8).

b) Die Fläche zwischen dem Graphen der Funktion f mit $f(x) = \sin(x)$ und der x-Achse über dem Intervall [0; π] rotiere um die x-Achse. Bestimmen Sie einen Näherungswert für den Inhalt des Drehkörpers (n = 8).

4 a) Bestimmen Sie mithilfe einer Stammfunktion das Integral $\int\limits_1^4 \frac{1}{x}\,dx$ (4 Dez.).

b) Berechnen Sie für das Integral aus Teilaufgabe a) Näherungswerte mithilfe der Trapezregeln und mithilfe von Ober- und Untersummen (n = 20) und vergleichen Sie.

5 Der Bogen der Normalparabel K: $y = x^2$ zwischen den Punkten O (0|0) und A (2|4) hat die Länge $L = \int\limits_0^2 \sqrt{1+4x^2}\,dx$. Ermitteln Sie mit der Sehnentrapezregel einen Näherungswert (n = 40).

6 Bei den in Fig. 3 und Fig. 4 von Seite 125 verwendeten Graphen gilt $S_n \leqq \int\limits_a^b f(x)\,dx \leqq T_n$. Zeigen Sie an einem Beispiel, dass dies im Allgemeinen nicht gilt.

7 Es liegt nahe, die mittels der Sehnentrapezregel und der Tangententrapezregel erhaltenen Näherungswerte S_n und T_n zu einem einzigen Näherungswert zusammenzufassen. Weil bei der Berechnung jeweils doppelt so viele Sehnentrapeze wie Tangententrapeze verwendet werden, erscheint es sinnvoll, S_n doppelt so stark zu gewichten wie T_n. Man erhält $K_n = \frac{1}{3}(2S_n + T_n)$.

a) Zeigen Sie, dass für n = 2 gilt: $K_2 = \frac{b-a}{6}(y_0 + 4y_1 + y_2)$.

b) Bestimmen Sie mit der Regel aus Teilaufgabe a) den Näherungswert K_2 für das Integral $\int\limits_1^3 \frac{1}{1+x^2}\,dx$ aus dem Beispiel.

4 Uneigentliche Integrale

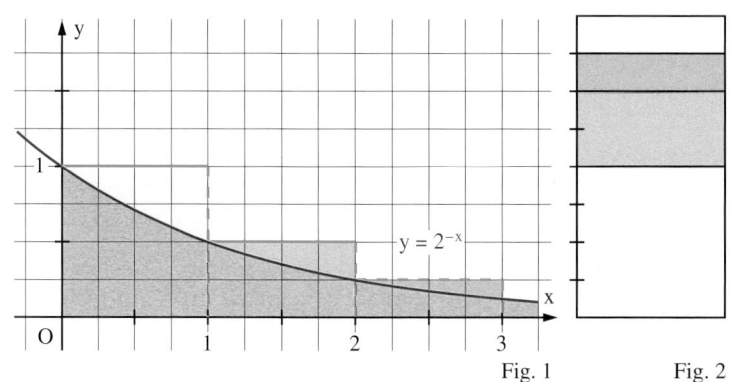

1 In Fig. 1 begrenzt der Graph der Funktion f: $x \mapsto 2^{-x}$ mit den Koordinatenachsen eine „rechts ins Unendliche reichende", rot gefärbte Fläche mit Inhalt A. Sicher ist A kleiner als der Inhalt T der Fläche unter der blau gezeichneten Treppenfunktion. In Fig. 2 sind einige Rechtecke unter der Treppenfunktion „gestapelt".

a) Gegen welchen Grenzwert strebt damit T?
b) Was ergibt sich daraus für den Flächeninhalt A?

Fig. 1   Fig. 2

Bisher wurden bei gegebener Funktion f nur Integrale über abgeschlossene Intervalle [a; b] betrachtet. Hier wird mithilfe der Integralrechnung untersucht, ob man auch „ins Unendliche reichenden" Flächen wie in Fig. 1 einen (endlichen) Flächeninhalt zuordnen kann.

Fig. 3 zeigt den Graphen der Funktion f mit $f(x) = \frac{2}{x^2}$. Die Fläche zwischen dem Graphen von f und der x-Achse über dem Intervall [1; b] hat den Inhalt

$$A_f(b) = \int_1^b \frac{2}{x^2}\,dx = \left[\frac{-2}{x}\right]_1^b = 2 - \frac{2}{b}.$$

Für $b \to +\infty$ strebt $2 - \frac{2}{b} \to 2$, und damit hat $A_f(b)$ für $b \to +\infty$ den Grenzwert 2. Dies besagt, dass der „rechts ins Unendliche reichenden" Fläche zwischen dem Graphen von f und der x-Achse über [1; $+\infty$) der Flächeninhalt 2 zugeordnet werden kann.

$[a; b] = \{x \mid a \leq x \leq b\}$
$(a; b) = \{x \mid a < x < b\}$
$(a; b] = \{x \mid a < x \leq b\}$
$[a; b) = \{x \mid a \leq x < b\}$

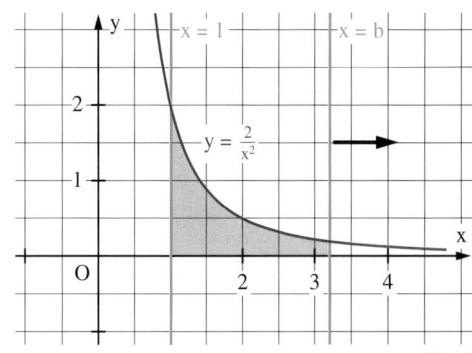

Fig. 3

Eine entsprechende Überlegung für die Funktion g mit $g(x) = \frac{1}{\sqrt{x}}$ ergibt (Fig. 4):

$$A_g(b) = \int_1^b \frac{1}{\sqrt{x}}\,dx = \left[2\sqrt{x}\right]_1^b = 2\sqrt{b} - 2.$$

Für $b \to +\infty$ hat damit $A_g(b)$ keinen Grenzwert. Also kann der „rechts ins Unendliche reichenden" Fläche zwischen dem Graphen von g und der x-Achse über [1; $+\infty$) kein (endlicher) Flächeninhalt zugeordnet werden.

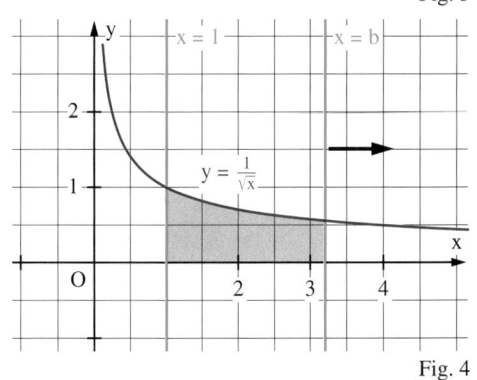

Fig. 4

Schreibweise:

$$\lim_{b\to\infty} \int_a^b f(x)\,dx = \int_a^\infty f(x)\,dx$$

Definition 1: Ist die Funktion f auf dem Intervall [a; $+\infty$) stetig und existiert der Grenzwert

$$\lim_{b\to\infty} \int_a^b f(x)\,dx, \text{ so heißt dieser Grenzwert das } \textbf{uneigentliche Integral von f über } [\textbf{a}; +\infty).$$

Entsprechend wird das uneigentliche Integral von f über $(-\infty; b]$ definiert.

127

Bei den bisherigen uneigentlichen Integralen wurde der Begriff des Integrals auf unbeschränkte Intervalle ausgedehnt. Auch bei beschränkten Intervallen lässt sich der Begriff des Integrals noch erweitern.

Fig. 1 zeigt den Graphen der Funktion f mit $f(x) = \frac{2}{\sqrt{x}}$. Für $a > 0$ hat die rot gefärbte Fläche über dem Intervall [a; 2] den Inhalt

$$A_f(a) = \int_a^2 \frac{2}{\sqrt{x}}\,dx = \left[4\sqrt{x}\right]_a^2 = 4\sqrt{2} - 4\sqrt{a}.$$

Damit gilt für $a \to 0$ dann $A_f(a) \to 4\sqrt{2}$. Also hat die „oben ins Unendliche reichende" Fläche zwischen dem Graphen von f und der x-Achse über (0; 2] den Inhalt $4\sqrt{2}$.

Für die Funktion g mit $g(x) = \frac{1}{x^2}$ ergibt sich

analog (Fig. 2) $A_g(b) = \int_a^2 \frac{1}{x^2}\,dx = \left[\frac{-1}{x}\right]_a^2 = \frac{1}{a} - \frac{1}{2}$.

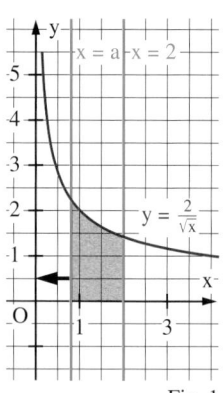

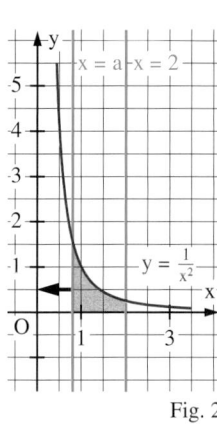

Fig. 1 Fig. 2

Für $a \to 0$ hat $A_g(b)$ keinen Grenzwert. Also hat die „oben ins Unendliche reichende" Fläche zwischen dem Graphen von g und der x-Achse über dem Intervall (0; 2] keinen (endlichen) Flächeninhalt.

Definition 2: Ist die Funktion f auf dem Intervall (a; b] stetig und existiert der Grenzwert $\lim\limits_{z \to a} \int_z^b f(x)\,dx$, so heißt dieser Grenzwert das **uneigentliche Integral von f über (a; b]**.

Entsprechend wird das uneigentliche Integral von f über [a; b) definiert.

Beispiel 1: (Berechnung des Inhaltes einer „rechts ins Unendliche reichenden Fläche)
Gegeben ist die Funktion f mit $f(x) = e^{-x}$.
Zeigen Sie, dass die Fläche zwischen dem Graphen von f und den Koordinatenachsen (Fig. 3) einen Flächeninhalt A hat, und geben Sie A an.
Lösung:

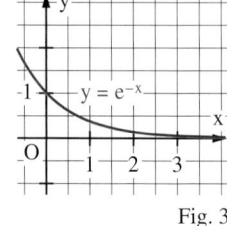

Für $b > 0$ ist $A(b) = \int_0^b e^{-x}\,dx = \left[-e^{-x}\right]_0^b = 1 - e^{-b}$. Für $b \to \infty$ gilt $1 - e^{-b} \to 1$,

d. h. der Flächeninhalt $A(b)$ hat den Grenzwert 1 für $b \to \infty$.

Damit ist $A = \lim\limits_{b \to \infty} A(b) = 1$.

Fig. 3

Beispiel 2: (Berechnung des Inhaltes einer „oben ins Unendliche reichenden" Fläche)
Gegeben ist die Funktion f mit $f(x) = x + \frac{1}{4\sqrt{x}}$ für $x > 0$.
Zeigen Sie, dass die Fläche zwischen dem Graphen von f, den Koordinatenachsen und der Geraden mit der Gleichung x = 1 (Fig. 4) einen Flächeninhalt A hat, und geben Sie diesen Flächeninhalt A an.
Lösung:

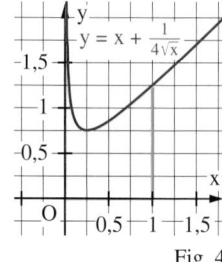

Für $a > 0$ gilt $A(a) = \int_a^1 \left(x + \frac{1}{4\sqrt{x}}\right)dx = \left[\frac{1}{2}x^2 + \frac{1}{2}\sqrt{x}\right]_a^1 = 1 - \frac{1}{2}a^2 - \frac{1}{2}\sqrt{a}$.

Für $a \to 0$ hat der Flächeninhalt $A(a)$ den Grenzwert 1.

Folglich ist $A = \lim\limits_{a \to 0} A(a) = 1$.

Fig. 4

Aufgaben

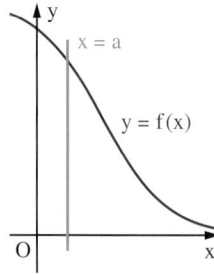

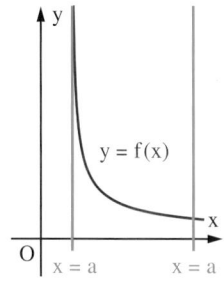

2 Untersuchen Sie, ob die vom Graphen von f und der x-Achse über dem Intervall $[c; +\infty)$ bzw. $(-\infty; c]$ begrenzte, „ins Unendliche reichende" Fläche einen Flächeninhalt A besitzt. Geben Sie gegebenenfalls A an.

a) $f(x) = \frac{2}{x^2}$; $[1; +\infty)$ 　　 b) $f(x) = -4x^{-3}$; $(-\infty; -1]$ 　　 c) $f(x) = 3e^{0,2x+1}$; $(-\infty; 0]$

3 Zeichnen Sie die Graphen der Funktionen f und g. Die Gerade mit der Gleichung $x = c$, der Graph von f und der Graph von g begrenzen eine nach rechts bzw. links unbegrenzte Fläche. Untersuchen Sie, ob diese Fläche einen Inhalt A besitzt. Geben Sie diesen gegebenenfalls an.

a) $f(x) = \frac{1}{2}x + \frac{2}{x^2}$; $g(x) = \frac{1}{2}x$; $c = 2$; nach rechts unbegrenzt

b) $f(x) = \frac{-1}{3}x + e^x$; $g(x) = \frac{-1}{3}x$; $c = 1$, nach links unbegrenzt.

4 Der Graph der Funktion f, die x-Achse und die Gerade mit der Gleichung $x = a$ begrenzen eine nach rechts offene Fläche, die um die x-Achse rotiert. Dabei entsteht ein nach rechts unbegrenzter Körper K. Untersuchen Sie, ob K ein endliches Volumen besitzt.

a) $f(x) = 2e^{-x}$; $a = 0$ 　　 b) $f(x) = \frac{4}{x}$; $a = 1$ 　　 c) $f(x) = \frac{2}{(x-2)^2}$; $a = 3$

5 Untersuchen Sie, ob die vom Graphen von f, den Geraden mit den Gleichungen $x = a$ und $x = b$ sowie der x-Achse begrenzte und „oben oder unten ins Unendliche reichende" Fläche einen Flächeninhalt A besitzt. Geben Sie gegebenenfalls A an.

a) $f(x) = \frac{4}{\sqrt{x}}$; $a = 0$; $b = 1$ 　　　　 b) $f(x) = \frac{1+\sqrt{x}}{\sqrt{x}}$; $a = 0$; $b = 4$

c) $f(x) = \frac{1}{(x-3)^2}$; $a = -1$; $b = 3$ 　　　　 d) $f(x) = \frac{6}{x^4}$; $a = -3$; $b = 0$

6 Gegeben ist die Funktion f und die Zahl $a \in \mathbb{R}$. Der Graph von f, die Gerade mit der Gleichung $x = a$ und die x-Achse begrenzen eine nach rechts offene Fläche. Bestimmen Sie die Zahl $r \in \mathbb{R}$ so, dass die Gerade mit der Gleichung $x = r$ diese Fläche halbiert.

a) $f(x) = \frac{8}{x^2}$; $a = 2$ 　　　　　　 b) $f(x) = 2e^{1-2x}$; $a = 0$

7 Die Schüttung einer Quelle, die zu Beginn $4,0\frac{m^3}{min}$ beträgt, nimmt etwa exponentiell ab und beträgt nach 20 Tagen $0,50\frac{m^3}{min}$. Berechnen Sie die Wassermenge, die von der Quelle

a) in 30 Tagen geliefert wird

b) insgesamt geliefert wird. Bestimmen Sie dazu einen geeigneten Grenzwert.

8 Aus der Physik ist bekannt: Um einen Körper der Masse m aus der Höhe h_1 über dem Erdmittelpunkt auf die Höhe h_2 über dem Erdmittelpunkt zu bringen, benötigt man die Arbeit

$$W = \int_{h_1}^{h_2} F(s)\,ds \quad \text{mit } F(s) = \gamma \frac{m \cdot M}{s^2}.$$

Dabei ist M die Masse der Erde und γ die Gravitationskonstante. Welche Arbeit ist notwendig, um einen Satelliten der Masse m von der Erdoberfläche

a) in eine geostationäre Bahn zu bringen

b) aus dem Anziehungsbereich der Erde „hinauszubefördern"?

5 Vermischte Aufgaben

1 Gegeben sind die Funktionen f mit $f(x) = e^{x-2}$ und g mit $g(x) = e^{2-x}$.
a) Zeichnen Sie die Graphen von f und g in ein gemeinsames Koordinatensystem.
b) Die Graphen von f und g schließen mit der y-Achse eine Fläche ein. Rotiert diese Fläche um die x-Achse, entsteht ein Drehkörper.
Berechnen Sie das Volumen dieses Drehkörpers.

2 Gegeben ist die Funktion f mit $f(x) = 3 \cdot e^{-x}$. Die Parallele zur y-Achse durch den Punkt $A(u|0)$ mit $u > 0$ schneidet den Graphen von f in B. Die Parallele zur x-Achse durch B schneidet die y-Achse in C. Durch Rotation des Vierecks OABC um die x-Achse entsteht ein Drehkörper.
a) Beschreiben Sie diesen Drehkörper.
b) Für welchen Wert von u wird das Volumen des Drehkörpers extremal?
c) Um welche Art von Extremum handelt es sich?
d) Wie groß ist das Volumen des extremalen Drehkörpers?

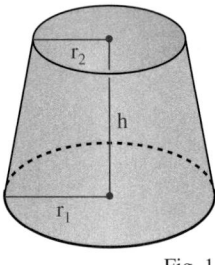

3 Bestimmen Sie die Zahl $t > 1$ so, dass der Graph der Funktion f, mit $f_t(x) = (1-t)x^2 - tx$, mit der x-Achse eine Fläche einschließt, die
a) einen möglichst kleinen Flächeninhalt hat
b) bei Rotation um die x-Achse einen Drehkörper mit möglichst kleinem Volumen ergibt.

4 Für das Volumen eines Kegelstumpfes (Fig. 1) gilt $V = \frac{1}{3}\pi h(r_1^2 + r_1 r_2 + r_2^2)$.
Bestätigen Sie dies durch Integration, wobei der Graph von f mit $f(x) = mx$ um die x-Achse rotiert.

Fig. 1

5 Skizzieren Sie den Graphen des Integranden. Ermitteln Sie mit den beiden Trapezregeln Näherungswerte für das Integral.

a) $\int_0^1 \frac{1}{1+x^2}\,dx$; $n = 6$ b) $\int_1^2 e^{-x^2}\,dx$; $n = 4$ c) $\int_1^2 \ln(x)\,dx$; $n = 6$

Man kann das Ergebnis einer Integralberechnuung wie in Aufgabe 6 durch das Abzählen von Karos grob kontrollieren.

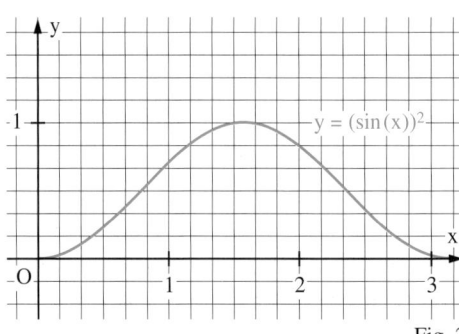

Fig. 2

6 Gegeben ist die Funktion f mit $f(x) = (\sin(x))^2$. Bestimmen Sie einen Näherungswert für $\int_0^\pi (\sin(x))^2\,dx$

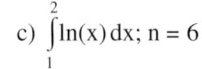

a) durch Anwendung der Sehnentrapezregel mit $n = 6$
b) durch Anwendung der Tangententrapezregel mit $n = 6$
c) durch Anwendung der Sehnentrapezregel mit einer Tabellenkalkulation $(n = 50)$.

7 Der Graph der Funktion f mit $f(x) = e^{1-2x}$ und die Koordinatenachsen begrenzen eine nach rechts unbegrenzte Fläche mit dem Inhalt A.
a) Berechnen Sie A.
b) Die ins Unendliche reichende Fläche wird durch eine zur y-Achse parallele Gerade in zwei gleich große Flächen zerlegt.
Ermitteln Sie die Gleichung dieser Geraden.

8 Die Graphen der Funktionen f und g sowie die Geraden mit den Gleichungen x = 1 und x = z mit z > 1 schließen eine Fläche ein. Bestimmen Sie den Inhalt A (z) dieser Fläche sowie den Grenzwert $A = \lim\limits_{z \to +\infty} A(z)$.

a) $f(x) = \frac{1}{2}x^2 + \frac{2}{x^2};\ g(x) = \frac{1}{2}x^2$
b) $f(x) = \frac{x^4 + 16}{4x^2};\ g(x) = \frac{1}{4}x^2$

9 a) Gegeben sind die Funktionen f und g_t durch $f(x) = \frac{1}{x^3}$ und $g_t(x) = \frac{t}{x^2}$ für x ≠ 0 und t > 0. Ihre Graphen sind K bzw. C_t. Bestimmen Sie den x-Wert s_t des Schnittpunktes S_t der beiden Graphen K und C_t in Abhängigkeit von t.

b) Der Graph C_t und die Geraden mit den Gleichungen $x = s_t$ und y = 0 begrenzen eine „rechts ins Unendliche reichende" Fläche. Zeigen Sie, dass K diese Fläche halbiert.

10 Der Graph der Funktion f, die Asymptote und die y-Achse begrenzen eine nach rechts bzw. links unbegrenzte Fläche. Untersuchen Sie, ob diese Fläche einen Inhalt A besitzt. Geben Sie diesen gegebenenfalls an.

a) $f(x) = 4 - 3 \cdot e^{-0,5x}$
b) $f(x) = x + 1 + e^{1-x}$
c) $f(x) = e^{2x} - 4 \cdot e^x + 4$

11 Gegeben ist die Funktion f mit $f(x) = \frac{1}{\sqrt{x-2}}$.

a) Geben Sie die Definitionsmenge von f an. Zeichnen Sie den Graphen von f einschließlich Asymptoten.

b) Der Graph von f, die x-Achse und die Gerade mit der Gleichung x = 3 begrenzen eine „rechts ins Unendliche reichende" Fläche.
Untersuchen Sie, ob diese Fläche einen Inhalt hat.

c) Zeigen Sie, dass die „oben ins Unendliche reichende" Fläche zwischen dem Graphen von f, der x-Achse und den Geraden mit den Gleichungen x = 2 bzw. x = 4 einen Flächeninhalt hat, und geben Sie diesen Flächeninhalt an.

d) Der Graph von f rotiert zwischen den x-Werten a mit 2 < a < 4 und 4 um die x-Achse.
Berechnen Sie das Volumen V (a) des entstehenden Drehkörpers.
Untersuchen Sie V (a) für a ↦ 2.

Anwendungen

12 Ein Trinkglas hat innen die in Fig. 1 gezeigte Form. Der gekrümmte Teil ist ein Parabelbogen, der sich ohne Knick an die vorangehende Strecke anschließt.
a) Welches Volumen fasst das Glas?
b) Wie hoch stehen 0,15 Liter Flüssigkeit etwa in diesem Glas?

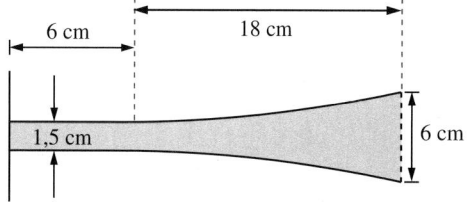

Fig. 1

13 Ein ausgewachsener Ahornbaum hat etwa 100 000 Blätter und jedes Blatt hat eine Oberfläche von 55 cm². Die Blätter produzieren abhängig von der Sonneneinstrahlung Sauerstoff. 1 m² Blattoberfläche liefert maximal 500 ml Sauerstoff pro Stunde. Die Sauerstoffproduktion s (t) $\left(\text{in } \frac{ml}{h \cdot m^2}\right)$ pro m² und Stunde während eines Sommertages zwischen 6 Uhr und 21 Uhr kann näherungsweise so beschrieben werden: $s(t) = 500 \cdot e^{-\frac{t^2}{360}}$ (−6 ≤ t ≤ 9).
a) Skizzieren Sie den Graphen von s.
b) Berechnen Sie näherungsweise die an einem Tag produzierte Sauerstoffmenge.
c) Skizzieren Sie ohne Rechnung den Graphen der Integralfunktion $J(x) = \int\limits_{-6}^{x} s(t)\,dt$.
An welcher Stelle ist der Graph am steilsten?

Näherungsweise Berechnung von Integralen –
Die Fassregel von KEPLER

D as bewegte Leben des Astronomen und Mathematikers JOHANNES KEPLER (1571–1630) zu schildern, reicht hier der Platz nicht. Doch nachdem 1611 seine erste Frau in Prag gestorben war, heiratete er – nun in Linz als Mathematiker arbeitend – im Herbst 1613 wieder, aber lassen wir ihn selbst zu Wort kommen:

„Als ich im November des letzten Jahres meine Wiedervermählung feierte, ... da war es die Pflicht des neuen Gatten und sorglichen Familienvaters, für sein Haus den nötigen Trunk zu besorgen. Als einige Fässer eingekellert waren, kam am 4. Tag der Verkäufer mit der Messrute, mit der er alle Fässer, ohne Rücksicht auf die Form, ohne jede weitere Überlegung oder Rechnung ihrem Inhalt nach bestimmte. Die Visierrute wurde mit ihrer metallenen Spitze durch das Spundloch quer bis zu den Rändern der beiden Böden eingeführt, und als die beiden Längen gleich gefunden worden waren, ergab die Marke am Spundloch die Zahl der Eimer im Fass. Ich wunderte mich, dass die Querlinie durch die Fasshälfte ein Maß für den Inhalt abgeben könne, und bezweifelte die Richtigkeit der Methode, denn ein sehr niedriges Fass mit etwas breiteren Böden und daher sehr viel kleinerem Inhalt könnte dieselbe Visierlänge besitzen.“

KEPLER verfasste daraufhin die Schrift „Nova stereometria doliorum vinariorum" (Neue Inhaltsberechnung von Weinfässern), in der er nach überprüfbaren Methoden zur Inhaltsberechnung von Weinfässern suchte. Eine dieser Methoden bestand darin, die Krümmung des Fasses durch eine Parabel anzunähern, da Inhaltsberechnungen mithilfe von Parabeln seit ARCHIMEDES exakt durchgeführt werden konnten.

Diese Idee von KEPLER kann man nutzen, wenn bei der Berechnung eines Integrals $J = \int_a^b f(x)\,dx$ keine Stammfunktion F von f bestimmt werden kann. In einem solchen Fall muss man sich mit einem Näherungswert von J begnügen. Nach KEPLER ersetzt man dazu den Graphen von f zwischen P und Q durch eine Parabel, die durch $P(a\,|\,f(a))$, $Q(b\,|\,f(b))$ und $R\left(\frac{a+b}{2}\,\middle|\,f\left(\frac{a+b}{2}\right)\right)$ verläuft (Fig. 1).

Es ist überraschend, dass der Term der Funktion g, d. h. die Zahlen r, s und t, überhaupt nicht bestimmt werden müssen.

Ist diese Parabel der Graph der Funktion g mit $g(x) = r\,x^2 + s\,x + t$, so gilt
$f(a) = g(a) = r\,a^2 + s\,a + t$,
$f(b) = g(b) = r\,b^2 + s\,b + t$ und
$f\left(\frac{a+b}{2}\right) = g\left(\frac{a+b}{2}\right) = r\cdot\left(\frac{a+b}{2}\right)^2 + s\cdot\frac{a+b}{2} + t$.
Damit wird

$$J \approx \int_a^b g(x)\,dx = \int_a^b (r\,x^2 + s\,x + t)\,dx$$
$$= \left[\tfrac{1}{3}r\,x^3 + \tfrac{1}{2}s\,x^2 + t\,x\right]_a^b$$
$$= \tfrac{1}{3}r\,(b^3 - a^3) + \tfrac{1}{2}s\,(b^2 - a^2) + t\,(b - a).$$

Wegen $b^3 - a^3 = (b - a)(b^2 + ab + a^2)$ kann $b - a$ ausgeklammert werden. Dies ergibt

$$J \approx \tfrac{1}{6}(b - a)\left[2\,r\,(a^2 + ab + b^2) + 3\,s\,(a + b) + 6t\right]$$
$$= \tfrac{1}{6}(b - a)\left[(r\,a^2 + s\,a + t) + (r\,b^2 + s\,b + t) + r\,(a^2 + 2ab + b^2) + 2\,s\,(a + b) + 4t\right]$$
$$= \tfrac{1}{6}(b - a)\left[f(a) + f(b) + 4\,r\cdot\left(\tfrac{a+b}{2}\right)^2 + 4\,s\cdot\tfrac{a+b}{2} + 4t\right] = \tfrac{1}{6}(b - a)\left[f(a) + f(b) + 4\cdot f\left(\tfrac{a+b}{2}\right)\right].$$

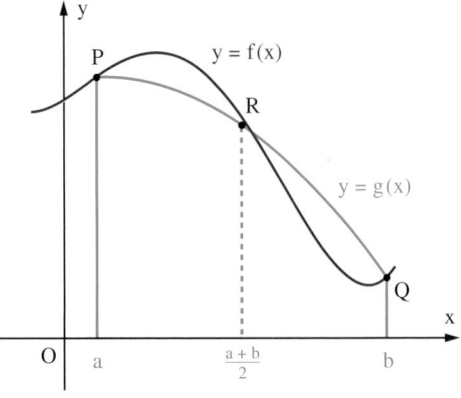

Fig. 1

132

Mathematische Exkursionen

Fassregel von KEPLER: Ist f eine auf dem Intervall [a; b] stetige Funktion, so gilt

$$\int_a^b f(x)\,dx \approx \frac{1}{6}(b-a)\left[f(a) + 4\cdot f\left(\frac{a+b}{2}\right) + f(b)\right].$$

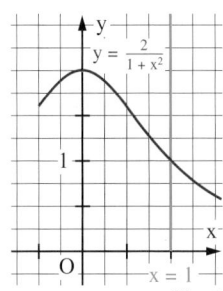

Fig. 1

Hinweis: Man kann zeigen, dass der exakte Wert des Integrals im Beispiel $\frac{1}{2}\pi \approx 1{,}571$ beträgt.

Beispiel: (Anwendung der Fassregel von KEPLER)

Bestimmen Sie für f mit $f(x) = \frac{2}{1+x^2}$ einen Näherungswert von $\int_0^1 f(x)\,dx$.

Lösung:

Wegen $f(0) = 2$; $f(1) = 1$ und $f\left(\frac{1}{2}\right) = \frac{8}{5}$ gilt $\int_0^1 \frac{2}{1+x^2} \approx \frac{1}{6}(1-0)\left(2 + 4\cdot\frac{8}{5} + 1\right) = \frac{47}{30} \approx 1{,}567$.

Aufgaben

1 Berechnen Sie für das Integral mit der Fassregel von KEPLER einen auf drei Dezimalen gerundeten Näherungswert.

a) $\int_2^4 \frac{1}{2+x^2}\,dx$

b) $\int_0^3 \sqrt{1+x^2}\,dx$

c) $\int_1^3 \frac{2}{x}\cdot e^x\,dx$

d) $\int_{-0,5}^{0,5} x\cdot\cos(\pi x^2)\,dx$

JOHANNES KEPLER
entwickelte viele Verfahren zur Volumenberechnung von Fässern, die er sich aus Kegelstümpfen, Zylindern, ... zusammengesetzt dachte. In heutiger Sprechweise erhielt er einen guten Näherungswert für das Volumen V eines Fasses durch

$V = \frac{1}{6}\cdot a\cdot(q_1 + 4\cdot q_2 + q_3)$.

Dabei ist a die Länge des Fasses, und q_1, q_2 und q_3 sind die Inhalte der Querschnittsflächen links, in der Mitte und rechts im Fass (Fig. 2). Von dieser Formel kommt der Name „Fassregel".

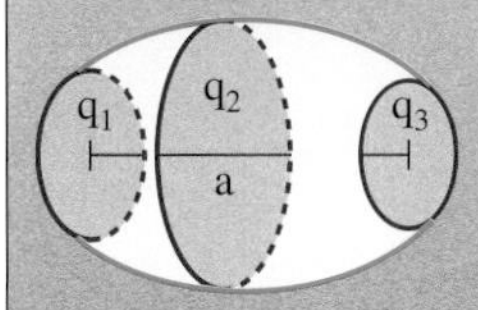

Fig. 2

2 Berechnen Sie für $J = \int_a^b f(x)\,dx$ einen auf drei Dezimalen gerundeten Näherungswert $\bar{J}$ mit der Fassregel von KEPLER. Berechnen Sie dann den exakten Wert von J und bestimmen Sie die prozentuale Abweichung des Näherungswertes $\bar{J}$ von J.

a) $f(x) = x^4 - 2x^3 + 3$; $a = 0$; $b = 2$

b) $f(x) = x(x^2 - 9)$; $a = -1$; $b = 3$

c) $f(x) = 4\cdot e^{-0,1x}$, $a = -2$; $b = 2$

3 Beweisen Sie die nebenstehende Formel $V = \frac{1}{6}a\cdot(q_1 + 4q_2 + q_3)$ mithilfe der Fassregel von Kepler.

Was besagt das Ergebnis von Aufgabe 4 eigentlich?

4 Gegeben ist eine Funktion f mit $f(x) = p\,x^3 + q\,x^2 + r\,x + s$. Zeigen Sie:

$$\int_a^b f(x)\,dx = \frac{1}{6}(b-a)\left(f(a) + 4\cdot f\left(\frac{a+b}{2}\right) + f(b)\right).$$

5 Berechnen Sie das Integral auf zwei verschiedene Arten; beachten Sie dabei Aufgabe 4.

a) $\int_0^4 \left(\frac{1}{2}x^3 - 2x + 1\right)dx$

b) $\int_1^3 \left(\frac{1}{3}x^3 - 4x^2 + \frac{3}{2}x - 1\right)dx$

c) $\int_2^6 \left(\frac{1}{2}x^2 - 2\right)(x-6)\,dx$

Ohne Angabe des maximalen Fehlers sind viele Näherungswerte ohne großen Nutzen!

6 Der maximale Fehler bei der Fassregel von KEPLER kann angegeben werden. Es gilt: Es sei f eine Funktion, deren Ableitung $f^{(IV)}$ auf dem Intervall [a; b] stetig ist. Wenn dann $|f^{(IV)}(x)| \leq M$ für alle $x \in [a; b]$ und $\bar{J}$ der mit der Fassregel berechnete Näherungswert von $\int_a^b f(x)\,dx$ ist, so gilt für den Fehler der Fassregel $\left|\int_a^b f(x)\,dx - \bar{J}\right| \leq \frac{1}{2880}(b-a)^5 M$.

Bestimmen Sie $\bar{J}$ und den maximalen Fehler für f mit $f(x) = \frac{4}{x+3}$ und $a = 1$; $b = 5$.

133

Rauminhalt von Rotationskörpern

Rotiert der Graph einer Funktion f über [a; b] um die x-Achse, entsteht ein Drehkörper. Sein Rauminhalt V ist

$$V = \pi \int_a^b (f(x))^2 \, dx.$$

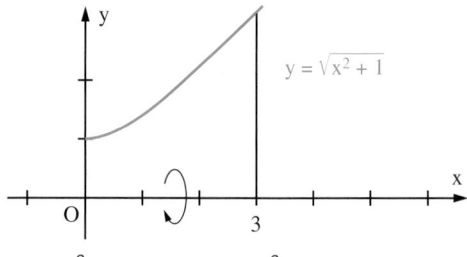

$$V = \pi \int_0^3 (\sqrt{x^2 + 1})^2 \, dx = \pi \int_0^3 (x^2 + 1) \, dx = 12\pi.$$

Mittelwert von Funktionen

$\overline{m} = \dfrac{1}{b-a} \cdot \int_a^b f(x) \, dx$ ist der Mittelwert der Funktion f auf [a; b].

$f(x) = 4 - x^2$, $a = 0$ und $b = 3$ ergeben

$$\overline{m} = \frac{1}{3-0} \int_0^3 (4 - x^2) \, dx = \frac{1}{3}\left[4x - \frac{1}{3}x^3\right]_0^3 = 1.$$

Uneigentliche Integrale

Es gibt zwei Arten von uneigentlichen Integralen. Man untersucht

a) den Grenzwert von $\int_a^b f(x) \, dx$ für $b \to \infty$

b) den Grenzwert von $\int_z^b f(x) \, dx$ für $z \to a$

Für $b \to \infty$ gilt: $\int_1^b \frac{1}{x^2} \, dx = 1 - \frac{1}{b} \to 1.$

Für $z \to 0$ gilt: $\int_z^4 \frac{1}{2\sqrt{x}} \, dx = 2 - \sqrt{z} \to 2.$

Numerische Integration

Ein Integral kann auf folgende Arten näherungsweise bestimmt werden:

a) durch Berechnung von

$S_n = \dfrac{b-a}{2n}(y_0 + 2y_1 + 2y_2 + \ldots + 2y_{n-1} + y_n)$ (Sehnentrapezregel)

b) durch Berechnung von

$T_n = \dfrac{2(b-a)}{n}(y_1 + y_3 + y_5 + \ldots + y_{n-1})$ (Tangententrapezregel).

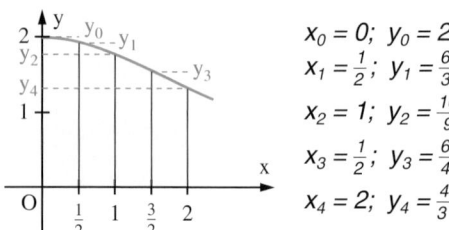

$x_0 = 0;\ y_0 = 2$

$x_1 = \frac{1}{2};\ y_1 = \frac{64}{33}$

$x_2 = 1;\ y_2 = \frac{16}{9}$

$x_3 = \frac{1}{2};\ y_3 = \frac{64}{41}$

$x_4 = 2;\ y_4 = \frac{4}{3}$

$S_4 = \dfrac{2-0}{8}\left(2 + 2\cdot\frac{64}{33} + 2\cdot\frac{16}{9} + 2\cdot\frac{64}{41} + \frac{4}{3}\right) \approx 3{,}47.$

$T_4 = \dfrac{2\cdot(2-0)}{4}\left(\frac{64}{33} + \frac{64}{41}\right) \approx 3{,}5.$

Anwendungen der Integration

$V = \int_{t_1}^{t_2} v(t) \, dt$ (V: Gesamtverbrauch; v: Momentanverbrauch; t: Zeit)

$L = \int_{t_1}^{t_2} w(t) \, dt$ (L: Länge; w: Wachstumsgeschwindigkeit; t: Zeit)

$s = \int_{t_1}^{t_2} v(t) \, dt$ (s: Weg; v: Geschwindigkeit; t: Zeit)

$W = \int_{s_1}^{s_2} F(s) \, ds$ (W: Arbeit; F: Kraft; s: Weg)

1 Der Graph von f und die x-Achse begrenzen über dem angegebenen Intervall eine Fläche. Zeigen Sie, dass diese Fläche einen (endlichen) Flächeninhalt hat, und geben Sie diesen an.

a) $f(x) = \frac{6}{x^2}$; $[1; \infty)$

b) $f(x) = \frac{3}{(2x-5)^2}$; $(-\infty; 2]$

c) $f(x) = e^{3-2x}$; $[0; \infty)$

d) $f(x) = 4 \cdot e^{5+2x}$; $(-\infty; 2]$

e) $f(x) = \frac{2}{\sqrt{x-2}}$; $(2; 6]$

f) $f(x) = \frac{2 + 3\sqrt{1-2x}}{\sqrt{1-2x}}$; $[-4; \frac{1}{2})$

2 Die beschriebene Fläche rotiert um die x-Achse. Bestimmen Sie das Volumen des entstehenden Rotationskörpers.

a) Fläche zwischen dem Graphen von f: $x \mapsto \frac{1}{2x}$ und der x-Achse über [1; 4].

b) Fläche zwischen dem Graphen von f: $x \mapsto 4 - x^2$ und der x-Achse.

c) Fläche zwischen den Graphen von f: $x \mapsto e^x$ und g: $x \mapsto \frac{1}{2}x$ über [0; 3].

d) Fläche zwischen den Graphen von f: $x \mapsto \frac{6}{x}$ und g: $x \mapsto -x + 7$.

3 Gegeben sind die auf dem Intervall [0; 3] definierten Funktionen f mit $f(x) = \frac{1}{2}x^2$ und g mit $g(x) = mx$ mit $0 < m < \frac{3}{2}$. Die Graphen von f und g schneiden sich im ersten Feld und schließen zwei Teilflächen ein. Bestimmen Sie m so, dass

a) die beiden Teilflächen denselben Flächeninhalt haben

b) die linke Teilfläche einen um $\frac{3}{2}$ größeren Flächeninhalt als die rechte Teilfläche hat

c) die beiden Rotationskörper bei Rotation der Teilflächen um die x-Achse dasselbe Volumen haben.

4 Ein Sektglas hat innen die in Fig. 1 gezeigte Parabelform.
a) Welches Volumen fasst das Glas?
b) Wie hoch stehen 0,1 Liter Sekt in dem Glas?

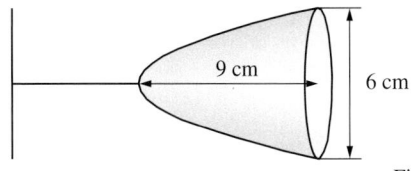

Fig. 1

5 Bestimmen Sie den Mittelwert der Funktion f mit $f(x) = x^3 - 9x$ auf dem Intervall [−2; 3].

6 Der Temperaturverlauf während eines Tages wird näherungsweise beschrieben durch die Funktion T mit $T(t) = \frac{-1}{240}t^3 + \frac{1}{10}t^2 - \frac{7}{20}t - 1$ mit $0 \leq t \leq 24$.
Dabei wird T in °C und die Uhrzeit t in Stunden angegeben.
Bestimmen Sie durch Integration eine mittlere Tagestemperatur.

7 Eine Pflanzung ist von einem Schädling befallen. Zu Beginn der Beobachtung zählt man auf einem Quadratmeter 50 Schädlinge, wobei insgesamt eine Fläche von 200 m² befallen ist. Aus Versuchen ist bekannt, dass 100 Schädlinge an einem Tag 120 g Blattmasse fressen.
Man nimmt an, dass sich die Schädlinge in den nächsten 30 Tagen bei einer Verdoppelungszeit von 5 Tagen exponentiell vermehren werden.
Wie groß ist die von den Schädlingen in 30 Tagen abgefressene Blattmasse?

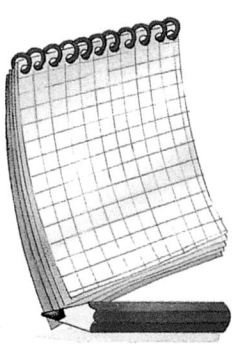

Die Lösungen zu den Aufgaben dieser Seite finden Sie auf Seite 438/439.

8 Gegeben ist die Funktion f mit $f(x) = \sqrt{2x^2 + 1}$.
a) Skizzieren Sie einen Graphen von f.
b) Der Graph von f schließt mit der x-Achse über dem Intervall [0; 2] eine Fläche ein. Bestimmen Sie mit der Sehnentrapezregel und der Tangententrapezregel (n = 4) jeweils einen Näherungswert für den Inhalt A dieser Fläche.
c) Die Fläche rotiert um die x-Achse. Bestimmen Sie das Volumen V des dabei entstehenden Rotationskörpers.

1 Definition von gebrochenrationalen Funktionen

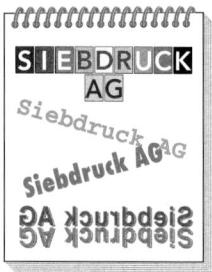

1 Für eine Weihnachtsaktion stellt die Arbeitsgemeinschaft „Siebdruck" einer Schule Kalender her. Die einmaligen Kosten für die Erstellung der Vorlagen usw. belaufen sich auf 400 €. Dazu kommen Kosten von 3,50 € pro Kalender.

a) Geben Sie die Funktion f an, welche die Gesamtkosten beschreibt, wenn x Kalender gedruckt werden. Zeichnen Sie den Graphen dieser Funktion f.

b) Welche Funktion g beschreibt die durchschnittlichen Kosten pro Kalender in Abhängigkeit von x? Skizzieren Sie den Graphen von g.

c) Zu welcher bekannten Klasse von Funktionen gehört die Funktion f? Nennen Sie Unterschiede zwischen den Funktionen f und g.

Bei einer ganzrationalen Funktion ist der Funktionsterm ein Polynom. Bildet man den Quotienten aus zwei Polynomen, so wird man häufig zu neuen Funktionen geführt.

Ist z. B. $p(x) = x^3 + x$ und $q_1(x) = 2x^2 - 2$, ergibt sich $f(x) = \frac{p(x)}{q_1(x)} = \frac{x^3+x}{2x^2-2} = \frac{x(x^2+1)}{2(x^2-1)}$. Diese Art von Funktion nennt man gebrochenrationale Funktion. Ist dagegen $q_2(x) = 2x^2 + 2$, ergibt sich $g(x) = \frac{p(x)}{q_2(x)} = \frac{x^3+x}{2x^2+2} = \frac{x(x^2+1)}{2(x^2+1)} = \frac{x}{2}$. Durch das Kürzen ändert sich in diesem Fall die Definitionsmenge nicht. Es ergibt sich als Nennerpolynom eine Konstante. Die zugehörige Funktion g ist also eine ganzrationale Funktion.

Bezeichnet man wie bei ganzrationalen Funktionen auch bei Polynomen
$a_n x^n + a_{n-1} x^{n-1} + \ldots + a_1 x + a_0$ mit $n \in \mathbb{N}$ und $a_n \neq 0$ den Exponenten n als Grad des Polynoms, so hat eine Konstante den Grad 0. Damit kann man formulieren:

Definition: Eine Funktion f mit
$$f(x) = \frac{a_n x^n + a_{n-1} x^{n-1} + \ldots + a_1 x + a_0}{b_m x^m + b_{m-1} x^{m-1} + \ldots + b_1 x + b_0}, \quad a_i \in \mathbb{R}, \ b_i \in \mathbb{R}, \ a_n \neq 0, \ b_m \neq 0,$$
heißt **gebrochenrational**, wenn diese Darstellung nur mit einem Nennerpolynom möglich ist, dessen Grad mindestens 1 ist.

Während eine ganzrationale Funktion für alle $x \in \mathbb{R}$ definiert ist, gehören bei einer gebrochenrationalen Funktion nur die x-Werte zur Definitionsmenge, für die das Nennerpolynom $q(x)$ nicht 0 ist. Die Stellen x mit $q(x) = 0$ heißen Definitionslücken.

Beispiel: (Definitionsmenge; Graph)
Gegeben ist die Funktion f mit $f(x) = \frac{x}{x^2-4}$. Ermitteln Sie die Definitionsmenge von f. Erstellen Sie eine Wertetabelle und zeichnen Sie dann den Graphen von f.

Zwei Definitionslücken zerlegen die Definitionsmenge und damit den Graphen in drei nicht zusammenhängende Teile.

$$-2 \quad 0 \quad 2$$

Lösung:
Es ist $x^2 - 4 = 0$ für $x_1 = -2$ und $x_2 = +2$, die Definitionsmenge ist also $D = \mathbb{R} \setminus \{-2; 2\}$. Der Graph von f besteht aus drei nicht zusammenhängenden Teilen (Fig. 1).
Wertetabelle:

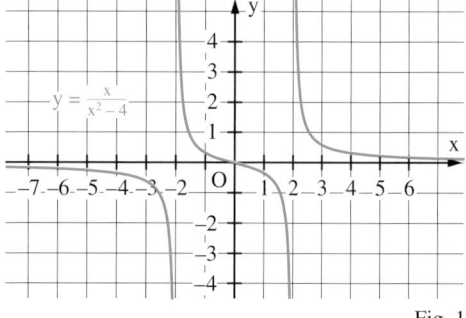

x	± 4	± 3	$\pm 2{,}5$	$\pm 1{,}5$	± 1	0
y	$\pm \frac{1}{3}$	$\pm \frac{3}{5}$	$\pm \frac{10}{9}$	$\mp \frac{6}{7}$	$\mp \frac{1}{3}$	0

Fig. 1

Aufgaben

2 Ermitteln Sie die Definitionsmenge der Funktion f.

a) $f(x) = \frac{x+1}{2x-4}$ b) $f(x) = \frac{1}{4}x + \frac{4}{x}$ c) $f(x) = \frac{x}{x^2+x-2}$ d) $f(x) = \frac{1}{x} + \frac{x}{x-1}$

3 Gegeben sind die Funktionen f, g und h mit $f(x) = \frac{1}{x}$, $g(x) = \frac{1}{x} + 2$ und $h(x) = \frac{1}{x} - 1$. Erläutern Sie, wie der Graph von g bzw. h aus dem Graphen von f entsteht.

4 Ermitteln Sie die Definitionsmenge. Zeichnen Sie den Graphen.

a) $f(x) = \frac{1}{x-3}$ b) $f(x) = \frac{2}{x+3}$ c) $f(x) = \frac{1}{2x-3}$ d) $f(x) = \frac{x}{1+x}$

e) $f(x) = x + \frac{1}{x}$ f) $f(x) = \frac{1}{x} - x$ g) $f(x) = x + \frac{4}{x^2}$ h) $f(x) = \frac{4x}{x^2+4}$

5 Geben Sie eine gebrochenrationale Funktion f mit der Definitionsmenge D_f an.

a) $D_f = \mathbb{R} \setminus \{-2\}$ b) $D_f = \mathbb{R} \setminus \{-1; +1\}$ c) $D_f = \mathbb{R} \setminus \{-2; +3\}$ d) $D_f = \mathbb{R}$

6 Für jedes $t \in \mathbb{R}$ ist eine Funktion f_t gegeben durch $f_t(x) = \frac{1}{x^2+t}$.

a) Ermitteln Sie die Definitionsmenge von f_t; führen Sie dabei eine Fallunterscheidung durch.

b) Zeichnen Sie in ein gemeinsames Koordinatensystem die Graphen für $t = -1$, $t = 0$, $t = 1$.

7 a) Der Flächeninhalt A aller Rechtecke mit gleichem Umfang U kann als Funktion einer Rechteckseite x aufgefasst werden. Notieren Sie für ein gegebenes U (in cm) die Zuordnung $x \mapsto A(x)$; geben Sie die Definitionsmenge an. Zeichnen Sie den Graphen für $U = 12$.

b) Der Umfang U aller Rechtecke mit gleichem Flächeninhalt A kann ebenfalls als Funktion einer Rechteckseite x aufgefasst werden. Notieren Sie für ein gegebenes A (in cm²) die Zuordnung $x \mapsto U(x)$; geben Sie die Definitionsmenge an. Zeichnen Sie den Graphen für $A = 6$.

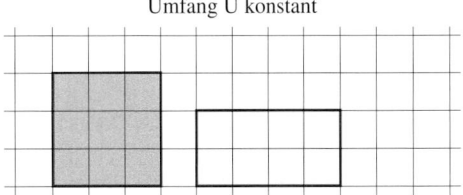

Umfang U konstant

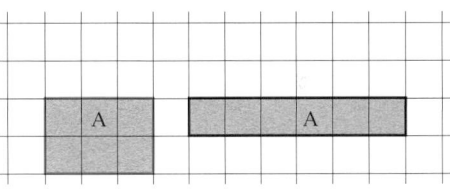

Flächeninhalt A konstant

8 Die auf dem Rand abgebildeten Zylinder haben alle das gleiche Volumen V.

a) Wie hängt bei gegebenem Volumen V die Höhe h vom Radius r ab? Zeichnen Sie den Graphen für $V = 12$.

b) Der Radius r wird verdoppelt. Wie ändert sich die Höhe h?

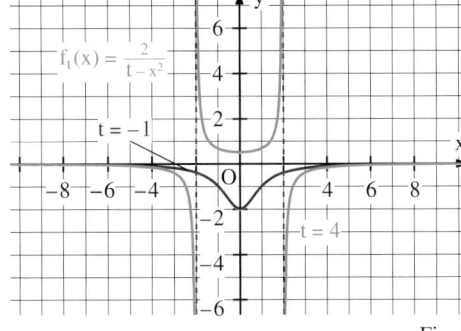

Fig. 1

9 Erstellen Sie den Graphen von f; variieren Sie dabei den Zeichenbereich.

a) $f(x) = \frac{4+4x}{x^2+3}$ b) $f(x) = \frac{3}{2x^2+4x}$

10 Für jedes $t \in \mathbb{R}$ ist eine Funktion f_t gegeben. Erstellen Sie wie in Fig. 1 in einem gemeinsamen Koordinatensystem für positive und negative Werte von t die Graphen von f_t.

a) $f_t(x) = \frac{2}{x-t}$ b) $f_t(x) = x - \frac{t}{x}$

c) $f_t(x) = \frac{x}{x^2-t}$ d) $f_t(x) = \frac{tx^2-9}{x^2}$

2 Nullstellen, Verhalten in der Umgebung von Definitionslücken

1 Gegeben ist die Funktion f mit $f(x) = \frac{1}{x-3}$.

a) Untersuchen Sie das Verhalten der Funktionswerte für $x \to +3$.

b) Gibt es x-Werte, für die $f(x) > 100$ ist? Wenn ja, welche sind dies?

Um einen Überblick über den Verlauf des Graphen einer gebrochenrationalen Funktion f mit $f(x) = \frac{p(x)}{q(x)}$ zu gewinnen, untersucht man f zunächst auf Nullstellen. Weiterhin ist es wichtig, das Verhalten von f in der Nähe eventuell auftretender Definitionslücken zu kennen. Da der Funktionsterm von f ein Bruch ist, sind die folgenden Fälle möglich.

Zuerst die Definitionsmenge bestimmen und den Term vollständig kürzen, dann treten folgende Fälle auf:

1. „$\frac{Null}{nicht\ Null}$" → Nullstelle

2. „$\frac{nicht\ Null}{Null}$" → Polstelle

1. Fall: $p(x_0) = 0$ und $q(x_0) \neq 0$

Bei der Funktion f mit $f(x) = \frac{x-2}{x+3}$ ist für $x_0 = 2$ der Zähler null und der Nenner ungleich null. Der Bruch ist also null, d.h. $x_0 = 2$ ist eine Nullstelle von f. Allgemein ist x_0 **Nullstelle** der gebrochenrationalen Funktion f, wenn $p(x_0) = 0$ und $q(x_0) \neq 0$ ist.

2. Fall: $p(x_0) \neq 0$ und $q(x_0) = 0$

Gilt $q(x_0) = 0$, so ist x_0 eine Definitionslücke der gebrochenrationalen Funktion f, unabhängig davon, ob auch $p(x_0) = 0$ ist oder nicht. Die Funktion f mit $f(x) = \frac{x-1}{x-2}$ hat an der Stelle $x_0 = 2$ eine Definitionslücke, wobei das Zählerpolynom an der Stelle $x_0 = 2$ ungleich null ist.
Eine solche Stelle heißt **Polstelle** der Funktion f.

Ist f durch $f(x) = \frac{(x-1)(x-2)}{(x-2)^2}$ gegeben, so ist an der Stelle $x_0 = 2$ sowohl das Nenner- als auch das Zählerpolynom null. Aber auch bei dieser Darstellung ist $x_0 = 2$ eine Polstelle, denn der Linearfaktor $x - 2$ lässt sich ohne Veränderung der Definitionsmenge kürzen; er ist „überzählig".

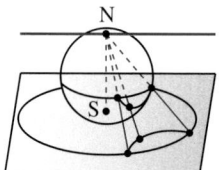

Das Wort „Polstelle" stammt aus der Kartografie: Bei der Projektion der Erdoberfläche vom Nordpol aus auf die Tangentialebene im Südpol kann dem Nordpol kein Bildpunkt zugeordnet werden.

Gegeben ist die Funktion f mit dem vollständig gekürzten Funktionsterm $f(x) = \frac{p(x)}{q(x)}$.

Ist in dieser Darstellung $q(x_0) = 0$ und $p(x_0) \neq 0$, so nennt man x_0 eine **Polstelle** von f.

In der Umgebung einer Polstelle zeigen gebrochenrationale Funktionen unterschiedliches Verhalten. So hat z.B. die Funktion f mit $f(x) = \frac{1}{x-2}$ an der Stelle $x_0 = 2$ eine Polstelle.

Bei linksseitiger Annäherung an $x_0 = 2$ werden die Funktionswerte beliebig klein, bei rechtsseitiger Annäherung beliebig groß (vgl. die Tabelle und Fig. 1). Man schreibt:
Für $x \to 2$ und $x < 2$ gilt: $f(x) \to -\infty$,
für $x \to 2$ und $x > 2$ gilt: $f(x) \to +\infty$;
kürzer auch: Für $x \to 2$ gilt: $|f(x)| \to +\infty$.
Man sagt: Die Funktion f hat an der Stelle 2 eine **Polstelle mit Vorzeichenwechsel** (VZW) von – nach +. Der Graph nähert sich von links und von rechts der Geraden mit der Gleichung $x = 2$ beliebig genau an.

x	$\frac{1}{x-2}$
1,5	−2
1,8	−5
1,9	−10
1,99	−100
2,5	2
2,2	5
2,1	10
2,01	100

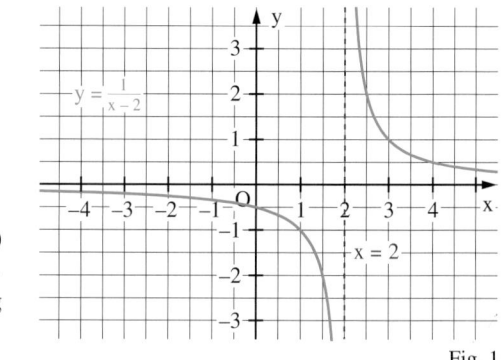

Fig. 1

x	$\frac{1}{(x-2)^2}$
1,5	4
1,8	25
1,9	100
1,99	10000
2,5	4
2,2	25
2,1	100
2,01	10000

Die Funktion g mit $g(x) = \frac{1}{(x-2)^2}$ hat an der Stelle $x_0 = 2$ ebenfalls eine Polstelle. Für $x \to 2$ gilt aber $g(x) \to +\infty$ sowohl für $x < 2$ als auch für $x > 2$ (vgl. die Tabelle).
Man sagt: Die Funktion g hat an der Stelle 2 eine **Polstelle ohne Vorzeichenwechsel**. Auch der Graph von g nähert sich von links und von rechts der Geraden mit der Gleichung $x = 2$ beliebig genau an (Fig. 1).

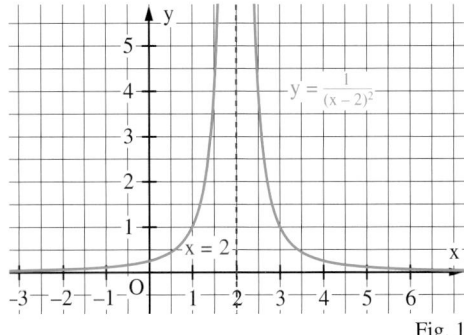

Fig. 1

Ist x_0 Polstelle einer gebrochenrationalen Funktion f, so gilt:
$$|f(x)| \to +\infty \quad \text{für} \quad x \to x_0.$$
Die Gerade mit der Gleichung $x = x_0$ heißt **senkrechte Asymptote** des Graphen von f.

3. Fall: $p(x_0) = 0$ und $q(x_0) = 0$
Die Funktion f mit $f(x) = \frac{x^2 - 2x}{x-2} = \frac{x(x-2)}{x-2}$
hat die Definitionsmenge $D_f = \mathbb{R} \setminus \{2\}$.
Für $x_0 = 2$ sind Zähler- und Nennerpolynom null. Da $\frac{x(x-2)}{x-2} = x$ ist für alle $x \in D_f$, gilt:
$\lim_{x \to 2} f(x) = 2$.
Die Stelle $x_0 = 2$ ist daher keine Polstelle von f. Der Punkt $P(2|2)$ gehört nicht zum

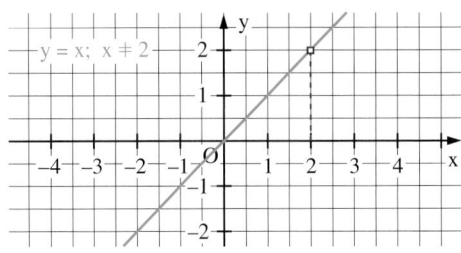

Fig. 2

Graphen von f. Der Graph von f ist eine Ursprungsgerade mit „Loch" (Fig. 2).
Kürzt man aus dem Term der Funktion f den Linearfaktor $x - 2$, kann man eine neue Funktion g mit $g(x) = x$; $D_g = \mathbb{R}$ definieren. Bei dem Graphen von g fehlt das „Loch". Man sagt auch: Die Definitionslücke der Funktion f ist **hebbar**.

Beachten Sie im Unterschied zum 2. Fall: Bei der Funktion f mit $f(x) = \frac{x(x-2)}{x-2}$ ist der Linearfaktor $x - 2$ nicht „überzählig". Durch Kürzen von $x - 2$ ändert sich die Definitionsmenge.

Beispiel: (Definitionsmenge; Polstellen; senkrechte Asymptoten; Nullstellen)
Gegeben ist die Funktion f mit $f(x) = \frac{x^2 - 2x}{3x + 3}$.
a) Ermitteln Sie die Definitionsmenge und die Polstellen von f. Untersuchen Sie das Verhalten von f in der Nähe einer Polstelle; geben Sie gegebenenfalls die Gleichungen der senkrechen Asymptoten an.
b) Untersuchen Sie f auf Nullstellen; geben Sie die Schnittpunkte des Graphen von f mit der x-Achse an. Zeichnen Sie den Graphen einschließlich der senkrechten Asymptoten.
Lösung:
a) Es ist $3x + 3 = 0$ für $x_0 = -1$; $D = \mathbb{R} \setminus \{-1\}$. Da $x^2 - 2x \neq 0$ für $x_0 = -1$, ist x_0 Polstelle. Für $x \to -1$ ergeben sich für $x < -1$ negative, für $x > -1$ positive Funktionswerte. Damit ist $x_0 = -1$ Polstelle mit VZW von $-$ nach $+$. Gleichung der senkrechten Asymptote: $x = -1$.
b) Aus $x^2 - 2x = 0$ folgt $x(x-2) = 0$ und hieraus $x_1 = 0$; $x_2 = 2$. Da hierfür $3x + 3 \neq 0$ ist, sind x_1 und x_2 Nullstellen. Schnittpunkte mit der x-Achse: $N_1(0|0)$, $N_2(2|0)$ (Fig. 3).

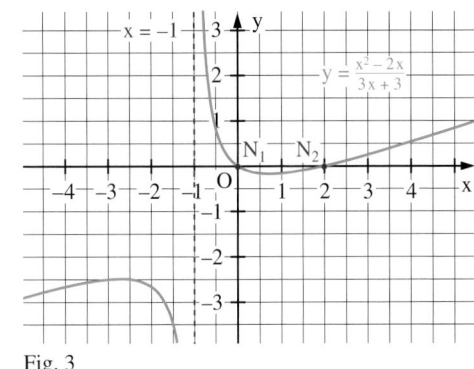

Fig. 3

139

Aufgaben

Hilfsmittel bei der Zerlegung in Linearfaktoren:

1. Ausklammern:
$$f(x) = \frac{x^2 - 2x}{2x + 4} = \frac{x(x-2)}{2(x+2)}$$

2. Binomische Formeln „rückwärts":
$$f(x) = \frac{1}{x^2 - 9} = \frac{1}{(x+3)(x-3)}$$

3. Lösen einer quadratischen Gleichung:
$$f(x) = \frac{x}{x^2 - x - 6}$$
Aus $x^2 - x - 6 = 0$ *folgt*
$x_1 = -2;\ x_2 = 3.$
Somit gilt:
$$f(x) = \frac{x}{(x+2)(x-3)}.$$

2 Gegeben ist die Funktion f. Ermitteln Sie die Definitionsmenge, die Nullstellen und die Polstellen. Geben Sie die gemeinsamen Punkte des Graphen von f mit der x-Achse sowie die Gleichungen der senkrechten Asymptoten an. Zeichnen Sie den Graphen von f.

a) $f(x) = \frac{x}{x-3}$
b) $f(x) = \frac{x-1}{x+2}$
c) $f(x) = \frac{0,5\,x^2}{x-2}$
d) $f(x) = \frac{x}{x^2-4}$

3 Ermitteln Sie die Definitionsmenge von f. Untersuchen Sie f auf Nullstellen und auf Polstellen; geben Sie das Verhalten von f in der Umgebung einer Polstelle an. Notieren Sie gegebenenfalls die gemeinsamen Punkte des Graphen von f mit der x-Achse sowie die Gleichungen der senkrechten Asymptoten. Zerlegen Sie falls möglich zunächst Zähler und Nenner in Linearfaktoren.

a) $f(x) = \frac{x+2}{x+5}$
b) $f(x) = \frac{-x+2}{2x-1}$
c) $f(x) = \frac{2x}{3+2x}$
d) $f(x) = \frac{x-4}{x^2-4}$

e) $f(x) = \frac{2x-2}{x^2+9}$
f) $f(x) = \frac{4x^2}{2x^2+1}$
g) $f(x) = \frac{x-2}{x^2+2x+1}$
h) $f(x) = \frac{x^2}{x^2-6x+9}$

4 Untersuchen Sie f auf Nullstellen, Polstellen einschließlich Vorzeichenwechsel und auf hebbare Definitionslücken. Geben Sie die Schnittpunkte des Graphen von f mit den Koordinatenachsen, die Gleichungen der senkrechten Asymptoten und gegebenenfalls den jeweiligen Grenzwert bei Annäherung an eine Definitionslücke an.

a) $f(x) = \frac{3x-3}{x-1}$
b) $f(x) = \frac{x^2+x}{x+1}$
c) $f(x) = \frac{x^2-9}{x-3}$
d) $f(x) = \frac{x^2-2x-15}{x-5}$

e) $f(x) = \frac{0,5\,x^2+2x-6}{x-2}$
f) $f(x) = \frac{x^2-2x-3}{x^2-1}$
g) $f(x) = \frac{x+4}{x^2+3x-4}$
h) $f(x) = \frac{x^2+5x+2}{(x+1)^2}$

5 Geben Sie eine gebrochenrationale Funktion an mit
a) Polstelle 3 mit VZW
b) Polstelle −3 ohne VZW
c) Nullstelle 1 und Polstelle 3 ohne VZW
d) Nullstellen −2 und Polstelle 4 mit VZW

6 Ist die folgende Aussage für eine Funktion f mit $f(x) = \frac{p(x)}{q(x)}$ wahr oder falsch?
a) Ist x_1 Nullstelle von f, dann kann x_1 keine Polstelle von f sein.
b) Ist $p(x_1) = 0$ und $q(x_1) = 0$, dann ist x_1 weder Nullstelle noch Polstelle.

7 Bei einer Sammellinse (Fig. 1) hängen die Brennweite f, die Bildweite b und die Gegenstandsweite g gemäß der Linsengleichung zusammen: $\frac{1}{f} = \frac{1}{g} + \frac{1}{b}$ (f, g und h in cm).
a) Geben Sie b als Funktion von f und g an.
b) Zeichnen Sie für f = 5 den Graphen der Funktion $g \mapsto b(g)$.
c) Berechnen Sie die Bildweite b für g = 2 f.
d) Beschreiben Sie die Lage des Bildes, wenn sich g der Brennweite f nähert.
Erläutern Sie den Grenzfall g = f.
e) Wo muss sich der Gegenstand befinden, wenn die Entfernung des Gegenstandes von seinem Bild möglichst klein sein soll?

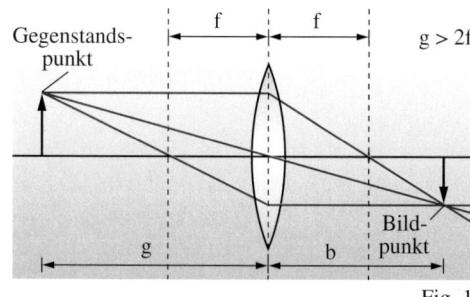

Fig. 1

8 Gegeben ist die Funktion f. Bestimmen Sie die hebbaren Definitionslücken. Erstellen Sie den Graphen von f. Wird eine hebbare Definitionslücke im Computerausdruck grafisch dargestellt?

a) $f(x) = \frac{x^2-1}{x+1}$
b) $f(x) = \frac{x^2+x-2}{x^2-1}$
c) $f(x) = \frac{x-3}{x^2-3,5x+1,5}$
d) $f(x) = \frac{2x^3-4x^2}{4x^3-8x^2-4x+8}$

3 Verhalten für $x \to \pm\infty$, Näherungsfunktionen

1 Ein Astronaut, der in einer Höhe h die Erde umkreist, kann nur einen Teil der Erdoberfläche beobachten. Für den Flächeninhalt dieser so genannten Kugelkappe gilt (Fig. 1)
$A_K = \frac{2\pi r^2 h}{r+h}$; Erdradius r = 6380 (in km).
a) Die Flughöhe sei 280 km. Wie groß ist der Flächeninhalt der Kugelkappe? Wie viel Prozent der Erdoberfläche ist dies?
b) In welcher Höhe sieht ein Astronaut ein Viertel der Erdoberfläche?
c) Welche Fläche ergibt sich für $h \to \infty$? Welchen Inhalt hat diese Fläche?

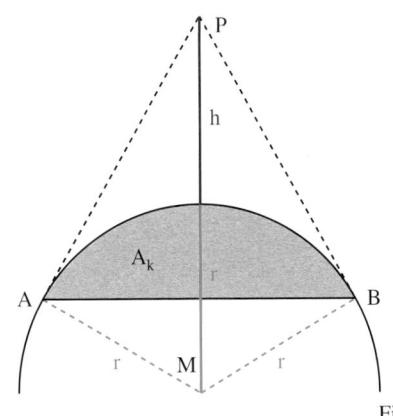

Fig. 1

Das Verhalten ganzrationaler Funktionen bei Werten von x, die beliebig groß oder beliebig klein werden, kann wie folgt beschrieben werden: Für $x \to \pm\infty$ gilt: $|f(x)| \to +\infty$.
Das „Grenzverhalten" einer gebrochenrationalen Funktion f mit $f(x) = \frac{p(x)}{q(x)}$ kann anders sein;
Es hängt ab vom Grad n des Zählerpolynoms $p(x)$ und vom Grad m des Nennerpolynoms $q(x)$.

1. Fall: n < m
Für f mit $f(x) = \frac{3x}{x^2+1}$ ist n = 1 und m = 2.
Da für $x \to \infty$ sowohl $p(x)$ als auch $q(x)$ gegen unendlich streben, formt man um. Division von $p(x)$ und $q(x)$ durch $x \neq 0$ ergibt:
$f(x) = \frac{3}{x + \frac{1}{x}}$ in $D_f \setminus \{0\}$.
Jetzt erkennt man: $\lim\limits_{x \to \pm\infty} f(x) = 0$.
Die x-Achse ist eine **waagerechte Asymptote** mit der Gleichung $y = 0$ (Fig. 2).

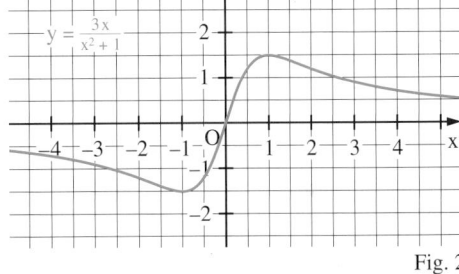

Fig. 2

2. Fall: n = m
Für f mit $f(x) = \frac{2x^2}{4x^2-4}$ ist n = m = 2.
Division des Zählers und des Nenners durch $x^2 \neq 0$ ergibt: $f(x) = \frac{2}{4 - \frac{4}{x^2}}$ in $D_f \setminus \{0\}$.
Man erkennt: $\lim\limits_{x \to \pm\infty} f(x) = \frac{2}{4} = \frac{1}{2}$.
Die Gerade mit der Gleichung $y = \frac{1}{2}$ ist eine **waagerechte Asymptote** (Fig. 3).

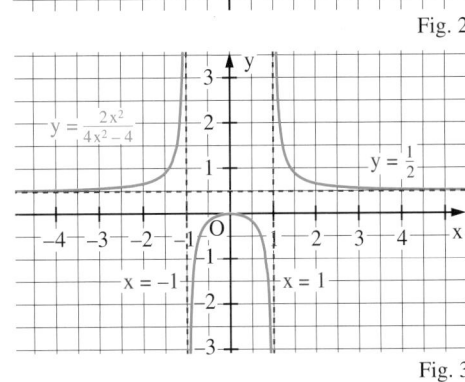

Fig. 3

3. Fall: n = m + 1
Für f mit $f(x) = \frac{x^2+1,5x}{2x-1}$ ist n = 2 und m = 1. Division des Zählers und des Nenners durch $x \neq 0$ ergibt: $f(x) = \frac{x+1,5}{2 - \frac{1}{x}}$. Für $x \to +\infty$ gilt somit: $f(x) \to +\infty$. Genauere Auskunft über das Verhalten der Funktionswerte von f für $x \to \pm\infty$ erhält man, wenn man das Zählerpolynom durch das Nennerpolynom dividiert.

$$\lim_{x \to \pm\infty} \frac{1}{2x-1} = 0$$

Polynomdivision ergibt:

$$(x^2 + 1{,}5\,x) : (2\,x - 1) = \tfrac{1}{2}x + 1 + \tfrac{1}{2x-1}$$
$$\underline{-(x^2 - 0{,}5\,x)}$$
$$2\,x$$
$$\underline{-(2\,x - 1)}$$
$$1$$

Für $x \rightarrow \pm\infty$ unterscheiden sich die Funktionswerte von f beliebig wenig von denen der Funktion g mit $g(x) = \tfrac{1}{2}x + 1$. Der Graph von g ist eine **schiefe Asymptote** (Fig. 1).

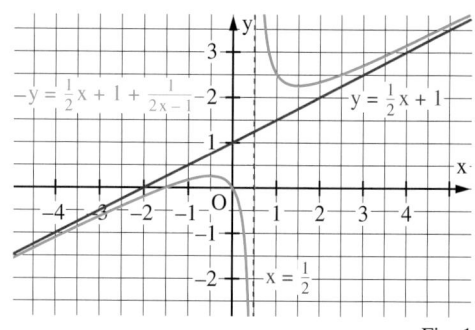

Fig. 1

4. Fall: $n > m + 1$
Für f mit $f(x) = \frac{x^3 + x + 1}{x}$ ist $n = 3$ und $m = 1$;
$f(x) = x^2 + 1 + \tfrac{1}{x}$; $D_f = \mathbb{R} \setminus \{0\}$.
Der Anteil $x^2 + 1$ ist nicht linear. Die Funktion g mit $g(x) = x^2 + 1$ heißt ganzrationale **Näherungsfunktion**, der Graph mit der Gleichung $y = x^2 + 1$ **Näherungsparabel** (Fig. 2). Allgemein spricht man auch von einer **Näherungskurve** für $|x| \rightarrow \infty$.

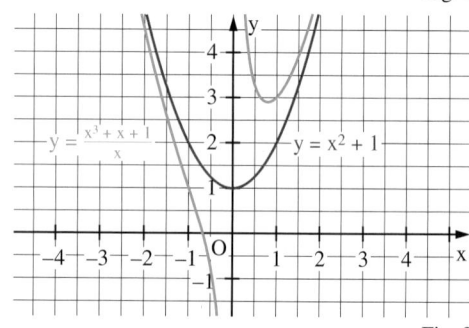

Fig. 2

Für $n \leq m$ kann man die Gleichung der Asymptote direkt aus dem Funktionsterm ablesen.
Für $n > m$ führt man die Polynomdivision durch.

Satz: Der Graph einer gebrochenrationalen Funktion f mit

$$f(x) = \frac{a_n x^n + a_{n-1} x^{n-1} + \ldots + a_1 x + a_0}{b_m x^m + b_{m-1} x^{m-1} + \ldots + b_1 x + b_0}, \quad a_n \neq 0, \; b_m \neq 0$$

hat für $|x| \rightarrow \infty$ im Falle

$n < m$ die x-Achse als waagerechte Asymptote,

$n = m$ die Gerade mit der Gleichung $y = \frac{a_n}{b_m}$ als waagerechte Asymptote,

$n = m + 1$ eine schiefe Asymptote, deren Gleichung man mithilfe der Polynomdivision erhält,

$n > m + 1$ eine Näherungskurve, deren Gleichung man mithilfe der Polynomdivision erhält.

Beispiel 1: (Untersuchung auf Asymptoten)
Gegeben ist die Funktion f mit $f(x) = \frac{x^2 - x - 3}{x - 2}$. Bestimmen Sie die Gleichungen aller Asymptoten des Graphen von f.
Lösung:
Die Definitionsmenge ist $D_f = \mathbb{R} \setminus \{2\}$. Der Zähler ist für $x_0 = 2$ ungleich null.
Gleichung der senkrechten Asymptote: $x = 2$.
Der Grad des Zählers ist 2 und somit um 1 größer als der Grad des Nenners. Also liegt eine schiefe Asymptote vor. Polynomdivision ergibt:
$f(x) = \frac{x^2 - x - 3}{x - 2} = x + 1 - \frac{1}{x - 2}$; Gleichung der schiefen Asymptote: $y = x + 1$.

Beispiel 2: (Bestimmung einer Funktion, deren Graph vorgegebene Asymptoten hat)
Bestimmen Sie eine gebrochenrationale Funktion, deren Graph die Geraden mit den Gleichungen $y = x + 2$ bzw. $x = 1$ als Asymptoten hat.
Lösung:
Die Funktion f mit $f(x) = x + 2 + \frac{1}{x - 1} = \frac{(x + 2)(x - 1) + 1}{x - 1} = \frac{x^2 + x - 1}{x - 1}$ erfüllt die Bedingungen.
Aber auch für die Funktion g mit $g(x) = x + 2 - \frac{3}{x - 1} = \frac{(x + 2)(x - 1) - 3}{x - 1} = \frac{x^2 + x - 5}{x - 1}$ ist dies der Fall.

Aufgaben

Eine Asymptote wird nie vom Graphen der zugehörigen Funktion geschnitten!

Stimmt dies? Untersuchen Sie die Funktion f mit $f(x) = \frac{x^2}{(x-2)^2}$.

2 Geben Sie die Gleichungen aller Asymptoten an.

a) $f(x) = \frac{2}{3x}$ b) $f(x) = \frac{4}{3x^2}$ c) $f(x) = \frac{1}{1-x}$ d) $f(x) = \frac{2}{3x-4}$

e) $f(x) = \frac{6x-1}{3x}$ f) $f(x) = \frac{2x+7}{4x-8}$ g) $f(x) = \frac{5x^2+8}{3x^2-2x}$ h) $f(x) = \frac{x^3+x^2+4}{2x^3+5}$

i) $f(x) = \frac{12x-24}{x^3}$ j) $f(x) = \frac{1}{x^2-x}$ k) $f(x) = \frac{2x+1}{x^2+3x}$ l) $f(x) = \frac{2x^2-3x}{(x-2)^2}$

3 a) $f(x) = x + \frac{1}{x}$ b) $f(x) = \frac{1}{2}x + 1 - \frac{1}{x}$ c) $f(x) = 2x - \frac{1}{x+1}$ d) $f(x) = \frac{x^3+4}{2x^2}$

e) $f(x) = \frac{x^2-2x+3}{2x}$ f) $f(x) = \frac{x^2}{x-1}$ g) $f(x) = \frac{x^2-x}{x+1}$ h) $f(x) = \frac{1-2x^2}{x+1}$

i) $f(x) = \frac{3x^2-2x+4}{3x-0,5}$ j) $f(x) = \frac{4x^2-3}{x+2}$ k) $f(x) = \frac{x^3}{x^2-1}$ l) $f(x) = \frac{x^3-2x}{x^2+1}$

4 Geben Sie für $x \to \pm\infty$ eine ganzrationale Näherungsfunktion an.

a) $f(x) = \frac{x^3-8}{x}$ b) $f(x) = \frac{2x^4-32}{x^2}$ c) $f(x) = \frac{x^3-x^2+x}{x-1}$ d) $f(x) = \frac{x^3+2x^2}{x+4}$

5 Geben Sie eine gebrochenrationale Funktion an, deren Graph ungefähr den dargestellten Verlauf zeigt.

a)
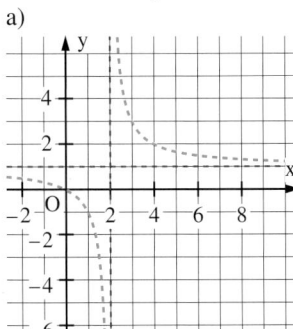

b)
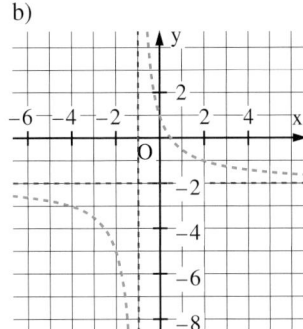

c)
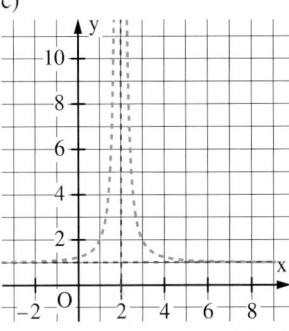

Fig. 1

6 Geben Sie eine gebrochenrationale Funktion an, deren Graph die Geraden g und h als Asymptoten hat.

a) g: y = x; h: x = 0 b) g: y = −x; h: x = 0 c) g: y = 0,5x; h: x = 2 d) g: y = 2x + 1; h: x = 1

7 Gegeben ist die Funktionenschar f_t mit $f_t(x) = \frac{2x^2-(2t+1)x}{x-t}$. Zeichnen Sie für verschiedene Werte von t den Graphen von f_t. Stellen Sie eine Vermutung über die Asymptoten auf. Beweisen Sie Ihre Vermutung.

8 Durch das Einwirken giftiger Substanzen kommt es in einem Teich zu einem starken Absinken des Sauerstoffgehaltes, der unter normalen Bedingungen $12\frac{mg}{l}$ beträgt. Danach erhöht sich dann aber durch Selbstreinigung der Sauerstoffgehalt wieder. Messungen ergaben die nebenstehenden Werte. Das Absinken und das anschließende Ansteigen des Sauerstoffgehaltes kann näherungsweise beschrieben werden durch

$$f(t) = \frac{at^2+bt+c}{t^2+d}, \quad t \geqq 0 \ (t \text{ in Tagen, } f(t) \text{ in } \tfrac{mg}{l}).$$

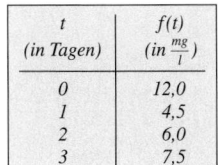

t (in Tagen)	$f(t)$ (in $\frac{mg}{l}$)
0	12,0
1	4,5
2	6,0
3	7,5

a) Berechnen Sie die Konstanten a, b, c und d.
b) Zeichnen Sie den Graphen einschließlich der Asymptote für $0 \leqq t \leqq 14$.
c) Nach wie vielen Tagen beträgt der Sauerstoffgehalt wieder 90 % des normalen Wertes?

143

4 Skizzieren von Graphen

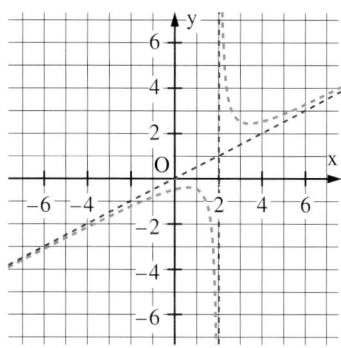

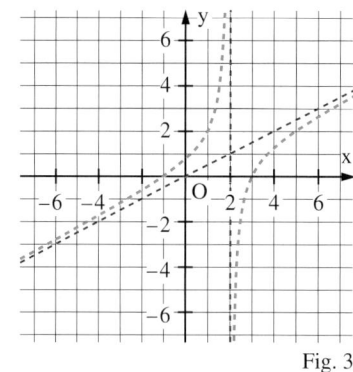

1 Gegeben ist die Funktion f mit
$f(x) = \frac{x^2 - 2x - 3}{2x - 4}$.
Durch welche Überlegungen könnte man entscheiden, ob a) oder b) in Fig. 3 ein möglicher Graph von f ist?

2 Wie kann man bei einer gebrochenrationalen Funktion rechnerisch entscheiden, ob der Graph sich einer Asymptote von „oben" oder von „unten" nähert?

Fig. 3

Graphen gebrochenrationaler Funktionen haben vielfältigere Formen als die Graphen ganzrationaler Funktionen. Deshalb ist es wichtig, aus dieser Vielfalt durch einfache Überlegungen wesentliche Merkmale des Graphen einer gegebenen gebrochenrationalen Funktion herauszufinden.

> Einen ersten Überblick über den möglichen Verlauf des Graphen einer gebrochenrationalen Funktion erhält man, wenn man den Graphen auf **Symmetrie**, **gemeinsame Punkte** mit den Koordinatenachsen und auf **Asymptoten** untersucht.

Beispiel 1: (Überblick über den Graphen)
Skizzieren Sie einen möglichen Verlauf des Graphen der Funktion f mit $f(x) = \frac{4 - x^2}{x^2 - 9}$.
Lösung:
1. Symmetrie:
Es ist $f(-x) = \frac{4 - (-x)^2}{(-x)^2 - 9} = \frac{4 - x^2}{x^2 - 9} = f(x); \; x \in D_f$.
Der Graph von f ist achsensymmetrisch zur y-Achse.
2. Gemeinsame Punkte mit den Koordinatenachsen:
Für $x = 0$ ergibt sich $f(0) = -\frac{4}{9}$. Also ist $S\left(0 \,\middle|\, -\frac{4}{9}\right)$ der Schnittpunkt mit der y-Achse.
Es ist $4 - x^2 = 0$ für $x_1 = -2; \; x_2 = 2$. Für diese x-Werte ist der Nenner ungleich null.
Gemeinsame Punkte mit der x-Achse: $N_1(-2 \,|\, 0), \; N_2(2 \,|\, 0)$.
3. Asymptoten:
Es ist $x^2 - 9 = 0$ für $x_3 = -3; \; x_4 = 3$.
Hierfür ist der Zähler ungleich null.
Für $x \to 3$ und $x < 3$ gilt: $f(x) \to +\infty$;
für $x \to 3$ und $x > 3$ gilt: $f(x) \to -\infty$.
Es handelt sich um Polstellen mit VZW.
Senkrechte Asymptoten: $x = -3; \; x = 3$.
Zähler- und Nennerpolynom haben den gleichen Grad. Waagerechte Asymptote: $y = -1$.
4. Skizze:
Einen möglichen Verlauf des Graphen zeigt Fig. 4. In diesem Fall hätte der Graph einen Tief- und keinen Wendepunkt.

Für –3 < x < 3 könnte der Graph von f auch so aussehen:

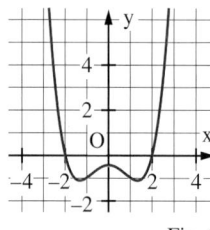

Fig. 1

Für x > 3 wäre auch der folgende Verlauf denkbar:

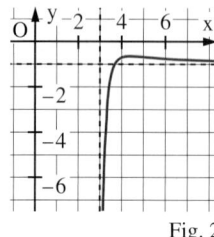

Fig. 2

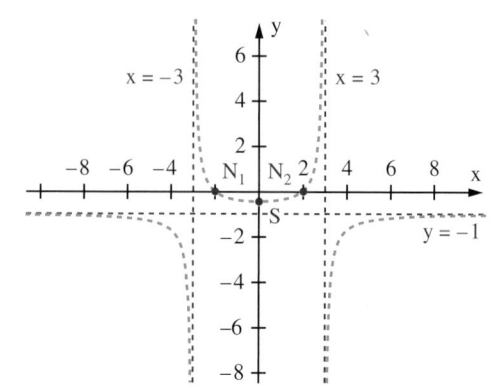

Fig. 4

Besonders bei dieser „umgekehrten" Fragestellung, bei der aus gegebenen Eigenschaften eine gebrochenrationale Funktion ermittelt wird, bietet sich das Arbeiten mit Linearfaktoren an.

Beispiel 2: (Bestimmung einer Funktion)

Geben Sie eine gebrochenrationale Funktion an, deren Graph die x-Achse im Punkt $N(2|0)$ schneidet und die Asymptoten mit den Gleichungen $x = 1$ bzw. $y = 2$ besitzt.

Lösung:

Der Graph der Funktion g mit $g(x) = \frac{x-2}{x-1}$ schneidet die x-Achse in $N(2|0)$ und hat eine senkrechte Asymptote mit der Gleichung $x = 1$. Nicht erfüllt ist die Bedingung einer waagerechten Asymptote mit der Gleichung $y = 2$.

Damit auch diese Bedingung erfüllt ist, muss im Zähler des Terms x durch $2x$ ersetzt werden, aber ohne Veränderung des Schnittpunktes mit der x-Achse. Dies ist bei dem Term $\frac{2(x-2)}{x-1}$ gegeben. Der Graph der Funktion f mit $f(x) = \frac{2(x-2)}{x-1}$ erfüllt alle Bedingungen.

Aufgaben

Gegeben ist die Funktion f mit $f(x) = \frac{x^2-1}{x^2}$.

Welcher der beiden Graphen gehört zu f? Begründen Sie Ihre Antwort.

3 Untersuchen Sie den Graphen der Funktion f auf Symmetrie, gemeinsame Punkte mit den Koordinatenachsen sowie auf Asymptoten. Skizzieren Sie einen möglichen Verlauf des Graphen.

a) $f(x) = \frac{2}{x+4}$ b) $f(x) = \frac{2x-2}{x+1}$ c) $f(x) = \frac{x^2-4}{x^2-9}$ d) $f(x) = \frac{6x}{x^2-4}$

e) $f(x) = \frac{4+4x}{x^2-16}$ f) $f(x) = \frac{4}{x^2+2}$ g) $f(x) = \frac{3}{2x^2+4x}$ h) $f(x) = \frac{x^2-4}{x-1}$

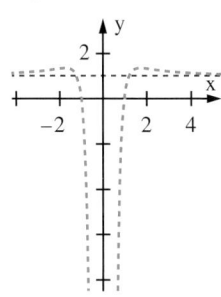

Fig. 1

4 Gegeben sind die Funktionen f, g und h. Skizzieren Sie die Graphen von f, g und h. Erläutern Sie anhand des Funktionsterms den unterschiedlichen Verlauf der Graphen.

a) $f(x) = \frac{1}{x}$, $g(x) = \frac{1}{x-2}$, $h(x) = \frac{1}{(x-2)^2}$ b) $f(x) = \frac{2}{x^2+1}$, $g(x) = \frac{2x}{x^2+1}$, $h(x) = \frac{2x^2}{x^2+1}$

5 Untersuchen Sie den Graphen der Funktion f auf Symmetrie, gemeinsame Punkte mit den Koordinatenachsen sowie auf Asymptoten. Skizzieren Sie den Graphen durch Ordinatenaddition (siehe Seite 18).

a) $f(x) = \frac{x^2+1}{x}$ b) $f(x) = \frac{1-x^2}{2x}$ c) $f(x) = \frac{2x^2+x-1}{x}$ d) $f(x) = \frac{2-x^3}{x^2}$

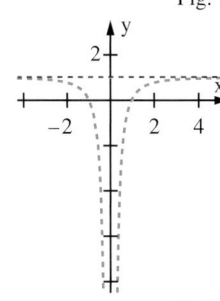

Fig. 2

6 Der Graph einer gebrochenrationalen Funktion f hat Asymptoten mit den Gleichungen $x = -1$ und $y = 0$.

a) Skizzieren Sie drei mögliche Graphen.

b) Als weitere Bedingung kommt hinzu, dass der Graph durch den Ursprung verläuft. Skizzieren Sie erneut drei mögliche Graphen.

7 Geben Sie eine gebrochenrationale Funktion an, deren Graph im Wesentlichen den dargestellten Verlauf hat.

a) b) c)

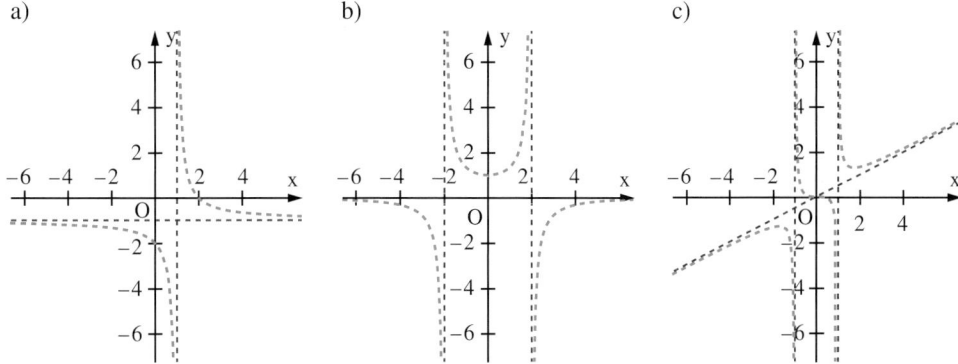

Fig. 3

145

5 Beispiele von vollständigen Funktionsuntersuchungen

1 Welche einzelnen Schritte haben Sie bei der vollständigen Funktionsuntersuchung einer ganzrationalen Funktion durchgeführt? Welche Gesichtspunkte kommen bei einer gebrochenrationalen Funktion hinzu?

Nachdem man sich einen Überblick über den Verlauf des Graphen einer gebrochenrationalen Funktion verschafft hat, geht es darum, wo die gegebenenfalls vorhandenen Extrem- und Wendestellen tatsächlich liegen. Dabei geht man auf die von ganzrationalen Funktionen her bekannte Weise vor. So erhält man aus $f'(x_0) = 0$ mögliche Extremstellen; ist z. B. $f''(x_0) > 0$ oder liegt ein Vorzeichenwechsel von f' an der Stelle x_0 von „–" nach „+" vor, so ist nachgewiesen, dass es sich bei x_0 um eine Minimalstelle handelt (siehe Beispiel 1).

Ist nicht nur eine einzige Funktion f, sondern eine Funktionenschar gebrochenrationaler Funktionen f_t mit dem Parameter t gegeben, sind häufig – wie schon bei den Exponentialfunktionen – die Koordinaten bestimmter Punkte P_t von t abhängig (Beispiel 2a).
In diesen Fällen kann man dann nach der Gleichung der Ortslinie fragen (Beispiel 2b).
Bei Extremwertproblemen kann die Zielfunktion eine gebrochenrationale Funktion sein.
Diese ist dann auf relative bzw. absolute Extrema zu untersuchen (Beispiel 2c).

Beispiel 1: (Funktionsuntersuchung)
Gegeben ist die Funktion f mit $f(x) = \frac{1}{6} \cdot \frac{x^3}{x^2 - 9}$. Führen Sie eine Funktionsuntersuchung durch.

Soll eine gegebene Funktion „untersucht" werden, so sind in der Regel die Punkte 1. bis 9. gemeint.

Hinweise:

1. Definitionsmenge:
$f(x) = \frac{p(x)}{q(x)}$; $D_f = \mathbb{R} \setminus \{x \mid q(x) = 0\}$.

2. Symmetrie:
Zum Ursprung: $f(-x) = -f(x)$ für alle $x \in D_f$,
zur y-Achse: $f(-x) = f(x)$ für alle $x \in D_f$

3. Polstellen; senkrechte Asymptoten:
x_0 mit $q(x_0) = 0$ und $p(x_0) \neq 0$;
für $x \to x_0$ gilt: $|f(x)| \to +\infty$.
Gleichung der senkrechten Asymptote:
$x = x_0$.

4. Verhalten für $x \to +\infty$ und $x \to -\infty$:
$p(x)$ hat den Grad n, $q(x)$ hat den Grad m.
n < m: x-Achse als Asymptote;
n = m: waagerechte Asymptote;
n = m + 1: schiefe Asymptote.
Die Gleichung der schiefen Asymptote erhält man mithilfe der Polynomdivision.

Lösung:

1. Definitionsmenge:
Es ist $x^2 - 9 = 0$ für $x_1 = 3$; $x_2 = -3$; also ist
$D_f = \mathbb{R} \setminus \{3; -3\}$.

2. Symmetrie:
Es ist $f(-x) = \frac{1}{6} \cdot \frac{(-x)^3}{(-x)^2 - 9} = -\frac{1}{6} \cdot \frac{x^3}{x^2 - 9} = -f(x)$
für alle $x \in D_f$. Der Graph ist punktsymmetrisch zum Ursprung.

3. Polstellen; senkrechte Asymptoten:
$x^2 - 9 = 0$ liefert $x_1 = 3$; $x_2 = -3$.
Für $x \to 3$ und $x < 3$ gilt: $f(x) \to -\infty$;
für $x \to 3$ und $x > 3$ gilt: $f(x) \to +\infty$.
Also ist $x_1 = 3$ eine Polstelle mit VZW.
Wegen der Symmetrie ist auch $x_2 = -3$ eine Polstelle mit VZW. Gleichungen der senkrechten Asymptoten: $x = 3$; $x = -3$.

4. Verhalten für $x \to +\infty$ und $x \to -\infty$:
Polynomdivision ergibt
$\frac{1}{6} \cdot \frac{x^3}{x^2 - 9} = \frac{1}{6}x + \frac{3x}{2(x^2 - 9)}$.

Gleichung der schiefen Asymptote:
$y = \frac{1}{6}x$.

Nach Nr. 5 sollte man mit der Zeichnung beginnen: Koordinatensystem zeichnen; Asymptoten und gemeinsame Punkte mit der x-Achse einzeichnen; überlegen, wie der Graph verläuft.

5. Nullstellen:

$x_0 \in D_f$ mit $p(x_0) = 0$ und $q(x_0) \neq 0$;
Schnittpunkt mit der x-Achse: $N(x_0 | 0)$.

6. Ableitungen:

Höhere Ableitungen ermittelt man (wegen des zunehmenden Rechenaufwandes) nur, soweit diese von der Fragestellung her unumgänglich sind.

7. Extremstellen:

Notwendige Bedingung:
$f'(x_0) = 0$.

Hinreichende Bedingung:
VZW von $f'(x)$ bei x_0
oder
$f'(x_0) = 0$; $f''(x_0) > 0$: lokales Minimum,
$f'(x_0) = 0$; $f''(x_0) < 0$: lokales Maximum.

8. Wendestellen:

Notwendige Bedingung:
$f''(x_0) = 0$.
Hinreichende Bedingung:
VZW von $f''(x)$ bei x_0 oder
$f''(x_0) = 0$ und $f'''(x_0) \neq 0$.

9. Graph:

Ergänzend zu den bisherigen Ergebnissen stellt man noch eine Wertetabelle auf, wobei man die Funktionswerte sinnvoll rundet.

„Endkontrolle" der Zeichnung:
1) Sind alle Asymptoten richtig eingezeichnet?
2) Stimmen die Schnittpunkte mit der x-Achse?
3) Stimmen die Extrem- und Wendepunkte?

5. Nullstellen:
$x^3 = 0$ ergibt $x_3 = 0$;
Schnittpunkt mit der x-Achse: $N(0 | 0)$.

6. Ableitungen:
$f'(x) = \frac{1}{6} \cdot \frac{x^4 - 27x^2}{(x^2 - 9)^2} = \frac{1}{6} \cdot \frac{x^2(x^2 - 27)}{(x^2 - 9)^2}$;
$f''(x) = \frac{1}{6} \cdot \frac{18x^3 + 486x}{(x^2 - 9)^3} = 3 \cdot \frac{x(x^2 + 27)}{(x^2 - 9)^3}$.

7. Extremstellen:
Notwendige Bedingung: $x^2(x^2 - 27) = 0$;
Lösungen: $x_3 = 0$; $x_4 = 3\sqrt{3}$; $x_5 = -3\sqrt{3}$.
Hinreichende Bedingung:
$x_3 = 0$: $f'(0) = 0$; $f''(0) = 0$ (weiter in 8.)
$x_4 = 3\sqrt{3}$: $f'(x_4) = 0$; $f''(x_4) = \frac{1}{12}\sqrt{3} > 0$;
$f(3\sqrt{3}) = \frac{3}{4}\sqrt{3}$ ist lokales Minimum.
Wegen der Punktsymmetrie zu O ist
$f(-3\sqrt{3}) = -\frac{3}{4}\sqrt{3}$ lokales Maximum.
Extrempunkte: $T(3\sqrt{3} | \frac{3}{4}\sqrt{3})$; $H(-3\sqrt{3} | -\frac{3}{4}\sqrt{3})$.

8. Wendestellen:
Notwendige Bedingung: $x \cdot (x^2 + 27) = 0$;
Lösung: $x_3 = 0$.
Hinreichende Bedingung:
Es ist $f''(x) = 3 \cdot \frac{x(x^2 + 27)}{(x^2 - 9)^3}$.
Für x-Werte nahe bei 0, $x < 0$, ist $f''(x) > 0$,
für x-Werte nahe bei 0, $x > 0$, ist $f''(x) < 0$,
also wechselt $f''(x)$ bei $x_3 = 0$ das Vorzeichen.
Wendepunkt: $W(0 | 0)$.

9. Graph: Fig. 1
Wegen der Symmetrie genügt $x \in \mathbb{R}^+$.

x	2,0	2,5	2,8	3,3	4,0	5,0	7,0	8,0
f(x)	−0,3	−0,9	−3,2	3,2	1,5	1,3	1,4	1,6

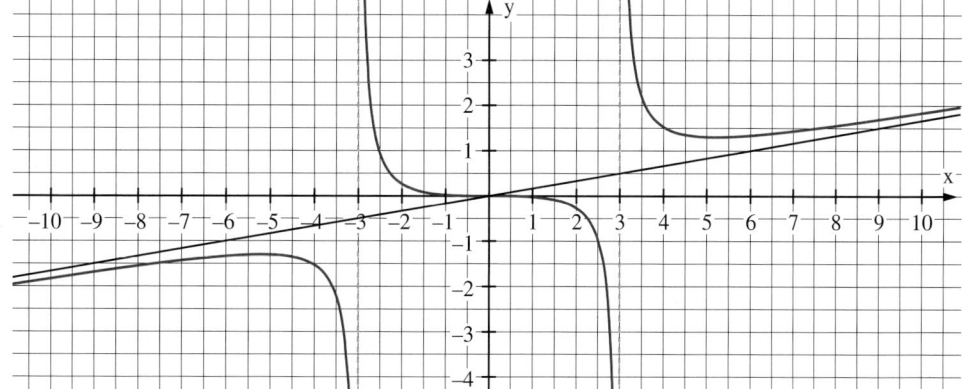

Fig. 1

Beispiel 2: (Untersuchung einer Funktionenschar, Ortslinie, Extremwertaufgabe)

Für jedes $t > 0$ ist eine Funktion f_t gegeben durch $f_t(x) = \frac{8x - 4t}{x^3}$. Ihr Graph sei K_t.

a) Führen Sie für K_t eine Funktionsuntersuchung durch.
Zeichnen Sie K_1, K_2 und K_3 für $0 \leq x \leq 5$ in ein gemeinsames Koordinatensystem.

b) Wie lautet die Gleichung der Ortslinie C der Hochpunkte von K_t?
Zeichnen Sie den zugehörigen Graphen in das vorhandene Koordinatensystem ein.

c) Es sei N der Schnittpunkt von K_2 mit der x-Achse und $P(u|v)$ mit $u > 1$ ein Punkt auf K_2. Die Punkte N, P und $Q(u|0)$ sind die Eckpunkte eines Dreiecks. Für welchen Wert von u wird der Flächeninhalt dieses Dreiecks extremal? Bestimmen Sie die Art des Extremums sowie seinen Wert.

Lösung:

a) **1. Definitionsmenge:**

Es ist $x^3 = 0$ für $x_1 = 0$; also ist $D_t = \mathbb{R} \backslash \{0\}$.

2. Symmetrie:

Es ist $f_t(-x) = \frac{8(-x) - 4t}{(-x)^3} = \frac{8x + 4t}{x^3}$; keine Symmetrie erkennbar.

3. Asymptoten:

Senkrechte Asymptote: $x = 0$ (mit Vorzeichenwechsel);
waagerechte Asymptote: $y = 0$.

4. Nullstellen:

$8x - 4t = 0$ ergibt $x_2 = \frac{1}{2}t$; Schnittpunkt mit der x-Achse: $\mathbf{N_t}\left(\frac{1}{2}t \big| 0\right)$.

Vor dem Ableiten sollte man prüfen, ob eventuell die „durchdividierte" Form des Funktionsterms leichter abzuleiten ist.

5. Ableitungen:

$f_t(x) = \frac{8x - 4t}{x^3} = \frac{8}{x^2} - \frac{4t}{x^3}$; $\qquad f_t'(x) = -\frac{16}{x^3} + \frac{12t}{x^4} = \frac{-16x + 12t}{x^4}$; $\qquad f_t''(x) = \frac{48}{x^4} - \frac{48t}{x^5} = \frac{48x - 48t}{x^5}$.

6. Extremstellen:

Notwendige Bedingung: $\frac{-16x + 12t}{x^4} = 0$; Lösung: $x_3 = \frac{3}{4}t$.

Hinreichende Bedingung: $f_t'(x_3) = 0$; $f_t''(x_3) = -\frac{12t}{\left(\frac{3}{4}t\right)^5} < 0$; d.h. x_3 ist Maximalstelle.

Mit $f_t(x_3) = \frac{128}{27t^2}$ erhält man: $\mathbf{H_t}\left(\frac{3}{4}t \big| \frac{128}{27t^2}\right)$ sind Hochpunkte der Schar.

7. Wendestellen:

Notwendige Bedingung: $\frac{48x - 48t}{x^5} = 0$;

Lösung: $x_4 = t$.

Hinreichende Bedingung: $f_t''(x_4) = 0$;

Vorzeichenwechsel von $f_t''(x)$ bei $x_4 = t$;

$x_4 = t$ ist also die einzige Wendestelle von f_t.

Wendepunkte der Schar: $\mathbf{W_t}\left(t \big| \frac{4}{t^2}\right)$.

8. Graph: (Fig.1)

b) Hochpunkte der Schar: $H_t\left(\frac{3}{4}t \big| \frac{128}{27t^2}\right)$.

Aus $x = \frac{3}{4}t$, $t > 0$ folgt zunächst

$t = \frac{4}{3}x$, $x > 0$.

Aus $y = \frac{128}{27t^2}$ folgt dann $y = \frac{128}{27 \cdot \left(\frac{4}{3}x\right)^2} = \frac{8}{3x^2}$.

Als Gleichung der Ortslinie ergibt sich somit:

$y = \frac{8}{3x^2}$, $x > 0$ (Fig. 1).

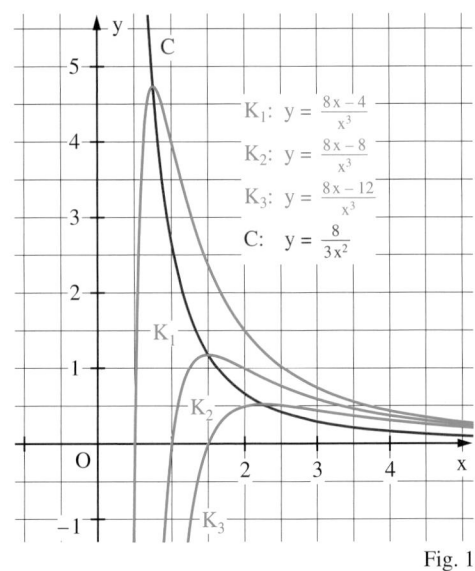

K_1: $y = \frac{8x - 4}{x^3}$

K_2: $y = \frac{8x - 8}{x^3}$

K_3: $y = \frac{8x - 12}{x^3}$

C: $y = \frac{8}{3x^2}$

Fig. 1

148

c) Der Inhalt A(u) des Dreiecks NQP ist
(Fig. 1):

$$A(u) = \frac{1}{2} \cdot \overline{NQ} \cdot \overline{QP} = \frac{1}{2} \cdot (u - 1) \cdot v$$

$$= \frac{1}{2} \cdot (u - 1) \cdot f_2(u)$$

$$= \frac{1}{2} \cdot (u - 1) \cdot \frac{8u - 8}{u^3}$$

$$= 4 \cdot \frac{(u - 1)^2}{u^3}.$$

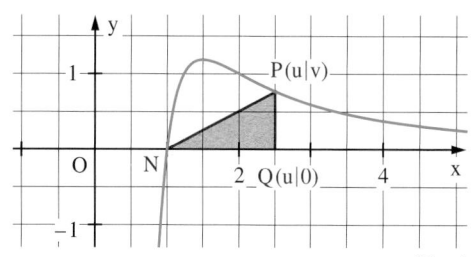

Fig. 1

Aus $A(u) = 4 \cdot \frac{(u-1)^2}{u^3}$ folgt $A'(u) = 4 \cdot \frac{2(u-1) \cdot u^3 - (u-1)^2 \cdot 3u^2}{u^6} = 4 \cdot \frac{2(u-1) \cdot u - 3(u-1)^2}{u^4} = 4 \cdot \frac{(u-1) \cdot (3-u)}{u^4}$.

$A'(u) = 0$ ergibt dann $u_1 = 1$; $u_2 = 3$. Wegen $u > 1$ entfällt $u_1 = 1$. Weiterhin hat $A'(u)$ an der Stelle $u_2 = 3$ einen Vorzeichenwechsel von „+" nach „–". Damit hat A an der Stelle 3 ein relatives Maximum.

An der Stelle 3 liegt der einzige Extremwert von A(u) für $u > 1$. Also hat A an der Stelle 3 ein absolutes Maximum. Der maximale Flächeninhalt ist $A(3) = 4 \cdot \frac{(3-1)^2}{3^3} = \frac{16}{27}$.

Aufgaben

2 Führen Sie eine Funktionsuntersuchung wie in Beispiel 1 durch.

a) $f(x) = \frac{x}{x-1}$ b) $f(x) = \frac{2x+1}{x-2}$ c) $f(x) = \frac{8}{4-x^2}$ d) $f(x) = \frac{2-x^2}{x^2-9}$

3   a) $f(x) = \frac{x^2}{x-1}$ b) $f(x) = \frac{(1-x)^2}{2-x}$ c) $f(x) = \frac{1-x^2}{x-2}$ d) $f(x) = \frac{x^2+2x-5}{2(x+1)}$

4   a) $f(x) = \frac{36}{x^2+9}$ b) $f(x) = \frac{x^2-4}{x^2+2}$ c) $f(x) = \frac{x^2}{(x-2)^2}$ d) $f(x) = \frac{(x+1)^3}{4(x-1)^2}$

5   a) $f(x) = \frac{x}{x^2+1}$ b) $f(x) = \frac{x^3}{x^2-1}$ c) $f(x) = \frac{3x^2-3x}{(x-2)^2}$ d) $f(x) = \frac{x^3}{x^2+6}$

6 Führen Sie eine Funktionsuntersuchung durch. Ermitteln Sie für $x \to \pm\infty$ eine ganzrationale Näherungsfunktion g; zeichnen Sie den Graphen von g in das vorhandene Koordinatensystem ein.

a) $f(x) = \frac{x^3-1}{x}$ b) $f(x) = \frac{2-x^3}{2x}$ c) $f(x) = \frac{16+x^4}{4x^2}$ d) $f(x) = \frac{x^4-8x^2+16}{2x^2}$

Funktionenscharen

7 Für jedes $t > 0$ ist eine Funktion f_t gegeben. Führen Sie eine Funktionsuntersuchung wie in Beispiel 2a) durch. Zeichnen Sie die Graphen für $t = 1; 2; 3$ in ein gemeinsames Koordinatensystem.

a) $f_t(x) = x - \frac{t^3}{x^2}$ b) $f_t(x) = \frac{10}{x} - \frac{10t}{x^2}$ c) $f_t(x) = \frac{6x}{x^2+t^2}$ d) $f_t(x) = \frac{10x}{(x^2+t)^2}$

8 Welche Funktion f, deren Funktionsterm die Form $f(x) = \frac{a+bx}{x^2}$; $a, b \in \mathbb{R}$ hat, nimmt für $x = 1$ den lokalen Extremwert 2 an? Handelt es sich um ein Maximum oder Minimum?

9 Für jedes $t > 0$ ist eine Funktion f_t gegeben durch $f_t(x) = \frac{tx^2}{x^2-4}$. Ihr Graph sei K_t.

a) Durch welchen Punkt verlaufen alle Graphen K_t?

b) Untersuchen Sie K_t auf Symmetrie, Schnittpunkte mit der x-Achse, Hoch-, Tief- und Wendepunkte sowie auf Asymptoten. Zeichnen Sie den Graphen K_1.

Zu Aufgabe 10:
Je nach Parameterwert
kann der zugehörige
Graph sehr verschieden
aussehen.

$$f_{-\frac{1}{2}}(x) = \frac{4}{1 - \frac{1}{2}x^2}$$

$$f_{\frac{1}{2}}(x) = \frac{4}{1 + \frac{1}{2}x^2}$$

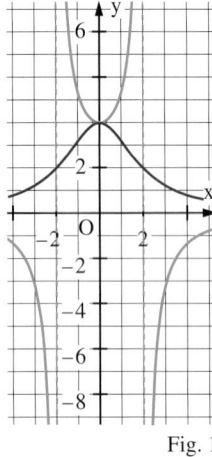

Fig. 1

10 Für jedes $t \neq 0$ ist eine Funktion f_t gegeben durch $f_t(x) = \frac{4}{1 + tx^2}$. Ihr Graph sei K_t.

a) Untersuchen Sie K_t auf Symmetrie, Schnittpunkte mit der x-Achse, Hoch-, Tief- und Wendepunkte sowie auf Asymptoten. Zeichnen Sie K_t für $t = -1$; 1; 2.

b) Bestimmen Sie die Ortslinie der Wendepunkte aller K_t. Zeichnen Sie den zugehörigen Graphen in das vorhandene Koordinatensystem ein.

c) Für welchen Wert von t hat K_t Wendetangenten mit den Steigungen 1 bzw. -1?

11 Für jedes $t \neq 0$ ist eine Funktion f_t gegeben durch $f_t(x) = \frac{x}{2t} - \frac{2}{t} + \frac{2}{x}$. Ihr Graph sei K_t.

a) Zeichnen Sie den Graphen von K_t für verschiedene Werte von t in ein gemeinsames Koordinatensystem. Durch welchen Punkt gehen alle gezeichneten Graphen? Beweisen Sie, dass alle Graphen $K_t (t \in \mathbb{R} \setminus \{0\})$ durch diesen Punkt gehen.

b) Untersuchen Sie „experimentell" und rechnerisch, für welche Werte von t der Graph K_t einen Tiefpunkt besitzt. Gibt es einen Graphen, dessen Tiefpunkt auf der x-Achse liegt?

Funktionsuntersuchungen mit Integrationen und Extremwertaufgaben

12 Gegeben ist die Funktion f mit $f(x) = \frac{x^3 + 3x^2 - 4}{x^2}$; $x \in \mathbb{R} \setminus \{0\}$.

a) Führen Sie eine Funktionsuntersuchung durch.

b) Der Graph von f, die schiefe Asymptote sowie die Geraden mit den Gleichungen $x = 1$ und $x = z$ mit $z > 1$ begrenzen eine Fläche mit dem Inhalt $A(z)$. Berechnen Sie $A(z)$ und untersuchen Sie $A(z)$ für $z \to \infty$.

13 Gegeben ist die Funktion f mit $f(x) = \frac{4}{(x-2)^2}$; $x \in \mathbb{R} \setminus \{2\}$.

a) Skizzieren Sie den Graphen von f.

b) Der Graph von f und die Koordinatenachsen begrenzen eine nach links offene Fläche. Untersuchen Sie, ob diese Fläche einen endlichen Inhalt besitzt.

c) Die in Teilaufgabe b) beschriebene Fläche rotiert um die x-Achse. Dabei entsteht ein nach links offener Körper. Untersuchen Sie, ob dieser Körper ein endliches Volumen hat.

In Aufgabe 14 wird die
Logarithmusfunktion
benötigt.

14 Gegeben ist die Funktion f mit $f(x) = \frac{4x - 2}{x^2}$; $x \in \mathbb{R} \setminus \{0\}$.

a) Führen Sie eine Funktionsuntersuchung durch.

b) Der Graph von f, die x-Achse und die Gerade mit der Gleichung $x = z$ mit $z > \frac{1}{2}$ begrenzen eine Fläche mit dem Inhalt $A(z)$. Berechnen Sie $A(z)$ und untersuchen Sie $A(z)$ für $z \to \infty$.

15 Gegeben ist die Funktion f mit $f(x) = \frac{x}{x - 2}$; $x \in \mathbb{R} \setminus \{2\}$.

a) Skizzieren Sie den Graphen von f.

b) Der Punkt $P(u|v)$ mit $u > 2$ sei ein Punkt auf dem Graphen von f. Die Parallelen zu den Koordinatenachsen durch P bilden zusammen mit den Koordinatenachsen ein Rechteck. Für welchen Wert von u wird der Inhalt des Rechtecks extremal? Bestimmen Sie die Art des Extremums.

16 Gegeben ist die Funktion f mit $f(x) = \frac{8}{x^2 + 2}$; $x \in \mathbb{R}$.

a) Skizzieren Sie den Graphen von f.

b) Der Punkt $P(u|v)$ mit $u > 0$ sei ein Punkt auf dem Graphen von f. Die Parallele zur x-Achse durch P schneidet die y-Achse in Q; die Parallele zur y-Achse durch P schneidet die x-Achse in R. Die Punkte R, P und Q sind Eckpunkte eines Dreiecks. Für welche Lage von P wird der Inhalt des Dreiecks extremal? Zeigen Sie, dass es sich bei dem Extremum um ein absolutes Maximum handelt.

6 Funktionsanpassungen

$$g(x) = \frac{ax^2}{x+b}$$

$$h(x) = \frac{ax}{x+b}$$

$$k(x) = \frac{ax}{x^2+b}$$

1 In einem Versuch I wurden Messungen durchgeführt und die Messwerte als Punkte in ein Koordinatensystem eingezeichnet (Fig. 1). Sollen die Punkte durch den Graphen einer gebrochenrationalen Funktion angenähert werden, kann in diesem Fall eine Funktion f der Form $f(x) = \frac{a}{x+b}$ gewählt werden. Welcher der Terme auf dem Rand ist der für Versuch II angemessene?

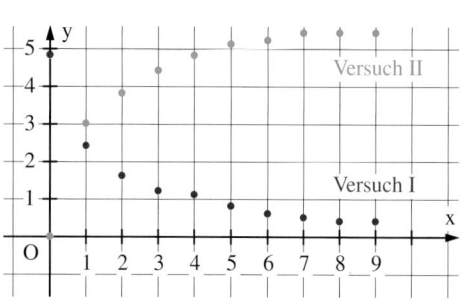

Fig. 1

Auf den Seiten 110 ff. wurde das Vorgehen einer Funktionsanpassung für Exponentialfunktionen erläutert. Das folgende Beispiel zeigt das Vorgehen bei einer gebrochenrationalen Funktion.

Beispiel: (Funktionsanpassung bei einer gebrochenrationalen Funktion)
Die Lösbarkeit von Sauerstoff in Wasser hängt unter anderem von der Wassertemperatur ab.
1 Liter Wasser absorbiert die in der Tabelle angegebenen Sauerstoffmengen.

Die Tabelle gilt bei einem konstanten Luftdruck von 1013 hPa.

Temperatur (in °C)	x	0	10	20	30	40	50
Sauerstoff (in cm³)	y	0,0489	0,0380	0,0310	0,0261	0,0225	0,0210

a) Ermitteln Sie eine gebrochenrationale Funktion f, deren Graph die Punkte gut annähert.
b) Bestimmen Sie den Term der Ausgleichsgeraden mit einem Computer-Algebra-System bzw. mit einer Tabellenkalkulation.
Lösung:
a) Es müssen folgende Schritte durchgeführt werden (vgl. Seite 110).
1) Messwerte als Punkte $P(x|y)$ in ein Koordinatensystem eintragen (Fig. 3).
2) Fig. 3 legt den Ansatz $y = \frac{a}{x+b}$ mit $x \geqq 0$ als Gleichung des Graphen von f nahe.
3) Umformung in die Form einer Geradengleichung: $\frac{1}{y} = \frac{x+b}{a} = \frac{1}{a}x + \frac{b}{a}$.
4) Transformation der Messwerte von y in $\frac{1}{y}$: Fig. 2.
Punkte $Q\left(x | \frac{1}{y}\right)$ eintragen (Fig. 4); sie liegen näherungsweise auf einer Geraden (Ausgleichsgerade).

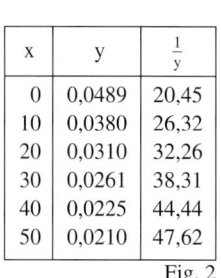

x	y	$\frac{1}{y}$
0	0,0489	20,45
10	0,0380	26,32
20	0,0310	32,26
30	0,0261	38,31
40	0,0225	44,44
50	0,0210	47,62

Fig. 2

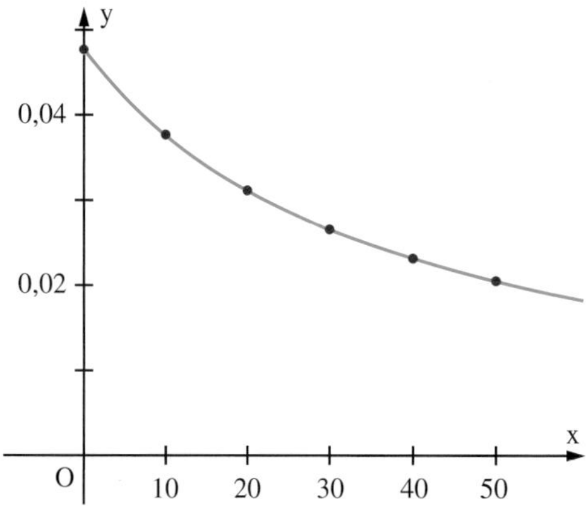

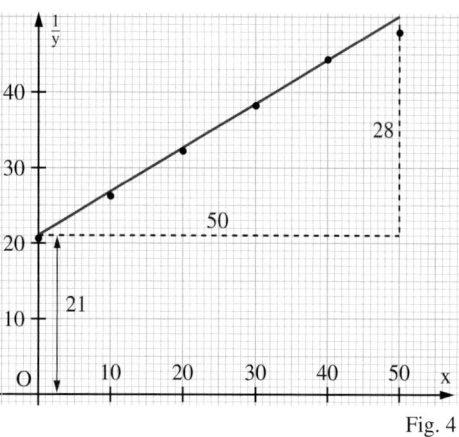

Fig. 3

Fig. 4

5) Steigung der Ausgleichsgeraden $m \approx \frac{28}{50} \approx 0{,}56$; y-Achsenabschnitt $c \approx 21$.
Hieraus folgt $a = \frac{1}{m} \approx 1{,}79$, $b = \frac{c}{m} \approx 37{,}59$. Somit erhält man f mit $f(x) = \frac{1{,}79}{x+37{,}59}$; vgl. Fig. 3.

b) Term der Ausgleichsgeraden mit

I. Computer-Algebra-System (DERIVE)	II. Tabellenkalulation (EXCEL)

I. Computer-Algebra-System (DERIVE)
Schreibe
Daten:=[[0,20.45],[10,26.32],[20,32.26],
[30,38.31],[40,44.44],[50,47.62]]
Schreibe
fit([x,mx+c],Daten)
approX
0.560742x+20.8814

II. Tabellenkalulation (EXCEL)
x-Werte: Zellen A1 bis A6;
$\frac{1}{y}$-Werte: Zellen B1 bis B6;
=Steigung(B1:B6;A1:A6)
ergibt die Steigung m,
=Achsenabschnitt(B1:B6;A1:A6)
ergibt den Achsenabschnitt c.
y=0,560743x+20,881429

Aufgaben

2 Neben einer Straße wurden die Schwermetallgehalte im Boden in Abhängigkeit von der Entfernung zur Straße gemessen. Für Cadmium ergaben sich die folgenden Werte.

Entfernung x (in m)	0	0,5	1	2	4	6
Cadmiumgehalt y (in $\frac{mg}{kg}$)	3	2,4	1,6	1,2	0,8	0,6

Führen Sie eine Funktionsanpassung mit dem Ansatz $y = \frac{a}{x+b}$ durch.

3 In einem Bericht zum Thema „Die kleiner gewordene Welt" sind die folgenden Daten über die Entwicklung der Flugzeiten für Transatlantikflüge angegeben.

Jahr	1936	1939	1945	1949	1958
Flugzeit (in h)	52	30	15	12	7,5

Führen Sie eine Funktionsanpassung durch, wobei t = 0 dem Jahr 1936 entspricht.

4 Um die Unterschiede in der natürlichen Vegetation auf der Erde zu beschreiben, kann der Ertrag der oberirdischen Pflanzenmasse (der so genannten Biomasse) pro Flächeninhalt und Zeit herangezogen werden. Die produzierte Biomasse hängt von vielen Faktoren ab. Für das Amazonasgebiet in Brasilien wurde die Abhängigkeit vom Niederschlag untersucht.

1 a = 1 Jahr

Durchschnittl. Jahresniederschlag x (in m)	0,5	1,0	2,0	3,0	4,0
Biomasse y (in $\frac{kg}{m^2 \cdot a}$)	0,78	1,27	1,93	2,29	2,47

a) Veranschaulichen Sie die Messwerte in einem x, y-Koordinatensystem.

b) Für die Funktionsanpassung bietet sich eine Gleichung der Form $y = \frac{cx}{x+d}$ an.
Zeigen Sie: Trägt man $\frac{1}{y}$ gegen $\frac{1}{x}$ in einem Koordinatensystem auf, erhält man eine Gerade mit der Steigung $\frac{d}{c}$ und dem Achsenabschnitt $\frac{1}{c}$.

c) Transformieren Sie die Werte der Tabelle nach b). Ermitteln Sie die Parameter c und d. Zeichnen Sie den Graphen der zugehörigen Funktion in das Koordinatensystem aus a) ein.

5 In einen Messzylinder wurde Bier eingefüllt und die Höhe h der Schaumschicht in Abhängigkeit von der Zeit t gemessen. Man erhielt das folgende Ergebnis.

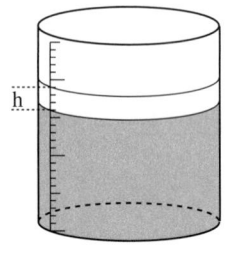

t (in s)	0	30	60	90	120	150	180	210	240	270	300	330	360
h (in cm)	14,5	12,3	10,5	9,0	7,6	6,5	5,6	4,7	4,0	3,4	2,9	2,5	2,1

a) Zeigen Sie Sie, dass eine Funktionsanpassung mit dem Ansatz $y = \frac{a}{x+b}$ nicht sinnvoll ist.

b) Führen Sie eine Funktionsanpassung mit einer Exponentialfunktion durch.

152

7 Untersuchung trigonometrischer Funktionen

1 Die Funktion f mit $f(t) = a \cdot \sin(bt - c)$; $-6 \leq t \leq 18$ beschreibt die Sonnenhöhe am Nordkap im Verlauf eines Tages. Dabei ist t die Zeitdauer nach Mitternacht (in Std.) und $f(t)$ die Höhe der Sonne auf dem Bild bezüglich der eingetragenen Achse (in cm).

a) Begründen Sie, dass der Ansatz $f(t) = \sin(bt - c)$ sinnvoll ist.

b) Ermitteln Sie b und c, z.B. mithilfe von Punktproben.

c) Wann ändert sich die Sonnenhöhe am stärksten?

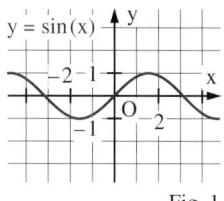

Fig. 1

Fig. 2

Die trigonometrischen Funktionen sin und cos sind für alle $x \in \mathbb{R}$ definiert.

Der Graph der Sinusfunktion ist punktsymmetrisch zu O, der Graph der Kosinusfunktion ist achsensymmetrisch zur y-Achse.

Für f mit $f(x) = \sin(x)$ ist $f'(x) = \cos(x)$; für g mit $g(x) = \cos(x)$ ist $g'(x) = -\sin(x)$. Beide Funktionen haben unendlich viele Nullstellen, die zugleich Wendestellen sind, und unendlich viele lokale Extremstellen; die globalen Extremwerte sind jeweils +1 und −1.

Die auffälligste und wichtigste Eigenschaft, die bei trigonometrischen Funktionen auftritt, ist die Periodizität. Solche Funktionen eignen sich daher insbesondere zur mathematischen Beschreibung sich wiederholender Vorgänge (z.B. Schwingungen, Gezeiten, Temperaturverläufe). Ist p die Periodenlänge einer Funktion, so genügt es, diese Funktion auf einem Intervall der Länge p zu untersuchen.

Funktionen der Form f mit $f(x) = a \cdot \sin(bx + c)$ treten besonders häufig auf. Sie lassen sich mithilfe der Differenzialrechnung untersuchen (siehe Beispiel 1). Zu denselben Ergebnissen kann man auch gelangen, indem man sich ihren Graphen in mehreren Schritten aus dem Graphen der Sinusfunktion herleitet (vgl. Aufgaben 2 und 3).

Beispiel 1:

Untersuchen Sie die trigonometrische Funktion f mit $f(x) = 3\sin\left(2x - \frac{\pi}{2}\right)$ auf einem geeigneten Intervall.

Lösung:

1. Periodenlänge:

Die Sinusfunktion hat die Periodenlänge 2π; x_1 und x_2 markieren Anfang und Ende einer Periode, wenn gilt: $2x_1 - \frac{\pi}{2} = 0$ und $2x_2 - \frac{\pi}{2} = 2\pi$.

mit $x_1 = \frac{1}{4}\pi$ und $x_2 = \frac{5}{4}\pi$ ergibt sich die Periodenlänge $p = x_2 - x_1 = \pi$.

Es genügt also, f auf dem Intervall $[0; \pi)$ zu untersuchen.

2. Nullstellen:

$3\sin\left(2x - \frac{\pi}{2}\right) = 0$ ist erfüllt für alle $x \in \mathbb{R}$ mit $2x - \frac{\pi}{2} = k\pi$ bzw. $x = (2k+1)\frac{\pi}{4}$ $(k \in \mathbb{Z})$.

Im Intervall $[0; \pi)$ liegen also die Nullstellen $x_1 = \frac{1}{4}\pi$ und $x_3 = \frac{3}{4}\pi$.

3. Ableitungen:

$f'(x) = 6\cos\left(2x - \frac{\pi}{2}\right)$; $f''(x) = -12\sin\left(2x - \frac{\pi}{2}\right)$; $f'''(x) = -24\cos\left(2x - \frac{\pi}{2}\right)$.

4. Extremstellen:

Notwendige Bedingung: $6\cos\left(2x - \frac{\pi}{2}\right) = 0$ ist erfüllt für alle $x \in \mathbb{R}$ mit $\left(2x - \frac{\pi}{2}\right) = \frac{\pi}{2} + k\pi$ bzw. $x = (k+1)\frac{\pi}{2}$ $(k \in \mathbb{Z})$.

Im Intervall $[0; \pi)$ liegen also die Stellen $x_4 = 0$ und $x_5 = \frac{\pi}{2}$ mit $f(0) = -3$ und $f\left(\frac{\pi}{2}\right) = 3$.

Hinreichende Bedingung: $f'(0) = 0$ und $f''(0) = 12 > 0$; $f'\left(\frac{\pi}{2}\right) = 0$ und $f''\left(\frac{\pi}{2}\right) = -12 < 0$

Tiefpunkt $\mathbf{T\,(0\,|-3)}$, Hochpunkt $\mathbf{H\left(\frac{\pi}{2}\,\middle|\,3\right)}$

5. Wendestellen:

Notwendige Bedingung: $-24\cos\left(2x - \frac{\pi}{2}\right) = 0$

führt auf $x_1 = \frac{1}{4}\pi$, $x_3 = \frac{3}{4}\pi$

Hinreichende Bedingung:

$f''\left(\frac{1}{4}\pi\right) = 0$ und $f'''\left(\frac{1}{4}\pi\right) = -24 \neq 0$;

$f''\left(\frac{3}{4}\pi\right) = 0$ und $f'''\left(\frac{3}{4}\pi\right) = 24 \neq 0$.

Wendepunkte: $\mathbf{W_1\left(\frac{1}{4}\pi\,\middle|\,0\right)}$, $\mathbf{W_2\left(\frac{3}{4}\pi\,\middle|\,3\right)}$.

Steigung der Wendetangenten:

$f'\left(\frac{1}{4}\pi\right) = 6$; $f'\left(\frac{3}{4}\pi\right) = -6$

6. Graph: vgl. Fig. 1

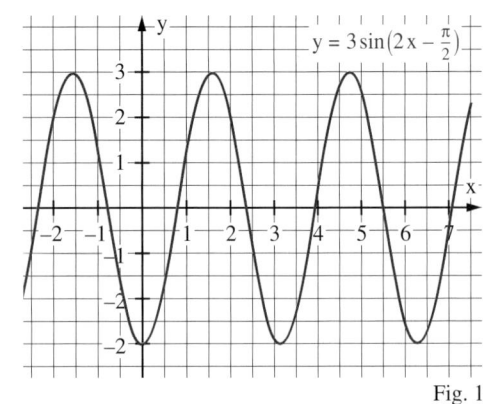

Fig. 1

Immer wieder hilfreich:

x	$\sin(x)$	$\cos(x)$
0	1	1
$\frac{1}{6}\pi$	$\frac{1}{2}$	$\frac{1}{2}\sqrt{3}$
$\frac{1}{4}\pi$	$\frac{1}{2}\sqrt{2}$	$\frac{1}{2}\sqrt{2}$
$\frac{1}{3}\pi$	$\frac{1}{2}\sqrt{3}$	$\frac{1}{2}$
$\frac{1}{2}\pi$	1	0
$\frac{2}{3}\pi$	$\frac{1}{2}\sqrt{3}$	$-\frac{1}{2}$
$\frac{3}{4}\pi$	$\frac{1}{2}\sqrt{2}$	$-\frac{1}{2}\sqrt{2}$
$\frac{5}{6}\pi$	$\frac{1}{2}$	$-\frac{1}{2}\sqrt{3}$
π	0	-1

Beispiel 2:

Untersuchen Sie den Graphen der Funktion f mit $f(x) = x + \sin(x)$ im Intervall $[0; 2\pi]$ auf Extrem- und Wendepunkte.

Zeichnen Sie mittels Ordinatenaddition den Graphen von f.

Lösung:

1. Ableitungen:

$f'(x) = 1 + \cos(x)$;

$f''(x) = -\sin(x)$;

$f'''(x) = -\cos(x)$

2. Extrempunkte:

Notwendige Bedingung:

$1 + \cos(x) = 0$.

Die Gleichung ist in $[0; 2]$ erfüllt für $x_1 = \pi$.

Hinreichende Bedingung:

Es ist $f'(\pi) = 0$ und $f''(\pi) = 0$.

Die hinreichende Bedingung für innere Extremstellen mithilfe der 2. Ableitung liefert also keine Entscheidung (siehe Wendepunkte).

Im Intervall $[0; 2]$ ist $\mathbf{O\,(0\,|\,0)}$ ein Tiefpunkt und $\mathbf{H\,(2\pi\,|\,2\pi)}$ ein Hochpunkt (Randextrema).

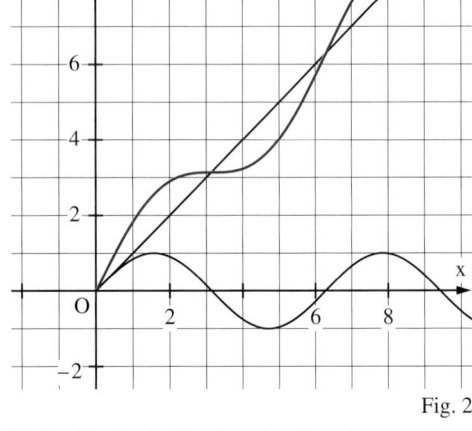

Fig. 2

In Beispiel 2 liefert auch die hinreichende Bedingung für innere Extremstellen mithilfe eines Vorzeichenwechsels von f'(x) keine Entscheidung.

3. Wendepunkte:

Notwendige Bedingung: $-\sin(x) = 0$.

Die Gleichung ist in $[0; 2\pi]$ erfüllt für $x_1 = \pi$; $x_2 = 0$; $x_3 = 2\pi$.

Da 0 und 2π keine inneren Stellen von $[0; 2\pi]$ sind, kommt als Wendestelle nur π in Frage.

Hinreichende Bedingung:

$f''(\pi) = 0$ und $f'''(\pi) = 1 \neq 0$;

damit ist $\mathbf{W\,(\pi\,|\,\pi)}$ ein Wendepunkt mit waagerechter Tangente (Sattelpunkt).

4. Graph: vgl. Fig. 2

Beachten Sie:

Bei einer Untersuchung von f auf der maximalen Definitionsmenge $\mathbb{R}$ sind auch die Stellen 0 und 2π Wendestellen.

Aufgaben

(A) $f(x) = 3\sin(x)$

(B) $f(x) = \sin(2x)$

(C) $f(x) = \sin\left(x - \frac{\pi}{2}\right)$

(D) $f(x) = 2\sin(2x)$

(E) $f(x) = \sin(x - \pi)$

(F) $f(x) = \sin\left(x + \frac{\pi}{2}\right)$

(G) $f(x) = -\sin(x)$

(H) $f(x) = \sin\left(2x - \frac{\pi}{2}\right)$

(I) $f(x) = 2\sin(x)$

(J) $f(x) = \sin(x + \pi)$

2 Auf dem Rand sind Terme verschiedener Funktionen angegeben. Welche dieser Funktionen gehört zu welchem Graphen?

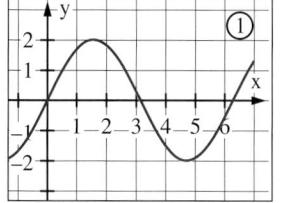
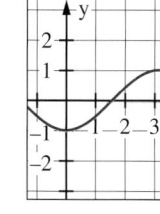
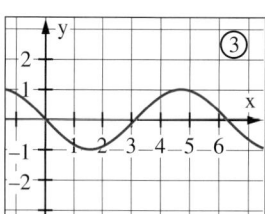
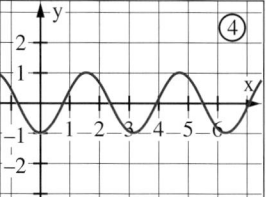
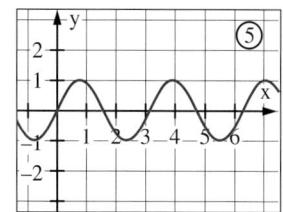
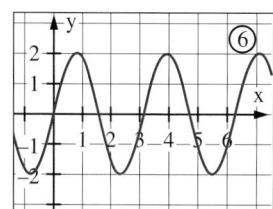

3 Zeichnen Sie für verschiedene Werte der Parameter den Graphen von f. Beschreiben Sie, wie man die Sinuskurve verändern muss, um diese Graphen zu erhalten.

a) $f(x) = a \cdot \sin(x)$ b) $f(x) = \sin(x) + d$ c) $f(x) = \sin(b \cdot x)$

d) $f(x) = \sin(x - c)$ e) $f(x) = \sin(b(x - c))$ f) $f(x) = a \cdot \sin(b(x - c)) + d$

4 Fig. 1, Fig. 2 und Fig. 3 zeigen Graphen von Funktionen mit einem Funktionsterm der Form $f(x) = a \cdot \sin[b(x - c)] + d$. Bestimmen Sie jeweils „passende" Werte für a, b, c und d.

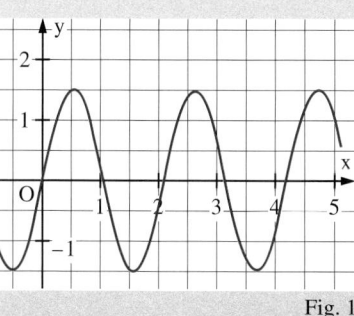
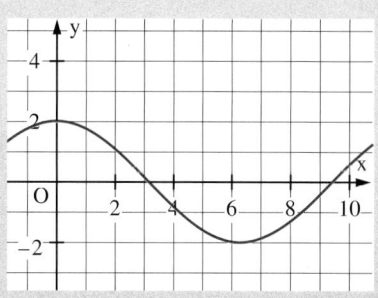
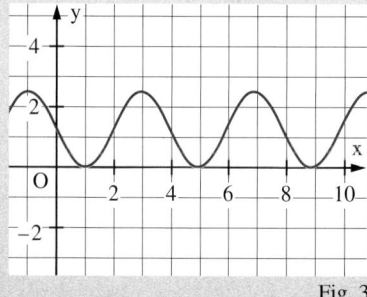

Fig. 1   Fig. 2   Fig. 3

5 Führen Sie ohne Verwendung von f' bzw. f'' eine Funktionsuntersuchung durch. Berechnen Sie den Inhalt eines Flächenstückes zwischen dem Graphen von f und der x-Achse.

a) $f(x) = 3 \cdot \sin\left[\frac{1}{2}(x - \pi)\right]$ b) $f(x) = 2 \cdot \sin\left(\frac{1}{4}x - \frac{\pi}{2}\right)$ c) $f(x) = 10 \cdot \sin\left(\frac{1}{10}x + \frac{\pi}{2}\right)$

6 Leiten Sie zweimal ab.

a) $f(x) = 4\cos(x)$ b) $f(x) = \sin\left(\frac{2}{3}x\right)$ c) $f(x) = \cos(-2x)$

d) $f(x) = \sin\left(x - \frac{\pi}{4}\right)$ e) $f(x) = 2\cos(1 - x)$ f) $f(x) = 3\cos\left(\frac{\pi}{2} - 4x\right)$

g) $f(x) = \sin(x) + \cos(x)$ h) $f(x) = (\sin(x))^2$ i) $f(x) = (\cos(2x))^2$

155

Beispiele für Anwendungen trigonometrischer Funktionen in der Physik:

Fadenpendel:

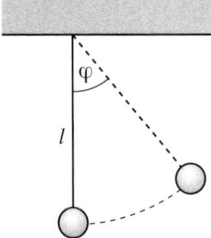

Für kleine Pendelausschläge gilt:
$\varphi(t) = \varphi_0 \cdot sin\left(\sqrt{\frac{g}{l}} \cdot t\right)$
g: Erdbeschleunigung

Schiefer Wurf:

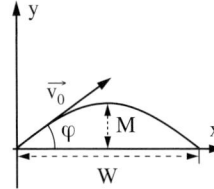

$x(t) = v_0 \cdot t \cdot cos(\varphi)$
$y(t) = v_0 \cdot t \cdot sin(\varphi) - \frac{1}{2} g \cdot t^2$
$H = \frac{v_0^2}{2g} \cdot sin^2(\varphi)$
$W = \frac{v_0^2}{g} \cdot sin(2\varphi)$

Wechselstromkreis mit ohmschem Widerstand:

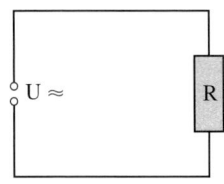

Wechselspannung:
$U(t) = U_0 \cdot sin(\omega t)$
Wechselstrom:
$I(t) = I_0 \cdot sin(\omega t)$
$\quad = \frac{U_0}{R} \cdot sin(\omega t)$
Elektrische Leistung:
$P(t) = U(t) \cdot I(t)$
$\quad = U_0 \cdot I_0 \cdot sin^2(\omega t)$
$\quad = \frac{U_0^2}{R} \cdot sin^2(\omega t)$

7 Bestimmen Sie eine Stammfunktion der Funktion f.
a) $f(x) = sin(2x)$ b) $f(x) = -cos\left(\frac{1}{3}x + \frac{\pi}{6}\right)$ c) $f(x) = 1 + 3cos(x)$ d) $f(x) = 1 + cos(3x)$

8 Die folgende Gleichung hat genau eine Lösung x*. Berechnen Sie x* nach dem Newton-Verfahren auf 3 Dezimalen gerundet.
a) $1 + x + 3sin(x) = 0$ b) $x - 2 - cos(x) = 0$ c) $x^3 - cos(x) = 0$ d) $x^5 - 1 + sin(x) = 0$

9 Zeichnen Sie den Graphen der Funktion f im Periodenintervall $[0; 2\pi]$.
a) $f(x) = 3sin(x)$ b) $f(x) = 1 + sin(x)$ c) $f(x) = sin(x - \pi)$ d) $f(x) = 2cos\left(x + \frac{\pi}{2}\right)$

10 Zeichnen Sie den Graphen mittels Ordinatenaddition im Periodenintervall $[0; p]$.
a) $f(x) = sin(x) + cos(x)$ b) $f(x) = sin(x) - cos(x)$ c) $f(x) = cos(x) - sin(2x)$

11 Skizzieren Sie mithilfe des Graphen von $x \mapsto sin(x)$ den Graphen von $x \mapsto sin^2(x)$.

12 Untersuchen Sie den Graphen von f im Periodenintervall $[0; p]$ auf Schnittpunkte mit der x-Achse samt Steigungen sowie auf Extrem- und Wendepunkte. Zeichnen Sie den Graphen.
a) $f(x) = sin(0,5x)$ b) $f(x) = 3cos(0,5x)$ c) $f(x) = -2,5sin(3x - \pi)$

13 Untersuchen Sie die Funktion f im angegebenen Intervall auf Extrem- und Wendestellen. Zeichnen Sie den Graphen mittels Ordinatenaddition (vgl. Beispiel 2).
a) $f(x) = x - sin(x);\ [0; 2\pi]$ b) $f(x) = x + cos(x);\ [0; 2\pi]$ c) $f(x) = \frac{1}{2}x - cos\left(\frac{1}{2}x\right);\ [-\pi; 3\pi]$

14 Gegeben ist die Funktion f mit $f(x) = 3 \cdot sin\left(\frac{\pi}{4}x\right)$ im Intervall $0 \leq x \leq 4$.
a) Skizzieren Sie den Graphen von f.
b) Es sei g die Ursprungsgerade durch den Hochpunkt des Graphen von f. Der Graph von f und die Gerade g umschließen eine Fläche. Berechnen Sie deren Inhalt.

15 Gegeben ist die Funktion f mit $f(x) = 2 + 2 \cdot cos(x)$ für $0 \leq x \leq 2\pi$.
a) Skizzieren Sie den Graphen von f.
b) Der Graph von f und die Normalen in den Wendepunkten begrenzen eine Fläche. Berechnen Sie den Inhalt dieser Fläche.

16 a) Welche Parabel 2. Ordnung berührt den Graphen der Sinusfunktion f mit $f(x) = sin(x)$ in $O(0|0)$ und $A(\pi|0)$?
b) Berechnen Sie den Inhalt der Fläche zwischen der Sinuskurve und der Parabel aus a).

17 a) Die Funktion f mit $f(x) = sin(x)$ soll im Intervall $\left[0; \frac{\pi}{2}\right]$ durch eine ganzrationale Funktion g vom Grad 2 angenähert werden, so dass beide Funktionen für $x = 0$ in den Funktionswerten und den 1. Ableitungen sowie für $x = \frac{\pi}{2}$ in den Funktionswerten übereinstimmen. Ermitteln Sie g.
b) Die Graphen von f und g aus Teilaufgabe a) begrenzen im Intervall $\left[0; \frac{\pi}{2}\right]$ eine Fläche. Berechnen Sie deren Inhalt.

18 Zu jedem $t > 0$ ist eine Funktion f_t gegeben durch $f_t(x) = t \cdot cos(x)$ mit $-\frac{\pi}{2} \leq x \leq \frac{\pi}{2}$. Der Graph C_t einer ganzrationalen Funktion g_t zweiten Grades schneidet den Graphen K_t von f_t in den Schnittpunkten mit der x-Achse rechtwinklig.
a) Ermitteln Sie g_t. Zeichnen Sie f_2 und g_2 in ein gemeinsames Koordinatensystem.
b) K_t und C_t begrenzen eine Fläche mit dem Inhalt $A(t)$. Untersuchen Sie $A(t)$ auf Extremwerte.

19 Für jedes $t > 0$ ist eine Funktion f_t gegeben durch $f_t(x) = t + t \cdot \cos(x)$ mit $-\pi \leqq x \leqq \pi$.
a) Skizzieren Sie die Graphen von f_t für $t_1 = 1$ und $t_2 = 2$ in ein gemeinsames Koordinatensystem.
b) Ermitteln Sie für $x > 0$ die Gleichung der Wendetangente des Graphen von f_t.
c) Der Graph von f_t, die Wendetangente aus Teilaufgabe b) und die y-Achse begrenzen eine Fläche. Berechnen Sie deren Inhalt.
d) Es sei $P(u|v)$ mit $0 < u < \pi$ ein Punkt auf dem Graphen von f_t für $t = 2$. Die Parallelen zu den Koordinatenachsen durch P und die Koordinatenachsen bilden ein Rechteck. Für welchen Wert von u wird der Umfang des Rechtecks extremal? Bestimmen Sie die Art des Extremums.
e) Für welche Werte von t haben Rechtecke, wie sie in Teilaufgabe d) beschrieben wurden, keinen extremalen Umfang?

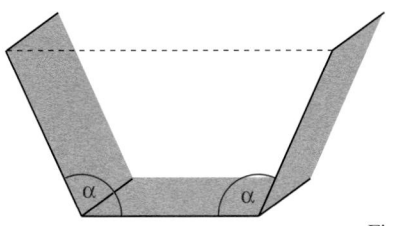

20 Aus drei gleich breiten Brettern soll eine Rinne hergestellt werden, die oben offen ist – Fig. 1 zeigt einen Querschnitt dieser Rinne.
Wie ist der Winkel α zu wählen, damit das Fassungsvermögen der Rinne möglichst groß wird?

Fig. 1

21 a) Gegeben ist die Funktion g durch $g(x) = 2\cos\left(\frac{\pi}{6}x\right)$; $x \in [0; 12]$. Ihr Graph sei K.
Geben Sie die Schnittpunkte mit der x-Achse sowie die Extrem- und Wendepunkte von K an. Zeichnen Sie K.
b) An den Küsten ändert sich der Wasserstand mit den Gezeiten. In Wilhelmshaven schwankt der Wasserstand zwischen 0 m (Niedrigwasser), 4 m sechs Stunden später (Hochwasser) und 0 m sechs Stunden nach Hochwasser. Der Wasserstand wird in Abhängigkeit von der Zeit t (in Stunden ab Niedrigwasser) durch eine Funktion W beschrieben mit $W(t) = a - b\cos\left(\frac{\pi}{6}\right)$.
Bestimmen Sie die Koeffizienten a und b. Zeichnen Sie den Graphen von W.
c) Überprüfen Sie die Richtigkeit der Faustregel: Der Wasserstand steigt während der dritten und der vierten Stunde nach Niedrigwasser jeweils um ein Viertel der Gesamtzunahme.
d) Wann ändert sich der Wasserstand am schnellsten?
Bestimmen Sie mithilfe von W' (lineare Näherung), um wie viel der Wasserstand zu diesen Zeitpunkten innerhalb von 5 Minuten ungefähr zu- bzw. abnimmt. Vergleichen Sie diesen Wert mit dem genauen Wert.

22 Bestimmen Sie mit einem Computer-Algebra-System die ersten 5 Ableitungen von f. Stellen Sie eine Vermutung über die 6. Ableitung von f auf und überprüfen Sie diese.
a) $f(x) = x \cdot \sin(x)$ b) $f(x) = x^2 \cdot \sin(x)$

23 Für jedes $a_1 \in \mathbb{R}$ und jedes $a_2 \in \mathbb{R}$ ist eine Funktion $f: x \mapsto a_1 \cdot \sin(x) + a_2 \cdot \cos(x)$ gegeben. Die Funktion f kann in der Form $x \mapsto a \cdot \sin(x + x_0)$ geschrieben werden.
a) Zeichnen Sie für verschiedene Werte von a_1 und a_2 den Graphen von f. Lesen Sie jeweils Näherungswerte für a und x_0 ab (vgl. Tabelle). Welche Beziehung zwischen a_1, a_2 und a vermuten Sie?

$a_1 \cdot \sin(x) + a_2 \cdot \cos(x)$	$a \cdot \sin(x + x_0)$
$3 \cdot \sin(x) + 4 \cdot \cos(x)$	$\approx 5 \cdot \sin(x + 0{,}9)$
$\sin(x) + \cos(x)$	$\approx 1{,}4 \cdot \sin(x + 0{,}8)$

b) Beweisen Sie mithilfe der Formeln $\sin(x + x_0) = \sin(x) \cdot \cos(x_0) + \cos(x) \cdot \sin(x_0)$ und $\sin^2(x_0) + \cos^2(x_0) = 1$ den von Ihnen vermuteten Zusammenhang.
c) Zeigen Sie: $\tan(x_0) = \frac{a_2}{a_1}$.

8 Vermischte Aufgaben

1 Skizzieren Sie den Graphen der Funktion f.

a) $f(x) = \frac{x^2+1}{x}$ b) $f(x) = \frac{x}{x^2-1}$ c) $f(x) = \frac{4}{x^2+2}$ d) $f(x) = \frac{4x+2}{x^3}$

e) $f(x) = 2 \cdot \sin\left(x - \frac{\pi}{4}\right)$ f) $f(x) = 3 \cdot \cos(2x - \pi)$ g) $f(x) = x + \sin(2x)$ h) $f(x) = x^2 + \sin(x)$

2 Geben Sie die Definitionsmenge an. Untersuchen Sie den Graphen von f auf Symmetrie, Schnittpunkte mit den Achsen sowie auf Asymptoten. Skizzieren Sie den Graphen von f.

a) $f(x) = \frac{x^2+1}{x^2}$ b) $f(x) = \frac{4(x^2-1)}{x^2-9}$ c) $f(x) = \frac{x+1}{x^2-1}$ d) $f(x) = \frac{x-1}{x^3-4x}$

3 Geben Sie möglichst viele Eigenschaften an, welche die Funktionen gemeinsam haben. Worin bestehen die wesentlichen Unterschiede zwischen diesen Funktionen?

a) $f(x) = \frac{1}{x+1}$; $g(x) = \frac{2}{x+1}$; $h(x) = \frac{3}{x+1}$ b) $f(x) = \frac{1}{x-1}$; $g(x) = \frac{x}{x-1}$; $h(x) = \frac{x^2}{x-1}$

c) $f(x) = \frac{1}{x-1}$; $g(x) = \frac{1}{(x-1)^2}$; $h(x) = \frac{1}{x^2-1}$ d) $f(x) = \frac{x+1}{x}$; $g(x) = \frac{x+1}{x^2}$; $h(x) = \frac{x+1}{x^3}$

4 Führen Sie eine vollständige Funktionsuntersuchung durch.

a) $f(x) = \frac{x^2-1}{2x}$ b) $f(x) = \frac{2-x}{x^2}$ c) $f(x) = \frac{x^2}{4} - \frac{2}{x}$ d) $f(x) = 3 + \frac{6}{x} - \frac{4}{x^2}$

e) $f(x) = \frac{1}{2} \cdot \sin(2x)$ f) $f(x) = 2 \cdot \cos\left(\frac{1}{2}x\right)$ g) $f(x) = 1 - \sin(x)$ h) $f(x) = \frac{1}{2} \cdot [1 + \cos(2x)]$

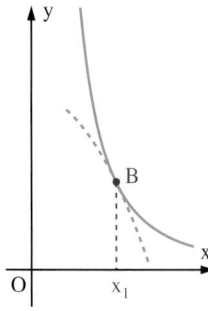

Welche Bedingungen müssen zwei Funktionen erfüllen, damit sich die Graphen dieser Funktionen an einer Stelle x_1 berühren?

5 Gegeben ist die Funktion f mit $f(x) = \frac{4}{x^2}$.

a) Untersuchen Sie den Graphen von f auf Symmetrie. Geben Sie die Gleichungen der Asymptoten an. Zeichnen Sie den Graphen von f.

b) Berechnen Sie a und b so, dass der Graph der Funktion g mit $g(x) = ax^2 + b$ den Graphen von f an der Stelle $x_1 = 2$ berührt.

c) Wie lautet die Gleichung der Tangente t an den Graphen von f im Punkt $P(2|1)$?

d) Die Tangente t aus c) schneidet den Graphen von f in einem weiteren Punkt Q. Ermitteln Sie die Koordinaten von Q.

6 Es sei K der Graph der Funktion f mit $f(x) = \frac{x^2-18}{x-5}$.

a) Untersuchen Sie K auf Schnittpunkte mit der x-Achse, Extrempunkte und auf Asymptoten. Zeichnen Sie K.

b) Die Parabel mit der Gleichung $y = x^2$ schneidet K in drei Punkten. Berechnen Sie die x-Werte dieser Schnittpunkte mit dem NEWTON-Verfahren auf 3 Dezimalen gerundet.

c) Aus welchen Parallelen zur x-Achse schneidet K eine Strecke der Länge 1,5 LE aus?

7 Gegeben ist die Funktion f mit $f(x) = \frac{2}{x^2+1}$. Ihr Graph sei K.

a) Nennen Sie wichtige Eigenschaften von K. Skizzieren Sie K.

b) Wie lautet die Gleichung der Tangente an den Graphen von f im Punkt $B(-1|1)$?

c) Die Tangente im Punkt B und die Gerade mit der Gleichung $y = 3x - 1$ schneiden sich. Ermitteln Sie den Schnittwinkel.

d) K schneidet den Graphen der Funktion g mit $g(x) = x^3 - 1$ im Punkt $S(x_0|y_0)$. Berechnen Sie x_0 mit dem NEWTON-Verfahren auf 3 Dezimalen gerundet.

e) Der Punkt $Q(u|v)$ auf dem Graphen von f und der Punkt $P(u|0)$ sind Ecken eines zur y-Achse symmetrischen Rechtecks. Bei welchen Werten für u ist der Flächeninhalt des Rechtecks ein Extremwert? Um welche Art von Extremwert handelt es sich?

8 Der Querschnitt eines unterirdischen Entwässerungskanals ist ein Rechteck mit aufgesetztem Halbkreis (Fig. 1). Wie sind Breite und Höhe des Rechtecks zu wählen, damit die Querschnittsfläche 8 m² groß ist und zur Ausmauerung des Kanals möglichst wenig Material benötigt wird?

Fig. 1

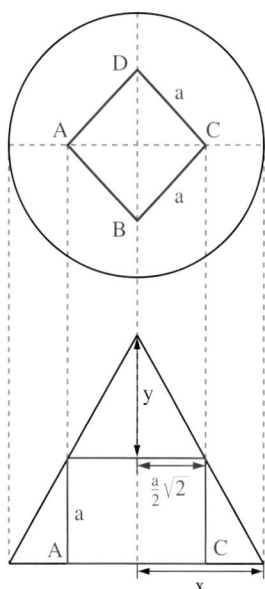

9 Einem Würfel mit der Kantenlänge a wird ein senkrechter Kreiskegel so umbeschrieben, dass vier Eckpunkte in der Grundkreisebene und vier Eckpunkte auf dem Kegelmantel liegen (Fig. 2).
a) Zeigen Sie mithilfe des 2. Strahlensatzes, dass für das Volumen des Kegels gilt:
$$V(x) = \frac{\sqrt{2}}{3} \cdot a \cdot \pi \cdot \frac{x^3}{\sqrt{2} \cdot x - a}.$$
b) Für welchen Grundkreisradius wird das Volumen des Kegels am kleinsten?

Fig. 2

10 Skizzieren Sie den Graphen K der Funktion f: $x \mapsto 2\cos(2x)$ für $x \in \left[-\frac{\pi}{4}; \frac{\pi}{4}\right]$.
Dem Graphen K ist ein Rechteck, dessen eine Seite auf der x-Achse liegt, so einzubeschreiben, dass sein Umfang maximal wird.

11 Zeichnen Sie den Graphen der Funktion f sowie dessen Asymptote für $x \to +\infty$ bzw. $x \to -\infty$. Die Geade mit der Gleichung $x = c$, der Graph von f und die Asymptote begrenzen eine nach links bzw. rechts unbeschränkte Fläche. Untersuchen Sie, ob diese Fläche einen Inhalt A besitzt. Geben Sie gegebenenfalls A an.
a) $f(x) = \frac{1}{2}x + \frac{2}{x^2}$; $c = 2$, nach rechts
b) $f(x) = \frac{x^3 - 1}{3x^2}$; $c = -1$, nach links

12 Gegeben ist die Funktion f mit $f(x) = \frac{4}{(2x - 4)^3}$.
a) Skizzieren Sie den Graphen von f.
b) Die Gerade mit der Gleichung $x = 3$, der Graph von f und die x-Achse begrenzen eine nach rechts unbeschränkte Fläche. Untersuchen Sie, ob diese Fläche einen endlichen Inhalt besitzt.
c) Untersuchen Sie, ob die vom Graphen von f, den Geraden mit den Gleichungen $x = 2$ und $x = 3$ sowie der x-Achse begrenzte und oben ins Unendliche reichende Fläche einen endlichen Inhalt hat.
d) Die in Teilaufgabe b) beschriebene Fläche rotiert um die x-Achse. Dabei entsteht ein nach rechts unbegrenzter Körper K. Untersuchen Sie, ob K ein endliches Volumen besitzt.

Funktionenscharen

13 Durch $f_t(x) = \frac{16}{x^2 - t}$ ist für jedes $t \in \mathbb{R}^+$ eine Funktion f_t gegeben. Ihr Graph sei K_t.
a) Geben Sie die Gleichungen der Asymptoten an.
b) Ermitteln Sie die Koordinaten des Hochpunktes H_t von K_t.
c) Zeichnen Sie K_4.
d) Zeigen Sie, dass die Graphen K_t und K_{t^*} für $t \neq t^*$ keinen Punkt gemeinsam haben.
e) Auf jedem Graphen K_t gibt es außer H_t zwei weitere Punkte P_t und Q_t, für welche die Normale durch den Ursprung O geht. Berechnen Sie die Koordinaten von P_t und Q_t.
Auf welcher Linie liegen alle diese Punkte?

159

14 Für jedes $t \in \mathbb{R}$ ist eine Funktion f_t gegeben durch $f_t(x) = \frac{4x^3 + tx - t^3}{x}$. Ihr Graph sei K_t.
a) Untersuchen Sie f_t auf Extremwerte. Hat f_t ein globales Minimum bzw. Maximum?
b) Welche der Funktionen f_t hat den kleinsten Extremwert? An welcher Stelle wird er angenommen? Wie groß ist dieser Extremwert?
c) Bestimmen Sie den geometrischen Ort der Extrempunkte aller Kurven K_t.
d) Zeigen Sie, dass die Wendepunkte aller Kurven K_t auf einer Geraden liegen.

15 Gegeben sind die Funktionen f_t durch $f_t(x) = \left(\frac{t^2}{2} + 1\right) \cdot \cos(tx)$, $t \in \mathbb{R}^+$, $x \in \mathbb{R}$.
a) Ermitteln Sie die Periodenlänge in Abhängigkeit von t.
b) Untersuchen Sie die Funktion f_2 und zeichnen Sie ihren Graphen.
c) Für jedes t begrenzen die beiden Koordinatenachsen und der Graph von f_t im Intervall $0 \leq x \leq \frac{\pi}{2t}$ eine Fläche mit dem Inhalt A (t).
Berechnen Sie A (t). Für welches t ist A (t) minimal?

Anwendungen

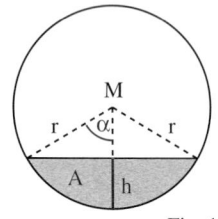

Fig. 1

Für den Flächeninhalt A des Kreisabschnitts gilt:
$A = \frac{1}{2} r^2 \sin(2\alpha - \sin(2\alpha))$;
weiterhin ist
$\cos(\alpha) = 1 - 2h$.

16 Ein zylinderförmiger Kunststofftank fasst 2000 Liter, der Durchmesser der kreisförmigen Seitenwände beträgt jeweils 1 m. An einer der Seitenwände soll ein Markierungsstreifen angebracht werden, an dem man unmittelbar den gerade im Tank befindlichen Inhalt ablesen kann.
a) Zeigen Sie: Für die im Tank befindliche Flüssigkeitsmenge V (in m³) in Abhängigkeit vom Winkel α (α im Bogenmaß) gilt: $V(\alpha) = \frac{1}{\pi}(2\alpha - \sin 2\alpha)$ (vgl. Fig. 1).
b) An welcher Stelle auf dem Markierungsstreifen ist die Marke für einen Inhalt von 200 Liter anzubringen?
c) Wo sind die Marken für 400 Liter, 600 Liter, ..., 2000 Liter anzubringen?

17 Im Verlauf eines Jahres ändert sich die Tageslänge, d. h. die Zeitdauer während der die Sonne über dem Horizont steht. In Stockholm schwankt die Tageslänge zwischen 18,24 Stunden am 21. Juni und 5,76 Stunden sechs Monate später. Die Tageslänge kann in Abhängigkeit von der Zeit t (t in Monaten ab dem 21. März) durch eine Funktion T mit $T(t) = a + b \cdot \sin\left(\frac{\pi}{6}t\right)$ beschrieben werden.
a) Bestimmen Sie die Koeffizienten a und b.
b) Welche Tageslänge ergibt sich aus dem Modell für den 21. April?
c) Wann ändert sich die Tageslänge am raschesten und wie groß ist sie dann?

18 Fig. 1 zeigt für die Mittelmeerstadt Algier die langjährigen Mittelwerte der monatlichen Niederschlagssummen – im Folgenden kurz als „Monatsniederschläge" bezeichnet.

a) Stellen Sie die angegebenen Werte in geeigneter Weise grafisch dar.
b) Die Monatsniederschläge lassen sich näherungsweise mithilfe der Funktion f mit $f(t) = a \cdot \sin\left[\frac{\pi}{6}(t + c)\right] + d$, $t \in \{1; \dots; 12\}$ beschreiben. Geben Sie die maximale Abweichung von den tatsächlichen Monatsniederschlägen für a = 60, c = 2 und d = 60 an.
c) Verändern Sie in Teilaufgabe b) die Werte für a, c und d; versuchen Sie so, die maximale Abweichung möglichst klein zu machen. Geben Sie Ihre „beste" Lösung an?

Jan. (1):	110 mm
Feb. (2):	83 mm
März (3):	74 mm
Apr. (4):	41 mm
Mai (5):	46 mm
Juni (6):	17 mm
Juli (7):	2 mm
Aug. (8):	4 mm
Sep. (9):	42 mm
Okt. (10):	80 mm
Nov. (11):	128 mm
Dez. (12):	135 mm
Summe:	762 mm

Fig. 2

Mathematische Exkursionen

Das Schluckvermögen einer Straße

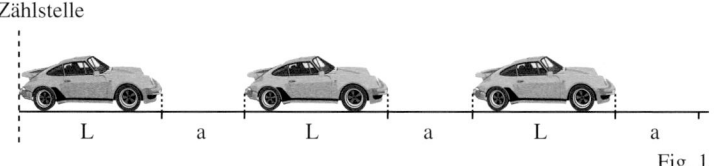

Fig. 1

Als Argument gegen die Einführung eines Tempolimits auf Autobahnen wird häufig vorgebracht, eine solche Maßnahme könnte zu zusätzlichen Staus führen. Im Folgenden wird mithilfe eines einfachen Modells der Zusammenhang zwischen Fahrzeuggeschwindigkeit, Anhalteweg und Verkehrsfluss untersucht.

Betrachtet wird eine Kolonnenfahrt unter folgenden Voraussetzungen (Fig. 1): Alle Fahrzeuge haben die gleiche Länge L (in m), fahren mit der gleichen, konstanten Geschwindigkeit v (in $\frac{km}{h}$) und alle halten den gleichen Sicherheitsabstand bzw. Anhalteweg a (in m) zum Vordermann ein.

Die Anzahl der Fahrzeuge, die pro Stunde eine Zählstelle passieren, heißt **Verkehrsdichte**, **Fahrzeugdurchsatz** oder auch **Schluckvermögen** und wird mit D bezeichnet.

Die Länge einer Kolonne, welche in einer Stunde die Zählstelle passiert, ist gleich der Fahrzeuggeschwindigkeit v multipliziert mit der Beobachtungszeit 1 Stunde. Mit v in $\frac{km}{h}$ ist diese Länge in km gleich $v \cdot 1$ bzw. in m gleich $1000\,v$. Andererseits ergibt sich die gleiche Länge, wenn man die Anzahl der Fahrzeuge dieser Kolonne mit dem Streckenbedarf $L + a$ pro Fahrzeug multipliziert. Also gilt: $1000\,v = D \cdot (L + a)$ bzw. $D = \frac{1000\,v}{L + a}$. Die Verkehrsdichte D hängt also neben der Fahrzeuglänge L und der Geschwindigkeit v wesentlich vom Sicherheitsabstand a ab. Da aber auch a von v abhängt, schreibt man: $D(v) = \frac{1000\,v}{L + a(v)}$.

Bevor die Verkehrsdichte in Abhängigkeit von der gefahrenen Geschwindigkeit weiter untersucht wird, werden zunächst die wichtigsten Regeln für den Sicherheitsabstand zusammengestellt. Die ersten drei dieser Regeln sind so genannten Faustregeln, die in der „Tacho-Sprache" formuliert sind. Mithilfe dieser Regeln kann man direkt aus der gefahrenen Geschwindigkeit v (in $\frac{km}{h}$) den Sicherheitsabstand $a(v)$ (in m) ermitteln.

Aus einem „Fahrschul-Buch":

Der Anhalteweg setzt sich zusammen aus dem Reaktionsweg, d. h. dem Weg, den das Auto während der Reaktionszeit des Fahrers zurücklegt, und dem eigentlichen Bremsweg.

Der Reaktionsweg errechnet sich wie folgt:

Reaktionsweg = $^{\text{Geschw. in } \frac{km}{h}} \times 3$.

Der Bremsweg errechnet sich wie folgt:

Bremsweg = $^{\text{Geschw. in } \frac{km}{h}} \times {^{\text{Geschw. in } \frac{km}{h}}}$.

---

(1) Die „Tacho-halbe-Regel":
Der Sicherheitsabstand ist die Strecke, die sich ergibt, wenn man die Maßzahl der Tachoanzeige halbiert und mit der Einheit m versieht:
$a_1(v) = \frac{1}{2} v$.

(2) Die „2-Sekunden-Regel":
Der Sicherheitsabstand ist die Strecke, die man in 2 Sekunden zurücklegt. Wegen
$1 \frac{km}{h} = \frac{1000\,m}{3600\,s} = \frac{1\,m}{3,6\,s}$ ergibt sich:
$a_2(v) = \frac{v}{3,6} \cdot 2$.

(3) Die „Fahrschul-Regel":
$a_3(v) = \frac{v}{10} \cdot 3 + \left(\frac{v}{10}\right)^2$.

Bei der Fahrschul-Regel ergibt sich der Sicherheitsabstand zwar als Summe von Reaktionsweg und Bremsweg, nicht berücksichtigt aber werden hierbei z. B. unterschiedliche Reaktionszeiten der Fahrer und unterschiedliche Bremsverzögerungen der Fahrzeuge. Bei den beiden folgenden Regeln werden diese beiden Komponenten berücksichtigt.

Der Anhalteweg $a(v)$ setzt sich zusammen aus dem Reaktionsweg und dem Bremsweg. Ist t_R (in s) die Reaktionszeit, b (in $\frac{m}{s^2}$) die Bremsverzögerung und v (in $\frac{m}{s}$) die Geschwindigkeit, so gilt:

$$a(v) = v \cdot t_R + \frac{1}{2b} \cdot v^2.$$

Mit v in $\frac{km}{h}$ ergibt sich als weitere Regel für den Sicherheitsabstand:

(4) Die „Anhalte-Regel":

$$a_4(v) = \frac{v}{3,6} \cdot t_R + \frac{1}{2b} \cdot \frac{v^2}{3,6^2}.$$

Der TÜV fordert für PKW eine Bremsverzögerung von mindestens $4\frac{m}{s^2}$.
Beim Autofahren sollte man die Bremsen des voraus fahrenden Fahrzeugs immer etwas besser einschätzen als die Bremsen des eigenen Fahrzeugs.

Da beim Kolonnenfahren das vorausfahrende Fahrzeug nicht ruckartig stehen bleibt, kann man dessen Bremsweg vom Anhalteweg des eigenen Fahrzeugs abziehen. Ist b_1 die Bremsbeschleunigung des eigenen und b_2 die des vorausfahrenden Fahrzeugs, erhält man eine fünfte Regel für den Sicherheitsabstand:

(5) Die „Vordermann-Regel":

$$a_5(v) = \frac{v}{3,6} \cdot t_R + \frac{1}{2}\left(\frac{1}{b_1} - \frac{1}{b_2}\right) \cdot \frac{v^2}{3,6^2}.$$

Nachträglich erweist sich die Fahrschulregel als ein Spezialfall der Anhalteregel mit $t_R = 1,08$ und $b \approx 3,86$.

Mit den Abstandsregeln (1) bis (5) wird nun die Verkehrsdichte in Abhängigkeit von der gefahrenen Geschwindigkeit untersucht.

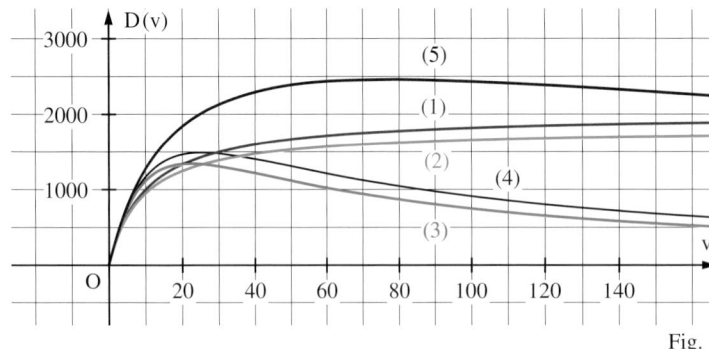

Fig. 1 zeigt Graphen der Funktion D mit
$$D(v) = \frac{1000\,v}{L + a(v)}$$
für die 5 Abstandsregeln mit $L = 5$, $t_R = 1$, $b = 5$ bzw. $b_1 = 5$ und $b_2 = 6$.

1 Nach Fig. 1 zeigt die Verkehrsdichte in Abhängigkeit von der gefahrenen Geschwindigkeit bei den einzelnen Abstandsregeln einen unterschiedlichen Verlauf. Erläutern Sie diese Unterschiede.

Fig. 1

2 Zeichnen Sie Graphen der Funktion $D: v \mapsto D(v)$ für die Abstandsregeln (1) bis (5) mit
a) $L = 5$, $t_R = 1$, $b = 6$ bzw. $b_1 = 6$ und $b_2 = 7$.
b) $L = 5$, $t_R = 2$, $b = 6$ bzw. $b_1 = 6$ und $b_2 = 7$.

3 Zeichnen Sie Graphen der Funktion $D: v \mapsto D(v)$ für die Abstandsregel (4) mit
a) $L = 5$, $b = 6$ und $t_R = 1,2$; $1,4$; $1,6$; $1,8$ b) $L = 5$, $t_R = 1$ und $b = 4$; 5; 6; 7; 8.

4 a) Zeigen Sie: Für die Geschwindigkeit v_{max} bei der $D(v)$ am größten ist, gilt
$v_{max} = 3,6 \cdot \sqrt{2 \cdot L \cdot b}$ bei der Abstandsregel (4) und $v_{max} = 3,6 \cdot \sqrt{\frac{2 \cdot L \cdot b_1 \cdot b_2}{b_2 - b_1}}$ bei der Abstandsregel (5).
Inwiefern sind diese Ergebnisse überraschend? Interpretieren Sie die Ergebnisse auch hinsichtlich der Verkehrsdichte.
b) Berechnen Sie v_{max} für $L = 5$, $t_R = 1$ und $b = 5$ bei der Abstandsregel (4) und für $L = 5$, $t_R = 1$ und $b_1 = 5$, $b_2 = 6$ bei der Abstandsregel (5).
Welchen Wert hat die Vekehrsdichte dann jeweils?
c) Berechnen Sie die maximale Verkehrsdichte bei der Abstandsregel (4) für $L = 5$, $b = 6$ und $t_R = 1,2$; $1,4$; $1,6$; $1,8$.

Mathematische Exkursionen

Der Stau aus dem Nichts

B eim Kolonnenfahren in der Nähe der Geschwindigkeit mit maximaler Verkehrsdichte entstehen häufig sog. „Staus aus dem Nichts" (vgl. den Zeitungsausschnitt). Fig. 1 zeigt eines der bekanntesten Diagramme der Verkehrswissenschaft. Es wurde 1965 in den USA aus Luftaufnahmen gewonnen und wird als die erste genaue Darstellung eines „Staus aus dem Nichts" angesehen. Beobachtet wurde der Verkehr auf der rechten Spur einer zweispurigen Straße. Jede Linie beschreibt die Position eines Fahrzeugs in Abhängigkeit von der Zeit. Plötzlich endende oder neu entstehende Linien sind durch Spurwechsel bedingt.

In dem Diagramm ist die Zeit t (in s) nach rechts aufgetragen, der Ort x (in 100 ft; 1 foot = 30,48 cm) nach oben. Somit entspricht die Steigung der Linien der Geschwindigkeit der Fahrzeuge (in $100\frac{ft}{s}$).

5 a) Ermitteln Sie aus dem Diagramm näherungsweise die Geschwindigkeit der Kolonne in $\frac{ft}{s}$ vor Bildung des Staus. Welcher Geschwindigkeit entspricht dies in $\frac{km}{h}$?
b) Ermitteln Sie näherungsweise die Geschwindigkeit der Kolonne in $\frac{km}{h}$ nach Auflösung des Staus.

6 a) Wie groß etwa ist die Staulänge, d. h. welche Länge (in m) hat etwa die Strecke, auf der die Fahrzeuge tatsächlich stehen?
b) Wie lange steht ein Fahrzeug maximal im Stau?

7 Im Diagramm deutlich erkennbar ist die Ausbildung einer „Stauwelle", die sich entgegen der Fahrtrichtung ausbreitet. Ermitteln Sie mithilfe der nachträglich eingezeichneten Geraden näherungsweise die Ausbreitungsgeschwindigkeit dieser Stauwelle.

8 Erläutern Sie, warum sich in dem betrachteten Fall der Stau auflösen konnte. Beachten Sie dazu die Dichte der Linien.

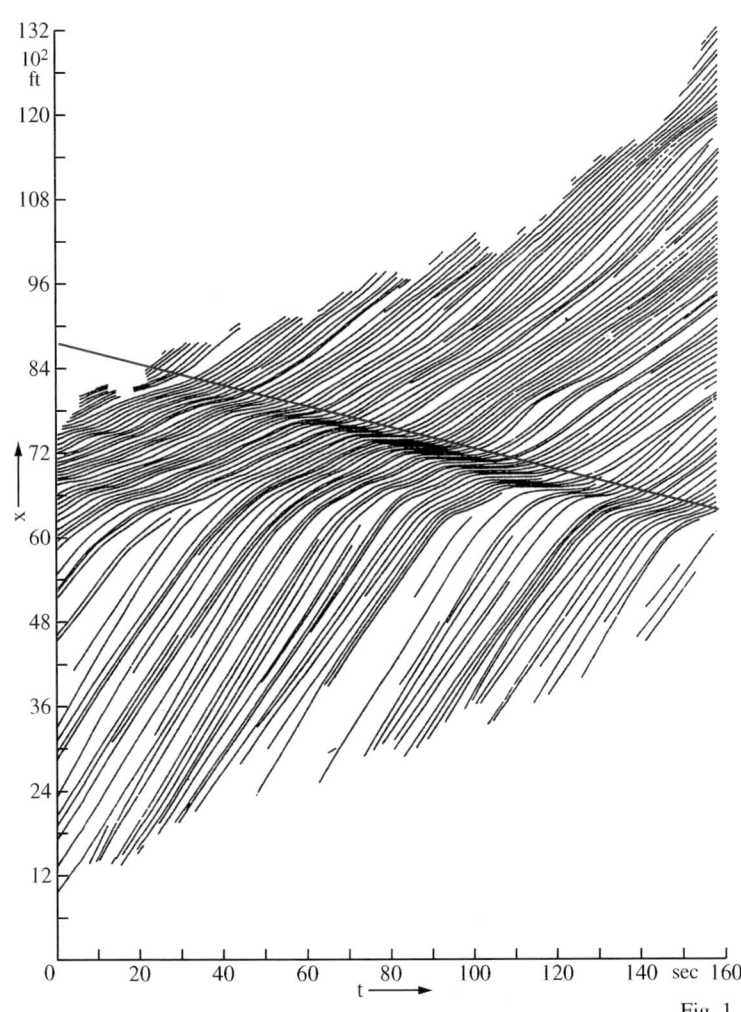

Fig. 1

163

Gebrochenrationale Funktionen

Eine Funktion f mit

$$f(x) = \frac{a_n x^n + a_{n-1} x^{n-1} + \ldots + a_1 x + a_0}{b_m x^m + b_{m-1} x^{m-1} + \ldots + b_1 x + b_0}, \ a_i \in \mathbb{R}, \ b_i \in \mathbb{R},$$

heißt gebrochenrational, wenn diese Darstellung nur mit einem Nennerpolynom möglich ist, dessen Grad mindestens 1 ist.

Mit $f(x) = \frac{p(x)}{q(x)}$ gilt für die Definitionsmenge von f:

$$D = \mathbb{R} \setminus \{x \mid q(x) = 0\}.$$

Beispiel: $f(x) = \frac{x}{x^2 - 4}$

Es ist $q(x) = x^2 - 4$. *Aus* $x^2 - 4 = 0$ *folgt* $x = -2$, $x = +2$. *Somit ist f eine gebrochenrationale Funktion mit* $D_f = \mathbb{R} \setminus \{-2; +2\}$.

Gegenbeispiel: $g(x) = \frac{x^3 + x}{x^2 + 1}$; $D_g = \mathbb{R}$.

Es ist $\frac{x^3 + x}{x^2 + 1} = \frac{x(x^2 + 1)}{x^2 + 1} = x$ *für alle* $x \in D_g$; *g ist eine ganzrationale Funktion mit* $g(x) = x$.

Verhalten in der Umgebung einer Definitionslücke

Wenn bei einer gebrochenrationalen Funktion f mit $f(x) = \frac{p(x)}{q(x)}$

für eine Stelle x_0 gilt: $q(x_0) = 0$ und $p(x_0) \neq 0$,

so nennt man diese Stelle x_0 eine Polstelle.

Ist x_0 Polstelle, so gilt: $|f(x)| \to +\infty$ für $x \to x_0$.

Die Gerade mit der Gleichung $x = x_0$ heißt senkrechte Asymptote des Graphen von f.

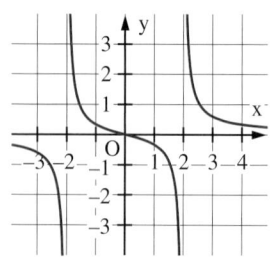

Für $x_1 = -2$ *ist* $q(x_1) = 0$ *und* $p(x_1) \neq 0$. *Damit ist* $x_1 = -2$ *eine Polstelle. Entsprechendes gilt für* $x_2 = 2$.

Gleichung der senkrechten Asymptote: $x = -2$ *und* $x = 2$.

Verhalten für $x \to \pm\infty$

Der Graph einer gebrochenrationalen Funktion f (a_n; $b_m \neq 0$) hat für $|x| \to \infty$ im Falle

$n < m$ die x-Achse als waagerechte Asymptote,

$n = m$ die Gerade g: $y = \frac{a_n}{b_m}$ als waagerechte Asymptote,

$n = m + 1$ eine schiefe Asymptote (Term durch Polynomdivision),

$n > m + 1$ eine Näherungskurve (Term durch Polynomdivision).

Funktion	Asymptote	Näherungskurve
$f(x) = \frac{1}{x-2}$	$y = 0$	
$g(x) = \frac{3x}{4x-2}$	$y = \frac{3}{4}$	
$h(x) = \frac{x^2}{x-1}$	$y = x + 1$	
$k(x) = \frac{x^3}{x-2}$		$y = x^2 + 2x + 4$

Funktionen f mit $f(x) = a \cdot \sin[b(x - c)] + d$

Die Periode p von f ist $p = \frac{2\pi}{b}$.

Für $a > 0$ und $b > 0$ gilt:

Der Graph von f lässt sich aus dem Graphen der Sinusfunktion schrittweise entstanden denken durch:

– Streckung in y-Richtung mit dem Faktor a

– Streckung in x-Richtung mit dem Faktor $\frac{1}{b}$

– Verschiebung in x-Richtung um c

– Verschiebung in y-Richtung um d

Beispiele:

a) f mit $f(x) = 5 \cdot \sin(x + 3)$

– Streckung in y-Richtung mit dem Faktor 5

– Verschiebung in x-Richtung um −3

b) g mit $g(x) = \sin(4x + \pi) - 2$

$\qquad = \sin[4(x - (-\frac{1}{4}\pi))] - 2$

– Streckung in x-Richtung mit dem Faktor $\frac{1}{4}$

– Verschiebung in x-Richtung um $-\frac{1}{4}\pi$

– Verschiebung in y-Richtung um −2.

1 Ermitteln Sie die Definitionsmenge.

a) $f(x) = \frac{x^2 - x}{(x+1)^2}$ b) $f(x) = \frac{2x-1}{x^3 - x^2}$ c) $f(x) = \frac{x}{x^2 + x - 2}$ d) $f(x) = \frac{\sin(x)}{\cos(x)}$

2 Gegeben ist die Funktion f mit $f(x) = \frac{x^2 - 1}{x^2 + 1}$.

a) Untersuchen Sie f auf Symmetrie.
b) Ermitteln Sie die Schnittpunkte mit den Koordinatenachsen.
c) Geben Sie die Gleichungen der Asymptoten an.
d) Skizzieren Sie ohne weitere Rechnung den Graphen von f.

3 Gegeben ist die Funktion f mit $f(x) = \frac{x^2 - 1}{x^2 - 4x + 4}$.

a) Untersuchen Sie f auf Nullstellen und Polstellen.
b) Geben Sie die Gleichungen der Asymptoten an.
c) Skizzieren Sie ohne weitere Rechnung den Graphen von f.

4 Gegeben ist die Funktion f mit $f(x) = \frac{x^2}{x+1}$.

a) Führen Sie eine Funktionsuntersuchung durch.
b) Wie unterscheidet sich der Graph von g mit $g(x) = \frac{x^3 - x^2}{x^2 - 1}$ von dem Graphen von f?

5 Für jedes $t \in \mathbb{R}^+$ ist eine Funktion f_t gegeben durch $f_t(x) = \frac{x-t}{x^3}$. Ihr Graph sei K_t.

a) Untersuchen Sie K_t auf Schnittpunkte mit der x-Achse, Extrem- und Wendepunkte sowie auf Asymptoten. Zeichnen Sie K_t für $t = 0,5$ im Bereich $-3 \le x \le +3$.
b) Bestimmen Sie die Gleichung der Ortslinie, auf der alle Hochpunkte von K_t liegen.
c) K_t für $t = 0,5$, die x-Achse und die Gerade mit der Gleichung $x = 2$ begrenzen eine Fläche. Berechnen Sie deren Inhalt.

6 Gegeben ist die Funktionen f mit $f(x) = 4 \cdot \cos\left(\frac{x}{2}\right)$ für $x \in [-\pi; \pi]$.

a) Skizzieren Sie den Graphen von f.
b) Die y-Achse, der Graph von f und die Normale im Punkt $P(\pi|0)$ begrenzen eine Fläche. Berechnen Sie deren Inhalt.

7 An einem Sommertag in Hannover wurden um 14.00 Uhr als höchste Temperatur 30 °C gemessen, am frühen Morgen dieses Tages betrug die tiefste Temperatur 16 °C. Die Funktion f mit $f(t) = a \cdot \sin\left(\frac{1}{12}\pi t + e\right) + d$ beschreibe die Temperatur (in °C) an diesem Tag in Abhängigkeit von der Zeit t (in Stunden) nach Mitternacht.

a) Bestimmen Sie a, e und d.
b) Um wie viel Uhr ist die momentane Temperaturänderung maximal?

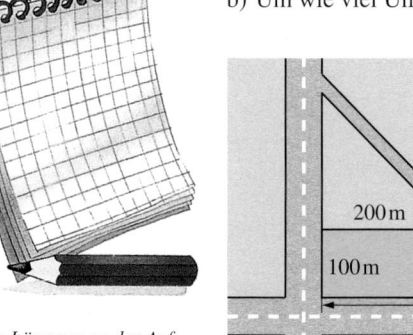

Die Lösungen zu den Aufgaben dieser Seite finden Sie auf Seite 439/440.

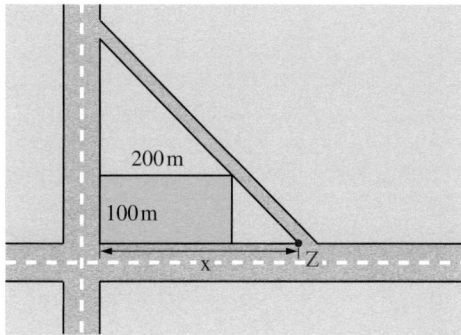

200 m

100 m

x   Z

Fig. 1

8 Zur Entlastung einer Kreuzung sollen zwei sich rechtwinklig schneidende Straßen durch ein Straßenstück verbunden werden. Das neue Straßenstück darf dabei nicht durch das eingezeichnete Grundstück führen.

a) Zeigen Sie: Zweigt die neue Straße im Punkt Z ab, so ist der Inhalt des eingeschlossenen dreieckigen Flächenstücks
$$A(x) = \frac{50 x^2}{x - 200}; \quad x > 200.$$
b) Bei welcher Lage von Z wird dieser Flächeninhalt minimal?

Projekt

Untersuchungen zum Bevölkerungswachstum

Sinnvolles Vorgehen bei der Bearbeitung eines Themas innerhalb eines Projektes:

Informieren

↓

Daten darstellen

↓

Daten hinterfragen

↓

Fragestellungen entwickeln

↓

Ergebnisse dokumentieren und präsentieren

Der Verlauf eines Projektes kann grob in vier Phasen eingeteilt werden:
1) Zielsetzung,   2) Planung,   3) Durchführung,   4) Präsentation.

Ein wesentlicher Aspekt bei Projektunterricht ist, dass die Schülerinnen und Schüler nach „eigenem Plan" selbstständig arbeiten. In diesem Sinne sind die folgenden „Aufgaben" nur als Anstöße gedacht und können jederzeit variiert werden. Sie müssen keinesfalls der Reihe nach „abgearbeitet" werden. Die Anordnung in „historische Aspekte", „Untersuchungen einzelner Länder", „Untersuchungen zur Weltbevölkerung", „Prognosen für Deutschland" und „Prognosen zur Entwicklung der Weltbevölkerung" kann als Vorschlag für Arbeitsaufträge einzelner Gruppen genutzt werden. Die einfachste Art, Informationsmaterial zur Bevölkerung einzelner Länder und zur Weltbevölkerung zu erhalten, ist das Internet. Empfehlenswerte Internetadressen und Literatur zum Projekt sind auf Seite 171 angegeben.

Historische Aspekte

Als Begründer der Wissenschaft von der Bevölkerung (Demographie) wird JOHN GRAUNT (1620–1674) angesehen. Auf der Grundlage der seit 1603 geführten Geburts- und Totenlisten der Stadt London schloss er auf Gesetzmäßigkeiten über das Bevölkerungswachstum, das Verhältnis der Geschlechter, den Altersaufbau usw.

Der führende Demograph des 18. Jahrhunderts ist JOHANN PETER SÜSSMILCH (1707–1767), der anhand bevölkerungsstatistischer Regelmäßigkeiten die göttliche Vorsehung nachzuweisen versucht. Gegen Ende des 18. Jahrhunderts stellt der englische Geistliche, Ökonom und Sozialforscher THOMAS ROBERT MALTHUS (1766–1834) in seinem so genannten „Bevölkerungsgesetz" die These auf, dass die Bevölkerung exponentiell, die zur Verfügung stehenden Unterhaltsmittel jedoch nur linear wachsen.

THOMAS ROBERT MALTHUS (1766–1834)

1　Informieren Sie sich über Leben und Werk der englischen Demographen GRAUNT und MALTHUS.

2　Die Entwicklung einer Bevölkerung und der ihr zur Verfügung stehenden Unterhaltsmittel soll nach dem „Bevölkerungsgesetz" von MALTHUS untersucht werden.
a) Betrachtet wird eine Bevölkerung, die zu Beginn eines bestimmten Jahres aus 1 Million Personen besteht und jährlich um 3 % wächst. Zum gleichen Zeitpunkt wären Unterhaltsmittel für 2 Millionen Personen verfügbar, wobei die Produktion der Unterhaltsmittel für jährlich 100 000 Personen gesteigert werden könnte. Untersuchen Sie diese Entwicklung mithilfe einer Tabellenkalkulation. In welchem Jahr z. B. übersteigt die Anzahl der Personen die zur Verfügung stehenden Mittel?
b) Variieren Sie die angenommenen Daten und führen Sie eigene Untersuchungen durch.

Untersuchungen einzelner Länder

3 Aus der „International Data Base" des amerikanischen „Bureau of Census" kann man sich zum Beispiel die wichtigsten demographischen Daten für das Jahr 2000 fast aller Länger der Erde abrufen.
Erläutern Sie die für Deutschland in Fig. 1 angegebenen Zahlen, insbesondere den Unterschied zwischen „rate of natural increase" und „annual rate of growth".

Birth per 1,000 population	9
Death per 1,000 population	10
Rate of natural increase (percent)	–0.1
Annual rate of growth (percent)	0.3
Life expectancy at birth (years)	77.4
Infant deaths per 1,000 live births	5
Total fertility rate (per woman)	1.4

Fig. 1

4 a) Ermitteln Sie die 10 Länder der Erde mit der zur Zeit größten Bevölkerungszahl.
b) Welche Länder haben die größten natürlichen Wachstumsraten?
c) Nutzen Sie das Zahlenmaterial zur Untersuchung eigener Fragestellungen.

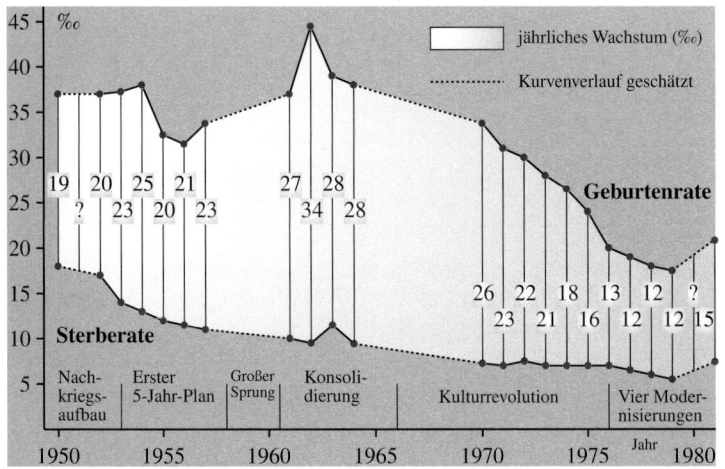

Fig. 2

5 In Fig. 2 ist die Entwicklung der Geburten- und der Sterberate in der Volksrepublik China bis zum Jahr 1981 dargestellt.
a) Beschaffen Sie sich neuere Daten über die Entwicklung der Bevölkerung in China.
b) Welche wirtschaftlichen oder sozialen Maßnahmen wurden in China zur Senkung der Geburtenrate ergriffen?

6 Am 1. Oktober 1983 wurde Indien der United Nations-Preis für Familienplanung verliehen.
Untersuchen Sie die Bevölkerungsentwicklung in Indien.

7 Fig. 3 zeigt die Entwicklung der Bevölkerung der Vereinigte Staaten von Amerika von 1790 bis 2000. Trägt man die Punkte in ein passendes Koordinatensystem ein, liegen die Punkte näherungsweise auf einem S-förmigen Graphen.
a) Der Beginn der Entwicklung scheint exponentiell zu verlaufen.
Bis zu welchem Jahr ergibt sich eine gute Näherung?
b) Bis zu welchem Jahr ergibt ein logistischer Ansatz eine gute Näherung?

Jahr	Bevölkerung (in Mio.)	Jahr	Bevölkerung (in Mio.)	Jahr	Bevölkerung (in Mio.)
1790	3,9	1870	38,6	1950	152,3
1800	5,3	1880	50,2	1960	180,7
1810	7,2	1890	63,0	1970	205,1
1820	9,6	1900	76,2	1980	227,7
1830	12,9	1910	92,2	1990	249,9
1840	17,1	1920	106,0	2000	275,6
1850	23,2	1930	123,2		
1860	31,4	1940	132,2		

Fig. 3

8 Beschaffen Sie sich das Zahlenmaterial zur Entwicklung der Bevölkerung einzelner Länder (z. B. Deutschland oder Schweden). Untersuchen Sie, in welchen Zeiträumen exponentielles bzw. logistisches Wachstum brauchbare Näherungen an die tatsächlichen Daten liefern. Falls starke Schwankungen in einer Bevölkerungsentwicklung auftreten, suchen Sie nach Gründen für dieses Verhalten.

Untersuchungen zur Weltbevölkerung

In der Tabelle von Fig. 1 sind Schätzungen über die Größe der Weltbevölkerung in früheren Jahrhunderten angegeben.

Jahr	1700	1750	1800	1850	1900	1950	1970	1980	1990	2000
Bevölkerung (in Mrd.)	0,594	0,707	0,841	1,000	1,542	2,555	3,771	4,454	5,278	6,121

Fig. 1

9 a) Veranschaulichen Sie die angegebenen Daten aus Fig. 1.

b) Ab welchem Jahr ungefähr nimmt die Weltbevölkerung sehr stark zu? Geben Sie Gründe für diese deutliche Zunahme an.

c) Versuchen Sie, Daten zur Weltbevölkerung vor dem Jahr 1700 zu finden.

10 a) Zeigen Sie, dass bei der Entwicklung der Weltbevölkerung über den gesamten Zeitraum kein exponentielles Wachstum vorliegt.

b) Gibt es Zeitintervalle, in denen dieses Modell brauchbare Näherungen ergibt?

Welche Gründe haben die UN wohl bewogen, einen bestimmten Tag als Geburtstag des sechsmilliardsten Erdenbürger festzusetzen?

Am 12. Oktober sind wir sechs Milliarden

Niemand hat die einzelnen Menschen auf der Erde jemals gezählt. Durch Schätzungen jedoch steht der Geburtstag des sechsmilliardsten Menschen fest. Der 12. Oktober soll es sein, so sagen die Vereinten Nationen und weisen auf die damit verbundenen Probleme hin.

Sonntag aktuell vom 3. Oktober 1999

11 Gesucht ist eine Funktion f vom Typ
$$f(t) = \frac{a}{1 + b \cdot t},$$
deren Graph die Daten der Tabelle in Fig. 1 gut annähert.

a) Zeigen Sie mit einer Funktionsanpassung (vgl. Seite 110), dass sich für die Funktion f näherungsweise
$$f(t) = \frac{0,5884}{1 - 0,00306 \cdot t}$$
ergibt, wobei t = 0 dem Jahr 1700 entspricht und f(t) in Milliarden angegeben wird.

b) Zeichnen Sie den Graphen der Funktion f.

c) Ermitteln Sie die Jahre, in denen die Weltbevölkerung die Marken von 1 Milliarde, 2 Milliarden usw. überschritten hat.
Vergleichen Sie Ihre Ergebnisse mit denen, die Sie in der Literatur bzw. im Internet finden (z. B. Veröffentlichungen der Vereinten Nationen).

12 Im Jahre 1960 erschien in der Zeitschrift SCIENCE ein viel beachteter Artikel über die Entwicklung der Weltbevölkerung.
Eine große Zahl von Leserbriefen war die Reaktion.
Erklären Sie aufgrund des Ergebnisses der Rechnung in Aufgabe 11 die Wahl der Artikelüberschrift.

Doomsday: Friday, 13 November, A. D. 2026

At this date human population will approach infinity if it grows as it has grown in the last two millenia.

SCIENCE, Bd. 132 (1960), S. 1291

13 Mithilfe der in Aufgabe 11 ermittelten Funktion lässt sich die Verdoppelungszeit der Weltbevölkerung zu einem vorgegebenen Jahr ermitteln.

a) Schreiben Sie den Term der in Aufgabe 11 a) ermittelten Funktion so um, dass t = 1700 dem Jahr 1700 entspricht.

b) Zeigen Sie, dass sich für die Verdoppelungszeit t_V in Abhängigkeit von der Zeit t näherungsweise der Term $t_V = 1013,4 - 0,5 \cdot t$ ergibt.

c) Berechnen Sie die Verdoppelungszeiten zu selbst ausgewählten Jahren; überprüfen Sie die berechneten Werte mit der Wirklichkeit.

Bevor Sie Aufgabe 14 lösen, schätzen Sie!

14 Gesucht ist die Anzahl aller der Personen, die bis zum Jahr 2000 jemals auf der Erde gelebt haben. Nimmt man t_0 (in Jahren v. Chr.) als Beginn der Menschheit an und geht man von einer mittleren Lebenserwartung von 25 Jahren aus, so ist

$$\frac{1}{25} \int_{t_0}^{2000} f(t)\,dt \quad \text{mit } f(t) = \frac{0,5884}{1 - 0,00306 \cdot (t - 1700)} \quad \text{(vgl. Aufgabe 11 a))}$$

ein Näherungswert für die gesuchte Anzahl.
a) Von welchen Werten für t_0 geht man heute aus?
b) Variieren Sie t_0 und berechnen Sie jeweils das Integral mit einem CAS-Programm.

15 Wie beurteilen Sie nach Bearbeitung der Aufgaben 11, 12, 13 und 14 die Modellierung der Daten zur Entwicklung der Weltbevölkerung durch die Funktion aus Aufgabe 11 a)?

Prognosen für Deutschland

Deutschland entwickelt sich zum Land der Alten. In fünfzig Jahren wird die Zahl der unter 20-Jährigen nur noch halb so groß sein wie die der über 60-Jährigen. Die Statistiker schlagen deshalb Alarm.

Stuttgarter Zeitung vom 20. Juli 2000

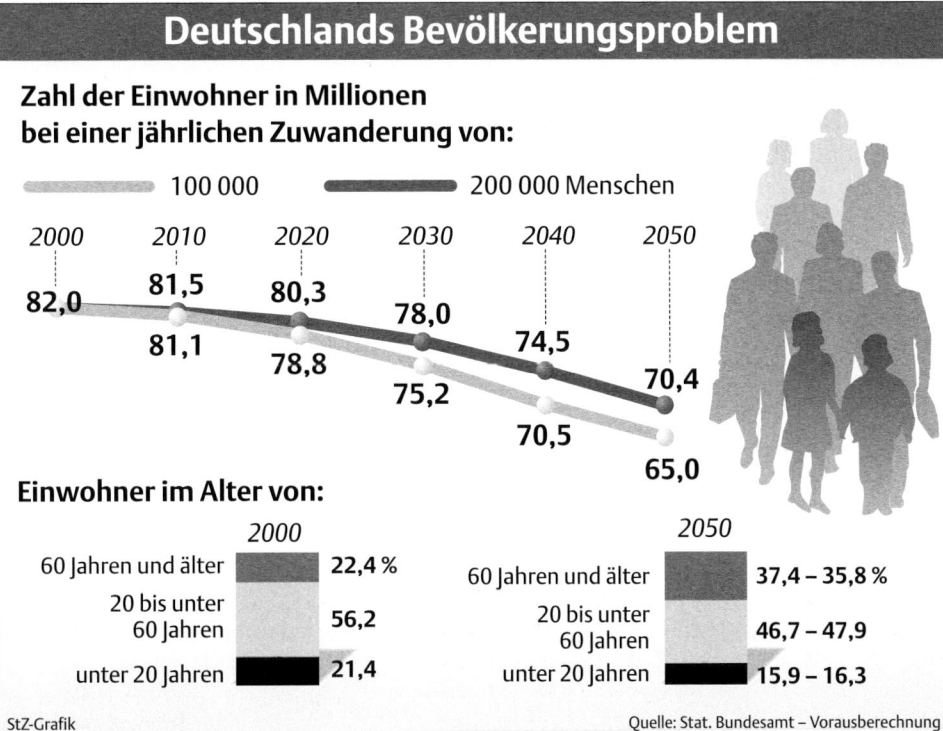

Fig. 1

16 Fig. 1 zeigt die Ergebnisse von Modellrechnungen zum Bevölkerungswachstum in Deutschland.
a) Nennen Sie Gründe, warum es wichtig ist, Prognosen für die Entwicklung der Bevölkerung eines Landes zu erarbeiten.
b) Welche Faktoren außer der jährlichen Zuwanderung sollten bei der Erstellung einer Prognose für die Entwicklung einer Bevölkerung berücksichtig werden?
Führen Sie eigene Modellrechnungen durch.
c) Nach der angegebenen Prognose wird es in Deutschland zu erheblichen Veränderungen bei der Altersstruktur kommen. Welche Bereiche der Gesellschaft werden hierdurch am stärksten betroffen sein? Kennen Sie Vorschläge, um die Problematik zu entschärfen?

Prognosen zur Entwicklung der Weltbevölkerung

„Die Zukunft ist nicht mehr so, wie wir sie uns einst vorgestellt haben und wie sie aussehen könnte, wenn die Menschen ihre Hirne und ihre Möglichkeiten besser genutzt hätten. Dennoch kann die Zukunft noch immer das bieten, was wir vernünftigerweise brauchen."

AURELIO PECCEI, Gründer des Club of Rome, 1981

17 Im Jahre 1972 erregte das Buch „Die Grenzen des Wachstums. Bericht des Club of Rome zur Lage der Menschheit" weltweites Aufsehen.

Informieren Sie sich über neuere Prognosen des Club of Rome.

18 Das Wachstum der Weltbevölkerung ist nicht exponentiell und kann für die Zeit nach 1990 auch nicht hinreichend genau durch die Funktion aus Aufgabe 11 beschrieben werden.

a) Beschaffen Sie sich aus der „International Data Base" die Daten zur Weltbevölkerung für die Zeit von 1950 bis 2050. Veranschaulichen Sie diese (Abstand 5 Jahre).

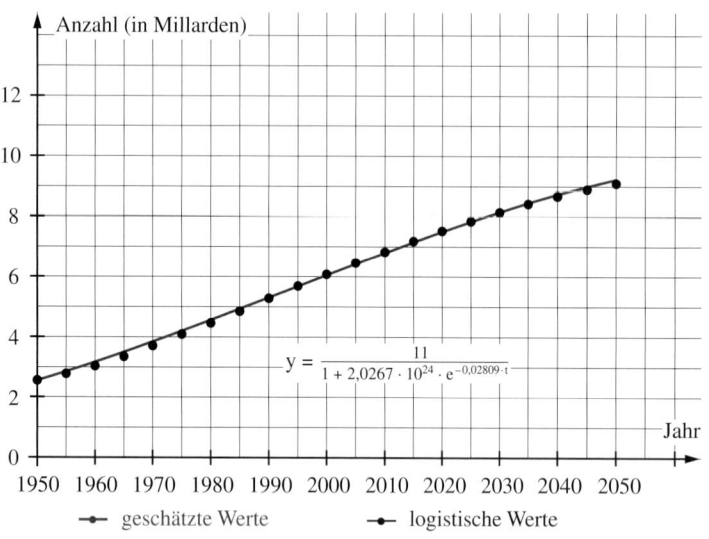

$$y = \frac{11}{1 + 2{,}0267 \cdot 10^{24} \cdot e^{-0{,}02809 \cdot t}}$$

●━━ geschätzte Werte   ●━━ logistische Werte

Fig. 1

b) Gesucht ist eine Funktion g vom Typ

$g(t) = \dfrac{a \cdot S}{a + (S - a) \cdot e^{-Skt}}$, deren Graph die Daten

aus a) gut annähert. Setzen Sie $t = 0$ für das Jahr 1950, $a = 2{,}56$ (in Mrd.) für den Anfangswert, $S = 11$ (in Mrd.) als Sättigungsgrenze und $g(50) = 6{,}08$ (in Mrd.). Berechnen Sie hiermit bei einem logistischen Ansatz die Konstante k (vgl. Seite 110).

c) Zeigen Sie, dass sich für $1950 \leq t \leq 2050$ näherungsweise die Funktion g mit

$g(t) = \dfrac{11}{1 + 2{,}0267 \cdot 10^{24} \cdot e^{-0{,}02809 \cdot t}}$ ergibt.

Fig. 1 zeigt die geschätzten Werte (Stand: 5.10.2000) und den Graphen dieser Funktion.

d) Berechnen Sie den Wendepunkt des Graphen der Funktion g. Welche Bedeutung hat der Wendepunkt im Zusammenhang mit der Entwicklung der Weltbevölkerung?

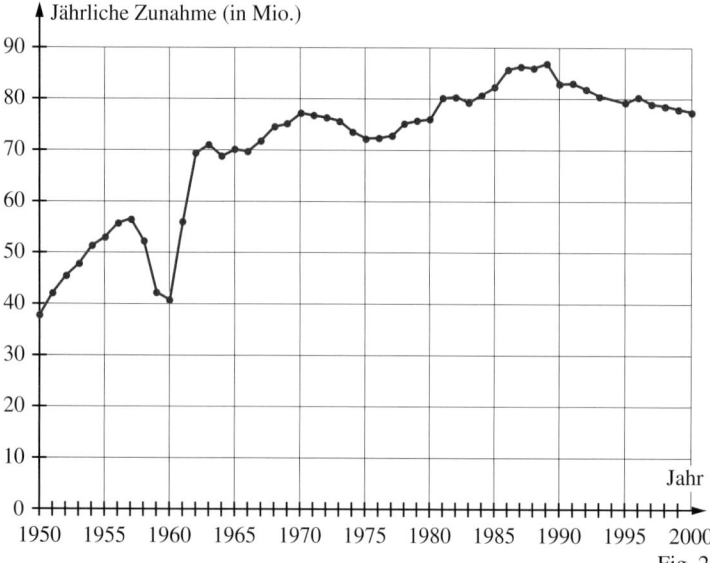

Fig. 2

19 Betrachtet man den durchschnittlichen jährlichen Zuwachs der Weltbevölkerung im Rückblick, so findet man von 1950 bis 2000 den in Fig. 2 dargestellten Verlauf. Wie man sieht, unterliegt er unterschiedlichen Schwankungen, die allerdings nicht sehr groß sind, wenn man den Zeitraum nach 1965 betrachtet.

a) Wie groß ist der jährliche Bevölkerungszuwachs im Jahr 2000?

b) In welchem Jahr war der Bevölkerungszuwachs am größten? Vergleichen Sie Ihr Ergebnis mit dem von Aufgabe 15 d).

c) Wie ist die Abweichung um das Jahr 1960 zu erklären?

20 Welche jährlichen Bevölkerungszuwächse prognostiziert das U.S. Census Bureau für den Zeitraum von 2000 bis 2050?

21 a) Ermitteln Sie die bisherigen und die bis zum Jahr 2050 prognostizierten Wachstumsraten der Weltbevölkerung.
b) Wie groß war die Wachstumsrate im Jahr 2000? Welcher Mittelwert ergibt sich ungefähr für
den Zeitraum von 1995 bis 2000?

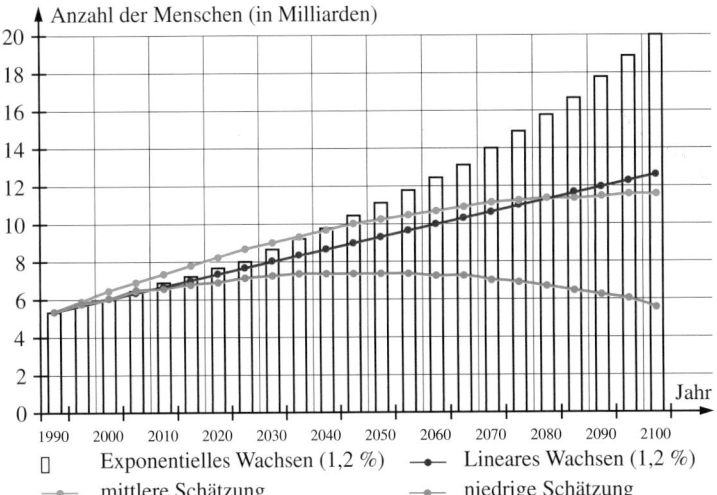

Fig. 1

Exponentielles Wachsen (1,2 %)   —•— Lineares Wachsen (1,2 %)
—•— mittlere Schätzung   —•— niedrige Schätzung

22 Fig. 1 zeigt verschiedene Schätzungen
für die Entwicklung der Weltbevölkerung (so
genannte Projektionen oder auch Szenarien)
bis zum Jahr 2100.
a) Welche Bevölkerungszahl ergibt sich für
das Jahr 2100 bei exponentiellem Wachstum
von 1,2 % jährlich?
b) Die niedrigste Schätzung geht davon aus,
dass das Wachstum stark gebremst werden
kann. Lesen Sie aus Fig. 1 die maximale Bevölkerungszahl ab. Wann wird dieser Höchst-
stand erreicht?
c) Welche Art von Wachstums wird bei der
mittleren Schätzung angenommen? Von welcher Maximalzahl für die Weltbevölkerung
geht man aus?

*„Die globale Armut
ist ein Pulverfass, das
durch unsere Gleich-
gültigkeit explodieren
kann."
Aus der letzten
Fernsehansprache des
amerikanischen Präsi-
denten W. J. CLINTON
im Januar 2001.*

23 a) In dem Interview mit der „Welt" verdeutlicht ALLAIS die Problematik der Bevöl-
kerungsexplosion an folgender Aufgabe: Wie
viele Einwohner würden nach 800 Jahren auf
einen Quadratmeter kommen (Meere, Nord-
und Südpol inbegriffen), wenn man von einer
Wachstumsrate von 2 % ausgeht? Rechnen Sie!
b) ALLAIS hält 10 Mio. Einwohner für Frank-
reich für optimal. Was halten Sie davon?

24 Welche Aussagen über die Entwicklung
der Weltbevölkerung enthalten die „World
Population Prospects: The 1998 Revision" der
Vereinten Nationen?

> **Gefährlicher als die Bombe –
> Die Explosion der Bevölkerung**
>
> „Das Hauptproblem der Welt besteht darin,
> dem Bevölkerungswachstum Einhalt zu gebie-
> ten. Ich gehe so weit zu sagen: Alle sprechen
> zu Recht von der Gefahr der Atombombe. Aber
> die Gefahr der Atombome ist gar nichts vergli-
> chen mit der Gefahr, die aus der Weltbevölke-
> rungsexplosion resultiert. Falls die Atombom-
> be eingesetzt wird, dann wegen der Folgen des
> Bevölkerungswachstums."
>
> *Aus einem Interview des französischen
> Nobelpreisträgers MAURICE ALLAIS mit der
> Zeitung „Die Welt" am 30.1.1989*

25 Die Frage, wie viele Milliarden Menschen die Erde überhaupt ernähren kann, wird sehr
unterschiedlich beantwortet. Von welchen Schätzungen geht man aus? Informieren Sie sich.

Internetadressen:
*Statistisches Bundesamt Wiesbaden (**http://www.statistik-bund.de**),*
*Deutsche Stiftung Weltbevölkerung (**http://www.dsw-online.de**),*
*U.S. Bureau of the Census (**http://www.census.gov**),*
*United Nations Population Division (**http://www.popin.org**),*
*Population Reference Bureau, Washington (**http://www.prb.org**).*

Literatur:
A. HAUPT, T. KANE: Handbuch der Weltbevölkerung, Balance Verlag, Stuttgart, 1999,
T. R. MALTHUS: Das Bevölkerungsgesetz, dtv, München, 1977.

VII Lineare Gleichungssysteme

1 Beispiele von linearen Gleichungssystemen

1 a) Begründen Sie, dass die Behauptungen der Eltern und Kinder nicht alle stimmen können.

b) Welche Gleichungen entsprechen den drei Behauptungen, wenn man das Alter von Lars mit x_L und das Alter von Mona mit x_M bezeichnet? Stellen Sie diese Gleichungen auf.

Gleichungen der Form $a_1 x_1 + a_2 x_2 + \ldots + a_n x_n = b$, z.B. $3 x_1 + 4 x_2 = 5$ und $2 x_1 - 5 x_2 + 3 x_3 = 1$ nennt man **lineare Gleichungen**, da die Variablen $x_1, x_2, \ldots$ nur in der ersten Potenz vorkommen. Die Zahlen vor den Variablen heißen **Koeffizienten** der Gleichung. Ein **lineares Gleichungssystem** (abgekürzt LGS) besteht aus mehreren solchen Gleichungen.

Im Beispiel sind alle Gleichungen erfüllt, wenn man 1 für x_1, 0 für x_2 und -1 für x_3 einsetzt. Daher nennt man das Zahlentripel $(1; 0; -1)$ eine Lösung des Gleichungssystems.

Beispiel für ein LGS:
$$\begin{aligned} 2 x_1 + 4 x_2 - \tfrac{1}{2} x_3 &= \tfrac{5}{2} \\ x_1 - x_2 + 2 x_3 &= -1 \\ x_1 + x_2 - 4 x_3 &= 5 \end{aligned}$$

> Eine Lösung eines linearen Gleichungssystems mit n Variablen besteht aus n Zahlen, die man als **n-Tupel** (d.h. als Zahlenpaar, Zahlentripel, ...) angibt.

Beispiel 1: (2 Gleichungen, 2 Variablen)

Lösen Sie das LGS $\begin{cases} 2 x_1 - 3 x_2 = -7 \\ -x_1 + x_2 = 2 \end{cases}$ a) rechnerisch, b) zeichnerisch.

Lösung:

a) Gegeben:
$$\begin{aligned} 2 x_1 - 3 x_2 &= -7 \\ -x_1 + x_2 &= 2 \end{aligned}$$

Auflösen nach x_2:
$$\begin{aligned} x_2 &= \tfrac{2}{3} x_1 + \tfrac{7}{3} \\ x_2 &= x_1 + 2 \end{aligned}$$

Gleichsetzen: $\tfrac{2}{3} x_1 + \tfrac{7}{3} = x_1 + 2$; also $x_1 = 1$.

Damit ergibt sich 3 für x_2. Die Lösung ist $(1; 3)$.

b) Die Geraden f und g mit den Gleichungen f: $x_2 = \tfrac{2}{3} x_1 + \tfrac{7}{3}$ und g: $x_2 = x_1 + 2$ in Fig. 1 schneiden sich im Punkt $S(1|3)$. Sein Koordinatenpaar ist die Lösung.

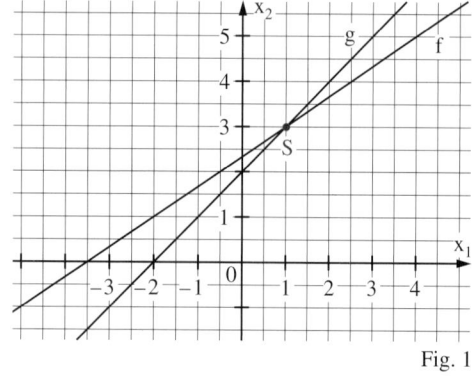

Fig. 1

Beachten Sie:
Während bisher nur Gleichungssysteme mit so vielen Gleichungen wie Variablen vorkamen, sind ab jetzt auch Gleichungssysteme mit mehr Gleichungen oder weniger Gleichungen als Variablen möglich!

Beispiel 2: (3 Gleichungen, 2 Variablen)

Prüfen Sie rechnerisch, ob die drei Geraden f, g und h mit den Gleichungen f: $2 x_1 - x_2 = 5$, g: $4 x_1 - x_2 = 15$ und h: $-3 x_1 + x_2 = -3$ durch einen gemeinsamen Punkt gehen. Wenn nein, bestimmen sie alle Schnittpunkte.

Lösung:

1. Schritt (f und g): Das LGS $\begin{cases} 2 x_1 - x_2 = 5 \\ 4 x_1 - x_2 = 15 \end{cases}$ hat $(5; 5)$ als einzige Lösung.

Also gehen die Geraden f und g durch den Punkt $S(5|5)$.

Gibt es mehr Gleichungen als Variablen, so kann man versuchen, für einen Teil des LGS eine Lösung zu bestimmen und dann zu prüfen, ob diese auch die weggelassenen Gleichungen erfüllt.

Da $(5; 5)$ nicht die Gleichung von h erfüllt, gehen f, g und h nicht durch einen gemeinsamen Punkt.

2. Schritt: Das LGS $\begin{cases} 2x_1 - x_2 = 5 \\ -3x_1 + x_2 = -3 \end{cases}$ hat $(-2; -9)$ als einzige Lösung. Also schneiden sich f und h im Punkt $R(-2 \,|\, -9)$. Entsprechend erhält man $Q(12 \,|\, 33)$ als Schnittpunkt von g und h.

Beispiel 3: (2 Gleichungen, 3 Variablen)
Bestimmen Sie alle dreistelligen Zahlen mit folgenden Eigenschaften: Die Quersumme ist 7 und die zweite Ziffer ist doppelt so groß wie die letzte.
Lösung:
Schritt 1 (Variablen einführen, LGS aufstellen): Sind x_1, x_2, x_3 die Ziffern von links nach rechts, so ergibt sich:

$$\text{LGS} \begin{cases} x_1 + x_2 + x_3 = 7 \\ \phantom{x_1 + {}} x_2 - 2x_3 = 0 \end{cases}$$

Schritt 2 (Die Lösungen suchen): Wählt man für x_3 eine Zahl, so kann man x_2 und x_1 berechnen. Es sind nur die Ziffern 0 bis 9 erlaubt. Mit 0 für x_3 ergibt sich 0 für x_2 und damit 7 für x_1. Also ist 700 die größte der gesuchten Zahlen. Durch Einsetzen von 1 und 2 für x_3 erhält man die restlichen Lösungen 421 und 142. Größere Werte für x_3 sind nicht erlaubt, da sich dann für x_1 negative Werte ergeben würden.

Aufgaben

2 Tanja, Silke und Christiane haben nach der Schule im Schreibwarenladen Stifte und Hefte gekauft. Wie kann man aus den Stückzahlen und Gesamtbeträgen schließen, dass sie nicht alle denselben Betrag x_1 je Stift und denselben Betrag x_2 je Heft bezahlt haben?

3 Zeichnen Sie die Geraden f, g und h in einem $x_1 x_2$-Koordinatensystem. Bestimmen Sie die Schnittpunkte zeichnerisch und prüfen Sie rechnerisch, wie genau Sie abgelesen haben.
a) f: $x_1 + x_2 = 10$ b) f: $x_1 + 2x_2 = 10$ c) f: $2x_1 - x_2 = -1$
    g: $x_1 - x_2 = -1$ g: $x_1 - x_2 = 0$ g: $x_1 + x_2 = 2$
    h: $x_1 + 2x_2 = 14$ h: $\phantom{x_1 + {}} 2x_2 = 5$ h: $x_1 - 2x_2 = -3$

4 Bestimmen Sie alle dreistelligen Zahlen mit den verlangten Eigenschaften.
a) Die erste Ziffer ist um 5 kleiner als die letzte und die Quersumme der Zahl beträgt 10.
b) Die erste Ziffer ist um 4 größer als die letzte und die Summe der ersten beiden Ziffern ist 9.

5 Geben Sie jeweils drei Lösungen des LGS an.
a) $x_1 - 3x_2 + x_3 = 0$ b) $2x_1 + 3x_2 - 4x_3 = 2$ c) $x_1 + 2x_2 + 3x_3 = 8$
        $x_2 - 3x_3 = -1$ $-4x_1 \phantom{{}+ 3x_2} + 8x_3 = -4$ $2x_1 + 3x_2 \phantom{{}+ 3x_3} = 13$

6 Einer alten Aufgabe nachempfunden: Einige Jungen und Mädchen kaufen Pausensnacks für insgesamt 20 €. Jeder Junge gibt 1,20 €, jedes Mädchen 1 € aus. Alle Mädchen geben zusammen 4 € weniger aus als die Jungen. Wie viele Jungen und wie viele Mädchen sind es?

7 Bestimmen Sie jeweils eine gemeinsame Lösung der ersten beiden Gleichungen und prüfen Sie, ob diese auch die dritte Gleichung erfüllt.
a) $x_1 + 3x_2 = 1$ b) $3x_1 - 2x_2 = 0$ c) $2x_1 + 5x_2 = 3$ d) $x_1 - 2x_2 = 2$
   $2x_1 - x_2 = 2$ $x_1 + x_2 = 5$ $x_1 - 3x_2 = 11$ $2x_1 - 3x_2 = 3$
   $x_1 + 5x_2 = 1$ $x_1 - 4x_2 = -10$ $x_1 + 2x_2 = 1$ $3x_1 - 4x_2 = 4$

173

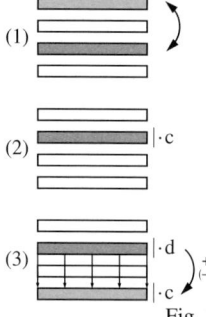

2 Das GAUSS-Verfahren zur Lösung von LGS

CARL FRIEDRICH GAUSS
(1777–1855)
war ein deutscher Mathe-
matiker und Astronom. Als
1801 der Planetoid Ceres
entdeckt wurde, verloren
die Astronomen den Plane-
toiden wieder aus den
Augen. GAUSS berechnete
die Bahn von Ceres aus
drei beobachteten Positionen so genau, dass der
Planetoid wiedergefunden
wurde. Für die Berechnun-
gen waren viele lineare
Gleichungssysteme zu
lösen. GAUSS entwickelte
dazu das nach ihm benann-
te Verfahren, solche Systeme auf „Dreiecksform" zu
bringen. Er veröffentlichte
es 1809 in seinem Buch
„Theoria Motus".

1 Die beiden linearen Gleichungssysteme haben jeweils genau eine Lösung. Warum ist hier die Bestimmung der Lösung besonders einfach? Welches Gleichungssystem ist übersichtlicher? Bestimmen Sie für jedes der beiden Gleichungssysteme die Lösung.

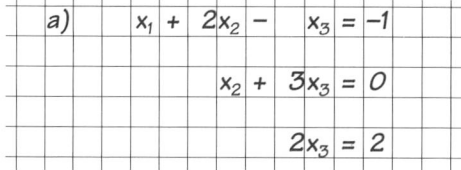

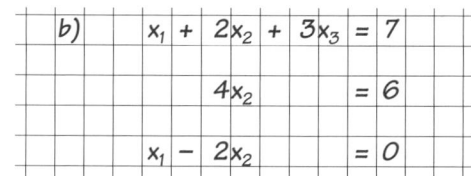

Man sagt: Ein lineares Gleichungssystem ist in **Stufenform**, wenn bei jeder Gleichung mindestens eine ihrer Variablen in den folgenden Gleichungen nicht mehr vorkommt.
Es werden jetzt nur eindeutig lösbare Systeme betrachtet. Dabei bestimmt man so die Lösung aus der Stufenform: Man löst die letzte Gleichung, setzt jeweils alle schon bestimmten Werte in die „nächsthöhere" Gleichung ein und löst nach der nächsten Variablen auf.

Ein eindeutig lösbares LGS in Stufenform:

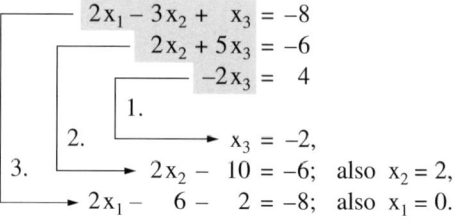

Lösung: $(0; 2; -2)$

Jedes lineare Gleichungssystem lässt sich mit den folgenden **Äquivalenzumformungen** auf Stufenform bringen:
(1) Gleichungen miteinander vertauschen,
(2) eine Gleichung mit einer Zahl $c \neq 0$ multiplizieren,
(3) eine Gleichung durch die Summe oder Differenz eines Vielfachen von ihr und einem Vielfachen einer **anderen** Gleichung ersetzen.

erlaubte Umformungen:

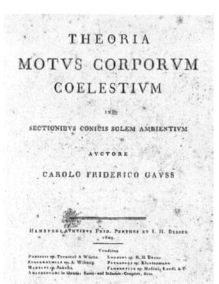

Fig. 1

GAUSS-Verfahren:
Man löst ein lineares Gleichungssystem mit n Variablen, indem man es zunächst mithilfe der Äquivalenzumformungen (1), (2) und (3) auf Stufenform bringt und dann schrittweise nach den Variablen x_n, …, x_2, x_1 auflöst.

Um Schreibarbeit zu sparen, kann man ein lineares Gleichungssystem in Kurzform angeben. Dabei notiert man in jeder Zeile nur die Koeffizienten der Gleichung und die Zahl auf der rechten Seite. Bei der Übertragung liest man die Gleichung so, als ob sie nur mit Additionen geschrieben wäre. Dieses Zahlenschema nennt man eine **Matrix**:

LGS:
$$2x_1 + x_2 - 4x_3 + x_4 = -7$$
$$x_1 - 3x_2 + x_3 + 2x_4 = 6$$
$$x_1 + 5x_2 \qquad = -4$$
$$3x_2 + x_3 + x_4 = 0$$

LGS additiv geschrieben:
$$2x_1 + x_2 + (-4)x_3 + x_4 = -7$$
$$x_1 + (-3)x_2 + x_3 + 2x_4 = 6$$
$$x_1 + 5x_2 \qquad = -4$$
$$3x_2 + x_3 + x_4 = 0$$

LGS als Matrix:
$$\left(\begin{array}{cccc|c} 2 & 1 & -4 & 1 & -7 \\ 1 & -3 & 1 & 2 & 6 \\ 1 & 5 & 0 & 0 & -4 \\ 0 & 3 & 1 & 1 & 0 \end{array}\right)$$

Äquivalenzumformungen von Gleichungen entsprechen Zeilenumformungen in der Matrix.

Beispiel: (GAUSS-Verfahren)

Lösen Sie das lineare Gleichungssystem.
Verwenden Sie entweder die ausführliche
Schreibweise oder die Matrixschreibweise.
Lösung:

$3x_1 + 6x_2 - 2x_3 = -4$

$3x_1 + 2x_2 + x_3 = 0$

$\frac{3}{2}x_1 + 5x_2 - 5x_3 = -9$

| | Ausführliche Schreibweise: | Matrixschreibweise: | Umformung: |

1. Schritt: LGS notieren und Gleichungen „nummerieren".

I $\quad 3x_1 + 6x_2 - 2x_3 = -4$

II $\quad 3x_1 + 2x_2 + x_3 = 0$

III $\quad \frac{3}{2}x_1 + 5x_2 - 5x_3 = -9$

$$\left(\begin{array}{ccc|c} 3 & 6 & -2 & -4 \\ 3 & 2 & 1 & 0 \\ \frac{3}{2} & 5 & -5 & -9 \end{array}\right) \quad | \text{ IIa} = \text{II} - \text{I}$$

2. Schritt: Damit x_1 in der zweiten Gleichung „wegfällt", ersetzt man sie durch die Differenz aus ihr und der ersten Gleichung.

I $\quad 3x_1 + 6x_2 - 2x_3 = -4$

IIa $\quad -4x_2 + 3x_3 = 4$

III $\quad \frac{3}{2}x_1 + 5x_2 - 5x_3 = -9$

$$\left(\begin{array}{ccc|c} 3 & 6 & -2 & -4 \\ 0 & -4 & 3 & 4 \\ \frac{3}{2} & 5 & -5 & -9 \end{array}\right) \quad | \text{ IIIa} = \text{III} - \frac{1}{2} \cdot \text{I}$$

3. Schritt: Damit x_1 in der dritten Gleichung „wegfällt", ersetzt man sie durch die Differenz aus ihrem 2fachen und der ersten Gleichung.

I $\quad 3x_1 + 6x_2 - 2x_3 = -4$

IIa $\quad -4x_2 + 3x_3 = 4$

IIIa $\quad 2x_2 - 4x_3 = -7$

$$\left(\begin{array}{ccc|c} 3 & 6 & -2 & -4 \\ 0 & -4 & 3 & 4 \\ 0 & 2 & -4 & -7 \end{array}\right) \quad | \text{ IIIb} = 2 \cdot \text{IIIa} + \text{IIa}$$

4. Schritt: Damit x_2 in der dritten Gleichung „wegfällt", ersetzt man Gleichung IIIa durch die Summe aus ihr und dem 2fachen von Gleichung IIa.

I $\quad 3x_1 + 6x_2 - 2x_3 = -4$

IIa $\quad -4x_2 + 3x_3 = 4$

IIIb $\quad -5x_3 = -10$

$$\left(\begin{array}{ccc|c} 3 & 6 & -2 & -4 \\ 0 & -4 & 3 & 4 \\ 0 & 0 & -5 & -10 \end{array}\right)$$

5. Schritt: Man bestimmt die Lösung aus der Dreiecksform.

Aus IIIb folgt: $\qquad\qquad\qquad x_3 = 2$

Aus $x_3 = 2$ und IIa folgt: $\qquad x_2 = \frac{1}{2}$

Aus $x_3 = 2$, $x_2 = \frac{1}{2}$ und I folgt: $\quad x_1 = -1$

Lösung: $(-1; \frac{1}{2}; 2)$

Aufgaben

2 Lösen Sie das lineare Gleichungssystem.

a) $2x_1 - 3x_2 - 5x_3 = -1$

$\quad 2x_2 + x_3 = 0$

$\quad 3x_3 = 6$

b) $3x_1 + 8x_2 - 3x_3 = 5$

$\quad 4x_2 + x_3 = 1$

$\quad -5x_3 = 10$

c) $3x_1 + 4x_2 + 6x_3 = 5$

$\quad 17x_2 + 24x_3 = 16$

$\quad 2x_3 = 7$

3 Lösen Sie das lineare Gleichungssystem.

a) $4x_1 - 3x_2 + 6x_3 = 9$

$\quad 2x_1 - x_3 = 5$

$\quad 4x_1 = -2$

b) $4x_1 - x_2 + 3x_3 = 2$

$\quad x_1 + 3x_2 = 5$

$\quad 4x_2 = 8$

c) $5x_1 = 10$

$\quad 5x_2 - 3x_3 = 9$

$\quad 4x_1 + x_2 = 0$

4 Lösen Sie das lineare Gleichungssystem.

a) $x_1 + x_2 = 3$

$\quad x_1 + x_2 - x_3 = 0$

$\quad x_2 + x_3 = 4$

b) $x_1 + x_2 - x_3 = 0$

$\quad x_1 + x_3 = 2$

$\quad x_1 - 2x_2 + x_3 = 2$

c) $5x_1 - x_2 - x_3 = -3$

$\quad x_1 + 3x_2 + x_3 = 5$

$\quad x_1 - 3x_2 + x_3 = -1$

5 Lösen Sie das lineare Gleichungssystem mit dem GAUSS-Verfahren.

a) $2x_1 - 4x_2 + 5x_3 = 3$

$\quad 3x_1 + 3x_2 + 7x_3 = 13$

$\quad 4x_1 - 2x_2 - 3x_3 = -1$

b) $-x_1 + 7x_2 - x_3 = 5$

$\quad 4x_1 - x_2 + x_3 = 1$

$\quad 5x_1 - 3x_2 + x_3 = -1$

c) $0,6x_2 + 1,8x_3 = 3$

$\quad 0,3x_1 + 1,2x_2 = 0$

$\quad 0,5x_1 + x_3 = 1$

175

6 Lösen Sie mit dem GAUSS-Verfahren.

a)
$$x_1 + 3x_2 - 2x_3 = 4,5$$
$$-x_1 + 2x_2 - 3x_3 = 1,5$$
$$3x_1 - 4x_2 + 2x_3 = 0,9$$

b)
$$1,6x_1 - 0,5x_2 + 2x_3 = 0,1$$
$$2x_1 + 1,2x_2 - x_3 = 1,8$$
$$0,8x_1 - 2x_2 - 5x_3 = 7,8$$

c)
$$0,4x_1 + 0,8x_2 + 1,2x_3 = 1,8$$
$$2,1x_1 - 1,4x_2 - 3,5x_3 = 10,5$$
$$-3x_1 - 2,5x_2 + x_3 = -3,3$$

7

a)
$$x_1 - \tfrac{1}{2}x_2 = \tfrac{1}{2}$$
$$x_1 + x_2 - 2x_3 = 0$$
$$x_1 - \tfrac{3}{4}x_3 = \tfrac{3}{2}$$

b)
$$x_1 + \tfrac{1}{4}x_2 + x_3 = 0$$
$$x_1 - \tfrac{1}{2}x_2 - 2x_3 = 3$$
$$x_1 - x_2 + \tfrac{1}{2}x_3 = \tfrac{1}{2}$$

c)
$$\tfrac{1}{2}x_1 + \tfrac{1}{4}x_2 + x_3 = \tfrac{1}{2}$$
$$x_1 - \tfrac{3}{2}x_2 + \tfrac{7}{4}x_3 = \tfrac{9}{8}$$
$$x_1 + x_2 + \tfrac{3}{2}x_3 = \tfrac{9}{4}$$

8 Schreiben Sie das Gleichungssystem als Matrix und lösen Sie es in dieser Schreibweise.

a)
$$x_1 - 0,5x_2 + 2x_3 = -3$$
$$2x_1 + 1,2x_2 - x_3 = 4$$
$$3x_1 - 2x_2 + 2,5x_3 = -2$$

b)
$$2x_1 + 5x_2 + 2x_3 = -4$$
$$-2x_1 + 4x_2 - 5x_3 = -20$$
$$3x_1 - 6x_2 + 5x_3 = 23$$

c)
$$0,4x_1 + 0,8x_2 + 1,3x_3 = 4,4$$
$$2,2x_1 - 1,4x_2 - 3,5x_3 = -8,7$$
$$-3x_1 - 1,5x_2 + x_3 = -2,5$$

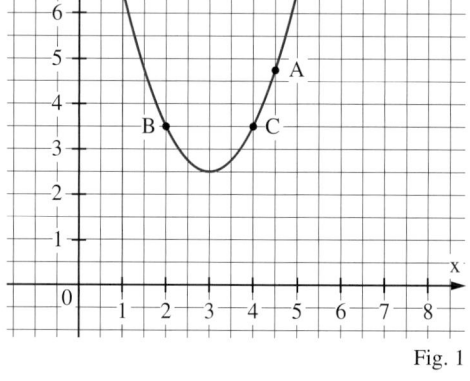

9 Lösen Sie das Gleichungssystem.

a)
$$x_2 = 3x_1 + 3x_3 + 17$$
$$x_2 = 2x_1 - x_3 + 8$$
$$x_2 = x_1 + 3x_3 + 7$$

b)
$$2x_1 - 3x_2 + x_3 = -3$$
$$x_2 = 2x_1 + 4$$
$$x_2 = 3x_3 - 1$$

c)
$$2,2x_1 + 1,5x_3 = -0,6$$
$$1,6x_2 - 2,4x_3 = -4,8$$
$$0,9x_3 - 1,8x_1 = 9$$

10 Lösen Sie das Gleichungssystem.

a)
$$2(x_1 - 1) + 3(x_3 - x_2) = 2$$
$$5x_1 - 4(x_2 - 2x_3) = 22$$
$$3(x_2 + x_3) - 4(x_1 - 1) = 14$$

b)
$$2x_1 - (3x_2 + 2) = 2x_3 + 8$$
$$x_2 - (x_1 + x_3) = 2$$
$$x_3 + (x_1 - 1) = 3x_3 + 6$$

c)
$$3x_1 + (2x_3 - 1) = 4x_2 - 1$$
$$2x_1 - (5 - 3x_2) = 9 - 2x_3$$
$$9x_2 - (x_1 - x_3) = 12$$

11 Lösen Sie das lineare Gleichungssystem mit dem Gleichsetzungs- oder Einsetzungs-verfahren, wenn Ihnen dieses Verfahren günstiger als das GAUSS-Verfahren erscheint.

a)
$$x_1 - 3x_2 = 7$$
$$2x_1 + 4x_2 = 24$$

b)
$$2x_1 - 3x_2 = 7$$
$$x_1 + 6x_2 = 9$$

c)
$$5x_1 - 3x_2 = 26$$
$$4x_1 + 4x_2 = 12$$

d)
$$5x_1 - 15x_2 = 45$$
$$7x_1 - 20x_2 = 60$$

e)
$$x_1 - 4x_2 = -14$$
$$3x_1 - 5x_2 = -7$$

f)
$$4x_1 + 4x_2 = 36$$
$$2x_1 - x_2 = 2$$

g)
$$11x_1 + 5x_2 = 0$$
$$13x_1 + 7x_2 = 8$$

h)
$$7x_1 + 4x_2 = 36$$
$$3x_1 - 2x_2 = 11$$

12 Bestimmen Sie a, b und c so, dass die Parabel mit der Gleichung $y = ax^2 + bx + c$ durch die Punkte A, B und C geht (vgl. Fig. 1).
a) $A(1|2)$, $B(-2|8)$, $C(-1|4)$
b) $A(0|9)$, $B(5|9)$, $C(10|-41)$
c) $A(2|-5)$, $B(3|-10)$, $C(4|-19)$

Fig. 1

13 Lösen Sie das Gleichungssystem.
$$-x_1 + 2x_2 - 2x_3 + x_4 = -3$$
$$2x_2 + x_3 + x_4 = 2$$
$$2x_1 - 2x_2 + 5x_3 - 5x_4 = 7$$
$$x_1 + 2x_3 + 2x_4 = 4$$

14 Lösen Sie das Gleichungssystem in der Matrixschreibweise (Variablen: x_1, x_2, x_3, x_4).

a)
$$\begin{pmatrix} 1 & -2 & 3 & 4 & | & 8 \\ 2 & -3 & 4 & -3 & | & 3 \\ 0 & 3 & 4 & -1 & | & 3 \\ 1 & 1 & 1 & 1 & | & 3 \end{pmatrix}$$

b)
$$\begin{pmatrix} 5 & 2 & -8 & -2 & | & 0 \\ 4 & -4 & 3 & 1 & | & 9 \\ -2 & 1 & 1 & 1 & | & 0 \\ 2 & 2 & -3 & 1 & | & 5 \end{pmatrix}$$

c)
$$\begin{pmatrix} 2,5 & -2 & -0,5 & 2 & | & -4,7 \\ 2 & 0,8 & 1 & 3 & | & -2,4 \\ 1,5 & -2 & 8 & 0,3 & | & 1,1 \\ 3 & 1,6 & -6 & 1,5 & | & 0 \end{pmatrix}$$

176

3 Lösungsmengen linearer Gleichungssysteme

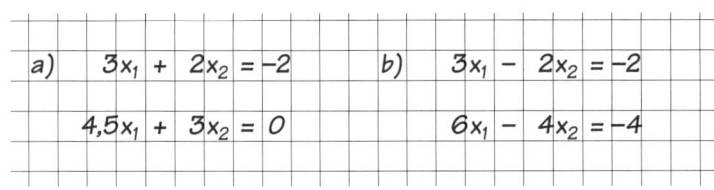

a) $3x_1 + 2x_2 = -2$
    $4{,}5x_1 + 3x_2 = 0$

b) $3x_1 - 2x_2 = -2$
    $6x_1 - 4x_2 = -4$

1 Was passiert jeweils, wenn Sie das GAUSS-Verfahren auf die Gleichungssysteme anwenden? Welches der beiden Systeme hat keine Lösung, welches hat mehr als eine Lösung? Beschreiben Sie jeweils die Lösungsmenge.

Nachdem ein lineares Gleichungssystem in Stufenform gebracht wurde, kann man leicht entscheiden, zu welchem der folgenden drei Typen es gehört:

(1) Gleichungssysteme mit **genau einer** Lösung.

Beispiel:
$$2x_1 - x_2 = 1$$
$$4x_2 = 1$$
Lösungsmenge: $L = \left\{\left(\frac{5}{8}; \frac{1}{4}\right)\right\}$.

(2) Gleichungssysteme mit **keiner** Lösung.

Beispiel:
$$x_1 - 2x_2 - 4x_3 = 2$$
$$3x_2 + 2x_3 = 0$$
$$0 = -1$$
Lösungsmenge: $L = \{\ \}$.

*Wählt man für x_3 eine Zahl t, so ergibt sich stets eine Lösung. Man nennt t einen **Parameter**. Wir verwenden für Parameter die Buchstaben r, s, t, u und v.*

(3) Gleichungssysteme mit **unendlich vielen** Lösungen.

Beispiel:
$$2x_1 - x_2 + x_3 = 2$$
$$2x_2 - 6x_3 = 0$$
Lösungsmenge: $L = \{(1 + t; 3t; t) \mid t \in \mathbb{R}\}$.

> Ein lineares Gleichungssystem hat entweder genau eine Lösung oder keine Lösung oder unendlich viele Lösungen.

Beispiel 1: (unendliche Lösungsmenge)
Bestimmen Sie die Lösungsmenge:

$$x_1 - 3x_2 + x_3 = 1$$
$$2x_1 - 4x_2 + x_3 = 6$$

Lösung:
1. Schritt: Man notiert das LGS und nummeriert die Gleichungen.

I $x_1 - 3x_2 + x_3 = 1$
II $2x_1 - 4x_2 + x_3 = 6$ | IIa = II − 2·I

2. Schritt: Man überführt das LGS mit dem Gaußverfahren in Stufenform.

I $x_1 - 3x_2 + x_3 = 1$
IIa $2x_2 - x_3 = 4$

Das Wort Parameter leitet sich von den griechischen Begriffen para (= neben) und metron (= Maß) ab. Man bezeichnet damit Variablen, die eine Sonderrolle spielen.

3. Schritt: Man setzt für die überzähligen Variablen Parameter als „Werte" ein (hier t für x_3).

$x_1 - 3x_2 + t = 1$
$2x_2 - t = 4$

4. Schritt: Man löst schrittweise nach den übrigen Variablen auf.

$x_2 = 2 + \frac{1}{2}t$
$x_1 = 1 - t + 3x_2 = 7 - t + \frac{3}{2}t = 7 + \frac{1}{2}t$
und es gilt (3. Schritt) $x_3 = t$.

5. Schritt: Man gibt die Lösungsmenge an.

$L = \left\{\left(7 + \frac{1}{2}t; 2 + \frac{1}{2}t; t\right) \mid t \in \mathbb{R}\right\}$

177

Beispiel 2: (leere Lösungsmenge)
Bestimmen Sie die Lösungsmenge:

$$x_1 + 3x_2 - 4x_3 = 1$$
$$3x_1 - 2x_2 + x_3 = 0$$
$$-\tfrac{3}{2}x_1 + x_2 - \tfrac{1}{2}x_3 = 1$$

Lösung:
1. Schritt: LGS notieren.

I $\quad x_1 + 3x_2 - 4x_3 = 1$
II $\quad 3x_1 - 2x_2 + x_3 = 0 \;\big|\; \text{IIa} = \text{II} - 3\cdot\text{I}$
III $\quad -\tfrac{3}{2}x_1 + x_2 - \tfrac{1}{2}x_3 = 1 \;\big|\; \text{IIIa} = \text{III} + \tfrac{1}{2}\cdot\text{II}$

2. Schritt: Man bringt das LGS auf Stufenform.

I $\quad x_1 + 3x_2 - 4x_3 = 1$
IIa $\quad -11x_2 + 13x_3 = -3$
IIIa $\quad 0 = 1$

3. Schritt: Man gibt die Lösungsmenge an.

Das System ist unlösbar.
Lösungsmenge: $L = \{\ \}$.

Beispiel 3: (LGS mit Parameter auf der rechten Seite)
Bestimmen Sie die Lösungsmenge in Abhängigkeit vom Parameter r.

$$x_1 + x_2 - 2x_3 = 0$$
$$2x_1 - 2x_2 + 3x_3 = 1 + 2r$$
$$x_1 - x_2 - x_3 = r$$

Beachten Sie:
*Hier ist L_r eine **einelementige** Lösungsmenge. Da zu jedem Wert von r ein LGS gehört, erhält man für jeden Wert von r eine Lösungsmenge L_r. Daher darf die Beschreibung in Schritt 3 nicht mit der Angabe unendlicher Lösungsmengen wie in Beispiel 1 verwechselt werden!*

Lösung:
1. Schritt: LGS notieren.

I $\quad x_1 + x_2 - 2x_3 = 0$
II $\quad 2x_1 - 2x_2 + 3x_3 = 1 + 2r \;\big|\; \text{IIa} = \text{II} - 2\cdot\text{I}$
III $\quad x_1 - x_2 - x_3 = r \;\big|\; \text{IIIa} = 2\cdot\text{III} - \text{II}$

2. Schritt: Man bringt das LGS auf Stufenform.

I $\quad x_1 + x_2 - 2x_3 = 0$
IIa $\quad -4x_2 + 7x_3 = 1 + 2r$
IIIa $\quad -5x_3 = -1$

3. Schritt: Man löst schrittweise nach den Variablen x_3, x_2, x_1 auf (x_3 ergibt sich aus IIIa, x_2 aus IIIa und IIa, x_1 aus IIIa, IIa und I).

$x_3 = \tfrac{1}{5}$
$x_2 = -\tfrac{1}{4} - \tfrac{1}{4}r + \tfrac{7}{4}x_3 = \tfrac{1}{10} - \tfrac{1}{2}r$
$x_1 = -x_2 + 2x_3 = \tfrac{3}{10} + \tfrac{1}{2}r$

4. Schritt: Man gibt die Lösungsmengen an.

$L_r = \left\{ \left(\tfrac{3}{10} + \tfrac{1}{2}r;\ \tfrac{1}{10} - \tfrac{1}{2}r;\ \tfrac{1}{5} \right) \right\}$.

Beispiel 4: (LGS mit Parameter auf beiden Seiten)
Für welche Werte von r besitzt das Gleichungssystem keine Lösung, genau eine Lösung, unendlich viele Lösungen?

$$x_1 - x_2 + \tfrac{1}{3}x_3 = 1$$
$$-3x_2 - x_3 = 3$$
$$3x_1 - 3x_2 + r^2 x_3 = 2 + r$$

Lösung:
1. Schritt: LGS notieren.

I $\quad x_1 - x_2 + \tfrac{1}{3}x_3 = 1$
II $\quad -3x_2 - x_3 = 3$
III $\quad 3x_1 - 3x_2 + r^2 x_3 = 2 + r \;\big|\; \text{IIIa} = \text{III} - 3\cdot\text{I}$

2. Schritt: Man bringt das LGS auf Stufenform (IIIa = III − 3·I).

I $\quad x_1 - x_2 + \tfrac{1}{3}x_3 = 1$
II $\quad -3x_2 - x_3 = 3$
IIIa $\quad (r^2 - 1)x_3 = r - 1 \quad (*)$

3. Schritt: Man beschreibt die möglichen Fälle.
Will man x_3 berechnen, so muss man in $(*)$ durch $r^2 - 1$ dividieren. Dies ist nur für $r^2 - 1 \neq 0$ erlaubt. Also müssen die Fälle $r = 1$ und $r = -1$ gesondert betrachtet werden.

1. Fall ($r \neq 1$, $r \neq -1$): Es gibt genau eine Lösung, da in $(*)$ die Umformung $x_3 = \tfrac{r-1}{r^2-1} = \tfrac{1}{1+r}$ erlaubt ist.
2. Fall ($r = -1$): Es gibt keine Lösung, da $(*)$ die Form $0 = -2$ hat.
3. Fall ($r = 1$): Es gibt unendlich viele Lösungen, da $(*)$ die Form $0 = 0$ hat (der Wert von x_3 ist also frei wählbar).

178

Aufgaben

2 Bestimmen Sie die Lösungsmenge.

a) $\begin{aligned} x_1 - 3x_2 + 2x_3 &= 2 \\ 3x_2 - 2x_3 &= 1 \\ -6x_2 + 4x_3 &= 3 \end{aligned}$
b) $\begin{aligned} x_1 + 2x_2 - x_3 &= 2 \\ 2x_2 - 4x_3 &= 1 \\ 3x_2 - 6x_3 &= \tfrac{3}{2} \end{aligned}$
c) $\begin{aligned} x_1 - 4x_2 + x_3 &= 2 \\ 2x_2 - 4x_3 &= 6 \\ 3x_2 - 7x_3 &= 5 \end{aligned}$
d) $\begin{aligned} x_1 + 2x_2 - x_3 &= 2 \\ x_1 + 2x_2 - 3x_3 &= 6 \\ -4x_3 &= 8 \end{aligned}$

3 a) $\begin{aligned} x_1 + x_2 + x_3 &= 3 \\ x_1 + 2x_2 + 3x_3 &= 6 \end{aligned}$
b) $\begin{aligned} -3x_1 + 6x_2 - 6x_3 &= 5 \\ 2x_1 - 4x_2 + 4x_3 &= -2 \end{aligned}$
c) $\begin{aligned} -6x_1 - 3x_2 + 6x_3 &= 9 \\ 4x_1 + 2x_2 - 5x_3 &= -6 \end{aligned}$

4 a) $\begin{aligned} 3x_1 + 4x_2 + 2x_3 &= 5 \\ 2x_1 - 3x_2 + x_3 &= 8 \\ 2x_3 &= 6 \end{aligned}$
b) $\begin{aligned} 3x_1 + 2x_2 + 3x_3 &= 9 \\ 4x_2 - 3x_3 &= 6 \\ 2x_1 + 4x_2 &= 10 \end{aligned}$
c) $\begin{aligned} 2x_1 - 3x_2 + 4x_3 &= 1 \\ 3x_1 + x_2 - 5x_3 &= 7 \\ 4x_1 + 5x_2 - 14x_3 &= 13 \end{aligned}$

5 a) $\begin{aligned} x_1 + x_3 &= 2 \\ x_2 + x_3 &= 4 \\ x_1 + x_2 &= 5 \\ x_1 + x_2 + x_3 &= 0 \end{aligned}$
b) $\begin{aligned} x_1 + x_2 + x_3 &= 15 \\ 2x_1 - x_2 + 7x_3 &= 50 \\ 3x_1 + 11x_2 - 9x_3 &= 1 \\ x_1 - x_2 + x_3 &= 5 \end{aligned}$
c) $\begin{aligned} 7x_1 + 11x_2 + 13x_3 &= 0 \\ x_1 - x_2 - x_3 &= 1 \\ 2x_1 + 3x_2 + 4x_3 &= 0 \\ 9x_1 + 10x_2 + 11x_3 &= 0 \end{aligned}$

6 Das Gleichungssystem enthält einen Parameter auf der rechten Seite. Geben Sie die Lösungsmenge in Abhängigkeit vom Parameter an.

a) $\begin{aligned} 3x_1 - 2x_2 &= 4r \\ x_1 + 3x_2 &= 5r \end{aligned}$
b) $\begin{aligned} 3x_1 - 4x_2 &= 7r \\ 5x_1 + 4x_2 &= r \end{aligned}$
c) $\begin{aligned} 6x_1 - 3x_2 &= 3r + 6 \\ 4x_1 - 3x_2 &= 2r + 4 \end{aligned}$

d) $\begin{aligned} 0{,}5x_1 + 2{,}4x_2 &= r \\ x_1 - x_2 &= 2r \end{aligned}$
e) $\begin{aligned} 2x_1 + 3x_2 &= r + 1 \\ 2x_1 + 4x_2 &= 2r \end{aligned}$
f) $\begin{aligned} -x_1 - 0{,}5x_2 &= 2r + 5 \\ 4x_1 + x_2 &= 4r + 2 \end{aligned}$

7 a) $\begin{aligned} 3x_1 + 3x_2 - 5x_3 &= 3r \\ x_1 + 6x_2 - 10x_3 &= r \\ 15x_2 + 25x_3 &= 0 \end{aligned}$
b) $\begin{aligned} 3x_1 - 2x_2 + x_3 &= 2r \\ 5x_1 - 4x_2 - x_3 &= 2 \\ x_1 + 3x_2 - 2x_3 &= 2r + 6 \end{aligned}$
c) $\begin{aligned} 2x_1 + 2x_2 + 2x_3 &= r + 2 \\ 4x_1 - 3x_2 + 2x_3 &= 0 \\ x_1 + x_2 + 3x_3 &= 2r + 6 \end{aligned}$

In den Aufgaben 8 und 9 müssen nicht jeweils alle drei Fälle auftreten!

8 Für welchen Wert des Parameters hat das Gleichungssystem genau eine Lösung, keine Lösung, unendlich viele Lösungen?

a) $\begin{aligned} 3x_1 - 2x_2 + rx_3 &= 4 \\ x_1 + 3x_2 - x_3 &= 1 \\ 2x_1 - 5x_2 + 3x_3 &= 3 \end{aligned}$
b) $\begin{aligned} x_1 + x_2 - 5x_3 &= 6 \\ 2x_1 - rx_2 + 7x_3 &= -1 \\ 6x_1 + 6x_2 - 17x_3 &= 13 \end{aligned}$
c) $\begin{aligned} 2x_1 - 4x_2 - 2x_3 &= -4 \\ 11x_1 + 18x_2 + 2x_3 &= -6 \\ x_1 + rx_2 + 4x_3 &= r \end{aligned}$

9 a) $\begin{aligned} -x_1 + 3x_2 &= 1 \\ 3x_2 + 4x_3 &= 1 \\ -3x_1 + 6x_2 - r^2x_3 &= r \end{aligned}$
b) $\begin{aligned} 4x_1 - 2x_2 + \tfrac{1}{3}x_3 &= 0 \\ rx_1 + 6x_2 - x_3 &= 0 \\ 5x_1 + 2x_2 + 7x_3 &= 4r \end{aligned}$
c) $\begin{aligned} 7x_1 - 3x_2 + rx_3 &= 29 \\ 70x_1 + 2x_2 + 5x_3 &= r \\ 19x_1 + x_2 + 16x_3 &= 41 \end{aligned}$

10 Geben Sie jeweils eine Lösung mit $x_1 = 0$ und eine Lösung mit $x_2 = 1$ an.

a) $\begin{aligned} x_1 + 2x_2 + 3x_3 &= 0 \\ 3x_1 + 2x_2 + x_3 &= 1 \\ 4x_2 + 8x_3 &= -1 \end{aligned}$
b) $\begin{aligned} x_1 - 2x_2 - x_3 &= 1 \\ 2x_1 + x_2 - 3x_3 &= 1 \\ x_1 + 8x_2 - 3x_3 &= -1 \end{aligned}$
c) $\begin{aligned} 3x_1 + 15x_2 - 18x_3 &= 0 \\ 10x_1 + 11x_2 - 9x_3 &= -6 \\ 3x_1 + 2x_2 - x_3 &= -2 \end{aligned}$

*Hier ist es möglich, dass Sie **zwei** Parameter zur Beschreibung der Lösungsmenge brauchen!*

11 Bestimmen Sie die Lösungsmenge.

a) $\begin{aligned} -x_1 + 2x_2 - 2x_3 + x_4 &= 5 \\ 2x_2 + x_3 + x_4 &= 4 \\ 2x_1 - 2x_2 + 5x_3 - x_4 &= -6 \\ x_1 + 3x_3 &= -1 \end{aligned}$
b) $\begin{aligned} x_1 + 2x_2 - 3x_3 + x_4 &= 0 \\ x_2 - x_4 &= 2 \\ 2x_1 + 3x_2 - 3x_3 + 5x_4 &= -3 \\ -x_1 + x_2 + 4x_3 &= 4 \end{aligned}$
c) $\begin{aligned} 2x_3 - x_4 &= 1 \\ x_1 + x_2 + x_3 + x_4 &= 4 \\ 2x_1 + 2x_2 - 4x_3 + 5x_4 &= 5 \\ x_1 + x_2 - 7x_3 + 5x_4 &= 0 \end{aligned}$

179

12 Durch die Punkte P und Q gehen unendlich viele Parabeln. Stellen Sie ein lineares Gleichungssystem für die Koeffizienten a, b, c der Parabelgleichung $y = a x^2 + b x + c$ auf und bestimmen Sie die Lösungsmenge. Wählen Sie dabei a als Parameter. Bestimmen Sie danach die Gleichungen der drei dargestellten Parabeln.

a)
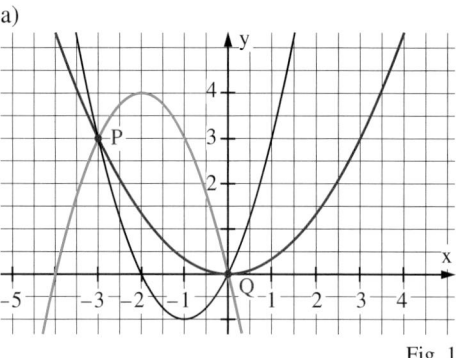

b)
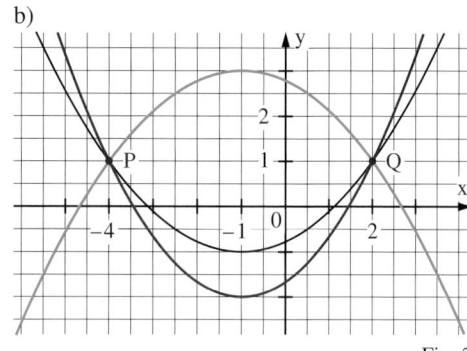

Fig. 1

Fig. 2

c)
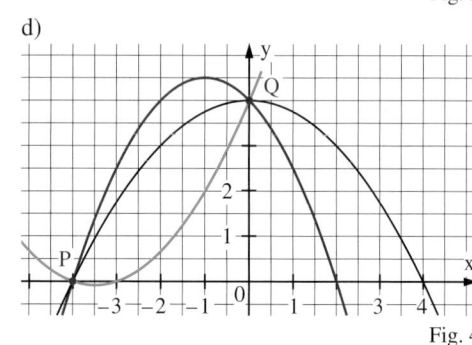

d)
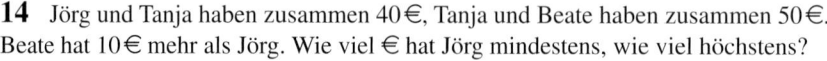
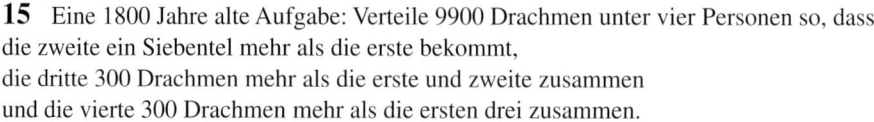

Fig. 3

Fig. 4

13 Prüfen Sie jeweils mithilfe eines linearen Gleichungssystems, ob es Dreiecke mit den angegebenen Bedingungen für die Winkel α, β, γ gibt. Bestimmen Sie dazu die Lösungsmenge für (α; β; γ).
a) α ist um 60° größer als β, γ ist doppelt so groß wie β.
b) α und β betragen zusammen 80°, β und γ betragen zusammen 90°.
c) β ist halb so groß wie α, β und ein Drittel von γ betragen zusammen 60°.

14 Jörg und Tanja haben zusammen 40 €, Tanja und Beate haben zusammen 50 €. Beate hat 10 € mehr als Jörg. Wie viel € hat Jörg mindestens, wie viel höchstens?

15 Eine 1800 Jahre alte Aufgabe: Verteile 9900 Drachmen unter vier Personen so, dass die zweite ein Siebentel mehr als die erste bekommt, die dritte 300 Drachmen mehr als die erste und zweite zusammen und die vierte 300 Drachmen mehr als die ersten drei zusammen.

16 In den folgenden Zahlenrätseln ist n eine dreistellige Zahl. Bestimmen Sie jeweils alle natürlichen Zahlen mit den angegebenen Eigenschaften.
a) Die Quersumme von n ist 12. Schreibt man die Ziffern von n in umgekehrter Reihenfolge, so ergibt sich 24 weniger als das Dreifache von n.
b) Die letzte Ziffer ist um 2 größer als die erste. Lässt man die erste Ziffer weg und multipliziert mit 8, so erhält man 15 mehr als n.
c) Schreibt man die Ziffern von n in umgekehrter Reihenfolge und subtrahiert die erhaltene Zahl von n, so ergibt sich 693. Die Summe der ersten und letzten Ziffer ist 11.

Mit Drachme wurde im alten Griechenland sowohl ein Gewicht (4,36 g) als auch eine Münzsorte bezeichnet. Drachmen wurden in Gold und in Silber geprägt.

4 Anwendungen linearer Gleichungssysteme

Beispiel 1: (Nahrungsbedarf)

Der tägliche Nahrungsbedarf eines Erwachsenen beträgt pro kg Körpergewicht 5 g bis 6 g Kohlenhydrate, etwa 0,9 g Eiweiß und 1 g Fett.

Konzentrat	A	B	C
Eiweiß	5 g	10 g	7 g
Kohlenhydrate	40 g	30 g	30 g
Fett	5 g	10 g	13 g

Eine Anregung:
Berechnen Sie für Ihr Körpergewicht die Anteile von Kabeljau, Kartoffeln und Butter für eine „ausgewogene" Mahlzeit.

100 g Kabeljau:
Eiweiß 16,5 g
Fett 0,4 g
Kohlenhydrate 0,0 g

100 g Kartoffeln:
Eiweiß 2,0 g
Fett 0,2 g
Kohlenhydrate 20,9 g

100 g Butter:
Eiweiß 0,8 g
Fett 82,0 g
Kohlenhydrate 0,7 g

Bei einem Überlebenstraining wird auf 3 Sorten A, B, C Konzentratnahrung zurückgegriffen. Jeder Konzentratwürfel wiegt 50 g und wird in Wasser zerdrückt und angerührt. Wie kann ein Erwachsener (75 kg) damit seinen täglichen Nahrungsbedarf decken (400 g Kohlenhydrate, 70 g Eiweiß und 75 g Fett)?

Lösung:

1. Schritt: Variablen einführen.

Anzahl A: x_1, Anzahl B: x_2, Anzahl C: x_3

2. Schritt: Gleichungen aufstellen
I: Eiweiß, II: Kohlenhydrate, III: Fett.

$$\begin{aligned} \text{I} \quad & 5x_1 + 10x_2 + 7x_3 = 70 \\ \text{II} \quad & 40x_1 + 30x_2 + 30x_3 = 400 \quad | \text{ IIa} = \text{II} - 8 \cdot \text{I} \\ \text{III} \quad & 5x_1 + 10x_2 + 13x_3 = 75 \quad | \text{ IIIa} = \text{III} - \text{I} \end{aligned}$$

3. Schritt: Gleichungssystem lösen:
Man bringt das System auf Stufenform und löst nach den Variablen auf.

$$\begin{aligned} \text{I} \quad & 5x_1 + 10x_2 + 7x_3 = 70 \\ \text{IIa} \quad & -50x_2 - 26x_3 = -160 \\ \text{IIIa} \quad & 6x_3 = 5 \end{aligned}$$

Also $x_3 = \frac{5}{6}$ und damit

$$x_2 = \frac{-160 + \frac{5}{6} \cdot 26}{-50} = \frac{83}{30}.$$

Also $x_1 = \frac{70 - 10 \cdot \frac{83}{30} - 7 \cdot \frac{5}{6}}{5} = \frac{73}{10}.$

4. Schritt: Ergebnis interpretieren.

Eigentlich müssten jedem Erwachsenen etwa 0,8 Würfel C, etwa 2,8 Würfel B und 7,3 Würfel A pro Tag zugeteilt werden. Da es sich bei dem Nahrungsbedarf nur um durchschnittliche Richtwerte handelt, ist 1 Würfel C, 3 Würfel B und 7 Würfel A eine sinnvolle Antwort.

Beispiel 2: (Reaktionsgleichungen in der Chemie)
Chemische Reaktionsgleichungen wie in Fig. 1 geben an, wie viele Moleküle der Ausgangsstoffe wie viele Moleküle der Endstoffe liefern. Bestimmen Sie möglichst kleine natürliche Zahlen x_1, x_2, x_3 und x_4 für die Reaktion

$$x_1 NH_3 + x_2 O_2 \longrightarrow x_3 NO_2 + x_4 H_2O,$$

nach der Ammoniak NH_3 zu Stickstoffdioxid und Wasser verbrennt.

Umwandlung von Stickstoffdioxid NO_2 mit Wasser H_2O und Sauerstoff O_2 zu Salpetersäure:

$$4NO_2 + 2H_2O + O_2 \longrightarrow 4HNO_3$$

Die Faktoren 4, 2, 1 und 4 ergeben sich aus der Bedingung, dass rechts und links gleich viele Atome jedes Elements vorkommen müssen.

Fig. 1

Lösung:

1. Schritt: Für jede Atomart eine Gleichung aufstellen; dabei ausnutzen, dass rechts und links gleich viele Atome vorkommen.

Für N: $x_1 = x_3$
Für H: $3\,x_1 = 2\,x_4$
Für O: $2\,x_2 = 2\,x_3 + x_4$

2. Schritt: Gleichungen umschreiben und als LGS notieren.

I $x_1 -\qquad x_3 \qquad= 0$
II $3\,x_1 -\qquad\qquad 2\,x_4 = 0$
III $\qquad 2\,x_2 - 2\,x_3 - x_4 = 0$

3. Schritt: Gleichungssystem lösen:
Die dritte mit der zweiten Gleichung vertauschen und die neue dritte Gleichung durch die Differenz aus ihr und dem Dreifachen der ersten ersetzen; danach die Lösungsmenge bestimmen.

I $x_1 -\qquad x_3 \qquad= 0$
IIa $\qquad 2\,x_2 - 2\,x_3 - x_4 = 0$
IIIb $\qquad\qquad 3\,x_3 - 2\,x_4 = 0$

Setzt man s für x_4 ein, so ergibt sich
$x_3 = \tfrac{2}{3}x_4 = \tfrac{2}{3}s$ und damit sowohl
$x_2 = x_3 + \tfrac{1}{2}x_4 = \tfrac{7}{6}s$ als auch
$x_1 = x_3 = \tfrac{2}{3}s$.

Lösungsmenge: $L = \left\{ \left(\tfrac{2}{3}s;\ \tfrac{7}{6}s;\ \tfrac{2}{3}s;\ s \right) \mid s \in \mathbb{R} \right\}$

4. Schritt: Die gesuchten Faktoren bestimmen. Die kleinste positive Zahl s, für die sich eine ganzzahlige Lösung ergibt, ist 6.

Mit $s = 6$ ergibt sich 4 für x_1, 7 für x_2, 4 für x_3 und 6 für x_4. Reaktionsgleichung:
$4\,NH_3 + 7\,O_2 \longrightarrow 4\,NO_2 + 6\,H_2O$.

Aufgaben

1 Für Düngeversuche sollen aus den drei Düngersorten I, II und III 10 kg Blumendünger gemischt werden, der 40 % Kalium, 35 % Stickstoff und 25 % Phosphor enthält. Welche Mengen werden benötigt?

	I	II	III
Kalium	40 %	30 %	50 %
Stickstoff	50 %	20 %	30 %
Phosphor	10 %	50 %	20 %

2 Die sehr widerstandsfähige Aluminiumlegierung Dural enthält außer Aluminium bis zu 5 % Kupfer, bis zu 1,5 % Mangan und bis zu 1,6 % Magnesium.
a) Welche Legierungen mit 95 % Aluminium und 2,8 % Kupfer lassen sich aus den drei Duralsorten A, B, C in Fig. 1 herstellen? Geben Sie eine Beschreibung mithilfe einer Lösungsmenge.
b) Lässt sich aus den Duralsorten A, B, C eine Legierung herstellen, die 95 % Aluminium, 2,8 % Kupfer, 1,2 % Mangan und 1,0 % Magnesium enthält?

Dural wurde unter dem Namen Duraluminium erstmals 1906 von dem Metallurgen Alfred Wilm (1869–1937) mit etwa 4 % Kupfer, 0,5 % Mangan, 0,6 % Magnesium sowie Spuren von Silizium und Eisen hergestellt. Es wird heute hauptsächlich im Flugzeug-, Fahrzeug- und Maschinenbau eingesetzt.

	A	B	C
Aluminium	96,0 %	93,0 %	93,5 %
Kupfer	2,1 %	4,0 %	3,9 %
Mangan	1,1 %	1,4 %	1,2 %
Magnesium	0,8 %	1,6 %	1,4 %

Fig. 1

Stückliste für SKEW 500: Ausführung	A	B	C	im Lager (Stück)
Stück Modul 8 MB	1	2	4	66
Stück Lüfter	1	1	2	43
Stück Schn. seriell	2	3	4	101
...	...	...	...	...

Fig. 2

3 Eine Computerfirma baut das Modell SKEW 500 in den Ausführungen A, B und C. Die Tabelle in Fig. 2 zeigt, wie viele 8-MB-Module, Lüfter und serielle Schnittstellen jeweils eingebaut werden. Wie viele Ausführungen von SKEW 500 können noch mit dem Lagerbestand produziert werden, wenn alle übrigen Teile reichlich vorhanden sind?

4 Im Versuchslabor eines Getränkeherstellers soll aus den drei angegebenen Mischgetränken A, B und C in Fig. 1 eine neue Sorte PLOP mit 50 % Fruchtsaftgehalt gemischt werden.
a) Wie viel cm^3 der Sorte C können für 1 Liter PLOP höchstens verwendet werden?
b) Wie kann man 1 Liter PLOP mit 20 % Maracujaanteil aus den drei Sorten mischen?

A
Fruchtgehalte:
Ananas 30%
Kirsche 15%
Maracuja 5%

B
Fruchtgehalte:
Ananas 10%
Kirsche 20%
Maracuja 10%

C
Fruchtgehalte:
Ananas 15%
Kirsche 15%
Maracuja 30%

	I	II	III	IV
Kupfer	40 %	50 %	60 %	70 %
Nickel	26 %	22 %	25 %	18 %
Zink	34 %	28 %	15 %	12 %

Fig. 1   Fig. 2

5 Alpaka (Neusilber) ist eine Legierung aus Kupfer, Nickel und Zink. Aus den vier in Fig. 2 angegebenen Sorten kann auf verschiedene Arten 100 g Alpaka mit einem Gehalt von 55 % Kupfer, 23 % Nickel und 22 % Zink hergestellt werden. Bestimmen Sie die Legierungen mit dem größten und dem kleinsten Anteil von Sorte IV.

6 Die Variablen x_1, x_2, . . . in den chemischen Reaktionsgleichungen sollen für möglichst kleine natürliche Zahlen stehen. Bestimmen Sie diese Zahlen nach dem Verfahren in Beispiel 2.
a) $x_1 Fe + x_2 O_2 \longrightarrow x_3 Fe_2 O_3$ (Rosten von Eisen in trockener Luft)
b) $x_1 C_6 H_{12} O_6 + x_2 O_2 \longrightarrow x_3 CO_2 + x_4 H_2 O$ (Verbrennung von Traubenzucker)
c) $x_1 FeS_2 + x_2 O_2 \longrightarrow x_3 Fe_2 O_3 + x_4 SO_2$ (Entstehen von Schwefeldioxid aus Pyrit)
d) $x_1 C_3 H_5 N_3 O_9 \longrightarrow x_2 CO_2 + x_3 H_2 O + x_4 N_2 + x_5 O_2$ (Explosion von Nitroglyzerin)

7 Bei einem Geviert aus Einbahnstraßen sind die Verkehrsdichten (Fahrzeuge pro Stunde) für die zu- und abfließenden Verkehrsströme bekannt. Stellen Sie ein lineares Gleichungssystem für die Verkehrsdichten x_1, x_2, x_3, x_4 auf und bearbeiten Sie folgende Fragestellungen:
a) Ist eine Sperrung des Straßenstücks $\overline{AD}$ ohne Drosselung des Zuflusses möglich?
b) Welches ist die minimale Verkehrsdichte auf dem Straßenstück $\overline{AB}$?
c) Welches ist die maximale Verkehrsdichte auf dem Straßenstück $\overline{CD}$?

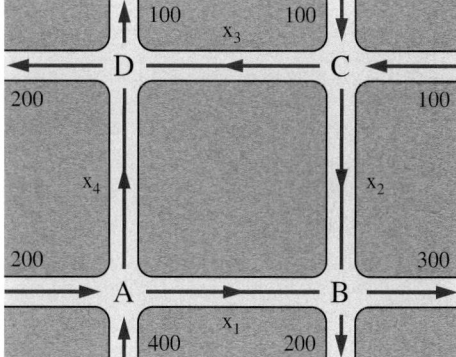

Fig. 3

8 Bei einem Automodell sind die Servolenkung S und die Klimaanlage K Sonderausstattungen. Bei 100 000 ausgelieferten Autos wurde S insgesamt 65 100-mal und K insgesamt 12 600-mal eingebaut.
a) Warum lässt sich aus den Angaben noch nicht schließen, wie oft weder S noch K, nur S, nur K oder beide Sonderausstattungen eingebaut wurden? Stellen Sie ein Gleichungssystem für die vier möglichen Ausstattungskombinationen auf.
b) Wie viele Käufer wählten keine Sonderausstattung, wenn K stets zusammen mit S bestellt wurde?

Hinweis zu Aufgabe 9:
Jeder Artikel kann höchstens einmal bestellt werden!

9 Bei einer Sonderaktion eines Versandhauses kann man bis zu 4 Artikel A, B, C, D ankreuzen. Fig. 4 zeigt einige Rechnungsbeträge. Was kosten die Artikel, wenn als Versandkosten pauschal 3,45 € berechnet werden?

A	B	C	D	
A☒	B☒	C☒	D☒	175,05 €
A☒	B☐	C☒	D☐	90,15 €
A☐	B☒	C☐	D☒	88,35 €
A☐	B☒	C☒	D☒	125,15 €
A☒	B☐	C☐	D☒	113,35 €

Fig. 4

183

5 Vermischte Aufgaben

1 Bestimmen Sie die Lösungsmenge des linearen Gleichungssystems.

a)
$$4x_1 - 4x_2 - x_3 = -61$$
$$4x_1 + 15x_2 - 9x_3 = 0$$
$$8x_1 - 4x_2 + 5x_3 = -31$$

b)
$$7x_1 + 3x_2 + 8x_3 = 35$$
$$3x_1 - 5x_2 + 6x_3 = 9$$
$$5x_1 + 5x_2 + 5x_3 = 18$$

c)
$$4x_1 + 3x_2 + 4x_3 = 32$$
$$9x_1 - 3x_2 - 3x_3 = 6$$
$$3x_1 + 4x_2 + 2x_3 = -2$$

2

a)
$$x_1 + x_2 + x_3 = 11$$
$$2x_1 - 3x_2 + 4x_3 = 6$$

b)
$$5x_1 + 7x_2 - x_3 = 0$$
$$2x_1 \quad\quad - 4x_3 = 3$$

c)
$$2x_1 - 5x_2 - x_3 = 14$$
$$3x_1 + 3x_2 \quad\quad = 0$$

3

a)
$$2x_1 + 3x_2 = 5$$
$$-x_1 + 8x_2 = 7$$
$$x_1 + 11x_2 = 12$$

b)
$$-x_1 + 3x_2 = 0$$
$$2x_1 - 6x_2 = 1$$
$$x_1 - x_2 = 3$$

c)
$$2x_1 + 7x_2 = 11$$
$$6x_1 - 5x_2 = 7$$
$$10x_1 - 17x_2 = 3$$

d)
$$7x_1 - 5x_2 = 9$$
$$11x_1 + 3x_2 = 25$$
$$3x_1 - 7x_2 = -1$$

4 Lösen Sie das lineare Gleichungssystem.

a)
$$2x_1 + 2x_2 + x_3 + x_4 = 0$$
$$6x_1 + 6x_2 + 2x_3 + 20x_4 = 12$$
$$x_1 + 2x_2 + \tfrac{1}{2}x_3 \quad\quad = -4$$
$$2x_1 + 4x_2 \quad\quad + 14x_4 = 4$$

b)
$$x_1 + 2x_2 - 3x_3 + x_4 = 0$$
$$x_2 \quad\quad - x_4 = 2$$
$$2x_1 + 3x_2 - 3x_3 + 5x_4 = -3$$
$$-x_1 + x_2 + 4x_3 \quad\quad = 4$$

5 Das Gleichungssystem ist als Matrix gegeben. Bestimmen Sie die Lösungsmenge.

a)
$$\left(\begin{array}{cccc|c} 2 & 1 & 1 & 0 & 1 \\ 3 & 2 & 0 & -2 & -13 \\ 5 & 0 & -2 & -1 & 14 \\ 0 & -3 & 4 & 1 & 5 \end{array}\right)$$

b)
$$\left(\begin{array}{cccc|c} 3 & 1 & -3 & -9 & 54 \\ 0 & -1 & 2 & 4 & 6 \\ 1 & 1 & -2 & -5 & 9 \\ 2 & 2 & -3 & 3 & 37 \end{array}\right)$$

c)
$$\left(\begin{array}{cccc|c} 2 & 4 & -1 & 5 & 9 \\ \tfrac{5}{2} & 1 & 3 & -7 & 5 \\ 3 & 0 & -3 & 1 & 6 \\ 1 & 8 & 1 & 9 & 13 \end{array}\right)$$

6 Bestimmen Sie die Lösungsmenge in Abhängigkeit vom Parameter r.

a)
$$x_1 - 2x_2 + x_3 = 3$$
$$2x_1 + x_2 - 3x_3 = 2r$$
$$x_1 + 3x_2 - 3x_3 = 4r$$

b)
$$2x_1 - x_2 + x_3 = 2r$$
$$x_1 - 5x_2 + 2x_3 = 6$$
$$9x_2 - 3x_3 = r - 12$$

c)
$$x_1 + 2x_2 + x_3 = 0$$
$$-4x_1 - 12x_2 + x_3 = r$$
$$3x_1 + 4x_2 + 2x_3 = r + 2$$

7 Für welchen Wert des Parameters r hat das Gleichungssystem keine Lösung, genau eine Lösung, unendlich viele Lösungen?

a)
$$x_1 + rx_2 = 5$$
$$2x_1 + 3x_2 = 4$$

b)
$$2x_1 + x_2 + rx_3 = 0$$
$$2x_2 + x_3 = r$$
$$x_1 + x_2 + x_3 = 1$$

c)
$$x_1 + rx_2 + rx_3 = 0$$
$$2x_1 \quad\quad + rx_3 = -3$$
$$x_1 + 2rx_2 + r^2x_3 = r$$

8 Der Graph der Funktion mit der Gleichung $y = ax^3 + bx^2 + cx + d$ soll durch die Punkte A, B, C, D gehen. Bestimmen Sie die Koeffizienten a, b, c, d.
a) A$(-2|-24)$, B$(0|4)$, C$(2|0)$, D$(3|16)$
b) A$(-2|20)$, B$(-1|24)$, C$(1|-40)$, D$(2|-60)$

9 Bestimmen Sie eine ganzrationale Funktion dritten Grades, deren Schaubild die in Fig. 1 angegebenen Eigenschaften hat.

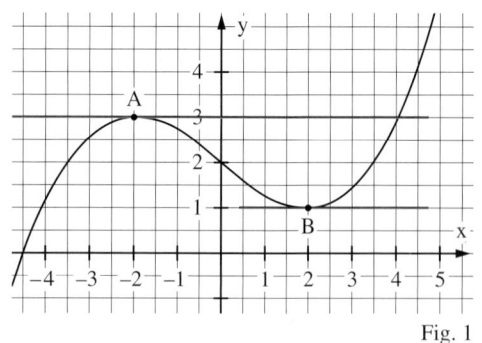

Fig. 1

Es gibt auch solche Matrizen:

	Aachen	Augsburg	Basel	Bayreuth	Berlin	Bielefeld	Bonn
Aachen		570	540	525	645	260	90
Augsburg	570		320	235	585	540	505
Basel	540	320		525	865	645	475
Bayreuth	525	235	525		355	435	435
Berlin	645	585	865	355		400	605
Bielefeld	260	540	645	435	400		230
Bonn	90	505	475	435	605	230	
Braunschw.	440	555	650	450	240	170	375
Bremen	380	685	765	580	415	180	340
Cuxhaven	475	780	865	680	280		450
Dortmund	155	550	540	485	520	110	115
Düsseldorf	80	560	505	490	565	180	75

10 Eine vierstellige positive ganze Zahl n hat die Quersumme 20. Die Summe der ersten beiden Ziffern ist 11, die Summe der ersten und letzten Ziffer ebenfalls. Die erste Ziffer ist um 3 größer als die letzte Ziffer. Bestimmen Sie die Zahl n.

11 Bestimmen Sie alle dreistelligen positiven ganzen Zahlen
a) mit der Quersumme 12, bei denen die erste Ziffer doppelt so groß wie die letzte ist,
b) mit der Quersumme 13, bei denen die zweite Ziffer doppelt so groß wie die erste ist.

12 Für die Herstellung einer Schraube durch-läuft der Rohling eine Maschine M_1 und wird dann von zwei Maschinen M_2 und M_3 fertig be-arbeitet. Für 3 Schraubensorten A, B, C ist in der Tabelle angegeben, wie viele Minuten jede Maschine dafür laufen muss. Je Arbeitstag kann M_1 insgesamt 600 Minuten, M_2 nur 540 Minu-ten und M_3 nur 560 Minuten lang betrieben werden. Wie viele Schrauben der Sorten A, B, C können jeweils pro Tag hergestellt werden?

	A	B	C
M_1	2	4	1
M_2	1	3	2
M_3	4	3	2

Fig. 1

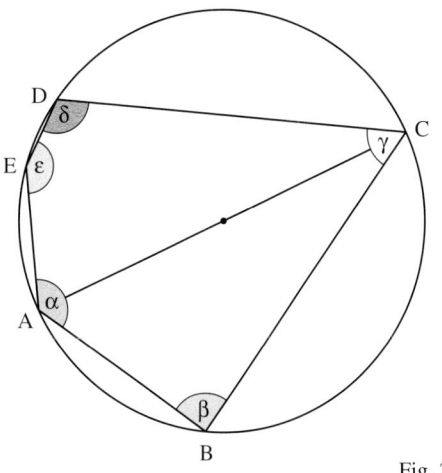

13 Von einem Fünfeck ABCDE ist bekannt, dass es einen Umkreis besitzt, dessen Mittel-punkt auf der Diagonale von A nach C liegt (Fig. 2). Der Winkel ε ist zweieinhalbmal so groß wie γ und α ist doppelt so groß wie γ.
a) Wie groß ist der Winkel β? Stellen Sie Bedingungen für die übrigen Winkel als LGS auf und beschreiben Sie die möglichen Fünf-ecke mithilfe der Lösungsmenge.
b) Welche Innenwinkel hat das Fünfeck, wenn α so groß wie δ ist?

Fig. 2

14 Eine Gärtnerei möchte 5 kg Blumendün-ger mischen, der 45 % Kalium enthält. Zur Verfügung stehen die Sorten A, B, C in Fig. 3.
a) Stellen Sie ein LGS auf und bestimmen Sie seine Lösungsmenge.
b) Welche Mischung kostet am wenigsten, welche am meisten?

	A	B	C
Kalium	40 %	30 %	50 %
Stickstoff	50 %	20 %	30 %
Phosphor	10 %	50 %	20 %
Preis (€/kg)	1,60	1,80	1,70

Fig. 3

15 Untersuchen Sie mithilfe eines linearen Gleichungssystems, ob man aus Hartblei (91 % Blei, 9 % Antimon) und Lötzinn (40 % Blei, 60 % Zinn) eine Bleilegierung mit 80 % Blei, 15 % Zinn und 5 % Antimon herstellen kann. Bestimmen Sie gegebenenfalls die Mischungsanteile.

16 Die Variablen $x_1, x_2, \ldots$ in den chemischen Reaktionsgleichungen sollen für möglichst kleine natürliche Zahlen stehen. Bestimmen Sie diese Zahlen (vgl. Beispiel 2 von Seite 181).
a) $x_1 Fe_3O_4 + x_2 Al \longrightarrow x_3 Al_2O_3 + x_4 Fe$ (Thermitverfahren)
b) $x_1 N_2H_4 + x_2 N_2O_4 \longrightarrow x_3 N_2 + x_4 H_2O$ (Hydrazinraketenantrieb)
c) $x_1 C_6H_6 + x_2 O_2 \longrightarrow x_3 H_2O + x_4 CO_2$ (Verbrennung von Benzol)
d) $x_1 Na_2CO_3 + x_2 HCl \longrightarrow x_3 NaCl + x_4 H_2CO_3$ (Reaktion von Soda mit Salzsäure)
e) $x_1 Na_2B_4O_7 + x_2 HCl + x_3 H_2O \longrightarrow x_4 H_3BO_3 + x_5 NaCl$ (Darstellung von Borsäure)

185

Lineare Gleichungssysteme auf dem Computer

D as Lösen von linearen Gleichungssystemen wird um-so aufwendiger, je mehr Variablen und Gleichungen auftreten. Daher wird man ein Gleichungssystem wie (∗) eher mit dem Computer lösen. Am Beispiel der Computer-algebrasysteme DERIVE und MAPLE V soll gezeigt werden, wie dies möglich ist. Aus Platzgründen werden dabei nur kleinere LGS betrachtet.

$$(*) \begin{cases} 2x_1 + 3x_2 + 4x_3 \quad\ \ + x_5 - x_6 = 0 \\ x_1 - x_2 - x_3 + x_4 \quad\ - x_6 = 1 \\ 3x_2 + x_3 - 2x_4 + x_5 - x_6 = 0 \\ 4x_1 \quad\ + 3x_3 - 5x_4 + x_5 - 2x_6 = 0 \\ 2x_1 - 3x_2 \quad\ - 5x_4 + 2x_5 + 2x_6 = 1 \\ 3x_1 + 3x_2 \quad\ - 6x_4 + 5x_5 \quad\ = 1 \end{cases}$$

1. Weg bei DERIVE (Direkteingabe): Schritt 1: Gleichung mit dem Befehl **Schreibe** in der Form $[2x + 3y + 4z = 0, x - y - z = 1, 5x - 2y + 3z = 0]$ eingeben. Schritt 2: Befehl **Löse** eingeben. Der Bildschirm zeigt: #1: $[2x + 3y + 4z = 0, x - y - z = 1, 5x - 2y + 3z = 0]$ #2: $\left[x = \frac{17}{22}, y = \frac{7}{11}, z = -\frac{19}{22}\right]$	**1. Weg bei MAPLE (Direkteingabe):** Hier erfolgt die Eingabe zusammen mit dem Befehl „solve" hinter der Eingabeaufforderung „>". Erst nach dem Semikolon wird die Eingabetaste gedrückt. Der Bildschirm zeigt: > **solve({2 ∗ x + 3 ∗ y + 4 ∗ z = 0, x − y − z = 1, 5 ∗ x −** > **2 ∗ y + 3 ∗ z = 0});** $\left\{y = \frac{7}{11},\ z = -\frac{19}{22},\ x = \frac{17}{22}\right\}$
Wenn ein LGS keine Lösung hat, meldet DERIVE: **Keine Lösung gefunden.**	MAPLE reagiert bei einem LGS ohne Lösung nur mit: >
Im zweiten Beispiel gibt es unendlich viele Lösungen: #1: $[2x + 3y + 4z = 0, x - y - z = 1, 3x + 2y + 3z = 1]$ #2: $[x = @1, y = 2 \cdot (3 \cdot @1 - 2), z = 3 - 5 \cdot @1]$ Bei DERIVE ist @1 das Symbol für einen Parameter, bei zwei oder mehr Parametern werden @1, @2, . . . verwendet.	Dasselbe Beispiel wie links (hier gilt z als Parameter): > **solve({2 ∗ x + 3 ∗ y + 4 ∗ z = 0, x − y − z = 1, 3 ∗ x +** > **2 ∗ y + 3 ∗ z = 1});** $\left\{y = -\frac{6}{5}z - \frac{2}{5}, x = -\frac{1}{5}z + \frac{3}{5}, z = z\right\}$
2. Weg bei DERIVE (Matrixeingabe): Den Befehl **Def**, dann den Befehl **Matrix** anwählen. Die Zeilenzahl und die Spaltenzahl eingeben. Danach die Elemente der Matrix eingeben. Den Befehl **Schreibe** anwählen und danach ROW_REDUCE („Taste F3") eingeben. Den Befehl **Vereinfache** anwählen: DERIVE bestimmt eine Matrix, aus der man die Lösungsmenge ablesen kann.	**2. Weg bei MAPLE (Matrixeingabe):** Das Paket „Lineare Algebra" wird durch die Eingabe **with(linalg);** aufgerufen. Das LGS als Matrix eingeben: **matrix(„Zeilenzahl", „Spaltenzahl", [„Elemente"]);** **gausselim(");** führt auf Stufenform, **gaussjord(");** liefert wie bei DERIVE eine Matrix, aus der man die Lösungsmenge ablesen kann.

Für das zweite Beispiel ergibt sich mit x_1, x_2, x_3 als Variablen:

$$\begin{bmatrix} 2 & 3 & 4 & 0 \\ 1 & -1 & -1 & 1 \\ 3 & 2 & 3 & 1 \end{bmatrix} \text{(Eingabematrix)} \qquad \begin{bmatrix} 1 & 0 & \frac{1}{5} & \frac{3}{5} \\ 0 & 1 & \frac{6}{5} & -\frac{2}{5} \\ 0 & 0 & 0 & 0 \end{bmatrix} \text{(Ergebnismatrix)}$$

$x_3 = t$ (aus der 3. Zeile)

$x_2 = -\frac{2}{5} - \frac{6}{5}t$ (aus der 2. Zeile)

$x_1 = \frac{3}{5} - \frac{1}{5}t$ (aus der 1. Zeile)

---

1 Erläutern Sie folgende Ergebnisanzeigen von DERIVE:
a) #2: $[x = -3, y = 0, z = 17]$
b) #2: $[x = @1, y = 2 - @1, z = 1 - 2 \cdot @1]$
c) #2: $[x = @1, y = @2, z = 3 - 6 \cdot @1 + @2]$

2 Falls Ihnen DERIVE zur Verfügung steht: Lösen Sie das lineare Gleichungssysteme (∗) durch Matrixeingabe.

3 Falls Ihnen MAPLE V zur Verfügung steht:
a) Lösen Sie das lineare Gleichungssystem (∗) durch Direkteingabe. Achten Sie dabei auf die Rolle der Eingabetaste!
b) Geben Sie die obige Eingabematrix ein, verwenden Sie jedoch anstelle der Befehle **gausselim(");** und **gaussjord(");** den Befehl **linsolve(submatrix(",1...6, 1...6), col(",7));**. Was gibt MAPLE jetzt aus?

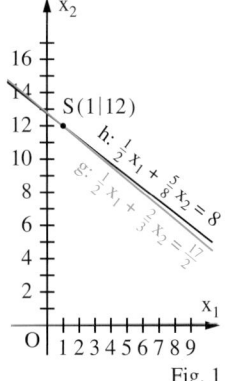

Fig. 1

Bei Anwendungen geht es oft um riesige lineare Gleichungssysteme (vgl. die Exkursion zur Computertomographie), bei denen die Koeffizienten gerundete Näherungswerte sind. Da bei derartigen Datenmengen Zahlen nur mit einer festen Stellenzahl gespeichert werden können, muss beim Rechnen laufend gerundet werden. Damit gibt es zwei Probleme, die man schon an kleinen Gleichungssystemen verdeutlichen kann, wenn beim Rechnen laufend auf 2 Stellen gerundet wird:

Beispiel 1: (LGS mit kritischen Anfangsdaten)

LGS exakt:	LGS mit Rundung:	LGS „verfälscht":
$\frac{1}{2}x_1 + \frac{2}{3}x_2 = \frac{17}{2}$	$0{,}50\,x_1 + 0{,}67\,x_2 = 8{,}5$	$0{,}50\,x_1 + 0{,}67\,x_2 = 8{,}5$
$\frac{1}{2}x_1 + \frac{5}{8}x_2 = 8$	$0{,}50\,x_1 + 0{,}63\,x_2 = 8{,}0$	$0{,}50\,x_1 + 0{,}62\,x_2 = 8{,}0$
Lösung: $(1; 12)$	Lösung: $(-0{,}40; 13)$	Lösung: $(3{,}6; 10)$

Man kann Beispiel 1 als rechnerische Schnittpunktbestimmung deuten (Fig. 1). Dann zeigt sich, dass die durch die beiden Gleichungen beschriebenen Geraden fast die gleiche Steigung haben. Also führen kleine Steigungsänderungen zu starken Verschiebungen des Schnittpunkts. Gleichungssysteme, deren Lösung stark auf kleine Änderungen der Koeffizienten reagiert, nennt man **schlecht konditioniert**.

Beispiel 2: (Alternative zum GAUSS-Verfahren)
Das nebenstehende LGS (1) hat die Lösung $(1; 2; 1)$. Wird bei jedem Rechenschritt auf 2 Stellen gerundet, so liefert das GAUSS-Verfahren die Näherungslösung $(1{,}1; 1{,}9; 1{,}0)$. Dies liegt an der Anhäufung von Rundungsfehlern. Verwendet man statt dessen das dazu äquivalente LGS (2), so kann man auf der rechten Seite eine beliebige Näherungslösung einsetzen und das Ergebnis als neue Näherung betrachten. Fängt man z.B. wie in der Tabelle mit $(0; 0; 0)$ an, so ergibt sich nach 7 Verbesserungsschritten trotz fortlaufendem Runden die exakte Lösung.

$$(1) \quad \begin{cases} 1{,}1\,x_1 + 0{,}10\,x_2 + 0{,}50\,x_3 = 1{,}8 \\ 0{,}5\,x_1 + 1{,}1\,x_2 + 0{,}10\,x_3 = 2{,}8 \\ 0{,}5\,x_1 + 0{,}10\,x_2 + 1{,}1\,x_3 = 1{,}8 \end{cases}$$

$$(2) \quad \begin{cases} x_1 = (1{,}8 - 0{,}10\,x_2 - 0{,}50\,x_3) : 1{,}1 \\ x_2 = (2{,}8 - 0{,}50\,x_1 - 0{,}10\,x_3) : 1{,}1 \\ x_3 = (1{,}8 - 0{,}50\,x_1 - 0{,}10\,x_2) : 1{,}1 \end{cases}$$

←	0.	1.	2.	Schritte → 3.	4.	5.	6.	7.
x_1	0	1,6	0,68	1,2	0,89	1,1	1,0	1,0
x_2	0	2,5	1,7	2,2	1,9	2,0	1,9	2,0
x_3	0	1,6	0,68	1,2	0,89	1,1	1,0	1,0

4 DERIVE lässt sich auf 2-stelliges Rechnen einstellen. Dazu muss am Anfang **Einstellung**, danach **Genauigkeit**, danach **Approximate** angewählt werden.
a) Rechnen Sie mit dieser Einstellung die drei Lösungen von Beispiel 1 mit Direkteingabe nach.
b) Geben Sie das exakte LGS noch einmal ein, wählen Sie danach den Befehl **vereinfache** an. Wie können Sie sich jetzt die von Beispiel 1 abweichenden Lösungen in a) erklären?

5 a) Lösen Sie das LGS mit einem Computeralgebrasystem exakt und geben Sie die Lösung mit 2-stelliger Rundung an.
b) Geben Sie alle Koeffizienten auf 2 Stellen gerundet ein und lösen Sie das erhaltene LGS.

$$\frac{1}{10}x_1 + \frac{1}{9}x_2 + \frac{1}{3}x_3 + \frac{1}{4}x_4 = 0$$
$$\frac{1}{10}x_1 + \frac{1}{6}x_2 + \frac{1}{7}x_3 + \frac{1}{8}x_4 = 0$$
$$\frac{1}{5}x_1 + \frac{1}{5}x_2 + \frac{1}{4}x_3 + \frac{1}{4}x_4 = 0$$
$$\frac{1}{10}x_1 + \frac{1}{4}x_2 + \frac{1}{3}x_3 + \frac{1}{2}x_4 = \frac{1}{5}$$

Auch in den nächsten Kapiteln geht vieles mit dem Computer. Der Aufwand ist jedoch meistens größer als die Arbeit, selbst zu rechnen. So kann man z.B. „Vektoren", die im nächsten Kapitel auftreten, auch mit dem Computer bearbeiten. Erst bei den späteren „Koordinatengleichungen" bietet der Computer eventuell Vorteile, wenn man analog zu LGS vorgehen kann.

Mathematische Exkursionen

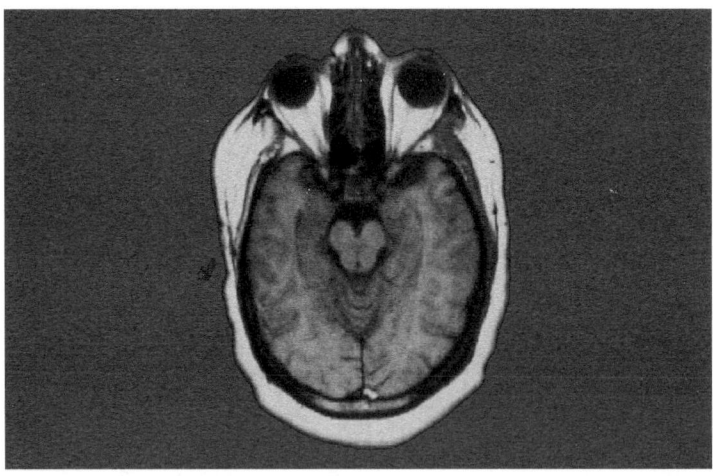

Computertomographischer Querschnitt einer Hirnregion. Durch den Vergleich mit entsprechenden Querschnitten gesunder Versuchspersonen kann aus festgestellten Dichteunterschieden auf krankhafte Veränderungen geschlossen werden.

Computertomographie

D as Bild zeigt einen Querschnitt durch das menschliche Gehirn, der mit einem Computertomographen angefertigt wurde. In der Darstellung gibt die Schwärzung jedes Bildpunktes an, wie stark das durch ihn angegebene Körpergewebe Röntgenstrahlen beim Durchgang schwächt. Das Bild liefert mehr Informationen als eine normale Röntgenaufnahme, da diese ein Schattenbild und damit nur die Gesamtabschwächung von Röntgenstrahlen zeigt. Die Computertomographie als medizinische Routinebildtechnik konnte erst entwickelt werden, als kleine leistungsstarke Computer mit der Möglichkeit zum Verarbeiten großer Datenmengen zur Verfügung standen.

Dies liegt daran, dass ein Computertomograph zur Anfertigung eines solchen Bildes erst einmal sehr viele Messwerte speichern muss. Zur Berechnung der Grauwerte aller Bildpunkte muss dann mithilfe der Messwerte ein riesiges lineares Gleichungssystem aufgestellt und gelöst werden. Am Modell eines einfachen Computertomographen kann erklärt werden, wie man solche Gleichungssysteme aufstellt.

Beim **Parallelstrahlgerät** wird die Röntgenquelle zur Untersuchung einer Körperscheibe auf einem Halbkreis in kleinen Winkelschritten um den Körper herumgeführt (Fig. 1). Der Gerätearm trägt einen Schlitten, der tangential zum Halbkreis ist. Der Einfachheit halber kann man sich vorstellen, dass bei jeder Messrichtung der Rotationsarm des Geräts kurz angehalten wird und die Röntgenquelle so auf dem Schlitten bewegt wird, dass ein Bündel paralleler Strahlen durch die Körperscheibe geschickt wird.

Bei jedem einzelnen Strahl kann man annehmen, dass er viele aufeinander folgende Materialschichten gleicher Dicke auf kürzestem Weg durchläuft (Fig. 2). Wenn I_0 die Intensität des Strahls vor dem Eintritt in eine einzelne Materialschicht M ist und I_1 seine Intensität beim Austritt aus M ist, so definiert man den Schwächungskoeffizienten μ von M in der Form $\mu = \frac{I_1}{I_0}$.

Folgen zwei Schichten mit den Schwächungskoeffizienten μ_1, μ_2 aufeinander, so tritt der Strahl aus der ersten mit der Intensität $I_1 = \mu_1 I_0$ aus und gleichzeitig in die nächste ein. Also tritt er aus der zweiten mit der Intensität $I_2 = \mu_2 I_1 = \mu_1 \cdot \mu_2 I_0$ aus. Werden mehrere Schichten M_1, M_2, ..., M_n mit den Schwächungskoeffizienten μ_1, μ_2, ..., μ_n durchlaufen, so multiplizieren sich entsprechend μ_1, μ_2, ..., μ_n und die Intensität des Strahls am Ende dieses Weges ist $I_n = \mu_1 \cdot \mu_2 \dots \mu_n \cdot I_0$.

Um eine lineare Gleichung zu erhalten, logarithmiert man und erhält für $x_1 = \log \mu_1$, $x_2 = \log \mu_2$, ..., $x_n = \log \mu_n$ die Beziehung $x_1 + x_2 + \dots + x_n = \log I_n - \log I_0$.

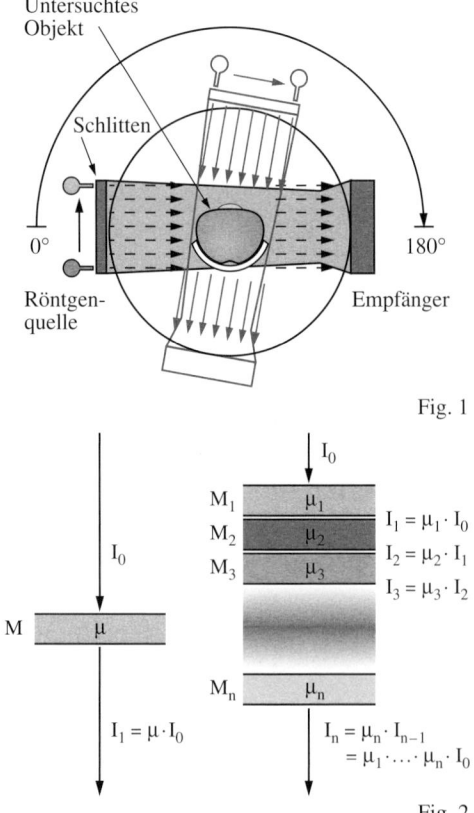

Fig. 1

Fig. 2

Man kann sich nun einen Querschnitt Q des Messobjekts näherungsweise aus so vielen gleich großen kreisförmigen „Zellen" aufgebaut denken, wie das Bild von Q Punkte hat.

Dann sind so viele Logarithmen x_1, x_2, ..., x_n von Schwächungskoeffizienten zu bestimmen, wie es Bildpunkte von Q gibt (Fig. 1).

Wird bei jedem Strahl s die Differenz $d = \log I_n - \log I_0$ aus den gemessenen Intensitäten berechnet, so ist d in erster Näherung gleich der Summe der Variablen, die zu den auf dem Weg des Strahls liegenden Zellen gehören.

Bei einem kleinen Objekt wie in Fig. 1 kann man sich dabei auf Strahlen beschränken, die alle auf dem Weg liegende Zellen zentral treffen.

Bei größeren Objekten ist dies nicht möglich.

Werden zu wenige Richtungen einbezogen, so hat das entstehende lineare Gleichungssystem mehr als eine Lösung.

Wenn man so viele Richtungen einbezieht, dass es nur eine Lösung gibt, ergeben sich wie im obigen Beispiel fast immer mehr Gleichungen als Variablen. Die 16 Gleichungen mit 9 Variablen sind hier sehr leicht mit dem GAUSS-Verfahren lösbar.

Wird geschickt umgeordnet, so kommt man mit wenigen Umformungen aus.

Bei großen Objekten muss ein Computer verwendet werden. Das GAUSS-Verfahren würde hier wegen der unvermeidbaren Rundungsfehler beim Rechnen keine brauchbare „Lösung" des aufgestellten Gleichungssystems liefern. Daher geht man von einer groben Näherungslösung aus und verbessert diese mit besser geeigneten Verfahren so lange, bis ein aus allen Gleichungen bestimmter Gesamtfehler klein genug ist.

Beispiel eines Objekts mit
$\log \mu_1 = \log \mu_4 = \log \mu_7 = \log \mu_8 = -10$ und
$\log \mu_2 = \log \mu_3 = \log \mu_5 = \log \mu_6 = \log \mu_9 = -1$:

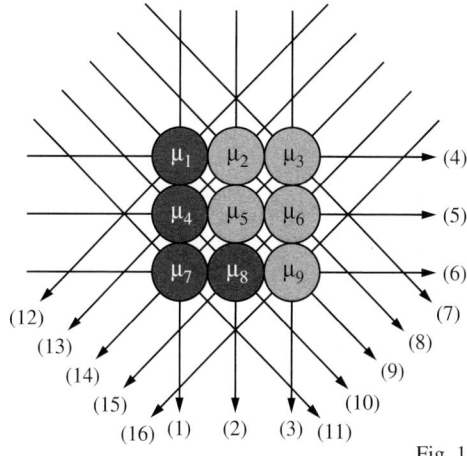

Fig. 1

Das lineare Gleichungssystem zu Fig. 1:

$$
\begin{aligned}
(1)\quad & x_1 && + x_4 && + x_7 && = -30 \\
(2)\quad & x_2 && + x_5 && + x_8 && = -12 \\
(3)\quad & x_3 && + x_6 && + x_9 && = -3 \\
(4)\quad & x_1 + x_2 + x_3 && && && = -12 \\
(5)\quad & x_4 + x_5 + x_6 && && && = -12 \\
(6)\quad & x_7 + x_8 + x_9 && && && = -21 \\
(7)\quad & x_3 && && && = -1 \\
(8)\quad & x_2 && + x_6 && && = -2 \\
(9)\quad & x_1 && + x_5 && + x_9 && = -12 \\
(10)\quad & x_4 && + x_8 && && = -20 \\
(11)\quad & x_7 && && && = -10 \\
(12)\quad & x_1 && && && = -10 \\
(13)\quad & x_2 + x_4 && && && = -11 \\
(14)\quad & x_3 + x_5 + x_7 && && && = -12 \\
(15)\quad & x_6 + x_8 && && && = -11 \\
(16)\quad & x_9 && && && = -1
\end{aligned}
$$

1 Bei einem Objekt wie in Fig. 1 wurden für die Strahlen (1) bis (16) folgende Differenzen aus den Intensitäten bestimmt

Strahl	(1)	(2)	(3)	(4)	(5)	(6)	(7)	(8)
$\log I_n - \log I_0$	−12	−30	−12	−21	−12	−21	−10	−11

Strahl	(9)	(10)	(11)	(12)	(13)	(14)	(15)	(16)
$\log I_n - \log I_0$	−12	−11	−10	−1	−11	−30	−11	−1

Stellen Sie ein lineares Gleichungssystem zu Bestimmung logarithmierter μ-Werte auf. Bestimmen Sie daraus die Schwächungskoeffizienten und zeichnen Sie ein Bild des Objekts wie in Fig. 1.

2 Stellen Sie auch für das Objekt in Fig. 2 ein lineares Gleichungssystem zur Bestimmung logarithmierter μ-Werte auf. Prüfen Sie, ob das System mehr als eine Lösung besitzt.

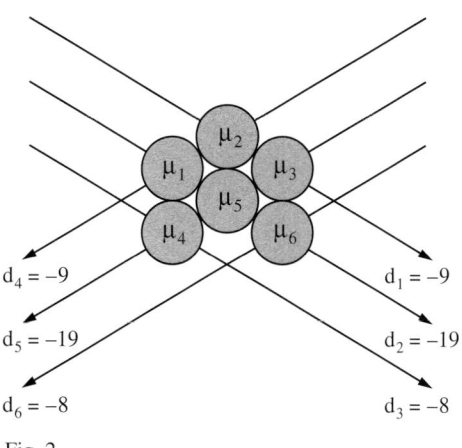

$d_4 = -9$ $d_1 = -9$

$d_5 = -19$ $d_2 = -19$

$d_6 = -8$ $d_3 = -8$

Fig. 2

Lösungen eines linearen Gleichungssystems:
Jede Lösung eines linearen Gleichungssystems mit n Variablen besteht aus n Zahlen, die man als n-Tupel angibt.

Gauss-Verfahren: Man bringt das LGS zunächst mithilfe der folgenden Umformungen auf Stufenform:
(1) Gleichungen miteinander vertauschen,
(2) eine Gleichung mit einer Zahl $c \neq 0$ multiplizieren,
(3) eine Gleichung durch die Summe oder Differenz eines Vielfachen von ihr und einem Vielfachen einer anderen Gleichung ersetzen.
Dann bestimmt man die Lösungsmenge.

Lösungsmenge:
Fall 1: Nach der letzten Gleichung, in der Variablen vorkommen, folgt mindestens eine Gleichung der Art $0 = c$ mit $c \neq 0$. In diesem Fall ist das LGS unlösbar, d.h. die Lösungsmenge L ist leer.
Fall 2: Das LGS in Stufenform enthält (abgesehen von Gleichungen der Form $0 = 0$) genauso viele Gleichungen wie Variablen („Dreiecksform"). In diesem Fall besitzt das LGS genau eine Lösung.
Fall 3: Das LGS in Stufenform enthält (abgesehen von Gleichungen der Form $0 = 0$) weniger Gleichungen als Variablen. In diesem Fall besitzt das LGS unendlich viele Lösungen.

Matrixschreibweise: Man kann ein LGS in Kurzform notieren (Matrix). Dabei treten nur die Koeffizienten und die rechten Seiten der Gleichungen auf (auf Minuszeichen achten!).
Die Umformungen beim Gauss-Verfahren werden in der Matrix als Zeilenumformungen ausgeführt.

Gleichungssysteme mit Parametern:
Hängt ein LGS von einem einzigen Parameter r ab, so gibt es zu jeder reellen Zahl r eine Lösungsmenge L_r. Bei der Bestimmung von L_r sind oft Fallunterscheidungen nötig.

Ein LGS:
I $\quad 2x_1 - \quad x_2 + 6x_3 = \quad 8$
II $\quad 3x_1 + 2x_2 + 2x_3 = -2$
III $\quad x_1 + 3x_2 - 4x_3 = -10$
$(-2; 0; 2)$ ist eine der Lösungen.

Gauss-Verfahren für dieses LGS:
I $\quad 2x_1 - \quad x_2 + 6x_3 = \quad 8 \mid$ Ia=III
II $\quad 3x_1 + 2x_2 + 2x_3 = -2$
III $\quad x_1 + 3x_2 - 4x_3 = -10 \mid$ IIIa=I

Ia $\quad x_1 + 3x_2 - 4x_3 = -10$
II $\quad 3x_1 + 2x_2 + 2x_3 = -2 \mid$ IIb=II−3·Ia
IIIa $2x_1 - x_2 + 6x_3 = 8 \mid$ IIIb=IIIa−2·Ia

Ia $\quad x_1 + 3x_2 - 4x_3 = -10$
IIb $\quad -7x_2 + 14x_3 = 28$
IIIb $\quad -7x_2 + 14x_3 = 28 \mid$ IIIc=IIIb−IIb

Stufenform:
Ia $\quad x_1 + 3x_2 - 4x_3 = -10$
IIb $\quad -7x_2 + 14x_3 = 28$
IIIc $\quad 0 = 0$

Lösungsmengenbestimmung:
$x_3 = t$ (Parameterwahl)
$x_2 = -\frac{28}{7} + \frac{14}{7}x_3 = -4 + 2t$ (aus IIb)
$x_1 = -10 - 3x_2 + 4x_3 = 2 - 2t$ (aus Ia)

Lösungsmenge:
$L = \{(2 - 2t; -4 + 2t; t) \mid t \in \mathbb{R}\}$

Das LGS als Matrix:
$$\begin{pmatrix} 2 & -1 & 6 & \mid & 8 \\ 3 & 2 & 2 & \mid & -2 \\ 1 & 3 & -4 & \mid & -10 \end{pmatrix}$$

LGS mit einem Parameter:
I $\quad 3x_1 \quad + 2x_3 = 10$
II $\quad 2x_1 - \quad x_2 + 3x_3 = 9$
III $\quad x_1 + rx_2 - \quad x_3 = r$

Hier erhält man durch die Umformungen
IIa=3·II−2·I, IIIa=3·III−I,
IIIb=IIIa+r·IIa *die Stufenform:*
I $\quad 3x_1 \quad + 2x_3 = 10$
IIa $\quad -3x_2 + 5x_3 = 7$
IIIb $\quad (5r-5)x_3 = 10r - 10$

Lösungsmenge:
$L_r = \{(2; 1; 2)\}$ für $r \neq 1$.
$L_r = \left\{\left(\frac{10-2t}{3}; \frac{5t-7}{3}; t\right) \mid t \in \mathbb{R}\right\}$ für $r = 1$.

1 Lösen Sie das lineare Gleichungssystem.

a)
$$2x_1 - 3x_2 = 19$$
$$4x_1 - 8x_3 = 20$$
$$ 5x_2 - 4x_3 = -7$$

b)
$$3x_1 - 3x_2 + x_3 = 15$$
$$2x_1 + 6x_2 - 3x_3 = 5$$
$$6x_1 + 4x_2 - x_3 = 23$$

c)
$$8x_1 + 7x_2 + 6x_3 = 30$$
$$9x_1 - 6x_2 - 8x_3 = -26$$
$$6x_1 - 10x_2 - 9x_3 = -24$$

2 Bestimmen Sie die Lösungsmenge des linearen Gleichungssystems.

a)
$$x_1 - 3x_2 + 2x_3 = 8$$
$$3x_1 + 2x_2 + x_3 = 3$$

b)
$$4x_1 - 2x_2 - 3x_3 = -6$$
$$2x_1 + 3x_2 - 4x_3 = 0$$

c)
$$2x_1 - 5x_2 + 3x_3 = 16$$
$$5x_1 + 3x_2 - 2x_3 = 3$$

3 Bestimmen Sie die Lösungsmenge.

a)
$$x_1 + 3x_2 = 5$$
$$-x_1 + 5x_2 = 11$$
$$x_1 + 10x_2 = 19$$

b)
$$2x_1 + 3x_2 = 0$$
$$x_1 - 5x_2 = 11$$
$$x_1 - x_2 = 3$$

c)
$$2x_1 + 3x_2 = 6$$
$$-6x_1 - 9x_2 = -18$$
$$6x_1 + 9x_2 = 18$$

d)
$$2x_1 - 7x_2 = 9$$
$$11x_1 + 5x_2 = 6$$
$$3x_1 - 7x_2 = 10$$

4 Bei dem Viereck ABCD in Fig. 1 sind gleich gefärbte Winkel gleich groß. Bestimmen Sie die Winkel α, β, γ, δ des Vierecks, wenn gilt:
a) α ist doppelt so groß wie β und die Winkelsumme von β und δ ist gleich 2γ;
b) α ist um 40° kleiner als β und die Winkelsumme von β und δ ist gleich 4γ.

Fig. 1

5 Lösen Sie das lineare Gleichungssystem.

a)
$$2x_1 - 3x_2 + x_4 = 4$$
$$ x_2 - x_4 = -1$$
$$2x_1 - 3x_3 + 5x_4 = 9$$
$$-x_1 + x_2 + 4x_3 = 3$$

b)
$$6x_1 + 6x_2 + 20x_3 + 2x_4 = 12$$
$$2x_1 + 2x_2 + 4x_3 + x_4 = 0$$
$$2x_1 + x_2 + \tfrac{1}{2}x_4 = -4$$
$$4x_1 + 2x_2 + 14x_3 = 4$$

6 Lösen Sie das als Matrix gegebene Gleichungssystem.

a)
$$\left(\begin{array}{cccc|c} 3 & -1 & 4 & -2 & -8 \\ 2 & 1 & 1 & 0 & 1 \\ 0 & -3 & 4 & 2 & 5 \\ 7 & 1 & -1 & -2 & 15 \end{array} \right)$$

b)
$$\left(\begin{array}{cccc|c} 3 & 1 & -1 & -5 & 24 \\ 0 & -1 & 2 & 4 & 6 \\ 1 & 1 & -2 & -5 & 9 \\ 2 & -4 & 7 & 3 & 35 \end{array} \right)$$

c)
$$\left(\begin{array}{cccc|c} 5 & 4 & -2 & 6 & 15 \\ 5 & 2 & 3 & 14 & 10 \\ 6 & 0 & -3 & 2 & 12 \\ 4 & -3 & 0 & 3 & -4 \end{array} \right)$$

7 Bestimmen Sie die Lösungsmenge in Abhängigkeit vom Parameter r.

a)
$$2x_1 - 2x_2 + x_3 = 6$$
$$4x_1 + x_2 - 3x_3 = 4r$$
$$2x_1 + 3x_2 - 3x_3 = 8r$$

b)
$$2x_1 - x_2 + x_3 = 6r$$
$$3x_2 - x_3 = r - 2$$
$$x_1 + 3x_2 - x_3 = 3$$

c)
$$-x_1 - 3x_2 + 4x_3 = r$$
$$-2x_1 - 4x_2 + 3x_3 = r$$
$$4x_1 + 3x_2 + 3x_3 = r + 2$$

8 Für welchen Wert des Parameters r hat das Gleichungssystem keine Lösung, genau eine Lösung, unendlich viele Lösungen?

a)
$$x_1 + rx_2 = 7$$
$$3x_1 + 3x_2 = 4$$

b)
$$2x_1 - x_2 + rx_3 = 2 - 2r$$
$$2x_2 + x_3 = r$$
$$x_1 + 6x_2 + 4x_3 = 2 + 2r$$

c)
$$6x_1 + rx_2 + 4rx_3 = -6$$
$$2x_1 + rx_3 = -3$$
$$x_1 + rx_2 + r^2x_3 = r$$

9 Edelstahl ist eine Legierung aus Eisen, Chrom und Nickel; beispielsweise besteht V2A-Stahl zu 74 % aus Eisen, 18 % Chrom und 8 % Nickel. Aus den in Fig. 2 angegebenen Legierungen I bis IV sollen 1000 kg V2A-Stahl hergestellt werden. Stellen Sie ein lineares Gleichungssystem auf und lösen Sie es.

	I	II	III	IV
Eisen	70 %	76 %	80 %	85 %
Chrom	22 %	16 %	10 %	12 %
Nickel	8 %	8 %	10 %	3 %

Fig. 2

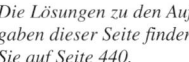

Die Lösungen zu den Aufgaben dieser Seite finden Sie auf Seite 440.

1 Der Begriff des Vektors in der Geometrie

1 a) Vergleichen Sie die Pfeile in Fig. 1 miteinander.
b) Welche physikalische Größe wird vermutlich durch die Pfeile symbolisiert?
Wie viele Pfeile müssen hierzu mindestens gezeichnet werden?
c) Welche Informationen kann man durch die Pfeile mitteilen?
Welche Angabe fehlt in Fig. 1?

Fig. 1

Viele geometrische Fragestellungen lassen sich mithilfe von Verschiebungen bearbeiten. In diesem Kapitel werden deshalb Verschiebungen näher betrachtet und Rechenregeln für sie erarbeitet. Diese Regeln gelten jedoch nicht nur für Verschiebungen, sondern für viele Objekte in der Mathematik und anderen Wissenschaften. Solche Objekte nennt man allgemein **Vektoren**.

In der Geometrie meint man mit der Bezeichnung Vektor den Spezialfall einer Verschiebung; deshalb wird ein Vektor in der Geometrie durch eine Menge zueinander paralleler, gleich langer und gleich gerichteter Pfeile beschrieben.

Eine solche Menge von Pfeilen ist bereits festgelegt, wenn man einen ihrer Pfeile, einen Repräsentanten, kennt.

> Zu Beispielen und Besonderheiten bei Vektoren lesen Sie die Seiten 216 bis 217 oder fragen Sie Ihre(n) Mathematiklehrer(in) oder Physiklehrer(in).

Bezeichnungen bei Vektoren:

Der Vektor, zu dem die Pfeile in Fig. 2 gehören, bildet P auf P′, Q auf Q′, R auf R′ . . . ab.
Man bezeichnet ihn mit $\overrightarrow{PP'}$ oder $\overrightarrow{QQ'}$ oder $\overrightarrow{RR'}$ . . . oder mit einem kleinen Buchstaben und einem Pfeil (z. B.: $\vec{a}$ oder $\vec{b}$ oder $\vec{c}$ . . .).

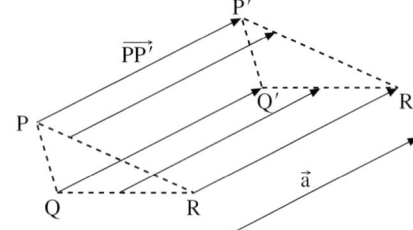

Fig. 2

vehere (lat.):
ziehen, schieben
***vector** (lat.):*
Träger, Fahrer

Zwei Vektoren $\vec{a}$ und $\vec{b}$ sind **gleich** ($\vec{a} = \vec{b}$), wenn die Pfeile von $\vec{a}$ und $\vec{b}$ zueinander parallel, gleich lang und gleich gerichtet sind (Fig. 3).

Derjenige Vektor, der jeden Punkt auf sich selbst abbildet, heißt **Nullvektor**.
Der Nullvektor wird mit $\vec{o}$ bezeichnet, er ist der einzige Vektor ohne Verschiebungspfeil.

Sind die Pfeile zweier Vektoren $\vec{a}$ und $\vec{b}$ zueinander parallel und gleich lang, aber entgegengesetzt gerichtet (Fig. 4), so heißt $\vec{a}$ **Gegenvektor** zu $\vec{b}$ (und $\vec{b}$ heißt Gegenvektor zu $\vec{a}$).

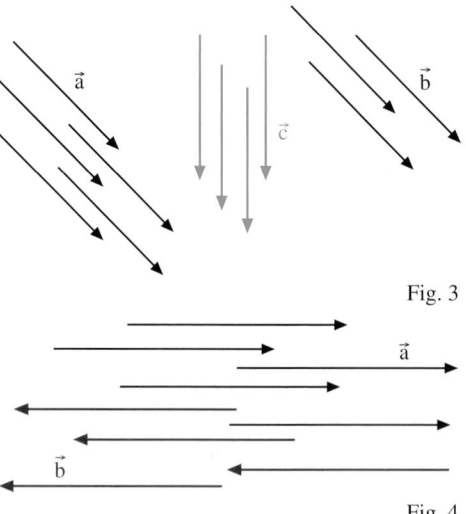

Fig. 3

Fig. 4

Blickwechsel unbedenklich:
Die Figur zu Beispiel 1 kann man räumlich als Quader sehen oder so, dass alle Pfeile in einer Ebene liegen.
Die Lösung von Beispiel 1 ist jedoch unabhängig von der „Sichtweise" des Betrachters der Figur.

Beispiel 1:

a) Wie viele verschiedene Vektoren sind in der Figur durch Pfeile dargestellt?

b) Welche Vektoren sind zueinander Gegenvektoren?

c) Welcher Vektor bildet C auf D ab?

Lösung:

a) Da die Pfeile von $\vec{a}$, $\vec{e}$ und $\vec{g}$ zueinander parallel, gleich lang und gleich gerichtet sind, gilt: $\vec{a} = \vec{e} = \vec{g}$.

Ebenso gilt:

$\vec{b} = \vec{d}$ und $\vec{f} = \vec{h}$ und $\vec{k} = \vec{l} = \vec{m}$.

Also sind 6 verschiedene Vektoren in der Figur eingetragen: $\vec{a}$, $\vec{b}$, $\vec{c}$, $\vec{f}$, $\vec{i}$, $\vec{k}$.

b) $\vec{a}$, $\vec{e}$ und $\vec{g}$ sind Gegenvektoren zu $\vec{c}$.

$\vec{k}$, $\vec{l}$ und $\vec{m}$ sind Gegenvektoren zu $\vec{i}$.

$\vec{b}$ und $\vec{d}$ sind Gegenvektoren zu $\vec{f}$ und $\vec{h}$.

c) $\vec{f}$ bildet C auf D ab. (Ebenso bildet $\vec{h}$ den Punkt C auf den Punkt D ab.)

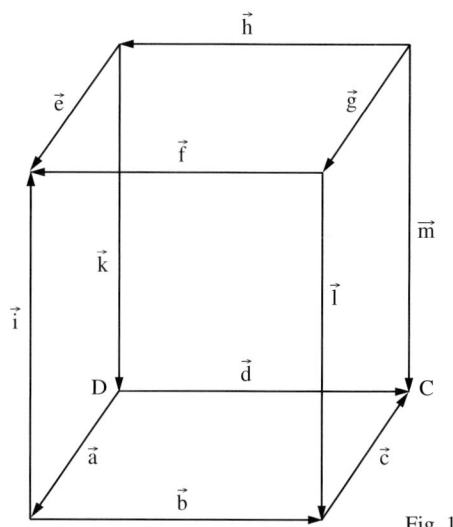

Fig. 1

Beispiel 2:

Ein Punkt A wird

– durch einen Vektor $\vec{v}$ auf A_1 und durch den Gegenvektor von $\vec{v}$ auf A_3 abgebildet.

– durch einen Vektor $\vec{w}$ auf A_2 und durch den Gegenvektor von $\vec{w}$ auf A_4 abgebildet.

Beschreiben Sie das Viereck $A_1A_2A_3A_4$, wenn $\vec{v} \neq \vec{w}$, $\vec{v} \neq \vec{o}$ und $\vec{w} \neq \vec{o}$.

Lösung:

Da ein Vektor und sein Gegenvektor einen Punkt gleich weit und in entgegengesetzte Richtungen verschieben, bilden die Punkte A_1, A_2, A_3 und A_4 ein Viereck, in dem sich die Diagonalen halbieren.

Dieses Viereck ist ein Parallelogramm.

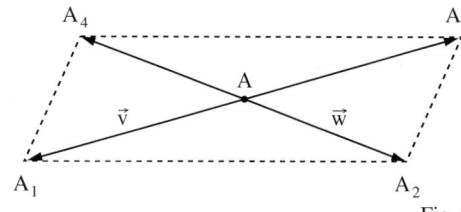

Fig. 2

Ein Springer (ein Turm) eines Schachspieles steht auf dem Feld e4. Wie viele Vektoren benötigt man, um alle möglichen Züge anzugeben, wenn keine andere Figur stört?

Beispiel 3:

Bei gleichförmigen geradlinigen Bewegungen gibt die Geschwindigkeit die jeweilige Verschiebung pro Zeiteinheit an. Die Geschwindigkeit ist deshalb eine vektorielle Größe.

In Fig. 3 beschreibt $\vec{v}$ die Geschwindigkeit, die das Boot in stehendem Gewässer relativ zum Ufer hätte; das Boot würde sich bei stehendem Gewässer also senkrecht zum Ufer bewegen.

Der Vektor $\vec{w}$ beschreibt die Fließgeschwindigkeit des Wassers relativ zum Ufer.

Bestimmen Sie zeichnerisch den Vektor $\vec{b}$, der die Geschwindigkeit des Bootes relativ zum Ufer beschreibt.

Lösung:

Siehe Fig. 4.

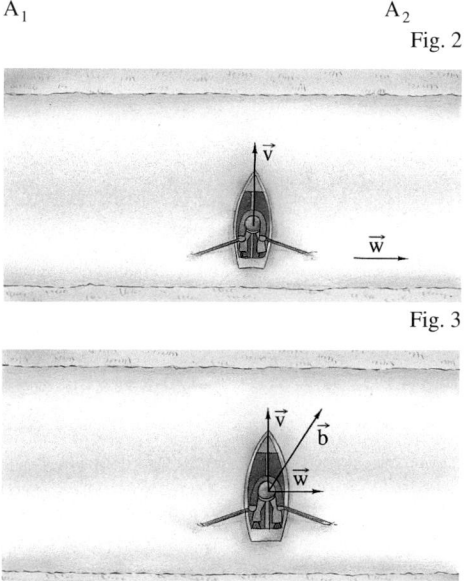

Fig. 3

Fig. 4

193

Aufgaben

2   Ein Würfel hat die Ecken A, B, C, D, E, F, G und H. Mithilfe dieser Ecken kann man Pfeile längs der Kanten festlegen, z. B. den Pfeil von A nach B.
a) Wie viele solcher Pfeile gibt es?
b) Wie viele verschiedene Vektoren legen diese Pfeile fest?

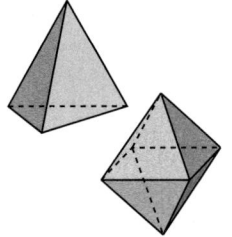

3   Wie viele verschiedene Vektoren können durch die Ecken eines Tetraeders (Oktaeders) festgelegt werden, wenn jeweils eine Ecke Anfangspunkt und eine andere Ecke Endpunkt eines Pfeiles ist?

4   Ein Punkt A wird durch einen Vektor $\vec{a}$ ($\vec{a} \neq \vec{o}$) auf A_1, durch den Gegenvektor zu $\vec{a}$ auf A_2 abgebildet. Weiterhin wird A durch einen Vektor $\vec{b}$ ($\vec{b} \neq \vec{o}$) auf B abgebildet. Wie müssen $\vec{a}$ und $\vec{b}$ gewählt werden, damit das Dreieck A_1BA_2 gleichschenklig (gleichseitig) ist?

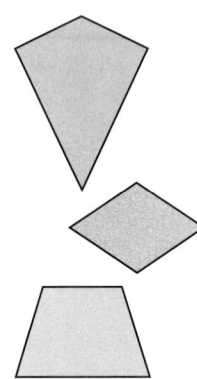

5   Ein Punkt A wird auf die Punkte B, C, D und E abgebildet. Wie müssen die Vektoren $\overrightarrow{AB}$, $\overrightarrow{AC}$, $\overrightarrow{AD}$, $\overrightarrow{AE}$ gewählt werden, damit das Viereck BCDE
a) ein Rechteck,   b) ein Quadrat,   c) ein Drachen,   d) eine Raute,   e) ein Trapez ist?

6   Ist die Aussage wahr? Begründen Sie Ihre Antwort.
„Bildet man einen Punkt A durch einen Vektor $\vec{a}$ auf einen Punkt B und dann den Punkt B durch einen Vektor $\vec{b}$ auf einen Punkt C ab, so sind die Pfeile von $\vec{a}$ und auch die Pfeile von $\vec{b}$ höchstens so lang wie die Pfeile von $\overrightarrow{AC}$."

7   Zeichnen Sie ein Dreieck ABC und bilden Sie es durch eine zweifache Achsenspiegelung an zueinander parallelen Geraden auf ein Dreieck A′B′C′ ab. Welche Richtung und welche Länge haben die Pfeile des Vektors, der das Dreieck ABC auf das Dreieck A′B′C′ abbildet?

Die Lösung von Aufgabe 8 sieht man ziemlich schnell oder man muss lange überlegen, denn . . .

8   Gegeben sind 10 Vektoren und ihre 10 Gegenvektoren so, dass man insgesamt 20 verschiedene Vektoren hat. Ein Dreieck ABC wird durch den ersten dieser 20 Vektoren auf das Dreieck $A_1B_1C_1$ abgebildet, das Dreieck $A_1B_1C_1$ wird dann durch den zweiten der 20 Vektoren auf das Dreieck $A_2B_2C_2$ abgebildet usw., bis man das Dreieck $A_{20}B_{20}C_{20}$ erhält. Wie liegen die Dreiecke ABC und $A_{20}B_{20}C_{20}$ zueinander?

9   Zeichnen Sie ein gleichseitiges Dreieck ABC. Bilden Sie B durch $\overrightarrow{AB}$ auf B_1 und C durch $\overrightarrow{AC}$ auf C_1 ab. Bilden Sie nun B_1 durch $\overrightarrow{AB_1}$ auf B_2 ab und C_1 durch $\overrightarrow{AC_1}$ auf C_2 usw., bis Sie das Dreieck AB_4C_4 (AB_nC_n, $n \in \mathbb{N}$) erhalten.
Wievielmal so groß ist der Flächeninhalt des Dreiecks AB_4C_4 (des Dreiecks AB_nC_n, $n \in \mathbb{N}$) wie der Flächeninhalt des Dreiecks ABC?

10   Ein Sportflugzeug würde bei Windstille mit einer Geschwindigkeit von $150\frac{km}{h}$ genau nach Süden fliegen. Es wird jedoch von einem Wind, der mit der Geschwindigkeit $30\frac{km}{h}$ aus Richtung Nord-Osten bläst, abgetrieben. Stellen Sie die Geschwindigkeit des Flugzeuges relativ zur Erde mithilfe eines Pfeiles dar.

11   Ein Boot überquert einen Fluss so, dass seine Fahrtrichtung senkrecht zum Ufer und senkrecht zur Strömungsrichtung des Wassers ist. Relativ zum Ufer beträgt die Geschwindigkeit des Bootes $4\frac{km}{h}$ und die des Wassers $3\frac{km}{h}$. Stellen Sie die Geschwindigkeit des Bootes relativ zum Wasser dar.

2 Punkte und Vektoren im Koordinatensystem

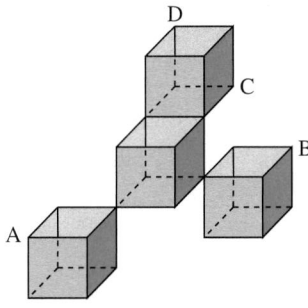

Fig. 1

1 Die Figur zeigt eine Plastik aus vier gleich großen Würfeln mit der Kantenlänge 1 m.
a) Geben Sie mehrere Möglichkeiten an, wie man die Lagen der Ecken A, B, C und D präzise beschreiben kann, und geben Sie die Positionen der Ecken an.
b) Geben Sie Vor- und Nachteile dieser Möglichkeiten an.

Das bisher verwendete Koordinatensystem hat zwei zueinander senkrechte Achsen. Es ermöglicht, die Lage von Punkten in einer Ebene durch Zahlenpaare anzugeben (Fig. 2).
Ein Koordinatensystem mit drei Achsen, die paarweise aufeinander senkrecht stehen, ermöglicht die Lage von Punkten des Raumes anzugeben; hierbei verwendet man Zahlentripel (Fig. 3).
Es ist üblich, die erste dieser Achsen „nach vorn", die zweite „nach rechts" und die dritte „nach oben" zu zeichnen.
Es ist ferner zweckmäßig, die Achsen nicht wie bisher mit x, y und ggf. z zu bezeichnen, sondern mit x_1, x_2 und ggf. x_3, denn zur Bezeichnung der **Koordinaten von Punkten** verwendet man auch die Indizes 1, 2, 3; z.B.: $P(p_1|p_2)$ bzw. $P(p_1|p_2|p_3)$.

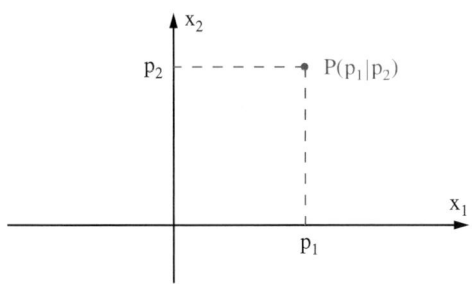

Fig. 2   Fig. 3

Verschiebt ein Vektor $\vec{v}$ einen Punkt um
v_1 Einheiten in Richtung der x_1-Achse,
v_2 Einheiten in Richtung der x_2-Achse,
v_3 Einheiten in Richtung der x_3-Achse,
so schreibt man $\vec{v} = \begin{pmatrix} v_1 \\ v_2 \\ v_3 \end{pmatrix}$ $(v_1, v_2, v_3 \in \mathbb{R})$
v_1, v_2, v_3 nennt man die **Koordinaten des Vektors** $\vec{v}$.

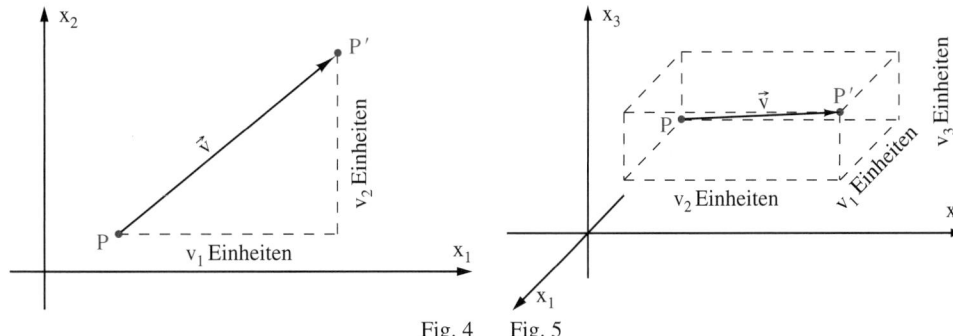

Fig. 4   Fig. 5

195

„–5 Einheiten in Richtung der x_1-Achse" bedeutet: „5 Einheiten in Gegenrichtung der x_1-Achse".

Zeichenhilfe:

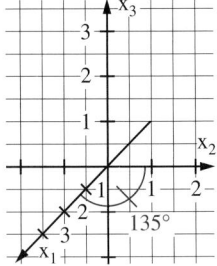

Um einen räumlichen Eindruck zu erreichen, zeichnet man die x_1-Achse und die x_2-Achse so, dass sie einen Winkel von 135° einschließen. Die Einheiten auf der x_1-Achse wählt man $\frac{1}{2}\sqrt{2}$ -mal so groß wie auf den beiden anderen Achsen.

Entsprechen in der Zeichnung auf der x_2-Achse und der x_3-Achse 2 Kästchen einer Längeneinheit, dann entspricht auf der x_1-Achse eine Kästchendiagonale einer Längeneinheit.

Beachten Sie:
Jeder Vektor ist Ortsvektor eines Punktes, nämlich des Punktes, auf den der Vektor den Ursprung O abbildet.

Bildet ein Vektor $\vec{v}$ einen Punkt $A(a_1|a_2|a_3)$ auf einen Punkt $B(b_1|b_2|b_3)$ ab, so verschiebt dieser Vektor $\vec{v}$ auch jeden anderen Punkt um

$b_1 - a_1$ Einheiten in Richtung der x_1-Achse,
$b_2 - a_2$ Einheiten in Richtung der x_2-Achse,
$b_3 - a_3$ Einheiten in Richtung der x_3-Achse.

Also ist $\vec{v} = \overrightarrow{AB} = \begin{pmatrix} b_1 - a_1 \\ b_2 - a_2 \\ b_3 - a_3 \end{pmatrix}$

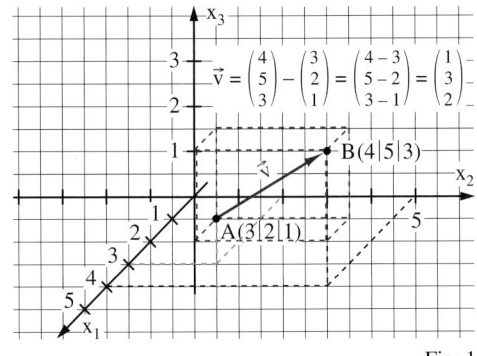

Fig. 1

$$\text{Für zwei Punkte } A(a_1|a_2|a_3) \text{ und } B(b_1|b_2|b_3) \text{ gilt:} \quad \overrightarrow{AB} = \begin{pmatrix} \mathbf{b_1 - a_1} \\ \mathbf{b_2 - a_2} \\ \mathbf{b_3 - a_3} \end{pmatrix}.$$

Zu jedem Punkt $P(p_1|p_2|p_3)$ gibt es einen Vektor $\overrightarrow{OP}$, der den Ursprung $O(0|0|0)$ auf diesen Punkt P abbildet (Fig. 2).

Es gilt: $\overrightarrow{OP} = \begin{pmatrix} p_1 - 0 \\ p_2 - 0 \\ p_3 - 0 \end{pmatrix} = \begin{pmatrix} p_1 \\ p_2 \\ p_3 \end{pmatrix}.$

$\overrightarrow{OP}$ heißt **Ortsvektor des Punktes P**.
Ein Punkt und sein Ortsvektor haben dieselben Koordinaten.

Beispiel 1:
Ein Würfel ABCDEFGH hat die Ecken $A(0|0|0)$, $B(1|0|0)$, $C(1|1|0)$, $D(0|1|0)$ und $H(0|1|1)$.
a) Zeichnen Sie diesen Würfel.
b) Geben Sie die Koordinaten der restlichen Ecken E, F und G an.
c) Geben Sie die Koordinaten des Diagonalenschnittpunktes M im Viereck CDHG an.
Lösung:
a) siehe Fig. 3.
b) $E(0|0|1)$
   $F(1|0|1)$
   $G(1|1|1)$
c) $M(0,5|1|0,5)$

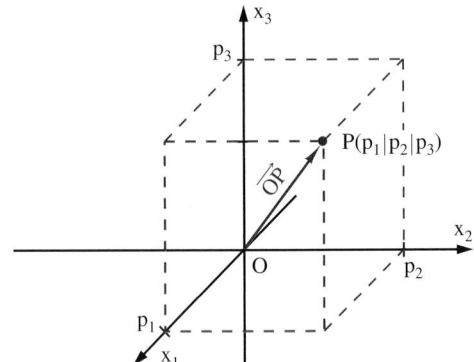

Fig. 2

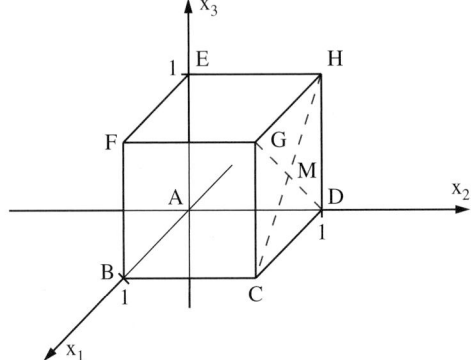

Fig. 3

Beispiel 2:
Bestimmen Sie die Koordinaten des Vektors $\overrightarrow{AB}$ und die Koordinaten seines Gegenvektors, wenn $A(3|4|-7)$ und $B(3|-4|2)$.
Lösung:

$$\overrightarrow{AB} = \begin{pmatrix} 3 - 3 \\ -4 - 4 \\ 2 - (-7) \end{pmatrix} = \begin{pmatrix} 0 \\ -8 \\ 9 \end{pmatrix}. \qquad \text{Gegenvektor: } \overrightarrow{BA} = \begin{pmatrix} 3 - 3 \\ 4 - (-4) \\ -7 - 2 \end{pmatrix} = \begin{pmatrix} 0 \\ 8 \\ -9 \end{pmatrix}.$$

Beispiel 3:

a) Zeichnen Sie drei Pfeile des Vektors $\vec{a} = \begin{pmatrix} -2 \\ 1 \end{pmatrix}$ in ein Koordinatensystem ein.

b) $\vec{a}$ bildet $P(-4\,|\,3)$ auf P' ab.
Bestimmen Sie die Koordinaten von P'.

c) $\vec{a}$ bildet Q auf $Q'(1\,|\,-4)$ ab.
Bestimmen Sie die Koordinaten von Q.

Lösung:

a) siehe Fig. 1.

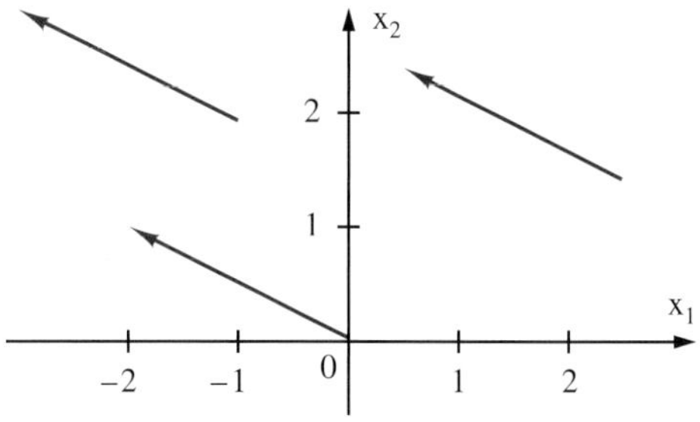

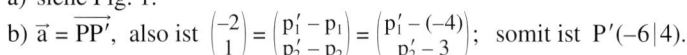

Fig. 1

b) $\vec{a} = \overrightarrow{PP'}$, also ist $\begin{pmatrix} -2 \\ 1 \end{pmatrix} = \begin{pmatrix} p_1' - p_1 \\ p_2' - p_2 \end{pmatrix} = \begin{pmatrix} p_1' - (-4) \\ p_2' - 3 \end{pmatrix}$; somit ist $P'(-6\,|\,4)$.

c) $\vec{a} = \overrightarrow{QQ'}$, also ist $\begin{pmatrix} -2 \\ 1 \end{pmatrix} = \begin{pmatrix} q_1' - q_1 \\ q_2' - q_2 \end{pmatrix} = \begin{pmatrix} 1 - q_1 \\ -4 - q_2 \end{pmatrix}$; somit ist $Q(3\,|\,-5)$.

Beispiel 4:

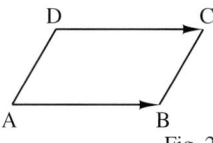

Fig. 2

Sind die Punkte $A(1\,|\,2\,|\,3)$, $B(3\,|\,-2\,|\,1)$, $C(2{,}25\,|\,-1{,}3\,|\,7)$ und $D(0{,}25\,|\,2{,}7\,|\,9)$ die aufeinander folgenden Ecken eines Parallelogramms ABCD?

Lösung:

Falls $\overrightarrow{AB} = \overrightarrow{DC}$ (bzw. $\overrightarrow{AD} = \overrightarrow{BC}$), dann sind A, B, C und D die Ecken eines Parallelogramms (vergleiche Fig. 2).

$$\overrightarrow{AB} = \begin{pmatrix} 3-1 \\ -2-2 \\ 1-3 \end{pmatrix} = \begin{pmatrix} 2 \\ -4 \\ -2 \end{pmatrix}; \quad \overrightarrow{DC} = \begin{pmatrix} 2{,}25-0{,}25 \\ -1{,}3-2{,}7 \\ 7-9 \end{pmatrix} = \begin{pmatrix} 2 \\ -4 \\ -2 \end{pmatrix}; \quad \overrightarrow{AB} = \overrightarrow{DC}.$$

A, B, C und D sind die Ecken eines Parallelogramms.

Aufgaben

2 Zeichnen Sie die Punkte $A(2\,|\,3\,|\,4)$, $B(-2\,|\,0\,|\,1)$, $C(3\,|\,-1\,|\,0)$ und $D(0\,|\,0\,|\,-3)$ in ein Koordinatensystem ein.

3 Wo liegen im räumlichen Koordinatensystem alle Punkte, deren

a) x_1-Koordinate (x_2-Koordinate, x_3-Koordinate) null ist?

b) x_2-Koordinate und x_3-Koordinate null sind?

4 In Fig. 3 befinden sich
die Punkte P und Q in der x_1x_2-Ebene,
die Punkte R und S in der x_2x_3-Ebene,
die Punkte T und U in der x_1x_3-Ebene.
Bestimmen Sie die Koordinaten dieser Punkte.

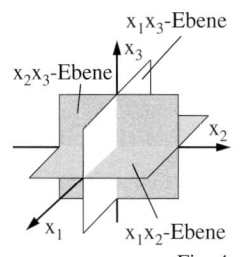

Fig. 4

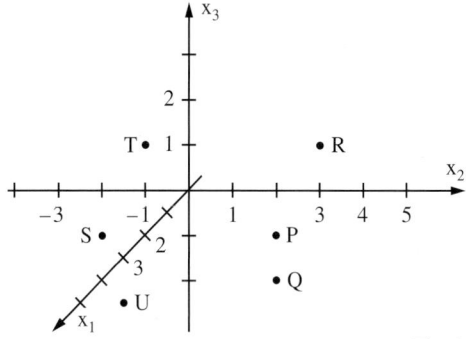

Fig. 3

5 Die Punkte $O(0\,|\,0\,|\,0)$, $A(1\,|\,0\,|\,0)$, $B(0\,|\,1\,|\,0)$ und $C(0\,|\,0\,|\,1)$ sind Eckpunkte eines Würfels.

a) Bestimmen Sie die Koordinaten der Mittelpunkte der Würfelkanten.

b) Bestimmen Sie die Koordinaten der Diagonalenmittelpunkte der Seitenflächen des Würfels.

6 Welche Koordinaten haben die Bildpunkte von $A(2\,|\,0\,|\,0)$, $B(-1\,|\,2\,|\,-1)$, $C(-2\,|\,3\,|\,4)$ und $D(3\,|\,4\,|\,-2)$ bei der Spiegelung an der

a) x_1x_2-Ebene,   b) x_2x_3-Ebene,   c) x_1x_3-Ebene?

7 Zeichnen Sie drei Pfeile des Vektors in ein Koordinatensystem ein.

a) $\begin{pmatrix} 1 \\ 1 \end{pmatrix}$ b) $\begin{pmatrix} 3 \\ 2 \end{pmatrix}$ c) $\begin{pmatrix} -1 \\ 2 \end{pmatrix}$ d) $\begin{pmatrix} 4 \\ -3 \end{pmatrix}$ e) $\begin{pmatrix} -3 \\ 4 \end{pmatrix}$ f) $\begin{pmatrix} 1,5 \\ 2,5 \end{pmatrix}$ g) $\begin{pmatrix} \frac{1}{4} \\ -2,2 \end{pmatrix}$ h) $\begin{pmatrix} -\frac{1}{3} \\ \sqrt{2} \end{pmatrix}$

8 Zeichnen Sie drei Pfeile des Vektors in ein Koordinatensystem ein.

a) $\begin{pmatrix} 1 \\ 1 \\ 0 \end{pmatrix}$ b) $\begin{pmatrix} 1 \\ 0 \\ 1 \end{pmatrix}$ c) $\begin{pmatrix} 0 \\ 1 \\ 1 \end{pmatrix}$ d) $\begin{pmatrix} 2 \\ -1 \\ 1 \end{pmatrix}$ e) $\begin{pmatrix} -1 \\ -3 \\ 2 \end{pmatrix}$ f) $\begin{pmatrix} 2,5 \\ -2 \\ -3 \end{pmatrix}$

9 Bestimmen Sie die Koordinaten des Vektors $\overrightarrow{AB}$ und seines Gegenvektors.

a) $A(1|0|1)$, $B(3|4|1)$ b) $A(4|2|0)$, $B(3|3|3)$ c) $A(-1|2|3)$, $B(2|-2|4)$

d) $A(4|2|-1)$, $B(5|-1|-3)$ e) $A(1|-4|-3)$, $B(7|2|-4)$ f) $A(2,5|1|-3)$, $B(4|-3,3|2)$

10 Begründen Sie: $\overrightarrow{w} = \begin{pmatrix} -a \\ -b \\ -c \end{pmatrix}$ ist der Gegenvektor zu $\overrightarrow{v} = \begin{pmatrix} a \\ b \\ c \end{pmatrix}$; $a, b, c \in \mathbb{R}$.

11 Der Vektor $\overrightarrow{v} = \begin{pmatrix} 2 \\ -1 \\ 3 \end{pmatrix}$ bildet A auf B ab. Bestimmen Sie die Koordinaten des fehlenden Punktes.

a) $A(2|-1|3)$ b) $A(-17|11|31)$ c) $B(-17|11|31)$ d) $B(33|-71|-181)$

12 Zu welchem Punkt ist der Vektor $\overrightarrow{AB}$ (der Vektor $\overrightarrow{BA}$) Ortsvektor, wenn

a) $A(2|-1|3)$, $B(0|0|0)$,   b) $A(3|4|5)$, $B(5|4|3)$,

c) $A(0|1|0)$, $B(1|0|1)$,   d) $A(2|4|6)$, $B(3|1|5)$.

13 Überprüfen Sie, ob das Viereck ABCD ein Parallelogramm ist.

a) $A(-2|2|3)$, $B(5|5|5)$, $C(9|6|5)$, $D(2|3|3)$

b) $A(2|0|3)$, $B(4|4|4)$, $C(11|7|9)$, $D(9|3|8)$

c) $A(2|-2|7)$, $B(6|5|1)$, $C(1|-1|1)$, $D(8|0|8)$

14 Bestimmen Sie die Koordinaten des Punktes D so, dass das Viereck ABCD ein Parallelogramm ist.

a) $A(21|-11|43)$, $B(3|7|-8)$, $C(0|4|5)$ b) $A(-75|199|-67)$, $B(35|0|-81)$, $C(1|2|3)$

15 Bestimmen Sie zu Fig. 1 die Koordinaten der Vektoren $\overrightarrow{FG}$, $\overrightarrow{DB}$, $\overrightarrow{CA}$, $\overrightarrow{EB}$, $\overrightarrow{AD}$, $\overrightarrow{CF}$, $\overrightarrow{OG}$.

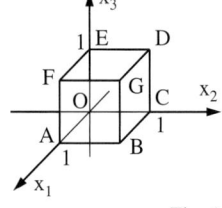

Fig. 1

16 Fig. 2 zeigt einen Quader ABCDEFGH. M_1 ist der Diagonalenschnittpunkt des Vierecks ABCD, M_2 ist der Diagonalenschnittpunkt des Vierecks BCGF, M_3 ist der Diagonalenschnittpunkt des Vierecks CDHG und M_4 ist der Diagonalenschnittpunkt des Vierecks ADHE.
Bestimmen Sie die Koordinaten von $\overrightarrow{M_1M_2}$, $\overrightarrow{M_2M_3}$, $\overrightarrow{M_3M_4}$, $\overrightarrow{M_4M_1}$.

17 $\overrightarrow{v}$ ist der Gegenvektor des Vektors $\overrightarrow{u}$ und $\overrightarrow{w}$ ist der Gegenvektor des Vektors $\overrightarrow{v}$. Was lässt sich über die Koordinaten von $\overrightarrow{u}$ und $\overrightarrow{w}$ aussagen?

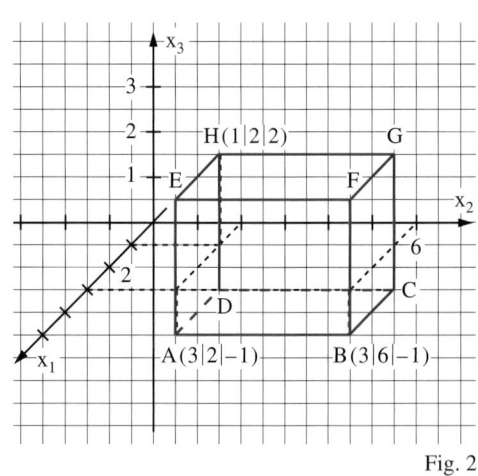

Fig. 2

198

3 Addition von Vektoren

1 Der computergesteuerte „Igel" kann jede Position innerhalb des umrandeten Bereichs erreichen. Die Befehle hierzu heißen: „Gehe i_1 Einheiten in x_1-Richtung und i_2 Einheiten in x_2-Richtung".
Wie lauten die Befehle für die Bewegungen von A nach B, von B nach C und von A nach C? Vergleichen Sie diese Befehle.

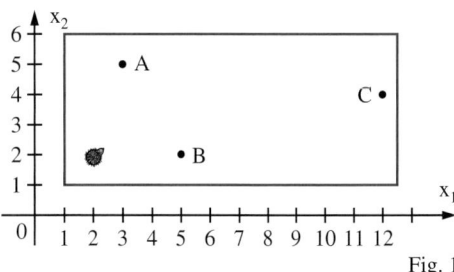

Fig. 1

Zeichnerisches Addieren (Fig. 2):
Der Anfangspunkt des zweiten Pfeiles befindet sich an der Spitze des ersten Pfeiles.
Der Ergebnispfeil reicht vom Anfangspunkt des ersten zur Spitze des zweiten Pfeiles.

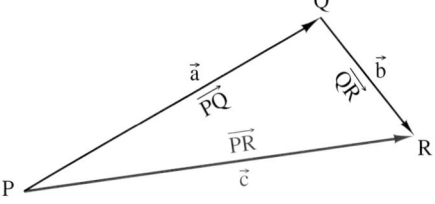

Fig. 2

Die Hintereinanderausführung zweier Vektoren $\vec{a}$ und $\vec{b}$ (d.h. zweier Verschiebungen) ergibt wieder einen Vektor $\vec{c}$ (d.h. wieder eine Verschiebung).
Fig. 2 verdeutlicht, wie man mithilfe eines Pfeiles von $\vec{a}$ und eines Pfeiles von $\vec{b}$ einen Pfeil von $\vec{c}$ erhält.

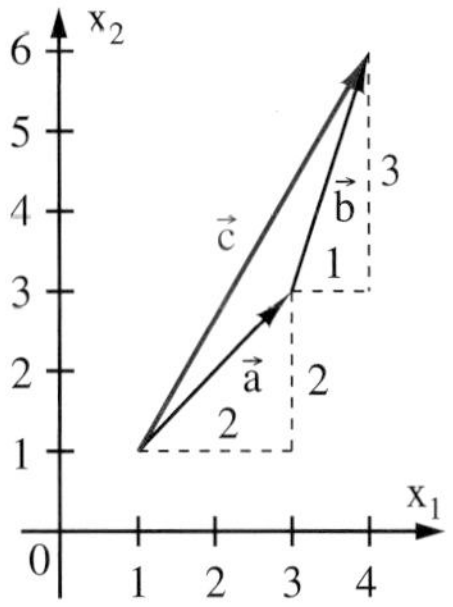

Sind die Koordinaten von $\vec{a}$ und $\vec{b}$ bekannt, so kann man die Koordinaten von $\vec{c}$ berechnen:

Ist $\vec{a} = \begin{pmatrix} a_1 \\ a_2 \\ a_3 \end{pmatrix}$, $\vec{b} = \begin{pmatrix} b_1 \\ b_2 \\ b_3 \end{pmatrix}$, so verschiebt

$\vec{a}$ jeden Punkt um	$\vec{b}$ jeden Punkt um	$\vec{c}$ jeden Punkt um
a_1 Einheiten in x_1-Richtung,	b_1 Einheiten in x_1-Richtung,	a_1+b_1 Einheiten in x_1-Richtung,
a_2 Einheiten in x_2-Richtung,	b_2 Einheiten in x_2-Richtung,	a_2+b_2 Einheiten in x_2-Richtung,
a_3 Einheiten in x_3-Richtung,	b_3 Einheiten in x_3-Richtung,	a_3+b_3 Einheiten in x_3-Richtung.

Die Koordinaten von $\vec{c}$ ergeben sich somit aus den jeweiligen Summen der Koordinaten von $\vec{a}$ und $\vec{b}$.

Fig. 3

$\vec{a} = \begin{pmatrix} 2 \\ 2 \end{pmatrix}$

$\vec{b} = \begin{pmatrix} 1 \\ 3 \end{pmatrix}$

$\vec{c} = \begin{pmatrix} 2+1 \\ 2+3 \end{pmatrix} = \begin{pmatrix} 3 \\ 5 \end{pmatrix}$

Statt Hintereinanderausführung zweier Vektoren $\vec{a}$ und $\vec{b}$ sagt man auch:
Die Vektoren $\vec{a}$ und $\vec{b}$ werden **addiert** und man schreibt $\vec{a} + \vec{b}$.
Mit Fig. 2 ist $\overrightarrow{PQ} + \overrightarrow{QR} = \overrightarrow{PR}$
Sind die Koordinaten zweier Vektoren $\vec{a}$ und $\vec{b}$ gegeben, so gilt:

$$\vec{a} + \vec{b} = \begin{pmatrix} a_1 \\ a_2 \end{pmatrix} + \begin{pmatrix} b_1 \\ b_2 \end{pmatrix} = \begin{pmatrix} a_1 + b_1 \\ a_2 + b_2 \end{pmatrix} \text{ bzw. } \vec{a} + \vec{b} = \begin{pmatrix} a_1 \\ a_2 \\ a_3 \end{pmatrix} + \begin{pmatrix} b_1 \\ b_2 \\ b_3 \end{pmatrix} = \begin{pmatrix} a_1 + b_1 \\ a_2 + b_2 \\ a_3 + b_3 \end{pmatrix}.$$

Zeichnerisches Subtrahieren (Fig. 4):
Gemeinsamer Anfangspunkt für beide Pfeile.
Der Ergebnispfeil reicht von der Spitze des zweiten zur Spitze des ersten Pfeiles.

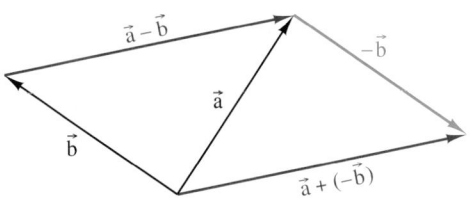

Fig. 4

Den Gegenvektor eines Vektors kennzeichnet man mit einem „–"-Zeichen. $-\vec{b}$ ist der Gegenvektor des Vektors $\vec{b}$.
Statt $\vec{a} + (-\vec{b})$ schreibt man kurz $\vec{a} - \vec{b}$ und man sagt: $\vec{b}$ wird von $\vec{a}$ **subtrahiert**.
Fig. 4 zeigt, wie man einen Pfeil von $\vec{a} - \vec{b}$ erhält.

199

Für jeden Vektor $\vec{a} = \begin{pmatrix} a_1 \\ a_2 \\ a_3 \end{pmatrix}$ ist insbesondere $\vec{a} + (-\vec{a}) = \vec{o}$ mit $\vec{o} = \begin{pmatrix} 0 \\ 0 \\ 0 \end{pmatrix}$ und deshalb gilt für den

Gegenvektor von $\vec{a}$: $-\vec{a} = \begin{pmatrix} -a_1 \\ -a_2 \\ -a_3 \end{pmatrix}$.

Bei der Addition gilt das Kommutativgesetz, denn für alle $\vec{a} = \begin{pmatrix} a_1 \\ a_2 \\ a_3 \end{pmatrix}$ und $\vec{b} = \begin{pmatrix} b_1 \\ b_2 \\ b_3 \end{pmatrix}$ ist:

$$\vec{a} + \vec{b} = \begin{pmatrix} a_1 \\ a_2 \\ a_3 \end{pmatrix} + \begin{pmatrix} b_1 \\ b_2 \\ b_3 \end{pmatrix} = \begin{pmatrix} a_1 + b_1 \\ a_2 + b_2 \\ a_3 + b_3 \end{pmatrix} = \begin{pmatrix} b_1 + a_1 \\ b_2 + a_2 \\ b_3 + a_3 \end{pmatrix} = \begin{pmatrix} b_1 \\ b_2 \\ b_3 \end{pmatrix} + \begin{pmatrix} a_1 \\ a_2 \\ a_3 \end{pmatrix} = \vec{b} + \vec{a} \text{ (Fig. 1)}$$

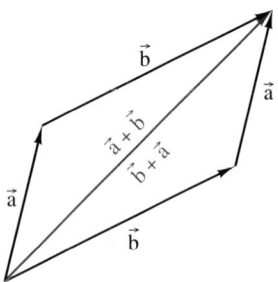

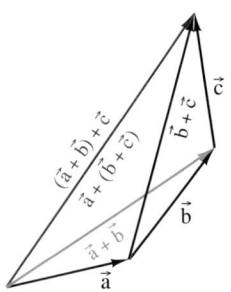

Fig. 1

Fig. 2

Bei der Addition gilt das Assoziativgesetz, denn für alle $\vec{a} = \begin{pmatrix} a_1 \\ a_2 \\ a_3 \end{pmatrix}$, $\vec{b} = \begin{pmatrix} b_1 \\ b_2 \\ b_3 \end{pmatrix}$ und $\vec{c} = \begin{pmatrix} c_1 \\ c_2 \\ c_3 \end{pmatrix}$ ist:

$$(\vec{a} + \vec{b}) + \vec{c} = \left[\begin{pmatrix} a_1 \\ a_2 \\ a_3 \end{pmatrix} + \begin{pmatrix} b_1 \\ b_2 \\ b_3 \end{pmatrix} \right] + \begin{pmatrix} c_1 \\ c_2 \\ c_3 \end{pmatrix} = \begin{pmatrix} a_1 + b_1 \\ a_2 + b_2 \\ a_3 + b_3 \end{pmatrix} + \begin{pmatrix} c_1 \\ c_2 \\ c_3 \end{pmatrix} = \begin{pmatrix} (a_1 + b_1) + c_1 \\ (a_2 + b_2) + c_2 \\ (a_3 + b_3) + c_3 \end{pmatrix}$$

$$= \begin{pmatrix} a_1 + (b_1 + c_1) \\ a_2 + (b_2 + c_2) \\ a_3 + (b_3 + c_3) \end{pmatrix} = \begin{pmatrix} a_1 \\ a_2 \\ a_3 \end{pmatrix} + \begin{pmatrix} b_1 + c_1 \\ b_2 + c_2 \\ b_3 + c_3 \end{pmatrix} = \begin{pmatrix} a_1 \\ a_2 \\ a_3 \end{pmatrix} + \left[\begin{pmatrix} b_1 \\ b_2 \\ b_3 \end{pmatrix} + \begin{pmatrix} c_1 \\ c_2 \\ c_3 \end{pmatrix} \right] = \vec{a} + (\vec{b} + \vec{c}) \text{ (Fig. 2)}$$

Beachten Sie:
Für Vektoren mit zwei Koordinaten gelten analoge Überlegungen.

Schnelles zeichnerisches Addieren:

> **Satz:** Für alle Vektoren $\vec{a}$, $\vec{b}$, $\vec{c}$ einer Ebene oder des Raumes gelten für die Addition
> $$\vec{a} + \vec{b} = \vec{b} + \vec{a} \qquad \text{(\textbf{Kommutativgesetz})} \quad \text{und}$$
> $$\vec{a} + \vec{b} + \vec{c} = (\vec{a} + \vec{b}) + \vec{c} = \vec{a} + (\vec{b} + \vec{c}) \qquad \text{(\textbf{Assoziativgesetz})}$$

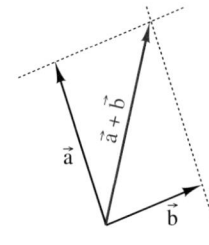

Beispiel 1:
Gegeben sind der Punkt $P(1|2|3)$ und der Vektor $\vec{u} = \begin{pmatrix} 4 \\ -2 \\ 7 \end{pmatrix}$. Bestimmen Sie die Koordinaten des Punktes Q, für den gilt: $\overrightarrow{OP} + \vec{u} = \overrightarrow{OQ}$.
Lösung:
$\overrightarrow{OP} + \vec{u} = \begin{pmatrix} 1 \\ 2 \\ 3 \end{pmatrix} + \begin{pmatrix} 4 \\ -2 \\ 7 \end{pmatrix} = \begin{pmatrix} 5 \\ 0 \\ 10 \end{pmatrix}$, also $Q(5|0|10)$.

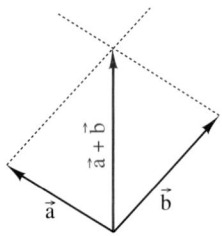

Beispiel 2:
Gegeben sind die Punkte $P(1|2|3)$, $Q(3|4|-1)$, $R(-2|6|-5)$ und $S(7|-1|1)$.
Bestimmen Sie den Punkt T, zu dem der Vektor $\vec{t} = \overrightarrow{PQ} + \overrightarrow{RS}$ Ortsvektor ist.
Lösung:
$$\overrightarrow{PQ} = \begin{pmatrix} 3-1 \\ 4-2 \\ -1-3 \end{pmatrix} = \begin{pmatrix} 2 \\ 2 \\ -4 \end{pmatrix}; \quad \overrightarrow{RS} = \begin{pmatrix} 7-(-2) \\ -1-6 \\ 1-(-5) \end{pmatrix} = \begin{pmatrix} 9 \\ -7 \\ 6 \end{pmatrix}; \quad \vec{t} = \overrightarrow{PQ} + \overrightarrow{RS} = \begin{pmatrix} 2+9 \\ 2+(-7) \\ -4+6 \end{pmatrix} = \begin{pmatrix} 11 \\ -5 \\ 2 \end{pmatrix}.$$

Der Vektor $\vec{t} = \overrightarrow{PQ} + \overrightarrow{RS}$ ist Ortsvektor des Punktes $T(11|-5|2)$.

Beispiel 3:
Drücken Sie die Vektoren $\overrightarrow{AB}$, $\overrightarrow{CD}$, $\overrightarrow{BD}$ und ihre Gegenvektoren durch die Vektoren $\vec{a}$, $\vec{b}$ und $\vec{c}$ aus (Fig. 1).
Lösung:

$$\overrightarrow{AB} = \vec{b} - \vec{a}$$
$$-\overrightarrow{AB} = \overrightarrow{BA} = \vec{a} - \vec{b}$$
$$\overrightarrow{CD} = \vec{a} + \vec{c}$$
$$-\overrightarrow{CD} = \overrightarrow{DC} = -\vec{c} + (-\vec{a}) = -\vec{c} - \vec{a} = -\vec{a} - \vec{c}$$
$$\overrightarrow{BD} = \overrightarrow{BA} + \vec{c} = \vec{a} - \vec{b} + \vec{c}$$
$$-\overrightarrow{BD} = \overrightarrow{DB} = -\vec{c} + \overrightarrow{AB} = -\vec{c} + \vec{b} - \vec{a}$$
$$= -\vec{a} + \vec{b} - \vec{c}$$

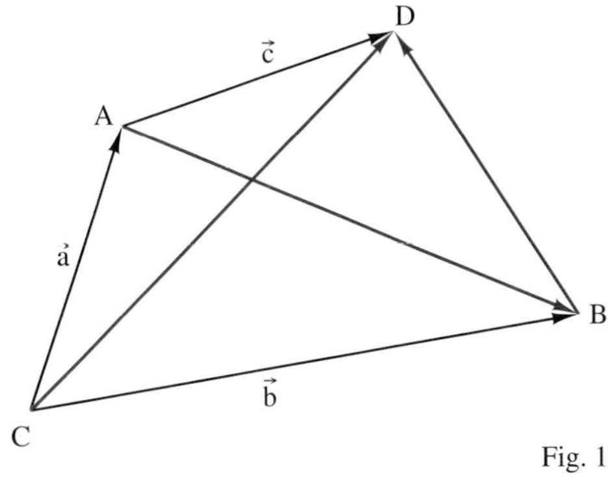

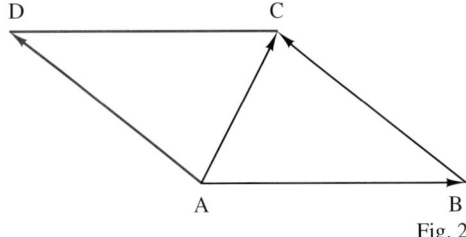

Fig. 1

Beispiel 4:
Die Punkte A, B und C bilden ein Dreieck. Der Vektor $\overrightarrow{AC} - \overrightarrow{AB}$ bildet A auf D ab. Zeigen Sie, dass $\overrightarrow{AD} = \overrightarrow{BC}$, und beschreiben Sie das Viereck ABCD.
Lösung:
$$\overrightarrow{AD} = \overrightarrow{AC} - \overrightarrow{AB} = \overrightarrow{AC} + \overrightarrow{BA} = \overrightarrow{BA} + \overrightarrow{AC} = \overrightarrow{BC}.$$
Das Viereck ABCD ist ein Parallelogramm (vergleiche Fig. 2).

Fig. 2

Aufgaben

$\vec{a} - \vec{b} = (-\vec{b}) + \vec{a}$

deshalb „gehe" so:

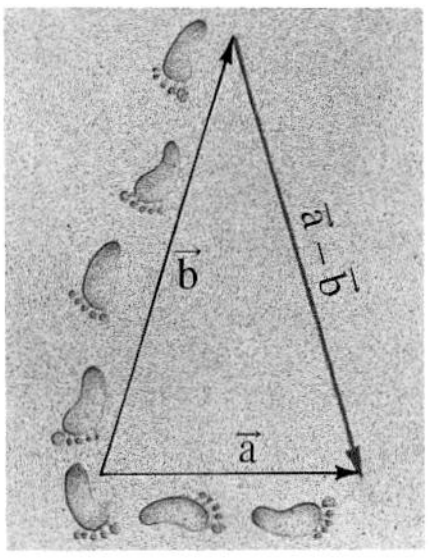

2 Vereinfachen Sie den Ausdruck so weit wie möglich.
a) $\overrightarrow{PQ} + \overrightarrow{QR}$　　b) $\overrightarrow{AB} + \overrightarrow{BC}$　　c) $\overrightarrow{AB} + \overrightarrow{BA}$　　d) $\overrightarrow{PQ} - \overrightarrow{RQ}$
e) $\overrightarrow{PQ} + \overrightarrow{RR}$　　f) $\overrightarrow{QP} + \overrightarrow{RQ}$　　g) $\overrightarrow{PQ} + \overrightarrow{QR} + \overrightarrow{RS}$　　h) $\overrightarrow{AB} + \overrightarrow{BC} + \overrightarrow{CD}$
i) $\overrightarrow{PQ} - \overrightarrow{QR} + \overrightarrow{QP}$　　j) $\overrightarrow{PQ} + \overrightarrow{QR} - \overrightarrow{PR}$　　k) $\overrightarrow{PQ} - \overrightarrow{RS} - \overrightarrow{PR}$　　l) $\overrightarrow{PQ} + \overrightarrow{QR} - \overrightarrow{SR}$
m) $\overrightarrow{RP} - \overrightarrow{QP} + \overrightarrow{QR}$　　n) $\overrightarrow{AB} - (\overrightarrow{AB} + \overrightarrow{BC})$　　o) $\overrightarrow{AB} - (\overrightarrow{AB} - \overrightarrow{BC}) + \overrightarrow{CD}$　　p) $\overrightarrow{AB} - (\overrightarrow{CC} - \overrightarrow{BA})$

3 Es sind fünf Punkte A, B, C, D und P gegeben. Drücken Sie $\overrightarrow{AB}$, $\overrightarrow{BA}$, $\overrightarrow{AC}$, $\overrightarrow{CA}$, $\overrightarrow{AD}$, $\overrightarrow{DA}$, $\overrightarrow{BC}$, $\overrightarrow{CB}$, $\overrightarrow{BD}$, $\overrightarrow{DB}$, $\overrightarrow{CD}$, $\overrightarrow{DC}$ durch die Vektoren $\vec{a} = \overrightarrow{PA}$, $\vec{b} = \overrightarrow{PB}$, $\vec{c} = \overrightarrow{PC}$, $\vec{d} = \overrightarrow{PD}$ aus.

4 Berechnen Sie.
a) $\begin{pmatrix} 3 \\ 2 \end{pmatrix} + \begin{pmatrix} 1 \\ 2 \end{pmatrix}$　　b) $\begin{pmatrix} 4 \\ 1 \end{pmatrix} - \begin{pmatrix} 2 \\ 2 \end{pmatrix}$　　c) $\begin{pmatrix} 5 \\ 4 \end{pmatrix} - \begin{pmatrix} 2 \\ -1 \end{pmatrix}$　　d) $\begin{pmatrix} 4 \\ 3 \end{pmatrix} - \begin{pmatrix} 2 \\ 1 \end{pmatrix} + \begin{pmatrix} -1 \\ 3 \end{pmatrix}$

5 a) $\begin{pmatrix} 4 \\ -1 \\ 2 \end{pmatrix} + \begin{pmatrix} 3 \\ 2 \\ -4 \end{pmatrix}$　　b) $\begin{pmatrix} 3 \\ 2 \\ -2 \end{pmatrix} - \begin{pmatrix} 2 \\ 1 \\ -3 \end{pmatrix}$　　c) $\begin{pmatrix} 2 \\ 1 \\ -3 \end{pmatrix} - \begin{pmatrix} 3 \\ 2 \\ 1 \end{pmatrix} + \begin{pmatrix} 1 \\ 2 \\ -5 \end{pmatrix}$　　d) $\begin{pmatrix} 4 \\ 4 \\ 2 \end{pmatrix} - \begin{pmatrix} -1 \\ 2 \\ 3 \end{pmatrix} - \begin{pmatrix} 3 \\ 5 \\ -1 \end{pmatrix} + \begin{pmatrix} 7 \\ 1 \\ 4 \end{pmatrix}$

6 Berechnen Sie für $A(2|-1|5)$, $B(3|0|3)$, $C(-2|7|1)$, $D(4|4|4)$ die Koordinaten von
a) $\overrightarrow{AB} + \overrightarrow{CD}$,　　b) $\overrightarrow{AD} - \overrightarrow{BC}$,　　c) $\overrightarrow{AB} - \overrightarrow{BC} - \overrightarrow{CA}$,　　d) $\overrightarrow{BD} + \overrightarrow{AC} - \overrightarrow{DB}$.

7 Der Vektor $\vec{a}$ bildet den Punkt P auf den Punkt Q ab. Der Vektor $\vec{b}$ bildet den Punkt Q auf den Punkt R ab.
Zu welchem Punkt ist $\vec{a} + \vec{b}$ Ortsvektor? Auf welche Punkte bildet der Vektor $\vec{a} + \vec{b}$ die Punkte P, R und Q ab?
a) $P(2|7|-1)$, $Q(3|-5|9)$, $R(2|6|-5)$　　　　b) $P(11|0|-2)$, $Q(8|13|-5)$, $R(5|6|7)$

201

8 In Fig. 1 sind Pfeile der Vektoren $\vec{a}$, $\vec{b}$, $\vec{c}$ und $\vec{d}$ gegeben. Zeichnen Sie einen Pfeil von

a) $\vec{a} + \vec{b}$; $\vec{a} - \vec{b}$; $-\vec{a} + \vec{b}$; $-\vec{c} - \vec{d}$; $\vec{d} - \vec{c}$,

b) $(\vec{a} + \vec{b}) + \vec{c}$; $\vec{d} - (\vec{a} - \vec{c})$; $(\vec{c} - \vec{d}) - \vec{a}$,

c) $(\vec{a} + \vec{b}) - (\vec{c} + \vec{d})$; $(\vec{a} - \vec{b}) + (\vec{c} - \vec{d})$.

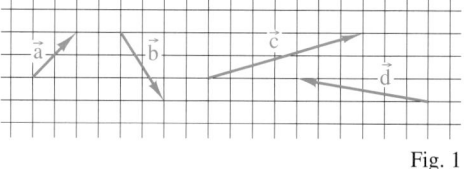

Fig. 1

9 Drücken Sie mit den Vektoren $\vec{a}$, $\vec{b}$ und $\vec{c}$ die Vektoren $\vec{x}$, $\vec{y}$ und $\vec{z}$ in Fig. 2 aus.

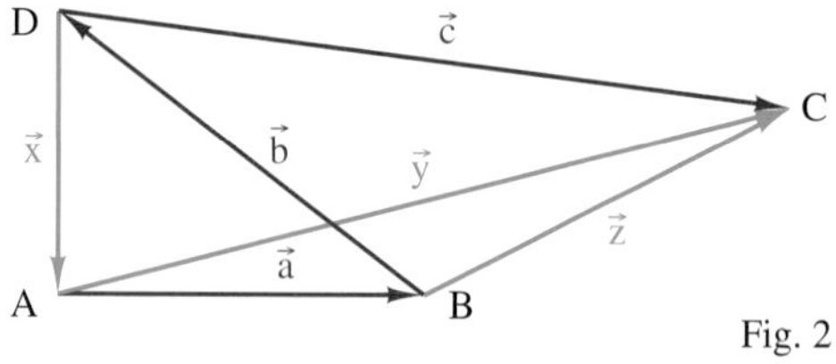

10 Fig. 3 zeigt einen Quader mit den Ecken ABCDEFGH.

Drücken Sie die Vektoren $\overrightarrow{AG}$, $\overrightarrow{CE}$, $\overrightarrow{FH}$, $\overrightarrow{BF}$, $\overrightarrow{DG}$ durch die Vektoren $\vec{a}$, $\vec{b}$ und $\vec{c}$ aus.

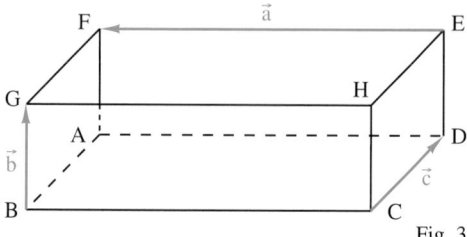

Fig. 2

11 Eine quadratische gerade Pyramide hat die Ecken ABCD und die Spitze S.

Drücken Sie den Vektor $\overrightarrow{CS}$ durch die Vektoren $\overrightarrow{AS}$, $\overrightarrow{AB}$ und $\overrightarrow{DA}$ aus.

Fig. 3

12 In welche Richtung wird der Mann in Fig. 4 von seinen Hunden gezogen, wenn jeder Hund gleich stark zieht?

Stellen Sie die resultierende Kraft mithilfe eines Vektors dar.

Kräfte sind vektorielle Größen. Sie können mithilfe von Pfeilen dargestellt werden. Hierbei gibt die Pfeillänge die „Stärke" der jeweiligen Kraft an. Greifen zwei Kräfte an einem gemeinsamen Punkt an, so können sie durch ihre vektorielle Summe (resultierende Kraft) ersetzt werden.

Ist die Summe aller Kräfte, die an einem Körper (genauer einem Massenpunkt) angreifen, gleich dem Nullvektor, so bleibt der Körper „in Ruhe" (genauer in seinem Bewegungszustand).

13 Eine Lampe mit der Masse 5 kg wird von der Erde mit der Kraft 50 N angezogen (Fig. 5).

Bestimmen Sie zeichnerisch die Kräfte $\overrightarrow{F_1}$ und $\overrightarrow{F_2}$ an den Aufhängeschnüren für

a) $\alpha = 30°$,

b) $\alpha = 60°$.

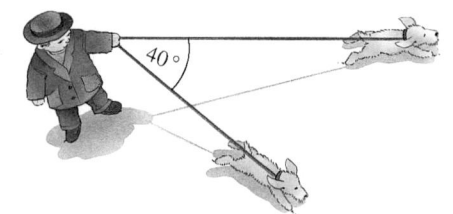

Fig. 4

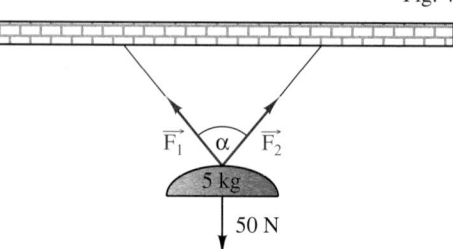

Fig. 5

14 Im Rahmen einer Benefizveranstaltung treten beim Tauziehen Profisportler gegen Hobbysportler an.

Um Chancengleichheit herzustellen, ziehen die Hobbysportler in eine und die Profis in verschiedene Richtungen (Fig. 6).

In jeder Gruppe ziehen alle Beteiligten gleich stark.

Wie stark muss ein Hobbysportler im Vergleich zu einem Profi mindestens ziehen, um nicht zu verlieren?

Fig. 6

15 Die Pfeile der Vektoren $\vec{a}$ und $\vec{b}$ sind gleich lang. Welchen Winkel schließen ein Pfeil von $\vec{a}$ und ein Pfeil von $\vec{b}$ ein, wenn ein Pfeil von $\vec{a} + \vec{b}$ $\sqrt{2}$ -mal so lang ist wie ein Pfeil von $\vec{a}$?

4 Multiplikation eines Vektors mit einer Zahl

1 a) Begründen Sie, dass die Pfeile des Vektors $\overrightarrow{OQ}$ in Fig. 1 r-mal so lang sind wie die Pfeile des Vektors $\overrightarrow{OP}$.
b) Spiegelt man Q an O, so erhält man den Punkt Q'. Vergleichen Sie die Pfeile der Vektoren $\overrightarrow{OQ'}$ und $\overrightarrow{OP}$.

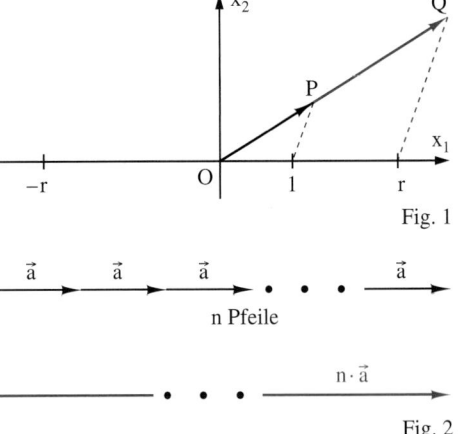

Fig. 1

Die Addition $\vec{a} + \vec{a} + \ldots + \vec{a}$ mit n Summanden $\vec{a}$ $(\vec{a} \neq \vec{o})$ ergibt einen Vektor, dessen Pfeile parallel und gleich gerichtet zu den Pfeilen von $\vec{a}$ und n-mal so lang wie die Pfeile von $\vec{a}$ sind.
Diesen Vektor bezeichnet man deshalb mit $n \cdot \vec{a}$ (Fig. 2).

Fig. 2

Die Multiplikation eines Vektors mit einer natürlichen Zahl kann auf reelle Zahlen erweitert werden:

Definition: Für einen Vektor $\vec{a}$ $(\vec{a} \neq \vec{o})$ und eine reelle Zahl r $(r \neq 0)$ bezeichnet man mit $\mathbf{r \cdot \vec{a}}$ den Vektor, dessen Pfeile
1. parallel zu den Pfeilen von $\vec{a}$ sind,
2. $|r|$-mal so lang wie die Pfeile von $\vec{a}$ sind,
3. gleich gerichtet zu den Pfeilen von $\vec{a}$ sind, falls $r > 0$,
   entgegengesetzt gerichtet zu den Pfeilen von $\vec{a}$ sind, falls $r < 0$.

Ist $r = 0$, so ist $r \cdot \vec{a} = \vec{o}$ für alle Vektoren $\vec{a}$. Ist $\vec{a} = \vec{o}$, so ist $r \cdot \vec{a} = \vec{o}$ für alle $r \in \mathbb{R}$.

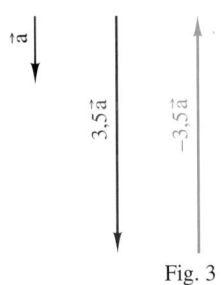

Fig. 3

Die Koordinaten von $r \cdot \vec{a}$ kann man berechnen, wenn man die Koordinaten von $\vec{a}$ und die reelle Zahl r kennt:

Satz 1: Für einen Vektor $\begin{pmatrix} a_1 \\ a_2 \end{pmatrix}$ bzw. $\begin{pmatrix} a_1 \\ a_2 \\ a_3 \end{pmatrix}$ und eine reelle Zahl r gilt:

$$\mathbf{r} \cdot \begin{pmatrix} \mathbf{a_1} \\ \mathbf{a_2} \end{pmatrix} = \begin{pmatrix} \mathbf{r \cdot a_1} \\ \mathbf{r \cdot a_2} \end{pmatrix} \quad \text{bzw.} \quad \mathbf{r} \cdot \begin{pmatrix} \mathbf{a_1} \\ \mathbf{a_2} \\ \mathbf{a_3} \end{pmatrix} = \begin{pmatrix} \mathbf{r \cdot a_1} \\ \mathbf{r \cdot a_2} \\ \mathbf{r \cdot a_3} \end{pmatrix}$$

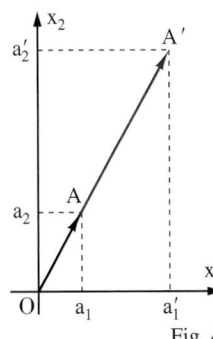

Fig. 4

Beweis: Ist wie in Fig. 4 $\overrightarrow{OA'} = r \cdot \overrightarrow{OA}$, $r \in \mathbb{R}$, $r > 1$, so gilt nach dem Strahlensatz:
$a'_1 : a_1 = \overrightarrow{OA'} : \overrightarrow{OA} = r$ und $a'_2 : a_2 = \overrightarrow{OA'} : \overrightarrow{OA} = r$.

Also ist $a'_1 = r \cdot a_1$ und $a'_2 = r \cdot a_2$, d.h.: $r \cdot \begin{pmatrix} a_1 \\ a_2 \end{pmatrix} = \begin{pmatrix} r \cdot a_1 \\ r \cdot a_2 \end{pmatrix}$ bzw. $r \cdot \begin{pmatrix} a_1 \\ a_2 \\ a_3 \end{pmatrix} = \begin{pmatrix} r \cdot a_1 \\ r \cdot a_2 \\ r \cdot a_3 \end{pmatrix}$.

Alle anderen Fälle zeigt man analog.

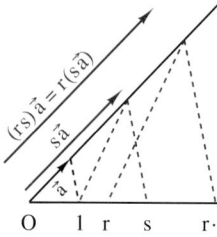

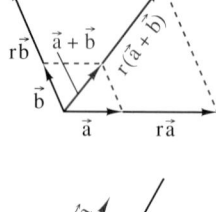

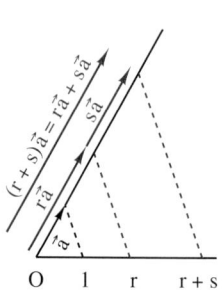

Für einen Vektor $\vec{a}$ und zwei reelle Zahlen r und s gilt bezüglich der Multiplikation das

Assoziativgesetz $r \cdot (s \cdot \vec{a}) = (r \cdot s) \cdot \vec{a}$, denn für $\vec{a} = \begin{pmatrix} a_1 \\ a_2 \\ a_3 \end{pmatrix}$ ist

$$r \cdot (s \cdot \vec{a}) = r \cdot \left(s \cdot \begin{pmatrix} a_1 \\ a_2 \\ a_3 \end{pmatrix} \right) = r \cdot \begin{pmatrix} s \cdot a_1 \\ s \cdot a_2 \\ s \cdot a_3 \end{pmatrix} = \begin{pmatrix} r \cdot (s \cdot a_1) \\ r \cdot (s \cdot a_2) \\ r \cdot (s \cdot a_3) \end{pmatrix} = \begin{pmatrix} (r \cdot s) \cdot a_1 \\ (r \cdot s) \cdot a_2 \\ (r \cdot s) \cdot a_3 \end{pmatrix} = (r \cdot s) \cdot \begin{pmatrix} a_1 \\ a_2 \\ a_3 \end{pmatrix} = (r \cdot s) \cdot \vec{a}.$$

Für zwei Vektoren $\vec{a}$, $\vec{b}$ und zwei reelle Zahlen r, s gelten bezüglich der Multiplikation die Distributivgesetze, denn

für $\vec{a} = \begin{pmatrix} a_1 \\ a_2 \\ a_3 \end{pmatrix}$ und $\vec{b} = \begin{pmatrix} b_1 \\ b_2 \\ b_3 \end{pmatrix}$ ist

$$r \cdot (\vec{a} + \vec{b}) = r \cdot \left(\begin{pmatrix} a_1 \\ a_2 \\ a_3 \end{pmatrix} + \begin{pmatrix} b_1 \\ b_2 \\ b_3 \end{pmatrix} \right) = r \cdot \begin{pmatrix} a_1 + b_1 \\ a_2 + b_2 \\ a_3 + b_3 \end{pmatrix} = \begin{pmatrix} r \cdot (a_1 + b_1) \\ r \cdot (a_2 + b_2) \\ r \cdot (a_3 + b_3) \end{pmatrix} = \begin{pmatrix} r \cdot a_1 + r \cdot b_1 \\ r \cdot a_2 + r \cdot b_2 \\ r \cdot a_3 + r \cdot b_3 \end{pmatrix}$$

$$= \begin{pmatrix} r \cdot a_1 \\ r \cdot a_2 \\ r \cdot a_3 \end{pmatrix} + \begin{pmatrix} r \cdot b_1 \\ r \cdot b_2 \\ r \cdot b_3 \end{pmatrix} = r \cdot \begin{pmatrix} a_1 \\ a_2 \\ a_3 \end{pmatrix} + r \cdot \begin{pmatrix} b_1 \\ b_2 \\ b_3 \end{pmatrix} = r \cdot \vec{a} + r \cdot \vec{b},$$

$$(r + s) \cdot \vec{a} = (r + s) \cdot \begin{pmatrix} a_1 \\ a_2 \\ a_3 \end{pmatrix} = \begin{pmatrix} (r + s) \cdot a_1 \\ (r + s) \cdot a_2 \\ (r + s) \cdot a_3 \end{pmatrix} = \begin{pmatrix} r \cdot a_1 + s \cdot a_1 \\ r \cdot a_2 + s \cdot a_2 \\ r \cdot a_3 + s \cdot a_3 \end{pmatrix} = \begin{pmatrix} r \cdot a_1 \\ r \cdot a_2 \\ r \cdot a_3 \end{pmatrix} + \begin{pmatrix} s \cdot a_1 \\ s \cdot a_2 \\ s \cdot a_3 \end{pmatrix}$$

$$= r \cdot \begin{pmatrix} a_1 \\ a_2 \\ a_3 \end{pmatrix} + s \cdot \begin{pmatrix} a_1 \\ a_2 \\ a_3 \end{pmatrix} = r \cdot \vec{a} + s \cdot \vec{a}$$

Beachten Sie: Für Vektoren mit zwei Koordinaten gelten analoge Überlegungen.

Satz 2: Für alle Vektoren $\vec{a}$, $\vec{b}$ einer Ebene bzw. des Raumes und alle reellen Zahlen r, s gelten
$$r \cdot (s \cdot \vec{a}) = (r \cdot s) \cdot \vec{a} \qquad \text{(Assoziativgesetz)} \quad \text{und}$$
$$r \cdot (\vec{a} + \vec{b}) = r \cdot \vec{a} + r \cdot \vec{b}; \quad (r + s) \cdot \vec{a} = r \cdot \vec{a} + s \cdot \vec{a} \qquad \text{(Distributivgesetze)}$$

Einen Ausdruck wie $r_1 \cdot \vec{a_1} + r_2 \cdot \vec{a_2} + \ldots + r_n \cdot \vec{a_n}$ $(n \in \mathbb{N})$ nennt man eine **Linearkombination** der Vektoren $\vec{a_1}, \vec{a_2}, \ldots, \vec{a_n}$; die rellen Zahlen $r_1, r_2, \ldots, r_n$ heißen **Koeffizienten**.

Beispiel 1: (Vereinfachen)
Vereinfachen Sie.

a) $5 \cdot \begin{pmatrix} 0{,}2 \\ 1{,}6 \\ \frac{3}{5} \end{pmatrix}$

b) $\frac{2}{3} \cdot \left(\frac{3}{2} \cdot \begin{pmatrix} 1 \\ 2 \\ 3 \end{pmatrix} \right)$

c) $0{,}25 \cdot \vec{a} + 0{,}75 \cdot \vec{a}$

d) $3 \cdot \begin{pmatrix} 2{,}7 \\ -8{,}2 \\ 0{,}4 \end{pmatrix} + 3 \cdot \begin{pmatrix} 1{,}3 \\ -1{,}8 \\ 0{,}6 \end{pmatrix}$

Lösung:

a) $5 \cdot \begin{pmatrix} 0{,}2 \\ 1{,}6 \\ \frac{3}{5} \end{pmatrix} = \begin{pmatrix} 5 \cdot 0{,}2 \\ 5 \cdot 1{,}6 \\ 5 \cdot \frac{3}{5} \end{pmatrix} = \begin{pmatrix} 1 \\ 8 \\ 3 \end{pmatrix}$

b) $\frac{2}{3} \cdot \left(\frac{3}{2} \cdot \begin{pmatrix} 1 \\ 2 \\ 3 \end{pmatrix} \right) = \left(\frac{2}{3} \cdot \frac{3}{2} \right) \cdot \begin{pmatrix} 1 \\ 2 \\ 3 \end{pmatrix} = 1 \cdot \begin{pmatrix} 1 \\ 2 \\ 3 \end{pmatrix} = \begin{pmatrix} 1 \\ 2 \\ 3 \end{pmatrix}$

c) $0{,}25 \cdot \vec{a} + 0{,}75 \cdot \vec{a} = (0{,}25 + 0{,}75) \cdot \vec{a} = 1 \cdot \vec{a} = \vec{a}$

d) $3 \cdot \begin{pmatrix} 2{,}7 \\ -8{,}2 \\ 0{,}4 \end{pmatrix} + 3 \cdot \begin{pmatrix} 1{,}3 \\ -1{,}8 \\ 0{,}6 \end{pmatrix} = 3 \cdot \begin{pmatrix} 2{,}7 + 1{,}3 \\ -8{,}2 + (-1{,}8) \\ 0{,}4 + 0{,}6 \end{pmatrix} = 3 \cdot \begin{pmatrix} 4 \\ -10 \\ 1 \end{pmatrix} = \begin{pmatrix} 3 \cdot 4 \\ 3 \cdot (-10) \\ 3 \cdot 1 \end{pmatrix} = \begin{pmatrix} 12 \\ -30 \\ 3 \end{pmatrix}$

Beispiel 2: (Linearkombination)

Stellen Sie $\vec{a} = \begin{pmatrix} 4 \\ 2 \\ 1 \end{pmatrix}$ als Linearkombination der Vektoren $\begin{pmatrix} 1 \\ 2 \\ 1 \end{pmatrix}, \begin{pmatrix} 1 \\ 1 \\ 0 \end{pmatrix}, \begin{pmatrix} 0 \\ 2 \\ 3 \end{pmatrix}$ dar.

Lösung:

Es sind Koeffizienten u, v, w gesucht, sodass gilt: $u \cdot \begin{pmatrix} 1 \\ 2 \\ 1 \end{pmatrix} + v \cdot \begin{pmatrix} 1 \\ 1 \\ 0 \end{pmatrix} + w \cdot \begin{pmatrix} 0 \\ 2 \\ 3 \end{pmatrix} = \begin{pmatrix} 4 \\ 2 \\ 1 \end{pmatrix}$.

Aus der Vektorgleichung $\begin{pmatrix} 1u + 1v + 0w \\ 2u + 1v + 2w \\ 1u + 0v + 3w \end{pmatrix} = \begin{pmatrix} 4 \\ 2 \\ 1 \end{pmatrix}$

erhält man das LGS $\begin{matrix} u + v + 0 = 4 \\ 2u + v + 2w = 2 \\ u + 0 + 3w = 1 \end{matrix}$.

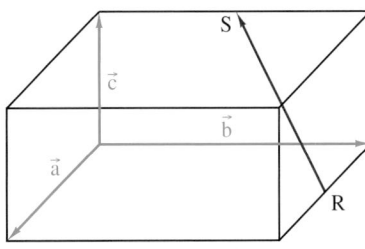

Fig. 1

Dieses LGS hat die Lösungsmenge
L = {(−8; 12; 3)}.

Somit gilt: $\begin{pmatrix} 4 \\ 2 \\ 1 \end{pmatrix} = -8 \cdot \begin{pmatrix} 1 \\ 2 \\ 1 \end{pmatrix} + 12 \cdot \begin{pmatrix} 1 \\ 1 \\ 0 \end{pmatrix} + 3 \cdot \begin{pmatrix} 0 \\ 2 \\ 3 \end{pmatrix}$.

Beispiel 3:

R und S sind Kantenmitten des Quaders von Fig. 1.

Stellen Sie den Vektor $\overrightarrow{RS}$ als Linearkombination der Vektoren $\vec{a}$, $\vec{b}$ und $\vec{c}$ dar.

Lösung:

Man „sucht" einen „Vektorweg", der von R nach S führt.

Eine Möglichkeit ist (Fig. 2):

$\overrightarrow{RS} = -0,5\,\vec{a} + \vec{c} - 0,5\,\vec{b} = -0,5\,\vec{a} - 0,5\,\vec{b} + \vec{c}$.

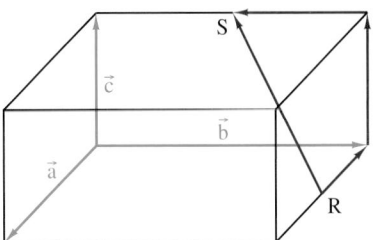

Fig. 2

Aufgaben

2 Berechnen Sie die Koordinaten des Vektors

a) $7 \begin{pmatrix} 1 \\ 2 \\ 5 \end{pmatrix}$, b) $(-3) \begin{pmatrix} 1 \\ 0 \\ 11 \end{pmatrix}$, c) $(-5) \begin{pmatrix} -2 \\ 1 \\ -1 \end{pmatrix}$, d) $\frac{1}{2} \begin{pmatrix} 4 \\ 6 \\ 8 \end{pmatrix}$, e) $\left(-\frac{3}{4}\right) \begin{pmatrix} 10 \\ 11 \\ 12 \end{pmatrix}$, f) $0 \begin{pmatrix} 1 \\ 2 \\ 3 \end{pmatrix}$.

3 Schreiben Sie als Produkt aus einer reellen Zahl und einem Vektor mit ganzzahligen Koordinaten.

a) $\begin{pmatrix} \frac{1}{2} \\ 3 \\ \frac{1}{4} \end{pmatrix}$ b) $\begin{pmatrix} 5 \\ \frac{2}{5} \\ \frac{3}{2} \end{pmatrix}$ c) $\begin{pmatrix} -8 \\ 12 \\ 36 \end{pmatrix}$ d) $\begin{pmatrix} 39 \\ 0 \\ -52 \end{pmatrix}$ e) $\begin{pmatrix} 12 \\ -\frac{5}{6} \\ -\frac{1}{8} \end{pmatrix}$ f) $\begin{pmatrix} \frac{3}{11} \\ -\frac{5}{22} \\ \frac{7}{33} \end{pmatrix}$

4 Vereinfachen Sie.

a) $7\vec{a} + 5\vec{a}$ b) $13\vec{c} - \vec{c} + 6\vec{c}$

c) $3\vec{d} - 4\vec{e} + 7\vec{d} - 6\vec{e}$ d) $2,5\vec{u} - 3,7\vec{v} - 5,2\vec{u} + \vec{v}$

e) $6,3\vec{a} + 7,4\vec{b} - 2,8\vec{c} + 17,5\vec{a} - 9,3\vec{c} + \vec{b} - \vec{a} + \vec{c}$

5 a) $2(\vec{a} + \vec{b}) + \vec{a}$ b) $-3(\vec{x} + \vec{y})$ c) $-(\vec{u} - \vec{v})$

d) $-(-\vec{a} - \vec{b})$ e) $3(2\vec{a} + 4\vec{b})$ f) $-4(\vec{a} - \vec{b}) - \vec{b} + \vec{a}$

g) $3(\vec{a} + 2(\vec{a} + \vec{b}))$ h) $6(\vec{a} - \vec{b}) + 4(\vec{a} + \vec{b})$ i) $7\vec{u} + 5(\vec{u} - 2(\vec{u} + \vec{v}))$

6 Berechnen Sie.

a) $2\begin{pmatrix} 1 \\ -2 \\ 1 \end{pmatrix} + 3\begin{pmatrix} -1 \\ 2 \\ -3 \end{pmatrix}$

b) $3\begin{pmatrix} 4 \\ 2 \\ -1 \end{pmatrix} + 7\begin{pmatrix} 4 \\ -2 \\ 1 \end{pmatrix}$

c) $3\begin{pmatrix} 4 \\ 2 \\ -1 \end{pmatrix} + 7\begin{pmatrix} 4 \\ 2 \\ -1 \end{pmatrix}$

d) $\begin{pmatrix} 5 \\ 6 \\ 7 \end{pmatrix} + (-1)\begin{pmatrix} 0 \\ 2 \\ 4 \end{pmatrix}$

e) $3\begin{pmatrix} -1 \\ 4 \\ 2 \end{pmatrix} - 2\begin{pmatrix} -2 \\ 4 \\ 1 \end{pmatrix} + 3\begin{pmatrix} -1 \\ 4 \\ 2 \end{pmatrix}$

f) $4\begin{pmatrix} 0{,}5 \\ 3 \\ 1 \end{pmatrix} + 2\begin{pmatrix} 1 \\ 6 \\ 2 \end{pmatrix} + 3\begin{pmatrix} 0{,}8 \\ 2 \\ 3 \end{pmatrix}$

g) $2\begin{pmatrix} -2 \\ -3{,}5 \\ \frac{1}{2} \end{pmatrix} + 4\begin{pmatrix} 2 \\ -1 \\ 2 \end{pmatrix} + 3\begin{pmatrix} 2 \\ 3{,}5 \\ -\frac{1}{2} \end{pmatrix}$

h) $4\begin{pmatrix} \frac{1}{2} \\ 0{,}5 \\ \frac{2}{5} \end{pmatrix} + 6\begin{pmatrix} \frac{1}{3} \\ -0{,}3 \\ 0{,}2 \end{pmatrix} - 2\begin{pmatrix} 1 \\ 1 \\ \frac{1}{2} \end{pmatrix}$

7 Stellen Sie die Linearkombination wie in Fig. 1 zeichnerisch dar.

a) $2\begin{pmatrix} 1 \\ 2 \end{pmatrix} + 3\begin{pmatrix} 2 \\ 0 \end{pmatrix}$

b) $4\begin{pmatrix} 1 \\ 1 \end{pmatrix} - 2\begin{pmatrix} 1 \\ 3 \end{pmatrix}$

c) $3\begin{pmatrix} -1 \\ -2 \end{pmatrix} + 2\begin{pmatrix} 1 \\ -3 \end{pmatrix}$

d) $\frac{3}{2}\begin{pmatrix} 4 \\ 3 \end{pmatrix} + \frac{1}{2}\begin{pmatrix} 6 \\ 5 \end{pmatrix}$

e) $-\begin{pmatrix} 4 \\ 5 \end{pmatrix} + 4\begin{pmatrix} 1 \\ 2 \end{pmatrix}$

f) $0{,}5\begin{pmatrix} 3 \\ 7 \end{pmatrix} - 1{,}5\begin{pmatrix} 9 \\ 2 \end{pmatrix}$

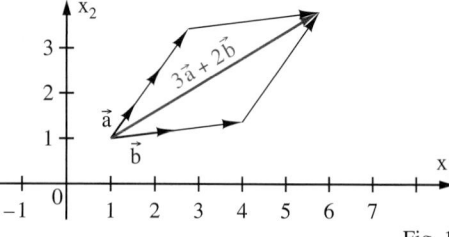

Fig. 1

8 Bestimmen Sie die Koordinaten der Vektoren in Fig. 2. Bestimmen Sie zeichnerisch und rechnerisch die Linearkombination:

a) $\vec{a} + \vec{b}$,
b) $\vec{b} - \vec{a}$,
c) $\vec{a} + 2\vec{b}$,
d) $\vec{b} - 2\vec{a}$,
e) $3\vec{c} - 4\vec{d}$,
f) $\vec{a} + \vec{b} - \vec{c}$,
g) $2\vec{a} - 2\vec{c} + 2\vec{d}$,
h) $\vec{a} + \vec{b} + \vec{c} + \vec{d}$,
i) $0{,}5\vec{a} - \vec{b} + \vec{c} + 2\vec{d}$,
j) $\vec{a} - 2\vec{b} + 3\vec{c} - 4\vec{d}$.

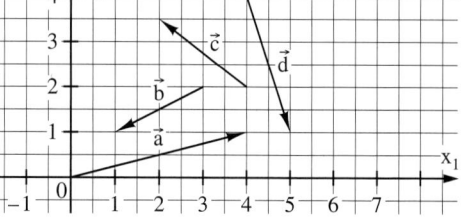

Fig. 2

9 Bestimmen Sie, falls möglich, eine reelle Zahl x, sodass gilt:

a) $\begin{pmatrix} 8 \\ 4 \end{pmatrix} = x\begin{pmatrix} 2 \\ 1 \end{pmatrix}$,

b) $\begin{pmatrix} 3 \\ 0 \end{pmatrix} = x\begin{pmatrix} 2 \\ 0 \end{pmatrix}$,

c) $\begin{pmatrix} 3 \\ 1 \end{pmatrix} = x\begin{pmatrix} 2 \\ 5 \end{pmatrix}$,

d) $\begin{pmatrix} 2 \\ 3 \end{pmatrix} = x\begin{pmatrix} 1 \\ 1 \end{pmatrix}$,

e) $\begin{pmatrix} 1 \\ 2 \\ 3 \end{pmatrix} = x\begin{pmatrix} -2 \\ -4 \\ -6 \end{pmatrix}$,

f) $\begin{pmatrix} 1 \\ 1 \\ 1 \end{pmatrix} = x\begin{pmatrix} 17 \\ 0 \\ 13 \end{pmatrix}$,

g) $\begin{pmatrix} 2 \\ 4 \\ 6 \end{pmatrix} = x\begin{pmatrix} 0{,}1 \\ 0{,}2 \\ 0{,}3 \end{pmatrix}$,

h) $\begin{pmatrix} 3 \\ 7 \\ 8 \end{pmatrix} = x\begin{pmatrix} 2 \\ 5 \\ 9 \end{pmatrix}$,

i) $\begin{pmatrix} 2 \\ 3 \\ 4 \end{pmatrix} = 2\begin{pmatrix} 1 \\ x \\ 2 \end{pmatrix}$,

j) $\begin{pmatrix} 9 \\ 12 \\ 15 \end{pmatrix} = 3\begin{pmatrix} x \\ 2x \\ 3x \end{pmatrix}$,

k) $\begin{pmatrix} 8 \\ 0 \\ 10 \end{pmatrix} = x\begin{pmatrix} 9 \\ 7 \\ 4 \end{pmatrix} - x\begin{pmatrix} 5 \\ 7 \\ -1 \end{pmatrix}$.

10 Bestimmen Sie, falls möglich, reelle Zahlen r und s, sodass gilt:

a) $\begin{pmatrix} 4 \\ 5 \end{pmatrix} + r\begin{pmatrix} -3 \\ 2 \end{pmatrix} = s\begin{pmatrix} 1 \\ 0 \end{pmatrix}$,

b) $\begin{pmatrix} 2 \\ 5 \end{pmatrix} = r\begin{pmatrix} 1 \\ 1 \end{pmatrix} + s\begin{pmatrix} 1 \\ 2 \end{pmatrix}$,

c) $\begin{pmatrix} 1 \\ 2 \\ 3 \end{pmatrix} + r\begin{pmatrix} 3 \\ 0 \\ -1 \end{pmatrix} = s\begin{pmatrix} 5 \\ 1 \\ 0 \end{pmatrix}$,

d) $\begin{pmatrix} 1 \\ 6 \\ 10 \end{pmatrix} = r\begin{pmatrix} 1 \\ 2 \\ 5 \end{pmatrix} + s\begin{pmatrix} 2 \\ 1 \\ 0 \end{pmatrix}$.

11 Stellen Sie zeichnerisch, wie in Fig. 3, und rechnerisch den Vektor als Linearkombination von $\vec{a} = \begin{pmatrix} 2 \\ 1 \end{pmatrix}$ und $\vec{b} = \begin{pmatrix} 1 \\ 3 \end{pmatrix}$ dar.

a) $\begin{pmatrix} 3 \\ 4 \end{pmatrix}$
b) $\begin{pmatrix} 6 \\ 8 \end{pmatrix}$
c) $\begin{pmatrix} 5 \\ 5 \end{pmatrix}$
d) $\begin{pmatrix} 1 \\ -2 \end{pmatrix}$

e) $\begin{pmatrix} 4 \\ -3 \end{pmatrix}$
f) $\begin{pmatrix} -3 \\ -4 \end{pmatrix}$
g) $\begin{pmatrix} 2 \\ 6 \end{pmatrix}$
h) $\begin{pmatrix} -4 \\ -2 \end{pmatrix}$

i) $\begin{pmatrix} 0 \\ 3 \end{pmatrix}$
j) $\begin{pmatrix} 3 \\ 0 \end{pmatrix}$
k) $\begin{pmatrix} 1 \\ 1 \end{pmatrix}$
l) $\begin{pmatrix} -3 \\ -3 \end{pmatrix}$

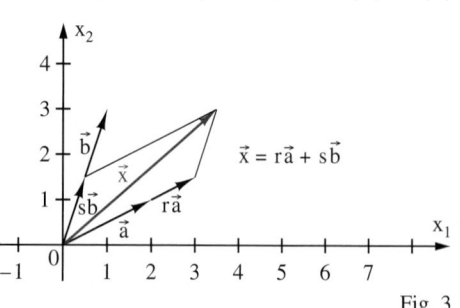

Fig. 3

12 Stellen Sie den Vektor als Linearkombination der Vektoren $\begin{pmatrix}1\\0\\0\end{pmatrix}$, $\begin{pmatrix}1\\1\\0\end{pmatrix}$, $\begin{pmatrix}1\\1\\1\end{pmatrix}$ dar.

a) $\begin{pmatrix}2\\4\\1\end{pmatrix}$ b) $\begin{pmatrix}7\\5\\1\end{pmatrix}$ c) $\begin{pmatrix}-2\\5\\13\end{pmatrix}$ d) $\begin{pmatrix}0\\5\\-5\end{pmatrix}$ e) $\begin{pmatrix}0\\0\\0\end{pmatrix}$ f) $\begin{pmatrix}3\\9\\12\end{pmatrix}$ g) $\begin{pmatrix}17\\12\\-11\end{pmatrix}$ h) $\begin{pmatrix}20\\30\\45\end{pmatrix}$

13 Geben Sie im Parallelogramm in Fig. 1 die Vektoren $\overrightarrow{MA}$, $\overrightarrow{MB}$, $\overrightarrow{MC}$, $\overrightarrow{MD}$ als Linearkombination der Vektoren $\vec{a} = \overrightarrow{AB}$ und $\vec{b} = \overrightarrow{AD}$ an.

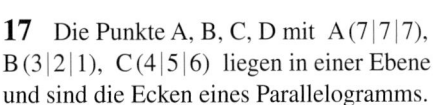

Fig. 1

14 In Fig. 2 sind M_a, M_b, M_c die Mittelpunkte der Dreiecksseiten.
Drücken Sie die Vektoren $\overrightarrow{AM_a}$, $\overrightarrow{BM_b}$, $\overrightarrow{CM_c}$ als Linearkombination der Vektoren $\vec{u} = \overrightarrow{AB}$ und $\vec{v} = \overrightarrow{AC}$ aus.

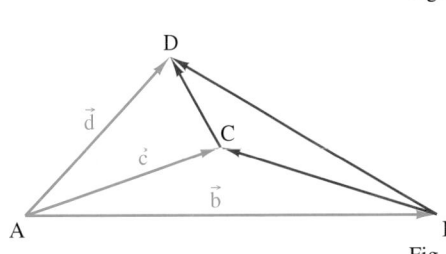

Fig. 2

15 Drücken Sie die Vektoren $\overrightarrow{BC}$, $\overrightarrow{BD}$, $\overrightarrow{CD}$, die durch die dreiseitige Pyramide in Fig. 3 gegeben sind, als Linearkombination der Vektoren $\vec{b}$, $\vec{c}$ und $\vec{d}$ aus.

16 In Fig. 4 sind M_1, M_2 und M_3 die Mittelpunkte der „vorderen", „rechten" und „hinteren" Seitenfläche des Quaders. Stellen Sie die Vektoren $\overrightarrow{AM_1}$, $\overrightarrow{AM_2}$, $\overrightarrow{AM_3}$ als Linearkombination der Vektoren $\vec{a}$, $\vec{b}$ und $\vec{c}$ dar.

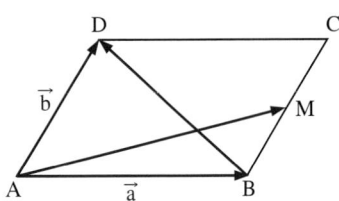

Fig. 3

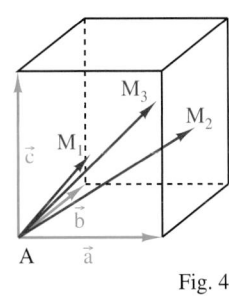

Fig. 4

17 Die Punkte A, B, C, D mit A(7|7|7), B(3|2|1), C(4|5|6) liegen in einer Ebene und sind die Ecken eines Parallelogramms. Bestimmen Sie die Koordinaten des Diagonalenschnittpunktes M des Parallelogramms.

18 Bestimmen Sie die Koordinaten der Seitenmitten des Dreiecks ABC mit A(1|1|0), B(0|2|2) und C(3|0|3). Fertigen Sie dann eine Zeichnung an.

Zur Erinnerung:

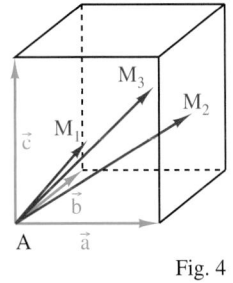

Der Punkt T teilt die Strecke $\overline{AB}$ im Verhältnis 2:3, denn $\overline{AT} : \overline{TB} = 2:3$.

19 a) Ein Punkt T teilt die Strecke $\overline{AB}$ im Verhältnis 3:1 (im Verhältnis 2:5). Drücken Sie $\overrightarrow{AT}$ durch $\overrightarrow{AB}$ aus.
b) In welchem Verhältnis teilt T die Strecke $\overline{AB}$, wenn $\overrightarrow{AT} = \frac{1}{3} \cdot \overrightarrow{AB}$ (wenn $\overrightarrow{AT} = \frac{2}{5} \cdot \overrightarrow{AB}$)?

20 Gegeben sind die Punkte A(2|3|9) und B(12|8|6). Der Punkt T teilt die Strecke $\overline{AB}$ im Verhältnis 1:3 (im Verhältnis 3:2). Bestimmen Sie die Koordinaten von T.

21 In Fig. 5 ist der Punkt M Mittelpunkt der Parallelogrammseite $\overline{BC}$. Ein Punkt S teilt die Strecke $\overline{AM}$ im Verhältnis 2:1, ein Punkt T teilt die Diagonale $\overline{BD}$ im Verhältnis 1:2. Drücken Sie $\overrightarrow{AS}$ und $\overrightarrow{BT}$ durch $\vec{a}$ und $\vec{b}$ aus. Vergleichen Sie $\overrightarrow{AS}$ und $\vec{a} + \overrightarrow{BT}$. Begründen Sie, dass die Punkte S und T zusammenfallen.

5 Lineare Abhängigkeit und Unabhängigkeit von Vektoren

1 Betrachtet werden die Vektoren in Fig. 1.
a) Kann man den Vektor $\vec{a}$ durch den Vektor $\vec{b}$ ausdrücken?
b) Kann man den Vektor $\vec{c}$ durch den Vektor $\vec{d}$ ausdrücken?
c) Gibt es Vektoren der Ebene von Fig. 1, die man nicht als Linearkombination der Vektoren $\vec{c}$ und $\vec{d}$ darstellen kann?
d) Gibt es einen Vektor der Ebene von Fig. 1, den man mit zwei verschiedenen Linearkombinationen der Vektoren $\vec{c}$ und $\vec{d}$ darstellen kann?
Begründen Sie Ihre Antworten.

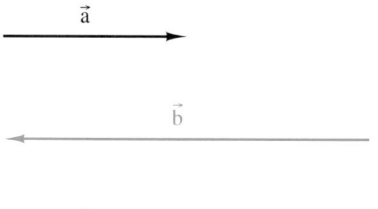

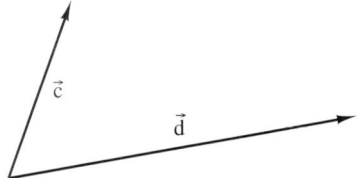

Fig. 1

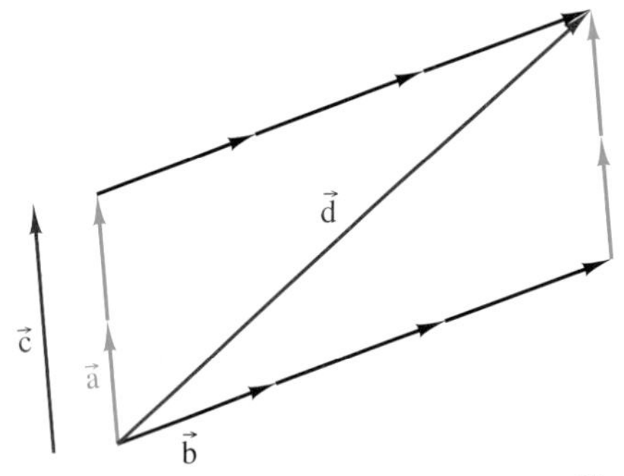

Statt
voneinander linear abhängig
sagt man auch kurz
linear abhängig.

Für die Vektoren in Fig. 2 gilt:
Der Vektor $\vec{c}$ kann als ein Vielfaches des Vektors $\vec{a}$ dargestellt werden:
$\vec{c} = 2 \cdot \vec{a}$.
Der Vektor $\vec{d}$ kann als Linearkombination der Vektoren $\vec{a}$ und $\vec{b}$ dargestellt werden:
$\vec{d} = 2 \cdot \vec{a} + 3 \cdot \vec{b}$.
Man sagt:
Die Vektoren $\vec{a}$ und $\vec{c}$ bzw. die Vektoren $\vec{a}$, $\vec{b}$ und $\vec{d}$ sind voneinander linear abhängig.

Fig. 2

Allgemein gilt die

Zwei Vektoren sind genau dann linear abhängig, wenn ihre Pfeile zueinander parallel sind. Man sagt in diesem Fall deshalb auch:
Die Vektoren sind
kollinear.

Drei Vektoren sind genau dann linear abhängig, wenn es von jedem Vektor einen Pfeil gibt, sodass diese drei Pfeile in einer Ebene liegen.
Man sagt in diesem Fall deshalb auch:
Die Vektoren sind
komplanar.

Definition: Die Vektoren $\vec{a_1}, \vec{a_2}, \ldots, \vec{a_n}$ heißen voneinander **linear abhängig**, wenn mindestens einer dieser Vektoren als Linearkombination der anderen Vektoren darstellbar ist.
Andernfalls heißen die Vektoren voneinander **linear unabhängig**.

Beachten Sie:
Sind mehrere Vektoren linear abhängig, so muss nicht jeder dieser Vektoren als Linearkombination der anderen darstellbar sein, z. B.:
Die Vektoren $\vec{a}$, $\vec{b}$, $\vec{c}$ in Fig. 2 sind linear abhängig, denn: $\vec{c} = 2 \cdot \vec{a} + 0 \cdot \vec{b}$,
aber: $\vec{b}$ kann nicht als Linearkombination von $\vec{a}$ und $\vec{c}$ dargestellt werden.

Für die Vektoren in einer Ebene gilt (Fig. 2):
a) Es sind höchstens zwei Vektoren einer Ebene linear unabhängig.
b) Ein Vektor einer Ebene kann stets als Linearkombination zweier linear unabhängiger Vektoren dieser Ebene dargestellt werden. In Fig. 2 kann jeder Vektor als Linearkombination der Vektoren $\vec{a}$ und $\vec{b}$ dargestellt werden.

208

Für Vektoren des Raumes gilt (Fig. 1):

a) Es sind höchstens drei Vektoren des Raumes linear unabhängig.

b) Ein Vektor des Raumes kann stets als Linearkombination dreier linear unabhängiger Vektoren dargestellt werden.

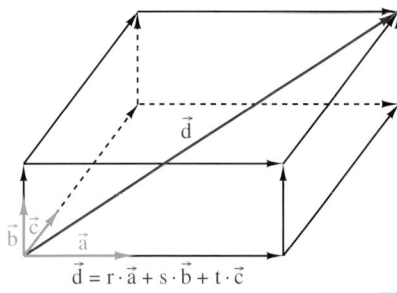

Mithilfe eines linearen Gleichungssystems kann man prüfen, ob Vektoren linear abhängig oder linear unabhängig sind, denn es gilt der

$$\vec{d} = r \cdot \vec{a} + s \cdot \vec{b} + t \cdot \vec{c}$$

Fig. 1

So liest man "... genau dann, wenn..." richtig:
*"A gilt **genau dann, wenn** B gilt" meint:*
"Wenn A gilt, dann gilt auch B"
und
"Wenn B gilt, dann gilt auch A".

Satz: Die Vektoren $\vec{a_1}, \vec{a_2}, \ldots, \vec{a_n}$ sind genau dann linear unabhängig, wenn die Gleichung $r_1 \cdot \vec{a_1} + r_2 \cdot \vec{a_2} + \ldots + r_n \cdot \vec{a_n} = \vec{o}$ $(r_1, r_2, \ldots, r_n \in \mathbb{R})$ genau eine Lösung mit $r_1 = r_2 = \ldots = r_n = 0$ besitzt.

Beweis:

1. Wenn die Vektoren $\vec{a_1}, \vec{a_2}, \ldots, \vec{a_n}$ linear unabhängig sind, dann ist $r_1 = r_2 = \ldots = r_n = 0$ die einzige Lösung der Gleichung $r_1 \cdot \vec{a_1} + r_2 \cdot \vec{a_2} + \ldots + r_n \cdot \vec{a_n} = \vec{o}$, denn:

Gäbe es eine Lösung der Gleichung $r_1 \cdot \vec{a_1} + r_2 \cdot \vec{a_2} + \ldots + r_n \cdot \vec{a_n} = \vec{o}$, bei der mindestens ein r_i $(i = 1, 2, \ldots, n)$ nicht 0 ist, z. B. $r_1 \neq 0$, so könnte man den Vektor $\vec{a_1}$ als Linearkombination der anderen Vektoren darstellen; z. B. $\vec{a_1} = s_2 \cdot \vec{a_2} + \ldots + s_n \cdot \vec{a_n}$ mit $s_i = -\frac{r_i}{r_1}$ $(i = 2, \ldots, n)$.

Dies ist jedoch nicht möglich, weil die Vektoren $\vec{a_1}, \vec{a_2}, \ldots, \vec{a_n}$ linear unabhängig sind. Also ist $r_1 = r_2 = \ldots = r_n = 0$ die einzige Lösung der Gleichung $r_1 \cdot \vec{a_1} + r_2 \cdot \vec{a_2} + \ldots + r_n \cdot \vec{a_n} = \vec{o}$.

2. Wenn $r_1 = r_2 = \ldots = r_n = 0$ die einzige Lösung von $r_1 \cdot \vec{a_1} + r_2 \cdot \vec{a_2} + \ldots + r_n \cdot \vec{a_n} = \vec{o}$ ist, dann sind die Vektoren $\vec{a_1}, \vec{a_2}, \ldots, \vec{a_n}$ linear unabhängig, denn:

Könnte man einen der Vektoren $\vec{a_1}, \vec{a_2}, \ldots, \vec{a_n}$ als Linearkombination der anderen darstellen, z. B. $\vec{a_1} = s_2 \cdot \vec{a_2} + s_3 \cdot \vec{a_3} + \ldots + s_n \cdot \vec{a_n}$ mit $s_i \in \mathbb{R}$; $i = 2, 3, \ldots, n$, so folgte: $(-1) \cdot \vec{a_1} + s_2 \cdot \vec{a_2} + s_3 \cdot \vec{a_3} + \ldots + s_n \cdot \vec{a_n} = \vec{o}$.

Dies ist jedoch nicht möglich, weil $r_1 = r_2 = \ldots = r_n = 0$ die einzige Lösung der Gleichung $r_1 \cdot \vec{a_1} + r_2 \cdot \vec{a_2} + \ldots + r_n \cdot \vec{a_n} = \vec{o}$ ist. Also sind die Vektoren $\vec{a_1}, \vec{a_2}, \ldots, \vec{a_n}$ linear unabhängig.

Beispiel 1:

Entscheiden Sie, ob die Vektoren $\begin{pmatrix} 2 \\ 1 \end{pmatrix}, \begin{pmatrix} 1 \\ 3 \end{pmatrix}$ linear abhängig oder linear unabhängig sind.

Lösung:

1. Möglichkeit:

Die beiden Vektoren sind linear unabhängig, denn:

Der Vektor $\begin{pmatrix} 1 \\ 3 \end{pmatrix}$ ist kein Vielfaches des Vektors $\begin{pmatrix} 2 \\ 1 \end{pmatrix}$, weil $\mathbf{0{,}5} \cdot 2 = 1$ und $\mathbf{0{,}5} \cdot 1 \neq 3$.

2. Möglichkeit:

Bestimmen Sie die Lösungsmenge der Gleichung $r \cdot \begin{pmatrix} 2 \\ 1 \end{pmatrix} + s \cdot \begin{pmatrix} 1 \\ 3 \end{pmatrix} = \begin{pmatrix} 0 \\ 0 \end{pmatrix}$:

$$\begin{cases} 2r + s = 0 \\ r + 3s = 0 \end{cases}, \text{ also } \begin{cases} 2r + s = 0 \\ 5s = 0 \end{cases}, \text{ also } \begin{cases} 2r + s = 0 \\ s = 0 \end{cases}, \text{ also } \begin{cases} r = 0 \\ s = 0 \end{cases}.$$

$L = \{(0; 0)\}$

Die beiden Vektoren sind linear unabhängig.

209

Beispiel 2:

Sind die Vektoren linear abhängig oder linear unabhängig? Stellen Sie, falls möglich, einen Vektor als Linearkombination der anderen dar.

a) $\begin{pmatrix} 1 \\ -1 \\ 2 \end{pmatrix}, \begin{pmatrix} 3 \\ 0 \\ 1 \end{pmatrix}, \begin{pmatrix} 2 \\ 2 \\ -1 \end{pmatrix}$ b) $\begin{pmatrix} 1 \\ 2 \\ -3 \end{pmatrix}, \begin{pmatrix} 4 \\ 0 \\ 1 \end{pmatrix}, \begin{pmatrix} 2 \\ -4 \\ 7 \end{pmatrix}$ c) $\begin{pmatrix} 1 \\ 2 \\ 3 \end{pmatrix}, \begin{pmatrix} 0 \\ 0 \\ 0 \end{pmatrix}, \begin{pmatrix} 2 \\ -4 \\ 7 \end{pmatrix}$

Lösung:

a) Bestimmung der Anzahl der Lösungen: $r_1 \cdot \begin{pmatrix} 1 \\ -1 \\ 2 \end{pmatrix} + r_2 \cdot \begin{pmatrix} 3 \\ 0 \\ 1 \end{pmatrix} + r_3 \cdot \begin{pmatrix} 2 \\ 2 \\ -1 \end{pmatrix} = \begin{pmatrix} 0 \\ 0 \\ 0 \end{pmatrix}$

$\begin{cases} r_1 + 3r_2 + 2r_3 = 0 \\ -r_1 \qquad + 2r_3 = 0, \\ 2r_1 + r_2 - r_3 = 0 \end{cases}$ also $\begin{cases} r_1 + 3r_2 + 2r_3 = 0 \\ \quad 3r_2 + 4r_3 = 0, \\ \quad -5r_2 - 5r_3 = 0 \end{cases}$ also $\begin{cases} r_1 + 3r_2 + 2r_3 = 0 \\ \quad 3r_2 + 4r_3 = 0. \\ \qquad 5r_3 = 0 \end{cases}$

$(0|0|0)$ ist die einzige Lösung; die drei Vektoren sind linear unabhängig.

b) Bestimmung der Anzahl der Lösungen: $r_1 \cdot \begin{pmatrix} 1 \\ 2 \\ -3 \end{pmatrix} + r_2 \cdot \begin{pmatrix} 4 \\ 0 \\ 1 \end{pmatrix} + r_3 \cdot \begin{pmatrix} 2 \\ -4 \\ 7 \end{pmatrix} = \begin{pmatrix} 0 \\ 0 \\ 0 \end{pmatrix}$

$\begin{cases} r_1 + 4r_2 + 2r_3 = 0 \\ 2r_1 \qquad - 4r_3 = 0, \\ -3r_1 + r_2 + 7r_3 = 0 \end{cases}$ also $\begin{cases} r_1 + 4r_2 + 2r_3 = 0 \\ \quad -8r_2 - 8r_3 = 0, \\ \quad 13r_2 + 13r_3 = 0 \end{cases}$ also $\begin{cases} r_1 + 4r_2 + 2r_3 = 0 \\ \quad r_2 + r_3 = 0. \\ \qquad 0 = 0 \end{cases}$

Das LGS hat unendlich viele Lösungen, d.h. die drei Vektoren sind linear abhängig. Setzt man z.B. $r_2 = 1$, so erhält man $(-2; 1; -1)$ als eine der Lösungen des LGS.

Also ist $(-2) \cdot \begin{pmatrix} 1 \\ 2 \\ -3 \end{pmatrix} + 1 \cdot \begin{pmatrix} 4 \\ 0 \\ 1 \end{pmatrix} + (-1) \cdot \begin{pmatrix} 2 \\ -4 \\ 7 \end{pmatrix} = \begin{pmatrix} 0 \\ 0 \\ 0 \end{pmatrix}$

und somit $\begin{pmatrix} 4 \\ 0 \\ 1 \end{pmatrix} = 2 \cdot \begin{pmatrix} 1 \\ 2 \\ -3 \end{pmatrix} + 1 \cdot \begin{pmatrix} 2 \\ -4 \\ 7 \end{pmatrix}$.

c) Die Vektoren sind linear abhängig, denn: $\begin{pmatrix} 0 \\ 0 \\ 0 \end{pmatrix} = 0 \cdot \begin{pmatrix} 1 \\ 2 \\ 3 \end{pmatrix} + 0 \cdot \begin{pmatrix} 2 \\ -4 \\ 7 \end{pmatrix}$.

Aufgaben

2   Entscheiden Sie, ob die Vektoren linear abhängig oder linear unabhängig sind.

a) $\begin{pmatrix} 2 \\ 1 \end{pmatrix}, \begin{pmatrix} 4 \\ 2 \end{pmatrix}$ b) $\begin{pmatrix} 3 \\ 9 \end{pmatrix}, \begin{pmatrix} -1 \\ -3 \end{pmatrix}$ c) $\begin{pmatrix} 2 \\ -1 \end{pmatrix}, \begin{pmatrix} 1 \\ -2 \end{pmatrix}$ d) $\begin{pmatrix} 4 \\ 5 \end{pmatrix}, \begin{pmatrix} 0 \\ 0 \end{pmatrix}$

e) $\begin{pmatrix} 4 \\ 1 \\ 7 \end{pmatrix}, \begin{pmatrix} 1 \\ 9 \\ 5 \end{pmatrix}$ f) $\begin{pmatrix} 2 \\ 0 \\ 4 \end{pmatrix}, \begin{pmatrix} -3 \\ 0 \\ -6 \end{pmatrix}$ g) $\begin{pmatrix} 1 \\ 1 \\ 1 \end{pmatrix}, \begin{pmatrix} 3 \\ 0 \\ 5 \end{pmatrix}, \begin{pmatrix} -1 \\ -4 \\ 1 \end{pmatrix}$ h) $\begin{pmatrix} 7 \\ 1 \\ 5 \end{pmatrix}, \begin{pmatrix} 6 \\ 3 \\ 1 \end{pmatrix}, \begin{pmatrix} 5 \\ 1 \\ -2 \end{pmatrix}$

Warum findet man für die „?" keine Zahlen, sodass die Vektoren linear unabhängig werden?

a) $\begin{pmatrix} ? \\ 0 \\ ? \end{pmatrix}, \begin{pmatrix} ? \\ 0 \\ ? \end{pmatrix}, \begin{pmatrix} ? \\ 0 \\ ? \end{pmatrix}$

b) $\begin{pmatrix} 4 \\ -3 \\ 2 \end{pmatrix}, \begin{pmatrix} 0 \\ 0 \\ 0 \end{pmatrix}, \begin{pmatrix} ? \\ 7 \\ ? \end{pmatrix}$

c) $\begin{pmatrix} 1 \\ ? \end{pmatrix}, \begin{pmatrix} ? \\ 1 \end{pmatrix}, \begin{pmatrix} ? \\ ? \end{pmatrix}$

i) $\begin{pmatrix} 4 \\ 1 \\ 4 \end{pmatrix}, \begin{pmatrix} 2 \\ 1 \\ 2 \end{pmatrix}, \begin{pmatrix} 2 \\ -4 \\ 1 \end{pmatrix}$ k) $\begin{pmatrix} 3 \\ 2 \\ -1 \end{pmatrix}, \begin{pmatrix} 1{,}5 \\ 1 \\ -0{,}5 \end{pmatrix}, \begin{pmatrix} 2 \\ -1 \\ 3 \end{pmatrix}$ l) $\begin{pmatrix} 4 \\ 1 \\ 3 \end{pmatrix}, \begin{pmatrix} -3 \\ -1 \\ -4 \end{pmatrix}, \begin{pmatrix} 1 \\ -3 \\ 4 \end{pmatrix}$ m) $\begin{pmatrix} 1 \\ 1 \\ 1 \end{pmatrix}, \begin{pmatrix} 2 \\ 0 \\ 2 \end{pmatrix}, \begin{pmatrix} 0 \\ 1 \\ 0 \end{pmatrix}$

3   Wie muss die reelle Zahl a gewählt werden, damit die Vektoren linear abhängig sind?

a) $\begin{pmatrix} 5 \\ 2 \end{pmatrix}, \begin{pmatrix} a \\ 3 \end{pmatrix}$ b) $\begin{pmatrix} -4 \\ 6 \end{pmatrix}, \begin{pmatrix} 2 \\ a \end{pmatrix}$ c) $\begin{pmatrix} 1 \\ a \end{pmatrix}, \begin{pmatrix} a \\ 1 \end{pmatrix}$ d) $\begin{pmatrix} a \\ 3 \end{pmatrix}, \begin{pmatrix} 2a \\ 5 \end{pmatrix}$

e) $\begin{pmatrix} 2 \\ 3 \\ 5 \end{pmatrix}, \begin{pmatrix} -1 \\ 3 \\ 6 \end{pmatrix}, \begin{pmatrix} a \\ 3 \\ 2 \end{pmatrix}$ f) $\begin{pmatrix} a \\ -3 \\ 5 \end{pmatrix}, \begin{pmatrix} 1 \\ -a \\ 2 \end{pmatrix}, \begin{pmatrix} -2 \\ -2 \\ 2a \end{pmatrix}$ g) $\begin{pmatrix} 3 \\ 1 \\ a \end{pmatrix}, \begin{pmatrix} 1 \\ 0 \\ 4 \end{pmatrix}, \begin{pmatrix} a \\ 2 \\ 1 \end{pmatrix}$ h) $\begin{pmatrix} 0 \\ a \\ 1 \end{pmatrix}, \begin{pmatrix} a^2 \\ 1 \\ 0 \end{pmatrix}, \begin{pmatrix} 0 \\ 0 \\ 1 \end{pmatrix}$

4 Zeigen Sie, dass jeweils zwei der drei Vektoren linear unabhängig sind, und stellen Sie jeden der drei Vektoren als Linearkombination der beiden anderen dar.

a) $\begin{pmatrix} 3 \\ 1 \end{pmatrix}$, $\begin{pmatrix} -1 \\ 1 \end{pmatrix}$, $\begin{pmatrix} 2 \\ 0 \end{pmatrix}$ b) $\begin{pmatrix} 4 \\ 1 \end{pmatrix}$, $\begin{pmatrix} -1 \\ 2 \end{pmatrix}$, $\begin{pmatrix} 5 \\ 2 \end{pmatrix}$ c) $\begin{pmatrix} 2 \\ 0 \end{pmatrix}$, $\begin{pmatrix} 1 \\ 5 \end{pmatrix}$, $\begin{pmatrix} 6 \\ 11 \end{pmatrix}$

5 Zeigen Sie, dass jeweils drei der vier Vektoren linear unabhängig sind, und stellen Sie jeden der vier Vektoren als Linearkombination der drei anderen dar.

a) $\begin{pmatrix} 1 \\ 0 \\ 0 \end{pmatrix}$, $\begin{pmatrix} 0 \\ 1 \\ 0 \end{pmatrix}$, $\begin{pmatrix} 0 \\ 0 \\ 1 \end{pmatrix}$, $\begin{pmatrix} 1 \\ 3 \\ 4 \end{pmatrix}$ b) $\begin{pmatrix} 1 \\ 1 \\ 0 \end{pmatrix}$, $\begin{pmatrix} 0 \\ 1 \\ 1 \end{pmatrix}$, $\begin{pmatrix} 1 \\ 0 \\ 1 \end{pmatrix}$, $\begin{pmatrix} 1 \\ 1 \\ 1 \end{pmatrix}$ c) $\begin{pmatrix} 1 \\ -1 \\ 1 \end{pmatrix}$, $\begin{pmatrix} 2 \\ 1 \\ -1 \end{pmatrix}$, $\begin{pmatrix} 1 \\ 0 \\ 1 \end{pmatrix}$, $\begin{pmatrix} 5 \\ -1 \\ 2 \end{pmatrix}$

6 Stellen Sie den Vektor $\vec{x}$ mithilfe einer Linearkombination dar, die möglichst wenig Vektoren benötigt; a, b, c, d sind reelle Zahlen.

a) $\vec{x} = a \cdot \begin{pmatrix} 2 \\ 3 \end{pmatrix} + b \cdot \begin{pmatrix} 4 \\ -1 \end{pmatrix} + c \cdot \begin{pmatrix} 1 \\ 0 \end{pmatrix} + d \cdot \begin{pmatrix} 0 \\ 1 \end{pmatrix}$ b) $\vec{x} = a \cdot \begin{pmatrix} 1 \\ 2 \\ 3 \end{pmatrix} + b \cdot \begin{pmatrix} 4 \\ -5 \\ -1 \end{pmatrix} + c \cdot \begin{pmatrix} 1 \\ 0 \\ 1 \end{pmatrix} + d \cdot \begin{pmatrix} 14 \\ -11 \\ 3 \end{pmatrix}$

7 a) Begründen Sie:
Die Vektoren $\vec{e_1}$, $\vec{e_2}$, $\vec{e_3}$ in Fig. 1 sind linear unabhängig.
b) Stellen Sie jeden der Vektoren $\overrightarrow{OP}$, $\overrightarrow{E_1Q}$, $\overrightarrow{E_2R}$, $\overrightarrow{E_3S}$ als Linearkombination der Vektoren $\vec{e_1}$, $\vec{e_2}$, $\vec{e_3}$ dar.
c) Begründen Sie:
Jeweils drei der Vektoren $\overrightarrow{OP}$, $\overrightarrow{E_1Q}$, $\overrightarrow{E_2R}$, $\overrightarrow{E_3S}$ sind linear unabhängig.
d) Stellen Sie jeden der Vektoren $\overrightarrow{OP}$, $\overrightarrow{E_1Q}$, $\overrightarrow{E_2R}$, $\overrightarrow{E_3S}$ als Linearkombination der drei anderen dar.

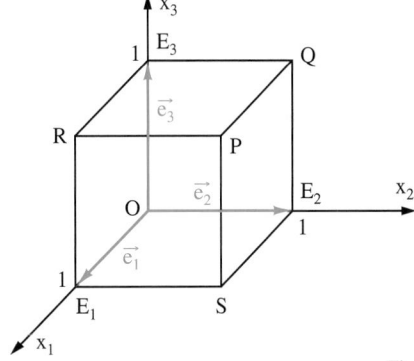

Fig. 1

8 a) Begründen Sie: Liegen vier Punkte A, B, C, D in einer Ebene, so sind die Vektoren $\overrightarrow{AB}$, $\overrightarrow{AC}$, $\overrightarrow{AD}$ linear abhängig.
b) Erläutern Sie: Sind die drei Vektoren $\overrightarrow{AB}$, $\overrightarrow{AC}$, $\overrightarrow{AD}$ linear abhängig, so liegen die vier Punkte A, B, C, D in einer Ebene.
c) Überprüfen Sie, ob die Punkte A $(2|-5|0)$, B $(3|4|7)$, C $(4|-4|3)$, D $(-2|10|5)$ [A $(1|1|1)$, B $(5|4|3)$, C $(-11|4|5)$, D $(0|5|7)$] in einer Ebene liegen. Verwenden Sie hierzu die Aussagen von a) und b).

9 a) Begründen Sie: Lässt man von drei linear unabhängigen Vektoren des Raumes einen weg, so sind die zwei restlichen Vektoren ebenfalls linear unabhängig.
b) Zeigen Sie: Ist einer von mehreren Vektoren der Nullvektor, so sind diese Vektoren linear abhängig.

10 a) Wie liegen alle Pfeile zweier Vektoren zueinander, wenn die beiden Vektoren linear abhängig sind?
b) Wie liegen alle Pfeile mit gemeinsamem Anfangspunkt dreier Vektoren zueinander, wenn diese Vektoren linear abhängig sind?

11 Die Vektoren $\vec{a}$, $\vec{b}$, $\vec{c}$ sind linear unabhängig. Zeigen Sie die lineare Unabhängigkeit der Vektoren:
a) $\vec{a} + 2\vec{b}$, $\vec{a} + \vec{b} + \vec{c}$ und $\vec{a} - \vec{b} - \vec{c}$,   b) $\vec{a}$, $2\vec{a} + \vec{b} - \vec{c}$ und $3\vec{a} + 2\vec{b} + 5\vec{c}$,
c) $\vec{a} + \vec{c}$, $2\vec{a} + \vec{b}$ und $3\vec{b} - \vec{c}$,   d) $\vec{b}$, $3\vec{a} - \vec{c}$ und $2\vec{a} + 3\vec{b} - 7\vec{c}$,

6 Anwendungen der linearen Unabhängigkeit

Mithilfe des Vektorkalküls lassen sich oft geometrische Zusammenhänge algebraisch beweisen. Hierbei ist es hilfreich, wenn man sich an dem folgenden Schema orientiert:

1. Schritt:
Man fertigt eine Zeichnung an, die die geometrischen Objekte zeigt.

2. Schritt:
Man stellt die Voraussetzung der zu beweisenden Aussage mithilfe von Vektoren dar.

3. Schritt:
Man stellt die Behauptung der zu beweisenden Aussage mithilfe von Vektoren dar.

4. Schritt:
Man leitet aus der Voraussetzung die Behauptung her.

Ergibt die Summe von Vektoren den Nullvektor, so spricht man auch von einer **geschlossenen Vektorkette.**

In vielen Fällen ist es dazu sinnvoll, Vektoren zu suchen, deren Summe den Nullvektor ergibt (siehe Beispiel), um dann lineare Unabhängigkeiten oder andere gegebene Eigenschaften auszunutzen.

Beispiel:
Beweisen Sie: Ist ein Viereck ABCD ein Parallelogramm, so halbieren sich die Diagonalen.
Lösung:
1. Schritt:
Man zeichnet ein Parallelogramm ABCD, trägt die Diagonalen ein und kennzeichnet ihren Schnittpunkt (Fig. 1).

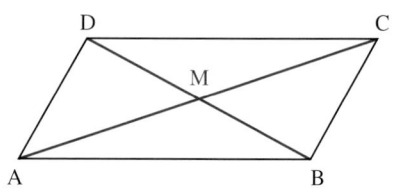
Fig. 1

2. Schritt:
Man drückt vektoriell die Voraussetzung aus: Die Seiten $\overline{AB}$ und $\overline{DC}$ sowie die Seiten $\overline{AD}$ und $\overline{BC}$ sind jeweils zueinander parallel (Fig. 2).

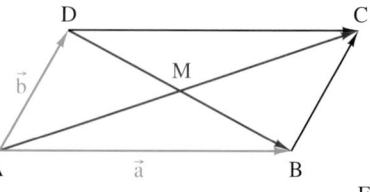
Fig. 2

$\vec{a} = \overrightarrow{AB} = \overrightarrow{DC}$ und $\vec{b} = \overrightarrow{AD} = \overrightarrow{BC}$
Ferner gilt: $\vec{a}$ und $\vec{b}$ sind linear unabhängig.

3. Schritt:
Man drückt vektoriell die Behauptung aus: Die Diagonalen werden von ihrem Schnittpunkt M halbiert.

$\overrightarrow{AM} = \overrightarrow{MC} = \frac{1}{2}\overrightarrow{AC}$ und $\overrightarrow{MB} = \overrightarrow{DM} = \frac{1}{2}\overrightarrow{DB}$

4. Schritt:
Für die „Diagonal"-Vektoren gilt:
Weiterhin ist:
Geschlossene Vektorkette:
Also ist:
Anwendung der Distributivgesetze ergibt:
Ausklammern von $\vec{a}$ und $\vec{b}$ ergibt:
Da $\vec{a}$ und $\vec{b}$ linear unabhängig sind, folgt:
und somit:
Aus $\overrightarrow{AM} = \frac{1}{2} \cdot \overrightarrow{AC}$ und $\overrightarrow{DM} = \frac{1}{2} \cdot \overrightarrow{DB}$ folgt:

$\overrightarrow{AC} = \vec{a} + \vec{b}; \ \overrightarrow{DB} = \vec{a} - \vec{b}$
$\overrightarrow{AM} = m \cdot \overrightarrow{AC}$ und $\overrightarrow{MB} = n \cdot \overrightarrow{DB}$ $(m, n \in \mathbb{R})$
$\overrightarrow{AM} + \overrightarrow{MB} + \overrightarrow{BA} = \vec{o}$
$m \cdot (\vec{a} + \vec{b}) + n \cdot (\vec{a} - \vec{b}) + (-\vec{a}) = \vec{o}$
$m \cdot \vec{a} + m \cdot \vec{b} + n \cdot \vec{a} - n \cdot \vec{b} - \vec{a} = \vec{o}$
$(m + n - 1) \cdot \vec{a} + (m - n) \cdot \vec{b} = \vec{o}$
$m + n - 1 = 0; \ m - n = 0$
$m = \frac{1}{2}; \ n = \frac{1}{2}$.
Die Diagonalen halbieren sich.

Die Aussage, dass die Seitenmitten eines „beliebigen" Vierecks Ecken eines Parallelogramms sind (Aufgabe 3), wurde 1731 von PIERRE VARIGNON aufgestellt.

VARIGNON war Professor am Collège Royal in Paris. Er veröffentlichte viele Arbeiten zur Mathematik und theoretischen Physik. Er entwickelte u. a. die Idee des Kräfteparallelogramms und prägte den Begriff Kraftmoment.

Erinnern Sie sich? Der Punkt S in Fig. 4 ist der

Aufgaben

1 Beweisen Sie:
Halbieren sich in einem Viereck ABCD die Diagonalen, so ist das Viereck ein Parallelogramm.

2 In einem Dreieck ABC sind M und N die Mittelpunkte der Seiten b und a (Fig. 1).
Beweisen Sie:
Die Strecke $\overline{MN}$ ist parallel zur Dreiecksseite c und halb so lang wie diese.

3 Hält man ein Gummiband wie in Fig. 2, so entsteht ein „Viereck im Raum", also ein Viereck, dessen Ecken nicht alle in einer Ebene liegen.
Beweisen Sie:
Die Seitenmitten dieses Vierecks sind die Eckpunkte eines Parallelogramms.

4 Gegeben ist eine Strecke $\overline{AB}$ mit dem Mittelpunkt M. P ist ein Punkt, der nicht auf der Strecke $\overline{AB}$ liegt.
Beweisen Sie: $2 \cdot \overrightarrow{MP} = \overrightarrow{PA} + \overrightarrow{PB}$ (Fig. 3).

5 Beweisen Sie:
a) In jedem Dreieck schneiden sich die Seitenhalbierenden in einem Punkt S. Dieser Punkt S teilt jede der Seitenhalbierenden im Verhältnis 2 : 1 (Fig. 4).
b) Sind $\vec{a}$, $\vec{b}$ und $\vec{c}$ die Ortsvektoren der Eckpunkte eines Dreiecks und $\vec{s}$ der Ortsvektor des Schnittpunktes der Seitenhalbierenden, dann gilt $\vec{s} = \frac{1}{3}(\vec{a} + \vec{b} + \vec{c})$.

6 In Fig. 5 teilt der Punkt E die Dreiecksseite $\overline{AB}$ im Verhältnis 2 : 1. Der Punkt S teilt die Strecke $\overline{CE}$ im Verhältnis 3 : 1.
Die Gerade durch die Punkte A und S schneidet die Dreiecksseite $\overline{BC}$ im Punkt F.
a) In welchem Verhältnis teilt der Punkt F die Dreiecksseite $\overline{BC}$?
b) In welchem Verhältnis teilt der Punkt S die Strecke $\overline{AF}$?

7 In Fig. 6 teilt der Punkt E die Rechtecksseite $\overline{BC}$ im Verhältnis 4 : 1. Der Punkt F ist Mittelpunkt der Seite $\overline{CD}$. In welchem Verhältnis teilt der Punkt S die Strecke $\overline{AE}$ ($\overline{BF}$)?

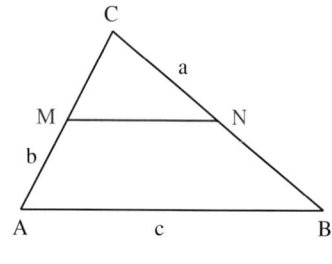

Fig. 1

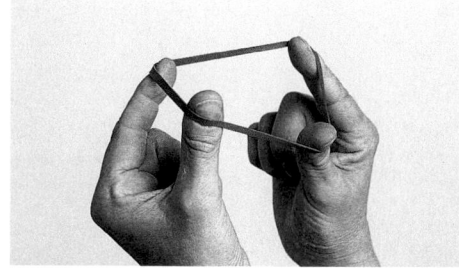

Fig. 2

Fig. 3

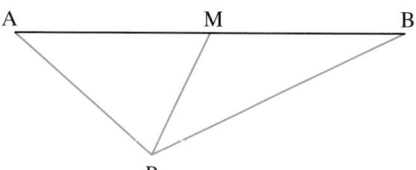

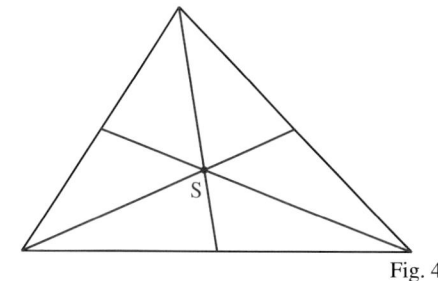

Fig. 4

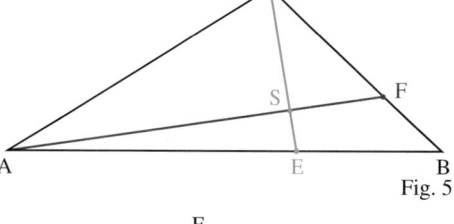

Fig. 5

Fig. 6

213

7 Vermischte Aufgaben

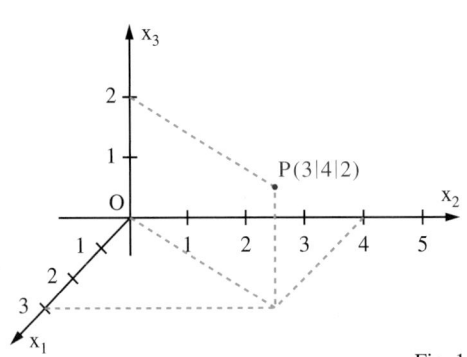

Fig. 1

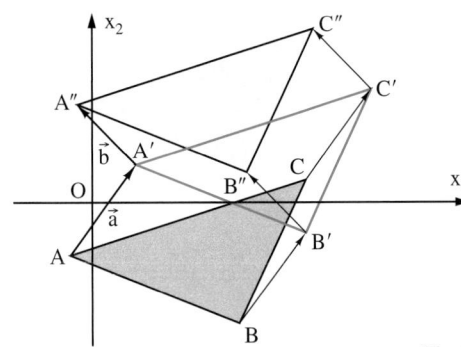

Fig. 2

1 Tragen Sie wie in Fig. 1 die Punkte A(7|3|5), B(−2|4|−1), C(2|−3|4) und D(−6|−5|−3) in ein Koordinatensystem ein.

Wie erkennt man ohne Zeichnung, dass das Viereck ABCD mit A(2|5), B(2|2), C(5|0) und D(5|6) ein Trapez ist?

2 Zeichnen Sie in ein Koordinatensystem das Dreieck ABC ein und verschieben Sie dieses Dreieck wie in Fig. 2 nacheinander mit den Vektoren $\vec{a}$ und $\vec{b}$. Überprüfen Sie das Ergebnis Ihrer Zeichnung rechnerisch.

a) A(1|0), B(5|1), C(3|4); $\vec{a} = \begin{pmatrix} -1 \\ 3 \end{pmatrix}$, $\vec{b} = \begin{pmatrix} 4 \\ 2 \end{pmatrix}$

b) A(−2|−2), B(3|−3), C(0|5); $\vec{a} = \begin{pmatrix} 1 \\ 1 \end{pmatrix}$, $\vec{b} = \begin{pmatrix} 3 \\ 4 \end{pmatrix}$

3 Bei einem geraden dreiseitigen Prisma ABCDEF sind A, B und C die Ecken der Grundfläche. Die Höhe des Prismas beträgt 5 (Längeneinheiten). Bestimmen Sie die Koordinaten der Punkte D, E und F, wenn

a) A(2|0|3), B(1|0|7), C(−7|0|3),   b) A(2|0|3), B(6|2|3), C(3|3|3).

4 Die Verschiebung durch den Vektor $\vec{a} = \begin{pmatrix} 2 \\ 1 \\ 3 \end{pmatrix}$ bildet den Punkt P auf den Punkt P′ ab.

Berechnen Sie die Koordinaten des Punktes P′.   a) P(1|0|0) b) P(3|1|0) c) P(−2|−4|−1)

5 Stellen Sie den Vektor $\begin{pmatrix} 2 \\ 5 \\ -1 \end{pmatrix}$ als Linearkombination der Vektoren $\vec{a}, \vec{b}$ und $\vec{c}$ dar.

a) $\vec{a} = \begin{pmatrix} 1 \\ 2 \\ 2 \end{pmatrix}$, $\vec{b} = \begin{pmatrix} 3 \\ 2 \\ 1 \end{pmatrix}$, $\vec{c} = \begin{pmatrix} -1 \\ 1 \\ 5 \end{pmatrix}$ b) $\vec{a} = \begin{pmatrix} 1 \\ 0 \\ 4 \end{pmatrix}$, $\vec{b} = \begin{pmatrix} 0 \\ 5 \\ 3 \end{pmatrix}$, $\vec{c} = \begin{pmatrix} 2 \\ 7 \\ 0 \end{pmatrix}$

6 Zeigen Sie: Wenn für vier Punkte ABCD gilt $\overrightarrow{AB} = \overrightarrow{CD}$, dann gilt auch $\overrightarrow{AC} = \overrightarrow{BD}$.

Wie muss x gewählt werden, damit $\vec{c} = \begin{pmatrix} 1 \\ 4 \end{pmatrix}$ nicht als Linearkombination von $\vec{a} = \begin{pmatrix} 2 \\ 3 \end{pmatrix}$ und $\vec{b} = \begin{pmatrix} x \\ 6 \end{pmatrix}$ dargestellt werden kann?

7 Untersuchen Sie die Vektoren auf lineare Unabhängigkeit bzw. lineare Abhängigkeit.

a) $\begin{pmatrix} 1 \\ 5 \end{pmatrix}, \begin{pmatrix} 3 \\ 4 \end{pmatrix}$ b) $\begin{pmatrix} 2 \\ 5 \end{pmatrix}, \begin{pmatrix} -4 \\ -10 \end{pmatrix}$ c) $\begin{pmatrix} 9 \\ 15 \end{pmatrix}, \begin{pmatrix} 12 \\ 20 \end{pmatrix}$ d) $\begin{pmatrix} 1 \\ -1 \end{pmatrix}, \begin{pmatrix} 0 \\ 1 \end{pmatrix}$ e) $\begin{pmatrix} 2 \\ 3 \end{pmatrix}, \begin{pmatrix} 4 \\ 7 \end{pmatrix}, \begin{pmatrix} 5 \\ 1 \end{pmatrix}$

f) $\begin{pmatrix} 1 \\ 2 \\ 3 \end{pmatrix}, \begin{pmatrix} 4 \\ 8 \\ 12 \end{pmatrix}$ g) $\begin{pmatrix} 15 \\ 9 \\ 12 \end{pmatrix}, \begin{pmatrix} 35 \\ 21 \\ 49 \end{pmatrix}$ h) $\begin{pmatrix} 2 \\ 3 \\ 4 \end{pmatrix}, \begin{pmatrix} 4 \\ 3 \\ 2 \end{pmatrix}, \begin{pmatrix} 0 \\ 0 \\ 1 \end{pmatrix}$ i) $\begin{pmatrix} 0 \\ 0 \\ 0 \end{pmatrix}, \begin{pmatrix} 6 \\ 7 \\ 8 \end{pmatrix}, \begin{pmatrix} 1 \\ -7 \\ 15 \end{pmatrix}$ j) $\begin{pmatrix} 1 \\ 0 \\ 0 \end{pmatrix}, \begin{pmatrix} 0 \\ 1 \\ 1 \end{pmatrix}, \begin{pmatrix} 1 \\ 1 \\ 1 \end{pmatrix}$

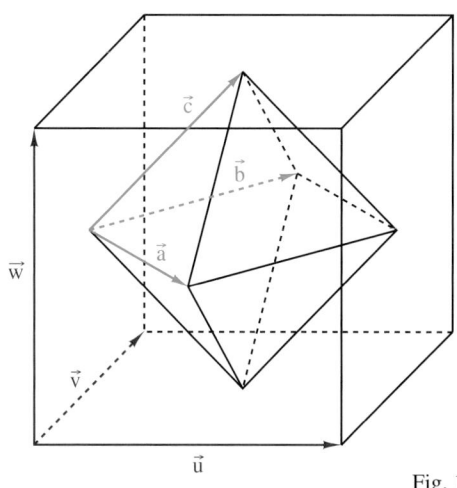

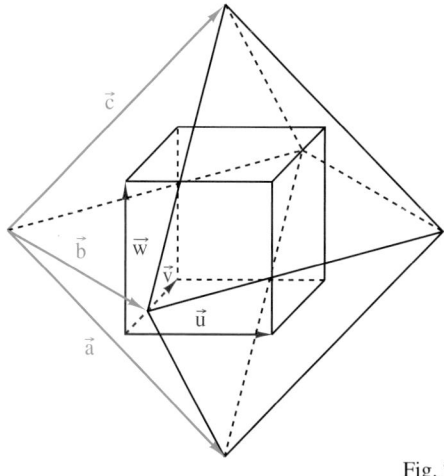

Fig. 1   Fig. 2

8 Fig. 1 zeigt einen Würfel und ein einbeschriebenes Oktaeder. Die Ecken des Oktaeders sind die Schnittpunkte der Diagonalen der Seitenflächen des Würfels. Stellen Sie die Vektoren $\vec{a}$, $\vec{b}$ und $\vec{c}$ jeweils als Linearkombination der Vektoren $\vec{u}$, $\vec{v}$ und $\vec{w}$ dar.

9 Fig. 2 zeigt ein Oktaeder, dem ein Würfel einbeschrieben wurde. Die Ecken des Würfels sind die Schnittpunkte der Seitenhalbierenden der Dreiecksseiten des Oktaeders. Stellen Sie die Vektoren $\vec{u}$, $\vec{v}$ und $\vec{w}$ jeweils als Linearkombination der Vektoren $\vec{a}$, $\vec{b}$ und $\vec{c}$ dar.

10 Die Vektoren $\vec{a}$, $\vec{b}$ und $\vec{c}$ sind linear unabhängig. Wie müssen die Zahlen r, s, t gewählt werden, damit gilt:
a) $(1 - r)\vec{a} + (r + s)\vec{b} + (r + s + 2t)\vec{c} = \vec{o}$;
b) $(5 - 0{,}25\,t)\vec{a} + (0{,}2\,t - s + 0{,}375\,r)\vec{b} + (3\,s + 6)\vec{c} = \vec{o}$;
c) $(3\,r + 4\,s)\vec{a} + s\vec{b} + (2\,s + 7\,t)\vec{c} = 2t\vec{b} + r\vec{c} - 3\,t\vec{a}$;
d) $(r + 2\,s)\vec{a} + t\vec{b} + 2s\vec{c} = 5\vec{a} + (6 + 3\,s)\vec{b} + (18 + t)\vec{c}$?

11 Die Vektoren $\vec{a}$, $\vec{b}$ und $\vec{c}$ sind linear unabhängig. Zeigen Sie die lineare Unabhängigkeit der Vektoren
a) $\vec{a} + 2\vec{c}$, $\vec{a} - \vec{b} - \vec{c}$ und $\vec{a} + \vec{b} + \vec{c}$,
b) $2\vec{a} + 3\vec{b} + 5\vec{c}$, $\vec{a} + 2\vec{b} - \vec{c}$ und $\vec{b}$,
c) $\vec{a} + 2\vec{b}$, $3\vec{a} - \vec{c}$ und $\vec{b} + \vec{c}$,
d) $\vec{a}$, $3\vec{a} + 2\vec{b} - 7\vec{c}$ und $3\vec{b} - \vec{c}$,
e) $\vec{a} + \vec{c}$, $\vec{b} - \vec{c}$ und $\vec{c} - \vec{a}$,
f) $5\vec{a} - \vec{b} + \vec{c}$, $\vec{a} + 2\vec{b} + \vec{c}$ und $\vec{a} - 3\vec{c}$.

Tipp zu Aufgabe 12:
Vier Punkte A, B, C und D liegen in einer Ebene, wenn die Vektoren $\overrightarrow{AB}$, $\overrightarrow{AC}$ und $\overrightarrow{AD}$ linear abhängig sind.

12 Vertauscht man die Koordinaten des Punktes $P(1|2|3)$ auf alle möglichen Arten, so erhält man die Koordinaten von sechs verschiedenen Punkten. Zeigen Sie, dass diese sechs Punkte alle in einer Ebene liegen.

13 In einem Parallelogramm ABCD liegt ein Punkt T auf der Seite $\overline{BC}$. S ist der Schnittpunkt der Diagonalen $\overline{BD}$ und der Strecke $\overline{AT}$ (Fig. 3).
Beweisen Sie:
Wenn T die Strecke $\overline{BC}$ im Verhältnis 1 : 2 teilt, dann teilt S die Strecke $\overline{BD}$ im Verhältnis 1 : 3 und die Strecke $\overline{AT}$ im Verhältnis 3 : 1.

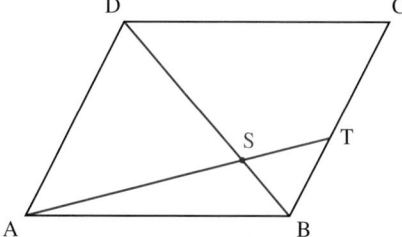

Fig. 3

215

Mathematische Exkursionen

Vektoren – mehr als Verschiebungen

In der analytischen Geometrie meinen wir mit dem Begriff Vektor stets eine Verschiebung. Die Eigenschaften und Gesetze, die in Kapitel VIII für die Verschiebungen erarbeitet wurden, gelten jedoch auch für viele andere Objekte. Solche Objekte nennt man allgemein Vektoren und eine Menge von solchen Objekten bezeichnet man als Vektorraum. Die folgende Liste gibt die Eigenschaften und Rechengesetze bezüglich Vektoren in allgemeiner Form an:

Eine nicht leere Menge V nennt man einen Vektorraum und ihre Elemente **Vektoren**, wenn gilt:

1. Es gibt eine „Addition", die jeweils zwei Vektoren $\vec{a}$ und $\vec{b}$ einen Vektor $\vec{a} \oplus \vec{b}$ als „Summe" zuordnet.
   Hierbei gilt für alle $\vec{a}, \vec{b}, \vec{c} \ldots$ aus V:

   1.1 Es gibt ein „Nullelement" $\vec{o}$ aus V mit der Eigenschaft $\vec{a} \oplus \vec{o} = \vec{o} \oplus \vec{a}$.

   1.2 Zu jedem Element $\vec{a}$ aus V gibt es ein „Gegenelement" $-\vec{a}$ aus V mit $\vec{a} \oplus -\vec{a} = -\vec{a} \oplus \vec{a} = \vec{o}$.

   1.3 Es gelten das Assoziativgesetz und das Kommutativgesetz: $\vec{a} \oplus (\vec{b} \oplus \vec{c}) = (\vec{a} \oplus \vec{b}) \oplus \vec{c}$ und $\vec{a} \oplus \vec{b} = \vec{b} \oplus \vec{a}$.

2. Es gibt eine „Multiplikation", die jeweils einer rellen Zahl r und einem Vektor $\vec{a}$ einen Vektor $r \odot \vec{a}$ zuordnet.
   Hierbei gelten für alle reellen Zahlen r, s, … und alle $\vec{a}, \vec{b}, \ldots$ aus V:

   2.1 die Distributivgesetze
   $r \odot (\vec{a} \oplus \vec{b}) = (r \odot \vec{a}) \oplus (r \odot \vec{b}); \ (r + s) \odot \vec{a} = (r \odot \vec{a}) \oplus (s \odot \vec{a})$

   2.2 das Assoziativgesetz $r \odot (s \odot \vec{a}) = (r \cdot s) \odot \vec{a}$

   2.3 $1 \odot \vec{a} = \vec{a}$

Beispiel: Verschiebungen

$\oplus$ entspricht der Addition (Hintereinanderausführung) zweier Verschiebungen, vergleiche Seite 199

vergleiche „Nullvektor" Seite 192

vergleiche „Gegenvektor" Seite 200

vergleiche Kasten Seite 200

$\odot$ entspricht der Multiplikation einer Verschiebung mit einer reellen Zahl, vergleiche Seite 203.

vergleiche Kasten Seite 204

Vektoren, die Polynome sind

Ist $n \in \mathbb{N}$ fest gewählt, so ist die Menge der Polynome maximal n-ten Grades $P_n = \{a_n \cdot x^n + a_{n-1} x^{n-1} + \ldots + a_1 \cdot x + a_0 \mid a_i \in \mathbb{R}\}$ zusammen mit den Verknüpfungen $(a_n \cdot x^n + \ldots + a_1 \cdot x + a_0) \oplus (b_n \cdot x^n + \ldots + b_1 \cdot x + b_0) = (a_n + b_n) \cdot x^n + \ldots + (a_1 + b_1) \cdot x + (a_0 + b_0)$ und $r \odot (a_n \cdot x^n + \ldots + a_1 \cdot x + a_0) = r \cdot a_n \cdot x^n + \ldots + r \cdot a_1 \cdot x + r \cdot a_0; \ r \in \mathbb{R}$, ein Vektorraum.

Vektoren, die magische Quadrate sind

Eine quadratische Matrix heißt magisches Quadrat, wenn die Summen der Zahlen in jeder Spalte, jeder Zeile und jeder Diagonalen gleich sind. Fig. 1 zeigt ein magisches Quadrat, das in DÜRERS Kupferstich „Melencolia I" abgebildet ist.
Addiert man zwei magische Quadrate so:

$$\begin{pmatrix} 0 & 1 & 2 \\ 3 & 1 & -1 \\ 0 & 1 & 2 \end{pmatrix} \oplus \begin{pmatrix} 2 & 9 & 4 \\ 7 & 5 & 3 \\ 6 & 1 & 8 \end{pmatrix} = \begin{pmatrix} 0+2 & 1+9 & 2+4 \\ 3+7 & 1+5 & -1+3 \\ 0+6 & 1+1 & 2+8 \end{pmatrix} = \begin{pmatrix} 2 & 10 & 6 \\ 10 & 6 & 2 \\ 6 & 2 & 10 \end{pmatrix}$$

bzw. multipliziert man ein magisches Quadrat mit einer reellen Zahl so:

$$4 \odot \begin{pmatrix} 0 & 1 & 2 \\ 3 & 1 & -1 \\ 0 & 1 & 2 \end{pmatrix} = \begin{pmatrix} 4 \cdot 0 & 4 \cdot 1 & 4 \cdot 2 \\ 4 \cdot 3 & 4 \cdot 1 & 4 \cdot (-1) \\ 4 \cdot 0 & 4 \cdot 1 & 4 \cdot 2 \end{pmatrix} = \begin{pmatrix} 0 & 4 & 8 \\ 12 & 4 & -4 \\ 0 & 4 & 8 \end{pmatrix},$$

dann erhält man wieder ein magisches Quadrat (warum?).
Es gilt: Ist $n \in \mathbb{N}$ fest gewählt, dann ist die Menge aller magischen Quadrate mit n Zeilen und n Spalten zusammen mit der oben beschriebenen Addition und Multiplikation ein Vektorraum.

Fig. 1

Vektoren in Spaltenschreibweise:

In Kapitel VIII wurden auch Vektoren in Spaltenschreibweise eingeführt. Eine Reihe von alltäglichen Überlegungen kann man mit solchen Vektoren beschreiben. Eine Firma, die zum Beispiel Computer mit gleichen Komponenten zusammenbaut, kann für jeden PC-Typ einen Vektor aufstellen, der die jeweilige Anzahl dieser Komponenten angibt. Kennt man die Anzahlen der jeweils herzustellenden PCs, so kann man mithilfe einer Linearkombination darstellen, wie viele von den Komponenten für eine „just-in-time"-Lieferung benötigt werden (Fig. 1):

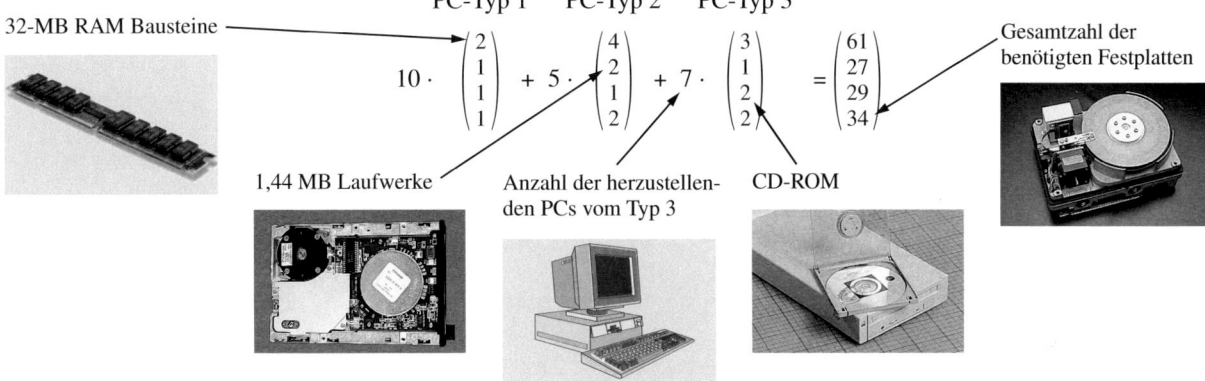

32-MB RAM Bausteine

PC-Typ 1   PC-Typ 2   PC-Typ 3

$$10 \cdot \begin{pmatrix} 2 \\ 1 \\ 1 \\ 1 \end{pmatrix} + 5 \cdot \begin{pmatrix} 4 \\ 2 \\ 1 \\ 2 \end{pmatrix} + 7 \cdot \begin{pmatrix} 3 \\ 1 \\ 2 \\ 2 \end{pmatrix} = \begin{pmatrix} 61 \\ 27 \\ 29 \\ 34 \end{pmatrix}$$

Gesamtzahl der benötigten Festplatten

1,44 MB Laufwerke   Anzahl der herzustellenden PCs vom Typ 3   CD-ROM

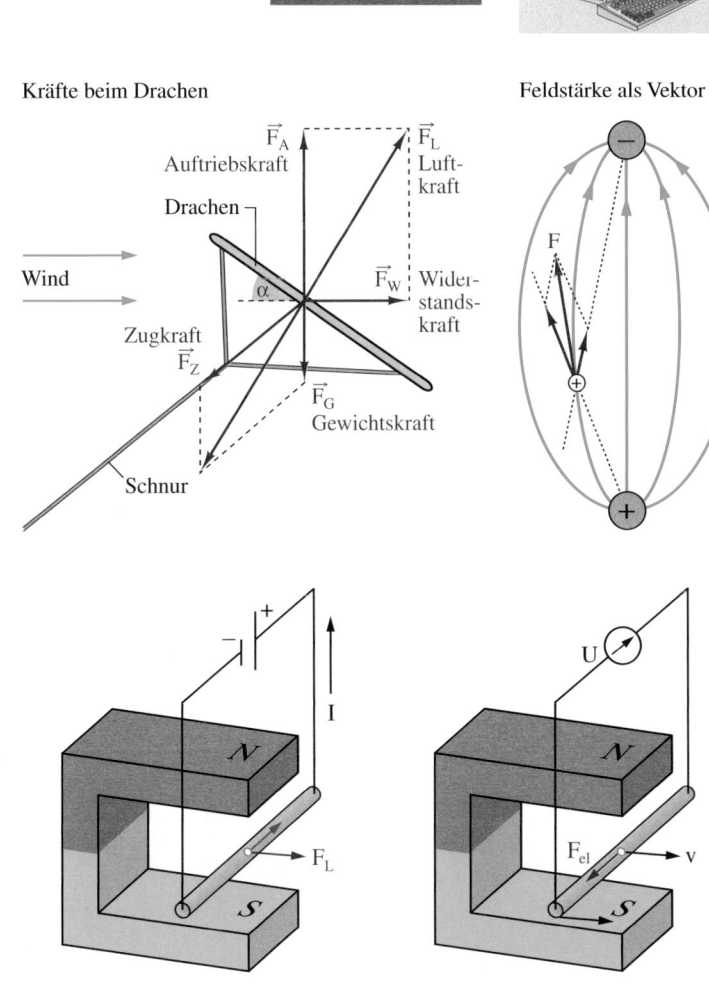

Kräfte beim Drachen

$\vec{F}_A$ Auftriebkraft
$\vec{F}_L$ Luftkraft
Drachen
Wind
$\vec{F}_W$ Widerstandskraft
Zugkraft $\vec{F}_Z$
$\vec{F}_G$ Gewichtskraft
Schnur
α

Feldstärke als Vektor

F

Vektoren in der Physik

In der Physik unterscheidet man zwischen **skalaren Größen** und **vektoriellen Größen**. Skalare Größen sind durch die Angabe einer Maßzahl und einer Einheit vollständig beschrieben (z. B. Zeit oder Masse).
Zur kompletten Charakterisierung von vektoriellen Größen benötigt man außer der Angabe einer Maßzahl und einer Einheit noch eine Richtung. Vektorielle Größen werden oft mithilfe von Pfeilen angegeben.

Erläuterung zur elektrischen Feldstärke:
Erfährt ein Körper mit der elektrischen Ladung Q in einem Punkt des elektrischen Feldes die Kraft $\vec{F}$, so wird der Quotient $\frac{\vec{F}}{Q}$ als elektrische Feldstärke $\vec{E}$ in diesem Punkt bezeichnet.

Induktion

Wird die Leiterschaukel an eine Gleichstromquelle angeschlossen, so wird sie ausgelenkt.

Ursache dafür ist die **Lorentzkraft**. Umgekehrt ist zwischen den Enden der Leiterschaukel eine Spannung nachweisbar, sobald die Schaukel mit der Hand im Magnetfeld bewegt wird.
Dieser Vorgang heißt **Induktion**.

I

N

F_L

S

U

N

F_{el} v

S

217

Die Vektoren $\vec{a}$ und $\vec{b}$ sind **gleich** ($\vec{a} = \vec{b}$), wenn die Pfeile von $\vec{a}$ und $\vec{b}$ zueinander parallel, gleich lang und gleich gerichtet sind.
Sind die Pfeile zweier Vektoren $\vec{a}$ und $\vec{b}$ zueinander parallel und gleich lang, aber entgegengesetzt gerichtet, so heißt $\vec{a}$ **Gegenvektor** zu $\vec{b}$ und es gilt: $\vec{a} = -\vec{b}$ und $\vec{b} = -\vec{a}$.

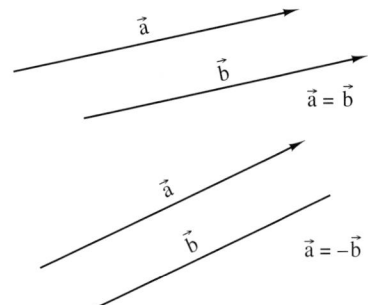

Addition und Subtraktion von Vektoren
Sind die Koordinaten zweier Vektoren $\vec{a}$ und $\vec{b}$ gegeben, so gilt:

$$\vec{a} + \vec{b} = \begin{pmatrix} a_1 \\ a_2 \\ a_3 \end{pmatrix} + \begin{pmatrix} b_1 \\ b_2 \\ b_3 \end{pmatrix} = \begin{pmatrix} a_1 + b_1 \\ a_2 + b_2 \\ a_3 + b_3 \end{pmatrix},$$

$$\vec{a} - \vec{b} = \begin{pmatrix} a_1 \\ a_2 \\ a_3 \end{pmatrix} - \begin{pmatrix} b_1 \\ b_2 \\ b_3 \end{pmatrix} = \begin{pmatrix} a_1 - b_1 \\ a_2 - b_2 \\ a_3 - b_3 \end{pmatrix}.$$

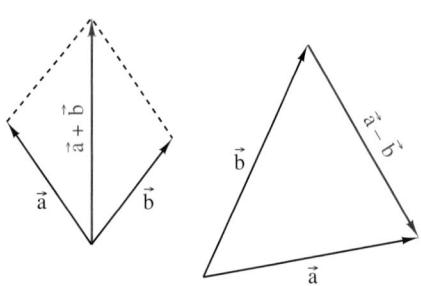

Multiplikation eines Vektors mit einer Zahl

Für einen Vektor $\begin{pmatrix} a_1 \\ a_2 \\ a_3 \end{pmatrix}$ und eine reelle Zahl r gilt: $r \cdot \begin{pmatrix} a_1 \\ a_2 \\ a_3 \end{pmatrix} = \begin{pmatrix} r \cdot a_1 \\ r \cdot a_2 \\ r \cdot a_3 \end{pmatrix}.$

Rechengesetze
Für alle Vektoren $\vec{a}$, $\vec{b}$, $\vec{c}$ einer Ebene oder des Raumes und alle reelle Zahlen r, s gelten:

$\vec{a} + \vec{b} = \vec{b} + \vec{a}$	(**Kommutativgesetz**)
$\vec{a} + \vec{b} + \vec{c} = (\vec{a} + \vec{b}) + \vec{c} = \vec{a} + (\vec{b} + \vec{c})$	(**Assoziativgesetz**)
$r \cdot (s \cdot \vec{a}) = (r \cdot s) \cdot \vec{a}$	(**Assoziativgesetz**)
$r \cdot (\vec{a} + \vec{b}) = r \cdot \vec{a} + r \cdot \vec{b}$; $(r + s) \cdot \vec{a} = r \cdot \vec{a} + s \cdot \vec{a}$	(**Distributivgesetze**)

$$\begin{pmatrix} 3 \\ 2 \\ -7 \end{pmatrix} + \begin{pmatrix} 5 \\ -1 \\ 4 \end{pmatrix} = \begin{pmatrix} 3 + 5 \\ 2 + (-1) \\ (-7) + 4 \end{pmatrix} = \begin{pmatrix} 8 \\ 1 \\ -3 \end{pmatrix}$$

$$\begin{pmatrix} 3 \\ 2 \\ -7 \end{pmatrix} - \begin{pmatrix} 5 \\ -1 \\ 4 \end{pmatrix} = \begin{pmatrix} 3 - 5 \\ 2 - (-1) \\ (-7) - 4 \end{pmatrix} = \begin{pmatrix} -2 \\ 3 \\ -11 \end{pmatrix}$$

$$5 \cdot \begin{pmatrix} 4 \\ 2 \\ -3 \end{pmatrix} = \begin{pmatrix} 5 \cdot 4 \\ 5 \cdot 2 \\ 5 \cdot (-3) \end{pmatrix} = \begin{pmatrix} 20 \\ 10 \\ -15 \end{pmatrix}$$

Einen Ausdruck der Art $r_1 \cdot \vec{a_1} + r_2 \cdot \vec{a_2} + \ldots + r_n \cdot \vec{a_n}$ $(n \in \mathbb{N})$ nennt man eine **Linearkombination** der Vektoren $\vec{a_1}, \vec{a_2}, \ldots, \vec{a_n}$; die reellen Zahlen $r_1, r_2, \ldots, r_n$ heißen **Koeffizienten**.

Lineare Abhängigkeit von Vektoren
Die Vektoren $\vec{a_1}, \vec{a_2}, \ldots, \vec{a_n}$ heißen **linear abhängig**, wenn mindestens einer dieser Vektoren als Linearkombination der anderen darstellbar ist; andernfalls heißen die Vektoren **linear unabhängig**.
Die Vektoren $\vec{a_1}, \vec{a_2}, \ldots, \vec{a_n}$ sind genau dann linear unabhängig, wenn die Gleichung $r_1 \cdot \vec{a_1} + r_2 \cdot \vec{a_2} + \ldots + r_n \cdot \vec{a_n} = \vec{o}$ $(r_1, r_2, \ldots, r_n \in \mathbb{R})$ genau eine Lösung mit $r_1 = r_2 = \ldots = r_n = 0$ besitzt.

Zwei Vektoren sind genau dann linear abhängig, wenn ihre Pfeile zueinander parallel sind.
Drei Vektoren sind genau dann linear abhängig, wenn es von jedem Vektor einen Pfeil gibt, so dass diese drei Pfeile in einer Ebene liegen.

Drei oder mehr Vektoren einer Ebene sind stets linear abhängig.
Vier oder mehr Vektoren des Raumes sind stets linear abhängig.

Die Vektoren $\vec{a}$ und $5\vec{a}$ sind linear abhängig

Die Vektoren $\begin{pmatrix} 2 \\ -2 \\ 4 \end{pmatrix}$, $\begin{pmatrix} 3 \\ 0 \\ 1 \end{pmatrix}$, $\begin{pmatrix} 1 \\ 1 \\ -0{,}5 \end{pmatrix}$

sind linear unabhängig, denn die Gleichung

$$r \cdot \begin{pmatrix} 2 \\ -2 \\ 4 \end{pmatrix} + s \cdot \begin{pmatrix} 3 \\ 0 \\ 1 \end{pmatrix} + t \cdot \begin{pmatrix} 1 \\ 1 \\ -0{,}5 \end{pmatrix} = \begin{pmatrix} 0 \\ 0 \\ 0 \end{pmatrix}$$

hat als einzige Lösung $r = s = t = 0$.

218

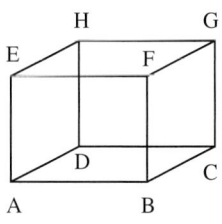

Fig. 1

1 Ein Quader hat die Ecken A, B, C, D, E, F, G und H (Fig. 1). Mithilfe dieser Ecken kann man Pfeile längs der Diagonalen der Seitenflächen festlegen, z. B. den Pfeil von A nach F.
a) Wie viele solcher Pfeile gibt es?
b) Wie viele verschiedene Vektoren legen diese Pfeile fest?
c) Welche Vektoren sind zueinander Gegenvektoren?

2 Bestimmen Sie rechnerisch und zeichnerisch jeweils die Summe und eine Differenz der Vektoren $\begin{pmatrix} -4 \\ 3 \end{pmatrix}$ und $\begin{pmatrix} 3 \\ 1 \end{pmatrix}$.

3 Vereinfachen Sie.
a) $3\vec{a} + 2\vec{a}$
b) $11\vec{c} - 15\vec{c} + 6\vec{c}$
c) $9\vec{d} - \vec{e} + \vec{d} - 6\vec{e}$
d) $5{,}2\vec{u} - 7{,}3\vec{v} - 2{,}5\vec{u} + 4\vec{v}$
e) $3{,}6\vec{a} + 4{,}7\vec{b} - 8{,}2\vec{c} + 5{,}7\vec{a} - 3{,}9\vec{c} + 2{,}5\vec{b} + \vec{a} - \vec{c}$

4 Stellen Sie $\vec{a} = \begin{pmatrix} 1 \\ 2 \\ 4 \end{pmatrix}$ als Linearkombination der Vektoren $\begin{pmatrix} 1 \\ 2 \\ 1 \end{pmatrix}, \begin{pmatrix} 0 \\ 1 \\ 1 \end{pmatrix}, \begin{pmatrix} 3 \\ 2 \\ 0 \end{pmatrix}$ dar.

5 Fig. 2 zeigt ein regelmäßiges Sechseck, in das Pfeile von Vektoren eingezeichnet wurden.
a) Drücken Sie die Vektoren $\vec{c}$, $\vec{d}$ und $\vec{e}$ jeweils durch die beiden Vektoren $\vec{a}$ und $\vec{b}$ aus.
b) Drücken Sie die Vektoren $\vec{a}$, $\vec{b}$ und $\vec{c}$ jeweils durch die beiden Vektoren $\vec{d}$ und $\vec{e}$ aus.

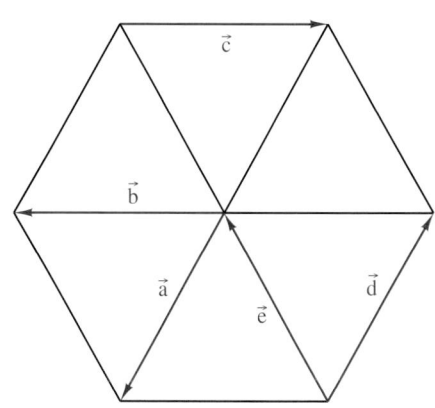

Fig. 2

6 Sind die Vektoren linear abhängig oder linear unabhängig?
Stellen Sie, falls möglich, einen Vektor als Linearkombination der anderen dar.

a) $\begin{pmatrix} 2 \\ -2 \\ 4 \end{pmatrix}, \begin{pmatrix} 1 \\ 1 \\ 2 \end{pmatrix}, \begin{pmatrix} 2 \\ 0 \\ -1 \end{pmatrix}$
b) $\begin{pmatrix} 1 \\ -1 \\ -3 \end{pmatrix}, \begin{pmatrix} 4 \\ 0 \\ 1 \end{pmatrix}, \begin{pmatrix} -2 \\ 2 \\ -7 \end{pmatrix}$
c) $\begin{pmatrix} 5 \\ 7 \\ -9 \end{pmatrix}, \begin{pmatrix} 0 \\ 0 \\ 0 \end{pmatrix}, \begin{pmatrix} -1 \\ -4 \\ 3 \end{pmatrix}$

7 Wie kann die reelle Zahl a gewählt werden, damit die Vektoren linear abhängig sind?

a) $\begin{pmatrix} 12 \\ 4 \end{pmatrix}, \begin{pmatrix} a \\ 8 \end{pmatrix}$
b) $\begin{pmatrix} 7 \\ 8 \end{pmatrix}, \begin{pmatrix} 3 \\ a \end{pmatrix}$
c) $\begin{pmatrix} 9a \\ 3a \end{pmatrix}, \begin{pmatrix} a \\ 1 \end{pmatrix}$

d) $\begin{pmatrix} 4 \\ 4 \\ 8 \end{pmatrix}, \begin{pmatrix} -3 \\ -3 \\ a \end{pmatrix}, \begin{pmatrix} a \\ a \\ -12 \end{pmatrix}$
e) $\begin{pmatrix} a^3 \\ a^2 \\ a \end{pmatrix}, \begin{pmatrix} 1 \\ 1 \\ 1 \end{pmatrix}, \begin{pmatrix} 27 \\ 9 \\ a^5 \end{pmatrix}$
f) $\begin{pmatrix} -2 \\ a \\ a-4 \end{pmatrix}, \begin{pmatrix} 3 \\ a \\ a-3 \end{pmatrix}, \begin{pmatrix} 4 \\ a \\ a+8 \end{pmatrix}$

8 Die Vektoren $\vec{a}$, $\vec{b}$ und $\vec{c}$ sind linear unabhängig.
Zeigen Sie, dass dann auch die Vektoren $\vec{a} + \vec{b}$, $\vec{b} + \vec{c}$ und $\vec{a} + \vec{c}$ linear unabhängig sind.

9 Beweisen Sie:
Verbindet man eine Ecke eines Parallelogramms mit den Mitten der nicht anliegenden Seiten, so dritteln diese Strecken die sie schneidende Diagonale (Fig. 3).

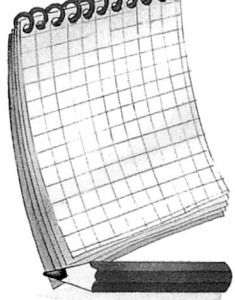

Die Lösungen zu den Aufgaben dieser Seite finden Sie auf Seite 440/441.

Fig. 3

219

1 Vektorielle Darstellung von Geraden

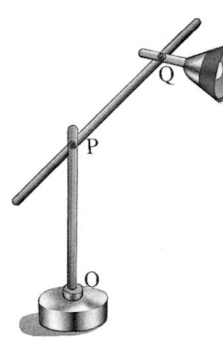

1 Die beiden Stangen der Lampe können an den Stellen O und P verstellt und fixiert werden. Der Befestigungspunkt Q des Strahlers kann mithilfe einer Schraube entlang der Querstange verschoben werden.

a) Was wird festgelegt, wenn man die Schrauben an den Stellen O und P zudreht?

b) Wo liegen alle möglichen Positionen des Befestigungspunktes Q, wenn man die Stangen in P und O fixiert hat?

c) Wie kann man mithilfe zweier Vektoren, deren Pfeile jeweils zu einer der Stangen parallel sind, alle möglichen Stellen Q angeben?

Die Lösungsmenge einer linearen Gleichung der Form $x_2 = a x_1 + b$ kann man als Gerade der Zeichenebene darstellen. Mithilfe von Vektoren ist es möglich, sowohl Geraden der Zeichenebene als auch Geraden im Raum algebraisch zu beschreiben. Hierzu betrachtet man die Ortsvektoren der Punkte einer Geraden.

Beachten Sie:
Die Überlegungen zu Fig. 1 und Fig. 2 gelten sowohl für Geraden einer Ebene als auch für Geraden des Raumes. Deshalb wurden nicht die Koordinatenachsen, sondern nur ihr Schnittpunkt O, der Ursprung, angegeben. Man kann sich also jeweils ein zwei- oder dreidimensionales Koordinatensystem hinzudenken.

Ist ein Vektor Ortsvektor eines Geradenpunktes, so kann er als Stützvektor dieser Geraden verwendet werden.
Liegen zwei Punkte P und Q (P ≠ Q) auf einer Geraden, so kann der Vektor $\overrightarrow{PQ}$ als Richtungsvektor dieser Geraden verwendet werden.

Fig. 1 verdeutlicht: Sind P und Q zwei Punkte einer Geraden g, so gilt:
Ein beliebig gewählter Punkt X von g hat den Ortsvektor $\vec{x}$ mit $\vec{x} = \overrightarrow{OP} + \overrightarrow{PX}$.
Somit gilt: $\vec{x} = \overrightarrow{OP} + t \cdot \overrightarrow{PQ}$ mit einer reellen Zahl t.
Bezeichnet man den Vektor $\overrightarrow{OP}$ mit $\vec{p}$ und den Vektor $\overrightarrow{PQ}$ mit $\vec{u}$, so ist $\vec{x} = \vec{p} + t \cdot \vec{u}$ (t ∈ ℝ).

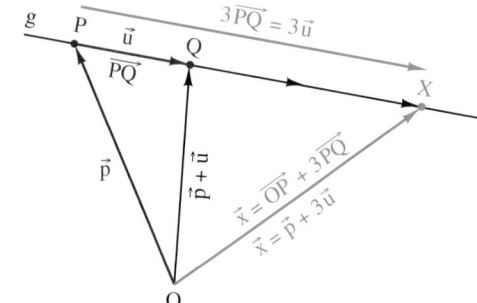

Fig. 1

Der Vektor $\vec{p}$ heißt **Stützvektor** von g, weil sein Pfeil von O nach P die Gerade g „in dem Punkt P stützt".
Der Vektor $\vec{u}$ heißt **Richtungsvektor** von g, weil er die „Richtung" der Geraden g festlegt.

Fig. 2 verdeutlicht:
Sind zwei Vektoren $\vec{p}$ und $\vec{u}$ ($\vec{u} \neq \vec{o}$) gegeben, so gilt:
Alle Punkte X, für deren Ortsvektoren $\vec{x}$ gilt $\vec{x} = \vec{p} + t \cdot \vec{u}$ (t ∈ ℝ), liegen auf einer gemeinsamen Geraden.

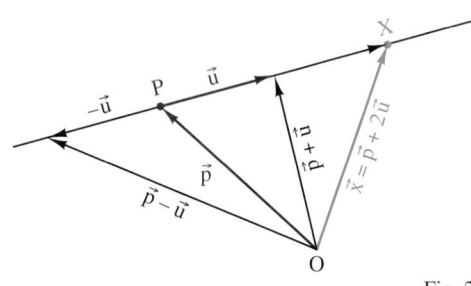

Fig. 2

Zusammenfassend sagt man:

Satz: Jede Gerade lässt sich durch eine Gleichung der Form
$$\vec{x} = \vec{p} + t \cdot \vec{u} \quad (t \in \mathbb{R})$$
beschreiben. Hierbei ist $\vec{p}$ ein Stützvektor und $\vec{u}$ ($\vec{u} \neq \vec{o}$) ein Richtungsvektor von g.

Man nennt eine Gleichung $\vec{x} = \vec{p} + t \cdot \vec{u}$ eine **Geradengleichung in Parameterform** der jeweiligen Geraden g (mit dem Parameter t). Man schreibt kurz g: $\vec{x} = \vec{p} + t \cdot \vec{u}$.

Beispiel 1: (Geraden zeichnen)

Zeichnen Sie die Gerade $g: \vec{x} = \begin{pmatrix} 2 \\ 4 \\ 3 \end{pmatrix} + t \cdot \begin{pmatrix} 1 \\ 2 \\ -1 \end{pmatrix}$.

Lösung:

Man trägt in ein Koordinatensystem ein:

– den Pfeil des Stützvektors $\vec{p} = \begin{pmatrix} 2 \\ 4 \\ 3 \end{pmatrix}$,

dessen Anfangspunkt im Ursprung O liegt.

– den Pfeil des Richtungsvektors $\vec{u} = \begin{pmatrix} 1 \\ 2 \\ -1 \end{pmatrix}$,

dessen Anfangspunkt an der Spitze des Pfeils von $\vec{p}$ liegt. Man zeichnet die Gerade g so, dass der Pfeil von $\vec{u}$ auf g liegt.

Hinweis zu Beispiel 1: Man kann vom Vektor $\vec{u}$ zuerst den Pfeil zeichnen, dessen Anfangspunkt im Ursprung O liegt.

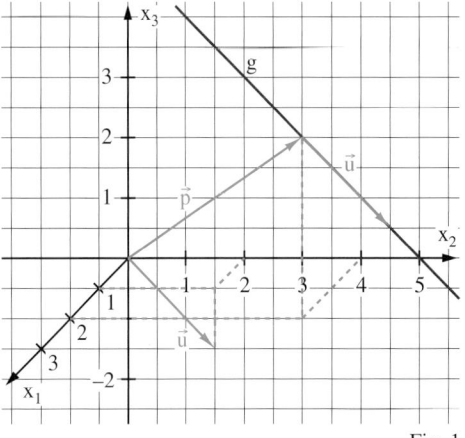

Fig. 1

Beispiel 2: (Geradenpunkte bestimmen)

Geben Sie drei Punkte auf der Geraden $g: \vec{x} = \begin{pmatrix} 2 \\ 1 \\ 3 \end{pmatrix} + t \cdot \begin{pmatrix} -1 \\ 3 \\ 2 \end{pmatrix}$ an.

Lösung:

Setzt man in die gegebene Gleichung für t nacheinander z. B. die Werte 0, 1 und −1 ein, so

erhält man die Vektoren $\vec{x_0} = \begin{pmatrix} 2 \\ 1 \\ 3 \end{pmatrix}$, $\vec{x_1} = \begin{pmatrix} 1 \\ 4 \\ 5 \end{pmatrix}$ und $\vec{x_{-1}} = \begin{pmatrix} 3 \\ -2 \\ 1 \end{pmatrix}$. Das heißt, die Punkte $X_0(2\,|\,1\,|\,3)$,

$X_1(1\,|\,4\,|\,5)$ und $X_{-1}(3\,|\,-2\,|\,1)$ liegen auf der Geraden g.

Beispiel 3: (Parametergleichung bestimmen)

Geben Sie eine Parametergleichung für die Gerade g durch $A(1\,|\,-2\,|\,5)$ und $B(4\,|\,6\,|\,-2)$ an.

*Statt Geradengleichung in Parameterform sagt man auch kurz **Parametergleichung**.*

Lösung:

Da A auf g liegt, ist der Vektor $\vec{a} = \begin{pmatrix} 1 \\ -2 \\ 5 \end{pmatrix}$ ein möglicher Stützvektor von g.

Da A und B auf g liegen, ist der Vektor $\overrightarrow{AB} = \begin{pmatrix} 4 \\ 6 \\ -2 \end{pmatrix} - \begin{pmatrix} 1 \\ -2 \\ 5 \end{pmatrix} = \begin{pmatrix} 3 \\ 8 \\ -7 \end{pmatrix}$ ein möglicher Richtungs-

vektor von g. Somit erhält man: $g: \vec{x} = \begin{pmatrix} 1 \\ -2 \\ 5 \end{pmatrix} + t \cdot \begin{pmatrix} 3 \\ 8 \\ -7 \end{pmatrix}$.

(Es könnte z. B. auch $\vec{b} = \begin{pmatrix} 4 \\ 6 \\ -2 \end{pmatrix}$ als Stützvektor und $\overrightarrow{BA} = \begin{pmatrix} -3 \\ -8 \\ 7 \end{pmatrix}$ als Richtungsvektor gewählt

werden.)

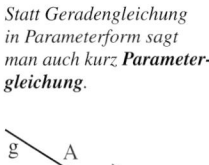
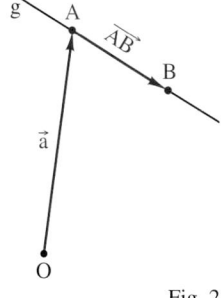

Fig. 2

Beispiel 4: (Punktprobe)

Prüfen Sie, ob der Punkt $A(-7\,|\,-5\,|\,8)$ auf der Geraden $g: \vec{x} = \begin{pmatrix} 3 \\ -1 \\ 2 \end{pmatrix} + t \cdot \begin{pmatrix} 5 \\ 2 \\ -3 \end{pmatrix}$ liegt.

Lösung:

Wenn A auf g liegt, dann muss es eine reelle Zahl geben, die die Gleichung

$\begin{pmatrix} 3 \\ -1 \\ 2 \end{pmatrix} + t \cdot \begin{pmatrix} 5 \\ 2 \\ -3 \end{pmatrix} = \begin{pmatrix} -7 \\ -5 \\ 8 \end{pmatrix}$ erfüllt. Aus $3 + t \cdot 5 = -7$ folgt $t = -2$ und es gilt sowohl

$(-1) + (-2) \cdot 2 = -5$ als auch $2 + (-2) \cdot (-3) = 8$. A liegt somit auf g.

221

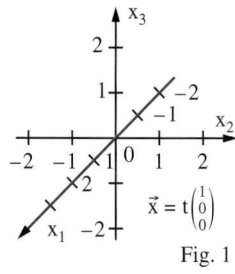

Fig. 1

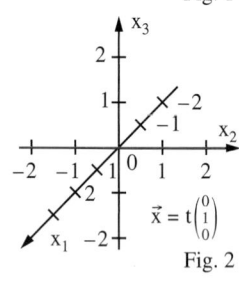

Fig. 2

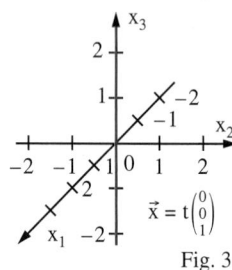

Fig. 3

Aufgaben

2 Zeichnen Sie die Gerade g in ein Koordinatensystem ein.

a) $g: \vec{x} = \begin{pmatrix} 1 \\ 2 \end{pmatrix} + t \cdot \begin{pmatrix} 3 \\ 2 \end{pmatrix}$

b) $g: \vec{x} = \begin{pmatrix} -1 \\ 2 \end{pmatrix} + t \cdot \begin{pmatrix} 3 \\ -2 \end{pmatrix}$

c) $g: \vec{x} = \begin{pmatrix} 1 \\ -2 \end{pmatrix} + t \cdot \begin{pmatrix} -3 \\ -2 \end{pmatrix}$

d) $g: \vec{x} = \begin{pmatrix} 1 \\ 0 \\ 1 \end{pmatrix} + t \cdot \begin{pmatrix} 3 \\ 0 \\ 2 \end{pmatrix}$

e) $g: \vec{x} = \begin{pmatrix} 1 \\ 2 \\ -2 \end{pmatrix} + t \cdot \begin{pmatrix} 1 \\ 3 \\ 2 \end{pmatrix}$

f) $g: \vec{x} = \begin{pmatrix} 0 \\ 2 \\ -1 \end{pmatrix} + t \cdot \begin{pmatrix} -3 \\ 2 \\ 0 \end{pmatrix}$

3 Gegeben ist die Gerade $g: \vec{x} = \begin{pmatrix} 1 \\ -3 \\ 2 \end{pmatrix} + t \cdot \begin{pmatrix} 2 \\ 2 \\ 2 \end{pmatrix}$ $\left(h: \vec{x} = \begin{pmatrix} -1 \\ 1 \\ 0 \end{pmatrix} + t \cdot \begin{pmatrix} 3 \\ 2 \\ 1 \end{pmatrix} \right)$.

Zeichnen Sie die Gerade. Bestimmen Sie hierzu zuerst

a) zwei verschiedene Punkte, die auf der Geraden liegen,

b) einen Punkt, der auf der Geraden liegt und dessen x_2-Koordinate null ist,

c) einen Punkt, der auf der Geraden und in der $x_2 x_3$-Ebene liegt.

4 Geben Sie zu den Geraden durch die Punkte A und B, A und C sowie B und C jeweils eine Parametergleichung an.

a) $A(2|7)$, $B(1|4)$, $C(-2|5)$

b) $A(0|5|-4)$, $B(6|3|1)$, $C(9|-9|0)$

c) $A(8|-1|1)$, $B(4|5|-2)$, $C(1|1|1)$

d) $A(8|7|6)$, $B(-2|-5|-1)$, $C(0|-4|-3)$

5 Geben Sie zwei verschiedene Parametergleichungen der Geraden g an, die durch die Punkte A und B geht.

a) $A(7|-3|-5)$, $B(2|0|3)$

b) $A(0|0|0)$, $B(-6|13|25)$

c) $A(12|-19|9)$, $B(7|-3|-2)$

d) $A(0|7|0)$, $B(-7|0|-7)$

6 Gegeben ist die Gerade g mit dem Stützvektor $\vec{p}$ und dem Richtungsvektor $\vec{u}$. Geben Sie jeweils eine Parametergleichung von g mit einem von $\vec{p}$ verschiedenen Stützvektor bzw. von $\vec{u}$ verschiedenen Richtungsvektor an.

a) $\vec{p} = \begin{pmatrix} 0 \\ 3 \\ -9 \end{pmatrix}$; $\vec{u} = \begin{pmatrix} 1 \\ 2 \\ 3 \end{pmatrix}$

b) $\vec{p} = \begin{pmatrix} 0 \\ 0 \\ 0 \end{pmatrix}$; $\vec{u} = \begin{pmatrix} 0 \\ 3 \\ 0 \end{pmatrix}$

c) $\vec{p} = \begin{pmatrix} 15 \\ 5 \\ 1 \end{pmatrix}$; $\vec{u} = \begin{pmatrix} 15 \\ 5 \\ 1 \end{pmatrix}$

7 Prüfen Sie, ob der Punkt X auf der Geraden g liegt.

a) $X(1|1)$, $g: \vec{x} = \begin{pmatrix} 7 \\ 3 \end{pmatrix} + t \begin{pmatrix} -2 \\ 3 \end{pmatrix}$

b) $X(-1|0)$, $g: \vec{x} = \begin{pmatrix} -1 \\ 5 \end{pmatrix} + t \begin{pmatrix} 0 \\ 5 \end{pmatrix}$

c) $X(2|3|-1)$, $g: \vec{x} = \begin{pmatrix} 7 \\ 0 \\ 4 \end{pmatrix} + t \begin{pmatrix} 5 \\ -3 \\ 5 \end{pmatrix}$

d) $X(2|-1|-1)$, $g: \vec{x} = \begin{pmatrix} 1 \\ 0 \\ 1 \end{pmatrix} + t \begin{pmatrix} 1 \\ 3 \\ 3 \end{pmatrix}$

8 Geben Sie eine Parametergleichung einer Geraden an, die durch den Punkt P geht und parallel zur Geraden h ist.

a) $P(0|0)$; $h: \vec{x} = \begin{pmatrix} 0 \\ 2 \end{pmatrix} + t \cdot \begin{pmatrix} 4 \\ 1 \end{pmatrix}$

b) $P(7|-5)$; $h: \vec{x} = t \cdot \begin{pmatrix} -4 \\ 13 \end{pmatrix}$

c) $P(0|-1|2)$; $h: \vec{x} = \begin{pmatrix} 2 \\ -1 \\ 0 \end{pmatrix} + t \cdot \begin{pmatrix} -7 \\ 0 \\ 3 \end{pmatrix}$

d) $P(-2|-7|1)$; $h: \vec{x} = \begin{pmatrix} -2 \\ 2 \\ -2 \end{pmatrix} + t \cdot \begin{pmatrix} -2 \\ -7 \\ 1 \end{pmatrix}$

9 Geben Sie eine Parametergleichung von den beiden Winkelhalbierenden zwischen der x_1-Achse und der x_2-Achse in einem ebenen Koordinatensystem (zwischen der x_1-Achse und der x_3-Achse in einem räumlichen Koordinatensystem) an.

10 Welche besonderen Geraden werden durch die Parametergleichungen beschrieben?

a) $g: \vec{x} = t \begin{pmatrix} 1 \\ 0 \\ 1 \end{pmatrix}$,

b) $g: \vec{x} = t \begin{pmatrix} 0 \\ 1 \\ 1 \end{pmatrix}$,

c) $g: \vec{x} = t \begin{pmatrix} 1 \\ 1 \\ 1 \end{pmatrix}$

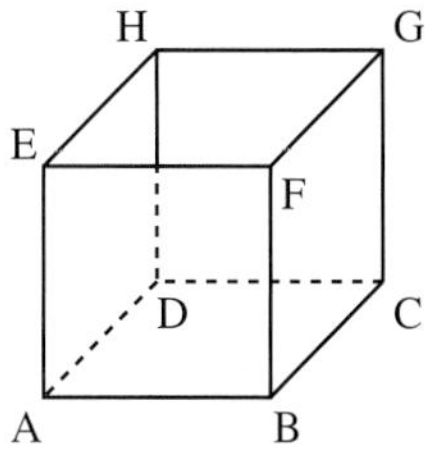

11 Zeichnen Sie einen Würfel und bezeichnen Sie die Ecken mit ABCDEFGH (Fig. 1). Wählen Sie ein geeignetes Koordinatensystem und bestimmen Sie eine Parametergleichung der Geraden, die festgelegt ist durch die Punkte

a) A und C, b) B und D,
c) E und G, d) F und H,
e) A und G, f) B und H.

Fig. 1

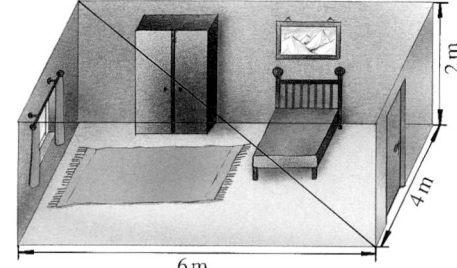

12 Geben Sie eine Parametergleichung derjenigen Geraden an, die durch die Raumdiagonale in Fig. 2 festgelegt ist.

Legen Sie hierzu ein geeignetes Koordinatensystem fest.

Fig. 2

a)

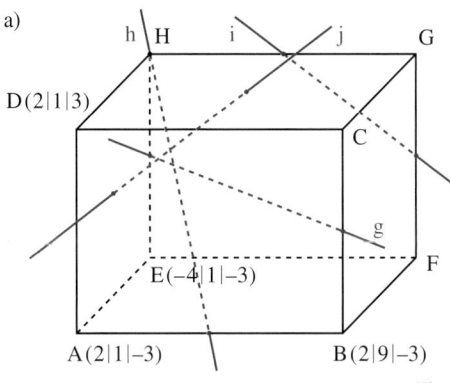

D(2|1|3) C E(−4|1|−3) F A(2|1|−3) B(2|9|−3)

b)

S(−4|7|6) C(−8|11|0) D M B(0|11|0) A(0|3|0)

Fig. 3

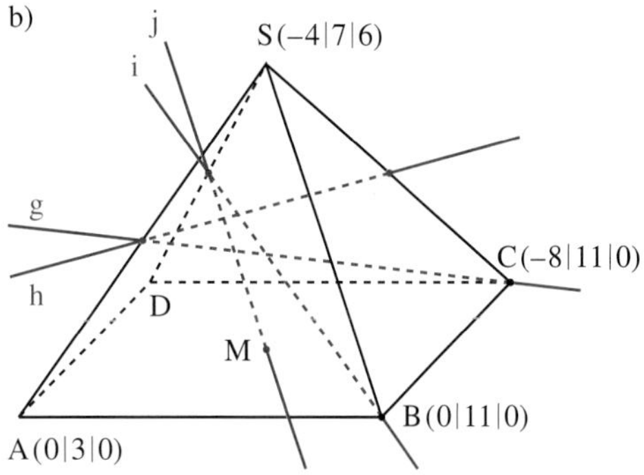

Fig. 4

13 In Fig. 3 und Fig. 4 sind die rot eingezeichneten Punkte jeweils Mittelpunkte einer Seitenfläche bzw. einer Kante. Bestimmen Sie eine Parametergleichung für jede eingezeichnete Gerade in a) Fig. 3, b) Fig. 4.

14 Die Lösungsmenge einer Gleichung der Form $a x_1 + b x_2 = c$ ($a \ne 0$ oder $b \ne 0$) legt eine Gerade der Zeichenebene fest. Geben Sie eine Parametergleichung der Geraden g an, die beschrieben wird durch

In der Sekundarstufe I wurde die Gleichung $x_2 = m \cdot x_1 + b$ so geschrieben: $y = m \cdot x + b$.

a) $g: 2x_1 + x_2 = 1$,

b) $g: x_1 - x_2 = 3$,

c) $g: x_2 = 3$,

d) $g: 2x_1 + 5x_2 = 7$,

e) $g: 5x_1 - 3x_2 = 17$,

f) $g: x_1 = 5$,

g) $g: x_1 + x_2 = 0$,

h) $g: x_1 = 0$

i) $g: -x_1 - x_2 = 3$.

15 Geben Sie eine Gleichung der Geraden g in der Form $a x_1 + b x_2 = c$ an.

a) $g: \vec{x} = \begin{pmatrix} 1 \\ 2 \end{pmatrix} + t \begin{pmatrix} 3 \\ 1 \end{pmatrix}$

b) $g: \vec{x} = \begin{pmatrix} 2 \\ 5 \end{pmatrix} + t \begin{pmatrix} -1 \\ 5 \end{pmatrix}$

c) $g: \vec{x} = \begin{pmatrix} 3 \\ 5 \end{pmatrix} + t \begin{pmatrix} 7 \\ 9 \end{pmatrix}$

16 Zeigen Sie am Beispiel von $g: \vec{x} = \begin{pmatrix} 3 \\ 2 \end{pmatrix} + t \begin{pmatrix} 4 \\ 1 \end{pmatrix}$, wie man aus einer Parametergleichung einer Geraden die Steigung und den x_2-Achsenabschnitt von g bestimmen kann.

223

2 Gegenseitige Lage von Geraden

1 Betrachtet werden die Geraden g und h sowie die Vektoren $\vec{a}$, $\vec{b}$ und $\vec{c}$ in Fig. 1.
a) Welche Aussage über $\vec{a}$, $\vec{b}$ und $\vec{c}$ kann man machen, wenn g und h zueinander parallel (nicht parallel) sind?
b) Können $\vec{a}$ und $\vec{b}$ linear unabhängig sein und zugleich g und h sich nicht schneiden? Begründen Sie Ihre Antwort.

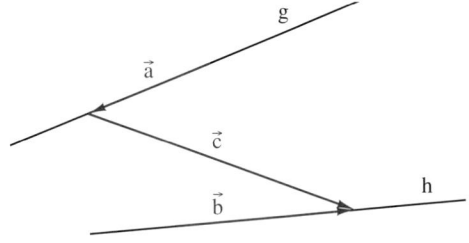

Fig. 1

Zwei in einer Ebene liegende Geraden fallen entweder zusammen oder sie sind zueinander parallel und verschieden oder sie schneiden sich. Bei zwei Geraden des Raumes kann auch der Fall eintreten, dass sie weder zueinander parallel sind noch gemeinsame Punkte besitzen. Solche Geraden heißen **zueinander windschief**.

Mögliche Lage zweier Geraden g: $\vec{x} = \vec{p} + r \cdot \vec{u}$ und h: $\vec{x} = \vec{q} + t \cdot \vec{v}$ im Raum:

g und h sind **identisch**	g und h sind **zueinander parallel** und voneinander verschieden	g und h **schneiden sich**	g und h sind **zueinander windschief**
Fig. 2	Fig. 3	Fig. 4	Fig. 5
$\vec{u}$ und $\vec{v}$ sind linear abhängig und		$\vec{u}$ und $\vec{v}$ sind linear unabhängig und	
$\vec{u}$ und $\vec{q} - \vec{p}$ sind linear abhängig	$\vec{u}$ und $\vec{q} - \vec{p}$ sind linear unabhängig	$\vec{u}$, $\vec{v}$ und $\vec{q} - \vec{p}$ sind linear abhängig	$\vec{u}$, $\vec{v}$ und $\vec{q} - \vec{p}$ sind linear unabhängig

Beachten Sie:
g und h schneiden sich genau dann, wenn in Fig. 4 die Pfeile von $\vec{u}$ und $\vec{v}$ nicht zueinander parallel sind und die Pfeile von $\vec{u}$, $\vec{v}$ und $\vec{q} - \vec{p}$ in einer Ebene liegen.
g und h sind zueinander windschief genau dann, wenn in Fig. 5 die Pfeile von $\vec{u}$ und $\vec{v}$ nicht zueinander parallel sind und die Pfeile von $\vec{u}$, $\vec{v}$ und $\vec{q} - \vec{p}$ nicht in einer Ebene liegen.

Die Anzahl der gemeinsamen Punkte zweier Geraden kann man algebraisch untersuchen:

Satz: Für die Geraden $g: \vec{x} = \vec{p} + r \cdot \vec{u}$ und $h: \vec{x} = \vec{q} + t \cdot \vec{v}$ gilt:

g und h **schneiden sich in einem Punkt**, wenn die Vektorgleichung
$\vec{p} + r \cdot \vec{u} = \vec{q} + t \cdot \vec{v}$ **genau eine** Lösung $(r_0; t_0)$ hat.

g und h sind **identisch**, wenn die Vektorgleichung
$\vec{p} + r \cdot \vec{u} = \vec{q} + t \cdot \vec{v}$ **unendlich viele** Lösungen hat.

g und h haben **keinen gemeinsamen Punkt**, wenn die Vektorgleichung
$\vec{p} + r \cdot \vec{u} = \vec{q} + t \cdot \vec{v}$ **keine** Lösung hat.

Anmerkungen:

1. Hat die Vektorgleichung $\vec{p} + r \cdot \vec{u} = \vec{q} + t \cdot \vec{v}$ genau eine Lösung $(r_0; t_0)$, so erhält man den Ortsvektor des Schnittpunktes, indem man r_0 für r in $\vec{p} + r \cdot \vec{u}$ einsetzt oder t_0 für t in $\vec{q} + t \cdot \vec{v}$ einsetzt.

2. Hat die Vektorgleichung $\vec{p} + r \cdot \vec{u} = \vec{q} + t \cdot \vec{v}$ keine Lösung, so sind g und h zueinander parallel, falls $\vec{u}$ und $\vec{v}$ linear abhängig sind; andernfalls sind sie zueinander windschief.

Beispiel: (gegenseitige Lage von Geraden)
Bestimmen Sie die gegenseitige Lage der Geraden g und h.

a) $g: \vec{x} = \begin{pmatrix} 1 \\ 2 \\ 3 \end{pmatrix} + r \cdot \begin{pmatrix} 2 \\ 4 \\ 1 \end{pmatrix}$, $h: \vec{x} = \begin{pmatrix} 3 \\ 6 \\ 4 \end{pmatrix} + t \cdot \begin{pmatrix} 4 \\ 8 \\ 2 \end{pmatrix}$

Bei der Aufgabe a) des Beispiels sieht man sofort, dass die Vektoren
$\begin{pmatrix} 2 \\ 4 \\ 1 \end{pmatrix}$ *und* $\begin{pmatrix} 4 \\ 8 \\ 2 \end{pmatrix}$

b) $g: \vec{x} = \begin{pmatrix} 7 \\ -2 \\ 2 \end{pmatrix} + r \cdot \begin{pmatrix} 2 \\ 3 \\ 1 \end{pmatrix}$, $h: \vec{x} = \begin{pmatrix} 4 \\ -6 \\ -1 \end{pmatrix} + t \cdot \begin{pmatrix} 1 \\ 1 \\ 2 \end{pmatrix}$

sowie die Vektoren
$\begin{pmatrix} 2 \\ 4 \\ 1 \end{pmatrix}$ *und* $\begin{pmatrix} 1 \\ 2 \\ 3 \end{pmatrix} - \begin{pmatrix} 3 \\ 6 \\ 4 \end{pmatrix}$

c) $g: \vec{x} = \begin{pmatrix} 3 \\ 6 \\ 4 \end{pmatrix} + r \cdot \begin{pmatrix} 4 \\ 8 \\ 2 \end{pmatrix}$, $h: \vec{x} = \begin{pmatrix} 1 \\ 0 \\ 3 \end{pmatrix} + t \cdot \begin{pmatrix} -4 \\ -6 \\ 2 \end{pmatrix}$

linear abhängig und deshalb g und h identisch sind.

Lösung:

a) Der Vektorgleichung $\begin{pmatrix} 1 \\ 2 \\ 3 \end{pmatrix} + r \cdot \begin{pmatrix} 2 \\ 4 \\ 1 \end{pmatrix} = \begin{pmatrix} 3 \\ 6 \\ 4 \end{pmatrix} + t \cdot \begin{pmatrix} 4 \\ 8 \\ 2 \end{pmatrix}$ entspricht das LGS $\begin{cases} 1 + 2r = 3 + 4t \\ 2 + 4r = 6 + 8t \\ 3 + r = 4 + 2t \end{cases}$.

Dieses LGS hat unendlich viele Lösungen. Also sind g und h identisch.

Bei den Aufgaben b) und c) sind die Richtungsvektoren linear unabhängig. Überprüft man mithilfe eines Gleichungssystems, ob die Geraden windschief sind oder sich schneiden, so erhält man gegebenenfalls die Koordinaten des Schnittpunktes.

b) Der Vektorgleichung $\begin{pmatrix} 7 \\ -2 \\ 2 \end{pmatrix} + r \cdot \begin{pmatrix} 2 \\ 3 \\ 1 \end{pmatrix} = \begin{pmatrix} 4 \\ -6 \\ -1 \end{pmatrix} + t \cdot \begin{pmatrix} 1 \\ 1 \\ 2 \end{pmatrix}$ entspricht das LGS $\begin{cases} 7 + 2r = 4 + t \\ -2 + 3r = -6 + t \\ 2 + r = -1 + 2t \end{cases}$.

Dieses LGS hat die einzige Lösung $(-1; 1)$. Also schneiden sich g und h.

Setzt man in $\begin{pmatrix} 7 \\ -2 \\ 2 \end{pmatrix} + r \cdot \begin{pmatrix} 2 \\ 3 \\ 1 \end{pmatrix}$ für r die Zahl -1 oder in $\begin{pmatrix} 4 \\ -6 \\ -1 \end{pmatrix} + t \cdot \begin{pmatrix} 1 \\ 1 \\ 2 \end{pmatrix}$ für t die Zahl 1 ein, so

erhält man den Vektor $\vec{s} = \begin{pmatrix} 5 \\ -5 \\ 1 \end{pmatrix}$. g und h schneiden sich somit im Punkt $S(5|-5|1)$.

c) Der Vektorgleichung $\begin{pmatrix} 3 \\ 6 \\ 4 \end{pmatrix} + r \cdot \begin{pmatrix} 4 \\ 8 \\ 2 \end{pmatrix} = \begin{pmatrix} 1 \\ 0 \\ 3 \end{pmatrix} + t \cdot \begin{pmatrix} -4 \\ -6 \\ 2 \end{pmatrix}$ entspricht das LGS $\begin{cases} 3 + 4r = 1 - 4t \\ 6 + 8r = -6t \\ 4 + 2r = 3 + 2t \end{cases}$.

Dieses LGS hat keine Lösung, also haben g und h keine gemeinsamen Punkte.
Da ferner die Richtungsvektoren von g und h linear unabhängig sind, sind g und h zueinander windschief.

Aufgaben

2 Berechnen Sie die Koordinaten des Schnittpunktes S der Geraden g und h.

a) $g: \vec{x} = \begin{pmatrix} 1 \\ 0 \end{pmatrix} + r\begin{pmatrix} 2 \\ 1 \end{pmatrix}$, $h: \vec{x} = \begin{pmatrix} 3 \\ 2 \end{pmatrix} + t\begin{pmatrix} 5 \\ 4 \end{pmatrix}$

b) $g: \vec{x} = \begin{pmatrix} 2 \\ 7 \end{pmatrix} + r\begin{pmatrix} 1 \\ 1 \end{pmatrix}$, $h: \vec{x} = \begin{pmatrix} 0 \\ 5 \end{pmatrix} + t\begin{pmatrix} -1 \\ 1 \end{pmatrix}$

c) $g: \vec{x} = \begin{pmatrix} 1 \\ 0 \\ 2 \end{pmatrix} + r\begin{pmatrix} 1 \\ -1 \\ 1 \end{pmatrix}$, $h: \vec{x} = \begin{pmatrix} 3 \\ -2 \\ 4 \end{pmatrix} + t\begin{pmatrix} 2 \\ 3 \\ 0 \end{pmatrix}$

d) $g: \vec{x} = \begin{pmatrix} 7 \\ 3 \\ 9 \end{pmatrix} + r\begin{pmatrix} 1 \\ 4 \\ 0 \end{pmatrix}$, $h: \vec{x} = \begin{pmatrix} 3 \\ -13 \\ 9 \end{pmatrix} + t\begin{pmatrix} 2 \\ 1 \\ 1 \end{pmatrix}$

3 Untersuchen Sie die gegenseitige Lage der Geraden g und h. Berechnen Sie gegebenenfalls die Koordinaten des Schnittpunktes S.

Wird bei zwei gegebenen Parametergleichungen der Parameter jeweils mit dem gleichen Buchstaben, z. B. „t", bezeichnet, dann muss er in einer Gleichung umbenannt werden, z. B. in „r".

a) $g: \vec{x} = \begin{pmatrix} 1 \\ 2 \end{pmatrix} + t\begin{pmatrix} 4 \\ 2 \end{pmatrix}$, $h: \vec{x} = \begin{pmatrix} 0 \\ 5 \end{pmatrix} + t\begin{pmatrix} -2 \\ -1 \end{pmatrix}$

b) $g: \vec{x} = \begin{pmatrix} 3 \\ 4 \end{pmatrix} + t\begin{pmatrix} 1 \\ 2 \end{pmatrix}$, $h: \vec{x} = \begin{pmatrix} 0 \\ -2 \end{pmatrix} + t\begin{pmatrix} -2 \\ -4 \end{pmatrix}$

c) $g: \vec{x} = \begin{pmatrix} 7 \\ 3 \end{pmatrix} + t\begin{pmatrix} 1 \\ 0 \end{pmatrix}$, $h: \vec{x} = \begin{pmatrix} 2 \\ 5 \end{pmatrix} + t\begin{pmatrix} 1 \\ 1 \end{pmatrix}$

d) $g: \vec{x} = \begin{pmatrix} 1 \\ 3 \end{pmatrix} + t\begin{pmatrix} 3 \\ 6 \end{pmatrix}$, $h: \vec{x} = \begin{pmatrix} 2 \\ 5 \end{pmatrix} + t\begin{pmatrix} -5 \\ -10 \end{pmatrix}$

e) $g: \vec{x} = \begin{pmatrix} 3 \\ 2 \end{pmatrix} + t\begin{pmatrix} 1 \\ 1 \end{pmatrix}$, $h: \vec{x} = \begin{pmatrix} 2 \\ -1 \end{pmatrix} + t\begin{pmatrix} -5 \\ 3 \end{pmatrix}$

f) $g: \vec{x} = \begin{pmatrix} 2 \\ 6 \end{pmatrix} + t\begin{pmatrix} 1 \\ 3 \end{pmatrix}$, $h: \vec{x} = \begin{pmatrix} 2 \\ 3 \end{pmatrix} + t\begin{pmatrix} 5 \\ 7 \end{pmatrix}$

4 Die Schnittpunkte der Geraden g, h, i sind die Eckpunkte eines Dreiecks ABC. Berechnen Sie die Koordinaten von A, B und C.

a) $g: \vec{x} = \begin{pmatrix} -7 \\ 7 \end{pmatrix} + r\begin{pmatrix} 3 \\ -2 \end{pmatrix}$, $h: \vec{x} = \begin{pmatrix} 4 \\ 7 \end{pmatrix} + s\begin{pmatrix} 1 \\ 3 \end{pmatrix}$, $i: \vec{x} = \begin{pmatrix} 5 \\ -1 \end{pmatrix} + t\begin{pmatrix} -2 \\ 5 \end{pmatrix}$

b) $g: \vec{x} = \begin{pmatrix} 0 \\ -1 \\ 2 \end{pmatrix} + r\begin{pmatrix} -2 \\ 2 \\ 1 \end{pmatrix}$, $h: \vec{x} = \begin{pmatrix} 3 \\ -1 \\ -2 \end{pmatrix} + s\begin{pmatrix} -2 \\ -4 \\ 6 \end{pmatrix}$, $i: \vec{x} = \begin{pmatrix} 5 \\ 3 \\ -8 \end{pmatrix} + t\begin{pmatrix} 11 \\ -2 \\ -13 \end{pmatrix}$

5 Untersuchen Sie die gegenseitige Lage der Geraden g und h. Berechnen Sie gegebenenfalls die Koordinaten des Schnittpunktes S.

a) $g: \vec{x} = \begin{pmatrix} 5 \\ 0 \\ 1 \end{pmatrix} + t\begin{pmatrix} 2 \\ 1 \\ -1 \end{pmatrix}$, $h: \vec{x} = \begin{pmatrix} 7 \\ 1 \\ 2 \end{pmatrix} + t\begin{pmatrix} -6 \\ -3 \\ 3 \end{pmatrix}$

b) $g: \vec{x} = \begin{pmatrix} 1 \\ 2 \\ 1 \end{pmatrix} + t\begin{pmatrix} 2 \\ 0 \\ 1 \end{pmatrix}$, $h: \vec{x} = \begin{pmatrix} 2 \\ 3 \\ 4 \end{pmatrix} + t\begin{pmatrix} 0 \\ 1 \\ -1 \end{pmatrix}$

c) $g: \vec{x} = \begin{pmatrix} 0 \\ 1 \\ 1 \end{pmatrix} + t\begin{pmatrix} 1 \\ 0 \\ 1 \end{pmatrix}$, $h: \vec{x} = \begin{pmatrix} 4 \\ 2 \\ 4 \end{pmatrix} + t\begin{pmatrix} 2 \\ 1 \\ 1 \end{pmatrix}$

d) $g: \vec{x} = \begin{pmatrix} 5 \\ 5 \\ 1 \end{pmatrix} + t\begin{pmatrix} 1 \\ 2 \\ 0 \end{pmatrix}$, $h: \vec{x} = \begin{pmatrix} -5 \\ -15 \\ 1 \end{pmatrix} + t\begin{pmatrix} -0{,}5 \\ 1 \\ 0 \end{pmatrix}$

6 Geben Sie eine Gleichung an für eine Gerade h, die die Gerade g schneidet, eine Gerade i, die zur Geraden g parallel ist, und eine Gerade j, die zur Geraden g windschief ist.

a) $g: \vec{x} = \begin{pmatrix} 1 \\ 0 \\ 0 \end{pmatrix} + t\begin{pmatrix} 7 \\ 3 \\ 1 \end{pmatrix}$

b) $g: \vec{x} = \begin{pmatrix} 2 \\ 2 \\ 1 \end{pmatrix} + t\begin{pmatrix} 1 \\ 2 \\ 0 \end{pmatrix}$

c) $g: \vec{x} = \begin{pmatrix} 2 \\ 3 \\ 6 \end{pmatrix} + t\begin{pmatrix} 1 \\ 0 \\ 5 \end{pmatrix}$

7 Untersuchen Sie, ob eine Seite des Dreiecks ABC mit A(3|3|6), B(2|7|6), C(4|2|5) auf der Geraden $g: \vec{x} = \begin{pmatrix} 2 \\ 0 \\ 2 \end{pmatrix} + t\begin{pmatrix} -1 \\ 1 \\ 1 \end{pmatrix}$ liegt oder zu g parallel ist.

8 Die Gerade g geht durch den Punkt A(3|8|0) und hat den Richtungsvektor $\begin{pmatrix} 2 \\ 5 \\ 0 \end{pmatrix}$.

Die Gerade h geht durch den Punkt B(−2|3|1) und hat den Stützvektor $\begin{pmatrix} 3 \\ 1 \\ 0 \end{pmatrix}$.

Überprüfen Sie, ob sich die Geraden g und h schneiden. Berechnen Sie gegebenenfalls die Koordinaten des Schnittpunktes.

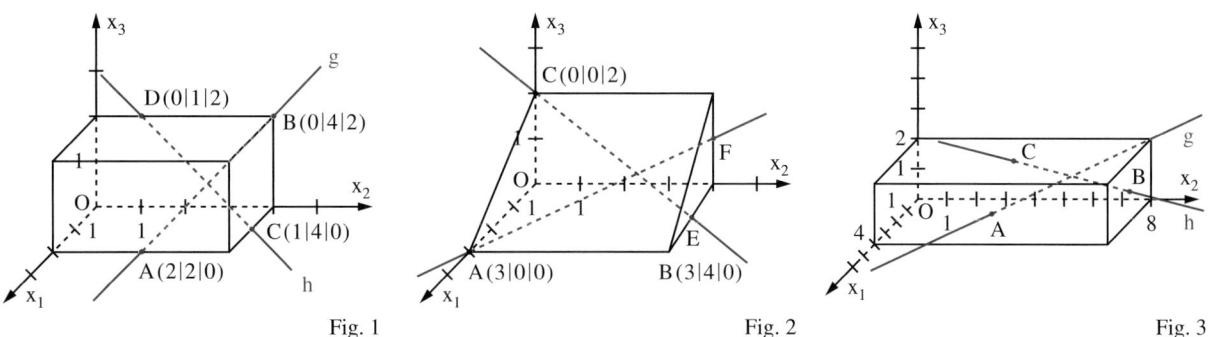

Fig. 1   Fig. 2   Fig. 3

9 a) Prüfen Sie, ob die Geraden g und h in Fig. 1 sich schneiden.

b) In Fig. 2 sind die Punkte E und F Kantenmitten. Schneiden sich die Geraden g und h?

10 In Fig. 3 sind A, B und C die Diagonalenschnittpunkte der jeweiligen Seitenflächen des Quaders. Schneiden sich die Geraden g und h?

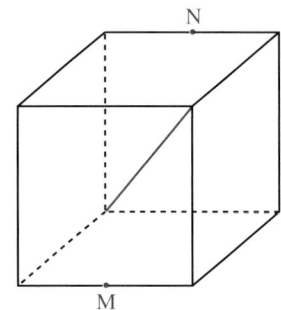
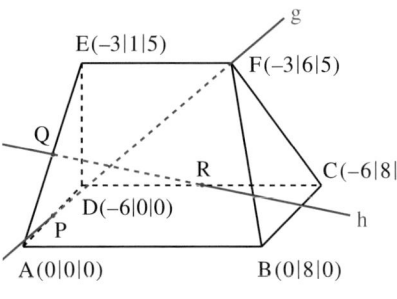
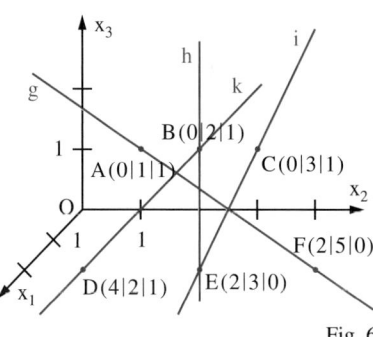

Fig. 4   Fig. 5   Fig. 6

11 In Fig. 4 sind die Punkte M und N die Mitten der jeweiligen Würfelkanten. Schneidet die eingezeichnete Raumdiagonale die Strecke $\overline{MN}$?

12 In Fig. 5 sind die Punkte P, Q und R die Mitten der jeweiligen Kanten. Schneiden sich die Geraden g und h?

13 Untersuchen Sie die gegenseitigen Lagen der Geraden g, h, i und k in Fig. 6.

14 Wie muss $t \in \mathbb{R}$ gewählt werden, damit sich g_t und h_t schneiden (windschief sind)?

a) $g_t: \vec{x} = \begin{pmatrix} -t \\ 1 \\ -2 \end{pmatrix} + r \begin{pmatrix} -1 \\ 4 \\ 2 \end{pmatrix}$, $h_t: \vec{x} = \begin{pmatrix} 2 \\ 6 \\ 4t \end{pmatrix} + s \begin{pmatrix} 1 \\ -1 \\ -2 \end{pmatrix}$ b) $g_t: \vec{x} = \begin{pmatrix} 3 \\ 4 \\ 2 \end{pmatrix} + r \begin{pmatrix} 3 \\ -6 \\ -3t \end{pmatrix}$, $h_t: \vec{x} = \begin{pmatrix} 1 \\ 5 \\ 4 \end{pmatrix} + s \begin{pmatrix} 2 \\ 2t \\ 4 \end{pmatrix}$

15 Gibt es für die Variablen a, b, c und d Zahlen, sodass $g: \vec{x} = \begin{pmatrix} 1 \\ a \\ 2 \end{pmatrix} + r \begin{pmatrix} b \\ 3 \\ 4 \end{pmatrix}$ und h: $\vec{x} = \begin{pmatrix} c \\ 0 \\ 3 \end{pmatrix} + s \begin{pmatrix} 3 \\ 1 \\ d \end{pmatrix}$

a) identisch sind,   b) zueinander parallel und verschieden sind,
c) sich schneiden,   d) zueinander windschief sind?

16 Die Eckpunkte einer dreiseitigen Pyramide sind O, P, Q, R. Zeigen Sie:

a) Die Geraden $g: \vec{x} = (\overrightarrow{OP} + \overrightarrow{OQ}) + r(\overrightarrow{OQ} - \overrightarrow{OR})$ und $h: \vec{x} = s(\overrightarrow{OQ} + \overrightarrow{OR})$ sind zueinander windschief.

b) Die Geraden $g: \vec{x} = (\overrightarrow{OP} + \overrightarrow{OQ}) + r(\overrightarrow{OQ} - \overrightarrow{OR})$ und $h: \vec{x} = s(\overrightarrow{OP} + \overrightarrow{OR})$ schneiden sich.

227

3 Vektorielle Darstellung von Ebenen

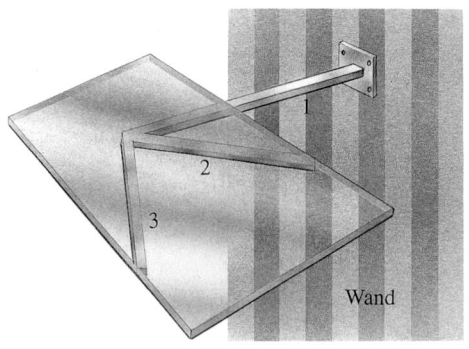

1 Eine Glasplatte dient im Kundenraum einer Bank als Schreibunterlage. Diese Scheibe wurde mithilfe dreier Metallstangen montiert.
a) Welche Aufgabe hat die Stange 1, die direkt an der Wand befestigt ist?
b) Wie ändert sich die Lage der Scheibe, wenn man die Positionen der Stangen 2 und 3 verändert?
c) Kann man auf eine der Stangen verzichten?

Ebenso wie Geraden kann man auch Ebenen mithilfe von Vektoren beschreiben.
Hierbei betrachtet man ebenfalls die Ortsvektoren der Punkte der jeweiligen Ebene.

Beachten Sie:
*In Fig. 1 und Fig. 2 wird jeweils ein **Ausschnitt** einer Ebene angedeutet und nicht die gesamte Ebene.*

Fig. 1 verdeutlicht:
Sind P, Q und R drei Punkte einer Ebene und liegen P, Q und R nicht auf einer gemeinsamen Geraden, so gilt:
Ein beliebig gewählter Punkt X dieser Ebene hat den Ortsvektor $\vec{x}$ mit $\vec{x} = \overrightarrow{OP} + \overrightarrow{PX}$,
und somit ist $\vec{x} = \overrightarrow{OP} + r \cdot \overrightarrow{PQ} + s \cdot \overrightarrow{PR}$ mit $r, s \in \mathbb{R}$. Bezeichnet man $\overrightarrow{PQ}$ mit $\vec{u}$ und $\overrightarrow{PR}$ mit $\vec{v}$, so erhält man $\vec{x} = \vec{p} + r \cdot \vec{u} + s \cdot \vec{v}$ mit $r, s \in \mathbb{R}$.

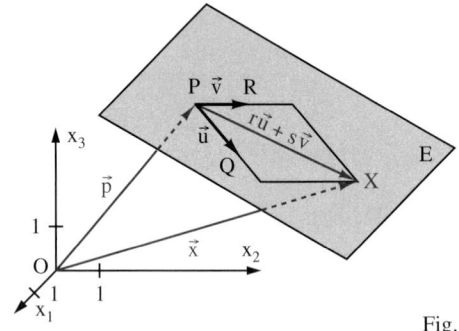

Fig. 1

Ist ein Vektor Ortsvektor zu einem Ebenenpunkt, so kann er als Stützvektor dieser Ebene verwendet werden.

Der Vektor $\vec{p}$ heißt **Stützvektor** von E, weil sein Pfeil von O nach P die Ebene E „in dem Punkt P stützt". Die Vektoren $\vec{u}$ und $\vec{v}$ heißen **Spannvektoren** von E, weil sie die Ebene „aufspannen".

Sind P, Q und R drei Punkte einer Ebene, die nicht auf einer gemeinsamen Geraden liegen, so sind die Vektoren $\overrightarrow{PQ}$ und $\overrightarrow{PR}$ mögliche Spannvektoren dieser Ebene.

Fig. 2 verdeutlicht:
Sind zwei linear unabhängige Vektoren $\vec{u}$ und $\vec{v}$ sowie ein Vektor $\vec{p}$ gegeben, so gilt:
Alle Punkte X, für deren Ortsvektor $\vec{x}$ gilt $\vec{x} = \vec{p} + r \cdot \vec{u} + s \cdot \vec{v}$ $(r, s \in \mathbb{R})$, bilden eine Ebene.

Fig. 2

Zusammenfassend sagt man:

Satz: Jede Ebene lässt sich durch eine Gleichung der Form
$$\vec{x} = \vec{p} + r \cdot \vec{u} + s \cdot \vec{v} \quad (r, s \in \mathbb{R})$$
beschreiben.
Hierbei ist $\vec{p}$ ein Stützvektor und die linear unabhängigen Vektoren $\vec{u}$ und $\vec{v}$ sind zwei Spannvektoren.

Statt Ebenengleichung in Parameterform sagt man auch kurz Parametergleichung.

Man nennt die Gleichung $\vec{x} = \vec{p} + r \cdot \vec{u} + s \cdot \vec{v}$ eine **Ebenengleichung in Parameterform** der entsprechenden Ebene E mit den Parametern r und s.
Man schreibt kurz E: $\vec{x} = \vec{p} + r \cdot \vec{u} + s \cdot \vec{v}$.

Beispiel 1: (Ebene zeichnen und Parametergleichung bestimmen)
Die Punkte $A(1|0|1)$, $B(1|1|0)$ und
$C(0|1|1)$ legen eine Ebene E fest.
a) Tragen Sie A, B und C in ein Koordinatensystem ein und kennzeichnen Sie einen Ausschnitt der Ebene E.
b) Geben Sie eine Parametergleichung der Ebene E an.
Lösung:
a) siehe Fig. 1.
b) Wählt man als Stützvektor den Ortsvektor von A und als Spannvektoren $\overrightarrow{AB}$ und $\overrightarrow{AC}$, so erhält man

$$E: \vec{x} = \begin{pmatrix} 1 \\ 0 \\ 1 \end{pmatrix} + r \cdot \begin{pmatrix} 0 \\ 1 \\ -1 \end{pmatrix} + s \cdot \begin{pmatrix} -1 \\ 1 \\ 0 \end{pmatrix}.$$

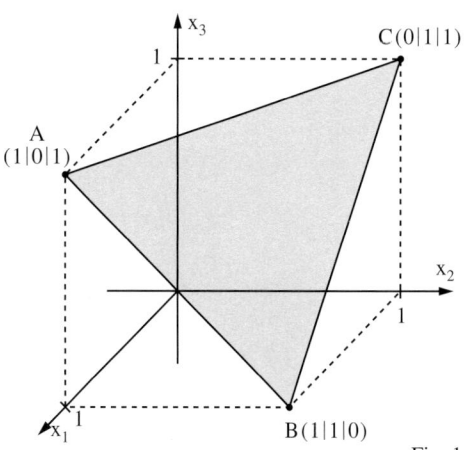

Fig. 1

Drei Punkte, die nicht auf einer gemeinsamen Geraden liegen, legen eine Ebene fest.

Deshalb:
Ein dreibeiniger Tisch wackelt nie!!

Beispiel 2: (Punktprobe)
Gegeben ist die Ebene $E: \vec{x} = \begin{pmatrix} 2 \\ 0 \\ 1 \end{pmatrix} + r \cdot \begin{pmatrix} 1 \\ 3 \\ 5 \end{pmatrix} + s \cdot \begin{pmatrix} 2 \\ -1 \\ 1 \end{pmatrix}$.

Überprüfen Sie, ob
a) der Punkt $A(7|5|-3)$,   b) der Punkt $B(7|1|8)$ in der Ebene E liegt.
Lösung:
a) Der Gleichung $\begin{pmatrix} 7 \\ 5 \\ -3 \end{pmatrix} = \begin{pmatrix} 2 \\ 0 \\ 1 \end{pmatrix} + r \cdot \begin{pmatrix} 1 \\ 3 \\ 5 \end{pmatrix} + s \cdot \begin{pmatrix} 2 \\ -1 \\ 1 \end{pmatrix}$ entspricht das LGS

$$\begin{cases} 7 = 2 + \ r + 2s \\ 5 = \quad\ \ 3r - s \\ -3 = 1 + 5r + s \end{cases}, \text{ also } \begin{cases} r + 2s = 5 \\ -7s = -10 \\ -9s = -29 \end{cases}, \text{ also } \begin{cases} r + 2s = 5 \\ -7s = -10 \\ 0 = 113 \end{cases} \text{ also } L = \{ \ \}.$$

Der Punkt A liegt nicht in der Ebene E.

b) Der Gleichung $\begin{pmatrix} 7 \\ 1 \\ 8 \end{pmatrix} = \begin{pmatrix} 2 \\ 0 \\ 1 \end{pmatrix} + r \cdot \begin{pmatrix} 1 \\ 3 \\ 5 \end{pmatrix} + s \cdot \begin{pmatrix} 2 \\ -1 \\ 1 \end{pmatrix}$ entspricht das LGS

$$\begin{cases} 7 = 2 + \ r + 2s \\ 1 = \quad\ \ 3r - s \\ 8 = 1 + 5r + s \end{cases}, \text{ also } \begin{cases} r + 2s = 5 \\ -7s = -14 \\ -9s = -18 \end{cases}, \text{ also } \begin{cases} r + 2s = 5 \\ s = 2 \\ s = 2 \end{cases}, \text{ also } L = \{(1; 2)\}.$$

Es gilt somit: $\begin{pmatrix} 7 \\ 1 \\ 8 \end{pmatrix} = \begin{pmatrix} 2 \\ 0 \\ 1 \end{pmatrix} + 1 \cdot \begin{pmatrix} 1 \\ 3 \\ 5 \end{pmatrix} + 2 \cdot \begin{pmatrix} 2 \\ -1 \\ 1 \end{pmatrix}$.

Der Punkt B liegt somit in der Ebene E.

Die Aufgabe von Beispiel 3 kann man auch so lösen: Man bestimmt zuerst eine Parametergleichung der Ebene durch die Punkte A, B, C und führt dann mit dem Punkt D die Punktprobe durch.

Beispiel 3: (Vier Punkte in einer Ebene)
Liegen die Punkte $A(1|1|1)$, $B(3|2|1)$, $C(-1|-1|-1)$, $D(1|0|1)$ in einer Ebene?
Lösung:
Die Vektoren $\overrightarrow{AB} = \begin{pmatrix} 2 \\ 1 \\ 0 \end{pmatrix}$, $\overrightarrow{AC} = \begin{pmatrix} -2 \\ -2 \\ -2 \end{pmatrix}$, $\overrightarrow{AD} = \begin{pmatrix} 0 \\ -1 \\ 0 \end{pmatrix}$ sind linear unabhängig. Die Punkte A, B,
C, D liegen nicht in einer Ebene.

229

Aufgaben

2 Setzt man in E: $\vec{x} = \begin{pmatrix} 3 \\ 0 \\ 2 \end{pmatrix} + r \cdot \begin{pmatrix} 2 \\ 1 \\ 7 \end{pmatrix} + s \cdot \begin{pmatrix} 3 \\ 2 \\ 5 \end{pmatrix}$ die angegebenen Werte für r und s ein, so erhält

man einen Ortsvektor, der zu einem Punkt P der Ebene E gehört. Bestimmen Sie die
Koordinaten von P.

a) r = 0; s = 1   b) r = 1; s = −3   c) r = −2; s = 2   d) r = 5; s = 0

e) r = 0,5; s = −2   f) r = −3; s = 2,5   g) r = 0,5; s = 0,75   h) r = −0,2; s = 0,6

3 Gegeben ist die Ebene E: $\vec{x} = \begin{pmatrix} 3 \\ 0 \\ 2 \end{pmatrix} + r \cdot \begin{pmatrix} 2 \\ 1 \\ 7 \end{pmatrix} + s \cdot \begin{pmatrix} 3 \\ 2 \\ 5 \end{pmatrix}$.

a) Liegen die Punkte A(8|3|14), B(1|1|0), C(4|0|11) in der Ebene E?

b) Bestimmen Sie für p eine Zahl so, dass der Punkt P in der Ebene E liegt.

(1) P(4|1|p)   (2) P(p|0|7)   (3) P(p|2|−2)   (4) P(0|p|p)

4 Die Punkte A(0|0|4), B(5|0|0) und C(0|4|0) legen eine Ebene E fest.

a) Tragen Sie A, B und C in ein Koordinatensystem ein
und kennzeichnen Sie einen Ausschnitt der Ebene E.

b) Geben Sie eine Parametergleichung von E an.

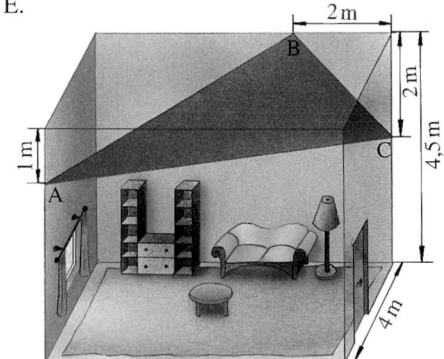

5 Der sehr hohe Raum in der Figur wurde
durch das dreieckige Segeltuch, das an den
Stellen A, B und C befestigt wurde, wohn-
licher gestaltet. Das Tuch ist so gespannt, dass
seine Oberfläche als Ausschnitt einer Ebene
angesehen werden kann.
Geben Sie eine Parametergleichung der
Ebene E an, die durch die Befestigungspunkte
des Segeltuches festgelegt wird. Legen Sie
hierzu ein geeignetes Koordinatensystem fest.

6 Geben Sie zwei verschiedene Parametergleichungen der Ebene E an, die durch die Punkte
A, B und C festgelegt ist.

a) A(2|0|3), B(1|−1|5), C(3|−2|0)   b) A(0|0|0), B(2|1|5), C(−3|1|−3)

c) A(1|1|1), B(2|2|2), C(−2|3|5)   d) A(2|5|7), B(7|5|2), C(1|2|3)

7 Untersuchen Sie, ob die Punkte A, B, C und D in einer gemeinsamen Ebene liegen.

a) A(0|1|−1), B(2|3|5), C(−1|3|−1), D(2|2|2)

b) A(3|0|2), B(5|1|9), C(6|2|7), D(8|3|14)

c) A(5|0|5), B(6|3|2), C(2|9|0), D(3|12|−3)

d) A(1|1|1), B(3|3|3), C(−2|5|1), D(3|4|−2)

8 Eine Ebene kann nicht nur durch drei geeignete Punkte festgelegt werden, sondern auch
durch einen Punkt und eine Gerade.

a) Welche Bedingung müssen der Punkt und die Gerade erfüllen, damit sie eindeutig eine
Ebene festlegen? Begründen Sie Ihre Antwort.

b) Wählen Sie einen Punkt P und eine Gerade g, die eindeutig eine Ebene E festlegen.
Bestimmen Sie aus den Koordinaten von P und aus der Gleichung von g eine Parametergleichung dieser Ebene E.

9 Eine Ebene E ist durch den Punkt P und die Gerade g eindeutig bestimmt. Geben Sie eine Parametergleichung der Ebene E an.

a) $g: \vec{x} = \begin{pmatrix} 1 \\ 0 \\ 1 \end{pmatrix} + t \begin{pmatrix} 2 \\ 1 \\ 3 \end{pmatrix}$; $P(5|-5|3)$

b) $g: \vec{x} = \begin{pmatrix} 2 \\ 0 \\ 1 \end{pmatrix} + t \begin{pmatrix} 3 \\ 1 \\ 5 \end{pmatrix}$; $P(2|7|11)$

c) $g: \vec{x} = \begin{pmatrix} 1 \\ 2 \\ 5 \end{pmatrix} + t \begin{pmatrix} -1 \\ 2 \\ 7 \end{pmatrix}$; $P(2|5|-3)$

d) $g: \vec{x} = \begin{pmatrix} 1 \\ 0 \\ 3 \end{pmatrix} + t \begin{pmatrix} 2 \\ 1 \\ 0 \end{pmatrix}$; $P(6|3|-1)$

10 a) Begründen Sie: Zwei sich schneidende Geraden sowie zwei verschiedene zueinander parallele Geraden legen jeweils eine Ebene fest.
b) Geben Sie Gleichungen von zwei sich schneidenden Geraden an. Die Geraden legen eine Ebene fest. Bestimmen Sie eine Parametergleichung dieser Ebene.
c) Geben Sie Gleichungen von zwei verschiedenen zueinander parallelen Geraden an. Die Geraden legen eine Ebene fest. Bestimmen Sie eine Parametergleichung dieser Ebene.

11 Prüfen Sie, ob die beiden Geraden g_1 und g_2 sich schneiden. Geben Sie, falls möglich, eine Parametergleichung der Ebene an, die eindeutig durch die Geraden g_1 und g_2 festgelegt wird.

a) $g_1: \vec{x} = \begin{pmatrix} 1 \\ 1 \\ 2 \end{pmatrix} + t \begin{pmatrix} 2 \\ 3 \\ 1 \end{pmatrix}$; $g_2: \vec{x} = \begin{pmatrix} 3 \\ 4 \\ 3 \end{pmatrix} + t \begin{pmatrix} 1 \\ 0 \\ 1 \end{pmatrix}$

b) $g_1: \vec{x} = \begin{pmatrix} 2 \\ 0 \\ 2 \end{pmatrix} + t \begin{pmatrix} 1 \\ 1 \\ 1 \end{pmatrix}$; $g_2: \vec{x} = \begin{pmatrix} 0 \\ -2 \\ 0 \end{pmatrix} + t \begin{pmatrix} 1 \\ 2 \\ 3 \end{pmatrix}$

c) $g_1: \vec{x} = \begin{pmatrix} 3 \\ 0 \\ 7 \end{pmatrix} + t \begin{pmatrix} 2 \\ 5 \\ 1 \end{pmatrix}$; $g_2: \vec{x} = \begin{pmatrix} 7 \\ 10 \\ 9 \end{pmatrix} + t \begin{pmatrix} 1 \\ 0 \\ 1 \end{pmatrix}$

d) $g_1: \vec{x} = \begin{pmatrix} 1 \\ 2 \\ 5 \end{pmatrix} + t \begin{pmatrix} 3 \\ 4 \\ 0 \end{pmatrix}$; $g_2: \vec{x} = \begin{pmatrix} 2 \\ 3 \\ 1 \end{pmatrix} + t \begin{pmatrix} 3 \\ 4 \\ 5 \end{pmatrix}$

12 Warum legen die Geraden g_1 und g_2 eindeutig eine Ebene fest? Bestimmen Sie eine Parametergleichung dieser Ebene.

a) $g_1: \vec{x} = \begin{pmatrix} 2 \\ 0 \\ 1 \end{pmatrix} + t \begin{pmatrix} 1 \\ 1 \\ 1 \end{pmatrix}$; $g_2: \vec{x} = \begin{pmatrix} 4 \\ 5 \\ 1 \end{pmatrix} + t \begin{pmatrix} 1 \\ 1 \\ 1 \end{pmatrix}$

b) $g_1: \vec{x} = \begin{pmatrix} 2 \\ 3 \\ 7 \end{pmatrix} + t \begin{pmatrix} 1 \\ 0 \\ 2 \end{pmatrix}$; $g_2: \vec{x} = \begin{pmatrix} 4 \\ 0 \\ 5 \end{pmatrix} + t \begin{pmatrix} 2 \\ 0 \\ 4 \end{pmatrix}$

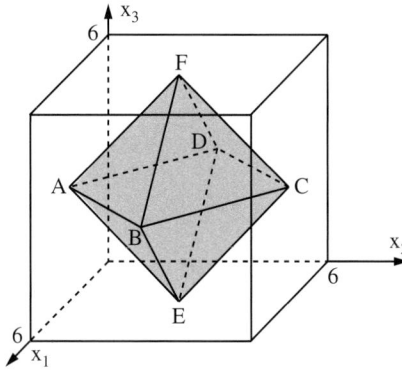

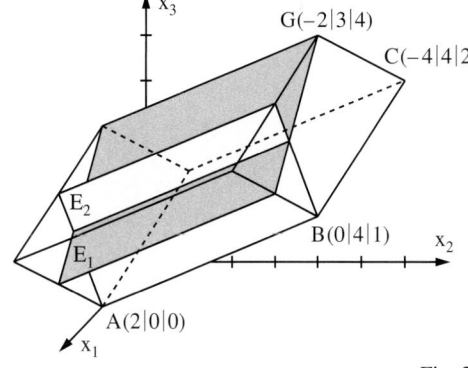

Fig. 1   Fig. 2

13 In Fig. 1 ist einem Würfel ein Oktaeder einbeschrieben. Die Punkte A, B, C, D, E und F sind die Schnittpunkte der Diagonalen der Würfelseiten.
Bestimmen Sie eine Parametergleichung der Ebene, die festgelegt ist durch die Punkte
a) A, B und F, b) B, C und F, c) C, D und E, d) A, D und E, e) B, D und E, f) A, B und C.

14 Die Ebenen E_1 und E_2 in Fig. 2 sind durch Ecken und Kantenmitten des Spats festgelegt. Geben Sie für jede der beiden Ebenen eine Parametergleichung an.

4 Koordinatengleichungen von Ebenen

1 a) Geben Sie eine Parametergleichung der Ebene E in Fig. 1 an.
b) Bestimmen Sie die Koordinaten von fünf Punkten der Ebene E.
c) Addieren Sie für jeden Punkt von b) seine Koordinaten. Was stellen Sie fest?
d) Der Parametergleichung aus a) entsprechen drei Gleichungen mit zwei Parametern.
Bestimmen Sie daraus eine Gleichung, die x_1, x_2 und x_3 enthält, aber keinen Parameter.

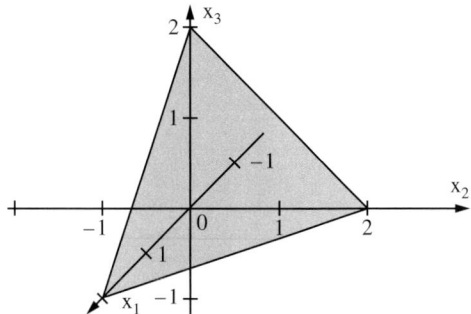

Fig. 1

Ebenso wie Geraden in der Zeichenebene kann man auch Ebenen im Raum durch eine Gleichung für die Koordinaten beschreiben.
Diese Form der Ebenendarstellung hat u. a. den Vorteil, dass man die Koordinaten der gemeinsamen Punkte der Ebene mit den Koordinatenachsen schnell bestimmen und so leicht einen Ausschnitt der jeweiligen Ebene skizzieren kann (Beispiel 4).

Ist eine Parametergleichung einer Ebene E gegeben, dann kann man eine Gleichung von E ohne Parameter bestimmen:
Man fasst die Parametergleichung als drei Gleichungen auf. So ergeben sich z. B. aus

$$E: \vec{x} = \begin{pmatrix} 1 \\ 1 \\ 1 \end{pmatrix} + r \cdot \begin{pmatrix} 2 \\ 1 \\ 0 \end{pmatrix} + s \cdot \begin{pmatrix} 3 \\ 0 \\ 0,5 \end{pmatrix} \quad \text{die Gleichungen} \quad \begin{array}{l} x_1 = 1 + 2r + 3s \\ x_2 = 1 + r \\ x_3 = 1 + 0,5s \end{array}.$$

Drückt man z. B. mithilfe der 2. und 3. Gleichung r und s durch x_2 und x_3 aus und setzt in die 1. Gleichung ein, so ergibt sich $x_1 - 2x_2 - 6x_3 = -7$.

Man sagt: $x_1 - 2x_2 - 6x_3 = -7$ ist eine **Koordinatengleichung** der Ebene E, denn:
Ist P ein Punkt von E, so erfüllen seine Koordinaten die Gleichung und jede Lösung dieser Gleichung entspricht den Koordinaten eines Punktes von E.

Allgemein gilt der

Satz: Jede Ebene E lässt sich durch eine Koordinatengleichung
$$\mathbf{a\,x_1 + b\,x_2 + c\,x_3 = d}$$
beschreiben, bei der mindestens einer der drei Koeffizienten a, b, c ungleich 0 ist.

Kennt man eine Koordinatengleichung $a\,x_1 + b\,x_2 + c\,x_3 = d$ (mit z. B. $a \neq 0$) einer Ebene E, so kann man eine Parametergleichung dieser Ebene bestimmen.
Man löst hierzu die Koordinatengleichung z. B. nach x_1 auf, ergänzt sie um zwei weitere Gleichungen und stellt hieraus eine Parametergleichung von E auf:

$$\text{Aus} \quad \begin{array}{l} x_1 = \frac{d}{a} - \frac{b}{a}x_2 - \frac{c}{a}x_3 \\ x_2 = 0 + \phantom{\frac{d}{a}}x_2 + 0x_3 \\ x_3 = 0 + 0x_2 + \phantom{\frac{d}{a}}x_3 \end{array} \quad \text{ergibt sich} \quad \begin{pmatrix} x_1 \\ x_2 \\ x_3 \end{pmatrix} = \begin{pmatrix} \frac{d}{a} - \frac{b}{a}x_2 - \frac{c}{a}x_3 \\ 0 + x_2 + 0 \\ 0 + x_3 \end{pmatrix} \quad \text{bzw.} \quad \vec{x} = \begin{pmatrix} \frac{d}{a} \\ 0 \\ 0 \end{pmatrix} + r \begin{pmatrix} -\frac{b}{a} \\ 1 \\ 0 \end{pmatrix} + s \begin{pmatrix} -\frac{c}{a} \\ 0 \\ 1 \end{pmatrix},$$

wenn man $r = x_2$ und $s = x_3$ setzt.

Im Beispiel 1 kann man auch so vorgehen wie auf Seite 232:
Man drückt mithilfe von zwei der drei Gleichungen die Parameter r und s durch x_1, x_2 und x_3 aus und setzt sie anschließend in der anderen Gleichung ein.

Beispiel 1: (Von einer Parametergleichung zu einer Koordinatengleichung)

Bestimmen Sie eine Koordinatengleichung von E: $\vec{x} = \begin{pmatrix} 2 \\ 2 \\ 1 \end{pmatrix} + r\begin{pmatrix} 1 \\ -2 \\ 3 \end{pmatrix} + s\begin{pmatrix} 2 \\ 5 \\ 7 \end{pmatrix}$.

Lösung:

Aus $\vec{x} = \begin{pmatrix} 2 \\ 2 \\ 1 \end{pmatrix} + r\begin{pmatrix} 1 \\ -2 \\ 3 \end{pmatrix} + s\begin{pmatrix} 2 \\ 5 \\ 7 \end{pmatrix}$ erhält man $\begin{pmatrix} x_1 \\ x_2 \\ x_3 \end{pmatrix} = \begin{pmatrix} 2 + r + 2s \\ 2 - 2r + 5s \\ 1 + 3r + 7s \end{pmatrix}$, also $\begin{matrix} x_1 = 2 + r + 2s \\ x_2 = 2 - 2r + 5s \\ x_3 = 1 + 3r + 7s \end{matrix}$.

Man formt so um, dass in einer Gleichung die Parameter wegfallen:

$$\begin{cases} x_1 = 2 + r + 2s \\ x_2 = 2 - 2r + 5s , \\ x_3 = 1 + 3r + 7s \end{cases} \text{ also } \begin{cases} x_1 = 2 + r + 2s \\ 2x_1 + x_2 = 6 + 9s , \\ -3x_1 + x_3 = -5 + s \end{cases} \text{ also } \begin{cases} x_1 = 2 + r + 2s \\ 2x_1 + x_2 = 6 + 9s . \\ 29x_1 + x_2 - 9x_3 = 51 \end{cases}$$

Eine Koordinatengleichung der Ebene E ist $29x_1 + x_2 - 9x_3 = 51$.

Im Beispiel 2 kann man auch zuerst drei Punkte A, B und C von E bestimmen: z. B. A(4|0|0), B(0|−12|0), C$\left(0\left|0\right|\frac{12}{7}\right)$ und dann mithilfe dieser Punkte eine Parametergleichung von E bestimmen.

Beispiel 2: (Von einer Koordinatengleichung zu einer Parametergleichung)

Bestimmen Sie eine Parametergleichung von E: $3x_1 - x_2 + 7x_3 = 12$.

Lösung:

Man löst zuerst die Koordinatengleichung z. B. nach x_2 auf: $x_2 = -12 + 3x_1 + 7x_3$.

Man ergänzt die Gleichung zu:

$$\begin{matrix} x_1 = 0 + x_1 + 0 \\ x_2 = -12 + 3x_1 + 7x_3 \\ x_3 = 0 + 0 + x_3 \end{matrix}$$

Hieraus ergibt sich:

$$\begin{pmatrix} x_1 \\ x_2 \\ x_3 \end{pmatrix} = \begin{pmatrix} 0 \\ -12 \\ 0 \end{pmatrix} + x_1 \begin{pmatrix} 1 \\ 3 \\ 0 \end{pmatrix} + x_3 \begin{pmatrix} 0 \\ 7 \\ 1 \end{pmatrix}$$

Eine Parametergleichung der Ebene E ist also: $\vec{x} = \begin{pmatrix} 0 \\ -12 \\ 0 \end{pmatrix} + r\begin{pmatrix} 1 \\ 3 \\ 0 \end{pmatrix} + s\begin{pmatrix} 0 \\ 7 \\ 1 \end{pmatrix}$.

Beispiel 3: (Koordinatengleichung aus drei Punkten bestimmen)

Die Punkte A(1|1|0), B(1|0|1) und C(0|1|1) legen eine Ebene E fest. Bestimmen Sie eine Koordinatengleichung dieser Ebene E.

Lösung:

Eine Koordinatengleichung von E hat die Form $ax_1 + bx_2 + cx_3 = d$. Setzt man jeweils die Koordinaten der Punkte A, B und C in die Gleichung ein, dann erhält man das LGS:

$$\begin{cases} a + b = d \\ a + c = d \\ b + c = d \end{cases}$$ Aus dem LGS folgt: $2a = 2b = 2c = d$. Setzt man z. B. $d = 2$, so erhält man

$a = b = c = 1$. Eine Koordinatengleichung der Ebene E ist also: $x_1 + x_2 + x_3 = 2$.

Beispiel 4: (Ebenenausschnitt zeichnen)

Bestimmen Sie die gemeinsamen Punkte der Ebene E: $3x_1 + 2x_2 + 6x_3 = 6$ mit den Koordinatenachsen und zeichnen Sie einen Ausschnitt von E.

Lösung:

*Die Schnittpunkte der Koordinatenachsen mit einer Ebene nennt man **Spurpunkte**.*

Alle Punkte der x_1-Achse haben die Koordinaten $x_2 = 0$ und $x_3 = 0$. Setzt man diese Koordinaten in die Gleichung $3x_1 + 2x_2 + 6x_3 = 6$ ein, so erhält man $x_1 = 2$. Also gilt: Die Ebene E und die x_1-Achse haben den gemeinsamen Punkt $S_1(2|0|0)$.

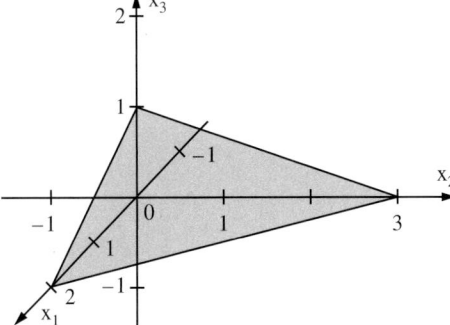

Fig. 1

Entsprechend gilt: $S_2(0|3|0)$ ist gemeinsamer Punkt von E und der x_2-Achse.

$S_3(0|0|1)$ ist gemeinsamer Punkt von E und der x_3-Achse.

233

Beispiel 5: (Besondere Lage einer Ebene)
Skizzieren Sie die Ebene E in einem Koordinatensystem.
a) E: $4x_1 + 2x_2 = 7$
b) E: $2x_2 = 5$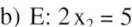

Lösung:

a) Der Schnittpunkt der Ebene E mit der
x_1-Achse ist $S_1\left(\frac{7}{4}\,\middle|\,0\,\middle|\,0\right)$, mit der x_2-Achse
$S_2\left(0\,\middle|\,\frac{7}{2}\,\middle|\,0\right)$. Die Ebene E hat keinen Schnittpunkt mit der x_3-Achse; sie ist daher zur x_3-Achse parallel.

b) Der Schnittpunkt der Ebene E mit der
x_2-Achse ist $S_2\left(0\,\middle|\,\frac{5}{2}\,\middle|\,0\right)$.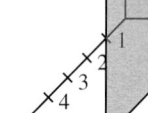

Die Ebene E hat keinen Schnittpunkt mit der x_1- und x_3-Achse; sie ist daher zur x_1x_3-Ebene parallel.

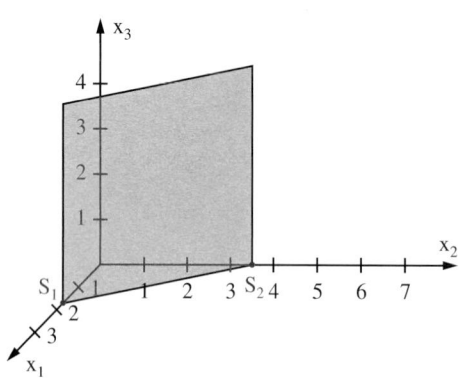

Fig. 1

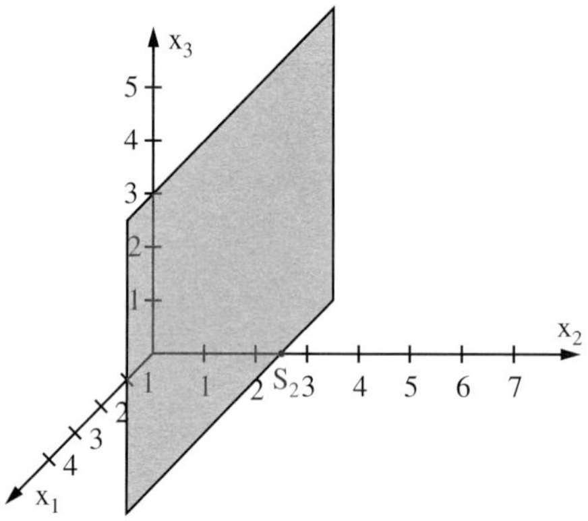

Fig. 2

Aufgaben

2 Bestimmen Sie eine Koordinatengleichung der Ebene E, in der nur ganzzahlige Koeffizienten auftreten.

a) E: $\vec{x} = \begin{pmatrix} 1 \\ 2 \\ 0 \end{pmatrix} + r\begin{pmatrix} 1 \\ 0 \\ 1 \end{pmatrix} + s\begin{pmatrix} 1 \\ 2 \\ 3 \end{pmatrix}$

b) E: $\vec{x} = \begin{pmatrix} 4 \\ 9 \\ 1 \end{pmatrix} + r\begin{pmatrix} 1 \\ 2 \\ 0 \end{pmatrix} + s\begin{pmatrix} 1 \\ 0 \\ 3 \end{pmatrix}$

c) E: $\vec{x} = \begin{pmatrix} 4 \\ 5 \\ -1 \end{pmatrix} + r\begin{pmatrix} -1 \\ 0 \\ 1 \end{pmatrix} + s\begin{pmatrix} 0 \\ 0 \\ 1 \end{pmatrix}$

d) E: $\vec{x} = \begin{pmatrix} 2 \\ 5 \\ 1 \end{pmatrix} + r\begin{pmatrix} 1 \\ 1 \\ 1 \end{pmatrix} + s\begin{pmatrix} 1 \\ 0 \\ 2 \end{pmatrix}$

e) E: $\vec{x} = \begin{pmatrix} 2 \\ 2 \\ 4 \end{pmatrix} + r\begin{pmatrix} 3 \\ 2 \\ 9 \end{pmatrix} + s\begin{pmatrix} 0 \\ 1 \\ 0 \end{pmatrix}$

f) E: $\vec{x} = \begin{pmatrix} 17 \\ -1 \\ 5 \end{pmatrix} + r\begin{pmatrix} 5 \\ 6 \\ 1 \end{pmatrix} + s\begin{pmatrix} -1 \\ 1 \\ 2 \end{pmatrix}$

3 Bestimmen Sie eine Parametergleichung der Ebene E.

a) E: $2x_1 - 3x_2 + x_3 = 6$
b) E: $5x_1 - 3x_2 + 6x_3 = 1$
c) E: $x_1 + x_2 + x_3 = 3$

d) E: $2x_1 + 3x_2 + 4x_3 = 5$
e) E: $2x_1 - x_2 = 25$
f) E: $3x_2 + x_3 = 7$

g) E: $x_1 = 9$
h) E: $2x_2 = 13$
i) E: $5x_3 = 11$

j) E: $x_1 - x_2 = 0$
k) E: $x_1 + 2x_2 + 3x_3 = 0$
l) E: $x_1 = 0$

4 Geben Sie zuerst eine Parametergleichung der Ebene E an, die die Punkte A, B und C enthält. Bestimmen Sie dann eine Koordinatengleichung dieser Ebene.

a) $A(1|2|-1)$, $B(6|-5|11)$, $C(3|2|0)$
b) $A(9|3|-3)$, $B(8|4|-9)$, $C(11|13|-7)$

5 Die Punkte A, B und C legen eine Ebene E fest. Bestimmen Sie eine Koordinatengleichung dieser Ebene E.

a) $A(0|2|-1)$, $B(6|-5|0)$, $C(1|0|1)$
b) $A(7|2|-1)$, $B(4|1|3)$, $C(1|3|2)$

6   Zeichnen Sie einen Ausschnitt der Ebene E.

a) $E: x_1 + x_2 + x_3 = 3$ b) $E: 2x_1 + 2x_2 + 3x_3 = 6$ c) $E: -1x_1 - 3x_2 - 2x_3 = -6$

d) $E: -3,5x_2 + 7x_3 = 7$ e) $E: 5x_1 = 10$ f) $E: 3x_1 - 4,5x_3 = -9$

*Spricht man in der Geometrie von **der Ebene**, so meint man damit die **Zeichenebene** bzw. die x_1x_2-Ebene.*

7   Bestimmen Sie eine Koordinatengleichung   a) der x_2x_3-Ebene,   b) der x_1x_3-Ebene.

8   Welche besondere Lage hat die Ebene

a) $E: x_1 = 0$,   b) $E: x_2 = 0$,   c) $E: x_3 = 0$,   d) $E: x_1 = 5$,   e) $E: x_2 = -3$,   f) $E: x_3 = 4$?

9   Bestimmen Sie eine Koordinatengleichung der Ebene E.

a)

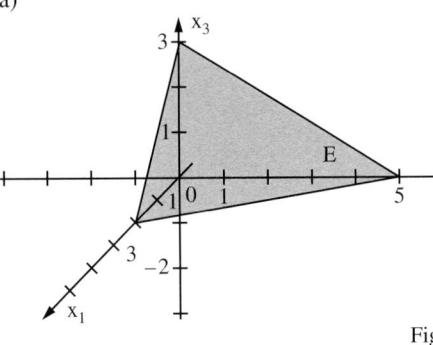

b)

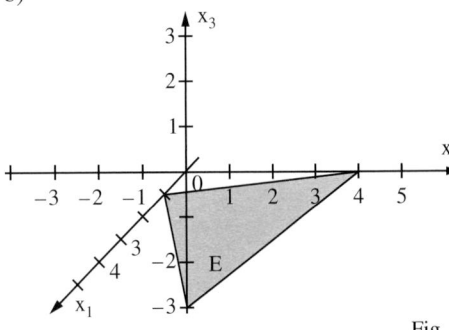

Fig. 1   Fig. 2

10   Der Punkt $P(3|0|0)$ liegt in der zur x_3-Achse parallelen Ebene E von Fig. 3.
Der Punkt $Q(0|2|0)$ liegt in der zur x_2-Achse parallelen Ebene E von Fig. 4.
Bestimmen Sie eine Koordinatengleichung für die Ebene E.

a)

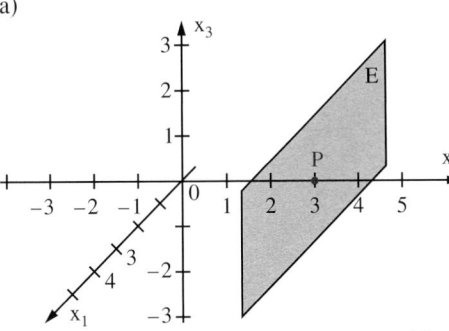

b)

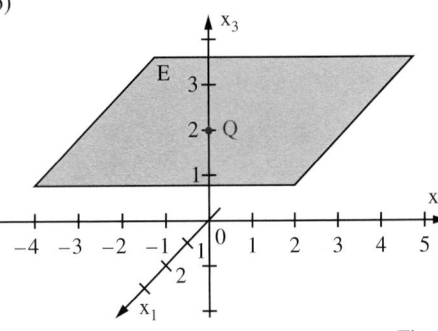

Fig. 3   Fig. 4

11   Bestimmen Sie eine Koordinatengleichung für die zur x_3-Achse parallelen Ebenen in
Fig. 5 und 6.

a)

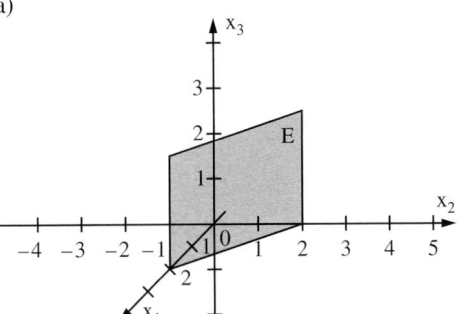

b)

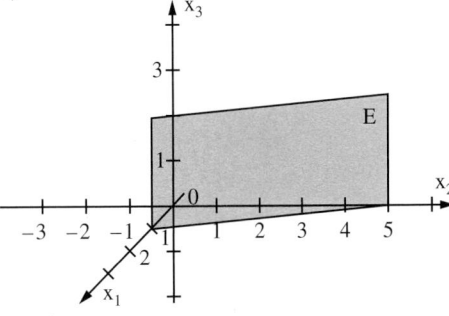

Fig. 5   Fig. 6

235

5 Gegenseitige Lage einer Geraden und einer Ebene

1 Die Gerade g in Fig. 1 geht durch die
Punkte P(−2|0|0) und Q(0|0|2).
a) Bestimmen Sie eine Parametergleichung
der Geraden g.
b) Bestimmen Sie eine Gleichung der zur
x_3-Achse parallelen Ebene E.
c) Bestimmen Sie die Koordinaten des
Punktes S, in dem die Gerade g die Ebene E
durchstößt.

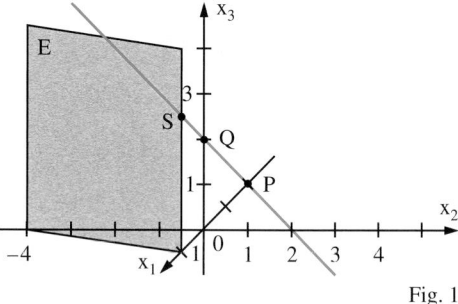

Fig. 1

Eine Gerade $g: \vec{x} = \vec{p} + t \cdot \vec{u}$ kann eine Ebene $E: \vec{x} = \vec{q} + r \cdot \vec{v} + s \cdot \vec{w}$ schneiden, parallel zur
Ebene E sein oder ganz in der Ebene E liegen.

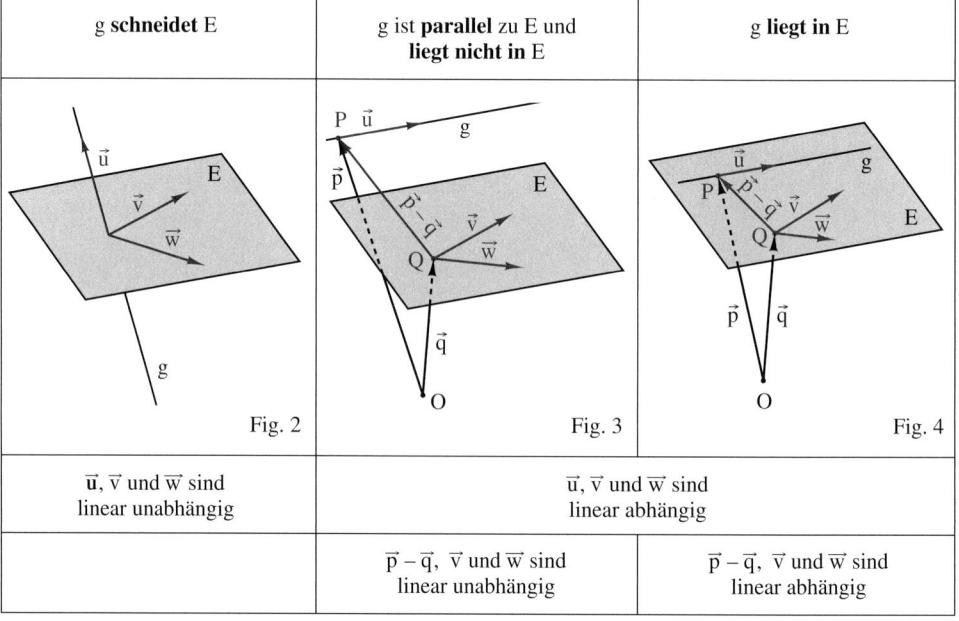

*Den Schnittpunkt einer
Geraden und einer Ebene
nennt man auch **Durch-
stoßpunkt**.*

g **schneidet** E	g ist **parallel** zu E und **liegt nicht in** E	g **liegt in** E
Fig. 2	Fig. 3	Fig. 4
$\vec{u}$, $\vec{v}$ und $\vec{w}$ sind linear unabhängig	$\vec{u}$, $\vec{v}$ und $\vec{w}$ sind linear abhängig	
	$\vec{p} - \vec{q}$, $\vec{v}$ und $\vec{w}$ sind linear unabhängig	$\vec{p} - \vec{q}$, $\vec{v}$ und $\vec{w}$ sind linear abhängig

Die Anzahl der gemeinsamen Punkte einer Geraden und einer Ebene kann man algebraisch
untersuchen:

Satz: Für eine Gerade $g: \vec{x} = \vec{p} + t \cdot \vec{u}$ und eine Ebene $E: \vec{x} = \vec{q} + r \cdot \vec{v} + s \cdot \vec{w}$ gilt:
g und E **schneiden** sich in einem Punkt, wenn die Gleichung
$\quad \vec{p} + t \cdot \vec{u} = \vec{q} + r \cdot \vec{v} + s \cdot \vec{w}$ **genau eine** Lösung $(r_0; s_0; t_0)$ hat.
g ist **parallel** zu E und **liegt nicht in** E, wenn die Gleichung
$\quad \vec{p} + t \cdot \vec{u} = \vec{q} + r \cdot \vec{v} + s \cdot \vec{w}$ **keine** Lösung hat.
g **liegt in** E, wenn die Gleichung
$\quad \vec{p} + t \cdot \vec{u} = \vec{q} + r \cdot \vec{v} + s \cdot \vec{w}$ **unendlich viele** Lösungen hat.

Beispiel 1: (Bestimmung des Durchstoßpunktes; Ebenengleichung in Parameterform)

Die Gerade $g: \vec{x} = \begin{pmatrix} 2 \\ 2 \\ 1 \end{pmatrix} + t\begin{pmatrix} 1 \\ -1 \\ 1 \end{pmatrix}$ und die Ebene $E: \vec{x} = \begin{pmatrix} 1 \\ 1 \\ 5 \end{pmatrix} + r\begin{pmatrix} 2 \\ 0 \\ 1 \end{pmatrix} + s\begin{pmatrix} -1 \\ -1 \\ 3 \end{pmatrix}$ schneiden sich.

Bestimmen Sie den Durchstoßpunkt D.

Lösung:

Die Koordinaten des Durchstoßpunktes ergeben sich aus der Lösung der Gleichung

$\begin{pmatrix} 2 \\ 2 \\ 1 \end{pmatrix} + t\begin{pmatrix} 1 \\ -1 \\ 1 \end{pmatrix} = \begin{pmatrix} 1 \\ 1 \\ 5 \end{pmatrix} + r\begin{pmatrix} 2 \\ 0 \\ 1 \end{pmatrix} + s\begin{pmatrix} -1 \\ -1 \\ 3 \end{pmatrix}$ bzw. des LGS $\begin{cases} 2 + t = 1 + 2r - s \\ 2 - t = 1 \quad\quad - s \\ 1 + t = 5 + r + 3s \end{cases}$.

$\begin{cases} t - 2r + s = -1 \\ -t \quad\quad + s = -1 \\ t - r - 3s = 4 \end{cases}$, also $\begin{cases} t - 2r + s = -1 \\ -2r + 2s = -2 \\ r - 4s = 5 \end{cases}$, also $\begin{cases} t - 2r + s = -1 \\ -2r + 2s = -2 \\ \quad\quad - 3s = 4 \end{cases}$.

Man erhält $t = -\frac{1}{3}$; $r = -\frac{1}{3}$; $s = -\frac{4}{3}$.

Setzt man $t = -\frac{1}{3}$ in die Parametergleichung der Geraden ein, so erhält man den Ortsvektor des Durchstoßpunktes und somit auch den Durchstoßpunkt $D\left(1\frac{2}{3} \,\middle|\, 2\frac{1}{3} \,\middle|\, \frac{2}{3}\right)$.

Beispiel 2: (Bestimmung des Durchstoßpunktes; Ebenengleichung in Koordinatenform)

Die Gerade $g: \vec{x} = \begin{pmatrix} 3 \\ 4 \\ 7 \end{pmatrix} + t\begin{pmatrix} 2 \\ 1 \\ -1 \end{pmatrix}$ und die Ebene $E: 2x_1 + 5x_2 - x_3 = 49$ schneiden sich.

Bestimmen Sie den Durchstoßpunkt D.

Lösung:

Der Gleichung $\vec{x} = \begin{pmatrix} 3 \\ 4 \\ 7 \end{pmatrix} + t\begin{pmatrix} 2 \\ 1 \\ -1 \end{pmatrix}$ entspricht $\begin{aligned} x_1 &= 3 + 2t \\ x_2 &= 4 + t \\ x_3 &= 7 - t \end{aligned}$.

Setzt man x_1, x_2 und x_3 in die Koordinatengleichung ein, so erhält man die Gleichung:
$2(3 + 2t) + 5(4 + t) - (7 - t) = 49$,
hieraus folgt $10t + 19 = 49$, also $t = 3$.
Setzt man $t = 3$ in die Geradengleichung ein, so ergibt sich als Durchstoßpunkt $D(9 \,|\, 7 \,|\, 4)$.

Beispiel 3: (Bestimmung einer Geraden, die zu einer gegebenen Ebene parallel ist)
Die Ebene E ist durch die Punkte $A(1 \,|\, 0 \,|\, 2)$, $B(0 \,|\, 2 \,|\, 1)$ und $C(1 \,|\, 3 \,|\, 0)$ festgelegt.
Geben Sie eine Gleichung einer Geraden an, die zu E parallel ist und durch den Punkt $P(4 \,|\, 4 \,|\, 4)$ geht.

In Beispiel 3 liegt der Punkt P nicht in der Ebene E.
Also haben die Gerade g und die Ebene E keine gemeinsamen Punkte.

Lösung:

Eine Parametergleichung der Ebene $E: \vec{x} = \begin{pmatrix} 1 \\ 0 \\ 2 \end{pmatrix} + r\begin{pmatrix} 0 - 1 \\ 2 - 0 \\ 1 - 2 \end{pmatrix} + s\begin{pmatrix} 1 - 1 \\ 3 - 0 \\ 0 - 2 \end{pmatrix}$

d.h. $E: \vec{x} = \begin{pmatrix} 1 \\ 0 \\ 2 \end{pmatrix} + r\begin{pmatrix} -1 \\ 2 \\ -1 \end{pmatrix} + s\begin{pmatrix} 0 \\ 3 \\ -2 \end{pmatrix}$.

Der Richtungsvektor der Geraden g und die Spannvektoren der Ebene E müssen linear abhängig sein.

Als Richtungsvektor kann man einen der Spannvektoren nehmen, z. B.: $\begin{pmatrix} -1 \\ 2 \\ -1 \end{pmatrix}$.

Somit gilt: Die Gerade $g: \vec{x} = \begin{pmatrix} 4 \\ 4 \\ 4 \end{pmatrix} + t\begin{pmatrix} -1 \\ 2 \\ -1 \end{pmatrix}$ ist parallel zur Ebene E.

Aufgaben

2 Die Gerade g schneidet die Ebene E. Berechnen Sie die Koordinaten des Durchstoßpunktes.

a) $g: \vec{x} = \begin{pmatrix} 1 \\ 0 \\ 1 \end{pmatrix} + t \begin{pmatrix} 2 \\ 1 \\ 0 \end{pmatrix}$, $E: \vec{x} = \begin{pmatrix} 1 \\ 2 \\ 3 \end{pmatrix} + s \begin{pmatrix} 0 \\ 0 \\ 1 \end{pmatrix} + t \begin{pmatrix} 0 \\ 1 \\ 0 \end{pmatrix}$
b) $g: \vec{x} = t \begin{pmatrix} 2 \\ 5 \\ 7 \end{pmatrix}$, $E: \vec{x} = \begin{pmatrix} 0 \\ 0 \\ 5 \end{pmatrix} + s \begin{pmatrix} 1 \\ 1 \\ 0 \end{pmatrix} + t \begin{pmatrix} 0 \\ 0 \\ 1 \end{pmatrix}$

c) $g: \vec{x} = \begin{pmatrix} 2 \\ 3 \\ 2 \end{pmatrix} + t \begin{pmatrix} -1 \\ 1 \\ 1 \end{pmatrix}$, $E: \vec{x} = s \begin{pmatrix} 2 \\ 3 \\ 0 \end{pmatrix} + t \begin{pmatrix} -3 \\ 2 \\ 0 \end{pmatrix}$
d) $g: \vec{x} = \begin{pmatrix} 2 \\ 0 \\ 3 \end{pmatrix} + t \begin{pmatrix} 5 \\ 1 \\ 1 \end{pmatrix}$, $E: \vec{x} = \begin{pmatrix} 1 \\ 0 \\ 0 \end{pmatrix} + s \begin{pmatrix} 0 \\ 1 \\ 1 \end{pmatrix} + t \begin{pmatrix} 1 \\ 0 \\ 1 \end{pmatrix}$

3 Bestimmen Sie den Durchstoßpunkt, falls sich die Gerade $g: \vec{x} = \begin{pmatrix} 4 \\ 6 \\ 2 \end{pmatrix} + t \begin{pmatrix} 1 \\ 2 \\ 3 \end{pmatrix}$ und die Ebene E schneiden.

a) $E: 2x_1 + 4x_2 + 6x_3 = 16$
b) $E: 5x_2 - 7x_3 = 13$
c) $E: x_1 + x_2 - x_3 = 1$
d) $E: 2x_1 + x_2 + 3x_3 = 0$
e) $E: x_1 + x_2 - x_3 = 7$
f) $E: x_1 + x_2 - x_3 = 8$
g) $E: 3x_1 - x_3 = 10$
h) $E: 3x_1 - x_3 = 12$
i) $E: 4x_1 - 5x_2 = 11$

4 Bestimmen Sie den Durchstoßpunkt von der Geraden g und der Ebene $E: 3x_1 + 5x_2 - 2x_3 = 7$.

a) $g: \vec{x} = \begin{pmatrix} 5 \\ 1 \\ 1 \end{pmatrix} + t \begin{pmatrix} 1 \\ 0 \\ 1 \end{pmatrix}$
b) $g: \vec{x} = \begin{pmatrix} 1 \\ 0 \\ 9 \end{pmatrix} + t \begin{pmatrix} 1 \\ 3 \\ 5 \end{pmatrix}$
c) $g: \vec{x} = \begin{pmatrix} 7 \\ 1 \\ 1 \end{pmatrix} + t \begin{pmatrix} 2 \\ 2 \\ 1 \end{pmatrix}$

5 Bestimmen Sie, falls möglich, den Schnittpunkt der Geraden g mit der x_1x_2-Ebene (x_1x_3-Ebene; x_2x_3-Ebene) (Fig. 1).

a) $g: \vec{x} = \begin{pmatrix} 2 \\ 4 \\ 1 \end{pmatrix} + t \begin{pmatrix} -2 \\ 2 \\ 1 \end{pmatrix}$
b) $g: \vec{x} = \begin{pmatrix} 2 \\ 2 \\ 2 \end{pmatrix} + t \begin{pmatrix} 1 \\ 3 \\ 0 \end{pmatrix}$
c) $g: \vec{x} = \begin{pmatrix} 2 \\ 1 \\ 7 \end{pmatrix} + t \begin{pmatrix} -1 \\ 2 \\ 1 \end{pmatrix}$
d) $g: \vec{x} = \begin{pmatrix} 7 \\ 0 \\ 7 \end{pmatrix} + t \begin{pmatrix} 1 \\ 1 \\ 1 \end{pmatrix}$

e) $g: \vec{x} = t \begin{pmatrix} 2 \\ 3 \\ -1 \end{pmatrix}$
f) $g: \vec{x} = \begin{pmatrix} 2 \\ 1 \\ 8 \end{pmatrix} + t \begin{pmatrix} 2 \\ 0 \\ -1 \end{pmatrix}$
g) $g: \vec{x} = \begin{pmatrix} 1 \\ 0 \\ 5 \end{pmatrix} + t \begin{pmatrix} 1 \\ 2 \\ 0 \end{pmatrix}$
h) $g: \vec{x} = \begin{pmatrix} 7 \\ 1 \\ 9 \end{pmatrix} + t \begin{pmatrix} 1 \\ 0 \\ 0 \end{pmatrix}$

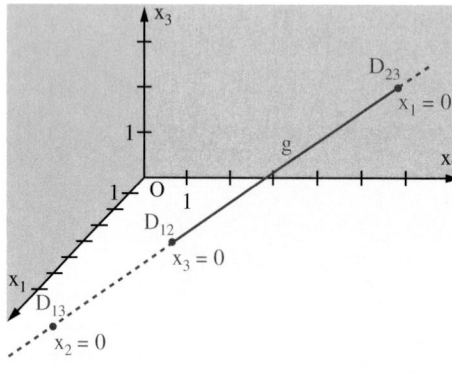
Fig. 1

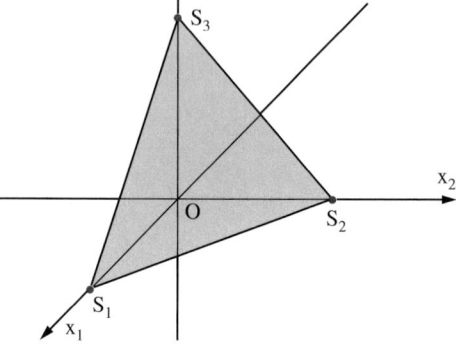
Fig. 2

6 Bestimmen Sie die Schnittpunkte der Koordinatenachsen mit der Ebene E (Fig. 2).

a) $E: \vec{x} = \begin{pmatrix} 4 \\ 6 \\ 0 \end{pmatrix} + r \begin{pmatrix} 1 \\ 1 \\ 1 \end{pmatrix} + s \begin{pmatrix} 1 \\ 0 \\ 3 \end{pmatrix}$
b) $E: \vec{x} = \begin{pmatrix} 0 \\ 5 \\ 0 \end{pmatrix} + r \begin{pmatrix} 0 \\ 10 \\ -6 \end{pmatrix} + s \begin{pmatrix} 2 \\ 0 \\ -1 \end{pmatrix}$

c) $E: \vec{x} = r \begin{pmatrix} 1 \\ 2 \\ 5 \end{pmatrix} + s \begin{pmatrix} 3 \\ 0 \\ 2 \end{pmatrix}$
d) $E: 3x_1 + 2x_2 - x_3 = 12$

e) $E: -9x_1 - 7x_2 + 11x_3 = -7$
f) $E: x_1 - 2x_2 - 5x_3 = 0$

7 Die Gerade g ist durch die Punkte P und Q festgelegt, die Ebene E durch die Punkte A, B und C. Bestimmen Sie den Durchstoßpunkt von g durch E.

a) $P(1|0|1)$, $Q(3|1|1)$; $A(1|2|3)$, $B(1|2|4)$, $C(1|3|3)$

b) $P(0|0|0)$, $Q(2|5|7)$; $A(0|0|5)$, $B(1|1|5)$, $C(0|0|6)$

c) $P(2|3|2)$, $Q(1|4|3)$; $A(0|0|0)$, $B(1|3|0)$, $C(-3|2|0)$

d) $P(2|0|3)$, $Q(7|1|4)$; $A(1|0|1)$, $B(1|1|2)$, $C(2|0|2)$

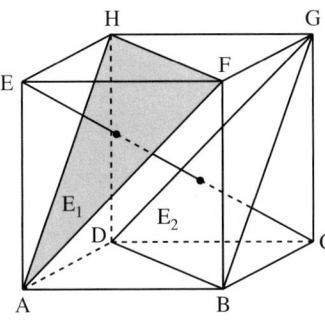
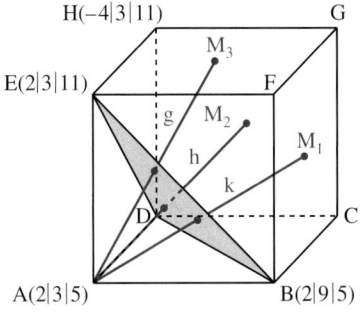

Fig. 1   Fig. 2

8 Der Würfel in Fig. 1 hat die Eckpunkte $A(0|0|0)$, $B(0|8|0)$, $C(-8|8|0)$, $E(0|0|8)$. Die Ebene E_1 ist durch die Punkte A, F und H, die Ebene E_2 durch die Punkte B, D und G festgelegt. Bestimmen Sie die Schnittpunkte der Geraden durch C und E mit den Ebenen E_1 und E_2.

9 Die Punkte M_1, M_2 und M_3 sind die Mittelpunkte dreier Seitenflächen des Würfels in Fig. 2. Bestimmen Sie die Durchstoßpunkte der Geraden g, h und k durch die Ebene, in der die Punkte B, D und E liegen.

Gegenseitige Lage von Gerade und Ebene

10 Gegeben ist die Ebene $E: \vec{x} = \begin{pmatrix} 3 \\ 4 \\ 7 \end{pmatrix} + r \begin{pmatrix} 1 \\ 0 \\ 1 \end{pmatrix} + s \begin{pmatrix} 4 \\ 7 \\ 2 \end{pmatrix}$. Geben Sie eine Gerade g an, die

a) die Ebene E schneidet, b) zur Ebene E parallel ist und nicht in E liegt,

c) in der Ebene E liegt.

11 Untersuchen Sie die Anzahl der gemeinsamen Punkte von g und E. Bestimmen Sie gegebenenfalls den Durchstoßpunkt.

a) $g: \vec{x} = \begin{pmatrix} -2 \\ 1 \\ 4 \end{pmatrix} + t \begin{pmatrix} 7 \\ 8 \\ 6 \end{pmatrix}$, $E: \vec{x} = \begin{pmatrix} 1 \\ 4 \\ 3 \end{pmatrix} + r \begin{pmatrix} 0 \\ -1 \\ 1 \end{pmatrix} + s \begin{pmatrix} 1 \\ 0 \\ 3 \end{pmatrix}$

b) $g: \vec{x} = \begin{pmatrix} 22 \\ -18 \\ -7 \end{pmatrix} + t \begin{pmatrix} 4 \\ 1 \\ -5 \end{pmatrix}$, $E: \vec{x} = \begin{pmatrix} 2 \\ 1 \\ 0 \end{pmatrix} + r \begin{pmatrix} 4 \\ -7 \\ 1 \end{pmatrix} + s \begin{pmatrix} 0 \\ 4 \\ -3 \end{pmatrix}$

c) $g: \vec{x} = \begin{pmatrix} 0 \\ 4 \\ 3 \end{pmatrix} + t \begin{pmatrix} -3 \\ 2 \\ 5 \end{pmatrix}$, $E: 5x_1 + 2x_2 - x_3 = 7$

12 Gegeben ist die Ebene $E: \vec{x} = \begin{pmatrix} 3 \\ 0 \\ 7 \end{pmatrix} + r \begin{pmatrix} 1 \\ 3 \\ 2 \end{pmatrix} + s \begin{pmatrix} 2 \\ 5 \\ 7 \end{pmatrix}$. Bestimmen Sie eine reelle Zahl a so,

dass die Gerade g die Ebene E schneidet (zur Ebene E parallel ist).

a) $g: \vec{x} = \begin{pmatrix} 2 \\ 1 \\ 5 \end{pmatrix} + t \begin{pmatrix} 2 \\ a \\ 7 \end{pmatrix}$ b) $g: \vec{x} = \begin{pmatrix} 3 \\ 5 \\ 9 \end{pmatrix} + t \begin{pmatrix} 1 \\ a \\ 5 \end{pmatrix}$ c) $g: \vec{x} = \begin{pmatrix} 1 \\ 2 \\ 1 \end{pmatrix} + t \begin{pmatrix} 0 \\ a \\ -3 \end{pmatrix}$

6 Gegenseitige Lage von Ebenen

1 a) Bestimmen Sie eine Parametergleichung der Ebene E in Fig. 1.
b) Bestimmen Sie alle gemeinsamen Punkte
der Ebene E und der $x_1 x_2$-Ebene.
c) Bestimmen Sie alle gemeinsamen Punkte
der Ebene E und der $x_1 x_3$-Ebene.
d) Bestimmen Sie alle gemeinsamen Punkte
der Ebene E und der $x_2 x_3$-Ebene.

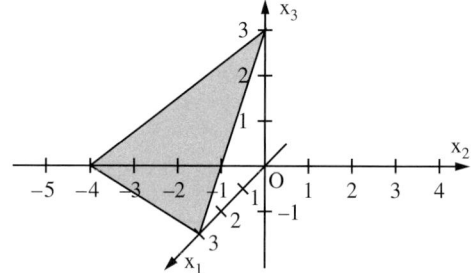

Fig. 1

Sind zwei Ebenengleichungen $E: \vec{x} = \vec{p} + r\,\vec{u} + s\,\vec{v}$ und $E^*: \overline{x^*} = \overline{p^*} + r^*\overline{u^*} + s^*\overline{v^*}$ gegeben,
so kann man mithilfe der Vektoren $\vec{u}, \vec{v}, \overline{u^*}, \overline{v^*}$ und $\vec{p} - \overline{p^*}$ die gegenseitige Lage von E und
E^* feststellen.

E und E* **schneiden** sich	E und E* sind **zueinander parallel** und **haben keine gemeinsamen Punkte**	E und E* sind **identisch**
Fig. 2	Fig. 3	Fig. 4
$\vec{u}, \vec{v}, \overline{u^*}$ **oder** $\vec{u}, \vec{v}, \overline{v^*}$ sind linear unabhängig	$\vec{u}, \vec{v}, \overline{u^*}$ **und** $\vec{u}, \vec{v}, \overline{v^*}$ sind linear abhängig	
	$\vec{p} - \overline{p^*}, \vec{u}, \vec{v}$ sind linear unabhängig	$\vec{p} - \overline{p^*}, \vec{u}, \vec{v}$ sind linear abhängig

Ob sich zwei verschiedene Ebenen in einer Geraden schneiden oder ob sie parallel zueinander
sind, kann man algebraisch untersuchen:

Satz: Für zwei **verschiedene** Ebenen $E: \vec{x} = \vec{p} + r\,\vec{u} + s\,\vec{v}$ und $E^*: \overline{x^*} = \overline{p^*} + r^*\overline{u^*} + s^*\overline{v^*}$
gilt:
E und E* **schneiden sich in einer Geraden**, wenn die Gleichung
   $\vec{p} + r\,\vec{u} + s\,\vec{v} = \overline{p^*} + r^*\overline{u^*} + s^*\overline{v^*}$ **unendlich viele Lösungen** besitzt.
E und E* sind **zueinander parallel**, wenn die Gleichung
   $\vec{p} + r\,\vec{u} + s\,\vec{v} = \overline{p^*} + r^*\overline{u^*} + s^*\overline{v^*}$ **keine** Lösung besitzt.

Beispiel 1: (Schnittgeradenbestimmung; zwei Parametergleichungen)

Schneiden sich die Ebenen $E_1\colon \vec{x} = \begin{pmatrix} 1 \\ 3 \\ 2 \end{pmatrix} + r\begin{pmatrix} 1 \\ -2 \\ 0 \end{pmatrix} + s\begin{pmatrix} 3 \\ 1 \\ 4 \end{pmatrix}$ und $E_2\colon \vec{x} = \begin{pmatrix} -1 \\ 5 \\ 2 \end{pmatrix} + k\begin{pmatrix} 1 \\ 1 \\ 2 \end{pmatrix} + m\begin{pmatrix} -2 \\ 1 \\ 3 \end{pmatrix}$?

Bestimmen Sie gegebenenfalls die Schnittgerade.

Lösung:

Der Gleichung $\begin{pmatrix} 1 \\ 3 \\ 2 \end{pmatrix} + r\begin{pmatrix} 1 \\ -2 \\ 0 \end{pmatrix} + s\begin{pmatrix} 3 \\ 1 \\ 4 \end{pmatrix} = \begin{pmatrix} -1 \\ 5 \\ 2 \end{pmatrix} + k\begin{pmatrix} 1 \\ 1 \\ 2 \end{pmatrix} + m\begin{pmatrix} -2 \\ 1 \\ 3 \end{pmatrix}$ entspricht das LGS mit drei

Gleichungen und vier Variablen:

$$\begin{cases} 1 + r + 3s = -1 + k - 2m \\ 3 - 2r + s = 5 + k + m \\ 2 + 4s = 2 + 2k + 3m \end{cases}, \quad \text{also} \quad \begin{cases} r + 3s - k + 2m = -2 \\ -2r + s - k - m = 2 \\ 4s - 2k - 3m = 0 \end{cases}$$

und somit $\begin{cases} r + 3s - k + 2m = -2 \\ 7s - 3k + 3m = -2 \\ 4s - 2k - 3m = 0 \end{cases}$, $\quad$ also $\quad \begin{cases} r + 3s - k + 2m = -2 \\ 7s - 3k + 3m = -2 \\ -2k - 33m = 8 \end{cases}$.

Aus der letzten Gleichung folgt: $k = -4 - \frac{33}{2}m$. Das LGS hat also unendlich viele Lösungen, d. h. die Ebenen schneiden sich.

Setzt man k in die Gleichung von E_2 ein, so erhält man eine Gleichung der Schnittgeraden:

$g\colon \vec{x} = \begin{pmatrix} -5 \\ 1 \\ -6 \end{pmatrix} + m\begin{pmatrix} 37 \\ 31 \\ 60 \end{pmatrix}$.

Beispiel 2: (Schnittgeradenbestimmung; zwei Koordinatengleichungen)

Bestimmen Sie die Schnittgerade der Ebenen $E_1\colon 3x_1 - 4x_2 + x_3 = 1$ und $E_2\colon 5x_1 + 2x_2 - 3x_3 = 6$.

Lösung:

Die beiden Gleichungen ergeben ein LGS mit zwei Gleichungen und drei Variablen:

$$\begin{cases} 3x_1 - 4x_2 + x_3 = 1 \\ 5x_1 + 2x_2 - 3x_3 = 6 \end{cases}, \text{ also } \begin{cases} 13x_1 - 5x_3 = 13 \\ 5x_1 + 2x_2 - 3x_3 = 6 \quad (*) \end{cases}.$$

Hinweis zu Beispiel 2:
Wer gerne mit Brüchen arbeitet, setzt in die Gleichung $13x_1 - 5x_3 = 13$ natürlich nicht $x_3 = 13t$ ein, sondern $x_3 = t$.

Setzt man in der Gleichung $13x_1 - 5x_3 = 13$ für $x_3 = 13t$ ein, so erhält man $x_1 = 1 + 5t$.
Setzt man $x_1 = 1 + 5t$ und $x_3 = 13t$ in die Gleichung (*) ein, so erhält man $x_2 = 0{,}5 + 7t$.

Insgesamt gilt: $\begin{aligned} x_1 &= 1 + 5t \\ x_2 &= 0{,}5 + 7t \\ x_3 &= 13t \end{aligned}$. Gesuchte Schnittgerade: $g\colon \vec{x} = \begin{pmatrix} 1 \\ 0{,}5 \\ 0 \end{pmatrix} + t\begin{pmatrix} 5 \\ 7 \\ 13 \end{pmatrix}$.

Beispiel 3: (Schnittgeradenbestimmung; eine Koordinaten- und eine Parametergleichung)

Bestimmen Sie die Schnittgerade von $E_1\colon x_1 - x_2 + 3x_3 = 12$ und

$E_2\colon \vec{x} = \begin{pmatrix} 8 \\ 0 \\ 2 \end{pmatrix} + r\begin{pmatrix} -4 \\ 1 \\ 1 \end{pmatrix} + s\begin{pmatrix} 5 \\ 0 \\ -1 \end{pmatrix}$.

Lösung:

Der Parametergleichung von E_2 entsprechen die Gleichungen:

$x_1 = 8 - 4r + 5s$, $x_2 = r$ und $x_3 = 2 + r - s$.

Eingesetzt in $x_1 - x_2 + 3x_3 = 12$ ergibt: $(8 - 4r + 5s) - r + 3(2 + r - s) = 12$.

Hieraus folgt: $s = r - 1$.

Ersetzt man in der Gleichung von E_2 den Parameter s durch $r - 1$, so erhält man

die Gleichung der Schnittgeraden $g\colon \vec{x} = \begin{pmatrix} 3 \\ 0 \\ 3 \end{pmatrix} + r\begin{pmatrix} 1 \\ 1 \\ 0 \end{pmatrix}$.

Aufgaben

Kommen in zwei Parametergleichungen die gleichen Bezeichnungen für die Parameter vor, so muss man in einer Gleichung die Parameter umbenennen.

2 Bestimmen Sie die Schnittgerade der Ebenen E_1 und E_2.

a) $E_1: \vec{x} = \begin{pmatrix} 1 \\ 0 \\ 3 \end{pmatrix} + r\begin{pmatrix} 1 \\ 0 \\ 0 \end{pmatrix} + s\begin{pmatrix} 1 \\ 1 \\ 0 \end{pmatrix}$, $E_2: \vec{x} = \begin{pmatrix} 2 \\ 3 \\ 2 \end{pmatrix} + r\begin{pmatrix} 0 \\ 1 \\ 1 \end{pmatrix} + s\begin{pmatrix} 2 \\ 0 \\ 1 \end{pmatrix}$

b) $E_1: \vec{x} = r\begin{pmatrix} 1 \\ 2 \\ 3 \end{pmatrix} + s\begin{pmatrix} -1 \\ 1 \\ 0 \end{pmatrix}$, $E_2: \vec{x} = r\begin{pmatrix} 2 \\ 0 \\ 7 \end{pmatrix} + s\begin{pmatrix} 1 \\ -1 \\ 1 \end{pmatrix}$

c) $E_1: \vec{x} = \begin{pmatrix} 1 \\ 7 \\ 3 \end{pmatrix} + r\begin{pmatrix} 1 \\ -1 \\ 2 \end{pmatrix} + s\begin{pmatrix} 2 \\ -5 \\ 8 \end{pmatrix}$, $E_2: \vec{x} = \begin{pmatrix} 3 \\ 5 \\ 7 \end{pmatrix} + r\begin{pmatrix} 2 \\ 3 \\ 0 \end{pmatrix} + s\begin{pmatrix} 1 \\ 1 \\ 2 \end{pmatrix}$

3 Bestimmen Sie die Schnittgerade der Ebenen E_1 und E_2.

a) $E_1: x_1 - x_2 + 2x_3 = 7$, $E_2: 6x_1 + x_2 - x_3 = -7$

b) $E_1: x_1 + x_2 - 2x_3 = -1$, $E_2: 2x_1 + x_2 - 3x_3 = 2$

c) $E_1: 8x_1 + x_2 - 13x_3 = -8$, $E_2: -8x_1 + 7x_2 + 5x_3 = 72$

d) $E_1: x_1 + 5x_3 = 8$, $E_2: x_1 + x_2 + x_3 = 1$

e) $E_1: 3x_1 + 2x_2 - 2x_3 = -1$, $E_2: x_1 - 4x_2 - 2x_3 = 9$

f) $E_1: 4x_2 = 5$, $E_2: 6x_1 + 5x_3 = 0$

4 Bestimmen Sie die Schnittgerade der Ebene E mit der Ebene $E_1: \vec{x} = \begin{pmatrix} 3 \\ 1 \\ 5 \end{pmatrix} + r\begin{pmatrix} 2 \\ -1 \\ 0 \end{pmatrix} + s\begin{pmatrix} -1 \\ 0 \\ 3 \end{pmatrix}$.

a) $E: 2x_1 - x_2 - x_3 = 1$ b) $E: 5x_1 + 2x_2 + x_3 = -6$ c) $E: 4x_2 + 5x_3 = 20$

d) $E: 3x_1 - x_2 - 5x_3 = -10$ e) $E: 2x_1 + 5x_2 + x_3 = 3$ f) $E: 3x_1 + 9x_2 + 6x_3 = 10$

5 Bestimmen Sie die Schnittgerade der Ebene E mit der x_1x_2-Ebene (x_1x_3-Ebene; x_2x_3-Ebene).

a) $E: \vec{x} = \begin{pmatrix} 4 \\ 5 \\ 0 \end{pmatrix} + s\begin{pmatrix} 1 \\ 3 \\ 5 \end{pmatrix} + t\begin{pmatrix} 1 \\ -1 \\ 1 \end{pmatrix}$ b) $E: \vec{x} = \begin{pmatrix} -8 \\ -4 \\ -4 \end{pmatrix} + s\begin{pmatrix} 4 \\ -3 \\ 1 \end{pmatrix} + t\begin{pmatrix} 4 \\ 1 \\ -1 \end{pmatrix}$

*Die Schnittgeraden einer Ebene mit den Koordinatenebenen nennt man auch **Spurgeraden**.*

c) $E: \vec{x} = \begin{pmatrix} -2 \\ 3 \\ -4 \end{pmatrix} + s\begin{pmatrix} 6 \\ 3 \\ -4 \end{pmatrix} + t\begin{pmatrix} 2 \\ 1 \\ 4 \end{pmatrix}$ d) $E: \vec{x} = \begin{pmatrix} 1 \\ 0 \\ 8 \end{pmatrix} + s\begin{pmatrix} 2 \\ 1 \\ 1 \end{pmatrix} + t\begin{pmatrix} 10 \\ -6 \\ 5 \end{pmatrix}$

e) $E: 2x_1 - 3x_2 + 5x_3 = 60$ f) $E: x_1 + x_2 + x_3 = 12$ g) $E: 4x_1 - 5x_2 + x_3 = 8$

h) $E: 6x_1 - 7x_2 + 8x_3 = 16$ i) $E: x_1 - x_2 = 5$ j) $E: x_2 + 2x_3 = 7$

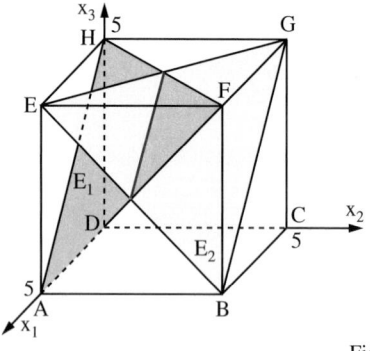

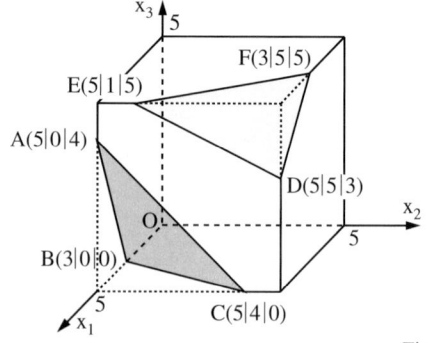

Fig. 1   Fig. 2

6 a) Bestimmen Sie die Schnittgerade der beiden Ebenen E_1 und E_2 in Fig. 1.
b) Fig. 2 zeigt einen Würfel mit zwei abgeschnittenen Ecken. Die Schnittflächen legen zwei Ebenen fest. Bestimmen Sie die Schnittgerade dieser beiden Ebenen.

Lage zweier Ebenen

7 Schneiden sich die beiden Ebenen E_1 und E_2? Bestimmen Sie gegebenenfalls die Schnittgerade.

a) $E_1: \vec{x} = \begin{pmatrix} 2 \\ 5 \\ 3 \end{pmatrix} + r\begin{pmatrix} 1 \\ 0 \\ 1 \end{pmatrix} + s\begin{pmatrix} 0 \\ 1 \\ 0 \end{pmatrix}$, $\qquad E_2: \vec{x} = \begin{pmatrix} 4 \\ 0 \\ 0 \end{pmatrix} + r\begin{pmatrix} 1 \\ 1 \\ 1 \end{pmatrix} + s\begin{pmatrix} 1 \\ 3 \\ 1 \end{pmatrix}$

b) $E_1: \vec{x} = \begin{pmatrix} -1 \\ 0 \\ 0 \end{pmatrix} + r\begin{pmatrix} 1 \\ 3 \\ 1 \end{pmatrix} + s\begin{pmatrix} 0 \\ 2 \\ 1 \end{pmatrix}$, $\qquad E_2: \vec{x} = \begin{pmatrix} 1 \\ 4 \\ 1 \end{pmatrix} + r\begin{pmatrix} 1 \\ 1 \\ 0 \end{pmatrix} + s\begin{pmatrix} 2 \\ 8 \\ 3 \end{pmatrix}$

c) $E_1: \vec{x} = \begin{pmatrix} 5 \\ 0 \\ 5 \end{pmatrix} + r\begin{pmatrix} 1 \\ 2 \\ 4 \end{pmatrix} + s\begin{pmatrix} 3 \\ 1 \\ 0 \end{pmatrix}$, $\qquad E_2: \vec{x} = \begin{pmatrix} 4 \\ -2 \\ 1 \end{pmatrix} + r\begin{pmatrix} 1 \\ 1 \\ -1 \end{pmatrix} + s\begin{pmatrix} 6 \\ -1 \\ -2 \end{pmatrix}$

8 Geben Sie eine Parametergleichung der Ebene an, die zur Ebene E parallel ist und in der der Punkt P liegt.

a) $E: \vec{x} = \begin{pmatrix} 2 \\ 0 \\ 5 \end{pmatrix} + r\begin{pmatrix} 1 \\ 1 \\ 0 \end{pmatrix} + s\begin{pmatrix} 1 \\ 2 \\ 1 \end{pmatrix}$, $P(3|4|-1)$ $\qquad$ b) $E: \vec{x} = \begin{pmatrix} 1 \\ 9 \\ 1 \end{pmatrix} + r\begin{pmatrix} 2 \\ 1 \\ 2 \end{pmatrix} + s\begin{pmatrix} -1 \\ 1 \\ 3 \end{pmatrix}$, $P(0|4|-7)$

Lage und Schnitt dreier Ebenen

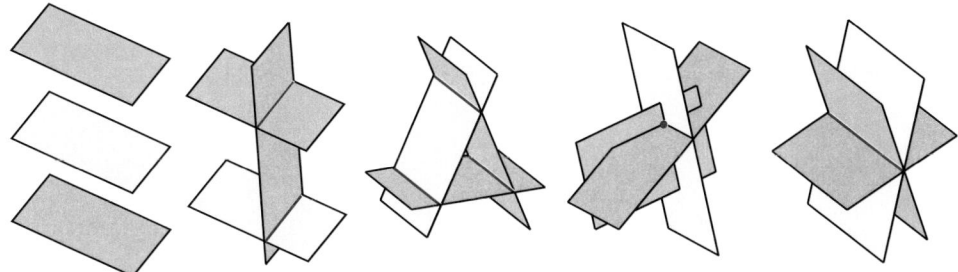

Fig. 1

9 Fig. 1 verdeutlicht die möglichen Lagen dreier Ebenen zueinander. Geben Sie für jeden Fall Parametergleichungen dreier Ebenen an.

Hinweis zu Aufgabe 10: Berechnen Sie zuerst die Schnittgerade zweier Ebenen und dann den Durchstoßpunkt dieser Geraden durch die dritte Ebene.

10 Die drei Ebenen E_1, E_2 und E_3 schneiden sich in einem Punkt. Berechnen Sie die Koordinaten dieses Punktes.

$E_1: \vec{x} = \begin{pmatrix} 4 \\ 8 \\ 4 \end{pmatrix} + r\begin{pmatrix} 2 \\ 1 \\ 3 \end{pmatrix} + s\begin{pmatrix} 1 \\ 1 \\ 0 \end{pmatrix}$, $E_2: \vec{x} = \begin{pmatrix} 4 \\ 9 \\ 9 \end{pmatrix} + r\begin{pmatrix} 1 \\ 2 \\ 1 \end{pmatrix} + s\begin{pmatrix} 0 \\ 1 \\ 5 \end{pmatrix}$, $E_3: \vec{x} = \begin{pmatrix} 2 \\ 4 \\ 3 \end{pmatrix} + r\begin{pmatrix} 1 \\ 1 \\ 1 \end{pmatrix} + s\begin{pmatrix} 2 \\ -1 \\ 4 \end{pmatrix}$

Darstellung einer Geraden durch zwei Koordinatengleichungen

Eine Gerade im Raum kann nicht durch eine einzige Koordinatengleichung festgelegt werden.

11 Bestimmen Sie aus der Parametergleichung der Geraden $g: \vec{x} = \begin{pmatrix} 1 \\ 0 \\ 3 \end{pmatrix} + t\begin{pmatrix} 3 \\ -1 \\ 4 \end{pmatrix}$ eine mögliche Gleichung mit Koordinaten. Bilden alle Punkte, die diese Gleichung erfüllen, eine Gerade? Begründen Sie Ihre Antwort.

12 Warum legen die beiden Gleichungen eine Gerade fest? Berechnen Sie eine Parametergleichung dieser Geraden.

a) $x_1 + x_2 - x_3 = 1$; $2x_1 - x_2 + 3x_3 = 0$ $\qquad$ b) $x_1 - x_2 = 7$; $x_3 = 0$

7 Vermischte Aufgaben

1 Überprüfen Sie, ob die Punkte A, B und C auf einer gemeinsamen Geraden liegen.

a) $A(2|1|0)$, $B(5|5|-1)$, $C(-4|-7|2)$ b) $A(1|-2|5)$, $B(8|-7|3)$, $C(7|11|4)$

c) $A(6|-1|13)$, $B(-2|7|5)$, $C(9|-4|16)$ d) $A(20|11|2)$, $B(-10|-4|2)$, $C(14|8|2)$

e) $A(11|10|1)$, $B(10|7|-8)$, $C(0|-23|-98)$ f) $A(2|17|-8)$, $B(-5|17|13)$, $C(1|17|-3)$

2 Überprüfen Sie, ob die Punkte A, B, C und D in einer gemeinsamen Ebene liegen.

a) $A(8|1|-3)$, $B(7|5|9)$, $C(-11|4|3)$, $D(6|-1|0)$

b) $A(2|1|0)$, $B(8|7|-3)$, $C(5|5|-1)$, $D(-4|-7|2)$

c) $A(3|-4|1)$, $B(6|7|-13)$, $C(-9|8|1)$, $D(5|-10|5)$

d) $A(-2|5|6)$, $B(1|2|3)$, $C(-1|4|5)$, $D(0|3|4)$

e) $A(2|4|7)$, $B(-3|-5|6)$, $C(6|12|0)$, $D(13|25|8)$

f) $A(8|-7|4)$, $B(9|5|-1)$, $C(0|0|6)$, $D(-1|-2|-4)$

3 Untersuchen Sie die gegenseitige Lage der Geraden g und h. Berechnen Sie gegebenenfalls die Koordinaten des Schnittpunktes.

a) $g: \vec{x} = \begin{pmatrix} 5 \\ 6 \\ 8 \end{pmatrix} + r \begin{pmatrix} -1 \\ 1 \\ 1 \end{pmatrix}$, $h: \vec{x} = \begin{pmatrix} 4 \\ 5 \\ 7 \end{pmatrix} + s \begin{pmatrix} 1 \\ 2 \\ 3 \end{pmatrix}$ b) $g: \vec{x} = \begin{pmatrix} 4 \\ 5 \\ -3 \end{pmatrix} + r \begin{pmatrix} -1 \\ 2 \\ -3 \end{pmatrix}$, $h: \vec{x} = \begin{pmatrix} 6 \\ 1 \\ 3 \end{pmatrix} + s \begin{pmatrix} 1 \\ 0 \\ 5 \end{pmatrix}$

c) $g: \vec{x} = \begin{pmatrix} 2 \\ 3 \\ 4 \end{pmatrix} + r \begin{pmatrix} 10 \\ 15 \\ -20 \end{pmatrix}$, $h: \vec{x} = \begin{pmatrix} 16 \\ 1 \\ -7 \end{pmatrix} + s \begin{pmatrix} -2 \\ -3 \\ 4 \end{pmatrix}$ d) $g: \vec{x} = \begin{pmatrix} 3 \\ 1 \\ 5 \end{pmatrix} + r \begin{pmatrix} 2 \\ -1 \\ 1 \end{pmatrix}$, $h: \vec{x} = \begin{pmatrix} 7 \\ -1 \\ 7 \end{pmatrix} + s \begin{pmatrix} 5 \\ 0 \\ 3 \end{pmatrix}$

4 Untersuchen Sie die gegenseitige Lage der Ebenen E_1 und E_2. Bestimmen Sie gegebenenfalls eine Gleichung der Schnittgeraden.

a) $E_1: \vec{x} = \begin{pmatrix} 3 \\ 3 \\ 3 \end{pmatrix} + r_1 \begin{pmatrix} -5 \\ 5 \\ 1 \end{pmatrix} + s_1 \begin{pmatrix} 2 \\ 4 \\ 9 \end{pmatrix}$, $E_2: \vec{x} = \begin{pmatrix} -9 \\ 9 \\ -4 \end{pmatrix} + r_2 \begin{pmatrix} 4 \\ -4 \\ 5 \end{pmatrix} + s_2 \begin{pmatrix} 1 \\ 1 \\ 1 \end{pmatrix}$

b) $E_1: x_1 - 2x_2 - x_3 = 5$, $E_2: \vec{x} = \begin{pmatrix} 3 \\ 8 \\ 8 \end{pmatrix} + r \begin{pmatrix} 5 \\ 1 \\ 3 \end{pmatrix} + s \begin{pmatrix} 1 \\ 0 \\ 1 \end{pmatrix}$

5 Bestimmen Sie $a, b, c \in \mathbb{R}$ in $g: \vec{x} = \begin{pmatrix} 1 \\ 2 \\ 3 \end{pmatrix} - r \begin{pmatrix} 7 \\ a \\ b \end{pmatrix}$, $E: \vec{x} = \begin{pmatrix} c \\ 1 \\ 0 \end{pmatrix} + s \begin{pmatrix} 1 \\ 3 \\ 5 \end{pmatrix} + t \begin{pmatrix} -1 \\ 9 \\ 3 \end{pmatrix}$ so, dass gilt:

a) g liegt in E,   b) g ist parallel zu E, liegt aber nicht in E,   c) g schneidet E.

6 Bestimmen Sie $a, b, c \in \mathbb{R}$ in $E_1: \vec{x} = \begin{pmatrix} a \\ 2 \\ 3 \end{pmatrix} + r \begin{pmatrix} 5 \\ b \\ 1 \end{pmatrix} + s \begin{pmatrix} 1 \\ 2 \\ c \end{pmatrix}$, $E_2: \vec{x} = \begin{pmatrix} 2 \\ 1 \\ 1 \end{pmatrix} + t \begin{pmatrix} 5 \\ 1 \\ 1 \end{pmatrix} + u \begin{pmatrix} 1 \\ 0 \\ 2 \end{pmatrix}$
so, dass gilt:

a) $E_1 = E_2$,   b) E_1 ist parallel zu E_2, aber $E_1 \neq E_2$,   c) E_1 schneidet E_2.

7 Bestimmen Sie die Spurgeraden der Ebene E. Tragen Sie diese Geraden in ein räumliches Koordinatensystem ein und kennzeichnen Sie alle Punkte von E, deren Koordinaten sämtlich größer null sind.

a) $E: \vec{x} = \begin{pmatrix} 2 \\ 3 \\ 6 \end{pmatrix} + r \begin{pmatrix} 1 \\ 1 \\ 0 \end{pmatrix} + s \begin{pmatrix} 0 \\ 2 \\ 3 \end{pmatrix}$ b) $E: \vec{x} = \begin{pmatrix} -1 \\ -3 \\ 5 \end{pmatrix} + r \begin{pmatrix} 1 \\ 1 \\ 2 \end{pmatrix} + s \begin{pmatrix} 3 \\ 4 \\ 0 \end{pmatrix}$

c) $E: 2x_1 + 3x_2 + 5x_3 = 10$ d) $E: -x_1 + 3x_2 + 5x_3 = 7$

8   Gegeben sind die Punkte A(9|0|0), B(0|4,5|0) und C(0|0|4,5) sowie die Punkte
P(2|3|0) und Q(3|1|2).
a) Begründen Sie, dass die Punkte A, B und C nicht auf einer gemeinsamen Geraden liegen.
Bestimmen Sie eine Koordinatengleichung der Ebene E, in der die Punkte A, B und C liegen.
b) Die Gerade durch die Punkte P und Q schneidet die Ebene E im Punkt S. Berechnen Sie die
Koordinaten von S.
c) Zeichnen Sie in ein räumliches Koordinatensystem das Dreieck ABC, die Gerade durch die
Punkte P und Q sowie den Punkt S.

9   Gegeben sind die Punkte A(3|−3|0), B(3|3|0), C(−3|3|0) und S(0|0|4).
a) Das Dreieck ABC hat bei A einen rechten Winkel. Das Viereck ABCD ist ein Quadrat.
Berechnen Sie die Koordinaten des Punktes D.
b) Bestimmen Sie die gegenseitige Lage der Gerade, die durch die Punkte A und B geht, und
der Gerade, die durch die Punkte S und C geht.
c) Die Punkte A, B, C, D und S sind die Ecken bzw. Spitze einer quadratischen Pyramide.
Zeichnen Sie diese Pyramide in ein räumliches Koordinatensystem.
d) Bestimmen Sie eine Koordinatengleichung der Ebene, in der die Punkte A, B und S liegen,
und eine Koordinatengleichung der Ebene, in der die Punkte B, C und S liegen.

10   Gegeben sind die Ebene
E: $x_1 + x_2 + x_3 = 6$ und der Quader in Fig. 1.
a) Die Gerade durch die Punkte O und Q_2
schneidet die Ebene E im Punkt S.
Berechnen Sie die Koordinaten von S.
b) Bestimmen Sie eine Gleichung der Schnittgeraden von der Ebene E und der Ebene
durch die Punkte P_1, P_3 und Q_3.
c) Berechnen Sie die Koordinaten der Punkte,
in denen die Ebene E die Kanten $\overline{Q_4Q_1}$ und
$\overline{Q_4Q_3}$ des Quaders schneidet.

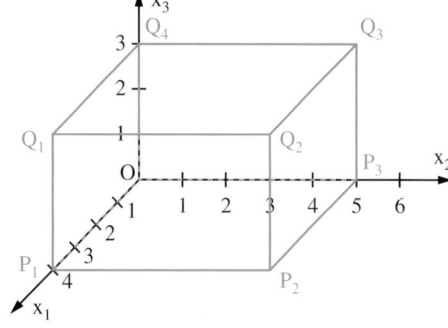

Fig. 1

11   In Fig. 2 legen die Punkte B, E und G die
Ebene E_1 fest, die Punkte C, F und H die
Ebene E_2 sowie die Punkte D, E und G die
Ebene E_3.
a) Bestimmen Sie jeweils eine Gleichung der
Schnittgeraden von E_1 und E_2, von E_2 und E_3
sowie von E_1 und E_3.
b) Die Ebenen E_1, E_2 und E_3 schneiden sich
in einem einzigen Punkt S. Berechnen Sie die
Koordinaten von S.

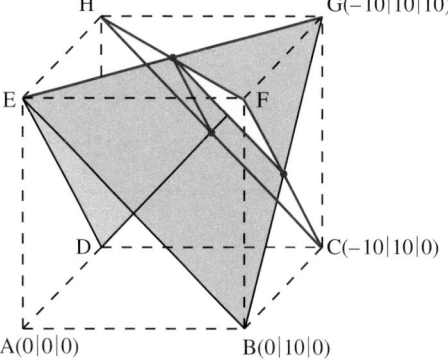

Fig. 2

12   Überprüfen Sie, ob die Ebenen E_1, E_2 und
E_3 einen einzigen gemeinsamen Punkt S
besitzen. Berechnen Sie gegebenenfalls die
Koordinaten des Punktes S.
a) E_1: $2x_1 - x_2 + x_3 = -8$, E_2: $5x_1 - 4x_2 + x_3 = 0$, E_3: $4x_1 - 2x_2 + x_3 = 5$

b) E_1: $3x_1 - x_2 - x_3 = 0$, E_2: $3x_1 + 4x_2 + 5x_3 = 6$, E_3: $\vec{x} = \begin{pmatrix} 1 \\ 5 \\ 0 \end{pmatrix} + r \begin{pmatrix} 0 \\ -1 \\ 1 \end{pmatrix} + s \begin{pmatrix} 1 \\ 3 \\ 0 \end{pmatrix}$

Grundriss und Aufriss

Fig. 1 zeigt das Schrägbild eines „burgähnlichen Hauses" in einem räumlichen Koordinatensystem. In diesem Schrägbild sind die wahren Maße oft nur schwer erkennbar. Deshalb zeichnet der Architekt maßstäblich einen **Grundriss** (Ansicht von oben) und einen **Aufriss** (Ansicht von „vorn"). Mathematisch gesprochen sind Grund- und Aufriss Bilder unter einer „senkrechten Parallelprojektion" auf die x_1x_2-Ebene (der Grundriss) bzw. x_2x_3-Ebene (der Aufriss).

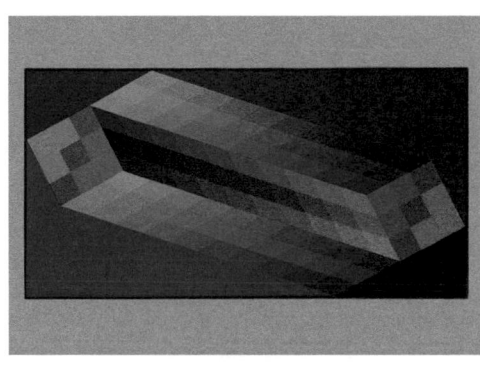

Fig. 1

Grund- und Aufriss vermitteln eine stets eindeutige Information über die jeweiligen Ansichten. Bei einem Schrägbild dagegen ist dies ohne zusätzliche Angaben oft schwierig.

Der französische Künstler Victor VASARELY (1901-1997) hat in seiner Op-Art (kurz für: Optical Art) u.a. Bilder geschaffen, die ganz unterschiedlich gesehen werden können. Das 1970 entstandene Werk „Torony Gordes" lässt drei (!) ganz unterschiedliche Ansichten zu.

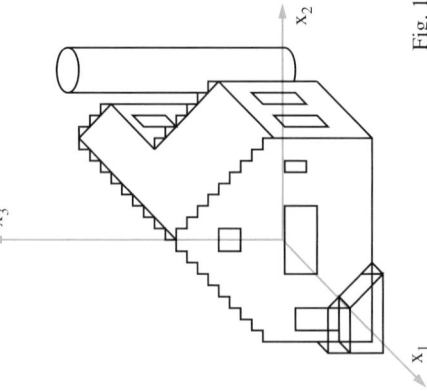

VASARELY: Torony Gordes

Stellen Sie diese Seite senkrecht zur Tischfläche und damit auch senkrecht zur gegenüberliegenden Seite. Vergleichen Sie Grund- und Aufriss von Fig. 2 mit dem Schrägbild in Fig. 1. (Wo steckt der Fehler?)

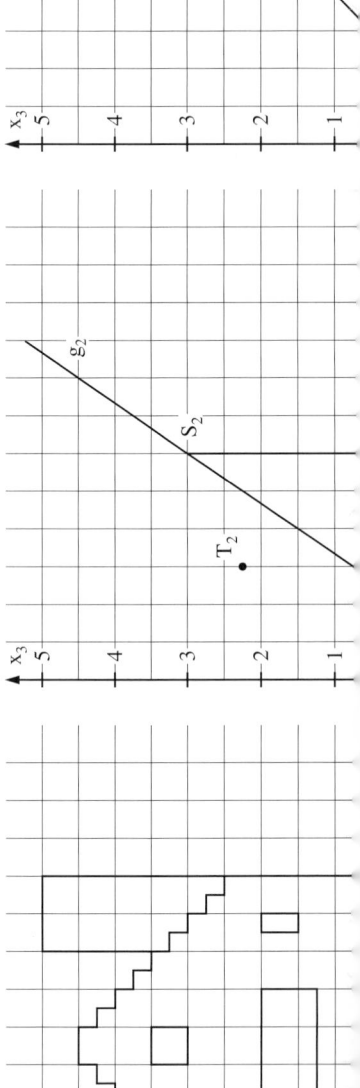

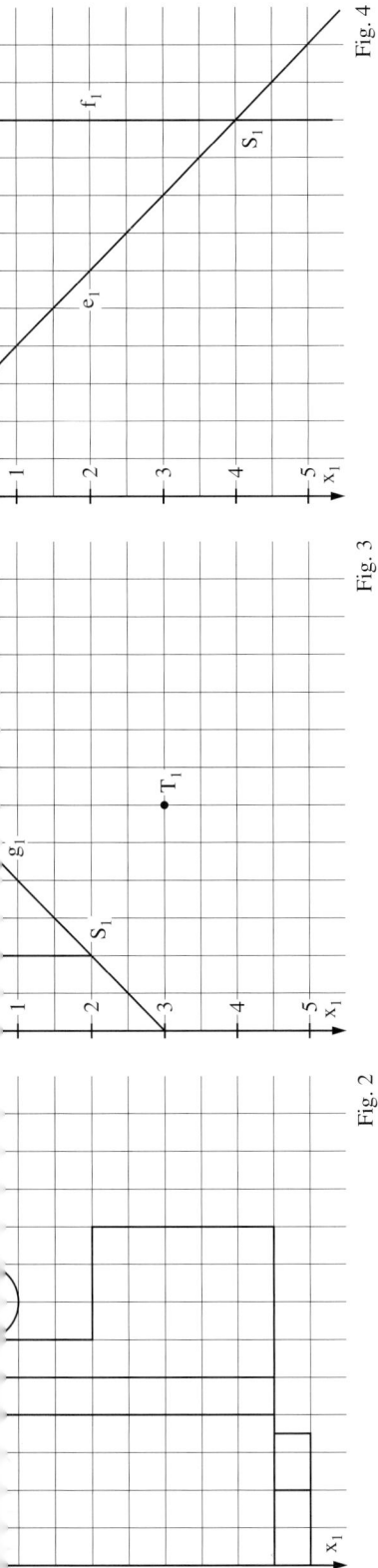

Fig. 2

Kennt man Grund- und Aufriss wie in Fig. 2, so kann man sich allein daraus eine Vorstellung des Hauses machen.
Schwieriger ist es, aus **Grundriss und Aufriss einer Geraden** zu erkennen, wie diese liegt.

1 Stellen Sie die gegenüberliegende Seite senkrecht zur Tischfläche.
a) Eine Gerade g hat mit der x_1x_2-Ebene den Schnittpunkt S_1 und mit der x_2x_3-Ebene den Schnittpunkt S_2 (Fig. 3). Zeigen Sie die Lage dieser Geraden g im Raum mithilfe eines Fadens, eines Streichholzes o. ä.
b) Erläutern Sie, warum die Geraden g_1 und g_2 den Grundriss bzw. den Aufriss von g darstellen.
c) Stellen Sie jeweils eine Geradengleichung von g und von g_1 auf. Vergleichen Sie.
d) Geben Sie auch eine Geradengleichung von g_2 an.

2 T_1 und T_2 sind die Durchstoßpunkte einer Geraden h durch die x_1x_2-Ebene bzw. x_2x_3-Ebene.
a) Übertragen Sie Fig. 3 ins Heft und zeichnen Sie auch Grund- und Aufriss der Geraden h ein.
b) g und h haben einen Schnittpunkt. Bestimmen Sie seine Lage.
c) Zeichnen Sie Grund- und Aufriss einer Geraden k ein, die die Gerade g nicht schneidet.

Fig. 3

Will man **Ebenen in Grund- und Aufriss** darstellen, so zeichnet man statt ihrer Projektion nur ihre Spurgerade in der x_1x_2-Ebene bzw. x_2x_3-Ebene. (Denn das Bild einer Ebene unter einer Parallelprojektion ist im Allgemeinen wiederum eine Ebene.)

3 a) Eine Ebene E hat die Spurgeraden e_1 und e_2 (Fig. 4). Zeigen Sie die Lage dieser Ebene z. B. mit Ihrer Hand oder einem Zeichendreieck.
b) Begründen Sie, dass sich die Spurgeraden e_1 und e_2 auf der x_2-Achse schneiden müssen.

4 In Fig. 4 sind f_1 und f_2 Spurgeraden einer Ebene F. Die Lage der Schnittgeraden g von E und F soll bestimmt werden (Fig. 5).
a) Erläutern Sie, dass der Schnittpunkt S_1 der Geraden e_1 und f_1 zugleich Durchstoßpunkt der Schnittgeraden g durch die x_1x_2-Ebene ist. Gilt eine entsprechende Aussage auch für S_2?
b) Bestimmen Sie auch die Lage von Grund- und Aufriss der Schnittgeraden g.

Fig. 4

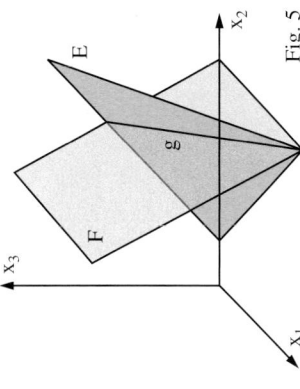

Fig. 5

247

Geradengleichung

g: $\vec{x} = \vec{p} + t \cdot \vec{u}$ $(t \in \mathbb{R})$

$\vec{p}$ ist ein Stützvektor; $\vec{u}$ ($\vec{u} \neq \vec{o}$) ist ein Richtungsvektor.

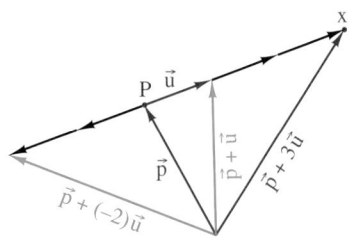

Ebenengleichungen

Parameterform: E: $\vec{x} = \vec{p} + r \cdot \vec{u} + s \cdot \vec{v}$ $(r, s \in \mathbb{R})$

$\vec{p}$ ist ein Stützvektor, die linear unabhängigen Vektoren $\vec{u}$ und $\vec{v}$ ($\vec{u} \neq \vec{o}$; $\vec{v} \neq \vec{o}$) sind zwei Spannvektoren.

Koordinatengleichung: E: $a x_1 + b x_2 + c x_3 = d$.

Hierbei sind die Koeffizienten a, b und c nicht alle null.

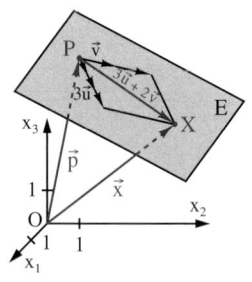

Gegenseitige Lage von Geraden

Für zwei Geraden g: $\vec{x} = \vec{p} + r \cdot \vec{u}$ und h: $\vec{x} = \vec{q} + t \cdot \vec{v}$ gilt

Fall 1: Sind $\vec{u}$ und $\vec{v}$ linear abhängig, dann ist entweder g = h oder g und h sind parallel und haben keine gemeinsamen Punkte. Es ist g = h, wenn der Punkt P mit dem Ortsvektor $\vec{p}$ auch auf h liegt.

Fall 2: Sind $\vec{u}$ und $\vec{v}$ linear unabhängig, dann schneiden sich g und h oder sie sind windschief. g und h schneiden sich, wenn die Gleichung $\vec{p} + r \cdot \vec{u} = \vec{q} + t \cdot \vec{v}$ genau eine Lösung $(r_0; t_0)$ hat.

Gegenseitige Lage einer Geraden und einer Ebene

So kann man ermitteln, ob eine Gerade g: $\vec{x} = \vec{p} + t \cdot \vec{u}$ eine Ebene E: $\vec{x} = \vec{q} + r \cdot \vec{v} + s \cdot \vec{w}$ schneidet, parallel zu ihr ist und keine gemeinsamen Punkte mit ihr hat oder ganz in ihr liegt:

a) Sind $\vec{u}$, $\vec{v}$ und $\vec{w}$ linear abhängig, dann sind g und E zueinander parallel. Liegt zusätzlich der Punkt Q mit dem Ortsvektor $\vec{q}$ auf g, dann liegt die Gerade g ganz in der Ebene E.

b) Sind $\vec{u}$, $\vec{v}$ und $\vec{w}$ linear unabhängig, dann schneidet die Gerade g die Ebene E. Die Koordinaten des Schnittpunktes erhält man mithilfe der Lösung der Gleichung $\vec{p} + t \cdot \vec{u} = \vec{q} + r \cdot \vec{v} + s \cdot \vec{w}$.

Gegenseitige Lage von Ebenen

Für zwei verschiedene Ebenen E: $\vec{x} = \vec{p} + r \cdot \vec{u} + s \cdot \vec{v}$ und E*: $\vec{x^*} = \vec{p^*} + r^* \vec{u^*} + s^* \vec{v^*}$ gilt:

Wenn die Gleichung $\vec{p} + r \cdot \vec{u} + s \cdot \vec{v} = \vec{p^*} + r^* \vec{u^*} + s^* \vec{v^*}$

– unendlich viele Lösungen besitzt, dann schneiden sich E und E* in einer Geraden.

– keine Lösung besitzt, dann sind E und E* zueinander parallel.

Für die beiden Geraden g und h mit

g: $\vec{x} = \begin{pmatrix} 7 \\ -2 \\ 2 \end{pmatrix} + r \cdot \begin{pmatrix} 2 \\ 3 \\ 2 \end{pmatrix}$, h: $\vec{x} = \begin{pmatrix} 4 \\ -6 \\ -2 \end{pmatrix} + t \cdot \begin{pmatrix} 1 \\ 1 \\ 2 \end{pmatrix}$

gilt:

Ihre Richtungsvektoren $\begin{pmatrix} 2 \\ 3 \\ 2 \end{pmatrix}$ *und* $\begin{pmatrix} 1 \\ 1 \\ 2 \end{pmatrix}$

sind linear unabhängig.

Das LGS $\begin{cases} 7 + 2r = 4 + t \\ -2 + 3r = -6 + t \\ 2 + 2r = -2 + 2t \end{cases}$ *hat die*

Lösung (−1; 1). *g und h schneiden sich somit in dem Punkt* S (5 | −5 | 0).

Bestimmung der Schnittgeraden der Ebenen E_1: $2x_1 - 2x_2 + x_3 = 9$ *und*

E_2: $\vec{x} = \begin{pmatrix} 4 \\ 5 \\ 0 \end{pmatrix} + s \begin{pmatrix} 1 \\ 3 \\ 5 \end{pmatrix} + r \begin{pmatrix} 1 \\ -1 \\ 1 \end{pmatrix}$

Aus der Gleichung von E_2 *ergibt sich:*

$x_1 = 4 + s + r$, $x_2 = 5 + 3s - r$ *und* $x_3 = 5s + r$.

Setzt man dies in $2x_1 - 2x_2 + x_3 = 9$ *ein, so erhält man*

$2(4 + s + r) - 2(5 + 3s - r) + (5s + r) = 9$ *und somit* $s = -5r + 11$.

Ersetzt man in der Gleichung von E_2 *s durch* $-5r + 11$, *so erhält man die Gleichung der Schnittgeraden*

g: $\vec{x} = \begin{pmatrix} 15 \\ 38 \\ 55 \end{pmatrix} - r \begin{pmatrix} 4 \\ 16 \\ 24 \end{pmatrix}$.

1 Untersuchen Sie die gegenseitige Lage der Geraden g und h.

a) g: $\vec{x} = \begin{pmatrix} 1 \\ 0 \\ 3 \end{pmatrix} + r \begin{pmatrix} 3 \\ 4 \\ 0 \end{pmatrix}$, h: $\vec{x} = \begin{pmatrix} 5 \\ 6 \\ 1 \end{pmatrix} + s \begin{pmatrix} -1 \\ 1 \\ 1 \end{pmatrix}$ b) g: $\vec{x} = \begin{pmatrix} 7 \\ 1 \\ 0 \end{pmatrix} + r \begin{pmatrix} 2 \\ -4 \\ 6 \end{pmatrix}$, h: $\vec{x} = \begin{pmatrix} 8 \\ -1 \\ 3 \end{pmatrix} + s \begin{pmatrix} -1 \\ 2 \\ -3 \end{pmatrix}$

c) g: $\vec{x} = \begin{pmatrix} 1 \\ 3 \\ 4 \end{pmatrix} + r \begin{pmatrix} 2 \\ 0 \\ 5 \end{pmatrix}$, h: $\vec{x} = \begin{pmatrix} 3 \\ 3 \\ 9 \end{pmatrix} + s \begin{pmatrix} 2 \\ 4 \\ 1 \end{pmatrix}$ d) g: $\vec{x} = \begin{pmatrix} 2 \\ 5 \\ 7 \end{pmatrix} + r \begin{pmatrix} 2 \\ 1 \\ -4 \end{pmatrix}$, h: $\vec{x} = \begin{pmatrix} 1 \\ 5 \\ 1 \end{pmatrix} + s \begin{pmatrix} -4 \\ -2 \\ 8 \end{pmatrix}$

2 Untersuchen Sie die gegenseitige Lage der Ebenen E_1 und E_2. Bestimmen Sie gegebenenfalls eine Gleichung der Schnittgeraden.

a) E_1: $\vec{x} = \begin{pmatrix} 4 \\ 1 \\ 1 \end{pmatrix} + r_1 \begin{pmatrix} 1 \\ 0 \\ 5 \end{pmatrix} + s_1 \begin{pmatrix} -2 \\ 3 \\ 7 \end{pmatrix}$, E_2: $\vec{x} = \begin{pmatrix} -8 \\ 13 \\ 9 \end{pmatrix} + r_2 \begin{pmatrix} -8 \\ 1 \\ 5 \end{pmatrix} + s_2 \begin{pmatrix} 2 \\ 1 \\ -4 \end{pmatrix}$

b) E_1: $\vec{x} = \begin{pmatrix} 1 \\ 0 \\ 1 \end{pmatrix} + r_1 \begin{pmatrix} 1 \\ 2 \\ 3 \end{pmatrix} + s_1 \begin{pmatrix} 4 \\ -1 \\ 0 \end{pmatrix}$, E_2: $\vec{x} = \begin{pmatrix} 11 \\ -5 \\ -3 \end{pmatrix} + r_2 \begin{pmatrix} 2 \\ 1 \\ 2 \end{pmatrix} - s_2 \begin{pmatrix} 10 \\ 11 \\ 18 \end{pmatrix}$

c) E_1: $4x_1 + 6x_2 - 11x_3 = 0$, E_2: $x_1 - x_2 - x_3 = 0$

d) E_1: $\vec{x} = \begin{pmatrix} 3 \\ 4 \\ 7 \end{pmatrix} + r \begin{pmatrix} 1 \\ -2 \\ 1 \end{pmatrix} + s \begin{pmatrix} 7 \\ 4 \\ 0 \end{pmatrix}$, E_2: $x_1 - 3x_2 - 9x_3 = -70$

3 Untersuchen Sie die gegenseitige Lage der Gerade g und der Ebene E. Bestimmen Sie gegebenenfalls den Durchstoßpunkt.

a) g: $\vec{x} = \begin{pmatrix} 4 \\ 0 \\ 8 \end{pmatrix} + r \begin{pmatrix} 1 \\ 3 \\ 0 \end{pmatrix}$,   E: $\vec{x} = \begin{pmatrix} 1 \\ 2 \\ -1 \end{pmatrix} + s \begin{pmatrix} 2 \\ 3 \\ 1 \end{pmatrix} + t \begin{pmatrix} 1 \\ 4 \\ -3 \end{pmatrix}$

b) g: $\vec{x} = \begin{pmatrix} 4 \\ 4 \\ -7 \end{pmatrix} + r \begin{pmatrix} 5 \\ 1 \\ -1 \end{pmatrix}$,   E: $4x_1 + 3x_2 - 5x_3 = 7$

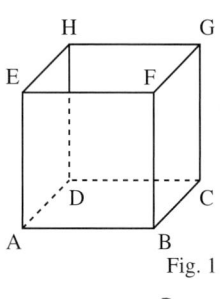

4 Bestimmen Sie eine Koordinatengleichung der Ebene E.

a) E: $\vec{x} = \begin{pmatrix} 7 \\ 6 \\ -2 \end{pmatrix} + r \begin{pmatrix} 1 \\ 0 \\ 2 \end{pmatrix} + s \begin{pmatrix} -1 \\ 1 \\ 4 \end{pmatrix}$ b) E: $\vec{x} = \begin{pmatrix} -1 \\ 2 \\ 5 \end{pmatrix} - r \begin{pmatrix} 7 \\ 8 \\ 1 \end{pmatrix} + s \begin{pmatrix} 1 \\ 8 \\ 7 \end{pmatrix}$ c) E: $\vec{x} = \begin{pmatrix} 4 \\ 4 \\ 5 \end{pmatrix} + r \begin{pmatrix} 3 \\ 2 \\ 3 \end{pmatrix} + s \begin{pmatrix} 9 \\ 8 \\ 0 \end{pmatrix}$

5 Bestimmen Sie eine Parametergleichung der Ebene E.

a) E: $2x_1 + 5x_2 - 6x_3 = 13$ b) E: $x_1 - 7x_2 + 15x_3 = 9$

c) E: $4x_1 + 7x_2 - 5x_3 = 16$ d) E: $2x_1 - 5x_3 = 0$

e) E: $3x_2 + 5x_3 = 6$ f) E: $x_1 - x_2 = 1$

6 a) $A(3|2|0)$, $B(7|5|0)$, $C(4|9|0)$ und $D(0|6|0)$ sind die Ecken der Grundfläche eines Würfels ABCDEFGH (Fig. 1) mit $G(4|9|5)$.
Berechnen Sie die Koordinaten der restlichen Ecken.

b) Die Gerade g: $\vec{x} = \begin{pmatrix} 6,5 \\ 1,5 \\ -8 \end{pmatrix} + t \cdot \begin{pmatrix} -1,5 \\ 2 \\ 8 \end{pmatrix}$ schneidet die Würfelkante $\overline{AB}$ im Punkt T.

Berechnen Sie seine Koordinaten.

7 Überprüfen Sie, ob die Ebenen E_1: $\vec{x} = \begin{pmatrix} -1 \\ 3 \\ 3 \end{pmatrix} + r \cdot \begin{pmatrix} 1 \\ 1 \\ 1 \end{pmatrix} + s \cdot \begin{pmatrix} 5 \\ 3 \\ 1 \end{pmatrix}$, E_2: $\vec{x} = r \cdot \begin{pmatrix} 5 \\ 6 \\ 1 \end{pmatrix} + s \cdot \begin{pmatrix} 1 \\ 0 \\ 1 \end{pmatrix}$

und E_3: $x_1 + x_2 + 2x_3 = 16$ einen einzigen gemeinsamen Punkt S besitzen. Berechnen Sie gegebenenfalls die Koordinaten des Punktes S.

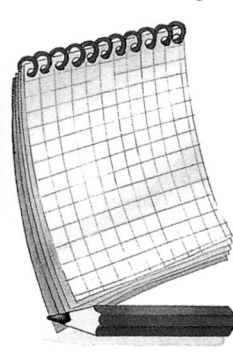

Die Lösungen zu den Aufgaben dieser Seite finden Sie auf Seite 441.

1 Betrag eines Vektors, Länge einer Strecke

1 a) Durch eine Verschiebung wird der Punkt $P(3\,|\,1)$ auf den Punkt $Q(7\,|\,6)$ abgebildet. Berechnen Sie die Länge des Verschiebungspfeils.

b) Berechnen Sie zu $\vec{a} = \begin{pmatrix} 12 \\ 5 \end{pmatrix}$ die Länge der zugehörigen Verschiebungspfeile.

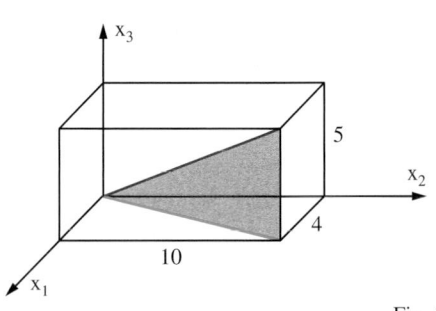

2 Berechnen Sie zu Fig. 1 die Länge der Diagonalen des Quaders.

Fig. 1

Als Einheit für die Längenmessung dient stets die Koordinateneinheit. So gemessene Längen werden ohne Einheiten geschrieben.

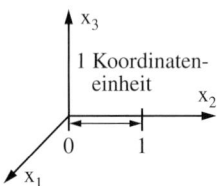

Bisher wurden mithilfe von Vektoren Geraden und Ebenen sowie Teilverhältnisse beschrieben. In diesem Kapitel wird der Zusammenhang von Vektoren mit der Länge einer Strecke und der Größe eines Winkels betrachtet.

Der Länge einer Strecke entspricht der „Betrag" eines Vektors.

Definition: Unter dem **Betrag eines Vektors** $\vec{a}$ versteht man die Länge der zu $\vec{a}$ gehörenden Pfeile. Der Betrag von $\vec{a}$ wird mit $|\vec{a}|$ bezeichnet.

Für den Nullvektor gilt: $|\vec{o}| = 0$.

Dreiecksungleichung:

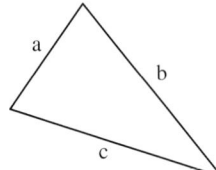

Aufgrund der Dreiecksungleichung gilt für je zwei Vektoren $\vec{a}$, $\vec{b}$ (Fig. 2):
$$|\vec{a} + \vec{b}| \leq |\vec{a}| + |\vec{b}|.$$

In einem Dreieck ist die Summe zweier Seitenlängen stets größer als die Länge der dritten Seite. Z.B.: $a + b \geq c$.

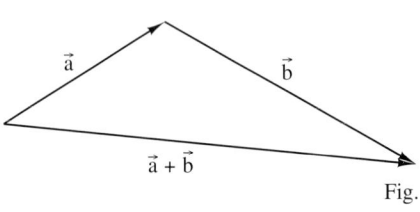

Fig. 2

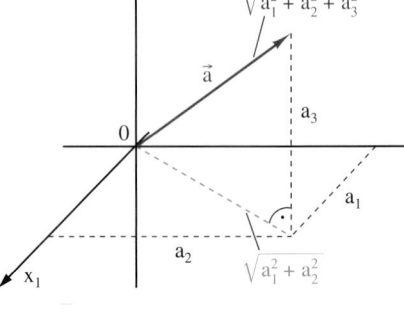

Fig. 3

Kennt man die Koordinaten des Vektors $\vec{a}$, so kann man seinen Betrag mithilfe des Satzes von Pythagoras berechnen (vgl. Fig. 3).

Satz: Für $\vec{a} = \begin{pmatrix} a_1 \\ a_2 \end{pmatrix}$ gilt: $\qquad |\vec{a}| = \sqrt{a_1^2 + a_2^2}$.

Für $\vec{a} = \begin{pmatrix} a_1 \\ a_2 \\ a_3 \end{pmatrix}$ gilt: $\qquad |\vec{a}| = \sqrt{a_1^2 + a_2^2 + a_3^2}$.

Einen Vektor mit dem Betrag 1 nennt man **Einheitsvektor**.

Ist $\vec{a} \neq \vec{o}$, so bezeichnet man mit $\vec{a_0}$ den Einheitsvektor, der die gleiche Richtung wie $\vec{a}$ hat. Man nennt $\vec{a_0}$ auch den Einheitsvektor zu $\vec{a}$. Für $\vec{a} \neq \vec{o}$ gilt: $\vec{a_0} = \dfrac{1}{|\vec{a}|} \cdot \vec{a}$.

Beispiel 1: (Betrag eines Vektors, Berechnung des Einheitsvektors)

Bestimmen Sie für $\vec{a} = \begin{pmatrix} 12 \\ -4 \\ 3 \end{pmatrix}$ den Betrag $|\vec{a}|$ und den Einheitsvektor $\vec{a_0}$.

Lösung:

Berechnung des Betrages: $|\vec{a}| = \sqrt{12^2 + (-4)^2 + 3^2} = \sqrt{169} = 13$.

Einheitsvektor zu $\vec{a}$: $\qquad \vec{a_0} = \frac{1}{13}\vec{a} = \frac{1}{13}\begin{pmatrix} 12 \\ -4 \\ 3 \end{pmatrix} = \begin{pmatrix} \frac{12}{13} \\ -\frac{4}{13} \\ \frac{3}{13} \end{pmatrix}$.

Beispiel 2: (Länge einer gegebenen Strecke)

Bestimmen Sie die Länge der Strecke $\overline{PQ}$ mit $P(-6\,|-2\,|\,3)$ und $Q(9\,|-2\,|\,11)$.

Lösung:

Die Länge der Strecke $\overline{PQ}$ ist gleich dem Betrag des Vektors $\overrightarrow{PQ}$:

$$\overrightarrow{PQ} = \overrightarrow{OQ} - \overrightarrow{OP} = \begin{pmatrix} 9 \\ -2 \\ 11 \end{pmatrix} - \begin{pmatrix} -6 \\ -2 \\ 3 \end{pmatrix} = \begin{pmatrix} 15 \\ 0 \\ 8 \end{pmatrix}.$$

Daraus ergibt sich: $|\overrightarrow{PQ}| = \sqrt{225 + 0 + 64} = 17$ (Koordinateneinheiten).

Aufgaben

3 Berechnen Sie die Beträge der Vektoren. Bestimmen Sie auch jeweils den zugehörigen Einheitsvektor.

$\vec{a} = \begin{pmatrix} 1 \\ 2 \end{pmatrix}$, $\vec{b} = \begin{pmatrix} 3 \\ -4 \end{pmatrix}$, $\vec{c} = \begin{pmatrix} 0 \\ 3 \end{pmatrix}$, $\vec{d} = \begin{pmatrix} 0 \\ -3 \end{pmatrix}$, $\vec{e} = \begin{pmatrix} -2 \\ -5 \end{pmatrix}$, $\vec{f} = \frac{1}{\sqrt{5}}\begin{pmatrix} 4 \\ 3 \end{pmatrix}$, $\vec{g} = \frac{1}{\sqrt{2}}\begin{pmatrix} -1 \\ 1 \end{pmatrix}$

4 Berechnen Sie die Beträge der Vektoren.

$\vec{a} = \begin{pmatrix} 3 \\ -2 \\ 4 \end{pmatrix}$, $\vec{b} = \begin{pmatrix} 1 \\ 1 \\ 1 \end{pmatrix}$, $\vec{c} = \begin{pmatrix} 1 \\ 2 \\ -2 \end{pmatrix}$, $\vec{d} = \begin{pmatrix} 0 \\ 7 \\ 0 \end{pmatrix}$, $\vec{e} = \begin{pmatrix} \sqrt{11} \\ \sqrt{12} \\ \sqrt{13} \end{pmatrix}$, $\vec{f} = \frac{1}{3}\begin{pmatrix} \sqrt{2} \\ \sqrt{3} \\ 2 \end{pmatrix}$, $\vec{g} = \frac{1}{2}\sqrt{2}\begin{pmatrix} 1 \\ 0 \\ -1 \end{pmatrix}$

5 Bestimmen Sie den Einheitsvektor zu

$\vec{a} = \begin{pmatrix} 1 \\ 0 \\ 2 \end{pmatrix}$, $\vec{b} = \begin{pmatrix} 3 \\ -2 \\ 1 \end{pmatrix}$, $\vec{c} = \begin{pmatrix} 0 \\ -1 \\ 0 \end{pmatrix}$, $\vec{d} = \begin{pmatrix} 0{,}2 \\ 0{,}2 \\ 0{,}1 \end{pmatrix}$, $\vec{e} = \begin{pmatrix} \sqrt{2} \\ \sqrt{3} \\ \sqrt{5} \end{pmatrix}$, $\vec{f} = \frac{1}{4}\begin{pmatrix} 3 \\ 1 \\ 4 \end{pmatrix}$, $\vec{g} = 0{,}1\begin{pmatrix} 4 \\ 3 \\ 0 \end{pmatrix}$.

6 Untersuchen Sie, ob das Dreieck ABC gleichschenklig ist.

a) $A(1\,|-5)$, $B(0\,|\,3)$, $C(-8\,|\,2)$ \qquad\qquad b) $A(-1\,|\,7)$, $B(8\,|-3)$, $C(-5\,|-6)$

c) $A(1\,|-2\,|\,2)$, $B(3\,|\,2\,|\,1)$, $C(3\,|\,0\,|\,3)$ \qquad d) $A(7\,|\,0\,|-1)$, $B(5\,|-3\,|-1)$, $C(4\,|\,0\,|\,1)$

7 Berechnen Sie die Längen der drei Seitenhalbierenden des Dreiecks ABC mit

a) $A(4\,|\,2\,|-1)$, $B(10\,|-8\,|\,9)$ und $C(4\,|\,0\,|\,1)$,

b) $A(1\,|\,2\,|-1)$, $B(-1\,|\,10\,|\,15)$ und $C(9\,|\,6\,|-5)$.

8 Bestimmen Sie die fehlende Koordinate p_3 so, dass der Punkt $P(5\,|\,0\,|\,p_3)$ vom Punkt $Q(4\,|-2\,|\,5)$ den Abstand 3 hat.

9 In welchen Fällen gilt für Vektoren $\vec{a}$, $\vec{b}$ die Gleichung $|\vec{a} + \vec{b}| = |\vec{a}| + |\vec{b}|$?

10 Für zwei Vektoren $\vec{u}$ und $\vec{v}$ gilt $\vec{u} = r \cdot \vec{v}$ mit $r \in \mathbb{R}$. Vergleichen Sie $|\vec{u}|$ mit $|\vec{v}|$.

2 Skalarprodukt von Vektoren, Größe von Winkeln

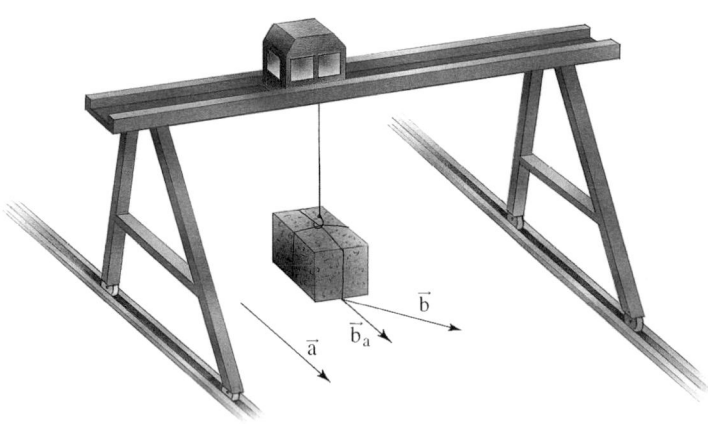

1 Mit dem Brückenkran soll eine Last entsprechend dem Vektor $\vec{b}$ verschoben werden. Dazu muss man die Kranbrücke um einen Vektor $\vec{b_a}$ in Richtung des Vektors $\vec{a}$ verschieben. Gleichzeitig wird die Laufkatze, an der die Last hängt, senkrecht dazu bewegt.
a) Die Last soll um 5 m verschoben werden in einem Winkel von $\varphi = 30°$ zur Richtung von $\vec{a}$. Berechnen Sie die Länge des Vektors $\vec{b_a}$, um den die Kranbrücke verschoben wird.
b) Wie hängt $|\vec{b_a}|$ von φ und $\vec{b}$ ab?

Unter dem **Winkel φ zwischen den Vektoren $\vec{a}$ und $\vec{b}$** versteht man den kleineren der Winkel zwischen einem Pfeil von $\vec{a}$ und einem Pfeil von $\vec{b}$ mit gleichem Anfangspunkt (Fig. 1).

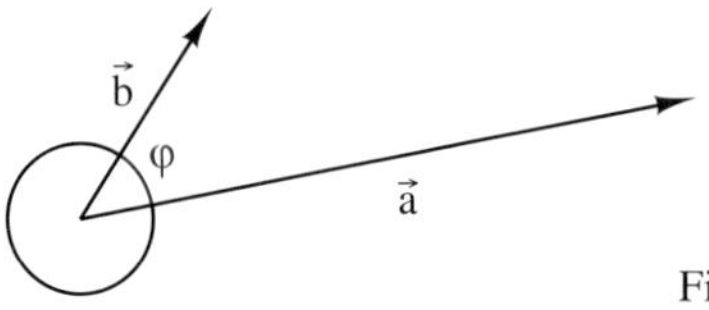

Fig. 1

In Fig. 2 ist $\vec{b_a}$ die **Projektion** von $\vec{b}$ auf $\vec{a}$ und $\vec{a_b}$ die Projektion von $\vec{a}$ auf $\vec{b}$.
Für diese Projektionen gilt im Fall $0 < \varphi < 90°$:
$|\vec{b_a}| = |\vec{b}| \cdot \cos(\varphi)$ und $|\vec{a_b}| = |\vec{a}| \cdot \cos(\varphi)$,
woraus sich ergibt:
$|\vec{a}| \cdot |\vec{b_a}| = |\vec{a}| \cdot |\vec{b}| \cdot \cos(\varphi) = |\vec{a_b}| \cdot |\vec{b}|$.
Diese Gleichung beschreibt ein Produkt, das von den Vektoren $\vec{a}$ und $\vec{b}$ sowie von ihrem Zwischenwinkel φ abhängt.

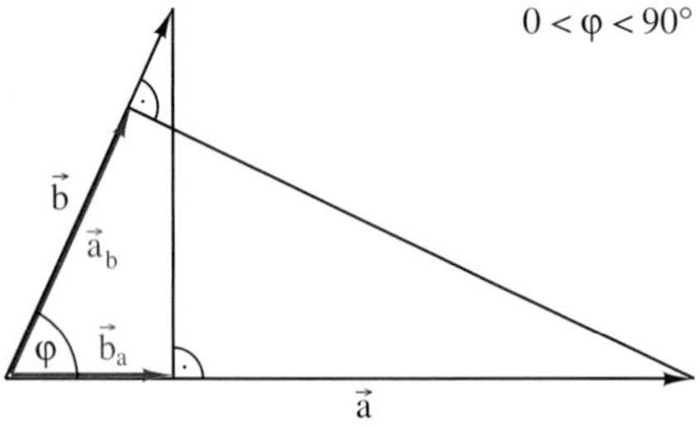

$0 < \varphi < 90°$

Fig. 2

Für die in diesem Kapitel auftretenden Fragestellungen wird sich das Produkt $|\vec{a}| \cdot |\vec{b}| \cdot \cos(\varphi)$ als nützlich erweisen.

*Die Bezeichnung **Skalarprodukt** erinnert daran, dass dieses Produkt der Vektoren kein Vektor, sondern ein „Skalar" (d. h. eine „Maßzahl"), also hier eine reelle Zahl, ist.*

Definition: Ist φ der Winkel zwischen den Vektoren $\vec{a}$ und $\vec{b}$, so heißt
$\vec{a} \cdot \vec{b} = |\vec{a}| \cdot |\vec{b}| \cdot \cos(\varphi)$ das **Skalarprodukt** von $\vec{a}$ und $\vec{b}$.

Für $0° \leq \varphi < 90°$ ist das Skalarprodukt positiv, da die Beträge von Vektoren und $\cos(\varphi)$ positiv sind.
Für $90° < \varphi \leq 180°$ ist das Skalarprodukt negativ, da in diesem Bereich $\cos(\varphi)$ negativ ist.

Sonderfälle:
$\varphi = 0°$,   die Vektoren $\vec{a}$ und $\vec{b}$ haben gleiche Richtungen: $\vec{a} \cdot \vec{b} = |\vec{a}| \cdot |\vec{b}|$;
    speziell gilt: $\vec{a} \cdot \vec{a} = |\vec{a}|^2$ und damit: $|\vec{a}| = \sqrt{\vec{a} \cdot \vec{a}}$.
$\varphi = 180°$, die Vektoren $\vec{a}$ und $\vec{b}$ haben entgegengesetzte Richtungen: $\vec{a} \cdot \vec{b} = -|\vec{a}| \cdot |\vec{b}|$.

orthos (griech.): richtig, recht (vgl. auch Orthographie) gonia (griech.): Ecke Orthogonal bedeutet wörtlich „rechteckig", wird aber in der Mathematik als Synonym für senkrecht verwendet.

Zwei Vektoren $\vec{a}, \vec{b}$ ($\neq \vec{o}$) heißen zueinander **orthogonal** (senkrecht), wenn ihre zugehörigen Pfeile mit gleichem Anfangspunkt ebenfalls zueinander orthogonal (d. h. senkrecht) sind. In Zeichen: $\vec{a} \perp \vec{b}$.

Für zueinander orthogonale Vektoren gilt:

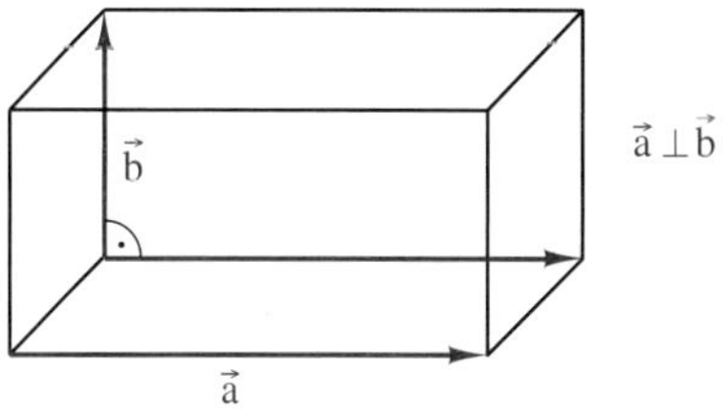

$\vec{a} \perp \vec{b}$

Fig. 1

cos (90°) = 0!

Satz: Für $\vec{a}, \vec{b}$ mit $\vec{a} \neq \vec{o}$, $\vec{b} \neq \vec{o}$ gilt: $\vec{a} \perp \vec{b}$ genau dann, wenn $\vec{a} \cdot \vec{b} = 0$.

Sind die Vektoren $\vec{a}$ und $\vec{b}$ durch ihre **Koordinaten** gegeben, so kann man das Skalarprodukt auch durch die Koordinaten von $\vec{a}$ und $\vec{b}$ ausdrücken.

Die Seitenlängen des Dreiecks OAB in Fig. 2 betragen $|\vec{a}|$, $|\vec{b}|$ und $|\vec{a} - \vec{b}|$. Damit kann man den Kosinussatz in der Form schreiben:
$|\vec{a} - \vec{b}|^2 = |\vec{a}|^2 + |\vec{b}|^2 - 2 \cdot |\vec{a}| \cdot |\vec{b}| \cdot \cos(\varphi)$.
Mit der Definition des Skalarproduktes folgt

Bei Vektoren in der Ebene entfallen natürlich a_3 und b_3.

daraus für $\vec{a} = \begin{pmatrix} a_1 \\ a_2 \\ a_3 \end{pmatrix}$ und $\vec{b} = \begin{pmatrix} b_1 \\ b_2 \\ b_3 \end{pmatrix}$:

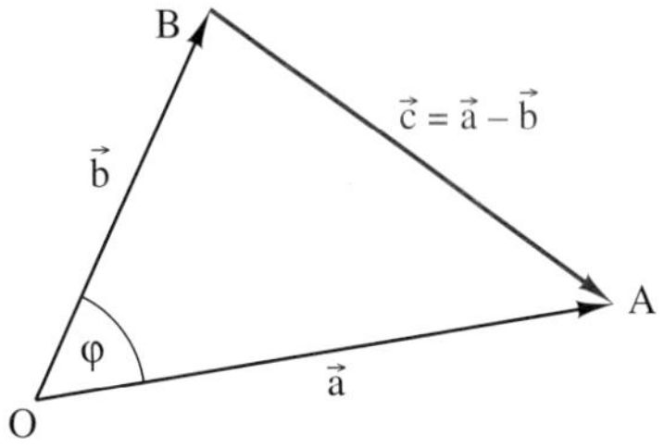

$\vec{c} = \vec{a} - \vec{b}$

Fig. 2

$$\vec{a} \cdot \vec{b} = |\vec{a}| \cdot |\vec{b}| \cdot \cos(\varphi) = \frac{1}{2}(|\vec{a}|^2 + |\vec{b}|^2 - |\vec{a} - \vec{b}|^2) \qquad \text{(Kosinussatz)}$$
$$= \frac{1}{2}\{[a_1^2 + a_2^2 + a_3^2] + [b_1^2 + b_2^2 + b_3^2] - [(a_1 - b_1)^2 + (a_2 - b_2)^2 + (a_3 - b_3)^2]\}$$
$$= \frac{1}{2}(2a_1b_1 + 2a_2b_2 + 2a_3b_3)$$
$$= a_1b_1 + a_2b_2 + a_3b_3.$$

Die Koordinatenform des Skalarproduktes wurde aus der „geometrischen Form", der Definition des Skalarproduktes, abgeleitet. Umgekehrt kann man die geometrische Form auch aus der Koordinatenform ableiten.

Koordinatenform des Skalarproduktes:

$$\vec{a} \cdot \vec{b} = \begin{pmatrix} a_1 \\ a_2 \end{pmatrix} \cdot \begin{pmatrix} b_1 \\ b_2 \end{pmatrix} = a_1b_1 + a_2b_2; \quad \text{bzw.} \quad \vec{a} \cdot \vec{b} = \begin{pmatrix} a_1 \\ a_2 \\ a_3 \end{pmatrix} \cdot \begin{pmatrix} b_1 \\ b_2 \\ b_3 \end{pmatrix} = a_1b_1 + a_2b_2 + a_3b_3.$$

Die Koordinatenform des Skalarproduktes ermöglicht nun, die Größe des Winkels φ zwischen zwei Vektoren aus ihren Koordinaten zu berechnen.
Sind von $\vec{a}$ und $\vec{b}$ die Koordinaten gegeben, so folgt aus $\vec{a} \cdot \vec{b} = |\vec{a}| \cdot |\vec{b}| \cdot \cos(\varphi)$ und der Koordinatenform des Skalarproduktes die
Formel zur Berechnung des Winkels zwischen Vektoren $\vec{a}$ und $\vec{b}$:

$$\cos(\varphi) = \frac{a_1b_1 + a_2b_2}{\sqrt{a_1^2 + a_2^2} \cdot \sqrt{b_1^2 + b_2^2}} \quad \text{bzw.} \quad \cos(\varphi) = \frac{a_1b_1 + a_2b_2 + a_3b_3}{\sqrt{a_1^2 + a_2^2 + a_3^2} \cdot \sqrt{b_1^2 + b_2^2 + b_3^2}}$$

Beispiel 1: (Bestimmung des Skalarproduktes mithilfe von Projektionen)
Bestimmen Sie $\vec{c} \cdot \vec{b}$ zu Fig. 3. Interpretieren Sie das Ergebnis als einen Flächeninhalt.
Lösung:
$\vec{c} \cdot \vec{b} = |\vec{c}| \cdot |\vec{b_c}|$. Dies ist der vom Kathetensatz her bekannte Flächeninhalt des Rechtecks aus Hypotenuse und Hypotenusenabschnitt.

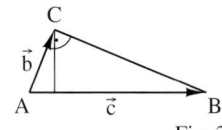

Fig. 3

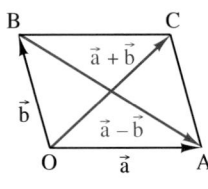

Fig. 1

Beispiel 2: (Nachweis der Orthogonalität von Vektoren)
Das Parallelogramm OACB in Fig. 1 wird von den Vektoren $\vec{a}$ und $\vec{b}$ „aufgespannt".
Es ist bekannt, dass $(\vec{a} + \vec{b}) \cdot (\vec{a} - \vec{b}) = 0$ ist. Welche Eigenschaft des Vierecks wird dadurch beschrieben?
Lösung:
In Fig. 1 sind $\overrightarrow{OC}$ und $\overrightarrow{BA}$ die Diagonalen des Vierecks. Es gilt $\overrightarrow{OC} = \vec{a} + \vec{b}$ und $\overrightarrow{BA} = \vec{a} - \vec{b}$.
Wegen $(\vec{a} + \vec{b}) \cdot (\vec{a} - \vec{b}) = 0$ sind $\overrightarrow{OC}$ und $\overrightarrow{BA}$ und damit die Diagonalen des Vierecks OACB zueinander orthogonal (senkrecht).

Beispiel 3: (Berechnung des Skalarproduktes aus den Koordinaten der Vektoren)
Berechnen Sie $\vec{a} \cdot \vec{b}$. In welchem Bereich liegt der Winkel φ zwischen $\vec{a}$ und $\vec{b}$?

a) $\vec{a} = \begin{pmatrix} 3 \\ 2 \end{pmatrix}$ und $\vec{b} = \begin{pmatrix} -1 \\ 4 \end{pmatrix}$

b) $\vec{a} = \begin{pmatrix} 2 \\ -1 \\ 5 \end{pmatrix}$ und $\vec{b} = \begin{pmatrix} 4 \\ 2 \\ -3 \end{pmatrix}$

Lösung:

a) $\vec{a} \cdot \vec{b} = 3 \cdot (-1) + 2 \cdot 4 = 5$
Da $5 > 0$, gilt $0 < \varphi < 90°$.

b) $\vec{a} \cdot \vec{b} = 2 \cdot 4 + (-1) \cdot 2 + 5 \cdot (-3) = -9$
Da $-9 < 0$, gilt $90° < \varphi < 180°$.

Beispiel 4: (Winkelberechnung)
Berechnen Sie für die Pyramide OABS in
Fig. 2 die Größe des Winkels φ.
Lösung:
Der Winkel φ wird eingeschlossen von den
Kanten $\overline{SA}$ und $\overline{SB}$.

Aus $\overrightarrow{SA} = \begin{pmatrix} 2 \\ 2 \\ -6 \end{pmatrix}$ und $\overrightarrow{SB} = \begin{pmatrix} -2 \\ 3 \\ -6 \end{pmatrix}$ folgt

$\cos(\varphi) = \dfrac{2 \cdot (-2) + 2 \cdot 3 + (-6) \cdot (-6)}{\sqrt{4 + 4 + 36} \cdot \sqrt{4 + 9 + 36}} \approx 0{,}8184$

und somit $\varphi \approx 35{,}1°$.

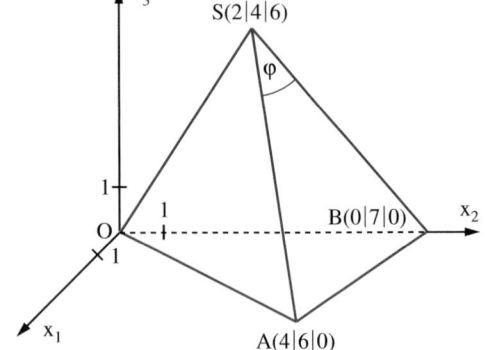

Fig. 2

Beispiel 5: (Bestimmung zueinander orthogonaler Vektoren)

Bestimmen Sie alle Vektoren, die zu $\vec{a} = \begin{pmatrix} 3 \\ 2 \\ 4 \end{pmatrix}$ und auch zu $\vec{b} = \begin{pmatrix} 6 \\ 5 \\ 4 \end{pmatrix}$ orthogonal sind.

Lösung:

Ist $\vec{x} = \begin{pmatrix} x_1 \\ x_2 \\ x_3 \end{pmatrix}$ ein zu $\vec{a}$ und zu $\vec{b}$ orthogonaler Vektor, so muss gelten:

$\vec{a} \cdot \vec{x} = 3x_1 + 2x_2 + 4x_3 = 0$

und $\vec{b} \cdot \vec{x} = 6x_1 + 5x_2 + 4x_3 = 0$.

Umwandlung dieses LGS in Stufenform:

$3x_1 + 2x_2 + 4x_3 = 0$
$x_2 - 4x_3 = 0$

Wählt man $x_3 = t$ als Parameter, so hat dieses
LGS die Lösungsmenge
$L = \{(-4t; 4t; t) \mid t \in \mathbb{R}\}$.
Für die gesuchten Vektoren gilt damit

$\vec{x} = \begin{pmatrix} -4t \\ 4t \\ t \end{pmatrix} = t \cdot \begin{pmatrix} -4 \\ 4 \\ 1 \end{pmatrix} \ (t \in \mathbb{R})$.

*Damit sind alle Vektoren
mit der gleichen bzw. ent-
gegengesetzten Richtung*

wie $\begin{pmatrix} -4 \\ 4 \\ 1 \end{pmatrix}$ zu $\vec{a}$ und zu $\vec{b}$

orthogonal.

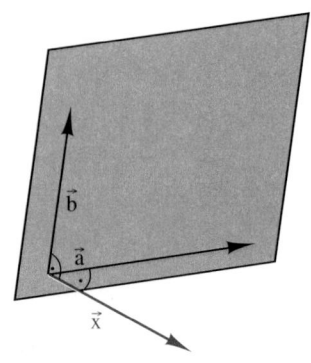

Fig. 3

254

Aufgaben

2   Berechnen Sie das Skalarprodukt $\vec{a} \cdot \vec{b}$
für
a) $|\vec{a}| = 3{,}5$; $|\vec{b}| = 4$; $\varphi = 55°$,
b) $|\vec{a}| = 8$; $|\vec{b}| = 4{,}2$; $\varphi = 145°$,
c) $|\vec{a}| = 4{,}5$; $|\vec{b}| = 2 \cdot \sqrt{2}$; $\varphi = 45°$,
d) $|\vec{a}| = 5{,}5$; $|\vec{b}| = 6$; $\varphi = 120°$.

3   Berechnen Sie für das regelmäßige
Sechseck PQRSTU in Fig. 1:
a) $\vec{a} \cdot \vec{b}$, $\vec{a} \cdot \vec{g}$, $\vec{b} \cdot \vec{g}$, $\vec{f} \cdot \vec{g}$,
b) $\vec{c} \cdot \vec{d}$, $\vec{a} \cdot \vec{f}$, $\vec{e} \cdot \vec{a}$, $\vec{c} \cdot \vec{f}$.

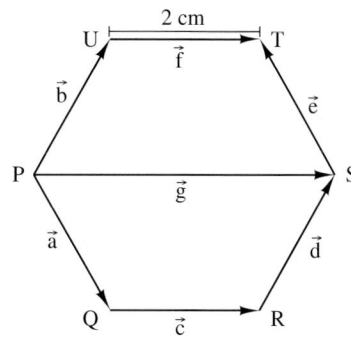

Fig. 1

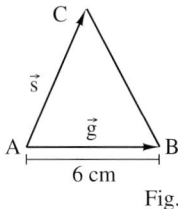 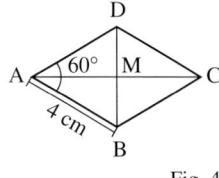 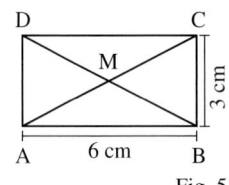

Fig. 2   Fig. 3   Fig. 4   Fig. 5

Denken Sie an geeignete Projektionen.

4   a) Bestimmen Sie $\vec{g} \cdot \vec{s}$ für das gleichschenklige Dreieck ABC in Fig. 2.
b) Bestimmen Sie $\vec{a} \cdot \vec{b}$, $\vec{a} \cdot \vec{c}$ und $\vec{b} \cdot \vec{c}$ für das rechtwinklige Dreieck PQR in Fig. 3.

5   Bestimmen Sie $\overrightarrow{AB} \cdot \overrightarrow{AD}$, $\overrightarrow{AB} \cdot \overrightarrow{AM}$, $\overrightarrow{AB} \cdot \overrightarrow{BC}$, $\overrightarrow{AB} \cdot \overrightarrow{CD}$, $\overrightarrow{AC} \cdot \overrightarrow{BC}$, $\overrightarrow{AM} \cdot \overrightarrow{BC}$ für
a) die Raute in Fig. 4,   b) das Rechteck in Fig. 5.

6   Berechnen Sie für die Vektoren $\vec{a} = \begin{pmatrix} 1 \\ 2 \\ -1 \end{pmatrix}$, $\vec{b} = \begin{pmatrix} -2 \\ 1 \\ 3 \end{pmatrix}$, $\vec{c} = \begin{pmatrix} 2 \\ 1 \\ 1 \end{pmatrix}$:

a) $\vec{a} \cdot \vec{b}$,   b) $\vec{a} \cdot \vec{c}$,   c) $\vec{b} \cdot \vec{c}$,   d) $\vec{a} \cdot (\vec{b} + \vec{c})$,
e) $\vec{b} \cdot (\vec{a} + \vec{c})$,   f) $\vec{c} \cdot (\vec{a} + \vec{b})$,   g) $\vec{a} \cdot (\vec{b} - \vec{c})$,   h) $(\vec{a} + \vec{b}) \cdot (\vec{b} - \vec{c})$.

Winkelberechnungen

7   Berechnen Sie die Größe des Winkels zwischen den Vektoren $\vec{a}$ und $\vec{b}$.

a) $\vec{a} = \begin{pmatrix} 2 \\ -3 \end{pmatrix}$, $\vec{b} = \begin{pmatrix} 5 \\ 7 \end{pmatrix}$ b) $\vec{a} = \begin{pmatrix} 2 \\ -4 \end{pmatrix}$, $\vec{b} = \begin{pmatrix} 2 \\ 1 \end{pmatrix}$ c) $\vec{a} = \begin{pmatrix} 4 \\ 9 \end{pmatrix}$, $\vec{b} = \begin{pmatrix} -3 \\ 5 \end{pmatrix}$

d) $\vec{a} = \begin{pmatrix} 1 \\ 3 \\ 1 \end{pmatrix}$, $\vec{b} = \begin{pmatrix} 5 \\ 0 \\ 3 \end{pmatrix}$ e) $\vec{a} = \begin{pmatrix} 1 \\ 3 \\ 5 \end{pmatrix}$, $\vec{b} = \begin{pmatrix} 5 \\ 3 \\ 1 \end{pmatrix}$ f) $\vec{a} = \begin{pmatrix} -11 \\ 4 \\ 1 \end{pmatrix}$, $\vec{b} = \begin{pmatrix} 1 \\ 2 \\ 3 \end{pmatrix}$

8   Berechnen Sie die Längen der Seiten
und die Größen der Winkel im Dreieck ABC.
a) $A(2|1)$; $B(5|-1)$; $C(4|3)$
b) $A(8|1)$; $B(17|-5)$; $C(10|9)$

9   Berechnen Sie zu Fig. 6 die Längen der
Seiten und die Größen der Winkel
a) des Dreiecks ABC,
b) des Dreiecks EDF.

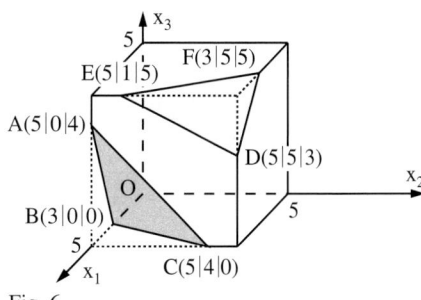

Fig. 6

10 Die Ebene E schneidet die 1., 2. und 3. Achse in A, B bzw. C (Fig. 1). Berechnen Sie die Längen der Seiten und die Größen der Winkel des Dreiecks ABC für

a) E: $3x_1 + 5x_2 + 4x_3 = 30$,

b) E: $\vec{x} = \begin{pmatrix} 12 \\ 15 \\ 14 \end{pmatrix} + r \begin{pmatrix} 4 \\ -3 \\ 0 \end{pmatrix} + s \begin{pmatrix} -4 \\ 0 \\ 7 \end{pmatrix}$.

11 Ein Viereck hat die Eckpunkte $O(0|0|0)$, $P(2|3|5)$, $Q(5|5|6)$, $R(1|4|9)$. Berechnen Sie die Längen der Seiten und die Größen der Innenwinkel des Vierecks.

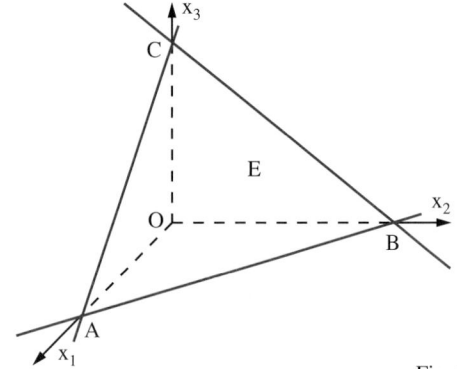

Fig. 1

12 a) Zeichnen Sie die Punkte $A(2|-2|-2)$, $B(-2|5,5|-2)$, $C(-6|2|4)$ und $D(1|-2|1)$ in ein Koordinatensystem. Verbinden Sie der Reihe nach die Punkte A, B, C, D, A.

b) Berechnen Sie die Größen der Winkel $\sphericalangle\,BAD$, $\sphericalangle\,CBA$, $\sphericalangle\,DCB$, $\sphericalangle\,CDA$ und davon die Winkelsumme. Was fällt Ihnen auf? Geben Sie dazu eine Erklärung an.

13 a) Bestimmen Sie anhand von Fig. 2 die Größe des Winkels α zwischen der Flächendiagonalen $\overline{CB}$ und der Raumdiagonalen $\overline{CA}$.

b) Wie groß ist der Winkel β zwischen den Raumdiagonalen $\overline{CA}$ und $\overline{OB}$?

Eine Skizze ist hier

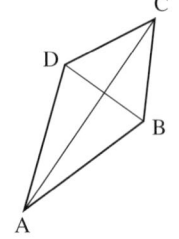

hilfreich!

14 Ein Quader hat als Grundfläche ein Rechteck ABCD mit den Seitenlängen 8 cm und 5 cm. Die Höhe des Quaders beträgt 3 cm. Sei M der Schnittpunkt der Raumdiagonalen. Berechnen Sie $\sphericalangle\,AMB$ und $\sphericalangle\,BMC$.

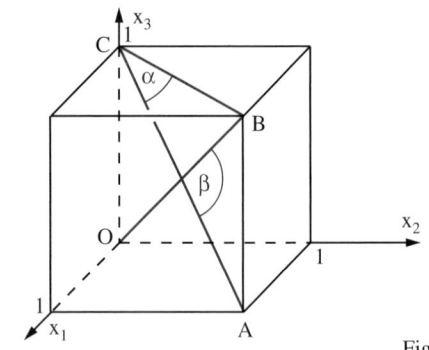

Fig. 2

15 Fig. 3 zeigt die Anordnung der Balken eines Daches. Zur Längsaussteifung werden schräg liegende Bretter angebracht, die rot angezeichneten Windrispen.

a) Wählen Sie ein geeignetes Koordinatensystem und beschreiben Sie jeweils die Lage eines Sparren und einer Windrispe durch einen passenden Vektor.

b) Berechnen Sie die Länge der Windrispe und die Größe des Winkels zwischen Windrispe und Sparren.

Maße in m

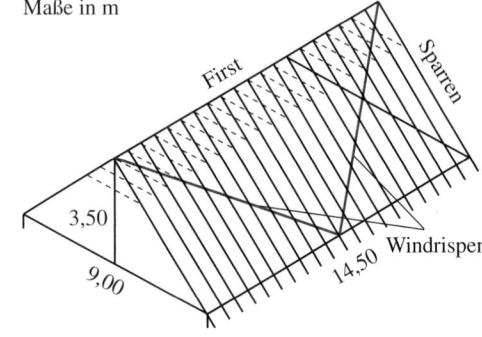

Fig. 3

Skalarprodukt und Orthogonalität

16 Beschreiben Sie mithilfe eines geeigneten Skalarproduktes, dass

a) das Dreieck ABC bei C rechtwinklig ist, b) das Dreieck ABC bei A rechtwinklig ist,

c) das Viereck ABCD ein Rechteck ist, d) das Viereck ABCD ein Quadrat ist.

17 Drücken Sie die Diagonalen des Vierecks ABCD mit $A(-2|-2)$, $B(0|3)$, $C(3|3)$ und $D(3|0)$ durch Vektoren aus. Sind sie zueinander orthogonal?

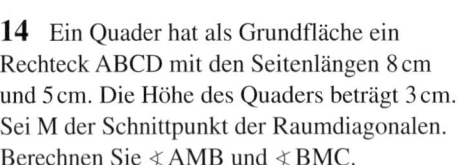

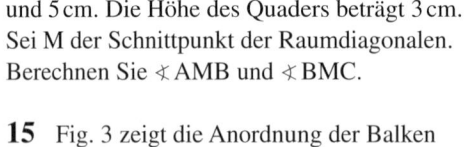

Fig. 4

256

18 Zeichnen Sie eine Figur, sodass gilt:
a) $\overrightarrow{PQ} \cdot \overrightarrow{QR} = 0$, b) $\overrightarrow{PQ} \cdot \overrightarrow{PR} = 0$, c) $(\overrightarrow{AC} - \overrightarrow{AB}) \cdot \overrightarrow{AB} = 0$, d) $(\overrightarrow{AC} - \overrightarrow{AB}) \cdot (\overrightarrow{AC} - \overrightarrow{AD}) = 0$.

19 Prüfen Sie, ob $\vec{a}$ und $\vec{b}$ zueinander orthogonal sind.

a) $\vec{a} = \begin{pmatrix} -1 \\ 2 \end{pmatrix}$, $\vec{b} = \begin{pmatrix} 6 \\ 3 \end{pmatrix}$
b) $\vec{a} = \begin{pmatrix} 2 \\ -1 \\ 1 \end{pmatrix}$, $\vec{b} = \begin{pmatrix} 1 \\ -2 \\ -3 \end{pmatrix}$
c) $\vec{a} = \begin{pmatrix} 1 \\ 2 \\ -1 \end{pmatrix}$, $\vec{b} = \begin{pmatrix} 2 \\ 0 \\ 2 \end{pmatrix}$

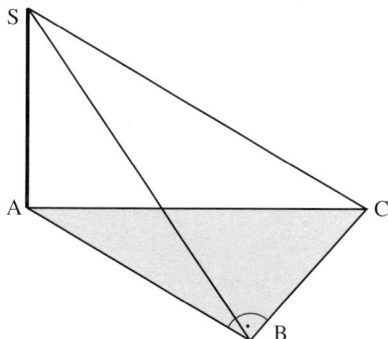
Alles orthogonal?

20 Prüfen Sie, welche der Vektoren zueinander orthogonal sind.
$\vec{a} = \begin{pmatrix} 1 \\ 1 \\ \sqrt{2} \end{pmatrix}$, $\vec{b} = \begin{pmatrix} 1 \\ 1 \\ \sqrt{3} \end{pmatrix}$, $\vec{c} = \begin{pmatrix} 1 \\ 1 \\ -\sqrt{2} \end{pmatrix}$, $\vec{d} = \begin{pmatrix} \sqrt{2} \\ -\sqrt{2} \\ 0 \end{pmatrix}$, $\vec{e} = \begin{pmatrix} -1 \\ -2 \\ \sqrt{3} \end{pmatrix}$

21 Bestimmen Sie die fehlende Koordinate so, dass $\vec{a} \perp \vec{b}$.

a) $\vec{a} = \begin{pmatrix} 2 \\ 3 \end{pmatrix}$, $\vec{b} = \begin{pmatrix} b_1 \\ -4 \end{pmatrix}$
b) $\vec{a} = \begin{pmatrix} 1 \\ a_2 \\ 3 \end{pmatrix}$, $\vec{b} = \begin{pmatrix} 2 \\ -1 \\ 1 \end{pmatrix}$
c) $\vec{a} = \begin{pmatrix} -1 \\ 4 \\ 2 \end{pmatrix}$, $\vec{b} = \begin{pmatrix} 3 \\ 0 \\ b_3 \end{pmatrix}$

22 Bestimmen Sie alle Vektoren, die zu $\vec{a}$ und zu $\vec{b}$ orthogonal sind.

a) $\vec{a} = \begin{pmatrix} 1 \\ 2 \\ 3 \end{pmatrix}$, $\vec{b} = \begin{pmatrix} 2 \\ 0 \\ 3 \end{pmatrix}$
b) $\vec{a} = \begin{pmatrix} 2 \\ 3 \\ -1 \end{pmatrix}$, $\vec{b} = \begin{pmatrix} 5 \\ -1 \\ -2 \end{pmatrix}$
c) $\vec{a} = \begin{pmatrix} 1 \\ 2 \\ 5 \end{pmatrix}$, $\vec{b} = \begin{pmatrix} 4 \\ -1 \\ 5 \end{pmatrix}$

23 Bestimmen Sie zwei linear unabhängige Vektoren, die zu $\vec{a}$ orthogonal sind.

a) $\vec{a} = \begin{pmatrix} 2 \\ -1 \\ 0 \end{pmatrix}$
b) $\vec{a} = \begin{pmatrix} 3 \\ 0 \\ 5 \end{pmatrix}$
c) $\vec{a} = \begin{pmatrix} 1 \\ 1 \\ 1 \end{pmatrix}$

d) $\vec{a} = \begin{pmatrix} 2 \\ 0 \\ 5 \end{pmatrix}$
e) $\vec{a} = \begin{pmatrix} 2 \\ 1 \\ -1 \end{pmatrix}$
f) $\vec{a} = \begin{pmatrix} 2 \\ 3 \\ 4 \end{pmatrix}$

24 Bestimmen Sie Gleichungen zweier verschiedener Geraden h_1 und h_2 so, dass die Geraden h_1 und h_2 orthogonal zur Geraden g sind und durch den Punkt $P(2|0|1)$ gehen.

a) g: $\vec{x} = \begin{pmatrix} 3 \\ -1 \\ 7 \end{pmatrix} + t \begin{pmatrix} 2 \\ -2 \\ 1 \end{pmatrix}$
b) g: $\vec{x} = \begin{pmatrix} -5 \\ 8 \\ 1 \end{pmatrix} + t \begin{pmatrix} 7 \\ 2 \\ -5 \end{pmatrix}$

25 Gegeben ist ein Dreieck ABC mit $A(-4|8)$, $B(5|-4)$ und $C(7|10)$.
a) Bestimmen Sie eine Gleichung der Mittelsenkrechten von $\overline{AB}$ und eine Gleichung der Mittelsenkrechten von $\overline{BC}$.
b) Bestimmen Sie den Umkreismittelpunkt des Dreiecks ABC.

26 Auf einer ebenen Wiese ist ein rechtwinkliges Dreieck ABC mit dem rechten Winkel bei B abgesteckt. In der Ecke A wird ein Pfahl lotrecht eingeschlagen. Von der Spitze S des Pfahls werden dann Seile zu B und C gespannt (Fig. 1).
Zeigen Sie, dass man zwischen die Seile eine Zeltplane in Form eines rechtwinkligen Dreiecks so spannen kann, dass eine Kante der Plane den Boden berührt. (Sie brauchen hierzu kein Koordinatensystem!)

Fig. 1

3 Eigenschaften der Skalarmultiplikation

1 a) In Fig. 1 ist $\vec{a} \cdot \vec{c} = |\vec{a_c}| \cdot |\vec{c}|$.
Drücken Sie entsprechend $\vec{b} \cdot \vec{c}$ aus.
Vergleichen Sie $\vec{a} \cdot \vec{c} + \vec{b} \cdot \vec{c}$ mit
$(\vec{a} + \vec{b}) \cdot \vec{c}$.
b) Welchen Einfluss hat die Multiplikation
eines Vektors $\vec{p}$ mit einer positiven reellen
Zahl r auf ein Skalarprodukt $\vec{p} \cdot \vec{q}$?

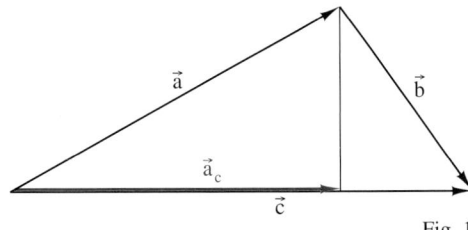

Fig. 1

Für die Multiplikation reeller Zahlen gelten eine Reihe von Gesetzen, u. a. das Kommutativgesetz, das Assoziativgesetz und bezüglich der Addition das Distributivgesetz.
Für die Skalarmultiplikation gelten jedoch nicht alle diese Gesetze. So ist im Allgemeinen
$$(\vec{a} \cdot \vec{b}) \cdot \vec{c} \neq \vec{a} \cdot (\vec{b} \cdot \vec{c}),$$
denn $(\vec{a} \cdot \vec{b}) \cdot \vec{c} = r \cdot \vec{c}$ und $\vec{a} \cdot (\vec{b} \cdot \vec{c}) = \vec{a} \cdot s = s \cdot \vec{a}$ für geeignete r, s aus $\mathbb{R}$.
Es gilt jedoch:

Für reelle Zahlen gilt: Aus $a \cdot c = b \cdot c$ und $c \neq 0$ folgt $a = b$. Gilt eine entsprechende Eigenschaft auch für Vektoren?

> **Satz:** Für die Skalarmultiplikation von Vektoren $\vec{a}, \vec{b}, \vec{c}$ gilt:
> (1) $\quad\vec{a} \cdot \vec{b} = \vec{b} \cdot \vec{a}$ (Kommutativgesetz)
> (2) $\quad r\vec{a} \cdot \vec{b} = r(\vec{a} \cdot \vec{b})$, für jede reelle Zahl r
> (3) $(\vec{a} + \vec{b}) \cdot \vec{c} = \vec{a} \cdot \vec{c} + \vec{b} \cdot \vec{c}$ (Distributivgesetz)
> (4) $\quad\vec{a} \cdot \vec{a} \geqq 0$; $\vec{a} \cdot \vec{a} = 0$ nur für $\vec{a} = \vec{o}$

Für $\vec{a} \cdot \vec{a}$ schreibt man auch kurz $\vec{a}^2$.

Zum Beweis des Satzes:
(1) folgt direkt aus der Definition des Skalarproduktes:
$\vec{a} \cdot \vec{b} = |\vec{a}| \cdot |\vec{b}| \cdot \cos(\varphi) = |\vec{b}| \cdot |\vec{a}| \cdot \cos(\varphi) = \vec{b} \cdot \vec{a}$.
(2) kann man mithilfe der Koordinatenform des Skalarproduktes nachrechnen.

Für $\vec{a} = \begin{pmatrix} a_1 \\ a_2 \\ a_3 \end{pmatrix}$ und $\vec{b} = \begin{pmatrix} b_1 \\ b_2 \\ b_3 \end{pmatrix}$ gilt:

$r\vec{a} \cdot \vec{b} = (r a_1) \cdot b_1 + (r a_2) \cdot b_2 + (r a_3) \cdot b_3 = r(a_1 b_1 + a_2 b_2 + a_3 b_3) = r(\vec{a} \cdot \vec{b})$.
(3) für eine „günstige Lage" von $\vec{a}, \vec{b}$ und $\vec{c}$: vgl. Aufgabe 1, allgemein: vgl. Aufgabe 2.
(4) ergibt sich direkt aus der Definition des Skalarproduktes:
$\vec{a} \cdot \vec{a} = |\vec{a}| \cdot |\vec{a}| \cdot \cos(0°) = (|\vec{a}|)^2 \geqq 0$, denn $|\vec{a}|$ ist eine reelle Zahl.
Da der Nullvektor der einzige Vektor mit der Länge 0 ist, gilt nur für ihn $\vec{a} \cdot \vec{a} = 0$.

Beispiel 1: (Skalarprodukt von Summen)
Für die Vektoren $\vec{p}, \vec{q}$ gilt: $\vec{p}^2 = \vec{q}^2 = 1$ und $\vec{p} \cdot \vec{q} = 0$.
Berechnen Sie $(2\vec{p} + 3\vec{q}) \cdot (3\vec{p} + \vec{q})$.
Lösung:

Bei den Rechnungen im Beispiel 1 werden die Eigenschaften (1), (2) und (3) der Skalarmultiplikation verwendet.

$$\begin{aligned}
(2\vec{p} + 3\vec{q}) \cdot (3\vec{p} + \vec{q}) &= 2\vec{p} \cdot 3\vec{p} + 2\vec{p} \cdot \vec{q} + 3\vec{q} \cdot 3\vec{p} + 3\vec{q} \cdot \vec{q} \\
&= 6\vec{p}^2 + 2(\vec{p} \cdot \vec{q}) + 3(\vec{q} \cdot \vec{p}) + 3\vec{q}^2 \\
&= 6 \cdot 1 + 2 \cdot 0 + 3 \cdot 0 + 3 \cdot 1 \\
&= 9.
\end{aligned}$$

Eigenschaften der Skalarmultiplikation

Beispiel 2 zeigt, wie man einen Vektor, der zu $\vec{b}$ orthogonal ist, als passende Linearkombination von Vektoren $\vec{a}$ und $\vec{b}$ erhält. Diese Idee erweist sich z.B. bei der Bestimmung von Höhen eines Dreiecks als nützlich.
Vgl. Aufgabe 10.

Beispiel 2:

Gegeben sind $\vec{a} = \begin{pmatrix} 2 \\ 16 \\ -9 \end{pmatrix}$ und $\vec{b} = \begin{pmatrix} -1 \\ 5 \\ 2 \end{pmatrix}$.

Bestimmen Sie eine Zahl r so, dass $\vec{a} - r\vec{b}$ orthogonal zu $\vec{b}$ ist.
Lösung:

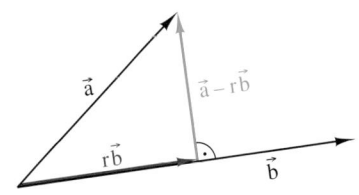

Fig. 1

$\vec{a} - r\vec{b}$ soll orthogonal zu $\vec{b}$ sein, d.h.
$(\vec{a} - r\vec{b}) \cdot \vec{b} = 0.$

Klammern auflösen:
$\vec{a} \cdot \vec{b} - r \cdot \vec{b}^2 = 0$

Einsetzen von
$\vec{a} \cdot \vec{b} = 2 \cdot (-1) + 16 \cdot 5 + (-9) \cdot 2 = 60$

und
$\vec{b}^2 = (-1)^2 + 5^2 + 2^2 = 30$

„Erst Term vereinfachen, dann ausrechnen."

ergibt:
$60 - r \cdot 30 = 0, \text{ also } r = 2.$

Damit ist $\vec{a} - 2\vec{b}$ orthogonal zu $\vec{b}$.

Aufgaben

2 Überprüfen Sie das Distributivgesetz mithilfe der Koordinatenform des Skalarproduktes.

3 Geben Sie Vektoren $\vec{a}, \vec{b}, \vec{c}$ ($\neq \vec{o}$) an, für die gilt: $\vec{a} \cdot \vec{c} = \vec{b} \cdot \vec{c}$, aber $\vec{a} \neq \vec{b}$.

4 Begründen Sie mithilfe der Rechenregeln für die Skalarmultiplikation.
a) $\vec{a} \cdot (r \cdot \vec{b}) = r \cdot (\vec{a} \cdot \vec{b})$ (Benutzen Sie zweimal das Kommutativgesetz)
b) $(\vec{a} - \vec{b}) \cdot \vec{c} = \vec{a} \cdot \vec{c} - \vec{b} \cdot \vec{c}$ (Setzen Sie $\vec{a} - \vec{b} = \vec{a} + (-1) \cdot \vec{b}$)

5 Begründen Sie die „binomischen Formeln" für die Skalarmultiplikation.
a) $(\vec{a} + \vec{b})^2 = \vec{a}^2 + 2\vec{a} \cdot \vec{b} + \vec{b}^2$ b) $(\vec{a} + \vec{b}) \cdot (\vec{a} - \vec{b}) = \vec{a}^2 - \vec{b}^2$

6 Lösen Sie die Klammern auf.
a) $(3\vec{a} - 5\vec{b}) \cdot (2\vec{a} + 7\vec{b})$ b) $3\vec{e} \cdot \vec{f} + \vec{f} \cdot (2\vec{e}) - 4(\vec{e} \cdot \vec{f})$
c) $(3\vec{u} - 2\vec{v}) \cdot (\vec{u} + 2\vec{v}) - 7(\vec{u} \cdot \vec{v})$ d) $(2\vec{a} + 3\vec{b} - \vec{c}) \cdot (\vec{a} - \vec{b})$
e) $(\vec{x} + \vec{y})^2 - (\vec{x} - \vec{y})^2$ f) $(\vec{g} + 3\vec{h})^2 - \vec{g} \cdot (\vec{g} + 6\vec{h})$

7 Für die Vektoren $\vec{u}, \vec{v}$ gelte $\vec{u}^2 = \vec{v}^2 = 1$ und $\vec{u} \cdot \vec{v} = 0$. Berechnen Sie
a) $\vec{u} \cdot (\vec{u} + \vec{v})$,   b) $(\vec{u} + \vec{v}) \cdot (\vec{u} - \vec{v})$,   c) $(3\vec{u} + 4\vec{v}) \cdot (7\vec{u} - 2\vec{v})$.

8 Beweisen Sie:
a) Aus $\vec{a} \perp \vec{b}$ folgt $r\vec{a} \perp s\vec{b}$ für alle reellen Zahlen r und s.
b) Aus $\vec{a} \perp \vec{b}$ und $\vec{a} \perp \vec{c}$ folgt $\vec{a} \perp (r\vec{b} + s\vec{c})$ für alle reellen Zahlen r und s.
c) Aus $\vec{a} \perp \vec{b}$ und $\vec{c} \perp \vec{d}$ folgt $\vec{a} \cdot (r\vec{b} + \vec{d}) = (\vec{a} + s\vec{c}) \cdot \vec{d}$ für alle r, s $\in \mathbb{R}$.

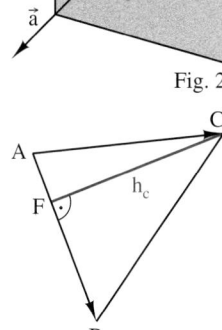

Fig. 2

9 Bestimmen Sie eine Zahl r so, dass $\vec{a} - r\vec{b}$ orthogonal zu $\vec{b}$ ist.

a) $\vec{a} = \begin{pmatrix} -7 \\ 1 \end{pmatrix}, \vec{b} = \begin{pmatrix} 3 \\ 1 \end{pmatrix}$ b) $\vec{a} = \begin{pmatrix} 1 \\ 3 \\ 2 \end{pmatrix}, \vec{b} = \begin{pmatrix} -1 \\ 3 \\ 2 \end{pmatrix}$ c) $\vec{a} = \begin{pmatrix} 1 \\ -2 \\ 3 \end{pmatrix}, \vec{b} = \begin{pmatrix} 2 \\ 3 \\ 6 \end{pmatrix}$

10 Gegeben ist ein Dreieck ABC mit $A(-4|8)$, $B(5|-4)$ und $C(7|10)$.
Bestimmen Sie den Fußpunkt F der Höhe h_c.
Anleitung: Setzen Sie $\overrightarrow{AF} = r \cdot \overrightarrow{AB}$ (Fig. 3) und bestimmen Sie r so, dass $\overrightarrow{FC} = \overrightarrow{AC} - r \cdot \overrightarrow{AB}$ orthogonal zu $\overrightarrow{AB}$ ist.

Fig. 3

4 Anwendungen des Skalarproduktes

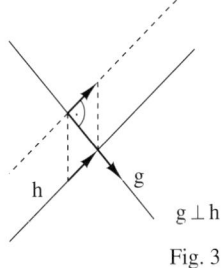

$g \perp h$

Fig. 3

Unter zueinander **orthogonalen Geraden** oder Strecken versteht man solche Geraden bzw. Strecken, deren Richtungsvektoren zueinander orthogonal sind. Damit können auch Geraden, die sich im Raum nicht schneiden, zueinander orthogonal sein (Fig. 3).

Mithilfe des Skalarproduktes lassen sich viele Sätze der Geometrie, bei denen die Orthogonalität von Geraden oder Strecken eine Rolle spielt, algebraisch beweisen. Die bisher verwendeten Schritte für einen Beweis mithilfe von Vektoren erweisen sich auch hier als günstig.

Beispiel 1: (Beweis der Orthogonalität von Strecken bzw. Vektoren)
Beweisen Sie den Satz:
In einem Quader mit quadratischer Grundfläche ist jede Raumdiagonale orthogonal zu der Diagonalen der Grundfläche, die mit der Raumdiagonalen keinen gemeinsamen Punkt hat.
Lösung:
1. Schritt:
Veranschaulichung durch eine Zeichnung, dabei Einführung von Bezeichnungen: Fig. 1.

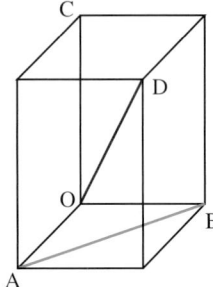

Fig. 1   Fig. 2

2. Schritt:
Beschreibung der Voraussetzung durch geeignete Vektoren (vgl. Fig. 2).

Quader bedeutet insbesondere
$\overline{OA} \perp \overline{OB}$, $\overline{OA} \perp \overline{OC}$, $\overline{OB} \perp \overline{OC}$, also
$\vec{a} \cdot \vec{b} = 0$, $\vec{a} \cdot \vec{c} = 0$, $\vec{b} \cdot \vec{c} = 0$.
Quadratische Grundfläche bedeutet
$|\vec{a}| = |\vec{b}|$.

3. Schritt:
Beschreibung der Behauptung durch Vektoren.

$\overline{OD} \perp \overline{AB}$, also $\vec{d} \cdot \vec{e} = 0$.

4. Schritt:
a) Aufstellung von Beziehungen zwischen den Vektoren der Behauptung und den Vektoren der Voraussetzung.
b) Ableitung der Behauptung aus der Voraussetzung unter Verwendung der aufgestellten Beziehungen.

$\vec{d} = \vec{a} + \vec{b} + \vec{c}$
$\vec{e} = \vec{b} - \vec{a}$

$$\begin{aligned}\vec{d} \cdot \vec{e} &= (\vec{a} + \vec{b} + \vec{c}) \cdot (\vec{b} - \vec{a}) \\ &= \vec{a} \cdot \vec{b} - \vec{a}^2 + \vec{b}^2 - \vec{b} \cdot \vec{a} + \vec{c} \cdot \vec{b} - \vec{c} \cdot \vec{a} \\ &= 0 - \vec{a}^2 + \vec{b}^2 - 0 + 0 - 0 \\ &= 0, \quad \text{da } |\vec{a}| = |\vec{b}|.\end{aligned}$$

Aus $\vec{d} \cdot \vec{e} = 0$ folgt:
Die Raumdiagonale $\overline{OD}$ ist orthogonal zur Diagonalen $\overline{AB}$ der Grundfläche.

260

Beispiel 2: (Ein Satz über Flächeninhalte von Quadraten bzw. Rechtecken)
Beweisen Sie den **Höhensatz:**
Für jedes rechtwinklige Dreieck gilt: Das Quadrat über der Höhe ist flächengleich zum Rechteck aus den beiden Hypotenusenabschnitten: $h^2 = p \cdot q$ (Fig. 1).
Lösung:

1. Schritt:
Veranschaulichung durch eine Zeichnung.

2. Schritt:
Beschreibung der Voraussetzung mittels geeigneter Vektoren.

3. Schritt:
Beschreibung der Behauptung mittels Vektoren.

4. Schritt:
Aufstellung von Beziehungen zwischen den Vektoren der Behauptung und den Vektoren der Voraussetzung. Ableitung der Behauptung aus der Voraussetzung unter Verwendung der im 4. Schritt aufgestellten Beziehungen.

(1)

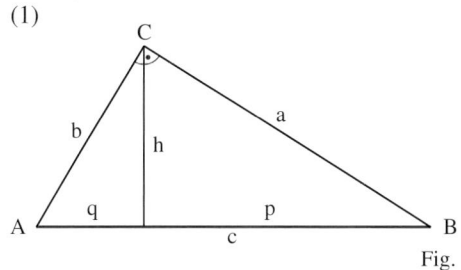

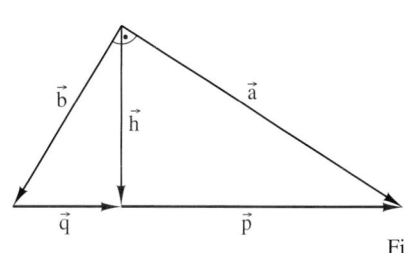

Fig. 1   Fig. 2

(2) Nach Voraussetzung ist das Dreieck ABC rechtwinklig, also $\vec{a} \cdot \vec{b} = 0$.
h ist die Höhe auf c, insbesondere ist h orthogonal zu p und q: $\vec{h} \cdot \vec{p} = 0$, $\vec{h} \cdot \vec{q} = 0$.
(3) Es ist $h = |\vec{h}|$, $p = |\vec{p}|$, $q = |\vec{q}|$.
Damit kann die Behauptung geschrieben werden als: $|\vec{h}|^2 = |\vec{p}| \cdot |\vec{q}|$.
(4) Zwischen $\vec{p}$, $\vec{q}$ und $\vec{h}$ sowie $\vec{a}$ und $\vec{b}$ gilt: $\vec{a} = \vec{h} + \vec{p}$, $\vec{b} = \vec{h} - \vec{q}$.
Daraus folgt:

$$\vec{a} \cdot \vec{b} = (\vec{h} + \vec{p}) \cdot (\vec{h} - \vec{q})$$
$$= \vec{h}^2 - \vec{h} \cdot \vec{q} + \vec{p} \cdot \vec{h} - \vec{p} \cdot \vec{q}$$

Mit (2) ergibt sich: $\quad 0 = \vec{h}^2 - 0 + 0 - \vec{p} \cdot \vec{q}$,
also $\quad \vec{h}^2 = \vec{p} \cdot \vec{q}$.
Wegen $\vec{p} \cdot \vec{q} = |\vec{p}| \cdot |\vec{q}| \cdot \cos(0°) = |\vec{p}| \cdot |\vec{q}|$ folgt daraus $\quad |\vec{h}|^2 = |\vec{p}| \cdot |\vec{q}|$.
Dies entpricht der Behauptung $h^2 = p \cdot q$ des Höhensatzes.

Aufgaben

1 Eine Raute ist ein Parallelogramm mit gleich langen Seiten. Beweisen Sie mithilfe des Skalarproduktes:
a) In einer Raute sind die Diagonalen zueinander orthogonal.
b) Sind die Diagonalen eines Parallelogramms zueinander orthogonal, dann ist es eine Raute.

2 Beweisen Sie mithilfe des Skalarproduktes: Ein Parallelogramm mit gleich langen Diagonalen ist ein Rechteck.

3 Beweisen Sie mithilfe des Skalarproduktes: Im gleichschenkligen Dreieck sind die Seitenhalbierende der Grundseite und die Grundseite selbst zueinander orthogonal.

4 Der Würfel in Fig. 3 wird von den Vektoren $\vec{a}$, $\vec{b}$, $\vec{c}$ „aufgespannt". Drücken Sie die Vektoren $\overrightarrow{AG}$ und $\overrightarrow{BH}$ durch $\vec{a}$, $\vec{b}$, $\vec{c}$ aus. Untersuchen Sie, ob die Raumdiagonalen $\overrightarrow{AG}$ und $\overrightarrow{BH}$ zueinander orthogonal sind.

5 In einem Tetraeder sind alle Kanten gleich lang und alle von den Kanten eingeschlossenen Winkel gleich groß.
Beweisen Sie mit den Vektoren von Fig. 4, dass je zwei gegenüberliegende Kanten zueinander orthogonal sind.

(Fig. 5 figure on left margin)
$\vec{b}$ $\vec{a}$
Fig. 5

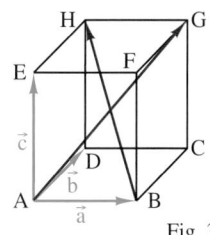

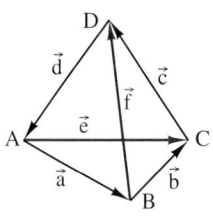

Fig. 3   Fig. 4

5 Normalenform der Ebenengleichung

1 a) Beschreiben Sie die Lage der Waagschalen zueinander, die Lage der rot gezeichneten Haltestangen zueinander und die Lage
der Haltestangen zu den Waagschalen.
b) Wie können sich die Haltestangen bewegen? Was bedeutet das für die Waagschalen?

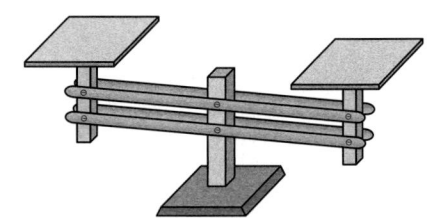

Fig. 1

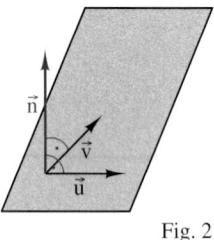

Fig. 2

normalis (lat.):
rechtwinklig

Eine Ebene im Raum kann man vektoriell durch einen Stützvektor $\vec{p}$ und zwei Spannvektoren
$\vec{u}$, $\vec{v}$ beschreiben. Eine weitere Möglichkeit, eine Ebene im Raum zu beschreiben, erhält man
mithilfe eines Vektors, der orthogonal zu den Spannvektoren $\vec{u}$ und $\vec{v}$ ist.
Einen Vektor $\vec{n}$ nennt man einen **Normalenvektor** der Ebene E, wenn er orthogonal zu zwei
gegebenen (linear unabhängigen) Spannvektoren von E ist.
Damit ist $\vec{n}$ orthogonal zu allen Vektoren $\overrightarrow{PQ}$ mit den Punkten P und Q der Ebene E. Denn aus
$\overrightarrow{PQ} = r\,\vec{u} + s\,\vec{v}$ folgt: $\overrightarrow{PQ} \cdot \vec{n} = (r\,\vec{u} + s\,\vec{v}) \cdot \vec{n} = r\,\vec{u} \cdot \vec{n} + s\,\vec{v} \cdot \vec{n} = 0 + 0 = 0$.

Ist $\vec{n}$ ein Normalenvektor der Ebene E mit
$$\vec{x} = \vec{p} + r\,\vec{u} + s\,\vec{v},$$
so liegt ein Punkt X genau dann in E, wenn
für den Ortsvektor $\vec{x} = \overrightarrow{OX}$ gilt:
$$\vec{x} - \vec{p} \text{ ist orthogonal zu } \vec{n}.$$
Daher ist auch $(\vec{x} - \vec{p}) \cdot \vec{n} = 0$ eine Gleichung der Ebene E.
Da n ein Normalenvektor ist, spricht man
von einer Ebenengleichung in **Normalenform**.

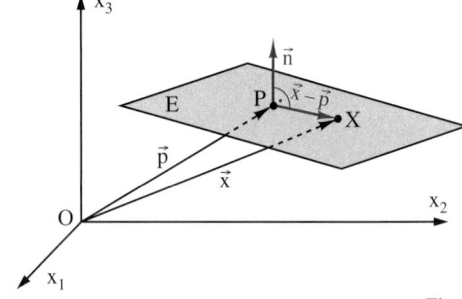

Fig. 3

Im Gegensatz zur bishe-
rigen Ebenengleichung
enthält die Gleichung in
Normalenform keine Para-
meter, sie wird daher auch
als „parameterfreie Ebe-
nengleichung" bezeichnet.

Satz 1: Eine Ebene E mit dem Stützvektor $\vec{p}$ und dem Normalenvektor $\vec{n}$ wird beschrieben
durch die Gleichung $(\vec{x} - \vec{p}) \cdot \vec{n} = 0$ (Normalenform der Ebenengleichung).

Die Koordinatengleichung $a_1 x_1 + a_2 x_2 + a_3 x_3 = b$ einer Ebene E kann man auch in der Form
$$\begin{pmatrix} x_1 \\ x_2 \\ x_3 \end{pmatrix} \cdot \begin{pmatrix} a_1 \\ a_2 \\ a_3 \end{pmatrix} = b \text{ schreiben, d.h. als } \vec{x} \cdot \vec{n} = b \text{ mit } \vec{x} = \begin{pmatrix} x_1 \\ x_2 \\ x_3 \end{pmatrix}; \ \vec{n} = \begin{pmatrix} a_1 \\ a_2 \\ a_3 \end{pmatrix}.$$
Zu $\vec{n}$ und b kann man einen Vektor $\vec{p}$ finden, sodass $\vec{p} \cdot \vec{n} = b$ (vgl. Beispiel 2).
Aus $\vec{x} \cdot \vec{n} = \vec{p} \cdot \vec{n}$ folgt $(\vec{x} - \vec{p}) \cdot \vec{n} = 0$, also ist $\vec{n}$ ein Normalenvektor der Ebene E.

Satz 2: Ist $a_1 x_1 + a_2 x_2 + a_3 x_3 = b$ eine Koordinatengleichung der Ebene E, so ist der Vektor
mit den Koordinaten a_1, a_2, a_3 ein Normalenvektor von E.

Aus Satz 2 ergibt sich insbesondere: Unterscheiden sich die Koordinatengleichungen zweier
Ebenen nur in der Konstanten b, so sind die Ebenen zueinander parallel.

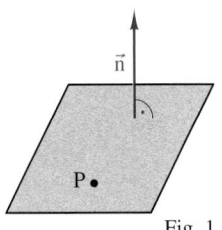

Fig. 1

Ein Punkt und ein Normalenvektor legen bereits eine Ebene fest.

Beispiel 1: (Von der Normalenform der Ebenengleichung zur Koordinatengleichung)

Eine Ebene durch $P(4\,|\,1\,|\,3)$ hat den Normalenvektor $\vec{n} = \begin{pmatrix} 2 \\ -1 \\ 5 \end{pmatrix}$.

a) Geben Sie eine Gleichung der Ebene in Normalenform an.

b) Bestimmen Sie aus der Normalenform eine Koordinatengleichung der Ebene.

Lösung:

a) Einsetzen von $\vec{p} = \overrightarrow{OP}$ und $\vec{n}$ in $(\vec{x} - \vec{p}) \cdot \vec{n} = 0$ ergibt:

Ebenengleichung in Normalenform: $\left[\vec{x} - \begin{pmatrix} 4 \\ 1 \\ 3 \end{pmatrix} \right] \cdot \begin{pmatrix} 2 \\ -1 \\ 5 \end{pmatrix} = 0$.

b) Einsetzen von $\vec{x} = \begin{pmatrix} x_1 \\ x_2 \\ x_3 \end{pmatrix}$ in $\left[\vec{x} - \begin{pmatrix} 4 \\ 1 \\ 3 \end{pmatrix} \right] \cdot \begin{pmatrix} 2 \\ -1 \\ 5 \end{pmatrix} = 0$ ergibt $\begin{pmatrix} x_1 \\ x_2 \\ x_3 \end{pmatrix} \cdot \begin{pmatrix} 2 \\ -1 \\ 5 \end{pmatrix} = \begin{pmatrix} 4 \\ 1 \\ 3 \end{pmatrix} \begin{pmatrix} 2 \\ -1 \\ 5 \end{pmatrix}$.

Ausrechnen der Skalarprodukte ergibt die Koordinatengleichung: $2\,x_1 - x_2 + 5\,x_3 = 22$.

Beispiel 2: (Von der Koordinatengleichung zur Normalenform)

Bestimmen Sie für die Ebene mit der Koordinatengleichung $2\,x_1 + 5\,x_2 + 3\,x_3 = 12$ eine Ebenengleichung in Normalenform.

Lösung:

Bestimmung eines Stützvektors $\vec{p}$:

es ist geschickt, zwei Koordinaten als 0 zu wählen, z. B. x_2 und x_3. Die fehlende Koordinate ergibt sich durch Einsetzen in die Koordinatengleichung.

Ist in der Koordinatengleichung der Koeffizient von x_1 gleich 0 und der Koeffizient von x_3 ungleich 0, so setzt man $x_1 = x_2 = 0$.

Aus $x_2 = x_3 = 0$ folgt $2\,x_1 + 5 \cdot 0 + 3 \cdot 0 = 12$, also $x_1 = 6$. Damit ist $\vec{p} = \begin{pmatrix} 6 \\ 0 \\ 0 \end{pmatrix}$.

Die Koeffizienten 2, 5 und 3 der Koordinatengleichung $2\,x_1 + 5\,x_2 + 3\,x_3 = 12$ sind die Koordinaten eines Normalenvektors: $\vec{n} = \begin{pmatrix} 2 \\ 5 \\ 3 \end{pmatrix}$.

Daraus ergibt sich als eine Normalenform der Ebenengleichung: $\left[\vec{x} - \begin{pmatrix} 6 \\ 0 \\ 0 \end{pmatrix} \right] \cdot \begin{pmatrix} 2 \\ 5 \\ 3 \end{pmatrix} = 0$.

Beispiel 3: (Von der Parameterform zur Normalenform)

Bestimmen Sie für die Ebene E: $\vec{x} = \begin{pmatrix} 5 \\ 2 \\ 3 \end{pmatrix} + r \begin{pmatrix} 1 \\ 0 \\ 2 \end{pmatrix} + s \begin{pmatrix} 0 \\ -5 \\ 8 \end{pmatrix}$ eine Gleichung in Normalenform.

Lösung:

Jeder Normalenvektor $\vec{n}$ muss zu den Richtungsvektoren orthogonal sein, also muss für

$\vec{n} = \begin{pmatrix} n_1 \\ n_2 \\ n_3 \end{pmatrix}$ gelten: $\begin{pmatrix} 1 \\ 0 \\ 2 \end{pmatrix} \cdot \begin{pmatrix} n_1 \\ n_2 \\ n_3 \end{pmatrix} = 0$ und $\begin{pmatrix} 0 \\ -5 \\ 8 \end{pmatrix} \cdot \begin{pmatrix} n_1 \\ n_2 \\ n_3 \end{pmatrix} = 0$.

Ausrechnen der Skalarprodukte ergibt das LGS

$\begin{cases} n_1 \quad\ + 2\,n_3 = 0 \\ \quad -5\,n_2 + 8\,n_3 = 0 \end{cases}$, das sich umformen lässt in $\begin{cases} n_1 \quad\quad = -2\,n_3 \\ \quad n_2 = \frac{8}{5}\,n_3 \end{cases}$.

Um einen „schönen" Normalenvektor zu erhalten, wählt man n_3 so, dass auch n_2 und n_1 ganzzahlig werden.

Setzt man $n_3 = 5$, so ergibt sich eine ganzzahlige Lösung mit $n_2 = 8$ und $n_1 = -10$.

Damit erhält man als einen Normalenvektor $\vec{n} = \begin{pmatrix} -10 \\ 8 \\ 5 \end{pmatrix}$

Den benötigten Stützvektor $\vec{p}$ kann man direkt der gegebenen Ebenengleichung entnehmen.

und als eine Normalenform der Ebenengleichung $\left[\vec{x} - \begin{pmatrix} 5 \\ 2 \\ 3 \end{pmatrix} \right] \cdot \begin{pmatrix} -10 \\ 8 \\ 5 \end{pmatrix} = 0$.

Beispiel 4: (Von der Normalenform zur Parameterform)

Bestimmen Sie für eine Ebene E mit der Gleichung $\left[\vec{x} - \begin{pmatrix} 1 \\ -1 \\ 2 \end{pmatrix}\right] \cdot \begin{pmatrix} 2 \\ 3 \\ 4 \end{pmatrix} = 0$

eine Ebenengleichung in Parameterform.

Lösung:

Für eine Ebenengleichung in Parameterform benötigt man einen Stützvektor (Schritt 1) und zwei linear unabhängige Spannvektoren (Schritt 2).

1. Einen möglichen Stützvektor kann man direkt der Normalenform entnehmen: $\vec{p} = \begin{pmatrix} 1 \\ -1 \\ 2 \end{pmatrix}$.

2. Die linear unabhängigen Spannvektoren $\vec{u}$, $\vec{v}$ sind orthogonal zum Normalenvektor $\vec{n}$. Sie bilden also zwei linear unabhängige Lösungsvektoren von $\vec{n} \cdot \vec{x} = 0$, also von $2x_1 + 3x_2 + 4x_3 = 0$.

Wählt man für $\vec{u}$ z. B. $x_2 = 0$ und $x_3 = 1$, so erhält man aus $2x_1 + 3x_2 + 4x_3 = 0$: $x_1 = -2$; wählt man für $\vec{v}$ z. B. $x_2 = 2$ und $x_3 = 0$, so erhält man aus $2x_1 + 3x_2 + 4x_3 = 0$: $x_1 = -3$.

3. Einsetzen der in 1. und 2. gefundenen Vektoren in die Parameterform:

Mit $\vec{p} = \begin{pmatrix} 1 \\ -1 \\ 2 \end{pmatrix}$, $\vec{u} = \begin{pmatrix} -2 \\ 0 \\ 1 \end{pmatrix}$ und $\vec{v} = \begin{pmatrix} -3 \\ 2 \\ 0 \end{pmatrix}$ ist $\vec{x} = \begin{pmatrix} 1 \\ -1 \\ 2 \end{pmatrix} + r \begin{pmatrix} -2 \\ 0 \\ 1 \end{pmatrix} + s \begin{pmatrix} -3 \\ 2 \\ 0 \end{pmatrix}$

eine Gleichung der Ebene E in Parameterform.

Eine andere Lösungsmöglichkeit besteht darin, die Ebenengleichung in eine Koordinatengleichung umzuwandeln (vgl. Beispiel 1b)) und daraus dann wie im Kapitel IX eine Ebenengleichung in Parameterform abzuleiten.

Man muss x_2 und x_3 so wählen, dass die Vektoren $\vec{u}$ und $\vec{v}$ linear unabhängig sind, indem man z. B. einmal $x_2 = 0$ und $x_3 \neq 0$ wählt, beim zweiten Vektor aber $x_2 \neq 0$ und $x_3 = 0$.

Beispiel 5: (Parallelebene durch einen gegebenen Punkt)

Gegeben ist eine Ebene E mit der Gleichung $x_1 - 2x_2 + x_3 = 1$ und der Punkt $P(2|-1|4)$. Gesucht ist eine zu E parallele Ebene F, die durch P geht.

Bestimmen Sie eine Gleichung dieser Ebene F.

Lösung:

Die Ebenen E und F sollen zueinander parallel sein. Damit haben sie gleiche Normalenvektoren. Also hat eine Gleichung von F die Form $x_1 - 2x_2 + x_3 = b$.

Da der Punkt $P(2|-1|4)$ in F liegen soll, erfüllen seine Koordinaten die Gleichung von F.

Aus $2 - 2 \cdot (-1) + 4 = b$ folgt: $b = 8$.

Also hat die Ebene F die Gleichung $x_1 - 2x_2 + x_3 = 8$.

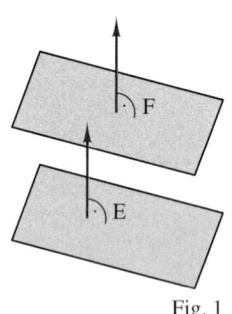

Fig. 1

Aufgaben

2 Geben Sie eine Koordinatengleichung der Ebene E an.

a) E: $\left[\vec{x} - \begin{pmatrix} -1 \\ 2 \\ 5 \end{pmatrix}\right] \cdot \begin{pmatrix} 4 \\ 5 \\ -1 \end{pmatrix} = 0$ b) E: $\left[\vec{x} - \begin{pmatrix} 5 \\ 3 \\ 0 \end{pmatrix}\right] \cdot \begin{pmatrix} -1 \\ -2 \\ 0 \end{pmatrix} = 0$ c) E: $\left[\vec{x} - \begin{pmatrix} -2 \\ -4 \\ -6 \end{pmatrix}\right] \cdot \begin{pmatrix} 5 \\ 0 \\ 1 \end{pmatrix} = 0$

3 Geben Sie eine Koordinatengleichung der Ebene an, für die gilt: Die Ebene geht durch den Punkt P und hat den Normalenvektor $\vec{n}$.

a) $P(-1|2|1)$; $\vec{n} = \begin{pmatrix} 3 \\ -2 \\ 7 \end{pmatrix}$ b) $P(9|1|-2)$; $\vec{n} = \begin{pmatrix} 0 \\ 8 \\ 3 \end{pmatrix}$ c) $P(0|0|0)$; $\vec{n} = \begin{pmatrix} 7 \\ -7 \\ 3 \end{pmatrix}$

4 Eine Ebene E geht durch den Punkt $P(2|-5|7)$ und hat den Normalenvektor $\begin{pmatrix} 2 \\ 1 \\ -2 \end{pmatrix}$.

Prüfen Sie, ob die folgenden Punkte in der Ebene E liegen.

a) $A(2|7|1)$ b) $B(0|-1|7)$ c) $C(3|-1|10)$ d) $D(4|6|-2)$

„Der Normalenvektor muss nicht jucken, du brauchst nur auf die Gleichung gucken."

5 Bestimmen Sie für die Ebene E eine Gleichung in Normalenform.

a) E: $2x_1 + 3x_2 + 5x_3 = 10$ b) E: $x_1 - x_2 + x_3 = 1$ c) E: $4x_1 + 3x_2 = 17$

d) E: $4x_2 - 5x_3 = 11$ e) E: $x_1 + x_2 + x_3 = 100$ f) E: $x_2 = -5$

6 Bestimmen Sie eine Gleichung der Ebene E in Normalenform und daraus eine Gleichung in Koordinatenform.

a) E: $\vec{x} = \begin{pmatrix} 2 \\ 1 \\ 2 \end{pmatrix} + r\begin{pmatrix} 1 \\ 3 \\ 0 \end{pmatrix} + s\begin{pmatrix} -2 \\ 1 \\ 3 \end{pmatrix}$ b) E: $\vec{x} = \begin{pmatrix} 6 \\ 9 \\ 1 \end{pmatrix} + r\begin{pmatrix} 4 \\ 1 \\ -4 \end{pmatrix} + s\begin{pmatrix} 1 \\ -2 \\ -4 \end{pmatrix}$ c) E: $\vec{x} = r\begin{pmatrix} 2 \\ 1 \\ 2 \end{pmatrix} + s\begin{pmatrix} 1 \\ 1 \\ 5 \end{pmatrix}$

d) E: $\vec{x} = \begin{pmatrix} 13 \\ 11 \\ 12 \end{pmatrix} + r\begin{pmatrix} 1 \\ 1 \\ 1 \end{pmatrix} + s\begin{pmatrix} 6 \\ 5 \\ 3 \end{pmatrix}$ e) E: $\vec{x} = \begin{pmatrix} 1 \\ 0 \\ 8 \end{pmatrix} + r\begin{pmatrix} -1 \\ 1 \\ -2 \end{pmatrix} + s\begin{pmatrix} 4 \\ 7 \\ 11 \end{pmatrix}$ f) E: $\vec{x} = r\begin{pmatrix} 5 \\ 7 \\ 1 \end{pmatrix} + s\begin{pmatrix} 1 \\ 2 \\ 4 \end{pmatrix}$

7 Bestimmen Sie eine Gleichung der Ebene E in Parameterform.

a) E: $\left[\vec{x} - \begin{pmatrix} -1 \\ 2 \\ 4 \end{pmatrix}\right] \cdot \begin{pmatrix} 1 \\ 1 \\ 1 \end{pmatrix} = 0$ b) E: $\left[\vec{x} - \begin{pmatrix} -1 \\ -2 \\ -3 \end{pmatrix}\right] \cdot \begin{pmatrix} 3 \\ 5 \\ 0 \end{pmatrix} = 0$ c) E: $\left[\vec{x} - \begin{pmatrix} 2 \\ 4 \\ -3 \end{pmatrix}\right] \cdot \begin{pmatrix} 1 \\ -1 \\ 1 \end{pmatrix} = 0$

d) E: $\left[\vec{x} - \begin{pmatrix} 4 \\ 0 \\ 5 \end{pmatrix}\right] \cdot \begin{pmatrix} 2 \\ 0 \\ 3 \end{pmatrix} = 0$ e) E: $\left[\vec{x} - \begin{pmatrix} 2 \\ 4 \\ 6 \end{pmatrix}\right] \cdot \begin{pmatrix} 0 \\ 1 \\ 0 \end{pmatrix} = 0$ f) E: $\vec{x} \cdot \begin{pmatrix} 4 \\ 0 \\ -2 \end{pmatrix} = 0$

8 Gegeben sind die Gleichungen von zwei sich schneidenden Geraden. Beide Geraden liegen damit in einer Ebene. Bestimmen Sie für diese Ebene eine Gleichung in Normalenform.

a) $\vec{x} = \begin{pmatrix} 2 \\ 0 \\ 3 \end{pmatrix} + t\begin{pmatrix} 4 \\ 1 \\ 0 \end{pmatrix}$, $\vec{x} = \begin{pmatrix} 2 \\ 0 \\ 3 \end{pmatrix} + t\begin{pmatrix} 7 \\ 1 \\ 1 \end{pmatrix}$ b) $\vec{x} = \begin{pmatrix} 2 \\ 5 \\ 1 \end{pmatrix} + t\begin{pmatrix} 9 \\ 5 \\ 7 \end{pmatrix}$, $\vec{x} = \begin{pmatrix} 2 \\ 5 \\ 1 \end{pmatrix} + t\begin{pmatrix} 8 \\ -2 \\ 3 \end{pmatrix}$

c) $\vec{x} = \begin{pmatrix} 5 \\ 6 \\ -1 \end{pmatrix} + t\begin{pmatrix} 1 \\ 5 \\ -2 \end{pmatrix}$, $\vec{x} = \begin{pmatrix} 2 \\ -9 \\ 5 \end{pmatrix} + t\begin{pmatrix} 1 \\ 3 \\ 1 \end{pmatrix}$ d) $\vec{x} = \begin{pmatrix} -2 \\ 2 \\ 7 \end{pmatrix} + t\begin{pmatrix} 1 \\ 2 \\ 3 \end{pmatrix}$, $\vec{x} = \begin{pmatrix} 1 \\ 1 \\ 2 \end{pmatrix} + t\begin{pmatrix} -3 \\ 1 \\ 5 \end{pmatrix}$

Tipp zu Aufgabe 9:
Verwandeln Sie die Ebenengleichungen in eine geeignete andere Form.

9 Bestimmen Sie eine Gleichung der Schnittgeraden der Ebenen E und F.

a) E: $\left[\vec{x} - \begin{pmatrix} 1 \\ 0 \\ 1 \end{pmatrix}\right] \cdot \begin{pmatrix} -1 \\ 2 \\ 3 \end{pmatrix} = 0$ b) E: $\left[\vec{x} - \begin{pmatrix} 1 \\ -1 \\ 2 \end{pmatrix}\right] \cdot \begin{pmatrix} 2 \\ 0 \\ -1 \end{pmatrix} = 0$ c) E: $\left[\vec{x} - \begin{pmatrix} 4 \\ 2 \\ 1 \end{pmatrix}\right] \cdot \begin{pmatrix} -1 \\ 2 \\ 1 \end{pmatrix} = 0$

   F: $\left[\vec{x} - \begin{pmatrix} 2 \\ 0 \\ -1 \end{pmatrix}\right] \cdot \begin{pmatrix} 1 \\ 1 \\ 1 \end{pmatrix} = 0$ F: $\left[\vec{x} - \begin{pmatrix} 2 \\ 3 \\ 0 \end{pmatrix}\right] \cdot \begin{pmatrix} 1 \\ 1 \\ 0 \end{pmatrix} = 0$ F: $3x_1 - x_2 + x_3 = 1$

10 a) Untersuchen Sie, welche der Ebenen E_1, E_2, E_3, E_4 zueinander parallel sind:
E_1: $2x_1 - x_2 + 3x_3 = 10$; E_2: $3x_1 + 5x_2 + 3x_3 = 1$;
E_3: $-4x_1 + 2x_2 - 3x_3 = -19$; E_4: $-3x_1 - 5x_2 - 3x_3 = -1$.
b) Geben Sie eine Koordinatengleichung einer Ebene F an, sodass F parallel zu E_1 (zu E_2) ist und durch den Punkt $P(2|3|7)$ geht.

11 Untersuchen Sie, ob die Gerade g zur Ebene E parallel ist.

a) g: $\vec{x} = \begin{pmatrix} 1 \\ 0 \\ 2 \end{pmatrix} + t\begin{pmatrix} -2 \\ 1 \\ 1 \end{pmatrix}$; E: $x_1 + x_2 + x_3 = 1$ b) g: $\vec{x} = t\begin{pmatrix} 1 \\ -2 \\ 3 \end{pmatrix}$; E: $x_1 + 3x_2 + 2x_3 = 4$

12 Gegeben ist die Koordinatengleichung einer Ebene E. Bestimmen Sie zu E einen Normalenvektor $\vec{n}$, der zugleich ein Stützvektor von E ist.
Geben Sie auch die zugehörigen Ebenengleichung in Normalenform an.

a) E: $3x_1 - x_2 + 5x_3 = 105$ b) E: $x_1 - 3x_2 - 2x_3 = 7$

6 Orthogonalität von Geraden und Ebenen

1 a) Zwei Stellwände sollen „senkrecht zueinander" aufgestellt werden. Wie kann man dies mit einem Geodreieck überprüfen? Wie muss man es dazu halten?
b) Wie müssen eine Gerade g auf der einen Stellwand und eine Gerade h auf der anderen Stellwand liegen, damit man aus ihrer Orthogonalität auf die Orthogonalität der Stellwände schließen kann?
c) Was bedeutet die Orthogonalität von Ebenen für ihre Normalenvektoren?

Die Orthogonalität von Geraden und Ebenen lässt sich mithilfe geeigneter Vektoren beschreiben.

*Eine Gerade, die orthogonal zu einer Ebene E ist, nennt man auch eine **Normale** von E.*

> **Definition: Zwei Geraden** heißen zueinander orthogonal, wenn ihre Richtungsvektoren zueinander orthogonal sind.
> Eine **Gerade** und eine **Ebene** heißen zueinander orthogonal, wenn ein Richtungsvektor der Geraden zu den Spannvektoren der Ebene orthogonal ist.

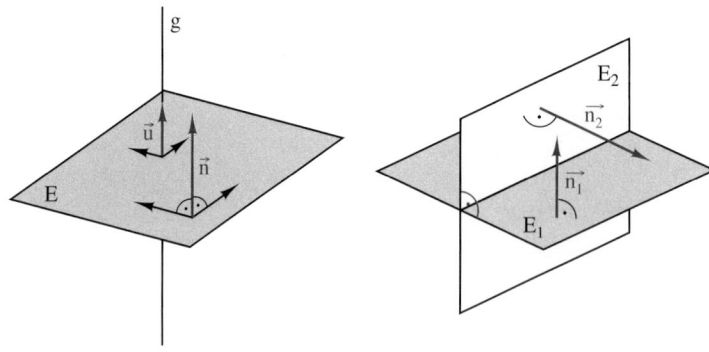

Fig. 1   Fig. 2

Eine Gerade g ist auch dann zu einer Ebene E orthogonal, wenn gilt: Ein Richtungsvektor von g und ein Normalenvektor von E haben die gleiche oder entgegengesetzte Richtung, d.h. Richtungsvektor und Normalenvektor sind Vielfache voneinander (Fig. 1).

Schneiden sich **zwei Ebenen** E_1 und E_2 in einer Geraden s, so heißen sie zueinander orthogonal, wenn für eine in E_1 liegende Gerade g_1 mit $g_1 \perp s$ und eine in E_2 liegende Gerade g_2 mit $g_2 \perp s$ gilt: $g_1 \perp g_2$.

Dies ist stets der Fall, wenn die Normalenvektoren von E und F zueinander orthogonal sind (Fig. 2). Diese Eigenschaft lässt sich leichter als die in der Definition prüfen.

> **Satz: Zwei Ebenen** sind zueinander orthogonal, wenn ihre Normalenvektoren zueinander orthogonal sind.

Beispiel 1: (Zueinander orthogonale Ebenen)
Untersuchen Sie, ob die Ebenen mit den Gleichungen $2x_1 + x_2 - 4x_3 = 7$ und $3x_1 - x_2 + x_3 = 4$ zueinander orthogonal sind.
Lösung:
Die Koeffizienten der Gleichungen sind jeweils die Koordinaten eines Normalenvektors.

Das Skalarprodukt dieser Normalenvektoren $\begin{pmatrix} 2 \\ 1 \\ -4 \end{pmatrix} \cdot \begin{pmatrix} 3 \\ -1 \\ 1 \end{pmatrix} = 2 \cdot 3 + 1 \cdot (-1) - 4 \cdot 1 = 1$

ist nicht 0. Die Normalenvektoren und damit die Ebenen sind nicht zueinander orthogonal.

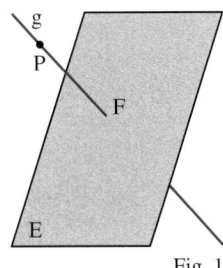

Fig. 1

Beispiel 2: (Gerade, die zu einer gegebenen Ebene orthogonal ist)

a) Bestimmen Sie zu der Ebene $E: \vec{x} = \begin{pmatrix} 7 \\ 5 \\ 2 \end{pmatrix} + r \begin{pmatrix} -1 \\ 3 \\ -6 \end{pmatrix} + s \begin{pmatrix} 0 \\ -1 \\ 2 \end{pmatrix}$ eine Gerade g durch $P(6|9|4)$, die orthogonal zu E ist.

b) Berechnen Sie den Schnittpunkt F der Geraden g mit der Ebene E.

Lösung:

a) Die Gerade g soll orthogonal zur Ebene E sein, also ist jeder Normalenvektor $\vec{n}$ von E ein Richtungsvektor von g. Da $\vec{n}$ orthogonal zu den Spannvektoren $\vec{u}$, $\vec{v}$ der Ebene ist, gilt:

$$\vec{u} \cdot \vec{n} = \begin{pmatrix} -1 \\ 3 \\ -6 \end{pmatrix} \cdot \begin{pmatrix} n_1 \\ n_2 \\ n_3 \end{pmatrix} = 0; \quad \vec{v} \cdot \vec{n} = \begin{pmatrix} 0 \\ -1 \\ 2 \end{pmatrix} \cdot \begin{pmatrix} n_1 \\ n_2 \\ n_3 \end{pmatrix} = 0.$$

Ausrechnen der Skalarprodukte ergibt das LGS: $\begin{cases} -n_1 + 3n_2 - 6n_3 = 0 \\ -n_2 + 2n_3 = 0 \end{cases}$.

Setzt man $n_3 = 1$, so ergibt sich eine ganzzahlige Lösung mit $n_1 = 0$; $n_2 = 2$; $n_3 = 1$.

Mit $\vec{n} = \begin{pmatrix} 0 \\ 2 \\ 1 \end{pmatrix}$ und $\vec{p} = \overrightarrow{OP} = \begin{pmatrix} 6 \\ 9 \\ 4 \end{pmatrix}$ hat die Gerade g die Gleichung $\vec{x} = \begin{pmatrix} 6 \\ 9 \\ 4 \end{pmatrix} + t \begin{pmatrix} 0 \\ 2 \\ 1 \end{pmatrix}$.

b) Den gemeinsamen Punkt F von E und g erhält man durch Gleichsetzen der Gleichungen von E und von g.

$$\begin{pmatrix} 7 \\ 5 \\ 2 \end{pmatrix} + r \begin{pmatrix} -1 \\ 3 \\ -6 \end{pmatrix} + s \begin{pmatrix} 0 \\ -1 \\ 2 \end{pmatrix} = \begin{pmatrix} 6 \\ 9 \\ 4 \end{pmatrix} + t \begin{pmatrix} 0 \\ 2 \\ 1 \end{pmatrix}.$$

Der Vergleich der Koordinaten führt zu dem LGS: $\begin{cases} -r \qquad\qquad = -1 \\ 3r - s - 2t = 4 \\ -6r + 2s - t = 2 \end{cases}$.

Bringt man das LGS in Stufenform, so erhält man als 3. Gleichung $-5t = 10$.
Damit ist $t = -2$.

Einsetzen in die Geradengleichung ergibt $\vec{x} = \begin{pmatrix} 6 \\ 9 \\ 4 \end{pmatrix} + (-2) \begin{pmatrix} 0 \\ 2 \\ 1 \end{pmatrix} = \begin{pmatrix} 6 \\ 5 \\ 2 \end{pmatrix}$.

Der gesuchte Punkt ist somit $F(6|5|2)$.

Beispiel 3: (Gerade, die zu einer gegebenen Geraden orthogonal ist)

Gegeben ist eine Gerade $g: \vec{x} = \begin{pmatrix} 5 \\ 4 \\ 6 \end{pmatrix} + t \begin{pmatrix} 2 \\ -1 \\ 4 \end{pmatrix}$ und der Punkt $P(2|3|2)$.

Bestimmen Sie einen Punkt Q auf g so, dass die Gerade h durch P und Q orthogonal zur Geraden g ist.

Lösung:

Die Gerade h durch die Punkte P und Q soll orthogonal zur Geraden g sein. Sie liegt damit in der Ebene E, die orthogonal zu g ist und in der der Punkt P liegt (Fig. 2).

1. Schritt: Bestimmung einer Gleichung von E:

Da der Richtungsvektor der Geraden g Normalenvektor der Ebene E ist, gilt für die Koordinatengleichung von E: $2x_1 - x_2 + 4x_3 = b$.

Da der Punkt P in der Ebene E liegt, erfüllen seine Koordinaten die Gleichung von E:

$2 \cdot 2 - 3 + 4 \cdot 2 = b$, also $b = 9$. Damit lautet die Koordinatengleichung $2x_1 - x_2 + 4x_3 = 9$.

2. Schritt: Den gesuchten Punkt Q erhält man als Schnittpunkt von E und g.

Der Gleichung der Geraden g entnimmt man: $x_1 = 5 + 2t$; $x_2 = 4 - t$; $x_3 = 6 + 4t$.

Einsetzen in die Gleichung von E ergibt $2(5 + 2t) - (4 - t) + 4(6 + 4t) = 9$.

Hieraus folgt $t = -1$.

Einsetzen von $t = -1$ in die Geradengleichung führt zu $Q(3|5|2)$.

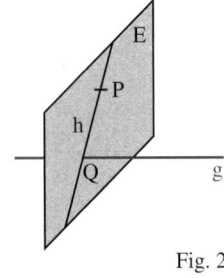

Fig. 2

Aufgaben

Lage von Ebenen zueinander

2   Welche der folgenden Ebenen sind zueinander orthogonal, welche zueinander parallel?

$E_1: \left[\vec{x} - \begin{pmatrix} 1 \\ 1 \\ 2 \end{pmatrix}\right] \cdot \begin{pmatrix} 9 \\ 0 \\ 7 \end{pmatrix} = 0$
   $E_2: \left[\vec{x} - \begin{pmatrix} 7 \\ 4 \\ 11 \end{pmatrix}\right] \cdot \begin{pmatrix} 0 \\ 13 \\ 0 \end{pmatrix} = 0$
   $E_3: \left[\vec{x} - \begin{pmatrix} 4 \\ 5 \\ 7 \end{pmatrix}\right] \cdot \begin{pmatrix} 2 \\ 1 \\ 4 \end{pmatrix} = 0$

$E_4: \left[\vec{x} - \begin{pmatrix} 1 \\ 1 \\ 1 \end{pmatrix}\right] \cdot \begin{pmatrix} 2 \\ 0 \\ -1 \end{pmatrix} = 0$
   $E_5: \left[\vec{x} - \begin{pmatrix} 5 \\ 6 \\ 7 \end{pmatrix}\right] \cdot \begin{pmatrix} 4 \\ 2 \\ 8 \end{pmatrix} = 0$
   $E_6: \left[\vec{x} - \begin{pmatrix} 5 \\ 5 \\ 5 \end{pmatrix}\right] \cdot \begin{pmatrix} 0 \\ 1 \\ 0 \end{pmatrix} = 0$

3   Untersuchen Sie, ob die Ebenen E_1 und E_2 zueinander orthogonal sind.
a) $E_1: 2x_1 + x_2 - 2x_3 = 6$ b) $E_1: x_1 + 5x_2 + x_3 = 1$ c) $E_1: -x_1 + 2x_2 - x_3 = 3$
   $E_2: 2x_1 - 2x_2 + x_3 = 11$ $E_2: 3x_1 + x_2 - 15x_3 = 0$ $E_2: 9x_1 - x_2 - 11x_3 = 4$

4   Untersuchen Sie, ob die Ebenen E_1 und E_2 zueinander orthogonal sind.

a) $E_1: \vec{x} = \begin{pmatrix} 2 \\ 5 \\ 9 \end{pmatrix} + r\begin{pmatrix} 1 \\ 1 \\ 1 \end{pmatrix} + s\begin{pmatrix} 2 \\ 0 \\ 3 \end{pmatrix}$
   b) $E_1: \vec{x} = \begin{pmatrix} 3 \\ 4 \\ 5 \end{pmatrix} + r\begin{pmatrix} 1 \\ 0 \\ 1 \end{pmatrix} + s\begin{pmatrix} 3 \\ 4 \\ 7 \end{pmatrix}$

$E_2: \vec{x} = \begin{pmatrix} 4 \\ 1 \\ 10 \end{pmatrix} + r\begin{pmatrix} 1 \\ -2 \\ 1 \end{pmatrix} + s\begin{pmatrix} 3 \\ 5 \\ -2 \end{pmatrix}$
   $E_2: \vec{x} = \begin{pmatrix} 1 \\ 2 \\ 3 \end{pmatrix} + r\begin{pmatrix} 0 \\ 1 \\ 0 \end{pmatrix} + s\begin{pmatrix} 1 \\ 1 \\ 1 \end{pmatrix}$

c) $E_1: \vec{x} = \begin{pmatrix} 2 \\ 8 \\ 1 \end{pmatrix} + r\begin{pmatrix} 8 \\ 1 \\ 9 \end{pmatrix} + s\begin{pmatrix} 5 \\ -1 \\ 1 \end{pmatrix}$
   d) $E_1: \vec{x} = \begin{pmatrix} 3 \\ 0 \\ 9 \end{pmatrix} + r\begin{pmatrix} 1 \\ 1 \\ 0 \end{pmatrix} + s\begin{pmatrix} 3 \\ 1 \\ 2 \end{pmatrix}$

$E_2: x_1 - 8x_2 + 3x_3 = 1$
   $E_2: 7x_1 + 4x_2 + 3x_3 = 9$

5   Die Ebenen E_1 und E_2 sollen zueinander orthogonal sein. Bestimmen Sie den Parameter a in der Gleichung von E_2 so, dass dies der Fall ist.
a) $E_1: 2x_1 - 5x_2 + x_3 = 7$ b) $E_1: 3x_1 + 7x_2 - 2x_3 = 3$ c) $E_1: 4x_1 + ax_2 - 3x_3 = 12$
   $E_2: 3x_1 + x_2 + ax_3 = 10$ $E_2: ax_1 + 5x_2 + 10x_3 = 1$ $E_2: 2x_1 - x_2 + ax_3 = 3$

Tipp zu Aufgabe 6:
Überlegen Sie, was Sie einfacher bestimmen können: zwei Spannvektoren von F oder einen Normalenvektor von F.

6   Gegeben sind zwei Punkte A und B und eine Ebene E. Bestimmen Sie eine Gleichung einer Ebene F, für die gilt: F geht durch die Punkte A und B und ist zur Ebene E orthogonal.
a) $A(2|-1|7)$; $B(0|3|9)$; $E: 2x_1 + 2x_2 + x_3 = 7$
b) $A(1|3|4)$; $B(2|3|2)$; $E: 3x_1 - x_2 + 2x_3 = 16$

7   Gegeben ist die quadratische Pyramide von Fig. 1.
a) Eine Ebene E geht durch die Mittelpunkte der Kanten $\overline{SB}$ und $\overline{SC}$ und ist orthogonal zur Seitenfläche BCS. Bestimmen Sie eine Gleichung für E.
b) Eine zweite Ebene F geht durch die Mittelpunkte der Kanten $\overline{SA}$ und $\overline{SB}$ und ist orthogonal zur Seitenfläche ABS. Bestimmen Sie eine Gleichung für F.
c) Bestimmen Sie eine Gleichung für die Schnittgerade von E und F.

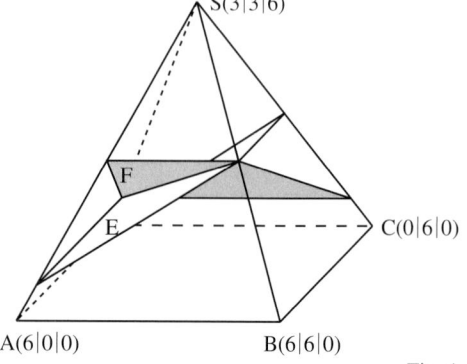

Fig. 1

8 Die Ebene F durch den Punkt $P(3|-1|4)$ ist orthogonal zu den Ebenen E_1 und E_2. Bestimmen Sie eine Gleichung von F.

a) E_1: $\vec{x} = \begin{pmatrix} 3 \\ -1 \\ 4 \end{pmatrix} + r\begin{pmatrix} 4 \\ 2 \\ -1 \end{pmatrix} + s\begin{pmatrix} 7 \\ 1 \\ 0 \end{pmatrix}$

E_2: $\vec{x} = \begin{pmatrix} 3 \\ -1 \\ 4 \end{pmatrix} + u\begin{pmatrix} 7 \\ 1 \\ 0 \end{pmatrix} + v\begin{pmatrix} 1 \\ 1 \\ 7 \end{pmatrix}$

b) E_1: $2x_1 - x_2 + 3x_3 = 19$
E_2: $2x_1 + x_2 - x_3 = 1$

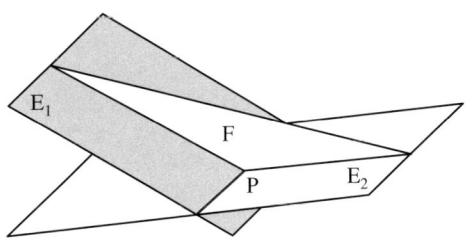

Fig. 1

9 Eine Ebene E ist orthogonal zur x_1x_2-Ebene und zur x_1x_3-Ebene und geht durch den Punkt $A(1|1|1)$. Bestimmen Sie eine Gleichung von E.

10 Bestimmen Sie einen Vektor $\vec{u}$ so, dass die Ebene mit den Spannvektoren $\vec{u}$ und $\begin{pmatrix} 2 \\ 3 \\ 1 \end{pmatrix}$ orthogonal zur Ebene mit den Spannvektoren $\begin{pmatrix} 1 \\ -5 \\ 9 \end{pmatrix}$ und $\begin{pmatrix} 3 \\ 0 \\ 2 \end{pmatrix}$ ist.

Orthogonalität zwischen einer Geraden und einer Ebene

11 Zu welcher der Ebenen aus Aufgabe 2, Seite 268, ist die Gerade g orthogonal?

a) g: $\vec{x} = \begin{pmatrix} -2 \\ 0 \\ 1 \end{pmatrix} + t\begin{pmatrix} 0 \\ 5 \\ 0 \end{pmatrix}$

b) g: $\vec{x} = \begin{pmatrix} 2 \\ 4 \\ 6 \end{pmatrix} + t\begin{pmatrix} 6 \\ 3 \\ 12 \end{pmatrix}$

12 Eine Ebene E geht durch den Punkt $P(7|3|-1)$ und ist zu einer Geraden mit dem Richtungsvektor $\vec{u}$ orthogonal. Geben Sie eine Gleichung von E in Parameterform an.

a) $\vec{u} = \begin{pmatrix} 1 \\ -1 \\ 2 \end{pmatrix}$
b) $\vec{u} = \begin{pmatrix} 1 \\ 0 \\ 1 \end{pmatrix}$
c) $\vec{u} = \begin{pmatrix} 1 \\ 2 \\ 3 \end{pmatrix}$
d) $\vec{u} = \begin{pmatrix} 1 \\ -1 \\ -1 \end{pmatrix}$

13 Eine Gerade g durch $A(2|3|-1)$ ist orthogonal zur Ebene E. Bestimmen Sie eine Gleichung von g.

a) E: $\vec{x} = \begin{pmatrix} 2 \\ 3 \\ 0 \end{pmatrix} + r\begin{pmatrix} 1 \\ 2 \\ 1 \end{pmatrix} + s\begin{pmatrix} 3 \\ 0 \\ 5 \end{pmatrix}$

b) E: $\vec{x} = \begin{pmatrix} -1 \\ 5 \\ 7 \end{pmatrix} + r\begin{pmatrix} 1 \\ 1 \\ 1 \end{pmatrix} + s\begin{pmatrix} -3 \\ 5 \\ 7 \end{pmatrix}$

c) E: $\vec{x} = \begin{pmatrix} 2 \\ 5 \\ 7 \end{pmatrix} + r\begin{pmatrix} 0 \\ 3 \\ -1 \end{pmatrix} + s\begin{pmatrix} 2 \\ -1 \\ 0 \end{pmatrix}$

d) E: $\vec{x} = \begin{pmatrix} 1 \\ 0 \\ 0 \end{pmatrix} + r\begin{pmatrix} 1 \\ 5 \\ -4 \end{pmatrix} + s\begin{pmatrix} 3 \\ -10 \\ 8 \end{pmatrix}$

14 a) In Fig. 2 ist M der Mittelpunkt der Raumdiagonalen $\overline{BH}$ eines Würfels. Eine Ebene geht durch diesen Punkt M und ist orthogonal zu $\overline{BH}$. Geben Sie eine Gleichung dieser Ebene in Normalenform an.
b) Bestimmen Sie rechnerisch die Koordinaten der Schnittpunkte dieser Ebene mit den Kanten des Würfels.
c) Bestimmen Sie auch die Gleichung der durch M gehenden und zu $\overline{AG}$ (zu $\overline{CE}$) orthogonalen Ebene.

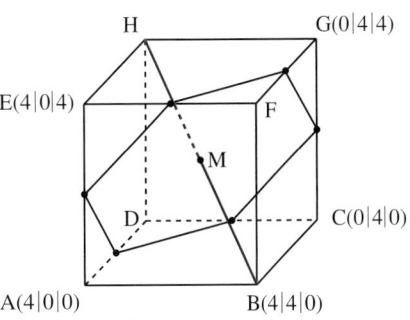

Fig. 2

15 In einer Ecke zwischen Haus und Garage muss das Fallrohr der Regenrinne im Erdreich erneuert werden. Dazu wird eine Grube ausgehoben und eine rechteckige Spanplatte als Wetterschutz darüber gestellt (Fig. 1).
Zur Stabilisierung soll im Diagonalenschnittpunkt M des Rechtecks der Spanplatte eine zur Platte orthogonale Stütze montiert werden. Wo ist ihr anderes Ende am Haus zu befestigen?
Anleitung: Stellen Sie eine Gleichung der Geraden g durch M auf, für die gilt: g ist orthogonal zur Ebene durch die Punkte A, B, C und D.

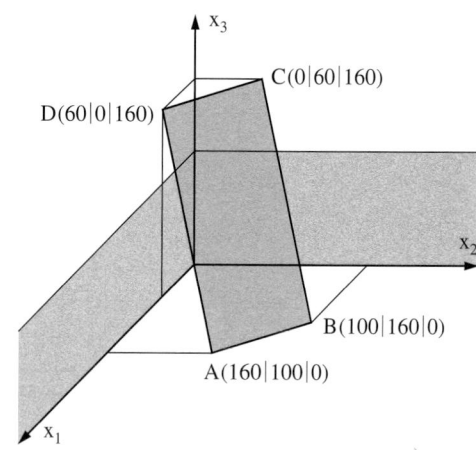

Fig. 1

16 Gegeben sind ein Punkt $P(4|-1|3)$ und die Ebene $E: 3x_1 - 2x_2 + x_3 = 3$.
Gesucht ist das Spiegelbild P' des Punktes P bei Spiegelung an der Ebene E.
a) Bestimmen Sie eine Gleichung der zu E orthogonalen und durch P gehenden Geraden g.
b) Berechnen Sie den Schnittpunkt S der Geraden g mit der Ebene E.
c) Bestimmen Sie P' auf der Geraden g so, dass S der Mittelpunkt von $\overline{PP'}$ ist.

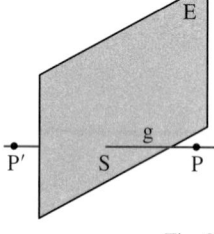

Fig. 3

Zueinander orthogonale Geraden im Raum

17 Gegeben sind ein Punkt P und eine Gerade g. Bestimmen Sie den Punkt Q auf g so, dass die Gerade h durch P und Q orthogonal zu g ist.
Geben Sie auch eine Gleichung für h an.

a) $P(-4|0|3)$, $g: \vec{x} = \begin{pmatrix} 2 \\ 1 \\ 3 \end{pmatrix} + t \begin{pmatrix} 1 \\ 1 \\ -1 \end{pmatrix}$
b) $P(0|1|1)$, $g: \vec{x} = \begin{pmatrix} 2 \\ 4 \\ 6 \end{pmatrix} + t \begin{pmatrix} 2 \\ 3 \\ 1 \end{pmatrix}$

c) $P(6|-2|0)$, $g: \vec{x} = \begin{pmatrix} 4 \\ 2 \\ 3 \end{pmatrix} + t \begin{pmatrix} 0 \\ 1 \\ 2 \end{pmatrix}$
d) $P(0|0|0)$, $g: \vec{x} = \begin{pmatrix} 2 \\ -3 \\ 6 \end{pmatrix} + t \begin{pmatrix} -2 \\ 3 \\ 1 \end{pmatrix}$

18 Gegeben sind die Gerade $g: \vec{x} = \begin{pmatrix} 4 \\ 1 \\ 1 \end{pmatrix} + t \begin{pmatrix} 0 \\ 2 \\ 1 \end{pmatrix}$ und die Punkte $A(6|0|-2)$ und $B(4|3|5)$.

Bestimmen Sie auf g einen Punkt C so, dass das Dreieck ABC bei C einen rechten Winkel hat.

19 Gegeben sind die zueinander windschiefen Geraden g und h.
Bestimmen Sie einen Richtungsvektor $\vec{u}$ der Geraden k, die zu g und zu h orthogonal ist.
Bestimmen Sie dann die Schnittpunkte A und B der Geraden k mit g bzw. h.

a) $g: \vec{x} = \begin{pmatrix} 1 \\ 8 \\ -9 \end{pmatrix} + t \begin{pmatrix} 0 \\ 2 \\ -1 \end{pmatrix}$, $h: \vec{x} = \begin{pmatrix} -2 \\ 1 \\ 5 \end{pmatrix} + t \begin{pmatrix} 4 \\ 1 \\ -1 \end{pmatrix}$

b) $g: \vec{x} = \begin{pmatrix} 7 \\ -3 \\ -3 \end{pmatrix} + t \begin{pmatrix} 3 \\ -2 \\ -2 \end{pmatrix}$, $h: \vec{x} = \begin{pmatrix} 0 \\ -8 \\ 5 \end{pmatrix} + t \begin{pmatrix} 3 \\ 6 \\ 2 \end{pmatrix}$

Anleitung:
Setzen Sie $\overrightarrow{AB} = r \cdot \vec{u}$ und benutzen Sie, dass A auf g und B auf h liegt, ihre Koordinaten also die Gleichungen von g bzw. h erfüllen.

In der Ebene gilt:
Wenn $g \perp h$ und $h \perp k$, dann ist $g \parallel k$.
Gilt dies auch im Raum? Kann evtl. sogar $g \perp k$ sein?

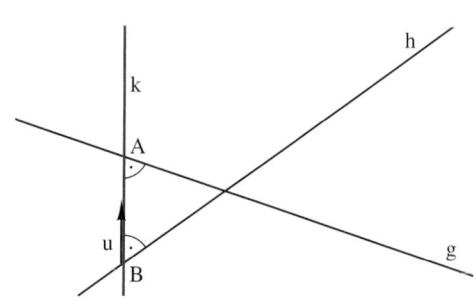

Fig. 2

7 Abstand eines Punktes von einer Ebene

1 Die Grundfläche ABCD der Pyramide in Fig. 1 liegt in der Ebene E.
a) Welche der Strecken in Fig. 1 entspricht der Höhe der Pyramide?
Beschreiben Sie die Lage dieser Strecke.
b) Zur Berechnung des Volumens der Pyramide benötigt man die Höhe als Abstand.
Wie misst man diesen Abstand?
Wie hängt er mit der in a) bestimmten Strecke zusammen?

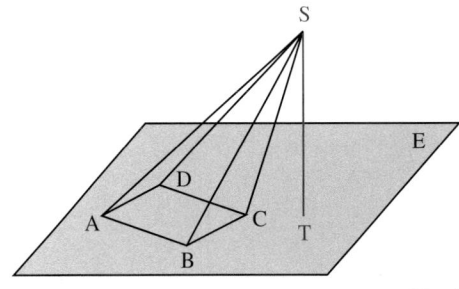

Fig. 1

Unter dem **Abstand** d eines Punktes P von einer Ebene E versteht man die Länge d des Lotes von P auf die Ebene, d. h. die Länge d der Strecke vom Punkt P zum Lotfußpunkt F (Fig. 2).

Den Abstand eines Punktes P von einer Ebene E kann man entsprechend in drei Schritten berechnen:
1. Schritt: Aufstellen einer Gleichung der zu E orthogonalen Geraden durch P, der so genannten Lotgeraden,
2. Schritt: Berechnung der Koordinaten des Schnittpunktes F der Lotgeraden mit der Ebene E,
3. Schritt: Berechnung des Abstandes als Betrag des Vektors $\overrightarrow{PF}$.

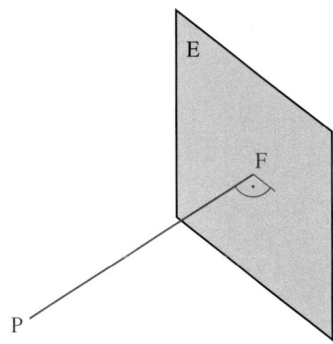

Fig. 2

Beispiel 1: (Lotfußpunkt und Abstand bestimmen)
Gegeben sind der Punkt $P(2|0|1)$ und die Ebene $E: x_1 + 8x_2 - 4x_3 = 25$.
Von P aus wird auf die Ebene E ein Lot gefällt. Bestimmen Sie
a) eine Gleichung der Lotgeraden g,
b) die Koordinaten des Lotfußpunktes F,
c) den Abstand des Punktes P von der Ebene E.
Lösung:
a) Jeder Normalenvektor der Ebene E ist ein Richtungsvektor der Lotgeraden g. Der Ebenengleichung entnimmt man $\vec{n} = \begin{pmatrix} 1 \\ 8 \\ -4 \end{pmatrix}$. Also ist $g: \vec{x} = \begin{pmatrix} 2 \\ 0 \\ 1 \end{pmatrix} + t \cdot \begin{pmatrix} 1 \\ 8 \\ -4 \end{pmatrix}$.

b) Der Geradengleichung von g entnimmt man: $x_1 = 2 + t$; $x_2 = 8t$; $x_3 = 1 - 4t$.
Einsetzen in die Ebenengleichung: $2 + t + 8 \cdot 8t - 4 \cdot (1 - 4t) = 25$
Lösen der Gleichung ergibt: $81t - 2 = 25$
$$t = \frac{1}{3}$$

Einsetzen in die Geradengleichung ergibt den Lotfußpunkt $F\left(\frac{7}{3}\Big|\frac{8}{3}\Big|-\frac{1}{3}\right)$.

c) Der Abstand der Punkte P und F ist gleich dem Betrag des Vektors $\overrightarrow{PF}$:
$$|\overrightarrow{PF}| = \sqrt{\left(\frac{7}{3} - 2\right)^2 + \left(\frac{8}{3}\right)^2 + \left(-\frac{1}{3} - 1\right)^2} = \sqrt{\left(\frac{1}{3}\right)^2 + \left(\frac{8}{3}\right)^2 + \left(-\frac{4}{3}\right)^2} = \frac{1}{3}\sqrt{81} = 3.$$

Der Abstand des Punktes P von der Ebene E ist somit 3.

Beispiel 2: (Punkt mit gegebenem Abstand bestimmen)

Die Punkte $A(3|5|-1)$, $B(7|1|-3)$, $C(5|-3|1)$ und $D(1|1|3)$ liegen in einer Ebene E und bilden die Ecken eines Quadrats. Es gibt zwei gerade Pyramiden mit ABCD als Grundfläche und der Höhe 6. Berechnen Sie die Koordinaten der zugehörigen Spitzen.

Lösung:

Aus den Koordinaten von drei der Punkte A, B, C und D erhält man $E: 2x_1 + x_2 + 2x_3 = 9$.

Die Ebene E hat als einen Normalenvektor $\vec{n} = \begin{pmatrix} 2 \\ 1 \\ 2 \end{pmatrix}$.

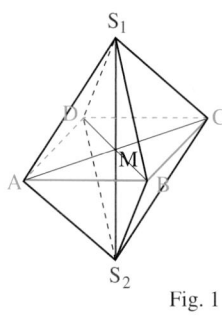

Fig. 1

Der Mittelpunkt M von $\overline{AC}$ bzw. $\overline{BD}$ (und damit der Fußpunkt der Höhe) ist $M(4|1|0)$. Die Höhe 6 bedeutet: S hat von der Ebene E bzw. dem Punkt M den Abstand 6.

Man findet die Spitze S, indem man von M aus 6-mal bzw. –6-mal den Normalenvektor $\frac{1}{|\vec{n}|} \cdot \vec{n}$ der Länge 1 „anträgt":

$$\overrightarrow{OS_1} = \overrightarrow{OM} + 6 \cdot \frac{1}{|\vec{n}|} \cdot \vec{n} = \begin{pmatrix} 4 \\ 1 \\ 0 \end{pmatrix} + 6 \cdot \frac{1}{3} \cdot \begin{pmatrix} 2 \\ 1 \\ 2 \end{pmatrix} = \begin{pmatrix} 4 \\ 1 \\ 0 \end{pmatrix} + \begin{pmatrix} 4 \\ 2 \\ 4 \end{pmatrix} = \begin{pmatrix} 8 \\ 3 \\ 4 \end{pmatrix}, \text{ bzw. } \overrightarrow{OS_2} = \begin{pmatrix} 4 \\ 1 \\ 0 \end{pmatrix} - \begin{pmatrix} 4 \\ 2 \\ 4 \end{pmatrix} = \begin{pmatrix} 0 \\ -1 \\ -4 \end{pmatrix},$$

woraus als mögliche Spitzen folgen: $S_1(8|3|4)$; $S_2(0|-1|-4)$.

Aufgaben

2 Gegeben sind ein Punkt P und eine Ebene E. Bestimmen Sie den Fußpunkt des Lotes vom Punkt P auf die Ebene E. Berechnen Sie den Abstand von P zur Ebene E.

a) $P(3|-1|7)$ und $E: 3x_2 + 4x_3 = 0$ b) $P(-2|0|3)$ und $E: 12x_1 + 6x_2 - 4x_3 = 13$

3 Gegeben sind die Ebene $E: x_1 + 3x_2 - 2x_3 = 0$ und die Punkte $A(0|2|0)$ und $B(5|-1|-2)$.

a) Zeigen Sie, dass die Gerade durch A und B parallel zur Ebene E ist.

b) Bestimmen Sie den Abstand der Punkte der Geraden durch A und B zur Ebene E.

Wer bei Aufgabe 4 mehr als eine Differenz berechnet, ist selber schuld!

4 Bestimmen Sie den Abstand des Punktes $P(5|15|9)$ von der Ebene E durch die Punkte $A(2|2|0)$, $B(-2|2|6)$ und $C(3|2|5)$.

5 Gegeben sind die Punkte $A(3|3|2)$, $B(5|3|0)$, $C(3|5|0)$ und $O(0|0|0)$.

a) Zeigen Sie, dass das Dreieck ABC gleichseitig ist. Berechnen Sie seinen Flächeninhalt.

b) O ist die Spitze einer Pyramide mit der Grundfläche ABC. Bestimmen Sie den Fußpunkt F der Pyramidenhöhe. Berechnen Sie den Abstand der Punkte O und F.

c) Berechnen Sie das Volumen der Pyramide.

6 Gegeben ist die Ebene $E: 10x_1 + 2x_2 - 11x_3 = 4$ und der in E liegende Punkt $Q(3|-2|2)$.

a) Stellen Sie eine Gleichung der Geraden g durch den Punkt Q auf, die orthogonal zur Ebene E ist.

b) Bestimmen Sie alle Punkte P der Geraden g, die von der Ebene E den Abstand 3 haben.

7 Bestimmen Sie alle Punkte der x_3-Achse, die von der Ebene $E: 4x_1 - x_2 + 8x_3 = 7$ den Abstand 9 haben.

8 Gegeben sind die Ebene $E: x_1 - 2x_2 + 2x_3 = 8$ und der Punkt $A(-2|1|-3)$.

a) Bestimmen Sie den Fußpunkt des Lotes vom Punkt A auf die Ebene E.

b) Welcher Punkt B ($\neq$ A) der Lotgeraden hat denselben Abstand von der Ebene E wie der Punkt A? Bestimmen Sie seine Koordinaten. Müssen Sie dazu den Abstand berechnen?

8 Die HESSE'sche Normalenform

1 Gegeben ist eine Ebene E und ein Normalenvektor $\overrightarrow{n_0}$ von E mit $|\overrightarrow{n_0}| = 1$.
Die Punkte A, B, C liegen auf einer Geraden, die parallel zu E ist.
Berechnen und vergleichen Sie:
$\overrightarrow{n_0} \cdot \overrightarrow{PA}$, $\overrightarrow{n_0} \cdot \overrightarrow{PB}$ und $\overrightarrow{n_0} \cdot \overrightarrow{PC}$.
Welche geometrische Bedeutung haben diese Skalarprodukte für die Punkte A, B und C?

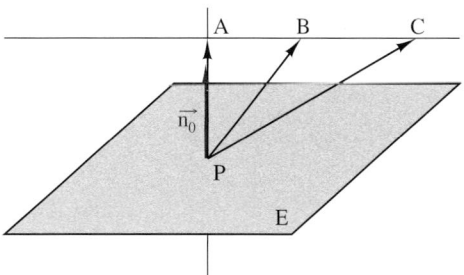

Fig. 1

Der Abstand eines Punktes R von einer Ebene E ist gleich der Länge des Lotes von R auf E. Man kann diesen Abstand auch berechnen, ohne den Lotfußpunkt zu bestimmen.

In Fig. 2 gilt für den Abstand des Punktes R von der Ebene E: $d = |(\vec{r} - \vec{p}) \cdot \overrightarrow{n_0}|$.
Denn:
Ist n_0 ein Normalenvektor mit $|\overrightarrow{n_0}| = 1$ und liegt R zu $\overrightarrow{n_0}$ wie in Fig. 2, dann ist
$\overrightarrow{PR} \cdot \overrightarrow{n_0} = |\overrightarrow{PR}| \cdot 1 \cdot \cos(\delta) = d$.
Mit $\overrightarrow{PR} = \overrightarrow{OR} - \overrightarrow{OP} = \vec{r} - \vec{p}$ ist somit
$d = (\vec{r} - \vec{p}) \cdot \overrightarrow{n_0}$.
Liegt R auf der anderen Scite der Ebene E, so ist $\overrightarrow{PR} \cdot \overrightarrow{n_0}$ negativ. Es ergibt sich
$d = -\overrightarrow{PR} \cdot \overrightarrow{n_0} = -(\vec{r} - \vec{p}) \cdot \overrightarrow{n_0}$.

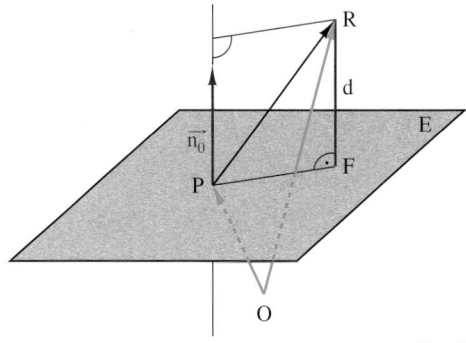

Fig. 2

Der Term $(\vec{r} - \vec{p}) \cdot \overrightarrow{n_0}$ entspricht dem Term in der Normalenform der Ebenengleichung $(\vec{x} - \vec{p}) \cdot \vec{n} = 0$, wenn man $\vec{x}$ durch $\vec{r}$ und $\vec{n}$ durch $\overrightarrow{n_0}$ ersetzt. Dies führt zu einer speziellen Form der Ebenengleichung in Normalenform:
Ist $\overrightarrow{n_0}$ ein „Normalen-Einheitsvektor", d. h. ein Normalenvektor mit dem Betrag 1, so nennt man die Ebenengleichung $(\vec{x} - \vec{p}) \cdot \overrightarrow{n_0} = 0$ die **HESSE'sche Normalenform**.

LUDWIG OTTO HESSE (1811–1874), deutscher Mathematiker. 1861 erschien sein viel beachtetes Buch „Vorlesungen über analytische Geometrie des Raumes".

Satz 1: Ist $(\vec{x} - \vec{p}) \cdot \overrightarrow{n_0} = 0$ die HESSE'sche Normalenform einer Gleichung der Ebene E, so gilt für den Abstand d eines Punktes R mit dem Ortsvektor $\vec{r}$ von der Ebene E:
$$\mathbf{d = |(\vec{r} - \vec{p}) \cdot \overrightarrow{n_0}|}.$$

In der Koordinatengleichung $a_1 x_1 + a_2 x_2 + a_3 x_3 = b$ einer Ebene bilden die Koeffizienten a_1, a_2, a_3 die Koordinaten eines Normalenvektors $\vec{n}$. Dividiert man die Koordinatengleichung

durch den Betrag von $\vec{n} = \begin{pmatrix} a_1 \\ a_2 \\ a_3 \end{pmatrix}$, so erhält man die

Koordinatendarstellung der HESSE'schen Normalenform: $\dfrac{a_1 x_1 + a_2 x_2 + a_3 x_3 - b}{\sqrt{a_1^2 + a_1^2 + a_3^2}} = 0$.

Entsprechend dem ersten Satz gilt:

273

Satz 2: Ist $a_1 x_1 + a_2 x_2 + a_3 x_3 = b$ eine Koordinatengleichung der Ebene E, so gilt für den Abstand d eines Punktes $R(r_1 | r_2 | r_3)$ von der Ebene E:

$$d = \left| \frac{a_1 r_1 + a_2 r_2 + a_3 r_3 - b}{\sqrt{a_1^2 + a_1^2 + a_3^2}} \right|$$

Beispiel 1: (Abstandsberechnung, Ebenengleichung in Normalenform)

Bestimmen Sie den Abstand des Punktes $R(9|4|-3)$ von der Ebene $E: \left[\vec{x} - \begin{pmatrix} 1 \\ -3 \\ 1 \end{pmatrix} \right] \cdot \begin{pmatrix} 1 \\ 2 \\ 2 \end{pmatrix} = 0$.

Lösung:

1. Schritt: Umwandlung der Normalenform in die HESSE'sche Normalenform.

Mit $|\vec{n}| = \left| \begin{pmatrix} 1 \\ 2 \\ 2 \end{pmatrix} \right| = \sqrt{1^2 + 2^2 + 2^2} = 3$ ist $\vec{n_0} = \frac{1}{3} \begin{pmatrix} 1 \\ 2 \\ 2 \end{pmatrix}$, also lautet die

Hesse'sche Normalenform $\left[\vec{x} - \begin{pmatrix} 1 \\ -3 \\ 1 \end{pmatrix} \right] \cdot \frac{1}{3} \begin{pmatrix} 1 \\ 2 \\ 2 \end{pmatrix} = 0$.

2. Schritt: Berechnung des Abstandes mithilfe des 1. Satzes.

$$d = \left| \left[\begin{pmatrix} 9 \\ 4 \\ -3 \end{pmatrix} - \begin{pmatrix} 1 \\ -3 \\ 1 \end{pmatrix} \right] \cdot \frac{1}{3} \begin{pmatrix} 1 \\ 2 \\ 2 \end{pmatrix} \right| = \frac{1}{3} \cdot \left| \begin{pmatrix} 8 \\ 7 \\ -4 \end{pmatrix} \cdot \begin{pmatrix} 1 \\ 2 \\ 2 \end{pmatrix} \right| = \frac{14}{3}.$$

Man kann auch erst die Normalenform in die Koordinatengleichung umwandeln und dann wie im Beispiel 2 vorgehen.

Beispiel 2: (Abstandsberechnung, Ebenengleichung in Koordinatenform)

Bestimmen Sie den Abstand des Punktes $R(1|6|2)$ von der Ebene E mit der Koordinatengleichung $x_1 - 2 x_2 + 4 x_3 = 1$.

Lösung:

1. Schritt: Umwandlung der Koordinatengleichung in die HESSE'sche Normalenform.

Mit $\sqrt{1^2 + (-2)^2 + 4^2} = \sqrt{21}$ ist die HESSE'sche Normalenform $\frac{x_1 - 2 x_2 + 4 x_3 - 1}{\sqrt{21}} = 0$.

2. Schritt: Berechnung des Abstandes mithilfe des 2. Satzes.

$$d = \left| \frac{1 - 2 \cdot 6 + 4 \cdot 2 - 1}{\sqrt{21}} \right| = \left| \frac{-4}{\sqrt{21}} \right| = \frac{4}{\sqrt{21}} = \frac{4}{21} \sqrt{21} \approx 0{,}87.$$

Hier kann man natürlich auch gleich in die „Koordinatenformel" des zweiten Satzes einsetzen.

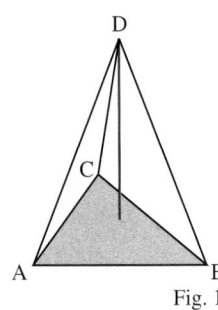

Fig. 1

Beispiel 3: (Anwendung: Berechnung der Höhe einer Pyramide)

Berechnen Sie für eine dreiseitige Pyramide mit der Grundfläche ABC und der Spitze D die Höhe für $A(4|0|0)$; $B(4|5|1)$; $C(0|0|1)$ und $D(-1|4|3)$.

Lösung:

1. Schritt: Aufstellung einer Koordinatengleichung der Ebene E durch A, B, C.

Einsetzen der Koordinaten von A, B, C in die Gleichung $a_1 x_1 + a_2 x_2 + a_3 x_3 = b$ ergibt das

LGS: $\begin{cases} 4 a_1 & = b \\ 4 a_1 + 5 a_2 + a_3 & = b \, , \\ a_3 & = b \end{cases}$ umgeformt in $\begin{cases} 4 a_1 & = b \\ 5 a_2 & = -b \quad (II - I - III) \\ a_3 & = b \end{cases}$

Für $b = 20$ erhält man eine ganzzahlige Lösung mit $a_1 = 5$; $a_2 = -4$ und $a_3 = 20$.

Damit ist $5 x_1 - 4 x_2 + 20 x_3 = 20$ eine Koordinatengleichung von E.

2. Schritt: Umwandlung der Koordinatengleichung in die HESSE'sche Normalenform.

Mit $\sqrt{5^2 + (-4)^2 + 20^2} = \sqrt{441} = 21$ ist die HESSE'sche Normalenform $\frac{5 x_1 - 4 x_2 + 20 x_3 - 20}{21} = 0$.

3. Schritt: Berechnung der Höhe h mithilfe des zweiten Satzes.

$$h = \left| \frac{5 \cdot (-1) - 4 \cdot 4 + 20 \cdot 3 - 20}{21} \right| = \frac{19}{21}.$$

Aufgaben

2 Berechnen Sie die Abstände der Punkte A, B und C von der Ebene E.

a) $A(2|0|2)$, $\quad B(2|1|-8)$, $\quad C(5|5|5)$, $\quad E: \left[\vec{x} - \begin{pmatrix} 3 \\ 5 \\ -1 \end{pmatrix}\right] \cdot \begin{pmatrix} 2 \\ -1 \\ 2 \end{pmatrix} = 0$

b) $A(2|-1|2)$, $\quad B(2|10|-6)$, $C(4|6|8)$, $\quad E: \left[\vec{x} - \begin{pmatrix} 5 \\ 1 \\ 0 \end{pmatrix}\right] \cdot \begin{pmatrix} 4 \\ -4 \\ 2 \end{pmatrix} = 0$

c) $A(1|1|-2)$, $\quad B(5|1|0)$, $\quad\; C(1|3|3)$, $\quad E: 2x_1 - 10x_2 + 11x_3 = 0$

d) $A(2|3|1)$, $\quad B(5|6|3)$, $\quad C(0|0|0)$, $\quad E: 6x_1 + 17x_2 - 6x_3 = 19$

e) $A(4|-1|-1)$, $B(-1|2|-4)$, $C(7|3|4)$, $\quad E: \vec{x} = \begin{pmatrix} 2 \\ -1 \\ -4 \end{pmatrix} + r\begin{pmatrix} 3 \\ 4 \\ -6 \end{pmatrix} + s\begin{pmatrix} 1 \\ -1 \\ 0 \end{pmatrix}$

f) $A(0|0|1)$, $\quad B(5|-7|-8)$, $C(9|19|22)$, $E: \vec{x} = \begin{pmatrix} 2 \\ 0 \\ 2 \end{pmatrix} + r\begin{pmatrix} 1 \\ 1 \\ 2 \end{pmatrix} + s\begin{pmatrix} 2 \\ 3 \\ 5 \end{pmatrix}$

3 Berechnen Sie die Abstände der Punkte A, B und C von der Ebene durch die Punkte P, Q und R.

a) $A(3|3|-4)$, $B(-4|-8|-18)$, $C(1|0|19)$, $\quad P(2|0|4)$, $Q(6|7|1)$, $R(-2|3|7)$

b) $A(4|4|-4)$, $B(5|-8|-1)$, $C(0|0|10)$, $\quad P(1|2|6)$, $Q(3|3|4)$, $R(4|5|6)$

Der Sicherheitsabstand, der bei Abluftrohren einzuhalten ist, hängt auch von der Temperatur und der Schadstoffbelastung der Abluft ab.

4 Fig. 1 zeigt eine Werkstatthalle mit einem Pultdach. Die Koordinaten der angegebenen Ecken entsprechen ihren Abständen in m.
Die Abluft wird durch ein lotrechtes Edelstahlrohr aus der Halle geführt, sein Endpunkt ist $R(10|10|8)$.
a) Berechnen Sie den Abstand des Luftauslasses von der Dachfläche. Ist der Sicherheitsabstand von 1,50 m eingehalten?
b) Berechnen Sie auch die Länge des Edelstahlrohres, das über die Dachfläche hinausragt.

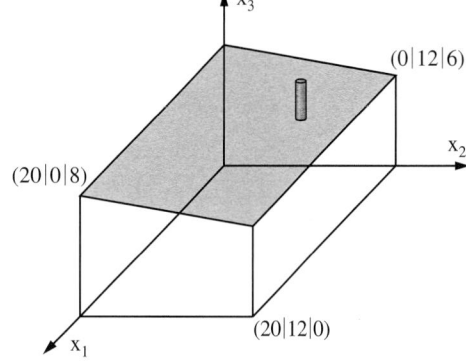

Fig. 1

*Sind zwei Ebenen E und F zueinander parallel, so haben alle Punkte A von E denselben Abstand zu F, und dieser Abstand ist auch gleich dem Abstand aller Punkte B von F zur Ebene E. Diesen gemeinsamen Abstand nennt man den **Abstand der Ebenen E und F**.*

5 Zeigen Sie, dass die Ebenen E und F zueinander parallel sind. Berechnen Sie ihren Abstand.

a) $E: \left[\vec{x} - \begin{pmatrix} 2 \\ 3 \\ 1 \end{pmatrix}\right] \cdot \begin{pmatrix} 1 \\ -1 \\ 1 \end{pmatrix} = 0$ $\qquad F: \left[\vec{x} - \begin{pmatrix} 6 \\ -5 \\ 0 \end{pmatrix}\right] \cdot \begin{pmatrix} -2 \\ 2 \\ -2 \end{pmatrix} = 0$

b) $E: \left[\vec{x} - \begin{pmatrix} 2 \\ 3 \\ 4 \end{pmatrix}\right] \cdot \begin{pmatrix} 1 \\ 1 \\ 2 \end{pmatrix} = 0$ $\qquad F: \left[\vec{x} - \begin{pmatrix} 3 \\ 7 \\ 1 \end{pmatrix}\right] \cdot \begin{pmatrix} 1 \\ 1 \\ 2 \end{pmatrix} = 0$

c) $E: 4x_1 + 3x_2 - 12x_3 = 25$ $\qquad F: -4x_1 - 3x_2 + 12x_3 = 14$

d) $E: 4x_1 - 2x_2 + 4x_3 = 9$ $\qquad F: -6x_1 + 3x_2 - 6x_3 = 4{,}5$

e) $E: \vec{x} = \begin{pmatrix} 2 \\ 5 \\ -1 \end{pmatrix} + r\begin{pmatrix} 7 \\ 6 \\ -4 \end{pmatrix} + s\begin{pmatrix} 2 \\ -1 \\ 0 \end{pmatrix}$ $\qquad F: \vec{x} = \begin{pmatrix} 1 \\ -3 \\ 0 \end{pmatrix} + r\begin{pmatrix} 9 \\ 5 \\ -4 \end{pmatrix} + s\begin{pmatrix} 1 \\ -10 \\ 4 \end{pmatrix}$

f) $E: \vec{x} = \begin{pmatrix} 2 \\ 3 \\ 5 \end{pmatrix} + r\begin{pmatrix} 1 \\ 1 \\ 0 \end{pmatrix} + s\begin{pmatrix} 0 \\ 1 \\ 2 \end{pmatrix}$ $\qquad F: \vec{x} = \begin{pmatrix} 1 \\ 3 \\ 7 \end{pmatrix} + r\begin{pmatrix} 1 \\ 2 \\ 2 \end{pmatrix} + s\begin{pmatrix} 2 \\ 5 \\ 6 \end{pmatrix}$

Zur Erinnerung:
Das Volumen einer Pyramide oder eines Kegels mit Grundfläche G und Höhe h ist $V = \frac{1}{3} G \cdot h$.

6 Gegeben sind die Punkte A$(3|3|2)$, B$(5|3|0)$ und C$(3|5|0)$.

a) Zeigen Sie, dass das Dreieck ABC gleichseitig ist. Berechnen Sie seinen Flächeninhalt.

b) Berechnen Sie den Abstand des Punktes O$(0|0|0)$ von der Ebene durch A, B, C.

c) Berechnen Sie das Volumen der Pyramide mit der Grundfläche ABC und der Spitze O.

d) Bestimmen Sie den Fußpunkt F der Pyramidenhöhe. Berechnen Sie den Abstand der Punkte O und F. Kontrollieren Sie damit Ihr Ergebnis von b).

7 Gegeben ist der Punkt S$(8|14|8)$ und die Ebene E: $\left[\vec{x} - \begin{pmatrix} -3 \\ 3{,}5 \\ 7 \end{pmatrix} \right] \cdot \begin{pmatrix} 4 \\ 7 \\ 4 \end{pmatrix} = 0$.

a) Bestimmen Sie den Fußpunkt M des Lotes von S auf die Ebene E.

b) Zeigen Sie, dass R$(2|7{,}5|-5)$ ein Punkt der Ebene E ist, und berechnen Sie den Abstand r von R zu M.

c) Berechnen Sie die Länge der Strecke $\overline{MS}$ auf zwei Arten: einmal direkt aus den Koordinaten von M und S und zur Kontrolle mit der Hesse'schen Normalenform.

d) Berechnen Sie das Volumen des Kegels, der durch Rotation der Strecke $\overline{RS}$ um das Lot von S auf E entsteht.

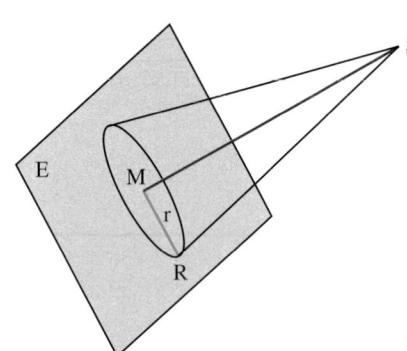

Fig. 1

8 Gegeben ist die Gerade g: $\vec{x} = \begin{pmatrix} 0 \\ 1 \\ 0 \end{pmatrix} + t \begin{pmatrix} 2 \\ 3 \\ 1 \end{pmatrix}$ und die Ebene E: $x_1 + 2x_2 - 2x_3 = 6$.

a) Zeigen Sie, dass die Gerade g und die Ebene E einen Schnittpunkt haben, ohne diesen gleich zu berechnen.

b) Bestimmen Sie den Abstand eines Punktes X auf g von der Ebene E in Abhängigkeit vom Parameter t. Für welchen Wert von t ist $d = 0$? Bestimmen Sie daraus den Schnittpunkt von g mit E.

c) Berechnen Sie wie bisher den Schnittpunkt der Geraden g und der Ebene E. Vergleichen Sie mit dem Ergebnis von b).

Beachten Sie:
*Die Aufgaben 9 bis 11 führen jeweils auf eine Betragsgleichung mit 2 Lösungen.
So folgt z. B. aus
$|x + 2| = 5$
zunächst
$x + 2 = 5$ oder
$x + 2 = -5$.*

9 Bestimmen Sie die Koordinate a_2 des Punktes A$(3|a_2|0)$ so, dass A den Abstand 5 von der Ebene E hat.

a) E: $2x_1 + x_2 - 2x_3 = 4$

b) E: $\left[\vec{x} - \begin{pmatrix} 9 \\ -2 \\ 4 \end{pmatrix} \right] \cdot \begin{pmatrix} 0 \\ 4 \\ -3 \end{pmatrix} = 0$

10 Bestimmen Sie alle Punkte R auf der x_1-Achse (der x_3-Achse), die von den Ebenen

E: $2x_1 + 2x_2 - x_3 = 6$ und   F: $6x_1 + 9x_2 + 2x_3 = -22$

den gleichen Abstand haben.

11 Die Menge aller Punkte, die zu einer Ebene E einen festen Abstand haben, bilden zwei zu E parallele Ebenen F_1 und F_2.

Bestimmen Sie Gleichungen der Ebenen F_1 und F_2 so, dass F_1 und F_2 von

E: $4x_1 + 12x_2 - 3x_3 = 8$ den Abstand 2 haben.

Anleitung:

Wählen Sie einen „günstigen" Punkt, z. B. einen Punkt auf der x_1-Achse. Bestimmen Sie dann seine Koordinaten so, dass sein Abstand von der Ebene E gerade 2 beträgt (zwei Lösungen). Die gesuchten Ebenen gehen durch diese Punkte und sind parallel zu E.

9 Abstand eines Punktes von einer Geraden

1 Für Bäume in Hausgärten gelten Mindestabstände zu den Grundstücksgrenzen. Bestimmen Sie zu Fig. 1 den Abstand der Mitte des Baumstammes vom Zaun.

2 Wie viele Geraden im Raum gibt es, die durch einen gegebenen Punkt R gehen und zu einer gegebenen Gerade g orthogonal sind? Beschreiben Sie die Lage dieser Geraden.

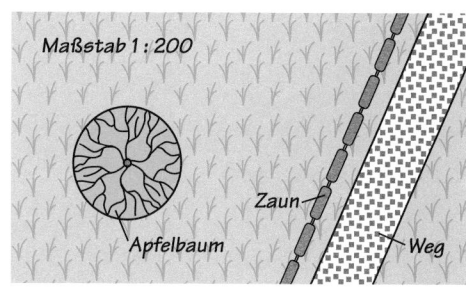

Fig. 1

Gleichungen in Normalenform gibt es im Raum nur für Ebenen, aber nicht für Geraden, denn im Raum gibt es zu einer Geraden viele zu ihr orthogonale Geraden. In der Ebene dagegen bestimmen ein Punkt einer Geraden und eine Normale von g die Lage dieser Geraden. Deshalb ist es möglich, für Geraden in der Ebene eine Gleichung in Normalenform anzugeben.

Abstand Punkt–Gerade in der **Ebene**:
Fig. 2 verdeutlicht:
$$(\vec{x} - \vec{p}) \cdot \vec{n} = 0$$

Für eine Gerade mit der Gleichung $a_1 x_1 + a_2 x_2 = b$ gilt entsprechend:
$$d = \left| \frac{a_1 r_1 + a_2 r_2 - b}{\sqrt{a_1^2 + a_2^2}} \right|.$$

stellt eine Normalenform einer Gleichung einer Geraden in der Ebene dar.
Mit dem Normalen-Einheitsvektor $\vec{n_0}$ und $\overrightarrow{OR} = \vec{r}$ gilt dann wie beim Abstand Punkt–Ebene für den Abstand d von R zu g:
$$d = \left| (\vec{r} - \vec{p}) \cdot \vec{n_0} \right|.$$

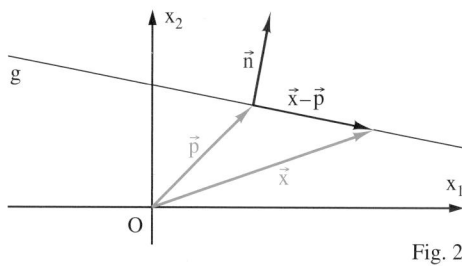

Fig. 2

Abstand Punkt–Gerade im **Raum**:
Den Abstand eines Punktes R von einer Geraden g im Raum bestimmt man in drei Schritten:
– Aufstellen einer Gleichung der zu g orthogonalen Ebene E durch R (Fig. 3),
– Berechnung des Schnittpunktes F,
– Berechnung des Betrages von $\overrightarrow{RF}$.

Vergleichen Sie hierzu auch Beispiel 3 von Seite 267.

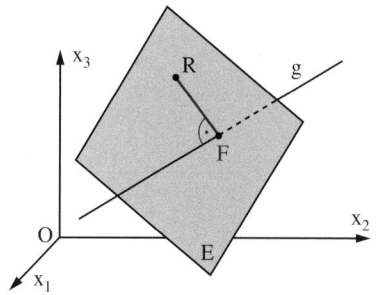

Fig. 3

Beispiel 1: (Abstand Punkt–Gerade in der Ebene)
Berechnen Sie den Abstand des Punktes $R(2|-3)$ von der Geraden g.

a) g: $\left[\vec{x} - \binom{4}{1} \right] \cdot \binom{1}{0} = 0$ 　　　　　　b) g: $3x_1 + 4x_2 = 11$

Lösung:

a) Wegen $\left| \binom{1}{0} \right| = 1$ hat die Geradengleichung bereits die Hesse'sche Normalenform.

Einsetzen von $\binom{2}{-3}$ ergibt: $d = \left| \left[\binom{2}{-3} - \binom{4}{1} \right] \cdot \binom{1}{0} \right| = |-2 \cdot 1 + (-4) \cdot 0| = 2$.

b) Umwandlung der Geradengleichung in die Hesse'sche Normalenform:

Mit $\sqrt{3^2 + 4^2} = 5$ ist die Hesse'sche Normalenform $\frac{3x_1 + 4x_2 - 11}{5} = 0$.

Einsetzen der Koordinaten von R ergibt: $d = \left| \frac{3 \cdot 2 + 4 \cdot (-3) - 11}{5} \right| = \left| \frac{-17}{5} \right| = \frac{17}{5}$.

Beispiel 2: (Abstand Punkt–Gerade im Raum)

Berechnen Sie den Abstand des Punktes R $(2\,|-3\,|\,5)$ von der Geraden g: $\vec{x} = \begin{pmatrix} 4 \\ 3 \\ 3 \end{pmatrix} + t \begin{pmatrix} 2 \\ 1 \\ -1 \end{pmatrix}$.

Lösung:

1. Schritt: Bestimmung der zu g orthogonalen Ebene E durch R.

Aus dem Richtungsvektor $\begin{pmatrix} 2 \\ 1 \\ -1 \end{pmatrix}$ von g ergibt sich als Gleichung für E: $2\,x_1 + x_2 - x_3 = b$.

R $(2\,|-3\,|\,5)$ liegt in E, also müssen seine Koordinaten
die Gleichung $2\,x_1 + x_2 - x_3 = b$ erfüllen: $\qquad\qquad 2 \cdot 2 + (-3) - 5 = b$.
Daraus folgt $b = -4$ und damit $\qquad\qquad\qquad$ E: $2\,x_1 + x_2 - x_3 = -4$.

2. Schritt: Berechnung des Fußpunktes F als Schnittpunkt von g mit E.
Der gegebenen Geradengleichung entnimmt man: $\qquad x_1 = 4 + 2t; \; x_2 = 3 + t; \; x_3 = 3 - t$.
Einsetzen in die Ebenengleichung: $\qquad\qquad 2(4 + 2t) + (3 + t) - (3 - t) = -4$.
Lösen der Gleichung ergibt: $\qquad\qquad\qquad t = -2$.
Einsetzen von $t = -2$ in die Geradengleichung führt zu $F(0\,|\,1\,|\,5)$.

3. Schritt: Berechnung des Abstandes des Punktes R von g als Betrag des Vektors $\overrightarrow{RF}$.

$d = |\overrightarrow{RF}| = \sqrt{(0-2)^2 + (1+3)^2 + (5-5)^2} = \sqrt{20} = 2 \cdot \sqrt{5}$.

> *Abstand Punkt–Gerade im Raume messe'? Da kannst du den Hesse grad' vergesse'!*

Aufgaben

Geraden in der Ebene

3 Berechnen Sie den Abstand des Punktes P von der Geraden g.

a) $P(2\,|\,4)$, $\quad$ g: $\left[\vec{x} - \begin{pmatrix} 3 \\ 5 \end{pmatrix}\right] \cdot \begin{pmatrix} 1 \\ 2 \end{pmatrix} = 0$ $\qquad$ b) $P(-1\,|\,5)$, $\quad$ g: $\left[\vec{x} - \begin{pmatrix} 1 \\ 2 \end{pmatrix}\right] \cdot \begin{pmatrix} -5 \\ 12 \end{pmatrix} = 0$

c) $P(-1\,|\,9)$, $\quad$ g: $8\,x_1 - 15\,x_2 = -7$ $\qquad\qquad$ d) $P(6\,|\,11)$, $\quad$ g: $3\,x_1 + 4\,x_2 = 7$

e) $P(7\,|\,9)$, $\quad$ g: $\vec{x} = \begin{pmatrix} 9 \\ -5 \end{pmatrix} + t \begin{pmatrix} -4 \\ 3 \end{pmatrix}$ $\qquad\qquad$ f) $P(2\,|\,4)$, $\quad$ g: $\vec{x} = \begin{pmatrix} -11 \\ 12 \end{pmatrix} + t \begin{pmatrix} 21 \\ 20 \end{pmatrix}$

4 Berechnen Sie den Flächeninhalt des Dreiecks ABC.

a) $A(1\,|\,2)$, $B(8\,|-1)$, $C(6\,|\,5)$ $\qquad\qquad$ b) $A(7\,|\,7)$, $B(11\,|\,9)$, $C(3\,|\,8)$

c) $A(2\,|\,1)$, $B(5\,|\,4)$, $C(-1\,|\,8)$ $\qquad\qquad$ d) $A(-8\,|-3)$, $B(4\,|\,0)$, $C(0\,|\,7)$

5 Die Schnittpunkte der Geraden g: $3\,x_1 - 4\,x_2 = 0$; h: $x_1 + 2\,x_2 = 0$ und
k: $14\,x_1 - 2\,x_2 = 75$ bilden die Ecken eines Dreiecks.
Berechnen Sie die Längen der drei Höhen dieses Dreiecks.

6 Gegeben sind die Geraden g: $3\,x_1 - 4\,x_2 + 10 = 0$ und h: $3\,x_1 - 4\,x_2 + 20 = 0$.
a) Begründen Sie, dass g und h zueinander parallel sind. Berechnen Sie ihren Abstand.
b) Bestimmen Sie eine Gleichung der Geraden, auf der alle Punkte liegen, die zu g und h den gleichen Abstand haben.

Die Aufgaben 7 und 8 führen auf Betragsgleichungen mit zwei Lösungen.

7 Gegeben sind die Punkte $A(-1\,|-1)$ und $B(3\,|-4)$. Bestimmen Sie alle Punkte C auf der x_1-Achse so, dass das Dreieck ABC den Flächeninhalt 12,5 hat.

8 Bestimmen Sie alle Punkte P auf der x_2-Achse, die von den Geraden
g: $\vec{x} = \begin{pmatrix} 0 \\ 6 \end{pmatrix} + t \begin{pmatrix} 3 \\ 4 \end{pmatrix}$ und h: $\vec{x} = \begin{pmatrix} 9 \\ 6 \end{pmatrix} + t \begin{pmatrix} 15 \\ 8 \end{pmatrix}$ den gleichen Abstand haben.

Geraden im Raum

9 Berechnen Sie den Abstand des Punktes R von der Geraden g.

a) $R(6|7|-3)$, g: $\vec{x} = \begin{pmatrix} 2 \\ 1 \\ 4 \end{pmatrix} + t \begin{pmatrix} 3 \\ 0 \\ -2 \end{pmatrix}$ b) $R(-2|-6|1)$, g: $\vec{x} = \begin{pmatrix} 5 \\ 9 \\ 1 \end{pmatrix} + t \begin{pmatrix} 3 \\ 2 \\ 2 \end{pmatrix}$

c) $R(9|11|6)$, g: $\vec{x} = \begin{pmatrix} -1 \\ 1 \\ -7 \end{pmatrix} + t \begin{pmatrix} 2 \\ -1 \\ 2 \end{pmatrix}$ d) $R(9|4|9)$, g: $\vec{x} = \begin{pmatrix} 4 \\ -9 \\ -2 \end{pmatrix} + t \begin{pmatrix} 3 \\ -4 \\ 1 \end{pmatrix}$

10 Berechnen Sie den Flächeninhalt des Dreiecks ABC.

a) $A(1|1|1)$, $B(7|4|7)$, $C(5|6|-1)$ b) $A(1|-6|0)$, $B(5|-8|4)$, $C(5|7|7)$
c) $A(4|-2|1)$, $B(-2|7|7)$, $C(6|6|8)$ d) $A(2|1|0)$, $B(1|1|0)$, $C(5|1|1)$

11 $A(-7|-5|2)$, $B(1|9|-6)$, $C(5|-2|-1)$ und $D(-2|0|9)$ sind Ecken einer dreiseitigen Pyramide. Berechnen Sie den Inhalt der Grundfläche ABC und das Volumen der Pyramide.

12 Berechnen Sie den Abstand der zueinander parallelen Geraden mit den Gleichungen

a) $\vec{x} = \begin{pmatrix} -5 \\ 6 \\ 8 \end{pmatrix} + t \begin{pmatrix} 1 \\ 0 \\ -2 \end{pmatrix}$, $\vec{x} = \begin{pmatrix} 6 \\ 4 \\ 1 \end{pmatrix} + t \begin{pmatrix} -1 \\ 0 \\ 2 \end{pmatrix}$,   b) $\vec{x} = \begin{pmatrix} 5 \\ 8 \\ -7 \end{pmatrix} + t \begin{pmatrix} -3 \\ 4 \\ 4 \end{pmatrix}$, $\vec{x} = \begin{pmatrix} 6 \\ -1 \\ 13 \end{pmatrix} + t \begin{pmatrix} 3 \\ -4 \\ -4 \end{pmatrix}$.

Aufgabe 13 bringt Ihnen „Glück", wenn Sie erst genau hinschauen, bevor Sie losrechnen.

13 Bestimmen Sie die Gerade k, die in der gleichen Ebene wie die Geraden g und h liegt und deren Punkte von g und h den gleichen Abstand haben.

a) g: $\vec{x} = \begin{pmatrix} 2 \\ 6 \\ 8 \end{pmatrix} + t \begin{pmatrix} -4 \\ 3 \\ -2 \end{pmatrix}$, h: $\vec{x} = t \begin{pmatrix} -4 \\ 3 \\ -2 \end{pmatrix}$ b) g: $\vec{x} = \begin{pmatrix} 5 \\ 0 \\ 2 \end{pmatrix} + t \begin{pmatrix} 1 \\ -1 \\ -2 \end{pmatrix}$, h: $\vec{x} = \begin{pmatrix} -5 \\ 6 \\ 8 \end{pmatrix} + t \begin{pmatrix} -1 \\ 1 \\ 2 \end{pmatrix}$

14 Die Gerade g durch $A(5|7|9)$ hat den Richtungsvektor $\vec{u} = \begin{pmatrix} 12 \\ 4 \\ 3 \end{pmatrix}$.

a) Bestimmen Sie den Fußpunkt F des Lotes von $R(-7|-3|14)$ auf die Gerade g. Berechnen Sie den Flächeninhalt des Dreiecks ARF.
b) Die Strecke $\overline{AR}$ rotiert um die Gerade g. Berechnen Sie das Volumen des so gebildeten Kegels.

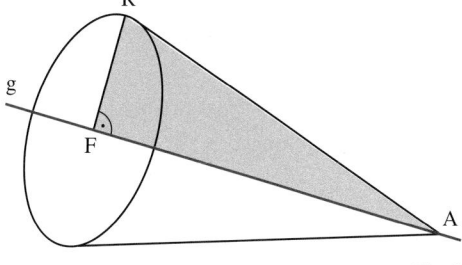

Fig. 1

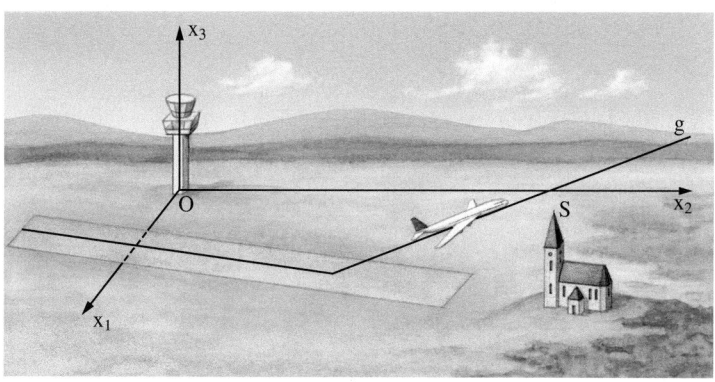

15 Bezogen auf das eingezeichnete Koordinatensystem befindet sich ein Flugzeug im Steigflug längs der Geraden

g: $\vec{x} = \begin{pmatrix} 1 \\ 1 \\ 0 \end{pmatrix} + t \begin{pmatrix} 2 \\ 3 \\ 1 \end{pmatrix}$

(1 Koordinateneinheit = 1 km).
In der Nähe befindet sich ein Berg mit einer Kirche.
Berechnen Sie den minimalen Abstand des Flugzeugs von der Kirchturmspitze im Punkt $S(1|2|0,08)$.

10 Abstand windschiefer Geraden

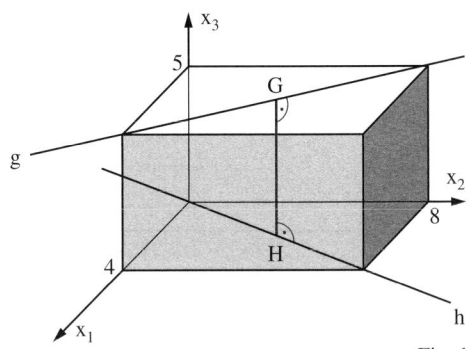

Fig. 1

1   Die Durchfahrtshöhe zwischen der Straße und der Bahnstrecke soll bestimmt werden. Dazu misst man die Länge einer geeigneten Strecke. Wie muss diese Strecke zur Straße, wie zum Bahngleis liegen?

2   a) Wie liegen in Fig. 1 die Geraden g und h zueinander? Wie liegt die Strecke $\overline{GH}$ zu den Geraden g und h? Geben Sie auch die Länge dieser Strecke an.
b) Vergleichen Sie die Abstände
(1) von Grund- und Deckfläche des Quaders in Fig. 1,
(2) von der Geraden g zur Grundfläche des Quaders,
(3) von der Geraden g zur Geraden h.
Wie groß sind diese Abstände?

Unter dem **Abstand** zweier windschiefer Geraden g und h versteht man die kleinste Entfernung zwischen den Punkten von g und den Punkten von h. Dieser Abstand ist gleich der Länge des gemeinsamen Lotes der beiden Geraden.

Diesen Abstand findet man so (Fig. 2):
Zu den windschiefen Geraden g und h gibt es zueinander parallele Ebenen E_g und E_h durch g bzw. h. Der Abstand von E_g und E_h ist gleich dem Abstand von g und h.

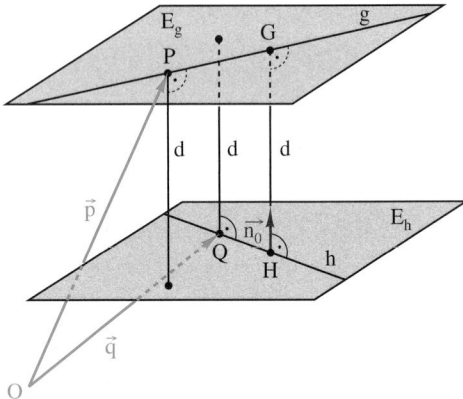

Fig. 2

In Fig. 2 ist der Abstand von g und h auch gleich dem Abstand des Punktes Q von der Ebene E_g. Für den Abstand von Q zu E_g gilt: $d = |(\vec{q} - \vec{p}) \cdot \vec{n_0}|$, wobei $\vec{q}$ und $\vec{p}$ Ortsvektoren von Q bzw. P sind und $\vec{n_0}$ ein gemeinsamer Normalen-Einheitsvektor von E_g und E_h.

Satz: Sind g und h windschiefe Geraden im Raum mit g: $\vec{x} = \vec{p} + t\,\vec{u}$ und h: $\vec{x} = \vec{q} + t\,\vec{v}$ und ist $\vec{n_0}$ ein Einheitsvektor mit $\vec{n_0} \perp \vec{u}$ und $\vec{n_0} \perp \vec{v}$, dann haben g und h den Abstand:
$$d = |(\vec{q} - \vec{p}) \cdot \vec{n_0}|.$$

280

Beispiel: (Abstandsberechnung)

Berechnen Sie den Abstand der Geraden $g: \vec{x} = \begin{pmatrix} 6 \\ 1 \\ -4 \end{pmatrix} + t \begin{pmatrix} 4 \\ 1 \\ -6 \end{pmatrix}$ und $h: \vec{x} = \begin{pmatrix} 4 \\ 0 \\ 3 \end{pmatrix} + t \begin{pmatrix} 0 \\ -1 \\ 3 \end{pmatrix}$.

Lösung:

Es ist günstig, n_3 so zu wählen, dass sich für n_1 und n_2 ganzzahlige Werte ergeben.

Ist $\vec{n} = \begin{pmatrix} n_1 \\ n_2 \\ n_3 \end{pmatrix}$ zu $\begin{pmatrix} 4 \\ 1 \\ -6 \end{pmatrix}$ und zu $\begin{pmatrix} 0 \\ -1 \\ 3 \end{pmatrix}$ orthogonal, so gilt: $\begin{cases} 4n_1 + n_2 - 6n_3 = 0 \\ -n_2 + 3n_3 = 0 \end{cases}$.

Setzt man $n_3 = 4$, so erhält man eine ganzzahlige Lösung des LGS mit $n_2 = 12$ und $n_1 = 3$.

Aus $\vec{n} = \begin{pmatrix} 3 \\ 12 \\ 4 \end{pmatrix}$ ergibt sich $|\vec{n}| = \sqrt{3^2 + 12^2 + 4^2} = 13$ und daraus $\vec{n_0} = \frac{1}{13} \begin{pmatrix} 3 \\ 12 \\ 4 \end{pmatrix}$.

Damit ist der Abstand von g und h: $d = \left| \left[\begin{pmatrix} 4 \\ 0 \\ 3 \end{pmatrix} - \begin{pmatrix} 6 \\ 1 \\ -4 \end{pmatrix} \right] \cdot \frac{1}{13} \begin{pmatrix} 3 \\ 12 \\ 4 \end{pmatrix} \right| = \left| \frac{(-2) \cdot 3 + (-1) \cdot 12 + 7 \cdot 4}{13} \right| = \frac{10}{13}$.

Aufgaben

3 Berechnen Sie den Abstand zwischen den Geraden mit den Gleichungen

a) $\vec{x} = \begin{pmatrix} 7 \\ 7 \\ 4 \end{pmatrix} + t \begin{pmatrix} 1 \\ -2 \\ 6 \end{pmatrix}$, $\vec{x} = \begin{pmatrix} -3 \\ 0 \\ 5 \end{pmatrix} + t \begin{pmatrix} 1 \\ 0 \\ -3 \end{pmatrix}$, 　　b) $\vec{x} = \begin{pmatrix} 1 \\ 1 \\ 1 \end{pmatrix} + t \begin{pmatrix} -3 \\ 0 \\ 2 \end{pmatrix}$, $\vec{x} = \begin{pmatrix} 6 \\ 6 \\ 18 \end{pmatrix} + t \begin{pmatrix} 3 \\ -4 \\ 1 \end{pmatrix}$,

c) $\vec{x} = \begin{pmatrix} 2 \\ 5 \\ 5 \end{pmatrix} + t \begin{pmatrix} 1 \\ 1 \\ 3 \end{pmatrix}$, $\vec{x} = t \begin{pmatrix} -1 \\ -1 \\ -3 \end{pmatrix}$, 　　d) $\vec{x} = \begin{pmatrix} 0 \\ 1 \\ 2 \end{pmatrix} + t \begin{pmatrix} 0 \\ 1 \\ 1 \end{pmatrix}$, $\vec{x} = \begin{pmatrix} 7 \\ 7 \\ 0 \end{pmatrix} + t \begin{pmatrix} 4 \\ -5 \\ 2 \end{pmatrix}$.

4 a) Die Geraden mit den Gleichungen $\vec{x} = \begin{pmatrix} 5 \\ 11 \\ 17 \end{pmatrix} + t \begin{pmatrix} 1 \\ 2 \\ 0 \end{pmatrix}$ und $\vec{x} = \begin{pmatrix} 7 \\ 12 \\ 23 \end{pmatrix} + t \begin{pmatrix} 9 \\ 11 \\ 0 \end{pmatrix}$ sind beide

parallel zu einer Koordinatenebene. Erläutern Sie, wie man den Gleichungen direkt entnehmen kann, dass der Abstand der Geraden 6 beträgt.

b) Bestimmen Sie entsprechend den Abstand der Geraden mit den Gleichungen

$\vec{x} = \begin{pmatrix} -14 \\ 7 \\ 112 \end{pmatrix} + t \begin{pmatrix} 23 \\ 0 \\ 47 \end{pmatrix}$ und $\vec{x} = \begin{pmatrix} 113 \\ 27 \\ -45 \end{pmatrix} + t \begin{pmatrix} 17 \\ 0 \\ 37 \end{pmatrix}$ $\left[\vec{x} = \begin{pmatrix} 3 \\ 7 \\ 5 \end{pmatrix} + t \begin{pmatrix} 1 \\ 0 \\ 0 \end{pmatrix} \right.$ und $\vec{x} = \begin{pmatrix} 2 \\ 1 \\ 9 \end{pmatrix} + t \begin{pmatrix} 0 \\ 1 \\ 0 \end{pmatrix} \left. \right]$.

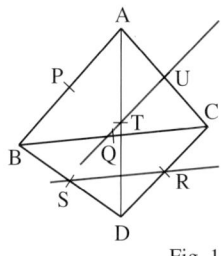

Fig. 1

Tipp zu Aufgabe 6b):
$\overrightarrow{HG}$ und der Richtungsvektor von h spannen eine Ebene E auf, die g in G schneidet.

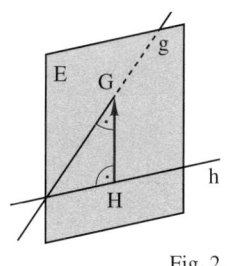

Fig. 2

5 Gegeben ist eine Pyramide mit den Ecken $A(-9|3|-3)$, $B(-3|-6|0)$, $C(-7|5|5)$ und $D(4|8|0)$. P, Q, R, S, T, U sind jeweils die Kantenmitten der Pyramide (Fig. 1).
Berechnen Sie

a) den Abstand der Geraden durch A und C zur Geraden durch B und D,

b) den Abstand des Punktes A zur Ebene durch B, C und D,

c) den Abstand der Geraden durch T und U zur Geraden durch R und S.

6 Gegeben sind die Geraden $g: \vec{x} = \begin{pmatrix} 3 \\ 0 \\ -2 \end{pmatrix} + t \begin{pmatrix} -2 \\ 2 \\ 1 \end{pmatrix}$ und $h: \vec{x} = \begin{pmatrix} 8 \\ 6 \\ -7 \end{pmatrix} + t \begin{pmatrix} 2 \\ -1 \\ 0 \end{pmatrix}$.

a) Zeigen Sie, dass g und h windschief sind und bestimmen Sie den Abstand dieser Geraden.

b) Bestimmen Sie die Fußpunkte G auf g und H auf h des gemeinsamen Lotes von g und h.

c) Berechnen Sie mit Ihrem Ergebnis von b) die Länge von $\overline{GH}$. Vergleichen Sie mit a).

7 Zeichnen Sie ein Schrägbild eines Würfels mit der Kantenlänge a, der Grundfläche ABCD und der Raumdiagonalen $\overline{AG}$. Berechnen Sie den Abstand dieser Raumdiagonalen $\overline{AG}$ von der Flächendiagonalen $\overline{BD}$. Wählen Sie dazu das Koordinatensystem geschickt.

11 Schnittwinkel

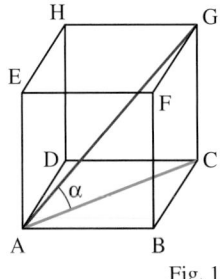

Fig. 1

Zu Aufgabe 3a) können Sie auch ein Kantenmodell des Würfels aus z. B. Draht, Holzzahnstochern oder Trinkhalmen basteln und mit einem Blatt Papier die Ebene markieren.

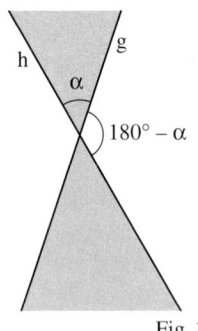

Fig. 3

Beachten Sie:
Die Betragsstriche im Zähler der Formel sichern, dass $\cos(\alpha) \geqq 0$ und damit $0° \leqq \alpha \leqq 90°$ ist.

1 Die Raumdiagonalen eines Würfels schneiden sich in einem gemeinsamen Punkt. Berechnen Sie mithilfe eines geeigneten Skalarproduktes die Größe des Winkels zwischen zwei der Raumdiagonalen.

2 Die Raumdiagonale $\overline{AG}$ des Würfels bildet mit der Grundfläche ABCD einen Winkel α.
a) Welcher Zusammenhang besteht zwischen α und dem Winkel zwischen $\overrightarrow{AG}$ und $\overrightarrow{AE}$?
b) Berechnen Sie die Größe von α.

3 a) Fig. 2 zeigt einen Würfel mit einer Schnittebene. Alle Kanten, die die Ebene trifft, werden von ihr halbiert. Schätzen Sie, wie groß der Winkel zwischen dieser Ebene und der Grundfläche ABCD sein könnte. Versuchen Sie, Argumente für Ihre Anwort zu finden.
b) Bestimmen Sie geeignete Normalenvektoren dieser Ebene und der Grundfläche. Berechnen Sie die Größe ihres Zwischenwinkels. Wie hängt dieser mit dem Winkel zwischen den Ebenen zusammen?

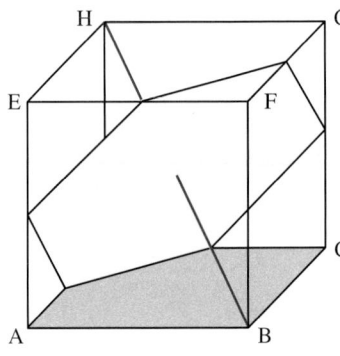

Fig. 2

Schneiden sich zwei Geraden g und h, so entstehen vier Winkel, je zwei der Größe $\sphericalangle(g, h) = \alpha$ und je zwei der Größe $\sphericalangle(h, g) = 180° - \alpha$ (Fig. 3). Im Folgenden wird unter dem **Schnittwinkel zweier Geraden** der Winkel verstanden, der kleiner oder gleich 90° ist.

Aus dem Skalarprodukt der Richtungsvektoren $\vec{u} \cdot \vec{v} = |\vec{u}| \cdot |\vec{v}| \cdot \cos(\alpha)$ ergibt sich:

Satz 1: Schneiden sich die Geraden g: $\vec{x} = \vec{p} + t\,\vec{u}$ und h: $\vec{x} = \vec{q} + t\,\vec{v}$,

dann gilt für ihren Schnittwinkel α: $\qquad \cos(\alpha) = \dfrac{|\vec{u} \cdot \vec{v}|}{|\vec{u}| \cdot |\vec{v}|}$.

Betrachtet werden eine Gerade g und eine Ebene E, die sich schneiden. Ist g nicht orthogonal zu E, dann gibt es genau eine zu E orthogonale Ebene F durch g. Unter dem **Schnittwinkel zwischen der Geraden g und der Ebene E** versteht man dann den Schnittwinkel der Geraden g und s (Fig. 4).

In Fig. 4 ist die Ebene F orthogonal zur Ebene E. Die Pfeile des Normalenvektors $\vec{n}$ von E und der Richtungsvektoren $\vec{u}$ und $\vec{v}$ der Geraden g bzw. s liegen alle in der Ebene F. Da $\vec{n} \perp \vec{v}$, gilt für den Winkel zwischen $\vec{u}$ und $\vec{n}$:

$$\cos(90° - \alpha) = \frac{|\vec{u} \cdot \vec{n}|}{|\vec{u}| \cdot |\vec{n}|}$$

Mit $\cos(90° - \alpha) = \sin(\alpha)$ ist:

$$\sin(\alpha) = \frac{|\vec{u} \cdot \vec{n}|}{|\vec{u}| \cdot |\vec{n}|}.$$

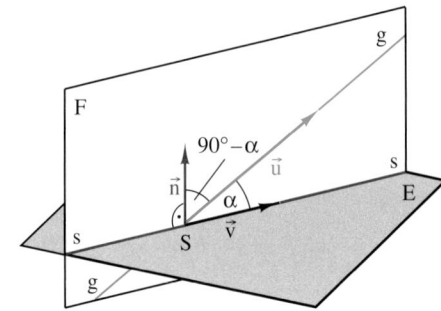

Fig. 4

Dieser Satz gilt auch dann, wenn g ⊥ F. *Rechnen Sie nach!*

Satz 2: Schneiden sich die Gerade g: $\vec{x} = \vec{p} + t\,\vec{u}$ und die Ebene E: $(\vec{x} - \vec{q}) \cdot \vec{n} = 0$, dann gilt für ihren Schnittwinkel α ($\leq 90°$):

$$\sin(\alpha) = \frac{|\vec{u} \cdot \vec{n}|}{|\vec{u}| \cdot |\vec{n}|}.$$

Betrachtet werden zwei Ebenen E_1 und E_2, die sich in einer Geraden s schneiden. Zu dieser Geraden s gibt es eine orthogonale Ebene F. Unter dem **Schnittwinkel der Ebenen** E_1 und E_2 versteht man dann den Schnittwinkel α der Schnittgeraden s_1 und s_2 von E_1 bzw. E_2 mit F (Fig. 1).

Fig. 2 zeigt diese Ebene F mit den Schnittgeraden s_1 und s_2 und dem Schnittwinkel α der Ebenen E_1 und E_2. Dieser Winkel ist gleich dem Winkel zwischen $\vec{n_1}$ und $\vec{n_2}$, den Normalenvektoren der Ebenen E_1 und E_2.

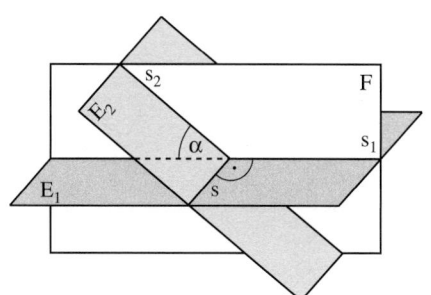

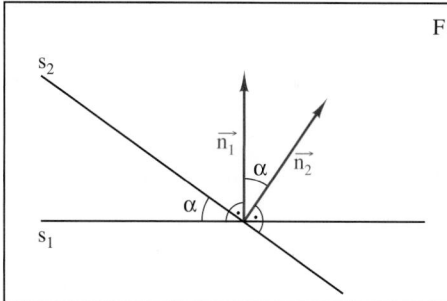

Fig. 1   Fig. 2

Satz 3: Schneiden sich zwei Ebenen mit den Normalenvektoren $\vec{n_1}$ und $\vec{n_2}$, dann gilt für ihren Schnittwinkel α ($\leq 90°$):

$$\cos(\alpha) = \frac{|\vec{n_1} \cdot \vec{n_2}|}{|\vec{n_1}| \cdot |\vec{n_2}|}.$$

Beispiel 1: (Schnittwinkel zweier Geraden)

Zeigen Sie, dass die Geraden g: $\vec{x} = \begin{pmatrix} 2 \\ 1 \\ -1 \end{pmatrix} + r \begin{pmatrix} 1 \\ 3 \\ 2 \end{pmatrix}$ und h: $\vec{x} = \begin{pmatrix} 5 \\ 3 \\ 0 \end{pmatrix} + s \begin{pmatrix} -2 \\ 1 \\ 1 \end{pmatrix}$ einen Schnittpunkt

haben. Berechnen Sie dann den Schnittwinkel von g und h.

Lösung:

Berechnung des Schnittpunktes:

Gleichsetzen der Geradengleichungen ergibt das lineare Gleichungssystem:

Beachten Sie:
Die Formel für den Schnittwinkel von Geraden führt auch dann zu einem „Ergebnis", wenn gar kein Schnittpunkt und damit kein Schnittwinkel existiert.

$$\left\{ \begin{array}{l} 2 + \ r = 5 - 2\,s \\ 1 + 3\,r = 3 + s \\ -1 + 2\,r = s \end{array} \right. \quad \text{bzw.} \quad \left\{ \begin{array}{l} r + 2\,s = 3 \\ 3\,r - \ s = 2 \\ 2\,r - \ s = 1. \end{array} \right.$$

Aus der Lösung s = 1 (und r = 1) ergibt sich der Schnittpunkt P(3|4|1).

Berechnung der Schnittwinkels:

$$\cos(\alpha) = \frac{|\vec{u} \cdot \vec{v}|}{|\vec{u}| \cdot |\vec{v}|} = \frac{|1 \cdot (-2) + 3 \cdot 1 + 2 \cdot 1|}{\sqrt{1^2 + 3^2 + 2^2} \cdot \sqrt{(-2)^2 + 1^2 + 1^2}} = \frac{3}{\sqrt{14} \cdot \sqrt{6}} = \frac{3}{2\sqrt{21}} = \frac{1}{14}\sqrt{21} \approx 0{,}3273.$$

und somit $\alpha \approx 70{,}9°$.

Beispiel 2: (Schnittwinkel einer Geraden mit einer Ebene)

Berechnen Sie den Schnittwinkel zwischen der Geraden $g: \vec{x} = \begin{pmatrix} 3 \\ 0 \\ 1 \end{pmatrix} + t\begin{pmatrix} 1 \\ -1 \\ 2 \end{pmatrix}$

und der Ebene $E: 7x_1 - x_2 + 5x_3 = 24$.

Lösung:

Der Ebenengleichung kann man den Normalenvektor $\vec{n} = \begin{pmatrix} 7 \\ -1 \\ 5 \end{pmatrix}$ entnehmen. Damit ist

$$\sin(\alpha) = \frac{|\vec{u} \cdot \vec{n}|}{|\vec{u}| \cdot |\vec{n}|} = \frac{|1 \cdot 7 + (-1)\cdot(-1) + 2 \cdot 5|}{\sqrt{1^2 + (-1)^2 + 2^2} \cdot \sqrt{7^2 + (-1)^2 + 5^2}} = \frac{18}{\sqrt{6} \cdot \sqrt{75}} = \frac{6}{5\sqrt{2}} = \frac{3}{5}\sqrt{2} \approx 0{,}8485, \text{ also } \alpha \approx 58{,}1°.$$

Bemerkung:
Ergibt sich beim Einsetzen in die Formel für den Schnittwinkel zwischen Gerade und Ebene $\sin(\alpha) = 0$ und damit $\alpha = 0°$, so ist g parallel zu E. In diesem Fall hat g mit E keinen Punkt gemeinsam oder g liegt ganz in E.

Beispiel 3: (Schnittwinkel zweier Ebenen)

Berechnen Sie den Schnittwinkel zwischen den Ebenen
$E_1: 2x_1 + x_2 - x_3 = 12$ und $E_2: -3x_1 + x_2 + x_3 = 7$.

Lösung:

Den Gleichungen entnimmt man die Normalenvektoren $\vec{n_1} = \begin{pmatrix} 2 \\ 1 \\ -1 \end{pmatrix}$ und $\vec{n_2} = \begin{pmatrix} -3 \\ 1 \\ 1 \end{pmatrix}$. Damit ist

$$\cos(\alpha) = \frac{|\vec{n_1} \cdot \vec{n_2}|}{|\vec{n_1}| \cdot |\vec{n_2}|} = \frac{|2\cdot(-3) + 1\cdot 1 + (-1)\cdot 1|}{\sqrt{2^2 + 1^2 + (-1)^2} \cdot \sqrt{(-3)^2 + 1^2 + 1^2}} = \frac{6}{\sqrt{6} \cdot \sqrt{11}} = \frac{1}{11}\sqrt{66} \approx 0{,}7385, \text{ also } \alpha \approx 42{,}4°.$$

Bemerkung:
Auch für den Schnittwinkel zweier Ebenen gilt: Ergibt sich beim Einsetzen in die Formel $\cos(\alpha) = 1$ und damit $\alpha = 0°$, so sind die Ebenen zueinander parallel.

Aufgaben

Schnittwinkel zweier Geraden

4 Zeigen Sie, dass sich die Geraden mit den gegebenen Gleichungen im Raum schneiden, berechnen Sie dazu ihren Schnittpunkt. Berechnen Sie dann ihren Schnittwinkel.

a) $\vec{x} = \begin{pmatrix} 1 \\ 1 \\ 0 \end{pmatrix} + r\begin{pmatrix} 1 \\ 0 \\ 3 \end{pmatrix}$, $\vec{x} = \begin{pmatrix} 2 \\ 2 \\ 3 \end{pmatrix} + s\begin{pmatrix} 1 \\ -1 \\ 3 \end{pmatrix}$

b) $\vec{x} = \begin{pmatrix} 2 \\ 0 \\ 7 \end{pmatrix} + r\begin{pmatrix} 1 \\ 1 \\ 1 \end{pmatrix}$, $\vec{x} = \begin{pmatrix} 0 \\ 4 \\ -5 \end{pmatrix} + s\begin{pmatrix} 5 \\ 2 \\ 10 \end{pmatrix}$

c) $\vec{x} = \begin{pmatrix} 2 \\ 7 \\ 11 \end{pmatrix} + r\begin{pmatrix} 3 \\ 9 \\ -1 \end{pmatrix}$, $\vec{x} = \begin{pmatrix} 0 \\ 6 \\ -5 \end{pmatrix} + s\begin{pmatrix} 1 \\ 2 \\ 3 \end{pmatrix}$

d) $\vec{x} = r\begin{pmatrix} 4 \\ 5 \\ 6 \end{pmatrix}$, $\vec{x} = \begin{pmatrix} 6 \\ 4 \\ 7 \end{pmatrix} + s\begin{pmatrix} -2 \\ 1 \\ -1 \end{pmatrix}$

Zu Aufgabe 5:
In der Ebene haben zwei Geraden stets einen Schnittpunkt oder sind zueinander parallel. Man kann daher sofort die Formel für den Schnittwinkel benutzen. Im Fall der Parallelität ergibt sich $\alpha = 0°$.

5 Die durch die folgenden Gleichungen gegebenen Geraden liegen in der Ebene. Berechnen Sie ihren Schnittwinkel.

a) $\vec{x} = \begin{pmatrix} 2 \\ 1 \end{pmatrix} + r\begin{pmatrix} 1 \\ -1 \end{pmatrix}$, $\vec{x} = \begin{pmatrix} 5 \\ 0 \end{pmatrix} + s\begin{pmatrix} 3 \\ 2 \end{pmatrix}$

b) $\left[\vec{x} - \begin{pmatrix} 2 \\ 5 \end{pmatrix}\right] \cdot \begin{pmatrix} 2 \\ -1 \end{pmatrix} = 0$, $\left[\vec{x} - \begin{pmatrix} 3 \\ 7 \end{pmatrix}\right] \cdot \begin{pmatrix} 4 \\ 1 \end{pmatrix} = 0$

c) $\left[\vec{x} - \begin{pmatrix} 0 \\ 1 \end{pmatrix}\right] \cdot \begin{pmatrix} -2 \\ 5 \end{pmatrix} = 0$, $\vec{x} = \begin{pmatrix} 8 \\ 6 \end{pmatrix} + r\begin{pmatrix} 7 \\ -1 \end{pmatrix}$

d) $\vec{x} = \begin{pmatrix} -6 \\ 5 \end{pmatrix} + r\begin{pmatrix} 1 \\ 1 \end{pmatrix}$, $\vec{x} \cdot \begin{pmatrix} -1 \\ 2 \end{pmatrix} - 5 = 0$

6 In Fig. 1 sind A, B, C, D, E, F die Mittelpunkte der Flächen des Quaders.
Berechnen Sie die Winkel zwischen den Kanten:

a) $\overline{AB}$ und $\overline{BC}$

b) $\overline{BC}$ und $\overline{CD}$

c) $\overline{AE}$ und $\overline{EB}$

d) $\overline{EB}$ und $\overline{BF}$

e) $\overline{EC}$ und $\overline{CF}$

f) $\overline{EC}$ und $\overline{CD}$

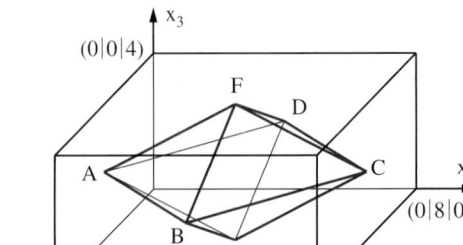

Fig. 1

Schnittwinkel einer Geraden mit einer Ebene

7 Berechnen Sie den Schnittwinkel der Geraden $g: \vec{x} = \begin{pmatrix} 1 \\ 4 \\ 9 \end{pmatrix} + t \begin{pmatrix} 1 \\ 2 \\ 1 \end{pmatrix}$ mit der Ebene E.

a) $E: 3x_1 + 5x_2 - 2x_3 = 7$ b) $E: x_1 + 2x_2 + x_3 = 5$ c) $E: 2x_1 - 3x_2 + 4x_3 = 12$

8 In welchem Punkt und unter welchem Winkel schneidet die Gerade g die Ebene E?

a) $g: \vec{x} = t \begin{pmatrix} 4 \\ 3 \\ -1 \end{pmatrix}$, $E: 5x_1 + x_2 + x_3 = 22$ b) $g: \vec{x} = \begin{pmatrix} 2 \\ 4 \\ -9 \end{pmatrix} + t \begin{pmatrix} 1 \\ 4 \\ -2 \end{pmatrix}$, $E: x_1 + 5x_2 + 7x_3 = -27$

c) $g: \vec{x} = \begin{pmatrix} 6 \\ 0 \\ 0 \end{pmatrix} + t \begin{pmatrix} 1 \\ -1 \\ 1 \end{pmatrix}$, $E: 2x_1 + x_2 + x_3 = 0$ d) $g: \vec{x} = \begin{pmatrix} 9 \\ -5 \\ 2 \end{pmatrix} + t \begin{pmatrix} 6 \\ 1 \\ 3 \end{pmatrix}$, $E: 6x_1 + x_2 + 3x_3 = 9$

e) $g: \vec{x} = \begin{pmatrix} 3 \\ 6 \\ 9 \end{pmatrix} + t \begin{pmatrix} -1 \\ 2 \\ 0 \end{pmatrix}$, $E: \left[\vec{x} - \begin{pmatrix} 8 \\ 0 \\ 1 \end{pmatrix} \right] \cdot \begin{pmatrix} 4 \\ 5 \\ 1 \end{pmatrix} = 0$ f) $g: \vec{x} = \begin{pmatrix} 1 \\ 1 \\ 1 \end{pmatrix} + t \begin{pmatrix} 4 \\ 5 \\ 1 \end{pmatrix}$, $E: \vec{x} = \begin{pmatrix} 4 \\ 0 \\ 1 \end{pmatrix} + r \begin{pmatrix} 7 \\ 1 \\ 0 \end{pmatrix} + s \begin{pmatrix} 1 \\ 2 \\ 3 \end{pmatrix}$

g) $g: \vec{x} = \begin{pmatrix} 5 \\ 1 \\ 1 \end{pmatrix} + t \begin{pmatrix} 5 \\ 1 \\ 1 \end{pmatrix}$, $E: \vec{x} = \begin{pmatrix} 4 \\ 3 \\ 1 \end{pmatrix} + r \begin{pmatrix} 7 \\ 3 \\ 1 \end{pmatrix} + s \begin{pmatrix} 1 \\ 0 \\ 1 \end{pmatrix}$

9 Bestimmen Sie für die dreiseitige Pyramide von Fig. 1 die Winkel
a) zwischen den Kanten $\overline{AD}$, $\overline{BD}$, $\overline{CD}$ und der Dreiecksfläche ABC,
b) zwischen den Kanten $\overline{AC}$, $\overline{BC}$, $\overline{CD}$ und der Dreiecksfläche ABD.

Zur Erinnerung:
Ein Tetraeder ist eine drei-seitige Pyramide, bei der alle Kanten gleich lang sind.

10 Gegeben ist ein Tetraeder mit den Ecken A, B, C, D.
Unter welchem Winkel ist die Kante $\overline{AD}$ zur Fläche ABC geneigt?

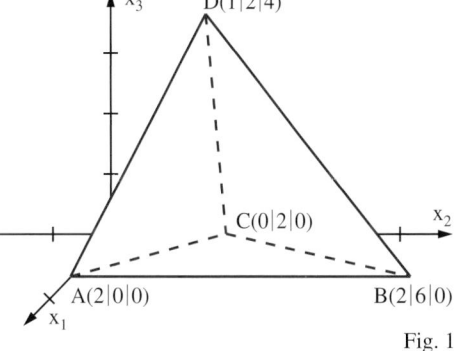

Fig. 1

11 Untersuchen Sie durch Berechnung des Schnittwinkels, ob die Gerade g zur Ebene E parallel ist und gegebenenfalls ob g in E liegt.

a) $g: \vec{x} = \begin{pmatrix} 1 \\ 1 \\ 2 \end{pmatrix} + t \begin{pmatrix} 1 \\ 2 \\ 3 \end{pmatrix}$, $E: x_1 - 2x_2 + x_3 = 1$ b) $g: \vec{x} = \begin{pmatrix} 2 \\ 3 \\ 1 \end{pmatrix} + t \begin{pmatrix} 1 \\ 9 \\ 3 \end{pmatrix}$, $E: 3x_1 - x_2 + 2x_3 = 2$

c) $g: \vec{x} = \begin{pmatrix} 0 \\ 3 \\ 1 \end{pmatrix} + t \begin{pmatrix} 1 \\ 2 \\ 3 \end{pmatrix}$, $E: x_1 + 2x_2 - 3x_3 = 4$ d) $g: \vec{x} = t \begin{pmatrix} 4 \\ 1 \\ 2 \end{pmatrix}$, $E: x_1 - x_2 - x_3 = 1$

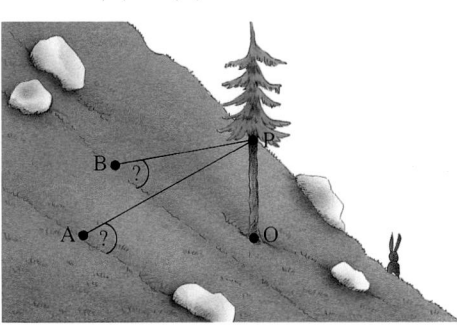

12 Eine sturmgefährdete Fichte an einem gleichmäßig geneigten Hang soll mit Seilen in den Punkten A und B befestigt werden. Mit einem passenden Koordinatensystem (1 Einheit = 1 m) steht die Fichte im Ursprung O und es ist $A(3|-4|2)$ und $B(-5|-2|1)$. Die Seile werden in einer Höhe von 5 m an der Fichte befestigt. Berechnen Sie die Winkel, die die Seile mit der Hangebene bilden.

Schnittwinkel zweier Ebenen

13 Berechnen Sie den Schnittwinkel zwischen den Ebenen E_1 und E_2.

a) $E_1: \left[\vec{x} - \begin{pmatrix} 1 \\ 2 \\ 0 \end{pmatrix}\right] \cdot \begin{pmatrix} 5 \\ 0 \\ 1 \end{pmatrix} = 0,$ $\qquad E_2: \left[\vec{x} - \begin{pmatrix} 2 \\ 3 \\ 7 \end{pmatrix}\right] \cdot \begin{pmatrix} 6 \\ 1 \\ 0 \end{pmatrix} = 0$

b) $E_1: x_1 + x_2 + x_3 = 10,$ $\qquad E_2: x_1 - x_2 + 7x_3 = 0$

c) $E_1: 3x_1 - x_2 + 7x_3 = 11,$ $\qquad E_2: 4x_1 + 6x_2 - 11x_3 = 17$

d) $E_1: 3x_1 + 5x_2 = 0,$ $\qquad E_2: 2x_1 - 3x_2 - 3x_3 = 13$

14 Bestimmen Sie Normalenvektoren der gegebenen Ebenen E_1 und E_2. Berechnen Sie den Schnittwinkel zwischen den Ebenen.

a) $E_1: 6x_1 - 7x_2 + 2x_3 = 13,$ $\quad E_2: \vec{x} = \begin{pmatrix} 2 \\ 1 \\ 9 \end{pmatrix} + r\begin{pmatrix} 3 \\ 1 \\ 2 \end{pmatrix} + s\begin{pmatrix} 2 \\ -1 \\ 0 \end{pmatrix}$

b) $E_1: \vec{x} = \begin{pmatrix} 2 \\ 4 \\ 9 \end{pmatrix} + r\begin{pmatrix} 5 \\ 1 \\ 0 \end{pmatrix} + s\begin{pmatrix} 6 \\ 2 \\ 1 \end{pmatrix},$ $\quad E_2: \vec{x} = \begin{pmatrix} 7 \\ 11 \\ 1 \end{pmatrix} + r\begin{pmatrix} 1 \\ 0 \\ 1 \end{pmatrix} + s\begin{pmatrix} 6 \\ 1 \\ 5 \end{pmatrix}$

c) $E_1: \vec{x} = \begin{pmatrix} 2 \\ 1 \\ 0 \end{pmatrix} + r\begin{pmatrix} 0 \\ 1 \\ 1 \end{pmatrix} + s\begin{pmatrix} 2 \\ 1 \\ 0 \end{pmatrix},$ $\quad E_2: \vec{x} = \begin{pmatrix} 2 \\ 1 \\ 0 \end{pmatrix} + r\begin{pmatrix} 0 \\ 1 \\ 1 \end{pmatrix} + s\begin{pmatrix} 3 \\ -1 \\ 2 \end{pmatrix}$

15 Bestimmen Sie für die dreiseitige Pyramide von Fig. 1 der vorherigen Seite die Winkel zwischen je zwei der vier Flächen der Pyramide.

16 Berechnen Sie für die Ebene E die Winkel α_1, α_2, α_3, die sie mit den Koordinatenebenen einschließt, sowie die Winkel β_1, β_2, β_3, unter denen sie von den Koordinatenachsen geschnitten wird.

a) $E: 2x_1 - x_2 + 5x_3 = 1$ $\qquad\qquad$ b) $E: 4x_1 + 3x_2 + 2x_3 = 5$

c) $E: 2x_1 + 5x_2 = 7$ $\qquad\qquad$ d) $E: 7x_1 + x_3 = 0$

Beachten Sie:
Die Winkel zwischen den Flächen der Körper müssen nicht unbedingt gleich dem Schnittwinkel der Ebenen sein. Auch der Nebenwinkel des Schnittwinkels ist denkbar.

17 a) Verbindet man die Mittelpunkte der Flächen eines Würfels, so erhält man ein Oktaeder (Fig. 1). Begründen Sie ohne Rechnung, dass die Flächen des Oktaeders gleichseitige Dreiecke sind.

b) Betrachten Sie zwei der Dreiecksflächen des Oktaeders,

(1) die eine gemeinsame Kante haben,

(2) die nur einen gemeinsamen Punkt haben.

Berechnen Sie jeweils den Winkel zwischen den Ebenen durch diese beiden Flächen.

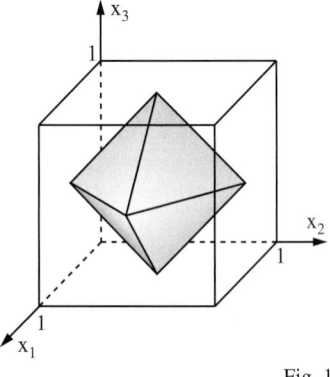

Fig. 1

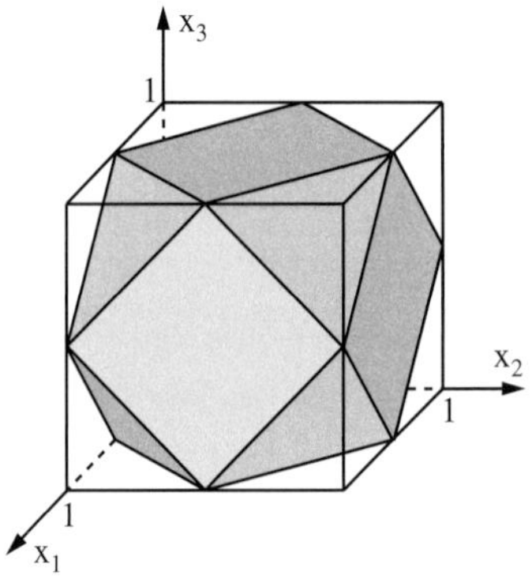

18 a) Verbindet man die Mittelpunkte der Kanten eines Würfels, so erhält man ein Kuboktaeder (Fig. 2). Begründen Sie ohne Rechnung, dass die Flächen des Kuboktaeders gleichseitige Dreiecke und Quadrate sind.

b) Betrachten Sie

(1) eine Dreiecksfläche und ein Quadrat mit gemeinsamer Kante,

(2) zwei der Dreiecksflächen mit einem gemeinsamen Punkt.

Berechnen Sie jeweils den Winkel zwischen den Ebenen durch diese beiden Flächen.

Fig. 2

12 Vermischte Aufgaben

1 Skizzieren Sie das Dreieck ABC in einem Koordinatensystem. Berechnen Sie die Längen der Seiten und die Größe der Winkel des Dreiecks.
a) $A(1|1|1)$, $B(6,5|2|5)$, $C(4|8|2)$ b) $A(4,5|1|4)$, $B(10,5|2|0)$, $C(9|5|-2)$

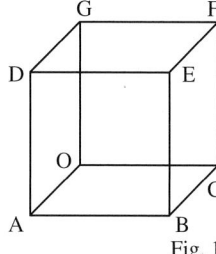
Fig. 1

2 Zeichnen Sie in ein Koordinatensystem einen Würfel OABCDEFG mit $O(0|0|0)$ und der Kantenlänge 6. Tragen Sie das Dreieck ACG ein. Berechnen Sie die Längen der Seiten und die Größen der Winkel des Dreiecks.

3 Prüfen Sie, ob die Punkte $A(0|0|0)$, $B(15|21|3)$, $C(37|5|5)$, $D(22|-16|2)$ die Ecken einer Raute (eines Rechtecks, eines Quadrats) bilden.

4 Bestimmen Sie die Koordinaten p_1, p_2 von $P(p_1|p_2|5)$ so, dass für $A(2|-1|3)$ und $B(-4|6|8)$ gilt: $|\overrightarrow{PA}| = 7$ und $|\overrightarrow{PB}| = 5$.

5 Bestimmen Sie alle reellen Zahlen a so, dass $\left| \begin{pmatrix} a \\ 2a \\ a-1 \end{pmatrix} \right| = 7$.

6 Bestimmen Sie Zahlen r und s so, dass $\vec{a} - r\vec{b} - s\vec{c}$ orthogonal zu $\vec{b}$ und zu $\vec{c}$ ist.
a) $\vec{a} = \begin{pmatrix} -9 \\ 11 \\ 2 \end{pmatrix}$, $\vec{b} = \begin{pmatrix} -4 \\ 0 \\ 1 \end{pmatrix}$, $\vec{c} = \begin{pmatrix} -1 \\ 1 \\ -2 \end{pmatrix}$ b) $\vec{a} = \begin{pmatrix} 9 \\ 11 \\ 3 \end{pmatrix}$, $\vec{b} = \begin{pmatrix} 1 \\ 1 \\ -1 \end{pmatrix}$, $\vec{c} = \begin{pmatrix} 3 \\ -4 \\ -2 \end{pmatrix}$

7 Bestimmen Sie alle Vektoren $\vec{x}$, die zu $\vec{a}$ und zu $\vec{b}$ orthogonal sind.
a) $\vec{a} = \begin{pmatrix} 1 \\ 1 \\ 0 \end{pmatrix}$, $\vec{b} = \begin{pmatrix} 3 \\ -4 \\ 5 \end{pmatrix}$ b) $\vec{a} = \begin{pmatrix} -2 \\ 1 \\ 1 \end{pmatrix}$, $\vec{b} = \begin{pmatrix} 7 \\ 0 \\ 3 \end{pmatrix}$ c) $\vec{a} = \begin{pmatrix} 2 \\ 3 \\ 4 \end{pmatrix}$, $\vec{b} = \begin{pmatrix} 4 \\ 1 \\ -1 \end{pmatrix}$

8 Berechnen Sie den Abstand der Punkte P, Q und R von der Ebene E.
a) $P(4|-1|0)$, $Q(3|4|-1)$, $R(4|8|-1)$, $E: \left[\vec{x} - \begin{pmatrix} 1 \\ 2 \\ 3 \end{pmatrix} \right] \cdot \begin{pmatrix} 6 \\ 9 \\ 18 \end{pmatrix} = 0$
b) $P(3|-1|5)$, $Q(2|9|7)$, $R(0|0|0)$, $E: 7x_1 - 6x_2 + 6x_3 = 2$

9 Bestimmen Sie den Fußpunkt F des Lotes vom Punkt P auf die Ebene E.
Bestimmen Sie dazu zuerst die Gleichung der zur Ebene E orthogonalen Geraden g durch den Punkt P. Berechnen Sie dann die Koordinaten von F.
a) $P(5|2|7)$, $E: 2x_1 + x_2 + 3x_3 = 5$
b) $P(4|5|6)$, $E: \vec{x} = \begin{pmatrix} 11 \\ 12 \\ 1 \end{pmatrix} + r \begin{pmatrix} 1 \\ 0 \\ 0 \end{pmatrix} + s \begin{pmatrix} 0 \\ 1 \\ -1 \end{pmatrix}$

10 Die Gerade g durch P ist orthogonal zur Ebene E. Bestimmen Sie den Schnittpunkt Q der Geraden g mit der Ebene E und den Bildpunkt P′ von P bei Spiegelung an der Ebene E.
a) $P(-3|4|0)$; $E: 3x_1 - 2x_2 + x_3 = 11$ b) $P(11|9|-3)$; $E: x_1 + 5x_2 - 2x_3 = 2$

11 Gegeben sind zwei Punkte A und B. Eine Ebene E hat $\overrightarrow{AB}$ als einen Normalenvektor und geht durch den Mittelpunkt der Strecke $\overline{AB}$. Bestimmen Sie eine Gleichung für die Ebene E.
a) $A(0|0|0)$; $B(6|3|-4)$ b) $A(3|-1|7)$; $B(7|3|-7)$

12 Zeigen Sie, dass die Gerade g parallel zu E ist. Berechnen Sie ihren Abstand von E.

a) $g: \vec{x} = \begin{pmatrix} 3 \\ -9 \\ -9 \end{pmatrix} + t \begin{pmatrix} 0 \\ 1 \\ -1 \end{pmatrix}$ $\qquad$ $E: \begin{pmatrix} 7 \\ -4 \\ -4 \end{pmatrix} \cdot \vec{x} - 3 = 0$

b) $g: \vec{x} = \begin{pmatrix} 1 \\ 1 \\ 1 \end{pmatrix} + t \begin{pmatrix} 5 \\ -4 \\ 2 \end{pmatrix}$ $\qquad$ $E: 8 x_1 + 8 x_2 - 4 x_3 = 9$

c) $g: \vec{x} = \begin{pmatrix} 1 \\ 3 \\ 3 \end{pmatrix} + t \begin{pmatrix} -1 \\ 2 \\ -1 \end{pmatrix}$ $\qquad$ $E: \vec{x} = \begin{pmatrix} 4 \\ 1 \\ 2 \end{pmatrix} + r \begin{pmatrix} 3 \\ -2 \\ -1 \end{pmatrix} + s \begin{pmatrix} 0 \\ 1 \\ -1 \end{pmatrix}$

13 Gegeben sind eine Ebene
$E: x_1 - x_2 + 6 x_3 = 2$ und eine Gerade

$g: \vec{x} = \begin{pmatrix} 3 \\ 1 \\ 2 \end{pmatrix} + t \begin{pmatrix} 2 \\ 0 \\ -1 \end{pmatrix}$.

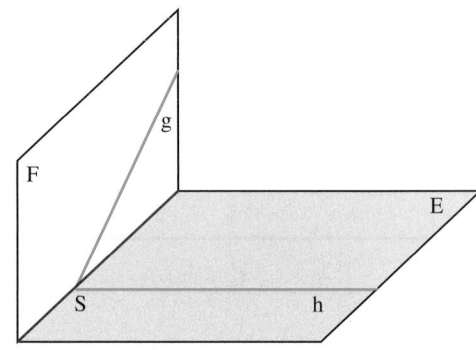

a) Gesucht ist die zu E orthogonale Ebene F, in der die Gerade g liegt.
Durch welche Vektoren wird die Ebene F aufgespannt? Geben Sie eine Gleichung der Ebene in Parameterform an. Wandeln Sie diese in eine Koordinatengleichung um.

b) Berechnen Sie den Schnittpunkt S der Geraden g mit der Ebene E.

Fig. 1

c) Die Gerade h ist orthogonal zu g und liegt in E. Geben Sie eine Gleichung für h an.

14 Die Ebene $E_1: 2 x_1 - x_2 + 2 x_3 = 7$ schneidet die Ebene $E_2: 5 x_1 + 3 x_2 + x_3 = 1$ in einer Geraden g. Bestimmen Sie eine Gleichung der Ebene F, für die gilt:
Die Ebene F schneidet die Ebenen E_1 und E_2 ebenfalls in der Geraden g und
a) F ist orthogonal zu E_1, $\qquad$ b) F ist orthogonal zu E_2, $\qquad$ c) F geht durch $P(5|-3|4)$.

15 Berechnen Sie den Flächeninhalt des Dreiecks ABC.
a) $A(1|-1|2)$, $B(5|-1|6)$, $C(-4|6|9)$ $\qquad$ b) $A(1|-2|-6)$, $B(11|-17|0)$, $C(7|8|9)$

16 Eine Pyramide hat als Grundfläche ein Dreieck ABC und die Spitze D. Die Gerade h geht durch D und ist orthogonal zur Grundfläche.
Bestimmen Sie für $A(5|0|0)$, $B(2|5|1)$, $C(-2|2|2)$ und $D(7|4|10)$

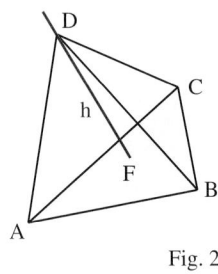

Fig. 2

a) eine Gleichung der Geraden h, $\quad$ b) den Fußpunkt F von h, $\quad$ c) die Höhe der Pyramide.

17 Fig. 3 zeigt einen Würfel der Kantenlänge 4 und eine ihn schneidende Ebene E.

a) Stellen Sie eine Koordinatengleichung für die Ebene E auf.

b) Berechnen Sie die Winkel zwischen der Ebene E und den Koordinatenebenen.

c) Unter welchen Winkeln schneiden die Koordinatenachsen die Ebene E?

d) Berechnen Sie die Innenwinkel des Schnittvierecks ABCD.

e) Berechnen Sie den Flächeninhalt des Vierecks ABCD. Zerlegen Sie es dazu in die Dreiecke ABD und CDB. Wählen Sie jeweils $\overline{BD}$ als Grundseite.

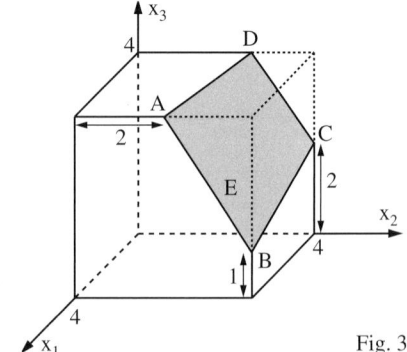

Fig. 3

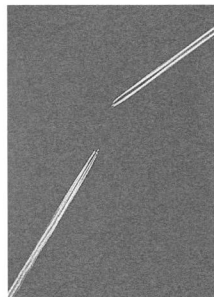

18 Bezogen auf ein Koordinatensystem mit einem Flughafen im Ursprung verlaufen die Bahnen zweier Flugzeuge auf den Geraden

$$g: \vec{x} = \begin{pmatrix} 0 \\ 5 \\ 1 \end{pmatrix} + t \begin{pmatrix} 1 \\ 2 \\ 2 \end{pmatrix} \quad \text{und} \quad h: \vec{x} = \begin{pmatrix} 4 \\ 9 \\ 3 \end{pmatrix} + t \begin{pmatrix} 1 \\ 1 \\ 0 \end{pmatrix} \quad (1 \text{ Koordinateneinheit} = 1\,\text{km}).$$

Berechnen Sie, wie nah sich die Flugzeuge im ungünstigsten Fall kommen können.

19 a) Berechnen Sie den Abstand der Geraden

$$g: \vec{x} = \begin{pmatrix} 1 \\ 3 \\ 0 \end{pmatrix} + t \begin{pmatrix} 1 \\ 1 \\ 0 \end{pmatrix} \quad \text{und} \quad h: \vec{x} = \begin{pmatrix} 5 \\ 1 \\ 5 \end{pmatrix} + t \begin{pmatrix} 1 \\ 0 \\ 1 \end{pmatrix}.$$

b) Berechnen Sie jeweils die Größe des Winkels zwischen den Geraden g und h und der

Ebene E: $7x_1 - 6x_2 + 6x_3 = 2$ $\left(\text{der Ebene } F: \vec{x} = \begin{pmatrix} 4 \\ 1 \\ 2 \end{pmatrix} + r \begin{pmatrix} 3 \\ -2 \\ -1 \end{pmatrix} + s \begin{pmatrix} 0 \\ 1 \\ -1 \end{pmatrix} \right).$

20 a) Formulieren Sie den Kathetensatz mithilfe geeigneter Vektoren.
b) Beweisen Sie den Kathetensatz mithilfe des Skalarproduktes.

21 Für jedes Parallelogramm gilt:
Die Quadrate über den vier Seiten haben zusammen den gleichen Flächeninhalt wie die beiden Quadrate über den Diagonalen (Fig. 1).
Beweisen Sie diesen Satz, indem Sie die Diagonalenvektoren $\vec{e}$ und $\vec{f}$ durch $\vec{a}$ und $\vec{b}$ ausdrücken und $\vec{e}^{\,2} + \vec{f}^{\,2}$ berechnen.

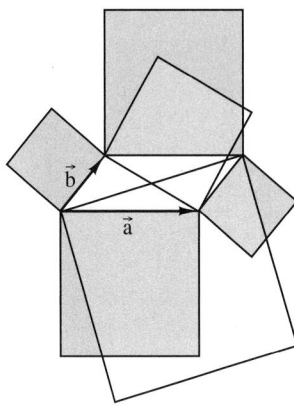

Fig. 1

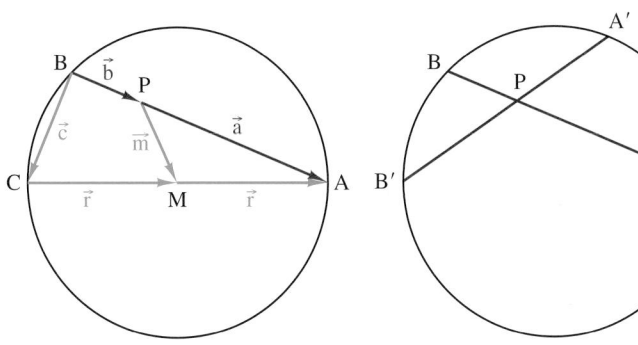

Tipp zu Aufgabe 23:
Es ist $h = |\vec{b}| \cdot \sin(\alpha)$ und es gilt $\sin^2(\alpha) = 1 - \cos^2(\alpha)$.

Fig. 2   Fig. 3

22 a) Gegeben ist ein Kreis um M mit dem Radius r. Zeigen Sie: Für jede Sehne $\overline{AB}$ des Kreises und jeden Punkt P auf $\overline{AB}$ gilt:
$\overline{PA} \cdot \overline{PB} = r^2 - \overline{PM}^2$.
Anleitung: Drücken Sie $\vec{a}$ und $\vec{b}$ durch $\vec{m}$, $\vec{r}$ und $\vec{c}$ aus und berechnen Sie $\vec{a} \cdot \vec{b}$ (Fig. 2).
Nutzen Sie $\vec{a} \cdot \vec{c} = 0$ aus (Satz des THALES).
b) Beweisen Sie mit a) den Sehnensatz: Schneiden sich zwei Sehnen $\overline{AB}$ und $\overline{A'B'}$ eines Kreises in einem Punkt P, so gilt: $\overline{AP} \cdot \overline{PB} = \overline{A'P} \cdot \overline{PB'}$ (Fig. 3).

23 Gegeben ist ein Parallelogramm PQRS mit den Vektoren $\vec{a} = \overrightarrow{PQ}$ und $\vec{b} = \overrightarrow{PS}$
a) Zeigen Sie: Für den Flächeninhalt A des Parallelogramms gilt:

$$A = \sqrt{\vec{a}^{\,2}\,\vec{b}^{\,2} - (\vec{a} \cdot \vec{b})^2}.$$

b) Berechnen Sie den Flächeninhalt des Parallelogramms PQRS für P(1|−2|5), Q(3|7|2) und S(1|5|1).

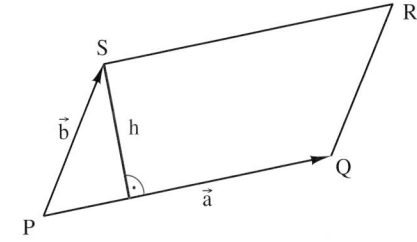

Fig. 4

Das Vektorprodukt – oder: Der kurze Weg zum Normalenvektor

Kann man eigentlich durch Vektoren dividieren?

Dividieren bedeutet: Umkehren der Multiplikation. Da $3 \cdot 4 = 12$, ist z. B. $12 : 3 = 4$. Eine Division $b : a$ reeller Zahlen kann man als Lösung der Gleichung $a \cdot x = b$ auffassen. Für alle Zahlen $a \neq 0$ ist so $b : a$ bestimmt; bei $b : 0$ gäbe es unendlich viele Möglichkeiten. Daher kann man nicht durch 0 dividieren.

Wollte man einen Vektor durch einen anderen „dividieren", so müsste man z. B. die Skalarmultiplikation umkehren. Das ergäbe aber höchstens einen „Quotienten" von „Zahl durch Vektor" (außerdem wäre das Ergebnis nicht eindeutig).
Bei dem hier vorgestellten Vektorprodukt kann man zwar versuchen, eine Gleichung $\vec{a} \cdot \vec{x} = \vec{b}$ zu lösen, aber hier gibt es wiederum unendlich viele Lösungen. So ist auch hier eine Division von Vektoren nicht möglich.

In diesem Kapitel wurden u. a. zwei Fragestellungen behandelt:
– Definition und Anwendung des Skalarproduktes.
– Bestimmung und Anwendung von Normalenvektoren von Ebenen.

Bei der Skalarmultiplikation werden zwei Vektoren multipliziert, das Produkt ist eine reelle Zahl und kein Vektor. Speziell im Raum kann man auch ein „richtiges" Produkt von Vektoren definieren, d. h. eine Verknüpfung, die Vektoren $\vec{a}$ und $\vec{b}$ einen Vektor $\vec{c}$ als Produkt zuordnet:
$$\vec{c} = \vec{a} \times \vec{b}.$$
Will man zu zwei Vektoren im Raum ein solches „Vektorprodukt" bilden, so muss für den Vektor $\vec{c}$ eine geeignete Richtung gefunden werden. Es liegt nahe, für $\vec{c}$ einen der Normalenvektoren zu nehmen. Damit das Vektorprodukt eindeutig ist, muss noch der Betrag des Normalenvektors und seine Orientierung in Bezug auf $\vec{a}$ und $\vec{b}$ festgelegt werden.

Ein solches Vektorprodukt bietet dann zugleich die Möglichkeit, „schnell" einen Normalenvektor zu finden. Diese Bedingungen erfüllt die

Definition: Zu Vektoren $\vec{a} = \begin{pmatrix} a_1 \\ a_2 \\ a_3 \end{pmatrix}$ und $\vec{b} = \begin{pmatrix} b_1 \\ b_2 \\ b_3 \end{pmatrix}$ des Raums nennt man $\vec{a} \times \vec{b}$ (lies „a Kreuz b")
das **Vektorprodukt** von $\vec{a}$ und $\vec{b}$, wenn gilt:
$$\vec{a} \times \vec{b} = \begin{pmatrix} a_1 \\ a_2 \\ a_3 \end{pmatrix} \times \begin{pmatrix} b_1 \\ b_2 \\ b_3 \end{pmatrix} = \begin{pmatrix} a_2b_3 - a_3b_2 \\ a_3b_1 - a_1b_3 \\ a_1b_2 - a_2b_1 \end{pmatrix}.$$
Beispiel:
Aus $\vec{a} = \begin{pmatrix} 1 \\ 0 \\ 0 \end{pmatrix}$, $\vec{b} = \begin{pmatrix} 0 \\ 1 \\ 0 \end{pmatrix}$ ergibt sich $\vec{a} \times \vec{b} = \begin{pmatrix} 0 \cdot 0 - 0 \cdot 1 \\ 0 \cdot 0 - 1 \cdot 0 \\ 1 \cdot 1 - 0 \cdot 0 \end{pmatrix} = \begin{pmatrix} 0 \\ 0 \\ 1 \end{pmatrix}.$

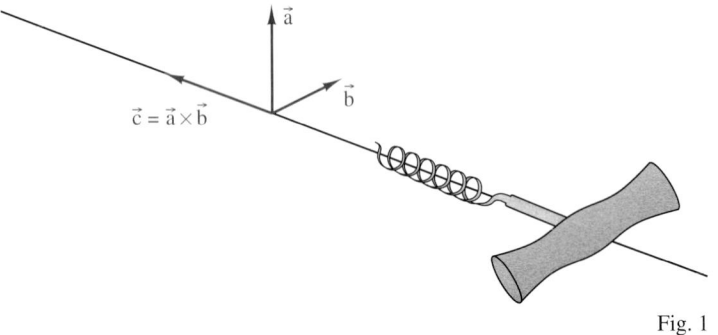

Fig. 1

An diesem Beispiel sieht man sofort, dass $\vec{c} = \vec{a} \times \vec{b}$ orthogonal zu $\vec{a}$ und zu $\vec{b}$ ist. Ferner bilden $\vec{a}, \vec{b}$ und $\vec{c}$ ein „Rechtssystem", d. h.: dreht man wie in Fig. 1 den Korkenzieher (oder eine Schraube) so, dass sich der Pfeil von $\vec{a}$ zu dem von $\vec{b}$ dreht, so bewegt sich der Korkenzieher in Richtung von $\vec{c} = \vec{a} \times \vec{b}$. Schließlich ist der Betrag von $\vec{c}$ gleich dem Flächeninhalt des von $\vec{a}$ und $\vec{b}$ aufgespannten Parallelogramms (Quadrats).

Allgemein gilt:

Satz: Für Vektoren $\vec{a}$ und $\vec{b}$ und $\vec{a} \times \vec{b}$ im Raum gilt:

(1) $\vec{a} \times \vec{b}$ ist orthogonal zu $\vec{a}$ und zu $\vec{b}$.

(2) $\vec{a}, \vec{b}$ und $\vec{a} \times \vec{b}$ bilden ein Rechtssystem.

(3) Der Betrag von $\vec{a} \times \vec{b}$ ist gleich dem Flächeninhalt des von $\vec{a}$ und $\vec{b}$ aufgespannten Parallelogramms:
$| \vec{a} \times \vec{b} | = | \vec{a} | \cdot | \vec{b} | \cdot \sin(\varphi)$.

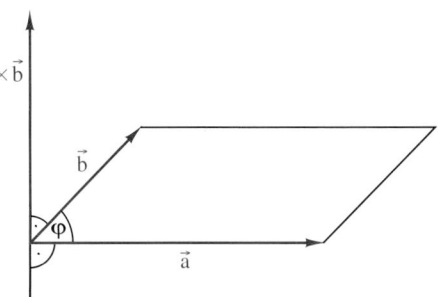

Fig. 1

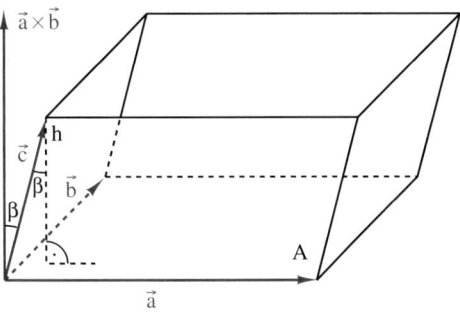

$(\vec{a} \times \vec{b}) \cdot \vec{c}$ *wird gelegentlich auch das* **Spatprodukt** *der Vektoren* $\vec{a}, \vec{b}, \vec{c}$ *genannt.*

Fig. 2

Die letzte Eigenschaft ermöglicht auch, das Volumen V eines Spats zu berechnen:
Für den Flächeninhalt A der Grundfläche des Spats in Fig. 2 gilt: $A = | \vec{a} \times \vec{b} |$.
Für die Höhe h des Prismas in Fig. 2 gilt:
$h = | \vec{c} | \cdot \cos(\beta)$. Damit ist
$V = A \cdot h = | \vec{a} \times \vec{b} | \cdot | \vec{c} | \cdot \cos(\beta)$.
Dieser Term ist aber zugleich das Skalarprodukt von $\vec{a} \times \vec{b}$ mit $\vec{c}$.
Somit gilt für das **Volumen V des Spats**:
$$V = |(\vec{a} \times \vec{b}) \cdot \vec{c}|.$$

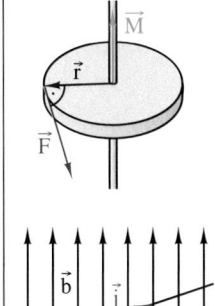

In der Physik wird das Vektorprodukt an mehreren Stellen verwendet. Hierzu zwei Beispiele:

Das Drehmoment
Ein starrer Körper ist um eine Achse drehbar. Greift wie in der Figur eine Kraft $\vec{F}$ an, so versteht man unter dem Drehmoment $\vec{M} = \vec{r} \times \vec{F}$.

Das Induktionsgesetz
Fließt durch den Leiter ein Strom $\vec{j}$ und werden die Feldlinien des Magnetfeldes durch $\vec{b}$ beschrieben, so gilt für die an den Leiter der Länge l angreifende Kraft $\vec{k} = l(\vec{j} \times \vec{b})$

Die Grundideen der heutigen Vektorrechnung gehen auf HERMANN GRAßMANN (1809–1877), Lehrer an einem Gymnasium in Stettin, zurück. 1844 bewies er geometrische Sätze mithilfe eines „linearen Produkts", dem heutigen Skalarprodukt. Neben weiteren Produkten betrachtete er auch ein „geometrisches Produkt", das heutige Vektorprodukt.
Die Bezeichnung Vektor benutzte 1845 zuerst der englische Mathematiker GEORGE HAMILTON.

Aufgaben

1 Zeigen Sie, dass $(\vec{a} \times \vec{b}) \cdot \vec{a} = 0$ und $(\vec{a} \times \vec{b}) \cdot \vec{b} = 0$ gilt.
Was haben Sie damit bewiesen?

2 Beweisen Sie:
a) Für linear abhängige Vektoren $\vec{a}, \vec{b}$ gilt $\vec{a} \times \vec{b} = \vec{o}$.
b) Das Vektorprodukt ist „antikommutativ", d. h. es gilt für alle $\vec{a}, \vec{b}$ des Raums: $\vec{b} \times \vec{a} = -(\vec{a} \times \vec{b})$.

3 Gegeben sind die Punkte $A(2|5|-1)$, $B(3|7|2)$ und $C(9|6|3)$. Berechnen Sie $\overrightarrow{AB} \times \overrightarrow{AC}$ und bestimmen Sie daraus den Flächeninhalt des Dreiecks ABC.

4 Berechnen Sie das Volumen des Spats mit

a) $\vec{a} = \begin{pmatrix} 2 \\ 3 \\ 5 \end{pmatrix}$, $\vec{b} = \begin{pmatrix} 2 \\ -1 \\ 7 \end{pmatrix}$, $\vec{c} = \begin{pmatrix} 3 \\ 9 \\ 2 \end{pmatrix}$,

b) $\vec{a} = \begin{pmatrix} 3 \\ 2 \\ -3 \end{pmatrix}$, $\vec{b} = \begin{pmatrix} 4 \\ 2 \\ -5 \end{pmatrix}$, $\vec{c} = \begin{pmatrix} 7 \\ 1 \\ -3 \end{pmatrix}$.

Betrag eines Vektors $\vec{a}$: Länge der zu $\vec{a}$ gehörenden Pfeile.

Für $\vec{a} = \begin{pmatrix} a_1 \\ a_2 \\ a_3 \end{pmatrix}$ gilt: $|\vec{a}| = \sqrt{a_1^2 + a_2^2 + a_3^2}$.

Ein Vektor mit dem Betrag 1 heißt **Einheitsvektor**: $\vec{a_0} = \dfrac{\vec{a}}{|\vec{a}|}$.

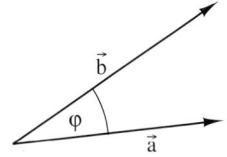

Skalarprodukt:

Geometrische Form: $\vec{a} \cdot \vec{b} = |\vec{a}| \cdot |\vec{b}| \cdot \cos(\varphi)$

Koordinatenform: $\begin{pmatrix} a_1 \\ a_2 \\ a_3 \end{pmatrix} \cdot \begin{pmatrix} b_1 \\ b_2 \\ b_3 \end{pmatrix} = a_1 b_1 + a_2 b_2 + a_3 b_3$

$\vec{a} \perp \vec{b}$ genau dann, wenn $\vec{a} \cdot \vec{b} = 0$ (für $\vec{a} \neq \vec{o}$, $\vec{b} \neq \vec{o}$).

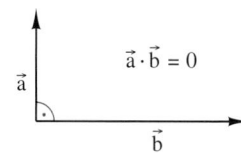

Normalenform der Ebenengleichung:

E: $(\vec{x} - \vec{p}) \cdot \vec{n} = 0$.

Dabei ist $\vec{p}$ ein Stützvektor und $\vec{n}$ ein Normalenvektor von E.

Sonderfall: Ist $\vec{n} = \vec{n_0}$ ein Einheitsvektor, so spricht man von der **Hesse'schen Normalenform**.

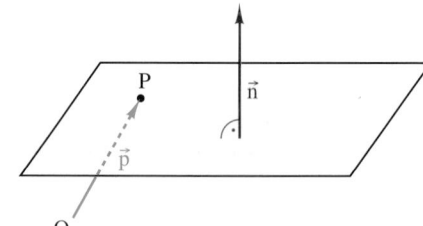

Koordinatengleichung der Ebene:

E: $a_1 x_1 + a_2 x_2 + a_3 x_3 = b$

Dabei ist $\begin{pmatrix} a_1 \\ a_2 \\ a_3 \end{pmatrix}$ ein Normalenvektor von E.

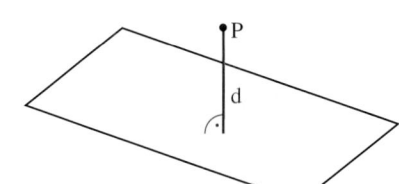

Abstände im Raum:

1. Abstand **Punkt–Ebene**:

Ist E: $(\vec{x} - \vec{p}) \cdot \vec{n_0} = 0$ (Hesse'sche Normalenform), so gilt für den Abstand d eines Punktes R mit $\vec{OR} = \vec{r}$ von der Ebene:

$d = |(\vec{r} - \vec{p}) \cdot \vec{n_0}|$.

Ist E: $a_1 x_1 + a_2 x_2 + a_3 x_3 = b$, so gilt für den Abstand d eines Punktes $R(r_1 | r_2 | r_3)$ von der Ebene: $d = \left| \dfrac{a_1 r_1 + a_2 r_2 + a_3 r_3 - b}{\sqrt{a_1^2 + a_2^2 + a_3^2}} \right|$.

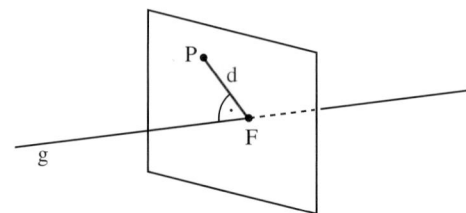

2. Abstand **Punkt–Gerade**:

Zur Bestimmung des Abstands geht man in drei Schritten vor:

– Bestimmung der zur Geraden orthogonalen Ebene,

– Berechnung des Schnittpunktes F von Gerade und Ebene,

– Berechnung von $|\overline{PF}|$ bei gegebenem Punkt P.

3. Abstand **Gerade–Gerade**:

Sind g und h windschiefe Geraden im Raum mit g: $\vec{x} = \vec{p} + t\vec{u}$ und h: $\vec{x} = \vec{q} + t\vec{v}$ und ist $\vec{n_0}$ ein Einheitsvektor mit $\vec{n_0} \perp \vec{u}$ und $\vec{n_0} \perp \vec{v}$, dann haben g und h den Abstand: $d = |(\vec{q} - \vec{p}) \cdot \vec{n_0}|$.

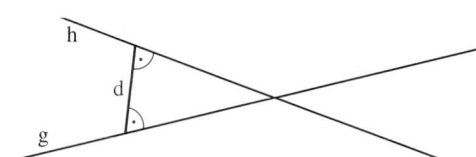

Schnittwinkel

zweier Geraden mit den Richtungsvektoren $\vec{u}$ und $\vec{v}$	zweier Ebenen mit den Normalenvektoren $\vec{n_1}$ und $\vec{n_2}$	einer Geraden und einer Ebene mit Richtungsvektor $\vec{u}$ und Normalenvektor $\vec{n}$.
$\cos(\alpha) = \dfrac{|\vec{u} \cdot \vec{v}|}{|\vec{u}| \cdot |\vec{v}|}$	$\cos(\alpha) = \dfrac{|\vec{n_1} \cdot \vec{n_2}|}{|\vec{n_1}| \cdot |\vec{n_2}|}$	$\sin(\alpha) = \dfrac{|\vec{u} \cdot \vec{n}|}{|\vec{u}| \cdot |\vec{n}|}$

1 Berechnen Sie die Länge der Seiten und die Größe der Winkel des Dreiecks ABC mit A(3|−2), B(7|1) und C(1|4).

2 Berechnen Sie den Abstand der Punkte P(1|2), Q(3|2) und R(7|−1) zur Geraden g: $\vec{x} = \begin{pmatrix} 5 \\ 0 \end{pmatrix} + t \begin{pmatrix} -1 \\ 1 \end{pmatrix}$.

3 Gegeben sind die Vektoren $\vec{a} = \begin{pmatrix} 0 \\ 1 \\ -1 \end{pmatrix}$ und $\vec{b} = \begin{pmatrix} 7 \\ 3 \\ 1 \end{pmatrix}$.

Berechnen Sie $|\vec{a}|$, $|\vec{b}|$ und den Winkel φ zwischen $\vec{a}$ und $\vec{b}$.

4 a) Eine Ebene E geht durch den Punkt P(6|8|2) und hat $\vec{n} = \begin{pmatrix} 1 \\ 3 \\ -5 \end{pmatrix}$ als einen Normalen-

vektor. Bestimmen Sie für E eine Ebenengleichung in Normalenform und eine Koordinatengleichung.
b) Bestimmen Sie den Abstand d des Punktes A(6|3|6) von der Ebene E.

5 Gegeben ist eine Gerade g: $\vec{x} = \begin{pmatrix} 1 \\ 1 \\ 1 \end{pmatrix} + t \begin{pmatrix} 1 \\ 0 \\ 1 \end{pmatrix}$.

a) Bestimmen Sie eine Gleichung der Geraden h, die orthogonal zur Geraden g ist und durch den Punkt P(1|1|1) geht.
b) Bestimmen Sie eine Gleichung der Ebene E, die orthogonal zur Geraden g ist und durch den Punkt Q(2|8|0) geht.

6 Berechnen Sie:
a) den Abstand des Punktes R(−2|3|5) von der Ebene E: $2x_1 − x_2 + 2x_3 = 0$,

b) den Abstand des Ursprungs O von der Geraden g: $\vec{x} = \begin{pmatrix} 9 \\ 3 \\ -2 \end{pmatrix} + t \begin{pmatrix} 1 \\ -1 \\ 0 \end{pmatrix}$,

c) den Abstand der Geraden g: $\vec{x} = \begin{pmatrix} 1 \\ 9 \\ 8 \end{pmatrix} + t \begin{pmatrix} 1 \\ -2 \\ 2 \end{pmatrix}$ von der Geraden h: $\vec{x} = \begin{pmatrix} -2 \\ -2 \\ -3 \end{pmatrix} + t \begin{pmatrix} 6 \\ -1 \\ 2 \end{pmatrix}$.

7 Die Gerade g durch den Punkt P(0|−5|2) ist orthogonal zur Ebene E mit der Gleichung $2x_1 + 5x_2 + x_3 = 37$. Bestimmen Sie
a) eine Gleichung von g,   b) die Koordinaten des Schnittpunktes F von g und E.

8 Gegeben sind die Punkte A(1|−2|−7), B(17|−2|5), C(−8|−2|5) und D(1|6|7).
a) Berechnen Sie den Flächeninhalt des Dreiecks ABC.
b) Bestimmen Sie den Abstand des Punktes D von der Ebene durch A, B, C.
c) Berechnen Sie das Volumen der dreiseitigen Pyramide mit den Ecken A, B, C, D.

9 Was bedeutet geometrisch $|\vec{a} \cdot \vec{b}| = |\vec{a}| \cdot |\vec{b}|$?

10 Beweisen Sie:
Bei jedem Quader haben die Quadrate über drei von einer Ecke ausgehenden Kanten zusammen den gleichen Flächeninhalt wie das Quadrat über der Raumdiagonalen.

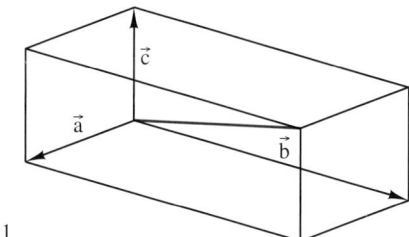
Fig. 1

Die Lösungen zu den Aufgaben dieser Seite finden Sie auf Seite 441/442.

1 Geometrische Abbildungen und Abbildungsgleichungen

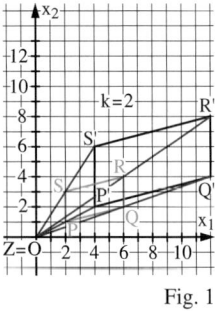

Fig. 1

1 Bei einer zentrischen Streckung wird von einem Punkt, dem Zentrum, aus gestreckt (Fig. 1). Entsprechend kann man auch von einer Geraden aus strecken (Fig. 2).
a) Bestimmen Sie den Bildpunkt T' von $T(5|4)$, wenn die Achse a die x_1-Achse und der Streckfaktor $k = 2$ ist.
b) Geben Sie die Koordinaten des Bildpunktes X' eines Punktes $X(x_1|x_2)$ allgemein an.
c) Welche Punkte werden bei dieser Streckung auf sich abgebildet?

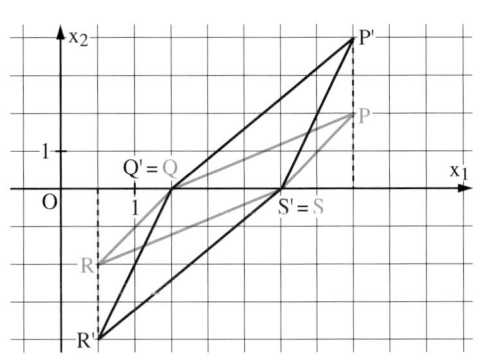

Fig. 2

Kongruenz- und Ähnlichkeitsabbildungen ordnen jedem Punkt $P(x_1|x_2)$ einen Bildpunkt $P'(x_1'|x_2')$ zu. Solche Abbildungen nennt man **geometrische Abbildungen**. Den Zusammenhang zwischen den Koordinaten von Punkt und Bildpunkt kann man häufig durch Abbildungsgleichungen beschreiben.

In einigen speziellen Fällen kann man die Abbildungsgleichungen aus der Zeichnung fast „ablesen" (Fig. 3–5).

Verschiebung $\begin{pmatrix} 5 \\ 2 \end{pmatrix}$

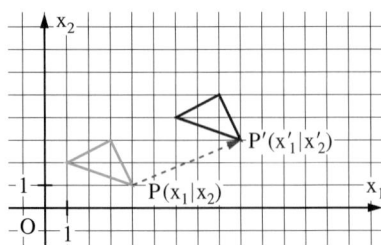

Spiegelung an der x_1-Achse

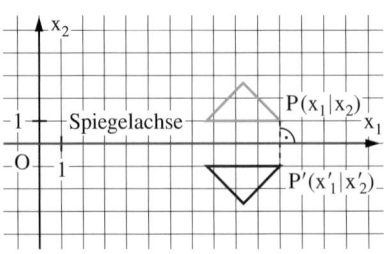

Zentrische Streckung von O aus mit dem Streckfaktor 3

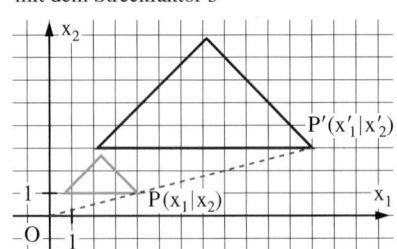

Fig. 3–5

Abbildungs-gleichungen: $\begin{cases} x_1' = x_1 + 5 \\ x_2' = x_2 + 2 \end{cases}$

Abbildungs-gleichungen: $\begin{cases} x_1' = x_1 \\ x_2' = -x_2 \end{cases}$

Abbildungs-gleichungen: $\begin{cases} x_1' = 3x_1 \\ x_2' = 3x_2 \end{cases}$

Alle geometrischen Abbildungen, die Geraden auf Geraden abbilden, kann man durch Abbildungsgleichungen beschreiben. Die Scherung ist ein weiteres Beispiel.

Scherung mit einer Achse a

Eine Scherung ist festgelegt durch eine Achse a und einen „Scherungswinkel" α. Es gilt die Abbildungsvorschrift:
(1) Liegt P auf a, so ist $P' = P$.
(2) Liegt P nicht auf der Achse a, so gilt für P' (Fig. 6):
  (a) PP' ist parallel zu a.
  (b) Ist A der Fußpunkt des Lotes von P auf die Achse a, so ist $\sphericalangle P'AP = \alpha$, dem festen Scherungswinkel.

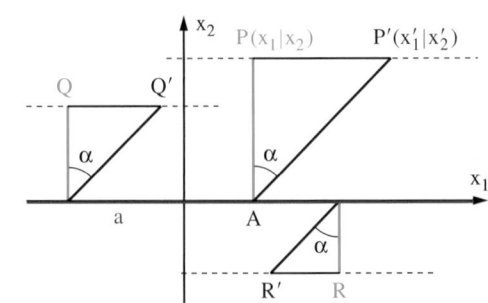

Fig. 6

Ist die x_1-Achse die Scherungsachse a, so bedeutet die Bedingung „PP′ ist parallel zu a":
$x_2' = x_2$. Aus $\alpha = \sphericalangle\,P'AP$ folgt: $\frac{x_1' - x_1}{x_2} = \tan(\alpha)$. Setzt man $t = \tan(\alpha)$, so ergeben sich die
Abbildungsgleichungen: $\begin{cases} x_1' = x_1 + t\,x_2 \\ x_2' = \qquad x_2 \end{cases}$

Bei einer Scherung wird jeder Punkt der Achse auf sich selbst abgebildet. Punkte, die bei einer geometrischen Abbildung auf sich selbst abgebildet werden, nennt man **Fixpunkte** der Abbildung. Eine Gerade, die aus Fixpunkten einer Abbildung besteht, nennt man eine **Fixpunktgerade**.
Bei einer Scherung wird jeder Punkt einer zur Achse parallelen Geraden auf einen (anderen) Punkt dieser Geraden abgebildet. Man sagt: Die Gerade wird auf sich selbst abgebildet, und man nennt eine solche Gerade eine **Fixgerade**.

Beispiel 1: (Berechnen von Bildpunkten und Bildgeraden)
Eine geometrische Abbildung ist durch die Abbildungsgleichungen $\begin{cases} x_1' = 2\,x_1 - x_2 \\ x_2' = 3\,x_1 + 4\,x_2 \end{cases}$ gegeben.
a) Berechnen Sie die Koordinaten des Bildpunktes von $A\,(5\,|\,7)$.
b) Bestimmen Sie das Bild der Geraden $g: \vec{x} = \begin{pmatrix} 1 \\ 2 \end{pmatrix} + t \begin{pmatrix} -3 \\ 1 \end{pmatrix}$ rechnerisch.
Lösung:
a) Man muss die Koordinaten von A in die „rechten Seiten" der Abbildungsgleichungen einsetzen und erhält so die Koordinaten a_1' und a_2' des Bildpunktes A′ von A.
Also $a_1' = 2 \cdot 5 - 7 = 3$ und $a_2' = 3 \cdot 5 + 4 \cdot 7 = 43$. Also $A'(3\,|\,43)$.
b) Ein Punkt P auf g hat die Koordinaten $p_1 = 1 - 3\,t$ und $p_2 = 2 + t$.
Der Bildpunkt P′ hat die Koordinaten
$p_1' = 2\,p_1 - p_2 = 2(1 - 3\,t) - (2 + t) = -7\,t$ und
$p_2' = 3\,p_1 + 4\,p_2 = 3(1 - 3\,t) + 4(2 + t) = 11 - 5\,t$.
Also $g': \vec{x'} = \begin{pmatrix} 0 \\ 11 \end{pmatrix} + t \begin{pmatrix} -7 \\ -5 \end{pmatrix}$.

Die in Beispiel 2 angegebene Abbildung ist eine Abbildung, die nicht jede Gerade auf eine Gerade abbildet. Die Bilder von zur x_1-Achse parallelen Geraden sind Parabeln.

Beispiel 2: (Fixpunkte und Fixgeraden)
Gegeben ist die durch die Abbildungsgleichungen $\begin{cases} x_1' = x_1 \\ x_2' = x_1^2 + x_2 \end{cases}$ definierte Abbildung.

a) Bestimmen Sie die Fixpunkte der Abbildung.
b) Zeigen Sie, dass alle zur x_2-Achse parallelen Geraden Fixgeraden sind.
c) Zeigen Sie: Es gibt keine weiteren Fixgeraden.
Lösung:
a) Ein Punkt $P(x_1\,|\,x_2)$ ist Fixpunkt, wenn er gleich seinem Bildpunkt $P'(x_1'\,|\,x_2')$ ist. Für einen Fixpunkt muss also gelten $x_1' = x_1$ und $x_2' = x_2$.
Aus $x_2' = x_1^2 + x_2$ folgt damit: $x_1^2 = 0$, also $x_1 = 0$.
Alle Punkte der x_2-Achse sind Fixpunkte; die x_2-Achse ist also Fixpunktgerade.
b) Eine Parameterdarstellung einer zur x_2-Achse parallelen Geraden g ist
$g: \vec{x} = \begin{pmatrix} a \\ 0 \end{pmatrix} + t \begin{pmatrix} 0 \\ b \end{pmatrix}$. $\begin{cases} x_1' = x_1 \\ x_2' = x_1^2 + x_2 \end{cases}$ ergibt als Bildgerade $g': \vec{x'} = \begin{pmatrix} a \\ a^2 \end{pmatrix} + t \begin{pmatrix} 0 \\ b \end{pmatrix}$.
Der Punkt $(a\,|\,a^2)$ hat die x_1-Koordinate a, liegt also auf g. Die Richtungsvektoren von g und g′ stimmen überein, also $g = g'$ und damit ist g eine Fixgerade.
c) Eine weitere Fixgerade würde die x_2-Achse in einem Fixpunkt $P(0\,|\,p)$ und die zur x_2-Achse parallele Gerade durch $(1\,|\,0)$ in einem Punkt $Q(1\,|\,q)$ schneiden; sie hätte also die Steigung $q - p$.
Die Bildgerade müsste durch die Punkte P und $Q'(1\,|\,1 + q)$ verlaufen; sie hätte also die Steigung $(1 + q) - p = 1 + (q - p)$ und ist damit von $q - p$ verschieden.

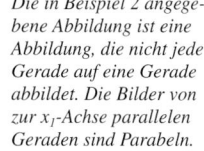

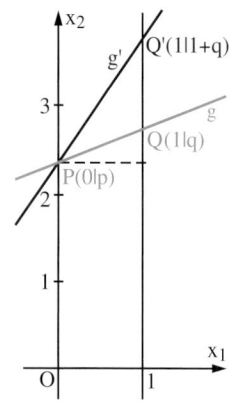

295

Aufgaben

2 Berechnen Sie die Bildpunkte von A $(-3|5)$, B $(2|11)$, C $(4|6)$ bei der

a) Verschiebung $\begin{pmatrix} -2 \\ 7 \end{pmatrix}$,

b) Spiegelung an der x_2-Achse,

c) Drehung um O um $180°$,

d) Drehung um O um $135°$,

e) zentrischen Streckung von O aus mit dem Streckfaktor 5,

f) Spiegelung an der Winkelhalbierenden zwischen der x_1- und der x_2-Achse.

3 Eine Scherung mit der x_1-Achse als Scherungsachse bildet P $(2|3)$ auf P′ $(5|3)$ ab.
a) Konstruieren Sie die Bildpunkte von Q $(4|5)$, R $(-2|8)$ und S $(3|-4)$.
b) Stellen Sie die Abbildungsgleichungen der Scherung auf. Kontrollieren Sie das Ergebnis aus a) durch Rechnung.

4 Bestimmen Sie die Abbildungsgleichungen einer Scherung an der x_2-Achse mit dem Scherungswinkel $45°$.

5 Eine Scherung mit der x_2-Achse als Scherungsachse bildet P $(2|0)$ auf P′ $(2|5)$ ab.
a) Konstruieren Sie die Bildpunkte von Q $(3|-2)$ und R $(-3|0)$.
b) Stellen Sie die Abbildungsgleichungen der Scherung auf. Kontrollieren Sie das Ergebnis aus a) durch Rechnung.

6 Gegeben ist eine geometrische Abbildung mit den Gleichungen

$$\begin{cases} x_1' = x_1 + r\,x_2 \\ x_2' = x_2 \end{cases} \quad (r \neq 0).$$

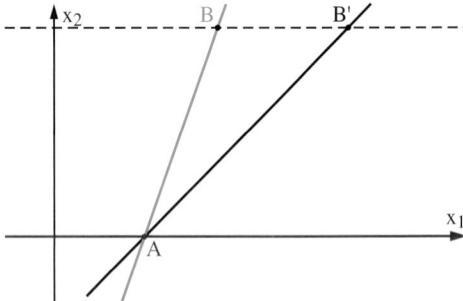

Fig. 1

a) Begründen Sie, dass es sich um eine Scherung mit der x_1-Achse als Achse a handelt. Zeigen Sie dazu:
– die x_1-Achse ist eine Fixpunktgerade,
– für jeden Punkt P $(p_1|p_2)$ mit $p_2 \neq 0$ ist die Größe des Winkels $\sphericalangle$ P′AP mit A $(p_1|0)$ unabhängig von den Koordinaten von P.
b) Zeigen Sie: Liegt ein Punkt P auf der Geraden durch A $(a_1|0)$ und B $(b_1|b_2)$, dann liegt sein Bildpunkt P′ auf der Geraden durch A′ = A und B′ (Fig. 1).

7 Durch die Abbildungsgleichungen ist eine Abbildung definiert. Bestimmen Sie die Fixpunkte und Fixgeraden der Abbildung mit den Gleichungen

a) $\begin{cases} x_1' = x_2 \\ x_2' = x_1 + x_2 \end{cases}$

b) $\begin{cases} x_1' = 2x_1 + x_2 \\ x_2' = x_1 \end{cases}$

c) $\begin{cases} x_1' = 4x_2 \\ x_2' = 9x_1 \end{cases}$

Die in Aufgabe 8 e entstehende Kurve wurde in einem anderen Zusammenhang zuerst intensiv von der Mathematikerin MARIA AGNESI untersucht. Sie wird daher als AGNESI-Kurve bezeichnet.
MARIA AGNESI (1718–1799) wurde 1750 zur Professorin für Mathematik an die Universität Bologna berufen. Sie war, soweit heute bekannt, die erste Frau, die als Professorin Vorlesungen zur Mathematik an einer Universität hielt.

8 Eine Abbildung ist durch die Gleichungen $\begin{cases} x_1' = \frac{1}{1+x_1^2} \\ x_2' = \phantom{\frac{1}{1+}} x_2 \end{cases}$ definiert.

a) Welche Punkte der Ebene sind bei dieser Abbildung Bildpunkte?
b) Begründen Sie, dass eine zur x_2-Achse parallele Gerade auf eine zur x_2-Achse parallele Gerade abgebildet wird.
c) Begründen Sie, dass es eine zur x_2-Achse parallele Fixpunktgerade gibt.
d) Bestimmen Sie das Bild einer zur x_1-Achse parallelen Geraden.
e) Skizzieren Sie das Bild der Winkelhalbierenden zwischen der x_1- und der x_2-Achse, indem Sie die Bildpunkte von mindestens 10 Punkten in ein Koordinatensystem zeichnen.

2 Affine Abbildungen

1 a) Durch welche Abbildung α wird das Dreieck ABC auf das Dreieck A′B′C′ abgebildet?

b) Welche Abbildung bildet das Dreieck A′B′C′ auf das Dreieck ABC ab?

c) Bestimmen Sie das Bild der Geraden AB.

d) Auf welchen Punkt wird der Mittelpunkt der Strecke $\overline{AB}$ abgebildet?

e) Können sich die Bilder zweier zueinander paralleler Geraden schneiden?

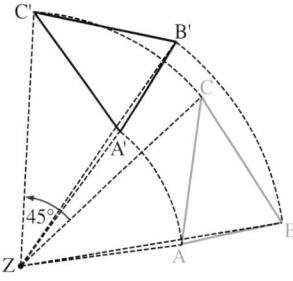

Fig. 1

Viele der geometrischen Abbildungen, die Sie kennen, haben folgende Eigenschaften:

Sie sind **geradentreu**, d. h. sie bilden Geraden auf Geraden ab.

Sie sind **umkehrbar**, d. h. zu jedem Bildpunkt gibt es genau einen Punkt als Urbild.

Sie sind **parallelentreu**, d. h. sie bilden zueinander parallele Geraden auf zueinander parallele Geraden ab.

Sie sind **teilverhältnistreu**, d. h.: Wenn ein Punkt T eine Strecke $\overline{AB}$ im Verhältnis t teilt, so teilt auch sein Bildpunkt T′ die Bildstrecke $\overline{A'B'}$ im Verhältnis t.

Geradentreue umkehrbare Abbildungen sind auch parallelentreu und teilverhältnistreu (vgl. Satz 1). Daher legt man fest:

„Affinität" bedeutet so viel wie Nähe, Verwandtschaft: Betrachten Sie dazu Fig. 2: Das Bild eines Parallelogramms ist wieder ein Parallelogramm. Kongruenzabbildungen und Ähnlichkeitsabbildungen sind Beispiele für affine Abbildungen.

> **Definition:** Eine geradentreue und umkehrbare geometrische Abbildung der Ebene auf sich nennt man eine **affine Abbildung** oder **Affinität**.

Aus der Umkehrbarkeit einer geradentreuen Abbildung folgt ihre Parallelentreue. Hätten nämlich die Bilder zweier (verschiedener) paralleler Geraden einen Schnittpunkt, dann hätte dieser Schnittpunkt zwei Urbilder.

Aufgrund der Parallelentreue bildet jede affine Abbildung Parallelogramme auf Parallelogramme ab. Damit wird der Mittelpunkt einer Strecke $\overline{AB}$ auf den Mittelpunkt der Bildstrecke $\overline{A'B'}$ abgebildet (Fig. 2). Man kann (mithilfe einer Intervallschachtelung) hieraus folgern, dass eine affine Abbildung teilverhältnistreu ist.

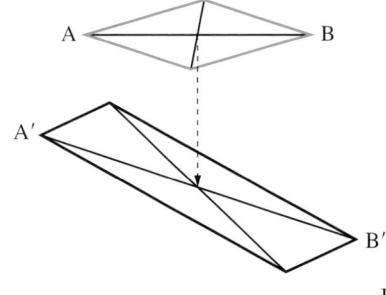

Fig. 2

> **Satz 1:** Affine Abbildungen sind parallelentreu und teilverhältnistreu.

Zentrische Streckungen sind Beispiele für affine Abbildungen, die nicht längentreu sind. Scherungen sind Beispiele für affine Abbildungen, die nicht winkeltreu sind.

Um eine affine Abbildung zu beschreiben, genügt es, von einem Dreieck ABC das Bilddreieck A′B′C′ anzugeben, und zwar so, dass A auf A′, B auf B′ und C auf C′ abgebildet wird, denn es gilt

Satz 2: Jede affine Abbildung ist festgelegt durch die Angabe von drei Punkten A, B, C und ihren Bildpunkten A′, B′, C′. Dabei dürfen allerdings die Punkte A, B, C und die Punkte A′, B′, C′ nicht auf einer Geraden liegen.

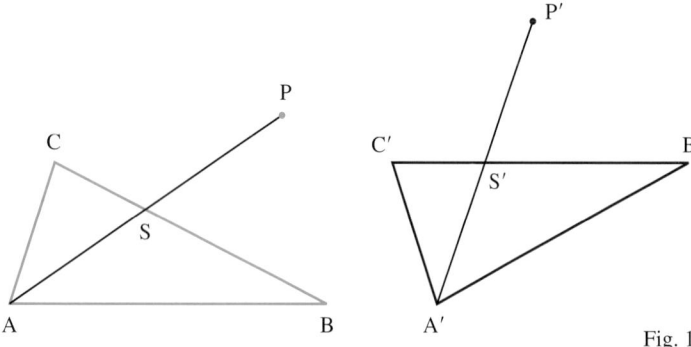

Beweis von Satz 2:
Voraussetzung: Eine affine Abbildung bildet die Ecken A, B, C eines Dreiecks auf A′, B′ bzw. C′ ab.
Behauptung: Die Abbildung ist damit festgelegt, d.h. für jeden Punkt P ist der Bildpunkt P′ bestimmt.
Beweis: Man wählt eine Ecke des Dreiecks, z.B. A, so, dass die Gerade durch A und P die Gerade durch B und C schneidet (Fig. 1). Der Schnittpunkt S teilt die Strecke $\overline{BC}$ in einem Verhältnis s.

Fig. 1

Die affine Abbildung ist teilverhältnistreu. Der Bildpunkt S′ teilt die Bildstrecke $\overline{B'C'}$ ebenfalls im Verhältnis s. Der Punkt P teilt die Strecke $\overline{AS}$ im Verhältnis t. Damit ist der Punkt, der $\overline{A'S'}$ im Verhältnis t teilt, der Bildpunkt P′.

Beispiel: (Konstruktion von Bildpunkten)
Eine affine Abbildung α bildet das Dreieck ABC mit A (1|1), B (10|1), C (4|5) auf das Dreieck A′B′C′ mit A′ = A, B′ = B und C′(7|7) ab.
Konstruieren Sie die Bildpunkte von D (6|2) und E (6|5) und begründen Sie jeweils Ihre Konstruktion.
Lösung:

Strategie zur Konstruktion eines Bildpunktes eines Punktes P:
Man betrachtet zwei Geraden durch P, deren Bildgeraden man bestimmen kann. Der Schnittpunkt der Bildgeraden ist der gesuchte Bildpunkt.

Die Punkte A und B sind Fixpunkte; α ist geradentreu und teilverhältnistreu; also ist die Gerade AB eine Fixpunktgerade.
Die Gerade g_1 = CD schneidet die Gerade AB in einem Fixpunkt S. Der Punkt C wird auf C′ abgebildet, also ist die Bildgerade g_1' = SC′.
α ist parallelentreu, deshalb wird die Parallele g_2 zu AC durch D, die AB im Fixpunkt T schneidet, auf eine Parallele g_2' zu AC′ durch T abgebildet. Der Schnittpunkt von g_1' und g_2' ist D′.
h_1 = CE ist parallel zu AB, also wird h_1 auf die Parallele h_1' zu AB durch C′ abgebildet.
Die Parallele h_2 zu AC durch E, die AB im Fixpunkt R schneidet, wird auf die Parallele h_2' zu AC′ durch R abgebildet. Der Schnittpunkt von h_1' und h_2' ist E′.

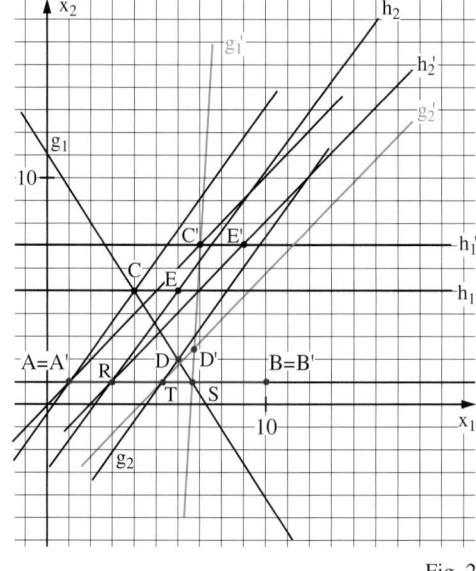

Fig. 2

Aufgaben

2 Was lässt sich bei einer nicht näher bekannten affinen Abbildung über die Bildfigur der folgenden Figur sagen?
a) Quadrat   b) Rechteck
c) Raute   d) Parallelogramm
e) Trapez   f) Drachen
g) gleichseitiges Dreieck

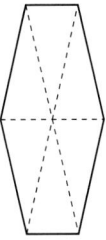 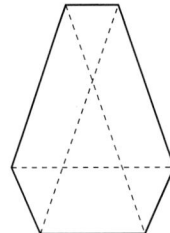

3 Warum gibt es keine affine Abbildung, die eines der Sechsecke von Fig. 1 auf das andere abbildet?

Fig. 1

4 Den folgenden Figuren liegt jeweils eine affine Abbildung zugrunde. Bestimmen Sie die gesuchten Punkte und Geraden. Begründen Sie Ihre Antworten.

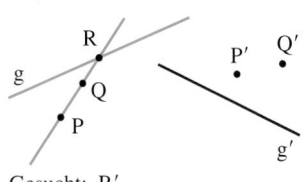 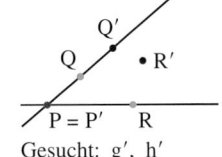 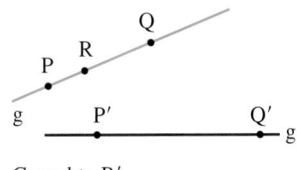

Gesucht: R′   Gesucht: g′, h′   Gesucht: R′

Fig. 2

5 a) Begründen Sie: Eine affine Abbildung bildet den Schwerpunkt eines Dreiecks auf den Schwerpunkt des Bilddreiecks ab.
b) Bildet eine affine Abbildung den Umkreismittelpunkt eines Dreiecks auf den Umkreismittelpunkt des Bilddreiecks ab?

6 Bei einer affinen Abbildung wird jeder Punkt der x_1-Achse auf sich abgebildet und $P(2|3)$ auf $P'(4|7)$. Konstruieren Sie
a) das Bild der Geraden durch $A(8|0)$ und P   b) das Bild der Geraden durch P und P′
c) den Bildpunkt Q′ von $Q(4|2)$ d) die Bildpunkte von $R(0|4)$ und $S(6|-2)$
Begründen Sie jeweils Ihre Konstruktion.

7 Ersetzen Sie in Aufgabe 6 den Punkt P′ durch $P'(7|3)$. Führen Sie damit die in Aufgabe 6 verlangten Konstruktionen durch und begründen Sie diese.

8 Eine affine Abbildung α bildet $O(0|0)$ auf $O'(2|1)$, $E_1(1|0)$ auf $E_1'(4|2)$ und $E_2(0|1)$ auf $E_2'(3|3)$ ab. Konstruieren Sie das Bild
a) der Punkte $P(1|1)$, $Q\left(\frac{1}{2}|1\right)$ und $R\left(\frac{3}{2}|\frac{3}{2}\right)$,   b) der Geraden OQ und E_2P,
c) des Schnittpunktes S von OQ und E_2P,   d) der Punkte $T_1\left(\frac{3}{2}|3\right)$ und $T_2(2|4)$,
e) der Punkte $X\left(2|\frac{5}{2}\right)$ und $Y\left(\frac{3}{2}|2\right)$.

9 Eine Abbildung α bildet $P(2|4)$ auf $P'(5|6)$, $Q(6|10)$ auf $Q'(7|12)$, $R(1|5)$ auf $R'(4|5)$ und $S(9|7)$ auf $S'(3|4)$ ab.
Begründen Sie, dass es sich nicht um eine affine Abbildung handeln kann.

3 Darstellung affiner Abbildungen mithilfe von Matrizen

1 Eine affine Abbildung bildet O auf $O'(1|2)$, $E_1(1|0)$ auf $E_1'(3|1)$ und $E_2(0|1)$ auf $E_2'(5|3)$ ab. Bestimmen Sie die Koordinaten der Bildpunkte von
a) $A(2|0)$;   b) $B(1|1)$;   c) $C(4|5)$.

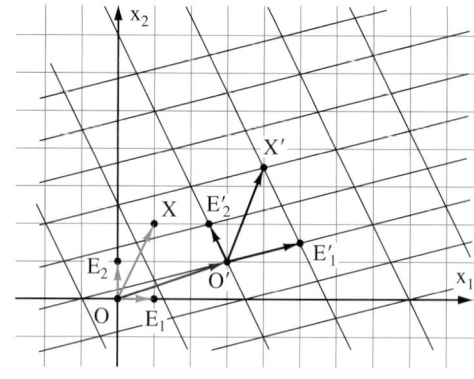

Fig. 1

Bei einer affinen Abbildung lassen sich die Koordinaten von Bildpunkten einfach berechnen, denn:

Eine affine Abbildung ist parallelentreu, daher wird das (in Fig. 1) blaue Koordinatengitter in ein Parallelogrammgitter (in Fig. 1 lila) abgebildet.

Eine affine Abbildung ist teilverhältnistreu, daher wird der Punkt X mit dem Ortsvektor $\vec{x} = x_1 \begin{pmatrix} 1 \\ 0 \end{pmatrix} + x_2 \begin{pmatrix} 0 \\ 1 \end{pmatrix}$ auf den Punkt X′ mit

dem Ortsvektor

$$\vec{x'} = \overrightarrow{OO'} + x_1 \overrightarrow{O'E_1'} + x_2 \overrightarrow{O'E_2'}$$

abgebildet. Mit $\overrightarrow{O'E_1'} = \vec{a} = \begin{pmatrix} a_1 \\ a_2 \end{pmatrix}$; $\overrightarrow{O'E_2'} = \vec{b} = \begin{pmatrix} b_1 \\ b_2 \end{pmatrix}$ und $\overrightarrow{OO'} = \vec{c} = \begin{pmatrix} c_1 \\ c_2 \end{pmatrix}$ erhält man die

Koordinatendarstellung einer affinen Abbildung $\begin{cases} x_1' = a_1 x_1 + b_1 x_2 + c_1 \\ x_2' = a_2 x_1 + b_2 x_2 + c_2 \end{cases}$.

Eine andere Darstellung erhält man, wenn man die Zahlen a_1, a_2, b_1, b_2 in einer Matrix

$A = \begin{pmatrix} a_1 & b_1 \\ a_2 & b_2 \end{pmatrix}$ zusammenfasst. Man definiert für einen Vektor $\vec{x} = \begin{pmatrix} x_1 \\ x_2 \end{pmatrix}$ das

Produkt der Matrix A mit dem Vektor $\vec{x}$ durch $A \cdot \vec{x} = \begin{pmatrix} a_1 & b_1 \\ a_2 & b_2 \end{pmatrix} \cdot \begin{pmatrix} x_1 \\ x_2 \end{pmatrix} = \begin{pmatrix} a_1 x_1 + b_1 x_2 \\ a_2 x_1 + b_2 x_2 \end{pmatrix}$.

Betrachtet man die Zeilen der Matrix A als Vektoren, so ist die k-te Komponente des „Produktvektors" das Skalarprodukt aus der k-ten Zeile der Matrix und dem Vektor.

Mit diesen Vereinbarungen erhält man die

Matrixdarstellung einer affinen Abbildung:

Jede affine Abbildung α ist durch eine Matrix $A = \begin{pmatrix} a_1 & b_1 \\ a_2 & b_2 \end{pmatrix}$ und einen Vektor $\vec{c} = \begin{pmatrix} c_1 \\ c_2 \end{pmatrix}$ festgelegt.

Für einen Punkt X mit dem Ortsvektor $\vec{x} = \begin{pmatrix} x_1 \\ x_2 \end{pmatrix}$ und seinen Bildpunkt X′ mit dem Ortsvektor

$\vec{x'} = \begin{pmatrix} x_1' \\ x_2' \end{pmatrix}$ gilt:

$$\vec{x'} = A \cdot \vec{x} + \vec{c} \text{ bzw. } \begin{pmatrix} x_1' \\ x_2' \end{pmatrix} = \begin{pmatrix} a_1 & b_1 \\ a_2 & b_2 \end{pmatrix} \cdot \begin{pmatrix} x_1 \\ x_2 \end{pmatrix} + \begin{pmatrix} c_1 \\ c_2 \end{pmatrix},$$

$$\text{bzw. } \begin{cases} x_1' = a_1 x_1 + b_1 x_2 + c_1 \\ x_2' = a_2 x_1 + b_2 x_2 + c_2 \end{cases}.$$

Man schreibt kurz:
$\alpha: \vec{x'} = A \cdot \vec{x} + \vec{c}$

Beachten Sie:

a) Es gilt $\vec{a} = \begin{pmatrix} a_1 \\ a_2 \end{pmatrix} = \overrightarrow{O'E_1'}$, $\vec{b} = \begin{pmatrix} b_1 \\ b_2 \end{pmatrix} = \overrightarrow{O'E_2'}$ und $\vec{c} = \overrightarrow{OO'}$. Die Vektoren $\vec{a}$ und $\vec{b}$ bilden die

„Spaltenvektoren" der Matrix A. Also kann man aus der Matrixdarstellung sofort die Bilder des Ursprungs O und der Punkte $E_1(1|0)$ und $E_2(0|1)$ berechnen. Umgekehrt erhält man die Matrix A und den Vektor $\vec{c}$ aus den Bildern von O, E_1 und E_2.

Im Fall $\vec{c} = \vec{o}$ sagt man auch kurz:
Die Spalten der Matrix A sind die „Bilder" der Einheitsvektoren.

b) Ist $\vec{c} = \vec{o}$, so stimmen die Spalten der Matrix A mit den Ortsvektoren der Bilder von $E_1(1|0)$ und $E_2(0|1)$ überein.

Betrachtet wird eine affine Abbildung α mit dem Fixpunkt O und der zugehörigen Matrix A. Wenn für den Ortsvektor $\vec{r}$ eines Punktes R gilt: $\vec{r} = a\vec{p} + b\vec{q}$, dann gilt für den Ortsvektor $\vec{r'}$ des Bildpunktes R': $\vec{r'} = a(A \cdot \vec{p}) + b(A \cdot \vec{q})$.
Dies folgt aus dem

Satz: Gegeben ist eine Matrix A und ein Vektor $\vec{x} = a\vec{v} + b\vec{w}$. Dann gilt:
$$A \cdot \vec{x} = A \cdot (a\vec{v} + b\vec{w}) = a(A \cdot \vec{v}) + b(A \cdot \vec{w}).$$

Beweis:
Man berechnet $A \cdot (a\vec{v} + b\vec{w})$ für $A = \begin{pmatrix} a_1 & b_1 \\ a_2 & b_2 \end{pmatrix}$, $\vec{v} = \begin{pmatrix} v_1 \\ v_2 \end{pmatrix}$ und $\vec{w} = \begin{pmatrix} w_1 \\ w_2 \end{pmatrix}$:

$$A \cdot (a\vec{v} + b\vec{w}) = \begin{pmatrix} a_1 & b_1 \\ a_2 & b_2 \end{pmatrix} \cdot \left(a\begin{pmatrix} v_1 \\ v_2 \end{pmatrix} + b\begin{pmatrix} w_1 \\ w_2 \end{pmatrix} \right)$$

$$= \begin{pmatrix} a_1 & b_1 \\ a_2 & b_2 \end{pmatrix} \cdot \begin{pmatrix} av_1 + bw_1 \\ av_2 + bw_2 \end{pmatrix} = \begin{pmatrix} a_1(av_1 + bw_1) + b_1(av_2 + bw_2) \\ a_2(av_1 + bw_1) + b_2(av_2 + bw_2) \end{pmatrix}$$

$$= \begin{pmatrix} a(a_1 v_1 + b_1 v_2) + b(a_1 w_1 + b_1 w_2) \\ a(a_2 v_1 + b_2 v_2) + b(a_2 w_1 + b_2 w_2) \end{pmatrix} = a\begin{pmatrix} a_1 & b_1 \\ a_2 & b_2 \end{pmatrix} \cdot \begin{pmatrix} v_1 \\ v_2 \end{pmatrix} + b\begin{pmatrix} a_1 & b_1 \\ a_2 & b_2 \end{pmatrix} \cdot \begin{pmatrix} w_1 \\ w_2 \end{pmatrix}$$

$$= a(A \cdot \vec{v}) + b(A \cdot \vec{w}).$$

Das Bild einer Geraden unter einer affinen Abbildung $\alpha: \vec{x'} = A \cdot \vec{x} + \vec{c}$ kann man rechnerisch so bestimmen:
Für das Bild g' der Geraden g: $\vec{x} = \vec{p} + r\vec{v}$ gilt nach dem obigen Satz:
g': $\vec{x} = A \cdot \vec{p} + r(A \cdot \vec{v}) + \vec{c}$.

Beispiel 1: (Berechnen von Bildpunkten und Bildgeraden)
Gegeben ist die affine Abbildung $\alpha: \vec{x'} = \begin{pmatrix} 1 & 3 \\ 6 & -4 \end{pmatrix} \cdot \vec{x} + \begin{pmatrix} -5 \\ 8 \end{pmatrix}$.

a) Berechnen Sie die Koordinaten des Bildes des Punktes $P(3|4)$.

b) Bestimmen Sie eine Gleichung der Bildgeraden g' von g: $\vec{x} = \begin{pmatrix} 5 \\ -3 \end{pmatrix} + r\begin{pmatrix} 2 \\ 1 \end{pmatrix}$.

Lösung:
a) Für den Ortsvektor $\vec{p'}$ des Bildes P' von P gilt:

$$\vec{p'} = \begin{pmatrix} 1 & 3 \\ 6 & -4 \end{pmatrix} \cdot \begin{pmatrix} 3 \\ 4 \end{pmatrix} + \begin{pmatrix} -5 \\ 8 \end{pmatrix} = \begin{pmatrix} 1 \cdot 3 + 3 \cdot 4 \\ 6 \cdot 3 - 4 \cdot 4 \end{pmatrix} + \begin{pmatrix} -5 \\ 8 \end{pmatrix} = \begin{pmatrix} 15 \\ 2 \end{pmatrix} + \begin{pmatrix} -5 \\ 8 \end{pmatrix} = \begin{pmatrix} 10 \\ 10 \end{pmatrix}.$$

Also $P'(10|10)$.

b) Für die Bildgerade g' von g und $A = \begin{pmatrix} 1 & 3 \\ 6 & -4 \end{pmatrix}$ gilt:

$$g': \vec{x} = A \cdot \begin{pmatrix} 5 \\ -3 \end{pmatrix} + r\left(A \cdot \begin{pmatrix} 2 \\ 1 \end{pmatrix} \right) + \begin{pmatrix} -5 \\ 8 \end{pmatrix} = \begin{pmatrix} 1 & 3 \\ 6 & -4 \end{pmatrix} \cdot \begin{pmatrix} 5 \\ -3 \end{pmatrix} + r \cdot \begin{pmatrix} 1 & 3 \\ 6 & -4 \end{pmatrix} \cdot \begin{pmatrix} 2 \\ 1 \end{pmatrix} + \begin{pmatrix} -5 \\ 8 \end{pmatrix}$$

$$= \begin{pmatrix} 1 \cdot 5 + 3 \cdot (-3) \\ 6 \cdot 5 + (-4) \cdot (-3) \end{pmatrix} + r \cdot \begin{pmatrix} 1 \cdot 2 + 3 \cdot 1 \\ 6 \cdot 2 + (-4) \cdot 1 \end{pmatrix} + \begin{pmatrix} -5 \\ 8 \end{pmatrix} = \begin{pmatrix} -4 \\ 42 \end{pmatrix} + r\begin{pmatrix} 5 \\ 8 \end{pmatrix} + \begin{pmatrix} -5 \\ 8 \end{pmatrix} = \begin{pmatrix} -9 \\ 50 \end{pmatrix} + r \cdot \begin{pmatrix} 5 \\ 8 \end{pmatrix}$$

301

Beispiel 2: (Matrixdarstellung einer affinen Abbildung)

Bestimmen Sie jeweils die Matrixdarstellung der affinen Abbildung α:

a) α bildet $O(0|0)$ auf $O'(2|6)$, $E_1(1|0)$ auf $E_1'(8|3)$ und $E_2(0|1)$ auf $E_2'(-2|7)$ ab.

b) α bildet O auf O, $P\left(-\frac{5}{2}\Big|\frac{3}{2}\right)$ auf $P'(0|2)$ und $Q(2|-1)$ auf $Q'(2|1)$ ab.

Lösung:

a) Es gilt $\overrightarrow{OO'} = \begin{pmatrix} 2 \\ 6 \end{pmatrix}$, $\overrightarrow{O'E_1'} = \overrightarrow{e_1'} - \overrightarrow{o'} = \begin{pmatrix} 6 \\ -3 \end{pmatrix}$ und $\overrightarrow{O'E_2'} = \overrightarrow{e_2'} - \overrightarrow{o'} = \begin{pmatrix} -4 \\ 1 \end{pmatrix}$.

Also $\alpha: \overrightarrow{x'} = \begin{pmatrix} 6 & -4 \\ -3 & 1 \end{pmatrix} \cdot \overrightarrow{x} + \begin{pmatrix} 2 \\ 6 \end{pmatrix}$.

b) Es müssen die Bilder von $E_1(1|0)$ und $E_2(0|1)$ bestimmt werden. Dazu stellt man die zugehörigen Ortsvektoren $\overrightarrow{e_1}$ und $\overrightarrow{e_2}$ als Linearkombination der Ortsvektoren $\overrightarrow{p}$ und $\overrightarrow{q}$ der Punkte P und Q dar.

Der Ansatz $\overrightarrow{e_1} = a\overrightarrow{p} + b\overrightarrow{q}$ liefert das Gleichungssystem $\begin{cases} 1 = -\frac{5}{2}a + 2b \\ 0 = \frac{3}{2}a - b \end{cases}$.

Hieraus folgt $a = 2$ und $b = 3$. Aus $\overrightarrow{e_2} = c\overrightarrow{p} + d\overrightarrow{q}$ folgt $c = 4$ und $d = 5$.

Es gilt also $\alpha: \overrightarrow{e_1'} = 2\overrightarrow{p'} + 3\overrightarrow{q'} = \begin{pmatrix} 0 \\ 4 \end{pmatrix} + \begin{pmatrix} 6 \\ 3 \end{pmatrix} = \begin{pmatrix} 6 \\ 7 \end{pmatrix}$ und $\alpha: \overrightarrow{e_2'} = 4\overrightarrow{p} + 5\overrightarrow{p} = \begin{pmatrix} 10 \\ 13 \end{pmatrix}$.

Die Matrixdarstellung ist daher $\alpha: \overrightarrow{x'} = \begin{pmatrix} 6 & 10 \\ 7 & 13 \end{pmatrix} \cdot \overrightarrow{x}$.

Aufgaben

2 Eine affine Abbildung α bildet $O(0|0)$ auf $O'(-1|2)$, $E_1(1|0)$ auf $E_1'(1|1)$ und $E_2(0|1)$ auf $E_2'(0|3)$ ab.

a) Zeichnen Sie das Gitter, auf welches das Gitter des kartesischen Koordinatensystems abgebildet wird.

b) Bestimmen Sie (an Ihrer Zeichnung) die Bildpunkte von $A(2|1)$, $B(-3|2)$, $C(1|-3)$, $D(2|2)$, $E(3|0)$ und $F(0|2)$ unter α.

3 Bestimmen Sie die Eckpunkte A', B', C' des Bilddreiecks von ABC bei der angegebenen affinen Abbildung. Zeichnen Sie die Dreiecke ABC und $A'B'C'$.

a) $A(2|4)$, $B(-2|5)$, $C(3|7)$; $\alpha: \overrightarrow{x'} = \begin{pmatrix} 2 & 5 \\ 7 & 9 \end{pmatrix} \cdot \overrightarrow{x} + \begin{pmatrix} 11 \\ 13 \end{pmatrix}$

b) $A(-2|6)$, $B(3|3)$, $C(5|-3)$; $\alpha: \overrightarrow{x'} = \begin{pmatrix} -5 & 3 \\ 2 & -2 \end{pmatrix} \cdot \overrightarrow{x} + \begin{pmatrix} 3 \\ 7 \end{pmatrix}$

c) $A(1|1)$, $B(7|1)$, $C(3|4)$; $\alpha: \overrightarrow{x'} = \begin{pmatrix} 1 & 2 \\ 0 & 1 \end{pmatrix} \cdot \overrightarrow{x} + \begin{pmatrix} 1 \\ -1 \end{pmatrix}$

4 Bestimmen Sie das Bild der Geraden g unter der affinen Abbildung α.

a) $g: \overrightarrow{x} = \begin{pmatrix} 1 \\ 2 \end{pmatrix} + r\begin{pmatrix} -2 \\ 3 \end{pmatrix}$; $\alpha: \overrightarrow{x'} = \begin{pmatrix} 2 & 1 \\ -5 & 3 \end{pmatrix} \cdot \overrightarrow{x}$

b) $g: \overrightarrow{x} = \begin{pmatrix} -4 \\ 5 \end{pmatrix} + r\begin{pmatrix} 1 \\ 1 \end{pmatrix}$; $\alpha: \overrightarrow{x'} = \begin{pmatrix} 1 & 2 \\ 0 & 1 \end{pmatrix} \cdot \overrightarrow{x} + \begin{pmatrix} 2 \\ 1 \end{pmatrix}$

c) $g: \overrightarrow{x} = \begin{pmatrix} 7 \\ 3 \end{pmatrix} + r\begin{pmatrix} -2 \\ 3 \end{pmatrix}$; $\alpha: \overrightarrow{x'} = \begin{pmatrix} 2 & -1 \\ 5 & 7 \end{pmatrix} \cdot \overrightarrow{x} + \begin{pmatrix} 2 \\ 0 \end{pmatrix}$

d) g ist die Gerade durch $P(-2|-1)$ und $Q(1|4)$; $\alpha: \overrightarrow{x'} = \begin{pmatrix} 1 & -2 \\ 3 & 4 \end{pmatrix} \cdot \overrightarrow{x} + \begin{pmatrix} 1 \\ -2 \end{pmatrix}$

e) g ist die Gerade durch $P(3|1)$ und $Q(-7|6)$; $\alpha: \overrightarrow{x'} = \begin{pmatrix} 2 & 1 \\ -1 & -2 \end{pmatrix} \cdot \overrightarrow{x} + \begin{pmatrix} 1 \\ 1 \end{pmatrix}$

5   Bestimmen Sie jeweils rechnerisch das Bild der Geraden g unter der Abbildung $\alpha: \overrightarrow{x'} = \begin{pmatrix} 1 & -2 \\ 3 & 4 \end{pmatrix} \cdot \overrightarrow{x} + \begin{pmatrix} 1 \\ -2 \end{pmatrix}$.

a) g ist die x_1-Achse

b) g ist die x_2-Achse

c) g: $x_1 = x_2$

d) g ist die Gerade durch $P(2|1)$ und $Q(5|2)$

6   Eine affine Abbildung bildet $O(0|0)$ auf $O'(2|1)$, $E_1(1|0)$ auf $E_1'(4|2)$ und $E_2(0|1)$ auf $E_2'(3|3)$ ab. Stellen Sie die Abbildungsgleichungen auf, geben Sie diese auch in Matrixdarstellung an und bestimmen Sie die Bildpunkte von $P(1|1)$, $Q(0,1|1)$ und $R(1,5|1,5)$.

7   Eine affine Abbildung α bildet $O(0|0)$ auf $O(0|0)$, $P(2|4)$ auf $P'(4|2)$ und $Q(-2|5)$ auf $Q'(-3|6)$ ab.

a) Bestimmen Sie eine Matrixdarstellung für α.

b) Berechnen Sie die Eckpunkte A', B', C', D' des Bildes des Rechtecks ABCD mit $A(1|0)$, $B(5|0)$, $C(5|4)$ und $D(1|4)$. Zeichnen Sie das Rechteck ABCD und das Bildviereck in ein Koordinatensystem.

8   Bei einer affinen Abbildung wird jeder Punkt der x_1-Achse auf sich abgebildet und $P(1|4)$ auf $P'(4|1)$.

Bestimmen Sie eine Matrixdarstellung für diese Abbildung.

9   Bestimmen Sie eine Matrixdarstellung für die Scherung α.

a) Scherungsachse ist die Winkelhalbierende zwischen der x_1- und der x_2-Achse. $A(4|0)$ wird auf $A'(6|2)$ abgebildet.

b) Scherungsachse ist die Gerade $g: \overline{x} = \begin{pmatrix} 2 \\ 0 \end{pmatrix} + r\begin{pmatrix} -1 \\ 1 \end{pmatrix}$. Der Punkt $A(0|4)$ wird auf den Punkt $A'(1|3)$ abgebildet.

c) Scherungsachse ist die Gerade $g: \overline{x} = r\begin{pmatrix} 2 \\ 1 \end{pmatrix}$. Das Bild des Punktes $A(0|3)$ hat die x_1-Koordinate 4.

10   Eine affine Abbildung α hat den Fixpunkt O. Bestimmen Sie jeweils die Matrixdarstellung von α und das Bild des Dreiecks OBC mit $O(0|0)$, $B(5|0)$ und $C(0|5)$. Zeichnen Sie das Dreieck und das Bilddreieck jeweils in ein geeignetes Koordinatensystem.

a) α bildet $P(1|1)$ auf $P'(1|0)$ und $Q(0|1)$ auf $Q'(-1|1)$ ab.

b) Die Gerade g: $x_1 = x_2$ ist Fixpunktgerade von α und der Punkt $P(0|1)$ wird auf $P'(0|2)$ abgebildet.

c) Die x_1-Gerade ist Fixpunktgerade und der Punkt $P(0|1)$ wird auf $P'(2|1)$ abgebildet.

d) Jeder Punkt $P(p_1|-p_1)$ der Geraden $g: \overline{x} = r \cdot \begin{pmatrix} 1 \\ -1 \end{pmatrix}$ wird auf $P'(2p_1|-2p_1)$ abgebildet.

Die Gerade $h: \overline{x} = s \cdot \begin{pmatrix} 1 \\ 2 \end{pmatrix}$ ist Fixpunktgerade.

11   a) Welche Punkte werden durch die Abbildungsvorschrift $\alpha: \overrightarrow{x'} = \begin{pmatrix} 1 & 2 \\ 2 & 4 \end{pmatrix} \overrightarrow{x}$ auf den Ursprung abgebildet?

Tipp zu Aufgabe 11b):
Betrachten Sie die Differenz der Ortsvektoren der beiden Punkte, die auf den gleichen Punkt abgebildet werden.

b) Begründen Sie: Wenn eine durch eine Abbildungsvorschrift $\alpha: \overrightarrow{x'} = \begin{pmatrix} a & b \\ c & d \end{pmatrix} \overrightarrow{x}$ gegebene Abbildung zwei verschiedene Punkte auf den gleichen Punkt abbildet, dann bildet sie mindestens einen vom Ursprung verschiedenen Punkt auf den Ursprung ab.

c) Für welche Werte von a ist die durch $\alpha: \overrightarrow{x'} = \begin{pmatrix} 2 & 1 \\ 3 & a \end{pmatrix} \cdot \overrightarrow{x}$ definierte Abbildung eine affine Abbildung?

4 Matrixdarstellungen spezieller Kongruenz- und Ähnlichkeitsabbildungen

1 a) Begründen Sie: Bei einer Drehung um 45° mit dem Ursprung als Drehzentrum wird der Punkt $E_1(1|0)$ auf den Punkt $E_1'\left(\frac{1}{2}\sqrt{2}\,\middle|\,\frac{1}{2}\sqrt{2}\right)$ und der Punkt $E_2(0|1)$ auf den Punkt $E_2'\left(-\frac{1}{2}\sqrt{2}\,\middle|\,\frac{1}{2}\sqrt{2}\right)$ abgebildet.
b) Bestimmen Sie die Matrixdarstellung einer Drehung mit dem Ursprung als Drehzentrum und dem Drehwinkel 45°, 135° und 60°.

Zur Bestimmung der Matrixdarstellung einer affinen Abbildung benötigt man nur die Koordinaten der Bildpunkte der Punkte $O(0|0)$, $E_1(1|0)$ und $E_2(0|1)$. Diese lassen sich für Verschiebungen, zentrische Streckungen von O aus, Drehungen um O und Spiegelungen an Ursprungsgeraden leicht bestimmen.

Zur Erinnerung:
Für jeden Winkel α gilt:
$\sin(270° + \alpha) =$
$\sin(360° + (\alpha - 90°))$
$= \sin(\alpha - 90°)$
$= -\sin(90° - \alpha)$
$= -\cos(\alpha)$
und
$\cos(270° + \alpha)$
$= \cos(90° - \alpha)$
$= \sin(\alpha)$

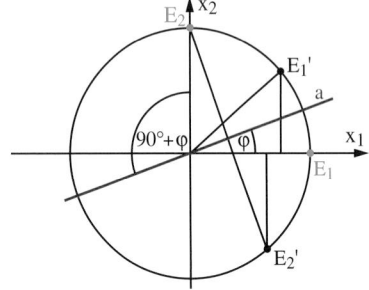

Fig. 1

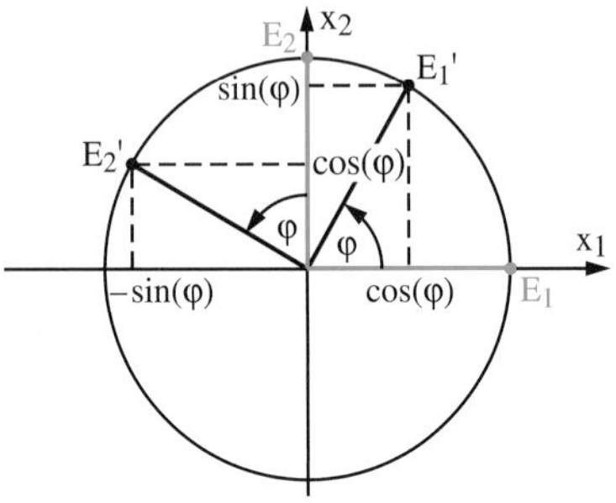

Fig. 2

Fig. 1 verdeutlicht: Bei einer Spiegelung an einer Ursprungsgeraden, die mit der x-Achse den Winkel φ einschließt, wird der Punkt $E_1(1|0)$ auf den Punkt $E_1'(\cos(2\varphi)|\sin(2\varphi))$ und der Punkt $E_2(0|1)$ auf den Punkt $E_2'(\sin(2\varphi)|-\cos(2\varphi))$ abgebildet.

Fig. 2 verdeutlicht:
Bei einer Drehung um den Ursprung um den Winkel φ wird der Punkt $E_1(1|0)$ auf den Punkt $E_1'(\cos(\varphi)|\sin(\varphi))$ und der Punkt $E_2(0|1)$ auf den Punkt $E_2'(-\sin(\varphi))|\cos(\varphi))$ abgebildet.

Bei einer zentrischen Streckung von $O(0|0)$ aus mit dem Streckfaktor k wird der Punkt $E_1(1|0)$ auf $E_1'(k|0)$ und der Punkt $E_2(0|1)$ auf $E_2'(0|k)$ abgebildet.

Diese Überlegungen liefern die folgenden Matrixdarstellungen:
Ist X ein Punkt mit dem Ortsvektor $\vec{x}$, dann gilt für den Ortsvektor $\vec{x'}$ des Bildpunktes X′ bei einer

Verschiebung um einen Vektor $\vec{v}$
$\vec{x'} = \vec{x} + \vec{v}$

zentrischen Streckung von $O(0|0)$ aus mit dem Streckfaktor k:
$\vec{x'} = \begin{pmatrix} k & 0 \\ 0 & k \end{pmatrix} \cdot \vec{x}$

Drehung um den Ursprung um einen Winkel φ:
$\vec{x'} = \begin{pmatrix} \cos(\varphi) & -\sin(\varphi) \\ \sin(\varphi) & \cos(\varphi) \end{pmatrix} \cdot \vec{x}$

Spiegelung an einer Ursprungsgeraden a, die mit der x_1-Achse einen Winkel φ einschließt:
$\vec{x'} = \begin{pmatrix} \cos(2\varphi) & \sin(2\varphi) \\ \sin(2\varphi) & -\cos(2\varphi) \end{pmatrix} \cdot \vec{x}$

Beispiel: (Matrixdarstellung einer Spiegelung)

Bestimmen Sie die Matrixdarstellung einer Spiegelung α an der Geraden $g: x_2 = 2\,x_1$.

Lösung:

Die Matrixdarstellung für die Spiegelung ist: $\overrightarrow{x'} = \begin{pmatrix} \cos(2\varphi) & \sin(2\varphi) \\ \sin(2\varphi) & -\cos(2\varphi) \end{pmatrix} \cdot \overrightarrow{x}$. Hierbei ist φ der Winkel zwischen der x_1-Achse und der Spiegelachse.

Die Steigung der Spiegelachse ist 2, daher gilt $\tan(\varphi) = 2$. Also gilt $\frac{\sin(\varphi)}{\cos(\varphi)} = 2$ und somit $\sin(\varphi) = 2\cos(\varphi)$.

Aus $\sin^2(\varphi) + \cos^2(\varphi) = 1$ folgt: $5\cos^2(\varphi) = 1$. φ liegt zwischen $0°$ und $90°$; daher liegen $\cos(\varphi)$ und $\sin(\varphi)$ zwischen 0 und 1. Es gilt also $\cos(\varphi) = \sqrt{\frac{1}{5}}$ und $\sin(\varphi) = \sqrt{\frac{4}{5}}$.

Man erhält: $\cos(2\varphi) = \cos^2(\varphi) - \sin^2(\varphi) = -\frac{3}{5}$ und $\sin(2\varphi) = 2\sin(\varphi)\cos(\varphi) = \frac{4}{5}$.

Die Matrixdarstellung ist also $\alpha: \overrightarrow{x'} = \begin{pmatrix} -\frac{3}{5} & \frac{4}{5} \\ \frac{4}{5} & \frac{3}{5} \end{pmatrix} \cdot \overrightarrow{x}$.

Aufgaben

2 Bestimmen Sie für das Dreieck ABC mit $A(-3\,|\,5)$, $B(2\,|\,11)$, $C(4\,|\,6)$ die Eckpunkte des Bilddreiecks rechnerisch und zeichnen Sie beide Dreiecke in ein Koordinatensystem bei der

a) Verschiebung um $\begin{pmatrix} -2 \\ 7 \end{pmatrix}$;
b) Drehung um O um $30°$;

c) Spiegelung an der Geraden $g: \overrightarrow{x} = r\begin{pmatrix} 1 \\ -3 \end{pmatrix}$;

d) zentrischen Streckung von O aus um den Streckfaktor $-\frac{1}{2}$.

3 Konstruieren Sie jeweils das Bild des Dreiecks ABC mit $A(1\,|\,2)$, $B(5\,|\,3)$, $C(3\,|\,5)$ bei einer Spiegelung an der Achse a und überprüfen Sie Ihre Ergebnisse durch Bestimmung der Bildpunkte, wenn gilt:

a) a ist die x_1-Achse,
b) a ist die x_2-Achse,

c) a ist die Gerade $g: x_2 = -x_1$,
d) a ist die Gerade mit $x_2 = 3\,x_1$.

4 a) Gegeben ist die Matrixdarstellung $\overrightarrow{x'} = \begin{pmatrix} \frac{12}{13} & -\frac{5}{13} \\ \frac{5}{13} & \frac{12}{13} \end{pmatrix} \cdot \overrightarrow{x}$ einer affinen Abbildung.

Weisen Sie nach, dass es sich bei der Abbildung um eine Drehung handelt, und bestimmen Sie den Drehwinkel rechnerisch. Überprüfen Sie Ihr Ergebnis an einer Zeichnung.

b) Gegeben ist ein 2×2-Matrix A. Zeigen Sie: Eine Abbildung $\alpha: \overrightarrow{x'} = A \cdot \overrightarrow{x}$ stellt genau dann eine Drehung um den Ursprung dar, wenn gilt:

$A = \begin{pmatrix} a & b \\ -b & a \end{pmatrix}$ für geeignete Zahlen a, b und $a^2 + b^2 = 1$.

5 a) Gegeben ist die Matrixdarstellung $\overrightarrow{x'} = \begin{pmatrix} -\frac{12}{13} & -\frac{5}{13} \\ -\frac{5}{13} & \frac{12}{13} \end{pmatrix} \cdot \overrightarrow{x}$ einer affinen Abbildung.

Weisen Sie nach, dass es sich bei der Abbildung um eine Spiegelung an einer Ursprungsgeraden handelt, und bestimmen Sie die Spiegelachse rechnerisch. Überprüfen Sie Ihr Ergebnis an einer Zeichnung.

b) Gegeben ist eine 2×2-Matrix A. Zeigen Sie: Eine Abbildung $\alpha: \overrightarrow{x'} = A \cdot \overrightarrow{x}$ stellt genau dann eine Spiegelung an einer Ursprungsgeraden dar, wenn gilt:

$A = \begin{pmatrix} a & b \\ b & -a \end{pmatrix}$ für geeignete Zahlen a, b und $a^2 + b^2 = 1$.

5 Verketten von affinen Abbildungen, Multiplikation von Matrizen

1 a) Der Punkt P wurde zuerst an der Geraden g gespiegelt, dann wurde sein Bildpunkt P′ an der Geraden h auf den Punkt P″ gespiegelt. Weisen Sie durch Rechnung nach, dass eine Punktspiegelung um den Schnittpunkt der beiden Geraden den Punkt P ebenfalls auf P″ abbildet.

b) Untersuchen Sie auch den Fall, dass ein Punkt nacheinander an zwei zueinander parallelen Spiegelachsen gespiegelt wird. Durch welche Abbildung kann man diese zwei Spiegelungen ersetzen?

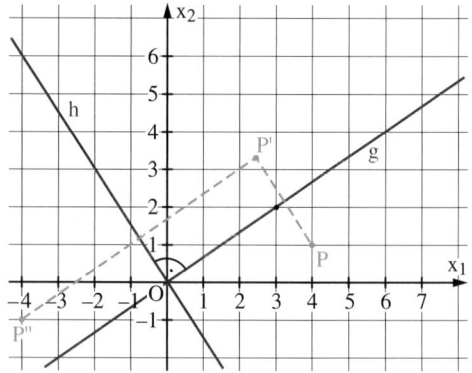

Fig. 1

Das Hintereinanderausführen von Abbildungen nennt man auch **Verketten**. Die Verkettung zweier affiner Abbildungen ist wieder eine affine Abbildung, denn Geradentreue und Umkehrbarkeit bleiben beim Verketten erhalten.

Die Matrixdarstellung einer verketteten Abbildung lässt sich berechnen, wenn man die Matrixdarstellungen der zu verkettenden Abbildungen kennt, denn:

Aus $\alpha\colon \overrightarrow{x''} = A \cdot \overrightarrow{x'} + \overrightarrow{c_\alpha} = \begin{pmatrix} a_1 & b_1 \\ a_2 & b_2 \end{pmatrix} \cdot \overrightarrow{x'} + \overrightarrow{c_\alpha}$ und $\beta\colon \overrightarrow{x'} = B \cdot \overrightarrow{x} + \overrightarrow{c_\beta} = \begin{pmatrix} u_1 & v_1 \\ u_2 & v_2 \end{pmatrix} \cdot \overrightarrow{x} + \overrightarrow{c_\beta}$ folgt

$\overrightarrow{x''} = A \cdot (B \cdot \overrightarrow{x} + \overrightarrow{c_\beta}) + \overrightarrow{c_\alpha} = A \cdot (B \cdot \overrightarrow{x}) + A \cdot \overrightarrow{c_\beta} + \overrightarrow{c_\alpha}$.

Für $A \cdot (B \cdot \overrightarrow{x})$ ergibt sich:

$$A \cdot (B \cdot \overrightarrow{x}) = A \cdot \begin{pmatrix} u_1 x_1 + v_1 x_2 \\ u_2 x_1 + v_2 x_2 \end{pmatrix} = \begin{pmatrix} a_1(u_1 x_1 + v_1 x_2) + b_1(u_2 x_1 + v_2 x_2) \\ a_2(u_1 x_1 + v_1 x_2) + b_2(u_2 x_1 + v_2 x_2) \end{pmatrix}$$

$$= \begin{pmatrix} (a_1 u_1 + b_1 u_2) x_1 + (a_1 v_1 + b_1 v_2) x_2 \\ (a_2 u_1 + b_2 u_2) x_1 + (a_2 v_1 + b_2 v_2) x_2 \end{pmatrix} = \begin{pmatrix} a_1 u_1 + b_1 u_2 & a_1 v_1 + b_1 v_2 \\ a_2 u_1 + b_2 u_2 & a_2 v_1 + b_2 v_2 \end{pmatrix} \begin{pmatrix} x_1 \\ x_2 \end{pmatrix}$$

Die Matrix der Verkettung nennt man das Produkt der Matrizen A und B.

Unter dem **Produkt $A \cdot B$ der Matrizen**

$A = \begin{pmatrix} a_1 & b_1 \\ a_2 & b_2 \end{pmatrix}$ und $B = \begin{pmatrix} u_1 & v_1 \\ u_2 & v_2 \end{pmatrix}$ versteht man also

die Matrix $A \cdot B = \begin{pmatrix} a_1 u_1 + b_1 u_2 & a_1 v_1 + b_1 v_2 \\ a_2 u_1 + b_2 u_2 & a_2 v_1 + b_2 v_2 \end{pmatrix}$.

Mithilfe des Matrizenproduktes kann man also die Abbildungsgleichung der Verkettung affiner Abbildungen (mit dem Fixpunkt O) allgemein angeben:

> **Merkregel zum Matrizenprodukt:**
> In der Produktmatrix $A \cdot B$ steht in der i-ten Zeile und j-ten Spalte das Skalarprodukt der i-ten Zeilen von A und der j-ten Spalte von B.
>
> | | $B = \begin{pmatrix} u_1 & v_1 \\ u_2 & v_2 \end{pmatrix}$ |
> |---|---|
> | $A = \begin{pmatrix} a_1 & b_1 \\ a_2 & b_2 \end{pmatrix}$ | $\begin{pmatrix} a_1 u_1 + b_1 u_2 & a_1 v_1 + b_1 v_2 \\ a_2 u_1 + b_2 u_2 & a_2 v_1 + b_2 v_2 \end{pmatrix}$ |

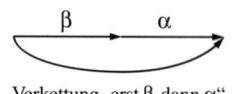

Verkettung „erst β, dann α"

> **Satz:** Sind durch $\alpha\colon \overrightarrow{x'} = A \cdot \overrightarrow{x}$ und $\beta\colon \overrightarrow{x'} = B \cdot \overrightarrow{x}$ zwei affine Abbildungen gegeben, so gilt für ihre Verkettung in der Reihenfolge „erst β, dann α":
> $$\overrightarrow{x'} = A \cdot B \cdot \overrightarrow{x}.$$

Beachten Sie:

Das Verketten von affinen Abbildungen bzw. das Multiplizieren von Matrizen ist **nicht kommutativ** (d. h. für zwei Matrizen A und B gilt nicht immer $A \cdot B = B \cdot A$). Dagegen ist das Verketten von Abbildungen assoziativ (d. h. für drei Matrizen A, B, C gilt: $A \cdot (B \cdot C) = (A \cdot B) \cdot C$).

Dies ist ein Beispiel dafür, dass das Verketten von Abbildungen bzw. die Multiplikation von Matrizen nicht kommutativ ist.

Beispiel: (Matrixdarstellung einer Verkettung)

Gegeben sind die Drehung α um 30° mit dem Ursprung als Drehzentrum und die Scherung β mit der x_1-Achse als Scherungsachse und dem Scherungswinkel 45°.

Geben Sie die Matrixdarstellung für die verkettete Abbildung an.

a) γ_1: erst α, dann β b) γ_2: erst β, dann α

Lösung:

Zu α gehört die Abbildungsmatrix $A = \begin{pmatrix} \frac{1}{2}\sqrt{3} & -\frac{1}{2} \\ \frac{1}{2} & \frac{1}{2}\sqrt{3} \end{pmatrix}$, zu β die Matrix $B = \begin{pmatrix} 1 & 1 \\ 0 & 1 \end{pmatrix}$.

a) $B \cdot A = \begin{pmatrix} 1 \cdot \frac{1}{2}\sqrt{3} + 1 \cdot \frac{1}{2} & 1 \cdot \left(-\frac{1}{2}\right) + 1 \cdot \frac{1}{2}\sqrt{3} \\ 0 \cdot \frac{1}{2}\sqrt{3} + 1 \cdot \frac{1}{2} & 0 \cdot \left(-\frac{1}{2}\right) + 1 \cdot \frac{1}{2}\sqrt{3} \end{pmatrix} = \begin{pmatrix} \frac{1}{2}(\sqrt{3} + 1) & \frac{1}{2}(-1 + \sqrt{3}) \\ \frac{1}{2} & \frac{1}{2}\sqrt{3} \end{pmatrix}$

Also gilt γ_1: $\overrightarrow{x'} = \begin{pmatrix} \frac{1}{2}(\sqrt{3} + 1) & \frac{1}{2}(-1 + \sqrt{3}) \\ \frac{1}{2} & \frac{1}{2}\sqrt{3} \end{pmatrix} \cdot \overrightarrow{x}$

b) Mit dem Matrixprodukt $A \cdot B$ erhält man γ_2: $\overrightarrow{x'} = \begin{pmatrix} \frac{1}{2}\sqrt{3} & \frac{1}{2}(\sqrt{3} - 1) \\ \frac{1}{2} & \frac{1}{2}(\sqrt{3} + 1) \end{pmatrix} \cdot \overrightarrow{x}$.

Aufgaben

2   Berechnen Sie die Matrizenprodukte $A \cdot B$ und $B \cdot A$.

a) $A = \begin{pmatrix} 6 & -1 \\ 3 & 7 \end{pmatrix}$, $B = \begin{pmatrix} -2 & 5 \\ 4 & 1 \end{pmatrix}$ b) $A = \begin{pmatrix} \frac{5}{2} & 1 \\ -1 & \frac{3}{2} \end{pmatrix}$, $B = \begin{pmatrix} 2 & -4 \\ 1 & 6 \end{pmatrix}$

3   Bestimmen Sie die Matrixdarstellungen der Verkettungen „erst α, dann β" und „erst β, dann α".

a) α: $\overrightarrow{x'} = \begin{pmatrix} 1 & 3 \\ 0 & 4 \end{pmatrix} \cdot \overrightarrow{x}$; β: $\overrightarrow{x'} = \begin{pmatrix} 0 & -1 \\ -1 & 0 \end{pmatrix} \cdot \overrightarrow{x}$ b) α: $\overrightarrow{x'} = \begin{pmatrix} 0 & 1 \\ 2 & 1 \end{pmatrix} \cdot \overrightarrow{x}$; β: $\overrightarrow{x'} = \begin{pmatrix} 2 & 0 \\ 0 & -1 \end{pmatrix} \cdot \overrightarrow{x}$

4   Bestimmen Sie jeweils eine Matrixdarstellung der Abbildungen. Berechnen Sie dann auch die Matrixdarstellung für die zusammengesetzte Abbildung. Beschreiben Sie diese Abbildung geometrisch.

a) Erst um $O(0|0)$ um 45° drehen, dann an g: $\overrightarrow{x} = r\begin{pmatrix} 1 \\ -1 \end{pmatrix}$ spiegeln.

b) Erst Streckung von O aus um den Faktor 2, dann Spiegelung an der x_2-Achse.

c) Erst Spiegelung an der x_1-Achse, dann Scherung mit der x_1-Achse als Scherungsachse und dem Scherungswinkel $\alpha = 45°$.

5   Eine affine Abbildung ist festgelegt durch die Bildpunkte der Ecken eines Dreiecks ABC.

Erläutern Sie an Fig. 1, dass man jede affine Abbildung in eine Verschiebung und eine affine Abbildung mit einem Fixpunkt zerlegen kann.

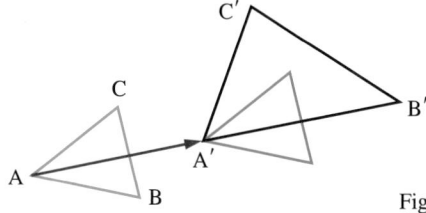

Fig. 1

6 Parallelprojektionen

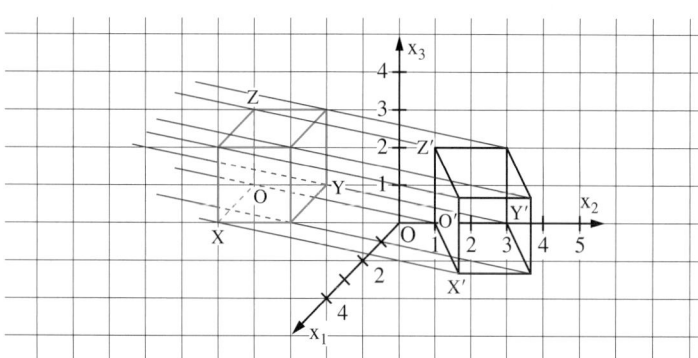

Fig. 1

1 Fig. 1 zeigt das Schattenbild eines Kantenmodells eines Würfels mit den Eckpunkten $O(6|-1|4)$, $X(8|-1|4)$, $Y(6|1|4)$ und $Z(6|-1|6)$ in der x_2x_3-Ebene. Berechnen Sie die Koordinaten der Schattenpunkte, wenn paralleles Licht in Richtung

$$\vec{v} = \begin{pmatrix} -3 \\ 1 \\ -2 \end{pmatrix}$$ einfällt. Geben Sie Abbildungsgleichungen an, die für jeden Punkt P des Raumes den Schnittpunkt der Geraden durch P in Richtung von $\vec{v}$ mit der x_2x_3-Ebene liefern.

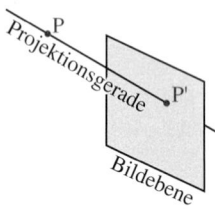

Fig. 2

Eine **Projektion** ist eine Abbildung des Raumes in eine Ebene E, die so genannte **Projektionsebene**. Die Gerade zwischen einem Punkt und seinem Bildpunkt bei einer Projektion nennt man eine **Projektionsgerade**.

Wenn bei einer Projektion alle Projektionsgeraden zueinander parallel sind, spricht man von einer **Parallelprojektion**. Ist $\vec{v}$ ein Richtungsvektor einer Projektionsgeraden bei einer Parallelprojektion, so wird jedem Punkt P des Raumes der Schnittpunkt der Geraden mit dem Richtungsvektor $\vec{v}$ durch P und der Ebene E als Bildpunkt zugeordnet.

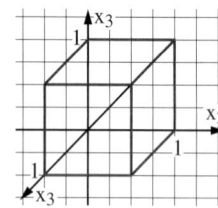

Fig. 3

Fig. 3 zeigt das Bild des Einheitswürfels unter einer Parallelprojektion in die x_2x_3-Ebene mit der

durch den Vektor $\vec{v} = \begin{pmatrix} 1 \\ \frac{\sqrt{2}}{4} \\ \frac{\sqrt{2}}{4} \end{pmatrix}$ gegebenen Projektionsrichtung. Das Bild E_1' des Punktes $E_1(1|0|0)$

erhält man durch Lösen der Gleichung $\begin{pmatrix} 1 \\ 0 \\ 0 \end{pmatrix} + t\vec{v} = \begin{pmatrix} 0 \\ x_2 \\ x_3 \end{pmatrix}$. Man erhält $t = -1$, $x_2 = x_3 = -\frac{\sqrt{2}}{4}$;

*Diese häufig bei räumlichen Darstellungen (auch in diesem Buch) benutzte Projektion nennt man eine **Kavalierprojektion**.*

also $E_1'\left(0|-\frac{\sqrt{2}}{4}|-\frac{\sqrt{2}}{4}\right)$. Die Punkte $E_2(0|1|0)$ und $E_3(0|0|1)$ werden auf sich selbst abgebildet.

Das Bild eines Punktes P mit $\vec{p} = p_1\vec{e_1} + p_2\vec{e_2} + p_3\vec{e_3}$ erhält man nun, indem man die Gleichung $\vec{p} + t\vec{v} = x_2\vec{e_2} + x_3\vec{e_3}$ löst. Man erhält $t = -p_1$, $x_2 = p_2 - p_1\frac{\sqrt{2}}{4}$, $x_3 = p_3 - p_1\frac{\sqrt{2}}{4}$.

Für den Bildpunkt P' gilt also

$$\vec{p'} = \left(p_2 - p_1\frac{\sqrt{2}}{4}\right)\vec{e_2} + \left(p_3 - p_1\frac{\sqrt{2}}{4}\right)\vec{e_3} = p_1\left(-\frac{\sqrt{2}}{4}\vec{e_2} - \frac{\sqrt{2}}{4}\vec{e_3}\right) + p_2\vec{e_2} + p_3\vec{e_3} = p_1\vec{e_1'} + p_2\vec{e_2'} + p_3\vec{e_3'}.$$

Hieraus folgt, dass sich die Projektion durch die Matrix $P = \begin{pmatrix} 0 & 0 & 0 \\ -\frac{\sqrt{2}}{4} & 1 & 0 \\ -\frac{\sqrt{2}}{4} & 0 & 1 \end{pmatrix}$ beschreiben lässt.

Diese Feststellung lässt sich verallgemeinern. Es gilt der

Satz: Eine Parallelprojektion in eine Ebene E durch den Ursprung O lässt sich durch eine 3×3-Matrix A beschreiben. Die Spalten der Matrix sind die Ortsvektoren der Bilder der Punkte $E_1(1|0|0)$, $E_2(0|1|0)$ und $E_3(0|0|1)$.

Dem praktischen Zeichnen liegt eine axonometrische Abbildung zugrunde, wie z. B. das folgende Zitat aus einem älteren Buch über darstellende Geometrie zeigt.

*„**Zeichenregel für Kavalierprojektion:***
Alle Breiten und Höhen werden in wahrer Größe, alle Tiefen unter 45° nach hinten fliehend um die Hälfte verkürzt gezeichnet."

Ein Satz des Mathematikers POHLKE besagt, dass man jedes Bild eines räumlichen Gegenstandes, das man durch eine axonometrische Abbildung erhalten kann, auch durch eine Parallelprojektion erhalten kann.

Statt Abbildungen des Raumes in sich zu betrachten, kann man Abbildungen des Raumes in die Ebene betrachten, um räumliche Darstellungen zu erhalten. Man gibt dann häufig die Bilder der Punkte $E_1(1|0|0)$, $E_2(0|1|0)$ und $E_3(0|0|1)$ vor und verlangt, dass sich die Abbildung mithilfe einer 2×3-Matrix beschreiben lässt. Eine solche Abbildung nennt man eine **axonometrische Abbildung**.

Beim technischen Zeichnen benutzt man häufig folgende Darstellung:
$E_1(1|0|0)$ wird auf $F_1\left(\frac{1}{2}\cos(41{,}5°)\left|\frac{1}{2}\sin(41{,}5°)\right.\right)$,
$E_2(0|1|0)$ auf $F_2(\cos(173°)|\sin(173°))$ und
$E_3(0|0|1)$ auf $F_3(0|1)$ abgebildet.
Als zugehörige Abbildungsmatrix A ergibt

sich also $A = \begin{pmatrix} \frac{1}{2}\cos(41{,}5°) & \cos(173°) & 0 \\ \frac{1}{2}\sin(41{,}5°) & \sin(173°) & 1 \end{pmatrix}$.

Die Strecke $\overline{OE_1}$ erscheint also unter einem Winkel von 41,5° zur x_1-Achse um den Faktor 0,5 verkürzt; die Strecke $\overline{OE_2}$ unter einem Winkel von 173° zur x_1-Achse unverkürzt, und die Strecke $\overline{OE_3}$ wird unverkürzt auf die x_2-Achse abgebildet.

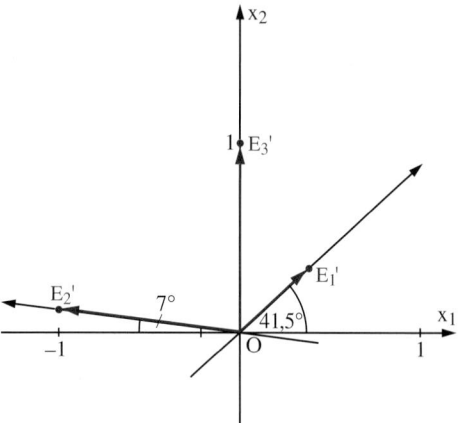

Fig. 1

Beispiel 1: (Projektionsebene und Projektionsrichtung sind gegeben)

Betrachtet wird eine Parallelprojektion in die x_2x_3-Ebene mit der durch $\vec{v} = \begin{pmatrix} -1 \\ -0{,}5 \\ -0{,}4 \end{pmatrix}$ gegebenen Projektionsrichtung.

a) Bestimmen Sie die Projektionsmatrix P.

b) Bestimmen Sie die Matrix A für eine axonometrische Darstellung.

c) Der Einheitswürfel mit den Ecken $O(0|0|0)$, $E_1(1|0|0)$, $E_2(0|1|0)$ und $E_3(0|0|1)$ wird abgebildet. Zeichnen Sie das Bild.

Lösung:

a) Die Bilder der Punkte $E_2(0|1|0)$ und $E_3(0|0|1)$ liegen fest. Es muss das Bild von $E_1(1|0|0)$ als Schnittpunkt der Geraden g: $\vec{x} = \vec{e_1} + t\vec{v}$ mit der x_2x_3-Ebene bestimmt werden. Der Ansatz

$\begin{pmatrix} 1 \\ 0 \\ 0 \end{pmatrix} + t\begin{pmatrix} -1 \\ -0{,}5 \\ -0{,}4 \end{pmatrix} = \begin{pmatrix} 0 \\ x_2 \\ x_3 \end{pmatrix}$ liefert:

$t = 1$, $x_2 = -0{,}5$ und $x_3 = -0{,}4$.

Man erhält: $P = \begin{pmatrix} 0 & 0 & 0 \\ -0{,}5 & 1 & 0 \\ -0{,}4 & 0 & 1 \end{pmatrix}$.

b) Als Matrix A ergibt sich $A = \begin{pmatrix} -0{,}5 & 1 & 0 \\ -0{,}4 & 0 & 1 \end{pmatrix}$.

c) Um das Bild zeichnen zu können, benötigt man z. B. noch das Bild des Punktes $H(1|1|0)$. Man berechnet

$\begin{pmatrix} -0{,}5 & 1 & 0 \\ -0{,}4 & 0 & 1 \end{pmatrix} \cdot \begin{pmatrix} 1 \\ 1 \\ 0 \end{pmatrix} = \begin{pmatrix} 0{,}5 \\ -0{,}4 \end{pmatrix}$.

Die fehlenden Bildpunkte erhält man, indem man die Bildpunkte von E_1, E_2 und H in die Zeichenebene um $\begin{pmatrix} 0 \\ 1 \end{pmatrix}$ verschiebt.

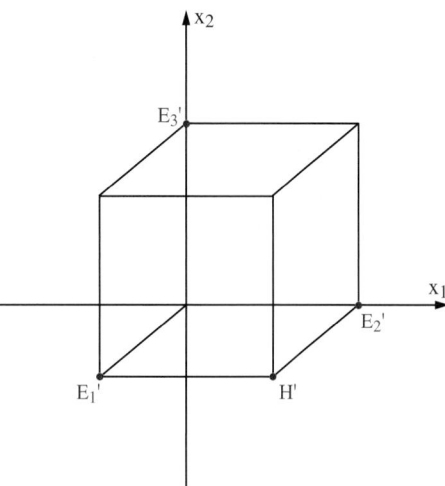

Fig. 2

309

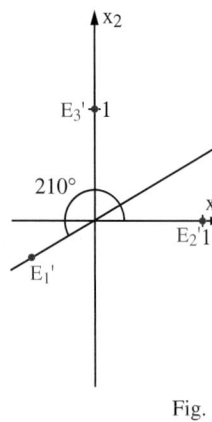

Fig. 1

Beispiel 2: (Bestimmung von Projektionsmatrix und Projektionsrichtung; Bildebene und Bild der x_1-Achse sind vorgegeben)

Bei einer Parallelprojektion in die x_2x_3-Ebene erscheint die x_1-Achse unter einem Winkel von $210°$ zur x_2-Achse und um den Faktor $\frac{2}{3}$ verkürzt.

a) Bestimmen Sie eine Projektionsmatrix P.

b) Bestimmen Sie die Projektionsrichtung.

Lösung:

a) Der Punkt $E_1(1|0|0)$ wird auf $E_1'\left(0\left|\frac{2}{3}\cos(210°)\right|\frac{2}{3}\sin(210°)\right) = \left(0\left|-\frac{\sqrt{3}}{3}\right|-\frac{1}{3}\right)$ abgebildet; die Punkte $E_2(0|1|0)$ und $E_3(0|0|1)$ werden auf sich selbst abgebildet. Für die Projektionsmatrix P

erhält man somit: $P = \begin{pmatrix} 0 & 0 & 0 \\ -\frac{\sqrt{3}}{3} & 1 & 0 \\ -\frac{1}{3} & 0 & 1 \end{pmatrix}$.

b) Eine Gerade in Projektionsrichtung durch den Ursprung wird auf den Ursprung abgebildet; ihr Richtungsvektor muss also auf $\vec{o}$ abgebildet werden. Der Ansatz $P \cdot \vec{v} = \vec{o}$ mit

$\vec{v} = \begin{pmatrix} v_1 \\ v_2 \\ v_3 \end{pmatrix}$ führt zu dem Gleichungssystem $\begin{cases} 0 = 0 \\ -\frac{\sqrt{3}}{3}v_1 + v_2 = 0 \\ -\frac{1}{3}v_1 + v_3 = 0 \end{cases}$. Eine Lösung ist $\vec{v} = \begin{pmatrix} 1 \\ \frac{\sqrt{3}}{3} \\ \frac{1}{3} \end{pmatrix}$.

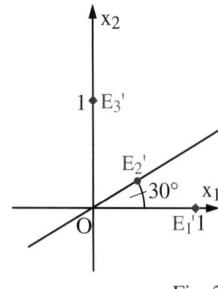

Fig. 2

Beispiel 3: (Bestimmung der Abbildungsmatrix für eine axonometrische Darstellung)

Fig. 2 zeigt die Bilder der Punkte $E_1(1|0|0)$, $E_2(0|1|0)$ und $E_3(0|0|1)$ bei einer axonometrischen Abbildung. $\overline{OE_1'}$ und $\overline{OE_3'}$ haben die Länge 1, $\overline{OE_2'}$ hat die Länge 0,5.

Bestimmen Sie die Projektionsmatrix.

Lösung:

Es ist $E_1'(1|0)$, $E_3'(0|1)$ und $E_2'\left(\frac{1}{2}\cos(30°)\left|\frac{1}{2}\sin(30°)\right.\right)$; also $E_2'\left(\frac{\sqrt{3}}{4}\left|\frac{1}{4}\right.\right)$.

Für die Projektionsmatrix A erhält man $A = \begin{pmatrix} 1 & \frac{\sqrt{3}}{4} & 0 \\ 0 & \frac{1}{4} & 1 \end{pmatrix}$.

Aufgaben

2 Gegeben ist jeweils eine Projektionsebene E und eine durch einen Richtungsvektor $\vec{v}$ gegebene Projektionsrichtung. Ermitteln Sie die Projektionsmatrix und zeichnen Sie jeweils das Bild des Einheitswürfels mit den Eckpunkten $E_0(0|0|0)$, $E_1(1|0|0)$, $E_2(0|1|0)$ und $E_3(0|0|1)$ in der Projektionsebene E.

a) E ist die x_2x_3-Ebene; $\vec{v} = \begin{pmatrix} 1 \\ 1 \\ 1 \end{pmatrix}$

b) E ist die x_1x_3-Ebene; $\vec{v} = \begin{pmatrix} -1 \\ -1 \\ 1 \end{pmatrix}$

3 Fig. 3 zeigt das Bild eines Turms. Berechnen Sie die Bilder der Eckpunkte und zeichnen Sie das Bild unter der angegebenen Projektion.

a) Projektionsebene ist die x_2x_3-Ebene. Die Projektionsrichtung ist senkrecht zur Projektionsebene.

b) Projektionsebene ist die x_1x_2-Ebene. Die Projektionsrichtung ist dadurch gegeben, dass der Punkt $P(1|1|1)$ auf O abgebildet wird.

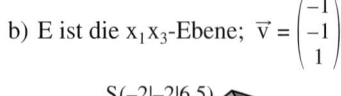

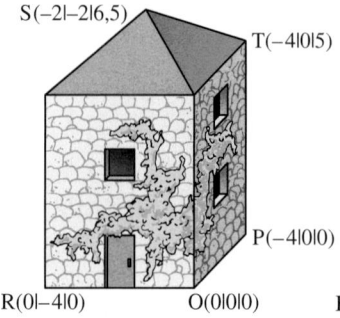

Fig. 3

310

Fig. 1

4 Bei Bildstadtplänen wird häufig die Projektion in die x_1x_2-Ebene mit der durch

$$\vec{v} = \begin{pmatrix} \frac{1}{2}\sqrt{2} \\ \frac{1}{2}\sqrt{2} \\ 1 \end{pmatrix}$$ gegebenen Projektionsrichtung

verwendet.

a) Aufgrund der Anschaulichkeit ist es üblich, das Bild der x_3-Achse auf dem Zeichenblatt „senkrecht" zu zeichnen. Wie müssen dann die Bilder der beiden anderen Achsen eingezeichnet werden?

b) Begründen Sie, dass man einer so hergestellten Zeichnung viele Längen maßstabsgetreu entnehmen kann.

c) Zeichnen Sie das Bild einer „Rampe" (Fig. 2) mit den Eckpunkten A, B, C, D, E, F mithilfe der in dieser Aufgabe gesuchten Projektion.

Fig. 2

5 In den Fig. 3 bis Fig. 5 stellen die Punkte E_1', E_2', E_3' jeweils die Bilder der Punkte $E_1(1|0|0)$, $E_2(0|1|0)$ und $E_3(0|0|1)$ dar. Bestimmen Sie jeweils die Matrix einer axonometrischen Abbildung, die die Punkte wie angegeben abbildet. Zeichnen Sie jeweils das Bild der Rampe aus Aufgabe 4.

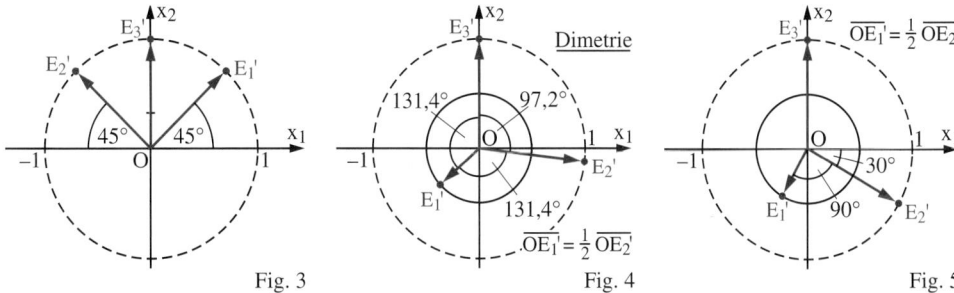

Fig. 3   Fig. 4   Fig. 5

Fig. 6

6 Ein quaderförmiges Haus mit Walmdach (Fig. 6) hat eine Dachfirsthöhe über Grund von 12 m. Die Länge des symmetrisch verlaufenden Firsts ist 7 m. Der quaderförmige Hauskörper ist 13 m lang, 6 m breit und 8 m hoch. Das Koordinatensystem sei so gelegt, dass die Eckpunkte der Grundfläche die Koordinaten $(0|0|0)$, $(13|0|0)$, $(13|6|0)$ und $(0|6|0)$ haben.

a) Zeichnen Sie das Bild des Hauses unter der Projektion aus Beispiel 1.

b) Zeichnen Sie das Bild unter den axonometrischen Abbildungen aus Aufgabe 5.

7 Gegeben ist die Ebene E_1: $2x_1 + 2x_2 + x_3 = 4$.

a) Bestimmen Sie die Schnittpunkte der Ebene E_1 mit den Koordinatenachsen.

b) Unter den Spurgeraden einer Ebene versteht man die Schnittgeraden der Ebene mit den Koordinatenebenen. Veranschaulichen Sie die Ebene E_1 durch Zeichnen der Bilder der Spurgeraden unter den Projektionen der Aufgabe 3.

c) Zeichnen Sie jeweils auch das Bild einer zur Ebene E_1 senkrechten Ursprungsgerade ein.

d) Die Ebene E_2 sei die zu E_1 parallele Ebene durch den Ursprung. Es wird senkrecht auf E_2 projiziert. Berechnen Sie die Bilder der Spurgeraden von E_1 unter dieser Projektion.

e) Berechnen Sie die Längen der Bilder von $\overline{OE_1}$, $\overline{OE_2}$ und $\overline{OE_3}$ bei der Projektion aus d).

f) Berechnen Sie die Winkel, die die Bilder dieser Strecken miteinander einschließen.

g) Geben Sie eine axonometrische Abbildung an, die das gleiche Bild liefert wie die Parallelprojektion aus d).

311

7 Vermischte Aufgaben

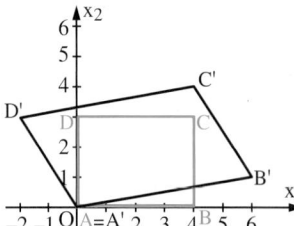 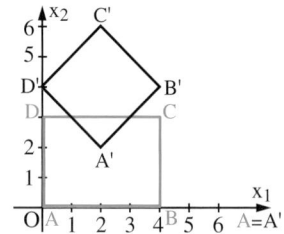 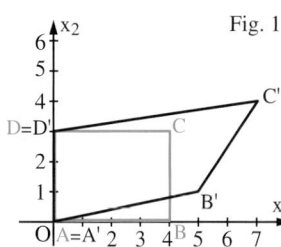

Fig. 1

1   Fig. 1 zeigt die Bilder des Rechtecks mit den Eckpunkten A (0|0), B (4|0), C (4|3), D (0|3) bei geometrischen Abbildungen.
a) Bei welchen Abbildungen kann es sich um affine Abbildungen handeln? Begründen Sie jeweils Ihre Antwort.
b) Geben Sie in den Fällen, bei denen es sich um affine Abbildungen handelt, Abbildungsgleichungen an.

2   Eine geometrische Abbildung ist durch die Abbildungsgleichungen $\begin{cases} x_1' = x_1 \\ x_2' = x_2 + \sin(x_1) \end{cases}$ gegeben.

a) Bestimmen Sie die Bilder von Parallelen zu den beiden Koordinatenachsen.
b) Zeichnen Sie das Bild des „Fensters" in Fig. 2.
c) Bestimmen Sie alle Fixpunktgeraden und alle Fixgeraden der Abbildung.

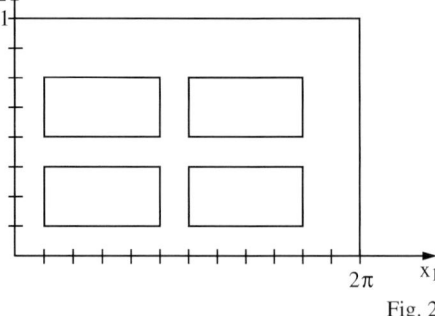

Fig. 2

3   Das Dreieck mit den Ecken A (0|5), B (2|0), C (3|4) wird durch eine affine Abbildung auf das Dreieck mit den Ecken A′(5|5), B′(1|2), C′(5|7) abgebildet.
a) Bestimmen Sie eine Matrixdarstellung für die Abbildung.
b) Bestimmen Sie alle Fixpunkte der Abbildung.

4   Gegeben ist die Drehung D um den Punkt M (4|5) um den Winkel 30°.
a) Konstruieren Sie das Bild P′ des Punktes P (6|1) bei dieser Drehung.
b) Stellen Sie eine Matrixdarstellung für diese Abbildung auf.
(Hinweis: Verschieben Sie zunächst den Punkt M in den Ursprung, drehen Sie dann um 30° und machen Sie anschließend die Verschiebung rückgängig.)
c) Berechnen Sie das Bild von P und vergleichen Sie mit dem Ergebnis aus a).
d) Begründen Sie, dass sich die Drehung als Verkettung einer Drehung um den Ursprung um den Winkel 30° und einer Verschiebung darstellen lässt.

5   Geben Sie die Matrixdarstellung einer Drehstreckung mit dem Dreh- und Streckzentrum S (1|2), dem Streckfaktor 2 und dem Drehwinkel 45° an.

6   a) Geben Sie die Matrixdarstellung der Punktspiegelung σ_A am Punkt A (3|4) an.
b) Zeigen Sie rechnerisch, dass die Verkettung von σ_A und der Punktspiegelung σ_B am Punkt B (0|0) eine Verschiebung ist.

Tipp zu Aufgabe 7b:
Gehen Sie ähnlich vor wie
bei Aufgabe 4.

7 Gegeben ist die Spiegelung S an der Geraden $g: \vec{x} = \begin{pmatrix} 2 \\ 3 \end{pmatrix} + r \begin{pmatrix} 1 \\ 1 \end{pmatrix}$.

a) Konstruieren Sie das Bild P' des Punktes $P(4|0)$ bei dieser Spiegelung.

b) Stellen Sie eine Matrixdarstellung für diese Abbildung auf.

c) Berechnen Sie das Bild von P und vergleichen Sie mit dem Ergebnis aus a).

d) Begründen Sie, dass sich jede Spiegelung als Verkettung einer Spiegelung an einer Ursprungsgeraden und einer Verschiebung darstellen lässt.

8 a) Beweisen Sie die Gültigkeit der so genannten Additionstheoreme für trigonometrische Funktionen:

(1) $\cos(\alpha+\beta) = \cos(\alpha) \cdot \cos(\beta) - \sin(\alpha) \cdot \sin(\beta)$ (2) $\sin(\alpha+\beta) = \sin(\alpha) \cdot \cos(\beta) + \cos(\alpha) \cdot \sin(\beta)$

Bestimmen Sie dazu Matrixdarstellungen für die Verkettung zweier Drehungen mit dem Ursprung als Drehzentrum.

b) Weisen Sie nach: Die Verkettung zweier Spiegelungen an Ursprungsgeraden ist eine Drehung.

9 Durch die affine Abbildung α mit der Abbildungsmatrix $A = \begin{pmatrix} 2 & 4 \\ 3 & 1 \end{pmatrix}$ wird der Punkt P auf den Punkt P' mit $\vec{p'} = \begin{pmatrix} 3 \\ 5 \end{pmatrix}$ abgebildet.

a) Bestimmen Sie die Koordinaten von P.

b) Begründen Sie, dass es zu jedem Punkt R' der Ebene einen Urbildpunkt R gibt, der durch α auf R' abgebildet wird.

c) Begründen Sie, dass die Abbildung β, die jedem Punkt seinen Urbildpunkt zuordnet, affin ist, und bestimmen Sie die Abbildungsmatrix B von β.

d) Berechnen Sie $A \cdot B$ und $B \cdot A$. Interpretieren Sie das Ergebnis geometrisch.

10 Eine Parallelprojektion α bildet die Ebene E durch die Punkte $E_1(1|0|0)$, $E_2(0|1|0)$ und $E_3(0|0|1)$ auf die zu ihr parallele Ebene E' durch den Ursprung ab. Die Projektionsrichtung ist senkrecht zu den Ebenen.

a) Geben Sie eine Projektionsmatrix an.

b) Berechnen Sie die Koordinaten der Bilder der Punkte E_1, E_2 und E_3 in der Projektionsebene. Zeigen Sie, dass die Bilder der Strecken $\overline{OE_1}$, $\overline{OE_2}$ und $\overline{OE_3}$ gleich lang sind und je zwei einen Winkel von 120° miteinander einschließen. Zeichnen Sie das Bild der drei Strecken in der Projektionsebene.

c) Bestimmen Sie eine axonometrische Abbildung, die ein kongruentes Bild liefert.

d) Zeichnen Sie das Bild des Einheitswürfels unter α.

e) Zeichnen Sie das Bild des Hauses aus Aufgabe 6, Seite 311, unter α.

f) Begründen Sie: Das Bild einer Kugel erscheint bei dieser Abbildung als Kreis.

11 Fig. 1 zeigt das Bild eines aus zwei Quadern zusammengesetzten Körpers bei der Parallelprojektion in die x_2x_3-Ebene mit der durch $\vec{v} = \begin{pmatrix} 1 \\ 1 \\ \frac{5}{3} \end{pmatrix}$ gegebenen Projektionsrichtung. Es ist A$(0|0|0)$, B$(0|4|0)$, C$(-6|4|0)$, D$(-6|4|4)$ und E$(-1|4|8)$.

a) Bestimmen Sie die Koordinaten der Bildpunkte von H und K.

b) Bestimmen Sie die Länge des verdeckten Stücks der Strecke $\overline{HK}$.

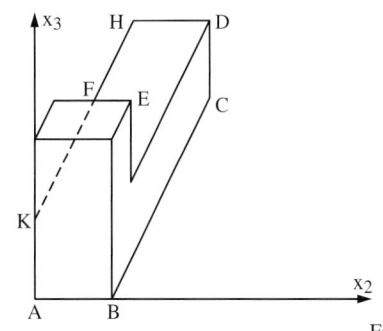

Fig. 1

Perspektive

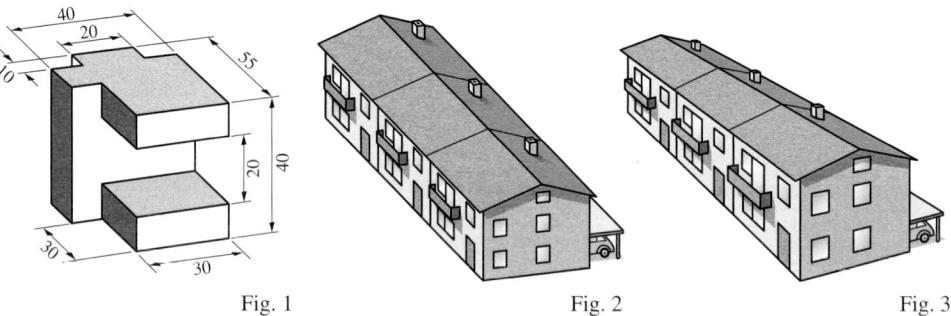

Fig. 1   Fig. 2   Fig. 3

Bei technischen Zeichnungen z. B. eines Werkstücks stellt man dieses mithilfe einer Parallel-projektion dar (Fig. 1). In zwei Richtungen werden Strecken unverkürzt dargestellt, in der dazu senkrechten Richtung werden alle Längen um einen festen Faktor (im Allgemeinen $\frac{1}{2}$) verkürzt. Dies hat den Vorteil, dass man der Zeichnung auch ohne durchgehende Bemaßung Längen entnehmen kann.

Bei Gegenständen großer „Tiefe", wie dem Haus in Fig. 2, hat man bei einer Parallelprojektion jedoch den Eindruck, dass das Haus hinten höher als vorn ist. Dagegen wirkt Fig. 3 natürlicher, es ist das Bild bei einer Zentralprojektion.

Zum mathematischen Hintergrund:
Bei einer Projektion werden jeweils alle Punkte P einer Projektionsgeraden auf einen Punkt P′ der Bildebene abgebildet (Fig. 4).

Sind alle Projektionsgeraden **zueinander parallel**, so spricht man von einer **Parallelprojektion** (vgl. Seite 308). Gehen jedoch die Projektionsgeraden **alle durch einen festen Punkt A** des Raumes, so führt dies zu einer **Zentralprojektion** (Fig. 5). Hierbei wird, wie bei jeder Projektion, allen Punkten P auf der Projektionsgeraden g der Schnittpunkt P′ von g mit der Bildebene zugeordnet.

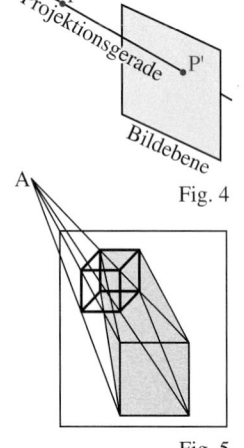

Fig. 4

Fig. 5

Der Punkt A hat auch eine zweite Bedeutung:
Betrachtet man einen Gegenstand durch einen transparenten Schirm, so hat man den Eindruck, dass sich ein Bild des Gegenstandes auf dem Schirm befindet. Dabei handelt es sich um das Bild bei einer Zentralprojektion, wobei der Punkt A gerade dem Auge des Betrachters entspricht. Man nennt daher A auch den **Augpunkt** der Zentralprojektion.

Auch beim Fotoapparat handelt es sich um eine Abbildung durch eine Zentralprojektion, die Bildebene liegt nur „hinter" dem im Objektiv liegenden Augpunkt.

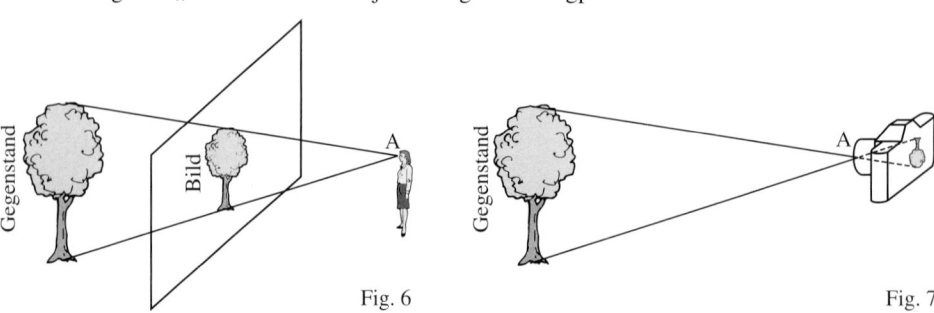

Fig. 6   Fig. 7

Um die Zentralprojektion mit den Mitteln der analytischen Geometrie zu beschreiben, betrachtet man den Augpunkt A und die Bildebene E. Das Bild des Punktes P erhält man als Schnittpunkt der Geraden g durch A und P mit der Ebene E.

Besonders einfach wird es, wenn man als Bildebene E die x_2x_3-Ebene und als Augpunkt einen Punkt $A(a\,|\,0\,|\,c)$ wählt (Fig. 1). Dabei ist dann c die Höhe über der x_1x_2-Ebene und a der Abstand von A zur Bildebene E.

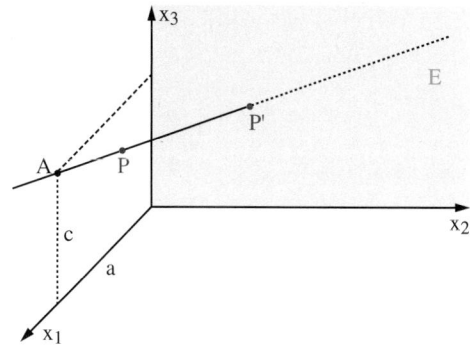

Fig. 1

Die Gerade g durch $A(a\,|\,0\,|\,c)$ und $P(p_1\,|\,p_2\,|\,p_3)$ hat die Gleichung $\vec{x} = \begin{pmatrix} a \\ 0 \\ c \end{pmatrix} + t \begin{pmatrix} p_1-a \\ p_2 \\ p_3-c \end{pmatrix}$.

Für den Schnittpunkt P' mit der x_2x_3-Ebene gilt $x_1 = 0$, also $a + t\cdot(p_1 - a) = 0$ und damit $t = \frac{a}{a-p_1}$. Einsetzen in die Geradengleichung ergibt für den Bildpunkt P':

$$\overrightarrow{OP'} = \begin{pmatrix} a \\ 0 \\ c \end{pmatrix} + \frac{a}{a-p_1}\begin{pmatrix} p_1-a \\ p_2 \\ p_3-c \end{pmatrix} = \begin{pmatrix} 0 \\ \frac{ap_2}{a-p_1} \\ c - a\frac{c-p_3}{a-p_1} \end{pmatrix} \quad \text{und somit} \quad P'\!\left(0\,\Big|\,\frac{ap_2}{a-p_1}\,\Big|\,c - a\frac{c-p_3}{a-p_1}\right).$$

Bei einer Zentralprojektion mit dem Augpunkt $A(a\,|\,0\,|\,c)$ auf die x_2x_3-Ebene gilt:

Der Punkt $P(p_1\,|\,p_2\,|\,p_3)$ hat als Bild den Punkt $P'\!\left(0\,\Big|\,\frac{ap_2}{a-p_1}\,\Big|\,c - a\frac{c-p_3}{a-p_1}\right)$.

---

*Untersuchen Sie in den **Aufgaben** die durch den Augpunkt $A(a\,|\,0\,|\,c)$ und die x_2x_3-Ebene als Bildebene festgelegte Zentralprojektion (Fig. 1).*

1   Begründen Sie geometrisch und algebraisch:
a) Alle Punkte mit dem Abstand a von der Bildebene haben keine Bildpunkte.
b) Für alle Punkte mit der Höhe c über der x_1x_2-Ebene haben die Bildpunkte (sofern sie existieren) den Abstand c von der x_2-Achse.

2   Gegeben ist die Gerade $g: \vec{x} = \begin{pmatrix} q_1 \\ q_2 \\ q_3 \end{pmatrix} + t\begin{pmatrix} u_1 \\ u_2 \\ 0 \end{pmatrix}$.

a) Beschreiben Sie die Lage von g zu den Koordinatenebenen.
b) Bestimmen Sie für einen Punkt $P(p_1\,|\,p_2\,|\,p_3)$ auf g die Koordinaten des Bildpunktes P'. Bestimmen Sie für $t \to \infty$ den Grenzwert der Koordinaten von P'. Wo liegt das Bild dieses „unendlich fernen Punktes"?
c) Betrachten Sie eine zu g parallele Gerade k. Begründen Sie:
1. Die Bilder der Geraden g und k schneiden sich im Punkt $F\!\left(0\,\Big|\,-a\cdot\frac{u_2}{u_1}\,\Big|\,c\right)$.

2. Die Bilder aller zur x_1x_2-Ebene parallelen Geraden schneiden sich auf einer zur x_2-Achse parallelen Geraden h.
Erläutern Sie die folgenden Begriffsbildungen:
Den Schnittpunkt F nennt man **Fluchtpunkt**, die Gerade h den **Horizont**.

Erläutern Sie im Zusammenhang mit der Aufgabe 3 die Bezeichnungen Vogelperspektive, Normalperspektive, Froschperspektive.

3   Gegeben ist der von den drei Einheitsvektoren $\vec{e}_1$, $\vec{e}_2$ und $\vec{e}_3$ aufgespannte Würfel.
Bestimmen Sie für die folgenden Augpunkte A die Bilder der Ecken des Würfels, zeichnen Sie sein Bild. Wie hängt das Bild von der Höhe c (vom Abstand a) des Augpunktes ab?
a) $A(3\,|\,0\,|\,2)$ b) $A\!\left(3\,|\,0\,|\,\frac{2}{3}\right)$ c) $A\!\left(3\,|\,0\,|\,\frac{1}{10}\right)$ d) $A\!\left(5\,|\,0\,|\,\frac{2}{3}\right)$ e) $A\!\left(2\,|\,0\,|\,\frac{2}{3}\right)$

Eine Abbildung, die jedem Punkt der Ebene einen Bildpunkt zuordnet, ist eine **geometrische Abbildung**. Punkte, die bei einer geometrischen Abbildung auf sich selbst abgebildet werden, nennt man **Fixpunkte**. Geraden, die auf sich selbst abgebildet werden, heißen **Fixgeraden**. Eine Gerade, die aus Fixpunkten einer Abbildung besteht, nennt man eine **Fixpunktgerade**.

Affine Abbildungen

Eine geradentreue und umkehrbare geometrische Abbildung der Ebene auf sich selbst nennt man eine **affine Abbildung** oder **Affinität**. Affine Abbildungen sind parallelentreu und teilverhältnistreu. Jede affine Abbildung ist festgelegt durch die Angabe von drei Punkten A, B, C und ihren Bildpunkten A′, B′, C′. Dabei dürfen allerdings die drei Punkte A, B, C und die Punkte A′, B′, C′ nicht auf einer Geraden liegen.

Matrizen und affine Abbildungen

Das Produkt der Matrix $A = \begin{pmatrix} a_1 & b_1 \\ a_2 & b_2 \end{pmatrix}$ mit dem Vektor $\vec{x} = \begin{pmatrix} x_1 \\ x_2 \end{pmatrix}$ ist definiert durch $A \cdot \vec{x} = \begin{pmatrix} a_1 & b_1 \\ a_2 & b_2 \end{pmatrix} \cdot \begin{pmatrix} x_1 \\ x_2 \end{pmatrix} = \begin{pmatrix} a_1 x_1 + b_1 x_2 \\ a_2 x_1 + b_2 x_2 \end{pmatrix}$.

Jede affine Abbildung α ist durch eine Matrix $A = \begin{pmatrix} a_1 & b_1 \\ a_2 & b_2 \end{pmatrix}$ und einen Vektor $\vec{c} = \begin{pmatrix} c_1 \\ c_2 \end{pmatrix}$ festgelegt. Für einen Punkt X mit dem Ortsvektor $\vec{x} = \begin{pmatrix} x_1 \\ x_2 \end{pmatrix}$ und seinen Bildpunkt X′ mit $\vec{x'} = \begin{pmatrix} x'_1 \\ x'_2 \end{pmatrix}$ gilt:

$\vec{x'} = A \cdot \vec{x} + \vec{c}$ bzw. $\begin{pmatrix} x'_1 \\ x'_2 \end{pmatrix} = \begin{pmatrix} a_1 & b_1 \\ a_2 & b_2 \end{pmatrix} \cdot \begin{pmatrix} x_1 \\ x_2 \end{pmatrix} + \begin{pmatrix} c_1 \\ c_2 \end{pmatrix}$.

Unter dem **Produkt** $A \cdot B$ **der Matrizen** $A = \begin{pmatrix} a_1 & b_1 \\ a_2 & b_2 \end{pmatrix}$ und $B = \begin{pmatrix} u_1 & v_1 \\ u_2 & v_2 \end{pmatrix}$ versteht man die Matrix $A \cdot B = \begin{pmatrix} a_1 u_1 + b_1 u_2 & a_1 v_1 + b_1 v_2 \\ a_2 u_1 + b_2 u_2 & a_2 v_1 + b_2 v_2 \end{pmatrix}$.

Sind durch $\alpha: \vec{x'} = A \cdot \vec{x}$ und $\beta: \vec{x'} = B \cdot \vec{x}$ zwei affine Abbildungen gegeben, so gilt für ihre **Verkettung** in der Reihenfolge „erst β, dann α": $\vec{x'} = A \cdot B \cdot \vec{x}$.

Parallelprojektionen

Eine **Projektion** ist eine Abbildung des Raumes in eine Ebene E, die **Projektionsebene**. Die Gerade zwischen einem Punkt, der nicht in der Projektionsebene E liegt, und seinem Bildpunkt bei einer Projektion nennt man eine **Projektionsgerade**. Wenn bei einer Projektion alle Projektionsgeraden zueinander parallel sind, spricht man von einer **Parallelprojektion**.

Ist $\vec{v}$ ein Richtungsvektor einer Parallelprojektion, so wird jedem Punkt P des Raumes, der nicht in der Projektionsebene E liegt, der Schnittpunkt der Geraden mit dem Richtungsvektor $\vec{v}$ durch P mit E als Bildpunkt zugeordnet. Jeder Punkt der Projektionsebene wird auf sich selbst abgebildet.

Scherungen sind Beispiele für affine Abbildungen.
Eine Scherung an der x_1-Achse mit dem Scherungswinkel 45° hat die x_1-Achse als Fixpunktgerade. Für einen Punkt P, der nicht auf der x_1-Achse liegt, gilt:
(1) PP′ ist parallel zur x_1-Achse.
(2) Ist A der Fußpunkt des Lotes von P auf die x_1-Achse, so ist $\sphericalangle P'AP = 45°$.

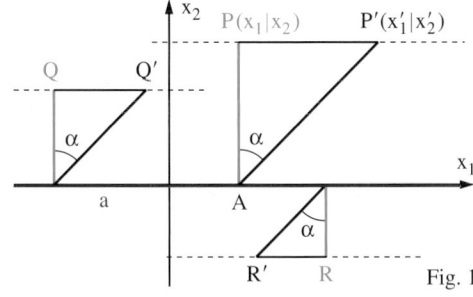

Fig. 1

$E_1(1|0)$ ist Fixpunkt; das Bild von $E_2(0|1)$ ist $E_2'(1|1)$; die Matrixdarstellung der Scherung ist $\vec{x'} = \begin{pmatrix} 1 & 1 \\ 0 & 1 \end{pmatrix} \cdot \vec{x}$

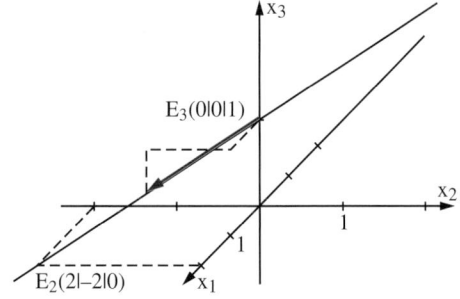

Fig. 2

Bei der Parallelprojektion auf die x_1x_2-Ebene in Richtung von
$\vec{v} = \begin{pmatrix} 1 \\ -1 \\ -0{,}5 \end{pmatrix}$ werden $E_1(1|0|0)$ und
$E_2(0|1|0)$ auf sich, $E_3(0|0|1)$ auf $E_3'(2|-2|0)$ abgebildet. Die Projektionsmatrix ist also $\begin{pmatrix} 1 & 0 & 2 \\ 0 & 1 & -2 \\ 0 & 0 & 0 \end{pmatrix}$.

1　Eine geometrische Abbildung bildet A $(2|2)$ auf A′ $(2|0)$, B $(3|1)$ auf B′ $(4|0)$, C $(4|4)$ auf C′ $(0|4)$ und D $(6|2)$ auf D′ $(6|6)$ ab. Begründen Sie, dass es sich nicht um eine affine Abbildung handeln kann.

2　Gegeben ist die affine Abbildung $\alpha: \overline{x}' = \begin{pmatrix} 1 & 5 \\ 3 & -1 \end{pmatrix} \cdot \overline{x}$.

a) Bestimmen Sie die Koordinaten der Eckpunkte A′, B′, C′ des Bilddreiecks von ABC mit A $(1|1)$, B $(3|5)$, C $(7|-1)$.

b) Bestimmen Sie das Bild der Geraden $g: \overline{x} = \begin{pmatrix} -1 \\ -2 \end{pmatrix} + t\begin{pmatrix} 2 \\ 1 \end{pmatrix}$.

c) Bestimmen Sie das Bild der Geraden durch P $(3|4)$ und Q $(-2|5)$.

d) Bestimmen Sie alle Fixpunkte von α.

e) Zeigen Sie, dass die Geraden $g: \overline{x} = r \cdot \begin{pmatrix} -1 \\ 1 \end{pmatrix}$ und $h: \overline{x} = s \cdot \begin{pmatrix} 5 \\ 3 \end{pmatrix}$ Fixgeraden von α sind.

3　Eine affine Abbildung bildet das Dreieck ABC auf das Dreieck A′B′C′ ab. Bestimmen Sie eine Matrixdarstellung der Abbildung.

a) A $(0|0)$, A′ $(0|0)$, B $(1|2)$, B′ $(5|4)$, C $(-1|2)$, C′ $(1|0)$

b) A $(0|0)$, A′ $(1|2)$, B $(2|0)$, B′ $(1|4)$, C $(0|2)$, C′ $(3|6)$

c) A $(2|0)$, A′ $(1|2)$, B $(0|2)$, B′ $(3|4)$, C $(4|3)$, C′ $(4|0)$

4　Geben Sie jeweils eine Matrixdarstellung für die Abbildung α mit dem Fixpunkt O an.

a) α ist die Drehung um den Ursprung um 120°.

b) α ist die Spiegelung an der Geraden $g: \overline{x} = t\begin{pmatrix} 2 \\ 1 \end{pmatrix}$.

c) α ist eine Scherung mit der Geraden $g: x_1 = x_2$ als Scherungsachse, die den Punkt P $(0|5)$ auf P′ $(2|7)$ abbildet.

5　Gegeben sind die affinen Abbildungen

$\alpha: \overline{x}' = A \cdot \overline{x}$　mit　$A = \begin{pmatrix} \frac{1}{2} & -\frac{1}{2}\sqrt{3} \\ \frac{1}{2}\sqrt{3} & \frac{1}{2} \end{pmatrix}$　und　$\beta: \overline{x}' = B \cdot \overline{x}$　mit　$B = \begin{pmatrix} \frac{1}{2} & \frac{1}{2}\sqrt{3} \\ \frac{1}{2}\sqrt{3} & -\frac{1}{2} \end{pmatrix}$.

a) Bestimmen Sie den Typ der affinen Abbildungen α und β. Beschreiben Sie die Abbildungen möglichst genau.

b) Berechnen Sie $A \cdot B$ und $B \cdot A$. Bestimmen Sie den Typ der durch die Verkettungen „erst β, dann α" und „erst α, dann β" beschriebenen affinen Abbildungen.

6　Die Figur zeigt das Bild einer geraden Pyramide mit quadratischer Grundfläche und der Höhe 4 unter der Parallelprojektion in die

$x_2 x_3$-Ebene mit der durch $\overline{v} = \begin{pmatrix} 1 \\ \frac{\sqrt{2}}{4} \\ \frac{\sqrt{2}}{4} \end{pmatrix}$ gegebe-

nen Projektionsrichtung.

a) Bestimmen Sie das Bild der Pyramide bei

der durch $\overline{w} = \begin{pmatrix} 1 \\ -1 \\ -1 \end{pmatrix}$ gegebenen Projektions-

richtung in die $x_1 x_2$-Ebene und zeichnen Sie das Bild der Pyramide unter dieser Projektion.

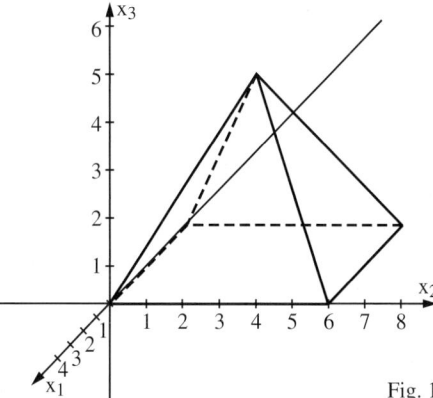

Fig. 1

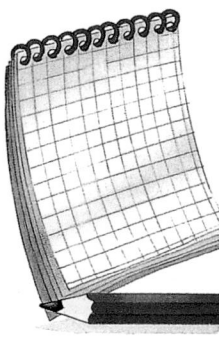

Die Lösungen zu den Aufgaben dieser Seite finden Sie auf Seite 442.

b) Bestimmen Sie das Bild der Pyramide unter einer Parallelprojektion in die Ebene E: $x_1 + x_2 + x_3 = 0$, wenn die Projektionsrichtung senkrecht zu E ist.

1 Beschreibung von Prozessen durch Matrizen

1 Eine Fabrik stellt aus drei Grundstoffen R_1, R_2, R_3 zwei Düngersorten D_1 und D_2 her. Fig. 1 zeigt den Bedarf je Tonne Dünger. Wie viel Tonnen der Grundstoffe werden für 100 t D_1 und 200 t D_2 insgesamt gebraucht?

Düngersorte (1 t)	Bedarf in t an		
	R_1	R_2	R_3
D_1	0,5	0,3	0,2
D_2	0,2	0,2	0,4

Fig. 1

Vorgänge, die man durch lineare Gleichungen darstellen kann, lassen sich übersichtlicher durch „Matrizen" beschreiben. Da in realen Beispielen zu viele Variablen auftreten, betrachten wir im Folgenden nur vereinfachte Modelle. Dabei sollen prinzipielle Fragen und Methoden deutlich werden.

Die Pfeile sind zu lesen als: je Stück. B_1 benötigt man 4 Stck. T_1, ... Die Pfeile beschreiben somit die Zuordnung Bauteile → benötigte Einzelteile.

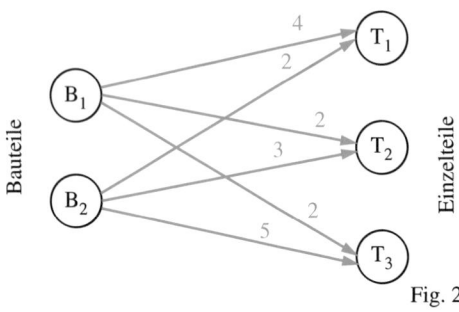

Fig. 2

Das Diagramm in Fig. 2 zeigt den Einzelteilbedarf für zwei Bauteile B_1 und B_2, die aus Einzelteilen T_1, T_2, T_3 hergestellt werden. Sollen x_1 Stück B_1 und x_2 Stück B_2 produziert werden, so gilt für die Gesamtzahlen y_1, y_2, y_3 der benötigten Einzelteile:

Gleichungsdarstellung: Vektordarstellung:

$$y_1 = 4x_1 + 2x_2$$
$$y_2 = 2x_1 + 3x_2$$
$$y_3 = 2x_1 + 5x_2$$

$$\begin{pmatrix} y_1 \\ y_2 \\ y_3 \end{pmatrix} = \begin{pmatrix} 4x_1 + 2x_2 \\ 2x_1 + 3x_2 \\ 2x_1 + 5x_2 \end{pmatrix}$$

Die Koeffizienten in den Gleichungen fasst man zu einer Matrix A zusammen und schreibt:

$$\begin{pmatrix} y_1 \\ y_2 \\ y_3 \end{pmatrix} = \underbrace{\begin{pmatrix} 4 & 2 \\ 2 & 3 \\ 2 & 5 \end{pmatrix}}_{A} \cdot \begin{pmatrix} x_1 \\ x_2 \end{pmatrix} \text{ mit } (4\ 2) \cdot \begin{pmatrix} x_1 \\ x_2 \end{pmatrix} = 4 \cdot x_1 + 2 \cdot x_2, \ (2\ 3) \cdot \begin{pmatrix} x_1 \\ x_2 \end{pmatrix} = 2 \cdot x_1 + 3 \cdot x_2, \ (2\ 5) \cdot \begin{pmatrix} x_1 \\ x_2 \end{pmatrix} = 2 \cdot x_1 + 5 \cdot x_2.$$

Wenn man die Zeilen der Matrix A als Vektoren auffasst, erhält man jede benötigte Stückzahl als Skalarprodukt des entsprechenden **Zeilenvektors** der Matrix mit dem Spaltenvektor $\vec{x}$.

Die Pfeile sind zu lesen als: 20% aus Gruppe H wechseln innerhalb eines Jahres nach Gruppe M, 75% bleiben in H, 5% wechseln nach N, ...

Umsatzgruppen:
H: hoch
M: mittel
N: niedrig

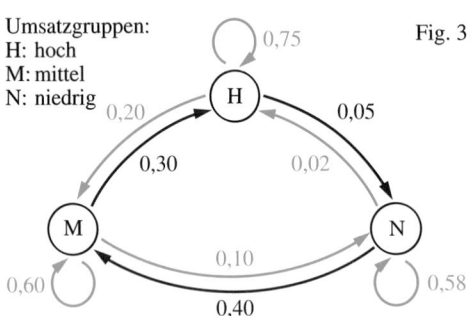

Fig. 3

Das Diagramm in Fig. 3 zeigt, wie sich die Umsätze der Filialen eines Kaufhauskonzerns innerhalb eines Jahres entwickeln. Eingeteilt wird nach den drei Umsatzgruppen H (= hoch), M (= mittel) und N (= niedrig). Befinden sich zu Anfang des Jahres x_1 Filialen in Gruppe H, x_2 Filialen in Gruppe M und x_3 in Gruppe N, so hat man für die entsprechenden Anzahlen y_1, y_2, y_3 am Ende des Jahres die Darstellungen:

Gleichungsdarstellung:

$$y_1 = 0{,}75x_1 + 0{,}30x_2 + 0{,}02x_3$$
$$y_2 = 0{,}20x_1 + 0{,}60x_2 + 0{,}40x_3$$
$$y_3 = 0{,}05x_1 + 0{,}10x_2 + 0{,}58x_3$$

Vektordarstellung:

$$\begin{pmatrix} y_1 \\ y_2 \\ y_3 \end{pmatrix} = \begin{pmatrix} 0{,}75x_1 + 0{,}30x_2 + 0{,}02x_3 \\ 0{,}20x_1 + 0{,}60x_2 + 0{,}40x_3 \\ 0{,}05x_1 + 0{,}10x_2 + 0{,}58x_3 \end{pmatrix}$$

Matrixdarstellung:

$$\begin{pmatrix} y_1 \\ y_2 \\ y_3 \end{pmatrix} = \underbrace{\begin{pmatrix} 0{,}75 & 0{,}30 & 0{,}02 \\ 0{,}20 & 0{,}60 & 0{,}40 \\ 0{,}05 & 0{,}10 & 0{,}58 \end{pmatrix}}_{A} \cdot \begin{pmatrix} x_1 \\ x_2 \\ x_3 \end{pmatrix}$$

Hier beschreibt die Matrix A Übergänge zwischen Gruppenzugehörigkeiten. Die Endzahlen erhält man als Skalarprodukte der Zeilenvektoren von A mit dem Vektor der Anfangszahlen.

Merke:
„Jede Zeile mal der Spalte."

Definition: Einen Spaltenvektor $\vec{x}$ mit k Koeffizienten multipliziert man von links mit einer k-spaltigen Matrix A nach der Regel:

$$\begin{pmatrix} a_{11} & a_{12} & \cdots & a_{1k} \\ a_{21} & a_{22} & \cdots & a_{2k} \\ \vdots & \vdots & & \vdots \\ a_{n1} & a_{n2} & \cdots & a_{nk} \end{pmatrix} \cdot \begin{pmatrix} x_1 \\ x_2 \\ \vdots \\ x_k \end{pmatrix} = \begin{pmatrix} a_{11} x_1 + a_{12} x_2 + \ldots + a_{1k} x_k \\ a_{21} x_1 + a_{22} x_2 + \ldots + a_{2k} x_k \\ \vdots \\ a_{n1} x_1 + a_{n2} x_2 + \ldots + a_{nk} x_k \end{pmatrix}$$

Ist $\vec{x}$ der Vektor mit den Eingangswerten und A die Matrix, die den jeweiligen Vorgang – auch Prozess genannt – beschreibt, so erhält man mit $A \cdot \vec{x}$ die Spalte $\vec{y}$ der Ausgangswerte. Man nennt A die **Prozessmatrix**.

Bei Produktionsprozessen nennt man die Prozessmatrix auch ***Bedarfsmatrix***.

Beispiel 1: (Bedarfsmatrix bestimmen)
Ein Nahrungsmittelkonzern stellt aus vier Grundstoffen G_1, G_2, G_3, G_4 zwei Sorten M_1, M_2 Babymilchpulver her (Fig. 1).
a) Bestimmen Sie die Matrix des Produktionsprozesses und beschreiben Sie ihn damit.

Milchsorte (1 kg)	Bedarf in kg an			
	G_1	G_2	G_3	G_4
M_1	0,80	0,10	0,05	0,05
M_2	0,90	0,06	0,03	0,01

Fig. 1

b) Es sollen 200 kg Milchpulver der Sorte M_1 und 300 kg der Sorte M_2 hergestellt werden. Wie viel kg der Grundstoffe werden benötigt?
Lösung:
a) Ist y_1, y_2, y_3, y_4 der Grundstoffbedarf in kg für x_1 kg M_1 und x_2 kg M_2, so gilt:
Gleichungsdarstellung:
$y_1 = 0,80 x_1 + 0,90 x_2$
$y_2 = 0,10 x_1 + 0,06 x_2$
$y_3 = 0,05 x_1 + 0,03 x_2$
$y_4 = 0,05 x_1 + 0,01 x_2$

Matrixdarstellung:
$$\begin{pmatrix} y_1 \\ y_2 \\ y_3 \\ y_4 \end{pmatrix} = \begin{pmatrix} 0,80 & 0,90 \\ 0,10 & 0,06 \\ 0,05 & 0,03 \\ 0,05 & 0,01 \end{pmatrix} \cdot \begin{pmatrix} x_1 \\ x_2 \end{pmatrix}$$

b) Rechnung:
$$\begin{pmatrix} 0,80 & 0,90 \\ 0,10 & 0,06 \\ 0,05 & 0,03 \\ 0,05 & 0,01 \end{pmatrix} \cdot \begin{pmatrix} 200 \\ 300 \end{pmatrix} = \begin{pmatrix} 0,80 \cdot 200 + 0,90 \cdot 300 \\ 0,10 \cdot 200 + 0,06 \cdot 300 \\ 0,05 \cdot 200 + 0,03 \cdot 300 \\ 0,05 \cdot 200 + 0,01 \cdot 300 \end{pmatrix} = \begin{pmatrix} 430 \\ 38 \\ 19 \\ 13 \end{pmatrix}$$

Antwort: Es werden 430 kg G_1, 38 kg G_2, 19 kg G_3 und 13 kg G_4 benötigt.

Bei Austausch- und Entwicklungsprozessen nennt man die Prozessmatrix auch ***Übergangsmatrix***.

Beispiel 2: (Übergangsmatrix bestimmen)

Einkommensgruppen:
1: niedrig
2: mittel
3: hoch

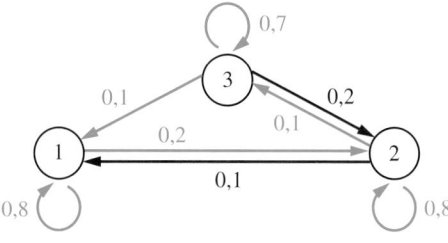

Fig. 2

In einem kleinen Land gibt es 900 000 Erwerbstätige. Jeder von ihnen wird jährlich einer der drei Einkommensgruppen in Fig. 2 zugeordnet. Der Stichtag für die Einordnung ist die Jahresmitte.
Die Pfeile im Diagramm geben für jede Einkommensgruppe an, welche Anteile dieser Gruppe von einem Jahr zum nächsten die Gruppe wechseln bzw. in der Gruppe bleiben.
a) Was sind hier die Eingangs- und Ausgangswerte? Bestimmen Sie die Matrix des Prozesses.
b) Angenommen, 300 000 Erwerbstätige befinden sich in Gruppe 1, 500 000 in 2 und 100 000 in 3. Wie viele Erwerbstätige befinden sich am nächsten Stichtag in diesen Gruppen?

319

Lösung:

a) Eingangswerte: Anzahlen x_1, x_2, x_3 an einem Stichtag;

Ausgangswerte: Anzahlen y_1, y_2, y_3 am nächsten Stichtag.

Gleichungsdarstellung: Matrixdarstellung:

$$y_1 = 0{,}8\,x_1 + 0{,}1\,x_2 + 0{,}1\,x_3$$
$$y_2 = 0{,}2\,x_1 + 0{,}8\,x_2 + 0{,}2\,x_3$$
$$y_3 = \qquad\;\; 0{,}1\,x_2 + 0{,}7\,x_3$$

$$\begin{pmatrix} y_1 \\ y_2 \\ y_3 \end{pmatrix} = \begin{pmatrix} 0{,}8 & 0{,}1 & 0{,}1 \\ 0{,}2 & 0{,}8 & 0{,}2 \\ 0 & 0{,}1 & 0{,}7 \end{pmatrix} \cdot \begin{pmatrix} x_1 \\ x_2 \\ x_3 \end{pmatrix}$$

b) Rechnung: $\begin{pmatrix} 0{,}8 & 0{,}1 & 0{,}1 \\ 0{,}2 & 0{,}8 & 0{,}2 \\ 0 & 0{,}1 & 0{,}7 \end{pmatrix} \cdot \begin{pmatrix} 300\,000 \\ 500\,000 \\ 100\,000 \end{pmatrix} = \begin{pmatrix} 300\,000 \\ 480\,000 \\ 120\,000 \end{pmatrix}$.

Antwort: Am nächsten Stichtag sind 300 000 in Gruppe 1, 480 000 in 2 und 120 000 in 3.

Beispiel 3: (Übergangsmatrix interpretieren)

Ein Meinungsforschungsunternehmen schätzt jeden Monat auf der Grundlage einer Umfrage ein, wie viel Prozent der Erwachsenen mit der Regierung unzufrieden sind (Z_1), ihr gegenüber gleichgültig eingestellt sind (Z_2) oder mit ihr zufrieden sind (Z_3).

In Fig. 1 werden vermutete Änderungen der Gruppenzugehörigkeit von Monat zu Monat angegeben.

a) Beschreiben Sie die Übergänge durch einen kurzen Text.

b) Anfänglich gehören $\frac{3}{10}$ der Erwachsenen zu Z_1, $\frac{3}{10}$ zu Z_2 und $\frac{2}{5}$ zu Z_3. Wie sieht die geschätzte Verteilung einen Monat später aus?

c) Es ist noch ein Monat vergangen. Wie verteilen sich nun die Erwachsenen?

von
$$\begin{array}{c} \quad\; Z_1\;\; Z_2\;\; Z_3 \\ \begin{array}{c} Z_1 \\ Z_2 \\ Z_3 \end{array}\begin{pmatrix} 0{,}4 & 0{,}2 & 0{,}3 \\ 0{,}4 & 0{,}6 & 0{,}1 \\ 0{,}2 & 0{,}2 & 0{,}6 \end{pmatrix} \end{array}$$

nach

Fig. 1

Lösung:

a) Bei der Gruppe Z_1 bleiben 40 % in Z_1, 40 % wechseln nach Z_2 und 20 % nach Z_3.

Bei der Gruppe Z_2 wechseln 20 % nach Z_1, 60 % bleiben in Z_2 und 20 % wechseln nach Z_3.

Bei der Gruppe Z_3 wechseln 30 % nach Z_1, 10 % wechseln nach Z_2 und 60 % bleiben in Z_3.

b) Rechnung und Antwort: c) Rechnung und Antwort:

$$\begin{pmatrix} 0{,}4 & 0{,}2 & 0{,}3 \\ 0{,}4 & 0{,}6 & 0{,}1 \\ 0{,}2 & 0{,}2 & 0{,}6 \end{pmatrix} \cdot \begin{pmatrix} 0{,}3 \\ 0{,}3 \\ 0{,}4 \end{pmatrix} = \begin{pmatrix} 0{,}3 \\ 0{,}34 \\ 0{,}36 \end{pmatrix}$$
$$\begin{pmatrix} 0{,}4 & 0{,}2 & 0{,}3 \\ 0{,}4 & 0{,}6 & 0{,}1 \\ 0{,}2 & 0{,}2 & 0{,}6 \end{pmatrix} \cdot \begin{pmatrix} 0{,}3 \\ 0{,}34 \\ 0{,}36 \end{pmatrix} = \begin{pmatrix} 0{,}296 \\ 0{,}360 \\ 0{,}344 \end{pmatrix}$$

30 % gehören zu Z_1, 34 % zu Z_2, 36 % zu Z_3.   29,6 % gehören zu Z_1, 36 % zu Z_2, 34,4 % zu Z_3.

Aufgaben

2   Berechnen Sie.

a) $\begin{pmatrix} 0 & 2 & 2 \\ 10 & 3 & 1 \\ 2 & 5 & 0 \end{pmatrix} \cdot \begin{pmatrix} 3 \\ 4 \\ 1 \end{pmatrix}$

b) $\begin{pmatrix} 4 & 3 \\ 9 & 0 \\ 3 & 2 \end{pmatrix} \cdot \begin{pmatrix} 2 \\ 3 \end{pmatrix}$

c) $\begin{pmatrix} 1 & 5 \\ 2 & 4 \\ 3 & 3 \\ 4 & 2 \end{pmatrix} \cdot \begin{pmatrix} 4 \\ 3 \end{pmatrix}$

d) $\begin{pmatrix} 0 & 2 & 2 \\ 10 & 3 & 1 \\ 2 & 5 & 0 \\ 0 & 3 & 2 \end{pmatrix} \cdot \begin{pmatrix} 2 \\ 5 \\ 2 \end{pmatrix}$

e) $\begin{pmatrix} 1 & 2 & 0 & 4 \\ 0 & 4 & 1 & 2 \\ 2 & 3 & 5 & 0 \end{pmatrix} \cdot \begin{pmatrix} 8 \\ 5 \\ 2 \\ 6 \end{pmatrix}$

f) $\begin{pmatrix} 2 & 1 & 4 & 0 \\ 4 & 0 & 1 & 2 \\ 3 & 3 & 0 & 1 \\ 2 & 1 & 0 & 2 \end{pmatrix} \cdot \begin{pmatrix} 1 \\ 3 \\ 2 \\ 7 \end{pmatrix}$

Bedarf an Kabeln in Meter und an Endgeräten in Stück:

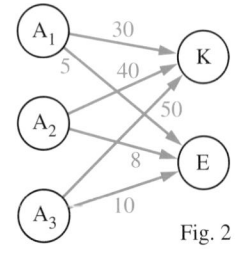

Fig. 2

3   Ein Telefonanlagenbauer benötigt für die Installation der Standardanlage A_1 insgesamt 30 m Kabel (K) und 5 Endgeräte (E), für die Anlage A_2 sind es 40 m Kabel und 8 Endgeräte, für die Anlage A_3 braucht er 50 m Kabel und 10 Endgeräte (Fig. 2).

a) Stellen Sie die Matrix für diesen Produktionsprozess auf und beschreiben Sie ihn damit.

b) Es sollen 10 Anlagen des Typs A_1, 4 Anlagen des Typs A_2 und 3 des Typs A_3 installiert werden. Bestimmen Sie den Bedarf an Kabeln und Endgeräten.

$$\begin{array}{c} \\ R_1 \\ R_2 \\ R_3 \\ R_4 \end{array} \begin{pmatrix} A_1 & A_2 & A_3 \\ 4 & 2 & 4 \\ 2 & 0 & 3 \\ 8 & 1 & 2 \\ 0 & 7 & 2 \end{pmatrix}$$

Fig. 1

4   Ein Elektrogerätehersteller baut Heizungsregelungen. Für die Steuergeräte fertigt er drei Platinentypen A_1, A_2 und A_3. Die nebenstehende Matrix gibt an, wie viele Widerstände der Typen R_1, R_2, R_3, R_4 jeweils für eine Platine der Ausführung A_1, A_2, A_3 benötigt werden.
a) Es sollen 40 Platinen des Typs A_1, 20 des Typs A_2 und 30 des Typs A_3 produziert werden. Berechnen Sie die Gesamtzahlen der dafür benötigten Widerstände R_1, R_2, R_3, R_4.
b) Berechnen Sie die Gesamtzahlen der benötigten Widerstände R_1, R_2, R_3, R_4 für 35 Platinen des Typs A_1, 50 des Typs A_2 und 45 des Typs A_3.

5   Die Tabelle zeigt die Herstellungskosten für vier Computermodelle je Gerät.
a) Geben Sie eine Matrix A an, mit der sich aus dem Vektor $\vec{x}$ bestellter Stückzahlen die Gesamtherstellungskosten für Gehäuse, Komponenten und Montage berechnen lassen.
b) Berechnen Sie damit die Kosten für 100 ZX1, 150 ZX2, 80 ZX3 und 10 ZX4.

Modell	Gehäuse	Komponenten	Montage
ZX1	92 €	403 €	30 €
ZX2	92 €	466 €	32 €
ZX3	105 €	520 €	50 €
ZX4	145 €	730 €	55 €

6   Die Telefongesellschaften A-tel, B-tel und C-tel haben den Telefonmarkt erobert und schließen Jahresverträge mit ihren Kunden ab. Fig. 2 zeigt, wie viele Kunden anteilmäßig von Jahr zu Jahr die Gesellschaft wechseln.
a) Bestimmen Sie die Übergangsmatrix.
b) Am Anfang hat jede Gesellschaft $\frac{1}{3}$ aller Kunden unter Vertrag. Wie sieht die Kundenverteilung nach zwei Jahren aus?

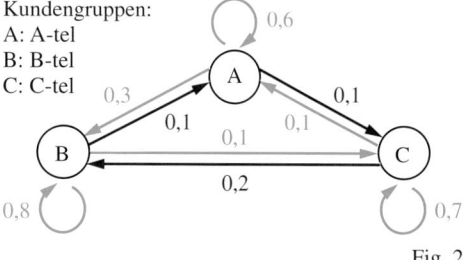

Kundengruppen:
A: A-tel
B: B-tel
C: C-tel

Fig. 2

7   Das Diagramm zeigt, wie sich eine Pilzkrankheit bei Fliegen entwickelt: Als Spore S überdauert der Pilz sehr viele Wochen. In jeder Woche findet $\frac{1}{1000}$ der Sporen jeweils eine Fliege als Wirt und wächst in ihr zu einem Pilzgeflecht G heran. $\frac{4}{5}$ dieser Fliegen sterben schon nach einer Woche, bevor der Pilz Sporen bildet. In der zweiten Woche bildet der Pilz Sporenbläschen B, die befallene Fliege stirbt, und es treten 10000 Sporen aus.
a) Stellen Sie für die Entwicklung in einer Woche eine Übergangsmatrix auf.
b) Am Anfang gibt es 10000 Sporen, 10 gerade befallene Fliegen und 5 Fliegen mit Sporenbläschen. Wie sieht der Bestand nach einer Woche und nach zwei Wochen aus?

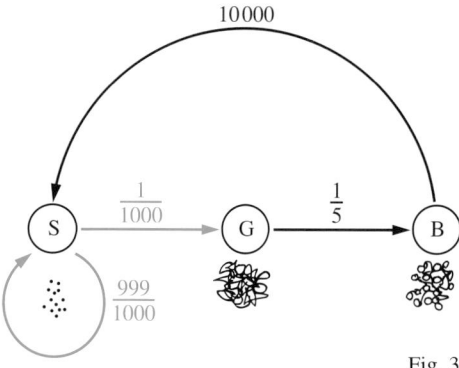

Fig. 3

8   Gegeben ist ein Prozess, der durch eine Matrix beschrieben werden kann. Die Tabelle zeigt beobachtete Eingangswerte x_1, x_2, x_3 und zugehörige Ausgangswerte y_1, y_2 in Vektorschreibweise. Bestimmen Sie die Matrix A des Prozesses.

Eingangswerte			
$\begin{pmatrix} x_1 \\ x_2 \\ x_3 \end{pmatrix}$	$\begin{pmatrix} 3 \\ 2 \\ 1 \end{pmatrix}$	$\begin{pmatrix} 1 \\ 2 \\ 2 \end{pmatrix}$	$\begin{pmatrix} 5 \\ 1 \\ 7 \end{pmatrix}$
$\begin{pmatrix} y_1 \\ y_2 \end{pmatrix}$	$\begin{pmatrix} 5 \\ 9 \end{pmatrix}$	$\begin{pmatrix} 5 \\ 6 \end{pmatrix}$	$\begin{pmatrix} 19 \\ 18 \end{pmatrix}$
Ausgangswerte			

2 Zweistufige Prozesse und Multiplikation von Matrizen

1 Ein Betrieb stellt aus drei Bauteilen T_1, T_2, T_3 zwei Zwischenteile Z_1, Z_2 und aus diesen drei Endprodukte E_1, E_2, E_3 her (Fig. 1). Es werden z. B. je Endbauteil E_1 2 Zwischenteile Z_1 und 3 Zwischenteile Z_2 benötigt. Je Stück Z_1 werden 4 Teile T_3 und je Stück Z_2 3 Teile T_3 gebraucht. Also werden insgesamt $2 \cdot 4 + 3 \cdot 3 = 17$ Teile T_3 je Endbauteil E_1 benötigt.

Bedarf eines Folgeproduktes an Vorprodukten (in Stck. je Einheit)

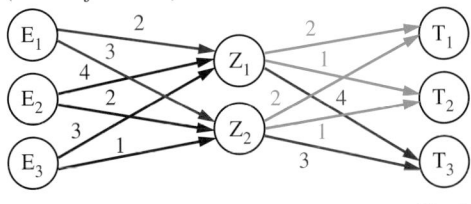

Fig. 1

a) Berechnen Sie die übrigen Bedarfswerte an T_1, T_2, T_3 für E_1 bzw. E_2 bzw. E_3.

b) Die Produktionsplanung lautet: 100 E_1, 50 E_2, 40 E_3. Bestimmen Sie den Gesamtbedarf an T_1, T_2, T_3.

Wenn bei einem Prozess in einer ersten Stufe der Vektor $\vec{x}$ der Eingangswerte mit einer Prozessmatrix B in den Vektor $\vec{y} = B \cdot \vec{x}$ überführt wird und $\vec{y}$ in einer zweiten Stufe mit einer Matrix A in $\vec{z} = A \cdot \vec{y}$ überführt wird, so ist $\vec{z} = A \cdot (B \cdot \vec{x})$ der Vektor der Ausgangswerte. Der gesamte Prozess lässt sich mit einer einzigen Matrix C in der Form $\vec{z} = C \cdot \vec{x}$ beschreiben.

In Fig. 1 ergibt sich z. B.:

$$\begin{pmatrix} x_1 \\ x_2 \\ x_3 \end{pmatrix} \to \underbrace{\begin{pmatrix} 2 & 4 & 3 \\ 3 & 2 & 1 \end{pmatrix}}_{B} \cdot \begin{pmatrix} x_1 \\ x_2 \\ x_3 \end{pmatrix} \to \underbrace{\begin{pmatrix} 2 & 2 \\ 1 & 1 \\ 4 & 3 \end{pmatrix}}_{A} \cdot \left[\begin{pmatrix} 2 & 4 & 3 \\ 3 & 2 & 1 \end{pmatrix} \cdot \begin{pmatrix} x_1 \\ x_2 \\ x_3 \end{pmatrix} \right] = \begin{pmatrix} 2 & 2 \\ 1 & 1 \\ 4 & 3 \end{pmatrix} \cdot \begin{pmatrix} 2x_1 + 4x_2 + 3x_3 \\ 3x_1 + 2x_2 + 1x_3 \end{pmatrix}$$

Multipliziert man aus und ordnet dabei nach x_1, x_2, x_3, so ergibt sich:

$$\begin{pmatrix} x_1 \\ x_2 \\ x_3 \end{pmatrix} \to \begin{pmatrix} (2 \cdot 2 + 2 \cdot 3)x_1 + (2 \cdot 4 + 2 \cdot 2)x_2 + (2 \cdot 3 + 2 \cdot 1)x_3 \\ (1 \cdot 2 + 1 \cdot 3)x_1 + (1 \cdot 4 + 1 \cdot 2)x_2 + (1 \cdot 3 + 1 \cdot 1)x_3 \\ (4 \cdot 2 + 3 \cdot 3)x_1 + (4 \cdot 4 + 3 \cdot 2)x_2 + (4 \cdot 3 + 3 \cdot 1)x_3 \end{pmatrix} = \underbrace{\begin{pmatrix} 10 & 12 & 8 \\ 5 & 6 & 4 \\ 17 & 22 & 15 \end{pmatrix}}_{C} \cdot \begin{pmatrix} x_1 \\ x_2 \\ x_3 \end{pmatrix}$$

Auch hier:

ZEILE · SPALTE

*Die Matrizenmultiplikation ist **assoziativ**, nicht aber kommutativ. Es gilt also stets $A \cdot (B \cdot C) = (A \cdot B) \cdot C$. Selbst wenn beide Produkte $A \cdot B$ und $B \cdot A$ definiert sind, gilt jedoch im Allgemeinen $A \cdot B \neq B \cdot A$.*

Definition: Man multipliziert eine r-zeilige Matrix B von links mit einer r-spaltigen Matrix A, indem man jeden ihrer Spaltenvektoren von links mit A multipliziert. Man nennt die resultierende Matrix C das **Matrizenprodukt** von A und B und schreibt $C = A \cdot B$. Jeder Koeffizient c_{ik} von C ist das Skalarprodukt des i-ten Zeilenvektors von A und des k-ten Spaltenvektors von B (Fig. 2).

$$c_{ik} = a_{i1} \cdot b_{1k} + a_{i2} \cdot b_{2k} + \ldots + a_{ir} \cdot b_{rk}$$

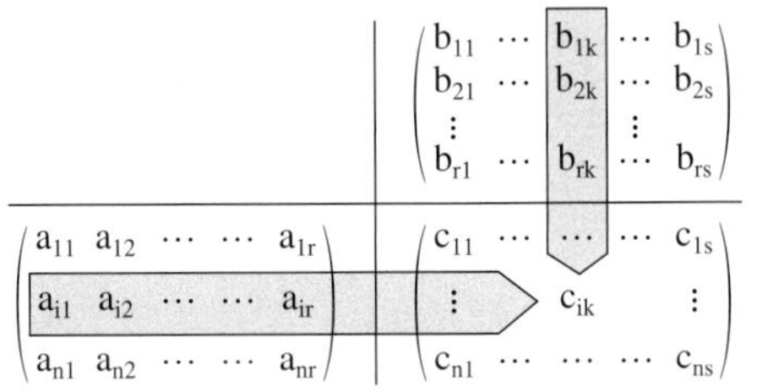

$$\begin{pmatrix} b_{11} & \cdots & b_{1k} & \cdots & b_{1s} \\ b_{21} & \cdots & b_{2k} & \cdots & b_{2s} \\ \vdots & & \vdots & & \vdots \\ b_{r1} & \cdots & b_{rk} & \cdots & b_{rs} \end{pmatrix}$$

$$\begin{pmatrix} a_{11} & a_{12} & \cdots & \cdots & a_{1r} \\ a_{i1} & a_{i2} & \cdots & \cdots & a_{ir} \\ a_{n1} & a_{n2} & \cdots & \cdots & a_{nr} \end{pmatrix} \begin{pmatrix} c_{11} & \cdots & \cdots & \cdots & c_{1s} \\ \vdots & & c_{ik} & & \vdots \\ c_{n1} & \cdots & \cdots & \cdots & c_{ns} \end{pmatrix}$$

Fig. 2

Wenn man die Stufen eines zweistufigen Prozesses zusammenfasst, so muss man die zugehörigen Prozessmatrizen miteinander multiplizieren. Ist $\vec{x}$ der Vektor der Eingangswerte, B die Matrix der ersten Stufe und A die Matrix der zweiten Stufe, so ist $\vec{z} = C \cdot \vec{x}$ mit $C = A \cdot B$ der Vektor der Ausgangswerte nach der zweiten Stufe.

Mit der Matrizenmultiplikation lassen sich Probleme der „Materialverflechtung" wie in Aufgabe 1 bearbeiten. Außerdem kann man damit aufeinander folgende Austauschprozesse behandeln:

Beispiel: (Zweistufiger „Austauschprozess")

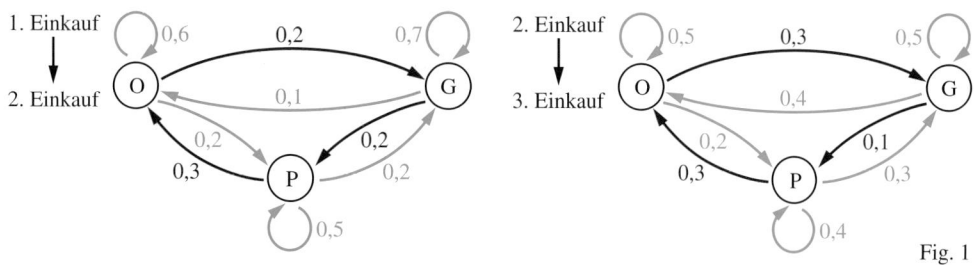

Fig. 1

Das linke Diagramm zeigt, wie viele erstmalige Kunden von drei Baumärkten O, P und G anteilsmäßig bei ihrem zweiten Einkauf den Baumarkt wechseln oder wiederkommen. Am Pfeilanfang steht der gerade besuchte Baumarkt, an der Pfeilspitze der Baumarkt, der beim zweiten Einkauf gewählt wird.

Das rechte Diagramm zeigt, wie sich diese Kunden beim dritten Einkauf verhalten. Bestimmen Sie die Übergangsmatrizen

a) vom 1. zum 2. Einkauf,   b) vom 2. zum 3. Einkauf,   c) vom 1. zum 3. Einkauf.

Lösung:

a) $B = \begin{pmatrix} 0{,}6 & 0{,}3 & 0{,}1 \\ 0{,}2 & 0{,}5 & 0{,}2 \\ 0{,}2 & 0{,}2 & 0{,}7 \end{pmatrix}$;   b) $A = \begin{pmatrix} 0{,}5 & 0{,}3 & 0{,}4 \\ 0{,}2 & 0{,}4 & 0{,}1 \\ 0{,}3 & 0{,}3 & 0{,}5 \end{pmatrix}$

c) $C = A \cdot B = \begin{pmatrix} 0{,}5 & 0{,}3 & 0{,}4 \\ 0{,}2 & 0{,}4 & 0{,}1 \\ 0{,}3 & 0{,}3 & 0{,}5 \end{pmatrix} \cdot \begin{pmatrix} 0{,}6 & 0{,}3 & 0{,}1 \\ 0{,}2 & 0{,}5 & 0{,}2 \\ 0{,}2 & 0{,}2 & 0{,}7 \end{pmatrix} = \begin{pmatrix} 0{,}43 & 0{,}33 & 0{,}44 \\ 0{,}25 & 0{,}26 & 0{,}19 \\ 0{,}32 & 0{,}31 & 0{,}47 \end{pmatrix}$

Aufgaben

2   Berechnen Sie das Matrizenprodukt.

a) $\begin{pmatrix} 2 & 1 \\ 3 & 2 \\ 0 & 5 \end{pmatrix} \cdot \begin{pmatrix} 2 & 1 & 3 \\ 0 & 3 & 2 \end{pmatrix}$ b) $\begin{pmatrix} 2 & 1 & 3 \\ 0 & 3 & 2 \end{pmatrix} \cdot \begin{pmatrix} 2 & 1 \\ 3 & 2 \\ 0 & 5 \end{pmatrix}$ c) $\begin{pmatrix} 0 & 1 & 2 \\ 4 & 2 & 0 \\ 0 & 3 & 1 \end{pmatrix} \cdot \begin{pmatrix} 3 & 1 & 1 \\ 1 & 3 & 1 \\ 4 & 0 & 2 \end{pmatrix}$

3   Ein Klebstoffhersteller mischt aus 3 Grundstoffen 4 Zwischenprodukte und stellt aus diesen 2 Klebersorten K_1 und K_2 her. Fig. 2 zeigt den jeweiligen Materialverbrauch in kg an Vorprodukten für ein kg jedes Folgeprodukts.

a) Bestimmen Sie die Bedarfsmatrizen für die beiden Produktionsstufen und daraus die Bedarfsmatrix für den Gesamtprozess.

b) Es sollen 100 kg K_1 und 200 kg K_2 produziert werden. Bestimmen Sie den Grundstoffbedarf.

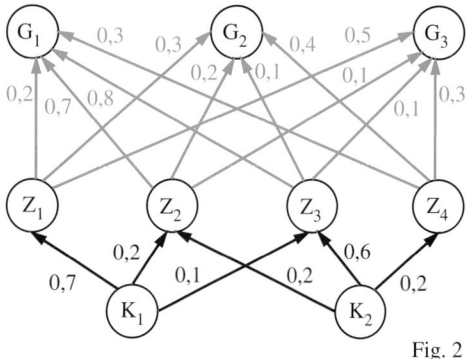

Fig. 2

4   Bearbeiten Sie die Fragestellungen aus dem Beispiel unter der Annahme, dass die Kunden auch vom zweiten zum dritten Einkauf, wie im linken Diagramm von Fig. 1 angegeben, wechseln.

5   Bei dem Prozess im Beispiel hat jeder der Baumärkte am Anfang 500 Kunden. Wie viele dieser Kunden besuchen beim dritten Einkauf denselben Baumarkt wie beim ersten?

3 Austauschprozesse und Gleichgewichtsverteilungen

Kleinstetten • Klotzenheim
Ist eine Disco nicht genug?

„Das wird eine Pleite…!" So tönte es noch vor einem Jahr, als in Kleinstetten der zweite Discobetreiber zugelassen wurde. Inzwischen haben sich allen Unkenrufen zum Trotz die Besucherzahlen von STARPLUS und TOPDANCE auf stabile Werte eingependelt. Woran liegt das?

Unsere Reporterin war vor Ort: „STARPLUS nimmt weniger Eintritt", sagt Jasmin (24) und ist schon wieder mit ihrem Freund im Gewühl verschwunden.
„Hier kosten die Getränke nicht so viel", meinen Marc (19) und Mona (18) bei der Befragung in TOPDANCE.

1 In einer Kleinstadt gehen 360 Jugendliche an jedem Wochenende in eine der beiden Diskotheken STARPLUS und TOPDANCE. Von den STARPLUS-Besuchern wechseln das nächste Mal 50 % zu TOPDANCE und 50 % kommen wieder. Bei den TOPDANCE-Besuchern wechseln das nächste Mal 40 % und 60 % kommen wieder.
Wie müssen sich die Jugendlichen auf die Diskotheken verteilen, damit sich jede Woche dieselben Besucherzahlen ergeben?

Es gibt Prozesse, bei denen man in regelmäßigen Zeitabständen Objekte beobachtet und jedes dieser Objekte nur in einem von endlich vielen Zuständen sein kann. Dann gibt man die Anzahlen der Objekte für die jeweiligen Zustände in einem Vektor $\vec{x}$ an.
Das Übergangsdiagramm in Fig. 1 gehört zu einem solchen Prozess mit 4 Zuständen. An den Pfeilen ist jeweils angegeben, welcher Anteil der Objekte von einem Beobachtungszeitpunkt zum nächsten in einen anderen Zustand wechselt bzw. den Zustand beibehält.

Zustände:
Z_1
Z_2
Z_3
Z_4

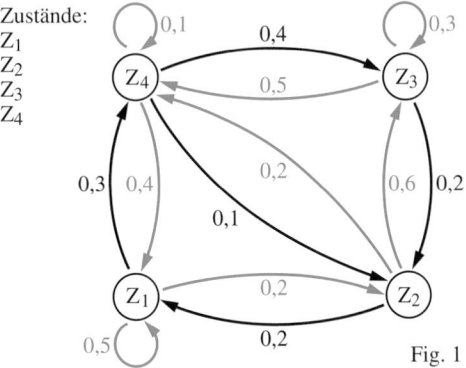

Fig. 1

Der Prozess aus Fig. 1 lässt sich mit einer Matrix A beschreiben. Interessiert man sich für „stabile" Anzahlvektoren, so muss man die Gleichung $A \cdot \vec{x} = \vec{x}$ lösen.

Beschreibung in der Form $A \cdot \vec{x} = \vec{x}$:

$$\begin{pmatrix} 0,5 & 0,2 & 0 & 0,4 \\ 0,2 & 0 & 0,2 & 0,1 \\ 0 & 0,6 & 0,3 & 0,4 \\ 0,3 & 0,2 & 0,5 & 0,1 \end{pmatrix} \cdot \begin{pmatrix} x_1 \\ x_2 \\ x_3 \\ x_4 \end{pmatrix} = \begin{pmatrix} x_1 \\ x_2 \\ x_3 \\ x_4 \end{pmatrix}$$

LGS zur Bestimmung stabiler Vektoren:

$$0,5\,x_1 + 0,2\,x_2 \qquad\quad + 0,4\,x_4 = x_1$$
$$0,2\,x_1 \qquad\quad + 0,2\,x_3 + 0,1\,x_4 = x_2$$
$$0,6\,x_2 + 0,3\,x_3 + 0,4\,x_4 = x_3$$
$$0,3\,x_1 + 0,2\,x_2 + 0,5\,x_3 + 0,1\,x_4 = x_4$$

Das LGS ist homogen und hat unendlich viele Lösungen:

LGS in der üblichen Form:

$$-0,5\,x_1 + 0,2\,x_2 \qquad\quad + 0,4\,x_4 = 0$$
$$0,2\,x_1 - \quad x_2 + 0,2\,x_3 + 0,1\,x_4 = 0$$
$$0,6\,x_2 - 0,7\,x_3 + 0,4\,x_4 = 0$$
$$0,3\,x_1 + 0,2\,x_2 + 0,5\,x_3 - 0,9\,x_4 = 0$$

Lösungsvektoren:

$$\begin{pmatrix} x_1 \\ x_2 \\ x_3 \\ x_4 \end{pmatrix} = t \begin{pmatrix} 2 \\ 1 \\ 2 \\ 2 \end{pmatrix} \text{ mit } t \in \mathbb{R}.$$

Wenn bei allen Spalten einer k-spaltigen Übergangsmatrix A die Koeffizientensumme 1 beträgt, ist die Summe aller Eingangswerte x_k stets gleich der Summe der Ausgangswerte x_k'.

Definition: Wird ein Prozess durch eine quadratische Matrix A mit nicht negativen Koeffizienten beschrieben, bei der in allen Spalten die Koeffizientensumme gleich 1 ist, so nennt man ihn einen **Austauschprozess**.
Jeder Vektor $\vec{g} \neq \vec{o}$ mit $A \cdot \vec{g} = \vec{g}$ heißt eine **Gleichgewichtsverteilung** (oder auch **stabile** Verteilung) des Prozesses.

324

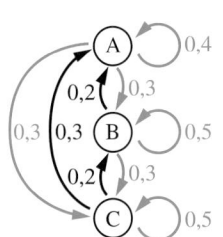

Fig. 1

Beispiel: (Gleichgewichtsverteilung)

In TRIDISTAN gibt es die Parteien A, B und C. Die Wahlberechtigten ändern von Wahl zu Wahl ihr Abstimmungsverhalten wie in Fig. 1 angegeben.

a) Geben Sie die Übergangsmatrix U für diesen Prozess an und prüfen Sie nach, dass es sich um einen Austauschprozess handelt.

b) TRIDISTAN hat 240 000 Wähler. Bestimmen Sie eine Gleichgewichtsverteilung für die Wählerstimmen.

Lösung:

a) $U = \begin{pmatrix} 0,4 & 0,2 & 0,3 \\ 0,3 & 0,5 & 0,2 \\ 0,3 & 0,3 & 0,5 \end{pmatrix}$. Die Koeffizientensumme ist in jeder Spalte 1.

b) LGS: $\begin{cases} 0,4x_1 + 0,2x_2 + 0,3x_3 = x_1 \\ 0,3x_1 + 0,5x_2 + 0,2x_3 = x_2 \\ 0,3x_1 + 0,3x_2 + 0,5x_3 = x_3 \end{cases}$, also $\begin{cases} -0,6x_1 + 0,2x_2 + 0,3x_3 = 0 \\ 0,3x_1 - 0,5x_2 + 0,2x_3 = 0 \\ 0,3x_1 + 0,3x_2 - 0,5x_3 = 0 \end{cases}$.

LGS ganzzahlig umgeformt:

$$6x_1 - 2x_2 - 3x_3 = 0$$
$$8x_2 - 7x_3 = 0$$
$$0 = 0$$

Lösungsmenge: $L = \left\{ \left(\frac{19}{24}t; \frac{7}{8}t; t \right) \mid t \in \mathbb{R} \right\}$.

Aus $\frac{19}{24}t + \frac{7}{8}t + t = \frac{8}{3}t = 240\,000$ folgt

$t = 90\,000$. Gleichgewichtsverteilung:

$\vec{x}$ mit $x_1 = 71\,250$, $x_2 = 78\,750$, $x_3 = 90\,000$.

Aufgaben

2 Stellen Sie ein LGS auf und bestimmen Sie eine Lösung mit $x_1 + x_2 + x_3 = 1$.

a) $\begin{pmatrix} 0,3 & 0,4 & 0,5 \\ 0,5 & 0,3 & 0,3 \\ 0,2 & 0,3 & 0,2 \end{pmatrix} \cdot \begin{pmatrix} x_1 \\ x_2 \\ x_3 \end{pmatrix} = \begin{pmatrix} x_1 \\ x_2 \\ x_3 \end{pmatrix}$

b) $\begin{pmatrix} 0,7 & 0,3 & 0,2 \\ 0,2 & 0,6 & 0,3 \\ 0,1 & 0,1 & 0,5 \end{pmatrix} \cdot \begin{pmatrix} x_1 \\ x_2 \\ x_3 \end{pmatrix} = \begin{pmatrix} x_1 \\ x_2 \\ x_3 \end{pmatrix}$

3 Die Kunden zweier Kinos A und B wechseln wie folgt von Besuch zu Besuch:

70 % der Besucher von A kommen beim nächsten Mal wieder, die übrigen gehen ins Kino B.

60 % der Besucher von B kommen beim nächsten Mal wieder, die übrigen gehen ins Kino A.

a) Stellen Sie die Übergangsmatrix U für diesen Prozess auf.

b) Im Kino A sind gerade 50 Besucher, in B 60 Besucher. Wie verteilen sich diese Besucher beim nächsten Mal auf beide Kinos?

c) Bestimmen Sie eine Gleichgewichtsverteilung von 350 Besuchern.

4 Die Zahnpastamarken ADent, BDent und CDent haben den Markt erobert. Die Kunden wechseln jedoch bei jedem Kauf die Marke, wie in der Tabelle angegeben.

Geben Sie die Übergangsmatrix A für den Prozess an und bestimmen Sie eine Gleichgewichtsverteilung für die Käuferanteile.

	Es wechseln von		
	ADent	BDent	CDent
nach ADent:	0 %	30 %	50 %
nach BDent:	60 %	0 %	50 %
nach CDent:	40 %	70 %	0 %

5 In QUADRISTAN gibt es nur noch die Mineralölkonzerne TP, XP, YP und ZP. In Fig. 2 ist angegeben, welche Kundenanteile beim nächsten Tanken die Marke wechseln.

a) Stellen Sie die Übergangsmatrix A für diesen Prozess auf.

b) Gerade haben je 25 % der Kunden bei TP, XP, YP und ZP getankt. Welche Kundenanteile haben die Konzerne beim nächsten Mal?

c) Bestimmen Sie eine Gleichgewichtsverteilung für die Kundenanteile.

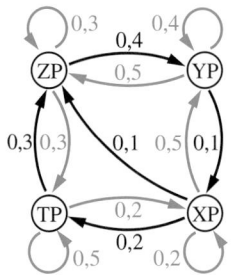

Fig. 2

4 Stochastische Matrizen

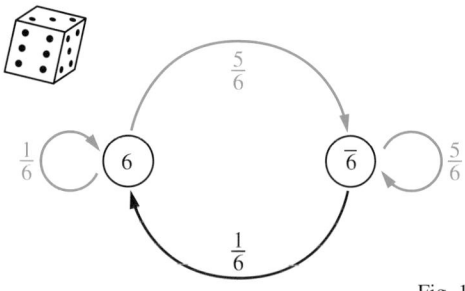

1 Ein Würfel wurde sehr oft geworfen. Dabei wurde jedes Mal notiert, ob eine 6 oder eine andere Augenzahl ($\overline{6}$) fiel. Das Übergangsdiagramm zeigt, wie oft in etwa anteilsmäßig nach den Ausfällen 6 bzw. $\overline{6}$ die Ausfälle 6 und $\overline{6}$ auftraten.
Wie groß ist bei diesem Zufallsversuch der erwartete Anteil der Fälle, in denen auf eine 6 erst beim übernächsten Wurf wieder ein 6 folgt?

Fig. 1

Es gibt Prozesse, bei denen ein System in festen Zeitabständen beobachtet wird und zu jedem Beobachtungszeitpunkt nur einen von endlich vielen Zuständen $Z_1, \ldots, Z_n$ annehmen kann. Erfolgen alle Zustandswechsel von einem zum nächsten Beobachtungszeitpunkt zufällig und mit konstanten Übergangswahrscheinlichkeiten, so heißt die Matrix P mit den eingetragenen Übergangswahrscheinlichkeiten die **Übergangsmatrix** des Prozesses. Der Koeffizient p_{ik} in P ist gleich der Wahrscheinlichkeit, dass das System vom Zustand Z_k in den Zustand Z_i übergeht. Mit Wahrscheinlichkeiten rechnet man nach den Pfadregeln der Wahrscheinlichkeitsrechnung genauso wie mit den Anteilen für Übergänge in Austauschprozessen.

Einen solchen Prozess mit konstanten Übergangswahrscheinlichkeiten nennt man eine MARKOFF'sche Kette.

stochastikós (griech.: mutmaßend) = mithilfe der Wahrscheinlichkeitstheorie schließend.
Es ist in der Mathematik üblich, eine Matrix mit diesen Eigenschaften auch dann eine stochastische Matrix zu nennen, wenn sie nicht zufällige Übergänge beschreibt, z. B. bei Austauschprozessen.

> **Definition:** Eine Matrix P heißt eine **stochastische** Matrix, wenn sie quadratisch ist, nur nicht negative Koeffizienten enthält und in jeder Spalte die Koeffizientensumme 1 beträgt.

Fig. 2 zeigt einen Prozess mit drei Zuständen. Wenn q_1, q_2, q_3 jeweils die Wahrscheinlichkeiten für die Beobachtung der Zustände A, B, C in einem gegebenen Zeitpunkt sind, so gibt der Vektor $P \cdot \vec{q}$ die Wahrscheinlichkeiten dieser Zustände im nächsten Beobachtungszeitpunkt an. Für die Matrizen $P, P^2, P^3, \ldots$ gilt der

Satz: Die Matrix P^k nähert sich mit wachsendem k beliebig genau einer stochastischen **Grenzmatrix** G, wenn es unter den Matrizen $P, P^2, P^3, \ldots$ eine Matrix mit mindestens einer Zeile gibt, in der keine 0 vorkommt.
In diesem Fall sind alle Spalten von G gleich und für jede Anfangsverteilung $\vec{q}$ ist die Verteilung $\vec{s} = G \cdot \vec{q}$ gleich der ersten Spalte von G (vgl. Fig. 3).
Die Wahrscheinlichkeitsverteilung $\vec{s}$ der Systemzustände „an einem sehr weit in der Zukunft liegenden Beobachtungszeitpunkt" hängt also nicht von der Anfangsverteilung ab.

$\vec{s}$ ist eine Lösung der Gleichung $\vec{x} = P \cdot \vec{x}$.

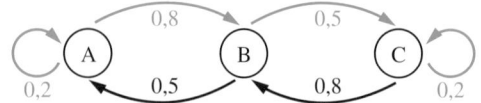

Wahrscheinlichkeiten für A, B, C:

$$\text{vorher } \vec{q} \qquad \text{nachher } P \cdot \vec{q}$$

$$\begin{pmatrix} q_1 \\ q_2 \\ q_3 \end{pmatrix} \quad \begin{pmatrix} 0,2 & 0,5 & 0 \\ 0,8 & 0 & 0,8 \\ 0 & 0,5 & 0,2 \end{pmatrix} \cdot \begin{pmatrix} q_1 \\ q_2 \\ q_3 \end{pmatrix} = \begin{pmatrix} 0,2\,q_1 + 0,5\,q_2 \\ 0,8\,q_1 + 0,8\,q_3 \\ 0,5\,q_2 + 0,2\,q_3 \end{pmatrix}$$

Fig. 2

P			P²			P³			...	G		
$\frac{1}{5}$	$\frac{1}{2}$	0	$\frac{11}{25}$	$\frac{1}{10}$	$\frac{2}{5}$	$\frac{21}{125}$	$\frac{21}{50}$	$\frac{4}{25}$	...	$\frac{5}{18}$	$\frac{5}{18}$	$\frac{5}{18}$
$\frac{4}{5}$	0	$\frac{4}{5}$	$\frac{4}{25}$	$\frac{4}{5}$	$\frac{4}{25}$	$\frac{84}{125}$	$\frac{4}{25}$	$\frac{84}{125}$	...	$\frac{4}{9}$	$\frac{4}{9}$	$\frac{4}{9}$
0	$\frac{1}{2}$	$\frac{1}{5}$	$\frac{2}{5}$	$\frac{1}{10}$	$\frac{11}{25}$	$\frac{4}{25}$	$\frac{21}{50}$	$\frac{21}{125}$	...	$\frac{5}{18}$	$\frac{5}{18}$	$\frac{5}{18}$

Für $q_1 + q_2 + q_3 = 1$ gilt:

$$G \cdot \begin{pmatrix} q_1 \\ q_2 \\ q_3 \end{pmatrix} = \begin{pmatrix} \frac{5}{18} & \frac{5}{18} & \frac{5}{18} \\ \frac{4}{9} & \frac{4}{9} & \frac{4}{9} \\ \frac{5}{18} & \frac{5}{18} & \frac{5}{18} \end{pmatrix} \cdot \begin{pmatrix} q_1 \\ q_2 \\ q_3 \end{pmatrix} = \begin{pmatrix} \frac{5}{18}(q_1 + q_2 + q_3) \\ \frac{4}{9}(q_1 + q_2 + q_3) \\ \frac{5}{18}(q_1 + q_2 + q_3) \end{pmatrix} = \begin{pmatrix} \frac{5}{18} \\ \frac{4}{9} \\ \frac{5}{18} \end{pmatrix}$$

Fig. 3

Beispiel 1: (Spielserien)
Zwei Schachspieler spielen wiederholt gegeneinander. Der zweite Spieler ist am Anfang noch unerfahren. Deshalb betragen die Wahrscheinlichkeiten für die Ausgänge A (= der erste gewinnt), B (= der zweite gewinnt) und R (= Remis) bei der ersten Partie $q_A = 0{,}9$; $q_B = 0{,}1$; $q_R = 0$. Wie die Übergangswahrscheinlichkeiten in Fig. 2 zeigen, lernt der zweite Spieler jedoch aus jeder Partie.

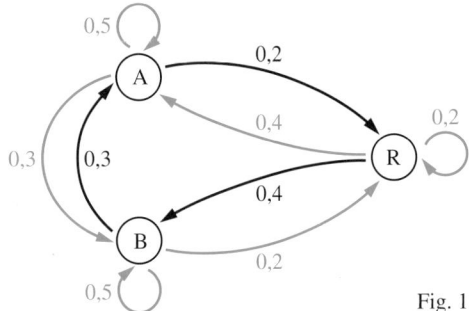

Fig. 1

a) Stellen Sie die Übergangsmatrix P auf. Berechnen Sie damit die Wahrscheinlichkeiten q_A, q_B und q_R für die zweite Schachpartie.
b) Bestimmen Sie mit einer Tabellenkalkulation oder einem Computeralgebrasystem die Matrix P^4 und berechnen Sie die Wahrscheinlichkeiten q_A, q_B und q_R für die vierte, die achte und die zwölfte Partie. Welchen Werten s_A, s_B, s_R scheinen sich q_A, q_B, q_R immer mehr zu nähern?
c) Zeigen Sie, dass für die in b) bestimmte Wahrscheinlichkeitsverteilung $P \cdot \vec{s} = \vec{s}$ gilt.
Lösung:
a) Übergangsmatrix: Wahrscheinlichkeiten für zweite Partie:

$$P = \begin{pmatrix} 0{,}5 & 0{,}3 & 0{,}4 \\ 0{,}3 & 0{,}5 & 0{,}4 \\ 0{,}2 & 0{,}2 & 0{,}2 \end{pmatrix} \quad \begin{pmatrix} q_A \\ q_B \\ q_R \end{pmatrix} = \begin{pmatrix} 0{,}5 & 0{,}3 & 0{,}4 \\ 0{,}3 & 0{,}5 & 0{,}4 \\ 0{,}2 & 0{,}2 & 0{,}2 \end{pmatrix} \cdot \begin{pmatrix} 0{,}9 \\ 0{,}1 \\ 0 \end{pmatrix} = \begin{pmatrix} 0{,}48 \\ 0{,}32 \\ 0{,}2 \end{pmatrix}$$

b) $$P^4 = \begin{pmatrix} 0{,}4008 & 0{,}3992 & 0{,}4 \\ 0{,}3992 & 0{,}4008 & 0{,}4 \\ 0{,}2 & 0{,}2 & 0{,}2 \end{pmatrix}; \quad P^4 \cdot \begin{pmatrix} 0{,}9 \\ 0{,}1 \\ 0 \end{pmatrix} = \begin{pmatrix} 0{,}40064 \\ 0{,}39936 \\ 0{,}2 \end{pmatrix}; \quad P^4 \cdot \begin{pmatrix} 0{,}40064 \\ 0{,}39936 \\ 0{,}2 \end{pmatrix} = \begin{pmatrix} 0{,}400001024 \\ 0{,}399998976 \\ 0{,}2 \end{pmatrix};$$

$$P^4 \cdot \begin{pmatrix} 0{,}400001024 \\ 0{,}399998976 \\ 0{,}2 \end{pmatrix} = \begin{pmatrix} 0{,}400000001638 \\ 0{,}399999998362 \\ 0{,}2 \end{pmatrix}; \quad \text{Vermutung:} \quad \begin{pmatrix} s_A \\ s_B \\ s_R \end{pmatrix} = \begin{pmatrix} 0{,}4 \\ 0{,}4 \\ 0{,}2 \end{pmatrix}$$

c) $$\begin{pmatrix} 0{,}5 & 0{,}3 & 0{,}4 \\ 0{,}3 & 0{,}5 & 0{,}4 \\ 0{,}2 & 0{,}2 & 0{,}2 \end{pmatrix} \cdot \begin{pmatrix} 0{,}4 \\ 0{,}4 \\ 0{,}2 \end{pmatrix} = \begin{pmatrix} 0{,}4 \\ 0{,}4 \\ 0{,}2 \end{pmatrix}$$

Beispiel 2: (Diffusion)
Zwei mit Wasser gefüllte Glaskammern sind durch ein trichterförmiges Loch verbunden und werden in Minutenabständen beobachtet. In die linke Kammer werden am Anfang 30 000 Einzeller gesetzt, die danach in zufällig gewählten Richtungen umherschwimmen. Am Anfang ist jeder Einzeller mit der Wahrscheinlichkeit 1 in der linken und mit der Wahrscheinlichkeit 0 in der rechten Kammer zu finden.
In Fig. 3 ist für einen einzelnen Einzeller angegeben, mit welcher Wahrscheinlichkeit er von einer Minute zur nächsten aus seiner jeweiligen Kammer in die andere wechselt.

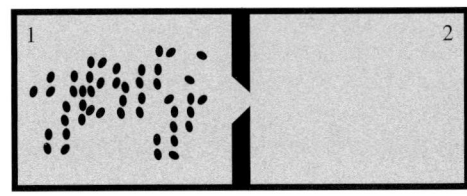

Fig. 2

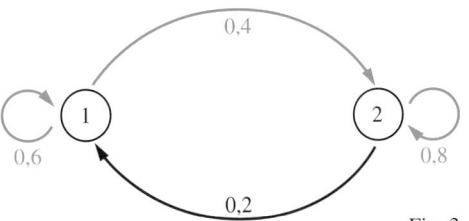

Fig. 3

Wegen der großen Anzahl der Einzeller stimmen die Anteile in den Kammern nach längerer Beobachtungszeit nahezu mit den Aufenthaltswahrscheinlichkeiten überein.

a) Geben Sie die Übergangsmatrix P für einen Einzeller an und berechnen Sie seine Aufenthaltswahrscheinlichkeiten q_1 und q_2 in den Kammern (1) und (2) nach 1, 2 und 3 Minuten.
b) Bestimmen Sie eine Wahrscheinlichkeitsverteilung $\vec{s}$ für q_1 und q_2, die sich von Beobachtung zu Beobachtung reproduziert. Berechnen Sie damit, wie viele Einzeller nach langer Beobachtungszeit jeweils in (1) und (2) zu erwarten sind.

327

Lösung:

a) $P = \begin{pmatrix} 0,6 & 0,2 \\ 0,4 & 0,8 \end{pmatrix}$;

$\begin{pmatrix} q_1 \\ q_2 \end{pmatrix}$ nach 1, 2, 3 Minuten: $P \cdot \begin{pmatrix} 1 \\ 0 \end{pmatrix} = \begin{pmatrix} 0,6 \\ 0,4 \end{pmatrix}$; $P \cdot \begin{pmatrix} 0,6 \\ 0,4 \end{pmatrix} = \begin{pmatrix} 0,44 \\ 0,56 \end{pmatrix}$; $P \cdot \begin{pmatrix} 0,44 \\ 0,56 \end{pmatrix} = \begin{pmatrix} 0,376 \\ 0,624 \end{pmatrix}$

b) LGS: $\begin{cases} 0,6\,s_1 + 0,2\,s_2 = s_1 \\ 0,4\,s_1 + 0,8\,s_2 = s_2 \\ s_1 + \quad s_2 = 1 \end{cases}$, also $\begin{cases} -0,4\,s_1 + 0,2\,s_2 = 0 \\ 0,4\,s_1 - 0,2\,s_2 = 0 \\ s_1 + \quad s_2 = 1 \end{cases}$; Lösung: $\begin{pmatrix} s_1 \\ s_2 \end{pmatrix} = \begin{pmatrix} \frac{1}{3} \\ \frac{2}{3} \end{pmatrix}$

Es sind 10 000 Einzeller in Kammer 1 und 20 000 in Kammer 2 zu erwarten.

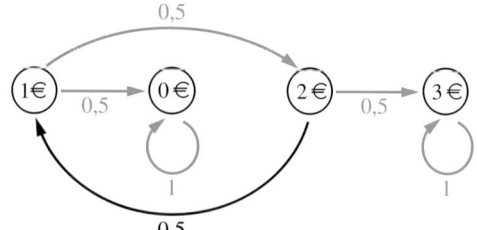

Beispiel 3: (absorbierende Zustände)
Bei einem Glücksspiel kann man einen Betrag setzen. Dann wird eine Münze geworfen. Der eingesetzte Betrag verdoppelt sich, wenn „Zahl" fällt, bei „Wappen" ist er verloren. Ein Spieler setzt 1 €. Wenn er verliert, hört er auf. Wenn er gewinnt, nimmt er 1 € weg und spielt noch einmal. Gewinnt er wieder, so hört er auf. Ansonsten fängt er wieder mit 1 € an.

*Systemzustände, die erreicht und dann nicht mehr verlassen werden können, nennt man **absorbierend**.*

Fig. 1

a) Das Diagramm in Fig. 1 beschreibt die Spielstände und Übergangswahrscheinlichkeiten. Was bedeuten die Einsen als Übergangswahrscheinlichkeiten bei den Zuständen 0 € und 3 €?
b) Geben Sie die Übergangsmatrix P an (nummerieren Sie die Zustände in der Reihenfolge 1 €, 0 €, 2 €, 3 €). Bestimmen Sie damit die Wahrscheinlichkeitsverteilung der Zustände nach 1, 2 und 3 Spielen.
c) Bestimmen Sie mithilfe einer Tabellenkalkulation oder eines Computeralgebrasystems die Matrizen P^2, P^4 und P^8. Welcher Grenzmatrix G scheinen sich die Matrizenpotenzen zu nähern?

Die in d) bestimmte Verteilung $\vec{s}$ erfüllt die Bedingung $\vec{s} = P \cdot \vec{s}$, wenn die Vermutung für G stimmt!

d) Berechnen Sie für die Startverteilung $q_1 = 1$, $q_2 = q_3 = q_4 = 0$ die Verteilung $\vec{s} = G \cdot \vec{q}$. Wie lassen sich die Wahrscheinlichkeiten in $\vec{s}$ deuten?

Lösung:
a) Bei 0 € und 3 € hört das Spiel auf. Es bleibt also im jeweiligen Endzustand.
b) Übergangsmatrix:

Das Beispiel zeigt, dass es auch Fälle mit Grenzmatrizen gibt, obwohl in jeder Zeile jeder Matrix P^k mindestens eine 0 vorkommt.

$P = \begin{pmatrix} 0 & 0 & 0,5 & 0 \\ 0,5 & 1 & 0 & 0 \\ 0,5 & 0 & 0 & 0 \\ 0 & 0 & 0,5 & 1 \end{pmatrix}$; Wahrscheinlichkeiten q_1, q_2, q_3, q_4 nach 1, 2 und 3 Spielen:

$P \cdot \begin{pmatrix} 1 \\ 0 \\ 0 \\ 0 \end{pmatrix} = \begin{pmatrix} 0 \\ 0,5 \\ 0,5 \\ 0 \end{pmatrix}$; $P \cdot \begin{pmatrix} 0 \\ 0,5 \\ 0,5 \\ 0 \end{pmatrix} = \begin{pmatrix} 0,25 \\ 0,5 \\ 0 \\ 0,25 \end{pmatrix}$; $P \cdot \begin{pmatrix} 0,25 \\ 0,5 \\ 0 \\ 0,25 \end{pmatrix} = \begin{pmatrix} 0 \\ 0,625 \\ 0,125 \\ 0,25 \end{pmatrix}$

c) $P^2 = \begin{pmatrix} 0,25 & 0 & 0,00 & 0 \\ 0,50 & 1 & 0,25 & 0 \\ 0,00 & 0 & 0,25 & 0 \\ 0,25 & 0 & 0,50 & 1 \end{pmatrix}$; $P^4 = \begin{pmatrix} 0,0625 & 0 & 0,0000 & 0 \\ 0,6250 & 1 & 0,3125 & 0 \\ 0,0000 & 0 & 0,0625 & 0 \\ 0,3125 & 0 & 0,6250 & 1 \end{pmatrix}$; $P^8 = \begin{pmatrix} 0,003\,906\,25 & 0 & 0,000\,000\,00 & 0 \\ 0,664\,062\,50 & 1 & 0,332\,031\,25 & 0 \\ 0,000\,000\,00 & 0 & 0,003\,906\,25 & 0 \\ 0,332\,031\,25 & 0 & 0,664\,062\,50 & 1 \end{pmatrix}$;

Vermutung: $G = \begin{pmatrix} 0 & 0 & 0 & 0 \\ \frac{2}{3} & 1 & \frac{1}{3} & 0 \\ 0 & 0 & 0 & 0 \\ \frac{1}{3} & 0 & \frac{2}{3} & 1 \end{pmatrix}$.

d) Es ergeben sich: $s_1 = 0$, $s_2 = \frac{2}{3}$, $s_3 = 0$, $s_4 = \frac{1}{3}$. Wenn man nur beim Erreichen von 3 € oder dem Verlust des Einsatzes aufhört, beträgt die Wahrscheinlichkeit für den Gewinn $\frac{1}{3}$ und für den Verlust $\frac{2}{3}$.

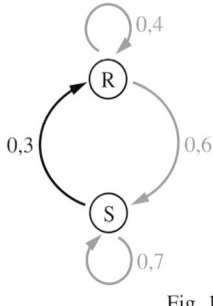

Fig. 1

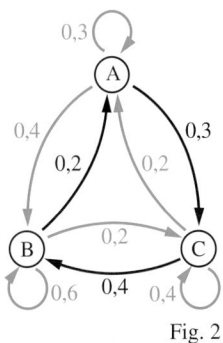

Fig. 2

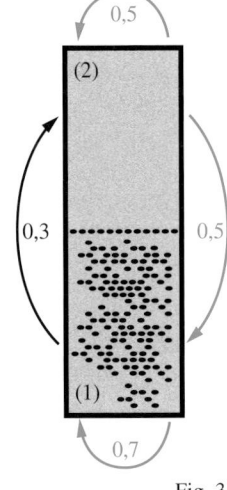

Fig. 3

Aufgaben

2 Das Tageswetter auf einer Südseeinsel kennt nur die beiden Extreme „regnerisch" (R) und „sonnig" (S). Das Übergangsdiagramm in Fig. 1 zeigt, mit welchen Übergangswahrscheinlichkeiten das Wetter anhält bzw. wechselt.
a) Am Sonntag hat es geregnet. Wie groß sind die Wahrscheinlichkeiten q_R und q_S für die Wetterlagen R und S am folgenden Montag?
b) Stellen Sie die Übergangsmatrix P auf und berechnen Sie damit die Wahrscheinlichkeiten q_R und q_S für Dienstag, Mittwoch, Donnerstag und Freitag.

3 In einem Land wird alle 5 Jahre gewählt. Es gibt nur die Parteien A, B und C. Ein Wähler ändert seine Stimmabgabe von Wahl zu Wahl mit den Übergangswahrscheinlichkeiten in Fig. 2. Am Anfang zieht er C nicht in Betracht und entscheidet sich zufällig zwischen A und B.
a) Geben Sie die Übergangsmatrix P an und bestimmen Sie die Wahrscheinlichkeiten q_1, q_2, q_3, mit denen er jeweils die Parteien A, B, C nach 5 Jahren wählt.
b) Bestimmen Sie eine stabile Wahrscheinlichkeitsverteilung $\vec{s}$ für q_1, q_2 und q_3.

4 Zwei luftgefüllte Kammern (1) und (2) sind durch eine Wand getrennt, die Luftmoleküle in beiden Richtungen frei durchlässt. In Kammer (1) befinden sich am Anfang 1 Million Moleküle eines Geruchstoffs S (Fig. 3). Für jedes Molekül von S ändern sich die Aufenthaltswahrscheinlichkeiten q_1 und q_2 in den Kammern (1) und (2) von einer Minute zur nächsten, wie angegeben.
a) Geben Sie die Übergangsmatrix P an und bestimmen Sie die Aufenthaltswahrscheinlichkeiten eines Moleküls von S nach 1, 2 und 3 Minuten.
b) Bestimmen Sie eine stabile Verteilung $\vec{s}$ für die Aufenthaltswahrscheinlichkeiten eines Moleküls von S.
c) Wie viele Moleküle von S sind nach langer Zeit in Kammer (1) bzw. (2) zu erwarten?

5 Fig. 4 zeigt Übergangswahrscheinlichkeiten bei einem Spiel. Man fängt auf Platz 1 an und hört auf, wenn man 3 erreicht hat.
a) Bestimmen Sie die Übergangsmatrix P und berechnen Sie die Wahrscheinlichkeiten für die Plätze 1, 2 und 3 nach zwei Drehungen.
b) Nehmen Sie eine Tabellenkalkulation oder ein Computeralgebrasystem zu Hilfe und bestimmen Sie P^2, P^4, P^8, P^{16}, P^{32}. Welcher Grenzmatrix G scheint sich P^k zu nähern?
c) Welche Wahrscheinlichkeitsverteilung für die Plätze 1, 2 und 3 bei „genügend vielen Versuchen" ergibt sich aus G?

Regeln:
1. Je Spieldurchgang 1 x drehen.
2. Um gezeigte Zahl weiterrücken, wenn diese klein genug ist.
3. Sitzen bleiben, wenn die gezeigte Zahl zu groß ist.

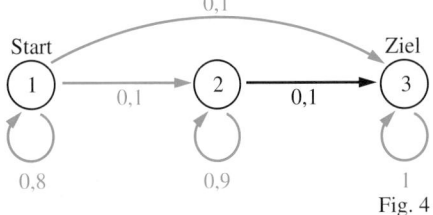

Fig. 4

6 Ein System ist nach jeder Minute in einem der Zustände 1, 2, 3 und 4. Die Übergangswahrscheinlichkeiten sind durch die Übergangsmatrix P in Fig. 5 gegeben.
a) Am Anfang ist das System im Zustand 1. Berechnen Sie die Wahrscheinlichkeitsverteilung der Systemzustände nach 2 Minuten.
b) Bestimmen Sie eine stabile Wahrscheinlichkeitsverteilung $\vec{s}$ für die Systemzustände.

$$P = \begin{pmatrix} \frac{2}{5} & \frac{1}{4} & \frac{1}{4} & \frac{1}{5} \\ \frac{1}{5} & 0 & \frac{1}{2} & \frac{1}{5} \\ \frac{1}{5} & \frac{1}{2} & 0 & \frac{1}{5} \\ \frac{1}{5} & \frac{1}{4} & \frac{1}{4} & \frac{2}{5} \end{pmatrix}$$

Fig. 5

329

Mathematische Exkursionen

Input-Output-Analyse

Im Jahr 1973 erhielt der russisch-amerikanische Wirtschaftswissenschaftler WASSILY W. LEONTIEF den Nobelpreis für Wirtschaftswissenschaften. Damit wurde er für die Schaffung der Input-Ouput-Methode geehrt.

Input definierte LEONTIEF als die Güter und Dienstleistungen, die ein Wirtschaftszweig kauft, **Output** definierte er als die Güter und Dienstleistungen, die ein Wirtschaftszweig produziert und verkauft.

Durch Untersuchung der Zusammenhänge zwischen Inputs und Outputs lassen sich für das Verhalten von Volkswirtschaften mathematische Modelle aufstellen.

Die Input-Output-Methode macht die vereinfachende Annahme, dass sich der *Output* (= produzierte Güter und Leistungen) eines Wirtschaftszweiges durch lineare Gleichungen aus dem *Input* (= eingekaufte Güter und Leistungen) berechnen lässt. Dabei werden alle Güter und Leistungen nur durch ihre Preise in Währungseinheiten WE (z. B. 1 000 000 €) vertreten.

Die Gesamtproduktion x_i eines Wirtschaftszweiges i setzt sich aus Lieferungen an andere produzierende Bereiche und dem Verkauf y_i an den Endverbrauchermarkt zusammen. Man nennt y_i die *Endnachfrage* und die Differenz $z_i = x_i - y_i$ den *internen Bedarf* der Volkswirtschaft an Leistungen des Sektors i.

Fig. 1 zeigt eine **Input-Output-Tabelle** für das vergröberte Modell einer Volkswirtschaft. Hier werden nur die Sektoren D (Dienstleistungen), L (Land- und Forstwirtschaft/Fischerei), V (Energie/Bergbau/Wasser) und I (Industrie) unterschieden.

Der Koeffizient in der i-ten Zeile und j-ten Spalte des unterlegten Feldes gibt an, wie viele Einheiten der Sektor i an den Sektor j liefern muss, wenn in j eine Produktionseinheit hergestellt werden soll. Die Matrix A mit diesen Koeffizienten nennt man die **Inputmatrix**.

Aus der Tabelle ergeben sich die Gleichungen in Fig. 2. In Matrizenschreibweise lauten sie:

$$(1)\quad \vec{z} = \begin{pmatrix} 0{,}21 & 0{,}09 & 0{,}04 & 0{,}18 \\ 0{,}09 & 0{,}15 & 0{,}01 & 0{,}07 \\ 0{,}06 & 0{,}04 & 0{,}41 & 0{,}07 \\ 0{,}19 & 0{,}30 & 0{,}15 & 0{,}83 \end{pmatrix} \cdot \vec{x},$$

$$(2)\quad \vec{y} = \vec{x} - \vec{z}.$$

WASSILY W. LEONTIEF wurde 1906 in Sankt Petersburg geboren und studierte an der dortigen Universität und in Berlin. Er wanderte 1929 in die Vereinigten Staaten aus und arbeitete erst im National Bureau of Economic Research in New York. Ab 1931 lehrte er an der Harvard University. Im Jahr 1958 analysierte er die amerikanische Volkswirtschaft und unterschied dabei 83 (!) Wirtschaftszweige.

		empfangende Sektoren				Endnachfrage	Gesamtproduktion
		D	L	V	I		
lieferende Sektoren	D	0,21	0,09	0,04	0,18	y_D	x_D
	L	0,09	0,15	0,01	0,07	y_L	x_L
	V	0,06	0,04	0,41	0,07	y_V	x_V
	I	0,19	0,30	0,15	0,83	y_I	x_I

Fig. 1

Interner Bedarf:

$z_D = 0{,}21\,x_D + 0{,}09\,x_L + 0{,}04\,x_V + 0{,}18\,x_I$
$z_L = 0{,}09\,x_D + 0{,}15\,x_L + 0{,}01\,x_V + 0{,}07\,x_I$
$z_V = 0{,}06\,x_D + 0{,}04\,x_L + 0{,}41\,x_V + 0{,}07\,x_I$
$z_I = 0{,}19\,x_D + 0{,}30\,x_L + 0{,}15\,x_V + 0{,}83\,x_I$

Überschuss für die Marktnachfrage:

$y_D = x_D - z_D$
$y_L = x_L - z_L$
$y_V = x_V - z_V$
$y_I = x_I - z_I$

Fig. 2

Daher muss z. B. für eine Gesamtproduktion (in WE) von $x_D = 160$, $x_L = 60$, $x_V = 100$, $x_I = 650$ der Sektor D für sich und die anderen Sektoren bereits $0{,}21 \cdot 160 + 0{,}09 \cdot 60 + 0{,}04 \cdot 100 + 0{,}18 \cdot 650 = 160\,\text{WE}$ leisten. Für den Endverbrauchermarkt bliebe dabei nichts übrig. Beim Sektor L würde die Gesamtproduktion von 60 WE noch nicht einmal für den internen Bedarf aller Sektoren reichen (Aufgabe 1)!

Wie das Beispiel zeigt, ist es sinnvoller, von Annahmen über die Marktnachfrage auszugehen und daraus auf die benötigte Gesamtproduktionen der Sektoren zu schließen. Dazu fasst man die Gleichungen (1) und (2) zusammen und erhält

nach $\vec{y} = \vec{x} - \begin{pmatrix} 0{,}21 & 0{,}09 & 0{,}04 & 0{,}18 \\ 0{,}09 & 0{,}15 & 0{,}01 & 0{,}07 \\ 0{,}06 & 0{,}04 & 0{,}41 & 0{,}07 \\ 0{,}19 & 0{,}30 & 0{,}15 & 0{,}83 \end{pmatrix} \cdot \vec{x}$ die Matrizengleichung $(3)\ \vec{y} = \begin{pmatrix} 0{,}79 & -0{,}09 & -0{,}04 & -0{,}18 \\ -0{,}09 & 0{,}85 & -0{,}01 & -0{,}07 \\ -0{,}06 & -0{,}04 & 0{,}59 & -0{,}07 \\ -0{,}19 & -0{,}30 & -0{,}15 & 0{,}17 \end{pmatrix} \cdot \vec{x}.$

Fasst man y_D, y_L, y_V, y_I als Parameter auf und löst das durch (3) gegebene LGS, so ergibt sich für die Lösung in der Form (x_D; x_L; x_V; x_I) (mit auf 3 Nachkommastellen gerundeten Koeffizienten):

$$x_D = 2{,}426\,y_D + 1{,}616\,y_L + 1{,}133\,y_V + 3{,}701\,y_I$$
$$x_L = 0{,}644\,y_D + 1{,}849\,y_L + 0{,}494\,y_V + 1{,}649\,y_I$$
$$x_V = 0{,}834\,y_D + 0{,}995\,y_L + 2{,}342\,y_V + 2{,}258\,y_I$$
$$x_I = 4{,}584\,y_D + 5{,}948\,y_L + 4{,}204\,y_V + 14{,}917\,y_I$$

In Matrizenschreibweise lautet dies:

$$(4)\quad \vec{x} = \begin{pmatrix} 2{,}426 & 1{,}616 & 1{,}133 & 3{,}701 \\ 0{,}644 & 1{,}849 & 0{,}494 & 1{,}649 \\ 0{,}834 & 0{,}995 & 2{,}342 & 2{,}258 \\ 4{,}584 & 5{,}948 & 4{,}204 & 14{,}917 \end{pmatrix} \cdot \vec{y}.$$

Die Matrix C in Gleichung (4) hat die Eigenschaft, dass sie bei der Multiplikation mit der Matrix in (3) bis auf Rundungsfehler eine **Einheitsmatrix E** liefert (Aufgabe 2). E hat die Eigenschaft $E \cdot \vec{x} = \vec{x}$, da alle Koeffizienten e_{ii} auf der Hauptdiagonalen gleich 1 sind und alle anderen Koeffizienten gleich 0 sind.

Man kann daher das Lösen von Gleichung (3) als Multiplikation beider Seiten von links mit der Matrix C auffassen.

Da alle Koeffizienten von C positiv sind, lässt sich innerhalb der Modellgrenzen **jede** Marktnachfrage durch eine geeignete Produktion befriedigen. Die stärkste Auswirkung auf die Gesamtproduktion hat dabei offensichtlich die Marktnachfrage nach Industrieprodukten.

In Fig. 1 wird noch einmal in allgemeiner Form das Verfahren aus dem Beispiel angegeben.

Allgemeine Input-Output-Tabelle:

		empfangende Sektoren						End-nach-frage	Ges.-produktion
		1	2	...	j	...	n		
liefernde Sektoren	1	a_{11}	a_{12}	...	a_{1j}	...	a_{1n}	y_1	x_1
	2	a_{21}	a_{22}	...	a_{2j}	...	a_{2n}	y_2	x_2
	⋮	⋮	⋮	⋮	⋮	⋮	⋮	⋮	⋮
	i	a_{i1}	a_{i2}	...	a_{ij}	...	a_{in}	y_i	x_i
	⋮	⋮	⋮	⋮	⋮	⋮	⋮	⋮	⋮
	n	a_{n1}	a_{n2}	...	a_{nj}	...	a_{nn}	y_n	x_n

Der Koeffizient a_{ij} gibt an, wie viele Einheiten der Sektor i an den Sektor j liefern muss, wenn dort eine Einheit produziert wird.

LGS zur Bestimmung des Gesamtproduktionsvektors $\vec{x}$ aus dem Nachfragevektor $\vec{y}$:

$$\underbrace{\begin{pmatrix} 1-a_{11} & -a_{12} & \cdots & -a_{1n} \\ -a_{21} & 1-a_{22} & & -a_{2n} \\ \vdots & & \ddots & \\ -a_{n1} & -a_{n2} & & 1-a_{nn} \end{pmatrix}}_{E - A} \cdot \vec{x} = \vec{y}$$

Falls die Matrix C mit der Eigenschaft $C \cdot (E - A) = E$ existiert, ist $\vec{x} = C\,\vec{y}$. Fig. 1

Anmerkungen zu den Grenzen des Verfahrens: Die Proportionalitätsannahmen über Inputs und Outputs gelten nur innerhalb gewisser Werteintervalle und die Koeffizienten von Inputmatrizen ändern sich im Laufe der Zeit. Außerdem bleiben zeitliche Unterschiede zwischen den Inputänderungen und Outputänderungen unberücksichtigt.

1 Berechnen Sie für den Produktionsvektor $x_D = 160$, $x_L = 60$, $x_V = 100$, $x_I = 650$ im Textbeispiel den inneren Bedarf $\vec{z}$ für alle Wirtschaftszweige und interpretieren Sie das Ergebnis.

2 Multiplizieren Sie die Matrix aus Gleichung (3) mit der Matrix aus Gleichung (4). Wie weit weichen die Koeffizienten der Produktmatrix und der Einheitsmatrix höchstens voneinander ab?

3 Bestimmen Sie mithilfe von Gleichung (4) zu einer Endnachfrage von $y_I = 200$ für Industriegüter und $y_D = 100$ nach Dienstleistungen den Produktionsvektor $\vec{x}$ mit minimaler Produktion der Sektoren L und V.

4 Fig. 2 zeigt die Gesamtproduktion in einer Volkswirtschaft mit drei Sektoren U, V und W mit den gegenseitigen Lieferungen.

a) Bestimmen Sie die Inputmatrix A.

b) Welche Endnachfrage ergibt sich aus Fig. 2?

c) Bestimmen Sie die Matrix C, mit der sich der Gesamtoutput $\vec{x}$ aus der Endnachfrage $\vec{y}$ berechnen lässt. Bestimmen Sie damit den Gesamtoutput zu der Endnachfrage (in WE) $y_U = 1500$, $y_V = 600$, $y_W = 1200$.

Tipp zu a):
Überlegen Sie, durch welchen Output man jeweils den Input eines Sektors dividieren muss!

Austausch von Produkten und Gesamtproduktion in WE:

		empfangende Sektoren			Gesamtproduktion
		U	V	W	
liefernde Sektoren	U	2400	1500	600	8000
	V	1600	2000	600	5000
	W	800	5000	1200	3000

Fig. 2

331

Prozessmatrizen: Werden bei einem Vorgang s Eingangswerten $x_1, \ldots, x_s$ durch lineare Gleichungen n Ausgangswerte $y_1, \ldots, y_n$ zugewiesen, so notiert man die Eingangswerte in einem Vektor $\vec{x}$, die Ausgangswerte in einem Vektor $\vec{y}$ und die Koeffizienten der Gleichungen in einer **Matrix A**. Man nennt den Vorgang einen Prozess mit der Übergangsmatrix A und beschreibt die Zuordnung in der Form

$$\begin{pmatrix} y_1 \\ y_2 \\ \vdots \\ y_n \end{pmatrix} = \begin{pmatrix} a_{11} & a_{12} & \cdots & a_{1s} \\ a_{21} & a_{22} & \cdots & a_{2s} \\ \vdots & \vdots & & \vdots \\ a_{n1} & a_{n2} & \cdots & a_{ns} \end{pmatrix} \cdot \begin{pmatrix} x_1 \\ x_2 \\ \vdots \\ x_s \end{pmatrix}$$

Dabei ist der Wert y_k gleich dem Skalarprodukt aus dem k-ten **Zeilenvektor** von A und dem Spaltenvektor $\vec{x}$.

Matrizenmultiplikation: Das Matrizenprodukt $C = A \cdot B$ ist nur für den Fall definiert, dass A so viele Spalten wie B Zeilen besitzt. Den Koeffizienten c_{ik} von C berechnet man als Skalarprodukt des i-ten **Zeilenvektors** von A mit dem k-ten **Spaltenvektor** von B. Matrizenprodukte treten bei mehrstufigen Prozessen auf. Sind die Ausgangswerte eines Prozesses mit der Matrix B die Eingangswerte eines Prozesses mit der Matrix A, so hat der Gesamtprozess das Produkt $A \cdot B$ als Prozessmatrix.

Austauschprozesse: Hier geht es um die Verteilung regelmäßig beobachteter Objekte auf n Zustände. Der Koeffizient a_{ik} der zugehörigen Übergangsmatrix A gibt an, welcher Anteil der Objekte im Zustand k sich bei der nächsten Beobachtung in i befindet. Daher ist die Matrix A quadratisch, enthält keine negativen Koeffizienten und hat in jeder Spalte die Koeffizientensumme 1.
Der Vektor $\vec{x}$ mit eingetragenen Objektanzahlen (oder Anteilen) für die Zustände wird eine Verteilung genannt. Sie heißt **Gleichgewichtsverteilung**, wenn sie sich von einer Beobachtung zur nächsten reproduziert. Zur Bestimmung stabiler Verteilungen löst man die Gleichung $A \cdot \vec{x} = \vec{x}$.

Stochastische Matrizen: Betrachtet man anstelle von Anteilen Wahrscheinlichkeiten, so kann man Prozesse beschreiben, bei denen ein System zwischen endlich vielen Zuständen zufällig wechselt.
Der Koeffizient p_{ik} der Übergangsmatrix P gibt in diesem Fall an, mit welcher Wahrscheinlichkeit das System bei der nächsten Beobachtung im Zustand i ist, wenn es vorher im Zustand k war. Eine solche **stochastische** Matrix hat dieselben Eigenschaften wie die Übergangsmatrix eines Austauschprozesses.
Gibt $\vec{x}$ die Wahrscheinlichkeit der Zustände zu einem gegebenen Beobachtungszeitpunkt an, so erhält man diese Wahrscheinlichkeiten zum darauf folgenden Beobachtungszeitpunkt in der Form $P \cdot \vec{x}$.
Wenn bei Austauschprozessen oder stochastischen Prozessen die Übergangsmatrix oder wenigstens eine ihrer Potenzen eine Zeile ohne Nullen enthält, so nähert sich der Verteilungsvektor $\vec{x}$ bei fortgesetzter Beobachtung beliebig genau einer stabilen Grenzverteilung $\vec{s}$.

Beschreibung eines Prozesses:

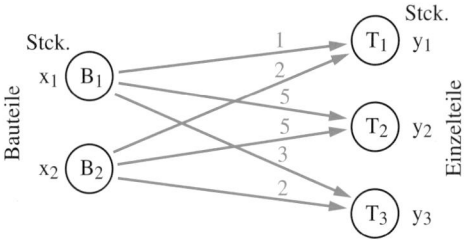

$$\begin{pmatrix} y_1 \\ y_2 \\ y_3 \end{pmatrix} = \begin{pmatrix} 1 & 2 \\ 5 & 5 \\ 3 & 2 \end{pmatrix} \cdot \begin{pmatrix} x_1 \\ x_2 \end{pmatrix} = \begin{pmatrix} x_1 + 2x_2 \\ 5x_1 + 5x_2 \\ 3x_1 + 2x_2 \end{pmatrix}$$

Ein Matrizenprodukt:

$$\begin{pmatrix} 2 & 3 \\ 4 & 2 \\ 1 & 5 \end{pmatrix} \cdot \begin{pmatrix} 1 & 0 & 3 \\ 5 & 2 & 2 \end{pmatrix} = \begin{pmatrix} 17 & 6 & 12 \\ 14 & 4 & 16 \\ 26 & 10 & 13 \end{pmatrix} \cdot$$

Schema für 2-stufige Prozesse:

$$\vec{x} \xrightarrow{\;\;B\;\;} B \cdot \vec{x} \xrightarrow{\;\;A\;\;} A \cdot (B \cdot \vec{x})$$
$$A \cdot B$$

Gleichung eines Austauschprozesses:

$$\begin{pmatrix} x_1' \\ x_2' \\ x_3' \end{pmatrix} = \begin{pmatrix} 0{,}5 & 0{,}2 & 0{,}1 \\ 0{,}3 & 0{,}6 & 0{,}4 \\ 0{,}2 & 0{,}2 & 0{,}5 \end{pmatrix} \cdot \begin{pmatrix} x_1 \\ x_2 \\ x_3 \end{pmatrix}$$

Eine stabile Anzahlverteilung dazu:

$$\begin{pmatrix} 0{,}5 & 0{,}2 & 0{,}1 \\ 0{,}3 & 0{,}6 & 0{,}4 \\ 0{,}2 & 0{,}2 & 0{,}5 \end{pmatrix} \cdot \begin{pmatrix} 12 \\ 23 \\ 14 \end{pmatrix} = \begin{pmatrix} 12 \\ 23 \\ 14 \end{pmatrix}$$

Ein Prozess mit 3 Wetterzuständen:
t: trocken; w: wechselhaft; r: Regen

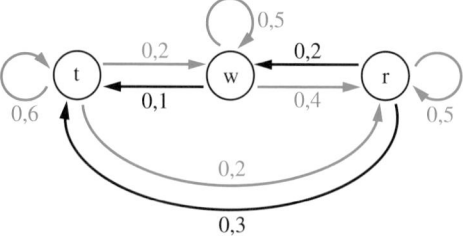

Übergangsmatrix: *Grenzmatrix von P^k:*

$$P = \begin{pmatrix} 0{,}6 & 0{,}1 & 0{,}3 \\ 0{,}2 & 0{,}5 & 0{,}2 \\ 0{,}2 & 0{,}4 & 0{,}5 \end{pmatrix} \qquad G = \frac{1}{3}\begin{pmatrix} 1 & 1 & 1 \\ 1 & 1 & 1 \\ 1 & 1 & 1 \end{pmatrix}$$

332

1 Für die Herstellung von zwei elektronischen Bauteilen B_1 und B_2 werden Widerstände der Typen R_1, R_2, R_3 gebraucht (Fig. 1).
a) Bestimmen Sie die Bedarfsmatrix A, mit der man aus den Stückzahlen x_1 für B_1 und x_2 für B_2 die Gesamtzahlen y_1, y_2, y_3 benötigter Widerstände berechnen kann.
b) Berechnen Sie y_1, y_2, y_3 für
   (1) $x_1 = 30$ und $x_2 = 20$
   (2) $x_1 = 55$ und $x_2 = 40$.

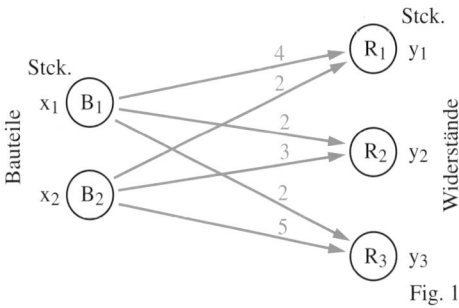

Fig. 1

2 In einer Düngemittelfabrik werden aus 3 Grundstoffen G_1, G_2 und G_3 zunächst zwei Zwischenprodukte Z_1 und Z_2 hergestellt. Daraus werden dann zwei Düngersorten D_1 und D_2 gemischt (Fig. 2).
a) Stellen Sie die Bedarfsmatrizen A und B der Produktionsstufen auf und bestimmen Sie die Bedarfsmatrix C für den Gesamtprozess.
b) Wie viel t der Grundstoffe werden insgesamt für 3 t Dünger D_1 und 4 t Dünger D_2 gebraucht?

Bedarf je t eines Folgeprodukts an Vorprodukten in t:

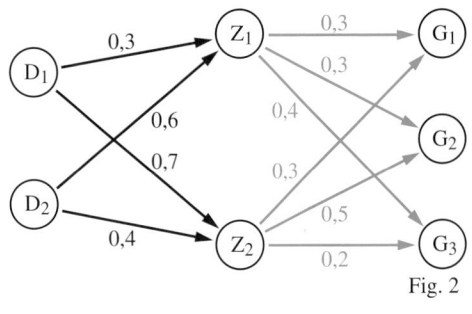

Fig. 2

3 Ein Schnellrestaurant hat 300 treue Kunden, die dort jeden Tag zu Mittag essen und etwas trinken. Jeder Kunde kann zwischen 3 Getränkesorten A, B, C wählen. Die Kunden entscheiden sich jeden Tag so um, wie das Diagramm in Fig. 3 zeigt (die Pfeilspitze zeigt auf das Getränk am nächsten Tag).
a) Beschreiben Sie eine Stufe des Prozesses durch eine Übergangsmatrix. Bestimmen Sie eine stabile Verteilung für die Getränkewahl.
b) Bestimmen Sie die Übergangsmatrizen für 2, 3 und 4 Tage.

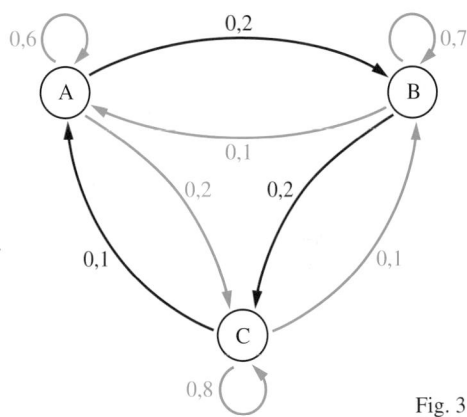

Fig. 3

4 Ein System ist nach jeder Minute in einem der Zustände 1, 2, 3, 4 und 5. Die Übergangswahrscheinlichkeiten sind durch die Übergangsmatrix P in Fig. 4 gegeben.
a) Am Anfang ist das System im Zustand 5. Berechnen Sie die Wahrscheinlichkeitsverteilung der Systemzustände nach 2 Minuten.
b) Bestimmen Sie eine stabile Wahrscheinlichkeitsverteilung $\vec{s}$ für die Systemzustände.

$$P = \begin{pmatrix} 0{,}4 & 0 & 0 & 0 & 0{,}5 \\ 0{,}2 & 0{,}4 & 0 & 0 & 0 \\ 0{,}2 & 0{,}2 & 0{,}5 & 0 & 0 \\ 0{,}1 & 0{,}2 & 0{,}2 & 0{,}6 & 0 \\ 0{,}1 & 0{,}2 & 0{,}3 & 0{,}4 & 0{,}5 \end{pmatrix}$$

Fig. 4

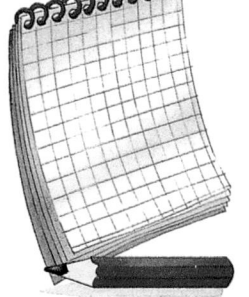

Die Lösungen zu den Aufgaben dieser Seite finden Sie auf Seite 442/443.

5 Gegeben ist die Übergangsmatrix $P = \begin{pmatrix} 0{,}5 & q & r \\ 0{,}4 & s & t \\ 0{,}1 & 0{,}2 & s \end{pmatrix}$ mit der Gleichgewichtsverteilung

$\vec{s} = \begin{pmatrix} 0{,}4 \\ 0{,}4 \\ 0{,}2 \end{pmatrix}$. Bestimmen Sie die Koeffizienten q, r, s und t.

Projekt

Perspektive in der Kunst

Fig. 1

Die Perspektive in der Geschichte der Kunst

Das „mathematische" Problem der Malerei besteht darin, die dreidimensionale Welt auf einer zweidimensionalen Fläche darzustellen. Die ältesten bekannten Zeichnungen wie z. B. die Höhlenzeichnungen in Südfrankreich zeigen lineare Darstellungen von Tieren im Profil. In altägyptischen Wandreliefs werden die einzelnen Personen oder Dinge nur neben- und übereinander dargestellt. Bei menschlichen Figuren werden Körper meistens frontal gezeichnet, Kopf und Füße dagegen im Profil (Fig. 1).

Die Entdeckung der Perspektive erfolgte (vermutlich) im 6. Jahrhundert v. Chr.; aus dem 5. Jahrhundert sind Vasenmalereien erhalten, bei denen die einzelnen Personen für sich jeweils perspektivisch dargestellt werden. Anaxagoras entwickelte 460 v. Chr. eine Theorie der Perspektive, Demokrit, Platon und Aristoteles befassten sich im 4. Jahrhundert mit Fragen der Optik. Dabei ging man von Sehstrahlen aus, die bis zu dem getroffenen Gegenstand reichen und die dann dem Auge deren Aussehen mitteilt.

In Euklids Buch zur Optik (um 300 v. Chr.) sind die damaligen Kenntnisse zusammengefasst. Euklid setzt dabei voraus, dass die Sehstrahlen vom Auge aus in geraden Linien verlaufen; sie bilden insgesamt einen Kegel, dessen Spitze im Auge liegt. Es folgen eine Reihe von Sätzen wie „Von zwei gleichen Größen in verschiedener Entfernung erscheint die nähere größer."

Fig. 2

Derartige Erkenntnisse gingen auch in die Kunst ein, man kann bereits von einer Raumperspektive sprechen, auch wenn sie noch nicht mathematisch konstruiert ist. Fig. 2 zeigt das rekonstruierte Fragment einer Darstellung einer Theaterszene auf einer Vase aus dem 4. Jahrhundert v. Chr. Wirklichkeitsnahe Darstellungen von Häusern, Fassaden, Türen kennzeichneten die Kulissen des griechischen Theaters; Bühnenmalerei wird zum Synonym für Perspektivlehre. Eine hierfür typische perspektivische Darstellung zeigt Fig. 3 (um 40 v. Chr.). Von Wandgemälden in Pompeji und Herakulaneum kennt man ebenfalls perspektivische Darstellungen, aber ab dem 5. Jahrhundert scheint die Kenntnis der Perspektive verloren gegangen zu sein. Erst in der Renaissance wird sie wieder entdeckt, vgl. Piero della Francesca: Die Geißelung Christi (Fig. 4).

Fig. 3

Fig. 4

Die „Ars Perspectiva" aus geometrischer Sicht

Erste Ansätze einer Perspektive in der Malerei finden sich beim italienischen Maler Giotto (1266–1337), er begann die Tiefe des Raumes als das eigentliche Problem zu empfinden. Er steht für den Übergang von der unperspektivischen zur perspektivischen Darstellung. Als der eigentliche Begründer der perspektivischen Darstellung in der Kunst („Ars perspectiva") gilt der Architekt und Erbauer der Domkuppel in Florenz, Filippo Brunelleschi (1377–1446). Aus einer Biografie über ihn weiß man, dass er ein Bild des Tempels von San Giovanni in Florenz geschaffen hatte, bei dem er „im richtigen Verhältnis die Vergrößerungen und Verkleinerungen der näheren und entfernteren Objekte zur Darstellung bringt, so wie sie vom menschlichen Auge gesehen werden, . . . entsprechend dem Abstand, in dem sie sich zeigen." (Manetti, zitiert nach Gericke, s. u.) Auch soll Brunelleschi ein perspektivisches Bild vom Palazzo dei Signori geschaffen haben, aber keines der Bilder Brunelleschis ist erhalten geblieben.

Eine erste genaue Beschreibung der Perspektive stammt von dem Architekten, Künstler und Gelehrten Leon Battista Alberti (1404–1472). Vermutlich waren ihm die Ideen Euklids über die Optik durch arabische Texte bekannt, so bedeutete das Wort Perspektiva damals im Allgemeinen Optik. Auch Alberti betrachtet geradlinige „Sehstrahlen", wobei es gleichgültig sei, ob die Sehstrahlen vom Auge oder vom Gegenstand ausgehen. Schaut man durch z. B. ein Fenster, so bilden die Sehstrahlen eine „Sehpyramide" (entsprechend dem Sehkegel Euklids). Neu gegenüber früheren Werken zur Optik ist die Einführung einer Bildebene, die er sich als einen ganz feinen, dünn gewebten Schleier vorstellt.

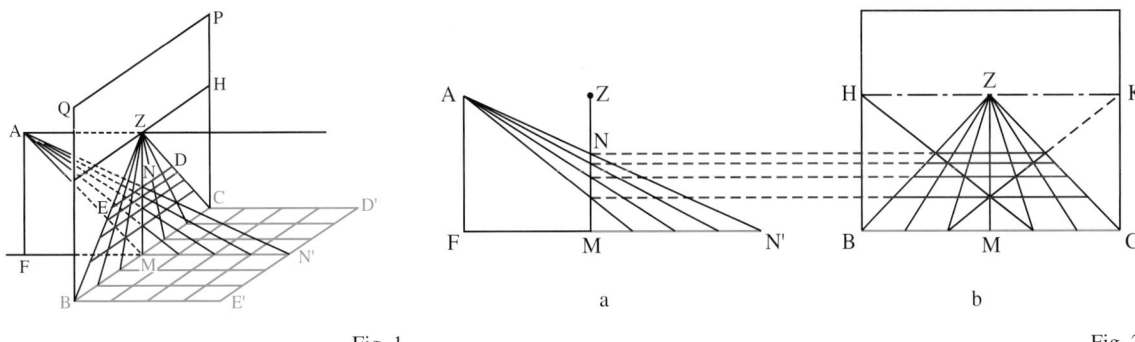

Fig. 1   a   b   Fig. 2

Lesen Sie dazu auch die mathematischen Darstellungen zur Zentralprojektion auf den Seiten 316 und 317.

Zuerst beschreibt Alberti die Konstruktion des Bildes einer quadratisch eingeteilten Grundfläche. In Fig. 2 ist A der Augpunkt und die Ebene BCPQ die Bildebene. Der Sehstrahl AN′ schneidet die Bildebene in N. Das Bild der Geraden E′D′ ist die Gerade ED. Deutlich wird, dass die zur Bildebene parallelen Geraden des Quadratgitters auch im Bild zueinander parallel sind. Während sie aber auf dem Boden gleiche Abstände haben, verkleinern sich die Abstände im Bild umso mehr, je weiter hinten sie liegen. Die Konstruktion dieser Abstände zeigt Fig. 3. Zugleich wird an Fig. 3 deutlich, wie Alberti den Fluchtpunkt Z und den Horizont HK findet.

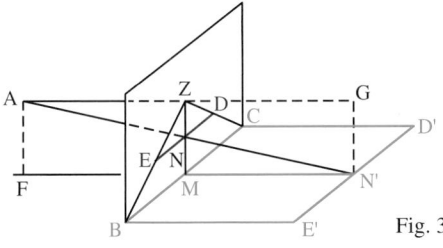

Fig. 3

Piero della Francesca (um 1420–1492) zeigt in seinem Buch zur Perspektive, dass der Fluchtpunkt Z „senkrecht über M", dem Mittelpunkt der Strecke $\overline{BC}$, liegt und dass gilt $\overline{ZM} = \overline{AF}$ (Fig. 4). Seiner Begründung liegt folgender Gedanke zu Grunde:
In Fig. 4 ist $\overline{EN} : \overline{BM} = \overline{ZN} : \overline{ZM}$ und $\overline{ZN} : \overline{GN'} = \overline{AN} : \overline{AN'}$. Da $\overline{BM} = \overline{E'N'}$ und $\overline{ZM} = \overline{GN'}$, folgt $\overline{EN} : \overline{E'N'} = \overline{AN} : \overline{AN'}$. Dann müssen aber A, E, E′ auf einer Geraden liegen, damit liegt Z auf der Geraden BE. Entsprechendes gilt für die Gerade CD.

Perspektivmaschinen

Auf Grund ihrer Kenntnisse über die Perspektive konstruierten italienische Maler erst einmal mit Zirkel und Lineal die räumliche Gliederung des geplanten Bildes. Fig. 1 zeigt eine solche Studie von Leonardo da Vinci (1452–1519) zur „Anbetung der Könige". Schwieriger war es jedoch, wie in Fig. 2, kompliziertere Körper wie z. B. die Polyeder im Holzschnitt von Lorenz Stöehr (1566) darzustellen. Hierzu wurden so genannte „Perspektivmaschinen" benutzt.

Fig. 2

Fig. 1

Albrecht Dürer (1471–1528) hat mehrere solcher Perspektivmaschinen konstruiert. Bei seiner ersten Perspektivmaschine von 1525 (Fig. 3) wird das Auge durch eine Kinnhalterung fixiert, das Bild entsteht durch Nachzeichnen auf einem transparenten Zeichenblatt. In späteren Perspektivmaschinen wird statt des Sehstrahls eine Schnur verwendet wie z. B. bei Dürers zweiter Perspektivmaschine (Fig. 4).

Fig. 3

Fig. 4

In Gemälden Ende des 16. Jahrhunderts findet man oft Darstellungen von Polyedern, die vielleicht einerseits das Ansehen der Mathematik bzw. Geometrie, aber auch Fähigkeit des Künstlers zu perspektivischen Darstellungen belegen. Das Bild in Fig. 5 eines unbekannten Künstlers zeigt den Franziskaner und „Rechenmeister" Luca Paciolis mit zwei Polyedern, deren Darstellung vermutlich maschinell konstruiert wurden.

Ein paar ausgewählte Literaturhinweise:
Bärtschi, W. A.: Geometrische Linear- und Schattenperspektive, Braunschweig, 1994
Zur Perspektive in der Kunst:
Abels, J. G.: Erkenntnis der Bilder, die Perspektive in der Kunst der Renaissance, Frankfurt, 1985.
Fließ, P.: Kunst und Maschine, München, 1993.
Zur Perspektive aus der Sicht der Geschichte der Mathematik:
Gericke, H.: Mathematik im Abendland, Wiesbaden, 1992, darin S. 11 f. und S. 164 ff.

Fig. 5

Anregungen zu eigenen Untersuchungen

Untersuchen Sie mithilfe geeigneter Bildbände zur Malerei in der Renaissance (insbesondere zu italienischen Malern) oder mithilfe der Sammlung des Faches Kunsterziehung:
Sind Zimmerkanten, Gebäudeteile, Tische, . . . perspektivisch korrekt gezeichnet?
Liegen die Fluchtpunkte richtig? Passen die dargestellten Personen, Tiere, Gegenstände in ihren Größen zur perspektivischen Darstellung des Raumes? Wurde absichtlich von einer korrekten Darstellung abgewichen?
Ein paar für Ihre Untersuchungen gut geeignete Werke:
Leonardo da Vinci: „Abendmahl"; Raffael: „Die Schule von Athen";
Tintoretto: „Das letzte Abendmahl"; Tizian: „Darstellung Mariens im Tempel";
Lucas Cranach d. Ä.: „Hl. Hieronymus in der Studierstube"

Untersuchen Sie an Werken von Giotto und seines Schülers Lorenzetti die Entwicklung zur perspektivischen Darstellung der Renaissance.

„Verkehrte" Perspektive

Gelegentlich wird versucht, durch beabsichtigte Fehler in der Perspektive besondere Effekte zu erzielen:

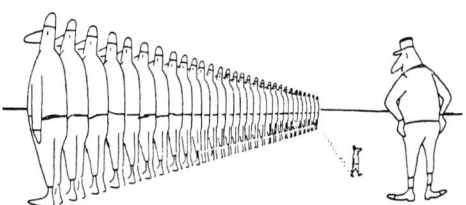

„Der Letzte vortreten"

„Begegnung auf einer Treppe"

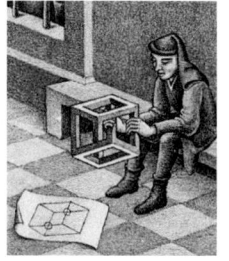

Schon 1754 hat William Hogarth eine Zeichnung mit dem Titel „Falsche Perspektive" geschaffen. Der niederländische Grafiker M. C. Escher (1898–1972) ist u. a. durch seine „unmöglichen Figuren" berühmt geworden. Grundidee des „Belvedere" von 1958 ist der „unmögliche Würfel".

Untersuchen Sie weitere Escher-Bilder, z. B. „Wasserfall" von 1961. Mehr auch zur Mathematik in den Werken Eschers finden Sie z. B. in: Locher (Hrsg.): Leben und Werk M. C. Escher

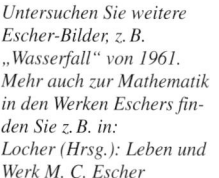

337

1 Beschreibung von Zufallsexperimenten

1 Pferderennen bieten eine Vielzahl von Wettmöglichkeiten. Man kann nicht nur auf den Sieger wetten, sondern z. B. auch auf die besten Pferde in der Reihenfolge des Einlaufs oder die besten Pferde ohne Beachtung der Reihenfolge. Bei dem Pferderennen in Fig. 1 starteten fünf Pferde.

a) Geben Sie verschiedene Wettmöglichkeiten an.

b) Beschreiben Sie, worauf es bei den jeweiligen Wettmöglichkeiten ankommt und worauf nicht.

c) Nennen Sie Wettvarianten, bei denen bei dem Einlauf von Fig. 1 gewonnen wurde.

Fig. 1

Bei der Beschreibung von Zufallsexperimenten betrachtet man neben den möglichen **Ergebnissen** auch Mengen von Ergebnissen. Fig. 2 beschreibt ein Würfelspiel: Man gewinnt beim einmaligen Würfeln 3 €, wenn man die Zahlen 5 oder 6 erhält, in allen anderen Fällen verliert man 1 €. Bei diesem Spiel betrachtet man die Teilmengen $\{1; 2; 3; 4\}$ und $\{5; 6\}$ der Ergebnismenge.

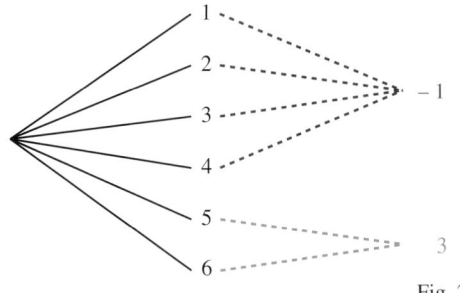

Fig. 2

Beachten Sie:
Die leere Menge ist Teilmenge von jeder Menge.
Jede Menge ist Teilmenge von sich selbst.
Das Ereignis {} heißt auch unmögliches Ereignis, weil dieses Ereignis nie eintritt.
Ist S die Ergebnismenge eines Zufallsexperimentes, so heißt S auch sicheres Ereignis, weil dieses Ereignis immer eintritt.

Allgemein nennt man jede Teilmenge einer Ergebnismenge **Ereignis**. Man sagt: „Ein Ereignis tritt ein", wenn eine Durchführung des Experimentes ein Element dieses Ereignisses liefert. Oft interessiert man sich nicht für die Ergebnisse eines Experimentes, sondern z. B. für gewisse Zahlen, die den Ergebnissen zugeordnet sind. Eine solche Zuordnung nennt man **Zufallsgröße**. In Fig. 2 beschreibt die Zufallsgröße $X: \{1; 2; 3; 4; 5; 6\} \rightarrow \{-1; 3\}$ den Gewinn (in €). Es gilt $X(1) = X(2) = X(3) = X(4) = -1$ und $X(5) = X(6) = 3$.

Wenn das Ereignis $\{1; 2; 3; 4\}$ eintritt, sagt man „Die Zufallsgröße nimmt den Wert -1 an" und schreibt $X = -1$, wenn $\{5; 6\}$ eintritt gilt $X = 3$.

Beispiel:

In einem Kasten sind neun Kugeln mit den Ziffern 1 bis 9. Es werden zwei Kugeln ohne Zurücklegen gezogen. Mit den gezogenen Ziffern werden zwei Zahlen gebildet. Sind beide Zahlen größer als 70, so gewinnt man 5 €. In allen anderen Fällen verliert man 2 €.

a) Geben Sie die entsprechende Ergebnismenge an.

b) Geben Sie das Ereignis G an, das alle „Gewinn"-Ergebnisse enthält.

c) Geben Sie eine Zufallsgröße X an, die die „Gewinn"- und „Verlust"-Werte 5 und -2 annimmt.

Lösung:

a) $S = \{(12; 21), \ldots, (19; 91), (23; 32), \ldots, (29; 92), (34; 43), \ldots, (89; 98)\}$

b) $G = \{(78; 87), (79; 97), (89; 98)\}$

c) Für die Zufallsgröße X gilt: $X = 5$, falls G eintritt, und $X = -2$, falls G nicht eintritt.

Aufgaben

2 Ein Kasten enthält neun Kugeln mit den Zahlen 1 bis 9. Eine Kugel wird gezogen und die Zahl wird notiert.
a) Geben Sie die folgenden Ereignisse an.
A: Die Zahl ist eine Primzahl.
B: Die Zahl ist durch 5 teilbar.
C. Die Zahl ist ungerade.
D: Die Zahl ist größer als 8.
F: Die Zahl ist eine Quadratzahl.

Bei Zufallsgrößen kann man analog zu $X = k$ auch die Schreibweisen $X < k$, $X > k$, $X \leqq k$ und $X \geqq k$ verwenden.

b) Geben Sie eine Zufallsgröße X an, die der jeweiligen Zahl die Anzahl ihrer Teiler zuordnet.

3 Herr Müller fährt mehrmals in der Woche mit der Straßenbahn von der Haltestelle Zoo nach Hause. Hierbei muss er am Postplatz umsteigen.
Vom Zoo bis zum Postplatz kann er Linie 1 oder Linie 2 nehmen. Linie 1 benötigt bis zum Postplatz vier Minuten, Linie 2 sieben Minuten.
Ab Postplatz kann er in Linie 7, 10 oder 11 umsteigen. Linie 7 benötigt bis zu Herrn Müllers Endhaltestelle neun Minuten, Linie 10 zwölf Minuten und Linie 11 sechs Minuten.
Da die Straßenbahnen nicht immer streng nach Plan fahren können, fährt Herr Müller mit der zufällig als nächste erreichbaren Linie. Beim Umsteigen benötigt er stets eine Minute.
a) Beschreiben Sie das Experiment „Zeit vom Zoo zur Poststraße".
b) Geben Sie eine Zufallsgröße an mit den Werten „Fahrtzeit über 15 Minuten" und „Fahrtzeit höchstens 15 Minuten".

CARL FRIEDRICH GAUSS (1777–1855)

4 Bei einer TV-Show sollen den Mathematikern GAUSS, EULER und PASCAL die Geburtsjahre 1623, 1777 und 1707 zugeordnet werden. Der Kandidat bekennt, dass er keine Kenntnisse in Mathematikgeschichte aufweisen kann, und muss raten.
Geben Sie eine Zufallsgröße an, die die Anzahl der richtigen Antworten beschreibt.

5 Auf drei verdeckten Karten ist jeweils einer der Buchstaben A, B und C notiert. Die Karten werden nacheinander aufgedeckt. Der Gewinn beträgt 2 €, wenn A als erster Buchstabe erscheint und 1 €, wenn A als zweiter Buchstabe erscheint. Erscheint A als dritter Buchstabe, dann muss der Spieler 3 € bezahlen. Die Zufallsgröße X beschreibt den Gewinn in €.
Welches Ereignis wird beschrieben durch   a) $X = 2$ b) $X = 1$ c) $X = -3$ d) $X \leqq 2$?

LEONHARD EULER (1707–1783)

6 Eine Münze wird fünfmal hintereinander geworfen. Es wird jeweils W für Wappen oder Z für Zahl notiert. Gleiche hintereinander stehende Buchstaben bilden einen Block; auch einzelne Buchstaben zählen als Block (so hat z. B. das Ergebnis WWWWW einen Block, das Ergebnis WWWZZ zwei Blöcke und das Ergebnis WWZWW drei Blöcke).
Die Zufallsgröße X beschreibt die Anzahl der Blöcke.
Welches Ergebnis wird von X auf 2 abgebildet?

7 Eine Zufallsgröße kann die Werte 3, 7 und $8\frac{1}{2}$ annehmen. Beschreiben Sie ein Experiment, zu dem diese Zufallsgröße gehören kann. Geben Sie die Ergebnismenge und die Ereignismenge dieses Experimentes an.

BLAISE PASCAL (1623–1662)

8 a) Wie viele Teilmengen haben jeweils $S_1 = \{a, b, c\}$; $S_2 = \{a, b\}$; $S_3 = \{a\}$ und $S_4 = \{\ \}$?
b) Wie viele Teilmengen hat eine Menge mit n Elementen?
Hinweis: Vergleichen Sie die Teilmengen von S_4, S_3, S_2 und S_1 aus Aufgabenteil a).

2 Relative Häufigkeiten und Wahrscheinlichkeiten

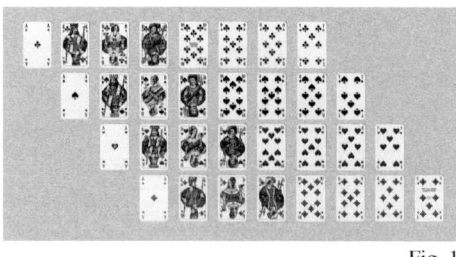

Fig. 1

1 Aus einem Kartenspiel wird zufällig eine Karte gezogen.
Worauf würden Sie eher wetten:
– Die gezogene Karte ist eine Herz-Karte.
– Die gezogene Karte ist ein Bube oder eine Dame oder ein König.
Begründen Sie Ihre Antwort.
Welche Annahmen haben Sie gemacht?

Das Ergebnis einer einmaligen Durchführung eines Zufallsexperimentes kann man nicht vorhersagen. Man kann aber Aussagen darüber machen, wie wahrscheinlich es ist, dass man ein bestimmtes Ergebnis erhält. Hierzu orientiert man sich an der **relativen Häufigkeit**, mit der dieses bestimmte Ergebnis auftritt, wenn man das Experiment sehr oft durchführt.

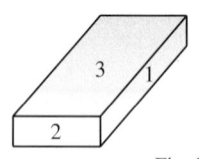

Fig. 2

Die Summe der Zahlen gegenüber liegender Seiten des Quaders beträgt 7.

Ein Quader mit den Zahlen 1 bis 6 (Fig. 2) wurde 1000-mal geworfen. Die erhaltenen relativen Häufigkeiten kann man zur Grundlage nehmen, um die **Wahrscheinlichkeiten** für das jeweilige Auftreten der Zahlen 1 bis 6 festzulegen.

Zahl	absolute Häufigkeit a	relative Häufigkeit $\frac{a}{1000}$	festgelegte Wahrscheinlichkeit
1	97	0,097	0,10
2	73	0,073	0,07
3	329	0,329	0,33
4	334	0,334	0,33
5	68	0,068	0,07
6	99	0,099	0,10
Summe: 1000	Summe: 1	Summe: 1	

Fig. 3

Die Erfahrung zeigt: Bei sehr großen Anzahlen von Versuchsdurchführungen stabilisieren sich die relativen Häufigkeiten (Gesetz der großen Zahlen).

Für die relativen Häufigkeiten gilt allgemein:
– Die relativen Häufigkeiten liegen im Intervall [0; 1].
– Die Summe der relativen Häufigkeiten aller Ergebnisse beträgt 1.
– Die relative Häufigkeit für das Auftreten eines Ereignisses ist die Summe der relativen Häufigkeiten der zugehörigen Ergebnisse. So ergibt sich zum Beispiel die relative Häufigkeit für das Ereignis „Der Quader steht hochkant" aus der Summe 0,073 + 0,068, also 0,141.

Die Wahrscheinlichkeiten sind gut gewählt, wenn sie bei sehr vielen Durchführungen eines Experimentes in der Nähe der relativen Häufigkeiten liegen.

Definition: Ist $S = \{e_1, e_2, \ldots, e_n\}$ die Ergebnismenge eines Zufallsexperimentes, so heißt jede Funktion $P: S \rightarrow \mathbb{R}$ mit $0 \leqq P(e_i) \leqq 1$ für alle i und $P(e_1) + P(e_2) + \ldots + P(e_n) = 1$ Wahrscheinlichkeitsfunktion oder **Wahrscheinlichkeitsverteilung**.
Für jedes i heißt $P(e_i)$ **Wahrscheinlichkeit des Ergebnisses** e_i.
Für jedes Ereignis A mit $A = \{e_i, e_k, \ldots, e_r\}$ heißt $P(A) = P(e_i) + P(e_k) + \ldots + P(e_r)$ **Wahrscheinlichkeit des Ereignisses A**.

Anmerkung: Gilt $P(e_1) = P(e_2) = \ldots = P(e_n)$, so spricht man von LAPLACE-**Verteilung** und LAPLACE-**Experiment**.

Der Buchstabe P für die Wahrscheinlichkeitsfunktion erinnert an das lateinische Wort probabilitas (Wahrscheinlichkeit).

Beispiel:

Die Tabelle zeigt die Altersverteilung der Schülerinnen und Schüler einer Jahrgangsstufe eines Gymnasiums. In dieser Jahrgangsstufe wird eine Schülerin bzw. ein Schüler durch ein Losverfahren ausgewählt.

Alter	17	18	19	20
Anzahl	27	75	13	5

Wie groß ist die Wahrscheinlichkeit, dass eine volljährige Schülerin bzw. ein volljähriger Schüler ausgewählt wird?

Lösung:

Das Experiment ist ein LAPLACE-Experiment.

Alter	festgelegte Wahrscheinlichkeit P
17	$\frac{27}{120}$
18	$\frac{75}{120}$
19	$\frac{13}{120}$
20	$\frac{5}{120}$

Summe der Wahrscheinlichkeiten: 1

Erste Möglichkeit:

$$P(\{18, 19, 20\}) = P(18) + P(19) + P(20)$$
$$= \frac{75}{120} + \frac{13}{120} + \frac{5}{120} = \frac{93}{120}$$

Zweite Möglichkeit:

$$P(\{18, 19, 20\}) = 1 - P(17)$$
$$= 1 - \frac{27}{120} = \frac{93}{120}$$

Aufgaben

2 In einem Kasten liegen Kugeln, die jeweils einen der Buchstaben a, b, c, d tragen. Es wurde sehr oft jeweils eine Kugel gezogen, der Buchstabe notiert und alle Kugeln wieder durchmischt. Hierbei stellte man fest, dass die Buchstaben a, b, c und d im Verhältnis 7 : 4 : 6 : 8 gezogen wurden.

a) Geben Sie eine entsprechende Wahrscheinlichkeitsverteilung an.

b) Wie groß ist die Wahrscheinlichkeit, den Buchstaben b oder den Buchstaben c zu ziehen?

c) Wie groß ist die Wahrscheinlichkeit, nicht den Buchstaben a zu ziehen?

Bei Aufgabe 3 benötigt man Informationen über die Schülerinnen und Schüler des Mathematikkurses.

3 In Ihrem Kurs wird eine Schülerin bzw. ein Schüler ausgelost. Bestimmen Sie die Wahrscheinlichkeit, dass der Geburtstag dieser Schülerin bzw. dieses Schülers

a) im März liegt

b) nicht im Sommer liegt

c) in diesem Jahr weder auf einen Montag noch auf einen Dienstag fällt.

Bei LAPLACE-Experimenten gilt für die Wahrscheinlichkeit eines Ereignisses A:
$P(A) =$
Anzahl Ergebnisse, bei denen A eintritt
Anzahl aller möglichen Ergebnisse

4 Begründen Sie die auf dem Seitenrand notierte Merkregel für LAPLACE-Experimente.

5 Ein gleichmäßig gearbeiteter Würfel mit den Zahlen 1 bis 6 wird zweimal geworfen. Worauf würden Sie eher wetten: „Die erste Augenzahl ist größer als die zweite" oder „Das Produkt beider Augenzahlen ist größer als 9"?

6 Der italienische Mathematiker und Physiker GALILEO GALILEI (1564–1642) wurde vom Fürsten der Toskana aufgrund dessen Erfahrungen mit Glücksspielen auf den folgenden scheinbaren Widerspruch aufmerksam gemacht:

Beim Werfen dreier Würfel erscheint die Augensumme 10 öfter als die Augensumme 9. Beide Summen können jedoch auf gleich viele Arten in Summanden aus den Zahlen 1 bis 6 zerlegt werden.

3 Mehrstufige Zufallsexperimente

1 Sebastian und Sabine sind im Tanzsport erfolgreich. Ihre Trainingsgruppe besteht aus sechs Paaren (Fig. 1). An einem Abend werden für zwei Tanzrunden die Partner ausgelost. Wie groß ist die Wahrscheinlichkeit, dass Sebastian und Sabine aufgrund der Auslosung nur miteinander tanzen?

2 Bei einem Vereinsfest wird ein Glücksspiel angeboten. In einem Eimer befinden sich drei Kugeln mit den Buchstaben C, F, K. Wer die Kugeln ohne Zurücklegen in der Reihenfolge F – C – K zieht, erhält einen Preis. Wie groß ist die Gewinnwahrscheinlichkeit?

Fig. 1

Setzt sich ein Zufallsexperiment aus mehreren einzelnen Experimenten zusammen, so spricht man von einem **mehrstufigen Zufallsexperiment**. Die Wahrscheinlichkeiten bei mehrstufigen Zufallsexperimenten kann man mithilfe von **Baumdiagrammen** bestimmen. Dies wird an der folgenden Situation verdeutlicht.

Ein Kurs besteht aus zehn Mädchen und fünf Jungen. In einem Kasten sind 15 Zettel mit den Namen der Schülerinnen und Schüler. Zwei Zettel werden nacheinander ohne Zurücklegen gezogen. Mit welcher Wahrscheinlichkeit werden die Namen von einem Jungen und einem Mädchen gezogen?

Die Ergebnisse dieses Experimentes können als geordnete Paare angegeben werden, z. B.:
(J; M) bezeichnet das Ergebnis „erst wird ein Junge und dann ein Mädchen ausgelost"
und
{(J; M), (M; J)} bezeichnet das Ereignis „Es wurden ein Junge und ein Mädchen ausgelost".

Statt P({(J; M), (M; J)}) schreiben wir auch P((J; M), (M; J)).

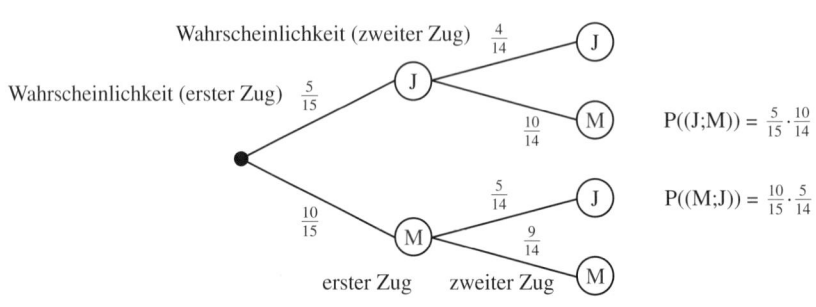

Fig. 2

Gesuchte Wahrscheinlichkeit: $P((J; M), (M, J)) = \frac{5}{15} \cdot \frac{10}{14} + \frac{10}{15} \cdot \frac{5}{14} = \frac{10}{21}$.

Die gesuchte Wahrscheinlichkeit kann man auch wie bisher ohne Diagramm bestimmen.
Anzahl aller möglichen Ergebnisse:
Im ersten Zug können 15 verschiedene Namen gezogen werden, im zweiten Zug 14. Also gibt es insgesamt $15 \cdot 14$ mögliche Ergebnisse.
Anzahl der für das Ereignis „Ein Junge und ein Mädchen werden gezogen" günstigen Ergebnisse: Im ersten Zug können fünf Namen von Jungen, im zweiten Zug zehn Namen von Mädchen gezogen werden. Es können auch im ersten Zug zehn Namen von Mädchen und im zweiten Zug fünf Namen von Jungen gezogen werden. Also erhält man $5 \cdot 10 + 10 \cdot 5$ für das Ereignis günstige Ergebnisse. Für die gesuchte Wahrscheinlichkeit gilt somit:

$P((J; M), (M, J)) = \frac{5 \cdot 10 + 10 \cdot 5}{15 \cdot 14} = \frac{5 \cdot 10}{15 \cdot 14} + \frac{10 \cdot 5}{15 \cdot 14} = \frac{10}{21}$.

Der Vergleich der beiden Lösungsansätze mit dem Baumdiagramm verdeutlicht die folgenden Merkregeln:

Wahrscheinlichkeiten bei Baumdiagrammen
1. Wahrscheinlichkeit eines Ergebnisses **(Pfadregel)**:
   Multipliziere die Wahrscheinlichkeiten entlang des Pfades, der dieses Ergebnis beschreibt.
2. Wahrscheinlichkeit eines Ereignisses:
   Addiere die Wahrscheinlichkeiten aller Pfade, die zu diesem Ereignis gehören.

Beispiel:
In einem Kasten sind drei blaue, zwei rote und fünf grüne Kugeln. Es werden nacheinander zwei Kugeln ohne Zurücklegen gezogen. Wie groß ist die Wahrscheinlichkeit, nur blaue Kugeln oder nur grüne Kugeln zu ziehen?
Lösung:
Baumdigramm: Die Zeichnung bleibt übersichtlich, wenn man nur die Pfade zeichnet, die für die Lösung relevant sind.

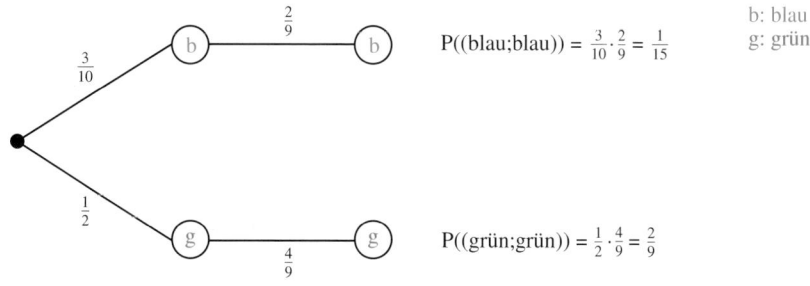

$$P((\text{blau; blau}), (\text{grün; grün})) = P((\text{blau; blau})) + P((\text{grün; grün})) = \frac{1}{15} + \frac{2}{9} = \frac{13}{45}$$

Aufgaben

3 Ein Kasten enthält zwei schwarze, zwei rote und sechs grüne Kugeln. Es werden drei Kugeln nacheinander gezogen. Bestimmen Sie die Wahrscheinlichkeit drei verschiedene Farben zu erhalten, wenn
a) ohne Zurücklegen gezogen wird
b) mit Zurücklegen gezogen wird.

4 Ein Kasten enthält fünf Kugeln mit den Ziffern 1 bis 5. Es werden zwei Kugeln nacheinander ohne Zurücklegen gezogen. Mit den gezogenen Ziffern wird eine zweistellige Zahl gebildet. Die erste gezogene Kugel gibt die Einerziffer, die zweite gezogene Kugel die Zehnerziffer an. Wie groß ist die Wahrscheinlichkeit eine Zahl zu erhalten, bei der die Einerziffer um 2 größer ist als die Zehnerziffer?

5 In einer Gruppe von 30 Touristen sind fünf Schmuggler. Ein Zöllner kontrolliert nacheinander drei dieser Touristen. Wie groß ist die Wahrscheinlichkeit, dass
a) nur der dritte Kontrollierte ein Schmuggler ist,
b) zwei der Kontrollierten Schmuggler sind?

6 Drei Sportschützen schießen gleichzeitig auf eine Tontaube. Der erste Schütze trifft mit 55 % Wahrscheinlichkeit, der zweite mit 70 % Wahrscheinlichkeit und der dritte mit 85 % Wahrscheinlichkeit.
Wie groß ist die Wahrscheinlichkeit, dass die Tontaube nicht getroffen wird?

7 Die Herstellung eines komplizierten Maschinenteiles geschieht in fünf voneinander unabhängigen Produktionsschritten. Beim ersten und zweiten Produktionsschritt beträgt die Fehlerquote jeweils 2 %, beim dritten Produktionsschritt 4 % und bei den beiden letzten Produktionsschritten jeweils 3 %.
a) Nach dem fünften Produktionsschritt wird ein Maschinenteil nach dem Zufallsprinzip ausgewählt und kontrolliert. Wie groß ist die Wahrscheinlichkeit, dass das Maschinenteil fehlerfrei ist?
b) Wie groß ist die Wahrscheinlichkeit, dass ein nach dem dritten Produktionsschritt zufällig ausgewähltes Maschinenteil fehlerhaft ist?

8 Pralinen durchlaufen nach der Herstellung eine so genannte Sichtkontrolle. Für eine bestimmte Pralinensorte weiß man, dass bei dieser Kontrolle $\frac{1}{5}$ aller fehlerhaften Pralinen übersehen werden. Man überlegt deshalb, die Pralinen mehrmals durch die Endkontrolle zu überprüfen.
Wie groß ist die Wahrscheinlichkeit, dass
a) nach genau n Kontrollen ein vorhandener Fehler noch nicht entdeckt wird?
b) bei n Kontrollen ein vorhandener Fehler mindestens einmal festgestellt wird?

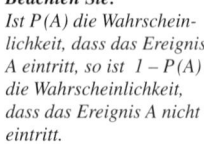

9 Wie groß ist die Wahrscheinlichkeit, dass beim Roulette-Spiel die Null
a) beim ersten Drehen kommt,
b) spätestens beim dritten Drehen kommt,
c) frühestens beim dritten Drehen kommt?

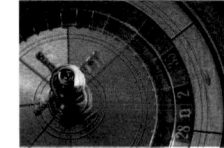

10 Das „Gymnasium am Kaiserdom" wird von seinen Schülern kurz „GaK" genannt. Bei einem Schulfest befinden sich in einem Kasten drei Zettel mit jeweils einer der Aufschriften „G", „a" und „K". Zieht man nacheinander die Buchstaben G – a – K, so erhält man einen Gewinn. Wie groß ist die Gewinnwahrscheinlichkeit, wenn man dreimal
a) mit Zurücklegen zieht,
b) ohne Zurücklegen zieht?

11 Während des Jubiläumsfestes des Turn- und Sportvereins wird das folgende Glücksspiel angeboten: In einem Kasten ist jeweils ein Zettel mit der Aufschrift „T", „u" und „S". In einem zweiten Kasten sind sechs Zettel. Jeweils zwei Zettel tragen die Aufschrift „T", „u" bzw. „S". Man darf einen der beiden Kästen auswählen und muss dann nacheinander ohne Zurücklegen drei Zettel ziehen. Wer T – u – S in dieser Reihenfolge zieht, erhält einen Preis. Für welchen Kasten sollte man sich entscheiden?

12 Ein Hobbymeteorologe glaubt, dass bei einer bestimmten Wetterlage auf einen regenfreien Tag mit der Wahrscheinlichkeit $\frac{5}{6}$ wieder ein regenfreier Tag folgt und auf einen Regentag mit der Wahrscheinlichkeit $\frac{2}{3}$ wieder ein Regentag folgt.
An einem regenfreien Sonntag stellt er eine solche Wetterlage fest. Er ist sich sicher, dass diese Wetterlage mindestens bis einschließlich Donnerstag hält.
Mit welcher Wahrscheinlichkeit rechnet der Hobbymeteorologe, dass der folgende
a) Dienstag ein regenfreier Tag ist,
b) Mittwoch ein Regentag ist?

4 BERNOULLI-Ketten, Binomialverteilungen

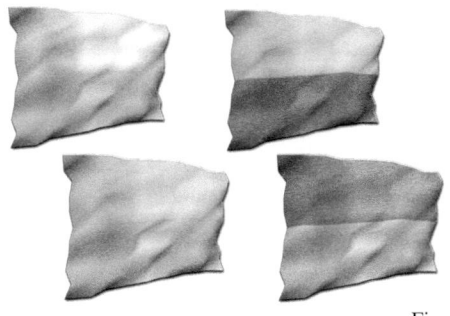

Fig. 1

1 Sind in Fig. 1 tatsächlich Flaggen von Staaten abgebildet?

Wolfgang, Schüler eines LK Erdkunde, kennt keine dieser Flaggen und rät.

Wie groß ist die Wahrscheinlichkeit, dass Wolfgang

a) in allen vier Fällen richtig rät,

b) in genau zwei Fällen richtig rät,

c) in genau drei Fällen falsch rät,

d) in allen vier Fällen falsch rät?

*JAKOB BERNOULLI
(1655–1705), Schweizer
Mathematiker*

Beachten Sie:
*Bei BERNOULLI-Ketten wird
verlangt, dass das Ergeb-
nis eines Einzelversuches
nicht durch die anderen
Versuche beeinflusst wird.
Man sagt: Die Experimen-
te sind **voneinander unabhängig**.*

Viele Zufallsexperimente können als Experimente mit zwei Ergebnissen interpretiert werden, z. B. Werfen einer Münze mit den Ergebnissen „Wappen" und „Zahl" oder Werfen eines Würfels mit den Ergebnissen „6" und „keine 6". Solche Experimente heißen **BERNOULLI-Experimente**. Bei BERNOULLI-Experimenten bezeichnet man die beiden Ergebnisse meist mit „Treffer" und „Niete" oder kurz mit „T" und „N" oder mit „1" und „0".

Oft wird das gleiche BERNOULLI-Experiment mehrfach durchgeführt, und man zählt, wie viele „Treffer" man erhalten hat. Solche Experimente, bei denen ein BERNOULLI-Experiment n-mal durchgeführt wird, heißen **BERNOULLI-Ketten der Länge n**. Bei BERNOULLI-Ketten müssen die Trefferwahrscheinlichkeiten der einzelnen BERNOULLI-Experimente gleich sein.

BERNOULLI-Ketten können als mehrstufige Zufallsexperimente aufgefasst werden. Die Berech-nung der Wahrscheinlichkeit für eine bestimmte Trefferanzahl lässt sich mithilfe eines Baumes bestimmen. Dies wird anhand der folgenden Situation verdeutlicht.

Aus einem Skatspiel werden nacheinander drei Karten mit Zurücklegen gezogen. Wie groß ist die Wahrscheinlichkeit, genau zwei Kreuzkarten (Treffer) zu ziehen?

Für die gesuchte Wahrscheinlichkeit P ergibt sich aus Fig. 2: $P = 3 \cdot \left(\frac{1}{4}\right)^2 \cdot \frac{3}{4} = \frac{9}{64}$.

Die Wahrscheinlichkeiten auch der übrigen Trefferanzahlen sind in dem Säulendiagramm in Fig. 3 dargestellt.

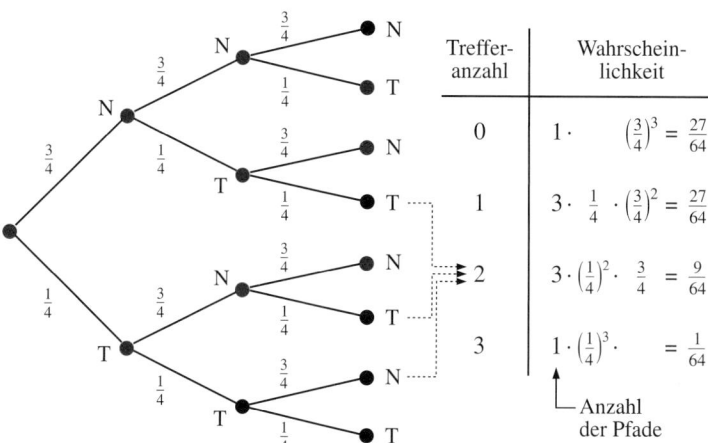

Treffer-anzahl	Wahrschein-lichkeit
0	$1 \cdot \left(\frac{3}{4}\right)^3 = \frac{27}{64}$
1	$3 \cdot \frac{1}{4} \cdot \left(\frac{3}{4}\right)^2 = \frac{27}{64}$
2	$3 \cdot \left(\frac{1}{4}\right)^2 \cdot \frac{3}{4} = \frac{9}{64}$
3	$1 \cdot \left(\frac{1}{4}\right)^3 \cdot = \frac{1}{64}$

└ Anzahl
der Pfade

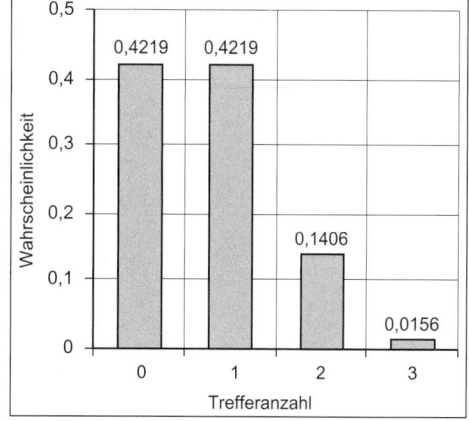

Fig. 2   Fig. 3

Bei BERNOULLI-Ketten mit großen Längen n ist es sehr aufwändig, Bäume wie in Fig. 2 auf der vorigen Seite zu zeichnen. Die folgende Überlegung zeigt, wie man dennoch die entsprechenden Wahrscheinlichkeiten bestimmen kann:

Gegeben ist eine BERNOULLI-Kette mit der Länge n und der Trefferwahrscheinlichkeit p. Die Zufallsgröße X gibt die Anzahl der Treffer an. Gesucht ist $P(X = k)$.

Beachten Sie:
Trefferanzahl k bedeutet, dass bei der Durchführung des jeweiligen BERNOULLI-Experimentes genau k Treffer auftreten.

Jeder Pfad des zu dieser BERNOULLI-Kette gehörenden Baumes hat n Abschnitte.

Jeder Pfad, der zu $X = k$ gehört, hat k Abschnitte mit der Wahrscheinlichkeit p und n – k Abschnitte mit der Wahrscheinlichkeit 1 – p. Die k Abschnitte mit der Wahrscheinlichkeit p können auf $\binom{n}{k}$ Arten entlang eines Pfades verteilt sein (siehe unten). Es gibt also genau $\binom{n}{k}$ Pfade, die zu $X = k$ gehören. Da jeder dieser Pfade die Wahrscheinlichkeit $p^k \cdot (1 - p)^{n-k}$ besitzt, gilt $P(X = k) = \binom{n}{k} \cdot p^k \cdot (1 - p)^{n-k}$. Den Wert kann man mithilfe des Taschenrechners oder der Tabelle auf Seite 423/424 bestimmen.

Satz: Für eine BERNOULLI-Kette mit der Länge n, $n \in \mathbb{N}$, und der Trefferwahrscheinlichkeit p gilt: $\qquad\qquad P(X = k) = \binom{n}{k} \cdot p^k \cdot (1 - p)^{n-k}$.

Hierbei gibt die Zufallsgröße X die Trefferanzahl k an, wobei $k \in \{0; 1; \ldots; n\}$.

$(a + b)^n =$
$\binom{n}{0} \cdot a^n b^0 +$
$\binom{n}{1} \cdot a^{n-1} b^1 +$
$\binom{n}{2} \cdot a^{n-2} b^2 +$
$\ldots$
$\binom{n}{n-1} \cdot a^{n-(n-1)} b^{n-1} +$
$\binom{n}{n} \cdot a^{n-n} b^n$

Terme der Art $\binom{n}{k} \cdot p^k \cdot (1 - p)^{n-k}$ erhält man auch, wenn man die binomischen Terme $(a + b)^n$ berechnet. Die hierbei auftretenden Koeffizienten nennt man deshalb **Binomialkoeffizienten**. Aus dem gleichen Grund gelten die folgenden Bezeichnungen:

Definition: Kann eine Zufallsgröße X die Werte 0, 1, …, n annehmen und gilt für die Wahrscheinlichkeiten $P(X = k) = \binom{n}{k} \cdot p^k \cdot (1 - p)^{n-k}$, dann heißt X **binomialverteilte Zufallsgröße**. Die entsprechende Wahrscheinlichkeitsverteilung heißt **Binomialverteilung** $B_{n;p}$ mit den Parametern n und p. Statt $P(X = k)$ schreibt man auch $B_{n;p}(k)$.

Auf wie viele Arten kann man k Objekte aus n Objekten auswählen?

Achtet man bei der Auswahl auf die Reihenfolge,
so hat man für das erste Objekt n Möglichkeiten, für das zweite n – 1 Möglichkeiten, für das dritte n – 2 Möglichkeiten, …, und für das k-te Objekt n – (k – 1) Möglichkeiten. Insgesamt ergibt sich: Man kann auf $n \cdot (n - 1) \cdot \ldots \cdot (n - k + 1)$ Arten k Objekte aus n Objekten auswählen.

Achtet man nicht auf die Reihenfolge,
so ist zu beachten, dass man jeweils k Objekte auf $k \cdot (k - 1) \cdot \ldots \cdot 1$ Arten nacheinander erhalten kann. Weil man diese Fälle nun als eine einzige Auswahl betrachtet, gibt es insgesamt $\frac{n \cdot (n - 1) \cdot \ldots \cdot (n - k + 1)}{k \cdot (k - 1) \cdot \ldots \cdot 1}$ verschiedene Möglichkeiten.

Es gilt $\frac{n \cdot (n - 1) \cdot \ldots \cdot (n - k + 1)}{k \cdot (k - 1) \cdot \ldots \cdot 1} = \frac{n \cdot (n - 1) \cdot \ldots \cdot (n - k + 1) \cdot (n - k) \cdot (n - k - 1) \cdot \ldots \cdot 1}{k \cdot (k - 1) \cdot \ldots \cdot 1 \cdot (n - k) \cdot (n - k - 1) \cdot \ldots \cdot 1} = \frac{n!}{(n - k)! \cdot k!}$.

Für $\frac{n!}{(n - k)! \cdot k!}$ schreibt man kurz $\binom{n}{k}$ und sagt „k aus n" oder „n über k".

Man kann also k Objekte aus n Objekten auf $\binom{n}{k}$ Arten auswählen, wenn die Reihenfolge bei der Auswahl nicht berücksichtigt wird.

Beispiel 1:
Aus einem Kasten mit 36 weißen und 64 roten Kugeln werden nacheinander mit Zurücklegen fünf Kugeln gezogen. Wie groß ist die Wahrscheinlichkeit genau drei rote Kugeln zu ziehen?

Lösung:
Da mit Zurücklegen gezogen wird, sind die BERNOULLI-Experimente voneinander unabhängig. Es handelt sich um eine BERNOULLI-Kette der Länge 5.
Bezeichnet man das Ziehen einer roten Kugel als Treffer, so gilt für die Trefferwahrscheinlichkeit: $p = \frac{64}{100}$.

Gibt die Zufallsvariable X die Anzahl der Treffer an, so gilt:
$P(X = 3) = \binom{5}{3} \cdot 0{,}64^3 \cdot 0{,}36^2 = 0{,}34$.

Beispiel 2: (Bestimmung von Wahrscheinlichkeiten)

Ein idealer Würfel wird fünfmal geworfen. Bestimmen Sie die Wahrscheinlichkeit, dass

a) genau dreimal eine Zahl größer 4 fällt   b) mehr als dreimal eine Zahl größer 4 fällt.

Lösung:

X beschreibt die Anzahl der Zahlen größer 4. Für die Trefferwahrscheinlichkeit p gilt: $p = \frac{1}{3}$.

a) $P(X = 3) = \binom{5}{3} \cdot \left(\frac{1}{3}\right)^3 \cdot \left(\frac{2}{3}\right)^2 = 0{,}165$.

b) $X > 3$ wird in einem Baumdiagramm dargestellt durch alle Äste, die $X = 4$ und $X = 5$ beschreiben, also gilt:

$P(X > 3) = P(X = 4) + P(X = 5) = \binom{5}{4} \cdot \left(\frac{1}{3}\right)^4 \cdot \left(\frac{2}{3}\right)^1 + \binom{5}{5} \cdot \left(\frac{1}{3}\right)^5 \cdot \left(\frac{2}{3}\right)^0 \approx 0{,}04 + 0{,}004 = 0{,}044$.

Aufgaben

2 Ist das Zufallsexperiment eine BERNOULLI-Kette? Begründen Sie Ihre Antwort.

Viele Taschenrechner bieten eine Tastenkombination an, mit der man $\binom{n}{k}$ direkt berechnen kann. Zum Beispiel erhält man $\binom{7}{3}$ bei einigen Taschenrechnern mit der Tastenfolge

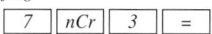

a) Eine ideale Münze wird zehnmal geworfen und es wird die Anzahl von „Zahl" notiert.

b) Bei einem verbeulten Knopf kann man die Vorderseite von der Rückseite unterscheiden. Er wird zehnmal geworfen und es wird die Anzahl von „Vorderseite" notiert.

c) Aus einer Produktionsserie von Glühbirnen werden fünf Glühbirnen zufällig ausgewählt. Es wird getestet, ob diese Glühbirnen eine Brenndauer von mindestens 1000 Stunden haben.

d) Zehn zufällig ausgewählte Personen werden darauf untersucht, ob sie die Blutgruppe A besitzen.

e) Zehn ideale Münzen werden gleichzeitig geworfen und es wird die Anzahl von „Zahl" notiert.

f) Zehn verbeulte Münzen werden gleichzeitig geworfen und es wird die Anzahl von „Zahl" notiert.

3 Geben Sie zu der binomialverteilten Zufallsgröße X die Parameter n und p der entsprechenden Binomialverteilung an.

a) Ein idealer Würfel wird viermal geworfen. X beschreibt die Anzahl der Einsen.

b) Ein ideales Tetraeder wird achtmal geworfen. X beschreibt die Anzahl der Vieren.

c) Eine Maschine zum Abfüllen von Konservendosen hält nach Herstellerangaben die Mindesteinwaage zu 95 % ein. Der laufenden Produktion werden zehn Konservendosen entnommen. X beschreibt die Anzahl der Dosen, die weniger als die Mindesteinwaage enthalten.

d) Bei serienmäßig gefertigten Schaltern einer bestimmten Produktion ist jeder 40. Schalter defekt. Dieser Produktion werden zehn Schalter zur Kontrolle entnommen. X beschreibt die Anzahl der defekten Schalter.

4 Ein idealer Würfel wird zehnmal geworfen. Wie groß ist die Wahrscheinlichkeit

a) genau fünfmal eine Primzahl zu werfen?   b) mindestens achtmal eine Primzahl zu werfen?

c) höchstens dreimal eine Primzahl zu werfen?

5 Zur Behandlung einer Krankheit erhalten sechs Patienten ein Medikament, das erfahrungsgemäß mit einer Wahrscheinlichkeit von 70 % zur Heilung dieser Krankheit führt.

Mit welcher Wahrscheinlichkeit werden alle sechs Patienten geheilt?

6 Eine Firma, die einen Massenartikel in Paketen zu je 15 Stück vertreibt, vereinbart, dass Pakete mit mehr als zwei schadhaften Stücken nicht berechnet werden. Man weiß, dass durchschnittlich 2 % der Artikel schadhaft sind. Wie viel Prozent der ausgelieferten Pakete muss die Firma als „unberechnet" kalkulieren?

7 Etwa 12,5 % einer Bevölkerung sind Linkshänder. Wie groß ist die Wahrscheinlichkeit, dass von sechs zufällig ausgewählten Personen dieser Bevölkerung mindestens einer Linkshänder ist?

8 Ein Multiple-Choice-Test besteht aus zehn Fragen. Für jede Frage werden drei Antworten angeboten, von denen jeweils genau eine richtig ist.
Jemand kreuzt bei den Fragen je eine Antwort zufällig an. Wie groß ist die Wahrscheinlichkeit
a) für fünf richtige Antworten?
b) für mehr als fünf richtige Antworten?

9 In Fig. 1 ist ein vierreihiges Galtonbrett abgebildet. Die Kugeln treffen in jeder Reihe auf einen Nagel und werden jeweils mit gleicher Wahrscheinlichkeit nach links oder nach rechts abgelenkt. In Fig. 1 ist ein möglicher Weg eingezeichnet.
a) Berechnen Sie die Wahrscheinlichkeit, dass eine solche Kugel in das Fach mit der Nummer i fällt (i = 0, 1, 2, 3, 4).
b) Vergleichen Sie die in a) berechneten Wahrscheinlichkeiten miteinander.

10 Eine Maschine stellt Schrauben mit einem Ausschuss von 5 % her.
Wie groß ist die Wahrscheinlichkeit, dass unter vier (zehn) zufällig ausgewählten Schrauben keine Ausschussware ist?

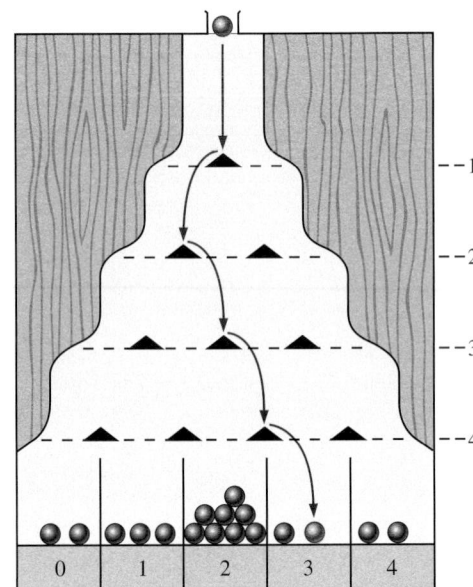

Fig. 1

11 Ein Glücksrad ist in zehn gleich große Felder mit den Zahlen 1 bis 10 aufgeteilt. Es wird sechsmal nacheinander gedreht. Mit welcher Wahrscheinlichkeit
a) sind die ersten vier Zahlen gerade,
b) tritt mindestens einmal die Zahl 6 auf,
c) sind drei hintereinander auftretende Zahlen gerade,
d) treten die Zahlen 1 und 6 jeweils genau zweimal auf,
e) sind alle Zahlen gerade oder alle Zahlen ungerade,
f) treten die Zahlen 1 oder 9 insgesamt viermal auf?

12 Auf einer Hühnerfarm werden Eier in Schachteln zu zwölf Stück verpackt. Aufgrund eines Fehlers bei der Verpackung wird jedes Ei mit der Wahrscheinlichkeit $\frac{1}{12}$ beschädigt.

a) Mit welcher Wahrscheinlichkeit enthält eine Schachtel nur unversehrte Eier?
b) Mit welcher Wahrscheinlichkeit enthält eine Schachtel zwei oder mehr angebrochene Eier?
c) Zehn Schachteln werden an zehn Kunden verkauft. Mit welcher Wahrscheinlichkeit erhalten genau zwei Kunden je eine Schachtel mit ausschließlich unversehrten Eiern?

13 Betrachtet wird eine BERNOULLI-Kette der Länge n und der Trefferwahrscheinlichkeit 0,5. Die Zufallsgröße X beschreibt die Trefferanzahl.
a) Bestimmen Sie $P(X \geq 2)$ in Abhängigkeit von n.
b) Bestimmen Sie $P(X \geq 2)$ für n = 2, ..., 8.
c) Ab welchem n gilt: $P(X \geq 2) \geq 0,9$?

14   Lesen Sie nebenstehende Notiz.
Mit welcher Wahrscheinlichkeit sind auf
einer Landstraße
a) in zehn Pkws mit einem bis zu fünf Jahre
alten mitfahrenden Kind mindestens acht
Kinder richtig gesichert ,
b) in 15 Pkws mit einem Sechs- bis Elf-
jährigen höchstens vier Kinder richtig
gesichert?

> ## Kinder falsch angeschnallt
>
> Der Bundesverkehrsminister gab für das Jahr
> 1996 folgende Zahlen bekannt: Auf Land-
> straßen seien von den bis zu fünf Jahre alten
> Kindern 90 Prozent richtig gesichert im Pkw
> mitgefahren; von den Sechs- bis Elfjährigen sei
> aber nur ein Fünftel geschützt gewesen.

Fig. 1

15   Die unten stehenden Texte sind Auszüge aus einer Studie über das Freizeitverhalten von
Jugendlichen (Jugend und Freizeit; iwd, Nr. 50).
Jeder der drei Texte enthält zwei Prozentangaben. Formulieren Sie für jeden dieser sechs Werte
eine Aufgabe zur Formel von BERNOULLI (siehe Satz, Seite 346) und geben Sie die komplette
Lösung an.

Bücher lesen.	Computer nutzen.	Kino besuchen.
Kulturpessimisten werden aufatmen. Zwar können die Jugendlichen nicht gerade als ausgesprochene Lese-ratten bezeichnet werden. Doch mit 42 % greifen sie häufiger zum Buch als der Durchschnitts-Bundes-bürger (37 %).	Wie bei keiner anderen Altersgruppe schließt die Freizeitgestaltung der Ju-gendlichen den Computer ein. Fast 40 % der Teens verbringen einen Teil ihrer Freizeit vor dem PC. Bei allen Deutschen sind es lediglich 11 %.	Das Kinoerlebnis stand bei jungen Menschen schon immer hoch im Kurs. Die heutigen Kids machen da keine Ausnahme: 37 % der unter 20-jährigen gehen regelmäßig ins Kino. Bei den Erwachsenen ist dies nur bei 10 % der Fall.

Fig. 2

16   Ein Kasten enthält sechs schwarze und
vier weiße Kugeln.
Es werden fünf Kugeln ohne Zurücklegen
gezogen.
Wie groß ist die Wahrscheinlichkeit genau
drei weiße Kugeln zu ziehen?

17   Die Zufallsgröße X ist binomialverteilt.
Fig. 3 zeigt das zu dieser Binomialverteilung
gehörende Säulendiagramm.
Bestimmen Sie die Trefferwahrscheinlichkeit p.

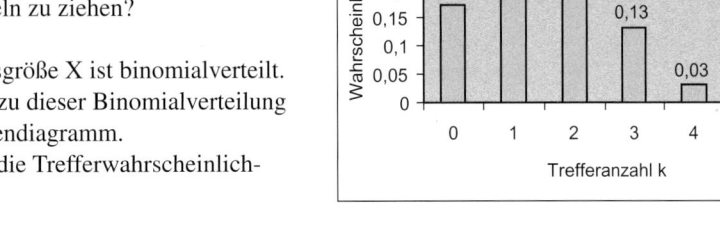

Fig. 3

18   Beweisen Sie für $0 \leq k \leq n$:

a) $\binom{n+1}{k+1} = \binom{n}{k} + \binom{n}{k+1}$

b) $\binom{n}{k} = \binom{n}{n-k}$.

19   Es gilt: $(a+b)^n = \binom{n}{0}a^n b^0 + \binom{n}{1}a^{n-1}b^1 + \ldots + \binom{n}{n}a^0 b^n$ (siehe blau unterlegten Kasten
von Seite 346).
Formen Sie entsprechend um und berechnen Sie hierbei die Koeffizienten.

a) $(a+b)^4$ b) $(a+b)^5$ c) $(a+b)^6$

5 Tabellen und Tabellenkalkulation bei Binomialverteilungen

Bei Binomialverteilungen $B_{n;p}$ mit großem n ist die Bestimmung von Wahrscheinlichkeiten ohne Hilfsmittel sehr aufwändig. Deshalb finden Sie auf Seite 423 ff entsprechende Tabellen.

Beachten Sie:
*Ist $B_{n;p}(k)$ die Wahrscheinlichkeit für k Treffer, so ist $B_{n;1-p}(n-k)$ die Wahrscheinlichkeit für $n-k$ Nieten.
Somit gilt:
$B_{n;p}(k) = B_{n;1-p}(n-k)$.*

Tabellen zur Berechnung von Wahrscheinlichkeiten $P(X = k)$ bzw. $B_{n;p}(k)$

Fig. 1 zeigt einen Auszug aus einer solchen Tabelle. Um diese Tabellen möglichst kompakt darzustellen berücksichtigt man, dass $B_{n;p}(k) = B_{n;1-p}(n-k)$ ist. Somit genügt es, die Wahrscheinlichkeiten für $p \leqq 0,5$ aufzulisten. Die Wahrscheinlichkeiten $B_{n;p}(k)$ für $p \geqq 0,5$ erhält man über die Gleichung $B_{n;p}(k) = B_{n;1-p}(n-k)$ bzw. über den grün unterlegten Teil der Tabelle.

n	k	p=0,02	0,03	0,05	0,10	$\frac{1}{6}$	0,20	0,25	0,30	$\frac{1}{3}$	0,40	0,50		
5	0	0,9039	8587	7738	5905	4019	3277	2373	1681	1317	0778	0313	5	
	1	0922	1328	2036	3281	4019	4096	3955	3602	3292	2592	1563	4	
	2	0038	0082	0214	0729	1608	2048	2637	3087	3292	3456	3125	3	
	3	0001	0003	0011	0081	0322	0512	0879	1323	1646	2304	3125	2	
	4				000$\bar{5}$	0032	0064	0146	0284	0412	0768	1563	1	
	5					0001	0003	0010	0024	0041	0102	0313	0	5
		0,98	0,97	0,95	0,90	$\frac{5}{6}$	0,80	0,75	0,70	$\frac{2}{3}$	0,60	0,50 = p	k	n

Fig. 1

Beispiel 1:
Bestimmen Sie für die binomialverteilte Zufallsgröße X die Wahrscheinlichkeit $P(X = 1)$ für
a) n = 5 und p = 0,1   b) n = 5 und p = 0,8.
Lösung:
a) Da $p \leqq 0,5$ ist, sucht man im weiß unterlegten Randbereich der Tabelle in dem Abschnitt für n = 5 die Zeile für k = 1. Diese Zeile und die Spalte für p = 0,1 besitzen den gemeinsamen Eintrag 3281. Also gilt: $P(X = 1) = B_{5;0,1}(1) = 0,3281$.
b) Da $p \geqq 0,5$ ist, sucht man im grün unterlegten Randbereich der Tabelle in dem Abschnitt für n = 5 die Zeile für k = 1. Diese Zeile und die Spalte für p = 0,8 besitzen den gemeinsamen Eintrag 0064. Also gilt: $P(X = 1) = B_{5;0,8}(1) = 0,0064$.

Beachten Sie:
$P(X \leqq k) = F_{n;p}(k)$
$P(X > k) = 1 - P(X \leqq k)$
$\qquad = 1 - F_{n;p}(k)$
$P(X \geqq k) = 1 - F_{n;p}(k-1)$
$P(k_1 \leqq X \leqq k_2)$
$\qquad = F_{n;p}(k_2) - F_{n;p}(k_1)$

Tabellen zur Berechnung von Wahrscheinlichkeiten $P(X \leqq k)$ bzw. $F_{n;p}(k)$

Statt $P(X \leqq k)$ schreibt man auch $F_{n;p}(k)$. Fig. 2 zeigt einen Auszug aus einer Tabelle zur Bestimmung von Wahrscheinlichkeiten $F_{n;p}(k)$. Da $F_{n;p}(k) = B_{n;1-p}(n-k-1)$ ist, genügt es diese Wahrscheinlichkeiten nur bis $p \leqq 0,5$ aufzulisten. Die Wahrscheinlichkeiten $F_{n;p}(k)$ für $p \geqq 0,5$ erhält man über den grün unterlegten Teil der Tabelle.

n	k	p=0,02	0,03	0,05	0,10	$\frac{1}{6}$	0,20	0,25	0,30	$\frac{1}{3}$	0,40	0,50		
5	0	0,9039	8587	7738	5905	4019	3277	2373	1681	1317	0778	0313	4	
	1	9962	9915	9774	9185	8038	7373	6328	5282	4609	3370	1875	3	
	2	9999	9997	9988	9914	9645	9421	8965	8369	7901	6826	5000	2	
	3				9995	9967	9933	9844	9692	9547	9130	8125	1	
	4					9999	9997	9990	9976	9959	9898	9688	0	5
		0,98	0,97	0,95	0,90	$\frac{5}{6}$	0,80	0,75	0,70	$\frac{2}{3}$	0,60	0,50 = p	k	n

Fig. 2

Beispiel 2:
Bestimmen Sie für die binomialverteilte Zufallsgröße X die Wahrscheinlichkeiten $P(X \leq 3)$ und
$P(X > 3)$ für   a) $n = 5$ und $p = 0,4$ b) $n = 5$ und $p = 0,7$.
Lösung:
a) Da $p \leq 0,5$ ist, orientiert man sich am weiß unterlegten Rand. Im Abschnitt für $n = 5$ haben
die Zeile für $k = 3$ und die Spalte für $p = 0,4$ den gemeinsamen Eintrag 9130, also gilt:
$P(X \leq 3) = F_{5;0,4}(3) = 0,9130$ und $P(X>3) = 1 - P(X \leq 3) = 1 - F_{5;0,4}(3) = 1 - 0,9130 = 0,0870$.
b) Da $p \geq 0,5$ ist, orientiert man sich am grün unterlegten Rand. Im Abschnitt für $n = 5$ haben
die Zeile für $k = 3$ und die Spalte für $p = 0,7$ den gemeinsamen Eintrag 5282, also gilt:
$P(X \leq 3) = F_{5;0,7}(3) = 1 - 0,5282 = 0,4718$ und $P(X>3) = 1 - F_{5;0,7}(3) = 1 - (1 - 0,5282) =$
$0,5282$.

Verwendung von Tabellenkalkulationsprogrammen
Mit Tabellenkalkulationsprogrammen können die Wahrscheinlichkeiten $B_{n;p}(k)$ und $F_{n;p}(k)$ be-
stimmt werden. Das Programm Excel ermöglicht dies mit dem Befehl BINOMVERT.
Zur Bestimmung von $B_{n;p}(k)$ gibt man den Befehl **BINOMVERT(k;n;p;falsch)** oder kürzer den
Befehl BINOMVERT(k;n;p) ein.
Zur Bestimmung von $F_{n;p}(k)$ gibt man den Befehl **BINOMVERT(k;n;p;wahr)** ein.

Beispiel 3:
Gegeben ist eine BERNOULLI-Kette mit der Länge 7 und der Trefferwahrscheinlichkeit 0,65. Die
Zufallsgröße X beschreibt die Trefferanzahl.
a) Bestimmen Sie die Wahrscheinlichkeitsverteilung von X und das entsprechende Säulendiagramm.
b) Bestimmen Sie $F_{n;p}(k)$ für $k = 0, \ldots, 7$ und das entsprechende Säulendiagramm.
Lösung:
a)

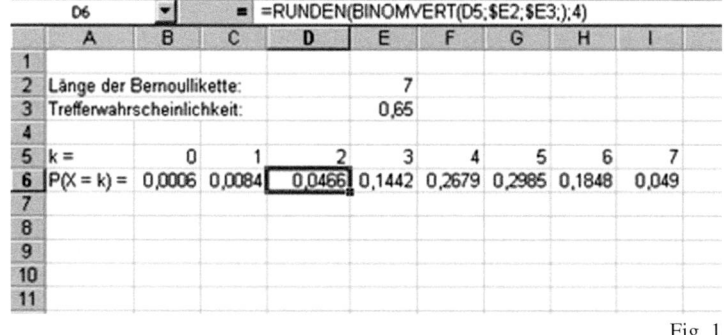

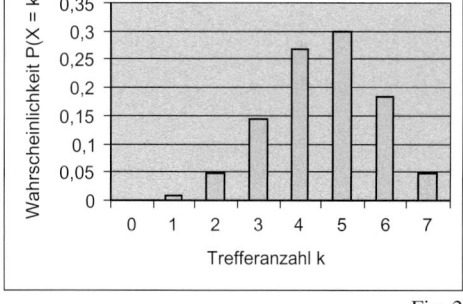

Fig. 1   Fig. 2

b)

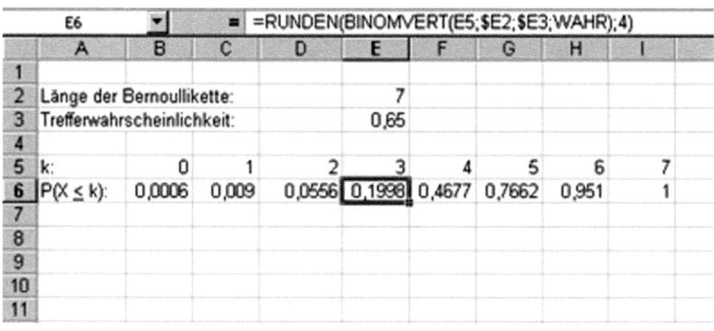

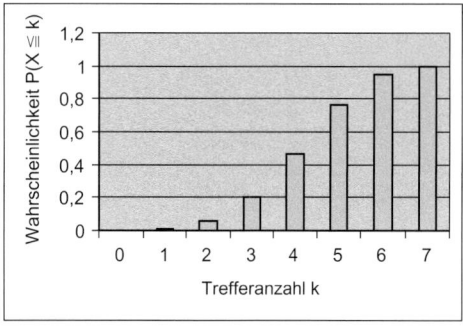

Fig. 3   Fig. 4

351

Aufgaben

1 Bestimmen Sie mithilfe einer Tabelle

a) $B_{4;0,1}(0)$ b) $B_{8;0,1}(4)$ c) $B_{15;0,2}(7)$ d) $B_{15;0,3}(6)$ e) $B_{9;0,35}(8)$

f) $B_{20;0,8}(15)$ g) $B_{15;0,9}(13)$ h) $B_{20;0,75}(19)$ i) $B_{15;0,01}(0)$ j) $B_{20;0,97}(18)$.

2 Bestimmen Sie mithilfe einer Tabelle

a) $F_{8;0,3}(5)$ b) $F_{10;0,1}(0)$ c) $F_{12;0,02}(1)$ d) $F_{13;0,4}(2)$ e) $F_{14;\frac{1}{6}}(4)$

f) $F_{10;0,6}(8)$ g) $F_{15;0,9}(10)$ h) $F_{20;0,97}(17)$ i) $F_{50;0,8}(40)$ j) $F_{100;\frac{5}{6}}(80)$.

3 Gegeben ist eine BERNOULLI-Kette mit der Länge 20 und der Trefferwahrscheinlichkeit 0,4. Die Zufallsgröße X gibt die Anzahl der Treffer an. Bestimmen Sie mithilfe einer Tabelle

a) $P(X = 6)$ b) $P(X < 6)$ c) $P(X \leq 6)$ d) $P(X > 6)$ e) $P(X = 8)$

f) $P(X \geq 11)$ g) $P(4 < X < 10)$ h) $P(4 \leq X \leq 10)$ i) $P(4 < X \leq 10)$ j) $P(5 < X < 9)$.

4 Die Zufallsgröße X besitzt die Binomialverteilung $B_{50;0,8}$. Bestimmen Sie mithilfe einer Tabelle

a) $P(X \leq 35)$ b) $P(X \geq 40)$ c) $P(X = 40)$ d) $P(X = 30)$ e) $P(X > 35)$

f) $P(X < 38)$ g) $P(35 \leq X \leq 40)$ h) $P(37 < X \leq 47)$ i) $P(32 \leq X < 40)$ j) $P(29 < X < 39)$.

5 Die Zufallsgröße X besitzt die Binomialverteilung $B_{100;0,7}$. Bestimmen Sie mithilfe einer Tabelle

a) $P(X > 75)$ b) $P(X \leq 60)$ c) $P(65 < X < 85)$ d) $P(X \geq 80)$ e) $P(X < 70)$

f) $P(X \geq 55)$ g) $P(X < 50)$ h) $P(70 \leq X \leq 90)$ i) $P(X = 95)$ j) $P(X = 60)$

6 Die Zufallsgröße X ist binomialverteilt. Bestimmen Sie die dazu gehörende Binomialverteilung $B_{n;p}$.

a) n = 4; p = 0,2 b) n = 5; p = 0,4 c) n = 8; p = 0,3 d) n = 10; p = 0,5 e) n = 12; p = 0,7

7 Ein idealer Würfel wird 100-mal geworfen. Mit welcher Wahrscheinlichkeit fällt die Zahl 6

a) genau 15-mal b) mehr als 25-mal c) mindestens 15-mal und höchstens 25-mal?

8 Ein Knopf wird zehnmal geworfen. Die Wahrscheinlichkeit für „Vorderseite" beträgt 0,4. Mit welcher Wahrscheinlichkeit fällt

a) in den ersten drei Würfel „Vorderseite" und sonst nur „Rückseite"

b) nur im fünften und zehnten Wurf „Vorderseite"

c) höchstens dreimal „Vorderseite"?

9 In einer Bevölkerung sind ca. 20 % Linkshänder. Wie groß ist die Wahrscheinlichkeit, dass von 15 Personen dieser Bevölkerung

a) genau eine Person Linkshänder ist b) mindestens eine Person Linkshänder ist

c) höchstens zwei Personen Linkshänder sind d) mehr als drei Personen Linkshänder sind?

10 Ein Händler erhält häufig Lieferungen, bei denen ein Ausschussanteil von höchstens 5 % zugelassen ist. Zur Überprüfung der Lieferungen werden zwei Prüfpläne vorgeschlagen.
Prüfplan I: Die Lieferung wird abgelehnt, wenn in einer Stichprobe von zehn Stück mindestens ein Stück Ausschuss ist.
Prüfplan II: Die Lieferung wird abgelehnt, wenn in einer Stichprobe von 20 Stück mindestens zwei Stück Ausschuss sind.
Welchen Prüfplan sollte der Händler wählen? Begründen Sie Ihre Antwort.

11 In einer Werkskantine werden freitags ein Fischgericht und zwei weitere Menüs angeboten. Erfahrungsgemäß wählt ein Drittel der 100 Kantinenbesucher das Fischgericht.
a) Die Küche bereitet 33 Fischgerichte vor. Wie groß ist die Wahrscheinlichkeit, dass diese 33 Fischgerichte nicht ausreichen?
b) Wie viele Fischgerichte müssen mindestens vorbereitet werden, damit sie mit einer Wahrscheinlichkeit von mindestens 90 % ausreichen?

Hinweis zu Aufgabe 12:
Bilden Sie die Differenz der zu betrachtenden Wahrscheinlichkeiten und zerlegen Sie den Term in ein Produkt.

12 Bei der Planung eines Elektrizitätswerkes werden zwei Vorschläge diskutiert.
Vorschlag I: Es werden zwei Generatoren gebaut. Hierbei ist die Stromversorgung gesichert, wenn mindestens einer der beiden Generatoren läuft.
Vorschlag II: Es werden vier Generatoren gebaut. Hierbei ist die Stromversorgung gesichert, wenn mindestens zwei der vier Generatoren laufen.
Bei beiden Vorschlägen arbeiten die Generatoren unabhängig voneinander und in allen Varianten fällt jeweils ein Generator mit der Wahrscheinlichkeit p aus.
Welcher Vorschlag garantiert die größere Zuverlässigkeit der Stromversorgung?

Lösen Sie die folgenden Aufgaben mithilfe eines Tabellenkalkulations-Programms

13 Bestimmen Sie
a) $B_{49;0,28}(37)$ b) $B_{81;0,12}(43)$ c) $B_{500;0,21}(77)$ d) $B_{75;0,33}(33)$ e) $B_{87;0,77}(87)$.

Die Werte $B_{n;p}(k)$ und $F_{n;p}(k)$ kann man auch mithilfe CAS-fähiger Taschenrechner bestimmen:

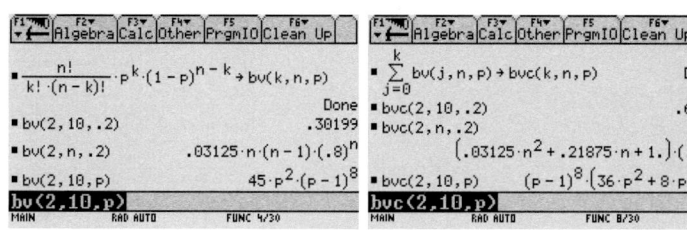

14 Bestimmen Sie
a) $F_{18;0,13}(15)$ b) $F_{77;0,55}(0)$ c) $F_{120;0,62}(66)$
d) $F_{113;0,41}(55)$ e) $F_{14;\frac{1}{7}}(4)$.

15 Die Zufallsgröße X besitzt die Binomialverteilung $B_{57;0,83}$. Bestimmen Sie
a) $P(X \le 35)$ b) $P(X \ge 40)$ c) $P(X = 40)$
d) $P(x = 30)$ e) $P(X > 35)$ f) $P(X < 38)$
g) $P(35 \le X \le 40)$ h) $P(37 < X \le 47)$
i) $P(32 \le X < 40)$ j) $P(29 < X < 39)$.

16 Gegeben ist eine BERNOULLI-Kette mit der Länge 15 und der Trefferwahrscheinlichkeit 0,85. Die Zufallsgröße X beschreibt die Trefferanzahl.
a) Bestimmen Sie die Wahrscheinlichkeitsverteilung von X und das zugehörige Säulendiagramm.
b) Bestimmen Sie $F_{n;p}(k)$ für $k = 0, \ldots, 15$ und das entsprechende Säulendiagramm.

17 Eine Firma stellt Haartrockner her und garantiert, dass mindestens 975 von 1000 der ausgelieferten Geräte einwandfrei arbeiten. Die Haartrockner werden in Kartons zu je zehn Stück geliefert. Ein Großabnehmer der Geräte kontrolliert die Lieferungen so:
Sind in einem zufällig ausgewählten Karton zwei oder mehr Geräte defekt, so nimmt er die gesamte Lieferung nicht an. In allen anderen Fällen nimmt er die Lieferung an.
Mit welcher Wahrscheinlichkeit lehnt er eine Lieferung ab, wenn die Herstellergarantie zutrifft?

18 In einer Klinik werden pro Jahr durchschnittlich 200 Patienten mit einem bestimmten Medikament behandelt. Erfahrungsgemäß treten bei einer solchen Behandlung in 37 von 1000 Fällen unerwünschte Nebenwirkungen auf. Wie groß ist die Wahrscheinlichkeit, dass in dieser Klinik im Laufe eines Jahres bei mehr als acht mit dem Medikament behandelten Patienten solche Nebenwirkungen auftreten?

353

6 Der Erwartungswert einer Zufallsgröße

Fig. 1

1 In einer Quizsendung des Fernsehens werden fünf Bücher und sieben Autorennamen vorgestellt. Es treten die Teams zweier Volkshochschulen mit je zehn Kandidaten an. Jeder Teilnehmer gibt unabhängig von den anderen an, ob der Autor des jeweiligen Buches unter den genannten Autoren ist.

Bei welchen Ergebnissen kann man vermuten, dass die Kandidaten eines Teams
a) sich in der Literatur auskennen
b) eher geraten haben?

*Treten bei einer Versuchsreihe die numerischen Ergebnisse $e_1, e_2, \ldots, e_n$ mit den relativen Häufigkeiten $h_1, h_2, \ldots, h_n$ auf, so heißt $\overline{x} = e_1 h_1 + \ldots + e_n h_n$ **Mittelwert der Häufigkeitsverteilung**.*

*Sind $p_1, p_2, \ldots, p_n$ die jeweiligen Wahrscheinlichkeiten der Ergebnisse $e_1, e_2, \ldots, e_n$, so heißt $\mu = e_1 p_1 + \ldots + e_n p_n$ **Erwartungswert der Wahrscheinlichkeitsverteilung**.*

Bei vielen Experimenten interessiert, welches „mittlere Ergebnis" man erhält bzw. zu erwarten hat. Die Tabelle gibt z. B. die Häufigkeiten

Augenzahl	1	2	3	4	5	6
Häufigkeit	3	2	2	0	2	1

der Zahlen 1 bis 6 beim zehnmaligen Werfen eines Würfels an. Als Mittelwert $\overline{x}$ der gewürfelten Zahlen erhält man: $\overline{x} = 1 \cdot \frac{3}{10} + 2 \cdot \frac{2}{10} + 3 \cdot \frac{2}{10} + 4 \cdot \frac{0}{10} + 5 \cdot \frac{2}{10} + 6 \cdot \frac{1}{10} = 2{,}9$.

Handelt es sich hierbei um ein LAPLACE-Experiment, so ist jeder der Zahlen 1 bis 6 die Wahrscheinlichkeit $\frac{1}{6}$ zuzuordnen. Bei sehr vielen Würfen werden die relativen Häufigkeiten für die Zahlen 1 bis 6 jeweils nur wenig von $\frac{1}{6}$ abweichen.

Man kann somit bei einer sehr großen Anzahl von Würfen den zu erwartenden Mittelwert $\overline{x}$ mit $\mu = 1 \cdot \frac{1}{6} + 2 \cdot \frac{1}{6} + 3 \cdot \frac{1}{6} + 4 \cdot \frac{1}{6} + 5 \cdot \frac{1}{6} + 6 \cdot \frac{1}{6} = 3{,}5$ abschätzen.

Bei manchen Experimenten sind die „Auswirkungen" der einzelnen Ergebnisse bedeutender als die Ergebnisse selbst. So ist es bei Glücksspielen wichtig zu wissen, ob und wie viel man langfristig gewinnt oder verliert.

Gewinnt man z. B. beim einmaligen Würfeln mit den Zahlen 1 und 2 jeweils 2 € und verliert man dagegen in allen anderen Fällen 0,5 €, so kann man die Zufallsgröße X betrachten mit $X(1) = X(2) = 2$ und $X(3) = X(4) = X(5) = X(6) = -0{,}5$.
Hierbei gilt: $P(X = 2) = \frac{1}{3}$ und $P(X = -0{,}5) = \frac{2}{3}$.

Es ist möglich, dass der Mittelwert bzw. der Erwartungswert mit keinem der Einzelergebnisse übereinstimmt.

Analog zu den oben genannten Überlegungen erhält man für die Zufallsgröße X den mittleren zu erwartenden Wert $E(X) = 2 \cdot \frac{1}{3} + (-0{,}5) \cdot \frac{2}{3} = \frac{1}{3}$.
Man kann also davon ausgehen, dass man beim häufigen Spielen im Mittel etwa 33 Cent gewinnen wird.

Allgemein gilt:

> **Definition:** Kann eine Zufallsgröße X die Werte $x_1, x_2, \ldots, x_r$ annehmen, so heißt
> $E(X) = x_1 \cdot P(X = x_1) + x_2 \cdot P(X = x_2) + \ldots + x_r \cdot P(X = x_r)$ **Erwartungswert der Zufallsgröße**. Statt $E(X)$ schreibt man auch kurz μ.

Für den Erwartungswert μ einer binomialverteilten Zufallsgröße gilt:

Satz: Ist X eine binomialverteilte Zufallsgröße mit den Parametern n und p, so gilt für den Erwartungswert μ: $\mu = n\,p$.

Beispiel 1: (Erwartungswert einer Zufallsgröße)
Zwei Würfel werden gleichzeitig geworfen und die Augensumme notiert.
Bestimmen Sie den Erwartungswert.
Lösung:
Die Zufallsgröße X gibt die Augensumme der beiden Würfel an.
X kann also die Werte 2, 3, 4, ..., 12 annehmen.

$\mu = 2 \cdot \frac{1}{36} + 3 \cdot \frac{2}{36} + 4 \cdot \frac{3}{36} + 5 \cdot \frac{4}{36} + 6 \cdot \frac{5}{36} + 7 \cdot \frac{6}{36} + 8 \cdot \frac{5}{36} + 9 \cdot \frac{4}{36} + 10 \cdot \frac{3}{36} + 11 \cdot \frac{2}{36} + 12 \cdot \frac{1}{36}$

$\mu = 7$

Beispiel 2: (Erwartungswert einer binomialverteilten Zufallsgröße)
Ein Sportschütze gibt wiederholt 4 Schüsse auf ein Ziel ab. Er trifft bei jedem Schuss mit der Wahrscheinlichkeit 0,7. Mit wie vielen Treffern kann er im Mittel pro Serie rechnen?
Lösung:
Es sei X Zufallsgröße für die Anzahl der Treffer in einer Serie. X besitzt die Binomialverteilung $B_{4;\,0,7}$. Der Erwartungswert ist $E(X) = 4 \cdot 0,7 = 2,8$.
Bei sehr vielen Serien zu 4 Schüssen kann er im Mittel pro Serie mit 2,8 Treffern rechnen.

Aufgaben

2 In einer Ausgabe des Romans „Krieg und Frieden" von Leo Tolstoi (1817–1875) mit 1068 Seiten wurden auf zehn zufällig ausgewählten Seiten die Zeilen und in jeweils zehn zufällig ausgewählten Zeilen die Wörter gezählt. Schätzen Sie aufgrund der Angaben der Tabelle die Anzahl der Wörter des Romans.

Zeilen auf einer Seite	42	42	37	37	39	42	41	40	40	38
Wörter in einer Zeile	10	10	9	10	9	8	10	9	8	8

3 Beim Roulette fällt eine Kugel in eines mit den Zahlen 0 bis 36 gekennzeichneten Felder. Ein Spieler kann u. a. auf eine einzige Zahl oder vier oder zwölf oder sechzehn verschiedene Zahlen setzen. Ist die Gewinnzahl
– die gesetzte Zahl, so erhält er seinen 35fachen Einsatz als Reingewinn zurück,
– unter den gesetzten vier Zahlen, so erhält er den 8fachen Einsatz als Reingewinn zurück,
– unter den gesetzten zwölf Zahlen, so erhält er den doppelten Einsatz als Reingewinn zurück,
– unter den gesetzten sechzehn Zahlen, so erhält er den einfachen Einsatz als Reingewinn zurück.

Berechnen Sie den „Gewinn"-Erwartungswert für jede dieser Spielvarianten.

4 Anke denkt sich eine natürliche Zahl von 1 bis 10. Jan soll diese Zahl erraten. Hierzu darf er Fragen stellen, die Anke nur mit „ja" oder „nein" beantworten kann. Zwei Strategien stehen zur Wahl:
Strategie I: Die Zahlen werden der Reihe nach abgefragt, bis Anke „ja" sagt oder zum 9. Mal „nein".
Strategie II: Mit jeder Frage wird versucht, möglichst die Hälfte der verbleibenden Zahlen auszusondern.
Welche dieser beiden Strategien soll Jan wählen?

5 Jemand hat ein Oktaeder mit den Zahlen 1 bis 8 auf den Seitenflächen über 10 000-mal geworfen und die erhaltenen Augenzahlen notiert. Der Mittelwert dieser Häufigkeitsverteilung betrug 4,51. Kann man hieraus schließen, dass das Oktaeder sorgfältig hergestellt wurde? Begründen Sie Ihre Antwort.

6 Ein Kasten enthält drei weiße und sieben rote Kugeln. Ein Spieler zieht ohne Zurücklegen fünf Kugeln. Sind unter diesen fünf Kugeln genau zwei weiße, so gewinnt er 10 €, andernfalls muss er 5 € bezahlen. „Lohnt" sich das Spiel für den Spieler?

7 In einer Fabrik werden die hergestellten Teile von einer Kontrolleurin überprüft, die jedes Teil mit einer Wahrscheinlichkeit von 95 % richtig beurteilt.
Wie viele falsche Entscheidungen der Kontrolleurin sind bei 100 Kontrollen zu erwarten?

8 Bei einer Produktion von Glühbirnen entsteht etwa 4 % Ausschuss. Dieser Produktion werden wiederholt 150 Glühbirnen entnommen. Wie viele defekte Glühbirnen sind im Mittel zu erwarten?

9 Bei der Herstellung von Spielzeugautos weist durchschnittlich jedes 15. Auto Mängel auf.
a) An einem Arbeitstag werden 630 Stück produziert. Mit wie vielen mängelbehafteten Autos muss man in einem Jahr mit 220 Arbeitstagen rechnen?
b) Mit welcher Wahrscheinlichkeit ist unter 30 zufällig herausgegriffenen Exemplaren höchstens eines mit Mängeln behaftet?

10 a) Die Zufallsgröße X mit dem Parameter $p = 0,4$ ist binomialverteilt.
Bestimmen Sie $E(X)$ für $n = 10; 20; 30; 50; 100$.
b) Die Zufallsgröße X mit dem Parameter $n = 70$ ist binomialverteilt.
Bestimmen Sie $E(X)$ für $p = 0,4; 0,5; 0,6; 0,75$.

11 Die Zufallsgröße X mit den Parametern $n = 10$ und $p = 0,4$ ist binomialverteilt. Bestimmen Sie mithilfe einer Tabelle den kleinsten Wert von k so, dass die Wahrscheinlichkeit $P(\mu - k \leq X \leq \mu + k)$ gleich oder größer als 0,9 ist.

12 Fig. 1 zeigt das Säulendiagramm zur Binomialverteilung $B_{40;0,4}$.
a) Wie ändert sich dieses Diagramm, wenn man den Wert für p größer werden lässt?
b) Zeichnen Sie mithilfe eines Tabellenkalkulationsprogramms Säulendiagramme zu Verteilungen $B_{50;p}$ für $p = 0,1; 0,2; \ldots; 1$ und kennzeichnen Sie den jeweiligen Erwartungswert.

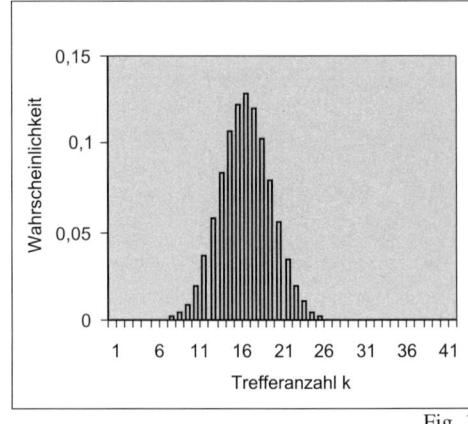

Fig. 1

13 Wie oft muss man einen Würfel mindestens werfen, wenn man mit einer Wahrscheinlichkeit von mehr als 90 % mindestens einmal die Sechs erhalten will?

14 Ein biologisches Experiment mit sehr teuren Pflanzen gelingt in 40 % aller Durchführungen. Wie viele Planzen muss ein Biologe mindestens kaufen, wenn er möchte, dass mit einer Wahrscheinlichkeit von mehr als 95 % mindestens ein Experiment erfolgreich ist?

7 Standardabweichung – Sigmaregeln

Würfel I

1	2	3	4	5	6
307	293	305	296	295	304

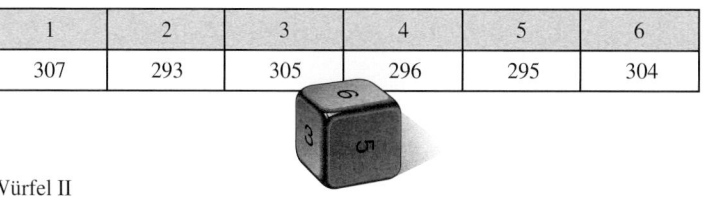

Würfel II

1	2	3	4	5	6
602	295	103	97	305	598

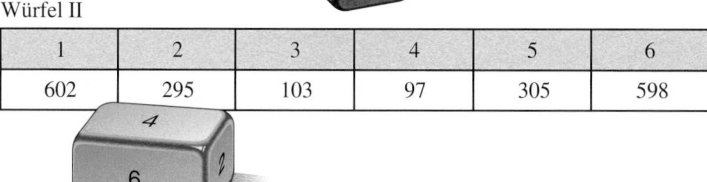

1 Bei einem Spiel erhält man jeweils die Punktezahl, die man mit einem Wurf eines Würfels erzielt.
Für dieses Spiel stehen ein gleichmäßig gearbeiteter Würfel und ein ungleichmäßig gearbeiteter Würfel zur Verfügung. Die Würfel wurden 1800-mal bzw. 2000-mal geworfen und die entsprechenden Häufigkeiten der Augenzahlen notiert (Fig. 1).
a) Mit welcher durchschnittlichen Augenzahl muss man bei beiden Würfeln rechnen, wenn man sehr oft würfelt?
b) Worin unterscheiden sich vermutlich die Ergebnisse bezüglich der beiden Würfel?

Fig. 1

Der Erwartungswert $E(X)$ einer Zufallsgröße X gibt den mittleren zu erwartenden Wert von X an. $E(X)$ gibt jedoch keinen Hinweis darauf, wie stark die einzelnen Werte von X beim häufigen Durchführen des Experimentes „streuen". Anhand des folgenden Beispiels wird ein Maß vorgestellt, das diese Streuung der Werte einer Zufallsgröße X um $E(X)$ beschreibt:

Glücksspiel I: In einem Kasten sind drei grüne, drei rote und vier weiße Kugeln. Zieht man eine grüne Kugel, gewinnt man 6 €, zieht man eine rote Kugel, verliert man 5 €, zieht man eine weiße Kugel, so gibt es weder einen Gewinn noch einen Verlust.

Glücksspiel II: In einem Kasten sind drei grüne, sechs rote und eine weiße Kugel. Zieht man eine grüne Kugel, gewinnt man 11 €, zieht man eine rote Kugel, verliert man 5 €, zieht man die weiße Kugel, so gibt es weder einen Gewinn noch einen Verlust.

Beschreibt die Zufallsgröße X den jeweiligen Gewinn, so erhält man die folgenden Wahrscheinlichkeitsverteilungen von X und die Erwartungswerte $E(X)$.

Glücksspiel I

x_i	6	–5	0
$P(X = x_i)$	0,3	0,3	0,4

$E(X) = 6 \cdot 0,3 + (-5) \cdot 0,3 + 0 \cdot 0,4 = 0,3$
Bei einer großen Serie von Spielen wird in ca.
30 % aller Fälle das Ergebnis um $(6 - 0,3)$ €
30 % aller Fälle das Ergebnis um $(-5 - 0,3)$ €
40 % aller Fälle das Ergebnis um $(0 - 0,3)$ €
von $E(X)$ abweichen.

Glücksspiel II

x_i	11	–5	0
$P(X = x_i)$	0,3	0,6	0,1

$E(X) = 11 \cdot 0,3 + (-5) \cdot 0,6 + 0 \cdot 0,1 = 0,3$
Bei einer großen Serie von Spielen wird in ca.
30 % aller Fälle das Ergebnis um $(11 - 0,3)$ €
60 % aller Fälle das Ergebnis um $(-5 - 0,3)$ €
10 % aller Fälle das Ergebnis um $(0 - 0,3)$ €
von $E(X)$ abweichen.

Es liegt nahe, die „Streuung" durch die Summe der Abweichungen zu beschreiben. In diesem Fall würden sich jedoch Abweichungen größer Null und kleiner Null teilweise gegenseitig aufheben. Deshalb betrachtet man die Quadrate der Abweichungen. Somit ist ein mögliches
– Maß für die „Streuung" bez. Spiel I: $(6 - 0,3)^2 \cdot 0,3 + (-5 - 0,3)^2 \cdot 0,3 + (0 - 0,3)^2 \cdot 0,4 = 18,2$
– Maß für die „Streuung" bez. Spiel II: $(11 - 0,3)^2 \cdot 0,3 + (-5 - 0,6)^2 \cdot 0,3 + (0 - 0,1)^2 \cdot 0,1 = 43,8$
Man erkennt: Bei Glücksspiel II ist die zu erwartende „Streuung" um den Wert 0,3 € größer als bei Glücksspiel I, d.h. die „Gewinn- und Verlustschwankungen" sind bei Glücksspiel II größer.

Es ist also sinnvoll neben dem Erwartungswert einer Zufallsgröße auch ein Maß für die Streuung um den Erwartungswert festzulegen.

Beachten Sie:
Beschreibt z. B. eine Zufallsgröße X bei einem Glücksspiel den Gewinn in €, so ist V(X) genau genommen ein Maß bez. €². Deshalb ist es u. a. sinnvoll die Standardabweichung von X, also $\sqrt{V(X)}$ einzuführen.

Definition: Kann eine Zufallsgröße X die Werte x_1, x_2, …, x_r annehmen, so heißt V(X) mit
$$V(X) = (x_1 - E(X))^2 \cdot P(X = x_1) + … + (x_r - E(X))^2 \cdot P(X = x_r)$$ **Varianz von X.**
$\sqrt{V(X)}$ heißt **Standardabweichung von X.**
Statt V(X) schreibt man auch kurz σ^2 und statt $\sqrt{V(X)}$ schreibt man auch σ.

Bei binomialverteilten Zufallsgrößen gilt:

Satz: Ist X eine binomialverteilte Zufallsgröße mit den Parametern n und p, so gilt für die Varianz σ^2: $\qquad\qquad$ **$\sigma^2 = n \cdot p \cdot (1 - p)$.**

Die Bedeutung von σ^2 bzw. σ verdeutlichen die folgenden Regeln.

Zur Überprüfung der σ-Regeln siehe auch Aufgabe 7.

σ-Regeln: Für jede binomialverteilte Zufallsgröße X mit der Standardabweichung
$\sigma = \sqrt{n \cdot p \cdot (1 - p)}$ gilt:
$P(\mu - \sigma \leq X \leq \mu + \sigma) \quad \approx 0{,}680 \quad$ (1σ-Regel),
$P(\mu - 2\sigma \leq X \leq \mu + 2\sigma) \approx 0{,}955 \quad$ (2σ-Regel),
$P(\mu - 3\sigma \leq X \leq \mu + 3\sigma) \approx 0{,}997 \quad$ (3σ-Regel).
Die Näherung wird um so besser, je größer n ist; insbesondere falls $\sigma > 3$.

Bei einer BERNOULLI-Kette der Länge n liegen somit ca. $\frac{2}{3}$ der Werte von X in dem Intervall $[\mu - \sigma; \mu + \sigma]$ und fast alle Werte in dem Intervall $[\mu - 3\sigma; \mu + 3\sigma]$. Die Länge n der BERNOULLI-Kette spielt dabei keine Rolle, solange für die Standardabweichung $\sigma > 3$ gilt. Fig. 1 zeigt die Wahrscheinlichkeitsverteilung einer binomialverteilten Zufallsgröße X mit den Parametern n = 100, p = 0,5 und σ = 5 sowie das 2σ-Intervall (rot) und das 3σ-Intervall (grün).

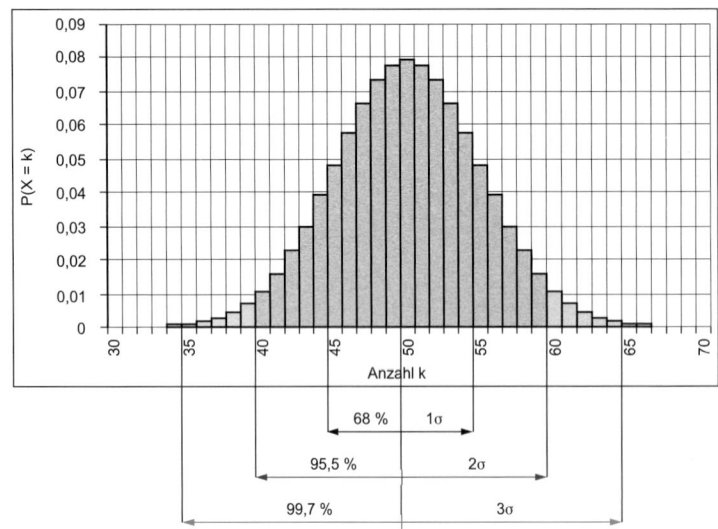

Bei Anwendungen ist die Situation oft umgekehrt:
Gegeben ist eine binomialverteilte Zufallsgröße X mit dem Erwartungswert μ.
Man interessiert sich für das Intervall um μ, in dem die Werte von X mit einer vorgegebenen Wahrscheinlichkeit liegen (vgl. Beispiel 2).
Es gilt:
$P(\mu - 1{,}64\,\sigma \leq X \leq \mu + 1{,}64\,\sigma) \approx 0{,}90$,
$P(\mu - 1{,}96\,\sigma \leq X \leq \mu + 1{,}96\,\sigma) \approx 0{,}95$,
$P(\mu - 2{,}58\,\sigma \leq X \leq \mu + 2{,}58\,\sigma) \approx 0{,}99$.
In diesem Fall spricht man auch von der 90 %-, der 95 %- und der 99 %-Regel.
Diese und die σ-Regeln lassen sich mit der **Normalverteilung** begründen (vergleiche S. 397).

Fig. 1

Beispiel 1: (Standardabweichung)

Zwei Würfel werden gleichzeitig geworfen und die Augensumme notiert.

Bestimmen Sie die Standardabweichung.

Lösung:

Die Zufallsgröße gibt die jeweilige Augensumme der beiden Würfel an.

Für den Erwartungswert gilt: $\mu = 7$ (vergleiche Beispiel 1 auf Seite 355). Also ist:

$$\sigma^2 = (2-7)^2 \cdot \frac{1}{36} + (3-7)^2 \cdot \frac{2}{36} + \dots + (10-7)^2 \cdot \frac{3}{36} + (11-7)^2 \cdot \frac{2}{36} + (12-7)^2 \cdot \frac{1}{36}$$

$$\sigma^2 = 5\frac{5}{6}; \quad \sigma \approx 2{,}41$$

Beispiel 2: (Standardabweichung bei binomialverteilten Zufallsgröße)

Ein defekter Parkscheinautomat eines Parkhauses codiert ca. 20 % aller Parkkarten so falsch, dass eine Ausfahrt nicht möglich ist. An einem Samstagvormittag möchten zwischen 9.30 Uhr und 10 Uhr 100 Autofahrer mit ihren Autos das Parkhaus verlassen.

Schätzen Sie ab, wie viele dieser Pkw-Fahrer mit einer Wahrscheinlichkeit von 0,99 entsprechende Probleme bei der Ausfahrt haben werden.

Lösung:

X gibt die Anzahl der falsch codierten Parkscheine an. Es ist $\mu = np = 20$ und $\sigma^2 = np(1-p) = 16$; also $\sigma = 4$.

Nach der 99 %-Regel gilt: $P(\mu - 2{,}58\,\sigma \le X \le \mu + 2{,}58\,\sigma) \approx 0{,}99$. Mit $20 - 2{,}58 \cdot 4 = 9{,}68$ und $20 + 2{,}58 \cdot 4 = 30{,}32$ ergibt sich $P(9{,}68 \le X \le 30{,}32) \approx 0{,}99$.

Mit etwa 99 %iger Wahrscheinlichkeit werden zwischen 10 und 30 Pkw-Fahrer Probleme bei der Ausfahrt aus dem Parkhaus haben.

Aufgaben

2 Zwei ideale Würfel werden gleichzeitig geworfen. Die Zufallsgröße X gibt das Produkt der Augenzahlen an. Bestimmen Sie die Wahrscheinlichkeitsverteilung, μ und σ von X.

3 Auf einem Vereinsfest werden zwei Glücksspielvarianten angeboten:

Ein Kasten enthält fünf weiße Kugeln und drei Kugeln mit dem Vereinsemblem. Ein Spieler zieht eine Kugel.

Bei Variante I gewinnt der Spieler 7 €, wenn die Kugel das Vereinsemblem trägt, ansonsten verliert er 5 €.

Bei Variante II gewinnt der Spieler 2 €, wenn die Kugel das Vereinsemblem trägt, ansonsten verliert er 2 €.

a) Wie groß ist die jeweils zu erwartende Einnahme des Vereins pro Spiel?

b) Bestimmen Sie die entsprechenden Standardabweichungen.

c) Interpretieren Sie die Ergebnisse.

4 Beim Volleyball ist diejenige Mannschaft Sieger, die zuerst drei Sätze gewonnen hat.

a) Wie viele Sätze sind zu erwarten, wenn zwei gleich starke Mannschaften gegeneinander spielen?

b) Bestimmen Sie die entsprechende Standardabweichung.

Ein Skatspiel hat jeweils Kreuz-, Pik-, Herz- und Karokarten. Herz- und Karokarten sind rote Karten, die anderen sind schwarze Karten.

Bei einem fairen Glücksspiel gibt es langfristig weder Gewinner noch Verlierer.

5 Zwei Spieler A und B vereinbaren ein Glücksspiel. A zieht aus einem Skatspiel eine Karte. Ist dies eine Kreuzkarte, so erhält er 4 € von B, bei einer roten Karte erhält er 2 € von B. Zieht er jedoch eine Pikkarte, so muss er 7 € an B zahlen. Welcher der beiden Spieler ist langfristig im Vorteil? Bestimmen Sie die entsprechende Standardabweichung.

6 Die Polizei eines Bezirkes weiß aus ihrer langjährigen Statistik, dass während der Faschingszeit etwa einer von 500 Autofahrern mit mehr als 0,5‰ Blutalkohol abends einen Pkw steuert. Über viele Jahre hinweg wurden an Faschingsabenden jeweils 1500 Autofahrer auf „Alkohol am Steuer" kontrolliert. Wie viele solcher Verkehrssünder kann man pro Kontrollabend erwarten? Bestimmen Sie die Standardabweichung.

7 Betrachtet wird eine binomialverteilte Zufallsgröße X mit den Parametern n und p.
a) Bestimmen Sie $P(\mu - \sigma \leq X \leq \mu + \sigma)$, $P(\mu - 2\sigma \leq X \leq \mu + 2\sigma)$, $P(\mu - 3\sigma \leq X \leq \mu + 3\sigma)$ für n = 50 und p = 0,4 sowie für n = 100 p = 0,8.
b) Erstellen Sie mithilfe eines Tabellenkalkulationsprogramms jeweils ein Stabdiagramm zur Wahrscheinlichkeitsverteilung für n = 50 und p = 0,4 sowie für n = 100 und p = 0,8. Kennzeichnen Sie jeweils den 1σ-, 2σ- und 3σ-Bereich.
c) Vergleichen Sie die Ergebnisse von a) und b) mit den σ-Regeln auf Seite 358.
d) Für welche n und welche p haben Sie in a) die genannten Wahrscheinlichkeiten ebenfalls bestimmt? Begründen Sie Ihre Antwort.

8 Im Jahre 1998 wurden laut Kriminalitätsstatistik etwa 82 % aller Betrugsdelikte aufgeklärt. Im Folgenden wird angenommen, dass für jeden Einzelfall die gleiche Aufklärungswahrscheinlichkeit gilt. Wenden Sie die σ-Regeln von Seite 358 auf jeweils 100 Betrugsfälle an und interpretieren Sie die Ergebnisse.

9 Ein Multiple-Choice-Test besteht aus 100 Fragen. Es werden zu jeder Frage drei Antworten angeboten, von denen jeweils genau eine richtig ist. Jemand rät bei allen Antworten. Geben Sie ein Intervall an, in dem die Anzahl der richtigen Antworten mit einer Wahrscheinlichkeit von   a) 90 %   b) 95 %   c) 99 %   liegt.

10 Aus einem Kasten mit drei weißen und sieben schwarzen Kugeln wird dreimal eine Kugel ohne Zurücklegen gezogen. Die Zufallsgröße X beschreibt die Anzahl der weißen Kugeln, die gezogen wurden.
a) Bestimmen Sie die Wahrscheinlichkeitsverteilung für die Zufallsgröße X.
b) Bestimmen Sie den Erwartungswert und die Standardabweichung der Zufallsgröße X.
c) Wie groß ist die Wahrscheinlichkeit, dass die Zufallsgröße X einen Wert außerhalb des 2σ-Intervalls annimmt.

11 Ein Käfer beginnt zur Zeit 0 im Ursprung eines Koordinatensystems eine Wanderung, bei der er jede Minute seine Position um eine Einheit nach rechts, links, oben oder unten jeweils mit der Wahrscheinlichkeit 0,25 ändert.

a) Die Wanderung des Käfers dauert 2 Minuten; die Figur zeigt zwei mögliche Wege. Geben Sie die Koordinaten aller der Punkte an, auf denen sich der Käfer befinden kann.
b) Die Zufallsgröße X ordnet jedem dieser Punkte den Abstand des Käfers vom Ursprung zu. Ermitteln Sie die Wahrscheinlichkeitsverteilung, den Erwartungswert und die Standardabweichung von X.
c) Die Wanderung dauert 3 Minuten. Ermitteln Sie die Wahrscheinlichkeitsverteilung, den Erwartungswert und die Standardabweichung der entsprechenden Zufallsgröße.

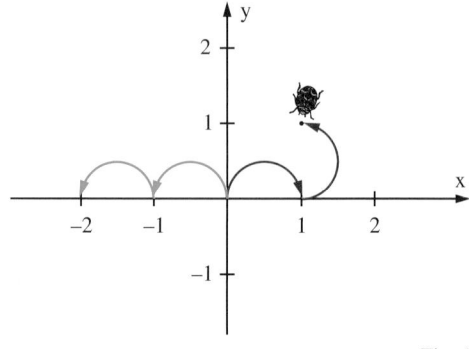

Fig. 1

360

8 Vermischte Aufgaben

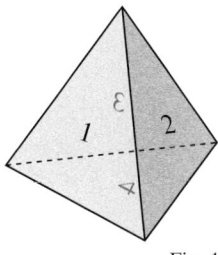

Fig. 1

1 Die vier Seiten eines idealen Tetraeders tragen die Augenzahlen 1, 2, 3 und 4. Die Augenzahl eines Wurfes ist die Zahl auf der Standfläche. Das Tetraeder wird zweimal geworfen und es wird jeweils die geworfene Augenzahl festgestellt.
a) Ermitteln Sie mithilfe eines Baumdiagrammes die Ergebnismenge.
b) Bestimmen Sie die Wahrscheinlichkeitsverteilung.
c) Berechnen Sie die Wahrscheinlichkeit des Ereignisses „Die Augenzahl des zweiten Wurfes ist um zwei größer als die Augenzahl des ersten Wurfes".
d) Die Zufallsgröße X beschreibt die Summe der geworfenen Augenzahlen.
Berechnen Sie $P(X = 5)$.

2 Der Benutzer einer U-Bahn weiß, dass von vier Karten in seiner Tasche noch eine gültig ist. Er überprüft so lange eine Karte nach der anderen, ohne dass er eine Karte doppelt überprüft, bis er die gültige Karte gefunden hat. Mit welcher Wahrscheinlichkeit muss er mindestens zwei Karten überprüfen?

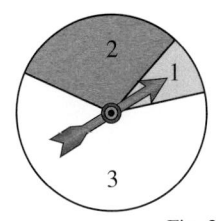

Fig. 2

3 Bei dem Glücksrad in Fig. 2 treten die Zahlen mit den angegebenen Wahrscheinlichkeiten auf. Das Glücksrad wird zehnmal gedreht und es wird jeweils die angezeigte Zahl notiert.
Man gewinnt, wenn „3" auftritt.
Wie groß ist die Wahrscheinlichkeit, dass man
a) genau 5-mal gewinnt   b) höchstens viermal gewinnt   c) mindestens siebenmal gewinnt?

4 Ein „Floh springt auf der Zahlengeraden". Er hüpft zehn Sekunden lang. Jede Sekunde hüpft er um eine Einheit nach rechts oder nach links. Die Wahrscheinlichkeit für „rechts" und „links" beträgt jeweils 0,5. Er startet bei 0.
a) Mit welcher Wahrscheinlichkeit befindet er sich am Schluss bei der Zahl 2 oder einer noch größeren Zahl?
b) Mit welcher Wahrscheinlichkeit befindet er sich am Schluss bei der Zahl 4 oder einer noch größeren Zahl?
c) Wie oft springt der Floh erwartungsgemäß nach links?
d) Welche „Entfernung" von der 0 ist am Schluss zu erwarten?
e) In einem zweiten Durchgang startet der Floh wieder bei der Zahl 0.
Er hüpft jetzt jedoch in jeder Sekunde entweder mit der Wahrscheinlichkeit 0,6 eine Einheit nach rechts oder mit der Wahrscheinlichkeit 0,2 eine Einheit nach links oder mit der Wahrscheinlichkeit 0,2 nach oben und landet bei der gleichen Zahl.
Mit welcher Wahrscheinlichkeit befindet sich der Floh nach drei Sekunden bei der Zahl 2?

5 Ein Kartenspiel mit 20 Karten enthält fünfmal die Karte „7", viermal die Karte „8", zehnmal die Karte „9" und einmal die Karte „10".
Zieht man die Zahl 7, gewinnt man 15€, in allen anderen Fällen verliert man 5€. Ist das Spiel fair?

6 Gegeben ist eine BERNOULLI-Kette mit der Länge 37 und der Trefferwahrscheinlichkeit 0,44. Die Zufallsgröße X gibt die Anzahl der Treffer an.
Bestimmen Sie:
a) $P(X = 6)$ b) $P(X < 6)$ c) $P(X \leq 6)$ d) $P(X > 6)$ e) $P(X = 8)$
f) $P(X \geq 11)$ g) $P(4 < X < 10)$ h) $P(4 \leq X \leq 10)$ i) $P(4 < X \leq 10)$ j) $P(5 < X < 9)$.

361

7 Bestimmen Sie mithilfe der Tabellen die Zahl n, für die zum ersten Mal gilt:

a) $B_{n;0,1}(0) < 0,5$ b) $B_{n;0,3}(0) < 0,05$ c) $B_{n;0,6}(1) < 0,1$ d) $B_{n;0,7}(3) < 0,05$

e) $F_{n;0,4}(0) < 0,1$ f) $F_{n;0,4}(3) < 0,1$ g) $F_{n;0,7}(10) < 0,5$ h) $F_{n;0,9}(15) < 0,4$.

8 Durchschnittlich jedes zehnte Wort eines deutschsprachigen Romans ist dreisilbig.

a) Wie groß ist die Wahrscheinlichkeit, in einem Absatz von 100 Wörtern mehr als zehn dreisilbige Wörter anzutreffen?

b) Mit welcher Wahrscheinlichkeit ist die Anzahl der dreisilbigen Wörter in einem Absatz von 100 Wörtern größer acht und kleiner als zwölf?

Biathlon ist eine Kombination aus einem Skilanglauf und zweimaligem Schießen (stehend und liegend) auf 5 nebeneinander liegenden Scheiben in 50 Meter Entfernung.

9 Beim Biathlon wird auf fünf nebeneinander liegende Scheiben geschossen. Ein Teilnehmer hat eine Trefferquote von 90 %. Mit welcher Wahrscheinlichkeit

a) trifft er alle fünf Scheiben

b) trifft er mindestens drei Scheiben

c) trifft er nur die beiden letzten Scheiben

d) trifft er zum ersten Mal beim dritten Schuss

e) braucht er weniger als drei Schüsse bis zum ersten Treffer

f) wechseln Treffer und Fehlschuss ab

g) trifft er genau zwei Scheiben, die nebeneinander liegen?

10 Betrachtet wird eine binomialverteilte Zufallsgröße X mit den Parametern n und p.

a) Bestimmen Sie $P(\mu - \sigma \le X \le \mu + \sigma)$, $P(\mu - 2\sigma \le X \le \mu + 2\sigma)$, $P(\mu - 3\sigma \le X \le \mu + 3\sigma)$ für $n = 80$ und $p = 0,3$.

b) Bestimmen Sie $P(\mu - \sigma \le X \le \mu + \sigma)$, $P(\mu - 2\sigma \le X \le \mu + 2\sigma)$, $P(\mu - 3\sigma \le X \le \mu + 3\sigma)$ für $n = 200$ und $p = 0,7$.

c) Erstellen Sie mithilfe eines Tabellenkalkulationsprogramms jeweils ein Säulendiagramm zur Wahrscheinlichkeitsverteilung.

Kennzeichnen Sie jeweils den 1σ-, 2σ- und 3σ-Bereich.

11 Beim Roulette wird eine Kugel in den Rouletteapparat geworfen. Sie fällt in eines der 37 Felder mit den Zahlen 0 bis 36. Ein Spieler hat ein „Startkapital" von 150 €.

Dieser Spieler entscheidet sich zu folgender Strategie:

Er setzt bei jedem Spiel auf „ungerade Zahl". Fällt also eine ungerade Zahl, so erhält er den doppelten Einsatz ausgezahlt, ansonsten verliert er den Einsatz. Beim ersten Gewinn hört er auf. Verliert er, dann verdoppelt er beim nächsten Spiel den Einsatz.

Bestimmen Sie den Erwartungswert des Gewinns für den Spieler.

12 Ein Automat packt Streichhölzer ab. Die Anzahl der Streichhölzer pro Packung weicht in 10 % aller Fälle von der vorgegebenen Norm ab.

a) Mit welcher Wahrscheinlichkeit sind unter 1000 Streichholzschachteln höchstens 25, die nicht die vorgesehene Anzahl von Streichhölzern enthalten?

b) Die Zufallsgröße X beschreibt die Anzahl falsch bestückter Zündholzschachteln pro 1000 Schachteln. Für welche Werte von X gilt $\mu - 3\sigma \le X \le \mu + 3\sigma$?

c) Wie groß ist ungefähr die Wahrscheinlichkeit, dass für die Zufallsgröße X von b) gilt: $\mu - 3\sigma \le X \le \mu + 3\sigma$?

Dartpfeile, der Zufall und die Zahl π

Die Zahl π ist für die Menschen seit über 4000 Jahren von Interesse.
Schon 2000 vor Christus kannten die Ägypter eine „gute" Berechnung des Flächeninhaltes eines Kreises und somit auch der Zahl π. Sie bestimmten π als $\left(\frac{16}{9}\right)^2$.

ARCHIMEDES (287–212 v. Chr.) konnte nachweisen, dass $3\frac{10}{71} < \pi < 3\frac{1}{7}$ ist.

PTOLEMÄUS (87–150 n. Chr.) zeigte, dass π etwa der Zahl $3\frac{17}{120}$ entspricht.

Der chinesische Mathematiker Liu Hui (ca. 250 n. Chr.) errechnete die Näherung $\pi \approx 3{,}1416$. Ludolph van Ceulen (1540–1610) bestimmte π auf 35 Dezimalen genau und der englische Astronom Sharp auf 72 Dezimalen. Mit dem Computer ist es heute möglich, die Zahl π auf über eine Milliarde Dezimalen genau zu bestimmen.

In den meisten Fällen wurde π mithilfe einer Annäherung eines Kreises durch Vielecke bestimmt. Im Folgenden wird gezeigt, wie man die Zahl π näherungsweise mithilfe eines Experimentes bestimmen kann. Man benötigt hierzu eine „Zielscheibe" und Dartpfeile. Allerdings darf man bei diesem Versuch nicht auf die Scheibe „zielen", man muss vielmehr die Dartpfeile „blind" auf die Scheibe werfen.

Basteln Sie eine „Zielscheibe", die aus einem Quadrat und einem einbeschriebenen Kreis besteht (Fig. 1). Werfen Sie anschließend nach dem Zufallsprinzip mit Dartpfeilen auf diese Scheibe und bestimmen Sie die relative Häufigkeit der „Kreistreffer". Hierbei werden nur die Würfe gezählt, bei denen mindestens das Quadrat getroffen wurde.

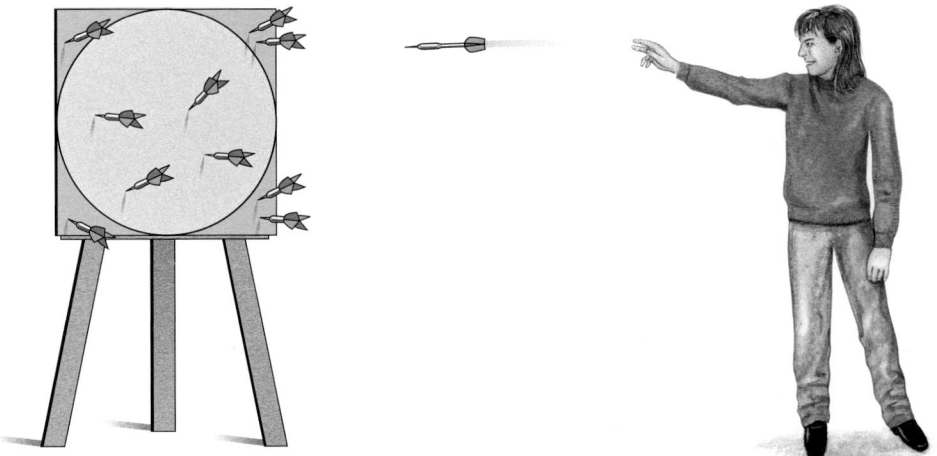

Fig. 1

Schreibt man die relativen Häufigkeiten der „Kreistreffer" auf, so kann man feststellen, dass sie sich mit zunehmender Wurfzahl dem Wert $\frac{\pi}{4}$ annähern, denn:

Die relative Häufigkeit h der „Kreistreffer" wird mit zunehmender Wurfzahl etwa dem Verhältnis $\frac{\text{Flächeninhalt des Kreises}}{\text{Flächeninhalt des Quadrates}}$ entsprechen.

Ist r der Kreisradius, so gilt: $h \approx \frac{r^2\pi}{4r^2} = \frac{\pi}{4}$ und somit $\pi \approx 4\,h$.

Probieren Sie es aus!

363

Die Gesetze der großen Zahlen

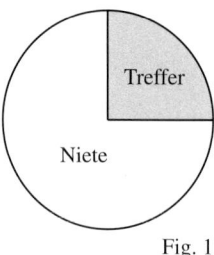

Fig. 1

Die Erfahrung zeigt, dass sich relative Häufigkeiten bei BERNOULLI-Ketten mit größer werdendem Versuchsumfang stabilisieren.
Wenn man z. B. das Glücksrad mit der Trefferwahrscheinlichkeit $p = \frac{1}{4}$ (Fig. 1) wiederholt dreht und jedes Mal die aktuelle relative Trefferhäufigkeit h in Abhängigkeit von dem Versuchsumfang n grafisch darstellt, erhält man ein Diagramm, wie es Fig. 2 für drei verschiedene Versuchsserien zeigt. Die Unterschiede zwischen den Folgen der relativen Häufigkeiten werden mit wachsendem Versuchsumfang geringer – alle Folgen scheinen den gleichen Grenzwert zu haben. Tatsächlich gilt:

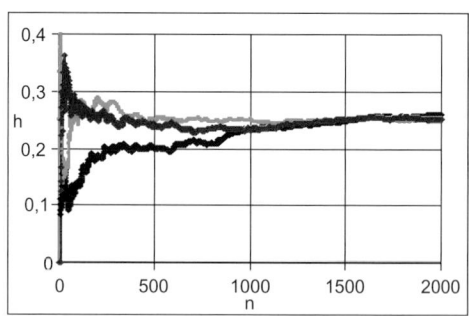

Fig. 2

Der Beweis ist in der Schule unmöglich, da hier Wahrscheinlichkeitsaussagen über Grenzwerte von „unendlichen" Folgen gemacht werden.

Starkes Gesetz der großen Zahlen:

Die Wahrscheinlichkeit, dass bei einer BERNOULLI-Kette die Folge h_n der realtiven Häufigkeiten gegen die Trefferwahrscheinlichkeit p konvergiert, beträgt 1 (100 %).
Es gilt also: $P(\lim\limits_{n \to \infty} (h_n) = p) = 1$.

Das starke Gesetz der großen Zahlen ist von theoretischem Interesse, denn es rechtfertigt die Deutung einer Wahrscheinlichkeit als Grenzwert relativer Häufigkeiten. In Anwendungssituationen (etwa bei Meinungsumfragen) muss man sich mit endlichen Stichproben begnügen. Dann interessiert die Wahrscheinlichkeit, dass die relative Häufigkeit $h_n = \frac{X}{n}$ nach n Schritten in einem bestimmten („kleinen") Intervall um die Wahrscheinlichkeit p liegt. So liefert beispielsweise die 3σ-Regel mit den Abkürzungen

Analoge Aussagen erhält man mit der 2σ- und σ-Regel.

$\frac{X}{n} = h_n$ und $\sigma_1 = \sqrt{p(1-p)}$:

$P(np - 3\sigma_1 \cdot \sqrt{n} \leq X \leq np + 3\sigma_1 \cdot \sqrt{n}) \approx 99\,\%$,

$P(p - 3 \cdot \frac{\sigma_1}{\sqrt{n}} \leq \frac{X}{n} \leq p + 3 \cdot \frac{\sigma_1}{\sqrt{n}}) \approx 99\,\%$,

$P(|h_n - p| \leq 3 \cdot \frac{\sigma_1}{\sqrt{n}}) \approx 99\,\%$.

Der 99 %-„Wurzeltrichter" wird begrenzt durch die Funktionsgraphen zu
$f(n) = p \pm 3\frac{\sigma_1}{\sqrt{n}}$.

Fig. 3 rechtfertigt „die Erwartung": An einer fest herausgegriffenen Stelle n liegen ca. 99 % aller relativen Häufigkeiten innerhalb des zugehörigen „Wurzeltrichters".

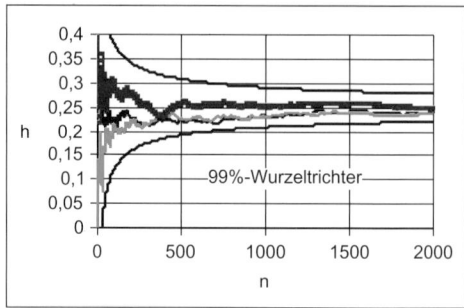

Fig. 3

$\frac{1}{\sqrt{n}}$-Gesetz für BERNOULLI-Ketten

Man betrachtet BERNOULLI-Ketten zum Versuchsumfang n mit Trefferwahrscheinlichkeit p. Das Intervall $\left[p - 3 \cdot \frac{\sigma_1}{\sqrt{n}}; \; p + 3 \cdot \frac{\sigma_1}{\sqrt{n}}\right]$ enthält die relative Trefferhäufigkeit h mit 99%iger Wahrscheinlichkeit. Der Radius dieses 99 %-Intervalls schrumpft bei wachsendem Versuchsumfang n mit dem Faktor $\frac{1}{\sqrt{n}}$.

Je höher der Versuchsumfang, desto näher liegt die relative Häufigkeit „in der Regel" bei der Wahrscheinlichkeit.

Man betrachtet neben dem „Wurzeltrichter" auch den „Schlauch" mit einem konstanten kleinen Radius ε um die Trefferwahrscheinlichkeit p. In Fig. 3 auf Seite 364 ist dieser Schlauch für ε = 0,05 farblich unterlegt. Da jeder Wurzeltrichter irgendwann einmal in diesem Schlauch liegt, konvergiert die Wahrscheinlichkeit, dass die relative Häufigkeit h_n um weniger als ε von der Trefferwahrscheinlichkeit p abweicht, gegen 1. Es gilt:

Schwaches Gesetz der großen Zahlen:
Die Wahrscheinlichkeit, dass bei einer BERNOULLI-Kette die relative Häufigkeit h_n in der Nähe der Trefferwahrscheinlichkeit p liegt, konvergiert mit wachsendem Versuchsumfang gegen 1.
In einer Formel: $\lim_{n \to \infty} (P(|h_n - p| < \varepsilon) = 1$.

Während das starke Gesetz der großen Zahlen eine Aussage über die Wahrscheinlichkeiten eines Grenzwertes macht, geht es beim schwachen Gesetz der großen Zahlen um einen Grenzwert von Wahrscheinlichkeiten.

Sie können als Ergänzung zu diesem Experiment eine Computersimulation (Knopf.xls) durchführen, bei der die Wahrscheinlichkeit des Ergebnisses „V" vorgegeben werden kann.

1 Werfen Sie arbeitsteilig gleichartige Knöpfe.
a) Berechnen Sie z. B. in Zehnerschritten die Folge relativer Häufigkeiten für die Landung auf der Vorderseite (V). Sie können als Muster Fig. 1 verwenden.
b) Stellen Sie die Folgen der relativen Häufigkeiten grafisch dar.
c) Stellen Sie eine Beziehung zum $\frac{1}{\sqrt{n}}$-Gesetz her.

	A	B	C	D	E
1		n	abs. H.	kumul.	rel. H.
2	Winta	10	5	5	50,0%
3	Patricia	20	5	10	50,0%
4	Tom	30	6	16	53,3%
5	Atel	40	3	19	47,5%
6	Simone	50	7	26	52,0%
25	Cihan	240	7	151	62,9%
26	Benny	250	7	158	63,2%
27	Markus	260	6	164	63,1%
28	Michael	270	5	169	62,6%
29	Anna	280	7	176	62,9%

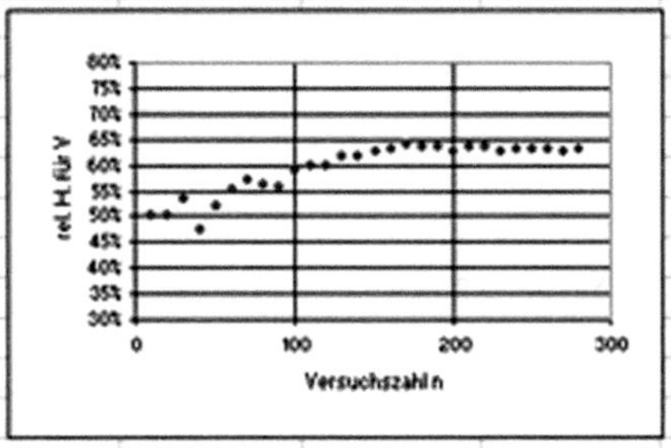

Fig. 1

2 a) Wie oft müsste man eine ideale Münze werfen, damit die relative Häufigkeit für die Seite „Wappen" mit ca. 99%iger Wahrscheinlichkeit zwischen 0,49 und 0,51 liegt?
b) Wie oft müsste man ein Glücksrad mit p = 0,1 drehen, damit die relative Trefferhäufigkeit mit ca. 99%iger Wahrscheinlichkeit zwischen 0,09 und 0,11 liegt?
c) Überprüfen Sie Ihre Ergebnisse durch Simulationen mit dem Kalkulationsblatt knopf.xls.

Begründung der Ungleichung von TSCHEBYSCHEFF (1821–1894; russischer Mathematiker): Wenn die Zufallsgröße X mit einer höheren Wahrscheinlichkeit als $\frac{\sigma^2}{c^2}$ Werte annehmen würde, die mehr als c vom Erwartungswert entfernt wären, dann wäre der Beitrag allein dieser Werte zur Varianz von X größer als $c^2 \cdot \frac{\sigma^2}{c^2} = \sigma^2$. Das ist aber unmöglich.

3 **Ungleichung von TSCHEBYSCHEFF und schwaches Gesetz der großen Zahl**
Für *jede* Zufallsgröße X lässt sich die Wahrscheinlichkeit großer Abweichungen (c > 0) vom Erwartungswert μ mithilfe der Ungleichung von TSCHEBYSCHEFF durch die Standardabweichung σ wie folgt abschätzen: $P(|X - \mu| > c) < \frac{\sigma^2}{c^2}$.

a) Folgern Sie aus dieser Ungleichung für binomialverteilte Zufallsgrößen mit μ = n p und $\sigma = \sqrt{n p (1 - p)}$, dass gilt: $P(|h - p| > k \sigma) < \frac{1}{k^2}$.
Vergleichen Sie dieses Ergebnis mit den σ-Regeln.
b) Folgern Sie aus der Ungleichung von TSCHEBYSCHEFF, dass gilt: $P(|h - p| > \varepsilon) < \frac{p(1 - p)}{\varepsilon \sqrt{n}}$.
c) Begründen Sie mit der Formel aus b) das schwache Gesetz der großen Zahlen.

Wahrscheinlichkeiten bei Baumdiagrammen

1. Wahrscheinlichkeit eines Ergebnisses (Pfadregel): Multipliziere die Wahrscheinlichkeiten entlang des Pfades, der das Ergebnis beschreibt.
2. Wahrscheinlichkeit eines Ereignisses: Addiere die Wahrscheinlichkeiten aller Pfade, die dieses Ereignis beschreiben

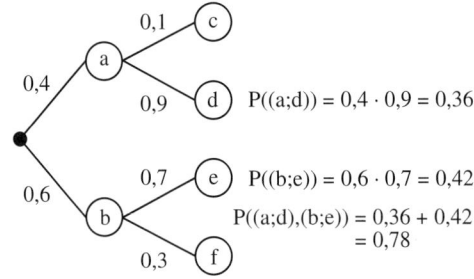

$P((a;d)) = 0,4 \cdot 0,9 = 0,36$

$P((b;e)) = 0,6 \cdot 0,7 = 0,42$

$P((a;d),(b;e)) = 0,36 + 0,42 = 0,78$

BERNOULLI-Experimente und BERNOULLI-Ketten

Experimente mit genau zwei Ergebnissen (Treffer – Niete, 0 – 1 etc.) heißen BERNOULLI-Experimente. Mehrstufige Experimente, die sich aus n BERNOULLI-Experimenten mit gleicher Trefferwahrscheinlichkeit zusammensetzen, nennt man BERNOULLI-Ketten der Länge n.

Wahrscheinlichkeiten bei BERNOULLI-Ketten

Für eine BERNOULLI-Kette mit der Länge n und der Trefferwahrscheinlichkeit p gilt: $P(X = k) = \binom{n}{k} \cdot p^k \cdot (1 - p)^{n-k}$.

Hierbei gibt die Zufallsgröße X die Trefferanzahl k mit $k \in \{0; 1; \ldots; n\}$ an.

In einem Kasten sind vier schwarze und sechs weiße Kugeln.

Zieht man mit Zurücklegen nacheinander 5 Kugeln, so beträgt

– die Wahrscheinlichkeit, genau drei weiße Kugeln zu ziehen:

$$P(X = 3) = \binom{5}{3} \cdot 0,6^3 \cdot 0,4^2$$

$$= 10 \cdot 0,216 \cdot 0,16 = 0,3456$$

– die Wahrscheinlichkeit, höchstens drei weiße Kugeln zu ziehen:

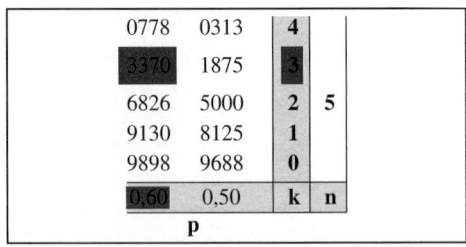

$P(X \leqq 3) = 0,3770$ *(s. Tabelle S. 425)*

Binomialverteilte Zufallsgrößen

Kann eine Zufallsgröße X die Werte $0, 1, \ldots, n$ annehmen und gilt für die Wahrscheinlichkeiten $P(X = k) = \binom{n}{k} \cdot p^k \cdot (1 - p)^{n-k}$, dann heißt X binomialverteilte Zufallsgröße.

Erwartungswert und Standardabweichung

Kann eine Zufallsgröße X die Werte $x_1, x_2, \ldots, x_r$ annehmen, so heißt
$E(X) = \mu = x_1 \cdot P(X = x_1) + x_2 \cdot P(X = x_2) + \ldots + x_r \cdot P(X = x_r)$
Erwartungswert von X,
$V(X) = \sigma^2 = (x_1 - \mu)^2 \cdot P(X = x_1) + \ldots + (x_r - \mu)^2 \cdot P(X = x_r)$
Varianz von X und
$\sqrt{V(X)}$ bzw. σ Standardabweichung von X.

Ist X eine binomialverteilte Zufallsgröße mit den Parametern n und p, so gilt für den Erwartungswert $\mu = np$ und für die Varianz $\sigma^2 = np(1 - p)$.

Bei einem Würfelspiel erhält man für die Augenzahlen „5" und „6" jeweils einen Punkt. Für die anderen Augenzahlen erhält man keine Punkte.
Jemand würfelt 60-mal.
Die Zufallsgröße X gibt die erreichte Punktezahl an.
Es gilt: $n = 60$; $p = \frac{1}{3}$; $\mu = 60 \cdot \frac{1}{3} = 20$
Die zu erwartende Punktezahl ist 20.
$\sigma^2 = 60 \cdot \frac{1}{3} \cdot \frac{2}{3} = \frac{40}{3}$; $\sigma = \sqrt{\frac{40}{3}}$
$\mu - 3\sigma \approx 9,05$; $\mu + 3\sigma \approx 30,95$

Mit einer Wahrscheinlichkeit von etwa 99,7 %, d. h. fast sicher, liegt die Punktezahl zwischen 10 und 30.

σ-Regeln

Für jede binomialverteilte Zufallsgröße X mit der Standardabweichung $\sigma > 3$ gilt:

$P(\mu - \sigma \leqq X \leqq \mu + \sigma) \approx 0,680$	$(1\sigma\text{-Regel})$
$P(\mu - 2\sigma \leqq X \leqq \mu + 2\sigma) \approx 0,955$	$(2\sigma\text{-Regel})$
$P(\mu - 3\sigma \leqq X \leqq \mu + 3\sigma) \approx 0,997$	$(3\sigma\text{-Regel})$

1 In einem Kasten sind 41 Kugeln mit den Zahlen 10 bis 50. Es wird eine Kugel gezogen. Wie groß ist die Wahrscheinlichkeit, dass die Zahl der gezogenen Kugel

a) eine gerade Quersumme besitzt   b) eine Quersumme größer 9 besitzt

c) eine Primzahl ist   d) mindestens fünf Teiler besitzt

e) ungerade und durch 3 teilbar ist?

2 Eine schulische Arbeitsgemeinschaft besteht aus fünf Jungen und zwei Mädchen. Die beiden Sprecher der Gruppe werden durch Losentscheid ermittelt: Die Namen werden auf sieben Zettel notiert und anschließend zwei Zettel nacheinander gezogen. Wie groß ist die Wahrscheinlichkeit, dass die beiden Mädchen Sprecherinnen der Gruppe werden?

3 Bei einem Fußballturnier entscheidet ein Elfmeterschießen über Sieg oder Niederlage. Der erste Spieler des FV erzielt bei einem Elfmeter erfahrungsgemäß mit 70 % Wahrscheinlichkeit ein Tor, der zweite mit 80 % Wahrscheinlichkeit und der dritte mit 90 % Wahrscheinlichkeit. Wie groß ist die Wahrscheinlichkeit, dass keiner der drei Spieler per Elfmeter ein Tor schießt?

4 Etwa 5 % einer Bevölkerungsgruppe kennen nicht den Namen ihres gegenwärtigen Staatspräsidenten. Wie groß ist die Wahrscheinlichkeit, dass von zehn zufällig ausgewählten Personen dieser Bevölkerung mindestens eine nicht weiß, wie der gegenwärtige Staatspräsident heißt?

5 Einem Kandidaten einer Quizsendung werden acht Fragen vorgelegt. Für jede Frage werden drei Antworten angeboten, von denen jeweils genau eine richtig ist. Er muss bei jeder Frage die Antwort raten. Wie groß ist die Wahrscheinlichkeit für

a) genau vier richtige Antworten   b) mehr als vier richtige Antworten?

6 Die Zufallsgröße X ist binomialverteilt. Bestimmen Sie die dazu gehörende Verteilung $B_{n;p}$. Zeichnen Sie für diese Verteilung ein Stabdiagramm.

a) $n = 6$; $p = 0{,}6$ b) $n = 4$; $p = 0{,}5$ c) $n = 8$; $p = 0{,}35$ d) $n = 10$; $p = 0{,}7$

7 In einer Kleinstadt sind ca. 10 % der Einwohner Mitglied im Sportverein TSV. Wie groß ist die Wahrscheinlichkeit, dass von 20 Personen dieser Bevölkerung

a) genau eine Mitglied des TSV ist   b) mindestens eine Mitglied des TSV ist

c) höchstens zwei Mitglieder des TSV sind   d) mehr als drei Mitglieder des TSV sind?

8 Gegeben ist eine BERNOULLI-Kette mit der Länge 25 und der Trefferwahrscheinlichkeit 0,87. Die Zufallsgröße X beschreibt die Trefferanzahl.

a) Bestimmen Sie die Wahrscheinlichkeitsverteilung von X und das entsprechende Säulendiagramm.

b) Bestimmen Sie $F_{n;p}(k)$ für $k = 0 \ldots 25$ und das entsprechende Säulendiagramm.

9 Eine Firma legt jeder Packung Müsli jeweils ein Sammelbild einer Serie von 5 Bildern mit den Nummern 1 bis 5 bei. Die Bilder sind zufällig und mit gleicher Häufigkeit auf die Packungen verteilt. Vera kauft 5 Packungen.

a) Wie oft muss sie mit dem Bild Nr. 3 rechnen?

b) Mit welcher Wahrscheinlichkeit erhält sie das Bild mit der Nr. 3 mehr als zweimal?

10 80 Schülerinnen und Schülern werden die Namen Edison, Reis und Siemens genannt und gefragt, wer von diesen drei Personen die Glühbirne erfunden hat.
Geben Sie ein Intervall an, in dem die Anzahl der richtigen Antworten mit einer Wahrscheinlichkeit von 90 % (95 %; 99 %) liegt, wenn alle befragten Schülerinnen und Schüler raten.

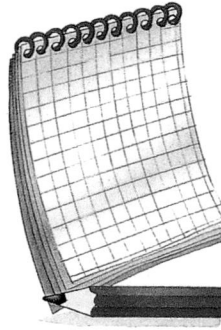

Die Lösungen zu den Aufgaben dieser Seite finden Sie auf Seite 443/444.

1 Testen der Hypothese $p = p_0$

1 Überprüfen Sie, ob beim Rollen Ihres Stiftes mit sechs gleichen Flächen die bedruckte Seite mit der Wahrscheinlichkeit $\frac{1}{6}$ oben liegt.

Bei vielen BERNOULLI-Versuchen kennt man die Trefferwahrscheinlichkeit p_0 nicht. Man hat aber eine Vermutung (**Hypothese**) über die Trefferwahrscheinlichkeit. Ob diese Hypothese haltbar ist, kann man mithilfe von Stichproben oder mehrmaligem Durchführen des Versuches **testen**. Wie man dabei vorgeht wird an folgender Situation erläutert.

Fig. 1

Würfelt man n-mal mit einem Quader (Fig. 1) und betrachtet eine bestimmte Augenzahl als Treffer, handelt es sich um wiederholte Durchführungen eines BERNOULLI-Versuches.

Bei einem hohen Versuchsumfang n liegt die absolute Häufigkeit für diese Augenzahl mit 95%iger Wahrscheinlichkeit im Intervall $[\mu - 1{,}96\,\sigma; \mu + 1{,}96\,\sigma]$ (vgl. Seite 358). Beobachtet man, dass sie außerhalb dieses Intervalls liegt, wird in der Statistik vereinbart, die Hypothese zu verwerfen (abzulehnen), andernfalls nimmt man die Hypothese an. Man spricht deshalb auch vom **Ablehnungs-** bzw. **Annahmebereich** einer Hypothese (vgl. Fig. 2).

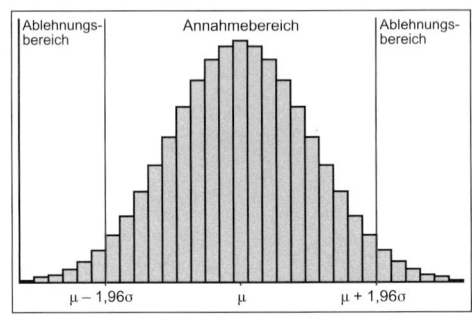

Fig. 2

$\mu = n \cdot p$
$\sigma = \sqrt{n \cdot p \cdot (1 - p)}$

Nimmt man z.B. für das Ergebnis „Augenzahl 3" die Wahrscheinlichkeit $p = 0{,}226$ an, so ergibt sich mit $n = 1000$ der Erwartungswert $\mu = 226$ und die Standardabweichung $\sigma \approx 13{,}226$. Damit erhält man als Annahmebereich der Hypothese das Intervall $[\mu - 1{,}96\,\sigma; \mu + 1{,}96\,\sigma] \approx [200{,}08; 251{,}92]$, d.h. bei Trefferzahlen von 201 bis 251 behält man die Hypothese bei.
Die Wahrscheinlichkeit die Hypothese abzulehnen, obwohl sie zutrifft, beträgt hierbei dann 5%.
Die Wahrscheinlichkeit 5% nennt man auch das **Signifikanzniveau**.

Allgemein ist $[\mu - c \cdot \sigma; \mu + c \cdot \sigma]$ der Annahmebereich beim Testen der Hypothese $p = p_0$. Der Tabelle kann man bei vorgegebenem Signifikanzniveau den zugehörigen Wert für c entnehmen.

Wert für c	Signifikanzniveau
2,58	1%
1,96	5%
1,64	10%

Die Ablehnung der Hypothese bedeutet nicht, dass die Hypothese falsch ist. Ebenso bedeutet die Beibehaltung der Hypothese nur, dass die Ergebnisse es nicht nahelegen, die Hypothese abzulehnen.

Vorgehen beim Testen der Hypothese $p = p_0$:
1. Man legt den Stichprobenumfang n und das Signifikanzniveau fest.
2. Man bestimmt den Annahmebereich $[\mu - c \cdot \sigma; \mu + c \cdot \sigma]$.
3. Die Hypothese wird beibehalten, wenn das Stichprobenergebnis im Annahmebereich liegt, sonst wird sie verworfen.

Beispiel 1: (Durchführung eines Tests)

Anika behauptet, dass sie nur am Geschmack erkennt, ob der Tee mit entkalktem oder nicht entkalktem Wasser hergestellt wurde. Bei 50 Versuchen stimmt ihre Angabe in 30 Fällen.

Testen Sie auf einem Signifikanzniveau von 5 % die Hypothese:

Ihre Trefferwahrscheinlichkeit p_0 beträgt $\frac{1}{2}$, d. h. Anika rät nur.

Lösung:

1. Stichprobenumfang: $n = 50$;
   Siginifikanzniveau: 5 %
2. $\mu = n \cdot p = 50 \cdot 0{,}5 = 25$ und $\sigma = \sqrt{12{,}5} \approx 3{,}54$
   Annahmebereich: $[18{,}07; 31{,}93]$
3. Da 30 im Annahmebereich liegt, kann man die Hypothese beibehalten.

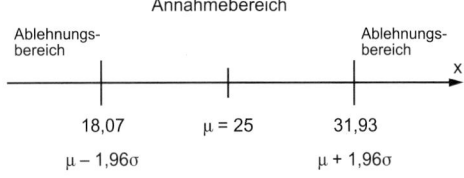

Fig. 1

Beispiel 2: (Ermittlung eines Annahmebereiches)

Der Oberbürgermeister einer Stadt erhielt bei der letzten Wahl 59 % der Stimmen. Er gibt eine Meinungsumfrage mit einem Stichprobenumfang von 1000 in Auftrag. In welchem Bereich müsste die Anzahl der Zustimmungen liegen, damit die Hypothese „Seine Popularität hat sich nicht geändert" beibehalten werden kann? Rechnen Sie mit dem Signifikanzniveau 5 %.

Lösung:

Die Hypothese lautet: $p_0 = 0{,}59$.

1. Stichprobenumfang: $n = 1000$; Signifikanzniveau: 5 %
2. $\mu = n \cdot p = 590$ und $\sigma = \sqrt{241{,}9} \approx 15{,}55$.
   Als Annahmebereich ergibt sich $[\mu - 1{,}96\,\sigma; \mu + 1{,}96\,\sigma] \approx [559{,}52; 620{,}48]$.
3. Liegt die Anzahl der Zustimmungen zwischen 560 und 620, so kann die Hypothese beibehalten werden.

Aufgaben

2 Die Hypothese $p = p_0$ soll bei einem Stichprobenumfang n auf dem angegebenen Signifikanzniveau getestet werden. Bestimmen Sie den Annahmebereich.

a) $p_0 = 0{,}5$; $n = 50$; 5 %   b) $p_0 = 0{,}5$; $n = 50$; 1 %

c) $p_0 = \frac{1}{3}$; $n = 100$; 5 %   d) $p_0 = \frac{2}{3}$; $n = 100$; 5 %

e) $p_0 = 0{,}05$; $n = 200$; 5 %   f) $p_0 = 0{,}9$; $n = 200$; 1 %

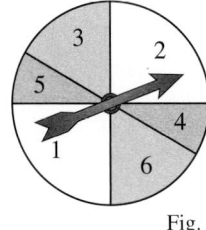

Fig. 2

3 Von dem Glücksrad in Fig. 2 wird behauptet, das Ereignis „eine Fünf oder Sechs" tritt mit der Wahrscheinlichkeit $\frac{1}{3}$ auf. Das Glücksrad wird 100-mal gedreht.

a) Bestimmen Sie den Annahmebereich bei einem Signifikanzniveau von 5 %.

b) Wie wird man entscheiden, wenn das Ereignis 25-mal eingetreten ist?

4 Jemand behauptet, dass in den Zoohandlungen grüne und blaue Wellensittiche gleich häufig zum Verkauf angeboten werden. In mehreren Zoohandlungen wird bei 100 Sittichen die Farbe bestimmt. Man findet 64 grüne Vögel. Kann man bei einem Signifikanzniveau von 1 % schließen, dass die Farben der angebotenen Tiere gleich häufig sind?

5 Bei einer Lotterie wird damit geworben, dass jedes vierte Los gewinnt. Man beobachtet, dass unter 53 gezogenen Losen nur acht Gewinnlose waren.

a) Stimmt die Werbeaussage?

b) Zu welchem Ergebnis kommt man, wenn unter 530 Losen 80 Gewinnlose waren?

6 Es soll die Hypothese $p = 0{,}3$ bei einem Stichprobenumfang von $n = 100$ getestet werden. Der Annahmebereich ist $[17; 43]$.
Welches Signifikanzniveau liegt hierbei zugrunde?

7 In einer Abfüllanlage für Schokolinsen werden rote und weiße Linsen gemischt. Die Mischung einer Tüte soll 40 % rote und 60 % weiße Linsen enthalten. Zur Kontrolle der Mischung wird zufällig eine Tüte entnommen. In dieser Tüte befinden sich 32 weiße und 57 rote Linsen. Prüfen Sie, ob die Stichprobe bei einem Signifikanzniveau von 5 % auf eine ungenügende Mischung hinweist.

8 Für die Wahrscheinlichkeit eines Ereignisses vermutet man $p = 0{,}36$. Wie oft muss man das Zufallsexperiment wiederholen, damit die Hypothese $p = 0{,}36$ beim 10-maligen Eintreten des Ereignisses bei einem Siginifikanzniveau von 5 % verworfen werden kann?

9 Die beiden Glücksräder (Fig. 1) werden unabhängig voneinander gedreht. Bei richtiger Einstellung des Automaten erscheinen im Fenster jedes Feldes mit gleichen Wahrscheinlichkeiten Ziffern. Gewonnen wird, wenn die beiden Ziffern im Fenster gleich sind.
a) Ermitteln Sie die Wahrscheinlichkeit für einen Gewinn, wenn der Automat richtig eingestellt ist.

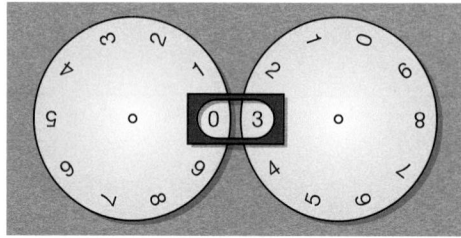

Fig. 1

b) Ein Spieler behauptet, dass der Automat falsch eingestellt sei. Bei den folgenden 50 Spielen gewinnt er nur einmal. Kann er hieraus auf ein Signifikanzniveau von 5 % schließen, dass der Automat nicht richtig eingestellt ist?

Bei diesem so genannten ***Vorzeichentest*** *wird innerhalb der Versuchsfelder nur festgestellt, ob die eine oder die andere Sorte einen höheren Ertrag lieferte.*
Mengenangaben des Mehr-Ertrags spielen keine Rolle.
Es handelt sich also um einen vergleichsweise groben Test.

10 Um zwei Kartoffelsorten A und B hinsichtlich ihrer Erträge zu vergleichen, werden 50 Versuchsfelder in je zwei gleich große Parzellen aufgeteilt; auf der einen Parzelle wird jeweils die Sorte A, auf der anderen die Sorte B angebaut.
Nach der Ernte wird für jedes Versuchsfeld festgestellt, ob die Sorte A oder die Sorte B den höheren Ertrag gebracht hat. Man geht davon aus, dass beide Sorten den gleichen Ertrag haben. Ein höherer Ertrag der einen oder der anderen Sorte auf einem Feld käme somit zufällig (wie durch einen Münzwurf gesteuert) zustande. Für welchen Bereich lässt sich bei einem Signifikanzniveau von 5 % schließen, dass die beiden Sorten unterschiedlich ertragsreich sind?

Fig. 2

11 Die Tabelle zeigt die Verteilung der Geburtstage von 502 Schülern auf die sieben Wochentage.

Mo	Di	Mi	Do	Fr	Sa	So
75	84	68	77	82	58	58

Fig. 3

a) Überprüfen Sie mithilfe der Daten, ob die Wahrscheinlichkeit für einen Sonntag als Geburtstag $p = \frac{1}{7}$ ist, für ein Signifikanzniveau von 1 %.
b) Erheben Sie eine Stichprobe an Ihrer Schule und entscheiden Sie aufgrund dieser Stichprobe über die Hypothese.

370

12 Um zu untersuchen, ob Tiere gewisse Substanzen orten können, werden sie durch einen Gang geschickt, der sich am Ende verzweigt (Fig. 1). An einem Ende wird die Substanz angebracht. In einem Vorversuch ohne Substanz soll untersucht werden, ob das jeweilige Tier einen der beiden Gänge bevorzugt oder nicht.

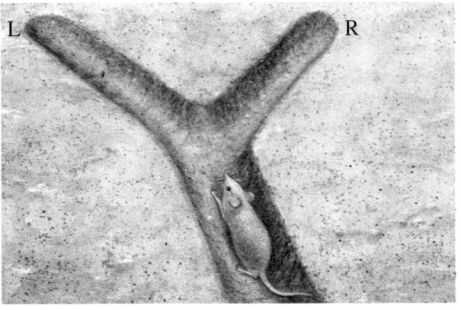

Fig. 1

a) Das Tier wird 50-mal durch den Gang geschickt. 31-mal wählte es das rechte Gangende. Kann man hieraus mit dem Signifikanzniveau von 5 % schließen, dass das Tier die beiden Gangenden nicht gleich häufig wählt?

b) Welcher Annahmebereich ergibt sich bei 100 Versuchen und dem Signifikanzniveau 1 %?

Mögliche Fehler beim Testen

Die Entscheidung, ob eine Hypothese abgelehnt wird oder nicht, erfolgt lediglich anhand einer Stichprobe. Folglich können bei dieser Entscheidung Fehler begangen werden. Man sagt, man begeht einen
– **Fehler 1. Art**, wenn man die Hypothese ablehnt, obwohl sie richtig ist.
– **Fehler 2. Art**, wenn man die Hypothese beibehält, obwohl sie falsch ist.
Damit ergibt sich die folgende Übersicht.

		Zustand der Wirklichkeit	
		Hypothese ist wahr	Hypothese ist falsch
Hypothese wird…	abgelehnt	Fehler 1. Art	Richtige Entscheidung
	nicht abgelehnt	Richtige Entscheidung	Fehler 2. Art

Man bezeichnet als
– **Risiko 1. Art** oder Irrtumswahrscheinlichkeit die Wahrscheinlichkeit für einen Fehler 1. Art
– **Risiko 2. Art** die Wahrscheinlichkeit für einen Fehler 2. Art.

Bei den Fehlern 1. Art kennt man die Wahrscheinlichkeiten und kann die Irrtumswahrscheinlichkeiten somit bestimmen.
Das Risiko 2. Art kann man nicht bestimmen, da man p nicht kennt. Man kann aber vorsorglich für ein in Frage kommendes p ein dazu gehörendes Risiko 2. Art ausrechnen.

---

13 Ein Pilzsammler findet einen Pilz, der giftig sein könnte. Welchen Fehler kann der Pilzsammler bei der Überprüfung der Hypothese „Der Pilz ist giftig" begehen; welchen wird er versuchen möglichst zu vermeiden?

14 Einer Ärztin werden zwei Medikamente A und B angeboten mit der Versicherung, dass A und B gleich gut sind (dass A besser ist als B). Wann begeht die Ärztin einen Fehler 1. Art, wann begeht sie einen Fehler 2. Art?

15 Eine häufig wiederkehrende Anzeige in einer Tageszeitung wurde bislang von 40 % der Leser beachtet. Nach einer Neugestaltung der Aufmachung soll durch eine Befragung von 100 Lesern überprüft werden, ob sich der Anteil der Leser dieser Anzeige verändert hat. Dabei soll die Hypothese „Der Anteil hat sich nicht verändert" mit einer Wahrscheinlichkeit von höchstens 10 % irrtümlich verworfen werden.
a) Bestimmen Sie den Ablehnungsbereich.
b) Berechnen Sie das Risiko 2. Art, wenn sich der Anteil tatsächlich auf 50 % erhöht hat.
(Ist der Ablehnungsbereich [a; b] und [c; d], so erhält man das Risiko 2. Art aus $P_{0,5}(b \leq X \leq c)$ mit der Tabelle der Binomialverteilung.)

16 Es wird die Hypothese vertreten, dass ein mit Butter bestrichener Toast immer auf die „Butterseite" fällt.
a) Ein Toast wird 50-mal geworfen. Dabei fällt er 20-mal auf die Butterseite (B). Testen Sie die Hypothese $p_0 = 0,5$ auf einem Signifikanzniveau von 1 %.
b) Es wird vereinbart die Hypothese beizubehalten, wenn bei 50 Würfen mindestens 17-mal und höchstens 33-mal B eintritt. Welche Irrtumswahrscheinlichkeit liegt diesem Test zu Grunde?
c) Berechnen Sie für den Test in a) das Risiko 2. Art, wenn in Wirklichkeit $P(B) = 0,4$ gilt.

2 Schätzen

1 Eine Umfrage unter 600 zufällig ausgewählten 18-Jährigen ergab: 493 von diesen 600 wollen sich bei den nächsten Bundestagswahl als Wähler beteiligen.

p_0 sei die (noch unbekannte) tatsächliche Wahlbeteiligung der 18-Jährigen am Wahltag.

Zeigen Sie, dass auf dem 5 %-Signifikanzniveau sowohl die Hypothese $p_0 = 0{,}79$ als auch $p_0 = 0{,}85$ mit dem Ergebnis der Stichprobe vereinbar ist.

Bisher hatte man Vermutungen über die Wahrscheinlichkeiten. Daneben gibt es aber auch Fälle, bei denen man ohne Versuch keinerlei Anhaltspunkte hat. In diesen Fällen **schätzt** man die unbekannte Wahrscheinlichkeit p durch die relative Häufigkeit $h = \frac{X}{n}$. Bei einer solchen Schätzung weiß man nichts über deren Genauigkeit.

Die Wahrscheinlichkeit p_0 ist mit den Beobachtungen vereinbar, wenn man die Hypothese $p = p_0$ beibehalten kann.

Um ein Maß für die Genauigkeit der Schätzung zu gewinnen bestimmt man alle Wahrscheinlichkeiten p_0, die mit der beobachteten relativen Häufigkeit h (im Sinne des Testens) vereinbar sind. Diese Wahrscheinlichkeiten bilden ein Intervall. Man nennt es **Vertrauensintervall (Konfidenzintervall)** für die Wahrscheinlichkeit p. Die Länge des Intervalls bildet ein Maß für die Güte der Schätzung.

Dies wird an folgender Situation erläutert:

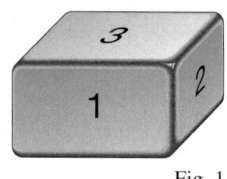

Fig. 1

Beim Würfeln mit dem Quader (Fig. 1) erhielt man bei 481 Würfen 163-mal das Ereignis 4. Welche Wahrscheinlichkeiten p_0 sind mit der relativen Häufigkeit $h = \frac{X}{n} = \frac{163}{481} \approx 0{,}3389$ vereinbar?

Man bestimmt für jede Wahrscheinlichkeit p_0 das $1{,}96\,\sigma$-„Schwankungs"-Intervall

$$\left[\,p_0 - 1{,}96\sqrt{\frac{p_0(1-p_0)}{n}}\,;\, p_0 + 1{,}96\sqrt{\frac{p_0(1-p_0)}{n}}\,\right]$$

der relativen Häufigkeiten wie in Fig. 2 angedeutet. In das Vertrauensintervall werden nun alle diejenigen Wahrscheinlichkeiten aufgenommen, deren Schwankungsintervall die beobachtete relative Häufigkeit 0,3389 enthält.

$$n\,p_0 - 1{,}96\sqrt{n\,p_0(1-p_0)}$$
$$\leq X \leq n\,p_0 + 1{,}96\sqrt{n\,p_0(1-p_0)}$$
$$p_0 - 1{,}96\sqrt{\frac{p_0(1-p_0)}{n}} \leq h \leq p_0 + 1{,}96\sqrt{\frac{p_0(1-p_0)}{n}}$$

p_0	Intervall
0,29	[0,2494; 0,3306]
0,30	[0,2590; 0,3410]
$\vdots$	$\vdots$
0,37	[0,3269; 0,4131]
0,38	[0,3366; 0,4234]
0,39	[0,3464; 0,4336]

Fig. 2

Wie man der Tabelle in Fig. 2 entnehmen kann, ist das für alle Wahrscheinlichkeiten zwischen 0,30 und 0,38 der Fall, nicht aber für die Wahrscheinlichkeiten kleiner als 0,30 und größer als 0,39. Das Vertrauensintervall ist damit näherungsweise [0,30; 0,39].

Rechnerisch erhält man gemäß Fig. 2 die Grenzen des Vertrauensintervalles für die unbekannte Wahrscheinlichkeit als Lösung der Ungleichung

Beachten Sie:
Die relative Häufigkeit ist bei den exakten Vertrauensintervallen nicht die Intervallmitte, dies ist nur bei der Näherungslösung der Fall.

$$p - 1{,}96\sqrt{\frac{p(1-p)}{n}} \leq h \leq p + 1{,}96\sqrt{\frac{p(1-p)}{n}} \quad \text{bzw.} \quad |p - h| \leq 1{,}96\sqrt{\frac{p(1-p)}{n}}.$$

Durch Quadrieren ergibt sich $(p - h)^2 \leq 1{,}96^2\,\frac{p(1-p)}{n}$.

Hieraus folgt die Ungleichung $p^2\left(\frac{1{,}96^2}{n} + 1\right) - p\left(2h + \frac{1{,}96^2}{n}\right) + h^2 \leq 0$.

Aus dieser quadratischen Ungleichung für p bestimmt man die Grenzen des Vertrauensintervalles.

Das 95%-Vertrauensintervall I zu einer beobachteten relativen Häufigkeit $h = \frac{X}{n}$ enhält alle Wahrscheinlichkeiten, für die gilt:

$$|p - h| \leqq 1{,}96\sqrt{\frac{p(1-p)}{n}}\,.$$

Es gilt $I = \left[\dfrac{\frac{1{,}96^2}{2n} + h - 1{,}96\sqrt{\frac{1{,}96^2}{4n^2} + \frac{h(1-h)}{n}}}{\frac{1{,}96^2}{n} + 1}\;;\; \dfrac{\frac{1{,}96^2}{2n} + h - 1{,}96\sqrt{\frac{1{,}96^2}{4n^2} + \frac{h(1-h)}{n}}}{\frac{1{,}96^2}{n} + 1}\right].$

Für hinreichend große Werte von n gilt **näherungsweise**:

$$I = \left[h - 1{,}96\sqrt{\frac{h(1-h)}{n}}\;;\; h + 1{,}96\sqrt{\frac{h(1-h)}{n}}\,\right].$$

Für sehr große Werte von n kann man den Term $\frac{1{,}96^2}{n}$ gegenüber h vernachlässigen, ebenso den Term $\frac{1{,}96^2}{4n^2}$ gegenüber dem Term $\frac{h(1-h)}{n}$.

Man erkennt: Je größer der Stichprobenumfang, desto kleiner ist das Vertrauensintervall.

Bei Schätzproblemen spielt der Umfang der Stichprobe eine entscheidende Rolle. Man interessiert sich für die Frage, welche **Mindestgröße der Stichprobenumfang** n haben muss, damit die Abweichung des Stichprobenergebnisses eine vorgegebene Schranke d nicht überschreitet. Dies ist natürlich nur mit einer zugrunde gelegten Wahrscheinlichkeit, z.B. 95%, möglich. Damit erhält man (s. Aufgabe 15):

Bei der Angabe des Intervalls ist zur sicheren Seite zu runden; also die linke Intervallgrenze nach oben und die rechte Intervallgrenze nach unten.

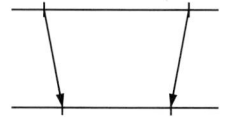

Fig. 1

Das 95%-Konfidenzintervall für die Wahrscheinlichkeit zur relativen Häufigkeit $\frac{X}{n}$ hat höchstens die Länge d, wenn für den Stichprobenumfang n gilt: $n \geqq \dfrac{1{,}96^2}{d^2}$.

Beispiel 1: (Ermittlung eines Vertrauensintervalls)
Bei einer Umfrage in 2000 privaten Haushalten gaben 47% an, mindestens einen Personalcomputer zu besitzen.
Bestimmen Sie das 95%-Vertrauensintervall für den „wahren" Anteil an Haushalten mit Personalcomputer.
Lösung:
Es ist $n = 2000$; $\frac{X}{n} = h = 0{,}47$.
Durch Einsetzen erhält man das gesuchte Vertrauensintervall zu $I = [0{,}448\,105;\ 0{,}491\,910]$.
Mithilfe der Näherung erhält man das Vertrauensintervall zu $I = [0{,}448\,126;\ 0{,}491\,873]$.
Bei einer Rundung auf 2 Dezimalen erhält man in beiden Fällen das gleiche Intervall
$I = [0{,}45;\ 0{,}49]$.
Die Wahrscheinlichkeit $p = 0{,}45$ ist der kleinste Wert und die Wahrscheinlichkeit $p = 0{,}49$ ist der größte Wert, der mit dem Stichprobenergebnis vereinbar ist.

Also reicht es im Weiteren, mit der Näherungslösung zu arbeiten.

Beispiel 2: (Mindestumfang)
Ein Softwarehersteller möchte durch eine Meinungsumfrage den prozentualen Anteil der mit dem Produkt zufriedenen Benutzer ermitteln.
a) Wie viele Personen müssen mindestens befragt werden, damit man ein 95%-Vertrauensintervall erhält, dessen Länge maximal 0,03 beträgt?
b) Welches Intervall erhält man, wenn man eine relative Häufigkeit von 0,86 beobachtet?
Lösung:
a) Mit $d = 0{,}03$ erhält man $n \geqq \dfrac{1{,}96^2}{0{,}03^2} \approx 4268{,}4$. Somit sind mindestens 4269 Kunden zu befragen.

b) Ergibt die Befragung von 4269 Kunden dann als relative Häufigkeit 0,86, so ist
$I = [0{,}845;\ 0{,}875]$ das 95%-Vertrauensintervall für den Anteil der mit dem Produkt zufriedenen Kunden.

Aufgaben

2 Von 1000 zufällig ausgewählten Personen einer Bevölkerung gaben 370 an, Raucher zu sein. Bestimmen Sie das 99%-Vertrauensintervall für den unbekannten Anteil p der Raucher in dieser Bevölkerung.

3 Bei der Qualitätskontrolle eines Massenartikels waren von 200 überprüften Teilen zwölf defekt. Bestimmen Sie das 95%-Vertrauensintervall für die unbekannte Ausschussquote.

4 Eine Umfrage unter 500 zufällig ausgewählten 17-Jährigen ergibt: 411 von diesen 500 wollen sich an der nächsten Bundestagswahl als Wähler beteiligen. Bestimmen Sie das 95%-Vertrauensintervall für den unbekannten Anteil p dafür, dass ein 17-Jähriger bei der nächsten Bundestagswahl von seinem Wahlrecht Gebrauch macht.

5 Bei einer Untersuchung an Schulanfängern ergab sich ein Anteil von 12% Linkshändern. Ermitteln Sie ein 95%-Vertrauensintervall, wenn
a) 100   b) 500   c) 1000   d) 2000   e) 5000
Schulanfänger untersucht wurden.

6 a) Eine Werbefirma möchte wissen, wie hoch etwa der Anteil der Bevölkerung ist, der nach einer Werbekampagne für ein neues Produkt dieses schon ausprobiert hat. Von 1000 zufällig ausgewählten Personen geben 130 an, das neue Produkt bereits gekauft zu haben. Bestimmen Sie das 95%-Vertrauensintervall.
b) Wie viele Personen müsste man befragen, wenn das Vertrauensintervall die Länge 0,02 haben soll?

7 Dem Statistischen Jahrbuch 2002 für die Bundesrepublik Deutschland kann man die Zahlen der nebenstehenden Tabelle entnehmen. Ermitteln Sie für jedes der angegebenen Jahre ein 95%-Vertrauensintervall für die unbekannte Wahrscheinlichkeit, dass ein lebendgeborenes Kind ein Junge (Mädchen) ist, und vergleichen Sie die Intervalle.

Ein entsprechendes EXCEL-Blatt enthält die Datei Konfidenz.xls.

Jahr	Lebendgeborene	
	insgesamt	männlich
1997	812 173	417 006
1998	785 034	402 865
1999	770 744	396 296
2000	766 999	393 323

Fig. 1

8 Mithilfe einer Tabellenkalkulation können Sie das Vertrauensintervall durch Eingabe des Stichprobenumfanges und der relativen Häufigkeit exakt und als Näherung berechnen.
a) Bestimmen Sie das 95%-Vertrauensintervall
für n = 200; h = 0,35 bzw. n = 200; h = 0,65 und für n = 50; h = 0,75 bzw. n = 50; h = 0,25.
b) Berechnen Sie Intervalle für n = 1000 jeweils für relative Häufigkeiten h_1 und $h_2 = 1 - h_1$.
Was stellen Sie fest?
c) Untersuchen Sie, wie sich die Intervalllänge ändert, wenn sich der Stichprobenumfang n ändert.

	B9	▼	= =(h+c^2/(2*n)-c*WURZEL((h*(1-h)/n+c^2/(4*n^2))))/(1+c^2/n)		
	A	B	C	D	E
1	**Berechnung von Konfidenzintervallen für unbekannte Wahrscheinlichkeiten**				
2	Gegeben				
3	Stichprobenumfang n	200			
4	relative Häufigkeit h	0,25			
5	Sicherheitsparameter c	1,96			
6					
7	Berechnetes	genau	Näherung		
8	Vertrauensintervall	von			
9		0,19508077	0,1899875		
10		bis			
11		0,31434223	0,3100125		
12					
13	Intervalllänge	0,11926147	0,120025		
14					
15					
16					
17					
18					

Fig. 2

9 Für die Wahrscheinlichkeit, dass ein Medikament gegen eine bestimmte Krankheit wirkt, soll das 95 %-Vertrauensintervall der Länge 0,05 bestimmt werden. Wie viele Patienten mit dieser Krankheit müssen mindestens mit dem Medikament behandelt werden?

10 Bei einer Wahl ergab die Auszählung von 20 000 Stimmzetteln einen Anteil von 45 % der Stimmen für eine Partei.
a) Bestimmen Sie das 95 %-Vertrauensintervall für den gesamten Stimmenanteil dieser Partei. Kann die Partei noch mit der absoluten Mehrheit rechnen?
b) Welchen Umfang müsste die Stichprobe haben, damit die Länge des Vertrauensintervalles halbiert wird?

11 a) Um den Bekanntheitsgrad einer Fernsehsendung zu ermitteln, werden 700 Personen befragt. 123 befragte Personen gaben an, diese Fernsehsendung zu kennen. Bestimmen Sie das 95 %-Vertrauensintervall.
b) Wie viele Personen müsste man befragen, wenn das Vertrauensintervall die Länge 0,05 haben soll?

12 Die Absicht der kleinen Partei A, in den Bundestag einzuziehen, droht an der 5 %-Hürde zu scheitern. Ein Meinungsforschungsinstitut befragt 2000 zufällig ausgewählte Wahlberechtigte über ihre Wahlabsichten. 80 der Befragten geben an, für die Partei A zu stimmen.
a) Bestimmen Sie das 95 %-Vertrauensintervall für den gesamten Anteil der Stimmen dieser Partei bei der Wahl.
b) Kann die Partei noch mit dem Einzug in den Bundestag rechnen?

> Aus dem Bundeswahlgesetz (§ 6, Abs. 6) von 1953:
>
> „Bei der Verteilung der Sitze auf die Landeslisten werden nur Parteien berücksichtigt, die mindestens 5 vom Hundert der im Wahlgebiet abgegebenen gültigen Zweitstimmen erhalten oder in mindestens drei Wahlkreisen einen Sitz errungen haben."

Fig. 1

Fig. 2

13 Eine Reißzwecke wurde 400-mal geworfen, wobei 240-mal die Lage A (Fig. 2) fiel.
a) Ermitteln Sie das 95 %-Vertrauensintervall für die unbekannte Wahrscheinlichkeit, dass beim Werfen dieser Reißzwecke die Lage A auftritt.
b) Welchen Umfang muss die Stichprobe mindestens haben, um die Länge des Vertrauensintervalls aus Teilaufgabe a) ungefähr zu halbieren?

14 Der Legostein (Fig. 3) wurde 500-mal geworfen. Das Ergebnis zeigt die folgende Tabelle.

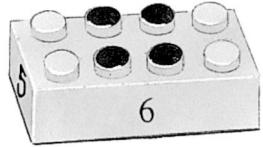

Fig. 3

Augenzahl	1	2	3	4	5	6
Anzahl	50	6	235	143	8	58

a) Berechnen Sie jeweils das 95 %-Vertrauensintervall für die Wahrscheinlichkeit, mit der bei dem Legostein eine Augenzahl AZ auftritt, für die $AZ \geq 4$ bzw. $AZ \leq 3$ gilt.
b) Vergleichen Sie die Längen der Vertrauensintervalle aus Teilaufgabe a) und begründen Sie den sich ergebenden Sachverhalt.

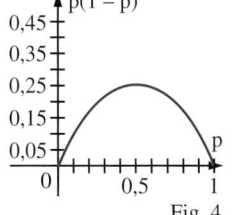

Fig. 4

15 Leiten Sie die Ungleichung $n \geq \frac{1{,}96^2}{d^2}$ für den Mindestumfang der Stichprobe her. Zeigen Sie hierzu, dass sich die Länge des Intervalls abschätzen lässt durch $l \leq 2 \cdot 1{,}96 \sqrt{\frac{p(1-p)}{n}}$.
Schätzen Sie nun das Produkt $p(1-p)$ geeignet ab (Fig. 4).

3 Einseitiges Testen

1 In einem Beutel befinden sich rote und blaue Kugeln. Es ist bekannt, dass sich entweder doppelt so viel rote wie blaue oder aber doppelt so viel blaue wie rote Kugeln in diesem Beutel befinden. Aus dem Beutel wird 20-mal hintereinander eine Kugel gezogen, die Farbe wird festgestellt und die Kugel wird wieder zurückgelegt. Formulieren Sie eine Entscheidungsregel.

Bei dem Testverfahren aus Lerneinheit 1 wird nur geprüft, ob einer Situation eine ganz bestimmte Wahrscheinlichkeit zugrunde liegt. Dabei wird die Hypothese der Form H_0: $p = p_0$ gegen die Alternative H_1: $p \neq p_0$ getestet. Bei zu kleinem oder zu großem Testergebnis wird die Hypothese H_0 verworfen; man spricht vom **zweiseitigen Testen** (Fig. 1). Daneben gibt es aber auch Situationen, in denen zu entscheiden ist, ob eine bestimmte Wahrscheinlichkeit größer oder kleiner als ein fest vorgegebener Wert p_0 ist. Man testet dann eine Hypothese der Form H_0: $p = p_0$ (oder $p \geqq p_0$) gegen die Alternative H_1: $p < p_0$. Man spricht vom **einseitigen Testen** (hier: linksseitig, Fig. 2). Man verwirft H_0 und akzeptiert H_1, wenn die Testergebnisse so klein sind, dass sie bei Gültigkeit von H_0 nur in z. B. 5 % aller Fälle auftreten.
Entsprechend verfährt man beim Testen der Hypothese H_0: $p = p_0$ oder ($p \leqq p_0$) gegen H_1: $p > p_0$ (rechtsseitiger Test, Fig. 3).

Testen auf dem 5 %-Signifikanzniveau

Zweiseitiges Testen
H_0: $p = p_0$
Alternative H_1: $p \neq p_0$

Linksseitiges Testen
H_0: $p = p_0$ ($p \geqq p_0$)
Alternative H_1: $p < p_0$

Rechtsseitiges Testen
H_0: $p = p_0$ ($p \leqq p_0$)
Alternative H_1: $p > p_0$

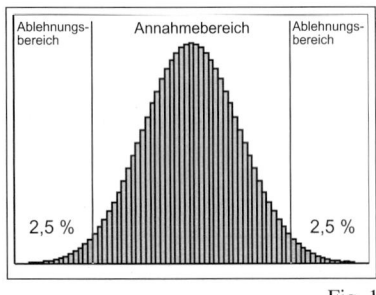

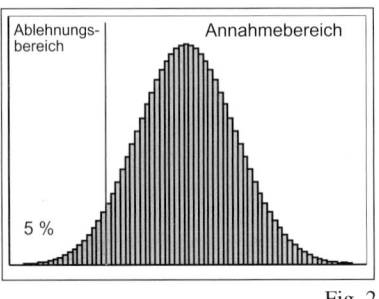

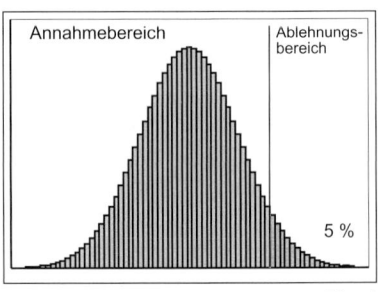

Fig. 1

Fig. 2

Fig. 3

Annahmebereich
$$\left[n\,p_0 - 1{,}96\sqrt{n\,p_0(1 - p_0)}\,;\ n\,p_0 + 1{,}96\sqrt{n\,p_0(1 - p_0)} \right]$$

Annahmebereich
$$\left[n\,p_0 - 1{,}64\sqrt{n\,p_0(1 - p_0)}\,;\ n \right]$$

Annahmebereich
$$\left[0;\ n\,p_0 + 1{,}64\sqrt{n\,p_0(1 - p_0)} \right]$$

Diese Idee wird an dem folgenden Beispiel erläutert:

Die Verwaltung einer Stadt plant ein kommunales Projekt und behauptet, dass mindestens 65 % der Bürger diesem Projekt zustimmen. Eine Bürgerinitiative glaubt dagegen, dass der tatsächliche Prozentsatz der Befürworter höchstens 65 % ist und fragt 100 Bürger nach ihrer Meinung. Bezeichnet man mit p den Zustimmungsgrad der Bevölkerung zum geplanten Projekt und legt man ein 5 %-Signifikanzniveau zugrunde, so lässt sich die Situation folgendermaßen beschreiben:

Die Verwaltung testet die Hypothese
H_0: $p \geqq 0{,}65$ gegen die Alternative
H_1: $p < 0{,}65$ (**linksseitiger Test**).

Die Bürgerinitiative testet die Hypothese
H_0: $p \leqq 0{,}65$ gegen die Alternative
H_1: $p > 0{,}65$ (**rechtsseitiger Test**).

Für Nullhypothesen der Form H_0: $p \leqq p_0$ bzw. H_0: $p \geqq p_0$ genügt es, den „Extremfall" $p = p_0$ zu betrachten.

Bei einer Anzahl der Befürworter zwischen 57 und 73 bleibt jede Gruppe bei ihrer Meinung. Dieser Bereich lässt sich nur durch eine Erhöhung des Stichprobenumfangs verkleinern.

$\mu = n \cdot p_0$
$\sigma = \sqrt{n \cdot p_0 \cdot (1 - p_0)}$

Solche Fragestellungen lassen sich auch im Rahmen der BAYES-Statistik beantworten.

Ob man rechts- oder linksseitig testet, hängt vom jeweiligen Standpunkt ab.

Die Verwaltung würde von ihrer Behauptung erst absehen, wenn in einer Stichprobe die Anzahl der zustimmenden Bürger signifikant nach unten abweicht. Für $p = 0{,}65$ und $n = 100$ ist $\mu = 65$ und $\sigma \approx 4{,}77$, also $\mu - 1{,}64 \cdot \sigma \approx 57{,}18$. Die Verwaltung würde von ihrer Behauptung erst Abstand nehmen, wenn 57 oder weniger von 100 befragten Bürgern dem Projekt zustimmen.

Die Bürgerinitiative würde von ihrer Behauptung erst absehen, wenn in einer Stichprobe die Anzahl der zustimmenden Bürger signifikant nach oben abweicht. Für $p = 0{,}65$ und $n = 100$ ist $\mu = 65$ und $\sigma \approx 4{,}77$, also $\mu + 1{,}64 \cdot \sigma \approx 72{,}82$. Die Bürgerinitiative würde von ihrer Behauptung Abstand nehmen, wenn mehr als 73 von 100 befragten Bürgern dem Projekt zustimmen.

Vorgehen beim einseitigen Testen:
1. Man legt den Stichprobenumfang und das Signifikanzniveau fest.
2. Man legt die Hypothesen fest:

	linksseitiger Test	rechtsseitiger Test
Hypothese:	H_0: $p = p_0$ ($p \geqq p_0$)	H_0: $p = p_0$ ($p \leqq p_0$)
Alternative:	H_1: $p < p_0$	H_1: $p > p_0$

3. Man bestimmt den Annahmebereich: $[\mu - c \cdot \sigma; n]$ $[0; \mu + c \cdot \sigma]$
4. Die Hypothese wird beibehalten, wenn das Stichprobenergebnis im Annahmebereich liegt.

Einen Spezialfall des einseitigen Tests bezeichnet man als **Alternativtest**. Hier sind die Alternativen durch zwei verschiedene Wahrscheinlichkeiten festgelegt. Das Verfahren wird an dem folgenden Beispiel verdeutlicht:

Ein Landwirt bietet Äpfel an, die nach seinen Angaben zu 90 % wurmfrei sind. Ein Händler verlangt einen Preisnachlass, weil er behauptet, dass die Ware nur zur 70 % wurmfrei ist. Es werden 100 Äpfel untersucht. Zu entscheiden ist also zwischen den Hypothesen $p = 0{,}9$ und $p = 0{,}7$.

Sicht des Landwirts:
H_0: $p = 0{,}9$; H_1: $p = 0{,}7$
Er wird H_0 nur ablehnen, wenn die Anzahl der wurmfreien Äpfel kleine Werte annimmt, daher wird ein linksseitiger Test duchgeführt. Für $p = 0{,}9$ und $n = 100$ ist $\mu = 90$ und $\sigma = 3$, also $\mu - 1{,}64\,\sigma = 85{,}08$. Damit erhält der Landwirt als Annahmebereich für seine Hypothese $[85{,}08; 100]$.

Sicht des Händlers:
H_0: $p = 0{,}9$; H_1: $p = 0{,}7$
Er wird H_0 nur ablehnen, wenn die Anzahl der wurmfreien Äpfel große Werte annimmt, daher wird ein rechtsseitiger Test duchgeführt. Für $p = 0{,}7$ und $n = 100$ ist $\mu = 70$ und $\sigma \approx 4{,}6$, also $\mu + 1{,}64 \approx 77{,}54$. Damit erhält der Händler als Annahmebereich für seine Hypothese $[0; 77{,}54]$.

Beispiel: (Rechtsseitiger Test)
In einem Stadtteil lag der bisherige Anteil der Haushalte, in denen Mülltrennung stattfand, bei 80 %. Aufgrund einer Flugblattaktion hofft man, dass dieser Anteil gestiegen ist. In einer Stichprobe von $n = 100$ Haushalten finden sich 95, in denen der Müll getrennt wird. Kann man die Hypothese, dass der Anteil unverändert 80 % beträgt, auf 5 % Siginifikanzniveau verwerfen?
Lösung:
Hypothese H_0: $p = 0{,}8$; Alternative H_1: $p > 0{,}8$ (mehr Mülltrennungen)
Für $n = 100$ und $p = 0{,}8$ ist $\mu = 80$; $\sigma = 4$; $\mu + 1{,}64 \cdot \sigma \approx 86{,}56$
Die Hypothese $p = 0{,}8$ wird nur dann verworfen, wenn das Stichprobenergebnis signifikant nach oben abweicht. Da der in der Stichprobe ermittelte Wert von 95 oberhalb dieser Grenze von 86,56 liegt, wird die Hypothese H_0: $p = 0{,}8$ verworfen.
Man kann also bei einem Signifikanzniveau von 5 % davon ausgehen, dass der Anteil der Haushalte mit Mülltrennungen gestiegen ist.

Aufgaben

2 In einer Fabrik werden Tüten mit Mehl abgefüllt. Aus bisherigen Überprüfungen ist bekannt, dass höchstens 2 % aller Tüten weniger als 1 kg Mehl enthalten. Bei einer erneuten Überprüfung findet man unter 150 Paketen 5 mit einem Gewicht unter 1 kg.
Kann man hieraus schließen, dass sich der Anteil der Tüten mit weniger als 1 kg Gewicht erhöht hat? (5 %-Signifikanzniveau)

3 Von einem Medikament wird behauptet, dass es in mindestens 60 % aller Fälle eine bestimmte Krankheit heilt. Bei einer Überprüfung an 100 Personen mit dieser Krankheit wurden nur 50 % geheilt.
Kann man hieraus bei einem Signifikanzniveau von 5 % einen Widerspruch gegen die Heilungsquote des Medikaments ableiten?

4 Das Waschmittel WAM hatte bisher einen Marktanteil von 30 %. Aufgrund einer intensiven Werbung vermutet man einen Anstieg des Marktanteils. Bei einer Überprüfung von 50 Waschmittelkäufern stellt man fest, dass sich 21 für WAM entschieden haben.
Kann man hieraus auf einem 5 %-Signifikanzniveau auf eine Erhöhung des Marktanteils schließen?

Ein Multiple-Choice-Eignungstest hat einen Umfang von 30 Fragen. Pro Frage sind zwei Alternativen möglich. Ein Kandidat hat als Ergebnis 0 Punkte. Wie beurteilen Sie dieses Ergebnis?

5 Von einem Würfel ist bekannt, dass bei ihm die Sechs entweder mit der Wahrscheinlichkeit 0,1 oder $\frac{1}{6}$ fällt. Nach 100 Würfen mit diesem Würfel soll entschieden werden, welcher Fall vorliegt. Man wählt als Hypothese H_0: $p = 0,1$.
a) Bei den 100 Würfen fallen 15 Sechsen. Kann man die Hypothese H_0 auf einem Signifikanzniveau von 5 % ablehnen?
b) Ist die Anzahl der Sechsen kleiner als k, soll die Hypothese H_0 beibehalten werden, andernfalls soll sie verworfen werden.
Wie ist k bei einem Signifikanzniveau von 1 % zu wählen?

6 In einem Fernsehbericht wird behauptet, dass 70 % der Bevölkerung für die Beibehaltung der Sommerzeit ist. Die Vermutung, dass dieser Prozentsatz zu hoch angesetzt ist, soll auf einem 5 %-Signifikanzniveau überprüft werden. Von 100 zufällig ausgewählten Personen sind nur 60 für die Beibehaltung der Sommerzeit.
a) Wie lauten die Hypothesen? Berechnen Sie jeweils die Ablehnungsbereiche. Wie wird jeweils entschieden?
b) Welcher Fehler kann bei dieser Entscheidung begangen werden?

Die Merkmale eines guten Tests im medizinischen Bereich heißen:
• controlled
• double-blind
• randomized.
Ordnen Sie in der Aufgabe 7 diese Merkmale den entsprechenden Textstellen zu.

7 Das Mittel DORMA gegen Schlafstörungen soll auf seine Wirksamkeit getestet werden. Dazu erhält jeder der 20 Test-Patienten je eine Woche lang DORMA und eine Woche lang zur Kontrolle ein Placebo. Das ist ein dem Originalarzneimittel nachgebildetes und diesem zum Verwechseln ähnliches Mittel, jedoch ohne den Wirkstoff des Originals.
Die Reihenfolge der Einnahme von DORMA–Placebo bzw. Placebo–DORMA wird zufällig bestimmt, wobei weder der Patient noch der behandelnde Arzt die Reihenfolge der Einnahme kennt. Jeder Test-Patient muss sich entscheiden, in welcher Woche er besser geschlafen hat. Ist DORMA wirkungslos, so kann man annehmen, dass die Entscheidung zufällig (wie durch einen Münzwurf gesteuert) getroffen wird.
Die Auswertung des Tests ergibt, dass 15 Test-Patienten in der Woche besser geschlafen haben, in der DORMA verabreicht wurde.
Lässt sich damit auf einem Signifikanzniveau von 1 % auf eine Wirksamkeit von DORMA schließen?

4 Fehler beim Testen – eine Vertiefung

1 a) Frau Neumann glaubt dem Wetterbericht, der schönes Wetter vorhersagt, nimmt bei ihrem Ausflug keinen Regenschirm mit, und dann regnet es.

b) Frau Neumann misstraut dem Wetterbericht, nimmt bei ihrem Ausflug einen Regenschirm mit, und dann regnet es nicht. – Beschreiben Sie die Fehler, die Frau Neumann macht, mithilfe der Hypothesen H_0: „Morgen regnet es nicht" und H_1: „Morgen regnet es".

Beim Testen einer Hypothese H_0 gegen eine Hypothese H_1 gibt es zwei mögliche Fehler:
Fehler 1. Art: H_0 ist richtig, wird aber verworfen
Fehler 2. Art: H_0 ist falsch, wird aber beibehalten

Jana behauptet, dass sie bei Euromünzen nur durch Ertasten erkennt, ob es deutsche Münzen sind. Zur Überprüfung wird die Hypothese H_0: $p = 0,5$ gegen die Hypothese H_1: $p > 0,5$ rechtsseitig getestet. Dabei ist p die Wahrscheinlichkeit, dass Jana eine deutsche Münze richtig ertastet. Es wird ein Stichprobenumfang von $n = 20$ und ein Signifikanzniveau von 5 % festgelegt. Die Anzahl der richtig ertasteten Münzen ist $B_{n;p}$-verteilt. Für $p = 0,5$ ergibt sich $\mu = 10$ und $\sigma \approx 2,24$.

n = 20

p	$F_{20;p}(13)$
0,6	0,7500
0,7	0,3920
0,8	0,0867
0,9	0,0024

Fig. 1

Den Annahmebereich bilden alle Werte, die kleiner als $\mu + 1,64\sigma$ sind, also ist $A = [0; 13,67]$. Die Wahrscheinlichkeit für den Fehler 1. Art beträgt $1 - F_{20;0,5}(13) = 0,0577$ (blau in Fig. 2). Der Fehler 2. Art hat die Wahrscheinlichkeit $F_{20;p}(13)$. Sie hängt also von p ab, wie die Tabelle in Fig. 1 zeigt. Sie ist außerdem sehr groß, wenn sich p nur wenig von 0,5 unterscheidet. Beträgt etwa $p = 0,7$, so wird H_0 noch mit fast 40 % Wahrscheinlichkeit beibehalten. Für $p = 0,7$ ist der Fehler 2. Art in Fig. 2 rot gekennzeichnet. An Fig. 2 erkennt man für festes p:

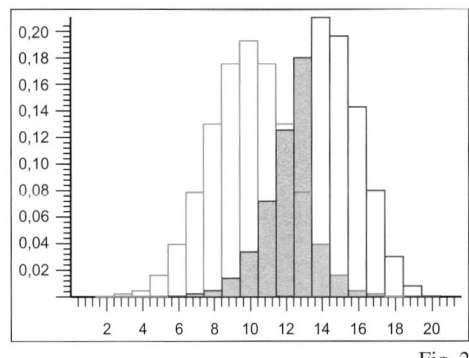

Fig. 2

> Wenn man den Annahmebereich vergrößert, um den Fehler 1. Art zu verkleinern, dann wird der Fehler 2. Art vergrößert.
> Wenn man den Annahmebereich verkleinert, um den Fehler 2. Art zu verkleinern, dann wird der Fehler 1. Art vergrößert.

Wie kann man nun beide Fehlerarten verkleinern? Der einzige Parameter, den man dafür beim Testen zur Verfügung hat, ist der Stichprobenumfang n. Die Tabelle in Fig. 3 und Fig. 4 zeigen die Verhältnisse bei $n = 50$. Für $p = 0,5$ ergibt sich $\mu = 25$ und $\sigma \approx 3,54$. Den Annahmebereich A bilden alle Werte, die kleiner als $\mu + 1,64\sigma$ sind, also ist $A = [0; 30,81]$. In Fig. 4 ist die Wahrscheinlichkeit für den Fehler 1. Art blau dargestellt und die für den Fehler 2. Art rot ($p = 0,7$).

n = 50

p	$F_{50;p}(30)$
0,6	0,5535
0,7	0,0848
0,8	0,0009
0,9	≈ 0

Fig. 3

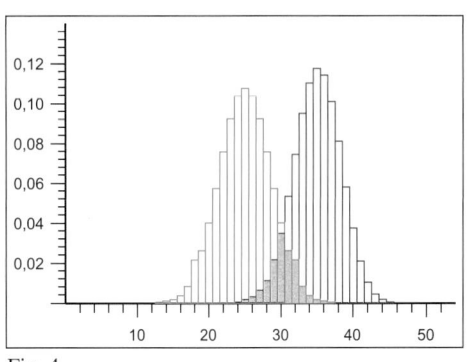

Fig. 4

Man erkennt:

> Wenn man den Fehler 1. Art und gleichzeitig den Fehler 2. Art verkleinern will, dann muss man den Stichprobenumfang erhöhen.

Beispiel:

Die Hypothese H_0: $p = 0,4$ soll gegen H_1: $p \neq 0,4$ bei einem Stichprobenumfang $n = 25$ auf dem Signifikanzniveau 5 % bzw. 1 % getestet werden.

a) Bestimmen Sie die Wahrscheinlichkeit für einen Fehler 1. Art.
b) Wie groß ist die Wahrscheinlichkeit für einen Fehler 2. Art, falls $p = 0,6$?
c) Was ergibt sich bei den Teilaufgaben a) und b) für den Stichprobenumfang $n = 50$?

Lösung:

a) Für $p = 0,4$ ergibt sich $\mu = 10$ und $\sigma \approx 2,45$ und damit A = $[\mu - 1,96\,\sigma;\ \mu + 1,96\,\sigma]$ =
= [5,20; 14,80] bzw. A = $[\mu - 2,58\,\sigma;\ \mu + 2,58\,\sigma]$ = [3,68; 16,32].

Also beträgt die Wahrscheinlichkeit für einen Fehler 1. Art:

$1 - (F_{n;0,4}(14) - F_{n;0,4}(5)) = 0,0638$ bzw. $1 - (F_{n;0,4}(16) - F_{n;0,4}(3)) = 0,0067$.

b) Falls $p = 0,6$, ergibt sich für den Fehler 2. Art die Wahrscheinlichkeit

$F_{n;0,6}(14) - F_{n;0,6}(5) = 0,4142$ bzw. $F_{n;0,6}(16) - F_{n;0,6}(3) = 0,7265$.

c) Für $n = 50$ ergibt sich der Annahmebereich A = [13,21; 26,79] bzw. A = [11,06; 28,94] und damit bei a) die Wahrscheinlichkeiten 0,0594 bzw. 0,0133 und bei b) 0,1562 bzw. 0,3299.

Aufgaben

2 Die Hypothese H_0: $p = 0,5$ soll gegen H_1: $p > 0,5$ bei einem Stichprobenumfang $n = 25$ auf dem Signifikanzniveau 5 % getestet werden.

a) Bestimmen Sie die Wahrscheinlichkeit für einen Fehler 1. Art.
b) Wie groß ist die Wahrscheinlichkeit für einen Fehler 2. Art, falls $p = 0,6$ (0,75; 0,9)?
c) Was ergibt sich bei den Teilaufgaben a) und b) für das Signifikanzniveau 10 % (1 %) bei dem Stichprobenumfang $n = 25$?
d) Was ergibt sich bei a) und b) für das Signifikanzniveau 5 % und Stichprobenumfang $n = 100$?

3 Die Hypothese H_0: $p = 0,6$ soll gegen H_1: $p \neq 0,6$ bei einem Stichprobenumfang $n = 20$ auf dem Signifikanzniveau 5 % getestet werden.

a) Bestimmen Sie die Wahrscheinlichkeit für einen Fehler 1. Art.
b) Wie groß ist die Wahrscheinlichkeit für einen Fehler 2. Art, falls $p = 0,4$ (0,8; 0,2)?
c) Was erhält man bei den Teilaufgaben a) und b) für das Signifikanzniveau 1 % bei dem Stichprobenumfang $n = 20$?
d) Was erhält man bei den Teilaufgaben a) und b) für das Signifikanzniveau 5 % und Stichprobenumfang $n = 100$?

4 Die Hypothese H_0: $p = 0,6$ soll gegen H_1: $p < 0,6$ bei einem Stichprobenumfang $n = 50$ auf dem Signifikanzniveau 5 % getestet werden.

a) Stellen Sie in einer Skizze wie in Fig. 2 auf Seite 379 die Wahrscheinlichkeit für einen Fehler 1. Art sowie die Wahrscheinlichkeit für einen Fehler 2. Art dar, falls $p = 0,5$ (0,4; 0,25).
b) Beschreiben Sie die Unterschiede, die sich bei einer entsprechenden Skizze für das Signifikanzniveau 10 % bei dem Stichprobenumfang $n = 50$ ergeben würden.
c) Fertigen Sie eine Vergleichsskizze für das Signifikanzniveau 5 % bei dem Stichprobenumfang $n = 100$ und beschreiben Sie die Unterschiede.

5 Die Behauptung, ein bestimmter Würfel sei ideal, soll geprüft werden.
a) Testen Sie die Hypothese H_0: $P(6) = \frac{1}{6}$ zweiseitig auf dem Signifikanzniveau 5 %. Der Würfel wird 50-mal (500-mal) geworfen; er zeigt dabei sechsmal (60-mal) Sechs.
Wie groß ist die Wahrscheinlichkeit für einen Fehler 1. Art?
b) Bei einem anderen Test nimmt man an, der Würfel sei ideal, wenn bei 50 Würfen (500 Würfen) mindestens fünfmal und höchstens zwölfmal (mindestens 50-mal und höchstens 120-mal) die 6 fällt. Wie groß ist bei diesem Test die Wahrscheinlichkeit für einen Fehler 1. Art?
c) Berechnen Sie für die Tests in a) bzw. b) die Wahrscheinlichkeit für einen Fehler 2. Art, wenn in Wirklichkeit $P(6) = \frac{1}{4}$ gilt.

6 Nach Umstellung im Produktionsgang eines Werkstücks vermutet der Hersteller, den Ausschussanteil auf höchstens 3 % reduziert zu haben. Diese Vermutung soll an 100 Werkstücken überprüft werden.
a) Formulieren Sie die Nullhypothese und die Gegenhypothese. Was für ein Test wird verwendet?
b) Geben Sie den Annahmebereich für das Signifikanzniveau 5 % an. Wie groß ist die Wahrscheinlichkeit für einen Fehler 2. Art, wenn in Wirklichkeit der Ausschussanteil 4 % (5 %; 6 %) beträgt?
c) Ist die Anzahl der Ausschussstücke 7 oder mehr, so soll dies gegen die Vermutung sprechen. Wie groß ist die Wahrscheinlichkeit für einen Fehler 1. Art bei diesem Test? Wie groß ist die Wahrscheinlichkeit für einen Fehler 2. Art, wenn der Ausschussanteil 4 % (5 %; 6 %) beträgt?

7 Auf einem Tisch befinden sich gut durchmischt eine größere Menge von Perlen der Größen 1 und 2. Ihre Anzahl verhält sich zueinander wie 3 zu 7 (Nullhypothese) oder umgekehrt. Um zu testen, welches der beiden Verhältnisse zutrifft, werden vom Tisch 10 Perlen zufällig entnommen. Sind mehr als 4 Perlen der Größe 1 in der Stichprobe, so wird man sich für die größere Wahrscheinlichkeit entscheiden, ansonsten für die kleinere.
a) Welche Fehler können auftreten? Wie groß sind die zugehörigen Fehlerwahrscheinlichkeiten?
b) Der Fehler 1. Art soll bei gleich bleibendem Stichprobenumfang nicht mehr als 10 % betragen. Außerdem soll der Fehler 2. Art möglichst klein bleiben. Wie lautet die Entscheidungsregel?
c) Beide Fehlerwahrscheinlichkeiten sollen 10 % nicht überschreiten. Geben Sie einen möglichst kleinen Stichprobenumfang an, für den das möglich ist. Wie lautet die Entscheidungsregel?

8 Ein englischer Lord behauptet, am Geschmack feststellen zu können, ob in einer Tasse der Tee auf den Zucker gegossen oder umgekehrt der Zucker in den Tee gerührt worden ist. Bei 20 Versuchen entscheidet er 13-mal richtig.
a) Wie lauten die Hypothesen? Berechnen Sie den Annahmebereich für 5 % Signifikanzniveau.
b) Wie wird entschieden? Welchen Fehler kann man bei dieser Entscheidung begehen?
c) Wie groß ist die Wahrscheinlichkeit für einen Fehler 2. Art, wenn der Lord die Reihenfolge tatsächlich in 60 % (70 %; 80 %; 90 %) der Versuche richtig erkennt?

9 Der Anteil der weißen Kugeln in einer Urne ist entweder 20 % oder 40 %. Die Nullhypothese H_0: $p = 0{,}2$ soll gegen H_1: $p = 0{,}4$ bei einem Stichprobenumfang der Länge n getestet werden.
a) Bei $n = 20$ Ziehungen mit Zurücklegen findet man 7 weiße Kugeln. Kann H_0 auf einem Signifikanzniveau von 10 % abgelehnt werden? Wie groß ist die Wahrscheinlichkeit für einen Fehler 2. Art?
b) Durch $n = 50$ Ziehungen mit Zurücklegen soll für eine der Hypothesen entschieden werden. Der Annahmebereich für H_0 sei [0; g]. Berechnen Sie für g = 13; 14; 15; 16 die Wahrscheinlichkeiten für beide Fehlentscheidungen. Bei welchem Annahmebereich ist der Unterschied der Wahrscheinlichkeiten für beide Fehlentscheidungen am kleinsten?
c) Es werden 100 Ziehungen mit Zurücklegen durchgeführt. Für welchen Annahmebereich ist jetzt der Unterschied der Wahrscheinlichkeiten für beide Fehlentscheidungen am kleinsten?

381

5 Vermischte Aufgaben

Aufgaben zum Testen

1 Um zu untersuchen, ob bei einer vorgegebenen Münze „Wappen" mit der Wahrscheinlichkeit 0,5 fällt oder nicht, wird diese n-mal geworfen.
a) Bestimmen Sie für n = 50 den Annahmebereich bei einem Signifikanzniveau von 10 % (c = 1,64). Wie wird entschieden, wenn 20-mal „Wappen" auftritt?
b) Bestimmen Sie für n = 500 den Annahmebereich bei einem Signifikanzniveau von 2 % (c = 2,33).
c) Welcher Fehler kann bei dieser Entscheidung begangen werden und wie groß ist die Wahrscheinlichkeit für diesen Fehler, wenn die Wahrscheinlichkeit für „Wappen" in Wirklichkeit 0,4 beträgt?

2 a) Ein Würfel zeigt bei 150 Würfen 64-mal eine gerade Augenzahl.
Kann man die Hypothese „Der Würfel ist ideal" auf dem Signifikanzniveau von 5 % verwerfen?
b) Welchen Fehler kann man bei dieser Entscheidung begehen?
Wie groß ist die Wahrscheinlichkeit für diesen Fehler, wenn bei diesem Würfel eine ungerade Augenzahl mit der Wahrscheinlichkeit 0,4 auftritt?

3 Jemand hat den Verdacht, dass bei einem Roulettespiel die Kugel nicht mit der Wahrscheinlichkeit $\frac{18}{37}$ auf ein rotes Feld fällt. Zur Überprüfung des Verdachts werden die Ergebnisse von 2000 Spielen notiert.
a) Welche Zufallsgröße wird bei diesem Test betrachtet und wie ist sie verteilt?
b) Bestimmen Sie den Annahmebereich bei einem Signifikanzniveau von 5 %.
c) Wie wird entschieden, wenn die Kugel 959-mal auf ein rotes Feld fiel?

4 GREGOR MENDEL fand bei seinen Kreuzungsversuchen mit gelb- und grünkörnigen Erbsensorten 8023 Samen, von denen 6022 gelb und 2001 grün waren.
Nach der 2. MENDEL'schen Regel treten unter bestimmten Bedingungen in der zweiten Generation die Merkmale der Eltern im Verhältnis 3 : 1 auf. Prüfen Sie MENDELs Hypothese bei einem Signifikanzniveau von 1 %.

5 Von einer Tierart wird behauptet, dass männliche und weibliche Nachkommen gleich häufig sind. In einem Institut wird bei 100 Nachkommen dieser Tierart das Geschlecht bestimmt. Man findet 64 männliche Tiere. Kann man auf dem Signifikanzniveau von 1 % schließen, dass die Geschlechter unter den Nachkommen nicht gleich häufig sind?

6 Die Hypothese H_0: p = 0,3 soll gegen H_1: p > 0,3 bei einem Stichprobenumfang n = 50 auf dem Signifikanzniveau 5 % getestet werden.
a) Ermitteln Sie den Annahmebereich.
b) Bestimmen Sie die Wahrscheinlichkeit für einen Fehler 1. Art.
c) Wie groß ist die Wahrscheinlichkeit für einen Fehler 2. Art, falls p = 0,4 ist?

7 Die Hypothese H_0: p = 0,7 soll gegen H_1: p < 0,7 bei einem Stichprobenumfang n = 100 auf dem Signifikanzniveau 5 % getestet werden.
a) Bestimmen Sie die Wahrscheinlichkeit für einen Fehler 1. Art.
b) Wie groß ist die Wahrscheinlichkeit für einen Fehler 2. Art, falls p = 0,6 ist?

8 Der Chef einer Großküche bestellt bei einem Obstlieferanten eine große Lieferung Zwetschgen. Der Lieferant will einen Preisnachlass einräumen, falls der Anteil der Zwetschgen mit Wurm 10 % übersteigt. Um dies zu prüfen, wird folgende Vereinbarung getroffen: Der Lieferung werden 50 Zwetschgen entnommen. Enthalten mehr als sieben davon einen Wurm, so wird angenommen, p sei größer als 10 %.
a) Wie groß ist für den Lieferanten die Wahrscheinlichkeit, einen Preisnachlass gewähren zu müssen, obwohl nur 10 % der Zwetschgen einen Wurm haben?
b) Wie groß ist für den Küchenchef die Wahrscheinlichkeit, keinen Preisnachlass zu erhalten, obwohl 20 % der Zwetschgen einen Wurm haben?
c) Nach welcher Regel müsste man entscheiden, damit der Küchenchef mit einer Wahrscheinlichkeit von höchstens 5 % zu Unrecht einen Preisnachlass erhält?

9 Von einem Virus-Test ist bekannt, dass er mit einer Wahrscheinlichkeit von 90 % einen Nicht-Infizierten als solchen erkennt (Hypothese H_0) – man nennt diese Wahrscheinlichkeit Spezifität. Ein neuer Test verspricht eine höhere Spezifität. Er wird an 100 Nicht-Infizierten getestet.
a) Wie viele Nicht-Infizierte muss der Test mindestens richtig erkennen, damit auf dem Signifikanzniveau 95 % eine höhere Spezifität gesichert ist?
b) Wie groß ist die Wahrscheinlichkeit für einen Fehler 2. Art, wenn bei dem neuen Test tatsächlich eine Spezifität von 95 % vorliegt?

Aufgaben zum Schätzen

10 Von 1186 erstgeborenen Kindern weisen 80 die seltene Blutgruppe AB auf. Ermitteln Sie das 95 %-Vertrauensintervall für die unbekannte Wahrscheinlichkeit, mit der ein Erstgeborenes die seltene Blutgruppe AB hat.

11 In einem Fahrzeugsimulator wurden an 165 Testpersonen Messungen ihrer Reaktionszeit vorgenommen. Dabei wurde 28-mal festgestellt, dass die Reaktionszeit der Testperson die übliche „Schrecksekunde" überschreitet.
Bestimmen Sie ein 95 %-Konfidenzintervall für die Wahrscheinlichkeit, dass eine zufällig ausgewählte Person die Schrecksekunde überschreitet.

12 Zu Unterrichtsbeginn werden 857 Schüler befragt, ob sie gefrühstückt haben. Es erklären 72 Schüler, ohne Frühstück in die Schule gekommen zu sein. Bestimmen Sie das 95 %-Vertrauensintervall für den Anteil derjenigen Schüler, die ohne Frühstück zur Schule gehen.

13 Für eine Untersuchung des Wahlverhaltens befragt ein Meinungsforschungsinstitut Wähler. Die Wahlberechtigten werden gefragt, welche Partei sie wählen würden, wenn am nächsten Sonntag Bundestagswahl wäre.
a) Bei der Befragung von 929 Wahlberechtigten erklärten 49, die Partei A wählen zu wollen. Geben Sie für den Stimmenanteil dieser Partei ein 95 %-Vertrauensintervall an.
b) Wie viele Wahlberechtigte müsste das Institut befragen, wenn der ermittelte Stimmenanteil der Partei vom späteren tatsächlichen Ergebnis um höchstens ein Prozent abweichen soll (95 %-Vertrauensintervall)?

14 Es soll die Anzahl der Personen einer Bevölkerung abgeschätzt werden, von denen die Blutgruppe festgestellt werden muss. Hierbei soll der Anteil p mit der Blutgruppe 0 durch ein 95 %-Vertrauensintervall bestimmt sein, dessen Länge höchstens 0,02 ist.
Von wie vielen Personen muss man mindestens die Blutgruppe bestimmen, wenn
a) über p keine Informationen vorliegen　　　　b) bekannt ist, dass $0,3 \leq p \leq 0,4$ gilt?

Aus dem „Rezeptbuch" der Statistik: die Chi-Quadrat-Tests

Chi-Quadrat-Tests setzt man ein um zu prüfen, ob Wahrscheinlichkeitsverteilungen zu Versuchsergebnissen passen (**Anpassungstest**) bzw. von Versuchsbedingungen unabhängig sind (**Unabhängigkeitstest**).
Der Anpassungstest verallgemeinert den zweiseitigen Test der Hypothese $H_0: p = p_0$ gegen die Alternative $H_1: p \neq p_0$ (S. 368 und Aufgabe 3, S. 385). Statt einzelner Wahrscheinlichkeiten werden nun Wahrscheinlichkeitsverteilungen getestet. Beim Unabhängigkeitstest testet man unbekannte Wahrscheinlichkeitsverteilungen auf Gleichheit.

Anpassungstest (Beispiel)

Hypothese H_0: Die Wahrscheinlichkeiten beim „Würfeln" mit einem Quader sind proportional zu den Flächen der Quaderseiten (Fig. 1, Zeile 3).

n = 300	1 und 6	2 und 5	3 und 4
Fläche in cm^2	2,99	2,6	4,6
Hypothese	$p_1 = 29\%$	$p_2 = 26\%$	$p_3 = 45\%$
erw. abs. H.	$n\,p_1 = 87$	$n\,p_2 = 78$	$n\,p_3 = 135$
beob. abs. H.	$a_1 = 71$	$a_2 = 48$	$a_3 = 181$

 Fig. 1

Beim „Würfeln" wurde ein Becher 300-mal auf den Tisch gestülpt.

Zum Test der Hypothese H_0 wurde (Fig. 1, Zeile 5) eine Stichprobe vom Umfang n = 300 erhoben. Man vergleicht die erwarteten absoluten Häufigkeiten mit den tatsächlich beobachteten, indem man die Differenzen quadriert und folgenden Testwert berechnet:

$$\chi^2 = \frac{(71 - 300 \cdot 0{,}29)^2}{300 \cdot 0{,}29} + \frac{(48 - 300 \cdot 0{,}26)^2}{300 \cdot 0{,}26} + \frac{(181 - 300 \cdot 0{,}45)^2}{300 \cdot 0{,}45} = 30{,}15 > 9{,}21.$$

Liegt χ^2 über dem kritischen Wert (Fig. 2), dann verwirft man H_0.

Unabhängigkeitstest (Beispiel)

Hypothese H_0: Die Wurftechnik hat keinen Einfluss auf die Wahrscheinlichkeitsverteilung der Quaderseiten.

	1 und 6	2 und 5	3 und 4	
a = Becher	$a_1 = 63$	$a_2 = 38$	$a_3 = 199$	$n_a = 300$
b = Rollen	$b_1 = 21$	$b_2 = 12$	$b_3 = 167$	$n_b = 200$
c = Summe	$c_1 = 84$	$c_2 = 50$	$c_3 = 366$	$n_c = 500$

Fig. 3

Beim „Würfeln" wurde in Zeile a der Quader mit einem Becher gewürfelt. In Zeile b wurde der gleiche Quader 200-mal mit Schwung gerollt.

Wenn H_0 gilt, dann erwartet man: Die absoluten Häufigkeitsverteilungen a und b ergeben sich aus der Summe c durch Aufteilen im Verhältnis 200 zu 300. Die Abweichungen zu den beobachteten absoluten Häufigkeiten misst man durch die Testgröße:

$$\chi^2 = \frac{\left(63 - 84 \cdot \frac{300}{500}\right)^2}{84 \cdot \frac{300}{500}} + \dots + \frac{\left(199 - 366 \cdot \frac{300}{500}\right)^2}{366 \cdot \frac{300}{500}} + \dots + \frac{\left(167 - 366 \cdot \frac{200}{500}\right)^2}{366 \cdot \frac{200}{500}} = 22{,}31.$$

Die Testgröße ist größer als 9,21. Man muss H_0 (auf dem 1%-Signifikanzniveau) verwerfen.

allgemein

Hypothese: Eine Zufallsgröße mit k möglichen Werten besitzt die Wahrscheinlichkeitsverteilung $p_1, p_2, \dots, p_k$.

Testgröße χ^2: Wenn die Hypothese gilt, dann erwartet man in einer Stichprobe vom Umfang n die absoluten Häufigkeiten $n\,p_1, n\,p_2, \dots, n\,p_k$. Die Abweichungen zu den tatsächlich beobachteten absoluten Häufigkeiten $a_1, a_2, \dots, a_k$ „misst" man durch die Testgröße

$$\chi^2 = \frac{(a_1 - n\,p_1)^2}{n\,p_1} + \frac{(a_2 - n\,p_2)^2}{n\,p_2} + \dots + \frac{(a_k - n\,p_k)^2}{n\,p_k}$$

Entscheidungsregel: Wenn χ^2 unter den kritischen Werten von Fig. 2 liegt, akzeptiert man die Hypothese.

k	kritischer Wert	
(Anzahl der Wk'en)	5 % Signif.	1 % Signif.
2	3,84	6,63
3	5,99	9,21
4	7,81	11,34
5	9,49	13,28
6	11,07	15,09
7	12,59	16,81
8	14,07	18,48
9	15,51	20,09

Fig. 2

allgemein

Hypothese H_0: Die Wahrscheinlichkeitsverteilung einer Zufallsgröße mit k möglichen Werten ist unabhängig von den „Versuchsbedingungen" a bzw. b.

Testgröße χ^2: Die zu den Versuchsbedingungen gehörigen Häufigkeitsverteilungen $a_1, \dots, a_k$ und $b_1, \dots, b_k$ summieren sich zu $c_1, \dots, c_k$. Für die Stichprobenumfänge gilt $n_a + n_b = n$. Wenn die Hypothese gilt, dann sollten sich die absoluten Häufigkeitsverteilungen den Versuchsumfängen n_a bzw. n_b entsprechend aufteilen. Z.B. sollte gelten $a_1 \approx c_1 \cdot \frac{n_a}{n}$. Die Abweichungen zu den beobachteten Häufigkeiten misst man durch die Testgröße

$$\chi^2 = \frac{\left(a_1 - c_1 \cdot \frac{n_a}{n}\right)^2}{c_1 \cdot \frac{n_a}{n}} + \dots + \frac{\left(a_k - c_k \cdot \frac{n_a}{n}\right)^2}{c_k \cdot \frac{n_a}{n}} + \frac{\left(b_1 - c_1 \cdot \frac{n_b}{n}\right)^2}{c_1 \cdot \frac{n_b}{n}} + \dots + \frac{\left(b_k - c_k \cdot \frac{n_b}{n}\right)^2}{c_k \cdot \frac{n_b}{n}}.$$

Entscheidungsregel: Akzeptiere H_0, wenn χ^2 unter dem kritischen Wert von Fig. 2 liegt.

Anpassungstest

Für die Rechnungen ist chi.xls verfügbar.

Sie können Ihren Bleistift durchsägen und mit dem Unabhängigkeitstest prüfen, ob beide Hälften gleiche Wahrscheinlichkeitsverteilungen besitzen.

1 a) Würfeln Sie mit einem Spielwürfel 60-mal, notieren Sie die absoluten Häufigkeiten der Augenzahlen. Berechnen Sie die Testgröße $\chi^2 = \frac{(n_1 - 10)^2}{10} + \ldots + \frac{(n_6 - 10)^2}{10}$ und bestätigen Sie durch Auswerten vieler Versuche: Es gilt selten (in ca. 5 % der Fälle) $\chi^2 > 11{,}07$ und sehr selten (ca. 1 % der Fälle) $\chi^2 > 15{,}09$.
b) Beschriften Sie nun die Seiten eines Bleistiftes mit 1 bis 6. „Würfeln" Sie 60-mal, indem Sie Ihren Stift über einen glatten Tisch rollen.
Testen Sie mit dem Anpassungstest, ob Ihr Stift das prädikat „LAPLACE-Bleistift" verdient.

2 Bei einem Multiple-Choice-Test wurden 120 Testteilnehmern je fünf Fragen mit drei Auswahl-Antworten vorgelegt. Fig. 1 zeigt die Testergebnisse.
Ob die erreichten Punktzahlen binomialverteilt sind mit $n = 5$ und $p = \frac{1}{3}$?
Verwenden Sie den Anpassungtest mit $k = 6$.

0	1	2	3	4	5
18	33	35	24	7	3

Fig. 1

BERNOULLI-Versuch

	Treffer	Niete
Wahrsch.	p_0	q_0
abs. H.	X	Y

$p_0 + q_0 = 1$
$X + Y = n$

Fig. 2

3 Bei BERNOULLI-Versuchen verwirft man nach Seite 368 die Hypothese H_0: $p = p_0$ auf dem 5 %-Signifikanzniveau, wenn die absolute „Trefferhäufigkeit" X außerhalb des 1,96 σ-Intervalls liegt, wenn also gilt $|X - n p_0| > 1{,}96\sqrt{n \cdot p_0 \cdot q_0}$. Bei Verwendung des Anpassungstests lautet das entsprechende Kriterium $\frac{(X - n \cdot p_0)^2}{n \cdot p_0} + \frac{(Y - n \cdot q_0)^2}{n \cdot q_0} > 3{,}84$. Zeigen Sie, dass die beiden Kriterien zueinander äquivalent sind.
Tipp: Zeigen Sie durch eine Termumformung: $\frac{(X - n \cdot p_0)^2}{n \cdot p_0} + \frac{(Y - n \cdot q_0)^2}{n \cdot q_0} = \left(\frac{X - n \cdot p_0}{\sqrt{n \cdot p_0 \cdot q_0}}\right)^2$.

Unabhängigkeitstest

4 Testen Sie, ob die Einstellung zum Schulfach Mathematik geschlechtsunabhängig ist. Nutzen Sie die Daten aus Fig. 3 oder führen Sie eine eigene Umfrage durch.

	+	0	–	Summe
Jungen	103	41	45	189
Mädchen	74	44	61	179
Summe	177	85	106	368

Fig. 3

5 Untersuchen Sie anhand von Fig. 4, ob „gute" Mathematikschüler auch im Fach Musik „gut" sind. In Fig. 4 steht + für die Schulnote befriedigend oder besser, – für ausreichend oder schlechter.

Musik	+	–	Summe
Mathe: +	36	13	49
Mathe: –	21	11	32
Summe	57	24	81

Fig. 4

Der Integrand ist die „χ^2-Funktion", die dem Testverfahren seinen Namen gegeben hat.

Für $k = 2$ gilt $c = \frac{1}{\sqrt{2\pi}}$;
für gerades $k \geqq 4$ gilt
$c = \frac{\frac{1}{\sqrt{2\pi}}}{(k-3)\cdot(k-5)\cdot\ldots\cdot 1}$;
für $k = 3$ gilt $c = \frac{1}{2}$;
für ungerades $k \geqq 5$ gilt
$c = \frac{0{,}5}{(k-3)\cdot(k-5)\cdot\ldots\cdot 2}$.

Kritischer Bereich
Man kann zeigen, dass bei Zutreffen der Hypothesen bei hinreichend großen Stichprobenumfang n für die Testgrößen sowohl des Anpassungs- als auch des Unabhängigkeitstests gilt:
$P(\chi^2 < t) \approx c\int_0^t \left(\sqrt{x}\right)^{k-3} e^{-0{,}5x}\,dx$. Der Faktor c sorgt dafür, dass sich für $t \to \infty$ der Wert 1 ergibt.
Die „kritischen Werte" aus S. 384, Fig. 2 erhält man z. B. für das 5 % Signifikanzniveau durch Auflösen der Gleichung $c\int_0^t \left(\sqrt{x}\right)^{k-3} e^{-0{,}5x}\,dx = 0{,}95$ nach t.

6 a) Berechnen Sie die Integrationsgrenze z so, dass gilt $\int_0^z \frac{1}{2}e^{-\frac{1}{2}x}\,dx = 0{,}95$ $(= 0{,}99)$.
b) Überprüfen Sie hiermit die Angabe der kritischen Werte in Fig. 2 von S. 384 für $k = 3$.

Testen

Grundlage ist das Vorliegen einer Hypothese H_0 und einer Alternative H_1.

Der Test $H_0 : p = p_0$ gegen $H_1 : p \neq p_0$ heißt zweiseitiger Test.
Der Test $H_0 : p = p_0$ gegen $H_1 : p \leqq p_0$ heißt linksseitiger Test.
Der Test $H_0 : p = p_0$ gegen $H_1 : p \geqq p_0$ heißt rechtsseitiger Test.

Man legt den Stichprobenumfang n und das Signifikanzniveau fest und bestimmt dann den Annahmebereich.

	zweiseitiger Test	linksseitiger Test	rechtsseitiger Test
Annahmebereich	$[\mu - c \cdot \sigma; \mu + c \cdot \sigma]$	$[\mu - c \cdot \sigma; n]$	$[0; \mu + c \cdot \sigma]$

Der Wert für c richtet sich nach dem Signifikanzniveau und der Art des Tests.

Signifikanzniveau	zweiseitiger Test	linksseitiger und rechtsseitiger Test
1 %	2,58	2,33
5 %	1,96	1,64
10 %	1,64	1,28

Die Hypothese wird beibehalten, wenn das Stichprobenergebnis im Annahmebereich liegt, sonst wird sie verworfen.

Fehler beim Testen

Es sind zwei Fehlentscheidungen möglich:
Fehler 1. Art: H_0 wird abgelehnt, obwohl sie richtig ist.
Fehler 2. Art: H_0 wird nicht abgelehnt, obwohl sie falsch ist.
Zur Berechnung des Fehlers 2. Art benötigt man die von p_0 abweichende, tatsächlich vorliegende Wahrscheinlichkeit p.

Der Vertreter einer Kaffeemarke behauptet, dass mindestens 70 % aller Kunden die von ihm vertriebene Marke kaufen. Bei einer Überprüfung wählen von 50 Kaffeehäusern nur 27 seine Kaffeemarke. Kann man hieraus auf einem Signifikanzniveau von 5 % die Behauptung des Vertreters ablehnen?
Wie groß ist der Fehler 2. Art, wenn in Wirklichkeit nur 50 % aller Kaffeehäuser seine Kaffeemarke kaufen?

Getestet wird $H_0 : p = 0,7$ gegen $H_1 : p \leqq 0,7$ (linksseitig).
Mit $n = 50$ und $c = 1,64$ folgt $\mu = 35$ und $\sigma \approx 3,24$. Als Annahmebereich erhält man [29,68; 50]. Da 27 nicht im Annahmebereich liegt, wird man die Behauptung des Vertreters ablehnen.

Unter der Annahme, dass in Wirklichkeit $p = 0,5$ ist, ergibt sich für den Fehler 2. Art die Wahrscheinlichkeit
$F_{50;\,0,5}(50) - F_{50;\,0,5}(29) = 1 - 0,8987 = 0,1013$.

Schätzen

Man schätzt die unbekannte Wahrscheinlichkeit, die dem Versuch zugrunde liegt, indem man alle Wahrscheinlichkeiten p bestimmt, die mit der relativen Häufigkeit $h = \frac{X}{n}$ vereinbar sind.
Diese Wahrscheinlichkeiten bilden das Vertrauensintervall.
Ist der Stichprobenumfang hinreichend groß, so erhält man als Näherung für das 95 %-Konfidenzintervall:

$$I = \left[h - 1,96 \sqrt{\frac{h(1-h)}{n}}\; ; \; h + 1,96 \sqrt{\frac{h(1-h)}{n}} \right].$$

Das 95 %-Konfidenzintervall für die Wahrscheinlichkeit zur relativen Häufigkeit $h = \frac{X}{n}$ hat höchstens die Länge d, wenn für den Stichprobenumfang n gilt: $n \geqq \frac{1,96^2}{d^2}$.

Bei einer Befragung von 700 Personen geben 123 Befragte an, einen Artikel zu kennen. Bestimmen Sie ein 95 %-Vertrauensintervall.

Mit $h = \frac{123}{700}$ erhält man mit der Näherung das Vertrauensintervall [0,1475; 0,2039].

Wie viele Personen müssten befragt werden, damit das 95 %-Vertrauensintervall höchstens die Länge 0,05 haben soll?
$n \geqq \frac{1,96^2}{0,05^2} = 1536,64$. Man müsste also mindestens 1537 Personen befragen.

1 Die Hypothese $p = p_0$ soll bei einem Stichprobenumfang n auf dem angegebenen Signifikanzniveau getestet werden. Bestimmen Sie den Annahmebereich.

a) $p_0 = 0,6$; n = 25; 5 %
b) $p_0 = 0,5$; n = 30; 1 %

2 Von einer vorgelegten Münze wird behauptet, dass die Ergebnisse „Kopf" und „Zahl" die gleiche Wahrscheinlichkeit haben. Die Münze wird 50-mal geworfen, dabei zeigt sie 23-mal Kopf. Testen Sie die Hypothese $p_0 = 0,5$ auf einem Signifikanzniveau von 5 %.

3 Bei 2000 Geburten betrug die Anzahl der Jungen 1035. Kann man die Hypothese „Die Wahrscheinlichkeiten für die Geburt eines Jungen und eines Mädchens sind gleich" auf einem Signifikanzniveau von 5 % beibehalten?

4 Aus einem Kasten, der 5000 Kugeln enthält, werden zufällig 625 Kugeln ohne Zurücklegen gezogen. Unter den gezogenen Kugeln befinden sich 140 weiße Kugeln. Testen Sie auf einem 5 %-Signifikanzniveau die Hypothese, dass 20 % der Kugeln im Kasten weiß sind.

5 Die Hypothese H_0: p = 0,4 soll gegen H_1: p < 0,4 bei einem Stichprobenumfang n = 100 auf dem Signifikanzniveau 5 % getestet werden.
Bestimmen Sie den Annahmebereich und die Wahrscheinlichkeit für einen Fehler 1. Art.

6 Auf einem bestimmten Autobahnabschnitt wurde festgestellt, dass etwa 20 % der Autofahrer bei Dämmerung ohne Licht fahren. Nachdem am Fahrbahnrand Plakate aufgestellt wurden, vermutet man, dass dieser Anteil gesunken ist.
Jemand beobachtet in der Dämmerung 100 vorbeifahrende Autos, 10 fahren ohne Licht. Kann man bei einem Signifikanzniveau von 5 % behaupten, dass das Aufstellen der Plakate einen Sinn hatte?

7 Von einer Fernsehsendung wurde behauptet, dass 60 % der Fernsehzuschauer diese Sendung täglich sehen. Ein Journalist glaubt, dass der angegebene Anteil zu hoch angesetzt ist, und möchte dies überprüfen.
a) Welche Hypothesen wird der Journalist aufstellen?
b) Beschreiben Sie die Durchführung des Tests.
c) Welche Fehler sind bei einer Entscheidung des Journalisten denkbar?

8 Um die Nachfrage für drei Tageszeitungen an einem Tag zu ermitteln, wurden 800 Personen befragt (Fig. 1).

Zeitung	A	B	C
Anteil	270	370	160

Fig. 1

Bestimmen Sie die 95 %-Vertrauensintervalle für die entsprechenden Wahrscheinlichkeiten.

9 Die absolute Häufigkeit der Trefferzahl eines Schützen liegt in Abhängigkeit von der Tagesform bei sieben oder acht Treffern bei zehn Versuchen.
a) Bestimmen Sie das 95 %-Vertrauensintervall für die unbekannte Trefferwahrscheinlichkeit bei 1000 Versuchen.
b) Bestimmen Sie die Mindestanzahl der Versuche, wenn die Länge des 95 %-Vertrauensintervalles höchstens 0,02 sein soll.

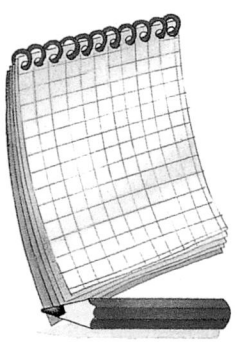

Die Lösungen zu den Aufgaben dieser Seite finden Sie auf Seite 444.

1 Die Näherungsformel von DE MOIVRE-LAPLACE

1 Beim 20fachen, 50fachen bzw. 100fachen Münzwurf beschreiben die Zufallsgrößen X_{20}, X_{50} bzw. X_{100} die Anzahl beobachteter Wappen. Bestimmen Sie mithilfe der Tabellen für $F_{n;p}$ (Seite 425 ff) die Wahrscheinlichkeiten $P(8 \leq X_{20} \leq 12)$, $P(20 \leq X_{50} \leq 30)$ und $P(40 \leq X_{100} \leq 110)$. Was stellen Sie fest?

Ist eine Zufallsgröße X binomialverteilt mit großem n, so ist die Berechnung von Wahrscheinlichkeiten, mit denen X Werte aus Intervallen annimmt, sehr zeitaufwändig. In dieser Situation sucht man nach einer Näherungsformel, mit der man die gesuchte Wahrscheinlichkeit zwar nicht ganz exakt, dafür aber verhältnismäßig schnell berechnen kann. Im Folgenden ist ein Weg angedeutet, wie man zu einer solchen Näherungsformel gelangen kann.

Betrachtet wird nur der Spezialfall p = 0,5. In diesem Fall gilt:
$B_{n;0,5}(k) = \binom{n}{k} \cdot \left(\frac{1}{2}\right)^n$ mit $\mu = \frac{1}{2} \cdot n$ und $\sigma = \frac{1}{2}\sqrt{n}$.

In den Figuren sind auf der linken Seite jeweils Binomialverteilungen für n = 4, n = 16 und n = 64 durch **Histogramme** veranschaulicht. Hierbei werden die Wahrscheinlichkeiten $B_{n;0,5}(k)$ durch Flächeninhalte von Rechtecken der Breite 1 repräsentiert (die roten Rechtecke). Die Mitte der einen Rechteckseite liegt jeweils auf dem zugehörigen k-Wert.

Bei einer Wahrscheinlichkeitsverteilung ist die Summe aller Wahrscheinlichkeiten gleich 1. Daher ist die Summe der Inhalte aller Rechtecke 1.

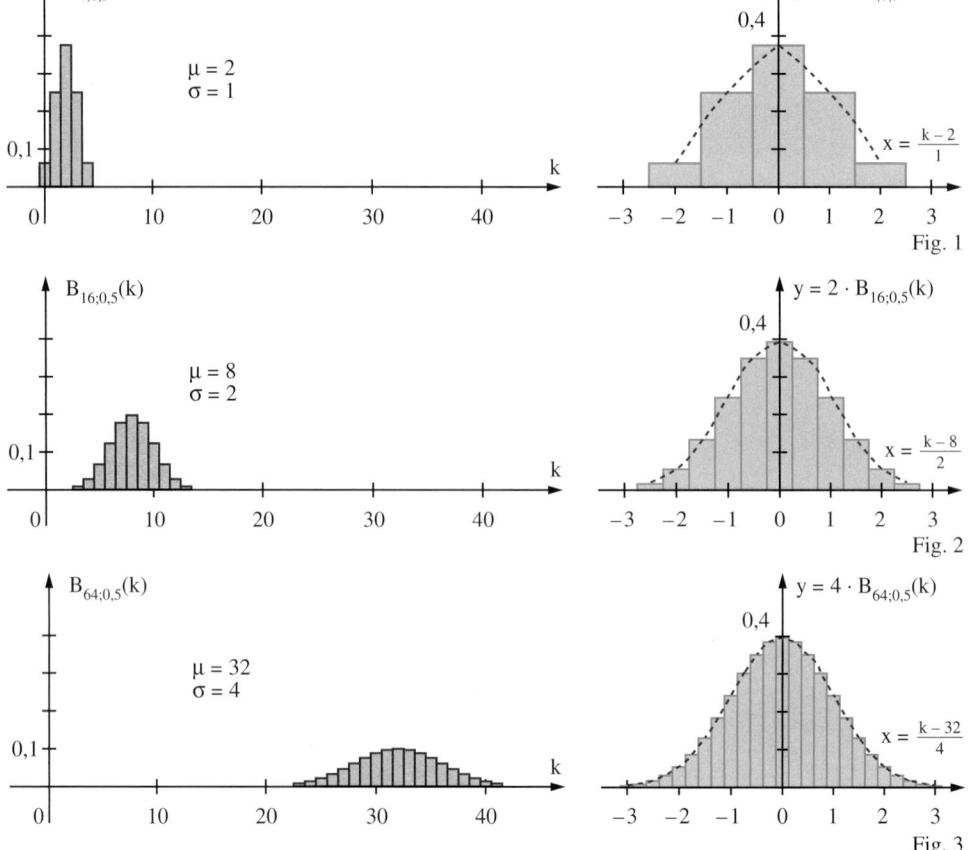

Fig. 1

Fig. 2

Fig. 3

Für $p = \frac{1}{2}$ sind die Histogramme symmetrisch. Der „Gipfel" liegt bei $\mu = \frac{n}{2}$. Mit größer werdendem n wandert der Gipfel nach rechts. Da die Anzahl der Rechtecke zunimmt, die Gesamtfläche aber den Wert 1 hat, nimmt die Gipfelhöhe ab; d. h., die Glocke verbreitert sich und wird flacher. Zu der gesuchten Näherungsformel gelangt man in mehreren Schritten.

1. Schritt: Die Wahrscheinlichkeit $P(k_1 \leq X \leq k_2)$ ist gleich dem Gesamtflächeninhalt der zu $k_1, \ldots, k_2$ gehörenden Rechtecke im Histogramm (Fig. 1).

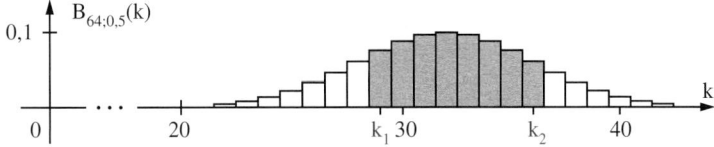

Fig. 1

*Man nennt diesen Übergang zu den Koordinaten $x = \frac{k-\mu}{\sigma}$ und $y = \sigma \cdot B_{n;p}(k)$ die **Standardisierung** der Histogramme.*

2. Schritt: Das Histogramm in Fig. 2 wurde aus dem Histogramm in Fig. 1 erzeugt durch
– Verschiebung um $\mu = n \cdot p$ nach links,
– Streckung in Richtung der 2. Achse mit dem Faktor σ,
– Stauchung in Richtung der 1. Achse mit dem Faktor $\frac{1}{\sigma}$.

Da das Produkt des Streckfaktors σ und des Stauchfaktors $\frac{1}{\sigma}$ gleich 1 ist, bleibt der Flächeninhalt der Histogrammrechtecke erhalten und der Flächeninhalt der Rechtecke von x_1 bis x_2 ist gleich der Wahrscheinlichkeit $P(k_1 \leq X \leq k_2)$.

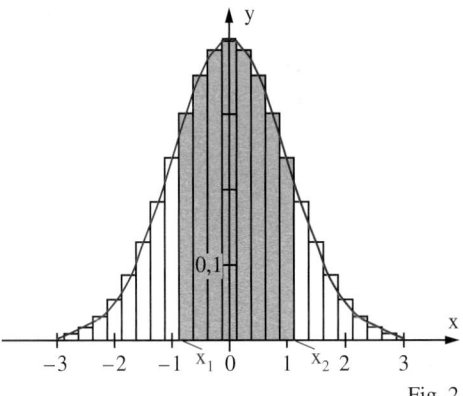

Fig. 2

3. Schritt: Die Treppenkurve im Histogramm wird durch den Graphen der Funktion mit der Funktionsgleichung

$$\varphi(x) = \frac{1}{\sqrt{2\pi}} \cdot e^{-\frac{1}{2}x^2}$$

Dass die gaußsche Glockenfunktion φ bei standardisierten Binomialverteilungen mit $p = 0,5$ als Grenzfunktion auftritt, hat schon 1732 DE MOIVRE untersucht. 1812 konnte LAPLACE beweisen, dass sie sich auch im Fall $p \neq 0,5$ ergibt.

angenähert. Diese Funktion φ wird **gaußsche Glockenfunktion** oder **gaußsche Fehlerfunktion** genannt. Die Flächen zwischen den Grenzen x_1 und x_2 unter der Treppenkurve und der Glockenkurve sind für große n etwa gleich groß. Deshalb ergibt sich

$$P(k_1 \leq X \leq k_2) \approx \int_{x_1}^{x_2} \varphi(x)\,dx \text{ mit}$$

$$x_1 = \frac{k_1 - 0,5 - \mu}{\sigma}; \quad x_2 = \frac{k_2 + 0,5 - \mu}{\sigma}.$$

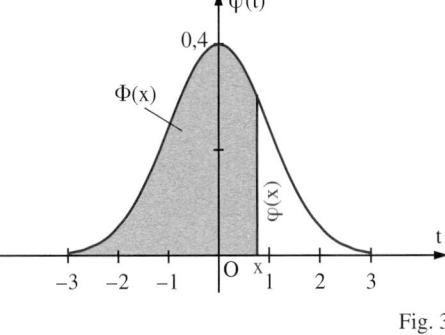

Fig. 3

4. Schritt: Zur Berechnung solcher Integrale führt man die **gaußsche Summenfunktion**

$$\Phi: x \mapsto \int_{-\infty}^{x} \varphi(t)\,dt$$

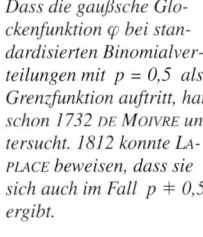

Fig. 4

ein, die jedem $x \in \mathbb{R}$ den Inhalt der links von der Stelle x gelegenen Fläche unter der Glockenkurve zuordnet (Fig. 3). Für $\Phi(x)$ lässt sich kein geschlossener Funktionsterm angeben. Ihre Funktionswerte liegen aber tabelliert vor (S. 433). Der Gesamtflächeninhalt unter der Glockenkurve ist 1; wegen der Achsensymmetrie ist damit $\Phi(0) = 0,5$. Außerdem gilt (vgl. Fig. 4): $\mathbf{\Phi(-x) = 1 - \Phi(x)}$; deshalb genügt es, $\Phi(x)$ nur für $x \geq 0$ anzugeben.

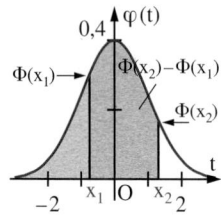

Satz: (Näherungsformel von DE MOIVRE-LAPLACE)
Für eine binomialverteilte Zufallsgröße X mit dem Erwartungswert $\mu = n \cdot p$ und der Standardabweichung $\sigma = \sqrt{n\,p\,(1-p)}$ gilt für große n:

$$P(k_1 \leq X \leq k_2) \approx \Phi\left(\frac{k_2 + 0{,}5 - \mu}{\sigma}\right) - \Phi\left(\frac{k_1 - 0{,}5 - \mu}{\sigma}\right).$$

Die Formel liefert brauchbare Werte für $n > \frac{1}{4\,p^2(1-p)^2}$.

Bemerkung: Ist die so genannte LAPLACE-Bedingung $\sigma > 3$ erfüllt, so kann man bei den Bruchtermen in den Näherungsformeln die Summanden $+0{,}5$ bzw. $-0{,}5$ im Zähler weglassen.

Beispiel 1:
Eine Firma fertigt CD-Rohlinge, von denen wegen eines Maschinendefekts nur 95 % in Ordnung sind. Wie groß ist die Wahrscheinlichkeit, dass von 160 gelieferten CD-Rohlingen mindestens 150 in Ordnung sind?
Lösung:
Die Zufallsgröße X für die Anzahl brauchbarer CD-Rohlinge ist $B_{160;0,95}$-verteilt.
Gesucht ist die Wahrscheinlichkeit $P(150 \leq X \leq 160)$.
Erwartungswert und Standardabweichung:
$\mu = 160 \cdot 0{,}95 = 152$; $\sigma = \sqrt{160 \cdot 0{,}95 \cdot 0{,}05} = \sqrt{7{,}6} \approx 2{,}756$.

Kontrolle der Faustregel: $n > \frac{1}{4\,p^2(1-p)^2}$ ist erfüllt, da $\frac{1}{4\,p^2(1-p)^2} = \frac{1}{4 \cdot 0{,}0025 \cdot 0{,}9025} < 111 < n$.
Berechnung:
$$P(150 \leq X \leq 160) \approx \Phi\left(\frac{160{,}5 - 152}{2{,}756}\right) - \Phi\left(\frac{149{,}5 - 152}{2{,}756}\right) \approx \Phi(3{,}08) - \Phi(-0{,}91)$$
$$= 0{,}9990 - (1 - \Phi(0{,}91)) = \Phi(0{,}91) - 0{,}001 = 0{,}8176.$$

Mit einer Wahrscheinlichkeit von ca. 82 % sind mindestens 150 von 160 Rohlingen brauchbar.

Beispiel 2:
Eine Zufallsgröße X ist $B_{400;0,8}$-verteilt. Berechnen Sie näherungsweise:
a) $P(X \leq 330)$ b) $P(305 \leq X \leq 335)$.
Lösung:
Da $400 \cdot 0{,}8 \cdot 0{,}2 > 9$ gilt, ist die vereinfachte Näherungsformel von DE MOIVRE-LAPLACE anwendbar.
a) $P(X \leq 330) \approx \Phi\left(\frac{330 - 400 \cdot 0{,}8}{\sqrt{400 \cdot 0{,}8 \cdot 0{,}2}}\right) - \Phi\left(\underbrace{\frac{0 - 400 \cdot 0{,}8}{\sqrt{400 \cdot 0{,}8 \cdot 0{,}2}}}_{\approx 0}\right) = \Phi(1{,}25) - \Phi(-40) \approx 0{,}8944$

b) $P(305 \leq X \leq 335) \approx \Phi\left(\frac{335 - 400 \cdot 0{,}8}{\sqrt{400 \cdot 0{,}8 \cdot 0{,}2}}\right) - \Phi\left(\frac{305 - 400 \cdot 0{,}8}{\sqrt{400 \cdot 0{,}8 \cdot 0{,}2}}\right)$
$= \Phi(1{,}875) - \Phi(-1{,}875) \approx 0{,}9697 - (1 - 0{,}9697) = 0{,}9394$

Aufgaben

2 Eine Zufallsgröße ist $B_{225;0,5}$-verteilt. Berechnen Sie näherungsweise:
a) $P(X \leq 108)$ b) $P(X > 110)$ c) $P(100 \leq X \leq 120)$ d) $P(102 < X < 118)$
e) $P(X > 109)$ f) $P(X \geq 112)$ g) $P(98 < X \leq 110)$ h) $P(108 \leq X < 115)$.

3 Eine Zufallsgröße ist $B_{100;0,08}$-verteilt. Berechnen Sie näherungsweise:
a) $P(X < 12)$ b) $P(X \geq 5)$ c) $P(5 \leq X \leq 12)$ d) $P(6 < X \leq 14)$.

4 Von 100 Stanzteilen einer Produktion können erfahrungsgemäß 90 weiterverarbeitet werden.
a) Mit welcher Wahrscheinlichkeit sind unter 450 Stanzteilen mindestens 420, die zur Weiterverarbeitung taugen?
b) Mit welcher Wahrscheinlichkeit sind unter 6000 Stanzteilen mindestens 5420, die zur Weiterverarbeitung taugen?

5 Die Schraubenfabrik SCREWS bemerkt einen Maschinendefekt nicht. Daher sind 10 % aller gefertigten Schrauben fehlerhaft. Mit welcher Wahrscheinlichkeit enthält ein SCREWS-Päckchen mit 50 Schrauben mindestens 45 fehlerfreie Schrauben?

Quelle: Statistisches Jahrbuch 2000 für die Bundesrepublik Deutschland, Seite 67.

6 Nach der Bevölkerungsstatistik beträgt die Wahrscheinlichkeit einer Jungengeburt 0,514. Mit welcher Wahrscheinlichkeit sind von 1000 Neugeborenen
a) mehr als 525 Jungen
b) mindestens die Hälfte Jungen
c) mindestens 500 und höchstens 520 Jungen?

7 Ein Knopf mit den Seiten „O" und „U" zeigt beim Werfen mit der Wahrscheinlichkeit 0,4 „U". In wie viel Prozent aller Fälle wird man dennoch in Serien von je 80 Würfen öfter „U" als „O" beobachten können?

8 Ein Betrieb hat 60 Mitarbeiter. Durchschnittlich fehlen fünf wegen Krankheit, Urlaub und anderer Gründe. Wenn aber 15 oder mehr Mitarbeiter fehlen, muss die Produktion eingeschränkt werden. Wie groß ist dieses Risiko?

9 Eine ideale Münze wird 150-mal geworfen. Mit welcher Wahrscheinlichkeit weicht die Anzahl der gefallenen Wappen um mehr als 10 vom Erwartungswert 75 ab?

10 Ein Luftpostbrief soll nicht mehr als 2 g wiegen. Erfahrungsgemäß hat jeder 50. Luftpostbrief Übergewicht. Mit welcher Wahrscheinlichkeit enthält ein Bündel von 250 (von 500) Luftpostbriefen höchstens drei übergewichtige Briefe?

11 LAPLACE formulierte folgende Aufgabe: Die Wahrscheinlichkeit einer Knabengeburt verhalte sich zur Wahrscheinlichkeit einer Mädchengeburt wie 18 : 17. Es mögen 14 000 Kinder geboren werden. Mit welcher Wahrscheinlichkeit sind darunter mindestens 7037 und höchstens 7363 Knaben?

12 Eine Zufallsgröße X ist $B_{300;\frac{1}{6}}$-verteilt.
a) Bestimmen Sie die größte ganze Zahl g, für die gilt: $P(X \leq g) \leq 0{,}025$.
b) Bestimmen Sie die kleinste ganze Zahl g, für die gilt: $P(X \geq g) \leq 0{,}025$.

X sei $B_{n;p}$-verteilt. Dann gilt mit $\mu = np$ und $\sigma = \sqrt{np(1-p)}$:
$P(|X-\mu| < \sigma) \approx 68{,}3\,\%$,
$P(|X-\mu| < 2\sigma) \approx 95{,}5\,\%$,
$P(|X-\mu| < 3\sigma) \approx 99{,}7\,\%$.

13 Eine $B_{n;p}$-verteilte Zufallsgröße X nimmt nach den σ-Regeln Werte aus dem Intervall $[\mu - d; \mu + d]$ für $d = \sigma$; $d = 2\sigma$; $d = 3\sigma$ in etwa mit den Wahrscheinlichkeiten in Fig. 1 an. Prüfen Sie diese Regeln für
a) $n = 30$; $p = 0{,}4$
b) $n = 64$; $p = 0{,}5$.

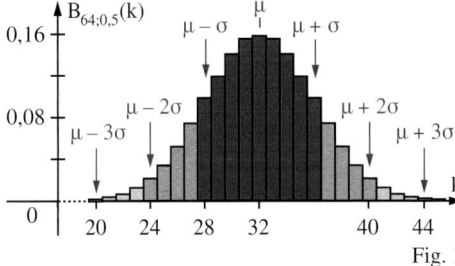

Fig. 1

Anleitung zu Aufgabe 14: Bestimmen Sie ein Intervall, bei dem diese Wahrscheinlichkeit gerade noch unter 95 % liegt, und eines, bei dem sie gerade über 95 % liegt. Nehmen Sie dann das kleinere der beiden.

14 Eine Zufallsgröße ist $B_{300;0{,}5}$-verteilt. Es soll ein möglichst kurzes Intervall $I = [\mu - d; \mu + d]$ mit ganzzahligen Grenzen und dem Erwartungswert μ als Mitte bestimmt werden, bei dem X mit einer Wahrscheinlichkeit von rund 95 % Werte aus diesem Intervall annimmt.

2 Histogramme und ihre Glockenform

1 Fig. 1 vermittelt einen Eindruck von der Punkteverteilung am Ende eines Sportwettkampfes. Ab 2000 Punkten gibt es eine Ehrenurkunde, ab 1550 Punkten eine Siegerurkunde. Schätzen Sie, wie viel Prozent der Wettkampfteilnehmer eine Ehrenurkunde (eine Siegerurkunde) erhielten.

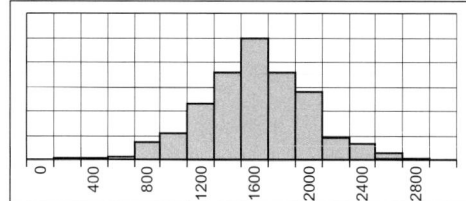

Fig. 1

Ein Merkmal, dessen Werte alle reellen Zahlen aus einem Intervall annehmen kann, nennt man „stetig" im Unterschied zu einem „diskreten" Merkmal, das nur isolierte Zahlenwerte annehmen kann.

Bei binomialverteilten Zufallsgrößen mit großen Werten von n kann man Wahrscheinlichkeiten näherungsweise mithilfe der gaußschen Summenfunktion Φ berechnen (Näherungsformel von DE MOIVRE-LAPLACE). Die Bedeutung der Φ-Funktion reicht aber noch viel weiter. Der Schlüssel zum Verständnis hierfür liegt in der Möglichkeit, umfangreiche Daten „stetiger" Merkmale klassieren und relative Häufigkeiten als Flächen deuten zu können.

Fig. 3 zeigt den Ausschnitt aus einer Urliste mit Geschwindigkeiten, die bei 1134 Kraftfahrzeugen in der Nähe eines Zebrastreifens gemessen wurden. Fasst man „benachbarte" Werte des stetigen Merkmals „Geschwindigkeit" zu Klassen zusammen und ermittelt die zugehörigen Häufigkeiten, ergibt sich die folgende Tabelle.

Urliste

	km/h
1	14,0643
2	13,2549
3	19,7855
4	13,7746
5	11,7565
6	30,3931
…	…
1129	87,6746
1130	13,2060
1131	19,5416
1132	22,4892
1133	54,0258
1134	25,3716

Fig. 3

Klasse (km/h)	$0 < v \leq 15$	$15 < v \leq 30$	$30 < v \leq 45$	$45 < v \leq 60$	$60 < v \leq 75$	$75 < v \leq 90$
Klassenmitte (km/h)	7,5	22,5	37,5	52,5	67,5	82,5
absolute Häufigkeit	90	424	444	164	10	2
rel. Häufigkeit (h)	7,9 %	37,4 %	39,2 %	14,5 %	0,9 %	0,2 %
rel. Häufigkeitsdichte (f)	0,00529	0,02493	0,02610	0,00964	0,00059	0,00012

Fig. 2

Die Verteilung der relativen Häufigkeiten kann durch ein so genanntes **Histogramm** veranschaulicht werden. Im Unterschied zu einem Säulendiagramm, bei dem relative Häufigkeiten als Längen von Säulen veranschaulicht werden, deutet man bei einem Histogramm relative Häufigkeiten als Flächeninhalte von Rechtecken.
Die Höhe f eines Histogramm-Rechtecks erhält man, indem man die relative Häufigkeit h durch die Klassenbreite teilt (vgl. die letzte Zeile der Tabelle und Fig. 4). Die Histogrammhöhe f bezeichnet man deshalb auch als **relative Häufigkeitsdichte**.

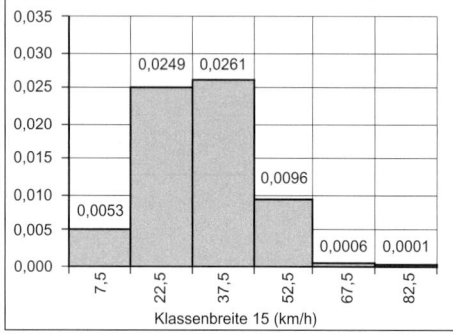

Fig. 4

Eine Funktion f beschreibt ein Histogramm gut, wenn für jede Merkmalsklasse gilt: Histogrammfläche = Fläche unterhalb des Funktionsgraphen.

Glockenförmige Histogramme wie in Fig. 4 treten in der Praxis häufig auf. Obwohl sie sich aus Rechtecken zusammensetzen, lassen sich ihre Formen gut durch Graphen von stetigen Funktionen beschreiben. Diese haben die Funktionsgleichungen

$$\varphi_{\mu;\sigma}(x) = \frac{1}{\sigma\sqrt{2\pi}} \cdot e^{-\frac{(x-\mu)^2}{2\sigma^2}}$$

und werden ebenfalls gaußsche Glockenfunktionen oder gaußsche Fehlerfunktionen genannt.

Bei Glockenfunktionen sind μ und σ konstante Parameter. Für $\mu = 0$ und $\sigma = 1$ vereinfacht sich die Funktionsgleichung zu

$$\varphi_{0;1}(x) = \varphi(x) = \frac{1}{\sqrt{2\pi}} \cdot e^{-\frac{1}{2}x^2}.$$

Man spricht dann von der **Standard-Glockenfunktion**.

Die Graphen der Funktionen $\varphi_{\mu;\sigma}$ (Fig. 1)
– sind achsensymmetrisch,
– haben eine Maximalstelle bei $x = \mu$,
– besitzen zwei Wendestellen bei $x = \mu \pm \sigma$.
Durch Einsetzen dieser x-Werte in die Funktionsgleichung erhält man
– den Hochpunkt $H\left(\mu \,\Big|\, \frac{1}{\sigma\sqrt{2\pi}}\right)$ und
– die Wendepunkte $W\left(\mu \pm \sigma \,\Big|\, \frac{1}{\sigma\sqrt{2\pi}}e^{-\frac{1}{2}}\right)$.

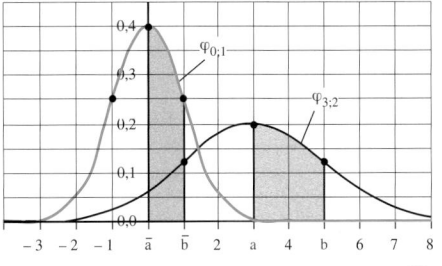

Fig. 1

Jeder Graph von $\varphi_{\mu;\sigma}$ lässt sich schrittweise aus dem Graphen von $\varphi_{0;1}$ erzeugen durch:
1) Stauchung in Richtung der x-Achse mit dem Faktor $\frac{1}{\sigma}$,
2) Streckung in Richtung der y-Achse mit dem Faktor σ,
3) Verschieben gegen die x-Richtung um den Wert μ.

Durch diese Transformationen geht die Fläche unter dem Graphen von $\varphi_{\mu;\sigma}$ zwischen den Grenzen a und b über in die gleich große Fläche unter dem Graphen von $\varphi_{0;1}$ zwischen den Grenzen $\overline{a} = \frac{a-\mu}{\sigma}$ und $\overline{b} = \frac{b-\mu}{\sigma}$. In Fig. 1 hat also die Fläche von $a = 3$ bis $b = 5$ unter dem Graphen der Funktion $\varphi_{3;2}$ den gleichen Inhalt wie die von $\overline{a} = \frac{3-3}{2} = 0$ und $\overline{b} = \frac{5-3}{2} = 1$ unter dem Graphen der Funktion $\varphi_{0;1}$. Die auf Seite 433 tabellierte Stammfunktion Φ der Standard-Glockenfunktion $\varphi_{0;1}$ wird wie folgt benutzt:

Hauptsatz der Integralrechnung:
Wenn F eine Stammfunktion zu f ist, gilt
$\int_a^b f(x)\,dx = F(b) - F(a).$

Integration der Standard-Glockenfunktion $\varphi_{0;1}$:

$$\int_a^b \varphi_{0;1}(x)\,dx = \Phi(b) - \Phi(a)$$

$$\int_{-\infty}^{\infty} \varphi_{0;1}(x)\,dx = 1$$

Integration der Glockenfunktionen $\varphi_{\mu;\sigma}$:

$$\int_a^b \varphi_{\mu;\sigma}(x) = \int_{\frac{a-\mu}{\sigma}}^{\frac{b-\mu}{\sigma}} \varphi_{0;1}(x)\,dx = \Phi\left(\frac{b-\mu}{\sigma}\right) - \Phi\left(\frac{a-\mu}{\sigma}\right);$$

$$\int_{-\infty}^b \varphi_{\mu;\sigma}(x) = \Phi\left(\frac{b-\mu}{\sigma}\right); \int_{-\infty}^{\infty} \varphi_{\mu;\sigma}(x)\,dx = 1$$

Wenn man ein glockenförmiges Histogramm durch eine Glockenfunktion $\varphi_{\mu;\sigma}$ beschreiben möchte, verwendet man die Parameter $\mu = \overline{x}$ und $\sigma = s_x$.
Für den Mittelwert $\overline{x}$ einer Häufigkeitsverteilung mit den Klassenmitten $x_1, x_2, \ldots, x_r$ und den relativen Häufigkeiten $h_1, h_2, \ldots, h_r$ gilt: $\overline{x} \approx x_1 \cdot h_1 + x_2 \cdot h_2 + \ldots + x_r \cdot h_r$.
Entsprechend gilt für die Standardabweichung:
$$s_x \approx \sqrt{(x_1 - \overline{x})^2 \cdot h_1 + (x_2 - \overline{x})^2 \cdot h_2 + \ldots + (x_r - \overline{x})^2 \cdot h_r}.$$

Beispiel 1: (relative Häufigkeit – Häufigkeitsdichte)
Bei einem Test hatten 23 von 78 Teilnehmern eine Punktzahl X zwischen 12 und 15.
Bestimmen Sie die Höhe des Histogramm-Rechtecks, also die Häufigkeitsdichte, über dem
Intervall (12; 15].
Lösung:
Für die relative Häufigkeit gilt $h = \frac{23}{78} \approx 0,295 = 29,5\,\%$. Die Häufigkeitsdichte ergibt sich

zu $f = \frac{0,295}{3} \approx 0,098$. Das Rechteck hat die Breite 3 und die ungefähre Höhe 0,098.

Beispiel 2: (Histogramm – Glockenfunktion)
Die nebenstehende Urliste enthält die Höhen (in cm) von achtjährigen Fichten.
a) Bilden Sie Klassen der Breite 20 cm mit z. B. 100 cm als Klassenmitte. Stellen Sie die Klassenhäufigkeiten und die Häufigkeitsdichten in einer Tabelle zusammen.
b) Berechnen Sie näherungsweise den Mittelwert $\bar{x}$ und die Standardabweichung s_x. Zeichnen Sie ein Histogramm und in dieses Histogramm den Graphen der zugehörigen Funktion $\varphi_{\mu;\sigma}$ mit $\mu = \bar{x}$ und $\sigma = s_x$ ein.
c) Berechnen Sie für die einzelnen Klassen die zugehörigen Integrale und vergleichen Sie die Ergebnisse mit den in a) berechneten relativen Häufigkeiten.
Lösung:
a) Die Häufigkeitsdichten ergeben sich durch Division der relativen Häufigkeiten durch die Intervallbreite 20.

Urliste
211 151 143 183 258 192
166 95 119 185 179 174
156 149 174 148 197 207
203 137 118 160 209 198
178 130 180 185 163 185
173 202 149 141 206 238
177 179 116 110 226 200
271 169 189 214 187 171
167 194 210 222 168 181
185 239 193 188 219 195
157 164 183 186 186 214
242 154 142 170 156 216
172 140 124 212 147 98
165 202 176 144 112 189
191 165 136 116 159 168
182 184 202 158 139 208
190 201 220 248 253 232
221 215 161 180 156 140
185 165 161 145 123 199
203 180 163 165 153 133

Klasse (cm)	Klassen-mitte (cm)	abs. Häu-figkeit	rel. Häu-figkeit	Häufigkeits-dichte	Funktions-werte	Integral-werte
$90 < x \leq 110$	100	3	0,025	0,001 25	0,0011	0,022
$110 < x \leq 130$	120	8	0,067	0,003 35	0,0031	0,063
$130 < x \leq 150$	140	15	0,125	0,006 25	0,0066	0,132
$150 < x \leq 170$	160	25	0,208	0,010 40	0,0102	0,202
$170 < x \leq 190$	180	30	0,250	0,012 50	0,0113	0,224
$190 < x \leq 210$	200	20	0,167	0,008 35	0,0091	0,181
$210 < x \leq 230$	220	11	0,092	0,004 60	0,0053	0,106
$230 < x \leq 250$	240	5	0,042	0,002 10	0,0022	0,045
$250 < x \leq 270$	260	2	0,017	0,000 85	0,0007	0,014
$270 < x \leq 290$	280	1	0,008	0,000 40	0,0001	0,003

b) Für den Mittelwert und die Standardabweichung ergeben sich die Werte:
$\bar{x} \approx 176,5$; $s_x \approx 35$.
Fig. 1 zeigt das Histogramm und den Graphen der Funktion $\varphi_{176,5;\,35}$.
c) Für die Klasse $90 < x \leq 110$ ergibt sich:
$$\int_{90}^{110} \varphi_{176,5;\,35}(x)\,dx = \Phi\left(\frac{110 - 176,5}{35}\right) - \Phi\left(\frac{90 - 176,5}{35}\right)$$
$$\approx \Phi(-1,90) - \Phi(-2,47) \approx 0,022.$$

Die letzte Spalte der Tabelle enthält die übrigen Integralwerte. Die Übereinstimmung dieser Werte mit den relativen Häufigkeiten ist gut.

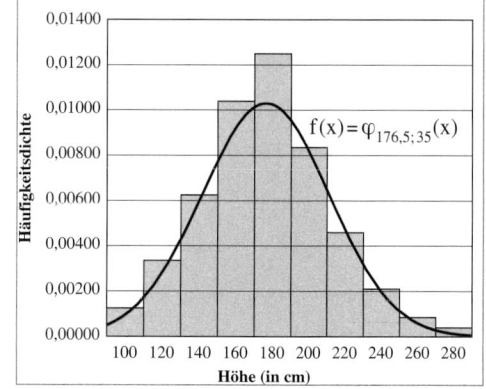

Fig. 1

Aufgaben

2 Skizzieren Sie die Graphen der Funktionen nur mithilfe der Hoch- und Wendepunkte.

a) $\varphi_{0;1}$ b) $\varphi_{-2;1}$ c) $\varphi_{2;1}$ d) $\varphi_{0;2}$ e) $\varphi_{2;4}$ f) $\varphi_{3;0,5}$ g) $\varphi_{4;0,2}$

In Excel berechnet man z. B. $\varphi_{2;3}(1)$ mit =NORMALV(2;3;1;FALSCH). Der Parameter Falsch bedeutet, dass die Funktion nicht integriert wird.

3 Berechnen Sie die Funktionswerte

a) der Standard-Glockenfunktion $\varphi_{0;1}(x) = \varphi(x) = \dfrac{1}{\sqrt{2\pi}} \cdot e^{-\frac{x^2}{2}}$ für $x = 0;\ 1;\ 2;\ -1{,}3$.

b) der Glockenfunktion $\varphi_{3;2}(x) = \dfrac{1}{2\sqrt{2\pi}} \cdot e^{-\frac{(x-3)^2}{2\cdot 2^2}}$ für $x = 1;\ 3;\ 4;\ 5$.

c) Kontrollieren Sie Ihre Ergebnisse durch Vergleich mit Fig. 1 auf S. 393.

In Excel berechnet man z. B. $\int\limits_{-\infty}^{2,7} \varphi_{2;3}(x)\,dx$ mit =NORMALV(2;3;2,7;WAHR).

4 Berechnen Sie.

a) $\int\limits_{-\infty}^{1,2} \varphi_{0;1}(x)\,dx$ b) $\int\limits_{1,15}^{\infty} \varphi_{0;1}(x)\,dx$ c) $\int\limits_{-\infty}^{-0,9} \varphi_{0;1}(x)\,dx$ d) $\int\limits_{-0,9}^{0,9} \varphi_{0;1}(x)\,dx$ e) $\int\limits_{-0,4}^{1,1} \varphi_{0;1}(x)\,dx$

5 Berechnen Sie.

a) $\int\limits_{-\infty}^{12} \varphi_{12;1,5}(x)\,dx$ b) $\int\limits_{-\infty}^{14} \varphi_{12;1,5}(x)\,dx$ c) $\int\limits_{11}^{13} \varphi_{12;1,5}(x)\,dx$ d) $\int\limits_{10}^{14} \varphi_{12;1,5}(x)\,dx$ e) $\int\limits_{9}^{\infty} \varphi_{0;1}(x)\,dx$

6 Ein Histogramm zur Gewichtsverteilung der Beeren einer Sorte wird durch $\varphi_{4;1}$ beschrieben. Mit welcher relativen Häufigkeit wird das Gewicht der Früchte vermutlich liegen

a) unter 4 g   b) über 5 g   c) zwischen 2 g und 4 g   d) unter 3 g?

7 Fig. 1 zeigt ein glockenförmiges Histogramm mit Klassenbreite 0,4.

a) Berechnen Sie die zu den einzelnen Klassen gehörigen relativen Häufigkeiten.

b) Es gilt $\overline{x} \approx 2$ und $s_x = 0{,}5$.
Berechnen Sie die Integrale

$$\int\limits_{1,2}^{1,6} \varphi_{2;0,5}(x)\,dx \quad \text{und} \quad \int\limits_{1,6}^{2} \varphi_{2;0,5}(x)\,dx \quad \text{und}$$

vergleichen Sie die Ergebnisse mit den in a) berechneten relativen Häufigkeiten.

c) Übertragen Sie das Histogramm in Ihr Heft und skizzieren Sie $\varphi_{2;0,5}$ mithilfe von Hochpunkt und Wendepunkten.

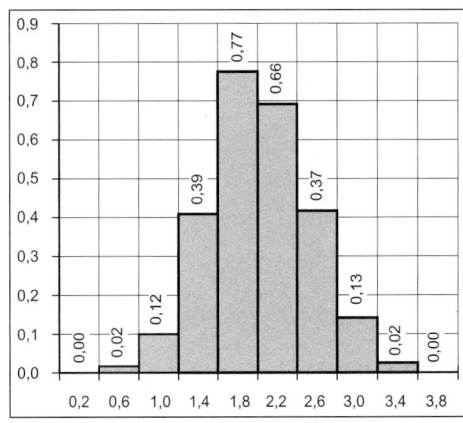

Fig. 1

8 Die Dicke von verzinktem Stahlblech wurde 125-mal gemessen. Die Tabelle enthält das Ergebnis.

a) Zeichnen Sie ein Histogramm.

b) Berechnen Sie näherungsweise den Mittelwert $\overline{x}$ und die Standardabweichung s_x.

c) Zeichnen Sie in das Histogramm den Graphen der Funktion $\varphi_{\mu;\sigma}$ mit $\mu = \overline{x}$ und $\sigma = s_x$ ein.

d) Bestimmen Sie näherungsweise die relative Häufigkeit, mit der die Dicke zwischen 1,70 mm und 1,80 mm liegt.

Blechdicke (in mm)	Absolute Häufigkeit
$1{,}63 < x \leq 1{,}65$	1
$1{,}65 < x \leq 1{,}67$	3
$1{,}67 < x \leq 1{,}69$	11
$1{,}69 < x \leq 1{,}71$	19
$1{,}71 < x \leq 1{,}73$	24
$1{,}73 < x \leq 1{,}75$	25
$1{,}75 < x \leq 1{,}77$	23
$1{,}77 < x \leq 1{,}79$	12
$1{,}79 < x \leq 1{,}81$	5
$1{,}81 < x \leq 1{,}83$	2

395

3 Die Normalverteilung – Modell und Wirklichkeit

Beim Würfel ordnet man jeder Seite die Wahrscheinlichkeit $\frac{1}{6} \approx 16,67\%$ zu.

Im Mathematikbereich der Klett-Homepage (www.klett-verlag.de) erfahren Sie, wo Sie Quader-Klassensätze mit zusätzlichen Begleitmaterialien beziehen können.

1 Kim findet neben dem Bild eines Quaders die Tabelle aus Fig. 1. Marko erinnert sich: Eine Tabellenzeile zeigt Wahrscheinlichkeiten, die anderen vier Tabellenzeilen enthalten relative Häufigkeiten.
Welche Zeile enthält die Wahrscheinlichkeit?

1	2	3	4	5	6
5 %	10 %	38 %	33 %	7 %	7 %
15 %	10 %	22 %	33 %	11 %	9 %
8 %	5 %	33 %	30 %	9 %	15 %
4 %	5 %	33 %	51 %	1 %	6 %
9 %	7 %	34 %	34 %	7 %	9 %

Fig. 1

Bisher wurden die gaußschen Glockenfunktionen „nur" zur Beschreibung von Histogrammen im Anschluss an eine Datenerhebung benutzt. Im Folgenden werden sie als **Wahrscheinlichkeitsdichten** gedeutet, mit deren Hilfe man **Prognosen** erstellen kann. Damit eröffnet sich die Möglichkeit, über die „Welt der Würfel und der Glücksspiele" hinaus auch viele alltägliche Zufallsvorgänge und Stichprobenerhebungen durch **Wahrscheinlichkeiten** zu beschreiben („zu modellieren"). Dies wird an folgender Situation erläutert.

Aufgrund von Daten, die das Gesundheitsamt in Köln erhoben hat, weiß man, dass sich die Histogramme zur Verteilung der Körpergröße X (in cm) bei männlichen Schülern der Klassenstufe 9 in den vergangenen Jahren hervorragend beschreiben ließen durch die Glockenfunktion $\varphi_{\mu;\sigma}$ mit $\mu = 173$ und $\sigma = 8$. Man erwartet dies auch für die bevorstehende Reihenuntersuchung. Da man „erwartete relative Häufigkeiten" als **Wahrscheinlichkeiten** deutet, kann man z. B. sagen: Die **Wahrscheinlichkeit** $P(170 \leq X \leq 175)$, dass ein zufällig ausgewählter Schüler dieser Jahresstufe eine Körpergröße zwischen 170 und 175 besitzt, hat den Wert

$$P(170 \leq X \leq 175) = \int_{170}^{175} \varphi_{173;8}(x)\,dx = \Phi\left(\frac{175-173}{8}\right) - \Phi\left(\frac{170-173}{8}\right) \approx 0{,}245 \approx 24{,}5\%.$$

Symmetrie:
Bei Quadern sind die Wahrscheinlichkeiten gegenüberliegender Seiten gleich groß. Die Wahrscheinlichkeitsverteilung ist symmetrisch. Das gilt auch für die Wahrscheinlichkeitsverteilung der Körpergrößen. Sie ist symmetrisch zum Erwartungswert μ. Die relativen Häufigkeitsverteilungen sind dagegen zufallsabhängig und selten genau symmetrisch.

Klasse	Modell Wahrsch.	Wirklichkeit rel. H. Nord	rel. H. Ost
(143;148]	0,1 %	0,2 %	0,6 %
(148;153]	0,5 %	0,6 %	0,2 %
(153;158]	2,4 %	1,8 %	3,6 %
(158;163]	7,5 %	7,5 %	8,0 %
(163;168]	16,0 %	13,5 %	15,6 %
(168;173]	23,4 %	20,5 %	24,4 %
(173;178]	23,4 %	25,5 %	24,2 %
(178;183]	16,0 %	19,9 %	14,8 %
(183;188]	7,5 %	8,6 %	6,8 %
(188;193]	2,4 %	1,6 %	1,4 %
(193;198]	0,5 %	0,2 %	0,2 %
(198;203]	0,1 %	0,0 %	0,2 %
μ	173	$\bar{x} = 173{,}87$	$\bar{x} = 172{,}76$
σ	8	$s_x = 7{,}93$	$s_x = 7{,}96$

Fig. 2 zeigt die Wahrscheinlichkeiten weiterer Größenklassen und zum Vergleich die später bei Reihenuntersuchungen in verschiedenen Stadtbezirken tatsächlich beobachteten relativen Häufigkeiten. Man erkennt, dass die Wahrscheinlichkeiten die relativen Häufigkeiten tatsächlich gut prognostizieren.
Der Parameter μ der Glockenfunktion beschreibt, welchen Mittelwert $\bar{x}$ man erwartet. μ wird daher als **Erwartungswert** bezeichnet. Der Parameter σ gibt an, welche (empirische) Standardabweichung s_x man erwartet, und wird als theoretische **Standardabweichung** bezeichnet. Man definiert allgemeiner:

Wahrscheinlichkeitsdichten beschreiben die Wahrscheinlichkeit pro Intervalllänge. Es gilt nämlich
$$\frac{P(a \leq X \leq b)}{b-a} = \frac{\int_a^b \varphi_{\mu;\sigma}(x)\,dx}{b-a}$$
$$\approx \varphi_{\mu;\sigma}\left(\frac{a+b}{2}\right)$$

Ein **Merkmal** X heißt **normalverteilt** mit Erwartungswert μ und Standardabweichung σ, wenn sich die Wahrscheinlichkeit $P(a \leq X \leq b)$ berechnen lässt als Integral

$$P(a \leq X \leq b) = \int_a^b \varphi_{\mu;\sigma}(x)\,dx = \Phi\left(\frac{b-\mu}{\sigma}\right) - \Phi\left(\frac{a-\mu}{\sigma}\right).$$

Die Glockenfunktion $\varphi_{\mu;\sigma}$ bezeichnet man als Wahrscheinlichkeitsdichte.

Weitere nützliche Werte:

Weitere nützliche Werte:

Intervall-radius	zug. Wahr-scheinl.
$0,674\,\sigma$	$50\,\%$
$1,281\,\sigma$	$80\,\%$
$1,645\,\sigma$	$90\,\%$
$1,960\,\sigma$	$95\,\%$
$2,576\,\sigma$	$99\,\%$

Sigma-Regeln

Bei allen normalverteilten Merkmalen X beträgt die Wahrscheinlichkeit, dass ein Stichprobenwert im 1σ-Intervall [μ − σ; μ + σ] um den Erwartungswert liegt, ca. 68 %, denn es gilt:

$$P(\mu - \sigma \leq X \leq \mu + \sigma) = \Phi\left(\frac{(\mu + \sigma) - \mu}{\sigma}\right) - \Phi\left(\frac{(\mu - \sigma) - \mu}{\sigma}\right) = \Phi(1) - \Phi(-1) = 0,6827.$$

Entsprechend erhält man die 2σ- und die 3σ-Regel:

$$P(\mu - 2\sigma \leq X \leq \mu + 2\sigma) = \Phi(2) - \Phi(-2) = 0,9545$$
$$P(\mu - 3\sigma \leq X \leq \mu + 3\sigma) = \Phi(3) - \Phi(-3) = 0,9973$$

Wahrscheinlichkeit „einzelner Werte", Stetigkeitskorrektur

Bei normalverteilten Merkmalen X wie der Körpergröße hat „die Wahrscheinlichkeit eines festen Wertes a" die Größe Null, denn es gilt

$$P(X = a) = \int_a^a \varphi_{\mu;\sigma}(x)\,dx = 0. \quad \text{Folglich gilt auch } P(a \leq X \leq b) = P(a < X < b).$$

Das scheint paradox. Obwohl es etliche Neuntklässler gibt, die z. B. 180 cm groß sind, soll die Wahrscheinlichkeit dafür 0 sein? Der Widerspruch löst sich auf, wenn man bedenkt, dass Körpergrößen meist nur auf Zentimeter genau gemessen werden. Zur Maßzahl 180 gehört also „in Wirklichkeit" das Intervall [179,5; 180,5] mit der Wahrscheinlichkeit

$$P(a \leq X \leq b) = \Phi\left(\frac{180,5 - 173}{8}\right) - \Phi\left(\frac{179,5 - 173}{8}\right) \approx \Phi(0,84) - \Phi(0,81) \approx 3,4\,\%.$$

Dies zeigt, wie Merkmale Z, die nur ganzzahlige Werte annehmen können, näherungsweise durch eine Normalverteilung mit der Dichte $\varphi_{\mu;\sigma}$ beschrieben werden können. Man stellt sich vor, die ganzzahligen Werte seien durch Runden entstanden und benutzt die Formeln

Merkmale, deren Werte alle reellen Zahlen annehmen können, nennt man „stetig", ganzzahlige Merkmale werden als „diskret" bezeichnet.

$$P(Z = a) = \int_{a-0,5}^{a+0,5} \varphi_{\mu;\sigma}(x)\,dx = \Phi\left(\frac{a + 0,5 - \mu}{\sigma}\right) - \Phi\left(\frac{a - 0,5 - \mu}{\sigma}\right) \quad \text{und}$$

$$P(a \leq Z \leq b) = \int_{a-0,5}^{b+0,5} \varphi_{\mu;\sigma}(x)\,dx = \Phi\left(\frac{b + 0,5 - \mu}{\sigma}\right) - \Phi\left(\frac{a - 0,5 - \mu}{\sigma}\right).$$

Die Veränderung der Integrationsgrenzen um 0,5 wird als **Stetigkeitskorrektur** bezeichnet.

Beispiel 1: (stetiges Merkmal)

Das Gewicht X (in g) von Rosinenbrötchen lässt sich beschreiben durch eine Normalverteilung mit μ = 54 und σ = 2.

Wie groß ist die Wahrscheinlichkeit, dass für ein zufällig herausgegriffenes Brötchen gilt

a) X < 52   b) X ≤ 52   c) 51 ≤ X ≤ 57   d) 56 ≤ X?

Lösung:

Beachten Sie: Die Aufgaben a) und b) haben die gleiche Lösung.

a), b) $\Phi\left(\frac{52 - 54}{2}\right) \approx 15,87\,\%$ c) $\Phi\left(\frac{57 - 54}{2}\right) - \Phi\left(\frac{51 - 54}{2}\right) \approx 86,64\,\%$

d) $1 - \Phi\left(\frac{56 - 54}{2}\right) \approx 15,87\,\%$

Beispiel 2: (ganzzahliges Merkmal)

Die Anzahl Z der Rosinen in Rosinenbrötchen lässt sich näherungsweise beschreiben durch eine Normalverteilung mit μ = 14,2 und σ = 3,5. Wie groß ist die Wahrscheinlichkeit, dass ein zufällig ausgesuchtes Brötchen

a) genau 14 Rosinen enthält   b) zwischen 12 und 16 Rosinen enthält?

Lösung:

Man rechnet mit Stetigkeitskorrektur.

a) $\Phi\left(\frac{14,5 - 14,2}{3,5}\right) - \Phi\left(\frac{13,5 - 14,2}{3,5}\right) \approx 11\,\%$ b) $\Phi\left(\frac{16,5 - 14,2}{3,5}\right) - \Phi\left(\frac{11,5 - 14,2}{3,5}\right) \approx 52\,\%$

Aufgaben

2 Ein stetiges Merkmal X ist normalverteilt mit $\mu = 120$ und $\sigma = 10$. Berechnen Sie die Wahrscheinlichkeiten

a) $P(X < 120)$ b) $P(X \leq 120)$ c) $P(110 \leq X \leq 130)$

d) $P(120 < X < 140)$ e) $P(130 \leq X)$ f) $P(130 = X)$.

3 Ein ganzzahliges Merkmal X lässt sich beschreiben durch eine Normalverteilung mit $\mu = 120$ und $\sigma = 10$. Berechnen Sie mit Stetigkeitskorrektur näherungsweise die Wahrscheinlichkeiten

a) $P(X < 120)$ b) $P(X \leq 120)$ c) $P(110 \leq X \leq 130)$

d) $P(120 < X < 140)$ e) $P(130 \leq X)$ f) $P(130 = X)$.

4 Ein stetiges Merkmal X ist normalverteilt mit dem Erwartungswert $\mu = 12$ und $\sigma = 5$.
a) Berechnen Sie die Wahrscheinlichkeiten
$P(11 < X < 13)$; $P(11,5 < X < 12,5)$; $P(11,9 < X < 12,1)$; $P(X = 12)$.
b) Multiplizieren Sie $\varphi_{12;5}(12)$ mit 2, mit 1, mit 0,2.
Formulieren Sie einen Zusammenhang mit den Ergebnissen von a).

5 Ein Merkmal ist normalverteilt mit $\mu = 20$ und $\sigma = 10$.
Mit welcher Wahrscheinlichkeit ist ein Stichprobenwert negativ?

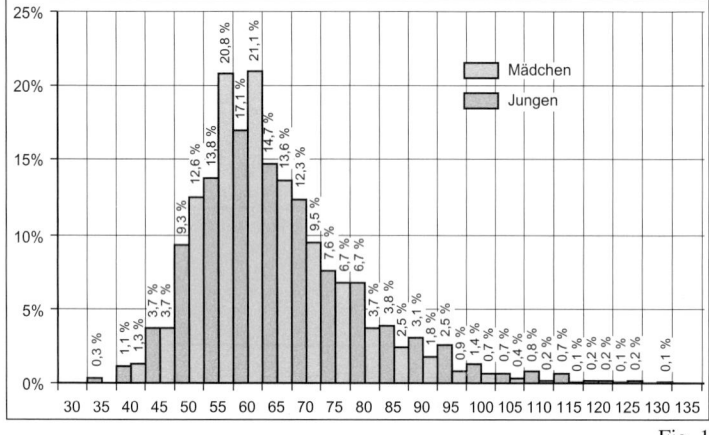

Fig. 1

6 In einer Reihenuntersuchung der Klassenstufe 9 ergab sich für das Körpergewicht X (in kg) bei den Jungen $\overline{x} = 66,6$; $s_x = 14,7$ und bei den Mädchen $\overline{x} = 59,5$; $s_x = 12,3$ (Fig. 1).
Nehmen Sie an, das Körpergewicht sei normalverteilt mit $\mu = \overline{x}$ und $\sigma = s_x$.
a) Berechnen Sie aufgrund dieser Annahme für beide Geschlechter die Wahrscheinlichkeiten $P(X \geq 87,5)$ und $P(X \leq 47,5)$.
b) Bestimmen sie aus dem Stabdiagramm die beobachteten relativen Häufigkeiten.
c) Kommentieren Sie die Abweichungen zu den in a) berechneten Wahrscheinlichkeiten.

7 Ein Merkmal X ist normalverteilt mit $\mu = 30$ und $\sigma = 2$.
a) Berechnen Sie die Wahrscheinlichkeit, dass ein Stichprobenwert des Merkmals im Intervall [26; 34] liegt.
b) Wie ändert sich diese Wahrscheinlichkeit, wenn man σ verändert?
c) Wie ändert sich diese Wahrscheinlichkeit, wenn man μ verändert?

Wie schlau sind die Deutschen? Gut zwei Drittel haben einen Durchschnitts-IQ zwischen 85 und 115. Überdurchschnittlich intelligent sind 16 Prozent. Wer den Test vergeigt, darf sich trösten: Nur 2 % sind mit einem weit überdurchschnittlichen IQ über 130 gesegnet.

(Express vom 03.09.01 anlässlich einer IQ-Fernseh-Show)

8 Überprüfen Sie die Angaben des Zeitungsartikels unter Beachtung der Tatsache, dass Intelligenztests so konstruiert sind, dass der IQ der Gesamtpopulation (hier: „die Deutschen") den Erwartungswert $\mu = 100$ hat und die Standardabweichung den Wert $\sigma = 15$ besitzt.

4 Hypergeometrische Verteilung

1 Mini-Lotto: Eine Lostrommel enthält anfangs fünf nummerierte Kugeln. Es werden drei Kugeln entnommen, auf denen die Gewinnzahlen stehen.
a) Wie viele Ziehungsergebnisse sind möglich?
b) Mit welcher Wahrscheinlichkeit hat ein Spieler in einem Tipp alle Gewinnzahlen angekreuzt?
c) Mit welcher Wahrscheinlichkeit hat ein Spieler in einem Tipp zwei Richtige?

In einer Urne befinden sich rote und blaue Kugeln. Zieht man mit Zurücklegen, so ist die Anzahl X der roten Kugeln binomialverteilt. Wenn dagegen ohne Zurücklegen gezogen wird, dann gelangt man zu hypergeometrisch verteilten Zufallsgrößen. Aus einer Urne mit acht roten und fünf blauen Kugeln werden drei Kugeln gezogen. Es wird einmal mit Zurücklegen gezogen (Fig. 1) und einmal ohne (Fig. 2). Die Zufallsgröße X beschreibe jeweils die Zahl der gezogenen roten Kugeln. Mit einem Baumdiagramm kann z. B. die Wahrscheinlichkeit $P(X = 2)$ bestimmt werden.

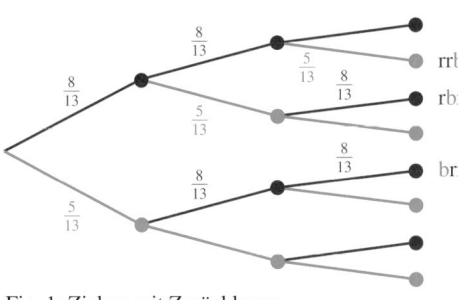

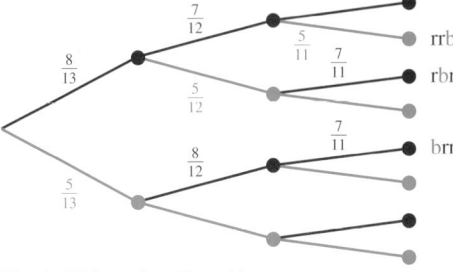

Fig. 1: Ziehen mit Zurücklegen

Fig. 2: Ziehen ohne Zurücklegen

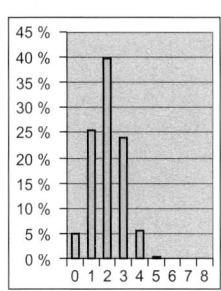

Fig. 3

Beim Ziehen mit Zurücklegen bleiben die Wahrscheinlichkeiten auf jeder Stufe gleich. Aus den markierten Pfaden ergibt sich:
$$P(X = 2) = 3 \cdot \left(\frac{8}{13}\right)^2 \cdot \frac{5}{13} \approx 0{,}4370.$$

Beim Ziehen ohne Zurücklegen ändern sich die Wahrscheinlichkeiten auf jeder Stufe. Aus den markierten Pfaden ergibt sich:
$$P(X = 2) = 3 \cdot \frac{8}{13} \cdot \frac{7}{12} \cdot \frac{5}{11} \approx 0{,}4895.$$

Außer mit einem Baumdiagramm kann man die Wahrscheinlichkeit für das Ziehen ohne Zurücklegen auch durch folgende kombinatorische Überlegung erhalten.

Das Ereignis „X = 2" tritt ein, wenn von den acht roten Kugeln zwei gezogen werden und von den fünf blauen Kugeln eine gezogen wird. Dafür gibt es $\binom{8}{2}$ bzw. $\binom{5}{1}$ Möglichkeiten. Also gibt es $\binom{8}{2} \cdot \binom{5}{1}$ Möglichkeiten, zwei rote Kugeln und eine blaue Kugel zu entnehmen. Insgesamt gibt es $\binom{13}{3}$ gleich wahrscheinliche Möglichkeiten, drei von den 13 Kugeln zu entnehmen. Also ergibt sich $P(X = 2) = \frac{\binom{8}{2} \cdot \binom{5}{1}}{\binom{13}{3}} \approx 0{,}4895$. Mit dieser Überlegung erhält man allgemein:

In einer Urne befinden sich N Kugeln, von denen M rot und N – M blau sind. Es werden n Kugeln **ohne Zurücklegen** daraus gezogen.
Beschreibt die Zufallsgröße X die Anzahl der roten unter den gezogenen Kugeln, so gilt:
$$P(X = k) = \frac{\binom{M}{k} \cdot \binom{N-M}{n-k}}{\binom{N}{n}}, \quad 0 \leq k \leq n \ (M \leq N; \ n \leq N).$$
Eine solche Zufallsgröße heißt **hypergeometrisch verteilt mit den Parametern m, M, N.**

Für Erwartungswert und Varianz einer hypergeometrisch verteilten Zufallsvariable gilt:

Eine hypergeometrisch verteilte Zufallsgröße X mit den Parametern n, M, N hat den Erwartungswert $E(X) = n \cdot \frac{M}{N}$ und die Varianz $V(X) = n \cdot \frac{M}{N} \cdot \left(1 - \frac{M}{N}\right) \cdot \frac{N-n}{N-1}$.

Bemerkung: Die hypergeometrische Verteilung kann unter gewissen Bedingungen durch die Binomialverteilung angenähert werden. Siehe dazu Aufgabe 7.

Beispiel:
Berechnen Sie die Wahrscheinlichkeit, beim Lottospiel „6 aus 49" in einem Tipp
a) eine einzige Zahl richtig zu haben
b) höchstens vier Richtige zu haben.
Lösung:
Die Zufallsgröße X beschreibe die Zahl der richtig getippten Zahlen (der „Richtigen"). Sie ist hypergeometrisch verteilt mit den Parametern N = 49, M = 6, n = 6. Von den 49 Kugeln kann man sich nämlich die Gewinnzahlen rot markiert denken, die 43 anderen blau.

Lotto „6 aus 49" wird in Deutschland seit 1955 gespielt. Die erste Ziehung fand am 9. Oktober um 16:00 Uhr in Hamburg statt. Die Zahl 13 wurde als erste Glückszahl gezogen von Elvira, einem Waisenkind. Die ersten Gewinnzahlen waren: 3 – 12 – 13 – 16 – 23 – 41.

a) $P(X = 1) = 6 \cdot \frac{43}{49} \cdot \frac{42}{48} \cdot \frac{41}{47} \cdot \frac{40}{46} \cdot \frac{39}{45} \cdot \frac{6}{44} = \frac{\binom{6}{1} \cdot \binom{43}{5}}{\binom{49}{6}} \approx 0{,}4130$

b) $P(X \leq 4) = 1 - (P(X = 5) + P(X = 6)) = 1 - \left(\frac{\binom{6}{5} \cdot \binom{43}{1}}{\binom{49}{6}} + \frac{\binom{6}{6} \cdot \binom{43}{0}}{\binom{49}{6}} \right) \approx 0{,}999\,982$

Aufgaben

2 Berechnen Sie zu der hypergeometrischen Verteilung mit den Parametern N = 20, M = 10, n = 6 alle Werte $P(X = k)$, $0 \leq k \leq n$, und stellen Sie die Verteilung in einem Diagramm dar.

3 Eine Urne enthält 12 weiße und acht schwarze Kugeln. Es werden vier davon ohne Zurücklegen gezogen. Mit welcher Wahrscheinlichkeit sind es
a) nur weiße   b) nur schwarze   c) ebenso viele weiße wie schwarze?

4 Rund ums Lottospiel
a) Berechnen Sie die Wahrscheinlichkeiten für k Richtige beim Lotto „6 aus 49", $0 \leq k \leq 6$. („7 aus 38", $0 \leq k \leq 7$).
b) Beim Lotto „6 aus 49" am Samstag werden jeweils etwa 100 Millionen Tipps abgegeben. Wie oft kann man dabei etwa sechs Richtige erwarten? Wie viele Tipps etwa werden gar keine Zahl richtig haben? Bei wie vielen Tipps wird gewonnen, d. h. mindestens drei Richtige erzielt?
c) Eine Ziehung mit sechs aufeinander folgenden Zahlen heißt Sechsling. Wie viele Sechslinge sind beim Lotto möglich? Was ist wahrscheinlicher – ein Sechsling oder fünf Richtige? Schätzen Sie, bevor Sie rechnen.
d) Schon 1643 wurde in Genua ein Lotto „5 aus 120" und 1682 in Neapel ein Lotto „5 aus 90" gespielt. Mit welcher Wahrscheinlichkeit hatte man damals fünf Richtige (keine Zahl richtig, drei Richtige)?
e) Neben den sechs Gewinnzahlen beim „6 aus 49" wird noch eine Zusatzzahl gezogen, die den Gewinn bei drei oder vier oder fünf Richtigen erhöht. Hat man sechs Richtige und die Superzahl – eine weitere ausgeloste Zahl zwischen 0 und 9 – richtig, so erhöht sich der Gewinn ebenfalls. Durch diese Erweiterungen gibt es acht Gewinnklassen (siehe Tabelle). Berechnen Sie die Gewinnwahrscheinlichkeiten für die Klassen.

Gewinnklassen beim Lotto

Klasse	Richtige
I	6 mit Superzahl
II	6 ohne Superzahl
III	5 mit Zusatzzahl
IV	5 ohne Zusatzzahl
V	4 mit Zusatzzahl
VI	4 ohne Zusatzzahl
VII	3 mit Zusatzzahl
VIII	3 ohne Zusatzzahl

5 Aus einem Skatspiel werden mit einem Griff drei Karten gezogen. Wie groß ist die Wahrscheinlichkeit, dass dabei

a) nur Buben gezogen werden

b) zwei Buben gezogen werden

c) nur Herzkarten gezogen werden

d) Kreuz Ass gezogen wird?

6 Aus einer Gruppe von 10 Jungen und 8 Mädchen werden 3 Personen als Sprecher zufällig ausgewählt. Die Zufallsgröße X beschreibe die Anzahl der Jungen unter den Sprechern.

a) Ermitteln Sie die Wahrscheinlichkeitsverteilung von X.

b) Mit welcher Wahrscheinlichkeit sind mindestens 2 Jungen Sprecher der Gruppe?

Die Berechnung der hypergeometrischen Verteilung ist aufwändiger als die der Binomialverteilung, da ein Parameter mehr zu berücksichtigen ist. Es ist jedoch in vielen Fällen zulässig, die Binomialverteilung als Näherung für die hypergeometrische Verteilung zu verwenden.

In der Regel benutzt man diese Approximation, falls $n \leqq \frac{N}{10}$.

7 Etwa 33 Prozent der Deutschen haben die Blutgruppe A+. Es wird eine Stichprobe von 10 Personen auf Blutgruppenzugehörigkeit untersucht.

a) Wie groß ist die Wahrscheinlichkeit, dass höchstens zwei der Untersuchten zur Blutgruppe A+ gehören, wenn die Stichprobe durchgeführt wird

I) in einer Großstadt mit 100 000 Einwohnern   II) in einem Dorf mit 100 Einwohnern?

b) Vergleichen Sie die Ergebnisse von I) und II) mit den Ergebnissen bei folgendem Vorgehen: Man macht die (eigentlich falsche) Annahme, dass X binomialverteilt mit den Parametern n = 10 und p = 0,33 sei. Wie sind die geringen Abweichungen zu erklären?

Allgemein gilt:

Die hypergeometrische Verteilung mit den Parametern n, M, N kann man durch die Binomialverteilung mit den Parametern n und $p = \frac{M}{N}$ annähern, wenn der Stichprobenumfang n klein ist im Vergleich zu M und N – M. Es gilt dann

$$\frac{\binom{M}{k} \cdot \binom{N-M}{n-k}}{\binom{N}{n}} \approx \binom{n}{k} \cdot \left(\frac{M}{N}\right)^k \cdot \left(1 - \frac{M}{N}\right)^{n-k}, \quad 0 \leqq k \leqq n.$$

Excel-File HyperGeo.xls

8 Bei Excel können Sie sich die hypergeometrische Verteilung mit der Funktion HYPERGEOMVERT leicht berechnen lassen. Die Funktion wird einfach über den Menüpunkt *Einfügen – Funktion – Statistik* aufgerufen, dann werden die Parameter eingesetzt; zuerst k (im Bild ist der Wert für k bei A6), dann n, dann M und zuletzt N. Von B6 aus wird die Spalte B bis B11 nach unten ausgefüllt. Damit die Bezüge für die Parameter N, M, n stimmen, ist es nötig, die entsprechenden Zeileneinträge mit dem $-Zeichen zu fixieren.

	B6	▼	= =HYPGEOMVERT(A6;C$3;B$3;A$3)	
	A	B	C	D	E
1	**Hypergeometrische Verteilung**				
2	N	M	n		
3	20	8	5		
4					
5	k	P(X=k)	P(X<=k)		
6	0	0,05108359	0,05108359		
7	1	0,25541796	0,30650155		
8	2	0,39731682	0,70381837		
9	3	0,23839009	0,94220846		
10	4	0,05417957	0,99638803		
11	5	0,00361197	1		
12					
13					
14					
15					

Fig. 1

a) Bestimmen Sie mit einer Tabellenkalkulation die Werte der hypergeometrischen Verteilung zu den Parametern N = 30, M = 20 und n = 8.

b) Überprüfen Sie: P(X = 0) + P(X = 1) + ... + P(X = n) = 1.

c) Fügen Sie in einer weiteren Spalte die kumulierten Häufigkeiten P(X ≦ k) hinzu.

d) Erstellen Sie ein Diagramm der hypergeometrischen Verteilung.

e) Untersuchen Sie, für welches k die hypergeometrische Verteilung die größte Wahrscheinlichkeit hat. Variieren Sie die Parameter und äußern Sie eine Vermutung.

f) Untersuchen Sie mit Excel oder einem CAS, wie gut die hypergeometrische Verteilung sich durch die Binomialverteilung approximieren lässt (vgl. Aufgabe 7). Erzeugen Sie dazu eine Folge von Verteilungen mit N = 2a, M = a (a = 10; 20; 40; 80) und festem Stichprobenumfang n = 5.

5 Geometrische Verteilung

1   Ein Spieler setzt beim Roulette immer auf das erste Dutzend. Die Wahrscheinlichkeit für einen Gewinn beträgt $\frac{12}{37}$. Bei einem Gewinn erhält er das Dreifache seines Einsatzes zurück.

a) Mit welcher Wahrscheinlichkeit gewinnt er erst beim zweiten (dritten) Spiel?
b) Mit welcher Wahrscheinlichkeit braucht er mindestens vier Spiele bis zu einem Gewinn?
c) Mit welcher Wahrscheinlichkeit erhält er seinen Einsatz bei drei Spielen zurück?

Oft interessiert bei einem BERNOULLI-Experiment nicht die Wahrscheinlichkeit für die Anzahl der Treffer, sondern die Wahrscheinlichkeit dafür, wie viele Durchführungen bis zum ersten Treffer

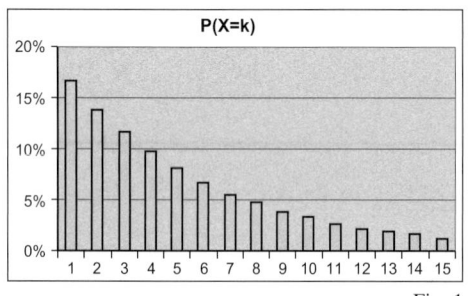

Fig. 1

nötig sind. Die zugehörige Verteilung heißt geometrische Verteilung. Beim „Mensch-ärgere-dich-nicht" kann man z. B. erst beginnen, wenn eine Sechs fällt. Die Wahrscheinlichkeit, erst beim dritten Wurf eine Sechs zu würfeln, beträgt $\left(1-\frac{1}{6}\right)^2 \cdot \frac{1}{6} \approx 0,1157,$ denn bei den ersten zwei Würfen darf noch keine Sechs gefallen sein.
Beschreibt die Zufallsgröße X die Zahl der Würfe bis zum ersten Treffer bei einem BERNOULLI-Experiment, so ist $P(X = k) = (1 - p)^{k-1} \cdot p,$ denn dem ersten Treffer müssen k – 1 Fehlschläge vorangegangen sein. Das Säulendiagramm zeigt die Verteilung von X.

Siehe Excel-File
Geomet.xls

Definition: Eine Zufallsgröße X heißt **geometrisch verteilt mit Parameter p**, wenn gilt:
$$P(X = k) = (1 - p)^{k-1} \cdot p, \ k \in \mathbb{N}.$$

Weiterhin interessiert die Frage nach dem Ereignis „X > k", also nach der Wahrscheinlichkeit dafür, dass man mehr als k Würfe bis zum ersten Treffer warten muss. Das bedeutet, dass einschließlich bis zum k-ten Wurf nur Misserfolge auftreten. Daher gilt:

$P(X > k) = q^k$ und $P(X \le k) = 1 - q^k.$

Hierbei wurde q = 1 – p gesetzt. Außerdem gilt:

Zur Herleitung von
$E(X) = \frac{1}{p}$
siehe Aufgabe 9.

Satz: Eine geometrisch verteilte Zufallsgröße X mit dem Parameter p > 0 hat den Erwartungswert $E(X) = \frac{1}{p}$ und die Varianz $V(X) = \frac{1-p}{p^2}.$

Beispiel:
Eine Firma produziert Bauteile. Aus einer Statistik geht hervor, dass in einem Jahr ein Zehntel der noch funktionierenden Bauteile einer Bauserie versagen.
a) Wie viel Prozent der Bauteile halten länger als drei Jahre?
b) Nach wie vielen Jahren ist etwa die Hälfte der Bauteile einer Bauserie defekt?
Lösung:
X sei die Anzahl der Jahre bis zum Versagen eines Bauteils einer Bauserie. X ist geometrisch verteilt mit den Parametern p = 0,1; q = 0,9.
a) Ausführlich: $P(X > 3) = 1 - P(X \le 3) = 1 - (P(X = 1) + P(X = 2) + P(X = 3)) = 0,729.$
Kurz: $P(X > 3) = q^3 = 0,9^3 = 0,729.$
b) Es muss gelten: $P(X > k) \approx 0,5;$ also $q^k \approx 0,5;$ $k \approx \frac{\ln 0,5}{\ln q} \approx 6,6.$ Also nach sieben Jahren.

Aufgaben

2 a) Würfeln Sie mit einem Holzquader wie auf Seite 368 oder mit einem Legostein, bis eine 3 erscheint. Führen Sie das Experiment 100-mal durch. Erstellen Sie eine Tabelle für die Verteilung, wie viele Würfe Sie bis zur ersten 3 gebraucht haben.
b) Berechnen Sie für Ihre Daten das arithmetische Mittel und die Standardabweichung für die Zahl der Würfe bis zur ersten 3.
c) Die Zufallsgröße X beschreibe die Zahl der Würfe bis zur ersten 3. Berechnen Sie den Erwartungswert E(X) und die Standardabweichung σ_X unter der Annahme, dass die Wahrscheinlichkeit für eine 3 den Wert p = 0,34 hat. Vergleichen Sie mit b).

Der Wunsch nach einer Tochter ist der Vater vieler Söhne…
oder umgekehrt…

3 Mit welcher Wahrscheinlichkeit bekommt eine Familie erst nach vier Söhnen eine Tochter, wenn die Wahrscheinlichkeit für eine Jungengeburt 0,515 beträgt?

4 Mit welcher Wahrscheinlichkeit fällt beim Würfeln mit einem Würfel die erste Sechs genau (spätestens, frühestens) beim fünften Wurf? Welches ist der Erwartungswert für die Zahl der Würfe bis zur ersten Sechs?

5 Mit welcher Wahrscheinlichkeit fällt beim Würfeln mit zwei Würfeln die erste Doppelsechs genau (spätestens, frühestens) beim dreißigsten Wurf? Welches ist der Erwartungswert für die Zahl der Würfe bis zur ersten Doppelsechs?

6 Wie oft muss man mit einem Würfel (zwei Würfeln) mindestens würfeln, um mit mindestens 99 % Wahrscheinlichkeit eine Sechs (Doppelsechs) zu erzielen?

7 Als Hans Maier nachts nach Hause kommt, ist es stockfinster. Von den zehn Schlüsseln an seinem Bund versucht er, den passenden durch Ausprobieren zu finden.
Wie groß ist die Wahrscheinlichkeit, nach spätestens drei Versuchen ins Haus zu gelangen, wenn
a) er sich nicht merken kann, welchen Schlüssel er schon ausprobiert hat
b) er sich merken kann, welchen Schlüssel er schon ausprobiert hat?

8 Ein Lottospieler gibt jede Woche 100 verschiedene Tippreihen ab. Wie groß ist der Erwartungswert seiner Wartezeit bis zum ersten Sechser?

k	P(X = k)	P(Y = k)
1	0,4	
2	0,24	0,16
3	0,144	0,192
4	0,0864	0,1728
5	0,05184	0,13824
6	0,0311	0,10368
7	0,01866	0,07465
8	0,0112	0,05225
9	0,00672	0,03583
10	0,00403	0,02419

9 Berechnen Sie den Erwartungswert einer geometrisch verteilten Zufallsgröße mithilfe der Definition. Verwenden Sie dabei die Formel $1 + 2a + 3a^2 + \ldots = \frac{1}{(1-a)^2}$, falls $-1 < a < 1$.

10 Geometrische Verteilung mit EXCEL

Die Tabelle zeigt die Verteilung einer geometrisch verteilten Zufallsgröße X mit Parameter p = 0,4. Zur Erzeugung der Tabelle wird die Funktion NEGBINOMVERT (m; e; p) verwendet. Für m (Misserfolge) ist k − 1 und für e (Erfolge) der Wert 1 einzufügen. Die Funktion kann auch die Wahrscheinlichkeit für mehr als einen Erfolg bestimmen (z. B. beschreibt Y die Zahl der Versuche, bis man zwei Erfolge erzielt). Erstellen Sie zunächst die beiden ersten Spalten der Tabelle.
a) Variieren Sie den Parameter p so, dass P(X = 10) = 0,01 ist. Wieso gelingt es nicht, p so zu wählen, dass P(X = 10) = 0,1 ist?
b) Erweitern Sie die Tabelle um Spalten für P(X ≦ k) und P(X > k).
c) Erzeugen Sie die Spalte für P(Y = k).
d) Begründen Sie: In einer BERNOULLI-Kette mit Trefferwahrscheinlichkeit p tritt der r-te Treffer im k-ten Versuch mit der Wahrscheinlichkeit $\binom{k-1}{r-1} \cdot (1-p)^{k-r} \cdot p^r$ ein (k ≧ r). Überprüfen Sie diese Aussage mit EXCEL an der Zufallsgröße Y (bei Y ist r = 2).

*Man nennt die Wahrscheinlichkeitsverteilung im Fall beliebiger Trefferzahl **negative Binomialverteilung**, daher die Bezeichnung in EXCEL.*

403

6 Exponentialverteilung

Schon im Jahre 1885 er-
mittelte der Pädagoge
Ebbinghaus experimentell,
wie lange sich das Gehirn
Dinge merkt. Wie lange
können Sie sich die letti-
schen Angaben in der Ab-
bildung merken?

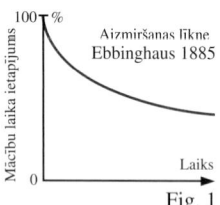

Fig. 1

Passende Wortlisten für
dieses Experiment können
unter
Vergessen Text.doc
heruntergeladen werden.

1 Die Abbildung zeigt eine „Chronik des Vergessens": Das Säulendiagramm gibt an, wie viel Prozent des Lernstoffs nach n Tagen ohne Wiederholung im Gedächtnis noch ab-rufbar sind.
a) Wie kann man überprüfen, ob es sich um eine exponentielle Abnahme handelt?
b) Es wird eine Liste von zwölf zweisilbigen Wörtern vorgelesen. Danach warten Sie 30 Sekunden und lösen dabei zur Ablenkung irgendeine Aufgabe. Notieren Sie anschlie-ßend die Wörter, an die Sie sich noch erinnern können und deren Anzahl. Wiederholen Sie das Vorgehen mit einer anderen Wortliste und warten nun 60 Sekunden, dann 90 Sekunden usw. bis 180 Sekunden. Erhalten Sie auch für diese relativ kurzen Wartezeiten eine Kurve wie die EBBINGHAUS'sche Vergessenskurve?

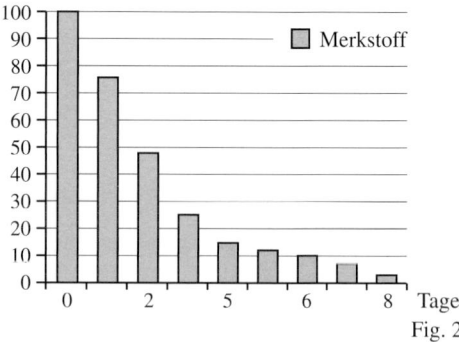

Fig. 2

Reellwertige Zufallsgrößen wie die Dauer von Telefongesprächen oder die Lebensdauer von manchen Produkten sind nicht normalverteilt. Die Form der zugehörigen Histogramme lässt sich durch Graphen von Exponentialfunktionen gut beschreiben.

Das Histogramm in Fig. 3 zeigt, wie viel Prozent der Telefongespräche in einer großen Firma im Laufe eines Tages maximal eine Minute, zwischen einer und zwei Minuten, zwischen zwei und drei Minuten usw. gedauert haben. Die Werte lassen sich durch den Graphen einer Exponen-tialfunktion $f(x) = c \cdot e^{-\lambda x}$ annähern, die man wie bei der Normalverteilung als Wahrschein-lichkeitsdichte deuten kann.

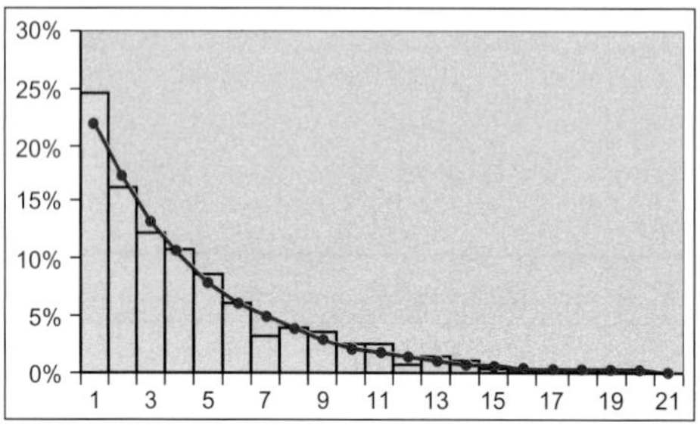

Daher muss gelten: $\int_0^\infty f(x)\,dx = 1$.

Da $\int_0^\infty f(x)\,dx = \int_0^\infty c \cdot e^{-\lambda x}\,dx = \frac{c}{\lambda}$, ergibt sich,

dass $c = \lambda$ gesetzt werden muss. Damit las-sen sich wie bei der Normalverteilung Wahr-scheinlichkeiten als Integrale berechnen.

Fig. 3

$e^{-\lambda x}$ *übernimmt die Rolle*
von $\Phi\left(\frac{x-\mu}{\sigma}\right)$.

Definition: Eine Zufallsgröße X heißt **exponential verteilt mit Parameter $\lambda > 0$**, wenn sich die Wahrscheinlichkeit, dass X einen Wert zwischen a und b annimmt, berechnen lässt durch

$$P(a \leq X \leq b) = \int_a^b \lambda \cdot e^{-\lambda x}\,dx = e^{-\lambda \cdot a} - e^{-\lambda \cdot b}. \quad (a, b \geq 0)$$

Für die Spezialfälle $a = 0$ bzw. $b \to \infty$ ergibt sich $P(X \leq b) = 1 - e^{-\lambda \cdot b}$ und $P(X > a) = e^{-\lambda \cdot a}$.

Satz: Eine exponential verteilte Zufallsgröße X mit Parameter λ hat den Erwartungswert $E(X) = \frac{1}{\lambda}$ und die Varianz $V(X) = \frac{1}{\lambda^2}$, $\sigma_X = \frac{1}{\lambda}$.

Beispiel:
Von einem Maschinentyp ist bekannt, dass seine Lebensdauer exponential verteilt ist. Der Erwartungswert für die Lebensdauer beträgt 5 Jahre. Bestimmen Sie
a) den Parameter λ der Exponentialverteilung
b) die Wahrscheinlichkeit, dass eine Maschine des Typs höchstens 7,5 Jahre funktioniert
c) die Halbwertszeit $t_{\frac{1}{2}}$, d.h. die Zeit, bis zu der eine Maschine mit 50 % Wahrscheinlichkeit ausfällt.

Lösung:
X sei die Zufallsgröße, die die Lebensdauer der Maschine beschreibt.
a) Aus $E(X) = \frac{1}{\lambda} = 5$ folgt $\lambda = 0,2$.
b) $P(X \leq 7,5) = 1 - e^{-0,2 \cdot 7,5} = 0,7769$. Mit einer Wahrscheinlichkeit von etwa 78 % hält die Maschine höchstens 7,5 Jahre.
c) $P(X \leq t_{\frac{1}{2}}) = 0,5 \Leftrightarrow 1 - e^{-0,2 \cdot t_{\frac{1}{2}}} = 0,5 \Leftrightarrow t_{\frac{1}{2}} = 3,466$.

Die Halbwertszeit der Maschine beträgt etwa 3,5 Jahre.

Aufgaben

E(x) ist mit μ abgekürzt.

2 Gegeben ist eine exponential verteilte Zufallsgröße T mit dem Parameter $\lambda = 0,5$.
a) Berechnen Sie $P(T \leq 1)$, $P(T > 3)$, $P(T \leq \mu)$, $P(1 < T \leq 3)$.
b) Berechnen Sie $P(|T - \mu| \leq \sigma)$, $P(|T - \mu| \leq 2\sigma)$, $P(|T - \mu| \leq 3\sigma)$.
c) Für welche t ist $P(T \leq t) \geq 0,9$?

3 Gegeben ist eine exponential verteilte Zufallsgröße T mit dem Parameter λ. Mit welcher Wahrscheinlichkeit nimmt T einen Wert an, der größer als $E(T)$ ist?

4 Normale Glühlampen haben eine mittlere Brenndauer von etwa 1000 Stunden, Sparlampen dagegen etwa 6000 Stunden. Angenommen, die Brenndauer ist exponential verteilt, mit welcher Wahrscheinlichkeit hält eine normale Glühlampe (eine Sparlampe)
a) mehr als 3000 Stunden
b) mindestens 1000 und höchstens 6000 Stunden?

Obwohl das radioaktive Jod-131 kurzlebig ist (Halbwertszeit acht Tage), ist es eine wesentliche Quelle interner Strahlenbelastung, weil es in der Schilddrüse konzentriert wird. Wenn Kühe nach einem Kernenergieunfall oder einer Kernexplosion Gras fressen, das Iod-131 enthält, taucht das Isotop schnell in der Milch auf... (aus MS Encarta 2001)

5 Der Zerfall radioaktiver Substanzen lässt sich durch eine Exponentialverteilung beschreiben. Mit welcher Wahrscheinlichkeit dauert es länger als einen Monat, bis ein Iod-131-Teilchen zerfällt? Wie lange dauert es, bis die Aktivität von Iod-131 auf 10 % der Anfangsaktivität zurückgegangen ist?

6 Der radioaktive Zerfall von Thoron lässt sich durch eine Exponentialverteilung beschreiben. Die Messwerte, die durch Punkte in dem Diagramm gekennzeichnet sind, wurden nach jeweils 30 Sekunden aufgenommen. Sie geben an, wie viele Zerfälle in einer Sekunde jeweils registriert wurden.
a) Bestimmen Sie die Gleichung der Dichtefunktion f(t) mithilfe der angegebenen Halbwertszeit.
b) Wie viele Zerfälle wurden insgesamt etwa gemessen?

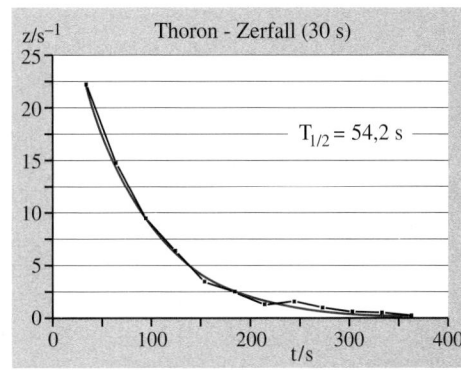

Fig. 1

7 Vermischte Aufgaben

Die unterschiedliche Schmeckfähigkeit bei Phenylthioharnstoff wurde 1931 durch einen Zufall von dem Chemiker A. L. Fox entdeckt.

1 Die chemische Verbindung Phenylthioharnstoff wird von 63 % der Bevölkerung als bitter schmeckend, vom Rest als geschmacklos empfunden. Mit welcher Wahrscheinlichkeit können
a) höchstens 80   b) höchstens 90   c) mehr als 79 und weniger als 86
von 130 Schülern den bitteren Geschmack erkennen?

2 Ein Spielwürfel wird 120-mal geworfen. Die Zufallsgröße X beschreibt, wie oft dabei eine durch 3 teilbare Augenzahl auftritt. Mit welcher Wahrscheinlichkeit nimmt X einen Wert an,
a) der größer als 37 und kleiner als 45 ist   b) der kleiner als 35 oder größer als 47 ist
c) der um weniger als 10 vom Erwartungswert abweicht?

3 Eine Firma fertigt Toaster, von denen durchschnittlich 95 % einwandfrei sind. Die Geräte werden in Kartons zu je 20 Stück versandt. Ein Karton darf vom Händler zurückgeschickt werden, wenn der Händler bei der Überprüfung aller 20 Geräte mehr als zwei defekte findet.
a) Mit welcher Wahrscheinlichkeit wird ein zufällig geprüfter Karton zurückgesendet?
b) Der Ausschussanteil hat sich unbemerkt auf 10 % erhöht. Mit welcher Wahrscheinlichkeit enthält ein zufällig geprüfter Karton trotzdem höchstens zwei defekte Toaster?

Klassen-mitte (s)	absolute Häufigkeit
9,7	0
9,9	1
10,1	9
10,3	17
10,5	16
10,7	5
10,9	5
11,1	1
11,3	0

Fig. 1

Die Daten stammen aus einem Handbuch der Olympischen Spiele von Los Angeles. Für Untersuchungen andere Laufstrecken vergleiche man die Datei Sprinten-Laender.xls.

4 Fig. 1 zeigt die Verteilung der „Bestzeiten", die in 54 Ländern der Erde beim 100 m-Sprint erreicht wurden.
a) Berechnen Sie die Häufigkeitsdichten; zeichnen Sie ein Histogramm.
b) Berechnen Sie Mittelwert und Standardabweichung der Laufzeiten.
c) $\frac{34}{54} \approx 63\%$ aller Laufzeiten liegen im Intervall [10,2; 10,6]. Vergleichen Sie dieses Ergebnis überschlagsmäßig mit der Aussage der Sigma-Regel.

5 Beim Ford-Marathon nehmen in Köln jährlich mehr als 12 000 Läufer teil. Fig. 2 informiert über deren Altersverteilung im Jahr 2000. Das durchschnittliche Alter der Männer betrug 39,9 Jahre.
a) Ist das Durchschnittsalter der Frauen höher oder niedriger? Schätzen Sie mithilfe von Fig. 2.
b) Kontrollieren Sie die Antwort aus a) durch eine Rechnung.

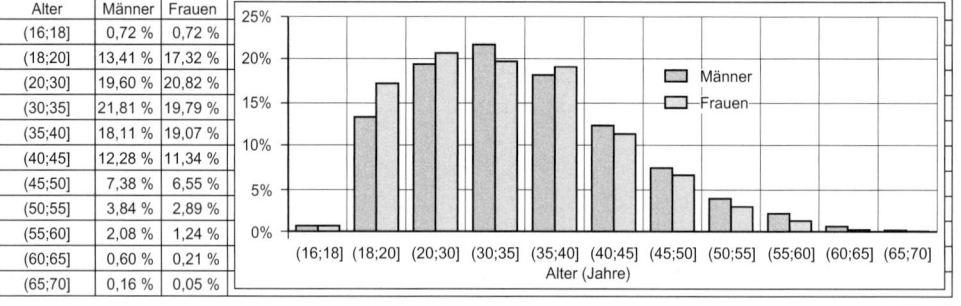

Alter	Männer	Frauen
(16;18]	0,72 %	0,72 %
(18;20]	13,41 %	17,32 %
(20;30]	19,60 %	20,82 %
(30;35]	21,81 %	19,79 %
(35;40]	18,11 %	19,07 %
(40;45]	12,28 %	11,34 %
(45;50]	7,38 %	6,55 %
(50;55]	3,84 %	2,89 %
(55;60]	2,08 %	1,24 %
(60;65]	0,60 %	0,21 %
(65;70]	0,16 %	0,05 %

Fig. 2

c) Berechnen Sie die Dichte der relativen Häufigkeiten, die zur Altersverteilung der Frauen gehört. Berücksichtigen Sie die unterschiedliche Breite der Altersklassen.
d) Stellen Sie die Altersverteilung der Frauen durch ein Histogramm dar.
e) Die Zufallsgröße X beschreibt die Laufzeiten (in min) der Männer in der Altersklasse (20; 30]. X ist näherungsweise normalverteilt mit $\mu = 250$ und $\sigma = 40$. Berechnen Sie $P(235 < X \leq 265)$ und $P(X > 265)$.

6 Im Jahr 1998 wurde in Köln eine groß angelegte Befragung zum täglichen Fernsehkonsum von Schülern der Klasse 9 durchgeführt. Man erhielt einen Mittelwert (in min) von 121 und eine Standardabweichung von 75.
a) Schätzen Sie unter Annahme einer Normalverteilung, wie viel Prozent der Neuntklässler täglich weniger als 30 Minuten bzw. mehr als 3 Stunden fernsehen.
b) Vergleichen Sie Ihr Schätzergebnis mit den tatsächlichen Werten von 6 % bzw. 30 %.

7 Nehmen Sie an: Die monatlichen Rechnungsbeträge zur Nutzung von Mobiltelefonen sind bei Abiturienten normalverteilt mit $\mu = 18{,}7 \, €$ und $\sigma = 5{,}3 \, €$. Wie viel Prozent der Abiturienten geben für ihr Mobiltelefon aus
a) mehr als 25 €   b) weniger als 10 €   c) zwischen 15 € und 20 €?

8 Bei einer Vereinsversammlung mit zehn Teilnehmern muss Protokoll geführt werden. Der Protokollführer wird ausgelost, indem jeder der Teilnehmer ein Streichholz zieht, von denen eines verkürzt ist. Wer „den Kürzeren zieht", muss das Protokoll schreiben.
Ein Teilnehmer behauptet, dass das Verfahren unfair sei, weil die Wahrscheinlichkeit, Protokollführer zu werden, für die später Ziehenden geringer sei.
a) Untersuchen Sie, ob das stimmt.
b) Wäre es geschickter, die gezogenen Streichhölzer jeweils „zurückzulegen"?

9 Das Diagramm stellt eine hypergeometrische Verteilung mit den Parametern $N = 100$ und $n = 5$ sowie die zugehörige Näherung durch die Binomialverteilung dar.
a) Schätzen Sie daraus den Parameter M. Begründen Sie Ihre Antwort.
b) Diskutieren Sie die Güte der Näherung.

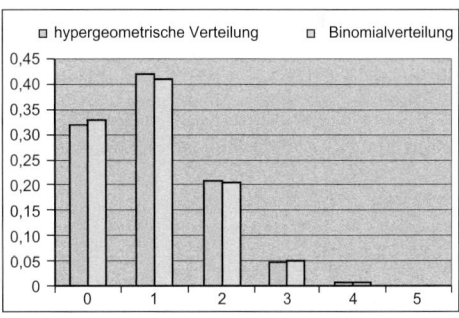

Fig. 1

10 Das Diagramm zeigt die Wahrscheinlichkeiten beim Lotto „6 aus 49", die mithilfe der hypergeometrischen Verteilung (blau) und näherungsweise mit der Binomialverteilung (grün) berechnet wurden.
a) Bestimmen Sie die Parameter der Binomialverteilung.
b) Diskutieren Sie die Abweichungen.

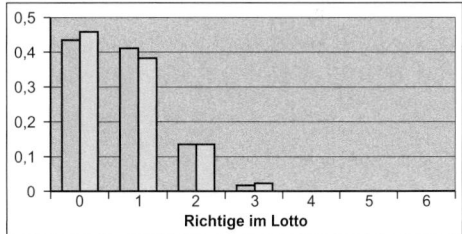

Fig. 2

Am 26. April 1986 ereignete sich im Kernkraftwerk Tschernobyl (Ukraine) ein folgenschwerer Störfall. Bei einem Test mit einem der beiden Generatoren kam es zu einem verminderten Durchfluss an Kühlmittel. Die testmäßige Teilabschaltung hatte fatalerweise eine Überhitzung der Brennstäbe zur Folge. Sie mündete in eine Explosion, bei der nahezu das gesamte Gebäude des Blockes zerstört wurde und radioaktives Material in die Umgebung gelangte. Durch leicht flüchtige Spaltprodukte (u. a. Iod-131, Cäsium-137) kam es bei dem Störfall leider auch zu höheren Strahlenbelastungen in weiten Teilen Europas.

11 Bei einem elektronischen Bauteil ist die Lebensdauer exponential verteilt. Die mittlere Lebensdauer beträgt acht Jahre. Mit welcher Wahrscheinlichkeit hält ein Bauteil dieses Typs
a) länger als zehn Jahre   b) mindestens acht Jahre   c) zwischen fünf und zehn Jahren?

12 a) Cäsium-137 hat eine Halbwertszeit von 30 Jahren.
Wie viel Prozent des anfangs bei dem Unfall in Tschernobyl freigesetzten Cäsium-137 ist heute noch aktiv?
b) Nach wie vielen Jahren beträgt die Aktivität nur noch ein Prozent der Anfangsaktivität?

Ein Pasch ist ein Wurf mit zwei gleichen Augenzahlen.

13 Mit welcher Wahrscheinlichkeit fällt beim Würfeln mit zwei idealen Würfeln der erste Pasch genau (spätestens, frühestens) beim sechsten Wurf? Bestimmen Sie den Erwartungswert für die Zahl der Würfe bis zum ersten Pasch?

Mathematische Exkursionen

Wahrscheinlichkeitsverteilung bei Permutationen

Die Wahrscheinlichkeitsverteilung bei dem folgenden Glücksspiel lässt sich nicht durch eine der bisher behandelten Verteilungen beschreiben. Vier verschiedenfarbige Karten (♣♠♥♦) eines Kartenspiels werden zufällig nebeneinander verdeckt ausgelegt. Ein Spieler legt offen vier verschiedenfarbige Karten darüber. Dann werden die Karten aufgedeckt. Ein Treffer liegt vor, wenn an derselben Position dieselbe Farbe liegt. Angenommen, die verdeckten Karten liegen in der Reihenfolge ♣♠♥♦ aus, dann zeigt Fig. 1, welche Möglichkeiten es für den Spieler gibt und wie viele Treffer k dabei jeweils erzielt werden. Daraus ergeben sich die Wahrscheinlichkeiten in Fig. 2 für die Trefferzahlen.

Führt man das Spiel mit mehr als vier Farben durch, dann wird das beschriebene Verfahren zur Ermittlung der Wahrscheinlichkeiten zu aufwändig. Man kann sich die verschiedenen Möglichkeiten auch ausgehend von der Reihenfolge der verdeckten Karten durch Vertauschung einiger oder aller Farben entstanden denken. Daher spricht man hier auch von **Permutationen** der Farben. Bei k Treffern liegt eine Permutation vor, bei der k Farben fest bleiben. Statt der Farben werden Zahlen 1, 2, ..., n verwendet. $P_n(k)$ bedeutet dann die Wahrscheinlichkeit, dass k Zahlen fest bleiben. Man erhält:

Reihen-folge	k	Reihen-folge	k	Reihen-folge	k	Reihen-folge	k
♣♠♥♦	4	♠♣♥♦	2	♥♠♣♦	1	♦♣♠♥	0
♣♠♦♥	2	♠♣♦♥	0	♥♣♦♠	0	♦♣♥♠	1
♣♥♠♦	2	♠♥♣♦	1	♥♠♦♣	2	♦♠♣♥	1
♣♥♦♠	1	♠♥♦♣	0	♥♦♠♣	1	♦♠♥♣	2
♣♦♠♥	1	♠♦♣♥	0	♥♦♣♠	0	♦♥♠♣	0
♣♦♥♠	2	♠♦♥♣	1	♥♦♣♠	0	♦♥♣♠	0

Fig. 1

Ein Beweis des Satzes befindet sich auf der nächsten Seite.

> **Satz:** Die Wahrscheinlichkeit, dass bei einer Permutation von n Zahlen k Zahlen fest bleiben,
> beträgt
> $$P_n(k) = \frac{1}{k!} \sum_{i=0}^{n-k} \frac{(-1)^i}{i!}, \ 0 \leq k \leq n.$$

Treffer-zahl k	Wahrschein-lichkeit $P_4(k)$ für k Treffer
0	$\frac{9}{24}$ 37,5 %
1	$\frac{8}{24}$ 33,3 %
2	$\frac{6}{24}$ 25 %
3	$\frac{0}{24}$ 0 %
4	$\frac{1}{24}$ 4,2 %

Fig. 2

*Eine Permutation heißt **fixpunktfrei**, wenn keine Zahl an ihrem Platz bleibt.*

Beispiel:

a) Bei einem Tanzkurs nehmen fünf Ehepaare teil. Jeder Herr wird einer Dame zugelost. Mit welcher Wahrscheinlichkeit tanzt kein Ehepaar gemeinsam?

b) Die Ziffernfolge 24531 soll bedeuten: Herr 1 tanzt mit Dame 2, Herr 2 mit Dame 4, Herr 3 mit Dame 5 usw. Schreiben Sie auf diese Weise alle Möglichkeiten von Teil a) auf, bei denen Herr 1 nicht mit Dame 2 und Herr 2 mit Dame 1 tanzt.

Lösung:

a) Nach dem Satz ist die gesuchte Wahrscheinlichkeit $P_5(0) = \frac{1}{0!} - \frac{1}{1!} + \frac{1}{2!} - \frac{1}{3!} + \frac{1}{4!} - \frac{1}{5!} = \frac{11}{30}$.

b) Es handelt sich um folgende neun fixpunktfreie Permutationen der Ziffern 12345, bei denen auf Platz 1 nicht die 2 und auf Platz 2 die 1 steht.

31254, 31452, 31524, 41253, 41523, 41532, 51234, 51423, 51432.

1 Fünf Briefe werden rein zufällig in fünf adressierte Umschläge gesteckt. Mit welcher Wahrscheinlichkeit gelangt mindestens ein Brief in den richtigen Umschlag?

2 Einem Schüler werden fünf Literaturauszüge und fünf zugehörige Verfasser vorgelegt. Der Schüler ordnet alle (vier der fünf, drei der fünf) Auszüge den Verfassern richtig zu. Mit welcher Wahrscheinlichkeit hätte er allein durch Raten so ein gutes Ergebnis erzielt?

Die Näherung ist brauchbar, falls $k \leq n - 5$. Verwenden Sie zur Begründung die von EULER entdeckte Formel
$$e^x = \lim_{n \to \infty} \sum_{i=0}^{n} \frac{x^i}{i!}.$$

PIERRE RÉMOND DE MONT-MORT (1678–1719), um 1700 Domherr von Notre Dame in Paris, lernte Mathematik und Physik im Selbststudium. 1708 gab er sein Essay „D'Analyse sur les jeux de Hasard" heraus.

3 a) Zeigen Sie: Die Wahrscheinlichkeiten für n Permutationen mit k Fixpunkten sind näherungsweise poissonverteilt mit Parameter $\mu = 1$, d. h. $P_n(k) \approx \frac{1}{k!}e^{-1}$.

b) Für ausreichend große n ist insbesondere $P_n(0)$ nach Teil a) nahezu unabhängig von n. Interpretieren Sie die Aussage anhand von Beispielen.

4 Beim Treize-Spiel, das auf MONTMORT zurückgeht, werden 13 Karten mit den Nummern 1 bis 13 gut gemischt und eine Karte nach der anderen abgehoben. Der Spieler gewinnt, wenn kein Kartenwert mit der Ziehungsnummer übereinstimmt. Ist das Spiel fair?

5 a) Berechnen Sie die Anzahl f_n der fixpunktfreien Permutationen für $n \leq 10$.

b) Berechnen Sie $P_n(k)$ für $n = 5$ ($n = 6$) exakt. Vergleichen Sie mit der Näherung aus Aufg. 3.

c) Stellen Sie die Wahrscheinlichkeitsverteilung $P_n(k)$ für $n = 5$ und $n = 10$ grafisch dar.

Zum Beweis des Satzes

Es wird zunächst der Spezialfall $k = 0$ der fixpunktfreien Permutationen betrachtet, bei dem gar kein Treffer auftritt. Zugehörige Permutationen und ihre Anzahlen f_n kann man für kleine n ohne Weiteres bestimmen:

n	fixpunktfreie Permutationen	f_n
1	keine	0
2	21	1
3	231, 312	2
4	2143, 2341, 2413, 3142, 3412, 3421, 4123, 4132	9

Um auf eine Gesetzmäßigkeit für größere n zu gelangen, kann man die fixpunktfreien Permutationen für $n = 5$ systematisch aufschreiben und beobachten, wie sie aus denen bei $n = 4$ hervorgehen.

Zunächst werden alle fixpunktfreien Permutationen betrachtet, bei denen auf Platz 1 die Zahl $r \in \{2, 3, 4, 5\}$ und auf Platz r die Zahl 1 steht. Steht z. B. auf Platz 1 die 2 und auf Platz 2 die 1, so haben die möglichen fixpunktfreien Permutationen die Form 21xyz. Dabei steht xyz für die f_3 fixpunktfreien Permutationen der drei Zahlen 3, 4, 5. Entsprechendes gilt, wenn $r \in \{3, 4, 5\}$. Daher ergeben sich auf diese Weise $4 f_3 = 8$ fixpunktfreie Permutationen.

Nun werden die restlichen fixpunktfreien Permutationen betrachtet. Bei diesen steht auf Platz 1 nicht die Zahl r, $r \in \{2, 3, 4, 5\}$, und auf Platz r die Zahl 1. Ist z. B. $r = 2$, steht also auf Platz 2 die 1, so müssen die Zahlen 2, 3, 4, 5 so verteilt werden, dass auf Platz 1 nicht die 2, auf Platz 3 nicht die 3, auf Platz 4 nicht die 4 und auf Platz 5 nicht die 5 kommt. Das entspricht gerade dem fixpunktfreien Vertauschen von 4 Zahlen und geht daher auf $f_4 = 9$ Möglichkeiten, die oben in Beispiel b) aufgelistet sind. Da für r vier Zahlen möglich sind, ergeben sich insgesamt $4 \cdot f_4$ Möglichkeiten für die restlichen Permutationen. Insgesamt gilt daher:
$$f_5 = 4 \cdot f_4 + 4 \cdot f_3 = 4 \cdot (f_4 + f_3).$$

Mit den gleichen Überlegungen erhält man allgemein für $n \geq 3$ die Rekursionsformel
$$f_n = (n - 1) \cdot (f_{n-1} + f_{n-2}).$$

Damit kann man f_n nacheinander, beginnend mit $f_1 = 0$ und $f_2 = 1$, berechnen.

Es ist sogar möglich, aus der Rekursionsformel eine geschlossene Formel herzuleiten. Dazu setzt man für die Differenz $f_n - n \cdot f_{n-1}$ zur Abkürzung d_n. Aus der Rekursionsformel folgt $f_n - n \cdot f_{n-1} = -f_{n-1} + (n-1) \cdot f_{n-2}$, also $d_n = -d_{n-1}$.

Diese Beziehung für ausreichend großes n mehrfach angewandt ergibt
$$d_n = (-1) d_{n-1} = (-1)^2 d_{n-2} = \ldots = (-1)^{n-2} d_2.$$

Da $d_2 = f_2 - 2f_1 = 1$ und $(-1)^{n-2} = (-1)^n$, folgt daraus $d_n = f_n - n \cdot f_{n-1} = (-1)^n$ und somit
$$f_n = n \cdot f_{n-1} + (-1)^n.$$

Division durch n! ergibt $P_n(0)$, und durch wiederholte Anwendung erhält man:
$$P_n(0) = \frac{f_n}{n!} = \frac{f_{n-1}}{(n-1)!} + \frac{(-1)^n}{n!} = \frac{f_{n-2}}{(n-2)!} + \frac{(-1)^{n-1}}{(n-1)!} + \frac{(-1)^n}{n!} = \ldots =$$
$$\ldots = \frac{1}{0!} - \frac{1}{1!} + \frac{1}{2!} - \frac{1}{3!} + \frac{1}{4!} - \frac{1}{5!} + \ldots + \frac{(-1)^n}{n!} = \sum_{i=0}^{n} \frac{(-1)^i}{i!}.$$

Dabei wurde $\frac{1}{0!} - \frac{1}{1!} = 0$ eingefügt.

Es fehlt noch die Bestimmung der Werte $P_n(k)$, $k > 0$, für die Permutationen mit genau k Fixpunkten. Zunächst müssen k Plätze für die k Fixpunkte bestimmt werden, das geht auf $\binom{n}{k}$ Arten. Die restlichen $n-k$ Plätze müssen fixpunktfrei sein, das geht auf f_{n-k} Arten. Also ergibt sich nach Division durch alle n! Möglichkeiten die Behauptung des Satzes aus
$$P_n(k) = \frac{1}{n!} \binom{n}{k} \cdot f_{n-k} = \frac{1}{n!} \cdot \frac{n!}{k! \cdot (n-k)!} f_{n-k} = \frac{1}{k!} \frac{f_{n-k}}{(n-k)!}.$$

Zu beachten ist noch, dass hier $f_0 = 1$ zu setzen ist.

Näherungsformel von DE MOIVRE-LAPLACE

Für eine binomialverteilte Zufallsgröße X mit dem Erwartungswert $\mu = n \cdot p$ und der Standardabweichung $\sigma = \sqrt{n \cdot p \cdot (1 - p)}$ gilt für große Werte von n:

$$P(k_1 \leq X \leq k_2) \approx \varphi\left(\frac{k_2 + 0,5 - \mu}{\sigma}\right) - \varphi\left(\frac{k_1 - 0,5 - \mu}{\sigma}\right).$$

Wenn die Zufallsgröße X binomialverteilt ist mit n = 220 und p = 0,4, dann gilt:

$$P(85 \leq X \leq 95) \approx \Phi\left(\frac{95,5 - 88}{\sqrt{52,8}}\right) - \Phi\left(\frac{84,5 - 88}{\sqrt{52,8}}\right)$$

$$\approx \Phi(1,03) - \Phi(-0,48) \approx 53,3\%$$

Normalverteilung

Ein **stetiges** Merkmal X heißt **normalverteilt** mit dem Erwartungswert μ und der Standardabweichung σ, wenn sie Werte zwischen a und b annimmt mit der Wahrscheinlichkeit

$$P(a \leq X \leq b) = \int_a^b \varphi_{\mu;\sigma}(x)\,dx = \Phi\left(\frac{b - \mu}{\sigma}\right) - \Phi\left(\frac{a - \mu}{\sigma}\right).$$

Bei diskreten Merkmalen arbeitet man mit Stetigkeitskorrektur.

Wenn eine Zufallsgröße X normalverteilt ist mit $\mu = 1,81$ und $\sigma = 0,42$, dann gilt:

$$P(1,5 \leq X \leq 2,1) = \Phi\left(\frac{2,1 - 1,81}{0,42}\right) - \Phi\left(\frac{1,5 - 1,81}{0,42}\right)$$

$$\approx \Phi(0,69) - \Phi(-0,74) \approx 53\%.$$

Hypergeometrische Verteilung

Eine Zufallsgröße heißt **hypergeometrisch verteilt mit den Parametern n, M, N**, wenn gilt:

$$P(X = k) = \frac{\binom{M}{k} \cdot \binom{N-M}{n-k}}{\binom{N}{n}},\ 0 \leq k \leq n.\ (M \leq N;\ n \leq N)$$

Eine hypergeometrisch verteilte Zufallsgröße X mit den Parametern n, M, N hat den Erwartungswert $E(X) = n \cdot \frac{M}{N}$

und die Varianz $\qquad V(X) = n \cdot \frac{M}{N} \cdot \left(1 - \frac{M}{N}\right) \cdot \frac{N-n}{N-1}.$

Eine hypergeometrisch verteilte Zufallsgröße mit den Parametern n, M, N kann man durch eine binomialverteilte Zufallsgröße mit den Parametern n und $p = \frac{M}{N}$ annähern, wenn der Stichprobenumfang n klein ist im Vergleich zu M und N – M. Es gilt dann

$$\frac{\binom{M}{k} \cdot \binom{N-M}{n-k}}{\binom{N}{n}} \approx \binom{n}{k} \cdot \left(\frac{M}{N}\right)^k \cdot \left(1 - \frac{M}{N}\right)^{n-k},\ 0 \leq k \leq n.$$

Hypergeometrische Verteilung mit den Parametern N = 50, M = 30, n = 5. Zum Vergleich die Binomialverteilung mit p = 0,6 und n = 5.

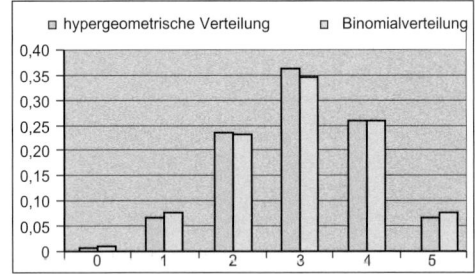

Erwartungswert $E(X) = 5 \cdot \frac{30}{50} = 3$

Varianz $V(X) = 5 \cdot \frac{30}{50} \cdot \left(1 - \frac{30}{50}\right) \cdot \frac{45}{49} = 1,10$

Geometrische Verteilung

Eine Zufallsgröße X heißt **geometrisch verteilt mit Parameter p**, wenn gilt: $P(X = k) = (1 - p)^{k-1} \cdot p,\ k \in \mathbb{N}.$

Eine geometrisch verteilte Zufallsgröße X mit dem Parameter $p > 0$ hat den Erwartungswert $E(X) = \frac{1}{p}$ und die Varianz $V(X) = \frac{1-p}{p^2}.$

X beschreibe beim wiederholten Werfen einer idealen Münze die Anzahl der Würfe bis zum 1. Mal Wappen erscheint. Dann gilt: $P(X = 3) = \left(\frac{1}{2}\right)^2 \cdot \frac{1}{2} = \frac{1}{8}.$

Exponentialverteilung

Eine Zufallsgröße X heißt **exponential verteilt mit Parameter $\lambda > 0$**, wenn sich die Wahrscheinlichkeit, dass X einen Wert zwischen a und b annimmt, berechnen lässt durch

$$P(a \leq X \leq b) = \int_a^b \lambda \cdot e^{-\lambda x}\,dx = e^{-\lambda \cdot a} - e^{-\lambda \cdot b}\ (a, b \geq 0).$$

Eine exponential verteilte Zufallsgröße X mit Parameter λ hat den Erwartungswert $E(X) = \frac{1}{\lambda}$ und die Varianz $V(X) = \frac{1}{\lambda^2}$, $\sigma_X = \frac{1}{\lambda}.$

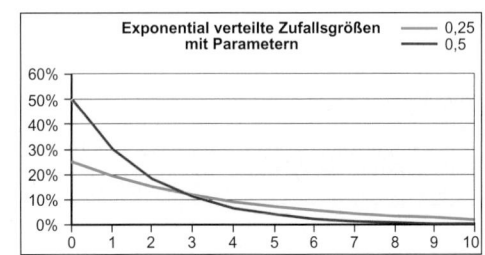

1   Im Jahr 2002 wurde in einer Zeitungsredaktion 250-mal eine 2€-Münze geworfen. Dabei fiel nur 109-mal „Zahl". Nehmen Sie an, dass bei dieser Münze trotzdem die Ergebnisse „Kopf" und „Zahl" gleich wahrscheinlich sind, und berechnen Sie näherungsweise die Wahrscheinlichkeit für
a) höchstens 109-mal „Zahl" bei 250 Würfen   b) mindestens 109-mal „Zahl" bei 250 Würfen.

2   Beim Skisprung-Worldcup 2001 in Willingen war die Verteilung der Sprungweiten (in m) gegeben durch Fig. 1.
a) Berechnen Sie für jede Klasse die relativen Häufigkeiten und die Häufigkeitsdichte.
b) Zeichnen Sie ein Histogramm.
c) Berechnen Sie Mittelwert und Stichproben-Standardabweichung.
d) Liegt die größte (142,5 m) und die kleinste (84 m) Sprungweite innerhalb des 2σ-Intervalls um den Mittelwert?

Klassenmitte	Anzahl
80	5
100	22
120	47
140	6

Fig.1

3   a) Ein stetiges Merkmal X ist normalverteilt mit $\mu = 50$ und $\sigma = 10$. Berechnen Sie $P(X < 40)$; $P(X \le 60)$; $P(30 \le X \le 50)$; $P(X > 50)$; $P(X = 50)$.
b) Ein ganzzahliges Merkmal X ist annähernd normalverteilt mit $\mu = 50$ und $\sigma = 10$. Berechnen Sie Näherungswerte für die Wahrscheinlichkeiten aus a) (Stetigkeitskorrektur).

4   Die Geburtsgröße (in cm) von Neugeborenen sei angenähert normalverteilt mit $\mu = 51,7$ und $\sigma = 1,8$. Mit welcher Wahrscheinlichkeit weicht die Geburtsgröße um höchstens 1 cm vom Erwartungswert ab?

5   Berechnen Sie für eine hypergeometrisch verteilte Zufallsvariable X mit den Parametern $n = 5$, $M = 6$, $N = 20$ sowie für die binomialverteilte Näherung Y die Wahrscheinlichkeiten $P(X = k)$ und $P(Y = k)$ für $0 \le k \le n$ und stellen Sie sie in einem Diagramm dar.

6   Mini-Lotto: Eine Lostrommel enthält anfangs zehn nummerierte Kugeln. Es werden vier Kugeln entnommen, auf denen die Gewinnzahlen stehen.
a) Wie viele Ziehungsergebnisse sind möglich?
b) Mit welcher Wahrscheinlichkeit hat ein Spieler in einem Tipp alle Gewinnzahlen, also vier Richtige, angekreuzt?
c) Mit welcher Wahrscheinlichkeit hat ein Spieler in einem Tipp zwei Richtige?

7   Setzt man beim Roulettespiel auf Manque, also auf eine der Zahlen von 1 bis 18, so beträgt die Wahrscheinlichkeit für einen Gewinn $\frac{18}{37}$. Bei einem Gewinn erhält man das Doppelte seines Einsatzes zurück. Ein Spieler setzt immer auf Manque.
a) Mit welcher Wahrscheinlichkeit gewinnt er erst beim dritten Spiel?
b) Mit welcher Wahrscheinlichkeit braucht er mindestens drei Spiele bis zu einem Gewinn?
c) Mit welcher Wahrscheinlichkeit erhält er seinen Einsatz bei zwei Spielen zurück?

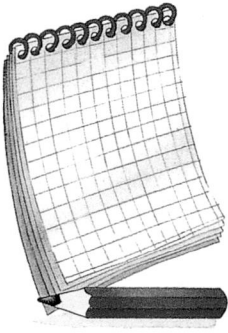

Die Lösungen zu den Aufgaben dieser Seite finden Sie auf Seite 445.

8   In einer großen Firma wurde eine Statistik über die Dauer der Telefongespräche aller Angestellten geführt. Dabei wurde festgestellt, dass die Gesprächsdauer annähernd exponential verteilt ist. 50 Prozent der Gespräche dauerten länger als 138 Sekunden.
a) Bestimmen Sie den Parameter λ der Exponentialverteilung.
b) Wie viel Prozent der Gespräche dauerten zwischen einer und drei Minuten?
c) Wie viel Prozent der Gespräche dauerten länger als 5 Minuten?
d) Wie viel Prozent der Gespräche dauerten höchstens eine Minute?

411

„Allgemeinbildung" – ein statistischer Test

> „Sind Deutschlands Schüler fit für die Zukunft? Der STERN wollte wissen, wie es um die Allgemeinbildung der Jugend steht. Das Ergebnis ist alarmierend. Experten fordern eine Bildungsreform …"
> Im Auftrag des STERN befragte das Kölner Ifep-Institut 1960 Schüler in allen Bundesländern. Auch 103 Lehrer machten den Test mit …
> Das Machtwort kam vom höchsten Mann im Staate. „Bildung muss das Mega-Thema in unserer Gesellschaft werden", forderte der Bundespräsident.
> (STERN Heft 4 1999)

Diese Zeitungsmeldung sorgte für Gesprächsstoff. Die n = 40 Testfragen auf den nächsten Seiten waren im Original „offen". Es gab also keine Auswahlantworten. Die grau unterlegten Felder zeigen die Prozentsätze richtiger Lösungen bei 1960 Schülern im Alter von 14 bis 16 Jahren aus allen Bundesländern, nach Schulformen aufgeschlüsselt. Auch die Ergebnisse der 103 Lehrer sind angegeben.

Um den Test hier nutzen zu können, wurden zu jeder Frage drei Auswahlantworten formuliert.

1   Bei Frage 8 schneiden in der offenen Form (ohne Auswahlantworten) Lehrer wie Schüler sehr schlecht ab. Haben Sie eine inhaltliche Erklärung dafür?

2   Kommentieren Sie die Testergebnisse des STERN in Form eines eigenen kleinen Zeitungsartikels. Sie können (vielleicht für Ihre Schülerzeitung) den offenen Test in Ihrer Schule durchführen und Ihre Ergebnisse mit denen des STERN vergleichen.
Natürlich ist es auch erlaubt, die Fragen abzuwandeln bzw. zu aktualisieren.

3   Simulieren Sie mithilfe eines Tabellenkalkulationsprogramms den Multiple-Choice-Test für 100 „ungebildete" Testpersonen, die den Test $(n = 40, \ p = \frac{1}{3})$ zufällig ausfüllen.
Berechnen Sie für jede Situation die relative Häufigkeit dafür, dass die Trefferzahl innerhalb des 2σ-Intervalls um μ liegt.
Sind die relativen Häufigkeiten mit der 95 %-Angabe der 2σ-Regel vereinbar?

4   Führen Sie den Multiple-Choice-Test in einer Klasse an Ihrer Schule aus. Es muss dabei sichergestellt sein, dass alle unabhängig voneinander arbeiten. Für welche (wie viele) der von Ihnen getesteten Schüler können Sie die Annahme verwerfen, sie seien „ungebildet", wenn Sie einen statistischen Test mit $p = \frac{1}{3}$ und $n = 40$ durchführen? Verwenden Sie dabei die „Sigma-Faustregel": Bei Zutreffen der Hypothese liegt die Trefferzahl mit ca. 95 % Wahrscheinlichkeit im Intervall $[\mu - 2\sigma; \mu + 2\sigma]$. Dabei gilt $\mu = np$ und $\sigma = \sqrt{np(1-p)}$.

5   Lineare Algebra
Versuchen Sie mithilfe von linearen Gleichungssystemen aus den auf den folgenden Seiten angegebenen Lösungs-Prozentwerten zu rekonstruieren, wie sich die 1960 Schüler der Stichprobe auf die vier Schultypen verteilen.
Tipp: Die erste unterlegte Spalte ist das gewichtete Mittel der folgenden vier Spalten, die zu den Schulformen gehören.

Teste deine Allgemeinbildung!

#	Frage	Antworten		✗	gesamt	Hauptschule	Realschule	Gesamtschule	Gymnasium	Lehrer
1.	Wie nennt man eine selbst geschriebene Lebensgeschichte?	a) Biografie b) Autobiografie c) Autograph	1 a 1 b 1 c	✗ (1b)	20	2	15	22	38	55
2.	Von welchem Komponisten ist die Oper „Die Zauberflöte"?	a) Wolfgang Amadeus Mozart b) Ludwig van Beethoven c) Richard Strauss	2 a 2 b 2 c	✗ (2a)	50	20	47	66	68	96
3.	Wer schrieb das Weihnachtsoratorium und die „Brandenburgischen Konzerte"?	a) Georg Friedrich Händel b) Johann Sebastian Bach c) Georg Philipp Telemann	3 a 3 b 3 c	✗ (3b)	21	6	23	15	29	70
4.	Was bedeuten die fünf Ringe auf der olympischen Flagge?	a) die fünf Götter des Olymp b) die fünf Ursprungsdisziplinen c) die fünf Kontinente	4 a 4 b 4 c	✗ (4c)	50	22	48	53	70	83
5.	Wer gründete das Deutsche Reich von 1871?	a) Bismarck b) Kaiser Wilhelm I. c) Kaiser Wilhelm IV	5 a 5 b 5 c	✗ (5a)	29	16	32	19	37	82
6.	Welches Land hatte im Zweiten Weltkrieg die meisten Toten zu beklagen?	a) Deutschland b) Polen c) Sowjetunion	6 a 6 b 6 c	✗ (6c)	8	8	7	5	11	32
7.	Seit wann gibt es in Deutschland keinen Kaiser mehr?	a) 1914 b) 1918 c) 1871	7 a 7 b 7 c	✗ (7b)	18	9	21	13	20	67
8.	Wie heißt die kleinste Speichereinheit beim Computer?	a) Chip b) Bit c) RAM	8 a 8 b 8 c	✗ (8b)	43	19	49	33	57	22
9.	Welches sind die zwei wichtigsten Bestandteile der Luft?	a) Stickstoff und Sauerstoff b) Stickstoff und Kohlendioxid c) Sauerstoff und Kohlendioxid	9 a 9 b 9 c	✗ (9a)	32	13	35	31	42	46
10.	Wer wählt den Bundeskanzler?	a) Bundesrat b) Bundesversammlung c) Bundestag	10 a 10 b 10 c	✗ (10c)	40	17	43	41	50	86
11.	Welche beiden Supermächte standen sich im Kalten Krieg gegenüber?	a) USA und China b) USA und Sowjetunion c) Deutschland und DDR	11 a 11 b 11 c	✗ (11b)	47	20	52	51	59	96
12.	Welche Stadt ist Sitz des Europaparlaments?	a) Brüssel b) Straßburg c) Luxemburg	12 a 12 b 12 c	✗ (12b)	8	5	8	4	11	41
13.	Welches Ereignis wird in Deutschland am 3. Oktober gefeiert und in welchem Jahr fand das Ereignis statt?	a) Tag der dt. Einheit / 1989 b) Tag des Mauerfalls / 1989 c) Tag der dt. Einheit / 1990	13 a 13 b 13 c	✗ (13c)	19	8	22	14	23	50

				Schüler					Lehrer
				gesamt	Hauptschule	Realschule	Gesamtschule	Gymnasium	
14. Wie heißen die beiden großen Parteien in den USA?	a) Demokraten und Konservative	14a		25	6	20	32	41	82
	b) Demokraten und Republikaner	14b	×						
	c) Konservative und Republikaner	14c							
15. Welches Land führt das Ahornblatt in der Nationalflagge?	a) Kanada	15a	×	70	49	72	70	81	98
	b) Weißrussland	15b							
	c) Finnland	15c							
16. Was bedeutet die Abkürzung „www"?	a) world wide web	16a	×	50	19	51	46	68	62
	b) wieso-weshalb-warum	16b							
	c) wirelessworldwanted	16c							
17. Wie nennt man die Abfallverwertung und Wiederverwendung von Grundstoffen?	a) Regenerierung	17a		80	60	84	73	91	98
	b) Recycling	17b	×						
	c) Ressourcing	17c							
18. Was ist ein Lichtjahr?	a) Zeitmaß	18a		17	4	17	10	27	47
	b) Helligkeitsmaß	18b							
	c) Längenmaß	18c	×						
19. Welches Metall schützt vor Röntgenstrahlen?	a) Wolfram	19a		59	45	60	63	66	85
	b) Blei	19b	×						
	c) Chrom	19c							
20. Wer war der Begründer der modernen Evolutionstheorie?	a) Jean-Jacques Rousseau	20a		20	5	17	27	32	83
	b) James Clerk Maxwell	20b							
	c) Charles Darwin	20c	×						
21. Was ist Chlorophyll?	a) Blattgrün	21a	×	39	15	39	32	56	83
	b) Betäubungsmittel	21b							
	c) Spachtelmasse der Firma Cloro	21c							
22. Im Schlussverkauf gibt es 30 % Rabatt! Wie viel bezahlst du für einen Pullover, der vorher 120 Mark gekostet hat?	a) 90 Mark	22a		42	24	46	37	51	66
	b) 84 Mark	22b	×						
	c) 80 Mark	22c							
23. 350 : 0,07 =	a) 5000	23a	×	46	31	47	54	51	66
	b) 24,5	23b							
	c) 0,5	23c							
24. Wie viel sind 64 g in kg?	a) 0,0064 kg	24a		61	40	64	58	72	92
	b) 0,64 kg	24b							
	c) 0,064 kg	24c	×						
25. Welche dieser Zahlen sind Primzahlen? 8, 11, 96, 17, 25, 3, 10, 7, 112, 9	a) 3, 7, 9, 11, 17	25a		51	23	52	61	66	76
	b) 3, 7, 11, 17	25b	×						
	c) 3, 7, 11, 17, 25	25c							
26. 200 ml Haarwaschmittel kosten 4 Mark. Wie viel kosten 250 ml?	a) 4,80 Mark	26a		65	37	67	56	80	87
	b) 5,50 Mark	26b							
	c) 5 Mark	26c	×						
27. Wie muss man seine Uhr umstellen, wenn man von Frankfurt nach New York gefolgen ist?	a) 7 Stunden vor	27a		9	8	17	21	29	39
	b) 6 Stunden zurück	27b	×						
	c) 7 Stunden zurück	27c							

				Schüler					
				gesamt	Hauptschule	Realschule	Gesamtschule	Gymnasium	Lehrer
28. In welchem Teil eines Kontinents liegen Nicaragua und Honduras?	a) Südamerika b) Mittelamerika × c) Nordamerika	28a 28b 28c		19	11	19	11	25	73
29. Welche zwei Flüsse bilden die natürliche Grenze zwischen Deutschland und Polen?	a) Neiße und Weichsel b) Weichsel und Oder c) Oder und Neiße ×	29a 29b 29c		23	11	26	23	28	86
30. Wie heißt der höchste Berg Deutschlands?	a) Zugspitze × b) Arlberg c) Feldberg	30a 30b 30c		71	52	57	72	78	98
31. Welche Sprache spricht man in Brasilien?	a) Portugiesisch × b) Spanisch c) Brasilianisch	31a 31b 31c		30	25	25	31	41	67
32. Wie heißt das wohl berühmteste Liebesdrama und wer schrieb es? Ein Liebespaar kann nicht zusammenkommen…	a) „Romeo und Julia" / Goethe b) „Tristan und Isolde" / Shakespeare c) „Romeo und Julia" / Shakespeare ×	32a 32b 32c		61	33	63	57	77	84
33. Lampe verhält sich zu Licht wie Ofen zu …	a) Feuer b) Strom c) Wärme ×	33a 33b 33c		47	35	46	50	57	69
34. Lassen, küssen, Schloss, Pass: Begründe die ss-Schreibung!	a) „ss", da scharf gesprochen b) „ss" nach kurzem Vokal × c) „ss" nach dunklem Vokal	34a 34b 34c		36	13	36	41	49	68
35. Auf, neben, vor, unter, über, … Wie nennt man diese Wortart?	a) Präposition × b) Konjunktion c) Interjektion	35a 35b 35c		42	14	40	46	62	70
36. Wer schrieb die Geschichte der „Mutter Courage"?	a) Bertolt Brecht × b) Friedrich Dürrenmatt c) Gerhart Hauptmann	36a 36b 36c		20	7	19	31	30	92
37. Welcher Popsänger veröffentlichte mit „Thriller" eines der erfolgreichsten Alben der Pop-Geschichte?	a) Tom Jones b) Michael Jackson × c) Joe Cocker	37a 37b 37c		74	59	74	88	81	63
38. Wie heißt der amerikanische Leichtathlet, der neunmal die olympische Goldmedaille gewann, zuletzt 1996 in Atlanta?	a) Ben Johnson b) Carl Lewis × c) Michael Spitz	38a 38b 38c		21	7	18	17	34	36
39. Welcher berühmte moderne Maler stellte Marylin Monroe auf Postern dar?	a) Pablo Picasso b) Egon Schiele c) Andy Warhol ×	39a 39b 39c		11	2	8	14	20	60
40. Welcher berühmte Maler schnitt sich ein Ohr ab?	a) Hieronymus Bosch b) Leonardo da Vinci c) Vincent van Gogh ×	40a 40b 40c		42	12	45	60	55	87

Aufgaben zur Vorbereitung des schriftlichen Abiturs

Analysis

1 Gegeben ist die Funktion f durch $f(x) = \frac{1}{3}(x^3 - 8x^2 + 16x)$. Ihr Graph sei K.

a) Untersuchen Sie K auf gemeinsame Punkte mit der x-Achse sowie Hoch-, Tief- und Wendepunkte. Zeichnen Sie K für $-1 \leqq x \leqq 6$.

b) Die Tangente im Wendepunkt W schneidet die y-Achse in R, die Normale im Wendepunkt W schneidet die y-Achse in S. Berechnen Sie die Länge der Strecke $\overline{RS}$.

c) Der Graph K und die x-Achse schließen im 1. Feld eine Fläche A ein. Berechnen Sie den Inhalt von A.

d) Die Tangente im Hochpunkt schneidet K in einem weiteren Punkt P. Die Gerade durch P und den Wendepunkt W teilt die Fläche A in zwei Teile. In welchem Verhältnis stehen die Inhalte dieser beiden Teilflächen?

e) Die Gerade g_m mit der Steigung m geht durch den Punkt $T(4|0)$ auf K. Bestimmen Sie diejenigen Werte von m, für die g_m mit K drei Punkte gemeinsam hat.
Für welchen Wert von m mit $m < 0$ ist einer der drei gemeinsamen Punkte von den beiden anderen gleich weit entfernt?

2 Für jedes $t > 0$ ist eine Funktion f_t gegeben durch $f_t(x) = x^3 - 2tx^2 + t^2x$.
Ihr Graph sei K_t.

a) Untersuchen Sie K_t auf gemeinsame Punkte mit der x-Achse sowie auf Hoch-, Tief- und Wendepunkte. Zeichnen Sie K_2 und K_3 für $-\frac{1}{2} \leqq x \leqq 4$ in ein gemeinsames Koordinatensystem.

b) Ermitteln Sie die Gleichung der Ortslinie, auf der die Wendepunkte aller Graphen K_t liegen. Zeichnen Sie die Ortslinie in das vorhandene Koordinatensystem ein.

c) Der Graph K_t, die x-Achse und die Gerade mit der Gleichung $x = \frac{1}{3}t$ schließen eine Fläche ein. Der Graph der Funktion g mit $g(x) = 4x^3$ teilt diese Fläche in zwei Teile. Zeigen Sie, dass das Verhältnis der Inhalte dieser Teilflächen unabhängig von t ist.

d) Die Tangente an K_t im Wendepunkt W_t schneidet die x-Achse in R, die y-Achse in S. Berechnen Sie den Inhalt $A_1(t)$ des Dreiecks ORS. Die Normale in W_t schneidet die y-Achse in M. Berechnen Sie den Inhalt $A_2(t)$ des Dreiecks SMW_t. Für welchen Wert von t ist $A_1(t) = A_2(t)$?

3 Gegeben sind die Funktionen f und g durch $f(x) = 5 - 2e^{-x}$ und $g(x) = 2e^x$ mit $x \in \mathbb{R}$. Ihre Graphen seien K und C.

a) Untersuchen Sie K und C auf Schnittpunkte mit den Koordinatenachsen und auf Asymptoten. Weisen Sie nach, dass K weder Extrem- noch Wendepunkte besitzt.
Zeichnen Sie K und C in ein gemeinsames Koordinatensystem ein.

b) Die Graphen K und C schließen eine Fläche ein. Bestimmen Sie deren Inhalt.

c) Die Tangente t an C im Punkt $P(u|g(u))$ soll durch den Ursprung verlaufen. Bestimmen Sie die Koordinaten von P. Geben Sie eine Gleichung für t an und zeichnen Sie t in das vorhandene Koordinatensystem ein.
Bestimmen Sie den Punkt $Q(v|f(v))$ so, dass die Tangente in Q an K parallel zur Tangente t ist. Berechnen Sie den Winkel, unter dem diese Tangente die x-Achse schneidet.

d) Der Punkt $S(s|f(s))$ liegt im 1. Feld auf K. Die Parallelen zu den Koordinatenachsen durch S begrenzen mit der y-Achse und der Asymptote von K ein Rechteck mit dem Inhalt $A(s)$.
Bestimmen Sie s so, dass der Inhalt des Rechtecks ein absolutes Maximum annimmt.

4   Für $k > 0$ ist eine Funktion f_k gegeben durch $f_k(x) = 2e^{kx}$; $x \in \mathbb{R}$. Ihr Graph sei C_k.
a) Alle Graphen C_k verlaufen durch den Punkt A. Geben Sie die Koordinaten von A an. Die Normale von C_k in A und die Koordinatenachsen begrenzen ein Dreieck. Für welchen Wert von k ist dieses Dreieck gleichschenklig?
Zeichnen Sie für dieses k den Graphen und die Normale durch A im Bereich $-6 \leqq x \leqq 2$.
b) Der Graph C_k, die y-Achse und die negative x-Achse begrenzen eine ins Unendliche reichende Fläche. Berechnen Sie deren Inhalt.
c) Die y-Achse, die Tangente von C_k in A und die Gerade mit der Gleichung $y = 4$ bilden ein Dreieck. Zeigen Sie, dass der Graph C_k dieses Dreieck in einem von k unabhängigen Verhältnis teilt.
d) Ein Punkt $P(u|v)$ liegt im 2. Feld auf C_k. Die Parallelen zu den Koordinatenachsen durch P begrenzen mit den Koordinatenachsen ein Rechteck. Dieses Rechteck erzeugt bei Rotation um die y-Achse einen Drehkörper. Wie müssen die Koordinaten des Punktes P gewählt werden, damit das Volumen dieses Drehkörpers maximal wird?

5   Gegeben ist für $k \in \mathbb{R}$ die Funktion f_k durch $f_k(x) = (k - e^x)^2$; $x \in \mathbb{R}$. Der Graph sei C_k.
a) Untersuchen Sie C_1 auf Schnittpunkte mit den Koordinatenachsen, Extrem- und Wendepunkte sowie auf Asymptoten. Zeichnen Sie C_1 für $-4 \leqq x \leqq 1,5$.
b) Für welches k hat C_k Wendepunkte? Geben Sie die Koordinaten des Wendepunktes an. Wie lautet die Gleichung der Ortslinie, auf der alle Wendepunkte liegen?
c) Der Graph der Funktion g mit $g(x) = e^{2x}$ begrenzt mit C_1 und der y-Achse im 2. Feld eine Fläche A. Berechnen Sie den Inhalt von A.
d) In einer Nährlösung vermehren sich Bakterien stündlich um 25 %, im gleichen Zeitraum sterben 5 %. Zu Beginn der Beobachtung sind 1000 Bakterien vorhanden.
Ermitteln Sie das Wachstumsgesetz. In welchem Zeitraum verdoppelt sich die Anzahl der vorhandenen Bakterien?

6   Für jedes $a > 0$ ist eine Funktion f_a gegeben durch $f_a(x) = \frac{x}{a} + \frac{a^2}{x^2}$; $x \in \mathbb{R} \setminus \{0\}$. Ihr Graph sei K_a.
a) Untersuchen Sie K_a auf Schnittpunkte mit der x-Achse, Hoch- und Tiefpunkte sowie auf Asymptoten. Zeichnen Sie K_1 und K_2 zusammen mit ihren Asymptoten für $-5 \leqq x \leqq 5$.
b) Zeigen Sie: Die Extrempunkte aller K_a liegen auf einer Parallelen zur x-Achse.
c) Der Graph K_a, die schiefe Asymptote, die x-Achse und die Gerade mit der Gleichung $x = u$ mit $u < -a$ begrenzen im 3. Feld eine Fläche mit dem Inhalt $A_a(u)$.
Berechnen Sie $A_a(u)$ und $\lim\limits_{u \to -\infty} A_a(u)$.
d) Sei $P_a(u|v)$ mit $u > 0$ ein Punkt auf K_a. Die Parallelen zu den Koordinatenachsen durch P_a bilden zusammen mit den Koordinatenachsen ein Rechteck mit dem Inhalt $F_a(u)$.
Für welchen Wert von u wird der Inhalt dieses Rechtecks minimal? Zeigen Sie, dass es sich dabei um ein absolutes Minimum handelt. Geben Sie den minimalen Flächeninhalt an.

7   Die Funktionen f und g sind gegeben durch $f(x) = \sin(x) - 0,25$, $x \in [0, \pi]$ mit dem Graphen K_f und $g(x) = \sin^2(x)$, $x \in [0, \pi]$ mit dem Graphen K_g.
a) Untersuchen Sie K_g auf gemeinsame Punkte mit den Koordinatenachsen, Extrem- und Wendepunkte.
b) Bestimmen Sie die Berührpunkte K_f und K_g. Zeichnen Sie K_f und K_g genügend groß.
c) K_f und K_g begrenzen zusammen ein Flächenstück. Berechnen Sie seinen Inhalt.
d) Skizzieren Sie Graphen der Funktion g mit $g(x) = x^2 + \cos(kx)$ für verschiedene Werte von k. Welchen Zusammenhang zwischen Anzahl der Wendepunkte und den Werten von k vermuten Sie? Beweisen Sie Ihre Vermutung.

Lineare Algebra mit analytischer Geometrie

8   Gegeben sind die Punkte A(4|1|0), B(0|7|2) und C(−2|4|5).

a) Bestimmen Sie den Punkt D so, dass ABCD ein Parallelogramm ist.

b) Der Punkt P ist der Mittelpunkt der Strecke $\overline{AB}$ und der Punkt Q der Mittelpunkt der Strecke $\overline{AD}$. Berechnen Sie die Koordinaten der Punkte P und Q.

c) Berechnen Sie die Koordinaten des Schwerpunktes des Dreiecks APQ.

d) Zeigen Sie, dass der Punkt S auf der Diagonalen $\overline{AC}$ liegt, und bestimmen Sie, in welchem Verhältnis S die Strecke $\overline{AC}$ teilt.

9   Ein Würfel mit den Ecken O, A, B und C soll von einer Ebene so geschnitten werden, dass die Schnittfläche ein gleichseitiges Dreieck mit der Seitenlänge $3\sqrt{2}$ ist und die Punkte O und P(4|4|4) auf verschiedenen Seiten von E liegen.

a) Geben Sie eine Koordinatengleichung der Ebene E an.

b) Berechnen Sie den Abstand des Punktes P(4|4|4) zur Ebene E.

c) Die Gerade durch die Punkte O und P schneidet die Ebene E. Bestimmen Sie die Koordinaten des Durchstoßpunktes.

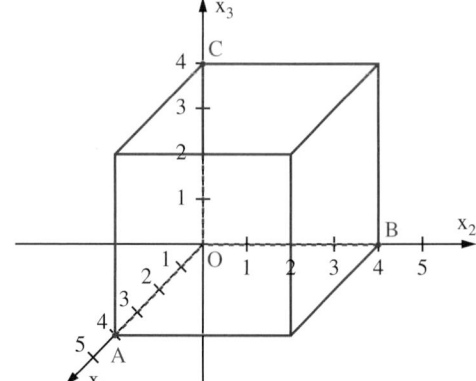

Fig. 1

10   Die Punkte A(2|1|0), B(0|6|−1), C(−2|4|1), D(1|3|7) bestimmen eine dreiseitige Pyramide.

a) Berechnen Sie den Abstand des Punktes D von der Ebene durch die Punkte A, B und C.

b) Berechnen Sie den Abstand des Punktes C von der Geraden durch die Punkte A und B.

c) Berechnen Sie das Volumen der dreiseitigen Pyramide ABCD.

d) Bestimmen Sie die Größe der Innenwinkel des Dreiecks ABC.

e) Bestimmen Sie die Größe der Neigungswinkel der Kanten $\overline{AD}$, $\overline{BD}$, $\overline{CD}$ gegen die Ebene durch die Punkte A, B und C.

f) Bestimmen Sie die Größe der Neigungswinkel der Seiten durch die Punkte ABD, ACD und BCD gegen die Ebene durch die Punkte ABC.

11   Gegeben sind die Geraden $g: \vec{x} = \begin{pmatrix} 2 \\ 5 \\ 1 \end{pmatrix} + r \begin{pmatrix} -2 \\ 1 \\ -2 \end{pmatrix}$ und $h: \vec{x} = \begin{pmatrix} 3 \\ 6 \\ 5 \end{pmatrix} + s \begin{pmatrix} 1 \\ 4 \\ 1 \end{pmatrix}$ sowie der Punkt P(3|3|1).

a) Zeigen Sie, dass der Punkt P nicht auf der Geraden g liegt.

Durch die Gerade g und den Punkt P ist eine Ebene bestimmt.

Geben Sie eine Ebenengleichung in Normalenform der Ebene E an, die durch den Punkt P und die Gerade g festgelegt ist.

b) Zeigen Sie, dass die Richtungsvektoren der Geraden g und h zueinander orthogonal sind, die Geraden aber zueinander windschief sind.

c) Berechnen Sie die Koordinaten des Schnittpunktes C der Ebene E und der Geraden h und die Größe des Schnittwinkels.

d) Zeigen Sie, dass der Punkt A(2|2|4) auf der Geraden h liegt.

Bestimmen Sie auf der Geraden g den Punkt B so, dass die Gerade durch die Punkte A und B orthogonal zu g ist.

e) Zeigen Sie, dass das Dreieck ABC gleichschenklig-rechtwinklig ist, und berechnen Sie den Flächeninhalt dieses Dreiecks.

12 Fig. 1 zeigt das Schrägbild eines Gebäudes.
a) Bestimmen Sie die Neigungswinkel der Dachebenen gegen die Grundfläche des Daches.
b) Bestimmen Sie die Länge der Kante $\overline{AB}$ und deren Neigung gegen die Dachtraufen $\overline{AC}$ und $\overline{AD}$.
Welche Lage hat die Firstlinie $\overline{BF}$?
c) Zwischen den Punkten E und F soll ein Seil gespannt werden.
Welchen Abstand hat dieses Seil von der Kante $\overline{AB}$?

Hierbei soll das Seil straff gespannt sein, damit es das Dach nicht berührt.

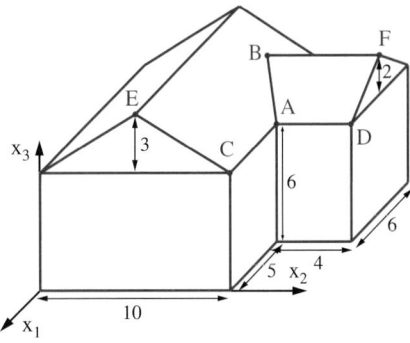

Fig. 1

13 Gegeben sind die Punkte A(2|6|4), B(–3|6|4), C(–3|3|0) und die Gerade

$$g: \vec{x} = \begin{pmatrix} -3 \\ 7 \\ -3 \end{pmatrix} + t \begin{pmatrix} 5 \\ -1 \\ 7 \end{pmatrix}.$$

a) Die Punkte A, B und C liegen in einer Ebene E_1. Bestimmen Sie eine Koordinatendarstellung der Ebene E_1.
Zeigen Sie, dass das Dreieck ABC gleichschenklig-rechtwinklig ist, und bestimmen Sie einen Punkt D so, dass das Viereck ABCD ein Quadrat ist.
b) Zeigen Sie, dass der Punkt A auf der Geraden g liegt, und bestimmen Sie den Winkel, unter dem g die Ebene E_1 schneidet.
Die Orthogonale durch den Diagonalenschnittpunkt M des Quadrats und die Gerade g schneiden sich im Punkt S. Berechnen Sie die Koordinaten von S.
Die Punkte A, B, C, D und S sind die Eckpunkte einer Pyramide. Bestimmen Sie das Volumen der Pyramide.

14 Eine Abbildung bildet A(3|–2) auf A'(9|10), B(0|–2) auf B'(–3|–8) und C(3|–3) auf C'(7|5) ab.
a) Zeigen Sie, dass dadurch eine affine Abbildung α festgelegt ist, und bestimmen Sie eine Matrixdarstellung dieser Abbildung.
b) Bestimmen Sie die Fixpunkte der Abbildung α.
c) Bestimmen Sie a und b so, dass die Geraden $g: \vec{x} = \begin{pmatrix} -2 \\ 1 \end{pmatrix} + t \begin{pmatrix} 2 \\ a \end{pmatrix}$ und $h: \vec{x} = \begin{pmatrix} -2 \\ b \end{pmatrix} + t \begin{pmatrix} 2 \\ -3 \end{pmatrix}$

Fixgeraden der Abbildung α sind.
d) Bestimmen Sie eine Darstellung der Geraden, die parallel zu ihrer Bildgeraden sind.
e) Zeigen Sie, dass bei dieser Abbildung keine Gerade senkrecht zu ihrer Bildgeraden ist.

15 Bei einer Insektenart entwickeln sich aus den Eiern innerhalb eines Monats Larven und aus diesen nach einem weiteren Monat wieder ein Insekt. Aus Erfahrung weiß man:
Jedes Insekt legt 100 Eier und stirbt anschließend.
Aus 20% der Eier schlüpfen Larven.
40% der Larven entwickeln sich zu vollständigen Insekten.
a) Beschreiben Sie eine Stufe des Prozesses durch eine Übergangsmatrix A.
b) Untersuchen Sie, wie sich eine Insektenpopulation über 5 Monate entwickelt, die aus 30 Eiern, 20 Larven und 10 Insekten besteht.
c) Es werden Maßnahmen zur Bekämpfung der Insekten ergriffen:
– Ein Wirkstoff vernichtet für einen Monat nur die Insekten und Larven.
– Ein anderer Wirkstoff beeinflusst die Entwicklung so, dass ein Insekt nur noch 5 Eier ablegt.
Untersuchen Sie die Wirksamkeit dieser Maßnahmen.

419

Stochastik

16 a) Eine Kiste K_1 enthält fünf schwarze und drei weiße Kugeln. Diesem Kasten werden mit Zurücklegen fünf Kugeln entnommen. Mit welcher Wahrscheinlichkeit sind alle Kugeln schwarz? Wie groß ist die Wahrscheinlichkeit, genau drei schwarze Kugeln zu ziehen?
b) Dem Kasten K_1 (vgl. Teilaufgabe a)) werden ohne Zurücklegen so lange Kugeln entnommen, bis die erste weiße Kugel auftritt.
Die Zufallsgröße X beschreibe die Anzahl der hierfür benötigten Ziehungen.
Ermitteln Sie die Wahrscheinlichkeitsverteilung von X. Berechnen Sie μ und σ.
Mit welcher Wahrscheinlichkeit liegt die Anzahl der Ziehungen im Intervall [μ – σ; μ + σ]?
c) Die Behauptung, die Wahrscheinlichkeit für eine schwarze Kugel beim Ziehen aus einer Kiste K_2 sei $p = \frac{1}{4}$, soll bei einem Stichprobenumfang $n = 100$ auf dem Signfikanzniveau 5 % überprüft werden. Wie wird entschieden, wenn bei 100 Ziehungen mit Zurücklegen 35-mal eine schwarze Kugel gezogen wurde?
Bestimmen Sie die Wahrscheinlichkeit für einen Fehler 1. Art.

17 Bei dem Glücksrad in Fig. 1 tritt jeder der 20 Sektoren mit der gleichen Wahrscheinlichkeit auf.
a) Das Glücksrad wird viermal gedreht.
Mit welcher Wahrscheinlichkeit sind alle vier Zahlen gleich?
b) Das Glücksrad wird 100-mal gedreht.
Berechnen Sie die Wahrscheinlichkeit für mehr als 50 Zweien.
c) Bei wiederholten Drehungen mit dem Glücksrad soll ein Spieler jedesmal die Farbe des eintretenden Feldes vorhersagen.
Der Einsatz bei jeder Drehung beträgt 5 Cent.
Trifft nach einer Drehung die Vorhersage zu, bekommt er seinen Einsatz zurück und als Gewinn von der „Bank" so viele Cent, wie die erzielte Zahl angibt. Hat er falsch geraten, ist der Einsatz verloren.
Was ist auf lange Sicht besser, immer auf „weiß" oder immer auf „rot" zu setzen?

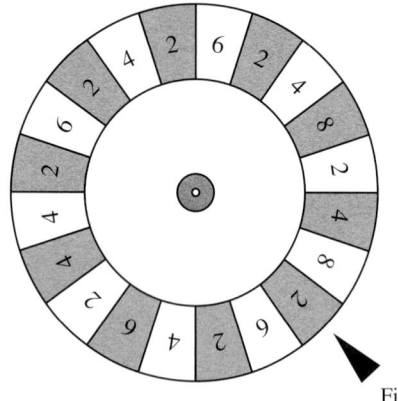

Fig. 1

18 Die vier Seitenflächen eines Tetraeders tragen die Zahlen 1, 2, 3 und 4. Die Augenzahl eines Wurfes ist die Zahl auf der Standfläche (Fig. 2). Alle vier Seiten fallen mit der gleichen Wahrscheinlichkeit.
a) Das Tetraeder wird zweimal geworfen. Die Zufallsgröße X beschreibe die Augensumme.
Ermitteln Sie die Wahrscheinlichkeitsverteilung von X.
Berechnen Sie den Erwartungswert und die Standardabweichung von X.
b) Zwei Spieler A und B verwenden das Tetraeder zu folgendem Spiel:
A zahlt zunächst 1 Euro als Einsatz an B. Dann wirft er das Tetraeder zweimal. Fällt in keinem der Würfe die „1", erhält A von B die Augensumme in Euro. Fällt mindestens einmal die „1", so bekommt B nochmals 5 Euro von A. Zeigen Sie, dass das Spiel nicht fair ist. Wie müsste der Einsatz abgeändert werden, damit das Spiel fair ist?
c) Das Tetraeder wird so lange geworfen, bis die Augensumme mindestens 4 beträgt.
Die Zufallsgröße Y beschreibe die Anzahl der hierzu benötigten Würfe.
Ermitteln Sie die Wahrscheinlichkeitsverteilung von Y. Wie viele Würfe sind durchschnittlich erforderlich, bis die Augensumme mindestens 4 beträgt?

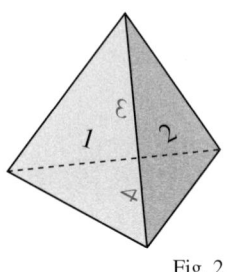

Fig. 2

19 Bei einer neuen Abmagerungskur in Form einer Diät wird in 9 von 10 Fällen innerhalb von zwei Wochen eine Gewichtsabnahme von mindestens 5 kg erreicht.

a) 18 übergewichtige Mitglieder eines Kegelklubs entschließen sich zu dieser Diät.

Mit welcher Wahrscheinlichkeit verlieren mehr als 12 und weniger als 17 in zwei Wochen mindestens 5 kg?

Mit welcher Wahrscheinlichkeit verlieren mehr als zwei Drittel in zwei Wochen mindestens 5 kg?

b) Mit welcher Wahrscheinlichkeit liegt bei 100 Teilnehmern an dieser Diät die Zahl derer, die in zwei Wochen mindestens 5 kg abnehmen, im 2σ-Intervall um den Erwartungswert?

c) Um die angegebene Erfolgsquote zu überprüfen wird an 200 Personen, welche an dieser Diät teilnehmen, die Gewichtsabnahme festgestellt.

Wie lauten die Hypothesen? Ermitteln Sie den Annahmebereich für 5 % Signifikanzniveau.

Wie wird entschieden, wenn bei 175 Personen die Gewichtsabnahme 5 kg und mehr beträgt?

Welcher Fehler kann bei dieser Entscheidung begangen werden?

Wie groß ist die Wahrscheinlichkeit für diesen Fehler, wenn die Erfolgsquote der Diät in Wirklichkeit nur 85 % beträgt?

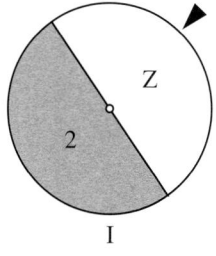

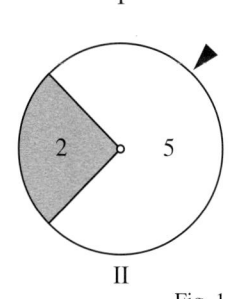

I

II

Fig. 1

20 Fig. 1 zeigt zwei Glücksräder I und II. Beim Glücksrad I treten beide Ergebnisse mit der gleichen Wahrscheinlichkeit auf. Beim Glücksrad II treten die „2" mit der Wahrscheinlichkeit p und die „5" mit der Wahrscheinlichkeit $1 - p$ auf.

a) Die Zufallsgröße X beschreibe die Summe der angegebenen Zahlen bei drei Drehungen des Glücksrades I. Bestimmen Sie z so, dass $E(X) = 12$ ist.

b) Die Zufallsgröße Y beschreibe die Summe der angezeigten Zahlen bei drei Drehungen des Glücksrades II. Bestimmen Sie p so, dass auch $E(Y) = 12$ ist.

Welchen Winkel müsste demnach der Sektor mit der „2" haben?

c) Beim Glücksrad II trete die „2" mit der Wahrscheinlichkeit $\frac{1}{3}$ auf.

Ab wie vielen Drehungen des Glücksrades II lohnt es sich darauf zu wetten, dass dabei mindestens einmal die „2" auftritt?

d) Jemand hat den Verdacht, dass beim Glücksrad I die „2" nicht mit der Wahrscheinlichkeit 0,5 auftritt. Bei 50 Drehungen ergibt sich 33-mal die „2".

Wie wird auf dem Signifikanzniveau 5 % entschieden?

21 Ein System zur Nachrichtenübertragung bestehe aus einem Kanal, durch den zwei verschiedene Zeichen übertragen werden. Durchschnittlich jedes zehnte Zeichen wird falsch übermittelt.

a) Es werden der Reihe nach fünf Zeichen übermittelt.

Mit welcher Wahrscheinlichkeit werden genau drei Zeichen richtig übertragen?

Mit welcher Wahrscheinlichkeit werden nur die ersten drei Zeichen richtig übertragen?

b) Eine Nachricht aus 100 Zeichen wird übertragen.

Mit welcher Wahrscheinlichkeit werden mindestens zwei Zeichen falsch übertragen?

Bestimmen Sie den kleinsten Wert $k \in \mathbb{N}$ so, dass die Anzahl der übermittelten Zeichen mit einer Wahrscheinlichkeit von mindestens 75 % in das Intervall $[\mu - k; \mu + k]$ fällt.

c) Mit welcher Wahrscheinlichkeit werden vier hintereinander übertragene Zeichen fehlerfrei übermittelt?

Es werden vier Viergruppen von Zeichen übertragen.

Mit welcher Wahrscheinlichkeit ist mindestens eine Viergruppe fehlerfrei übermittelt worden?

d) Man vermutet, dass sich die Fehlerquote verändert hat. Durch einen einseitigen Test soll die Hypothese p = 0,1 überprüft werden.

Von 150 übermittelten Zeichen werden 12 falsch übertragen.

Wie wird auf dem Signifikanzniveau 5 % entschieden?

Tabelle I: Binomialkoeffizienten $\binom{n}{k}$

$n \backslash k$	0	1	2	3	4	5	6	7	8	9	10
0	1										
1	1	1									
2	1	2	1								
3	1	3	3	1							
4	1	4	6	4	1						
5	1	5	10	10	5	1					
6	1	6	15	20	15	6	1				
7	1	7	21	35	35	21	7	1			
8	1	8	28	56	70	56	28	8	1		
9	1	9	36	84	126	126	84	36	9	1	
10	1	10	45	120	210	252	210	120	45	10	1
11	1	11	55	165	330	462	462	330	165	55	11
12	1	12	66	220	495	792	924	792	495	220	66
13	1	13	78	286	715	1287	1716	1716	1287	715	286
14	1	14	91	364	1001	2002	3003	3432	3003	2002	1001
15	1	15	105	455	1365	3003	5005	6435	6435	5005	3003
16	1	16	120	560	1820	4368	8008	11440	12870	11440	8008
17	1	17	136	680	2380	6188	12376	19448	24310	24310	19448
18	1	18	153	816	3060	8568	18564	31824	43758	48620	43758
19	1	19	171	969	3876	11628	27132	50388	75582	92378	92378
20	1	20	190	1140	4845	15504	38760	77520	125970	167960	184756

Beispiele: $\binom{8}{3} = 56$; $\binom{15}{12} = \binom{15}{15-12} = \binom{15}{3} = 455$

Tabelle II: Fakultäten n!

n	n!	n	n!
1	1	11	39916800
2	2	12	479001600
3	6	13	6227020800
4	24	14	87178291200
5	120	15	1307674368000
6	720	16	20922789888000
7	5040	17	355687428096000
8	40320	18	6402373705728000
9	362880	19	121645100408832000
10	3628800	20	2432902008176640000

Tabelle III:
(Seite 1)

Binomialverteilung $\quad B_{n;\,p}(k) = \binom{n}{k} \cdot p^k \cdot (1-p)^{n-k}$
Wahrscheinlichkeitsverteilung

							p							
n	k	0,02	0,03	0,05	0,10	1/6	0,20	0,25	0,30	1/3	0,40	0,50		n
2	0	0,9604	9409	9025	8100	6944	6400	5625	4900	4444	3600	2500	2	2
	1	0392	0582	0950	1800	2778	3200	3750	4200	4444	4800	5000	1	
	2	0004	0009	0025	0100	0278	0400	0625	0900	1111	1600	2500	0	
3	0	0,9412	9127	8574	7290	5787	5120	4219	3430	2963	2160	1250	3	3
	1	0576	0847	1354	2430	3472	3840	4219	4410	4444	4320	3750	2	
	2	0012	0026	0071	0270	0694	0960	1406	1890	2222	2880	3750	1	
	3			0001	0010	0046	0080	0156	0270	0370	0640	1250	0	
4	0	0,9224	8853	8145	6561	4823	4096	3164	2401	1975	1296	0625	4	4
	1	0753	1095	1715	2916	3858	4096	4219	4116	3951	3456	2500	3	
	2	0023	0051	0135	0486	1157	1536	2109	2646	2963	3456	3750	2	
	3		0001	0005	0036	0154	0256	0469	0756	0988	1536	2500	1	
	4				0001	0008	0016	0039	0081	0123	0256	0625	0	
5	0	0,9039	8587	7738	5905	4019	3277	2373	1681	1317	0778	0313	5	5
	1	0922	1328	2036	3281	4019	4096	3955	3602	3292	2592	1563	4	
	2	0038	0082	0214	0729	1608	2048	2637	3087	3292	3456	3125	3	
	3	0001	0003	0011	0081	0322	0512	0879	1323	1646	2304	3125	2	
	4				0005	0032	0064	0146	0284	0412	0768	1563	1	
	5					0001	0003	0010	0024	0041	0102	0313	0	
6	0	0,8858	8330	7351	5314	3349	2621	1780	1176	0878	0467	0156	6	6
	1	1085	1546	2321	3543	4019	3932	3560	3025	2634	1866	0938	5	
	2	0055	0120	0305	0984	2009	2458	2966	3241	3292	3110	2344	4	
	3	0002	0005	0021	0146	0536	0819	1318	1852	2195	2765	3125	3	
	4			0001	0012	0080	0154	0330	0595	0823	1382	2344	2	
	5				0001	0006	0015	0044	0102	0165	0369	0938	1	
	6						0001	0002	0007	0014	0041	0156	0	
7	0	0,8681	8080	6983	4783	2791	2097	1335	0824	0585	0280	0078	7	7
	1	1240	1749	2573	3720	3907	3670	3115	2471	2048	1306	0547	6	
	2	0076	0162	0406	1240	2344	2753	3115	3177	3073	2613	1641	5	
	3	0003	0008	0036	0230	0781	1147	1730	2269	2561	2903	2734	4	
	4			0002	0026	0156	0287	0577	0972	1280	1935	2734	3	
	5				0002	0019	0043	0115	0250	0384	0774	1641	2	
	6					0001	0004	0013	0036	0064	0172	0547	1	
	7							0001	0002	0005	0016	0078	0	
8	0	0,8508	7837	6634	4305	2326	1678	1001	0576	0390	0168	0039	8	8
	1	1389	1939	2793	3826	3721	3355	2670	1977	1561	0896	0313	7	
	2	0099	0210	0515	1488	2605	2936	3115	2965	2731	2090	1094	6	
	3	0004	0013	0054	0331	1042	1468	2076	2541	2731	2787	2188	5	
	4		0001	0004	0046	0260	0459	0865	1361	1707	2322	2734	4	
	5				0004	0042	0092	0231	0467	0683	1239	2188	3	
	6					0004	0011	0038	0100	0171	0413	1094	2	
	7						0001	0004	0012	0024	0079	0313	1	
	8								0001	0002	0007	0039	0	
9	0	0,8337	7602	6302	3874	1938	1342	0751	0404	0260	0101	0020	9	9
	1	1531	2116	2985	3874	3489	3020	2253	1556	1171	0605	0176	8	
	2	0125	0262	0629	1722	2791	3020	3003	2668	2341	1612	0703	7	
	3	0006	0019	0077	0446	1302	1762	2336	2668	2731	2508	1641	6	
	4		0001	0006	0074	0391	0661	1168	1715	2048	2508	2461	5	
	5				0008	0078	0165	0389	0735	1024	1672	2461	4	
	6				0001	0010	0028	0087	0210	0341	0743	1641	3	
	7					0001	0003	0012	0039	0073	0212	0703	2	
	8	Nicht aufgeführte Werte						0001	0004	0009	0035	0176	1	
	9	sind (auf 4 Dez.) 0,0000.								0001	0003	0020	0	
n		0,98	0,97	0,95	0,90	5/6	0,80	0,75	0,70	2/3	0,60	0,50	k	n

p

Tabelle III:
(Seite 2)

Binomialverteilung $\quad B_{n;\,p}(k) = \binom{n}{k} \cdot p^k \cdot (1-p)^{n-k}$
Wahrscheinlichkeitsverteilung

p

n	k	0,02	0,03	0,05	0,10	1/6	0,20	0,25	0,30	1/3	0,40	0,50	n
10	0	0,8171	7374	5987	3487	1615	1074	0563	0282	0173	0060	0010	10
	1	1667	2281	3151	3874	3230	2684	1877	1211	0867	0403	0098	9
	2	0153	0317	0746	1937	2907	3020	2816	2335	1951	1209	0439	8
	3	0008	0026	0105	0574	1550	2013	2503	2668	2601	2150	1172	7
	4		0001	0010	0112	0543	0881	1460	2001	2276	2508	2051	6
	5			0001	0015	0130	0264	0584	1029	1366	2007	2461	5
	6				0001	0022	0055	0162	0368	0569	1115	2051	4
	7					0002	0008	0031	0090	0163	0425	1172	3
	8						0001	0004	0014	0030	0106	0439	2
	9								0001	0003	0016	0098	1
	10										0001	0010	0
15	0	0,7386	6333	4633	2059	0649	0352	0134	0047	0023	0005	0000	15
	1	2261	2938	3658	3432	1947	1319	0668	0305	0171	0047	0005	14
	2	0323	0636	1348	2669	2726	2309	1559	0916	0599	0219	0032	13
	3	0029	0085	0307	1285	2363	2501	2252	1700	1299	0634	0139	12
	4	0002	0008	0049	0428	1418	1876	2252	2186	1948	1268	0417	11
	5		0001	0006	0105	0624	1032	1651	2061	2143	1859	0916	10
	6				0019	0208	0430	0917	1472	1768	2066	1527	9
	7				0003	0053	0138	0393	0811	1148	1771	1964	8
	8					0011	0035	0131	0348	0574	1181	1964	7
	9					0002	0007	0034	0116	0223	0612	1527	6
	10						0001	0007	0030	0067	0245	0916	5
	11							0001	0006	0015	0074	0417	4
	12								0001	0003	0016	0139	3
	13										0003	0032	2
	14											0005	1
	15												0
20	0	0,6676	5438	3585	1216	0261	0115	0032	0008	0003	0000	0000	20
	1	2725	3364	3774	2702	1043	0576	0211	0068	0030	0005	0000	19
	2	0528	0988	1887	2852	1982	1369	0669	0278	0143	0031	0002	18
	3	0065	0183	0596	1901	2379	2054	1339	0716	0429	0123	0011	17
	4	0006	0024	0133	0898	2022	2182	1897	1304	0911	0350	0046	16
	5		0002	0022	0319	1294	1746	2023	1789	1457	0746	0148	15
	6			0003	0089	0647	1091	1686	1916	1821	1244	0370	14
	7				0020	0259	0545	1124	1643	1821	1659	0739	13
	8				0004	0084	0222	0609	1144	1480	1797	1201	12
	9				0001	0022	0074	0271	0654	0987	1597	1602	11
	10					0005	0020	0099	0308	0543	1171	1762	10
	11					0001	0005	0030	0120	0247	0710	1602	9
	12						0001	0008	0039	0092	0355	1201	8
	13							0002	0010	0028	0146	0739	7
	14								0002	0007	0049	0370	6
	15									0001	0013	0148	5
	16										0003	0046	4
	17											0011	3
	18											0002	2
	19	Nicht aufgeführte Werte sind (auf 4 Dez.) 0,0000.											1
n		0,98	0,97	0,95	0,90	5/6	0,80	0,75	0,70	2/3	0,60	0,50	k	n

p

Beispiele:
X sei $B_{10;0,05}$-verteilt,
dann ist $P(X = 2) = 0{,}0746$.

Bei grün unterlegtem Eingang:
X sei $B_{20;0,70}$-verteilt,
dann ist $P(X = 15) = 0{,}1789$.

Tabelle IV:
(Seite 1)

Binomialverteilung $\quad F_{n;\,p}(k) = \sum_{i=0}^{k} \binom{n}{i} \cdot p^i \cdot (1-p)^{n-i}$
Summenverteilung

n	k	0,02	0,03	0,05	0,10	1/6	0,20	0,25	0,30	1/3	0,40	0,50		n
2	0	0,9604	9409	9025	8100	6944	6400	5625	4900	4444	3600	2500	**1**	**2**
	1	9996	9991	9975	9900	9722	9600	9375	9100	8889	8400	7500	**0**	
3	0	0,9412	9127	8574	7290	5787	5120	4219	3430	2963	2160	1250	**2**	**3**
	1	9988	9974	9928	9720	9259	8960	8438	7840	7407	6480	5000	**1**	
	2			9999	9990	9954	9920	9844	9730	9630	9360	8750	**0**	
4	0	0,9224	8853	8145	6561	4823	6096	3164	2401	1975	1296	0625	**3**	**4**
	1	9977	9948	9860	9477	8681	8192	7383	6517	5926	4752	3125	**2**	
	2		9999	9995	9963	9838	9728	9492	9163	8889	8208	6875	**1**	
	3				9999	9992	9984	9961	9919	9877	9744	9375	**0**	
5	0	0,9039	8587	7738	5905	4019	3277	2373	1681	1317	0778	0313	**4**	**5**
	1	9962	9915	9774	9185	8038	7373	6328	5282	4609	3370	1875	**3**	
	2	9999	9997	9988	9914	9645	9421	8965	8369	7901	6826	5000	**2**	
	3				9995	9967	9933	9844	9692	9547	9130	8125	**1**	
	4					9999	9997	9990	9976	9959	9898	9688	**0**	
6	0	0,8858	8330	7351	5314	3349	2621	1780	1176	0878	0467	0156	**5**	**6**
	1	9943	9875	9672	8857	7368	6554	5339	4202	3512	2333	1094	**4**	
	2	9998	9995	9978	9842	9377	9011	8306	7443	6804	5443	3438	**3**	
	3			9999	9987	9913	9830	9624	9295	8999	8208	6563	**2**	
	4				9999	9993	9984	9954	9891	9822	9590	8906	**1**	
	5						9999	9998	9993	9986	9959	9844	**0**	
7	0	0,8681	8080	6983	4783	2791	2097	1335	0824	0585	0280	0078	**6**	**7**
	1	9921	9829	9556	8503	6698	5767	4449	3294	2634	1586	0625	**5**	
	2	9997	9991	9962	9743	9042	8520	7564	6471	5706	4199	2266	**4**	
	3			9998	9973	9824	9667	9294	8740	8267	7102	5000	**3**	
	4				9998	9980	9953	9871	9712	9547	9037	7734	**2**	
	5					9999	9996	9987	9962	9931	9812	9375	**1**	
	6							9999	9998	9995	9984	9922	**0**	
8	0	0,8508	7837	6634	4305	2326	1678	1001	0576	0390	0168	0039	**7**	**8**
	1	9897	9777	9428	8131	6047	5033	3671	2553	1951	1064	0352	**6**	
	2	9996	9987	9942	9619	8652	7969	6785	5518	4682	3154	1445	**5**	
	3		9999	9996	9950	9693	9437	8862	8059	7414	5941	3633	**4**	
	4				9996	9954	9896	9727	9420	9121	8263	6367	**3**	
	5					9996	9988	9958	9887	9803	9502	8555	**2**	
	6						9999	9996	9987	9974	9915	9648	**1**	
	7							9999	9998	9993	9993	9961	**0**	
9	0	0,8337	7602	6302	3874	1938	1342	0751	0404	0260	0101	0020	**8**	**9**
	1	9869	9718	9288	7748	5427	4362	3003	1960	1431	0705	0195	**7**	
	2	9994	9980	9916	9470	8217	7382	6007	4628	3772	2318	0898	**6**	
	3		9999	9994	9917	9520	9144	8343	7297	6503	4826	2539	**5**	
	4				9991	9911	9804	9511	9012	8552	7334	5000	**4**	
	5				9999	9989	9969	9900	9747	9576	9006	7461	**3**	
	6					9999	9997	9987	9957	9917	9750	9102	**2**	
	7							9999	9996	9990	9962	9805	**1**	
	8	Nicht aufgeführte Werte sind (auf 4 Dez.) 1,0000.								9999	9997	9980	**0**	
n		0,98	0,97	0,95	0,90	5/6	0,80	0,75	0,70	2/3	0,60	0,50	k	n

Bei grün unterlegtem Eingang, d. h. $p \geqq 0,5$ gilt: $P(X \leqq k) = 1 -$ abgelesener Wert.

Tabelle IV:
(Seite 2)

Binomialverteilung $\quad F_{n;\,p}(k) = \sum\limits_{i=0}^{k} \binom{n}{i} \cdot p^{i} \cdot (1-p)^{n-i}$
Summenverteilung

n	k	0,02	0,03	0,05	0,10	1/6	0,20	0,25	0,30	1/3	0,40	0,50	n
10	0	0,8171	7374	5987	3487	1615	1074	0563	0282	0173	0060	0010	9
	1	9838	9655	9139	7361	4845	3758	2440	1493	1040	0464	0107	8
	2	9991	9972	9885	9298	7752	6778	5256	3828	2991	1673	0547	7
	3		9999	9990	9872	9303	8791	7759	6496	5593	3823	1719	6
	4			9999	9984	9845	9672	9219	8497	7869	6331	3770	5
	5				9999	9976	9936	9803	9527	9234	8338	6230	4
	6					9997	9991	9965	9894	9803	9452	8281	3
	7						9999	9996	9984	9966	9877	9453	2
	8								9999	9996	9983	9893	1
	9										9999	9990	0
11	0	0,8007	7153	5688	3138	1346	0859	0422	0198	0116	0036	0005	10
	1	9805	9587	8981	6974	4307	3221	1971	1130	0751	0302	0059	9
	2	9988	9963	9848	9104	7268	6174	4552	3127	2341	1189	0327	8
	3		9998	9984	9815	9044	8389	7133	5696	4726	2963	1133	7
	4			9999	9972	9755	9496	8854	7897	7110	5328	2744	6
	5				9997	9954	9883	9657	9218	8779	7535	5000	5
	6					9994	9980	9924	9784	9614	9006	7256	4
	7					9999	9998	9988	9957	9912	9707	8867	3
	8							9999	9994	9986	9941	9673	2
	9									9999	9993	9941	1
	10											9995	0
12	0	0,7847	6938	5404	2824	1122	0687	0317	0138	0077	0022	0002	11
	1	9769	9514	8816	6590	3813	2749	1584	0850	0540	0196	0032	10
	2	9985	9952	9804	8891	6774	5583	3907	2528	1811	0834	0193	9
	3	9999	9997	9978	9744	8748	7946	6488	4925	3931	2253	0730	8
	4			9998	9957	9637	9274	8424	7237	6315	4382	1938	7
	5				9995	9921	9806	9456	8822	8223	6652	3872	6
	6					9987	9961	9857	9614	9336	8418	6128	5
	7					9998	9994	9972	9905	9812	9427	8062	4
	8						9999	9996	9983	9961	9847	9270	3
	9								9998	9995	9972	9807	2
	10										9997	9968	1
	11											9998	0
13	0	0,7690	6730	5133	2542	0935	0550	0238	0097	0051	0013	0001	12
	1	9730	9436	8646	6213	3365	2336	1267	0637	0385	0126	0017	11
	2	9980	9938	9755	8661	6281	5017	3326	2025	1387	0579	0112	10
	3	9999	9995	9969	9658	8419	7473	5843	4206	3224	1686	0461	9
	4			9997	9935	9488	9009	7940	6543	5520	3530	1334	8
	5				9991	9873	9700	9198	8346	7587	5744	2905	7
	6				9999	9976	9930	9757	9376	8965	7712	5000	6
	7					9997	9988	9944	9818	9653	9023	7095	5
	8						9998	9990	9960	9912	9679	8666	4
	9							9999	9993	9984	9922	9539	3
	10								9999	9998	9987	9888	2
	11										9999	9983	1
	12	Nicht aufgeführte Werte sind (auf 4 Dez.) 1,0000.										9999	0
n		0,98	0,97	0,95	0,90	5/6	0,80	0,75	0,70	2/3	0,60	0,50	k	n

Bei grün unterlegtem Eingang, d.h. $p \geqq 0{,}5$ gilt: $P(X \leqq k) = 1 -$ abgelesener Wert.

Beispiele:

X sei $B_{10;0,20}$-verteilt,
dann ist $P(X \leqq 4) = 0{,}9672$.

X sei $B_{13;0,60}$-verteilt,
dann ist $P(X \leqq 9) = 1 - 0{,}1686 = 0{,}8314$.

Tabelle IV:
(Seite 3)

Binomialverteilung $\quad F_{n;\,p}(k) = \sum_{i=0}^{k} \binom{n}{i} \cdot p^{i} \cdot (1-p)^{n-i}$

Summenverteilung

n	k	0,02	0,03	0,05	0,10	1/6	0,20	0,25	0,30	1/3	0,40	0,50		n
	0	0,7536	6528	4877	2288	0779	0440	0178	0068	0034	0008	0001	13	
	1	9690	9355	8470	5846	2960	1979	1010	0475	0274	0081	0009	12	
	2	9975	9923	9699	8416	5795	4481	2811	1608	1053	0398	0065	11	
	3	9999	9994	9958	9559	8063	6982	5213	3552	2612	1243	0287	10	
	4			9996	9908	9310	8702	7415	5842	4755	2793	0898	9	
	5				9985	9809	9561	8883	7805	6898	4859	2120	8	
14	6				9998	9959	9884	9617	9067	8505	6925	3953	7	14
	7					9993	9976	9897	9685	9424	8499	6047	6	
	8					9999	9996	9978	9917	9826	9417	7880	5	
	9							9997	9983	9960	9825	9102	4	
	10								9998	9993	9961	9713	3	
	11									9999	9994	9935	2	
	12										9999	9991	1	
	13											9999	0	
	0	0,7386	6333	4633	2059	0649	0352	0134	0047	0023	0005	0000	14	
	1	9647	9270	8290	5490	2596	1671	0802	0353	0194	0052	0005	13	
	2	9970	9906	9638	8159	5322	3980	2361	1268	0794	0271	0037	12	
	3	9998	9992	9945	9444	7685	6482	4613	2969	2092	0905	0176	11	
	4		9999	9994	9873	9102	8358	6865	5155	4041	2173	0592	10	
	5			9999	9978	9726	9389	8516	7216	6184	4032	1509	9	
	6				9997	9934	9819	9434	8689	7970	6098	3036	8	
15	7					9987	9958	9827	9500	9118	7869	5000	7	15
	8					9998	9992	9958	9848	9692	9050	6964	6	
	9						9999	9992	9963	9915	9662	8491	5	
	10							9999	9993	9982	9907	9408	4	
	11								9999	9997	9981	9824	3	
	12										9997	9963	2	
	13											9995	1	
	14												0	
	0	0,7238	6143	4401	1853	0541	0281	0100	0033	0015	0003	0000	15	
	1	9601	9182	8108	5147	2272	1407	0635	0261	0137	0033	0003	14	
	2	9963	9887	9571	7892	4868	3518	1971	0994	0594	0183	0021	13	
	3	9998	9989	9930	9316	7291	5981	4050	2459	1659	0651	0106	12	
	4		9999	9991	9830	8866	7982	6302	4499	3391	1666	0384	11	
	5			9999	9967	9622	9183	8103	6598	5469	3288	1051	10	
	6				9995	9899	9733	9204	8247	7374	5272	2272	9	
	7				9999	9979	9930	9729	9256	8735	7161	4018	8	
16	8					9996	9985	9925	9743	9500	8577	5982	7	16
	9						9998	9984	9929	9841	9417	7728	6	
	10							9997	9984	9960	9809	8949	5	
	11								9997	9992	9951	9616	4	
	12									9999	9991	9894	3	
	13										9999	9979	2	
	14											9997	1	
	15	Nicht aufgeführte Werte sind (auf 4 Dez.) 1,0000.											0	
n		0,98	0,97	0,95	0,90	5/6	0,80	0,75	0,70	2/3	0,60	0,50	k	n

Bei grün unterlegtem Eingang, d. h. $p \geqq 0,5$ gilt: $P(X \leqq k) = 1 -$ abgelesener Wert.

Beispiele:

X sei $B_{15;0,03}$-verteilt,
dann ist $P(X \leqq 2) = 0,9906.$

X sei $B_{16;0,95}$-verteilt,
dann ist $P(X \leqq 12) = 1 - 0,9930 = 0,0070.$

Tabelle IV:
(Seite 4)

Binomialverteilung
Summenverteilung

$$F_{n;\,p}(k) = \sum_{i=0}^{k} \binom{n}{i} \cdot p^{i} \cdot (1-p)^{n-i}$$

p

n	k	0,02	0,03	0,05	0,10	1/6	0,20	0,25	0,30	1/3	0,40	0,50	n
17	0	0,7093	5958	4181	1668	0451	0225	0075	0023	0010	0002	0000	16
	1	9554	9091	7922	4818	1983	1182	0501	0193	0096	0021	0001	15
	2	9956	9866	9497	7618	4435	3096	1637	0774	0442	0123	0012	14
	3	9997	9986	9912	9174	6887	5489	3530	2019	1304	0464	0064	13
	4		9999	9988	9779	8604	7582	5739	3887	2814	1260	0245	12
	5			9999	9953	9496	8943	7653	5968	4777	2639	0717	11
	6				9992	9853	9623	8929	7752	6739	4478	1662	10
	7				9999	9965	9891	9598	8954	8281	6405	3145	9
	8					9993	9974	9876	9597	9245	8011	5000	8
	9					9999	9995	9969	9873	9727	9081	6855	7
	10						9999	9994	9968	9920	9652	8338	6
	11							9999	9993	9981	9894	9283	5
	12								9999	9997	9975	9755	4
	13										9995	9936	3
	14										9999	9988	2
	15											9999	1
18	0	0,6951	5780	3972	1501	0376	0180	0056	0016	0007	0001	0000	17
	1	9505	8997	7735	4503	1728	0991	0395	0142	0068	0013	0001	16
	2	9948	9843	9419	7338	4027	2713	1353	0600	0326	0082	0007	15
	3	9996	9982	9891	9018	6479	5010	3057	1646	1017	0328	0038	14
	4		9999	9985	9718	8318	7164	5187	3327	2311	0942	0154	13
	5			9998	9936	9347	8671	7175	5344	4122	2088	0481	12
	6				9988	9794	9487	8610	7217	6085	3743	1189	11
	7				9998	9947	9837	9431	8593	7767	5634	2403	10
	8					9989	9957	9807	9404	8924	7368	4073	9
	9					9998	9991	9946	9790	9567	8653	5927	8
	10						9998	9988	9939	9856	9424	7597	7
	11							9998	9986	9961	9797	8811	6
	12								9997	9991	9943	9519	5
	13									9999	9987	9846	4
	14										9998	9962	3
	15											9993	2
	16											9999	1
19	0	0,6812	5606	3774	1351	0313	0144	0042	0011	0005	0001	0000	18
	1	9454	8900	7547	4203	1502	0829	0310	0104	0047	0008	0000	17
	2	9939	9817	9335	7054	3643	2369	1113	0462	0240	0055	0004	16
	3	9995	9978	9868	8850	6070	4551	2631	1332	0787	0230	0022	15
	4		9998	9980	9648	8011	6733	4654	2822	1879	0696	0096	14
	5			9998	9914	9176	8369	6678	4739	3519	1629	0318	13
	6				9983	9719	9324	8251	6655	5431	3081	0835	12
	7				9997	9921	9767	9225	8180	7207	4878	1796	11
	8					9982	9933	9713	9161	8538	6675	3238	10
	9					9996	9984	9911	9674	9352	8139	5000	9
	10					9999	9997	9977	9895	9759	9115	6762	8
	11							9995	9972	9926	9648	8204	7
	12							9999	9994	9981	9884	9165	6
	13								9999	9996	9969	9682	5
	14									9999	9994	9904	4
	15										9999	9978	3
	16											9996	2
	17												1

Nicht aufgeführte Werte sind (auf 4 Dez.) 1,0000.

n	0,98	0,97	0,95	0,90	5/6	0,80	0,75	0,70	2/3	0,60	0,50	k	n

p

Tabelle IV:
(Seite 5)

Binomialverteilung $\quad F_{n;\,p}(k) = \sum_{i=0}^{k} \binom{n}{i} \cdot p^{i} \cdot (1-p)^{n-i}$
Summenverteilung

p

n	k	0,02	0,03	0,05	0,10	1/6	0,20	0,25	0,30	1/3	0,40	0,50	n
20	0	0,6676	5438	3585	1216	0261	0115	0032	0008	0003	0000	0000	19
	1	9401	8802	7358	3917	1304	0692	0243	0076	0033	0005	0000	18
	2	9929	9790	9245	6769	3287	2061	0913	0355	0176	0036	0002	17
	3	9994	9973	9841	8670	5665	4114	2252	1071	0604	0160	0013	16
	4		9997	9974	9568	7687	6296	4148	2375	1515	0510	0059	15
	5			9997	9887	8982	8042	6172	4164	2972	1256	0207	14
	6				9976	9629	9133	7858	6080	4793	2500	0577	13
	7				9996	9887	9679	8982	7723	6615	4159	1316	12
	8				9999	9972	9900	9591	8867	8095	5956	2517	11
	9					9994	9974	9861	9520	9081	7553	4119	10
	10					9999	9994	9961	9829	9624	8725	5881	9
	11						9999	9991	9949	9870	9435	7483	8
	12							9998	9987	9963	9790	8684	7
	13								9997	9991	9935	9423	6
	14									9998	9984	9793	5
	15										9997	9941	4
	16											9987	3
	17	Nicht aufgeführte Werte sind (auf 4 Dez.) 1,0000.										9998	2
25	0	0,6035	4670	2774	0718	0105	0038	0008	0001	0000	0000	0000	24
	1	9114	8280	6424	2712	0629	0274	0070	0016	0005	0001	0000	23
	2	9868	9620	8729	5371	1887	0982	0321	0090	0035	0004	0000	22
	3	9986	9938	9659	7636	3816	2340	0962	0332	0149	0024	0001	21
	4	9999	9992	9928	9020	5937	4207	2137	0905	0462	0095	0005	20
	5		9999	9988	9666	7720	6167	3783	1935	1120	0294	0020	19
	6			9998	9905	8908	7800	5611	3407	2215	0736	0073	18
	7				9977	9553	8909	7265	5118	3703	1536	0216	17
	8				9995	9843	9532	8506	6769	5376	2735	0539	16
	9				9999	9953	9827	9287	8106	6956	4246	1148	15
	10					9988	9944	9703	9022	8220	5858	2122	14
	11					9997	9985	9893	9558	9082	7323	3450	13
	12					9999	9996	9966	9825	9585	8462	5000	12
	13						9999	9991	9940	9836	9222	6550	11
	14							9998	9982	9944	9656	7878	10
	15								9995	9984	9868	8852	9
	16								9999	9996	9957	9461	8
	17									9999	9988	9784	7
	18										9997	9927	6
	19										9999	9980	5
	20											9995	4
	21											9999	3
50	0	0,3642	2181	0769	0052	0001	0000	0000	0000	0000	0000	0000	49
	1	7358	5553	2794	0338	0012	0002	0000	0000	0000	0000	0000	48
	2	9216	8108	5405	1117	0066	0013	0001	0000	0000	0000	0000	47
	3	9822	9372	7604	2503	0238	0057	0005	0000	0000	0000	0000	46
	4	9968	9832	8964	4312	0643	0185	0021	0002	0000	0000	0000	45
	5	9995	9963	9622	6161	1388	0480	0070	0007	0001	0000	0000	44
	6	9999	9993	9882	7702	2506	1034	0194	0025	0005	0000	0000	43
	7		9999	9968	8779	3911	1904	0453	0073	0017	0000	0000	42
	8			9992	9421	5421	3073	0916	0183	0050	0002	0000	41
n		0,98	0,97	0,95	0,90	5/6	0,80	0,75	0,70	2/3	0,60	0,50	k / n

p

Bei grün unterlegtem Eingang, d.h. $p \geq 0{,}5$ gilt: $P(X \leq k) = 1 -$ abgelesener Wert.

Tabelle IV:
(Seite 6)

Binomialverteilung **Summenverteilung** $F_{n;\,p}(k) = \displaystyle\sum_{i=0}^{k} \binom{n}{i} \cdot p^i \cdot (1-p)^{n-i}$

n	k	0,02	0,03	0,05	0,10	1/6	0,20	0,25	0,30	1/3	0,40	0,50	n
	9			9998	9755	6830	4437	1637	0402	0127	0008	0000	40
	10				9906	7986	5836	2622	0789	0284	0022	0000	39
	11				9968	8827	7107	3816	1390	0570	0057	0000	38
	12				9990	9373	8139	5110	2229	1035	0133	0002	37
	13				9997	9693	8894	6370	3279	1715	0280	0005	36
	14				9999	9862	9393	7481	4468	2612	0540	0013	35
	15					9943	9692	8369	5692	3690	0955	0033	34
	16					9978	9856	9017	6839	4868	1561	0077	33
	17					9992	9937	9449	7822	6046	2369	0164	32
	18					9998	9975	9713	8594	7126	3356	0325	31
	19					9999	9991	9861	9152	8036	4465	0595	30
	20						9997	9937	9522	8741	5610	1013	29
	21						9999	9974	9749	9244	6701	1611	28
	22							9990	9877	9576	7660	2399	27
50	23							9996	9944	9778	8438	3359	26
	24							9999	9976	9892	9022	4439	25
	25								9991	9951	9427	5561	24
	26								9997	9979	9686	6641	23
	27								9999	9992	9840	7601	22
	28									9997	9924	8389	21
	29									9999	9966	8987	20
	30										9986	9405	19
	31										9995	9675	18
	32										9998	9836	17
	33										9999	9923	16
	34											9967	15
	35											9987	14
	36											9995	13
	37											9998	12

Nicht aufgeführte Werte sind (auf 4 Dez.) 1,0000.

n	k	0,02	0,03	0,05	0,10	1/6	0,20	0,25	0,30	1/3	0,40	0,50	n
	0	0,1326	0476	0059	0000	0000	0000	0000	0000	0000	0000	0000	99
	1	4033	1946	0371	0003	0000	0000	0000	0000	0000	0000	0000	98
	2	6767	4198	1183	0019	0000	0000	0000	0000	0000	0000	0000	97
	3	8590	6472	2578	0078	0000	0000	0000	0000	0000	0000	0000	96
	4	9492	8179	4360	0237	0001	0000	0000	0000	0000	0000	0000	95
	5	9845	9192	6160	0576	0004	0000	0000	0000	0000	0000	0000	94
	6	9959	9688	7660	1172	0013	0001	0000	0000	0000	0000	0000	93
	7	9991	9894	8720	2061	0038	0003	0000	0000	0000	0000	0000	92
	8	9998	9968	9369	3209	0095	0009	0000	0000	0000	0000	0000	91
	9		9991	9718	4513	0213	0023	0000	0000	0000	0000	0000	90
100	10		9998	9885	5832	0427	0057	0001	0000	0000	0000	0000	89
	11			9957	7030	0777	0126	0004	0000	0000	0000	0000	88
	12			9985	8018	1297	0253	0010	0000	0000	0000	0000	87
	13			9995	8761	2000	0469	0025	0001	0000	0000	0000	86
	14			9999	9274	2874	0804	0054	0002	0000	0000	0000	85
	15				9601	3877	1285	0111	0004	0000	0000	0000	84
	16				9794	4942	1923	0211	0010	0001	0000	0000	83
	17				9900	5994	2712	0376	0022	0002	0000	0000	82
	18				9954	6965	3621	0630	0045	0005	0000	0000	81
	19				9980	7803	4602	0995	0089	0011	0000	0000	80
	20				9992	8481	5595	1488	0165	0024	0000	0000	79
n		0,98	0,97	0,95	0,90	5/6	0,80	0,75	0,70	2/3	0,60	0,50	k	n

Bei grün unterlegtem Eingang, d. h. $p \geqq 0{,}5$ gilt: $P(X \leqq k) = 1 -$ abgelesener Wert.

430

Tabelle IV:
(Seite 7)

Binomialverteilung
Summenverteilung

$$F_{n;\,p}(k) = \sum_{i=0}^{k} \binom{n}{i} \cdot p^{i} \cdot (1-p)^{n-i}$$

n	k	0,02	0,03	0,05	0,10	1/6	0,20	0,25	0,30	1/3	0,40	0,50	n
	21				9997	8998	6540	2114	0288	0048	0000	0000	78
	22				9999	9370	7389	2864	0479	0091	0001	0000	77
	23					9621	8109	3711	0755	0164	0003	0000	76
	24					9783	8686	4617	1136	0281	0006	0000	75
	25					9881	9125	5535	1631	0458	0012	0000	74
	26					9938	9442	6417	2244	0715	0024	0000	73
	27					9969	9658	7224	2964	1066	0046	0000	72
	28					9985	9800	7925	3768	1524	0084	0000	71
	29					9993	9888	8505	4623	2093	0148	0000	70
	30					9997	9939	8962	5491	2766	0248	0000	69
	31					9999	9969	9307	6331	3525	0398	0001	68
	32						9985	9554	7107	4344	0615	0002	67
	33						9993	9724	7793	5188	0913	0004	66
	34						9997	9836	8371	6019	1303	0009	65
	35						9999	9906	8839	6803	1795	0018	64
	36						9999	9948	9201	7511	2386	0033	63
	37							9973	9470	8123	3068	0060	62
	38							9986	9660	8630	3822	0105	61
	39							9993	9790	9034	4621	0176	60
	40							9997	9875	9341	5433	0284	59
	41							9999	9928	9566	6225	0443	58
	42							9999	9960	9724	6967	0666	57
	43								9979	9831	7635	0967	56
100	44								9989	9900	8211	1356	55
	45								9995	9943	8689	1841	54
	46								9997	9969	9070	2421	53
	47								9999	9983	9362	3087	52
	48								9999	9991	9577	3822	51
	49									9996	9729	4602	50
	50									9998	9832	5398	49
	51									9999	9900	6178	48
	52										9942	6914	47
	53										9968	7579	46
	54										9983	8159	45
	55										9991	8644	44
	56										9996	9033	43
	57										9998	9334	42
	58										9999	9557	41
	59											9716	40
	60											9824	39
	61											9895	38
	62											9940	37
	63											9967	36
	64											9982	35
	65											9991	34
	66											9996	33
	67											9998	32
	68	Nicht aufgeführte Werte sind (auf 4 Dez.) 1,0000.										9999	31
n		0,98	0,97	0,95	0,90	5/6	0,80	0,75	0,70	2/3	0,60	0,50	k	n

Bei grün unterlegtem Eingang, d.h. $p \geqq 0,5$ gilt: $P(X \leqq k) = 1 -$ abgelesener Wert.

Beispiele: X sei $B_{100;\,0,30}$-verteilt,   X sei $B_{100;\,0,75}$-verteilt,

dann ist $P(X \leqq 35) = 0,8839$.   dann ist $P(X \leqq 70) = 1 - 0,8505 = 0,1495$.

Tabelle V: Gaußsche Summenfunktion
(Seite 1)

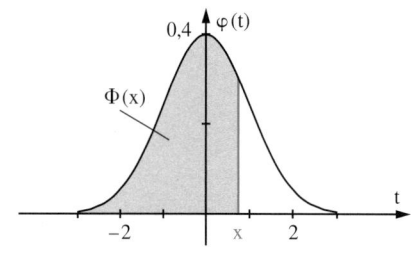

$$\Phi(x) = \frac{1}{\sqrt{2\pi}} \int_{-\infty}^{x} e^{-\frac{t^2}{2}}\, dt \qquad \Phi(-x) = 1 - \Phi(x)$$

x	$\Phi(-x)$	$\Phi(x)$	x	$\Phi(-x)$	$\Phi(x)$	x	$\Phi(-x)$	$\Phi(x)$	x	$\Phi(-x)$	$\Phi(x)$
	0,	0,		0,	0,		0,	0,		0,	0,
0,01	4960	5040	0,41	3409	6591	0,81	2090	7910	1,21	1131	8869
0,02	4920	5080	0,42	3372	6628	0,82	2061	7939	1,22	1112	8888
0,03	4880	5120	0,43	3336	6664	0,83	2033	7967	1,23	1093	8907
0,04	4840	5160	0,44	3300	6700	0,84	2005	7995	1,24	1075	8925
0,05	4801	5199	0,45	3264	6736	0,85	1977	8023	1,25	1056	8944
0,06	4761	5239	0,46	3228	6772	0,86	1949	8051	1,26	1038	8962
0,07	4721	5279	0,47	3192	6808	0,87	1922	8078	1,27	1020	8980
0,08	4681	5319	0,48	3156	6844	0,88	1894	8106	1,28	1003	8997
0,09	4641	5359	0,49	3121	6879	0,89	1867	8133	1,29	0985	9015
0,10	4602	5398	0,50	3085	6915	0,90	1841	8159	1,30	0968	9032
0,11	4562	5438	0,51	3050	6950	0,91	1814	8186	1,31	0951	9049
0,12	4522	5478	0,52	3015	6985	0,92	1788	8212	1,32	0934	9066
0,13	4483	5517	0,53	2981	7019	0,93	1762	8238	1,33	0918	9082
0,14	4443	5557	0,54	2946	7054	0,94	1736	8264	1,34	0901	9099
0,15	4404	5596	0,55	2912	7088	0,95	1711	8289	1,35	0885	9115
0,16	4364	5636	0,56	2877	7123	0,96	1685	8315	1,36	0869	9131
0,17	4325	5675	0,57	2843	7157	0,97	1660	8340	1,37	0853	9147
0,18	4286	5714	0,58	2810	7190	0,98	1635	8365	1,38	0838	9162
0,19	4247	5753	0,59	2776	7224	0,99	1611	8389	1,39	0823	9177
0,20	4207	5793	0,60	2743	7257	1,00	1587	8413	1,40	0808	9192
0,21	4168	5832	0,61	2709	7291	1,01	1562	8438	1,41	0793	9207
0,22	4129	5871	0,62	2676	7324	1,02	1539	8461	1,42	0778	9222
0,23	4090	5910	0,63	2643	7357	1,03	1515	8485	1,43	0764	9236
0,24	4052	5948	0,64	2611	7389	1,04	1492	8508	1,44	0749	9251
0,25	4013	5987	0,65	2578	7422	1,05	1469	8531	1,45	0735	9265
0,26	3974	6026	0,66	2546	7454	1,06	1446	8554	1,46	0721	9279
0,27	3936	6064	0,67	2514	7486	1,07	1423	8577	1,47	0708	9292
0,28	3897	6103	0,68	2483	7517	1,08	1401	8599	1,48	0694	9306
0,29	3859	6141	0,69	2451	7549	1,09	1379	8621	1,49	0681	9319
0,30	3821	6179	0,70	2420	7580	1,10	1357	8643	1,50	0668	9332
0,31	3783	6217	0,71	2389	7611	1,11	1335	8665	1,51	0655	9345
0,32	3745	6255	0,72	2358	7642	1,12	1314	8686	1,52	0643	9351
0,33	3707	6293	0,73	2327	7673	1,13	1292	8708	1,53	0630	9370
0,34	3669	6331	0,74	2296	7704	1,14	1271	8729	1,54	0618	9382
0,35	3632	6368	0,75	2266	7734	1,15	1251	8749	1,55	0606	9394
0,36	3594	6406	0,76	2236	7764	1,16	1230	8770	1,56	0594	9406
0,37	3557	6443	0,77	2206	7794	1,17	1210	8790	1,57	0582	9418
0,38	3520	6480	0,78	2177	7823	1,18	1190	8810	1,58	0571	9429
0,39	3483	6517	0,79	2148	7852	1,19	1170	8830	1,59	0559	9441
0,40	3446	6554	0,80	2119	7881	1,20	1151	8849	1,60	0548	9452

Beispiele: $\Phi(1,15) = 0,8749$; $\Phi(-0,66) = 0,2546$

Tabelle V:
(Seite 2)

Gaußsche Summenfunktion

$$\Phi(x) = \frac{1}{\sqrt{2\pi}} \int_{-\infty}^{x} e^{-\frac{t^2}{2}} \, dt \qquad \Phi(-x) = 1 - \Phi(x)$$

Quantile der Standard-normalverteilung

x	Φ(−x)	Φ(x)		x	Φ(−x)	Φ(x)		x	Φ(−x)	Φ(x)		Φ(x)	x
	0,	0,			0,	0,			0,	0,		0,0005	−3,291
1,61	0537	9463		2,11	0174	9826		2,61	0045	9955		0,001	−3,090
1,62	0526	9474		2,12	0170	9830		2,62	0044	9956		0,005	−2,576
1,63	0516	9484		2,13	0,166	9834		2,63	0043	9957		0,01	−2,326
1,64	0505	9495		2,14	0162	9838		2,64	0041	9959		0,025	−1,960
1,65	0495	9505		2,15	0158	9842		2,65	0040	9960		0,05	−1,645
1,66	0485	9515		2,16	0154	9846		2,66	0039	9961		0,1	−1,281
1,67	0475	9525		2,17	0150	9850		2,67	0038	9962		0,15	−1,036
1,68	0465	9535		2,18	0146	9854		2,68	0037	9963		0,2	−0,842
1,69	0455	9545		2,19	0143	9857		2,69	0036	9964		0,25	−0,674
1,70	0446	9554		2,20	0139	9861		2,70	0035	9965		0,3	−0,524
1,71	0436	9564		2,21	0136	9864		2,71	0034	9966		0,4	−0,253
1,72	0427	9573		2,22	0132	9868		2,72	0033	9967		0,5	0,000
1,73	0418	9582		2,23	0129	9871		2,73	0032	9968		0,6	0,253
1,74	0409	9591		2,24	0125	9875		2,74	0031	9969		0,7	0,524
1,75	0401	9599		2,25	0122	9878		2,75	0030	9970		0,75	0,674
1,76	0392	9608		2,26	0119	9881		2,76	0029	9971		0,8	0,842
1,77	0348	9616		2,27	0116	9884		2,77	0028	9972		0,85	1,036
1,78	0375	9625		2,28	0113	9887		2,78	0027	9973		0,9	1,281
1,79	0367	9633		2,29	0110	9890		2,79	0026	9974		0,95	1,645
1,80	0359	9641		2,30	0107	9893		2,80	0026	9974		0,975	1,960
1,81	0351	9649		2,31	0104	9896		2,81	0025	9975		0,99	2,326
1,82	0344	9656		2,32	0102	9898		2,82	0024	9976		0,995	2,576
1,83	0336	9664		2,33	0099	9901		2,83	0023	9977		0,999	3,090
1,84	0329	9671		2,34	0096	9904		2,84	0023	9977		0,9995	3,291
1,85	0322	9678		2,35	0094	9906		2,85	0022	9978			
1,86	0314	9686		2,36	0091	9909		2,86	0021	9979			
1,87	0307	9693		2,37	0089	9911		2,87	0021	9979			
1,88	0301	9699		2,38	0087	9913		2,88	0020	9980			
1,89	0294	9706		2,39	0084	9916		2,89	0019	9981			
1,90	0287	9713		2,40	0082	9918		2,90	0019	9981			
1,91	0281	9719		2,41	0080	9920		2,91	0018	9982			
1,92	0274	9726		2,42	0078	9922		2,92	0018	9982			
1,93	0268	9732		2,43	0075	9925		2,93	0017	9983			
1,94	9262	9738		2,44	0073	9927		2,94	0016	9984			
1,95	0256	9744		2,45	0071	9929		2,95	0016	9984			
1,96	0250	9750		2,46	0069	9931		2,96	0015	9985			
1,97	0244	9756		2,47	0068	9932		2,97	0015	9985			
1,98	0239	9761		2,48	0066	9934		2,98	0014	9986			
1,99	0233	9767		2,49	0064	9936		2,99	0014	9986			
2,00	0228	9772		2,50	0062	9938		3,00	0013	9987			
2,01	0222	9778		2,51	0060	9940							
2,02	0217	9783		2,52	0059	9941							
2,03	0212	9788		2,53	0057	9943							
2,04	0207	9793		2,54	0055	9945							
2,05	0202	9798		2,55	0054	9946							
2,06	0197	9803		2,56	0052	9948							
2,07	0192	9808		2,57	0051	9949							
2,08	0188	9812		2,58	0049	9951							
2,09	0183	9817		2,59	0048	9952							
2,10	0179	9821		2,60	0047	9953							

Aufgaben zum Üben und Wiederholen, Seite 33

1

a) $f'(x) = -\frac{3}{7x^2}$ b) $f'(x) = -\frac{8}{x^7}$

c) $f'(x) = -\frac{1}{x^2} + \frac{1}{x^3}$

d) $f'(x) = -\frac{6}{x^3} + 4 = \frac{-6 + 4x^3}{x^3}$

2

a) $f'(x) = -3 \cdot \sin(x)$

b) $f'(x) = -\sin(x) + 3 \cdot \cos(x)$

c) $f'(x) = \frac{1}{\cos^2(x)}$

d) $f'(x) = \frac{4}{3\cos^2(x)}$

e) $f'(x) = \cos(x) + 2x$

f) $f'(t) = -\frac{x}{t^2} - \sin(t)$

g) $f'(x) = -\frac{t}{x^2} + \frac{2\cos(x)}{3\cos(t)}$

h) $f'(x) = t - \frac{2t^2}{x^3}$

3

a) $u(x) = x^3$; $v(x) = 2x - 5$

b) $u(x) = -\frac{2}{x^4}$; $v(x) = x + 1$

c) $u(x) = 3 \cdot \sqrt{x}$; $v(x) = 2x^2 + 1$

d) $u(x) = \frac{1}{2x}$; $v(x) = \sin(x)$

4

a) $f'(x) = -48x \cdot (4 - 3x^2)^3$

b) $h'(x) = \frac{64}{(5 - 4x)^3}$

c) $f'(x) = 6\sqrt{x} + \frac{1}{\sqrt{x}} = \frac{6x + 1}{\sqrt{x}}$

d) $g'(x) = \frac{2x^2 - 14x + 2}{(7 - 2x)^2}$

e) $f'(x) = 6x \cdot \sin(x) + 3x^2 \cdot \cos(x)$
$= 3x \cdot (2 \cdot \sin(x) + x \cdot \cos(x))$

f) $g'(x) = \frac{x \cdot \cos(x) - \sin(x)}{x^2}$

g) $h'(x) = -\frac{x \cdot \sin(x) + 2 \cdot \cos(x)}{x^3}$

h) $h'(t) = 0$

5

a) $f'(x) = 2 \cdot \cos(2x)$

b) $f'(x) = 4 \cdot \sin(x) \cdot \cos(x)$

c) $g'(x) = -2x \cdot \sin(x^2)$

d) $g'(x) = -2 \cdot \cos(x) \cdot \sin(x)$

e) $f'(x) = 2\sin(x)\cos(x) - 2\sin(x)\cos(x)$
$= 0$

f) $f'(x) = 4 \cdot \sin^3(x) \cdot \cos(x) + 1$

g) $h'(x) = 9\sin^2(x)\cos(x) + 9\cos^2(x)\sin(x)$
$= 9\sin(x)\cos(x) \cdot (\sin(x) + \cos(x))$

h) $f'(t) = \cos^2(t) - \sin^2(t)$

i) $s'(t) = -2\cos(t)\sin^2(t) + \cos^3(t)$
$= \cos(t) \cdot (-2\sin^2(t) + \cos^2(t))$
$= \cos(t) \cdot (-2\sin^2(t) + 1 - \sin^2(t))$
$= \cos(t) \cdot (1 - 3\sin^2(t))$

6

a) $f'(x) = 3 \cdot \left(x^2 - 2\sqrt{x}\right)^2 \cdot \left(2x - \frac{1}{\sqrt{x}}\right)$

b) $f'(x) = -\frac{1}{2x^2} + \frac{1}{4} = \frac{-2 + x^2}{4x^2}$

c) $h'(x) = \frac{(5 - 2x) \cdot 4x \cdot (x^2 + 1) + 2(x^2 + 1)^2}{(5 - 2x)^2}$
$= -\frac{2(x^2 + 1) \cdot (3x^2 - 10x - 1)}{(5 - 2x)^2}$

d) $f'(x) = \frac{(3x - 7) \cdot \frac{1}{2\sqrt{x}} - 3 \cdot \sqrt{x}}{(3x - 7)^2}$
$= -\frac{3x + 7}{2\sqrt{x} \cdot (3x - 7)^2}$

e) $f'(x) = 2 \cdot \frac{8x - 2}{x + 1} \cdot \frac{(x + 1) \cdot 8 - (8x - 2)}{(x + 1)^2}$
$= \frac{40 \cdot (4x - 1)}{(x + 1)^3}$

f) $f'(x) = 2 \cdot \frac{(2 - 3x) \cdot \cos(x) + 3 \cdot \sin(x)}{(2 - 3x)^2}$

g) $f'(x) = \sin(2x) + 2x \cdot \cos(2x)$

h) $f'(x) = \frac{(x + k) - (x - k)}{(x + k)^2} = \frac{2k}{(x + k)^2}$

7

a) $f(1) = \frac{1}{2}$; $f'(x) = \frac{1}{(x + 1)^2}$; $f'(1) = \frac{1}{4}$
t: $y = \frac{1}{4}x + \frac{1}{4}$; n: $y = -4x + \frac{9}{2}$

b) $B_1(0|0)$; $B_2(-2|2)$

c) $B\left(1|\frac{1}{2}\right)$; t: $y = \frac{1}{4}x + \frac{1}{4}$; n: $y = -4x + \frac{9}{2}$

8

a) $f_t(x) = 0$ hat die beiden (von t unabhängigen) Lösungen $-\sqrt{2}$ und $\sqrt{2}$. Also:
$N_1(-\sqrt{2}|0)$; $N_2(\sqrt{2}|0)$.

b) $f_t'(x) = \frac{4t}{x^3}$; $f_t'(\sqrt{2}) = \sqrt{2} \cdot t$; Tangente ist parallel zur Geraden mit der Gleichung $y = x + 1$ für $t = \frac{1}{2}\sqrt{2}$.

c) K_{t_1} und K_{t_2} sind orthogonal in N_2, wenn $t_1 \cdot t_2 = -\frac{1}{2}$ ist. Sie schneiden sich dann auch in N_1 orthogonal.

9

a) Graphen mit einem Grafikprogramm erstellen:

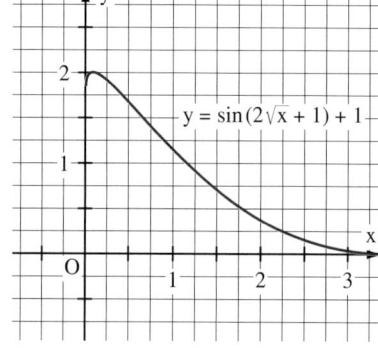

$y = \sin(2\sqrt{x} + 1) + 1$

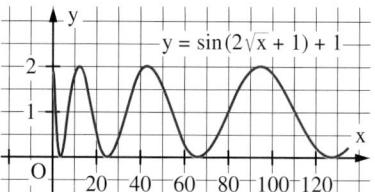

$y = \sin(2\sqrt{x} + 1) + 1$

b) $f'(x) = \cos\left(2\sqrt{x} + 1\right) \cdot \frac{1}{\sqrt{x}}$. $f'(0)$ existiert also nicht.

c) $f'(x) = 0$ für $\cos\left(2\sqrt{x} + 1\right) = 0$, also für $2\sqrt{x} + 1 = \frac{\pi}{2} + k\pi$ mit $k \in \mathbb{N}$. Daraus ergibt sich $x_k = \frac{1}{4} \cdot \left(\frac{\pi}{2} + k\pi - 1\right)^2$ mit $k \in \mathbb{N}$. Dies sind unendlich viele Stellen mit waagerechter Tangente. Da f eine Sinusfunktion ist, liegen an den Stellen x_k auch Extremwerte vor. Die Extremwerte sind 0 und 2, da $\sin(u)$ alle Werte zwischen -1 und 1 annimmt.

d) Es ist $x_0 = \frac{(\pi - 2)^2}{16} \approx 0{,}08145$ mit $f(x_0) = 2$; $x_1 = \frac{(3\pi - 2)^2}{16} \approx 3{,}44545$ mit $f(x_1) = 0$.

Aufgaben zum Üben und Wiederholen, Seite 51

1

a) Ansatz: f mit $f(x) = ax^2 + bx + c$ und $f'(x) = 2ax + b$. Bedingungen:
$f(0) = 1{,}5$: $c = 1{,}5$;
$f(19{,}5) = 0$: $380{,}25a + 19{,}5b + 1{,}5 = 0$;
$f'(19{,}5) = -\frac{1}{3}\sqrt{3} \approx -0{,}577$:
$39a + b = -0{,}577$
Daraus: $a \approx -0{,}0256$, $b \approx 0{,}423$
Ergebnis:
f mit $f(x) = -0{,}0256x^2 + 0{,}423x + 1{,}5$

b) $f'(x) = 0$ ergibt $x \approx 8{,}13$; höchster Punkt $H(8{,}13|3{,}22)$. $f'(0) = 0{,}423$
$= \tan(\alpha)$; Abwurfwinkel $\alpha \approx 23°$.

2

Punkt $P(x|4 - x^2)$ mit $0 < x < 2$
Flächeninhalt des Rechtecks
$A = u \cdot v$ mit $u = 6 - (4 - x^2) = 2 + x^2$;
$v = 4 - x$. Zielfunktion:
$A(x) = (2 + x^2) \cdot (4 - x)$
$= -x^3 + 4x^2 - 2x + 8$; $D_A = \{x | 0 < x < 2\}$.

2

Untersuchung der Zielfunktion:

$A'(x) = -3x^2 + 8x - 2$ und

$A''(x) = -6x + 8$. Aus $A'(x) = 0$ folgt

$x_1 = \frac{1}{3}(4 + \sqrt{10}) \approx 0{,}279$

$x_2 = \frac{1}{3}(4 - \sqrt{10}) \approx 2{,}387$ mit $x_2 \notin D_A$.

$A''(x_1) = -2\sqrt{10} < 0$; x_1 ist die Stelle des lokalen und ebenso des globalen Maximums.

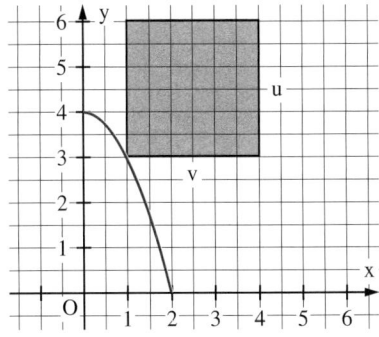

3

a) Für die Maßzahl des Flächeninhalts des gefärbten Dreiecks gilt in Abhängigkeit von x: $A(x) = a^2 - \frac{1}{2}x^2 - 2 \cdot \frac{1}{2}a \cdot (a - x)$

bzw. $A(x) = a^2 - \frac{1}{2}x^2 - 2 \cdot \frac{1}{2}a \cdot (a - x)$

bzw. $A(x) = -\frac{1}{2}x^2 + ax$; $0 < x \leq a$.

A wird maximal für $x = a$ (Randmaximum).

b) Es gilt: $V = r^2\pi h$; $0 = r^2\pi + 2r\pi h$ (Formeln für den Zylinder).

Daraus folgt

$O(r) = r^2\pi + 2r\pi \frac{V}{r^2\pi} = r^2\pi + \frac{600}{r}$.

$O'(r) = 0$ liefert $r_0 = \sqrt[3]{\frac{300}{\pi}} \approx 4{,}57$ (dm);

$h_0 = \sqrt[3]{\frac{300}{\pi}}$ mit $O''(r_0) > 0$.

4

Der Ansatz $f(x) = ax^2 + b$ mit den Bedingungen $f(0) = 40$ und $f(50) = 0$ liefert $f(x) = -\frac{2}{125}x^2 + 40$; $-50 \leq x \leq 50$.

a) $f'(-50) = \frac{8}{5}$ ergibt $\alpha = 57{,}99°$.

b)

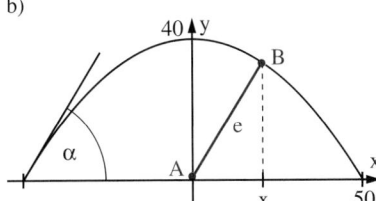

Für die Entfernung e von $A(0\,|\,2)$ zu $B(x\,|\,f(x))$ gilt $e = \sqrt{x^2 + (f(x) - 2)^2}$

$= \sqrt{\frac{4}{15\,625}x^4 - \frac{27}{125}x^2 + 1444}$.

Die Ersatzfunktion e^2 hat ein lokales Maximum bei $x_0 = \frac{15}{4}\sqrt{30} \approx 20{,}53$ (m) mit $f(x_0) = 33{,}25$.

Es gilt $B\left(\frac{15}{4}\sqrt{30}\,\middle|\,33{,}25\right)$.

5

a) Graphen von K und U.

$K(x) = U(x)$ ergibt

$x^3 - 15x^2 - 25x + 375 = 0$ mit den Lösungen: $x_1 = 5$, $x_2 = 15$ und $x_3 = -5$.

Gewinnzone mit $U(x) > K(x)$ also für $5 < x < 15$.

b) $G(x) = K(x) - U(x)$

$= -x^3 + 15x^2 + 25x - 375$ mit $x > 0$.

$G'(x) = -3x^2 + 30x + 25$. $G'(x) = 0$

ergibt $x_0 = 5 + \frac{10\sqrt{3}}{3} \approx 10{,}77$ bzw.

$x_1 = 5 - \frac{10\sqrt{3}}{3} \approx -0{,}77$.

Maximaler Gewinn: $G_{max} = G(x_0) \approx 384{,}9$.

c) $G(x) = p \cdot x - K(x)$.

Aus $G'(x) = p - K'(x) = 0$ folgt

$K'(x_0) = p$. Dies bedeutet anschaulich:

Die günstigste Produktionsmenge liegt innerhalb der Gewinnzone dort vor, wo die Tangente an die Kostenkurve zur Umsatzgeraden parallel ist.

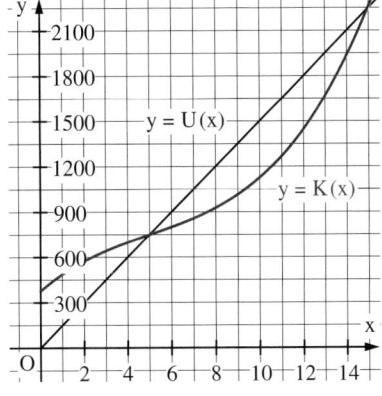

6

a) Graph von h mit

$h(t) = 1{,}5 + 1{,}5\cos\left(\frac{\pi}{6}t\right)$.

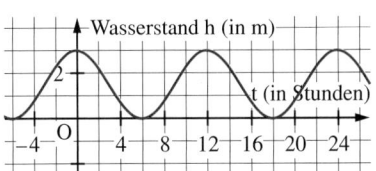

b) $h'(t) = -\frac{\pi}{4}\sin\left(\frac{\pi}{6}t\right)$

$h''(t) = -\frac{\pi^2}{24}\cos\left(\frac{\pi}{6}t\right)$

Aus $h''(t) = 0$ folgt im Intervall $[0; 24]$:

$t_1 = 3$; $t_2 = 9$; $t_3 = 15$ und $t_4 = 21$ (jeweils in Stunden).

Stärkster Anstieg für t_1 und t_4.

c) Aus $h(t) \geq 1{,}5$ folgt $t \in [0; 3]$, $[9; 15]$ oder $[21; 24]$.

7

a)

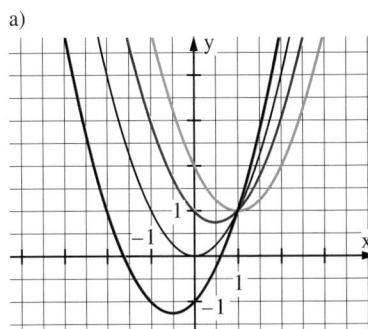

b) Das globale Minimum $-\frac{1}{4}k^2 - k$ wird an der Stelle $-\frac{k}{2}$ angenommen.

c) Es gilt $-\frac{1}{4}k^2 - k = 0$ für $k = 0$ oder $k = -4$.

d) Die Graphen der Funktionen f_k sind nach oben geöffnete Parabeln. Es gibt 2 verschiedene Nullstellen, wenn das globale Minimum < 0 ist, und keine Nullstellen im Fall > 0.

Aus $-\frac{1}{4}k^2 - k < 0$ ergeben sich 2 Nullstellen für $k < -4$ oder $k > 0$.

Für $-4 < k < 0$ gibt es keine Nullstellen.

e) C_0 und C_1 schneiden sich im Punkt $S(1\,|\,1)$. Für alle k gilt $f_k(1) = 1$. Somit gehen alle C_k durch S.

Aufgaben zum Üben und Wiederholen, Seite 85

1

a) $\int_{-2}^{4} 3x^2\,dx = [x^3]_{-2}^{4} = 4^3 - (-2)^3 = 72$

b) $\int_{-2}^{-1} \frac{4}{x^2}\,dx = \left[-\frac{4}{x}\right]_{-2}^{-1} = -\frac{4}{-1} - \left(-\frac{4}{-2}\right) = 2$

c) $\int_{0}^{2} x(x-2)^2\,dx = \int_{0}^{2}(x^3 - 4x^2 + 4x)\,dx$
$= \left[\frac{1}{4}x^4 - \frac{4}{3}x^3 + 2x^2\right]_{0}^{2} = \frac{4}{3}$

d) $\int_{-\frac{\pi}{2}}^{+\frac{\pi}{2}} 2\cos(x) = \left[2\sin(x)\right]_{-\frac{\pi}{2}}^{+\frac{\pi}{2}} = 2 - (-2) = 4$

2

$\int_{0}^{2} ax^2\,dx = \left[\frac{1}{3}ax^3\right]_{0}^{2} = \frac{1}{3}a \cdot 8 - 0 = \frac{8}{3} \cdot a$

$\frac{8}{3}a = 12$; $a = 4,5$.

3

a) $f(x) = \frac{1}{4}x^2 + \frac{1}{2}x - \frac{3}{4}$

$A = \int_{-3}^{1} -f(x)\,dx + \int_{1}^{3} f(x)\,dx$
$= \left[-\frac{1}{12}x^3 - \frac{1}{4}x^2 + \frac{3}{4}x\right]_{-3}^{1} +$
$+ \left[\frac{1}{12}x^3 + \frac{1}{4}x^2 - \frac{3}{4}x\right]_{1}^{3} = \frac{8}{3} + \frac{8}{3} = \frac{16}{3}$.

b) Schnittstellen von $y = f(x)$ mit $y = 3$:
$x_1 = 3$; $x_2 = -5$.
$A = \int_{-5}^{3}(3 - f(x))\,dx = \int_{-5}^{3}\left(-\frac{1}{4}x^2 - \frac{1}{2}x + \frac{15}{4}\right)\,dx$
$= \left[-\frac{1}{12}x^3 - \frac{1}{4}x^2 + \frac{15}{4}x\right]_{-5}^{3} = \frac{64}{3} = 21\frac{1}{3}$.

4

a) $A = \int_{1}^{z} f(x)\,dx = \int_{1}^{z} \frac{1}{x^2}\,dx = \left[-\frac{1}{x}\right]_{1}^{z}$
$= -\frac{1}{z} + 1$ für $z \geqq 1$
Für $A = 0,8$ ergibt sich damit für $z \geqq 1$:
$-\frac{1}{z} + 1 = 0,8$
$z = 5$

b) $A = \int_{1}^{z} g(x)\,dx = \int_{1}^{z} \frac{1}{x^3}\,dx = \left[-\frac{1}{2x^2}\right]_{1}^{z}$
$= -\frac{1}{2z^2} + \frac{1}{2}$
Für $A = 0,8$ ergibt sich damit:
$-\frac{1}{2z^2} + \frac{1}{2} = 0,8$
$z^2 = -\frac{5}{3}$.

Diese Gleichung hat keine Lösung; d.h. die vom Graphen von f und der x-Achse eingeschlossene Fläche ist für $x \geqq 1$ immer kleiner als 0,5.

5

$f(x) = \frac{1}{2}x^4 - 2x^2$

a) $A = \int_{-2}^{2} -f(x)\,dx = \left[-\frac{1}{10}x^5 + \frac{2}{3}x^3\right]_{-2}^{2}$
$= \frac{64}{15} = 4,2\overline{6}$

b) $A = \int_{-\sqrt{2}}^{\sqrt{2}}(f(x) - (-2))\,dx$

$= \int_{-\sqrt{2}}^{\sqrt{2}}\left(\frac{1}{2}x^4 - 2x^2 + 2\right)\,dx$

$= \left[\frac{1}{10}x^5 - \frac{2}{3}x^3 + 2x\right]_{-\sqrt{2}}^{\sqrt{2}} = \frac{32}{15}\sqrt{2} \approx 3,02$

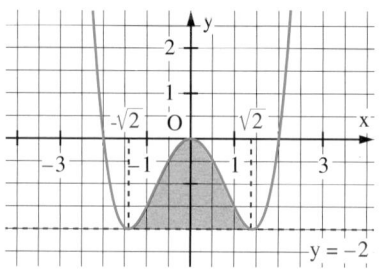

c) Schnittstellen von $y = f(x)$ mit $y = -1,5$:
$\frac{1}{2}x^4 - 2x^2 = -1,5$; $x_1 = -\sqrt{3}$; $x_2 = -1$;
$x_3 = 1$; $x_4 = \sqrt{3}$

$A_1 = \int_{0}^{1} -f(x)\,dx = \frac{17}{30}$;

$A_2 = (\sqrt{3} - 1) \cdot 1,5 \approx 1,10$;

$A_3 = \int_{\sqrt{3}}^{2} -f(x)\,dx = \frac{32}{15} - \frac{11}{10}\cdot\sqrt{3} \approx 0,23$.

$A = 2 \cdot (A_1 + A_2 + A_3) \approx 3,8$.

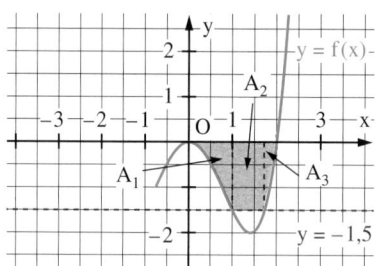

6

a) $f(x) = \frac{1}{2}x^3 - 2x^2$; $f'(x) = \frac{3}{2}x^2 - 4x$;
$f''(x) = 3x - 4$; $f'''(x) = 3$
$N_1(0|0)$; $N_2(4|0)$; $H(0|0)$; $T\left(\frac{8}{3}\left|-\frac{128}{27}\right.\right)$;
$W\left(\frac{4}{3}\left|-\frac{64}{27}\right.\right)$

b) $A_1 = \int_{0}^{4} -f(x)\,dx = \int_{0}^{4}\left(-\frac{1}{2}x^3 + 2x^2\right)\,dx$
$= \left[-\frac{1}{8}x^4 + \frac{2}{3}x^3\right]_{0}^{4} = 10\frac{2}{3}$

zu b)

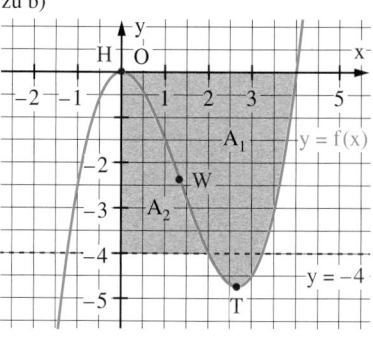

c) $A_2 = \int_{0}^{2} f(x) - (-4)\,dx = \int_{0}^{2}(f(x) + 4)\,dx$
$= \int_{0}^{2}\left(\frac{1}{2}x^3 - 2x^2 + 4\right)\,dx = 4\frac{2}{3}$

7

$f(x) = x^3 - 6x^2 + 9x$; $g(x) = x^2 - 5x + 8$

a)

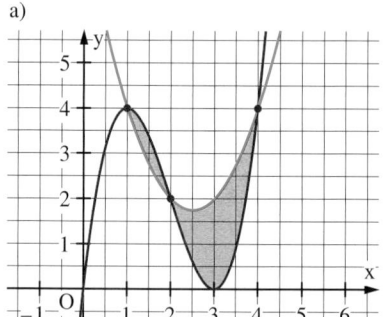

b) $A = \int_{1}^{2}(f(x) - g(x))\,dx + \int_{2}^{4}(g(x) - f(x))\,dx$

$= \int_{1}^{2}(x^3 - 7x^2 + 14x - 8)\,dx$

$+ \int_{2}^{4}(-x^3 + 7x^2 - 14x + 8)\,dx$

$= \frac{5}{12} + \frac{8}{3} = \frac{37}{12} = 3\frac{1}{12}$

8

Nullstellen von $y = f(x)$: $x_1 = 0$; $x_2 = a$
$\int_{0}^{a}(ax - x^2)\,dx = 2$

$\int_{0}^{a}(ax - x^2)\,dx = \left[\frac{a}{2}x^2 - \frac{1}{3}x^3\right]_{0}^{a} = \frac{a^3}{2} - \frac{a^3}{3} = \frac{a^3}{6}$;

$\frac{1}{6}a^3 = 2$; $a = \sqrt[3]{12} \approx 2,29$.

9

a) Höhe der Fichte nach 60 Jahren:
$H = \int_{0}^{60}(0,01 \cdot t + 0,10)\,dt$

$= \left[\frac{0,01}{2}\cdot t^2 + 0,10 \cdot t\right]_{0}^{60} = 24\,\text{m}$.

b) Gesucht ist T mit

$12 = \int\limits_0^T (0,01 \cdot t + 0,10)\,dt$ bzw.

$12 = \left[\frac{0,01}{2} \cdot t^2 + 0,10 \cdot t\right]_0^T$ bzw.

$12 = \frac{0,01}{2} \cdot T^2 + 0,10 \cdot T$ bzw.

$T^2 + 20\,T - 2400 = 0$.

Somit ist $T = 40$.

Nach 40 Jahren ist die Fichte 12 m hoch.

Aufgaben zum Üben und Wiederholen, Seite 119

1

	f'(x)	f''(x)
a)	$-2 \cdot e^{-x}$	$2 \cdot e^{-x}$
b)	$2x - 2 \cdot e^{-2x}$	$2 + 4 \cdot e^{-2x}$
c)	$(1 - 0,3x) \cdot e^{-0,3x}$	$(0,09x - 0,6) \cdot e^{-0,3x}$
d)	$\frac{1}{x}$	$-\frac{1}{x^2}$
e)	$\frac{1}{4+x}$	$-\frac{1}{(4+x)^2}$

2

a) $\int\limits_{-10}^2 \frac{1}{2}e^x\,dx = \left[\frac{1}{2}e^x\right]_{-10}^2 = 3,6945$

b) $\int\limits_{-10}^2 2\,e^{2x}\,dx = \left[e^{2x}\right]_{-10}^2 = 54,5981$

c) $\int\limits_{-10}^2 \frac{1}{2}e^{-x+1}\,dx = \left[-\frac{1}{2}e^{-x+1}\right]_{-10}^2 = 29\,936,8869$

d) $\int\limits_{-10}^2 \frac{1}{2}(e^x + e^{-x})\,dx = \left[\frac{1}{2}(e^x - e^{-x})\right]_{-10}^2$
$= 11\,016,8597$

e) $\int\limits_1^2 \frac{1+x}{x}\,dx = \int\limits_1^2 \left(\frac{1}{x} + 1\right)dx = \left[\ln(x) + x\right]_1^2$
$= \ln(2) + 1 \approx 1,6931$

3

a) $f'(x) = e^x - 2e^{-2x}$
$f''(x) = e^x + 4e^{-2x}$
Extremstelle: $x = \frac{1}{3}\ln(2)$
$f''\left(\frac{1}{3}\ln(2)\right) = 3 \cdot \sqrt[3]{2} > 0$;
Tiefpunkt: $T\left(\frac{1}{3}\ln(2)\,\middle|\,1,889\right)$
$f(x) \to \infty$ für $x \to \pm\infty$
b) $f'(x) = 2(e^{-x} - 1)(-e^{-x})$
$= 2 \cdot e^{-x} - 2 \cdot e^{-2x}$
$f''(x) = -2e^{-x} + 4e^{-2x}$
Extremstelle: $x = 0$
$f''(0) = 2 > 0$;
Tiefpunkt: $T(0\,|\,0)$
$f(x) \to \infty$ für $x \to -\infty$
$f(x) \to 1$ für $x \to \infty$

c) $f'(x) = e^x + e^{-x}$
Extremstellen: Es gibt keine Extremstellen, denn es ist $f'(x) \neq 0$ für $x \in D_f$.
$f(x) \to \infty$ für $x \to -\infty$
$f(x) \to \infty$ für $x \to \infty$
d) $f'(x) = e^{-x} \cdot (3x^2 - x^3)$
$f''(x) = e^{-x}(6x - 6x^2 + x^3)$
Extremstelle: $x = 3$
$f''(3) = -9 \cdot e^{-3} < 0$;
$H(3\,|\,27 \cdot e^{-3}) \approx H(3\,|\,1,34)$
Für $x \to \infty$ gilt: $f(x) \to 0$;
für $x \to -\infty$ gilt: $f(x) \to -\infty$.

4

a) Ableitungen:
$f'(x) = 2\,e^{2x} - 2\,e^x \quad f''(x) = 4\,e^{2x} - 2\,e^x$
$f'''(x) = 8\,e^{2x} - 2\,e^x \quad$ Nullstelle: $x = \ln(2)$
Gemeinsamer Punkt mit der x-Achse:
$N(\ln(2)\,|\,0)$
$f(0) = -1$; Schnittpunkt mit der y-Achse:
$S_y(0\,|\,-1)$
Asymptote: $y = 0$ für $x \to -\infty$
Extremstelle: $x = 0$; $f''(0) = 2 > 0$
Tiefpunkt: $T(0\,|\,-1)$,
Wendestelle: $x = -\ln(2)$; $f'''(-\ln(2)) = 1$
Wendepunkt: $W\left(-\ln(2)\,\middle|\,-\frac{3}{4}\right)$
Wertemenge: $-1 \leq y < \infty$
Graph:

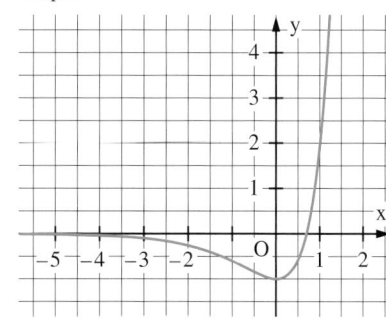

b) Die Fläche liegt vollständig im 4. Quadranten, das Integral wird deshalb negativ. Die Integralgrenzen sind $-e^2$ und 0.

$A = \left|\int\limits_{-e^2}^0 e^{2x} - 2\,e^x\,dx\right| \approx 1,4988$

5

a) Ableitungen:
$f_k'(x) = -(x - k - 1) \cdot e^{-x}$
$f_k''(x) = (x - k - 2) \cdot e^{-x}$
$f_k'''(x) = -(x - k - 3) \cdot e^{-x}$
Gemeinsamer Punkt mit der x-Achse:
$N(k\,|\,0)$

Schnittpunkt mit der y-Achse: $S_y(0\,|\,-k)$
Extremstelle: $x = k + 1$;
$f_k''(k + 1) = -e^{-k-1} < 0$. Hochpunkt:
$H(k + 1\,|\,e^{-k-1})$. Wendestelle: $x = k + 2$;
$f_k'''(k + 2) = e^{-k-2} \neq 0$
Wendepunkt: $W(k + 2\,|\,2\,e^{-k-2})$
Asymptote: $y = 0$ waagerechte Asymptote
für $x \to -\infty$
Graphen von f_{-3} und f_0 vgl. Fig. 13.
b) $H(k + 1\,|\,e^{-k-1})$. Aus $x = k + 1$ folgt
$k = x - 1$; eingesetzt in $y = e^{-k-1}$ ergibt
sich die Ortslinie der Extrempunkte
$y = e^{-x}$.
c) $A(k) = \int\limits_k^0 f_k(x)\,dx = \left[-(x - k + 1) \cdot e^{-x}\right]_k^0$
$= e^{-k} + k - 1$
(Stammfunktion zu f_k wird anhand der Ableitungen erraten und durch Ableiten bestätigt).

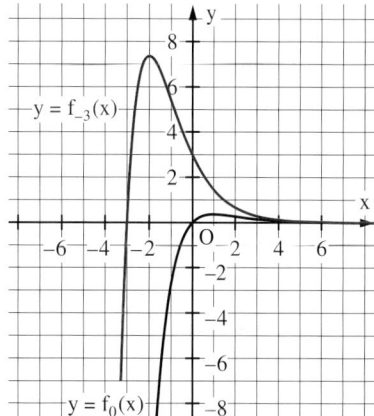

6

Fig. 1: Graph von g
Fig. 2: Graph von h
Fig. 3: Graph von f
Fig. 4: Graph von k
Mögliche Begründung:
Fig. 1: g hat eine waagerechte Asymptote. $y = 0$ für $x \to +\infty$ und den Schnittpunkt $S(0\,|\,e)$ mit der y-Achse.
Fig. 2: h hat eine waagerechte Asymptote $y = 0$ für $x \to -\infty$ und die Nullstelle $x = 0$.
Fig. 3: f hat eine waagerechte Asymptote $y = 0$ für $x \to +\infty$ und die Nullstelle $x = 0$.
Fig. 4: k ist eine ungerade Funktion, d.h. der Graph von k ist symmetrisch zum Ursprung (hier auch: Wendepunkt).

437

7

a) $S(0\,|\,e)$; $f_t{}'(x) = -t \cdot e^{1-tx}$

Normale in S: $y = \frac{1}{e \cdot t} x + e$

Aus $1 = \frac{1}{e \cdot t} \cdot 1 + e$ folgt

$t = \frac{1}{e \cdot (1 - e)} \approx -0{,}214$

Graph:

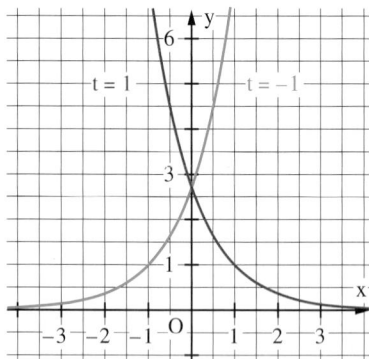

b) $f_t(1) = e^{1-t}$; $f_t{}'(1) = -t \cdot e^{1-t}$

Tangente in $P_t(1\,|\,e^{1-t})$:

Aus $y - e^{1-t} = -t \cdot e^{1-t} \cdot (x - 1)$

folgt $y = -t \cdot e^{1-t} \cdot x + (t+1) \cdot e^{1-t}$

$0 = -t \cdot e^{1-t} \cdot 0 + (t+1) \cdot e^{1-t}$ gilt für

$t = -1$.

8

a) $f(t) = 50\,000 \cdot e^{t \cdot \ln(1{,}15)}$

$= 50\,000 \cdot e^{0{,}13976 \cdot t}$ (t in Tagen)

b) $T_V = \frac{\ln(2)}{0{,}13976} \approx 4{,}96$

Verdopplungszeit etwa 5 Tage

c) $100\,000 = 50\,000 \cdot e^{0{,}13976 \cdot t}$ ergibt

$t \approx 21{,}4$ (in Tagen).

9

$I(t) = I_0 \cdot e^{t \cdot \ln(0{,}88)} = I_0 \cdot e^{-0{,}12783 \cdot t}$

(t in Stunden)

$I(6) = I_0 \cdot 0{,}464$, also ein Rückgang auf

$46{,}4\,\%$.

$I(t) = 0{,}01 \cdot I_0$, damit $0{,}01 = e^{t \cdot \ln(0{,}88)}$,

also $t \approx 36{,}02$.

Nach etwa 36 Stunden.

10

$k = -\frac{\ln(2)}{T_H} \approx -0{,}02476$ (in Jahren)

Toleranzgrenze sei g, also erhält man mit

$f(0) = \frac{130}{100} \cdot g$ die Zerfallsfunktion

$f(t) = \frac{130}{100} g \cdot e^{-0{,}02476 \cdot t}$.

Gesucht ist die Zeit t mit $f(t) = g$, also

$g = \frac{130}{100} g \cdot e^{-0{,}02476 \cdot t}$ und hieraus $t \approx 10{,}6$

(in Jahren).

Aufgaben zum Üben und Wiederholen, Seite 135

1

a) Für $b > 1$ ist $J = \int_1^b f(x)\,dx = 6 - \frac{6}{b}$;

für $b \to +\infty$ gilt $J \to 6$; die Fläche hat den Flächeninhalt 6.

b) Für $a < 2$ ist

$J = \int_a^2 f(x)\,dx = \frac{3}{2} + \frac{3}{2(2a-5)}$; für $a \to -\infty$

gilt $J \to \frac{3}{2}$; die Fläche hat den Inhalt $\frac{3}{2}$.

c) Für $b > 0$ ist

$J = \int_0^b f(x)\,dx = \frac{1}{2}e^3 - \frac{1}{2}e^{3-2b}$; für $b \to +\infty$

gilt $J \to \frac{1}{2}e^3$; die Fläche hat den Inhalt $\frac{1}{2}e^3$.

d) Für $a < 2$ ist

$J = \int_a^2 f(x)\,dx = 2e^9 - 2e^{5+2a}$; für $a \to -\infty$

gilt $J \to 2e^9$; die Fläche hat den Inhalt $2e^9$.

e) Für $2 < a < 6$ ist

$J = \int_a^6 f(x)\,dx = 8 - 4\sqrt{a-2}$; für $a \to 2$

gilt $J \to 8$; die Fläche hat den Inhalt 8.

f) Für $-4 < b < \frac{1}{2}$ ist

$J = \int_{-4}^b f(x)\,dx = 18 + 3b - 2\sqrt{1-2b}$; für

$b \to \frac{1}{2}$ gilt $J \to \frac{39}{2}$; die Fläche hat den Inhalt $\frac{39}{2}$.

2

a) $\frac{3}{16}\pi$ b) $\frac{512}{15}\pi$

c) $\left(\frac{1}{2}e^6 - \frac{11}{4}\right)\pi$ d) $\frac{125}{3}\pi$

3

a) $\int_0^3 (g(x) - f(x))\,dx = 0$ ergibt $m = 1$.

b) $\int_0^3 (g(x) - f(x))\,dx = \frac{3}{2}$ ergibt $m = \frac{4}{3}$.

c) $\pi \int_0^{2m} [(g(x))^2 - (f(x))^2]\,dx$

$= \pi \int_{2m}^3 [(f(x))^2 - (g(x))^2]\,dx$ ergibt

$m = \frac{3}{10}\sqrt{15}$.

4

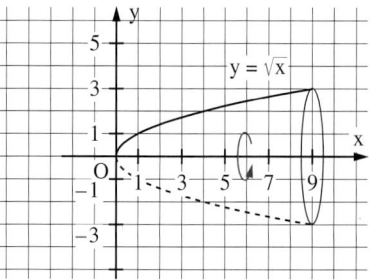

a) Die Form des Sektglases ergibt sich durch die Rotation des Graphen von f mit $f(x) = \sqrt{x}$ um die x-Achse.

Für das Volumen gilt:

$V = \pi \int_0^9 (\sqrt{x})^2\,dx = \pi \int_0^9 x\,dx = \pi \left[\frac{1}{2}x^2\right]_0^9$

$= 40{,}5 \cdot \pi \approx 127{,}2$

Das Glas fasst etwa $127{,}2\,cm^3$.

b) Gesucht ist z mit

$\pi \int_0^z (\sqrt{x})^2\,dx = 100$

$\pi \left[\frac{1}{2}x^2\right]_0^z = 100$

$\frac{1}{2}\pi z^2 = 100$

$z = \sqrt{\frac{200}{\pi}} \approx 8{,}0$.

0,1 Liter stehen in dem Glas etwa 8 cm hoch.

5

Mittelwert der Funktionswerte von f auf

$[-2;\,3]$: $\overline{m} = \frac{1}{5} \int_{-2}^3 f(x) = -\frac{5}{4}$.

6

Mittlere Tagestemperatur in °C:

$T = \frac{1}{24} \int_0^{24} T(t)\,dt = -\frac{2}{5}$.

7

Es sei f(t) die Anzahl der Schädlinge zur Zeit t (in Tagen).

Ansatz: $f(t) = 10\,000 \cdot e^{kt}$.

Wegen $f(5) = 20\,000$ gilt:

$20\,000 = 10\,000 \cdot e^{kt}$; $k = \frac{\ln(2)}{5}$. Also

$f(t) = 10\,000 \cdot e^{\frac{\ln(2)}{5} \cdot t}$ (t in Tagen).

1000 Schädlinge fressen pro Tag 1,2 kg Blattmasse. Für den momentanen Blattfraß (in kg/Tag) gilt:

$m(t) = \frac{f(t)}{1000} \cdot 1{,}2 = 12 \cdot e^{\frac{\ln(2)}{5} \cdot t}$.

In 30 Tagen wird gefressen:

$\int\limits_{0}^{30} m(t)\,dt = \int\limits_{0}^{30} 12 \cdot e^{\frac{\ln(2)}{5} \cdot t}\,dt = \left[\frac{12 \cdot 5}{\ln(2)} \cdot e^{\frac{\ln(2)}{5} \cdot t} \right]_{0}^{30}$
$\approx 5453.$

Die Schädlinge fressen etwa 5453 kg ab.

8

a)

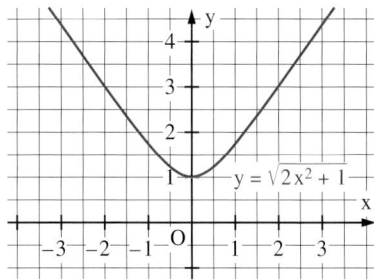

$y = \sqrt{2x^2 + 1}$

b) Zu bestimmen ist ein Näherungswert

für $A = \int\limits_{0}^{2} \sqrt{2x^2 + 1}\,dx$.

$S_4 = \frac{2}{8}\left(1 + 2 \cdot \sqrt{1{,}5} + 2 \cdot \sqrt{3} + 2 \cdot \sqrt{5{,}5} + 3\right)$
$\approx 3{,}6510.$

$T_4 = \frac{2 \cdot 2}{4}\left(\sqrt{1{,}5} + \sqrt{5{,}5}\right) \approx 3{,}5700.$

c) $V = \pi \int\limits_{0}^{2} (2x^2 + 1)\,dx$

$\quad = \frac{22}{3}\pi \approx 23{,}04$

**Aufgaben zum Üben und Wiederholen,
Seite 165**

1

a) $D = \mathbb{R} \setminus \{-1\}$

b) $D = \mathbb{R} \setminus \{0; 1\}$

c) $D = \mathbb{R} \setminus \{-2; 1\}$

d) $D = \mathbb{R} \setminus \left\{ x \mid x = k \cdot \frac{\pi}{2}; \ k \in \mathbb{Z} \right\}$

2

a) $f(-x) = \frac{(-x)^2 - 1}{(-x)^2 + 1} = \frac{x^2 - 1}{x^2 + 1} = f(x)$

Der Graph von f ist achsensymmetrisch zur y-Achse.

b) Schnittpunkt mit der y-Achse:

$f(0) = -1; \ S(0 \mid -1)$

Schnittpunkte mit der x-Achse:

$x^2 - 1 = 0; \ x_1 = -1; \ x_2 = +1$

$N_1(-1 \mid 0); \ N_2(+1 \mid 0)$

c) Waagerechte Asymptote: $y = 1$

d) Skizze:

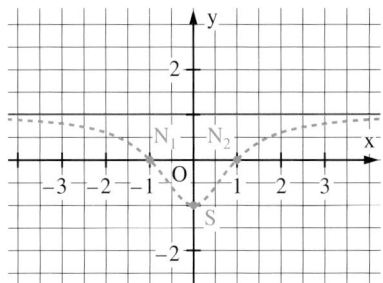

3

a) Nullstellen: $x_1 = 1; \ x_2 = -1$

Polstellen: $x_3 = 2$

b) Senkrechte Asymptote: $x = 2$

Waagerechte Asymptote: $y = 1$

c) Skizze:

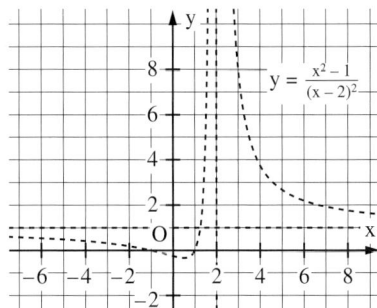

$y = \frac{x^2 - 1}{(x - 2)^2}$

4

a) Funktionsuntersuchung

1. Definitionsmenge: $D_f = \mathbb{R} \setminus \{-1\}$

2. Symmetrie: $f(-x) = \frac{(-x)^2}{-x + 1} = \frac{x^2}{-x + 1}$;

keine Symmetrie erkennbar.

3. Polstellen; senkrechte Asymptoten:

$x_1 = -1$; senkrechte Asymptote: $x = -1$

4. Verhalten für $x \to +\infty$ und $x \to -\infty$:

schiefe Asymptote: $y = x - 1$

5. Nullstelle: $x_1 = 0$

gemeinsamer Punkt mit der x-Achse:

$N(0 \mid 0)$

6. Ableitungen:

$f'(x) = \frac{x(x + 2)}{(x + 1)^2}$; $\quad f''(x) = \frac{2}{(x + 1)^3}$

7. Extremstellen: $x_1 = 0; \ x_2 = -2$

$f''(0) = 2 > 0$; $f(0)$ ist lokales Minimum;

$f''(-2) = -2 < 0$; $f(-2)$ ist lokales Maximum; Extrempunkte: $T(0 \mid 0)$; $H(-2 \mid -4)$

8. Wendestellen: Es gibt keine Wendestellen, denn es ist $f''(x) \ne 0$ für $x \in D_f$.

9. Graph:

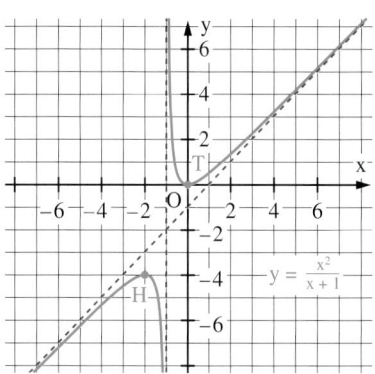

$y = \frac{x^2}{x + 1}$

b) Es gilt: $g(x) = \frac{x^2(x - 1)}{(x + 1)(x - 1)}$; also ist

$D_g = \mathbb{R} \setminus \{-1; +1\}$.

Im Unterschied zu dem Graphen von f hat der Graph von g eine weitere Definitionslücke bei $+1$. Diese ist hebbar mit $f(+1) = 0{,}5$.

5

a) Schnittpunkte mit der x-Achse:

$N_t(t \mid 0)$

Hoch- und Tiefpunkte:

$f'(x) = \frac{2t - x}{x^3}$; $\quad f''(x) = \frac{2(x - 3t)}{x^4}$

$x_1 = 2t$; $f''(2t) = \frac{-1}{8t^3} < 0$ für $t \in \mathbb{R}^+$

Hochpunkt: $H_t\left(2t \mid \frac{1}{4t}\right)$

Wendepunkte: $f'''(x) = \frac{2(12t - 3x)}{x^5}$;

$x_1 = 3t$; $f'''(3t) \ne 0$

Wendepunkt: $W_t\left(3t \mid \frac{2}{9t}\right)$

Asymptoten:

senkrechte Asymptote: $x = 0$

waagerechte Asymptote: $y = 0$

Graph:

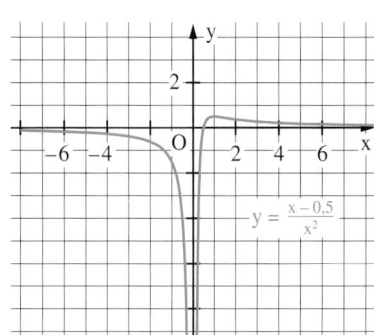

$y = \frac{x - 0{,}5}{x^2}$

b) $H_t\left(2t\left|\frac{1}{4t}\right.\right)$

Aus $\begin{cases} x = 2t \\ y = \frac{1}{4t} \end{cases}$ folgt $y = \frac{1}{2x}$.

c) $A = \int\limits_{0,5}^{2} \frac{x - 0,5}{x^3}\,dx = \int\limits_{0,5}^{2} \left(\frac{1}{x^2} - \frac{1}{2x^3}\right)dx = \frac{9}{16}$

6

a) Skizze:

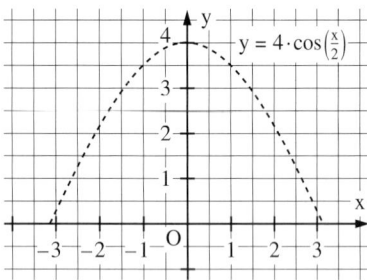

$y = 4 \cdot \cos\left(\frac{x}{2}\right)$

b) $A_1 = \int\limits_{0}^{\pi} 4 \cdot \cos\left(\frac{x}{2}\right)dx = 8$;

Gleichung der Normalen: $y = \frac{1}{2}x - \frac{\pi}{2}$

$A_2 = \frac{1}{2} \cdot \pi \cdot \frac{\pi}{2} = \frac{1}{4}\pi^2$

$A = A_1 + A_2 = 8 + \frac{1}{4}\pi^2$

7

a) $a = 7$; $d = 23$; $e = -\frac{2}{3}\pi$

b) 9 Uhr; 20 Uhr

8

a) Länge der 2. Dreiecksseite: y
Strahlensatz (Zentrum Z): $\frac{y}{100} = \frac{x}{x - 200}$,

also $y = \frac{100x}{x - 200}$. Dreiecksfläche:

$A(x) = \frac{1}{2}xy = \frac{1}{2}x \cdot \frac{100x}{x - 200} = \frac{50x^2}{x - 200}$.

b) $A'(x) = \frac{50x(x - 400)}{x - 200}$; $A'(x) = 0$ für

$x_1 = 400$.

$A'(x)$ hat an der Stelle x_1 einen VZW von „–" nach „+"; d. h. x_1 ist Minimalstelle. Der Punkt Z muss also 400 m vor der Kreuzung sein.

Aufgaben zum Üben und Wiederholen, Seite 191

1

a) Lösung: $(11; 1; 3)$

b) Lösung: $\left(\frac{82}{19}; -\frac{16}{19}; -\frac{9}{19}\right)$

c) Lösung: $\left(\frac{54}{43}; -\frac{138}{43}; \frac{304}{43}\right)$

2

a) Lösungsmenge:
$L = \left\{\left(\frac{25 - 7t}{11}; \frac{5t - 21}{11}; t\right) \mid t \in \mathbb{R}\right\}$

b) Lösungsmenge:
$L = \left\{\left(\frac{17t - 18}{16}; \frac{5t + 6}{8}; t\right) \mid t \in \mathbb{R}\right\}$

c) Lösungsmenge:
$L = \left\{\left(\frac{t + 63}{31}; \frac{19t - 74}{31}; t\right) \mid t \in \mathbb{R}\right\}$

3

a) Lösungsmenge: $L = \{(-1; 2)\}$

b) Lösungsmenge: $L = \{\ \}$

c) Lösungsmenge: $L = \left\{\left(\frac{6 - 3t}{2}; t\right) \mid t \in \mathbb{R}\right\}$

d) Lösungsmenge: $L = \{(1; -1)\}$

4

a) LGS: $\begin{aligned} \alpha + \beta + \gamma + \delta &= 360° \\ \alpha - \gamma &= 0° \\ \alpha - 2\beta &= 0° \\ \beta - 2\gamma + \delta &= 0° \end{aligned}$

Winkel: $\alpha = 90°$, $\beta = 45°$, $\gamma = 90°$, $\delta = 135°$.

b) LGS: $\begin{aligned} \alpha + \beta + \gamma + \delta &= 360° \\ \alpha - \gamma &= 0° \\ \alpha - \beta &= -40° \\ \beta - 4\gamma + \delta &= 0° \end{aligned}$

Winkel: $\alpha = 60°$, $\beta = 100°$, $\gamma = 60°$, $\delta = 140°$.

5

a) Lösung: $\left(\frac{17}{8}; \frac{5}{8}; \frac{9}{8}; \frac{13}{8}\right)$

b) Lösung: $(-4; 10; 0; -12)$

6

a) Lösung: $\left(\frac{37}{11}; -\frac{30}{11}; -3; \frac{97}{22}\right)$

b) Lösung: $\left(\frac{199}{11}; -36; -\frac{233}{11}; \frac{34}{11}\right)$

c) Lösung: $\left(\frac{619}{20}; \frac{807}{40}; \frac{859}{20}; -\frac{897}{40}\right)$

7

a) Lösungsmenge:
$L_r = \left\{\left(\frac{14r + 18}{5}; \frac{24r + 18}{5}; 4r + 6\right)\right\}$

b) Lösungsmenge:
$L_r = \left\{\left(5 - r; \frac{-36 + 27r}{6}; \frac{25r - 32}{2}\right)\right\}$

c) Lösungsmenge:
$L_r = \left\{\left(r + 2; -\frac{6r + 10}{7}; -\frac{r + 4}{7}\right)\right\}$

8

a) Für $r = 1$ hat das LGS keine Lösung, für $r \neq 1$ hat es genau eine Lösung.

b) Stufenform:
$\begin{aligned} 2x_1 - x_2 + rx_3 &= 2 - 2r \\ 2x_2 + x_3 &= r \\ (3 - 2r)x_3 &= 4 - r \end{aligned}$

Für $r = \frac{3}{2}$ hat das LGS keine Lösung, für $r \neq \frac{3}{2}$ hat es genau eine Lösung.

c) Stufenform:
$\begin{aligned} 6x_1 + rx_2 + 4rx_3 &= -6 \\ -rx_2 - rx_3 &= -3 \\ (2r^2 - 3r)x_3 &= 2r - 3 \end{aligned}$

Für $r = 0$ hat das LGS keine Lösung, für $r = \frac{3}{2}$ hat es unendlich viele Lösungen, für alle anderen r hat es genau eine Lösung.

9

LGS:
$\begin{aligned} x_1 + x_2 + x_3 + x_4 &= 1000 \\ \frac{7}{10}x_1 + \frac{19}{25}x_2 + \frac{4}{5}x_3 + \frac{17}{20}x_4 &= 740 \\ \frac{11}{50}x_1 + \frac{4}{25}x_2 + \frac{1}{10}x_3 + \frac{3}{25}x_4 &= 180 \\ \frac{2}{25}x_1 + \frac{2}{25}x_2 + \frac{1}{10}x_3 + \frac{3}{100}x_4 &= 80 \end{aligned}$

Lösung des LGS: $\left(\frac{1000}{3}; \frac{2000}{3}; 0; 0\right)$.

Es werden etwa 333 kg von Sorte I, 667 kg von Sorte II und nichts von den Sorten III und IV gebraucht.

Aufgaben zum Üben und Wiederholen, Seite 219

1

a) Je Seitenfläche 4 Pfeile; also insgesamt 24 Pfeile (Deck- und Grundfläche werden als Seitenflächen gezählt).

b) Je Seitenflächenpaar 4 Vektoren; also 12 Vektoren.

c) Jeweils die beiden Vektoren, deren Pfeile parallel zu einer Diagonalen sind.

2

$\vec{a} = \begin{pmatrix} -4 \\ 3 \end{pmatrix}$; $\vec{b} = \begin{pmatrix} 3 \\ 1 \end{pmatrix}$; $\vec{a} + \vec{b} = \begin{pmatrix} -4 + 3 \\ 3 + 1 \end{pmatrix} = \begin{pmatrix} -1 \\ 4 \end{pmatrix}$;

$\vec{a} - \vec{b} = \begin{pmatrix} -4 - 3 \\ 3 - 1 \end{pmatrix} = \begin{pmatrix} -7 \\ -2 \end{pmatrix}$;

$\vec{b} - \vec{a} = \begin{pmatrix} 3 + (-4) \\ 1 - 3 \end{pmatrix} = \begin{pmatrix} 7 \\ -2 \end{pmatrix}$

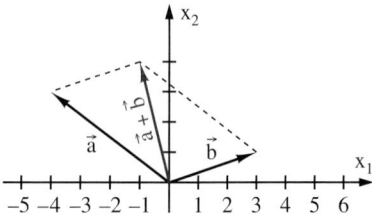

Grafik zu 2

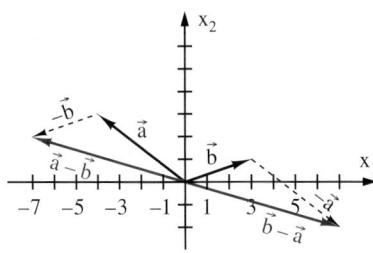

3

a) $5\vec{a}$ b) $2\vec{c}$ c) $10\vec{d} - 7\vec{e}$

d) $2{,}7\vec{u} - 3{,}3\vec{v}$

e) $10{,}3\vec{a} + 7{,}2\vec{b} - 13{,}1\vec{c}$

4

$$\begin{pmatrix} 1 \\ 2 \\ 4 \end{pmatrix} = (-8)\cdot\begin{pmatrix} 1 \\ 2 \\ 1 \end{pmatrix} + 12\cdot\begin{pmatrix} 0 \\ 1 \\ 1 \end{pmatrix} + 3\cdot\begin{pmatrix} 3 \\ 2 \\ 0 \end{pmatrix}$$

5

a) $\vec{c} = -\vec{b}$; $\vec{d} = -\vec{a}$; $\vec{e} = \vec{b} - \vec{a}$

b) $\vec{a} = -\vec{d}$; $\vec{b} = \vec{e} - \vec{d}$; $\vec{c} = \vec{d} - \vec{e}$

6

a) Die Vektoren sind linear unabhängig.

b) Die Vektoren sind linear unabhängig.

c) Die Vektoren sind linear abhängig.

$$\begin{pmatrix} 0 \\ 0 \\ 0 \end{pmatrix} = 0\cdot\begin{pmatrix} 5 \\ 7 \\ -9 \end{pmatrix} + 0\cdot\begin{pmatrix} -1 \\ -4 \\ 3 \end{pmatrix}$$

7

a) $a = 24$ b) $a = 3\tfrac{3}{7}$ c) $a = 3$

d) $a = -6$ e) $a = 1$ f) $a = 0$

8

Aus

$r_1(\vec{a} + \vec{b}) + r_2(\vec{b} + \vec{c}) + r_3(\vec{a} + \vec{c}) = \vec{o}$

folgt

$(r_1 + r_3)\,\vec{a} + (r_1 + r_2)\,\vec{b} + (r_2 + r_3)\,\vec{c} = \vec{o}$

Da $\vec{a}, \vec{b}, \vec{c}$ linear unabhängig sind, folgt

$r_1 + r_3 = 0$; $r_1 + r_2 = 0$; $r_2 + r_3 = 0$, und somit $r_1 = r_2 = r_3 = 0$. Also sind $\vec{a} + \vec{b}$, $\vec{b} + \vec{c}$ und $\vec{a} + \vec{c}$ linear unabhängig.

9

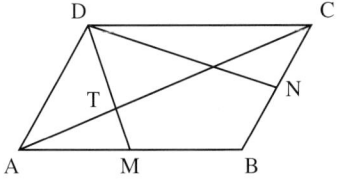

Mit $\overrightarrow{AB} = \vec{a}$ und $\overrightarrow{BC} = \vec{b}$, gilt: $\overrightarrow{AC} = \vec{a} + \vec{b}$; und für den Mittelpunkt M von $\overrightarrow{AB}$: $\overrightarrow{MD} = -0{,}5\,\vec{a} + \vec{b}$. Für den geschlossenen Streckenzug ATDA gilt für geeignete Zahlen m, n mit $\overrightarrow{AT} = m\,(\vec{a} + \vec{b})$:

$m(\vec{a} + \vec{b}) + n(-0{,}5\,\vec{a} + \vec{b}) - \vec{b} = \vec{o}$.

Daraus folgt

$(m - 0{,}5\,n)\,\vec{a} + (m + n - 1)\,\vec{b} = \vec{o}$.

Da $\vec{a}, \vec{b}$ linear unabhängig sind, muss gelten:

$m - 0{,}5\,n = 0$ und

$m + n - 1 = 0$.

Lösung des LGS ergibt insbesondere $m = \tfrac{1}{3}$, also $\overrightarrow{AT} = \tfrac{1}{3}\,\overrightarrow{AC}$.

Aufgaben zum Üben und Wiederholen Seite 249

1

a) g und h sind zueinander windschief.

b) g und h sind identisch.

c) g und h schneiden sich in dem Punkt $S(3|3|9)$.

d) g und h sind zueinander parallel und haben keine gemeinsamen Punkte.

2

a) E_1 und E_2 schneiden sich;

Schnittgerade g: $\vec{x} = \begin{pmatrix} -8 \\ 13 \\ 9 \end{pmatrix} + t\cdot\begin{pmatrix} -4 \\ 3 \\ -3 \end{pmatrix}$.

b) E_1 und E_2 sind zueinander parallel und haben keine gemeinsamen Punkte.

c) E_1 und E_2 schneiden sich;

Schnittgerade g: $\vec{x} = t\cdot\begin{pmatrix} 17 \\ 7 \\ 10 \end{pmatrix}$.

d) E_1 und E_2 schneiden sich;

Schnittgerade g: $\vec{x} = \begin{pmatrix} 2 \\ 6 \\ 6 \end{pmatrix} + t\cdot\begin{pmatrix} 9 \\ 18 \\ -5 \end{pmatrix}$.

3

a) g und E schneiden sich in dem Punkt $S(5|3|8)$.

b) g und E schneiden sich in dem Punkt $S(-6|2|-5)$.

4

a) $2x_1 + 6x_2 - x_3 = 52$

b) $x_1 - x_2 + x_3 = 2$

c) $8x_1 - 9x_2 - 2x_3 = -14$

5

a) $\vec{x} = \begin{pmatrix} 1 \\ 1 \\ -1 \end{pmatrix} + r\cdot\begin{pmatrix} 5 \\ -2 \\ 0 \end{pmatrix} + s\cdot\begin{pmatrix} 2 \\ 0 \\ 1 \end{pmatrix}$

b) $\vec{x} = \begin{pmatrix} 1 \\ 1 \\ 1 \end{pmatrix} + r\cdot\begin{pmatrix} 7 \\ 1 \\ 0 \end{pmatrix} + s\cdot\begin{pmatrix} 15 \\ 0 \\ -1 \end{pmatrix}$

c) $\vec{x} = \begin{pmatrix} 4 \\ 0 \\ 0 \end{pmatrix} + r\cdot\begin{pmatrix} 7 \\ -4 \\ 0 \end{pmatrix} + s\cdot\begin{pmatrix} 5 \\ 0 \\ 4 \end{pmatrix}$

d) $\vec{x} = r\cdot\begin{pmatrix} 0 \\ 1 \\ 0 \end{pmatrix} + s\cdot\begin{pmatrix} 5 \\ 0 \\ 2 \end{pmatrix}$

e) $\vec{x} = \begin{pmatrix} 2 \\ 0 \\ 0 \end{pmatrix} + r\cdot\begin{pmatrix} 1 \\ 0 \\ 0 \end{pmatrix} + s\cdot\begin{pmatrix} 0 \\ 5 \\ -3 \end{pmatrix}$

f) $\vec{x} = \begin{pmatrix} 1 \\ 0 \\ 0 \end{pmatrix} + r\cdot\begin{pmatrix} 0 \\ 0 \\ 1 \end{pmatrix} + s\cdot\begin{pmatrix} 1 \\ 1 \\ 0 \end{pmatrix}$

6

a) $E(3|2|5)$

    $F(7|5|5)$

    $H(0|6|5)$

b) $T(5|3{,}5|0)$

7

$S\left(\tfrac{14}{3}\,\middle|\,-6\,\middle|\,\tfrac{26}{3}\right)$

Aufgaben zum Üben und Wiederholen, Seite 293

1

$\overline{AB} = 5$; $\overline{BC} = \sqrt{45}$; $\overline{AC} = \sqrt{40}$

$\sphericalangle BAC \approx 71{,}6°$; $\sphericalangle ABC \approx 63{,}4°$;

$\sphericalangle ACB = 45°$.

2

g: $\left(\vec{x} - \begin{pmatrix} 5 \\ 0 \end{pmatrix}\right)\cdot \tfrac{1}{\sqrt{2}}\begin{pmatrix} 1 \\ 1 \end{pmatrix} = 0$

Abstand P zu g: $\sqrt{2}$

Abstand Q zu g: 0

Abstand R zu g: $\tfrac{1}{2}\sqrt{2}$

3

$|\vec{a}| = \sqrt{2}$; $|\vec{b}| = \sqrt{59}$; $\varphi \approx 79{,}4°$

4

a) $\left[\vec{x} - \begin{pmatrix} 6 \\ 8 \\ 2 \end{pmatrix}\right]\cdot\begin{pmatrix} 1 \\ 3 \\ -5 \end{pmatrix} = 0$;

$x_1 + 3x_2 - 5x_3 = 20$

b) $d = \sqrt{35}$

5

a) $h: \vec{x} = \begin{pmatrix} 1 \\ 1 \\ 1 \end{pmatrix} + t \begin{pmatrix} 0 \\ 1 \\ 0 \end{pmatrix}$

b) $E: \left[\vec{x} - \begin{pmatrix} 2 \\ 8 \\ 0 \end{pmatrix} \right] \cdot \begin{pmatrix} 1 \\ 0 \\ 1 \end{pmatrix} = 0$

6

a) 1   b) $2 \cdot \sqrt{19}$ c) 15

7

a) $g: \vec{x} = \begin{pmatrix} 0 \\ -1 \\ 2 \end{pmatrix} + t \begin{pmatrix} 3 \\ 5 \\ 1 \end{pmatrix}$ b) $F(3|4|2)$

8

a) $A = 150$ b) $h = 8$ c) $V = 400$

9

Der Winkel zwischen $\vec{a}$ und $\vec{b}$ ist 0° oder 180°. Die Vektoren haben also gleiche oder entgegengesetzte Richtung, sie sind linear abhängig.

10

Die Raumdiagonale kann dargestellt werden durch $\vec{a} + \vec{b} + \vec{c}$. Damit ist
$(\vec{a} + \vec{b} + \vec{c})^2 = \vec{a}^2 + \vec{b}^2 + \vec{c}^2$
$\qquad\qquad + 2\vec{a} \cdot \vec{b} + 2\vec{a} \cdot \vec{c} + 2\vec{b} \cdot \vec{c}$.
Da $\vec{a} \perp \vec{b}$; $\vec{a} \perp \vec{c}$; $\vec{b} \perp \vec{c}$, ist
$\vec{a} \cdot \vec{b} = \vec{a} \cdot \vec{c} = \vec{b} \cdot \vec{c} = 0$.
Daraus folgt:
$(\vec{a} + \vec{b} + \vec{c})^2 = \vec{a}^2 + \vec{b}^2 + \vec{c}^2$
und damit die Behauptung.

Aufgaben zum Üben und Wiederholen, Seite 317

1

Die Parallelentreue ist verletzt.

2

a) $A'(6|2)$; $B'(28|4)$; $C'(2|22)$

b) $g': \vec{x} = \begin{pmatrix} -11 \\ -1 \end{pmatrix} + t \begin{pmatrix} 7 \\ 5 \end{pmatrix}$

c) $g': \vec{x} = \begin{pmatrix} 23 \\ 5 \end{pmatrix} + t \begin{pmatrix} 0 \\ -16 \end{pmatrix}$

d) $O(0|0)$ ist einziger Fixpunkt.

e) Es gilt $\alpha \begin{pmatrix} -1 \\ 1 \end{pmatrix} = -4 \begin{pmatrix} -1 \\ 1 \end{pmatrix}$ und
$\alpha \begin{pmatrix} 5 \\ 3 \end{pmatrix} = -4 \begin{pmatrix} 5 \\ 3 \end{pmatrix}$.

3

a) $\alpha: \overline{x'} = \begin{pmatrix} 2 & \frac{3}{2} \\ 2 & 1 \end{pmatrix} \cdot \vec{x}$

b) $\alpha: \overline{x'} = \begin{pmatrix} 0 & 1 \\ 1 & 2 \end{pmatrix} \cdot \vec{x} + \begin{pmatrix} 1 \\ 2 \end{pmatrix}$

c) $\alpha: \overline{x'} = \begin{pmatrix} 0 & 1 \\ -1 & 0 \end{pmatrix} \cdot \vec{x} + \begin{pmatrix} 1 \\ 4 \end{pmatrix}$

4

a) $\alpha: \overline{x'} = \begin{pmatrix} -\frac{1}{2} & -\frac{\sqrt{3}}{2} \\ \frac{\sqrt{3}}{2} & -\frac{1}{2} \end{pmatrix} \cdot \vec{x}$ b) $\alpha: \overline{x'} = \begin{pmatrix} \frac{3}{5} & \frac{4}{5} \\ \frac{4}{5} & -\frac{3}{5} \end{pmatrix} \cdot \vec{x}$

c) $\alpha: \overline{x'} = \begin{pmatrix} \frac{3}{5} & \frac{2}{5} \\ -\frac{2}{5} & \frac{7}{5} \end{pmatrix} \cdot \vec{x}$

5

a) α: Drehung um O um 60°; β: Spiegelung an einer durch O gehenden Achse, die zur x_1-Achse einen Winkel von 30° einschließt.

b) $A \cdot B = \begin{pmatrix} -\frac{1}{2} & \frac{1}{2}\sqrt{3} \\ \frac{1}{2}\sqrt{3} & \frac{1}{2} \end{pmatrix}$; $B \cdot A = \begin{pmatrix} 1 & 0 \\ 0 & -1 \end{pmatrix}$

„erst β, dann α": Spiegelung an einer durch O gehenden Achse, die zur x_1-Achse einen Winkel von 60° einschließt.

„erst α, dann β": Spiegelung an der x_1-Achse.

6

a), b)

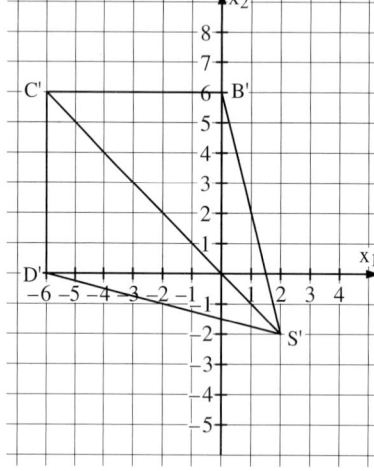

Aufgaben zum Üben und Wiederholen, Seite 333

1

a) $A = \begin{pmatrix} 4 & 2 \\ 2 & 3 \\ 2 & 5 \end{pmatrix}$

b) (1) $y_1 = 160$, $y_2 = 120$, $y_3 = 160$
   (2) $y_1 = 300$, $y_2 = 230$, $y_3 = 310$

2

a) 1. Stufe: $A = \begin{pmatrix} 0,3 & 0,3 \\ 0,3 & 0,5 \\ 0,4 & 0,2 \end{pmatrix}$

   2. Stufe: $B = \begin{pmatrix} 0,3 & 0,6 \\ 0,7 & 0,4 \end{pmatrix}$

   $C = A \cdot B = \begin{pmatrix} 0,3 & 0,3 \\ 0,44 & 0,38 \\ 0,26 & 0,32 \end{pmatrix}$

b) 2,1 t G_1; 2,84 t G_2, 2,06 t G_3.

3

a) $\overrightarrow{q'} = \begin{pmatrix} 0,6 & 0,1 & 0,1 \\ 0,2 & 0,7 & 0,1 \\ 0,2 & 0,2 & 0,8 \end{pmatrix} \cdot \vec{q}$

LGS für $\vec{s}$:
$0,6 s_1 + 0,1 s_2 + 0,1 s_3 = s_1$
$0,2 s_1 + 0,7 s_2 + 0,1 s_3 = s_2$
$0,2 s_1 + 0,2 s_2 + 0,8 s_3 = s_3$
$\quad s_1 + \quad s_2 + \quad s_3 = 1$
Standardform:
$-0,4 s_1 + 0,1 s_2 + 0,1 s_3 = 0$
$\quad 0,2 s_1 - 0,3 s_2 + 0,1 s_3 = 0$
$\quad 0,2 s_1 + 0,2 s_2 - 0,2 s_3 = 0$
$\quad s_1 + \quad s_2 + \quad s_3 = 1$
Lösung in Vektorschreibweise:
$\vec{s} = \begin{pmatrix} 0,2 \\ 0,3 \\ 0,5 \end{pmatrix}$

b) Zu bestimmen sind $A^2 = A \cdot A$,
$A^3 = A^2 \cdot A$ und $A^4 = A^3 \cdot A$.

$A^2 = \begin{pmatrix} 0,40 & 0,15 & 0,15 \\ 0,28 & 0,53 & 0,17 \\ 0,32 & 0,32 & 0,68 \end{pmatrix}$

$A^3 = \begin{pmatrix} 0,300 & 0,175 & 0,175 \\ 0,308 & 0,433 & 0,217 \\ 0,392 & 0,392 & 0,608 \end{pmatrix}$

$A^4 = \begin{pmatrix} 0,2500 & 0,1875 & 0,1875 \\ 0,3148 & 0,3773 & 0,2477 \\ 0,4352 & 0,4352 & 0,5648 \end{pmatrix}$

4

a) $\vec{q} = P \cdot \left(P \cdot \begin{pmatrix} 0 \\ 0 \\ 0 \\ 0 \\ 1 \end{pmatrix} \right) = \begin{pmatrix} 0,45 \\ 0,10 \\ 0,10 \\ 0,05 \\ 0,30 \end{pmatrix}$

b) LGS für $\vec{s}$:

$$0,4\,s_1 \qquad\qquad\qquad + 0,5\,s_5 = s_1$$
$$0,2\,s_1 + 0,4\,s_2 \qquad\qquad\qquad = s_2$$
$$0,2\,s_1 + 0,2\,s_2 + 0,5\,s_3 \qquad\qquad = s_3$$
$$0,1\,s_1 + 0,2\,s_2 + 0,2\,s_3 + 0,6\,s_4 \qquad = s_4$$
$$0,1\,s_1 + 0,2\,s_2 + 0,3\,s_3 + 0,4\,s_4 + 0,5\,s_5 = s_5$$
$$s_1 + \quad s_2 + \quad s_3 + \quad s_4 + \quad s_5 = 1$$

Standardform:

$$-0,6\,s_1 \qquad\qquad\qquad + 0,5\,s_5 = 0$$
$$0,2\,s_1 - 0,6\,s_2 \qquad\qquad\qquad = 0$$
$$0,2\,s_1 + 0,2\,s_2 - 0,5\,s_3 \qquad\qquad = 0$$
$$0,1\,s_1 + 0,2\,s_2 + 0,2\,s_3 - 0,4\,s_4 \qquad = 0$$
$$0,1\,s_1 + 0,2\,s_2 + 0,3\,s_3 + 0,4\,s_4 - 0,5\,s_5 = 0$$
$$s_1 + \quad s_2 + \quad s_3 + \quad s_4 + \quad s_5 = 1$$

Lösung in Vektorschreibweise:

$$\vec{s} = \frac{1}{225} \begin{pmatrix} 60 \\ 20 \\ 32 \\ 41 \\ 72 \end{pmatrix}$$

5

Aus $q + s + 0,2 = 1$, $r + t + s = 1$ und $P \cdot s = s$ ergibt sich:

LGS: $\begin{cases} q \quad + \quad s \qquad\qquad = 0,8 \\ \qquad r + \quad s + \quad t = 1 \\ 0,4\,q + 0,2\,r \qquad\qquad = 0,2 \\ \qquad\qquad 0,4\,s + 0,2\,t = 0,24 \\ \qquad\qquad 0,2\,s \qquad = 0,08 \end{cases}$

Dies liefert die Koeffizienten
$q = s = t = 0,4$ und $r = 0,2$.

Aufgaben zum Üben und Wiederholen, Seite 367

1

a) $\frac{20}{41}$ b) $\frac{10}{41}$ c) $\frac{15}{41}$

d) $\frac{11}{41}$ e) $\frac{6}{41}$

2

Die Wahrscheinlichkeit beträgt $\frac{1}{21}$.

3

Die Wahrscheinlichkeit beträgt 0,006.

4

Die Wahrscheinlichkeit beträgt 0,4013.

5

a) 0,1707   b) 0,0879

6

a)

k	n	p	P(X = k)
0	6	0,6	0,004 096
1	6	0,6	0,036 864
2	6	0,6	0,138 24
3	6	0,6	0,276 48
4	6	0,6	0,311 04
5	6	0,6	0,186 624
6	6	0,6	0,046 656

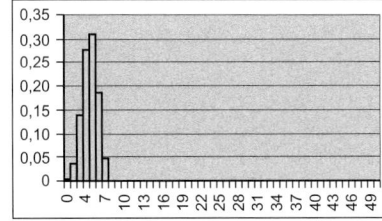

b)

k	n	p	P(X = k)
0	4	0,5	0,0625
1	4	0,5	0,25
2	4	0,5	0,375
3	4	0,5	0,25
4	4	0,5	0,0625

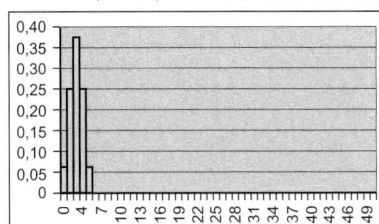

c)

k	n	p	P(X = k)
0	8	0,35	0,031 864 481
1	8	0,35	0,137 262 381
2	8	0,35	0,258 686 795
3	8	0,35	0,278 585 779
4	8	0,35	0,187 509 659
5	8	0,35	0,080 773 392
6	8	0,35	0,021 746 682
7	8	0,35	0,003 345 643
8	8	0,35	0,000 225 188

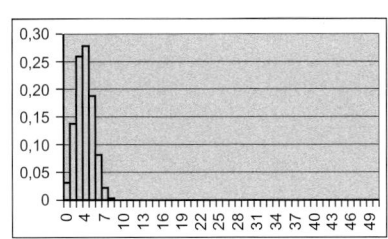

d)

k	n	p	P(X = k)
0	10	0,7	5,9049 E–06
1	10	0,7	0,000 137 781
2	10	0,7	0,001 446 701
3	10	0,7	0,009 001 692
4	10	0,7	0,036 756 909
5	10	0,7	0,102 919 345
6	10	0,7	0,200 120 949
7	10	0,7	0,266 827 932
8	10	0,7	0,233 474 441
9	10	0,7	0,121 060 821
10	10	0,7	0,028 247 525

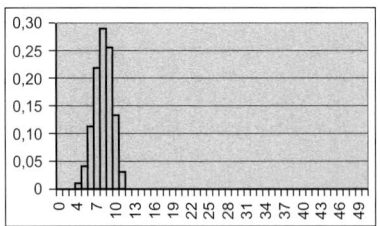

7

a) 0,2701   b) 0,8784

c) 0,6769   d) 0,1330

8

a)

k	n	p	P(X = k)
0	25	0,87	7,056 41 E–23
1	25	0,87	1,180 59 E–20
2	25	0,87	9,481 06 E–19
3	25	0,87	4,864 51 E–17
4	25	0,87	1,790 51 E–15
5	25	0,87	5,032 72 E–14
6	25	0,87	1,122 68 E–12
7	25	0,87	2,039 34 E–11
8	25	0,87	3,070 77 E–10
9	25	0,87	3,881 77 E–09
10	25	0,87	4,156 48 E–08
11	25	0,87	3,793 15 E–07
12	25	0,87	2,961 58 E–06
13	25	0,87	1,981 98 E–05
14	25	0,87	0,000 113 692
15	25	0,87	0,000 557 963
16	25	0,87	0,002 333 787
17	25	0,87	0,008 268 577
18	25	0,87	0,024 593 715
19	25	0,87	0,060 637 945
20	25	0,87	0,121 742 336
21	25	0,87	0,193 985 04
22	25	0,87	0,236 037 742
23	25	0,87	0,206 039 634
24	25	0,87	0,114 906 719
25	25	0,87	0,028 247 525

8

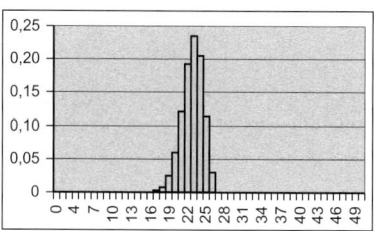

b)

k	n	p	P(X ≤ k)
0	25	0,87	7,05641 E–23
1	25	0,87	1,18765 E–20
2	25	0,87	9,59982 E–19
3	25	0,87	4,96051 E–17
4	25	0,87	1,84012 E–15
5	25	0,87	5,21674 E–14
6	25	0,87	1,17485 E–12
7	25	0,87	2,15682 E–11
8	25	0,87	3,28645 E–10
9	25	0,87	4,21042 E–09
10	25	0,87	4,57752 E–08
11	25	0,87	4,2509 E–07
12	25	0,87	3,38667 E–06
13	25	0,87	2,32065 E–05
14	25	0,87	0,000136898
15	25	0,87	0,000694861
16	25	0,87	0,003028648
17	25	0,87	0,011297225
18	25	0,87	0,03589094
19	25	0,87	0,096528885
20	25	0,87	0,21827122
21	25	0,87	0,412256261
22	25	0,87	0,648294002
23	25	0,87	0,854333636
24	25	0,87	0,969240355
25	25	0,87	1

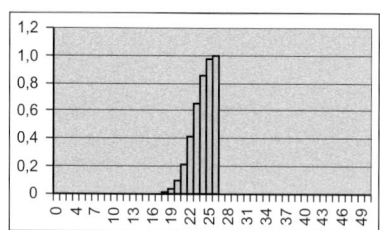

9

a) 1-mal

b) p = 0,007

10

x gibt die Anzahl der richtigen Antworten an;

$\mu \approx 26,7$; $\sigma \approx 4,2$

$P(20 \leqq x \leqq 33) \approx 90\%$
$P(18 \leqq x \leqq 35) \approx 95\%$
$P(16 \leqq x \leqq 37) \approx 99\%$

Aufgaben zum Üben und Wiederholen, Seite 387

1

a) [10,19; 19,80]   b) [7,93; 22,06]

2

Annahmebereich: [18,07; 31,93].
Da 23 im Annahmebereich liegt, wird die Hypothese nicht abgelehnt. Mit einer Irrtumswahrscheinlichkeit von 0,5 % darf man behaupten, dass „Kopf" und „Zahl" gleich wahrscheinlich sind.

3

Annahmebereich: [956,17; 1043,82].
Da 1035 im Annahmebereich liegt, wird die Hypothese nicht abgelehnt. Mit einer Irrtumswahrscheinlichkeit von 0,5 % darf man behaupten, dass die Wahrscheinlichkeiten für die Geburt eines Jungen oder Mädchens gleich sind.

4

$p_0 = \frac{1}{5}$; n = 125;
Annahmebereich: [105,4; 144,5].
Da 140 im Annahmebereich liegt, wird die Hypothese nicht abgelehnt.

5

Annahmebereich: [31,96; 100]
Wahrscheinlichkeit für den Fehler 1. Art:
p = 0,0398

6

1. Treffer bedeutet, dass ein Auto in der Dämmerung ohne Licht fährt.
2. Nullhypothese H_0: p = 0,2 (bisheriger Anteil); Gegenhypothese H_1: p < 0,2 (Verbesserung); Ablehnung von H_0 für kleine Trefferzahlen.
3. Ist H_0 wahr, so ist die Zufallsvariable T (Trefferzahl) $B_{100;0,2}$-verteilt.
4. Irrtumswahrscheinlichkeit: $\alpha = 0,05$
5. Bestimmung des Ablehnungsbereichs K = {0; 1; …; g}: gesucht ist die größte

ganze Zahl g mit P(T ≦ g) ≦ 0,05. Da P(T ≦ 13) = 0,0469 und P(T ≦ 14) = 0,0804 ist, ergibt sich g = 13 und K = {0; 1; …; 13}.
6. Da 10 ∈ K ist, wird H_0 abgelehnt. Man kann bei einer Irrtumswahrscheinlichkeit von 5 % davon ausgehen, dass das Aufstellen der Plakate einen Sinn hatte.

7

a) Der Journalist wird die Hypothese H1: p < 0,6 aufstellen, H0 lautet dann p = 0,6.

b) Er befragt n Fernsehzuschauer und testet H_0 bei fest gewähltem α. Er bestimmt den Ablehnungsbereich und lehnt H_0 ab, wenn sich in der Stichprobe deutlich weniger als $\mu_0 = n \cdot 0,6$ Personen finden, die die genannte Sendung täglich sehen.

c) 1. Fehlermöglichkeit: Seine Vermutung ist falsch (H_0 also richtig), aber aufgrund des Testergebnisses wird H_0 verworfen.

2. Fehlermöglichkeit: Seine Vermutung ist richtig (H_0 also falsch), aber aufgrund des Testergebnisses lässt sich H_0 nicht verwerfen.

8

Zeitung A: $h = \frac{270}{800}$; n = 270
[0,284; 0,396];
Näherungslösung: [0,281; 0,394]
Zeitung B: $h = \frac{370}{800}$; n = 370
[0,412; 0,513];
Näherungslösung: [0,412; 0,513]
Zeitung C: $h = \frac{160}{800}$; n = 160
[0,146; 0,268];
Näherungslösung: [0,138; 0,262]

9

a) 7 Treffer: h = 0,7; n = 1000
[0,671; 0,728];
Näherungslösung: [0,672; 0,728]
8 Treffer: h = 0,8; n = 1000
[0,774; 0,824];
Näherungslösung: [0,775; 0,825]
Für das gesuchte Intervall ergibt sich damit: [0,671; 0,824]; Näherungslösung [0,672; 0,825].

b) Die Mindestzahl beträgt 9604.

Aufgaben zum Üben und Wiederholen,
Seite 411

1

Die Anzahl X von „Zahl" ist $B_{250;0,5}$-
verteilt. Also ist $\mu = 125$ und
$\sigma = \sqrt{125 \cdot 0,5 \cdot 0,5} \approx 5,590$. Die Laplace-
Bedingung $\sigma^2 > 9$ ist erfüllt.
a) $P(X \leq 109) = P(0 \leq X \leq 109)$
$\approx \Phi\left(\frac{109 - 125}{5,59}\right) - \Phi\left(\frac{0 - 125}{5,59}\right)$
$\approx \Phi(-2,86) - \Phi(-22,36) \approx 0,002.$
b) $P(X \geq 109) = P(109 \leq X \leq 250)$
$\approx \Phi\left(\frac{250 - 125}{5,59}\right) - \Phi\left(\frac{109 - 125}{5,59}\right)$
$\approx \Phi(22,36) - \Phi(-2,86)$
$\approx 1 - 0,0021 \approx 0,998.$

2

a)

Kl.mitte	Anzahl	rel. H.	Dichte
80	5	6,3 %	0,003
100	22	27,5 %	0,014
120	47	58,8 %	0,029
140	6	7,5 %	0,004

b)

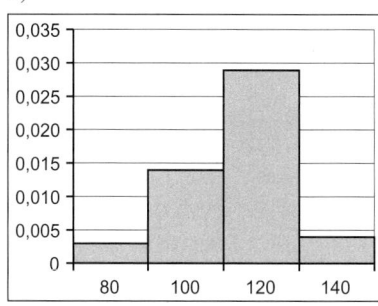

c) Mittelwert: 113,5
Standardabweichung: 14,062
d) 2σ-Intervall: [85,375; 141,62]
Die kleinste und die die größte Sprungweite liegen außerhalb des Intervalls.

3

a) $P(X < 40) = 15,87 \%$
$P(X \leq 60) = 84,13 \%$
$P(30 \leq X \leq 50) = 47,72 \%$
$P(X > 50) = 50,00 \%$
$P(X = 50) = 0,00 \%$
b) $P(X < 40) = 17,11 \%$
$P(X \leq 60) = 85,31 \%$
$P(30 \leq X \leq 50) = 49,98 \%$
$P(X > 50) = 51,99 \%$
$P(X = 50) = 3,99 \%$

4

$p = 0,4176$

5

k	Hyp	BV
0	0,129 127 967	0,168 07
1	0,387 383 901	0,360 15
2	0,352 167 183	0,3087
3	0,117 389 061	0,1323
4	0,013 544 892	0,028 35
5	0,000 386 997	0,002 43

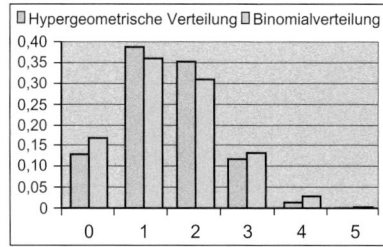

6

a) $\binom{10}{4} = 210$ b) $\frac{1}{210} = 0,48 \%$

c) $\frac{\binom{4}{2}\binom{6}{2}}{\binom{10}{4}} = \frac{3}{7} = 42,86 \%$

7

X beschreibe die Zahl der Spiele bis zum
ersten Gewinn. Dann ist X geometrisch
verteilt mit Parameter $p = \frac{18}{37}$. Dann ist
a) $P(X = 3) = \left(\frac{19}{37}\right)^2 \cdot \frac{18}{37} = 0,1283$; also
gewinnt er mit 12,8 % Wahrscheinlichkeit
erst beim dritten Spiel.
b) $P(X \geq 3) = \left(\frac{19}{37}\right)^2 = 0,2637$; also gewinnt er mit 26,4 % Wahrscheinlichkeit
frühestens nach drei Spielen.
c) Der Spieler muss dann in höchstens
zwei Spielen gewinnen. Die Wahrschein-
lichkeit dafür ist $1 - \left(\frac{19}{37}\right)^2 \approx 0,7363.$

8

a) Die Zeit 138 s ist die Halbwertszeit der
Verteilung. Beschreibt T die Dauer der
Telefongespräche in Sekunden, so gilt:
$P(T > 138) = e^{-\lambda \cdot 138} = 0,5 \Rightarrow \lambda = 0,005.$
b) $P(60 \leq T \leq 180) = e^{-\lambda \cdot 60} - e^{-\lambda \cdot 180}$
$= 0,3342$; also dauerten etwa 33 % der Ge-
spräche zwischen einer und drei Minuten.
c) $P(T > 300) = e^{-\lambda \cdot 300} = 0,2231$; also
dauerten etwa 22 % der Gespräche länger
als fünf Minuten.
d) $P(T \leq 60) = 1 - e^{-\lambda \cdot 60} = 0,2592$; also

dauerten etwa 26 % der Gespräche höchstens eine Minute.
e) Bei der bisherigen Abrechnung liegt eine geometrische Verteilung zu Grunde, die
durch Aufrunden der Exponentialverteilung auf ganze Minuten zu Stande kommt;
vgl. Aufgabe 14 im Kapitel über Exponen-
tialverteilungen. Beschreibt X die Dauer
der Telefongespräche in Minuten, so ist
zunächst der zugehörige Parameter
$\lambda = 0,3014$
(aus $P(X > \frac{138}{60}) = 0,5$ wie in Teil a)). X
hat den Erwartungswert $\mu_X = \frac{1}{\lambda} = 3,318.$
Beschreibt Y die durch Aufrunden auf
ganze Minuten erhaltene geometrische
Verteilung, so hat diese den Parameter
$q = 1 - p = e^{-\lambda} \Rightarrow p = 0,2602$ und somit
den Erwartungswert $\mu_Y = \frac{1}{p} = 3,843.$
Da die Erwartungswerte die mittlere
Dauer der Gespräche angeben, ergibt sich
für den Wechsel folgende prozentuale
Einsparung:
$\frac{3,843 - 3,318}{3,843} = 13,6 \%.$

Register